Taschenbuch für Fernmeldetechniker

Von

Hermann Goetsch

Oberingenieur

Mit 1222 Abbildungen im Text

Neunte unveränderte Auflage

München und Berlin 1942
Verlag von R. Oldenbourg

Inhaltsverzeichnis.

Dritter Teil.

Die Telegrafentechnik.

Sechster Teil.
Montage und Überwachung.

Einleitung.

Die Fernmeldetechnik hat die Aufgabe, mit Hilfe der Wirkungen des elektrischen Stromes Signale von einer oder mehreren Geberstellen nach einer oder mehreren Empfangsstellen, die örtlich voneinander getrennt sind, zu übertragen.

Um die Vorgänge in Fernmeldeanlagen grundsätzlich zu begreifen, ist es erforderlich, die Wirkungen des elektrischen Stromes und des Magnetismus näher zu untersuchen und die Gesetzmäßigkeiten, die diesen Naturerscheinungen zugrunde liegen, soweit sie in Fernmeldeanlagen Anwendung finden, sich einzuprägen. Ferner ist es erforderlich, die Geräte, welche zur Erzeugung von elektrischen Strömen dienen, sowie Apparate, die diese Ströme und deren Wirkungen in der Fernmeldetechnik dienstbar zu machen gestatten, im Prinzip kennenzulernen.

Die Verbindung von Stromquellen mit Apparaten, die zur Wahrnehmbarmachung der Stromwirkungen dienen, wird als Schaltung bezeichnet. Der Fernmeldetechniker muß mit allen Teilen einer Schaltung: der Stromquelle, den Apparaten zur Wahrnehmbarmachung der Stromwirkungen, den Verbindungsleitungen und den Nebenapparaten, vollständig vertraut sein, um in der Lage zu sein, derartige Anlagen zu bauen, zu überwachen und Störungen in allen Teilen zu finden und zu beseitigen.

Da die Wahrnehmbarmachung des elektrischen Stromes meistens durch dessen elektromagnetische Wirkungen geschieht, sollen an erster Stelle die Erscheinungen des Magnetismus und Elektromagnetismus kurz erläutert werden.

Erster Teil.

I. Theoretische Grundlagen.

a) Magnetismus.

Permanente[1]) Magnete (Dauermagnete) werden meistens in Stab-
oder Hufeisenform hergestellt. Magnetische Eigenschaften zeigt nur
Eisen bzw. Stahl (Legierungen mit Eisengehalt). Die geringe Magneti-
sierbarkeit anderer Metalle hat zur Zeit nur physikalisches Interesse.
Permanente Magnete sind magnetisierter Stahl[2]). Weiches Eisen verliert sofort nach Aufhören der magnetisierenden Kraft seine Eigenschaft
als Magnet fast restlos. Jeder Magnet hat einen Nord- und einen Südpol, die in der Nähe der Enden liegen.

Erfahrungsregel: Gleichnamige Pole stoßen sich ab, ungleichnamige
ziehen sich an. Man nimmt an, daß ein Magnet in seiner Umgebung
ein sog. magnetisches Feld[3]) erzeugt und dauernd unterhält, und versteht

Abb. 1.

darunter den Raum, innerhalb dessen der Magnet in
merkbarer Weise magnetische Wirkungen äußert. Das
Feld hat an jeder Stelle bestimmte Stärke und Richtung, was durch sog. Kraftlinien dargestellt wird.
In Abb. 1 ist ein Magnet M der Übersichtlichkeit
halber mit nur einigen Kraftlinien dargestellt. Die
Kraftlinien treten stets am Nordpol N praktisch senkrecht zu den Magnetflächen aus und am Südpol S senkrecht ein. Die Dichte der Kraftlinien bezeichnet man
als Feldstärke. Verlaufen Kraftlinien parallel und je
Flächeneinheit in gleicher Zahl, so nennt man das
Feld homogen, d. h. gleichmäßig.

Bringt man in das Feld des Dauermagneten M
ein Stück weiches Eisen m, so wird dieses unter der
Wirkung des Kraftflusses ebenfalls zu einem Ma-
gneten, aber nur so lange, wie es der Wirkung dieses Feldes ausgesetzt
ist. Diese Wirkung des Dauermagneten bezeichnet man als magnetische Induktion.

Zur Erklärung der magnetischen Induktion nimmt man an, daß
im Eisen oder Stahl, sofern diese noch keine magnetischen Eigenschaften
aufweisen, die einzelnen Elementarteilchen des Stoffes, auch Moleküle

---

[1]) Pieck, V. Permanent-Magnete in Theorie und Praxis. Telegr.-
Fernspr.-Techn. 10, 1921, 14. — Würschmidt, J. Was wird vom Dauermagnet verlangt? Elektr. Nachr.-Techn. 10, 1925, 20—26.
[2]) Kußmann, A., Stand der Forschung ferromagnetischer Werkstoffe. Arch. Elektrotechn. 29, 1935, 297—332. Neue Werkstoffe f. Dauermagnete. Z. VDI. 79, 1935, 1171—73.
[3]) Kußmann, A., Permanent-magnetisches Feld. ETZ 48, 1937, 511

genannt, winzig kleine Magnete darstellen, die ganz regellos gelagert sind (Abb. 2). Erst durch Einwirkung der magnetisierenden Kraft werden die Teilchen geordnet (Abb. 3), so daß alle gleichnamigen Pole sich gegenseitig unterstützen, nach der gleichen Richtung weisen und nach außen die Wirkung von Magneten hervorbringen. Zerbricht man einen Magneten in zwei Teile, so erhält man zwei Magnete mit je einem Süd- und einem Nordpol. Zwei mit ungleichnamigen Polen aneinandergefügte Magnete ergeben einen Magneten mit einem Süd- und einem Nordpol

Abb. 2. 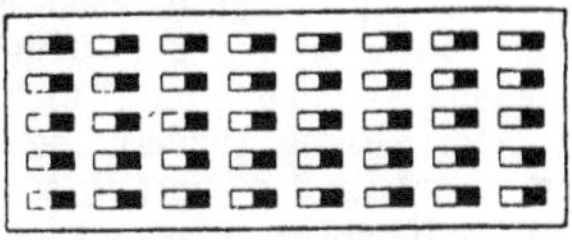　　　　　　　　　　Abb. 3.

an den Enden. Legt man zwei Magnete mit den gleichnamigen Polen aneinander (Abb. 4), so erhält man einen Magneten mit zwei gleichnamigen Polen an den Enden und einem gemeinsamen Pol an der Stelle, wo die Magnete zusammengefügt sind*).

Die Kraft, mit der der Magnet (Abb. 1) das Stück Eisen m, das durch Induktion nun auch zum Magneten geworden ist, anzieht, kann nach einem experimentell gefundenen, später theoretisch begründeten Gesetz berechnet werden. Nach diesem Gesetz ist die Kraft proportional dem Produkt der aufeinanderwirkenden magnetischen Mengen M und m und umgekehrt proportional dem Quadrat der Entfernung:

$$\text{Kraft} = \frac{M \cdot m}{r^2},$$

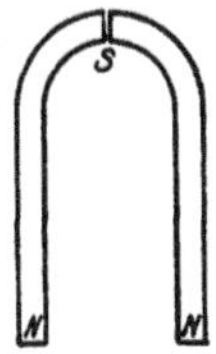

Abb. 4.

wenn r die Entfernung bedeutet. Diesem Gesetz sei nur entnommen, daß die Kraft der Anziehung bzw. Abstoßung umgekehrt mit dem Quadrat der Entfernung wächst bzw. abnimmt. Wird die Entfernung beispielsweise auf die Hälfte verringert, so wächst die Kraft auf das 2×2 fache, d. h. auf das Vierfache; wird die Entfernung auf den dritten Teil verringert, so wächst die Kraft auf das 3×3 fache, d. h. auf das Neunfache des ursprünglichen Wertes usw. Aus Abb. 1 ist noch zu ersehen, daß ein Stück Eisen im Feld eines Magneten so induziert wird, daß dem Südpol immer ein Nordpol gegenüberliegt und umgekehrt, Eisen hat die größte Durchlässigkeit für magnetische Kraftlinien. Infolgedessen bevorzugen die Kraftlinien den Weg durch das Eisen. Die Kraftlinien werden im Eisen gewissermaßen verdichtet. Das Verhältnis der Kraftliniendichte im Eisen zu der in der Luft dient als Maß für die magnetische Durchlässigkeit oder Permeabilität[1]) des Eisens. Bezeichnet man die Anzahl Kraftlinien je Quadratzentimeter in der Luft

---

*) Diese Anordnung ist als Magnetsystem bei einigen gepolten Weckern verwendet worden.

[1]) v. Auwers, Anfangspermeabilität wichtiger Legierungen. Helios F. Lpz. 33, 1927, 67—71.

und im Eisen mit H bzw. B, so ist die Permeabilität $\mu = \dfrac{B}{H}$ oder B
$= \mu \cdot H$. Die Kraftliniendichte B im Eisen bezeichnet man auch kurz
als Induktion und H als magnetisierende Kraft.

Nimmt man ein Stück unmagnetisches Eisen bzw. Stahl und unterwirft dieses einer magnetisierenden Kraft, indem man H von dem Werte 0
(Abb. 5) bis zu einer gewissen Stärke h steigert, so wächst die Kraftliniendichte (Induktion) B im Eisen oder Stahl von 0 bis zu einem
Wert $0 - m$. Das Anwachsen von B geht bei der ersten Magnetisierung
nach der sog. jungfräulichen Magnetisierungskurve $0 - a$ vor sich.
Beim Abnehmen der magnetisierenden Kraft von h bis auf 0 zurück
findet die Abnahme von B nicht in demselben Verhältnis zu H statt,
wie beim Anstieg, sondern viel langsamer. Es erreicht B bei $H = 0$
nicht ebenfalls den Wert 0, sondern den Wert b. Dieser Rest $0 - b$
wird als Remanenz bezeichnet. Die Remanenz ist um so größer, je
härter der Stahl ist. Weiches,
ausgeglühtes Eisen hat verhältnismäßig wenig Remanenz und wird deshalb für
Relaiskerne und Elektromagnete verwendet. Magnetisiert man nun dasselbe
Eisen mit einer entgegengesetzt gerichteten magnetisierenden Kraft $(-H)$,
wird $B = 0$, nachdem $-H$
den Wert c erreicht hat.
Bei weiterer Vergrößerung
von $-H$ bis zum Werte

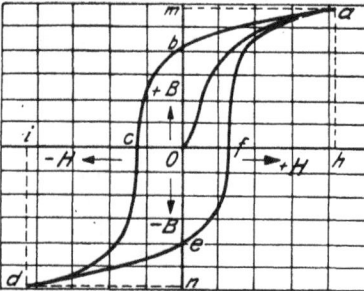

Abb. 5.

$-H = i$ steigt $-B$ nach
der Linie $c - d$ bis zum
Werte n. Geht daraufhin $-H$ auf 0 zurück, so verbleibt wiederum
der remanente Magnetismus $0 - e$. Die schleifenartige Kurve schließt
sich von e über f nach a, wenn H von 0 bis $0 - h$ im positiven Sinne
gesteigert wird. Jede Ummagnetisierung verursacht (bei Transformatoren, Induktionsspulen) Energieverluste, die als Hystereseverluste
bezeichnet werden und um so größer sind, je breiter die Hystereseschleife $a - b - c - d - e - f$ bei $a - f$ ist.

Bei weichem Eisen kann der Hystereseverlust noch dadurch verringert werden, daß man dem Eisen etwa 4 vH Silizium beimengt.

Dauermagnete dürfen nicht geklopft oder stark erschüttert werden,
weil sie hierdurch an Stärke verlieren. Gewaltsames Ankerabreißen wirkt
nicht immer schädlich auf den Dauermagneten. Bringt man einen
Dauermagneten zum Glühen, so verliert er seine magnetischen Eigenschaften vollständig. Werden Dauermagnete längere Zeit gelagert, so
ist der magnetische Kreis nach Möglichkeit durch einen Eisenanker zu
schließen. Der für Dauermagnete verwendete Stahl[1]) wird mit verschie

[1]) Gosselin, J. H., Verbesserung der im Telegrafen- und Fernsprechwesen verwendeten Elektromagnete. Telegr.- Fernspr.-Techn. 14, 1925, 199.
— Jellighaus, W., Neue Legierngen mit hoher Koerzitivkraft. Z. techn.
Phys. 17, 1936, 33—36.

denen Stoffen (Chrom, Cobalt, Nickel, Wolfram) legiert, wodurch der Stahl mehr remanenten Magnetismus behält. Die Kraft des Stahles, remanenten Magnetismus zu halten, nennt man **Koerzitivkraft** (Strecke $0 - c$ bzw. $0 - f$; Abb. 5). Folgende Zahlentafel gibt einige Durchschnittswerte für verschiedene Eisen- und Stahlsorten.

Der Energieinhalt oder das Leistungsvermögen eines Dauermagneten wird bestimmt durch den Flächeninhalt der Hystereseschleife. Der Flächeninhalt ist bedingt durch die Größe der Koerzitivkraft und die Größe der Remanenz. Das Produkt wird deshalb auch als Güteziffer bezeichnet. Nachstehender Tafel sind die Zahlenwerte der für Dauermagnete verwendeten Stähle zu entnehmen.

	Remanenz B_R Gauß		Koerzitiv-Kraft H_c Oersted		Perme-abilität μ		Energieinhalt $\dfrac{B \cdot H_{max}}{8\,\pi}$ Erg cm³	
	max. etwa	min. etwa	max. etwa	min. etwa	max. etwa	min. etwa	max. etwa	min. etwa
Wolfram-Stahl . . .	11300	10200	67	59	145	139	13500	11500
Chrom-Stahl	11000	10000	63	57	146	140,5	12250	10750
Cobalt-Stahl (10 vH)	9000	7500	165	145	86,6	67,4	24000	20000
Cobalt-Stahl (15 vH)	9000	7500	195	175	73,3	63	28000	23000
Cobalt-Stahl (35 vH)	9500	8000	275	245	70,5	61	43000	34000

Cobalt-Magnetstähle (auch Stähle mit 35 vH Co) lassen sich durch Aluminium-Magnetstähle ersetzen (s. Fußnote [2] auf S. 2).

b) Elektromagnetismus.

Fließt durch einen Draht ein elektrischer Strom*), so ist der Draht ebenfalls von einem magnetischen Feld umgeben, als Folge des Stromdurchgangs. Die Kraftlinien 1 dieses elektromagnetischen Feldes ver-

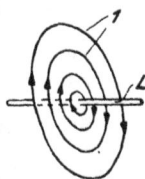 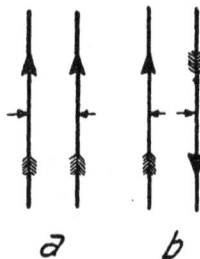 

Abb. 6.   Abb. 7.   Abb. 8.

laufen konzentrisch um den Leiter L (Abb. 6). Nord- und Südpole sind nicht vorhanden. Zwei parallel verlaufende Leiter ziehen einander an, wenn der Strom in den Leitern in gleicher Richtung fließt (Abb. 7a). Die Leiter stoßen sich ab, wenn der Strom in verschiedenen Richtungen fließt (Abb. 7b). Wird ein stromdurchflossener Leiter zu einer Spule (Abb. 8) zusammengerollt, so verlaufen die magnetischen Kraftlinien

*) Siehe Seite 8

axial durch die Spule. Wird in diese Spule ein Eisenstab aus weichem Eisen eingeführt, so durchfließen die Kraftlinien den Stab, und dieser wird zu einem Magneten, den man seiner Entstehungsursache nach Elektromagnet nennt. Der Stab verliert seine magnetischen Eigenschaften, sobald der Strom zu fließen aufhört, denn mit dem Strom verschwindet auch das elektromagnetische Feld. Führt man ein Stück Stahl in eine stromdurchflossene Spule ein, so wird der Stahl magnetisiert und bleibt magnetisch. Auf diese Weise können kräftige Dauermagnete hergestellt werden. Die Elektromagnete sind in der Wirkung viel kräftiger als Dauermagnete, denn durch größere Stromstärken oder durch eine größere Anzahl Windungen kann der Magnetismus verstärkt werden bis zu einer gewissen Grenze, die Sättigungsgrenze. (Siehe Magnetisierungskurven Abb. 5 u. 34.) Um die Pole des Elektromagneten zu bestimmen, hat man verschiedene Regeln aufgestellt. Man denkt sich beispielsweise den Eisenstab als Schraube oder Korkzieher mit Rechtsgewinde (Abb. 9) und dreht ihn in der Stromrichtung (a), dann gibt die axiale Bewegung (d. h. vorwärts oder rückwärts) die Richtung des magnetischen Kraftflusses (b) an. Da die Kraftlinien immer am Nordpol des Magneten austreten, ist hierdurch auch die Polarität bestimmt. Ein Stück Eisen 1, welches im Bereiche der Kraftlinien eines Magneten oder Elektromagneten 2 (Abb. 10) so angebracht ist, daß 1 von 2 angezogen werden kann, nennt man einen Anker.

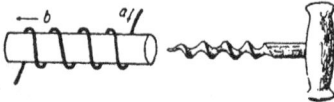

Abb. 9.

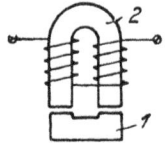

Abb. 10.

1. Gewöhnliche (neutrale) und gepolte Elektromagnete.

Beim gewöhnlichen Elektromagneten (Abb. 10) ist der Kern aus weichem Eisen, die anziehende Wirkung auf den Anker rührt lediglich vom Felde des die Spule durchfließenden Stromes her, wobei es nicht darauf ankommt, in welcher Richtung die Spule vom Strom durchflossen wird[1]). Eine Anziehung des Ankers findet bei Durchgang eines Stromes hinreichender Stärke immer statt. Ein gepolter Elektromagnet entsteht, wenn einem ursprünglich neutralen Elektromagneten 2 (Abb. 11) mit dem Anker 1 ein

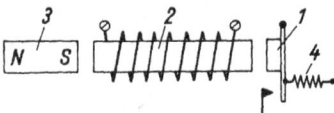

Abb. 11.

Dauermagnet 3 so zugeordnet wird, daß die Kraftlinien des permanenten Magneten über den Kern des Elektromagneten verlaufen und diesen magnetisieren. Mittels der Gegenkraft einer Feder 4 kann der Anker 1

---
[1]) Rinkel, R., Das magnetische Feld von Spulen. Z. techn. Phys. 6, 1925, 27—35.

so eingestellt werden, daß eine Anziehung nicht stattfindet, solange
der Elektromagnet 2 nur von dem Dauermagneten 3 magnetisiert
wird. Der Anker kann nur angezogen werden, wenn der Elektromagnet
vom elektrischen Strom bestimmter Richtung erregt wird, und zwar
bei einer solchen Stromrichtung, die ein Feld erzeugt, welches dem
Feld des Dauermagneten gleichgerichtet ist. Geht der Strom in entgegengesetzter Richtung durch die Wicklung des Elektromagneten,
so entsteht eine Schwächung des vom Dauermagneten herrührenden
Feldes; eine Ankeranziehung kann nicht stattfinden. Damit die Anker
nicht kleben bleiben, werden sie mit einem Klebestift aus nichtmagnetischem Metall versehen. Einen Elektromagneten, der nur auf ein-
bestimmte Stromrichtung anspricht, nennt man gepolt.

Ist der Kern des Elektromagneten 2 (Abb. 12) hufeisenförmig
und der Dauermagnet 3 polt das System so, daß die Kraft,
linien des Magneten 3 sich auf beide
Schenkel gleichmäßig verteilen, so wird
bei Stromdurchgang durch die Wicklung
des Elektromagneten der Magnetismus des
einen Schenkels verstärkt, der des anderen
geschwächt. Es weist je nach der Richtung
des Stromes der eine oder der andere
Schenkel stärkeren Magnetismus auf. Ein
vor den Polen des hufeisenförmigen Elektromagneten gelagerter, um die Achse 4 dreh-

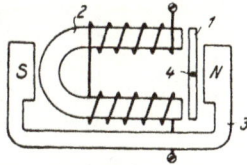

Abb. 12.

barer Anker 1 gerät in pendelnde Bewegung, wenn Strom wechselnder
Richtung durch die Elektromagnetwicklung geht. Diese Anordnung
wird bei gepolten Wechselstromweckern verwendet; siehe auch Abschnitt Wechselstromwecker.

2. Bifilare und differentiale Wicklungen.

Durchfließt ein Strom eine Spulenwicklung (Abb. 13) von 1 nach
2, von 2 nach 4 und von 4 zurück nach 3, so wird der Kern 5 nicht
magnetisiert, wenn die Windungszahlen in dem einen und dem anderen
Sinne gleich sind. Da die magnetisierende Kraft der ersten Wicklung
1—2, der der zweiten Wicklung 4—3 nach der Korkzieherregel entgegengesetzt gerichtet ist, heben sich bei gleicher Windungszahl die
Kräfte auf. Eine Wicklung, bei welcher die zwei Drähte für die Hin-
und Rückleitung des Stromes nebeneinander verlaufen, bezeichnet man
als bifilar.

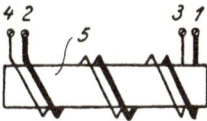

Abb. 13.

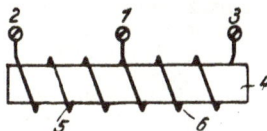

Abb. 14.

Die Differentialwicklung ist durch Abb. 14 erläutert. Wenn
beispielsweise die aus zwei vollständig gleichen Teilen 5 und 6 bestehende Wicklung von 2 nach 3 oder umgekehrt vom elektrischen

Strom durchflossen wird, so wird der Kern 4 einmal in der einen und
dann in der anderen Richtung magnetisiert. Geht der Strom jedoch
bei 1 in die Wicklung hinein, so teilt er sich zu je zwei gleichen
Hälften über 5 und 6 nach 2 bzw. 3, und es findet keine Magnetisierung des Kernes 4 statt.

In Abb. 15 ist ein Elektromagnet mit einem Anker 2 dargestellt, der als Dauermagnet ausgebildet ist. Geht durch Wicklung 1
Strom abwechselnder Richtung, so werden die Pole 3 und 4 abwechselnd Süd- bzw. Nordpol sein; der Anker wird, um 5 drehbar gelagert, zwischen 3 und 4 hin und her
pendeln.

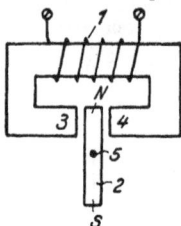

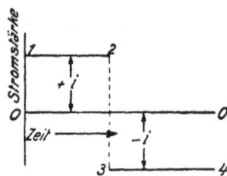

Abb. 15.   Abb. 16.

c) Der elektrische Strom und die Gleichstrom-
gesetze.

Die Bewegung, das Fließen der elektrischen Energie in einem Leiter
bezeichnet man als elektrischen Strom. Man unterscheidet grundsätzlich Gleichstrom, der in gleichbleibender Stärke und gleicher Richtung fließt, von Wechselstrom, der in gleichen Zeitabschnitten, meistens
Bruchteilen einer Sekunde, seine Richtung wechselt und innerhalb
jedes Zeitabschnittes seine Stärke nach einer bestimmten Gesetzmäßigkeit ändert. Der Gleichstrom kann, als Funktion der Zeit, durch eine
gerade Linie 1—2 (Abb. 16) parallel zur Nullinie 0—0 dargestellt werden. Wird die Richtung des Gleichstromes umgekehrt, so kann letzterer durch Linie 3—4 dargestellt werden, die wiederum parallel zur
sog. Abszissenachse 0—0 verläuft.

1. Die Grundeinheiten und das Ohmsche Gesetz.

Die Elektrizität hat weder Gewicht noch Ausdehnung und kann
somit nur an den Wirkungen, die ein Strom ausübt, gemessen werden.
Als Stromeinheit wird das Ampere (A) angenommen. Ein Ampere ist
diejenige Stromstärke, die beim Durchgang durch eine Silbernitrat-
lösung in einer Sekunde 0,001118 g Silber niederschlägt. 1 Milliampere
(mA) = $^1/_{1000}$ Ampere.

Wenn durch eine Röhre Wasser fließt, so wird die Wasserstromstärke von dem Druck abhängen, mit welchem das Wasser durch die
Röhre gedrückt wird. Ist der Druck stärker, so ist bei gleicher Rohr-
weite auch die Wasserstromstärke größer. Dieselben Verhältnisse liegen
auch beim elektrischen Strom vor, nur mit dem Unterschied, daß bei
der Wasserströmung der Widerstand von dem Rohrdurchmesser, d. h.
der lichten Weite und Beschaffenheit der inneren Rohrwandungen ab-

hängt, bei elektrischer Strömung außer dem Durchmesser auch noch das Material des Leiters eine Rolle spielt. Der Druck bei Wasserströmung wird in Meter-Wassersäule gemessen oder in Kilogramm je Quadratzentimeter. 10 m Wassersäule entsprechen einem Druck von 1 kg je Quadratzentimeter, auch Atmosphäre genannt. Der Druck bei elektrischer Strömung wird in Volt gemessen, der elektrische Widerstand in Ohm (Ω)*). Die Grundeinheiten der strömenden Elektrizität sind somit

Ampere, Volt, Ohm.

Der in Ohm gemessene elektrische Widerstand entspricht dem Reibungswiderstand des Wassers in der Röhre und bedingt einen Spannungsverlust in Volt, ebenso wie der Reibungswiderstand der Röhre bei Wasserströmung einen Verlust in der Strömungsgeschwindigkeit des Wassers verursacht. Je größer Stromstärke und Widerstand, um so größer der Spannungsverlust. Wir können sagen

Volt = Ohm × Ampere.

Bezeichnet man die Anzahl Volt mit U, die Anzahl Ohm mit R und die Anzahl Ampere mit I, so kann man schreiben:

$$U = R \cdot I \text{ oder } I = U : R \text{ oder } R = U : I.$$

Dieses sind die drei Formen des Grundgesetzes (Ohmsches Gesetz) der strömenden Elektrizität.

Die Elektrizitätsmenge, die einen Leiter durchfließt, wird in Coulomb (Q) gemessen, und es stellt ein Coulomb diejenige Elektrizitätsmenge dar, die in 1 Sekunde den Leiter durchfließt, wenn die Stromstärke 1 Ampere beträgt. (Die Wassermenge, die eine Röhre durchfließt, wird in Liter gemessen.) 1 Coulomb ist somit

1 Ampere × 1 Sekunde = 1 Amperesekunde.

Fließt in einem Leiter ein Strom von 10 Ampere während 1 Stunde = 60 × 60 Sekunden, so haben den Leiter 10 × 60 × 60 = 36000 Coulomb durchströmt; bei 1 Ampere und 1 Stunde, d. h. 1 Amperestunde (Ah) wären 3600 Coulomb.

Beispiel: Ein Mikrofon mit 30 Ohm Widerstand wird an eine Batterie, bestehend aus zwei hintereinander geschalteten Trockenelementen, gelegt, d. h. an eine Spannung von 2 × 1,5 Volt = 3 Volt. Welcher Strom geht durch das Mikrofon?

Nach dem Ohmschen Gesetz ist

$I = U : R$; oder $I = 3 : 30 = 0,1$ Ampere = 100 Milliampere.

Beispiel: An eine Spannung von 6 Volt soll ein solcher Widerstand gelegt werden, daß die Stromstärke 5 Milliampere beträgt.

5 Milliampere = 0,005 Ampere.

Nach der Formel 3 (oben) ist der Widerstand

$$R = U : I = 6 : 0,005 = 6 : \frac{5}{1000} = \frac{6 \cdot 1000}{5} = 1200 \text{ Ohm.}$$

Beispiel: In einem Stromkreise sind ein Mikrofon von 300 Ohm Widerstand und eine Leitung von 100 Ohm eingeschaltet. Wie groß

*) Das Ohm ist gleich dem Widerstand einer Quecksilbersäule von 106,3 cm Länge bei 0° Cels., einem Gewicht von 14,4521 g und 1 mm² Querschnitt.

muß die Spannung sein, damit das Mikrofon von 60 Milliampere durchflossen wird?

Es sind 60 Milliampere = 0,060 Ampere.

Nach der Formel 1 (oben) ist

$$U = R \cdot I = (300 + 100) \cdot 0,06 = 400 \cdot 0,06 = 24 \text{ Volt.}$$

2. Der elektrische Widerstand.

Bei Drähten, die als Stromleiter Verwendung finden, ist der Widerstand um so größer, je länger und dünner der Draht ist. Auch ist, wie bereits erwähnt, der Widerstand abhängig vom Material des Drahtes. Mathematisch ausgedrückt ist

$$\text{Widerstand} = \frac{\text{Länge}}{\text{Querschnitt}} \times \text{Materialkonstante}$$

$$R = \frac{l}{q} \cdot \varrho.$$

Die kleinste Materialkonstante hat Silber, an zweiter Stelle steht Kupfer. Diese Konstante ϱ wird als „spezifischer Widerstand" bezeichnet. In nachstehender Zahlentafel sind die Materialkonstanten einiger Metalle und Mischmetalle angegeben[1]).

Der Widerstand eines Drahtes ändert sich auch mit der Temperatur (siehe Temperaturkoeffizient a). Als Temperaturkoeffizient wird die Zunahme bzw. Abnahme des Widerstandes (je 1° C) mit der Temperatur bezeichnet. Metalle haben einen positiven Temperaturkoeffizienten, d. h. der Widerstand wächst mit der Temperatur. Kohle hat einen negativen Temperaturkoeffizienten.*)

Hat ein Metall, z. B. ein Draht aus Eisen bei 15° C einen Widerstand von 5 Ohm, so hat er bei 50° C einen Widerstand von

$$R_{50} = R_{15} \cdot (1 + at),$$

wobei t die Temperaturerhöhung, im vorliegenden Fall 50° — 15° = 35, bedeutet. Für Eisen ist der Tabelle für a der Wert 0,0047 zu entnehmen. Es ist also:

$$R_{50} = 5\,(1 + a \cdot t) = 5\,(1 + 0,0047 \cdot 35) = 5\,(1 + 0,164) = 5 + 0,820$$
$$= 5,820 \text{ Ohm.}$$

Der reziproke (oder umgekehrte) Wert des Widerstandes ist die Leitfähigkeit. Die Einheit der Leitfähigkeit ist 1 Siemens (S). Ist der Widerstand 0,1 Ohm, so beträgt die Leitfähigkeit 1 : 0,1 = 10 Siemens.

5 Ohm entsprechen einer Leitfähigkeit von $1 : 5 = \dfrac{1}{5} = 0,2$ Siemens.

Beispiel: Wie groß ist der Widerstand R_1 von 1 m Draht, wenn 150 m einen Widerstand R_2 von 2 Ohm haben?

Der Widerstand von 1 m ist der 150. Teil des Widerstandes vom ganzen Draht,

$$R_1 = R_2 : 150 = 2 : 150 = {}^1/_{75} \text{ Ohm.}$$

[1]) Klein, G., Beiträge zur Kenntnis von Widerstandsmaterialien. ETZ 45, 1924, 300—302. — Schulze, A., Elektrische Widerstandsmaterialien. Helios F. Lpz. 39, 1933, 173—74.
*) Über negative Widerstände s. Seite 14.

Spezifischer Widerstand und Temperaturkoeffizient von einigen Metallen.

Stoff	Spezifischer Widerstand ϱ Ohm $\frac{mm^2}{m}$		Tempera-turkoeffi-zient α bez. auf 15° C	Leit-fähigkeit $\frac{m}{Ohm \cdot mm^2}$	Spez. Gew. $\frac{kg}{dm^3}$
Aluminium gewalzt	0,031	bei 20° C	0,0037	32,3	2,70
Blei	0,20	» 15° C	0,0037	5,0	11,37
Eisenblech	0,13	» 15° C	0,0046	7,7	7,86
Eisendraht (mittel)	0,143	» 20° C	0,0047	7,0	7,65
Kupfer (gut) . . .	0,01724	» 20° C	0,00393	58	8,89
» (Leitungs-)	0,01784	» 20° C	0,00381	56,1	8,89
Nickel	0,10	» 15° C	0,0042	10	8,9
Platin	0,094	» 15° C	0,00235	10,7	21,5
Quecksilber. . . .	0,9532	» 15° C	0,000873	1,049	13,55
Silber, weich . . .	0,0158	» 15° C	0,0036	63,5	10,55
Stahldraht	0,172	» 15° C	0,0052	5,8	7,9
Zink.	0,0625	» 20° C	0,0039	16,0	7,2

Spezifischer Widerstand und Temperaturkoeffizient von Mischmetallen.

Stoff			Tempera-turkoeffizient	Leit-fähigkeit	Spez. Gew.
Aluminiumbronze: (Cu u. 5% Al) .	0,13	bei 15° C	0,0005 bis 0,001	7,5 bis 3,5	8,4
(Cu u. 10% Al) .	0,29	» 15° C	0,0005 bis 0,001	3,5	7,65
Messingdraht: (30% Zn) . . .	0,085 » 15° C —0,065 » 15° C		0,0012 bis 0,002	12 bis 15	8,3
Resistin (Cu-Mn) .	0,51	» 15° C	$+ 2,0 \times 10^{-8}$	1,97	—
Manganin: (Cu-Ni-Mn)	0,42	» 15° C	$- 3,0 \times 10^{-6}$	2,35	8,43
	0,43	» 15° C	bis — 8,0 $\times 10^{-6}$	2,35	8,43
Konstantan (Cu-Ni)	0,488	» 15° C	$- 5,0 \times 10^{-6}$	2,05	8,8
Nickelin I (Cu-Ni) .	0,41	» 15° C	0,000020	2,4	8,88
»	0,43	» 15° C			
Nickelin (Cu-Ni-Zn)	0,40	» 15° C	0,00022	2,5	8,75
Rheotan (Cu-Ni-Zn)	0,47	» 15° C	0,00023	2,1	8,55
Kruppin (Fe-Ni) .	0,85 bis 0,86	» 90° C	0,00073 bis 0,00069	1,17	8,09

Beispiel: Etwa 45 m Draht von 1 mm Durchmesser (0,785 mm² Querschnitt) haben einen Widerstand von 1 Ohm*), wie groß ist der

*) Man merke sich diese Größenordnung: Kupferdraht 1 mm φ, 1 Ohm 45 m, versäume jedoch nicht in Rechnungen den Querschnitt an Stelle des Durchmessers einzusetzen.

Widerstand eines Drahtes gleicher Länge und gleichen Materials be
0,6 mm Durchmesser (= 0,283 mm² Querschnitt)?

Nach der Formel auf S. 10 ist der Widerstand R umgekehrt pro
portional dem Querschnitt q. Die Widerstände zweier Drähte von
Querschnitt q_1 und q_2 verhalten sich bei gleichem Material (ϱ) und glei
cher Länge l wie:

$$\frac{R_1}{R_2} = \frac{q_2}{q_1} \quad \text{weil} \quad \frac{R_1}{R_2} = \frac{(l \cdot \varrho)}{q_1} : \frac{(l \cdot \varrho)}{q_2},$$

d. h. bei gleichem Material umgekehrt proportional den jeweiligen Quer
schnitten. Ist also im vorliegenden Beispiel

$$R_1 = 1 \text{ Ohm} \qquad q_1 = 0,785 \text{ mm}^2 \qquad l = 45 \text{ m}$$
$$R_2 = \text{unbekannt} \qquad q_2 = 0,283 \text{ mm}^2 \qquad l = 45 \text{ m},$$

so errechnet man R_2 zu

$$R_2 = \frac{R_1 \cdot q_1}{q_2} = \frac{1 \times 0,785}{0,283} = \frac{0,785}{0,283} = 2,77 \text{ Ohm}.$$

Werden mehrere Widerstände aneinander gereiht, d. h. hinterein
ander geschaltet, so ist der Gesamtwiderstand gleich der Summe aller
Widerstände. In Abb. 17 ist der Gesamtwiderstand

$$R_g = R_1 + R_2 + R_3.$$

In einem Stromkreise, in welchem verschiedene
Widerstände R_1, R_2, R_3 hintereinander geschaltet sind,
fließt ein Strom

$$I = \frac{U}{R_1 + R_2 + R_3}.$$

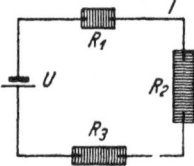

Dieser Strom ist in jedem Wider
stand des Stromkreises der gleiche,
unabhängig von dem Querschnitt,
denn es kann der Strom auf seiner
Bahn weder verloren gehen, noch
kommt welcher hinzu, und es kann
beispielsweise den Widerstand R_3
nur ein Strom von einer solchen
Stärke durchfließen, der auch durch
R_2 und R_1 geht, ebenso wie aus
dem Gefäß G (Abb. 18) durch die
Röhren mit den Querschnitten A, B und C in der Zeiteinheit die
gleiche Anzahl Liter Wasser fließt. Die Stromdichte, also die Strom
stärke auf 1 mm², bezogen, ist in dem dünneren
Draht allerdings größer als in dem dicken Draht.
Schaltet man in den Stromkreis der Abb. 17 an
Stelle des Widerstandes R_2 zwei Widerstände R_2
und R_3 (Abb. 19) von gleicher Länge, aber nur
halbem Querschnitt, so fließt wie vorher in dem
Gesamtstromkreis der gleiche Strom I, der sich
jedoch in R_2 und R_3 je zur Hälfte verzweigt.

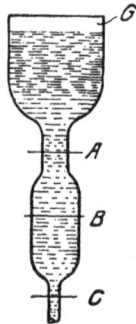

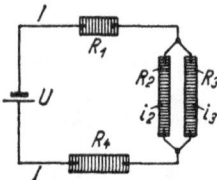

Kann in einer Schaltung der Strom ver
schiedene Wege nehmen, so sucht er vorzugs-

Abb. 17.

Abb. 18.

Abb. 19.

weise den Weg des geringsten Widerstandes, ebenso wie im magnetischen Kreis die Kraftlinien den Weg des geringsten Widerstandes bevorzugen. Um die Gesetzmäßigkeit für Stromverzweigungen zu finden, bedient man sich der Leitfähigkeiten. Die Leitfähigkeiten der Widerstände R_1 und R_2 sind $\dfrac{1}{R_1}$ und $\dfrac{1}{R_2}$. Bei Parallelschaltung kann man Leitfähigkeiten addieren und erhält somit die Gesamtleitfähigkeit:

$$\frac{1}{R} = \frac{1}{R_1} + \frac{1}{R_2} = \frac{R_2 + R_1}{R_1 \cdot R_2};$$

hieraus ist der Widerstand

$$R = \frac{R_1 \cdot R_2}{R_2 + R_1}.$$

Sind drei Widerstände R_1, R_2, R_3 parallel geschaltet, so ist

$$\frac{1}{R} = \frac{1}{R_1} + \frac{1}{R_2} + \frac{1}{R_3} = \frac{R_2\,R_3 + R_1\,R_3 + R_1\,R_2}{R_1 \cdot R_2 \cdot R_3};$$

hieraus

$$R = \frac{R_1 \cdot R_2 \cdot R_3}{R_1 \cdot R_2 + R_1\,R_3 + R_2 \cdot R_3}.$$

Beispiel: Die Batterie B (Abb. 20) habe 24 Volt Spannung. Wie groß sind die Teilströme in $R_1 = 3$ Ohm und $R_2 = 2$ Ohm?

Der Gesamtwiderstand ist:

$$R_g = \frac{R_1 \cdot R_2}{R_1 + R_2} = \frac{6}{5} = 1,2 \text{ Ohm}.$$

Nach dem Ohmschen Gesetz ist der Gesamtstrom

$$I_g = 24 : 1,2 = 20 \text{ Ampere}.$$

Die Teilströme i_1 in R_1 und i_2 in R_2 (Abb. 20) verhalten sich umgekehrt wie die Widerstände; also

$$i_1 : i_2 = R_2 : R_1 = 2 : 3$$

oder

$$i_1 = 2/3\,i_2.$$

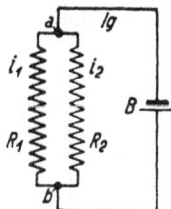

Abb. 20.

Der Gesamtstrom ist aber gleich der Summe der Teilströme:

$$I_g = i_1 + i_2 = 20 \text{ Ampere, woraus } i_1 = 20 - i_2.$$

Aus den beiden Gleichungen für i_1 ist

$$20 - i_2 = 2/3\,i_2; \quad i_2 + 2/3\,i_2 = 20;$$

$$\frac{5}{3}\,i_2 = 20 \text{ und } i_2 = 12 \text{ Ampere}.$$

Da aber $I = 20 = i_1 + i_2$ ist, so erhält man für i_1:

$$i_1 = 20 - 12 = 8 \text{ Ampere}.$$

Stoffe, die den elektrischen Strom nicht leiten und als Isolierstoffe[1]) bezeichnet werden, sind in umstehender Zahlentafel[2]) aufgeführt.

---

[1]) Hochwertiges Isoliermaterial. ETZ 54, 1933, 537—72, Sonderheft Isolierstoffe.

[2]) Siehe auch B a u r , Das Elektrische Kabel. Die angegebenen Werte gelten nur bis zur Durchschlagspannung.

Stoff	Rs
Luft	∞
Paraffin	34,0
Ebonit	28,0
Flintglas	20,0
Bester Siemens-Vulkan-Gummi	16,17
Gummi	10,9
Schellack	9,0
Guttapercha	0,45 bis 1,0
Gewöhnliches Glas . . .	0,91
Glimmer	0,084

Die spezifischen Widerstände (Rs) von Isolierstoffen sind so groß, daß man hier die Zahlen in Megohm (1 Megohm [$M\Omega$] = 1 000 000 Ohm) angibt, und zwar für einen Würfel von 1 cm Seitenlänge, dessen zwei gegenüberliegende Seiten mit metallischen Zuleitungen belegt zu denken sind.

Außer den in der Zahlentafel aufgeführten Stoffen sind folgende Isolierstoffe in Verwendung: Porzellan, Marmor, Papier, Seide, Baumwolle, Wolle, Jute, Asbest, Schiefer und verschiedene Öle.

Abb. 21.

Der Vollständigkeit halber sei hier noch auf einige besondere Widerstandselemente hingewiesen. Einiges Interesse verdienen heute die sogen. negativen Widerstände. Als solche bezeichnet man heute Widerstandselemente, die aus Urandioxyd gebaut sind (Osram Urdox-Ausgleichwiderstände) und die, wie die Kohle, einen negativen Temperaturkoeffizienten haben. Erwärmt sich bei Stromdurchgang das Urandioxyd-Stäbchen, Abb. 21, so nimmt sein Widerstand mit steigender Temperatur ab, und zwar bis zu etwa $^1/_{25}$—$^1/_{30}$ des ursprünglichen Wertes im kalten Zustand; im Temperaturgebiet von 20 bis 320° C entsprechend der Formel: $W = A e^{b/T}$ (wobei $A = 0,18$; $b = 1,87 \cdot 10^3$).

Die negativen Widerstände dienen bei Fernmeldegeräten zur Unterdrückung hoher Einschaltstromstöße, insbesondere in Verbindung mit einem Eisen-Wasserstoff-Widerstand. Die Anwendung der negativen Widerstände in der Fernmeldetechnik ist noch gering.

Größere Beachtung verdient der erwähnte Eisen-Wasserstoff-Widerstand, der in der Fernmeldetechnik für die Regelung kleiner Stromstärken (insb. in der Verstärkertechnik, s. d.) angewendet wird.

Der Eisen-Wasserstoff-Widerstand ist ein Eisendraht, der wie ein Glühlampendraht in einer mit Wasserstoff von bestimmtem Druck gefüllten Röhre, Abb. 22, angeordnet ist. Wird dieser Widerstand mit einem Fernmeldegerät an eine in bestimmten Grenzen veränderliche Spannung gelegt, so vermag er die an dem Gerät liegende Spannung konstant zu halten. Bei steigender Spannung wächst zunächst

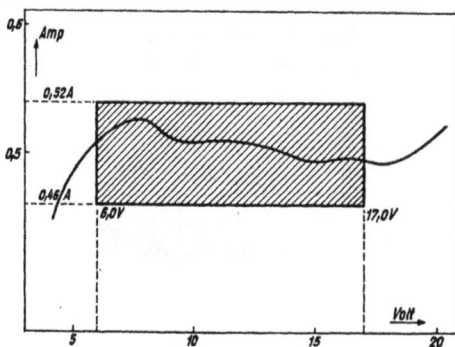

Abb. 22.   Abb. 23.

auch der Strom, der den Eisendraht erwärmt und dadurch den Widerstand des Drahtes erhöht. Infolgedessen erhöht sich aber auch der im Eisendraht auftretende Spannungsabfall. Durch geeignete Bemessung des Drahtes und des Gasdruckes in der Röhre läßt sich innerhalb gewisser Grenzen eine lineare Regelung des Spannungsabfalls als Funktion der Spannungsänderung erzielen oder in einem Stromkreis der Strom (bei Spannungsschwankung an der Stromquelle) konstant halten. Abb. 23 zeigt die Größenordnungen und die Grenzwerte.

Eine gewisse Bedeutung erlangten auch die Kohledruckwiderstände[1]) und sie können für ein Gesamtprojekt großer fernmeldetechnischer Anlagen in Frage kommen. Kohlestoff ist ein Halbleiter, dessen Widerstand zwischen 6 Ohm mm²/m und etwa 80 Ohm mm²/m schwankt, je nach Zusammensetzung des Kohlegemisches. Die Kohledruckwiderstände bestehen aus Säulen einer Vielzahl flach aufeinandergelegter runder Kohleplättchen. Der Übergangswiderstand zwischen diesen aufeinandergelegten Kohleplättchen ändert sich durch den auf eine solche Säule ausgeübten Druck in sehr weiten Grenzen, und zwar gehen diese Änderungen mit dem Druck augenblicklich vor sich. Wie aus der Abb. 24 zu ersehen, sind die Säulen an

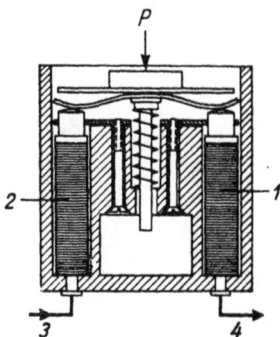

Abb. 24.

¹) Hoffmann, Fr., Kohledruckwiderstände. ETZ 58, 1937, 1111—15 u. 1138—42.

den Enden mit etwas stärkeren (verkupferten) Plättchen 1, 2 abgeschlossen und mit Stromzuführungen 3, 4 versehen. Diese Säulen
werden als durch Druck (P) veränderbare Widerstände in den zu

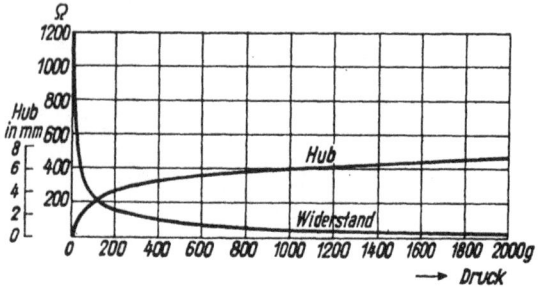

Abb. 25.

regelnden Stromkreis geschaltet. Die Abb. 24 zeigt den Aufbau eines
mechanisch betätigten Kohledruckreglers, und Abb. 25 zeigt in Kurvenform die mechanischen und elektrischen Vor-
gänge und die Größenordnungen.

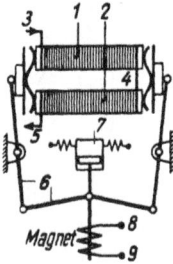

Abb. 26.

Ein Kohledruckregler kann auch elektromagnetisch betätigt werden. Die Abb. 26 zeigt
ganz schematisch den Grundgedanken eines
selbsttätig wirkenden Kohledruckreglers, der
z. B. in Abhängigkeit von einer Netzspannung
arbeitet, wenn die Spannung an die Wicklung
des Elektromagneten (8, 9) gelegt wird. Zu erwähnen ist noch, daß die Kohlesäulen sich
beim Zusammendrücken erwärmen, und daß
nach Aufheben des Druckes der Widerstand
wieder auf den ursprünglichen Wert zurückgeht.

3. Der Spannungsabfall.

Nach dem Ohmschen Gesetz ist

Volt = Ampere × Ohm; $U = I \cdot R$.

Den Ausdruck $I \cdot R$ nennt man allgemein Spannungsabfall. In
jedem Stromkreis findet ein Spannungsabfall, ein Spannungsverbrauch,
statt. Nimmt man an, daß eine Stromquelle und ein Widerstand zu
einem Stromkreis geschaltet sind und daß die Spannung am positiven
Pol einen Wert hat, der durch die Linie AD (Abb. 27) dargestellt
sei, die Spannung am negativen Pol dagegen durch die Strecke BC,
so ist die Gesamtspannungsdifferenz

$$AD + BC = ED.$$

Desgleichen kann man annehmen, daß am positiven Pol der Batterie eine Spannung ED gegenüber dem negativen Pol herrscht. Diese Spannung wird im Widerstand verbraucht, und zwar nach dem Ohmschen Gesetz $U = I \cdot R$. Der Spannungsabfall wird durch die Linie DC dargestellt. Die Linien EC oder AB stellen den Widerstand in Ohm und ED die Spannung in Volt dar.

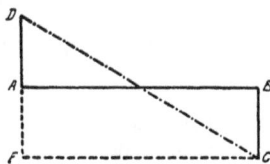

Abb. 27.

Die elektrische Spannung, die von einer Batterie oder einer Dynamo hervorgebracht wird, nennt man **elektromotorische Kraft**, EMK. Verbindet man die beiden Pole einer Stromquelle mit einem Draht, so erzeugt und unterhält die EMK in diesem Kreise einen Strom, der den äußeren Schließungsdraht und den inneren Widerstand der Stromquelle durchfließt. Der Spannungsausgleich (Verbrauch) findet also nicht nur im äußeren, sondern auch im inneren Widerstand statt. Der innere Spannungsabfall ist ein Verlust innerhalb des Stromerzeugers, und es ist aus diesem Grunde die Spannung an den Klemmen, die sog. Klemmenspannung, bei Stromentnahme immer kleiner als die EMK.

Die EMK ist für jede Batterie eine charakteristische Größe und wird bestimmt beispielsweise bei Elementen durch die chemische Natur der verwendeten Stoffe, ist aber unabhängig von der Größe der Elektroden, siehe S. 34. Die Klemmenspannung ist bei stromlosem Element gleich der EMK und bei Stromentnahme um so kleiner, je größer die Stromentnahme ist.

In der Abb. 28 ist der Spannungsabfall durch die Linie BCD dargestellt. AB ist die EMK, CF die Klemmenspannung, $BH = AB - CF$ ist der Spannungsabfall innerhalb des Elementes, während die Spannung FC im äußeren Stromkreise R_a verbraucht wird.

Bezeichnet man diese Klemmenspannung FC mit U, so ist $U = $ EMK $- (I \cdot R_i)$, wenn I der der Batterie entnommene Strom ist und R_i den inneren Widerstand der Batterie bedeutet. Ist der Strom I größer, so ist auch $I \cdot R_i$ größer und die Klemmenspannung U somit kleiner.

Beispiel: Es sind drei Widerstände a, b, c hintereinander geschaltet und an eine Spannung U gelegt, deren Größe der Linie AD (Abb. 29) entspricht. Der Spannungsabfall erfolgt nach der Linie

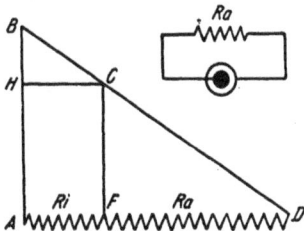

Abb. 28.

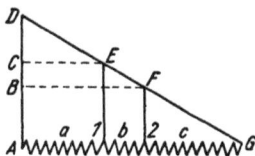

Abb. 29.

$DEFG$. Der die Widerstände durchfließende Strom ist $i = AD : (a + b + c)$. Es ist

der Spannungsabfall in $a = a \cdot i = DC$,
   „   „   „ $b = b \cdot i = CB$,
   „   „   „ $c = c \cdot i = BA$.

Mißt man die Spannung an den Enden eines jeden Widerstandes mit einem Spannungsmesser, so erhält man

zwischen A und 1 eine Spannung von CD Volt
   „   1 „ 2 „   „   „ CB „
   „   2 „ G „   „   „ AB „

Es sei $a = 3$ Ohm, $b = 5$ Ohm, $c = 1$ Ohm und $AD = 18$ Volt. Dann ist $i = 18 : (3 + 5 + 1) = 18 : 9 = 2$ Ampere.

$CD = 3 \cdot 2 = 6$ Volt, $BC = 5 \cdot 2 = 10$ Volt, $AB = 1 \cdot 2 = 2$ Volt.

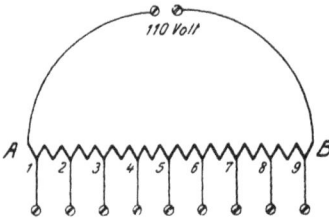

Abb. 30.

Auf dem Prinzip des Spannungsabfalles beruht der Spannungsteiler. In der Abb. 30 ist ein Widerstand AB an 110 Volt Spannung gelegt. Der Widerstand ist an verschiedenen Stellen 1, 2, 3 usw. angezapft und an Klemmen geführt, so daß eine große Anzahl verschiedener Spannungen zur Verfügung steht. Bei Spannungsteilern, die Spannungen verschiedener Größe unabhängig von der Stärke des entnommenen Stromes liefern sollen, ist darauf zu achten, daß der entnommene Strom nach Möglichkeit klein ist im Verhältnis zum Strom, der durch den Widerstand AB fließt.

4. Gesetze der Stromverzweigungen.

Im Stromkreis der Abb. 20 verzweigt sich der Strom I_g in zwei Teilströme i_1 und i_2. Nach dem I. Kirchhoffschen Gesetz ist in jedem Punkt einer Stromverzweigung die algebraische Summe der zu- und abfließenden Ströme gleich Null. Im Punkt a oder b ist immer $I_g - i_1 - i_2 = 0$ oder $I_g = i_1 + i_2$. Dieses Gesetz besagt, daß in jedem Stromverzweigungspunkte so viel Strom abfließen muß, wie Strom zufließt, denn eine Anhäufung kann nicht stattfinden. Das II. Kirchhoffsche Gesetz lautet: In allen Leitern einer Stromverzweigung, die zusammen einen geschlossenen Kreis bilden, ist die algebraische Summe der Produkte aus der Stromstärke in jedem Leiter und dem Widerstande desselben gleich der algebraischen Summe der in diesem Stromkreise vorhandenen elektromotorischen Kräfte. Hierbei sind die Stromstärken und elektromotorischen Kräfte gleichgerichteter Ströme mit demselben Vorzeichen, die entgegengesetzt gerichteten mit dem entgegengesetzten Vorzeichen zu versehen.

In dem Beispiel der Abb. 20 können drei geschlossene Stromkreise betrachtet werden, und zwar:

I. $I_g \cdot R + i_1 \cdot R_1 = U$ im Stromkreise B, a, R_1, b, B.
II. $I_g \cdot R + i_2 \cdot R_2 = U$ im Stromkreise B, a, R_2, b, B.
III. $i_1 \cdot R_1 - i_2 \cdot R_2 = 0$ im Stromkreise a, R_1, b, R_2, a.

Hierbei ist $R = \dfrac{R_1 \cdot R_2}{R_1 + R_2}$ und U die Spannung der Batterie B.

5. Die Stromwärme.

Die Wärmewirkung des elektrischen Stromes wird nach dem Jouleschen Gesetz bestimmt, welches besagt, daß die Zahl der Wärmeeinheiten, die durch einen Strom in einem Widerstand entwickelt werden, proportional ist diesem Widerstande, dem Quadrate der Stromstärke und der Zeit. Die Wärmeeinheit ist die Kalorie (kleine oder Gramm-Kalorie, Cal) und bedeutet diejenige Wärmemenge, die die Temperatur von 1 g Wasser (= 1 ccm Wasser) um 1° C erhöht. Bezeichnet man die Zahl der Kalorien mit K, den Widerstand mit R, die Stromstärke mit I und die Zeit in Sekunden mit t, so ist nach dem Jouleschen Gesetz $K = I^2 R \cdot t \cdot 0{,}24 = I \cdot I \cdot R \cdot t \cdot 0{,}24^*)$, oder wenn man für $I \cdot R$ die Spannung U setzt (siehe S. 9), so ist $K = I \cdot U \cdot t \cdot 0{,}24$ Kalorien. Die Leistung des elektrischen Stromes in einem Stromkreise wird durch das Produkt aus der Ampere- und Voltzahl bestimmt: 1 Volt × 1 Ampere = 1 Watt (siehe auch S. 30). Fließt in einem Leiter ein Strom von 5 Ampere und ist die Spannung an den Enden dieses Leiters 10 Volt, so leistet der Strom sekundlich eine Arbeit von 50 Wattsekunden; in 1 Stunde $50 \times 60 \times 60 = 180000$ Wattsekunden $= 180$ Kilowattsekunden $= \dfrac{180}{3600} = 0{,}05$ Kilowattstunden. Wird diese Arbeit in einem Widerstand in Wärme umgewandelt, so wird sekundlich eine der Arbeit 5×10 Wattsekunden entsprechende Wärmemenge erzeugt. Dasselbe Resultat erhält man nach dem Jouleschen Gesetz, da der Widerstand des Leiters 10 : 5 = 2 Ohm betragen muß und K Watt $= I^2 R = 5^2 \cdot 2 = 50$ Watt ergibt. Um die Leistung N des Stromes im mechanischen Maß in Kilogramm-Metern/s zu erhalten, rechnet man $N = \dfrac{U \cdot I}{9{,}81} \dfrac{\text{mkg}}{\text{s}}$. Es ist also 1 Watt $= {}^1/_{9{,}81} = 0{,}1019 \dfrac{\text{mkg}}{\text{s}}$, und da $75 \dfrac{\text{mkg}}{\text{s}} = 1$ PS (Pferdestärke), so ist 1 PS $= \dfrac{75}{0{,}1019} = 736$ Watt.

d) Induktion.

Wie bereits erwähnt, ist jeder stromdurchflossene Leiter von einem magnetischen Kraftfeld umgeben. Die Kraftliniendichte ist ein Maß für die Stärke des magnetischen Kraftfeldes, und dieses ist in

---

*) 0,24 Cal ist diejenige Wärmemenge, die erzeugt wird, wenn 1 Watt 1 Sekunde lang in einem Widerstand wirkt, d. h. also die einer Wattsekunde entsprechende Wärmemenge.

unmittelbarer Nähe des Leiters am größten. Bringt man einen Leiter b (Abb. 31) in die Nähe eines stromdurchflossenen Leiters a, so umschlingen die konzentrisch um den Leiter a verlaufenden Kraftlinien auch den Leiter b. Bewegt man den Leiter b in den Richtungen der

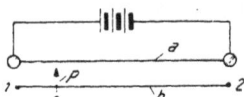

Abb. 31.

Pfeile p rasch hin und her, so entsteht erfahrungsgemäß in dem bewegten Leiter eine EMK. Es wird eine EMK induziert. Der Spannungsunterschied an den Enden 1 und 2 des Leiters b ändert ihre Polarität bei jeder Änderung der Bewegungsrichtung. Die EMK ist um so größer, je schneller der Leiter bewegt wird und je näher man an den Leiter a herankommt. Hieraus geht hervor, daß die Größe der in einem Leiter induzierten EMK proportional der Anzahl der vom Leiter in der Zeiteinheit geschnittenen Kraftlinien ist. Dabei ist es belanglos, ob der Leiter in bezug auf das magnetische Feld bewegt wird, oder ob das Kraftfeld sich in bezug auf den Leiter bewegt. Die gleiche Induktionswirkung findet statt, wenn das magnetische Feld von einem Dauermagneten oder einem Elektromagneten herrührt. Das magnetische Kraftfeld um einen Leiter ist nur so lange vorhanden, wie Strom durch den Leiter fließt; wird der Strom unterbrochen, so verschwindet auch das magnetische Feld. Es schrumpft gewissermaßen in sich zusammen. Beim Schließen des Stromkreises entsteht das Kraftfeld von neuem, indem es gleichsam aus dem Leiter herausquillt und nach Erlangen einer bestimmten Stärke, welche der jeweilig fließenden Stromstärke entspricht, unverändert bestehen bleibt. Da der Strom in einem Leiter niemals augenblicklich seinen vollen, aus Spannung und Widerstand bedingten Wert erreichen kann, sondern hierzu immer eine gewisse Zeit erforderlich ist, werden unmittelbar nach dem Stromschluß auch die magnetischen Kraftlinien sich nicht sofort in endgültiger Lage und Gestalt ausbilden, sondern sich vom Leiter aus in diese endgültige Lage verschieben bzw. beim Öffnen des Stromkreises sich aus der ursprünglichen Lage nach dem stromdurchflossenen Leiter hin bewegen. Die Kraftlinien werden somit beim Entstehen und beim Verschwinden des elektrischen Stromes den um den Leiter liegenden Raum in der einen oder anderen Richtung durchschreiten. Bringt man, wie im vorherigen Beispiel, in die Nähe des stromdurchflossenen Leiters a (Abb. 32) einen zweiten Leiter b, so wird

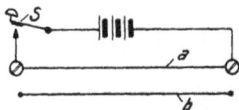

Abb. 32.

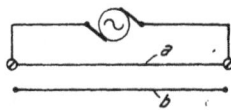

Abb. 33.

dieser beim Entstehen und Verschwinden des Stromes im Leiter a von den sich ausbreitenden oder wieder verschwindenden Kraftlinien geschnitten, und es wird im Leiter b (Abb. 32) wieder eine EMK induziert. Die Polarität dieser EMK ist beim Öffnen des Stromkreises eine andere als beim Schließen. Durch abwechselndes Schließen und Öffnen des Schalters S läßt sich eine Spannung wechselnder Richtung im Leiter b induzieren. Die gleiche Erscheinung findet statt, wenn an den Leiter a eine Wechselstromquelle angeschlossen wird (Abb. 33). Um eine Induktionswirkung hervorzurufen, ist es nicht erforderlich, daß der Strom im primären Draht a jedesmal bis auf Null abnimmt, sondern jegliche Stromschwankungen bedingen eine Veränderung im magnetischen Kraftfeld, und diese Veränderung bewirkt eine Induktion in dem Leiter, der sich im Bereich dieses veränderlichen Kraftfeldes befindet. Werden die Enden des Leiters b mit einem Draht zu einem Stromkreis verbunden, so fließt in diesem ein Strom — im vorliegenden Fall ein Wechselstrom.

In Wirklichkeit werden die Leiter a und b nicht in gestreckter Form nebeneinander gelegt, sondern in Form von 2 Spulen übereinander geschoben, da zur Erhöhung der Induktionswirkung die Leiter lang sein müssen. Die Induktionswirkung wird außerdem noch dadurch bedeutend gesteigert, daß man die Kraftlinien des magnetischen Feldes teilweise oder ganz in Eisen verlaufen läßt, da Eisen eine bedeutend größere magnetische Durchlässigkeit*) hat als Luft und sämtliche anderen Stoffe. Abb. 34 zeigt die Abhängigkeit der Kraftliniendichte B von den Amperewindungen $i \cdot n$ je cm Länge des Elektromagnets, die dazu erforderlich sind, um eine gewisse Kraftliniendichte B je cm² zu erzeugen. Mit Amperewindungen (AW) bezeichnet man das Produkt aus der

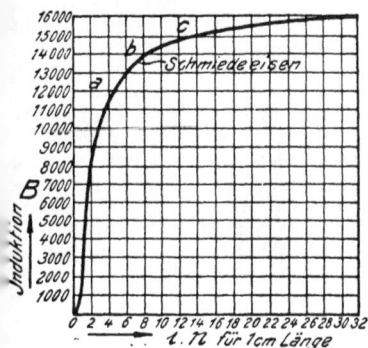

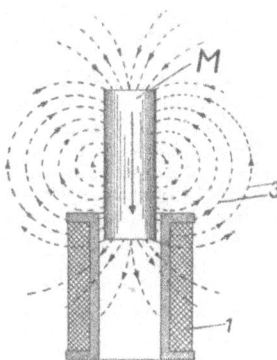

Abb. 34.   Abb. 35.

Anzahl Umwindungen n und der Stromstärke i, d. h.: 100 Umwindungen, durch welche 5 Ampere fließen, erzeugen dieselbe Kraftliniendichte B wie 5 Umwindungen, durch die 100 Ampere fließen, denn in beiden Fällen ist das Produkt $i \cdot n = 100 \times 5 = 5 \times 100 = 500$ AW. Aus der Schaulinie in Abb. 34 ist zu ersehen, daß bei Steigerung der Amperewindungszahlen $i \cdot n$ B nicht dauernd gleichmäßig steigt, sondern bei Punkt a langsamer zunimmt, noch langsamer bei b und nach Punkt c, d. h. bei

---

*) Siehe auch S. 3.

12 Amperewindungen, bereits keine wesentliche Zunahme zu verzeichnen ist; das Eisen ist nahezu gesättigt. Der Knick a-b-c dieser sog. Magnetisierungskurve wird auch als Knie bezeichnet.

Die Induktionswirkung kann auch mit Hilfe eines Dauermagneten oder Elektromagneten hervorgebracht werden (Abb. 35). Der Magnet M wird rasch in die Spule 1 eingesetzt und rasch wieder herausgehoben. Die Kraftlinien 3 schneiden hierbei die Windungen des Spulendrahtes. Führt man die Enden des Spulendrahtes über einen Stromzeiger, so kann bei jeder Bewegung von M ein kurzer Stromstoß beobachtet werden.

Die Richtung des induzierten Stromes kann am bequemsten nach der „Rechte-Hand-Regel" bestimmt werden. Man halte die rechte Hand im magnetischen Felde so, daß die Kraftlinien die innere Handfläche senkrecht treffen und der Daumen in die Bewegungsrichtung des Leiters zeigt, so zeigen die Fingerspitzen in die Richtung des induzierten Stromes.

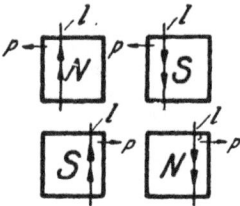

Aus der Abb. 36 ist der Zusammenhang zwischen Kraftlinienrichtung, Bewegungsrichtung und Richtung des induzierten Stromes (Pfeile an den Leitern) zu erkennen. Die Bewegungsrichtung des Leiters l ist durch die Pfeile p angedeutet. Bei Betrachtung der Abbildung ist zu beachten: Beim Nordpol treten die Kraftlinien (aus dem Papier) aus, beim Südpol treten sie ein.

Abb. 36.

Die Induktionserscheinung wird in der Technik zur Erzeugung von Maschinenstrom durch Gleich- und Wechselstromgeneratoren (siehe vierten Teil, Induktoren) verwendet, ferner um Wechselströme auf andere Spannungen umzuspannen. Zum Zwecke der Spannungswandlung werden die zwei Leiter in Form von Spulen über einen eisernen Kern gewickelt und in die primäre Spule der umzuspannende Wechselstrom geleitet. Der Sekundärspule kann sodann der umgespannte Wechselstrom entnommen werden. Die Spannungen U verhalten sich hierbei bei Wechselstrom wie die Windungszahlen n, d. h. $U_1 : U_2 = n_1 : n_2$. Hat die primäre Wicklung des Wandlers 100 Umwindungen und die auf demselben Kern angeordnete sekundäre Wicklung 1000 Umwindungen, so ist die Spannung an der Sekundärseite U_2 bei bekanntem U_1, z. B. 100 Volt, leicht zu berechnen:

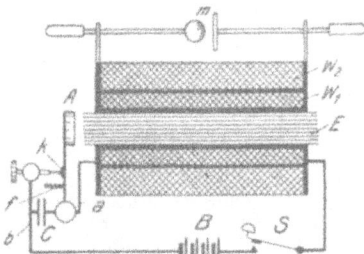

$$U_1 : U_2 = n_1 : n_2;$$
$$100 \text{ Volt} : U_2 = 100 : 1000;$$

hieraus erhält man

$$U_2 = 1000 \text{ Volt}.$$

Der Ruhmkorffsche Induktor (Abb. 37) ist ein bekannter Apparat zur Erzeugung hochgespannten Wechselstromes. Auf einem Eisenkern E

Abb. 37.

aus weichen, ausgeglühten Eisendrähten ist eine Wicklung W_1 aus verhältnismäßig dickem, isoliertem Kupferdraht in wenigen Windungen aufgebracht. Diese Wicklung ist über Leitung a, Unterbrecherkontakt k, Leitung b an eine Batterie B gelegt. Wird ein Schalter S geschlossen, so zieht Kern E den Anker A an. Hierdurch wird jedoch der Kontakt k geöffnet, so daß auch der Stromweg unterbrochen ist. Anker A wird wieder losgelassen und durch Federkraft (f) an den Gegenkontakt gelegt, wodurch der Stromkreis wieder geschlossen wird. Es arbeitet Anker A mit Kontakt k somit als Selbstunterbrecher. Bei Unterbrechung des Stromes am Kontakt k wird der Extrastrom (siehe S. 24) vom Kondensator*) C aufgenommen und hierdurch eine zu starke Funkenbildung am Unterbrechungskontakt k vermieden. Über die Wicklung W_1, auch Primärwicklung genannt, wird eine zweite Wicklung, die Sekundärwicklung W_2, eines langen, dünnen Drahtes mit sehr vielen Windungen gebracht.

Wie wir oben gesehen haben, ist die Spannung auf der Sekundärseite eines Spannungswandlers um so höher, je größer das Übersetzungsverhältnis, d. h. das Verhältnis der primären zur sekundären Windungszahl ist. An die Funkenstrecke m sind die Enden der sekundären Wicklung gelegt, und es kann die Länge der Funkenstrecke, die von der Sekundärspannung überbrückt wird, als Maß für die Höhe dieser Spannung dienen. Es werden Induktoren gebaut, die Funkenlängen von 1 m und darüber aufweisen und früher in der Funkentelegrafie Verwendung fanden. Für so große Induktoren sind besondere Primärstrom-Unterbrecher vorzusehen, zur gegenseitigen Isolation der Windungen des Induktors sind besondere Maßnahmen erforderlich.

1. Selbstinduktion.

Eine Spule (Abb. 38) mit 5 Windungen sei über einen Schalter s an eine Batterie B gelegt. Sobald Strom durch die Spule fließt, besteht ein elektromagnetisches Feld. Wird der Stromkreis durch s wieder unterbrochen, so verschwindet innerhalb eines Bruchteiles einer Sekunde auch das magnetische Feld. Wenn wir die Wirkung des von Windung 3 herrührenden Feldes betrachten, so ist offenbar mit dem Verschwinden des Feldes dieses Leiters eine Induktion in den Windungen 1, 2, 4 und 5 verbunden und bei weiterer Überlegung auch im Draht der Windung 3 selbst. Das gleiche gilt von Windung 4 gegen die restlichen usw. Beim Öffnen des Stromkreises wird somit durch das Verschwinden des magnetischen Kraftfeldes in sämtlichen Windungen der Spule, die das magnetische Kraftfeld hervorbrachte, eine EMK induziert, die man als EMK der Selbstinduktion bezeichnet — eine Wechselwirkung zwischen Strom und elektromagnetischem Feld.

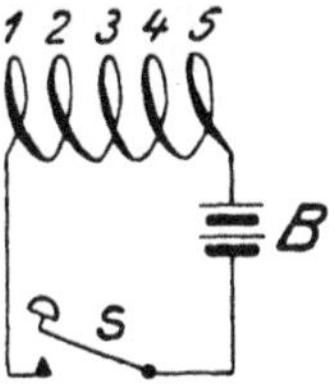

Abb. 38.

Die EMK der Selbstinduktion, die von einem Strom i in einer Spule mit der Selbstinduktion L erzeugt wird, ist von der Änderung des Stromes i in der Zeiteinheit abhängig:

$$e = - L \frac{di}{dt}.$$

_____

*) Siehe vierten Teil, Kondensatoren.

Das Minuszeichen bedeutet, daß die EMK der Selbstinduktion dem Strom i entgegenwirkt.

In einem Gleichstromkreise ist die Klemmenspannung

$U_1 = i \cdot r$, in einem Wechselstromkreise

$$U_2 = i \cdot r + L \frac{di}{dt}.$$

Aus diesen Gleichungen geht hervor, daß zur Erzeugung eines Stromes i in einer Spule vom Widerstand r eine Gleichspannung $U_1 = i \cdot r$ erforderlich ist und, um einen Wechselstrom i von der gleichen Stärke durch die Spule mit der Selbstinduktion L hindurchzuschicken, braucht man eine um $L \frac{di}{dt}$ größere Spannung U_2.

Wird die Spule mit einem Eisenkern versehen, so kann dadurch die Selbstinduktion bedeutend erhöht werden, und zwar um so mehr, je besser der Eisenschluß ist; denn dadurch, daß das magnetische Kraftfeld im Eisen verläuft, wird es sich bedeutend kräftiger ausbilden, d. h. größere Werte annehmen. Verläuft das magnetische Kraftfeld ganz in Eisen, wenn der Eisenkern geschlossen ist, so ist auch die Selbstinduktion am größten. Eine EMK der Selbstinduktion entsteht nicht nur beim Verschwinden des magnetischen Feldes, sondern auch beim Entstehen desselben. Die induzierte Spannung (und der Strom) ist beim Schließen des Stromkreises dem induzierenden Strom entgegengesetzt gerichtet, bei Stromunterbrechung fließt er jedoch in gleicher Richtung wie der induzierende Strom. Es ist somit der induzierte Strom, auch Extrastrom genannt, bestrebt, die bestehenden Stromverhältnisse aufrechtzuerhalten. Dadurch, daß der Extrastrom bei Unterbrechung des Stromkreises sich zum induzierenden Strom addiert, ist der Unterbrechungsfunke (Öffnungsfunke) bei induktiven Stromkreisen größer als der Schließungsfunke. Die Selbstinduktion ist proportional dem Quadrat der Windungszahl der Spule. Verdoppelt man die Windungszahl einer Spule, so wird hierdurch die Selbstinduktion vervierfacht. Um den Selbstinduktionskoeffizienten L einer Spule zu bestimmen, verwendet man am einfachsten eine Brückenmethode.*) Die Einheit der Selbstinduktion bezeichnet man mit Henry (H). Langgestreckte Drähte besitzen bei genügender Länge auch eine gewisse Selbstinduktion. Telegrafenleitungen aus Bronze oder Kupfer z. B. haben je km etwa $L = 0,003$ Henry, Eisendrähte etwa $L = 0,015$ Henry.

Rechnerisch ist der Selbstinduktionskoeffizient schwer zu bestimmen. Für eine dünne langgestreckte Spule (Länge etwa 25 mal so groß wie der Durchmesser) ohne Eisen ist

$$L = \frac{4\,\pi^2\,r^2\,N^2}{l \cdot 10^9}.$$

r = mittlerer Halbmesser, l = Länge der Spule, N = Windungszahl. Um bei Eisenspulen L zu bestimmen, muß B, die Kraftliniendichte, bekannt sein. Ist die Amperewindungszahl bekannt, so kann B der Schaulinie (Abb. 34) entnommen werden.

---

*) Vergleichsmessung, Brückenmessungen siehe Kapitel Messungen.

2. Wirbelströme.

Als Wirbelströme bezeichnet man die Ströme, die durch Induktion in ausgedehnten Metallmassen, z. B. massiven Eisenkernen, entstehen. Diese Wirbelströme, die bei Wechselstromapparaten, wie Induktoren, Wechselstromweckern usw., sehr lästig erscheinen, weil zu ihrer Erzeugung ein Aufwand elektrischer Energie erforderlich ist, der in nutzlose, manchmal gefährliche Wärme umgewandelt wird, lassen sich dadurch verhindern, daß man die Eisenmassen in der Richtung unterteilt (lamelliert), die quer zur Richtung der entstehenden Wirbelströme liegt. Zur Isolation genügt manchmal schon eine dünne Oxydschicht geglühter Drähte (siehe Ruhmkorffscher Induktor).

3. Drosselspulen.

In der Fernmeldetechnik benutzt man Selbstinduktionsspulen für verschiedene Schaltungszwecke. Man bezeichnet solche Spulen, die mit oder ohne Eisenkern gebräuchlich sind, als Drosselspulen (s. auch im vierten Teil den Abschnitt Drosselspulen).

Der scheinbare Widerstand einer Drosselspule ist für Wechselströme verschiedener Frequenzen verschieden und um so größer, je höher die Frequenz ist. Er wird durch den Selbstinduktionskoeffizienten L, der wiederum von der Windungszahl und der Beschaffenheit des Kernes abhängt, bestimmt.

Beispiel. Hat eine eisenlose Drosselspule ein L von 2 Henry und 300 Ohm Gleichstromwiderstand und ist sie an eine Wechselspannung von 1000 Perioden (Sprechstrom) gelegt, so bietet diese Spule dem Wechselstrom einen Widerstand, der nach der Formel:

$$R_w = \sqrt{R^2 + (2\pi f)^2 L^2} \text{ Ohm}$$

berechnet werden kann. Hierin bedeutet R*) den Gleichstromwiderstand, L den Selbstinduktionskoeffizienten und f die Frequenz des Wechselstromes. Im vorliegenden Beispiel ist:

$R^2 = 300^2 = 90\,000;$
$(2\pi f)^2 = (2 \cdot 3{,}14 \cdot 1000)^2 = (6280)^2 = 39\,400\,000;$
$L^2 = 4;\ L^2 \cdot (2\pi f)^2 = 4 \cdot 39\,400\,000 = 158\,000\,000;$
$R_w = \sqrt{90\,000 + 158\,000\,000} = 12\,600 \text{ Ohm.}$

Wir sehen hier bereits, daß der Gleichstromwiderstand (R^2) gegenüber dem zweiten Glied unter dem Wurzelzeichen fast keinen Einfluß auf den Gesamtwiderstand hat.

Bei einer kleineren Frequenz von $f = 50$ (Starkstrom-Wechselstromfrequenz) hat die Drosselspule einen geringeren Widerstand, der sich auf gleichem Wege errechnen läßt:

$R^2 = 300^2 = 90\,000;$
$(2\pi f)^2 = (2 \cdot 3{,}14 \cdot 50)^2 = (314)^2 = 98\,700;$
$L^2 = 4;\ (2\pi f)^2 L^2 = 4 \cdot 98\,700 = 396\,000;$
$R_w = \sqrt{90\,000 + 396\,000} = 697 \text{ Ohm.}$

*) Weitere Verluste sollen unberücksichtigt bleiben.

Bei Induktorwechselstrom von 15 Perioden ist:

$$R^2 = 90000; \quad (2\,\pi\,f)^2 = (2 \cdot 3{,}14 \cdot 15)^2 = 8840;$$
$$L^2 \cdot (2\,\pi\,f)^2 = 4 \cdot 8840 = 35400;$$
$$R_w = \sqrt{90000 + 35400} = 353 \text{ Ohm.}$$

Der Scheinwiderstand wird somit um so kleiner, je niedriger die Frequenz f des Wechselstromes ist. Ist $f = 0$, d. h. der Strom ein Gleichstrom, so ist in

$$R_w = \sqrt{R^2 + (2\,\pi\,f)^2\,L^2}$$

das Glied

$$(2\,\pi\,f)^2\,L^2 = 0 \quad \text{und} \quad R_w = \sqrt{R^2} = R.$$

Haben die Drosselspulen einen Eisenkern, so sind die Verhältnisse nicht mehr so einfach, denn durch die Wärmeverluste im Eisen verschieben sich die Werte des Widerstandes und der Selbstinduktion. Der sogen. äquivalente Widerstand ist größer als der wahre Widerstand und die äquivalente Selbstinduktion kleiner als die wahre Selbstinduktion, und zwar solange die Permeabilität (μ) unverändert bleibt.

Die Gesamtverluste bei der Ummagnetisierung im Eisen setzen sich zusammen aus den Hystereseverlusten v_h und den Wirbelstromverlusten v_w:

$$V = v_h + v_w.$$

Diese Verluste erfordern einen Aufwand an elektrischer Energie, die, wie erwähnt in Wärme umgesetzt wird. Nach einer von Steinmetz durch Versuche gefundenen Formel beträgt der Hysterese-Wattverlust für jede vollständige Ummagnetisierung zwischen $+ B$ und $- B$ je cm^3 Eisen

$$v_h = \eta \cdot B^{1{,}6} \cdot 10^{-7} \text{ Watt,}$$

wenn B die Induktion (Kraftlinien je cm^2 im Eisen) bedeutet; η ist eine Konstante und hat für Dynamoblech den Wert von etwa 0,0018. Für Sprechstrom von 1000 Perioden (= 1000 Hertz) ist

$$v_h = \eta \cdot B^{1{,}6} \cdot 10^{-4} \text{ Watt.}$$

Die Wirbelstromverluste (je cm^3) können nach der Formel

$$v_w = \beta \cdot f^2\,B^2 \cdot 10^{-7} \text{ Watt berechnet werden.}$$

Der Faktor β wird als Wirbelstromkoeffizient bezeichnet, f ist die Periodenzahl je Sekunde. Der Wirbelstromkoeffizient muß durch Versuche bestimmt werden, da er sich auch mit der Temperatur ändert.

Praktisch wird man so verfahren, daß man die Verluste für das Volumen des Eisenkernes auf dem Versuchswege bestimmten Schaulinien entnimmt.

e) Der Wechselstrom.

Der zeitliche Strom- und Spannungsverlauf technischer Wechselströme ist zumeist sinusförmig (Abb. 39). Die Sinuskurve erhält man, indem man einen Kreis k schlägt und den Durchmesser BC nach D verlängert. Der Kreis wird in gleiche Teile 1, 2, 3 usw. und die Linie von einem Anfangspunkt C aus in die gleichen Teile I, II, III usw. geteilt. Durch die Punkte I, II, III legt man senkrechte Linien und projiziert die Punkte 1, 2, 3, 4 in gezeichneter Reihenfolge nach 1', 2', 3' usw. Verbindet man die so erhaltenen Punkte durch eine Linie, so erhält man eine Sinuskurve.

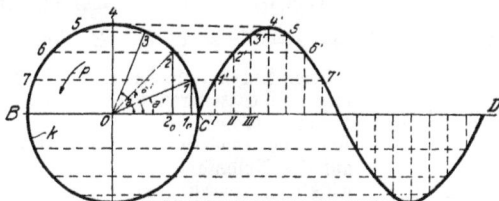

Abb. 39.

Man stelle sich vor, der Halbmesser $O—C$ des Kreises k drehe sich mit gleichmäßiger Geschwindigkeit um O in der Pfeilrichtung p. Nach einer gewissen Zeit erreicht der Halbmesser die Lage $O—1$. Die senkrechte Linie aus 1 auf OC, d. h. das Lot $1—1_0$ heißt trigonometrisch der Sinus des Winkels a^1, wenn $OC = 1$ angenommen ist. Der Abschnitt $O—1_0$ ist der Kosinus des Winkels a^1. Ebenso ist $2—2_0$ der Sinus und $O—2_0$ der Kosinus vom Winkel a^2 usw. Es stellen also die Linien I—1', II—2', III—3' usw. den Sinus der Winkel a^1, a^2, a^3 usw. dar.

Die physikalische Bedeutung der Sinuslinie ist folgende:

Dreht sich eine Leiterschleife s (Abb. 40) in einem homogenen magnetischen Felde $\mathfrak{H}$ um die Achse $a—b$ mit gleichmäßiger Geschwindigkeit, so ist die im Leiter induzierte EMK proportional der Anzahl der in der Zeiteinheit geschnittenen Kraftlinien. Es ist also die induzierte EMK am größten, wenn die Leiterschleife die waagerechte Lage durchläuft, da hierbei in der Zeiteinheit die größte Anzahl Kraftlinien (Z) geschnitten wird. Die Zahl der geschnittenen Kraftlinien ist $= 0$, wenn die Leiterschleife die senkrechte Lage durchläuft. Da die Zahl der ge-

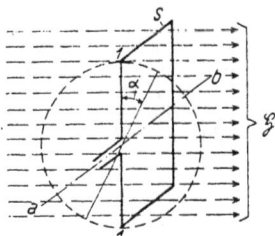

Abb. 40.

schnittenen Kraftlinien von 0 (in der Lage 1—1) bis zu Z (in der waagerechten Lage) mit dem Sinus des Winkels a zunimmt, ist die induzierte EMK

$$e = Z \cdot \sin a \, \frac{da}{dt},$$

wenn durch $\frac{da}{dt}$ die Geschwindigkeit der Änderung von a in bezug auf die Zeit t bezeichnet wird.

Bei gleichmäßiger Drehgeschwindigkeit ist der Winkel a aber immer proportional der Winkelgeschwindigkeit $\omega = 2 \pi n$ ($n =$ Umdrehungszahl) und der Zeit t; also

$$a = \omega\,t \text{ und } \frac{d\,a}{d\,t} = \omega.$$

Es ist dann $e = Z \cdot \sin \omega\,t \cdot \omega$. Bezeichnet man $\omega \cdot Z$ mit E, so ist $e = E \sin \omega\,t$ oder $e = E \sin a$. Dieser letzte Ausdruck besagt, daß die jeweils induzierte EMK dem Winkel a proportional ist. Ist $a = 0$ so ist e auch $= 0$. ist $a = \dfrac{\pi}{2} = 90^0$ so ist $e = E$. Somit ist E das Maximum der in verschiedenen Lagen induzierten EMK. Der sinus-

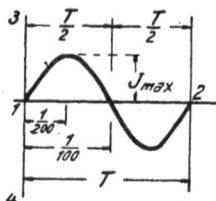

Abb. 41.

förmige Wechselstrom ändert also während der Dauer einer Sekunde nicht nur mehrmals seine Richtung, sondern auch seine Stärke. Wird auf der Nullinie 1—2 (Abb. 41) eines rechtwinkligen Koordinatensystems in der Richtung von 1 nach 2 in einem beliebigen Maßstabe die Zeit und in der Richtung 1—3 oder 1—4 (je nach der jeweiligen Stromrichtung) in ebenfalls beliebigem Maßstabe die Stromstärke zu den genannten Zeiten aufgetragen, so bekommt man die Wechselstromkurve. Beträgt die Stromstärke nach $^1/_{200}$ Sekunde, von einem gewissen Nullpunkt an gerechnet, I Ampere positiver Richtung, so wird dieser Wert nach oben von der Nullinie eingetragen. Nach $^1/_{100}$ Sekunde hört der Strom ganz zu fließen auf, er erreicht den Wert Null, fließt dann in der anderen, negativen Richtung, erreicht den maximalen (größten) negativen Wert bei $^3/_{200}$ Sekunden, um dann nach einer weiteren $^1/_{200}$ Sekunde wieder den Wert Null zu erreichen. In $^1/_{50}$ Sekunde hat der Strom somit alle positiven und negativen Werte durchschritten. Diesen Kurvenabschnitt bezeichnet man als eine Periode = 2 Stromwechsel = T = einer ganzen Welle. Da nach Abb. 41 die Strecke T der Linie 1—2 und diese wiederum dem Kreisumfang entspricht, indem man annimmt, daß der Halbmesser O—C (Abb. 39) um den Mittelpunkt O sich in der Pfeilrichtung dreht, so ist eine Wellenlänge gleich dem Umfang eines Kreises = 360^0 = $2\,\pi$, wenn $OC = 1$. Die Zeitdauer der positiven Halbwelle $\dfrac{T}{2}$ ist gleich der Zeitdauer der negativen Halbwelle $\dfrac{T}{2}$. Die Anzahl Perioden je Sekunde bezeichnet[1] man als die Frequenz des Wechselstromes = f.

Im Beispiel der Abb. 41 ist $f = 50$ und $T = \dfrac{1}{f} = \dfrac{1}{50}$ Sekunde.

Hieraus folgt $T \cdot f = 1$.

Technische Verwendung finden:

Maschinenstrom von $f = 16^2/_3$, 25, 50,
Kurbelinduktor „ „ = 15, 21 je nach dem Übersetzungsverhältnis des Vorgeleges,
Polwechsler „ „ = 25, 30,
Sprechströme „ „ = 300 bis 2000

[1]) Wallot, J., Elektrische und magnetische Einheiten. ETZ 55, 1934, 189—190. Internationale und absolute elektrische Einheiten. ETZ 57, 1936, 813—815.

und für besondere Zwecke (drahtlose Telegrafie, Telefonie, Hochfrequenztelefonie usw.) Frequenzen von $f = 10\,000$ und darüber. Den maximalen Wert des Wechselstromes nennt man seine Schwingweite. Die Wirkungen des Wechselstromes hängen von einem Mittelwert ab. Der gewöhnliche Mittelwert ist hier allerdings nicht anzuwenden, da sowohl magnetische Wirkungen als auch Wärmewirkungen vom Quadrate des Stromes abhängig sind. Als Stromstärke bezeichnet man deshalb den sog. quadratischen oder effektiven Mittelwert, den auch die gebräuchlichen Wechselstrom-Meßgeräte anzeigen. Bezeichnet man den maximalen Wert mit I_{max}, so ist der Effektivwert $I = I_{max}$ · 0,707. Die gleiche Sinusform hat die Wechselspannung, die von den gebräuchlichen Starkstrom-Wechselstromgeneratoren geliefert wird. Wird diese Wechselspannung an einen Widerstand, z. B. Glühlampen, gelegt, so schneiden Spannungs- und Stromkurve zur gleichen Zeit die Nullinie (Abb. 42 a). Man sagt: Strom und Spannung sind in Phase.

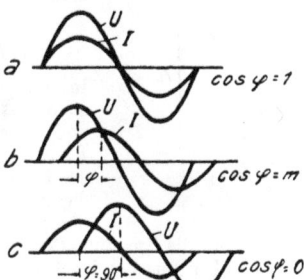

Abb. 42.

In der Abb. 42 b ist die Stromkurve I gegen die Spannungskurve U zeitlich, wie man sagt, in der Phase um den Winkel φ verschoben, und zwar eilt die Spannung um den Winkel φ dem Strom voraus, d. h. es erreicht die Spannung eher ihren Maximalwert als der Strom; die Zeit verläuft von links nach rechts.

Dieser Fall tritt ein, wenn eine Wechselspannung an eine Drosselspule (siehe S. 25) gelegt wird. Durch die Gegenkraft der Selbstinduktion ist der Strom in der Spule kleiner, als es durch den Ohmschen Widerstand bedingt wäre; es wird der Spannung ein größerer Widerstand entgegengesetzt.

Ist eine Wechselspannung an einen Kondensator (siehe S. 31) gelegt, so bleibt die Spannung am Kondensator in der Phase um 90^0 gegen die Stromstärke zurück, da, solange Strom in der gleichen Richtung zufließt, die Spannung am Kondensator steigen muß (Abb. 42 c).

Hat ein Stromkreis den scheinbaren Widerstand $\sqrt{R^2 + (2\,\pi\,f)^2\,L^2}$, so berechnet man den Strom nach dem Ohmschen Gesetz

$$I = \frac{U}{\sqrt{R^2 + (2\,\pi\,f)^2\,L^2}}.$$

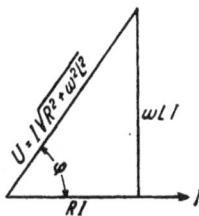

Abb. 43.

Hieraus ist $I^2\,(R^2 + \omega^2\,L^2) = U^2$ und $U^2 = I^2 R^2 + I^2\,\omega^2\,L^2$. Geometrisch ist die Spannung U die Hypotenuse eines rechtwinkligen Dreiecks mit den Katheten $R\,I$ und $\omega\,L\,I$ (Abb. 43). Den Winkel φ zwischen Spannung U und Strom I bezeichnet man als Phasenverschiebungswinkel. Aus dem Diagramm in Abb. 43 ergibt sich:

$$\omega\,L\,I = U \cdot \sin \varphi = e_w \quad \ldots \quad \text{(I)}$$
$$R\,I \quad = U \cdot \cos \varphi = e_r \quad \ldots \quad \text{(II)}$$

Multipliziert man die letzte Gleichung mit I, so erhält man

$$R\,I^2 = I \cdot U \cdot \cos \varphi = e_r\,I.$$

Dieser Ausdruck stellt die Leistung N des Wechselstromes I mit der Spannung U dar, wobei cos φ als Leistungsfaktor bezeichnet wird. Den Winkel φ kann man leicht berechnen, indem man die Gleichung I durch II dividiert

$$\frac{\omega\,L\,I}{R\,I} = \frac{\omega\,L}{R} = \frac{U \cdot \sin \varphi}{U \cdot \cos \varphi} = \text{tg } \varphi.$$

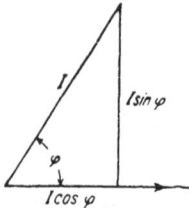

In analoger Weise wie in Abb. 43 kann man auch das Stromdiagramm zeichnen (Abb. 44) und nennt dann I sin φ den wattlosen Strom, I cos φ den Wattstrom, denn I cos φ fällt in der Richtung mit der Spannung zusammen, und dieser ist der die Leistung N hervorbringende Strom. I sin φ ist der Verluststrom der, um 90⁰ gegen die Spannung U verschoben, keine Nutzleistung abgibt.

Abb. 44.

Die Leistung des Wechselstromes ist also nicht unbedingt, wie bei Gleichstrom, das Produkt aus Strom und Spannung. Sind Strom und Spannung nicht zu gleicher Zeit im Maximum, so ist die Leistung gegeben durch Spannung × Strombetrag, der zur gleichen Zeit wirksam ist.

f) Elektrostatik.

Im Gegensatz zur Elektrodynamik, der Lehre von der strömenden Elektrizität, behandelt die Elektrostatik die Erscheinungen und die Gesetzmäßigkeiten der ruhenden Elektrizität, der elektrischen Ladungen. Man unterscheidet positive und negative elektrische Ladungen (Potentiale). Solche Ladungen können sich auf Leitern sowie auf Nichtleitern befinden. Besitzt ein Leiter eine elektrische Ladung, so hat diese Ladung auch ein elektrisches Feld, und die Kraftlinien des Feldes stehen senkrecht zur Oberfläche des Leiters. Die potentielle Energie der elektrischen Ladung übt eine Wirkung nach außen aus unter Vermittlung der Kraftlinien des elektrischen Feldes. Zwei gleichnamige Ladungen stoßen einander ab, zwei ungleichnamige Ladungen ziehen einander an. Die abstoßende oder anziehende Kraft kann nach dem Coulombschen Gesetz berechnet werden. Werden die Ladungen mit Q_1 und Q_2, die Entfernung zwischen diesen mit r bezeichnet, so ist die Kraft

$$P = c \cdot \frac{Q_1 \cdot Q_2}{r^2},$$

wobei c eine Konstante ist. Als Einheit der Elektrizitätsmenge wurde bereits auf S. 9 das C o u l o m b angegeben. Um einen Begriff von der Größe der elektrostatischen Elektrizitätsmenge von 1 Coulomb zu erhalten, sei hier erwähnt, daß zwei punktförmige Elektrizitätsmengen von je 1 Coulomb, die sich 1000 m voneinander befinden, eine Kraft von etwa 1000 kg aufeinander ausüben. Dieselbe Elektrizitätsmenge

ließt in einer Sekunde durch einen Draht, wenn der Strom 1 Ampere
beträgt.

Wenn wir eine isolierte Metallkugel mit einem Halbmesser von
r Meter mit einer Ladung Q versehen, so beträgt die Spannung auf
der Kugel

$$U = 9 \cdot 10^9 \cdot \frac{Q}{r} \text{ Volt.}$$

Ist U und r bekannt, so kann man die Ladung

$$Q = \frac{r}{9 \cdot 10^9} \cdot U \text{ Coulomb}$$

berechnen. Die Größe $r/9 \cdot 10^9$ (eine Konstante), wird als Kapazität
= Fassungsvermögen = C bezeichnet: $C = Q : U$. Die Kapazität einer
Kugel vom Halbmesser r beträgt

$$C = \frac{r}{9 \cdot 10^9} \text{ Farad.}$$

Eine Kugel, die eine Kapazität von 1 Farad hat, also durch 1 Coulomb
auf ein Volt geladen wird, hat einen Halbmesser $r = 9 \cdot 10^9$ Meter
= 9 000 000 Kilometer.

An einer Stelle eines elektrischen Feldes ist die Spannung 1 Volt
zu nennen, wenn an dieser Stelle die Elektrizitätsmenge von 1 Coulomb
die potentielle Energie von 1 Joule besitzt, d. h. die Ladung von
1 Coulomb mit einer solchen Kraft vom Feld fortgetrieben oder angezogen wird, daß hierbei eine mechanische Arbeit von 1 Joule gewonnen werden könnte. 1 Joule = 1/g = 1 : 9,81 Kilogrammeter.

g) Kondensatoren*).

Zwei Metallplatten, die durch eine Isolationsschicht (durch ein
Dielektrikum) getrennt sind, bezeichnet man als Kondensator. Wirkt
eine EMK auf ein Dielektrikum, so findet im Dielektrikum eine Verschiebung von Elektrizitätsquanten statt, die aber eine gegenelektro-
motorische Kraft hervorbringen, durch die eine weitere Verschiebung
unterbunden wird[1]). Wechselt die aufgedrückte EMK in Stärke und
Richtung, so fließt über das Dielektrikum infolge des Verschiebungs-
stromes ein Wechselstrom.

Um die Wirkung des Kondensators in einem Wechselstromkreise,
d. h. seine Stromdurchlässigkeit für Wechselstrom, zu verstehen, sei
ein Vergleich mit einem Versuch in der Hydrodynamik gemacht. In der
Mitte eines Zylinders z (Abb. 45), sei
eine vollkommen elastische Membran
m angebracht. Bewegt man den
Kolben a rasch hin und her, so
wird unter Vermittlung des elastischen Mediums C_1, C_2 und der
Membran m, der Kolben b genau die
gleichen Bewegungen ausführen wie

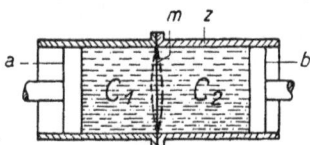

Abb. 45.

---

*) Siehe auch vierten Teil, Kondensatoren.
[1]) Lübben, K., Anomales Verhalten des Dielektrikums von Kondensatoren bei Gleich- und Wechselstrom. Z. Fernmeldetechn. 3, 1922, 40—44.

der Kolben a, d. h. obgleich die beiden Hälften der Zylinderfüllung durch eine elastische Membran voneinander getrennt sind, wird der Druckzustand und der Entspannungszustand des Mediums C_1 auf das Medium C_2 und die Arbeit des Kolbens a auf den Kolben b übertragen.

In der Abb. 46 ist zwischen zwei Metallbelegungen 1 und 2 eine Isolierschicht 3, ein Dielektrikum, angeordnet. Ist an 1 z. B. in einem

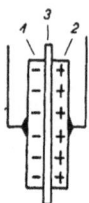

Abb. 46.

Augenblick eine negative Ladung wirksam, so influenziert dieser negative Belag durch das Dielektrikum auf 2 eine positive Ladung oder, wie man sich das noch anders deuten kann, die negative Ladung auf 1 hält auf 2 eine gleich große positive Ladung gebunden — der negative Rest von 2 kann abwandern. Wird die an 1 liegende Ladung gleich 0, so wandert die vorher gebundene Ladung von 2 ebenfalls ab. Lädt sich der Metallbelag 1 positiv, so wird auf 2 eine gleich große negative Ladung gebunden und eine gleich große positive frei usw. Es hat also nach außen hin den Anschein, als ob sich Ladungen durch das Dielektrikum verschieben würden. Man nennt daher den Vorgang „dielektrische Verschiebung" und den Strom „Verschiebungsstrom".

Ein Kondensator ist somit für Wechselstrom durchlässig und sein scheinbarer Widerstand um so kleiner, je höher die Frequenz des Wechselstromes ist. Legt man Gleichstrom an einen Kondensator, so wird er geladen, und zwar auf eine Spannung, die der angelegten Spannung gleich ist. Der geladene Kondensator sperrt mit dieser gleichgroßen Gegenspannung den weiteren Stromdurchgang.

Die Stromdurchlässigkeit des Kondensators hängt außer von der Frequenz des Wechselstromes auch noch von seinem Fassungsvermögen, der Kapazität, ab, und diese wiederum ist um so größer, je größer die Flächen und je dünner die (dielektrische) Isolationsschicht ist. Auch hat der Stoff des Dielektrikums Einfluß auf die Kapazität.

Die Kapazitätseinheit ist das Farad (F). Der millionste Teil eines Farad, ein Mikrofarad $(\mu F) = 10^{-6}$ Farad ist für die Fernmeldetechnik als gebräuchlichste Einheit zu betrachten.

Bezeichnet man mit U die Spannung zwischen zwei Platten eines Kondensators von der Kapazität C so ist die Ladung $Q = C \cdot U$ und die Kapazität $C = Q/U$. Die elektrische Energie ist gegeben durch das Produkt aus Ladung und Spannung:

$$W_e = \frac{1}{2} Q \cdot U.$$

Da aber $Q = C \cdot U$, so ist

$$W_e = \frac{C \cdot U^2}{2}$$

gemessen in Joule.

Die elektrische Feldstärke ist die Zahl der elektrischen Kraftlinien je Flächeneinheit (cm²). Zwischen zwei parallelen Platten in r cm Entfernung mit der Ladung Q und der Fläche F besteht eine Feldstärke

$$\mathfrak{E} = 4\pi \frac{Q}{F}.$$

Die Feldstärke $\mathfrak{E}$ als Spannungsgradient $\mathfrak{E} = dU/dr$ ist für zwei parallele Platten $\mathfrak{E} = U/r$ und

$$\frac{U}{r} = \frac{4\pi Q}{F} \text{ oder } \frac{r}{U} = \frac{F}{4\pi Q} \text{ und } \frac{Q}{U} = \frac{F}{4\pi r}.$$

Nun ist aber $Q : U = C$, also

$$C = \frac{F}{4\pi r}$$

in absoluten Maßen (cm) ausgedrückt. Im praktischen Maßsystem ist bei einer Dielektrizitätskonstanten k des Dielektrikums

$$C = k \cdot \frac{F}{4\pi r} \cdot \frac{1}{9 \cdot 10^{11}} \text{ Farad.}$$

Kennt man also die Fläche F der Platten in cm², die Entfernung r der Platten voneinander in cm sowie die Dielektrizitätskonstante k des Dielektrikums, so kann man die Kapazität eines Plattenkondensators berechnen.

Verhältnismäßig einfach läßt sich noch die Kapazität eines Zylinderkondensators berechnen. Praktisch wird man Kapazitäten am zweckmäßigsten durch Vergleichsmessung mit einem Normalkondensator feststellen.

Nachstehend sind die Dielektrizitätskonstanten (bezogen auf das Vakuum = 1) einiger gebräuchlichen Isolierstoffe angeführt:

Ebonit — 2,0 bis 3,0	Kautschuk — 2,12	Paraffin — 1,9 bis 2,2
Flintglas — 6,6 bis 9,9	Kautschuk (vulkan.)—	Porzellan — 4,4 bis 5,3
Glimmer — 4 bis 8	2,69	Wandleröl — 2,2 bis
Guttapercha — 2,8 bis	Luft (20° C) — 1,00053	2,5
4,2	Papier — 1,8 bis 2,6	Schwefel — 2,42

h) Wechselstromkreis mit Selbstinduktion und Kapazität.

Ist in einem Stromkreis ein Kondensator von der Kapazität C Farad eingeschaltet und beträgt der Gleichstromwiderstand R Ohm, so berechnet sich der Gesamtwiderstand aus der Formel:

$$R_g = \sqrt{R^2 + \frac{1}{(2\pi f)^2 C^2}} \text{ Ohm.}$$

Aus dieser Formel ist zu ersehen, daß der Widerstand um so kleiner ist, je höher der Wert von C und f ist.

Den Kondensatorwiderstand allein berechnet man aus der Formel:

$$R_e = \frac{1}{2\pi f C}.$$

Beispiel: Ist $C = 2\ \mu F = 2 \cdot 10^{-6}$ Farad, so ist bei einer Periodenzahl von $f = 800$

$$R_e = 1 : (2\pi \cdot 800 \cdot 2 \cdot 10^{-6}) = 100 \text{ Ohm.}$$

Besitzt ein Stromkreis Selbstinduktion und Kapazität in Hintereinanderschaltung, so errechnet man den Gesamtwiderstand aus der Formel:

$$R_g = \sqrt{R^2 + \left(2\,\pi\,f\,L - \frac{1}{2\,\pi\,f\,C}\right)^2}.$$

Es kann vorkommen, daß für bestimmte Werte von L und C und eine bestimmte Periodenzahl die Differenz:

$$2\,\pi\,f\,L - \frac{1}{2\,\pi\,f\,C} = 0 \text{ wird.}$$

Für diesen Fall ist der gesamte Widerstand gleich dem Ohmschen Gleichstromwiderstand R. Diesen Fall nennt man Resonanz.

Aus der Formel:

$$2\,\pi\,f\,L = \frac{1}{2\,\pi\,f\,C}$$

kann der Wert für f, die Resonanzfrequenz, berechnet werden.

Aus $2\,\pi\,f^2\,L = \dfrac{1}{2\,\pi\,C}$ berechnet man

$$f^2 = \frac{1}{(2\,\pi)^2\,L\,C} = \left(\frac{1}{2\,\pi}\right)^2 \cdot \frac{1}{L\,C},$$

$$f = \frac{1}{2\,\pi} \cdot \sqrt{\frac{1}{L\,C}} = \text{die Resonanzfrequenz.}$$

Hieraus ist zu erklären, daß L und C enthaltende Stromkreise unter Umständen für einen Wechselstrom bestimmter Frequenz nur den Gleichstrom- (Ohmschen) Widerstand aufweisen.

Schaltet man n Kondensatoren mit einer Kapazität von je $C\,\mu F$ hintereinander, so beträgt die Gesamtkapazität $C_g = \dfrac{C}{n}\,\mu F$. Schaltet man die gleichen Kondensatoren parallel, so ist $C_g = C \cdot n\,\mu F$.

II. Stromquellen der Fernmeldetechnik.

a) Die primären oder galvanischen Elemente[1]).

Galvanische Elemente sind die ältesten Stromquellen, die in der Technik der elektrischen Telegrafie, des Fernsprechens und des elektrischen Signalwesens in großem Umfange gebraucht wurden. In Deutschland sind im Jahre 1938 über 300 Millionen Braunsteinelemente hergestellt worden.

Das erste galvanische Element (Cu—Säure—Zn) wurde vom ital. Physiker Volta 1794 gebaut. Es folgten Verbesserungen und neue Erfindungen von Daniell 1826, Bunsen 1841, Leclanché 1865.

---

[1]) Arndt, K., Ein halbes Jahrhundert Trockenelemente. ETZ 60, 1939, 1065—1067. — Jumeau, L., Die elektrischen Elemente nach den neuen Patentschriften. Rev. Gen. Electr. 45, 1939, 397—403.

In jedem primären Element wird chemische Energie in elektrische umgewandelt. Zu jedem Element gehören 2 Elektroden (Metalle, Kohle) und der Elektrolyt. Das galvanische Element gibt elektrischen Strom ab und verbraucht (zersetzt) dabei seine Elektroden im Elektrolyt. Ist das Elektrodenmaterial verbraucht, so hört auch die Stromabgabe auf. Durch sekundäre Prozesse innerhalb des Elementes und Verunreinigung werden jedoch Elemente unbrauchbar, bevor das Elektrodenmaterial aufgebraucht ist. Bei Betrachtungen über die Wirkungsweise der Elemente ist zu beachten, daß die chemischen Vorgänge, die der Ursprung der Stromabgabe sind, durch verschiedene Nebenerscheinungen begleitet sind. Unebene und unreine Zinkplatten oder Becher können lokale Zersetzungen im Element verursachen, die das Element, wie erwähnt, auch bei Nichtgebrauch vorzeitig zerstören. Das Amalgamieren (Auftragung einer Quecksilberschicht auf das Zink auf galvanischem Wege) verhindert diesen Vorgang zum Teil.

Ein anderer Vorgang, der bei der Zusammenstellung der Elemente berücksichtigt werden muß, ist die Polarisation. Diese besteht, kurz ausgedrückt, in der Bildung einer Gegenspannung innerhalb des Elementes, welche der ursprünglichen EMK entgegenwirkt und diese vermindert. Bei der Zersetzung des Elektrolyts wird in den meisten Elementen Wasserstoff gebildet. Da Wasserstoff in den chemischen Reihen zu einem Metall (in gasförmigem Zustande) zählt und Metalle im Element selbst in der Richtung des Stromes sich bewegen, wandern die Wasserstoff-Ionen zur Anode*) und werden dort als Moleküle abgeschieden. Dieser abgeschiedene Wasserstoff bildet mit dem Material der Anode ein elektrisches Paar mit einer EMK, die der EMK des Elements entgegengesetzt gerichtet ist. Je mehr Wasserstoff sich dann beispielsweise auf Kupfer oder Kohle ansammelt, um so größer wird die Gegen-EMK und um so kleiner die Klemmspannung des Elementes. Man sagt, das Element wird polarisiert. Dieser Vorgang der Polarisation kann unter Umständen sehr rasch vor sich gehen. In den früher in der Fernmeldetechnik viel gebräuchlichen Polarisationszellen (zwei Platindrähtchen in einem zugeschmolzenen Glasröhrchen mit angesäuertem Wasser, $H_2SO_4 + H_2O$) ging der Vorgang der Polarisation fast augenblicklich vor sich. Siehe auch Abschnitt „Alkalische Gegenzellen". Der Polarisationsstrom kann durch folgenden Versuch beobachtet werden (Abb. 47):

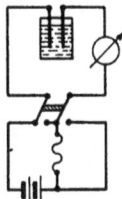

Abb. 47.

In ein Gefäß mit angesäuertem Wasser sind zwei Platindrähte getaucht. Aus der Batterie wird über einen Schalter ein Strom in diese Zelle gesandt. Nach kurzer Zeit legt man den Schalter um und beobachtet am Strommesser einen Strom, der in entgegengesetzter Richtung fließt als beim Laden der Zelle.

---

*) Als Anode bezeichnet man diejenige Elektrode eines galvanischen Elements, von welcher der Strom ausgeht (im inneren Stromkreis zufließt). Als Träger des Stromes wandern aber die Elektronen und negativ geladenen Ionen von der Kathode zur Anode (des äußeren Stromkreises), also entgegengesetzt der üblichen Stromrichtungsbezeichnung.

Bei den gebräuchlichen Elementen, in denen eine Polarisation zu befürchten ist, wird aus diesem Grunde der Anode ein Stoff beigefügt, der die Eigenschaft besitzt, den Wasserstoff zu binden, z. B. beim Beutel- und beim Trockenelement der Braunstein MnO_2, welcher, reich an Sauerstoff, den Wasserstoff zu Wasser oxydiert und selbst dabei auf eine niedrigere Oxydationsstufe reduziert wird. Diesen Vorgang nennt man Depolarisation und den betreffenden Stoff Depolarisator. Am wirksamsten sind die flüssigen Depolarisatoren, wie z. B. in Elementen mit zwei Flüssigkeiten das Kupfervitriol, welches durch eine chemische Reaktion den Wasserstoff bindet, wobei Kupfer als Metall ausgeschieden wird. Beim Luft-Sauerstoffelement wird der Sauerstoff der Luft als Depolarisator verwendet. Siehe S. 38.

Die gebräuchlichsten galvanischen Elemente[1]) sind die sog. Zink-Kohle- oder Braunsteinelemente. Das sind Zink-Salmiaklösung-Kohle-Zellen, ausgeführt als Beutelelement, als Trockenelement oder als Füll-(bzw. Lager-) Element mit Braunstein (MnO_2) als Depolarisator.

Der Strom fließt innerhalb des Elementes vom Zink zur Kohle und außerhalb des Elementes von der Kohle zum Zink. Je stärkere Ströme man dem Element entnimmt oder je länger man Strom entnimmt, um so mehr steigt der innere Widerstand des Elementes an, um so schneller sinkt die Spannung an den Klemmen, d. h. um so schneller wird das Element verbraucht.

Zink-Kohle-Elemente dürfen nicht dauernd unter starkem Strom stehen oder gar kurzgeschlossen werden, da sie dann längere Zeit brauchen, um sich zu erholen, d. h. zu depolarisieren. Elemente dürfen nicht warm stehen, sondern möglichst im Kellerraum bei mittlerer Temperatur. Reservelemente lagert man kalt, denn bei Trockenelementen geht auch bei offenen Klemmen ein Zersetzungsprozeß vor sich, und zwar um so schneller, je höher die Temperatur des Lagerraumes ist.

Elemente mit großen Elektroden und größeren Mengen an Elektrolyt können höhere Stromstärken abgeben oder sie geben geringere Ströme längere Zeit ab als kleine Elemente. Man sagt, die großen Elemente haben größere Kapazität. Die Spannung eines Elementes ist aber immer unabhängig von der Größe und nimmt ab mit dem Alter des Elementes.

Aus der Abb. 53 ist der Spannungsabfall einer flachen Taschenlampenbatterie (drei kleine Zink-Kohle-Elemente in Hintereinanderschaltung) zu ersehen, gemessen bei einer Entladung von täglich 10 Minuten über 15 Ohm äußeren Widerstand. Ist die Batterie bei 3 Volt Klemmenspannung noch brauchbar, so hat sie bei dieser Benutzungsart insgesamt 150 Minuten = 150:10 = 15 Tage vorgehalten.

1. Das Beutelelement (Abb. 48)

ist praktisch die heute gebräuchliche Ausführung des Leclanché-Elementes. Mittlere Spannung etwa 1,4 Volt. Die Kohle (Abb.49) ist mit der Depolarisationsmasse (Graphit und MnO_2) zu einem Zylinder ge-

---

[1]) Drücker, K., Galvanische Elemente und Akkumulatoren. Leipzig 1932, 425 S.

preßt, mit einem Nesseltuch od. dgl. umwickelt (Beutel) und ver-
schnürt. Das Zink wird in Form eines zylindrisch gerollten Bleches
verwendet. Um ein Kriechen des Salmiaksalzes einzu-

grenzen, ist der Kohlenstab in Paraffin
gekocht und das Glas am oberen Rande
paraffiniert. **Das Ansetzen des Beutelelementes** geschieht folgendermaßen. Das
Glas wird mit möglichst reinem Wasser
(besser destilliertes Wasser) bis zur Hälfte
gefüllt und die vorgeschriebene Menge
Salmiaksalz (z. B. 150 g für ein 25 cm
hohes Element und 75 g für ein 16 cm-
Element) in dem Wasser gelöst. Der Beutel
der Kohleelektrode muß etwa 1 cm über
den Elektrolyt hinausragen. Gebrauchte

Abb. 48.

Abb. 49.

Elemente können nach erfolgter Säuberung mit doppelter Salzmenge
wieder angesetzt werden.

2. Das Trockenelement.

Die Zusammensetzung der Trocken- und Lagerelemente ist dieselbe wie die der Beutelelemente. An Stelle des flüssigen Elektrolyts
wird eine eingedickte Masse verwendet, die ebenfalls eine Salmiak-
lösung enthält. Trockenelemente, Abb. 50, sind gebrauchsfertig.
Lagerelemente, Abb. 51, müssen mit Wasser aufgefüllt werden, 12
Stunden stehen und sind dann nach Abschütten des überflüssigen
Wassers und Verschließen der Eingußöffnung mit dem Kork gebrauchsfertig wie gewöhnliche Trockenele-
mente. Abb. 52 zeigt einen Schnitt
durch ein Füll- oder Lagerelement. Es
bedeuten: 1 Kork zum Verschluß der
Füllöffnung, 2 Pluspolklemme, 3 Draht
zum Minuspol, 4 Entlüftungsröhrchen,

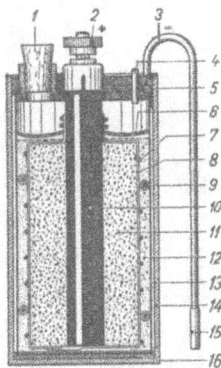

Abb. 50.   Abb. 51.   Abb. 52.

5 Vergußmasse, 6 Fließpapierscheibe, 7 Wickelfaden, 8 Puppenwicklung, 9 Zentrierperle, 10 Kohlestift, 11 Depolarisationsmasse, 12 Füllmasse (Elektrolyt), 13 Zinkbecher, 14 Pappbecher, 15 Schutzschlauch,
16 Bodenverguß. EMK beider Elemente etwa 1,5 Volt. Der innere

Widerstand ändert sich mit der Größe und dem Alter des Elementes, im Durchschnitt beträgt er etwa 0,1 Ohm bei größeren und 0,3 Ohm bei kleineren Elementen.

3. Taschenlampenbatterien.

Eine außerordentlich große Verbreitung haben Kleinbeleuchtungsbatterien erfahren, die auch infolge ihrer überall erhältlichen gleichen Form und Größe in der Fernmeldetechnik Eingang gefunden haben.

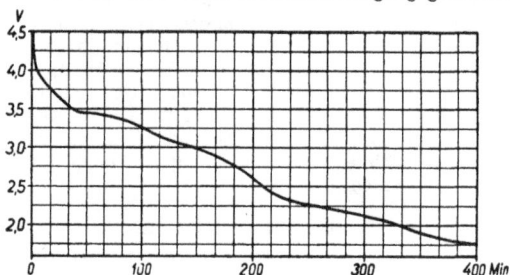

Abb. 53.

Die kleinen Trockenelemente (20 mm ∅, 60 mm Höhe) können mit verhältnismäßig hohen Stromstärken belastet werden. Die Grenzen der Belastung liegen etwa zwischen 200 und 300 mA, je nach Belastungsdauer. Die Abb. 53 veranschaulicht die Entladekurve einer Taschenlampenbatterie normaler Ausführung mit 3 Elementen.

Gleiche oder ähnliche Trockenelemente werden auch für die Herstellung von Anodenbatterien verwendet, die bei tragbaren Geräten trotz der Entwicklung der Netzanschlußgeräte Verwendung finden.

4. Luftsauerstoff-Element (Abb. 54).

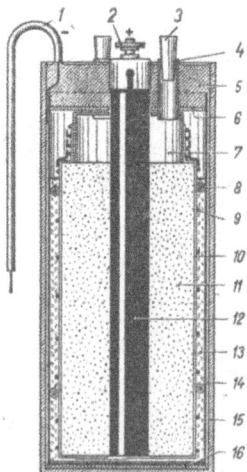

Abb. 54.

Da der wirksame Bestandteil in den Leclanché-Elementen der Sauerstoff des Braunsteins ist, wurde schon seit langer Zeit versucht, an Stelle des im Braunstein chemisch gebundenen Sauerstoffes den Luftsauerstoff zur Depolarisation auszunutzen. Es geschieht dies neuerdings auf dem Wege über die sog. „Aktivkohle". Die Aktivkohle hat die Eigenschaft, den Sauerstoff der Luft schnell aufzunehmen, aber auch leicht wieder an den Wasserstoff abzugeben. Der Aufbau der Elemente ist grundsätzlich derselbe wie der von

Trockenelementen; es müssen natürlich Öffnungen vorgesehen sein, die den Luftsauerstoff an die positive Elektrode (Kohlebeutel) heranführen. In der Abb. 54 bedeuten: 1 und 2 die negative und die positive Polklemme, 3 den Belüftungsstopfen, 4 die Belüftungstülle, 5 die Vergußmasse, 6 eine Abdeckscheibe, 7 die Belüftungskappe, 8 Zentrierperlen, 9 den Wickelfaden, 10 die Puppenwicklung, 11 die Depolarisationsmasse, 12 den Kohlestift, 13 den Elektrolyt, 14 den Zinkbecher, 15 den Pappbecher, 16 den Bodenverguß. Die offene Spannung dieser Elemente beträgt etwa 1,4 Volt, ihre Belastbarkeit bewegt sich in denselben Grenzen wie die der Braunstein-Elemente; auch der innere Widerstand hat die gleiche Größenordnung.

Die Entladungskurven von Luftsauerstoff-Elementen sind grundsätzlich dadurch charakterisiert, daß sie zwischen 1 und 0,8 Volt einen ziemlich waagerechten akkumulatorenähnlichen Verlauf haben. Die Abb. 55 zeigt den Spannungsverlauf beim Luftsauerstoff-Element (L) und beim Füllelement (F) bei ununterbrochener Entladung über 15 Ohm äußeren Widerstand.

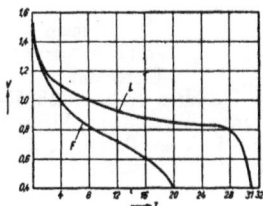

Abb. 55.

Die Verwendbarkeit von Luftsauerstoff-Elementen ist an bestimmte räumliche Bedingungen gebunden, da bei vollkommen luftdichtem Abschluß natürlich die Ausnutzbarkeit des Elementes stark sinkt.

Bei verschiedenen Typen von Luftsauerstoff-Elementen sind größere oder kleinere bzw. eine größere Anzahl von Belüftungsöffnungen vorgesehen, die bei der Lagerung ohne Stromentnahme geschlossen bleiben. Je nach entnommener täglicher Strommenge sind diese Öffnungen entsprechend der Gebrauchsanweisung freizulegen.

5. Schaltungen von Elementen.

Die Stromstärke eines Elementes ist bedingt durch seine EMK, den inneren (r) und äußeren (R) Widerstand und wird nach dem Ohmschen Gesetz

$$I = \frac{\text{EMK}}{r + R}$$

berechnet. Von diesem Strom I wird im Element selbst verbraucht $I \cdot r$ und im äußeren Schließungsdraht $I \cdot R$. Es sind dieses die Spannungsabfälle im Element und im äußeren Schließungskreis. Die Summe dieser Spannungsabfälle ist gleich der EMK,

d. h. EMK $= I \cdot r + I \cdot R$

oder (EMK $- I \cdot r$) $= I \cdot R = U$.

U ist die Klemmenspannung des Elementes. Wird ein Element mit einer EMK von 1,5 Volt und einem inneren Widerstand von 0,25 Ohm kurzgeschlossen, d. h. der negative Pol mit dem positiven Pol durch einen Draht von äußerst geringem Widerstand verbunden, so fließt in

diesem Stromkreis ein Strom

$$I = \frac{\text{EMK}}{r} = \frac{1,5}{0,25} = 6 \text{ Ampere.}$$

R ist klein und darum in der Rechnung vernachlässigt. Die ganze Spannung des Elementes wird im Element selbst verbraucht.

Werden vier solcher Elemente hintereinander geschaltet (Abb. 56), so addieren sich sowohl die elektromotorischen Kräfte als auch die inneren Widerstände. Die Kurzschluß-stromstärke ist in diesem Fall ebenfalls

$$I = \frac{1,5 \cdot 4}{0,25 \cdot 4} = 6 \text{ Ampere.}$$

Abb. 56.

Obgleich vier Elemente hintereinander geschaltet sind, erhalten wir trotzdem die Kurzschluß-Stromstärke eines Elementes.

Anders verhält sich die Kurzschluß-Stromstärke bei Parallelschaltung. Werden vier Elemente parallel geschaltet (Abb. 57), so ist die EMK dieser Batterie aus vier Elementen immer noch 1,5 Volt. Der innere Widerstand der ganzen Batterie ist jedoch nur $^1/_4$ des Widerstandes eines Elementes, d. h. 0,25 : 4; die Stromstärke bei Kurzschluß der Batterie ergibt sich zu:

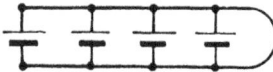

Abb. 57.

$$I = \frac{1,5}{\frac{0,25}{4}} = \frac{1,5 \cdot 4}{0,25} = 24 \text{ Ampere.}$$

Dieses Bild ändert sich wesentlich, sobald der Strom der Elemente zur Arbeitsleistung in einem äußeren Schließungskreis herangezogen wird. Bei einem äußeren Widerstand von 0,1 Ohm erhält man bei Hintereinanderschaltung von vier Elementen

$$I = \frac{1,5 \cdot 4}{(0,25 \cdot 4) + 0,1} = 5,45 \text{ Ampere}$$

bei Parallelschaltung

$$I = \frac{1,5}{\frac{0,25}{4} + 0,1} = \frac{1,5 \cdot 4}{0,25 + 0,4} = \frac{6}{0,65} = 9,2 \text{ Ampere.}$$

Beträgt der äußere Widerstand 100 Ohm, so ist bei Hintereinanderschaltung von vier Elementen

$$I = \frac{1,5 \cdot 4}{(0,25 \cdot 4) + 100} = \frac{6}{101} = 0,06 \text{ Ampere}$$

bei Parallelschaltung

$$I = \frac{1,5}{\frac{0,25}{4} + 100} = \frac{1,5 \cdot 4}{0,25 + 400} = \frac{6}{400,25} = 0,015 \text{ Ampere.}$$

Aus den vier letzten Beispielen geht hervor, daß es zur Erzielung einer möglichst großen Stromstärke zweckmäßig ist, die Elemente bei kleinem äußeren Widerstande parallel und bei großen äußeren Widerständen hintereinander zu schalten.

6. Leistung der Elemente.

Die größte nutzbare Stromstärke erhält man aus einer Batterie, wenn man den äußeren Widerstand des betreffenden Stromkreises gleich dem inneren Widerstand der Batterie macht. Es sind in diesem Fall Elemente so zu schalten, daß der innere Widerstand der Batterie nahezu gleich dem Widerstande der Leitungen und der Apparate ist. Der Nutzeffekt oder Wirkungsgrad der Batterie ist bei Gleichheit des inneren und des äußeren Widerstandes allerdings nur 50 vH, denn die Hälfte der Leistung wird in der Batterie selbst verbraucht. Je größer der äußere Widerstand gegenüber dem inneren, um so größer der Nutzeffekt, wie auch aus dem Gesetz des Spannungsabfalles hervorgeht.

Es widersprechen sich somit die beiden Bedingungen der größten nutzbaren Stromstärke und der größten nutzbaren Leistung. Man wird daher von Fall zu Fall zu entscheiden haben, wieviel Elemente zu nehmen sind und wie die Gruppierung erfolgen soll. Anschaffungskosten sind dabei auch zu berücksichtigen. Abb. 58 zeigt eine Gruppenschaltung von Elementen.

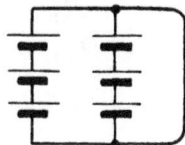

Abb. 58.

Zur Gegenüberstellung der Kapazität*) der Elemente in Amperestunden und der Leistung sei nochmals ein Beispiel unter Vernachlässigung des äußeren Widerstandes angeführt. Die Kapazität eines Elementes mit einer EMK von 2 Volt bei 100 Stunden Stromabgabe und einer Stromstärke von etwa 0,1 Ampere ist $= 0,1 \cdot 100 = 10$ Amperestunden. Bei Hintereinanderschaltung von 10 solchen Elementen fließt gleichfalls nur ein Strom von 0,1 Ampere; mithin werden in 100 Stunden ebenfalls $0,1 \times 100 = 10$ Amperestunden geliefert. Schaltet man jedoch die Elemente parallel, so verzehnfacht sich die Kapazität in Amperestunden. Es ist dann die gesamte Kapazität $0,1 \times 10 \times 100 = 100$ Amperestunden.

Die Leistung ist bei Hintereinander- und bei Parallelschaltung von 10 Elementen die gleiche, nämlich:

bei Hintereinanderschaltung
> 10 Amperestunden × 20 Volt = 200 Wattstunden,

bei Parallelschaltung
> 100 Amperestunden × 2 Volt = 200 Wattstunden.

7. Berechnung der größten nutzbaren Stromstärke.

Wenn n Elemente mit je einer EMK von e Volt hintereinander geschaltet werden und der innere Widerstand eines jeden dieser Elemente r Ohm beträgt, so ist die EMK der Batterie $= e \cdot n$ und der innere Widerstand der Batterie $= n \cdot r$. Schaltet man z Batterien zu je n Elementen parallel, so ist der gesamte innere Widerstand $\frac{n \cdot r}{z}$.

Bei einem äußeren Widerstand R ist der Gesamtwiderstand $\frac{n \cdot r}{z} + R$.

---

*) Fassungsvermögen.

und der Strom nach dem Ohmschen Gesetz

$$I = \frac{e \cdot n}{\dfrac{n \cdot r}{z} + R}.$$

Beispiel: 20 Elemente mit einer EMK von 1,5 Volt und einem inneren Widerstand $r = 0,2$ Ohm sind zu einer Batterie zusammengeschaltet, die aus 2 Reihen zu 10 Elementen besteht. Diese Batterie ist an einen äußeren Widerstand R von 50 Ohm gelegt. Wie groß ist der Gesamtstrom im äußeren Stromkreis und in jeder Batteriereihe?

Nach der Formel ist der Gesamtstrom

$$I = \frac{e \cdot n}{\dfrac{n \cdot r}{z} + R} = \frac{1,5 \cdot 10}{\dfrac{10 \cdot 0,2}{2} + 50} = \frac{15}{1 + 50} = \text{etwa } 0,3 \text{ Ampere.}$$

In jeder Reihe fließt ein Strom

$$i = \frac{I}{2} = \frac{0,3}{2} = 0,15 \text{ Ampere.}$$

Beispiel: 20 Elemente von je 1,5 Volt und 0,2 Ohm innerem Widerstand sind so zu gruppieren, daß eine größtmögliche Stromstärke bei 0,25 Ohm äußerem Widerstand erzielt wird.

Bedingung ist für diesen Fall, daß

$$R = \frac{n\,r}{z} \quad \text{oder} \quad z = \frac{n\,r}{R} \text{ ist,}$$

d. h. äußerer Widerstand = innerer Widerstand. Es ist:

$z =$ Anzahl der parallel geschalteten Reihen,

$n =$ Anzahl der Elemente in jeder Reihe,

$n \cdot z$ ist offenbar $= 20$; $z = \dfrac{20}{n}$.

In unserem Beispiel ist aus der Bedingungsgleichung

$$z = \frac{0,2\,n}{0\,25},$$

z ist aber auch $= \dfrac{20}{n}$,

woraus

$$\frac{20}{n} = \frac{0,2\,n}{0,25}.$$

Hieraus errechnet sich

$$0,2 \cdot n^2 = 20 \cdot 0,25$$

$$n = \sqrt{\frac{20 \cdot 0,25}{0,2}} = \sqrt{25}; \quad n = 5.$$

In jeder Reihe sind somit $n = 5$ Elemente; das ergibt bei 20 Elementen $z = 4$ Reihen.

b) Akkumulatoren oder Sammler.

Akkumulatoren oder Sammler sind galvanische Elemente, deren Elektroden nach der Entladung durch einen in umgekehrter Richtung wie bei der Entladung hineingeleiteten Strom wieder in den ursprünglichen Zustand zurückgeführt werden können. Man kann also in ihnen die von einem Gleichstromerzeuger gelieferte Energie aufspeichern, um sie später zu beliebiger Zeit oder auch an einem anderen Orte wieder abzugeben. Steht zum Laden des Akkumulators nur Wechselstrom zur Verfügung oder soll durch den Akkumulator ein Wechselstromnetz gespeist werden, so muß eine Umformung des Stromes vorgenommen werden. Von den zahlreichen vorgeschlagenen und theoretisch möglichen Bauarten eines Akkumulators haben sich in der Praxis nur zwei durchgesetzt:

1. der Blei-Akkumulator mit Schwefelsäure als Elektrolyt,
2. der Stahl-Akkumulator mit Kalilauge als Elektrolyt.

1. Der Blei-Akkumulator.

Theorie. Taucht man zwei Bleiplatten, von denen die eine einen Überzug aus Bleidioxyd (PbO_2) von schwarzbrauner Farbe, die andere einen solchen aus fein verteiltem schwammigem Blei (Pb) von grauer Farbe hat, in ein Gefäß mit verdünnter Schwefelsäure (H_2SO_4) und verbindet sie über einen äußeren Widerstand, so fließt in diesem ein Strom von der PbO_2-Platte (+-Platte) zur Pb-Platte (—-Platte), Abb. 59 rechts. Durch den Elektrolyt, im Innern der Zelle, fließt der Strom von der —-Platte zur +-Platte, wobei die Schwefelsäure in H_2 und SO_4 zerlegt wird. H_2 wandert in der Strom-

Abb. 59.

richtung und es bildet sich an beiden Elektroden Bleisulfat ($PbSO_4$) nach der Formel:

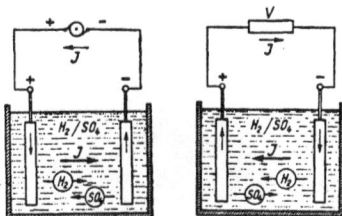

$$PbO_2 + 2\,H_2SO_4 + Pb \;\rightarrow\; PbSO_4 + 2\,H_2O + PbSO_4$$
+-Platte —-Platte +-Platte —-Platte

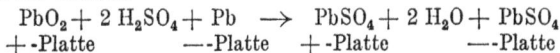

Die Zelle liefert solange einen Strom, bis die wirksamen Massen der Platten PbO_2 und Pb, in $PbSO_4$ überführt sind (Entladung). Schickt man nun einen Strom in umgekehrter Richtung durch die Zelle, Abb. 59, links, so werden die Elektroden nach derselben Gleichung, nur von rechts nach links gelesen, wieder in den ursprünglichen Zustand zurückverwandelt:

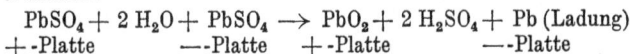

$$PbSO_4 + 2\,H_2O + PbSO_4 \;\rightarrow\; PbO_2 + 2\,H_2SO_4 + Pb \;(Ladung)$$
+-Platte —-Platte +-Platte —-Platte

Bei der Entladung wird dem Elektrolyt Schwefelsäure entzogen und Wasser gebildet. Die Dichte des Elektrolyt sinkt daher. Umgekehrt

wird bei der Ladung dem Elektrolyt Wasser entzogen und Schwefelsäure gebildet, die Dichte des Elektrolyt steigt daher.

2. Aufbau des Akkumulators.

Platten. Um eine Platte zu bilden, müssen die wirksamen Massen auf einem Träger untergebracht werden, der verschiedene Formen erhalten kann. Für Akkumulatoren, die in der Fernmeldetechnik verwendet werden, kommen in Betracht:

Positive Großoberflächenplatten. Der Träger ist ein aus Weichblei gegossener Körper, der mit zahlreichen feinen Rippen versehen ist. Die Abb. 60 zeigt ein Stück einer Großoberflächen-Platte. Auf der durch die Rippen gebildeten großen Oberfläche wird durch ein elektromechanisches Verfahren (Formation) die wirksame Masse in dünner Schicht aus dem Blei selbst gebildet. Die ganze positive Großoberflächenplatte ist in Abb. 61 zu sehen.

Abb. 60.

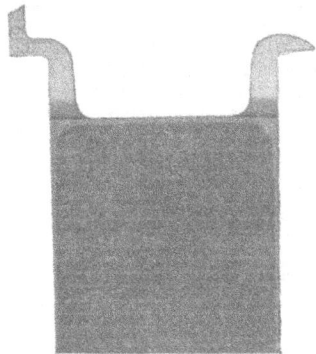

Abb. 61.

Abb. 62.

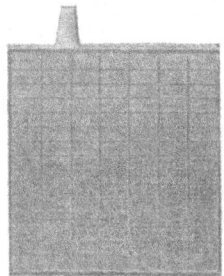

Abb. 63.

Positive und negative Gitterplatten. Der Träger ist ein gitterförmiger Körper aus Hartblei, in dessen Felder Bleiverbindungen in Form einer Paste eingetragen werden. Durch die Formation werden diese in PbO_2 bzw. Pb umgewandelt. Positive und negative Platten unterscheiden sich nur durch die Gitterform und die Zusammensetzung der Paste. Abb. 62 zeigt die positive, Abb. 63 die negative Gitterplatte.

Positive Rahmen- oder Masseplatten (Abb. 64). Der Träger ist ein großfeldriger Rahmen aus Hartblei zur Aufnahme der wirksamen Masse.

Negative Kastenplatten. Der Träger ist ein weitmaschiges Gitter, das auf beiden Seiten durch fein gelochtes Bleiblech abgedeckt ist. Diese Platte wird in der Regel mit der Großoberflächenplatte als positiver Platte verwendet. Aus der Abb. 65 ist der Aufbau der Kastenplatte zu erkennen. Abb. 66 zeigt die Gesamtform.

Abb. 64.

Gefäße. Zur Aufnahme der Platten und des Elektrolyts dienen Glasgefäße, Holzkästen mit Bleiblechausschlag, Hartgummikästen oder Steinzeugkästen. Wegen der Bruchgefahr können Glasgefäße nur bis zu einer gewissen Zellengröße (etwa 500 Ah Kapazität bei 10 stündiger

Abb. 65.

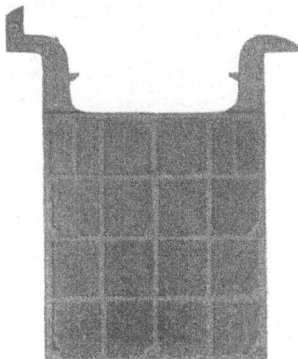

Abb. 66.

Entladung) verwendet werden. Durch Parallelschalten mehrerer Einzelzellen in Glasgefäßen lassen sich Zweifach- und Dreifachzellen bilden. Bei Holzkästen mit Bleiblechausschlag werden die Platten auf Glasstützscheiben aufgehängt.

Einbau und Plattentrennung. Großoberflächenplatten hängen mit seitlichen Nasen auf dem Gefäßrand, Abb. 67, oder auf Einbuchtungen des Gefäßes, bei Holzkästen auf Glasstützscheiben. Gitter-

und Rahmenplatten stehen auf Vorsprüngen am Boden des Gefäßes
Die Platten werden so eingebaut, daß immer eine positive Platte zwi
schen zwei negative Platten kommt, Abb. 68. Die Endplatten sind

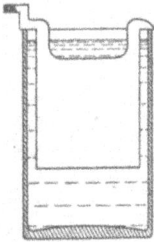

immer negativ; jede Einzelzelle hat also eine negative Platte mehr als positive
(nur einige wenige Sonderaus-
führungen haben eine positive
und eine negative Platte).
Zur Plattentrennung dienen
Glasstäbe, Hartgummistäbe,
besonders behandelte Holz-
brettchen oder Rippen, die in
die Wände der Glasgefäße
eingepreßt sind. Die Platten
gleicher Polarität werden an
eine gemeinsame Bleileiste

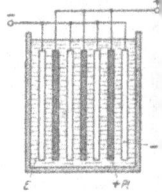

Abb. 67.

Abb. 68.

oder Polbrücke angeschlossen. Die Verbindungen dürfen nicht mit
den üblichen Lötmitteln hergestellt werden, da diese nicht säurebeständig sind, sondern müssen aus Blei bestehen; zur Herstellung
wird eine sehr heiße Flamme benötigt, meist ein Knallgasgebläse.
Bei größeren Batterien werden diese Arbeiten durch einen Akkumu-
latorenfachmann ausgeführt. Da das aber mit gewissen Umständen
verknüpft ist und auch Kosten verursacht, wendet man bei kleineren
Anlagen vielfach die fertig verlötete Ausführung an; bei dieser sind
die Platten gleich im Lieferwerk zu Sätzen zusammengebaut und

Abb. 69.

brauchen an Ort und Stelle nur in die Gefäße eingehängt zu werden.
Siehe Abb. 69. Die einzelnen Zellen werden dann durch Schraubverbindungen hintereinandergeschaltet, alle Lötarbeiten sind vermieden.

Elektrolyt. Als Elektrolyt dient verdünnte Schwefelsäure, die
besonderen Reinheitsvorschriften genügen muß. Insbesondere schädi-
gen Chlor- und Stickstoffverbindungen sowie die Metalle der Schwefel-
wasserstoffgruppe die Platten. Die Dichte des Elektrolyts ist 1,20
bis 1,24 g/cm³, gemessen am Ende der Ladung, und zwar wird die

stärkere Säure benutzt, wenn die in der Zelle verfügbare Säuremenge verhältnismäßig klein zur Kapazität der Zelle ist, umgekehrt die schwächere Säure, wenn viel Elektrolyt zur Verfügung steht.

3. Spannung und Kapazität.

In der Ruhe, d. h. wenn ihm weder Strom entnommen oder zugeführt wird, zeigt ein Akkumulator eine Spannung, die mit genügender Genauigkeit $E =$ Säuredichte $+ 0{,}84$ Volt beträgt (Ruhespannung $=$ Elektromotorische Kraft). Bei der Entladung sinkt die Klemmenspannung sofort um einen Betrag gleich dem durch den inneren Widerstand verursachten Spannungsabfall. Bei weiterer Entladung wird, wie oben ausgeführt, durch das gebildete Wasser die Säure verdünnt, die Klemmenspannung sinkt daher allmählich, um gegen Schluß der Entladung steil abzufallen. Dieses Sinken der Klemmenspannung wird um so rascher vor sich gehen, je stärker die Entladeströme sind. Man betrachtet die Entladung als beendet, wenn der steil abfallende Knick in der Entladekurve erreicht ist. Die Abb. 70, Schaulinie E, zeigt den

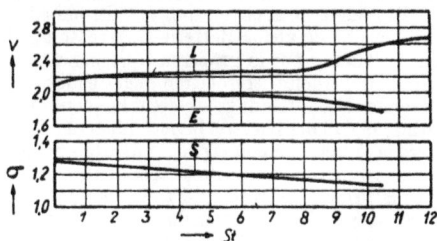

Abb. 70.

Spannungsverlauf (Klemmenspannung) an einem Akkumulator während einer 10stündigen Entladung. Schaulinie S veranschaulicht die Abnahme der Säuredichte σ bei der Entladung. Bei ganz langsamer Entladung behält der Akkumulator während längerer Zeit eine Spannung von 2 Volt je Zelle. Sobald man die Entladung unterbricht, steigt die Klemmenspannung sehr plötzlich und erreicht wieder den Betrag der Ruhespannung. Aus vorstehendem läßt sich auch die Tatsache erklären, daß man einer Akkumulatorenzelle um so mehr Amperestunden entnehmen kann, je geringer die Entladestromstärke ist. Die Kapazität einer Zelle steigt also bei Entladung mit hoher Stromstärke. Beispielsweise kann eine Zelle mit Großoberflächenplatten, die 90 A 3 Stunden lang hergibt, also 270 Ah hat, 36 A 10 Stunden lang hergeben, hat dann also eine Kapazität von 360 Ah, 1 Stunde lang würde sie 190 Ah hergeben. Bei der Ladung, siehe Abb. 70, Linie L, steigt die Spannung nach einem kurzen plötzlichen Anstieg allmählich, bis eine Klemmenspannung von 2,4 Volt erreicht ist. Hier setzt die Gasentwicklung ein, d. h. der hineingeleitete Strom wird nicht mehr vollständig zur Umwandlung der wirksamen Masse verwendet, sondern ein Teil zersetzt den Elektrolyt in Wasserstoff und Sauerstoff. Die

Spannung steigt deshalb sehr plötzlich und erreicht schließlich einen Wert von 2,75 Volt. Damit ist dann die Ladung beendet.

4. Anwendung der verschiedenen Plattenbauarten.

Akkumulatoren arbeiten im Fernmeldewesen unter den verschiedensten Betriebsbedingungen. Beim Betrieb mit Wechselbatterien wird die eine Batterie auf das Netz entladen, in der Zwischenzeit wird die zweite Batterie aufgeladen. Dann werden die Batterien umgeschaltet, Batterie 2 kommt nunmehr zur Entladung, Batterie 1 auf Ladung. Der Wechsel findet in verhältnismäßig kurzer Zeit täglich oder alle zwei Tage statt. Eine andere Betriebsart ist der Pufferbetrieb oder die Dauerladung. Hierbei liegt die Batterie parallel zum Stromerzeuger am Netz. Der Stromerzeuger ist auf die mittlere Netzbelastung eingestellt, übersteigt diese die Leistung des Stromerzeugers, so liefert die Batterie den Überschuß, liegt die Netzbelastung unter der Leistung des Stromerzeugers, so wird die Batterie aufgeladen. Für diese Betriebsverhältnisse eignet sich eine Batterie mit positiven Großoberflächenplatten und negativen Kastenplatten oder Gitterplatten. Mitunter liegt der Betrieb aber auch so, daß der Strombedarf des Netzes durch eine verhältnismäßig kleine Batterie längere Zeit gedeckt werden kann, also eine Aufladung nur in größeren Zwischenräumen notwendig wird. In diesem Fall werden Gitterplatten angewendet, die bis zu etwa zwei Monaten ohne Neuaufladung arbeiten können. Ist der Strombedarf sehr gering, so daß die Batterie in noch längeren Zwischenräumen aufgeladen werden kann, werden Zellen mit Rahmenplatten vorgesehen. Akkumulatoren mit Rahmenplatten dienen daher auch vielfach als Ersatz für Primärelemente, und zwar dann, wenn die erforderlichen Leistungen durch diese nicht mehr aufgebracht werden können oder die Wartung und Instandhaltung, insbesondere bei Naßelementen, zu umständlich ist. Für solche Zwecke sind besondere Bauarten ge-

Abb. 71.

Abb. 72.

chaffen worden, die VARTA-Typen „Accomet" und „Ad", die bis zu einem Jahr ohne Zwischenladung arbeiten können. Diese Zellen haben nur eine positive und eine negative Platte. Die Abb. 71 zeigt die äußere Form der Accomet-Zelle, Abb. 72 die der Ad-Zelle. Die technischen Daten sind der nachstehenden Übersicht zu entnehmen.

Typ	Kapazität bei 1000 Std. Entladung		Höchst-Ladestrom	Ausmaße der Zelle in mm			Gewicht kg	
	Ah	mit mA	A	lang	breit	hoch	Zelle	Säure
Accomet I	20	20	0,4	70	70	155	1,4	0,29
Accomet II	40	40	0,8	80	80	200	2,25	0,55
Ad	80	80	1,5	80	142	240	4,4	1,05

Im Vergleich zu den Primärelementen ist der innere Widerstand der Accomet-Zellen sehr gering und sie haben während der ganzen Entladezeit von nahezu 1000 Stunden (s. Übersichtstafel) eine fast gleichbleibende Klemmenspannung. Abb. 73 zeigt den Verlauf der Entladekurve A im Vergleich zu der Entladekurve P einer Primärelementbatterie mit 3 Zellen. Die Accomet-Zellen brauchen nur etwa in Abständen von einigen Monaten wieder aufgeladen zu werden.

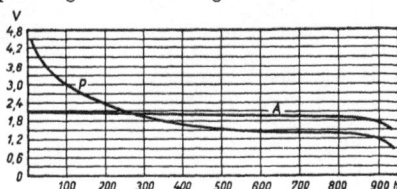

Abb. 73.

5. Betrieb.

Die Batterien können mit dem normalen Ladestrom aufgeladen werden, der auf der vom Lieferwerk der Batterie beigefügten Behandlungsvorschrift jedesmal angegeben ist. Der Ladestrom entspricht bei Batterien mit Großoberflächenplatten dem dreistündigen Entladestrom, bei Batterien mit Gitter- und Rahmenplatten dem zehnstündigen Entladestrom. Es schadet aber nichts, wenn die Batterien mit geringerem Ladestrom aufgeladen werden, nur dauert dann die Aufladung entsprechend länger. Außerordentlich empfehlenswert ist es, bei Batterien mit Großoberflächenplatten den Ladestrom nach Eintritt der Gasentwicklung etwa auf die Hälfte herabzusetzen. Die Verluste durch zu starke Gasentwicklung und die damit verbundene mechanische Beanspruchung der Platten wird auf diese Weise herabgesetzt.

Die Umwandlung von elektrischer Energie in chemische und umgekehrt geht nicht ganz verlustlos vor sich. Es müssen deshalb in die Batterie mehr Amperestunden hineingeladen werden als herausgenommen worden sind. Die Praxis hat gezeigt, daß hierfür etwa 10vH ausreichen. Die Lieferwerke geben deshalb allgemein als Wirkungsgrad in Ah = herausgenommene Ah zu hineigeladene Ah, 90vH an. Zur Feststellung des Wirkungsgrades in Wh müssen noch die herausge-

nommenen Ah mit der mittleren Entladespannung und die hinein
geladenen Ah mit der mittleren Ladespannung multipliziert werden
Bei Lade- und Entladebetrieb kann man im Fernmeldewesen mi
etwa 75vH Wirkungsgrad in Wh rechnen, bei Pufferbetrieb ist diese
Wirkungsgrad höher. Bei Pufferbetrieb wird die Leistung de
Stromerzeugers auf die mittlere Netzbelastung eingestellt. Hierbei is
nicht berücksichtigt, daß jeder Akkumulator eine gewisse Selbstent
ladung hat, einerlei ob er arbeitet oder in Ruhe steht. Damit di
Batterie nun immer in gleichem Ladezustand ist, muß ihr zusätzlich
ein Strom zugeführt werden, der die inneren Verluste durch Selbst-
entladung gerade ausgleicht. Man bezeichnet diesen Strom als Ladungs-
erhaltungsstrom. Er beträgt bei Batterien mit Großoberflächenplatten
etwa $1/_{500}$ des normalen Ladestromes.

Einen Anhalt für die Beurteilung des Entladezustandes einer Batterie gibt die Spannung unter Belastung, wobei zu berücksichtigen ist,
daß diese sich mit der Höhe der jeweiligen Entladestromstärke ändert.

Die Ruhespannung ist kein Kennzeichen für den Entladezustand. Für die Praxis genügend genaue und leicht fest-
stellbare Ergebnisse erreicht man durch Messen der Säuredichte, die während der Entladung proportional mit der entnommenen Strommenge zurückgeht. Um wieviel die Säuredichte sinkt, hängt von der Größe der Zellen und der in
diesen vorhandenen Säure ab, so daß sich allgemeine Angaben darüber nicht machen lassen. Im einzelnen Falle
mißt man daher bei einer Entladung die herausgenommen
Strommengen (Kapazitätsprobe) und stellt zum Schluß der
Entladung fest, bis zu welchem Wert die Säuredichte abge-
sunken ist, und betrachtet diesen als Grenzwert der Säuredichte für die späteren Entladungen im Betrieb. Gelegent-
liche Änderungen der Säuredichte durch Nachfüllen von
destilliertem Wasser müssen von Zeit zu Zeit durch eine
Kontrollmessung richtiggestellt werden.

Abb. 74.

Zur Prüfung der Säuredichte dient das Aräometer. Das Aräometer
ist ein Schwimmkörper k (Abb. 74), durch ein Gewicht G belastet und

Grad Bé	Spez. Gewicht σ	H_2SO_4 vH
3,4	1,025	3,76
6,7	1,050	7,37
10,0	1,075	10,90
13,0	1,100	14,35
16,0	1,125	17,66
18,8	1,150	20,91
21,4	1,175	24,12
24,0	1,200	27,32
26,4	1,225	30,48
28,8	1,250	33,43
31,1	1,275	36,29
33,3	1,300	39,19

mit einer Tauchskala S versehen, die in Baumégraden geeicht ist. Nachstehender Zahlentafel ist das Verhältnis zwischen den Graden Baumé (Bé), dem spezifischen Gewicht und dem vH-Gehalt an H_2SO_4 zu entnehmen. Die Grade Bé werden abgelesen, indem man am freischwimmenden Aräometer den Flüssigkeitsspiegel (Eintauchtiefe) an der Skala S beobachtet.

Der Zusammenhang zwischen EMK der Batterie, dem spez. Gewicht und der Säuredichte ist aus der nachstehenden Zahlentafel zu ersehen.

H_2SO_4 vH	Spez. Gewicht σ	EMK Volt
5	1,037	1,878
10	1,076	1,925
15	1,116	1,958
20	1,162	1,992
25	1,210	2,026
30	1,263	2,059
35	1,320	2,093
40	1,383	2,130

6. Aufstellung der Batterien.

Größere Batterien werden in einem besonderen Batterieraum aufgestellt, der nach den Vorschriften des VDE ausgeführt sein muß. Der Fußboden muß genügend tragfähig und säurefest sein. Zementfußböden sind nicht säurefest. Besonders bewährt hat sich ein Fußboden aus hartgebrannten Klinkern, dessen Fugen mit Asphalt oder Steinkohlenteer ausgegossen sind. Die einzelnen Reihen der Akkumulatorenzellen

Abb. 75.

sind so anzuordnen, daß genügend breite Gänge für die Bedienung vorhanden sind. Diese sollen möglichst 80 cm breit sein, jedenfalls aber nicht ½ m unterschreiten. In der Abb. 75 ist die Innenansicht eines mustergültigen Sammlerraumes einer Fernsprech- und Signalanlage zu sehen. Bei Holzkastenbatterien muß auch Vorsorge getroffen werden, daß ein Kasten einmal bei Instandhaltungsarbeiten aus der Zellenreihe herausgenommen und im Gang aufgestellt werden kann. Bei Batterien in Hartgummikästen kann man auf das Holzgestell verzichten, die Kästen stehen dann mit ihren Isolatoren direkt auf dem Fußboden.

Für größere ortsfeste Sammlerbatterien ist der Fußboden des Sammlerraumes auf Tragfähigkeit zu prüfen, bevor mit dem Aufstellen begonnen wird. Holz- und Zementfußboden werden von der Säure angegriffen. Die Sammlerräume sollen trocken, kühl, gut lüftbar und möglichst geringen Temperaturschwankungen unterworfen sein.

Von erheblichem Einfluß auf die Kapazität der Sammler ist die Temperatur des Elektrolyts. Die von den Lieferfirmen gewährleistete Kapazität bezieht sich gewöhnlich auf eine bestimmte Temperatur, z. B. 15⁰ C. Man muß damit rechnen, daß die Kapazität mit steigender Temperatur zunimmt. Bei größeren Sammlerbatterien der großen Fernsprechämter könnte diese Abhängigkeit eine Rolle spielen.

Als Mindesthöhe für Sammlerräume sind 2 m anzunehmen. Heizung ist in Sammlerräumen meist nicht erforderlich, aber die Räume müssen frostfrei sein, und für eine gute Lüftung muß gesorgt werden, da beim Kochen der Zellen Knallgas entwickelt wird. Läßt sich eine ausreichende Lüftung durch Fenster nicht erreichen, oder besteht die Gefahr, daß die entweichenden Säuredünste Schaden anrichten, so sollen besondere Abzugsrohre oder Abzugskanäle vorgesehen werden (Druckventilator), die nicht in den Schornstein führen dürfen. Wände des Raumes werden mit säurefestem Anstrich versehen.

Zur Beleuchtung der Sammlerräume sind nur Glühlampen, mit Überglocken versehen, zu verwenden. Schalter, Fassungen und Leitungen müssen säurefest sein. Schalter sind außerhalb des Raumes anzubringen.

Verbindungsleitungen innerhalb des Sammlerraumes sollen durch blanke Kupferleitungen hergestellt werden, die bis zur isolierenden Wanddurchführung zu führen sind. Diese Leitungen sollen gut eingefettet oder mit einem haltbaren Emaillelack gestrichen werden, und zwar der Pluspol rot und der Minuspol blau. Wenn aus besonderen Gründen keine blanke Leitung genommen werden soll, so darf keine NGA-Leitung, sondern NGAW oder eine gleichwertige isolierte Leitung benutzt werden, die nach den „Vorschriften für isolierte Leitungen VIL" zu verlegen ist.

Sogenannte Bodengestelle geben den besten Überblick über die Batterie und erleichtern dadurch die Wartung. Nur die kleineren Batteriegrößen kann man auch auf Etagengestellen in zwei Reihen oder auch ganz kleine Zellen in drei Reihen übereinander aufstellen. Ist bei kleinen Batterien die Schaffung eines besonderen Akkumulatorenraumes schwierig, so können die Zellen auch in einem schrankartigen Verschlag untergebracht werden, der einen Abzug in die freie Luft hat. Eiserne Rohre dürfen dazu nicht verwendet werden. Man benutzt dazu Tonrohre oder einen Abzug aus Holz.

Die kleineren Ausführungen ortsfester Batterien werden auch als sog. Blockbatterien geliefert, und zwar für eine Spannung von 12 Volt. Ein gemeinsamer Hartgummikasten hat 6 Abteilungen zur Aufnahme der Plattensätze. Für Spannungen von 24 Volt werden zwei derartige Batterien hintereinandergeschaltet. Sie werden bis zu einer Leistung von 108 Ah (10stündig) geliefert.

Die Batterien für ortsfeste Aufstellung erhalten eine Glasscheiben-Abdeckung oder besonders ausgebildete abnehmbare Deckel, um die bei der Ladung auftretenden Säurenebel zurückzuhalten und die Verdunstung des Elektrolyts zu verhindern.

Tragbare Batterien, also solche, die zum Zwecke der Aufladung in eine Ladestelle gebracht werden müssen, werden in Holzkästen eingebaut. Die Zellen sind vollständig geschlossen und der Deckel hat einen Schraubstöpsel. Um die Batterie nachzufüllen und die Säure-

Abb. 76.

dichte messen zu können, wird der Stöpsel entfernt, so daß durch die Öffnung ein Aräometer eingetaucht oder Wasser eingegossen werden kann. Diese Ausführung erfordert keinen besonderen Batterieraum. Tragbare Batterien, Abb. 76, werden deshalb auch manchmal ortsfest benutzt.

Kann von einer Unterbringung der Sammlerbatterie in Schränken nicht abgesehen werden, so sollen diese Schränke gegen Fäulnis und chemische Einflüsse geschützt und so angeordnet werden, daß sich der Zustand jeder einzelnen Zelle leicht prüfen läßt. Die Schränke müssen auch ausreichend mit Lüftungslöchern versehen sein, nach Möglichkeit auch einen Abzug nach dem Freien haben (frostfrei!).

In dem Sammlerraum sind die Unfallverhütungs- und Bedienungsvorschriften aufzuhängen. An der Tür des Sammlerraumes ist ein Schild anzubringen, das auf das Verbot des Betretens mit offenem

Feuer und auf das Rauchverbot hinweist. Das Essen ist in Sammlerräumen laut Verbandsvorschrift verboten.

Die Wartung der Batterie erstreckt sich auf die Beobachtung der
Ladung und Entladung. Blei-Akkumulatoren sollen nicht längere Zeit
tief entladen stehen, weil sonst eine schädliche Sulfatation der Platten
eintritt. Die Zellen sind stets sauber zu halten und gelegentlich nachzufüllen. Im allgemeinen ist hierzu nur destilliertes Wasser zu benutzen,
nur wenn bei ortsfesten Zellen die Säuredichte im Laufe der Zeit gesunken ist, darf auch gelegentlich mit verdünnter Säure nachgefüllt
werden. Konzentrierte Säure oder Säure höherer Dichte, als in den
Bedienungsvorschriften angegeben, darf unter keinen Umständen benutzt werden.

Bei Masseplatten, bei denen ein allmähliches Abbröckeln der Masse
als Folgeerscheinung einer zu raschen Ladung mit der Zeit stattfindet,
muß darauf geachtet werden, daß herunterfallende größere Brocken
keinen Kurzschluß zwischen den Platten bilden. Aus dem gleichen
Grunde sind krumme Platten zu entfernen und durch neue zu ersetzen,
oder die alten Platten zu richten.

Die Glasgefäße der Batterie sind in regelmäßigen Zeitabständen
zu durchleuchten und die Beschaffenheit der Platten zu untersuchen.
Hat sich am Boden des Gefäßes so viel Schlamm angesammelt, daß
die Gefahr eines Kurzschlusses besteht, so ist der Schlamm mit einem
Heber zu entfernen.

7. Stahl-Zellen.

Für Fernmeldezwecke werden Stahl-Zellen ausschließlich als Nickel-
Kadmium-Zellen, und zwar mit sog. Taschenplatten verwendet. Der
Elektrolyt ist verdünnte Kalilauge von 1,20 Dichte. Die elektrochemi-
schen Vorgänge in diesen Zellen verlaufen nicht so einfach wie beim
Blei-Akkumulator, es soll deshalb auch nicht näher auf sie eingegangen
werden, es sei nur erwähnt, daß die Kalilauge sowohl bei der Ladung
als auch bei der Entladung praktisch unverändert bleibt, die Lauge-
dichte also kein Kennzeichen für den Lade- und Entladezustand der
Zellen ist. Die wirksame Masse der positiven Platte ist Nickel-Hydroxyd,
die der negativen Platte Kadmium-Hydroxyd. Die Massen werden in
Taschen aus fein perforiertem Stahlband eingepreßt, mehrere solcher
Taschen übereinander werden durch einen Stahlrahmen gehalten und
bilden so die Platte, Abb. 77. Die Zellengefäße sind aus vernickeltem
Stahlblech hergestellt. Gegeneinander und gegen das Gefäß sind die
Platten durch Hartgummi isoliert. In der Abb. 78 bedeuten: 1 positiver Pol, 2 negativer Pol, 3 Verschlußstopfen, 4 Zellenkasten, 5 positive Platte, 6 perforierter Hartgummischeider, 7 negative Platte, 8
Seitenisolator, 9 Randisolator. Die Spannung der Nickel-Kadmium-
Zellen liegt tiefer als die der Bleizellen. Im Mittel ist die Entladespannung 1,2—1,25 Volt. Um dieselbe Spannung zu erzielen, sind
daher 60vH mehr Zellen als bei Blei erforderlich. Die Kapazität ändert
sich nur unwesentlich mit der Höhe des Entladestromes. Eine Zelle,
die 100 Ah bei 5stündiger Entladung hat, gibt bei 10stündiger Entladung 104 Ah und bei 3stündiger Entladung 95 Ah her. Den Verlauf
der Entlade- und Ladespannung zeigt Abb. 79.

Bei Stahlzellen ist auch das Zellengefäß leitend. Es muß deshalb bei Aufstellung besonders darauf geachtet werden, daß die Zellen sich nicht gegenseitig berühren. Im allgemeinen werden deshalb die Zellen gruppenweise in Träger eingebaut, an deren Längswänden sie an angeschweißten Vor-

Abb. 77. Abb. 78.

sprüngen, die in Isolierbuchsen ruhen, unverrückbar gehalten werden. Dieser Einbau ermöglicht die Anwendung sowohl als ortsfeste wie als tragbare Batterie.

Stahl-Akkumulatoren zeichnen sich durch außerordentliche Unempfindlichkeit gegen elektrische und mechanische Beanspruchungen

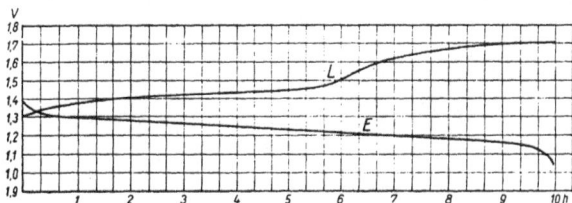

Abb. 79.

aus, insbesondere können sie, ohne Schaden zu nehmen, lange Zeit unbenutzt stehen. Sie sind daher die gegebene Stromquelle für alle

tragbaren Geräte, die unregelmäßig benutzt werden sowie für solche
Anlagen, in denen mit einer dauernden Überwachung nicht gerechnet
werden kann.

Die Lebensdauer der Stahl-Akkumulatoren ist sehr groß. Zu
ihrer Pflege ist zu bemerken, daß die Zellen sauber und trocken gehalten werden müssen, um den ursprünglichen hohen Isolationswert
zu erhalten und Zerstörungen durch Kriechströme zu vermeiden. Vor
allem ist streng darauf zu achten, daß zum Nachfüllen niemals Schwefelsäure oder, wie bei Bleibatterien üblich, angesäuertes destilliertes
Wasser verwendet wird; auch der Gebrauch von säurebenetzten Werk-
zeugen, Dichtemessern usw. muß vermieden werden.

8. Gegenzellen.

Verschiedene Anlagen der Fernmeldetechnik, z. B. Wähleranlagen,
verlangen eine Spannung, die nur in verhältnismäßig engen Grenzen
schwanken darf. Wenn man den Pufferbetrieb nicht ununterbrochen
durchführt, sondern z. B. zu Zeiten ge-
ringerer Belastung Entladebetrieb führt,
so muß die während dieser Zeit entnommene Strommenge auch wieder in die Batterie hineingeladen werden. Die dabei erforderliche höhere Spannung würde also
beim Einbatteriesystem auch im Fernsprechnetz auftreten und den Betrieb stören.

Ohmsche Widerstände lassen sich in
einem solchen Fall nicht verwenden, da
diese stromabhängig sind. Man benutzt
deshalb elektrolytische Widerstände, sog.
Gegenzellen. Die Zellen werden in Glas-
gefäß- oder Stahlgefäßausführung gebaut,
Abb. 80; in der Abbildung ist der Platten-
satz aus dünnen Nickelblechen, die als
Elektroden dienen, deutlich zu erkennen.

Abb. 80.

Die Zusammenschaltung von Akkumula-
torenbatterie und Gegenzelle ist in der
Abb. 81 gezeigt. Die Batterie B wird von der Gleichstrommaschine M
(oder von einem Gleichrichter aus dem Netz) geladen; die Batterie

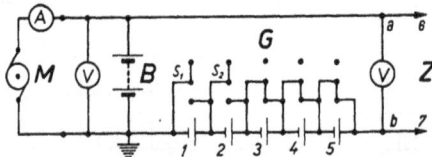

Abb. 81.

speist aber gleichzeitig die Zentrale Z. Die Abbildung zeigt, wie die
Gegenzellen eingeschaltet werden. Steigt die Spannung der Batterie,
so werden durch Umlegen der Schalter s_1, s_2 usw. immer mehr Zellen

in den Stromkreis eingeschaltet, so daß die Gesamtspannung bei a—b der Differenz zwischen der Spannung der Batterie und der der Gegenzellen ist. Die Spannung der alkalischen Gegenzelle ist von der Belastung abhängig und beträgt im Mittel 2,5 Volt. Die Zellen sind so bemessen, daß sie die volle Stromstärke, die zur Zentrale fließt, vertragen. Als Elektrolyt dient Kalilauge mit einer Dichte von 1,20. Abb. 82 zeigt, wie sich die Spannung einer solchen Gegenzelle mit der Belastung ändert. Eine

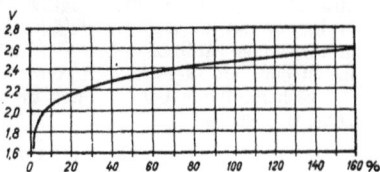

Abb. 82.

Eigenschaft dieser Gegenzellen ist, daß die Platten keine Kapazität haben, also auch keinen Strom abgeben können, wenn sie kurzgeschlossen sind. Über dem Elektrolyten erhalten die Zellen eine Ölfüllung, sie können deshalb auch mit einer Bleibatterie zusammen im gleichen Raum untergebracht sein. Im Betrieb entwickeln die Zellen Knallgas, die Nickelbleche der Elektroden werden hierbei nicht verbraucht.

c) Gleichrichter[1]), Glimmröhren und Stromrichter.

Zum Laden von Sammlerbatterien ist Gleichstrom erforderlich Städtische Elektrizitätswerke liefern meistens, Überlandzentralen ausschließlich Wechselstrom bzw. Drehstrom. Will man Sammler aus dem vorhandenen Wechselstromnetz laden, so muß der Wechselstrom in Gleichstrom umgeformt werden.

1. Elektrolytische Gleichrichter.

Ein mit Natriumbicarbonat gefülltes Glasgefäß, welches eine Aluminium- und eine Eisenelektrode enthält, besitzt die Eigenschaft einer elektrischen Ventilzelle, indem nach kurzer Formierung diese Zelle nur in der Richtung vom Eisen Fe (Abb. 83) nach Aluminium Al stromdurchlässig ist. Von dieser Eigenschaft der Zellen wird zuweilen Ge-

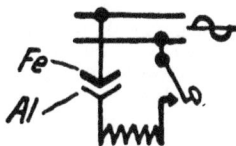

Abb. 83.

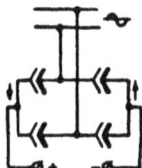

Abb. 84.

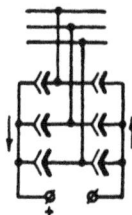

Abb. 85.

---

[1]) Günther-Schulze, A., Elektrische Gleichrichter und Ventile. 2. Auflage. Berlin 1929.

brauch gemacht, Wechselstrom in Gleichstrom umzuwandeln. In der Schaltung nach Abb. 83 wird nur die eine Halbwelle des Einphasen-Wechselstromes ausgenützt. Schaltet man vier Ventilzellen wie in Abb. 84, so kann man beide Halbwellen ausnützen. Zum Anschluß an Drehstrom ist die sog. Graetz'sche Schaltung mit sechs Ventilzellen zu verwenden (Abb. 85). Die Ventilzellen können an Netzspannungen bis zu 300 Volt angeschlossen werden.

Elektrolytische Gleichrichter werden für Fernmeldeanlagen kaum mehr angewandt.

2. Quecksilberdampf-Gleichrichter

sind für mittlere und große Leistungen zu empfehlen, da besonders bei nicht zu niedriger Spannung der Wirkungsgrad höher ist als bei Umformern (s. S. 73). Der Quecksilberdampf-Gleichrichter ist 1902 von Cooper Hewitt konstruiert worden und besteht aus einer eigentümlich geformten, luftleer gemachten Glasröhre 1 (Abb. 86), auch Glaskolben genannt, mit verschiedenen Ansätzen. Der untere, bis zu einer gewissen Höhe mit Quecksilber gefüllte Ansatz 4 wird als Kathode (Stromausführung) bezeichnet. In die Ansätze 2 und 3 sind Graphit- oder Eisenelektroden eingeschmolzen, die als Anoden, d. h. als Stromeinführung, dienen. 5 ist eine Hilfs- oder Zündanode. Der Gleichrichter wirkt als elektrisches Ventil. Über die physikalischen Vorgänge in gasgefüllten Röhren siehe auch die Abschnitte Glühkathoden-Gleichrichter (S. 63) und Stromrichter (S. 68). Die Ventilwirkung bei der Röhre des Quecksilberdampf-Gleichrichters kommt dadurch zustande, daß die als Kathode dienende Elektrode durch die Entladung in der Röhre erhitzt wird, wodurch eine Herabsetzung des Kathodenfalls stattfindet. Der Quecksilberdampf wird bei verhältnismäßig geringer Spannung an den Elektroden leitend, und zwar nur in der Richtung von den Anoden zur glühenden Kathode. Es genügt unter Umständen hierfür eine Spannung von etwa 20 Volt, während in umgekehrter Richtung je cm Elektrodenabstand einige Kilovolt erforderlich wären.

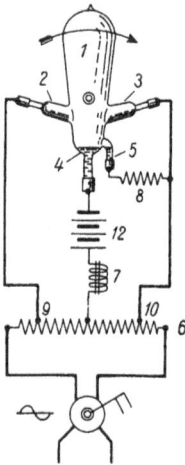

Abb. 86.

Die Abb. 86 zeigt die Schaltung einer Röhre für einfachen Wechselstrom. An die Wicklung 6 des in Sparschaltung gewickelten Transformators wird die Wechselspannung und an die Zapfstellen 9, 10 werden die Anoden 2 und 3 des Gleichrichters angelegt. Die Zündanode 5 bekommt Strom über einen Widerstand 8. Dieser dient zur Vermeidung eines Kurzschlusses bei Zündung. Zwischen Kathode 4 und Mitte der Transformatorenwicklung ist die zu ladende Batterie 12 und Induktionsspule 7, auch Stromerhaltungsspule genannt, in Reihe geschaltet.

Wird die Röhre in Pfeilrichtung gekippt, so fließt das Quecksilber der beiden Ansätze 4 und 5 zusammen und reißt beim Zurückgehen der Röhre in die senkrechte Lage wieder ab. Durch den hierbei entstehenden Lichtbogen wird der Stromdurchgang eingeleitet, indem der Lichtbogen nun auch zwischen den Anoden 2, 3 und der Kathode 4 zustandekommt. Auf dem Quecksilberspiegel der Kathode bildet der durchlaufende Betriebsstrom einen helleuchtenden, ständig umherirrenden sog. Kathodenfleck,, der eine sehr hohe Temperatur aufweist und als Glühkathode Elektronen aussendet. Wie wir später (S. 63 ff.) sehen werden, ist die Wirkung eines Vakuumgleichrichters nicht immer abhängig von der Anwesenheit von Quecksilberdampf, sondern die Ventilwirkung tritt auch ein, wenn in einem luftleeren Raum die eine Elektrode erhitzt wird (Metalle bis zur Weißglut, Oxyde weniger) und einer verhältnismäßig kalten Elektrode gegenübersteht.

Der Kathodenfleck wird vom Strom selbst auf hoher Temperatur erhalten. Das verdampfte Quecksilber gelangt in die Kühlkammer 1 (Abb. 86) der Röhre, wird kondensiert und fließt wieder zur Kathode. Die Anoden erwärmen sich bei richtiger Bemessung verhältnismäßig wenig, etwa auf 500 bis 600° C.

Die Kurve des pulsierenden Gleichstromes würde bei Einphasenstrom an der Wechselstromseite und ohne die Drosselspule (7, Abb. 86) etwa wie in Abb. 87, I aussehen. Die schraffierten Halbwellen des Sinusstromes a, b, c

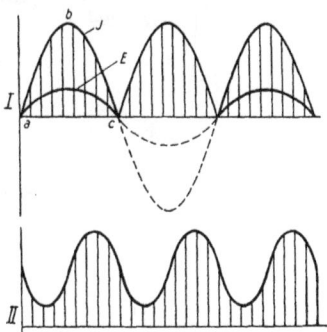

Abb. 87.

stellen den pulsierenden Gleichstrom dar. Der Strom würde nach jeder Halbwelle auf Null herabfallen und der Gleichrichter in der Zwischenzeit, bis zum Anstieg der nächsten Halbwelle, erlöschen. Um das zu vermeiden, wird die Stromerhaltungsspule 7 eingeschaltet. Der pulsierende Gleichstrom hat dann die Form II, Abb. 87.

Zum Anschluß an Drehstrom erhält der Quecksilberdampf-Gleichrichter drei Anoden, die dann nach Abb. 88 geschaltet sind.

Ein Spartransformator 8 in Sternschaltung wird einerseits an das Drehstromnetz und anderseits an die drei Anoden 4, 5, 6 angeschlossen. Die Batterie liegt zwischen Kathode 2 und dem Mittelpunkt des Transformators. Eine Stromerhaltungsspule ist beim Drehstrom-Gleichrichter nicht erforderlich, denn, wie aus Abb. 89 zu ersehen, überlappen sich die einzelnen Phasen I, II, III des Drehstromes so, daß der Strom im Gleichrichter nie ganz auf Null abfällt. Der vom Drehstrom-Gleichrichter gelieferte Gleichstrom pulsiert in viel geringerem Maße (Abb. 90) als der des Einphasen-Gleichrichters. Noch weniger pulsiert der Gleichstrom eines Sechsphasen-Gleichrichters (Abb. 91). Die Sechsphasenschaltung wird zum Anschluß von größeren Quecksilberdampf-Gleichrichtern an Drehstrom verwendet. Abb. 94 zeigt schematisch eine derartige Sechsphasenschaltung. T ist der Transformator. Zwischen den sechs Phasen 1 und der Kathode 2 befindet sich der Quecksilberdampf-Gleich-

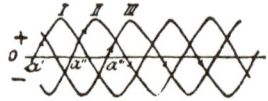

Abb. 89.

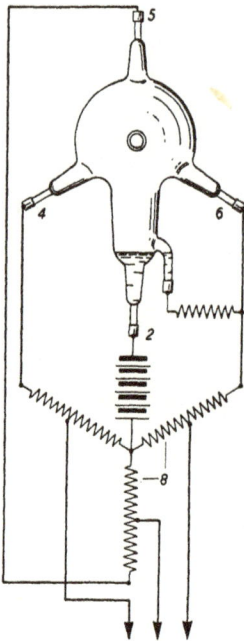

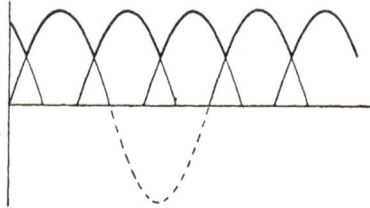

Abb. 90.

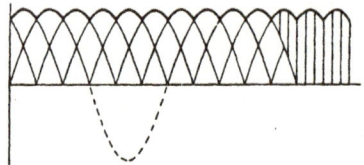

Abb. 88.

Abb. 91.

richter. Die Abb. 92 zeigt die Formen von Quecksilberdampfgleichrichter-Kolben aus Glas für Einphasen-, Dreiphasen- und Sechsphasenstrom. In der Abb. 93 ist ein

Abb. 92.

Abb. 93.

vollständiges Gleichrichtergerät zu sehen. Im Oberteil dieses Gehäuses ist der Gleichrichterkolben federnd aufgehängt.

Die Spannung des vom Quecksilberdampf-Gleichrichter*) gelieferten Gleichstromes kann nach folgender Formel berechnet werden:

$$U_g = \frac{U_w \cdot C}{2} - 15.$$

U_w = Effektivwert der Wechselstromspannung,

$\dfrac{U_w}{2}$ = Effektivwert derselben Spannung zwischen der Mitte der Transformatorwicklung und einer Anode,

U_g = Mittelwert der Gleichstromspannung gemessen mit einem Drehspulinstrument,

15 = die Anzahl Volt Spannungsverlust im Kolben,

C = ein empirisch gefundener Faktor = 0,85.

Es ist also

$$U_g = \frac{U_w \cdot 0,85}{2} - 15.$$

Der Wirkungsgrad des Gleichrichters ist dann

$$\eta = \frac{U_g}{U_g + 15} - V \, \text{vH.}$$

V sind die Verluste im Transformator, Drosselspule usw.

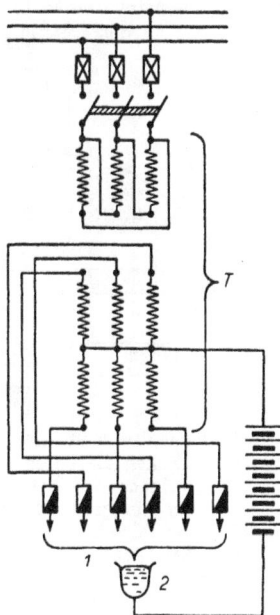

Abb. 94.

Beispiel:

Die Wechselstromspannung U_w sei = 380 Volt, die Verluste in der Schaltung V = 5 vH, dann ist

$$U_g = \frac{380 \cdot 0,85}{2} - 15 = \text{etwa } 146 \text{ Volt}$$

$$\eta = \frac{146}{146 + 15} - 5 = \text{etwa } 85 \text{vH.}$$

In Abb. 95 ist durch eine Schaulinie der Wirkungsgrad von Quecksilberdampf-Gleichrichtern (Abb. 86) in Abhängigkeit von der Gleichstromspannung wiedergegeben. Es ist ein charakteristisches Merkmal der Quecksilberdampf-Gleichrichter, daß der Spannungsverlust in der Röhre selbst eine für jede Röhre gleichbleibende Größe ist, die sich mit der Strombelastung nicht ändert. Der Spannungsverlust beträgt bei kleineren Kolben etwa 12 Volt, bei größeren etwa 18 bis 20 Volt.

*) Einphasenstrom.

Der Glaskolben der Gleichrichter wird in der Regel in vollständigem Zusammenbau mit der Schalttafel geliefert, und zwar verwendet man Glaskolben bis zu 100 Ampere (neuerdings auch bis 250 Ampere) des zu liefernden Gleichstromes. Die Wandler werden für Einphasenstrom bis zu 132 Volt und für Drehstrom bis zu 250 Volt Gleichstrom in Sparschaltung gebaut. Für höhere Spannungen sind

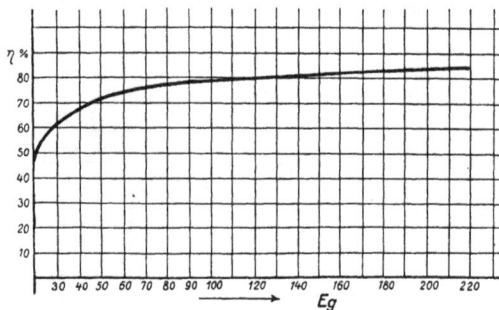

Abb. 95.

laut Verbandsvorschrift die Wandler mit getrennten Wicklungen zu versehen. Sollen Batterien mit geerdetem + Pol (von Fernmeldeanlagen) während des Betriebes geladen werden, so sind auf jeden Fall Wandler mit getrennten Wicklungen zu verwenden. Die Drosselspule, die bei Drehstrom als Stromerhaltungsspule nicht erforderlich wäre, ist bei Drehstrom-Gleichrichtern, welche auf eine im Betriebe (zur Speisung einer Fernsprechanlage) zu ladende Batterie arbeiten, immer vorhanden und mit erheblicher Selbstinduktion versehen, um die Strompulsationen restlos auszugleichen.

Es sind auch Quecksilberdampf-Gleichrichter auf dem Markt vorhanden, die außer der Zündanode noch weitere Hilfsanoden enthalten, welche zur Selbsterregung dienen.

Die bisher beschriebenen Quecksilberdampf-Gleichrichter haben die Eigenschaft, bei einer bestimmten minimalen Strombelastung zu erlöschen, und zwar bei etwa $1/4$ der Vollast.

In der Abb. 96 ist ein Gleichrichterkolben veranschaulicht, der außer den Anoden 2 und 3 noch zwei weitere kleine Hilfsanoden 4, 5 enthält. Die Kathode 6 mit den Hilfsanoden 4 und 5 kann als Miniaturgleichrichter innerhalb des ganzen Kolbens angesehen werden, der über den Erregertransformator 10 gespeist, bei einem kleinen Energieverbrauch von etwa 100 Watt, den Gleichrichter dauernd in Gang hält, wenn der dem Gleichrichter entnommene Strom auch in weiten Grenzen veränderbar ist. Ist die ganze Einrichtung durch das bisher übliche Kippverfahren in Betrieb genommen, so kann die Stromentnahme auch eine Zeitlang aussetzen. Der Gleichrichter bedarf keiner neuen Zündung, wenn die Stromentnahme wieder einsetzen soll, denn durch die Elektroden 4, 5, 6 bleibt er dauernd für beliebige Stromabgabe bereit.

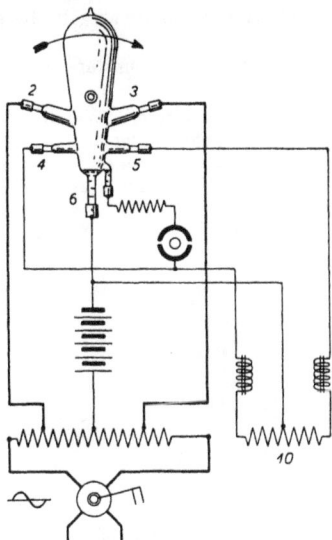

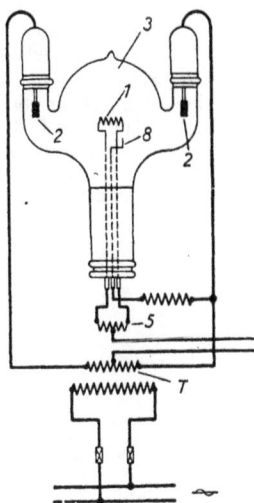

Abb. 96.   Abb. 97.

3. Glühkathoden-Gleichrichter.

Bei den Glühkathoden- oder Edelgasgleichrichtern dient als Kathode ein unmittelbar oder mittels Heizspirale geheizter Metallkörper (z. B. aus Wolfram oder Molybdän) — der Elektronen emittierende Glühfaden. Die Emission kann durch Bestreichen des Glühkörpers mit aktiver Masse (Oxyde) begünstigt werden. Der als Glaskörper durchgebildete Röhrengleichrichter ist mit Edelgas z. B. Argon bei geringem Druck gefüllt, wodurch der Spannungsabfall in der Röhre niedrig gehalten wird.

Die Abb. 97 zeigt schematisch die Anordnung der Einzelteile eines Glühkathoden-Gleichrichters. Im Glasgefäß 3 sind eine Glühkathode 1 und zwei Anoden 2 untergebracht. Der Glühkathoden-Gleichrichter spricht beim Einschalten des primären Wechselstromes sofort an.

Diese rasche Zündfähigkeit wird dadurch erhöht, daß in unmittelbarer Nähe der Kathode eine Hilfsanode (8) angeordnet wird, die über einen hohen Widerstand von etwa 40000 Ohm mit einer Anode verbunden ist. Die Glühkathode 1 wird durch eine besondere dritte Wicklung 5 des Transformators T geheizt und der Gleichstrom von der Mitte dieser und der der Sekundärwicklung des Transformators entnommen und direkt der Sammlerbatterie zugeführt. Die Spannungsregulierung erfolgt auf der Wechselstrom- oder Gleichstromseite.

Als Vorzüge des Glühkathoden-Gleichrichters gegenüber dem Quecksilberdampf-Gleichrichter seien angeführt:

1. Die Zündung setzt nach dem Wiedereinsetzen des ausgebliebenen Wechselstromes sofort wieder ein.

2. Der Gleichrichter ist bis zu den kleinsten Stromstärken herab belastbar, ohne auszusetzen.

Die Brenndauer guter Röhren-Gleichrichter wird mit 2500 Stunden gewährleistet, sie kann aber auch bei richtiger Behandlung 5000 Stunden betragen. Damit die Röhre gut arbeitet muß die Spannung am Heizfaden genau eingehalten werden und vor dem Einschalten der Gleichstromlast ist die Anheizzeit unbedingt abzuwarten. Der Wirkungsgrad ist gut und beträgt bei 110 V Gleichspannung etwa 85 vH.

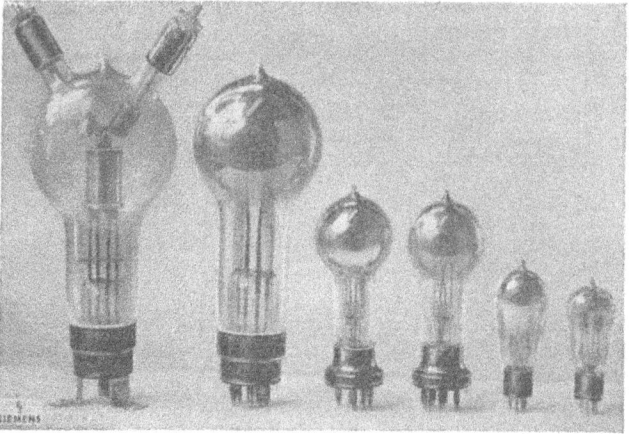

Abb. 98.

Die Abb. 98 zeigt neuzeitliche Formen von Glühkathoden-Gleichrichtern, die in geeigneter Schaltung für Ströme bis 100 Ampere und Spannungen bis 30000 Volt verwendet werden können. Die den Röhren und ganzen Gleichrichtern von den Fabrikanten beigegebenen Gebrauchsanweisungen sind zu beachten.

Schaltungen von Röhren mit einer und mehr Anoden sind im Abschnitt Ladeeinrichtungen zu finden, s. S. 75.

4. Das Glimmrelais.

Als solches wird ein in Abb. 99 dargestelltes Glimmentladungsgefäß bezeichnet, welches mit einem Bruchteil eines Milliampere über die Zündelektrode Z gezündet werden kann, und dazu dient Relais od. dgl. einzuschalten. Nach der Zündung zwischen Z und Kathode K tritt die Hauptkathode in Tätigkeit. Der Zündimpuls braucht nur sehr kurz zu sein, etwa 10^{-5} Sekunden. Die Röhre ist mit verdünntem Edelgas gefüllt.

5. Die Glimmlampe.

Die Glimmlampe dient in der Fernmeldetechnik als Signallampe, als' Überspannungsanzeiger, als Stroboskop-Lichtquelle, als Drosselröhre zur Herabsetzung der Spannung und als Ventilröhre[1]). Eine als Signallampe zu verwendende Röhre ist in Abb. 100 dargestellt. Diese als Bienenkorblampe bezeichnete Glimmröhre wird zum Anschluß an 110 und 220 Volt Gleich- oder Wechselstrom gebaut mit je einem Wattverbrauch von 2,5 und 4,5. Die Verbrauchsströme von etwa 20 bis 25 mA bei beiden Lampen sind durch einen im Fuß der Lampe eingebauten Widerstand (1500 Ohm für die 220-Volt-Lampe) begrenzt. Das orangefarbige Leuchten der Lampen entstammt der kathodischen Glimmschicht auf den

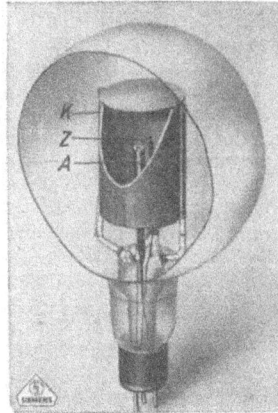

Abb. 99.

ineinanderlaufenden Drahtspiralen. Zu Reklamezwecken kann eine Elektrode die Form von Buchstaben, Zahlen oder Warenzeichen erhalten. Als Füllung dient bei diesen Lampen eine Mischung von Neon- und Heliumgas bei etwa 10 Tor[2]).

Wird die Glimmlampe für Gleichstrom so an Spannung gelegt, daß der negative Pol mit der großen Elektrode verbunden ist, so leuchtet diese mit einem schwachen orangeroten Licht; das Licht überzieht gleichsam die Blechelektrode mit einer dünnen leuchtenden Schicht, dem negativen Glimmlicht.

Alle Edelgasröhren haben die Eigenschaft, einen bestimmten Spannungsabfall in der Röhre selbst zu verursachen, so daß hinter der Röhre nur eine sog. Restspannung auftreten kann, die nicht ganz unabhängig vom jeweils entnommenen Strom ist. Dieser Unterschied gegenüber dem Ohmschen Drahtwider-

Abb. 100.

stand ist wohl zu merken, denn bei dem Ohmschen Widerstand ist die Restspannung um so kleiner, je stärker der Strom ist; ist der Strom sehr klein, so ist die Restspannung nahezu gleich der angelegten Spannung. Der Energieverbrauch der beschriebenen Lampe ist sehr gering; bei 220 Volt etwa 5 Watt. Spannungsabfall etwa 180 Volt; Restspannung etwa 40 Volt; Lebensdauer 3000 bis 4000 Stunden; Lichtstärke einige Hefnerkerzen.

Zum Betrieb einer Glimmlampe ist eine Mindestspannung zur Überwindung des Kathodenfalls erforderlich. Erreicht die Spannung

---

[1]) Schröter, F., Glimmlampen, Glimmstrecken und ihre Schaltungen. München 1939.
[2]) 1 Tor (nach Torricelli) = 1 mm Hg-Säule.

diesen Wert nicht, so ist ein Stromdurchgang überhaupt nicht möglich. Anderseits ist eine Glimmentladung bei genügend hoher Spannung auch beim Vorschalten von hohen Widerständen möglich. Bei 0,01 Milliampere ist bereits ein Glimmen der Kathode zu beobachten.

Legt man eine Glimmlampe mit einer großen und einer kleinen Elektrode (Gleichstromlampe) mit der großen Elektrode an den + Pol, so findet überhaupt kein Stromdurchgang statt. Die Gleichstrom-Glimmlampe hat also infolge der verschieden großen Elektrodenoberflächen die Eigenschaft eines elektrischen Ventils und kann somit als Polsucher (bei genügend hoher Spannung) verwendet werden.

Abb. 101 zeigt eine Glimmröhre als Spannungsreduktor geschaltet. Die Anode der Röhre 1 ist über einen Vorwiderstand 2 und Sicherung 3 von etwa 0,25 Ampere an den + Pol eines Gleichstrom-

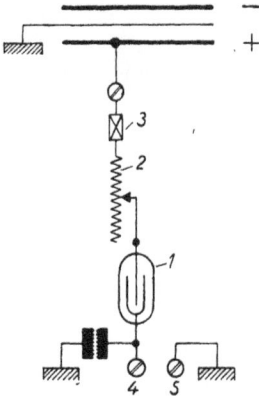

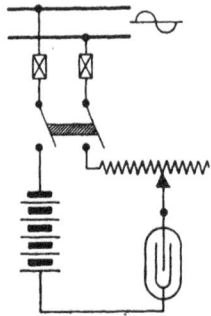

Abb. 101. Abb. 102.

Dreileiternetzes mit geerdetem Mittelleiter gelegt. An die Klemmen 4 und 5 können beliebige Fernmeldeanlagen angeschlossen werden. Der Vorwiderstand (Silitstab) wird so bemessen, daß die Röhre mit höchstens 150 mA belastet werden kann. Der Anschluß an Zweileiternetze kann erfolgen, wenn der eine Leiter betriebsmäßig geerdet ist. Es können vollständige Reduktoreinrichtungen zum Betriebe von Fernmeldeanlagen aus Gleichstrom-Starkstromnetzen von 110 und 220 Volt gebaut werden. Die reduzierte Spannung beträgt 18 bis 30 Volt. Es empfiehlt sich, vor Einbau einer Reduktorröhre von Lieferfirmen genaue Anweisungen für die Inbetriebnahme einzufordern.

Wird die Anode einer Glimmröhre ganz klein (punktförmig) ausgebildet, so ist die Ventilwirkung der Röhre so vollkommen, daß man diese zum Laden von kleinen Sammlerbatterien aus einem Wechselstromnetz benutzen kann. Abb. 102 zeigt eine Schaltung, bei der nur eine Halbwelle des Wechselstromes ausgenutzt werden kann. Um beide Wechsel auszunützen, können die Schaltungen des elektrolytischen

Gleichrichters (S. 57) sinngemäß Anwendung finden. Bei Glimmröhren
zum Anschluß an 220 Volt steht auch hier zu Ladezwecken eine Restspannung von etwa 40 Volt zur Verfügung, bei der 110-Volt-Röhre etwa
20 Volt.

Die Glimmlampe kann auch in vorteilhafter Weise als Schaltmittel
in verschiedenen Stromkreisen dienen, z. B. bei der Signalgabe über
Leitungen mit hoher Dämpfung. In Fernsprechanlagen ist eine Sprech-
verständigung über eine Leitung mit 4 oder auch 5 Neper Dämpfung
zur Not noch möglich, während die Betätigung irgendeines wirksamen
Anruforgans mittels Induktor oder Summer nur über etwa 2 Neper
möglich ist. Um über eine Leitung mit sehr hoher
Dämpfung trotzdem ein Anrufgerät zu betätigen,
benutzt man Glimmlampen. In einem Stromkreis

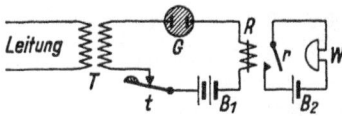

Abb. 103.   Abb. 104.

nach Abb. 103 wird die Glimmlampe G durch die Batterie B_1 mit
einer Spannung, die zwischen der Zünd- und der Löschspannung
liegt, vorgespannt. Wird nun durch einen über die Leitung ankommenden Stromstoß (Induktor oder Summer) über den Umspanner T der Glimmlampe eine zusätzliche Spannung zugeführt,
so zündet die Glimmlampe. Der nunmehr aus der Batterie B_1
fließende Glimmlampenstrom von einigen Milliampere vermag das
empfindliche Relais R zu erregen. Über den Anker r des Relais kann
beispielsweise ein Wecker W eingeschaltet werden. Zur Sicherung
dieses Anrufvorganges und zur Vermeidung des Löschens durch eine
entgegengesetzte Spannung der nächsten Halbwelle des Rufwechsel-
stromes sind besondere Vorkehrungen zu treffen, auf die hier nicht
näher eingegangen werden kann.

In Abb. 104 ist eine Glimmlampe gezeichnet, die für solche Signalzwecke verwendbar ist. Als eine Elektrode dient ein Ring, der an das
Sockelgewinde angeschlossen ist, als andere Elektrode die kleinere
Kreisfläche, die am Sockelbodenkontakt liegt. Diese von der Firma
Osram gebauten Glimmlampen werden für Spannungen von 100
bis 250 Volt gebaut mit einer Leistungsaufnahme von 0,25 bis
0,5 Watt.

Die Glimmlampe kann auch dazu verwendet werden, durch eine
Schaltungsanordnung eine langsame periodische Folge von Vorgängen auszulösen. Legt man einen Kondensator C (Abb. 105) über
einen hochohmigen Widerstand R_1 an eine Gleichstromquelle von
einigen hundert Volt, so wird sich der Kondensator langsam aufladen,
bis seine Spannung die Zündspannung der Glimmlampe G erreicht hat.
In diesem Moment erfolgt ein Stromstoß aus dem Kondensator über
die Glimmlampe, und das Relais R zieht vorübergehend an und löst

6*

über *r* einen beliebigen Vorgang aus. Als Beispiel seien folgende Daten genannt. Ist die angelegte Spannung etwa 400 Volt, der Widerstand R_1 etwa 200000 Ohm und hat der Kondensator eine Kapazität von $4\,\mu$F, so wird das Relais in 500 Millisekunden (0,5 s) einmal erregt.

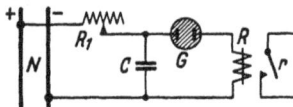

Abb. 105.

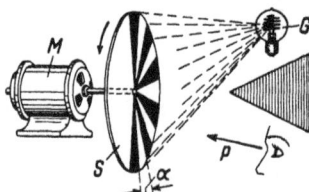

Abb. 106.

Eine weitere Anwendung der Glimmlampe zeigt Abb. 106. Die Umlaufzahl des Motors *M* soll so eingestellt werden, daß sie einer bestimmten Frequenz eines Wechselstromes entspricht. Hierzu verwendet man eine Stroboskopscheibe *S* und eine Glimmlampe *G*, die mit der gegebenen Frequenz erregt wird. Speist man eine Glimmlampe mit Wechselstrom, so leuchtet die Lampe bei jedem Wechsel einmal auf und erlischt zwischen den Halbwellen des Stromes. Sie ist in dieser Beziehung vollständig trägheitslos. Die Stroboskopscheibe ist in genau gleiche schwarze und weiße Sektoren eingeteilt. Wird diese Scheibe nun von der Glimmlampe *G* beleuchtet und in der Pfeilrichtung *p* betrachtet, so sieht man, solange noch kein Synchronismus zwischen der Umlaufzahl der Scheibe und den Stromwechseln des die Glimmlampe speisenden Wechselstromes hergestellt ist, die Schwarzweiß-Teilung der Scheibe in der einen oder anderen Richtung wandern. Regelt man nun die Umlaufzahl des Motors langsam nach, so laufen die Teilungen der Stroboskopscheibe immer langsamer und bleiben schließlich ganz stehen. Jetzt ist Gleichlauf vorhanden. Entweder macht nun die Stroboskopscheibe in der Zeit eines Wechsels eine ganze Umdrehung, oder sie dreht sich in der Zeit zwischen zwei Wechseln um eine oder mehrere ganze Teilungen der Scheibe. Die Scheibe steht scheinbar still, da das Auge die Teilung immer in der gleichen relativen Lage zu einem festen Punkt sieht.

6. Stromrichter[1]).

Als Stromrichter wird eine gasgefüllte Dreielektrodenröhre bezeichnet, die vornehmlich in der Starkstromtechnik als Relais für große Leistungen Verwendung findet, aber auch für einige Fernmeldegebiete Bedeutung hat. Z. B. kann mit Hilfe der Stromrichter ein Wechselstrom hoher Frequenz und Leistung erzeugt werden.

Diese Gasentladungsröhren sind in der Regel aus Glas gebaut und haben eine Glühkathode, ein Steuergitter und eine Anode, sie unterscheiden sich aber von einer Verstärkerröhre (s. d.) dadurch, daß sie gasgefüllt sind, und zwar entweder mit Argongas oder Quecksilberdampf bei einem Druck von 0,1 Tor.

[1]) Löbl, O., Stromrichter. Z.VDI 77, 1933, 684—690.

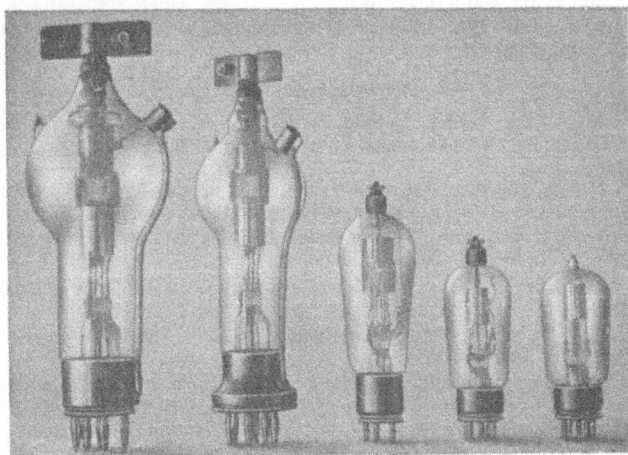

Abb. 107.

Abb. 107 veranschaulicht eine Reihe kleiner und mittlerer Stromrichter. Die Kathode, die elektrisch geheizt wird, muß so durchgebildet
sein, daß sie dauernd in der Lage ist, Elektronen auszustoßen. Solange beim stromlosen Stromrichter am Steuergitter eine negative
Spannung liegt, die so hoch bemessen ist, daß sie das Hindurchtreten
der Elektronen in den Raum jenseits des Gitters verhindert, kann
der Stromrichter nicht zünden. Sobald diese Spannung aber bis
zu einem bestimmten Maß weniger negativ wird, tritt plötzlich eine
Zündung ein. Die stark beschleunigten Elektronen spalten die Gas-
moleküle in weitere Elektronen und Ionen. Dieser Vorgang wächst
bei bestimmter Gitterspannung lawinenartig an, so daß der Ent-
ladungsstrom nach der Zündung auch plötzlich in die Höhe schnellt.

In der Abb. 108 ist die Kennlinie eines Stromrichters dargestellt.
Bei Z tritt die Zündung ein, und der durch den Stromrichter fließende
Strom (Anodenstrom) steigt plötzlich von 0 auf 15 Ampere. Wird
während des Entladungsvor-
ganges das Steuergitter wieder
stark negativ gemacht, so ändert das gar nichts an dem
Entladungsvorgang, da das
Gitter sich inzwischen mit
einer mächtigen Schicht positiver Ionen (als dicke Raumladung) umgeben hat. Ist der
zu schaltende Strom ein Wechselstrom, so würde der Stromrichter bei Durchgang der

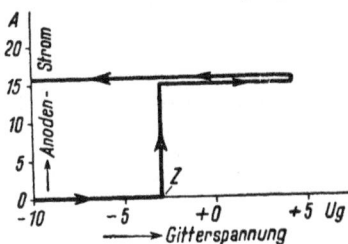

Abb. 108.

Spannung durch 0 erlöschen, wenn nicht bei jeder Halbwelle neu
gezündet wird. Das Erlöschen (Entionisieren) geschieht in 10^{-5} bis
10^{-4} Sekunden.

7. Trockengleichrichter [1].

Als solche werden Metallgleichrichter bezeichnet, die auf der
Ventilwirkung zwischen einem Metall und einer Metallverbindung beruhen.

Der Kupfer/Kupferoxydul-Gleichrichter ist der am meisten verbreitete dieser Gattung. Bekannt geworden sind außerdem Trockengleichrichter folgender Zusammenstellung: Kupfersulfür/Aluminium,
Kupferjodür/Kupfer, Selen-Tellur/Eisen.

Bei dem Kupfer/Kupferoxydul-(Cu/Cu_2O)-Gleichrichter werden
grundsätzlich zwei Bauarten unterschieden, die Druckplatten-Bauart
für verhältnismäßig geringe Leistungen und die Freiflächen-Bauart
für größere Leistungen.

Die mechanisch außerordentlich widerstandsfähige Druckplatten-
bauart zeigt Abb. 109. Das Grundelement des Gleichrichters ist die
Gleichrichterscheibe g aus Kupfer mit der Kupferoxydulschicht f.
Der Oxydulschicht wird der Strom über die Bleiplatte e zugeführt.
Die als Kühlrippen ausgebildeten Scheiben b dienen gleichzeitig
als Stromanschlüsse und als mechanischer Schutz
für die Gleichrichterscheibe; d, h sind Isolierringe,
a, c Druckscheiben, die den Druck des Bolzens
gleichmäßig verteilen.

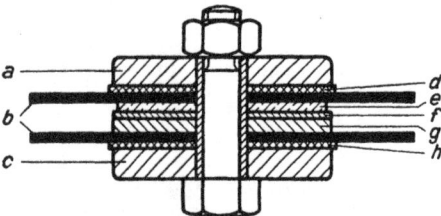
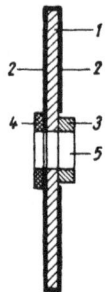

Abb. 109. Abb. 110.

Die Freiflächen-Bauart, Abb. 110, ist dort vorteilhaft, wo infolge
der erforderlichen Plattengröße eine einwandfreie Druckverteilung
bei der Druckplatten-Bauart nicht mehr erzielt werden kann. Eine
Kupferplatte 1 ist allseitig mit einer dünnen Kupferoxydulschicht 2
bedeckt, die wiederum mit einer aufgespritzten (nicht gezeichneten)
Metallschicht überzogen ist derart, daß der dem Metallring 4 zugeleitete
Strom über besagte Metallschicht allseitig in die Kupferoxydulschicht
und von hier zum Kupfer 1 gelangen kann. Von hier wird der Strom
zu dem Metallring 3 geführt, der leitend mit der Kupferplatte 1 verbunden ist. Die Fläche 2 dient selbst als wärmeabführender Teil. Durch

---

[1] M a i e r, K., Trockengleichrichter. München 1938.

Aneinanderreihen mehrerer solcher Platten können Gleichrichtersäulen für hohe Spannungen aufgebaut werden.

Die Gleichrichterscheibe des Siemens-Cu/Cu$_2$O-Gleichrichters hat bei einer angelegten Spannung von 2 Volt in der einen Stromrichtung einen 4000 bis 8000 mal größeren Widerstand als in der anderen. Die Zahl 4000 bis 8000 wird als Gütezahl bezeichnet. Aus Abb. 111 sind die Kennlinien einer solchen Gleichrichterscheibe zu ersehen. Kennlinie a zeigt das Anwachsen des Verbraucherstromes J_v in Ampere in Richtung Cu$_2$O $\longrightarrow$ Cu beim Anwachsen der an die Scheibe angelegten Wechselspannung. Kennlinie b zeigt den jeweiligen Rückstrom J_r in Milliampere in Richtung Cu $\longrightarrow$ Cu$_2$O, Kennlinie c die Gütezahl, d. h. das Verhältnis $J_v : J_r$.

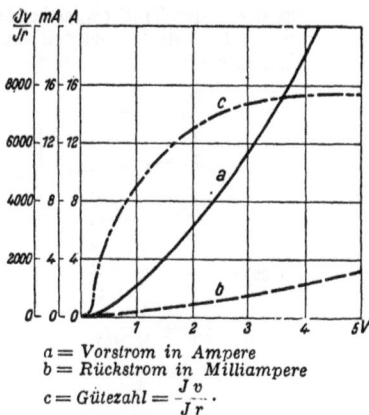

$a =$ Vorstrom in Ampere
$b =$ Rückstrom in Milliampere
$c =$ Gütezahl $= \dfrac{J_v}{J_r}$.

Abb. 111.

Die Spannung, die man an einen Gleichrichter in der Sperrichtung anlegen kann, ist begrenzt. Sollen höhere Spannungen gleichgerichtet werden, so wird eine entsprechende Anzahl Scheiben in Reihe geschaltet. Dies ergibt eine Gleichrichtersäule, Abb. 112. Die Stromstärke ist durch die Scheibenfläche begrenzt; bei höheren Stromstärken werden mehrere Scheiben gleicher Größe parallelgeschaltet.

Die Durchschlagfestigkeit des Cu/Cu$_2$O-Gleichrichters nimmt bei höheren Temperaturen ab. Die Erwärmung der Gleichrichterscheiben darf eine Höchsttemperatur von 50° C nicht überschreiten. Der Siemens-Trockengleichrichter ist so bemessen, daß bei normaler Raumtemperatur von 20° C eine Übertemperatur von 30° C nicht überschritten wird. Kurzzeitige Überlastung ist zulässig, und die Gleichrichter können ohne Schaden auch einen Kurzschluß von einigen Sekunden vertragen. Die Lebensdauer ist nahezu unbegrenzt. Der Wirkungsgrad bei verschiedenen Belastungen ist aus Abb. 113 zu ersehen.

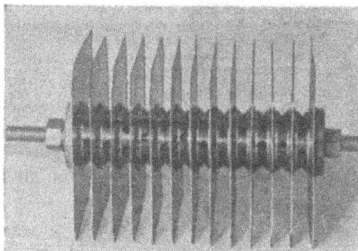

Abb. 112.

Auch der Selen-Trockengleichrichter[1]) wird heute in großem
Maße verwendet. Abb. 114 zeigt schematisch den Aufbau einer Zelle.
Dieser Gleichrichter besteht in der Hauptsache aus vernickelten

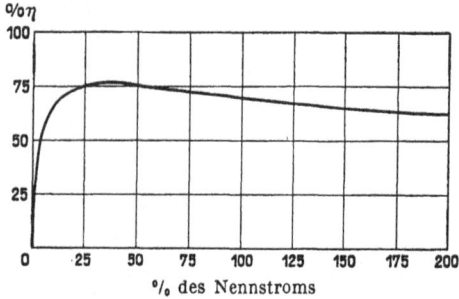

%ₒ des Nennstroms
Abb. 113.

Eisenscheiben 7 mit aufgeschmolzenem Selen 8 und der aufgespritzten aus einer weichen Metallegierung bestehenden Gegenelektrode 9. Mit 5 sind die Anschlußfahnen bezeichnet, die dann
zusammen mit den kreisförmigen Gleichrichterelementen und den

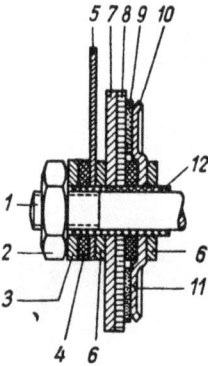

Abb. 114.

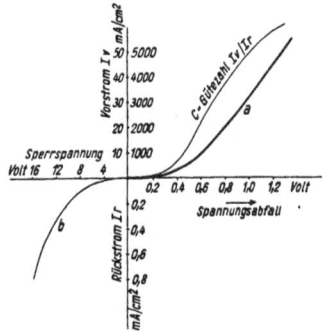

Abb. 115.

Zwischenstücken auf einem Metallbolzen 1 aufgereiht sind und
durch die Mutter leicht zusammengepreßt werden. Der Metallbolzen
trägt eine Isolierhülse.

Die Durchlaßrichtung ist:

Eisen ⟶ Selenschicht ⟶ Gegenelektrode.

[1]) Maier, K., Fortschritte in der Verwendung von Selen-Trocken
gleichrichtern. ETZ 56, 1935, 237—238.

In der Abb. 115 sind die Kennlinien des Selengleichrichters mit den Werten für eine Gleichrichterscheibe dargestellt. Die Selengleichrichter sind in den letzten Jahren so weit verbessert worden, daß sie neben dem Kupferoxydulgleichrichter auch mit Erfolg Eingang in die Praxis gefunden haben. Diese Gleichrichter werden auch in der Freiflächenbauart hergestellt.

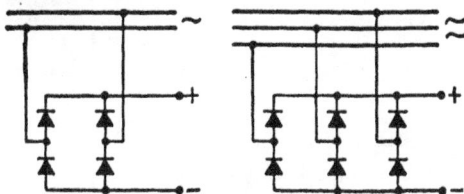

Abb. 116.

Der Trockengleichrichter ist wegen seiner guten Unterteilbarkeit in einzelne Elemente für jede Gleichrichterschaltung gut verwendbar[1]). Er gestattet daher die Wahl derjenigen Schaltung, die hinsichtlich Welligkeit des Gleichstromes oder mit Rücksicht auf die Größe des Gleichrichtertransformators am günstigsten ist. Das ist die Grätzschaltung. In Abb. 116 ist die ein- und die dreiphasige Grätzschaltung dargestellt.

8. Umformer.

Umformer sind als Motorgeneratoren zum Teil noch für größere Fernsprechzentralen, Fernsprech- und Telegraphenämter zum Laden von Sammlerbatterien im Gebrauch, Abb. 117, und zwar dort wo nur

Abb. 117.

Gleichstromnetze zur Verfügung stehen. Die Verwendung von Gleichrichtern ist dann nicht möglich und das Laden aus dem Gleichstrom-

---

[1]) Pfahler, P., Die Verwendung kleiner Trockengleichrichter als Schaltungselemente der Fernsprechtechnik. Z. Fernmeldetechn. 19, 1938, 177—80.

Umformer

Drehzahl etwa 1450

	Gleichstrom-Antriebsmotor für 220 Volt				und Gleichstrom-Generator			
Modell	Abgabe kW	Aufnahme kW	η vH	η ges vH	Modell	Abgabe kW	Aufnahme kW	η vH
NG 3,2	0,08	0,12	66	30	NG 3,2	0,035	0,078	45
NG 3,5	0,2	0,3	67	37,5	NG 3,5	0,12	0,214	56
NG 4	0,32	0,47	68	39	NG 4	0,18	0,316	57
G 36s	0,5	0,7	71	42,5	G 36s	0,3	0,5	60
G 36n	0,75	1,0	74	49,5	G 36n	0,5	0,75	67
G 46s	1,1	1,46	75	55	G 46s	0,8	1,1	73
G 46n	1,5	1,95	77	57	G 46n	1,1	1,5	74
G 56s	2,2	2,8	78	58,5	G 56s	1,65	2,2	75
G 56n	3,0	3,75	80	64	G 56n	2,4	3,0	80
G 66s	4,0	4,9	82	67	G 66s	3,3	4,0	82
G 66n	5,5	6,6	83	69	G 66n	4,5	5,5	83

Drehzahl 1450

	Antriebsmotor für 220 Volt			Zurückgesetzte Leistung			derselbe Gleichstromgenerator zum Laden von			
Typ	Abgabe kW	Aufnahme kW	η vH	Leistung kW	Leistung kW	Leistung kW	12 Zellen Volt	30 Zellen Volt	12 Zellen Amp	30 Zellen Amp
NG 3,2	0,065	0,098	66	0,023	0,029	0,01	23	57 / 72	1	0,4 / 0,33
NG 3,5	0,175	0,26	67	0,077	0,098	0,037	23	57 / 72	3,4	1,36 / 1,1
NG 4	0,26	0,38	68	0,116	0,147	0,056	23	57 / 72	5,1	2,04 / 1,7
G 36s	0,41	0,58	71	0,195	0,245	0,092	23	57 / 72	8,4	3,4 / 2,8
G 36n	0,61	0,82	74	0,325	0,41	0,155	23	57 / 72	14,2	5,7 / 4,7
G 46s	0,89	1,18	75	0,515	0,65	0,246	23	57 / 72	22,4	9 / 7,5
G 46n	1,22	1,6	77	0,71	0,9	0,346	23	57 / 72	31	12,5 / 10,5
G 56s	1,8	2,3	78	1,07	1,35	0,51	23	57 / 72	46,5	18,7 / 15,5
G 56n	2,44	3,05	80	1,55	1,95	0,74	23	57 / 72	67	27 / 22,4
G 66s	3,3	3,9	82	2,14	2,7	1,02	23	57 / 72	93	37,5 / 31
G 66n	4,45	5,4	83	2,93	3,7	1,4	23	57 / 72	128	51,5

netz über Widerstände ist nicht vorteilhaft. In nebenstehender Tafel sind die wichtigsten Angaben über für Ladezwecke gebräuchliche Umformer enthalten. Der Oberwellenanteil der Generatoren beträgt im Durchschnitt 5 vH.

Die Spannungen von 23/29/33 bzw. 57/72/82 Volt,

oder die Stromstärken 1/1/0,33 bzw. 0,4/0,4/0,128 Ampere,

entsprechen Zellenspannungen von 1,9/2,4/2,75 Volt.

Die ,,zurückgesetzte Leistung" ergibt sich aus dem Rückgang des Stromes bei steigender Spannung, wenn die Umlaufzahl gleich bleibt. Bei erhöhter Drehzahl (etwa 1650) läßt sich trotz höherer Gegenspannung die volle Leistung entnehmen.

d) Ladeeinrichtungen.

Die Entwicklung der neuen Röhren- und Trockengleichrichter hat die Konstruktion neuer, recht zweckmäßiger Ladeeinrichtungen zur Folge gehabt. Die Zahl der verschiedenen Ladegeräte mit Röhren- oder Trockengleichrichter ist sehr groß. Die Einzelteile sind nicht wie früher auf Marmor- oder Schiefertafeln aufgebaut, sondern in kleine Gehäuse eingebaut, die entweder zum Aufhängen an die Wand oder zum Aufstellen ausgebildet sind.

Es sind heute drei Ladearten üblich:

1. die Schnelladung,
2. die Dauerladung (a. Pufferung, b. selbstregelnd) und
3. die ausgesprochene Regelladung mit Ladedrosseln.

Bei der Schnelladung wird die Batterie in etwa 6 bis 10 Stunden aufgeladen und dann die Ladeeinrichtung abgeschaltet. Die Ladekennlinien (Ladestromverlauf und Spannung an der Batterie) zeigt Abb. 118.

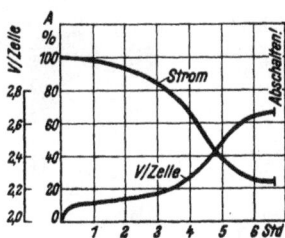

Abb. 118.

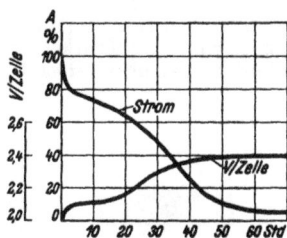

Abb. 119.

Bei der selbstregelnden Dauerladung bleibt die Batterie dauernd an der Ladeeinrichtung angeschlossen *). Bei diesen Ladegeräten, die mit Trockengleichrichtern arbeiten, werden Umspanner und Gleichrichter so bemessen, daß der Ladestrom auf ein ganz geringes Maß

*) Pufferbetrieb, s. auch S. 50.]

herabsinkt, wenn die Batteriespannung von 2,4 Volt je Zelle erreicht
ist. Dieser geringe Strom deckt, wie aus der Kennlinie in Abb. 119
(Kennlinie der selbstregelnden Dauerladung) zu ersehen ist, gerade noch
die Eigenverluste der Batterie. Der Kennlinie ist zu entnehmen,
daß bei dieser Ladeart die Zellenspannung zwischen 2 und 2,4 Volt
schwankt. Bei größeren Stromentnahmen wird auch die Batterie
stärker entladen, es steigt aber dann entsprechend auch der Ladestrom.

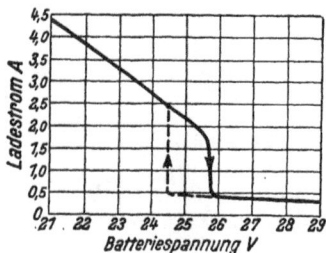

Abb. 120.

Muß die Spannung der Bat-
terie auf bestimmter Höhe gehalten werden, wie das beispielsweise bei Fernsprechanlagen und
Sicherheitsanlagen (Feuermelder,
Uhren usw.) der Fall ist, so benutzt man Ladeeinrichtungen mit
Ladedrosseln[1]). Die Batterie wird
bei dieser Ladeart voll ausgenutzt,
da die Spannung in engen Grenzen konstant gehalten wird, wie
das aus der Ladekennlinie in
Abb. 120 zu erkennen ist; bei ganz
geringem Absinken der Batterie-
spannung, steigt der Ladestrom plötzlich von 0,5 auf 2,5 Ampere.

1. Ladegeräte mit Glühkathoden-Gleichrichter.

Die äußeren Formen solcher Geräte sind aus der Abb. 121 zu er
kennen.

Die Gleichrichtergeräte sind ausgebildet:

1. Als Ladegeräte mit fester Spannung für Batterien mit bestimmter Zellenzahl und für Lade-Stromstärken von 1,5, 3, 6 oder 10 Ampere.
Die Geräte enthalten Sicherungen, Schalter und z. T. auch Strom-
und Spannungsmesser.

2. Als Ladegeräte für selbsttätige Schnell-
ladung mit einer Ladekennlinie, die zeigt,
daß der Ladestrom auf etwa 30 vH des Nenn-

Abb. 121.

stromes zurückgeht, wenn die Spannung der Batterie je Zelle den
Wert von 2,75 Volt erreicht hat.

---

[1]) Böhm, H., Kippdrossel. ETZ 54, 1933, 1037—1039. — Baudisch,
K., Vormagnetisierte Drosseln. ETZ 55, 1934, 208—211.

3. Als kurzschlußsichere Ladeeinrichtungen für Ladeströme von 1,5 3, 6 und 10 Ampere. Die Geräte sind so bemessen, daß die Ladespannung sich selbsttätig der Gegenspannung der angeschlossenen Batterie anpaßt. Die Schaltung der erwähnten 3 Geräte ist aus der Abb. 122 zu ersehen.

4. Als Ladegeräte für Schnell- und Dauerladung mit Glättungsdrossel (zur Beseitigung der Welligkeit des Gleichstromes) und Ladedrossel. Sie werden für Ladeströme von 6, 10, 20 und 30 Ampere gebaut. Die Wirkungsweise der Ladedrossel ist im Abschnitt 2, Ladegeräte mit Trockengleichrichtern, kurz beschrieben.

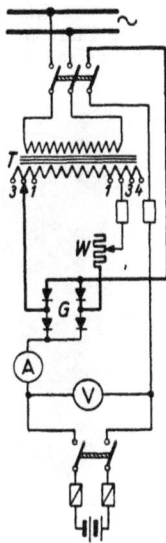

5. Die Abb. 123 zeigt noch die Schaltung von Ladegeräten (bis 100 Ampere Ladestrom) zum Anschluß an Drehstromnetze, wobei je Phase eine Gleichrichterröhre vorgesehen ist. Diese Ladeeinrichtung ist mit Anodendrosseln*) und Saugdrossel**) versehen.

Die Anheizzeit größerer Gleichrichter ist beträchtlich und beträgt bei dem zuletzt erwähnten Ladegerät bei dem Dreiröhren-Typ bis zu 5 Minuten. Da die Anheizzeit unbe-

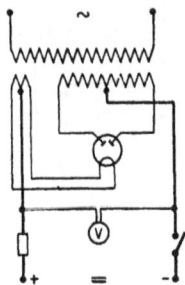

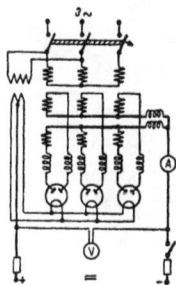

Abb. 122.　　　　Abb. 123.　　　　Abb. 124.

dingt eingehalten werden muß, empfiehlt sich bei großen Ladegeräten die Verwendung selbsttätig wirkender Verzögerungsschalter.

2. Ladegeräte mit Trockengleichrichter.

Auch mit Trockengleichrichtern lassen sich sehr handliche Ladegeräte für kleine Anlagen und auch zweckmäßige größere Geräte bauen, und zwar auch für Schnell- und Dauerladungen.

Die Ladegeräte für kleine und mittlere Leistungen mit Trockengleichrichtern nehmen eine beherrschende Stellung ein, da diese Gleichrichter so außerordentlich anspruchslos und betriebssicher sind. Die äußere Form der Geräte ist denen mit Röhrengleichrichter ähnlich, s. Abb. 121. Die Abb. 124 zeigt die Schaltung eines Ladegerätes mit

*) Zur Erzielung einer bestimmten Ladekennlinie.
**) Zur Schonung der Röhren.

Trockengleichrichter für selbstregelnde Dauerladung mit den Gleichrichterzellen in Grätzschaltung. Durch Änderung des Übersetzungsverhältnisses am Spannungswandler (Anschlüsse 1, 2, 3, 4) kann in kleinen Grenzen die Ladespannung geändert werden.

Aus der Abb. 125 ist die Ladeeinrichtung ohne Schutzkappe zu sehen. Es ist in der Abbildung die räumliche Anordnung des Trockengleichrichters, des Spannungswandlers sowie die der Sicherungen und Meßgeräte zu erkennen.

Die Abb. 126 zeigt die Schaltung einer Ladeeinrichtung mit Regeldrossel und Glättungsdrossel. Die Kennlinie des Ladestromes einer solchen Einrichtung wurde bereits in Abb. 120 wiedergegeben. Bei fortschreitender Ladung und abnehmender Stromstärke in der Regel-

Abb. 125.

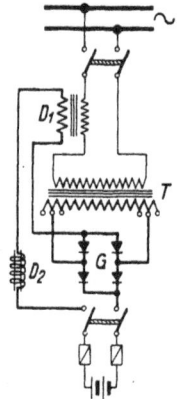

Abb. 126.

drossel wird die Induktivität derselben größer. Dadurch wird über die Primärwicklung des Spannungswandlers der Speisewechselstrom gedrosselt — hierdurch tritt dann der in der Kennlinie, Abb. 120, gezeigte Kippvorgang ein. Eine solche Dauerladung der Batterie ist dieser am bekömmlichsten, da Überladungen vermieden werden.

Der große Vorteil der Dauerladeeinrichtung, d. h. der sogenannten Pufferschaltung, liegt auch darin, daß man für fast alle praktischen Fälle nur eine Batterie braucht, die über das Ladegerät dauernd am Netz liegt.

Die zu versorgende Anlage bekommt ihren Betriebsstrom somit praktisch unmittelbar aus dem Gleichrichter.

3. Trockengleichrichter für mittelbare Speisung aus dem Netz.

Bei kleinen Fernmeldeanlagen, insbesondere auch Fernschreibanlagen, ist es nicht immer wirtschaftlich, eine Batterie zur Lieferung des erforderlichen Gleichstromes aufzustellen. Schon aus räumlichen Gründen und wegen der notwendigen Wartung wird man eine Batterie vermeiden, wenn es geeignete Netzanschluß-Gleichrichter gibt.

Die Abb. 127 veranschaulicht den sogenannten Telegrafengleichrichter mit Trocken-Gleichrichter-Säulen. Dieser Gleichrichter liefert besonders geglätteten Gleichstrom von max. 0,5 Amp. bei (2 × 60 Volt) ± 60 Volt oder 1,0 Amp. bei 60 Volt. Die Oberwelligkeit beträgt höchstens 3 vH. Diese Glättung ist notwendig, damit keine Verzerrung der Telegraphierzeichen eintritt.

Für die batterielose Speisung von Fernsprechanlagen sind auch Wechselstrom-Netzanschluß-Geräte gebaut worden. Diese Geräte

Abb. 127.

dienen der Gesamt-Stromversorgung von kleinen Fernsprechanlagen; sie liefern gleichzeitig auch noch den für den Betrieb der Anlage erforderlichen Ruf- und Summer-Wechselstrom. Wie die Abb. 128 zeigt, enthält ein solches Gerät, das einen Gleichstrom von 1,3 Amp. bei 24 Volt zu liefern vermag, einen Netztransformator Tr, die Trockengleichrichtersäule Gl und die zur Glättung des gewonnenen Gleichstromes erforderlichen, aus Kondensatoren und Drosseln bestehenden Siebkette K. Das Gerät wird mit Schnur und Stecker an das Wechselstromnetz angeschlossen. Auf der Hochspannungsseite hat der Netztransformator eine Reihe verschiedener Anzapfungen, welche den Anschluß an die gebräuchlichen Spannungen ermöglichen. Die Trockengleichrichtersäule kann an der Niederspannungsseite des Transformators ebenfalls an verschiedene Anschlüsse gelegt werden, um den sich im Laufe der Zeit etwas erhöhenden inneren Widerstand der Gleichrichtersäule ausgleichen zu können. An den Klemmen 0—40 bzw. 0—60 kann Rufstrom von 40 bzw. 60 Volt entnommen werden, an den

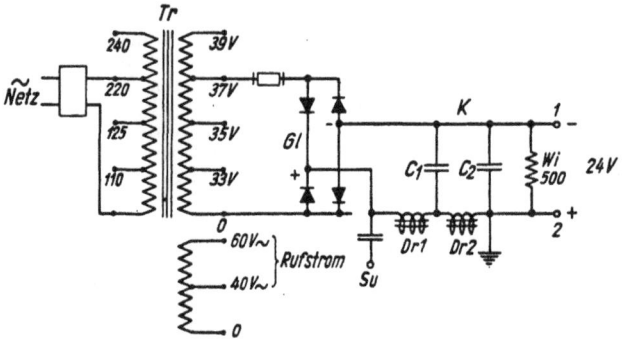

Abb. 128.

Klemmen Su und 1 Summerstrom und an 1 und 2 gut geglätteter
Gleichstrom von 24 Volt.

4. Spannungsgleichhalter[1]).

Die Wechselspannung der Versorgungsnetze schwankt häufig um
$\pm$ 15 vH. In der Fernmeldetechnik ist für viele Zwecke eine konstante
Spannung erforderlich. Um eine solche zu erhalten, schaltet man
zwischen das Netz und den Verbraucher einen magnetischen Spannungs-
gleichhalter. Die Schaltung eines solchen Gerätes ist in der Abb. 129
wiedergegeben. Es ist D_1 eine Luftspaltdrossel mit Kompensationswicklung und D_2 eine gesättigte Drossel, die mit einem Kondensator C

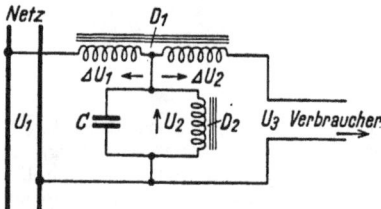

Abb. 129.

parallel geschaltet ist.
Wenn die Spannung U_1 des
Netzes schwankt, so ändern
sich die übrigen Teilspan-
nungen in ihrer Phasenlage
so, daß die geometrische
Summe aus U_2 und ΔU_1
$= U_1$ und U_2 und $\Delta U_2 =$
U_3 nahezu konstant bleibt.
Der Wirkungsgrad beträgt
bei Nennlast etwa 75 vH.

5. Signalgerät für Ladeeinrichtungen.

Bei den Ladeeinrichtungen ist es manchmal erwünscht, ein Signalgerät zu besitzen, das die vollendete Ladung der Batterie optisch oder
akustisch anzeigt. Abb. 130 zeigt schematisch eine hierzu brauchbare
Einrichtung. Durch die Welligkeit des vom Gleichrichter G gelieferten
Ladestromes (s. auch Abb. 90 und 91) läßt sich über einen Wandler T
ein Wechselstromrelais R erregen, solange Ladestrom für Batterie B

---

[1]) Greiner, R., Über einen magnetischen Netzspannungsregler.
ETZ 57, 1936, 489—491.

fließt. Ist die Ladung vollendet und hat der Ladestrom in seiner Stärke abgenommen, so vermag auch der als Oberwelle überlagerte

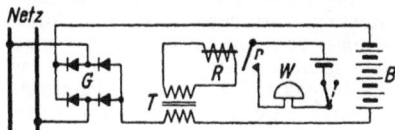

Abb. 130.

Wechselstrom das entsprechend eingestellte Relais nicht mehr zu halten. Über den Kontakt r wird dann ein Wecker W eingeschaltet.

6. Pöhler-Schalter.

Der Pöhler-Schalter besteht aus einem spannungsempfindlichen Relais und einem Uhrwerk. Das Relais wird an die zu ladende Batterie geschaltet, derart, daß es bei Beginn des stärkeren Anwachsens der Batteriespannung (Gasungsspannung) anspricht, das Uhrwerk in Gang setzt, welches seinerseits die Ladung nach einer bestimmten, vorher eingestellten Zeit unterbricht. Beim Laden aus dem Gleichstromnetz kann beim Auslösen des Uhrwerkes gleich ein Widerstand in die Ladeleitung geschaltet werden, so daß bis zum Schluß der Ladung mit stark vermindertem Strom geladen wird.

Über alkalische Gegenzellen s. S. 56.

e) Wechselrichter und andere Wechselstromquellen.

1. Wechselrichter und Umrichter.

Eine elektromagnetisch wirkende Vorrichtung, durch die Gleichspannung in Wechselspannung gleichbleibender Frequenz umgewandelt werden kann, bezeichnet man als Wechselrichter, als Gegenstück zum Gleichrichter. Hingegen bezeichnet man als Umrichter eine Vorrichtung, durch die man aus einer Wechselspannung eine andere höherer oder niedrigerer Periodenzahl erzeugen kann, oder durch die man eine Gleichspannung in eine andere Gleichspannung umspannen kann. Eine besondere Ausführung des Wechselrichters stellt der Polwechsler dar.

Bei allen Wechselrichtern wird in einer geeigneten Schaltung der Gleichstrom in Wechselstrom zerhackt, und zwar in der Regel durch Kontaktanordnungen, die man als Zerhacker bezeichnet, und von deren Beschaffenheit und Wirkungsweise die Güte des Wechselrichters im wesentlichen abhängt. Solche Kontaktanordnungen müssen genau, zuverlässig und gleichmäßig arbeiten, die Kontaktmaterial-Abnutzung durch Reibung und Materialwanderung muß gering sein. Durch geeignete Mittel muß die Funkenbildung unterdrückt werden.

In einem Stromkreis mit der Induktivität L, Abb. 131 wird bei jedesmaligem Öffnen des Kontaktes K eine Funkenbildung (s. Extrastrom S. 24) und infolgedessen auch eine Materialwanderung an diesem Kontakt stattfinden. Um diese Wirkung des Extra-

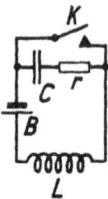

stromes abzuschwächen, legt man parallel zum Kontakt K einen Kondensator C, der dann beim Öffnen des Kontaktes leer ist und den Extrastrom aufnimmt. Dadurch wäre die sog. Grobwanderung des Materials vermieden. Beim Wiederschließen des Kontaktes K geht aber nun der ganze Kurzschlußstrom der Kondensatorladung über den Kontakt, wodurch wiederum eine Materialwanderung, die sog. Feinwanderung entsteht. Um diesen die Feinwanderung verursachenden

Abb. 131.

Entladestrom des Kondensators zu begrenzen, schaltet man in Reihe mit dem Kondensator einen bifilaren Widerstand r. Materialwanderungen beim Kontaktschließen sind nur gering. Bei allen Wechsel- und Umrichtern ist deshalb das zuverlässige Arbeiten in der Hauptsache von dem Arbeiten des Zerhackers (des Unterbrechers) abhängig, im wesentlichen auch

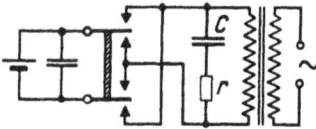

Abb. 132.

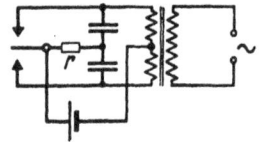

Abb. 133.

vom Material der Kontakte und der Mittel zum Funkenlöschen. Günstig arbeitet der Wechselrichter, wenn die Umschlagzeit des Zerhackers $\frac{1}{4}$ derjenigen Schwingungsdauer ist, die der Eigenschwingung des Schwingungskreises entspricht, auf die der Wechselrichter arbeitet. Die umschaltenden Kontakte dürfen während des Umschlages (Ein- und Abschaltemoment) keine Spannung führen. Die Schaltleistung der Kontakte hängt von vielen Faktoren ab, nicht nur von der Schalt-

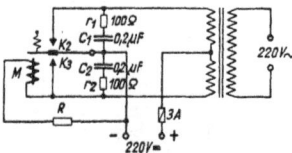

Abb. 134.

spannung und dem Schaltstrom, sondern auch vom Kontaktmaterial, von der Kontaktform, vom Kontaktdruck, von der Kühlung usw. Man baut heute Wechselrichter für Leistungen von 50, 100 und auch 200 Watt. Schaltungsmäßig sind das entweder Umpolwechselrichter nach Abb. 132 oder Gegentaktwechselrichter nach Abb. 133.

Das Zerhackersystem wird bei Wechselrichtern vielfach auswechselbar gebaut. Die Schwingkontakte sind an einer oder mehreren einseitig eingespannten Federn angebracht und bilden so ein Schwing-

kontaktsystem, das auf 100 Hz abgestimmt ist und nach dem Selbst-
unterbrechersystem von der Gleichstromquelle aus in Schwingung

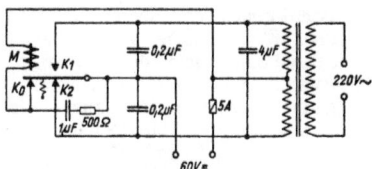

Abb. 135.

versetzt wird. Um das Geräusch des Unterbrechers zu unterdrücken,
kann der Zerhackerteil des Wechselrichters federnd aufgehängt werden.
Es werden Wechselrichter ohne, Abb. 134,
und mit Hilfskontakt K_0, Abb. 135, gebaut.
Die Abb. 136 zeigt die äußere Ansicht eines
Wechselrichters zum Anschließen an Gleich-

Abb. 136.

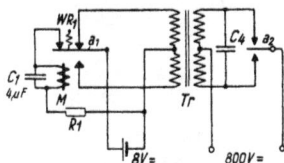

Abb. 137.

stromnetze von 110 oder (umgeschaltet) 220 Volt und für eine
Leistungsabgabe von etwa 80 Watt. Die Leistungsaufnahme beträgt
etwa 110 Watt. Für das Ein- und Abschalten werden von den Herstellerfirmen genaue Bedienungsanleitungen ausgegeben, die zu beachten sind.

Die Abb. 137 zeigt die Schaltung eines Gleich-Umrichters für z. B.
eine Gleichspannung von 8 Volt auf 800 Volt. Kontaktfeder a_2 wird
auch von M betätigt. Durch besondere Anordnung der Kontakt-
folge bei Wechselrichtern mit mehreren Parallelkontakten kann man
auch eine Frequenzvervielfachung erzielen.

2. Polwechsler.

Der Polwechsler ist eine ältere Ausführungsform eines Wechselrichters für einen besonderen Zweck.

In größeren Fernsprechzentralen mit Handvermittlung ist es bei
starker Beanspruchung der Beamtinnen nicht möglich, den Induktor
zum Anruf der Teilnehmer zu verwenden, da dieser besondere Handgriff zu zeitraubend ist. Der Polwechsler kann so in das System der
Zentrale eingeschaltet werden, daß durch Umlegen des Sprech-

7*

umschalters in die Rufstellung der Polwechsler eingeschaltet wird und dieser sodann Wechselstrom in die Teilnehmerleitung sendet.

Der Grundgedanke des Polwechslers (Reichspostmodell) geht aus Abb. 138 hervor. Das mit einem verstellbaren Gewicht versehene Pendel P arbeitet, von einem Elektromagnet angetrieben, als Selbstunterbrecher und schaltet dabei abwechselnd die Hälften P_1 bzw. P_2 der primären Transformatorwicklung an die Batterie. Durch diese Stromstöße in der primären Wicklung werden in der Sekundärwicklung des Transformators T Wechselströme induziert. Abb. 139 zeigt die vollständige Schaltung des Polwechslers. Wird der Kontakt K (am Sprechumschalter) ge-

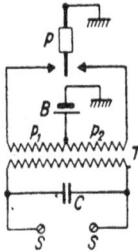

Abb. 138.

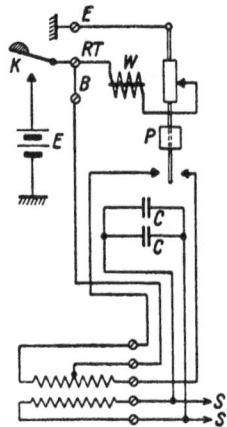

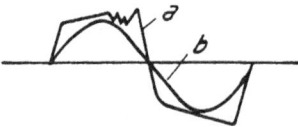

Abb. 140.   Abb. 139.

schlossen, so fängt das Pendel an zu schwingen. Die Frequenz ist durch die Pendellänge bestimmt. Gebräuchlich sind die Frequenzen 25 bis 35 je Sekunde. Die Kondensatoren dienen zur Abflachung der Wechselstromkurve. Polwechsler-Stromkurven haben ohne Verwendung von Kondensatoren eine Form, die sich wegen des steilen Stromanstieges und -abfalls unangenehm bemerkbar macht, denn je steiler der Anstieg, um so stärker die induktive Wirkung der Polwechslerstrom führenden Leitungen auf benachbarte Leitungen. Die Kurvenform des Polwechslerstromes vor und nach Einschaltung des Kondensators geht aus Abb. 140 hervor. Abb. 141 zeigt eine andere Ausführungsform eines als Selbstunterbrecher arbeitenden Polwechslers, der über die Leitungen 1 und 2 eingeschaltet wird. Die Primärwicklung des Transformators T ist nicht unterteilt und die Umschaltung geschieht doppelpolig durch die Federn 4, 5. Wechselstrom kann an den Klemmen s, s entnommen werden. Der Kondensator c dient auch hier zur Abflachung der Stromkurve.

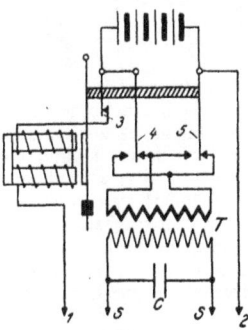

Abb. 141.

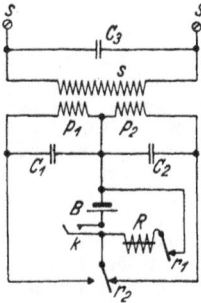

Abb. 142.

Der Grundgedanke eines Relaispolwechslers ist aus Abb. 142 zu ersehen. Wird das Relais R über einen Kontakt k am Sprechumschalter an die Batterie B gelegt, so arbeitet das Relais R als Selbstunterbrecher über seinen Kontakt r_1. Durch einen zweiten Kontakt r_2 des Relais R werden abwechselnd die Teile p_1 und p_2 der Primärwicklung an Spannung gelegt. Die Kondensatoren C_1 und C_2 dienen zum Funkenlöschen am Kontakt r_2, der Kondensator C_3 zum Abflachen der Wechselstromkurve. Abb. 143 zeigt einen Relaispolwechsler mit doppeltem Relaisübertragersatz R', U' und R'', U''. Durch Umlegen des Kippschalters K kann der eine oder der andere Satz in Betrieb genommen werden. Wechselstrom kann bei s, s entnommen werden.

3. Der Summer[1])

beruht ebenfalls auf Selbstunterbrechung (Abb. 144). Die Wicklung W eines Elek-

Abb. 143.

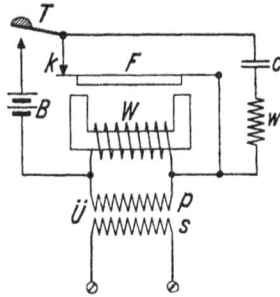

Abb. 144.

---

[1]) Siehe auch Röhrensummer im Abschnitt Wechselstrommessungen.

tromagneten liegt im Stromkreise der Batterie B, des Einschalters T und des Unterbrechungskontaktes k. Der federnde Anker F ist so ausgebildet, daß er in der Sekunde 500 bis 1000 Schwingungen ausführt. Der Kondensator c und der bifilare Widerstand w dienen zum Funkenlöschen. Durch Ansteigen und Abfallen des magnetischen Feldes im Elektromagneten geht Wechselstrom durch die primäre Wicklung p des Übertragers U. Den Klemmen der Sekundärwicklung s kann Wechselstrom entnommen werden. Summer erhalten Stellschrauben, durch welche die Frequenz in weiten Grenzen verändert werden kann. Summerstrom dient bei Feldfernsprechapparaten (bei tragbaren Fernsprechapparaten) zu Anruf- und Telegrafierzwecken. Bei Lautfernsprechern wird oft Summerstrom für sog. phonischen Anruf verwendet, wobei die Fernhörermembran der angerufenen Sprechstelle durch den Summerstrom zum Ertönen gebracht wird.

4. Schwingungserzeuger nach dem Kippverfahren.

Legt man in einen Gleichstromkreis, Abb. 145, in Reihe mit dem Widerstand R einen Kondensator C und parallel zu C eine Glimmlampe G, so kann man durch verschiedene Bemessung von R und C in dem Stromkreis der Glimmlampe intermittierende Ströme verschiedener Frequenz erzeugen. Sehr langsame Schwingungen erhält man bei großem R und C. Siehe auch S. 202, Abb. 368.

Ist R etwa 100000 Ohm und C etwa 1 bis 2 μF, so erhält man bereits Schwingungen von 1000 Hz. Legt man in den Kreis der Glimmlampe einen Lautsprecher L, so kann eine solche Einrichtung als akustische Signalanlage dienen. Die Periode ist annähernd:

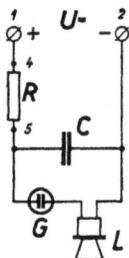

Abb. 145.

$$T = C \cdot R \cdot \ln \frac{U - U_l}{U - U_z}.$$

Hierbei ist U die angelegte Spannung, U_z die Zündspannung und U_l die Lösch-
(d. h. Abreiß-)spannung der Glimmlampe G.

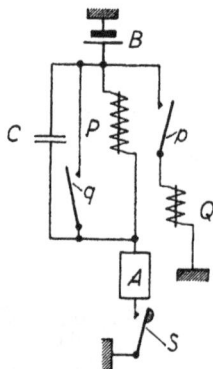

Abb. 146.

In ähnlicher Schaltung z. B. durch Anschließen eines Wandlers an Stelle des Lautsprechers L oder durch Anschließen an 4 und 5 kann diese Anordnung zur Erzeugung von Summerstrom von großer Gleichmäßigkeit verwendet werden.

5. Relaisunterbrecher.

In Fernsprech-Wählanlagen finden vielfach sog. Relaisunterbrecher zum Fortschalten von Schrittschaltwerken Verwendung. Der Grundgedanke ist durch Abb. 146 erläutert. Zwei Elektromagnete

P und Q mit den Kontakten p bzw. q steuern sich nach Einschalten bei S gegenseitig so, daß ein in der Leitung eingeschalteter Elektromagnet A eines Schrittschaltwerkes sekundlich etwa 20 Stromstöße erhält. In der Praxis müssen noch besondere Maßnahmen getroffen werden, um das Verbrennen der Kontakte (induktive Belastung) zu verhindern.

6. Klingeltransformatoren.

Durch Induktionswirkung ist es in Wechselstromkreisen nicht nur möglich, Spannungen beliebig hinauf- und herunterzutransformieren, sondern es lassen sich auch Hoch- und Niederspannungskreise voneinander trennen. Soll einem Starkstrom-Wechselstromnetz durch einen

Abb. 147.

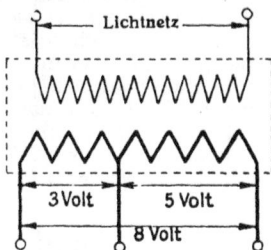

Abb. 148.

Transformator Strom zum Betriebe von Fernmeldeanlagen entnommen werden, so muß der Transformator (Spannungswandler) gewissen Vorschriften des Verbandes Deutscher Elektrotechniker genügen. (VDE 0550/1936. Gültig ab 1. I. 1937.) Abb. 147 zeigt einen Klingeltransformator, der diesen Vorschriften entspricht. Prinzipielle Schaltung Abb. 148.

Klingeltransformatoren brauchen keine Sicherungen auf der Niederspannungsseite, wenn sie vollständig kurzschlußsicher sind. Bei Kurzschluß in der Fernmeldeanlage fällt die Spannung auf der Niederspannungsseite rasch bis auf Null (Abb. 149, Schaulinie 1), so daß keine für die Fernmeldeanlage gefährlich hohe Stromstärke auftreten kann. Auch bei dauerndem Kurzschluß an den Niederspannungsklemmen kann keine Temperaturerhöhung eintreten, die dem Klingeltransformator oder seiner Umgebung gefährlich werden könnte.

Aus den Schaulinien in Abb. 149 ist auch der Verlauf der primären und sekun-

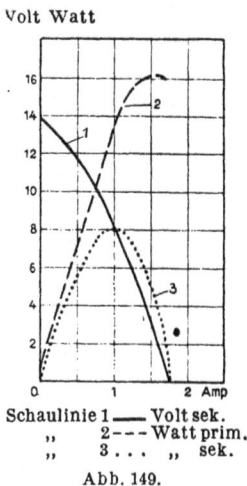

Schaulinie 1 ——— Volt sek.
,,   2 - - - Watt prim.
,,   3 . . .   ,,   sek.

Abb. 149.

dären Leistung des Transformators bei steigender Strombelastung zu entnehmen. Die Angaben beziehen sich auf induktionsfreie Belastung, eine Frequenz von 50 Hertz und Speisung der Fernmeldeanlage von den 8-Volt-Klemmen aus. Die Netzanschlußklemmen (Abb. 147) sind für Rohreinführung ausgebildet. Die drei Niederspannungs-Anschlußklemmen liegen geschützt in Vertiefungen im Porzellansockel.

Zur Befestigung des Transformators ist die Grundplatte mit seitlichen Laschen versehen, die ihn in gewissem Abstand von der Wand halten und durch Bildung eines Luftraumes die Ansammlung von Feuchtigkeit verhüten.

Klingeltransformatoren werden überall dort verwendet, wo durch Vorhandensein eines Starkstrom-Wechselstromnetzes der Betrieb von Fernmeldeanlagen aus dem Starkstromnetz zweckmäßig erscheint. Der gewöhnliche Gleichstromwecker (s. unten) spricht auf 50periodigen Wechselstrom sehr gut an, und es können somit alle Klingelanlagen mit Ruftafel, Türkontakten, Türöffnern usw. vom Klingeltransformator aus gespeist werden. Gegenüber Elementen und Sammlern haben sie den Vorzug unbegrenzter Lebensdauer, brauchen keinerlei Wartung und liefern den zum Betrieb der Fernmeldeanlage erforderlichen Strom stets in unveränderter Stärke und Spannung. Sie werden zum Anschluß an 100- bis 240-Volt-Lichtnetze gebaut und haben einen Leerlaufverbrauch von etwa 0,5 Watt.

III. Anruf= und Signalgeräte.

a) Gleichstromwecker[1]).

Die größte Verbreitung als akustisches Anruforgan in Fernmeldeanlagen hat der sog. Rasselwecker (Abb. 150). Die Schaltung des Rasselweckers geht aus Abb. 151 hervor. Vor dem Elektromagneten W ist ein leicht beweglicher Anker a federnd angebracht. Der Anker trägt den Weckerklöppel und hält in der Ruhelage den Kontakt k geschlossen. Wird der Stromkreis geschlossen, so arbeitet das System als Selbstunterbrecher. Diese Wecker werden in Signalanlagen viel verwendet und können auch mit niedervoltigem, 50periodigem Wechselstrom, wie er von Klingeltransformatoren geliefert wird, betrieben werden. Rasselwecker haben eine beträchtliche Lautstärke, erfordern aber größere Stromstärken als gepolte Wechselstromwecker. Zur Montage an Apparatgehäusen wird der Rasselwecker als sog.

Abb. 150.

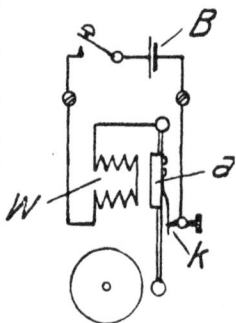

Abb. 151.

---

[1]) Weiterentwicklung elektrischer Läutewerke. Helios F 40, 1934, 227—1228.

Dosenwecker (Abb. 152) ausgebildet mit beispielsweise folgenden Werten: 20 Ω, 1360 Windungen, Strombedarf 100 mA.

Abb. 153 zeigt die Schaltung eines Weckers, der drei Anschlußklemmen 1, 2, 3 besitzt. Wird der Druckknopf 4 heruntergedrückt, so ertönt der Wecker während der Stromschlußdauer als Rasselwecker. Betätigt man den an Klemme 2 angeschlossenen Kontakt, dann verläuft der Strom nicht mehr über den Unterbrechungskontakt 6, so daß der Weckerklöppel bei jedem Druck auf die Taste 5 (bei jedem Stromschluß) nur einmal anschlägt. Diese Wecker ohne Unterbrechungskontakt am Anker nennt man Einschlagwecker. Als Langsamschläger wird ein Wecker bezeichnet, der beim Schließen des Stromkreises langsam aufeinanderfolgende Schläge gibt.

In Abb. 154 ist der Grundgedanke des sog. Universalweckers dargestellt, welcher als Einschlagwecker, Rasselwecker und Langsam-

Abb. 152.

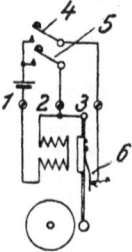

Abb. 153.

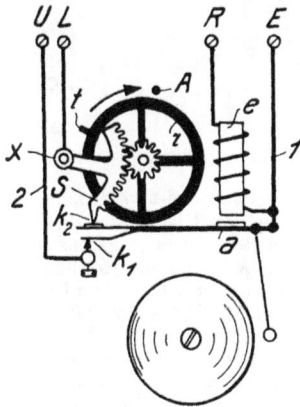

Abb. 154.

schläger betrieben werden kann. Legt man Batterie an Klemmen R und E, so verläuft der Strom über Stromkreis E, 1, e, R, und der Wecker gibt bei jedem Stromschluß nur einen Schlag. Soll der Wecker als Rasselwecker arbeiten, ist Batterie an R und U zu schalten. Stromverlauf: R, e, a, k_1, 2, U. Legt man Batterie an Klemmen L und R, so wird der Elektromagnet e erregt; er zieht seinen Anker a an, und der Klöppel schlägt gegen die Weckerschale. Gleichzeitig schlägt die am Anker befestigte Kontaktfeder gegen ein Zahnradsegment S, wodurch das kleine Messingrad r sich in Pfeilrichtung dreht, bis Stift t gegen Anschlag A stößt. Der Stromkreis wird bei k_2 unterbrochen und erst wieder geschlossen, wenn durch das Gewicht von S das Rad r umkehrt und S Kontakt k_2 schließt. Hierauf beginnt das Spiel von neuem. Der Wecker führt langsam aufeinanderfolgende Schläge aus.

Gegenstromwecker. Abb. 155 zeigt die Schaltung eines Weckers, der als Rasselwecker arbeitet, ohne jedoch eine vollständige Stromunterbrechung herbeizuführen. Die Elektromagnetwicklung ist in zwei Hälften a und b geteilt und so geschaltet, daß beim geschlossenen Kontakt k Spule b kurzgeschlossen ist. Der Strom, der durch Spule a geht, bewirkt die Ankeranziehung. Hierbei wird am Unterbrecherkontakt k der Kurzschluß der Spule b aufgehoben. Die Wicklung b ist so auf die Kerne aufgebracht, daß sie diese in einem zu a entgegengesetzten Sinne magnetisiert. Nach Unterbrechung des Kontaktes k sind die Spulen gegeneinander geschaltet und die Kerne werden rasch entmagnetisiert, so daß der Anker abfällt. Derartige Wecker können mit Vorzug zum Anschluß

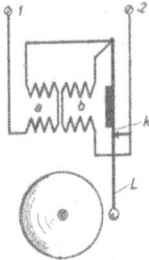  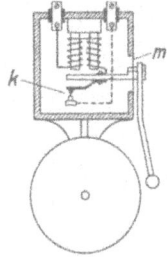

Abb. 155.   Abb. 156.   Abb. 157.

an Starkstrom verwendet werden, da der Unterbrechungsfunke am Kontakt k klein ist. Auch lassen sich Wecker mit dieser Schaltung gut hintereinander schalten, ohne eine gegenseitige Beeinflussung auszuüben.

Aus den Abb. 156 und 157 sind die äußere Ansicht und der innere Aufbau eines wasserdichten Membranweckers zu ersehen. Die Membran m (Abb. 157) ist an die Gehäusewand so angebaut, daß die Bewegung des Ankers auf den Weckerklöppel übertragen und das Gehäuse nach außen vollständig wasserdicht abgeschlossen werden kann. Für Gleichstrombetrieb ist ein Unterbrecherkontakt k vorgesehen. Wechselstrom-Membranwecker haben keinen Unterbrecherkontakt; der Anker fällt während des Durchgangs der Wechselstromkurve durch 0 ab. Aus Abb. 156 ist noch zu ersehen, daß das Weckergehäuse eine Kabeleinführung besitzt und der Weckerklöppel mit Klöppelschutz versehen ist.

Fortschellwecker (Abb. 158) finden Verwendung in der Haustelegrafie. Wird Taste (Druckknopf) 1 gedrückt, so verläuft der Strom über 1, 4, 3, 5, 6, 2. Beim ersten Anzug des Ankers gleitet Hebel 7 von der Nase am Klöppel herunter und schließt unter Wirkung der Feder 8 den Kontakt 9. Es verläuft nun der Strom unter Umgehung des Druckknopfes 1 über 11, 10, 9, 7, 3, 5, 6, 2. Der Wecker läutet dauernd weiter und kann nur durch Ziehen an der Schnur 12 abgestellt werden, wobei Dauerkontakt 9 unterbrochen wird und 7 sich wieder auf die Nase des Klöppels auflegt.

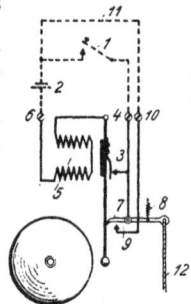

Abb. 158.

b) Wechselstromwecker.

Wechselstromwecker (Abb. 159) sind meistens mit zwei Glockenschalen ausgerüstet und haben ein gepoltes Elektromagnetsystem (Abb. 160). Dieses gestattet, ohne Unterbrechungskontakt den Wecker mit Wechselstrom zu betreiben. Das gepolte System besteht aus zwei Weicheisenkernen K, auf welche die Elektromagnetwicklung zu je einer Hälfte aufgetragen ist. Durch den permanenten Magneten N werden die Kerne gepolt, d. h. es wird in den Kernen K, durch welche die magnetischen Kraftlinien des permanenten Magneten verlaufen, Magnetismus induziert, so daß beispielsweise, wie in der Zeichnung, an den oberen Enden der Kerne K je ein Südpol erzeugt wird.

 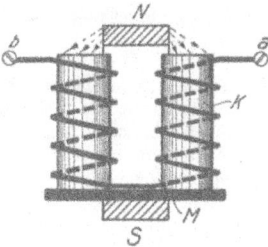 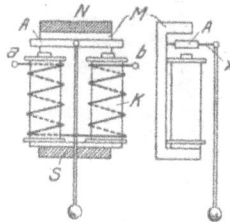

Abb. 159.   Abb. 160.   Abb. 161.

Die punktierten Linien in der Abbildung zeigen den Verlauf der Kraftlinien. Erhält das Elektromagnetsystem nach der Anordnung in Abb. 161 noch einen um Achse x leicht drehbaren Anker A, so wird, wenn an Klemmen a und b eine Wechselstromquelle angeschlossen ist, Anker A in schwingende Bewegung geraten. Geht der Strom durch die Wicklung in Richtung von a nach b (Abb. 161), so wird im linken Kern ein Feld erzeugt, welches dem bereits vorhandenen Feld gleichgerichtet ist. Das im linken Kern bereits vorhandene und vom permanenten Magneten herrührende Feld addiert sich zum elektromagnetischen Feld. Im rechten Kern wird durch denselben Strom ein Feld erzeugt, welches dem Feld des permanenten Magneten in diesem Kern entgegengesetzt ist. Es ist somit im linken Kern ein Feld $H + h$ (Abb. 162) und im rechten Kern ein Feld $H - h$ wirksam. Der Anker wird infolgedessen vom linken Kern angezogen. Ändert der Strom seine Richtung, so wird der Magnetismus im rechten Kern verstärkt und der Anker von diesem Kern angezogen. Bei jedem Umlegen des Ankers schlägt der Klöppel gegen eine Weckerschale. Bei einem Induktorstrom von beispielsweise einer Frequenz $f = 15$ (d. h. 30 Stromrichtungswechsel) gibt der Wecker 30 Schläge. Beim Betriebe mit Polwechsler (Frequenz etwa 25 bis 30) gibt der Wecker 50 bis 60 Schläge in der Sekunde. Daten in umstehender Tafel.

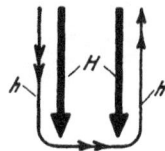

Abb. 162.

Ohmscher Widerstand	Scheinbarer Widerstand in Ohm bei		
	Sprechstrom $\omega = 6000$*) und Kondensator $C = 2\,\mu\mathrm{F}$	Rufstrom $\omega = 157$ *)	
		ohne	mit
		Kondensator $C = 2\,\mu\mathrm{F}$	
2×150	9 270	840	2 480
2×400	20 700	1 800	2 000
2×500	24 300	2 090	2 010
2×750	26 500	2 860	2 360
2×800	32 400	3 200	2 300

Der Wechselstromwecker findet vorzugsweise in der Fernsprechtechnik Verwendung. Seine Bauart ist einfach, er hat keinen, Störungen verursachenden Unterbrecherkontakt, wie der Gleichstrom-Rasselwecker und ist außerordentlich empfindlich. Seine Lautstärke steht im allgemeinen der des Gleichstromweckers nach. Je besser der magnetische Schluß des Dauermagneten eines Wechselstromweckers, um so stärker schlägt er an, verliert aber hierdurch an Empfindlichkeit. Je offener der magnetische Kreis, um so empfindlicher der Wecker.

Sind in einem Betriebe Wecker verschiedener Signalstromkreier an einem Ort aufgestellt, so werden diese mit Glocken verschiedener Klangfarbe (Kelchglocken, Schalmeiglocken usw.) versehen, um die Anrufe zu unterscheiden.

Liegt die Möglichkeit vor, daß der die Empfangsapparate Bedienende den Dienstraum oft verläßt, so können die Wechselstromwecker mit Anrufzeiger (Abb. 163) versehen werden. Dieser kann mit dem Weckersystem zusammengebaut sein, oder aber er stellt einen getrennten Apparat dar. Der Grundgedanke dieses Apparates geht aus Abb. 164 hervor. Der Wechselstrom, der den Wecker zum Anschlagen

bringt — Anker A am Zapfen Z drehbar gelagert, Klöppel w, Weckerschale G — betätigt auch das Schauzeichen S. Die Scheibe S ist auf der dünnen Achse m sehr leicht drehbar angebracht. Bei der Pendelbewegung des Klöppels w schwingt um die Achse n

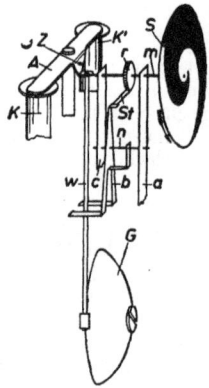

Abb. 163.

Abb. 164.

auch die Gabel b mit dem Stößer St, der gegen die Zähne des Rädchens r stößt. Dadurch wird die leichte Aluminiumscheibe S in schnelle Umdrehung versetzt. Hat der Wecker aufgehört zu klingeln, so dreht sich die Scheibe noch eine ganze Weile und zeigt bei Vorhandensein mehrerer Anrufwecker an, welcher Wecker angeschlagen hat.

*) $\omega = 2\,\pi\,f$.

In Signalanlagen, wo ein Weckeranruf zu laut empfunden wird, verwendet man sog. S c h n a r r e n. Ihre Konstruktion entspricht der eines Rasselweckers ohne Klöppel und Weckerschalen. Eine Darstellung erübrigt sich.

Bemerkenswert ist die besondere Ausbildung einer Schnarre, die als V-Schnarre bezeichnet wird (Abb. 165). Ein kleiner Elektromagnet 1 mit Joch 2 ist mit einem kräftigen, federnden Stahlbügel an einer Eisenplatte 4 befestigt. Die Eisenplatte wird durch Holzschrauben 5 auf eine schwingungs-

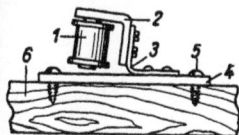

Abb. 165.

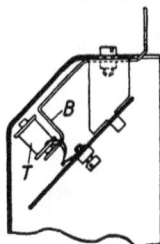

Abb. 166.

fähige Unterlage (Tischplatte, Schrank usw.) aufgeschraubt. Schließt man den Elektromagneten an einen Klingeltransformator, so hämmert der Elektromagnet mit seinem Kern so kräftig gegen die Platte 4, daß ein außerordentlich starker, hupenartiger Ton erzeugt wird.

Die V-Schnarre kann auch in eine schwingungsfähige Schale, Abb. 166, eingebaut werden, so daß der am Stahlbügel B angebrachte Elektromagnet T bei Wechselstromerregung gegen die Schale schlägt. Dieses Signalgerät wird als Gongwecker bezeichnet. Die Schallwirkung des Gongweckers, Abb. 167, ist, bei gleicher Größe des Systems, bedeutend geringer als die der Anordnung nach Abb. 165. Der Ton ist aber sehr angenehm und unterscheidet sich stark von dem Ton eines Rasselweckers, so daß seine Verwendung als zweiter Wecker zu empfehlen ist. Er wird mit einem Widerstand von etwa 25 Ohm gebaut[1]) und verbraucht bei 5 bis 10 Volt Klemmenspannung 0,2 bis 0,3 Ampere.

Abb. 167.

c) M o t o r w e c k e r.

Wenn besonders starke Signalwirkung verlangt wird, verwendet man vielfach Motorwecker. In der Regel benutzt man bei solchen eine auf der Motorachse befestigte Nockenscheibe, die den Weckerklöppel in schwingende Bewegung versetzt. Ein neuartiger Motorwecker ist aus Abb. 168 zu ersehen. In dem ortsfesten Rohrstutzen d befindet sich eine Stahlkugel e, die durch einen Exzenter c (auf der Achse b) des Motors a gegen die Glockenschale F geschleudert wird. Der Ton dieses Weckers ist sehr klar und laut.

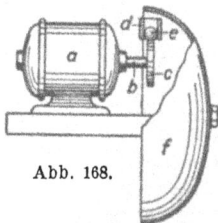

Abb. 168.

---

[1]) Von Siemens & Halske.

d) Elektrische Hupen und Sirenen

werden als Signalapparate an Stelle von Weckern viel verwendet, und zwar zum Anschluß an Batteriespannungen von 8 Volt aufwärts, für Maschinengleichstrom von 50 bis 220 Volt und für Wechselstrom von 50 bis 250 Volt. Abb. 169 und 170 zeigen Hupen mit Schalltrichtern verschiedener Form; Hupen werden auch in wasserdichten Gehäusen gebaut.

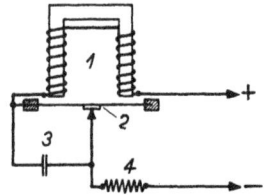

Abb. 169.   Abb. 170.   Abb. 171.

Der Grundgedanke einer Gleichstromhupe für Batteriestrom (8 bis 50 Volt) ist aus Abb. 171 zu ersehen. Als Stromquelle werden Batterien von Akkumulatoren, Beutelelementen oder großen Trockenelementen verwendet. Der zum Elektromagneten 1 zugehörige Anker 2, zugleich schallerzeugende Membran, arbeitet als Selbstunterbrecher. Kondensator 3 dient zum Funkenlöschen. Der Vorwiderstand 4 ist im Hupengehäuse eingebaut. Die Unterbrecherkontakte sind meistens zum Nachregulieren eingerichtet. Die Regulierschraube ist nach Entfernen einer kleinen Kappe zugänglich. Der Anlaufstrom dieser Hupen beträgt bei einer Batteriespannung von 10 bis 12 Volt etwa 0,7 Ampere. Einmal in Schwingungen versetzt, fällt der Strom infolge des durch die schwingende Membran erzeugten Induktionsstromes auf 0,3 Ampere. Sicherungen sind dementsprechend zu bemessen. Die Schwingungszahl beträgt 600 bis 800 je Sekunde.

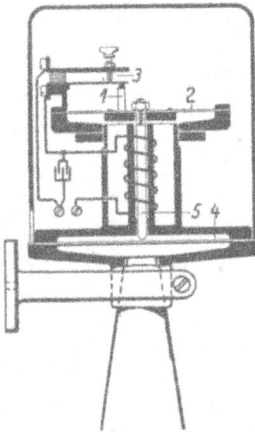

Abb. 172.

Abb. 172 zeigt die Schaltung einer Gleichstromhupe zum Anschluß an ein Starkstromnetz. Der Kern 5 eines Topfmagneten ist mit einer federnd eingespannten Membran 2 verbunden. Das mit Isoliermaterial versehene obere Ende des Ansatzes 1 betätigt den Unterbrecherkontakt 3. Der Schall wird von der Membran 4 erzeugt, gegen welche der Kern 5 anschlägt. Stromverbrauch der Hupe bei 110 Volt etwa 0,15 Ampere. Schwingungszahl 600 bis 800. Sind mehrere Hupen von einer Stelle aus gleichzeitig zu betätigen, so werden sie parallel geschaltet. Die Leitungen müssen, da sie Starkstrom führen, den Vorschriften des VDE für solche Leitungen entsprechen und vorschriftsmäßig verlegt sein. Da bei großen Entfernungen die Kosten für Leitungen erheblich sind, ist es oft vorteilhaft, die Hupe durch ein Relais einzuschalten, welches, durch Schwachstrom betätigt, in der Nähe der Hupe selbst angeordnet sein kann (Relais Abb. 195 u. 198).

In der Abb. 173 ist das System einer Kleinhupe dargestellt. Es besteht aus einer V-Schnarre nach Abb. 165 (Elektromagnet T am Federbügel F) mit einem zusätzlichen Unterbrecher-Kontakt U, so daß diese Hupe an Gleichstrom angeschlossen werden kann. Die äussere Ansicht der Kleinhupe in der Baugröße von 120 mm Durchmesser ist in Abb. 174 wiedergegeben. Die Kleinhupe ist für Schwachstrom-

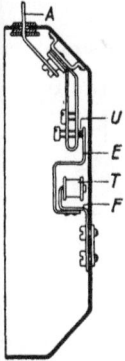

Abb. 173.

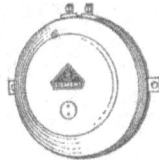

Abb. 174.

Signalanlagen bestimmt und ersetzt in vielen Fällen die teuren Membranhupen. Die Kleinhupe hat einen angenehmen, ziemlich lauten, hupenartigen Ton. Zum Unterbrecherkontakt ist ein Funkenlöschkondensator mit einem Dämpfungswiderstand parallel geschaltet. Die Kleinhupe verursacht infolgedessen keine Rundfunkstörungen.

In Abb. 175 ist die Einschaltung einer Hupe mittels Relais R dargestellt. Die Schwachstromleitungen L führen zu dem beliebig weit entfernt befindlichen Druckknopf D.

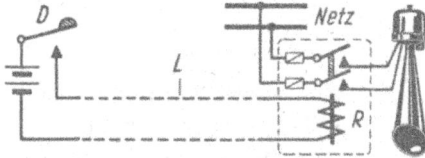

Abb. 175.

Wechselstromhupen zeichnen sich durch große Betriebssicherheit aus, da sie keinerlei regulierbare Kontakte besitzen (Abb. 176). Die Membran 1, welche den Schall erzeugt, ist mit einer zweiten eisernen Membran derart gekuppelt, daß sie beim Erregen des Elektromagneten durch Wechselstrom auf die Polschuhe aufschlägt und wieder abreißt, wobei die Membran 1 einen schmetternden Ton erzeugt. Strom-

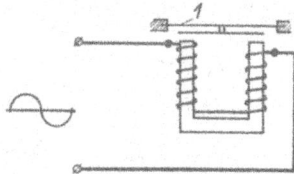

Abb. 176.

verbrauch bei 110 Volt etwa 0,7 Ampere, bei 220 Volt etwa 0,2 Amper^. Schwingungszahl der Membran 400 bis 500. Diese Schwingungszahl wird durch das Aufschlagen der Membran auf die Polschuhe des Elektromagneten erreicht. Ist die Spannung des Netzes höher als die, für welche die Hupe bemessen ist, so schaltet man einen Transformator dazwischen. Unter Umständen kann man auch zwei Hupen hintereinander schalten.

Wechselstromhupe mit Mitschwinger.

Aus der Abb. 177 ist die Konstruktion einer Wechselstromhupe zu ersehen, bei der in der Mitte der schwingenden Membran 1, die über den Bolzen 4 mit dem Anker 2 verbunden ist, ein starrer Mitschwingkörper 5 angebracht ist. Dieser Mitschwinger schwingt in seiner ganzen Ausdehnung mit der Amplitude, die dem Hub des Ankers 2 entspricht.

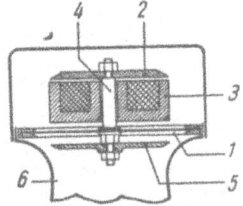

Abb. 177.

Motorsirenen*) werden mit Vorteil dort verwendet, wo ein besonders durchdringendes, lautes Signal erforderlich ist. Die Motorsirene besteht im wesentlichen aus einem Antriebsmotor und der schallerzeugenden Trommel (Abb. 179). Um die Schallerzeugung bei einer Motorsirene zu verstehen, sei an Hand der Abb. 178 die Wirkungsweise der Dampf- oder Druckluftsirene beschrieben. In ein Gehäuse B wird bei e z. B. Druckluft ge-

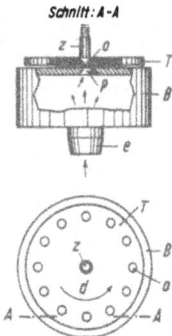

Abb. 178.

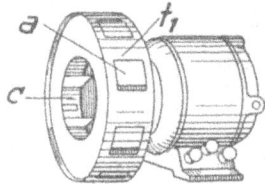

Abb. 179.

preßt. Das Gehäuse B hat in der Deckplatte eine Reihe radial angeordneter, schräger Bohrungen p. Die in B unter Druck stehende Luft ist bestrebt, durch p zu entweichen. Diese Luftstrahlen geraten in gleichartige, senkrecht zu p in der drehbaren Scheibe T ebenfalls radial angeordnete Bohrungen o. Durch diese Luftstrahlen wird T in rasche Umdrehung um die Achse z (in der Pfeilrichtung d) versetzt. Hierdurch werden die Öffnungen p in rascher Aufeinanderfolge abwechselnd geschlossen und geöffnet, d. h. das Ausströmen der Luft wird bald abgeschnitten, bald freigegeben. Diese Luftstöße stellen den von der Sirene erzeugten Ton dar. Die Tonhöhe, d. h. die Schwingungszahl N ist $= n \cdot m$; $n =$ Umdrehungszahl der Scheibe T

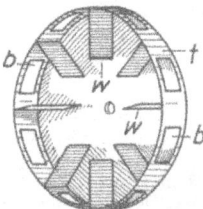

Abb. 180.

*) Siehe auch »Fernmeldeanlagen für den Luftschutz« Seite 278.

in der Sekunde (bzw. Umdrehungszahl des Motors, Abb. 179, in der Sekunde) und $m =$ Anzahl der Bohrungen p bzw. o.

Bei der Motorsirene ist der Vorgang ein ganz ähnlicher. Auf der Motorachse ist eine radial unterteilte Trommel t (Abb. 180) fest angebracht. Diese zylindrische Trommel dreht sich innerhalb einer ebenfalls zylindrischen, feststehenden Trommel t_1 (Abb. 179). Die feststehende Trommel t_1 ist am Umfang mit Öffnungen a versehen, denen eine gleiche Anzahl gleich großer Öffnungen b der drehbaren Trommel t gegenübersteht. Dreht sich die innere Trommel, so werden die Öffnungen auch hier periodisch geschlossen und geöffnet. Der Luftstrom kommt dadurch zustande, daß die innere Trommel durch radial angeordnete Zwischenwände w in Kammern unterteilt ist, und die in den Kammern befindliche Luft bei der Umdrehung der Trommel ebenfalls in Drehung versetzt und durch Zentrifugalkraft zu den Öffnungen a hinausgeschleudert wird. Das hierdurch entstehende Vakuum in der Trommel wird durch die bei c (Abb. 179) einströmende Luft wieder ausgefüllt.

Motorsirenen werden von 0,020 bis 5 Kilowatt zum Anschluß an alle gebräuchlichen Spannungen und Stromarten gebaut. Da die Tonhöhe, Schwingungszahl $N = n \cdot m$ ist, wird beim Anlaufen der Sirene der Ton erst allmählich auf die endgültige Höhe kommen und beim Ausschalten ausheulen. Um scharf begrenzte Signale mit einer Sirene geben zu können, werden die Schallöffnungen des äußeren Zylinders elektromagnetisch geöffnet bzw. geschlossen.

Als Anhaltspunkt für die Reichweite sei angegeben: Bei einer Windgeschwindigkeit von 4 m/s hat eine frei aufgebaute Sirene von etwa 2 kW eine Reichweite von 6 km quer zur Windrichtung, gegen den Wind etwa 3 km und in der Windrichtung etwa 10 km. Um große Reichweiten der Schallwellen zu erzielen, darf die Frequenz nicht über 500 liegen.

Das Typhon. Ein neuartiger Schallerzeuger von ganz außerordentlicher Lautstärke ist in seiner prinzipiellen Anordnung in Abb.181 gezeigt. Der Apparat wird mit dem Rohrstutzen R an einen Behälter mit komprimiertem Gas (Kohlensäureflasche) angeschlossen. Gegen die obere Öffnung O des Rohres R liegt eine starke, federnde Membran M. Nach Öffnen

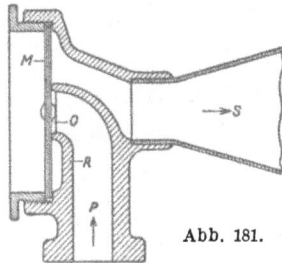

Abb. 181.

des Gasventils tritt das Gas mit großem Druck in Pfeilrichtung (P) aus und biegt durch den ersten Stoß die Membran M durch. Das durch die Öffnung O durchströmende Gas verliert dadurch an dieser Stelle an Druck, so daß die Membran M die Öffnung O wieder schließen kann. Hierauf gewinnt das Gas erneut an Druck und stößt die Membran M wieder von der Auftrittsöffnung O ab. Die Membran arbeitet somit bei diesem Wechsel zwischen der potentiellen und kinetischen Energie des Gases wie ein Selbstunterbrecher. Die Schallwellen treten durch den Trichter S nach außen.

Das Typhon kann mittels elektrischer Auslösung ferngesteuert werden.

IV. Relais.

Das in der Fernmeldetechnik am häufigsten verwendete Schaltmittel ist das Relais. Der Relaisbau sowie die Verwendungstechnik der Relais haben sich in den letzten Jahren in hohem Maße entwickelt, und zwar nicht nur in bezug auf die Vielgestaltigkeit im Bau und in der Anwendung sondern auch in bezug auf die Betriebssicherheit und die Betriebsgenauigkeit. Schaltzeiten und Schaltfolge können heute innerhalb von einigen Millisekunden bis zu mehreren Sekunden genau und gleichbleibend gehalten werden. Allein die Forschungsarbeit, geeignete Kontaktstoffe und ihre konstruktive Anordnung zu finden, ist zu einer besonderen Wissenschaft geworden. An gute Kontakte müssen folgende Anforderungen gestellt werden: gute elektrische und gute Wärmeleitfähigkeit, das Kontaktmaterial muß hart und zäh sein, damit Abnutzung gering, der Schmelzpunkt des Kontaktmaterials muß hoch liegen, Kontakte dürfen nicht kleben. Kontakte aus Wolfram, Molybdän, Kobalt, Silber, Platin, Platin-Iridium, aus Karbiden, Boriden und Siliziden sind gebräuchlich.

Die Aufgaben, die die Relais in den verschiedenen Arbeitsgebieten: in der Signaltechnik, in der Telegrafie und in der Fernsprechtechnik zu erfüllen haben, sind zum Teil gleichartig, zum Teil verschieden. Deshalb ist auch der Aufbau der Relais zum Teil stark unterschiedlich. Die Relais, die vornehmlich für die Zwecke der Telegrafie und für die der Fernsprechtechnik entwickelt wurden, haben zum Teil auch Verwendung in der Signaltechnik gefunden. Aus diesem Grunde soll ihre Wirkungsweise bereits an dieser Stelle beschrieben werden.

a) Relais für Signalanlagen[1]).

Relais, die auf kurze Stromstöße nicht ansprechen, d. h. keinen Kontaktschluß herbeiführen, sondern nur bei längerer Stromschlußdauer die gewünschte Schaltung herstellen, nennt man Relais mit verzögertem Anzug oder Zeitrelais. Relais, die erst nach einer gewissen Zeit nach Aufhören des Stromflusses abfallen und die bestehende Schaltung aufheben, nennt man Verzögerungsrelais oder Relais mit verzögertem Abfall.

1. Zeitrelais mit Hitzdrahtspule.

Abb. 182 zeigt das Prinzip einer Verzögerung mit Heizspule, und zwar bei *A* einen Arbeitsstromkontakt, bei *B* einen Ruhestromkontakt.

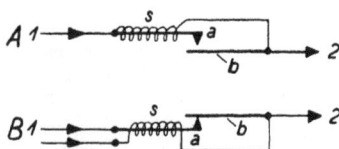

Abb. 182.

a ist eine Bimetallfeder oder auch eine gewöhnliche Stahlblattfeder, um welche eine Heizspule *s* aus isoliertem Draht gelegt ist. Der hohe Widerstand der Spule *s* läßt nur einen geringen Strom hindurch, der nicht ausreicht, den Apparat im Stromkreis 1 bis 2 zu

[1]) Groß, A., Relais für Sonderzwecke. Mix & Genest-Nachr. 9, 1936, 65—69. — Reche, K., Fortschritte der Relaisentwicklung. ETZ 60, 1939, 753—61.

betätigen, jedoch die Spule nach einer gewissen Zeit so weit erwärmt, daß die Feder *a* sich nach unten durchbiegt und der Stromkreis (bei *A*) geschlossen bzw. (bei *B*) unterbrochen wird. Durch Anbringen einer derartigen Heizspule an einem normalen Relais kann dieses in ein Verzögerungsrelais umgewandelt werden.

2. Zeitrelais mit Pendel.

Ein weiteres sich gut bewährendes Zeitrelais für Gleichstrom ist in Abb. 183 dargestellt. Der um Achse *x* drehbare Anker *A* ist mit einem Arm versehen, der die Zahnstange *z* trägt. Durch *z* und die Zahnräder *p*, *q* ist die Bewegung des Ankers *A* zwangsweise mit einem Hemmwerk *r*, *h* verbunden, so daß der Anker unter der Zugkraft des

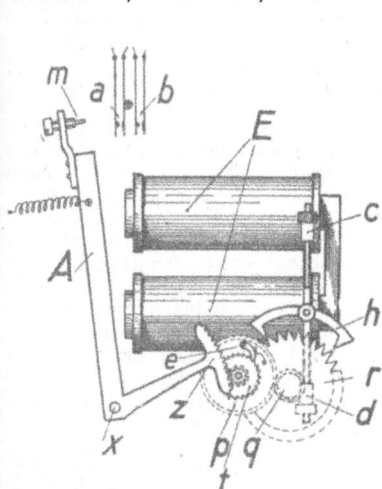

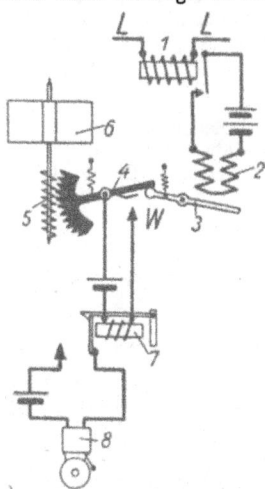

Abb. 183.   Abb. 184.

Elektromagneten eine gewisse Zeit benötigt, den Weg zu durchschreiten, der die Kontaktfedern von dem Stift *m* trennt. Die Einrichtung kann auch so getroffen werden, daß ein besonderer Anker über eine Feder und einen Hebel mit dem Hemmwerk in Verbindung steht, der Anker also sofort angezogen wird und die Feder spannt. Durch die Federkraft wird dann der den Kontakt herbeiführende Hebel langsam (durch das Hemmwerk verzögert) angezogen. Die Schwingungsdauer des Hemmwerkes kann durch Verstellen der Muttern *c*, *d* verändert werden. Das Abfallen des Ankers erfolgt ohne Hemmung, da die Sperrung *e*, die beim Ankeranzug das System kuppelt, bei der Rückwärtsbewegung am Zahnrad *t* hinweggleitet.

3. Zeitrelais mit Windfang.

In Telegrafenzentralanlagen wird ein Zeitrelais zur Schlußzeichengabe verwendet. Abb. 184 zeigt schematisch die hierfür ver-

8*

wendete Schaltung. Der Elektromagnet 2 des Verzögerungsrelais ist in einen Ortsstromkreis geschaltet, der durch Kontakte des Linienrelais 1 geschlossen bzw. geöffnet wird. Kurze Stromimpulse (Telegrafierzeichen) bewirken nur ein kurzes Hin- und Herpendeln des Ankers 3 und des Hebels 4; eine lange Stromschlußdauer bewirkt Einschalten der Klappe 7 und des Weckers 8. Kontakthebel 4 ist in seiner Bewegung durch Windfang 5, 6 gehemmt, so daß der Hebel zum Zurücklegen des Weges W eine gewisse Zeit braucht.

Hält Linienrelais 1 den Stromkreis des Elektromagneten so lange geschlossen, daß Kontakthebel 4 Zeit hat, den Weg W zurückzulegen, so wird der Stromkreis für Klappe 7 geschlossen.

Hebel 4 ist mit Schnecke 5 unter Vermittelung einer nicht gezeichneten Sperrvorrichtung (siehe Abb. 183) gekuppelt, die beim Rückgang des Hebels 4 den Windfang ausschaltet.

4. Zeitrelais mit Schrittschaltwerk.

Zeitrelais mit Schrittschaltwerk, die nach beliebig einstellbaren Zeitabschnitten ansprechen, werden bei Linienfernsprechanlagen verwendet. Die Wirkungsweise eines solchen Relais ist durch

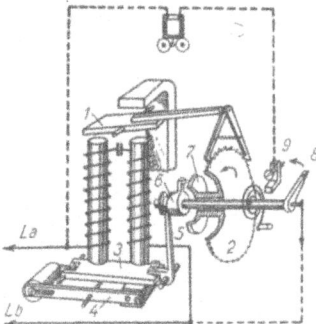

Abb. 185.

Abb. 185 erläutert. Die kurzen Stromimpulse über Leitung erregen zwar den Elektromagneten, ohne jedoch den Ortsstromkreis (8, 9) zu schließen. Das Relais wird mit Induktorstrom betätigt. Solange der Rufstrom aus der Leitung die Windungen des Elektromagneten durchfließt, bewegt der obere gepolte und infolge des Induktorstromes hin- und herschwingende Anker 1 das Steigrad 2 in Pfeilrichtung. Gleichzeitig wird der untere Anker 3 angezogen, verharrt infolge der Trägheit des Schleppankers 4 in der angezogenen Stellung und bringt dabei mittels Hebel 5 den am Schieber 6 sitzenden Zahn zum Eingriff mit Zahnrad 7, welches mit dem Steigrad 2 fest verbunden ist. Die Wirkungsweise des Schleppankers 4 beruht auf der Massenträgheit. Wird Anker 3 durch den Elektromagneten angezogen, so folgt dem Anker 3 der Schleppanker. Während des Durchgangs der Wechselstromkurve durch O würde Anker 3 wieder abfallen, was jedoch durch den trägen Anker 4 verhindert wird. Infolgedessen klappert Anker 3 nicht, sondern verharrt im angezogenen Zustand, solange der Wechselstrom durch die Elektromagnetwicklung geht. Unter Vermittelung der Kupplung 6, 7 nimmt die Achse an der Drehung des Steigrades 2 teil und bewegt Kontaktarm 8 in Pfeilrichtung so lange, bis er sich an Kontakt 9 legt und damit den Ortsstromkreis für den Wecker oder eine Klappe schließt. Der Weg des Kontaktarmes 8 ist so bemessen, daß zu seinem Zurücklegen mindestens fünf bis sechs ununterbrochene Kurbelumdrehungen des Induktors nötig sind.

Besteht dagegen das Rufzeichen aus Wechselstrom-Wellenzügen, also aus Morsezeichen, die durch Pausen getrennt sind, so fällt Anker 3 bei jeder Pause immer wieder in die Ruhelage zurück, wobei er den Schieber 6 mit seinem Zahn außer Eingriff mit Zahnrad 7 bringt und dadurch die Achse freigibt. Diese folgt nun dem Zuge der vorher gespannten Spiralfeder und führt den Kontakthebel 8 immer wieder in seine Anfangsstellung zurück.

5. Relais mit Kupferdämpfung.

Ein bekanntes Mittel, bei Relais einen verzögerten Abfall zu erzielen, ist das Aufsetzen eines Kupfermantels auf den Relaiskern. Das verhältnismäßig dicke Kupferrohr bildet eine in sich kurzgeschlossene Wicklung, so daß das Relais einen Transformator mit kurzgeschlossener Sekundärwicklung darstellt. Zur Erläuterung diene Abb. 186. Das Relais mit Wicklung 1, Anker 3 und Federsatz 4 hat Kupferdämpfung, welche durch die in sich kurzgeschlossene Wicklung 2 dargestellt ist. Geht durch Wicklung 1 Strom, so entsteht im Kern ein magnetisches Feld. Nachdem der Stromkreis von 1 wieder unterbrochen ist, verschwindet auch das magnetische Feld. Beim Verschwinden des Feldes (siehe S. 20/21) werden die Kraftlinien jedoch in Wicklung 2 (im Kupfermantel) einen Strom erzeugen, der wiederum von sich aus im Kern ein zusätzliches magnetisches Feld zur Folge hat, welches sich zu dem bestehenden Feld addiert, usw. Durch dieses Wechselspiel zwischen dem abklingenden magnetischen Feld und dem hierdurch im Kupfermantel (Wicklung 2) induzierten Strom fällt das resultierende Kraftfeld langsamer ab, als es ohne die kurzgeschlossene Wicklung 2 der Fall wäre.

Die Zeiten des Ankeranzuges und Abfalles werden in Millisekunden (1 Millisekunde = $^1/_{1000}$ Sekunde) gemessen. Durch die Kupferdämpfung kann der Ankerabfall um 600

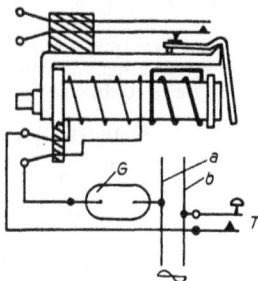

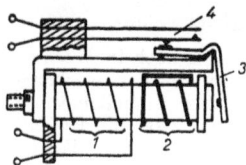

Abb. 186.   Abb. 187.

Millisekunden verzögert werden. Ein verzögertes Abfallen eines Relais läßt sich auch durch Parallelschaltung eines Kondensators zur Erregerwicklung erreichen (bis zu 10 Sekunden).

Um auch bei Wechselstrom durch einen Kupfermantel einen verzögerten Ankerabfall des Relais zu erreichen, kann eine Schaltung nach Abb. 187 verwendet werden. Das Relais soll aus dem Wechselstromnetz *a*, *b* erregt werden, indem der Schalter *T* geschlossen wird. In die eine Zuleitung zum Relais schaltet man eine Glimmlampe *G*, welche vermöge der bekannten Ventilwirkung nur eine Halbwelle des Wechselstromes hindurchläßt. Die nacheinander erfolgenden, gleichgerichteten Stromimpulse magnetisieren den Eisenkern des Relais in ähnlicher Weise wie beim Anschluß an Gleichstrom.

Kleine Anzugs- und Abfallverzögerungen der Relais bis zu einigen hundert Millisekunden und unter Verwendung von Kondensatoren (insbesondere Elektrolytkondensatoren, s. d.) bis zu mehreren Sekunden lassen sich durch verhältnismäßig einfache Mittel erzielen. In der nachstehenden Übersichtstafel sind einige gebräuchliche Schaltungen und die zu erzielenden Zeiten angegeben.

Schaltung	Mittel	Erzielte Zeiten
	Kondensator mit und ohne Widerstand	Anzugs- und Abfallverzögerung bis zu mehreren Sekunden
	Kurzschließen des Relais	50 bis 100 ms je nach Widerstand des Kurzschlußkreises
	Kurzschlußwicklung	100 bis 600 ms
	Niedrigohmige Gegenwicklung	Anzugsverzögerung bis 400 mS, Abfallverz. 10 bis 100 ms

In der Fernsprechtechnik, insbesondere in der Wählertechnik, wird für schalttechnische Zwecke vornehmlich von der Abfallverzögerung der Relais Gebrauch gemacht[1]).

6. Relais mit Trockengleichrichter.

Eine weitere Methode, Gleichstromrelais auch in Wechselstromkreisen zu verwenden, besteht darin, daß man der Relaiswicklung einen kleinen Trockengleichrichter an Stelle einer Glimmlampe parallelschaltet, Abb. 188. Für die Halbwelle 2 bedeutet die Gleichrichterzelle einen Kurzschluß, Halbwelle 1 erregt das Relais. Relais dieser Ausführung arbeiten ruhig und einwandfrei. Das Relais kann mit dem Gleichrichter zu einer Einheit zusammengebaut werden.

Eine ähnliche Schaltungsanordnung, Abb. 189, kann dazu verwendet werden, ein Verzögerungsrelais zu bauen, welches seinen Anker schnell anzieht, aber mit großer Verzögerung abfallen läßt. In der dargestellten Schaltung wirkt die gezeichnete Gleichrichterzelle *G* nur dem Abbau des Magnetfeldes entgegen.

[1]) Schulze, E., Schaltzeiten von Relais. Z. Fernmeldetechn. 5, 1924, 28—32.

In der Abb. 190 ist die Schaltung eines Relais R mit zwei Wicklungen 1 und 2 gezeigt, durch die eine Ansprechverzögerung vom Relais R von etwa 150 ms, bei einer Abfallzeit von etwa 10 ms erreicht werden kann. Die große Wicklung 1 und die kleine Wicklung 2 sind

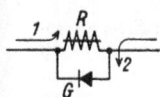
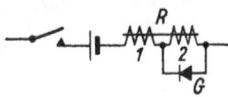
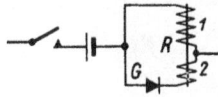

Abb. 188.   Abb. 189.   Abb. 190.

gegeneinander geschaltet, wobei die Wicklung 1 nach Ablauf einer gewissen Aufbauzeit für das elektromagnetische Feld überwiegt und den Anker des Relais R zum Anziehen bringt. Um einen verzögerten Abfall des Relais zu vermeiden, ist der Gleichrichter G vor die kleinere Wicklung geschaltet. Man beachte bei den Relais in Abb. 189 und Abb. 190 die Polung der Batterie.

An Stelle der Glimmlampe G für das Relais mit Kupferdämpfung in Abb. 187 kann auch ein Trockengleichrichter verwendet werden.

7. Relais für Summerströme.

Dieses Relais dient zur Auslösung von Signalen mittels schwacher Wechselströme, zum Telegrafieren mit Summerströmen usw. Es besteht aus einem permanenten Magneten M (Abb. 191) mit auf den Pol-

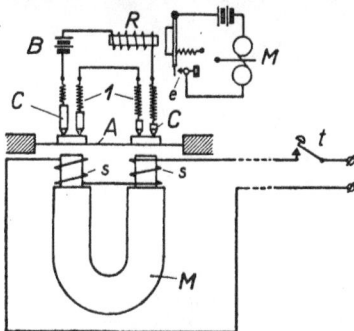

Abb. 191.

schuhen aufgebrachten Elektromagnetwicklungen. Vor den Polschuhen ist ein Anker A (eine Membran) gelagert, auf welchem federnd vier Kontaktstücke C, C von verschiedener Masse liegen. Die Kontaktstücke sind durch dünne Drahtspiralen 1 über Batterie B und Relais R zu einem Stromkreis verbunden. Geht durch Elektromagnetwicklung s—s ein schwacher Wechselstrom, so gerät die Membran A in Schwingungen, und es werden alle Kontaktstücke ebenfalls in Schwingung kommen derart, daß während des Stromdurchganges, d. h. solange die Taste t gedrückt ist, der Stromkreis des Relais R immer an irgendeinem der vier Kontakte C unterbrochen ist. Der Anker von Relais R schließt infolgedessen den Kontakt e, wodurch beispielsweise ein Morseapparat M betätigt werden kann.

8. Frequenzrelais (Resonanzrelais).

Diese Relais, die mit Wechselströmen von 200 bis 400 Hz betätigt werden, dienen zum wahlweisen Fernsteuern mehrerer in einer Leitung

Abb. 192.

liegenden Signalgeräte. Durch ein gepoltes Erregersystem wird die Stahlzunge 1, Abb. 192 u. 193, zum Schwingen gebracht, wenn deren Eigenfrequenz der Erregerfrequenz entspricht. Die Eigenfrequenz der Stahlzunge 1 ist einstellbar; dazu sind die Schrauben 2 (Abb. 192) zu lösen.

Durch eine schwingende Bewegung kann man leicht eine Dauerunterbrechung zwischen zwei in Reihe geschalteten Ruhekontakten erzielen. In der Abb. 193 ist der Aufbau des Systems schematisch dargestellt. Die lange mittlere Feder 3 der beiden Ruhekontakte liegt mit dem Ansatz 4 im Schwingungsbereich der Stahlzunge 1. Das Relais R ist ein Zusatzrelais, das mit dem Frequenzrelais, Abb. 192, so zusammengeschaltet ist, daß es in Ruhestellung durch die beiden Ruhekontakte des Frequenzrelais kurzgeschlossen wird. Wird das Frequenzrelais erregt, die Ruhekontakte unterbrochen, so zieht das Relais R an. Das Relais wird für Betriebsspannungen bis 100 Volt gebaut, der Eigen-

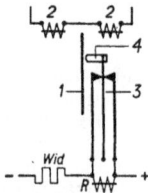

Abb. 193.

verbrauch ist etwa 20 mW, die Kontakte können mit etwa 100 mA belastet werden.

9. Kleinrelais für Gleich- oder Wechselstrom.

Das in der Abb. 194 in der Ansicht dargestellte Re-

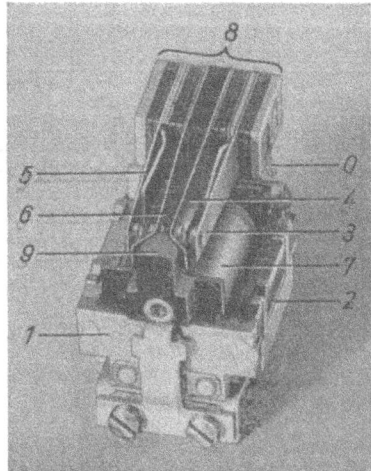

Abb. 194.

lais ist ein Wechselstromrelais von der Größe etwa einer Streich-
holzschachtel und ist in der Lage bei etwa 4 A eine Leistung von
150 Watt zu schalten. Bei etwa 100 Amperewindungen benötigt das
Relais 182 mA als Ansprechstrom bei 24 Volt Wechselspannung. Als
Gleichstromrelais gebaut ist der Ansprechstrom 55 mA bei etwa
130 AW. An Stelle des in der Abb. 194 dargestellten Starkstrom-
federsatzes kann das Relais auch mit einem Schwachstromfedersatz
mit 4 Arbeitskontakten oder 2 Umschaltekontakten oder 4 Ruhekontakten versehen werden.

10. Das Flachrelais für Starkstrom.

Sehr vielseitige Verwendung hat in den letzten Jahren das Gleich-
und Wechselstrom-Flachrelais für Schaltspannungen bis 250 V gefunden, insbesondere zum Steuern von Starkstromkreisen. In der
Abb. 195 ist die äußere Gestalt des Relais für Gleichstrom zu erkennen.
Es ist gewöhnlich mit zwei kräftigen Arbeits- oder zwei Wechsel- oder auch
zwei Wechselkontakten ausgerüstet. Für besondere Zwecke ist es
auch möglich, auf das Relais 4 Wechselkontakte oder auch 6 Arbeitskontakte aufzubauen. Die Kontakte sind aus Silber oder Wolfram.
Wolframkontakte werden dann verwendet, wenn die Relais für chemische Betriebe vorgesehen sind oder für Betriebe, in denen die Oxy-
dation des Silbers zu befürchten ist. Wolfram wird aber nur verwendet
für Schaltspannungen über ·90 V.

Die Schaltleistung beträgt bei induktionsfreien Kreisen und Silber-
kontakten etwa 150 Watt je Kontakt, bei zwei hintereinander geschal-

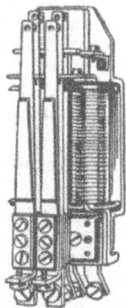

Abb. 195.

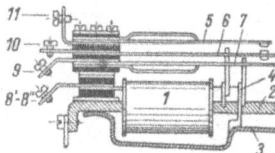

Abb. 197.

teten Kontakten 300 Watt. — Bei induktionsfreier Last und Wolfram-
kontakten etwa 200 Watt und bei zwei hintereinander geschalteten
Kontakten etwa 500 Watt. Für beide Relais-Ausführungen ist die
höchste Schalt-Spannung 250 Volt und die größte zu schaltende
Stromstärke 8 Ampere.

Wider- stand etwa Ω	.	Betriebs- strom etwa A	Klemmen- spannung V
7,5		0,53	4
16		0,37	6
55		0,22	12
220		0,11	24
1300		0,046	60
3000		0,037	110
6000		0,037	220

In der Tafel sind die Werte der Relaiswicklung und der Erreger-
leistung bei verschiedenen Spannungen des Gleichstromrelais angegeben. Die mittlere Durchflutung beträgt etwa 650 Amperewindungen. Abb. 196 zeigt schematisch den Aufbau des Gleichstromrelais.
Die Wicklung 1 ist auf einem flachen Eisenkern 2 aufgebracht. Der
Anker 3 betätigt über einen gitterförmigen aus Isolierstoff gestanzten
Rahmen 4 die Kontaktfedern 5, 6, 7. An die Klemmen 8'—8'' wird
der Erregerstrom, an die Klemmen 9, 10, 11 wird der zu schaltende
Starkstromkreis gelegt.

Die Abb. 197 veranschaulicht einen Seitenriß des Flachrelais für
Wechselstromerregung. Der Anker 2 und der Flachkern 3 sind hier
aus lamelliertem Eisen gebaut.

11. Das Fallklappenrelais.

Um durch Schwachstrom Hupen, Wecker, Motorsirenen, Glühlampen usw., die mitt ls Starkstrom betrieben werden, aus der Ferne

Abb. 198.

einzuschalten, bedient man sich neuerdings vielfach des Fallklappenrelais. Abb. 198 zeigt das
Relais ohne Schutzkappe, Abb. 199 den konstruktiven Aufbau.

Der mit der Klappenfahne versehene Arm 1
ist auf einer Achse 2 drehbar gelagert und wird
in aufgerichteter Lage durch den Anker 3 gehalten. Zu diesem Zweck ist an dem Arm 1 ein mit
einer kleinen ebenen Fläche versehener Stift 4
angebracht, der in der angehobenen Stellung der
Fahne 20 auf einem Ansatz 21 des Ankers ruht.
Die Bewegung des Ankers bewirkt ein Elektromagnet 6, der beispielsweise als Topfmagnet ausgebildet sein kann. Auf der Achse 2 ist ein weiterer Arm 7 drehbar angeordnet, mit dem ein
Isolationsstück 8 und ein kleiner Stift 9 starr
verbunden sind. Beide Arme 1 und 7 strebt eine
Feder 10 derart zusammenzuziehen, daß das Isolationsstück 8 sich
gegen einen Anschlag 11 anlegt. An dem Isolationsstück 8 ist ein Kontaktmesser 12 befestigt, das bei abfallender Fallklappe mit festen
Kontaktfedern 13 in Eingriff kommt und so den Stromkreis für den

Starkstrom-Signalapparat schließt. Die für die Einschaltung von
Starkstrom bestimmten Kontakte 12, 13 sind nach Art der Messer-
schalter hergestellt. Das Messer 12 ist bei einpoliger Ausbildung
U-förmig und fällt in zwei in größerem Abstand voneinander angeordnete Federn 13 ein.

Für die Rückführung (Momentausschaltung) der Klappe dient
ein zweiarmiger Rückstellhebel 14, der um eine Achse 15 drehbar
ist. Eine Feder 16 hält den Hebel in der Ruhestellung an einem
Anschlag 17. An dem kurzen Hebelarm ist ein Bogenstück 18 an-

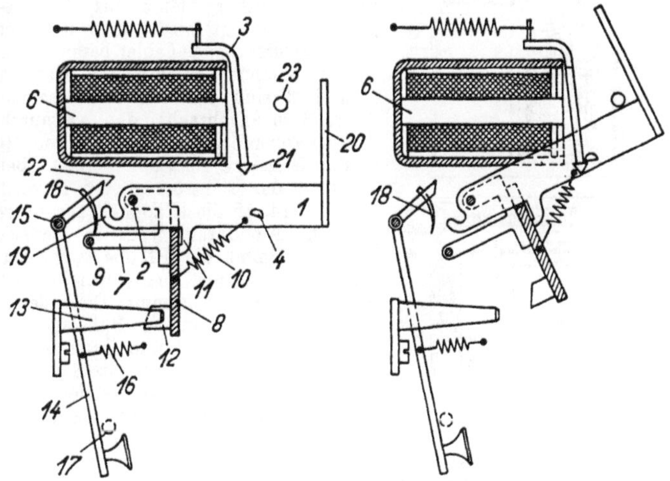

Abb. 190.

gebracht, das beim Niederdrücken des Rückstellhebels 14 über den
Stift 9 des Hebelarmes 7 greift und diesen gegen den Zug der Feder 10
beim Rückstellen eine Zeitlang sperrt. Beim Rückstellen drückt
das Ende 22 des Hebels 14 gegen einen Ansatz 19 des Fallklappen-
armes 1 und hebt diesen an, bis der Stift 4 hinter den Anker-
vorsprung 21 tritt und die Bewegung durch einen Anschlag 23 gehemmt
wird. Die Feder 10 erfährt während dieser Bewegung eine starke
Spannung und reißt den Arm 7 mit dem Kontaktmesser 12 in dem
Augenblick plötzlich aus den festen Kontakten 13, wo der Stift 9
vom Bogenstück 18 abgleitet. Nach Loslassen des Abstellhebels 14
kehrt dieser in seine Endlage zurück, und der Ruhezustand für das
Relais ist wieder herbeigeführt. Da eine Moment-Ein- und -Aus-
schaltung vorhanden ist, genügt das Relais den Starkstromvorschrif-
ten. Die Kontakte reichen für Stromstärken bis 4 A bei 250 Volt
Spannung aus.

12. Das Doppel-Fallklappenrelais.

Dieses Relais dient zu Alarmzwecken und hat zwei Fahnen, Fahne 1 (rot) Abb. 200 und Fahne 2 (weiß), die in der Arbeitsstellung hinter der Schauöffnung 22 von außen sichtbar werden. Beim Ansprechen werden beide Fallklappen in die Arbeitsstellung gebracht und der Alarm eingeschaltet. Hinter der Schauöffnung ist jedoch nur die rote Fahne sichtbar. Der Alarm kann abgestellt werden, wobei die rote Fahne verschwindet und nur die weiße Fahne so lange sichtbar bleibt, bis der Magnet 12 aberregt wird, d. h. der den Alarm verursachende Fehler beseitigt ist. Die miteinander gekuppelten Klappen 1 und 2 sind auf der gemeinsamen Achse 3 so angebracht, daß sie durch die schraubenförmigen Federn 4 und 10 in der Ruhelage gehalten werden. Bei Erregung des Elektromagneten 12 wird über 13, 14, 15 die Klappe 2 heruntergezogen. Auf ihrem Wege in die Arbeitslage nimmt die Klappe 2 mit der Nase 11 die Klappe 1 mit, wobei 11 mit Ansatz 9 in Eingriff kommt. Die Feder 4, die die Klappe 1 in der Ruhelage gehalten hat, verlagert nun ihren oberen Angriffspunkt 7 auf die rechte Seite der Achse 3, so daß nunmehr Feder 4 die Klappe 1 in der Arbeitslage hält. Klappe 2 schließt in der Arbeitslage mittels Stift 21 einen Alarmstromkreis bei 17. Dieser optische oder akustische Alarm kann durch Drücken auf Taste 18 abgestellt werden. Hierbei wird Klappe 1 wieder hochgestellt, Klappe 2 bleibt mit ihrer weißen Fahne so lange vor der Schauöffnung 22, bis der Elektromagnet 12

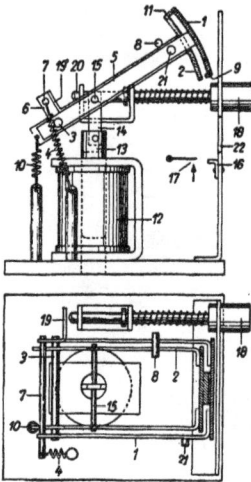

Abb. 200.

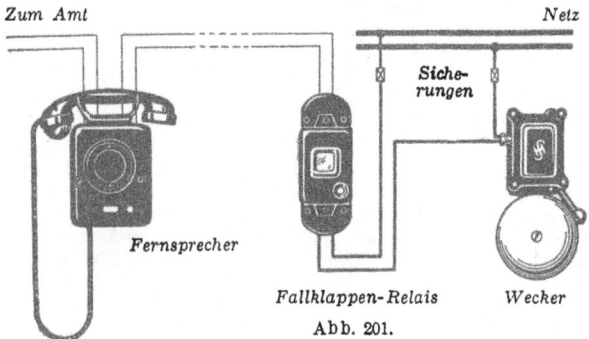

Zum Amt

Netz

Siche-
rungen

Fernsprecher

Fallklappen-Relais

Wecker

Abb. 201.

aberregt wird. Der ortsfeste Stift 8 dient zur Begrenzung (Anschlag) der Ruhelage der beiden Klappen.

Im Grundriß sind beide Klappen in ihrer Arbeitsstellung gezeichnet.

Abb. 201 zeigt schematisch ein Beispiel des Zusammenschaltens eines Starkstromweckers mit einem Fallklappenrelais.

13. Relais mit Quecksilberkontakt.

Demselben Zweck wie das Fallklappenrelais dienen die Relais mit Quecksilberkontakt (Abb. 202). Dieses hat noch den Vorzug, daß es nicht abgestellt zu werden braucht, da es den Starkstromapparat nur so lange einschaltet, wie der Schwachstrom fließt. Die Quecksilber-Schaltröhre wird durch einen Elektromagneten gekippt. Der Elektromagnet braucht zum Anziehen bei Wechselstrom etwa 9 mA, bei Gleichstrom 10 mA. Der Quecksilberkontakt kann wie folgt (bei 110 V Netzspannung) belastet werden:

Abb. 202.

1. bei induktionsfreier Belastung, dauernd mit 5 A, stoßweise bis 8 A,
2. unter Parallelschaltung eines Kondensators zum Kontakt, wie unter 1. dauernd mit 5 A, stoßweise bis 10 A,
3. bei stark induktiver Belastung — z. B. durch Rasselwecker, Motoren, Einschlagwecker usw. — mit etwa 2 A,
4. bei stark induktiver Belastung, wie 3. — jedoch unter Parallelschaltung eines Kondensators zum Kontakt — mit etwa 5 A.

Bei einer Netzspannung von 220 Volt darf der Kontakt nur mit der Hälfte der genannten Stromstärken belastet werden.

14. Relais mit Vakuumkontakt[1]).

Die Schaltpatrone, Abb. 203, besteht aus einem in ein evakuiertes Glasrohr eingeschmolzenen Ruhekontakt (Kontaktfedern 3—5), der mechanisch von außen durch ein Glasstäbchen 1 betätigt werden kann.

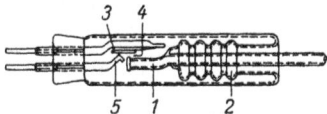

Abb. 203.

Das Wellrohr 2, ebenfalls aus Glas, ist so elastisch, daß das innere Ende des Stäbchens 1 einige Zehntel Millimeter bewegt werden kann. Zur funkenlosen Stromunterbrechung im Hochvakuum genügt praktisch eine Kontaktöffnung von einem ·Hundertstel Millimeter. Bei einer

---

[1]) Seitz, E. O., Ausschaltüberspannungen bei Kleinvakuumschaltern. ETZ 52, 1931, 1305—1307.

Kontaktöffnung von 0,05 bis 0,1 mm kann eine Spannung von 3000 Volt abgeschaltet werden. Die Abschaltung erfolgt (ohne Lichtbogen) momentan (10^{-6} Sek.). Liegt der Schalter mit einer Induktion in Reihe, so entsteht beim Ausschalten eine Überspannung, die etwa 15 bis 40 vH unter $U = I \sqrt{L : C}$ liegt (L in Henry, C in Farad).

Ist die Belastung induktionsfrei, so kann mittels Vakuumkontakt eine Leistung bis zu 2 kW 1 bis 2 millionenmal geschaltet werden. Der Dauerstrom, der über die Kontaktfedern fließt, darf hierbei 10 A nicht überschreiten.

Beim Schalten von Glühlampen, bis 200000 Schaltungen, darf der Einschaltestromstoß 30 A nicht überschreiten.

Soll der Vakuumkontakt als Arbeitskontakt verwendet werden, so muß die Patrone so mit dem Elektromagneten zusammengebaut sein, daß der Kontakt 8, Abb. 204, bei nicht erregtem Elektromagneten offen gehalten wird, indem eine kräftige Feder 3 den Glasstab 4 gegen

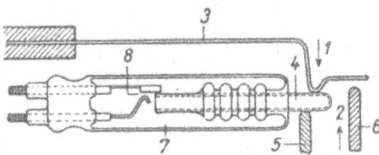

Abb. 204.

einen festen Anschlag 5 drückt. Der Kontakt 8 wird geschlossen, wenn der Elektromagnet seinen Anker anzieht und mit dem Ankeransatz 6, der sich in Pfeilrichtung 2 bewegt, die Feder 3 von dem Stäbchen 4 abhebt. Der Glasstab wird, sich selbst überlassen, durch die Elastizität des Wellrohres am linken Ende heruntergehen, so daß der Kontakt sich schließt.

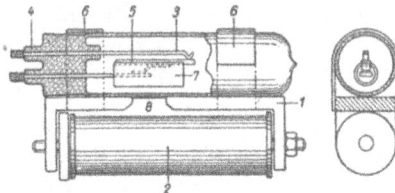

Abb. 205.

In der Abb. 205 ist eine andere Art eines Vakuumkontaktes in Verbindung mit einem Elektromagneten 2 dargestellt. Das Joch 1 des Elektromagneten ist bei 8 unterbrochen. Bei Erregung wird der Anker 7 heruntergezogen und der Kontakt zwischen 3 und 5 unterbrochen.

b) Relais für Telegrafenanlagen[1]).

Bei langen Telegrafenleitungen reicht der Strom am Ende der Leitung oft nicht aus, den Empfangsapparat zu betätigen, er genügt aber, den Anker eines empfindlichen Relais zu steuern. Im Telegrafenbetrieb werden neutrale und gepolte Relais verwendet. Beim gepolten

---

[1]) Jipp, A., Über Telegrafenrelais. Telegr.- u. Fernspr.-Techn. 20, 1931, 12—18. — Schiweck, F., Fortschritte in der Technik der Telegrafenrelais. VDE-Fachberichte 10, 1938, 180—183.

Relais ist die Richtung der Ankerbewegung durch Einbau eines Dauermagneten allein durch die Richtung (Polarität) der ankommenden
Stromschritte gegeben. Gepolte Relais zeichnen sich durch große Empfindlichkeit aus.

Das neutrale Relais unterscheidet sich vom gepolten durch das
Fehlen des Dauermagneten. Dadurch ist für die Ankerbewegungen
die Stromrichtung in der Wicklung gleichgültig. Bei Stromdurchgang
wird der Anker angezogen und legt nur nach einer Seite um. Bei
Stromunterbrechung führt die vorhandene einstellbare Rückzugfeder
den Anker wieder in seine Ruhelage zurück. Neutrale Relais werden
in Einfachstromschaltungen verwendet.

Dagegen können gepolte Relais in Einfach- wie in Doppelstrom-
schaltungen (s. d.) als Sende- wie auch als Empfangsrelais verwendet
werden. Bei Verwendung in Einfachstromschaltungen muß dabei
an Stelle der Rückzugfeder ein Haltestromkreis für die Rückführung
des Ankers im stromlosen Zustand vorhanden sein. Die Kontaktböcke
als Träger der bei allen Telegrafenrelais einstellbaren Kontaktschrauben
sind bei den Empfangsrelais außerdem auf leicht verschiebbaren
Schlitten aufgebaut.

Ein gutes Telegrafenrelais muß stromempfindlich sein und muß
schnell und verzerrungsfrei arbeiten. Ein empfindliches gepoltes
Relais muß ein starkes permanentes Feld und eine möglichst kleine
Selbstinduktion haben, was namentlich in der Schnelltelegrafie
(s. d.) und in den Schaltungen für Wechselstrom- bzw. Tonfrequenztelegrafie (s. d.) und für Unterlagerungstelegrafie von Wichtigkeit ist.
Die Masse des Relaisankers muß möglichst klein sein.

Die Prellschwingungen (a, Abb. 206) des
Relaisankers müssen gering sein im Verhältnis
zur Stromschlußdauer. Abb. 206 zeigt bei I eine
ideale Stromschlußkurve, unter II eine tatsäch-
liche Stromkurve $i = f(t)$. Anzustreben ist, daß
das Verhältnis $a:b$ möglichst klein ist.

Die Prellzeit des Relaisankers ist die Zeit
zwischen dem ersten Aufschlag des Relaisankers auf den Kontakt und dem Schluß der
Ankerbewegung. Treten nach dem ersten Drittel des Stromschrittes b, Abb. 206, noch Prellungen auf, so ist das Relais minderwertig. Die

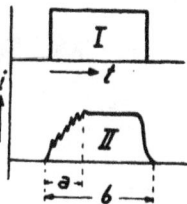

Abb. 206.

Stromkurven werden oszillographisch aufgenommen und ausgewertet.
Als Zeichenform kommen alle möglichen Arten vor, und zwar als die
eine Grenzform die ideale rechteckige Form der Abb. 206, I und als
die andere Grenzform die Sinusform; das Zeichen ist dann verzerrt. Die Relaisverzerrungen sind Zeichenverzerrungen, die in besonderen Meßschaltungen an Relais gemessen werden. Diese Verzerrungen sind zu unterscheiden von den Zeichenverzerrungen einer Telegrafenleitung. S. auch Abschnitt Vorgänge auf Telegrafenleitungen.

1. Schnelltelegrafen-Relais.

In Abb. 207 ist ein gepoltes und neutral einstellbares Relais,
das besonders in der Schnelltelegrafie viel verwendet worden ist,

schematisch dargestellt. Der Anker des Relais bleibt in der Lage, in welche er durch den letzten Stromstoß umgelegt wurde; erst ein Strom entgegengesetzter Richtung kann ihn wieder nach der anderen Seite umlegen.

Dieses Relais wurde in die Apparate eingebaut oder auf einer waagerechten Platte (Tisch) aufgeschraubt.

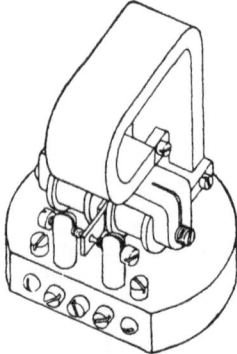

Telegrafenrelais müssen konstruktiv so durchgebildet und so gebaut sein, daß die Einstellung der Kontakte leicht und rasch vorgenommen und die einmal vorgenommene Einstellung derart festgelegt werden kann, daß sie während des Betriebes unverändert bestehen bleibt.

Die neueren Sende- und Empfangsrelais für die moderne Telegrafie sind unter Ausnutzung der heute zur Verfügung stehenden technischen Mittel durchgebildet und den praktischen Bedürfnissen angepaßt worden. Die neue Telegrafie benötigt viele Relais; das Telegrafenrelais mußte infolgedessen billiger und einfacher gebaut, in der Leistung aber bedeutend verbessert werden.

Abb. 207.

Die Apparate und Apparateteile der Schalteinrichtungen werden nicht mehr wie früher auf waagerechten Platten und Tischen, sondern an Gestellen mit senkrechten Montageplatten (s. Abb. 208) aufgebaut. Um die Relais auf solchen Platten unterzubringen, müssen die Relais-

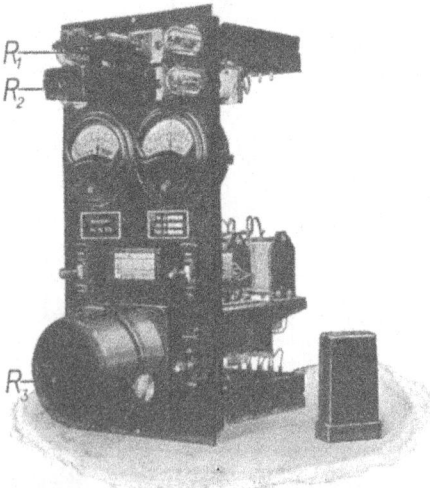

Abb. 208.   Abb. 209

sockel entsprechend konstruiert sein. Um die Relais leicht auszutau-
schen, sind sie mit Steckkontakten versehen.

Die Platten, wie in Abb. 208, oder Schienen, s. Abb., werden dann
an den Gestellen festgeschraubt. Die Platten und Gestelle sind von
der Rückseite auch während des Betriebes zugänglich.

Die Flachrelais R_1, R_2 und das Dosenrelais R_3 sind mittels Stecker-
stiften in entsprechende Sockel gesteckt. S. weiter unten.

2. Gepoltes Dosenrelais.

In Weiterentwicklung des in Abb. 207 dargestellten gepolten
Relais ist von Siemens & Halske ein leistungsfähiges Telegrafen-
Empfangsrelais gebaut worden, das in Abb. 209 mit aufgeklapptem
Deckel dargestellt ist. Auf der Grundplatte G ist das Weicheisenjoch J
mit den Kernen K und den Spulen angeordnet. Der Dauermagnet D

Abb. 210.

greift durch die Grundplatte hindurch; L sind die Ankerlager. Zwischen
den beiden Spulen ist der Anker, und vorn sind die beiden Kontaktschrauben gut zu erkennen. Abb. 210 veranschaulicht den Relaissockel und zeigt die Unterseite des Relaiskörpers mit den Steckkontakten. Die Verbindungsleitungen der Schaltungsanordnung werden an
die Kontakte im Relaissockel gelötet, nachdem der Sockel auf die
Montageplatte aufgeschraubt ist. Das Relais wird dann mit einem

I, II	= Spulen
a	= Anker
m	= Dauermagnet
1, 2	= Kontakte
3	= Kontaktschrauben
4, 6, 10	= Klemmschrauben
5	= Kontaktschlitten
7	= Einstellkordelschraube
8	= Feder
9	= Polschuhe

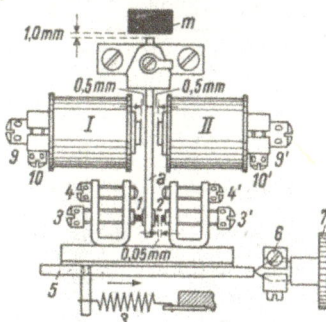

Abb. 211.

Goetsch, Taschenbuch 9.　　　　　　9

Handgriff auf den Sockel gesetzt, wodurch sämtliche Verbindungen hergestellt sind.

Das Relais arbeitet noch mit 0,5 mA. Bei Doppelstrombetrieb (s. d.) bei ± 10 mA Betriebsstrom arbeitet es noch annehmbar bei einer Telegrafiergeschwindigkeit von 250 Baud (300 Morsewörter = 3000 Fünferzeichen in der Minute).

In der Abb. 211 sind einige Einzelteile des Relais schematisch dargestellt und einige Abmessungen angegeben.

Durch dieses Empfangsrelais ist es gelungen, die Betriebssicherheit bzw. die Reichweite in der Telegrafie (insbesondere der Tonfrequenztelegrafie) zu erhöhen und gleichzeitig die Beeinflussung der Nachbarkabeladern herabzusetzen. Durch Abb. 212, die unter 1 eine oszillographische Aufnahme des Empfangsstromes (Unterlagerungstelegrafie auf 150 km Normalkabel, 0,9-mm-Ader) von 2 mA bei 24 Volt wieder-

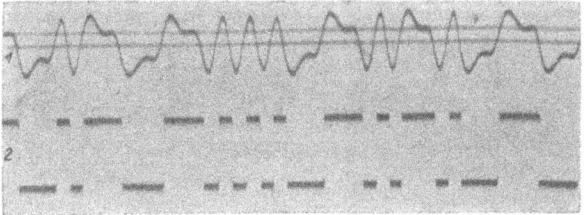

Abb. 212.

gibt, ist die Leistungsfähigkeit des Relais veranschaulicht. 2 zeigt die Kontaktgabe zu 1.

Nachstehende Zahlentafel gibt die gebräuchlichen Wicklungswerte dieses gepolten Dosenrelais an.

Rechteckförmiger Ansprechstrom mA	Widerstand je Spule etwa Ω	Windungszahl je Spule etwa	Sinusförmiger Betriebsstrom[1]) mA
0,73	1×110	1×4130	2,8
0,6	2×120	2×2500	2,3
0,25	1×1200	1×11900	1,0
0,22	1×1600	1×13500	0,85
1,3	1×50	1×2350	4,8

[1]) Bei 50 Baud und Reihenschaltung der Wicklungen.

3. Gepoltes Flachrelais.

Ein sehr leistungsfähiges Telegrafensenderelais zeigt die Abb. 213 Das Relais hat 2 flache Dauermagnete 2, 3. Der Anker ist sehr leicht ausgebildet, die Kontakte 4 und 5 sind wie üblich einstellbar.

Das ganze Relais ist flach gehalten und, wie die Abb. 214 zeigt, so gebaut, daß es mittels Steckkontakten (Bananenstecker) mit dem Sockel verbunden werden kann. In einem Gestell können diese Relais dicht nebeneinander aufgebaut werden. In der Abb. 214 links ist

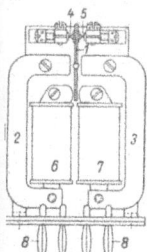

Abb. 213.   Abb. 214.

noch die aus Preßstoff hergestellte Relaisschutzkappe zu sehen. Mit 10 mA arbeitet das Relais betriebssicher. Normalwicklungen des Relais sind je Spule: 22 Ohm/1700 Windungen, 65 Ohm/2800 Windungen, 210 Ohm/4900 Windungen.

4. Neutrales Flachrelais.

Ein neutrales Flachrelais für Einfachstrombetrieb in Telegrafen- und Signalanlagen ist in Abb. 215 in der Ansicht zu sehen. Auch dieses Relais wird mittels Steckkontakten mit dem Sockel verbunden, es hat einen Wechselkontakt. Die Schaltleistung beträgt bei induktionsfreiem Stromkreis etwa 10 Watt. Wie aus der Abbildung zu ersehen, hat das Relais zwei ungleiche Wicklungen. Aus der schematischen Darstellung in Abb. 216 sind weitere Einzelheiten zu erkennen.

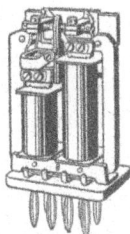

I, II = Spulen
P_1, P_2 = Polschuhe
a = Anker
1, 2 = Kontakte
3 = Kontakt-
schrauben
4 = Klemmen-
schrauben

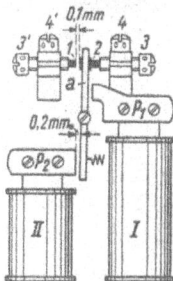

Abb. 215.   Abb. 216.

Beim Betrieb mit 50 Baud (25 Hz) und bei 10 g Federspannung sind 70 Amperewindungen (AW) erforderlich, bei 30 g Federspannung 300 AW.

In folgender Zahlentafel sind die Werte einiger Wicklungen dieses Relais angegeben.

9*

Widerstand je Relais etwa Ω		Windungszahl etwa		Betriebs-strom[1]) mA
Spule I	Spule II	Spule I	Spule II	
50	33	2250	1500	9,3
75	50	2250	1500	
110	70	4500	3100	9,2
350	250	7600	5400	5,4
970	660	12400	8600	3,3
1850	1250	16000	11000	2,6

[1]) Bei Reihenschaltung der Wicklungen, einer Federspannung von 10 g und einer Betriebsfrequenz von 25 Hz (= 50 Baud).

5. Das gepolte Siemens-Carpenter-Relais.

Dieses in Abb. 217 in der Außenansicht dargestellte Relais ist eine Spitzenleistung, die durch Stofforschung und Entwicklungsarbeit auf dem Gebiete der Relaistechnik heute erreicht werden kann.

Das Siemens-Carpenter-Relais wird für Telegrafenanlagen, Gegensprechschaltungen, Unterlagerungs- und Wechselstrom-Mehrfachtelegrafie und auch für Signalanlagen mit schwierigen Arbeitsbedingungen

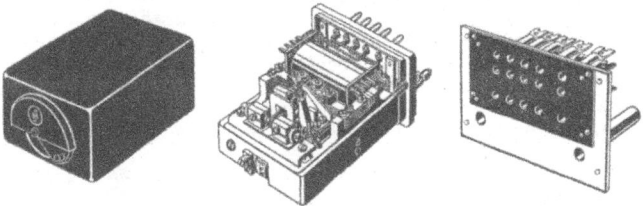

Abb. 217.

benutzt. Das Relais hat einen Wechselkontakt aus Platin und eine Spule mit einer Höchstzahl von 6 Wicklungen, deren Enden an die Steckerstifte angeschlossen sind.

Beim Betrieb mit 50 Baud ist die Ansprechsicherheit*) aus nachstehenden Zahlenwerten zu ersehen:

Ansprecherregung bei Sinusstrom . . . 2 AW
    ,,   ,, Rechteckstrom . 2,5 AW
Betriebserregung bei Sinusstrom. . . . 7 AW
    ,,   ,, Rechteckstrom . . 4,5 AW

Aus der schematischen Darstellung des Relais in Abb. 218 ist der konstruktive Aufbau zu erkennen. Der Dauerflußkreis und der Wechselflußkreis sind voneinander nahezu ganz getrennt, bis auf die sehr kurze

*) S. auch Fernsprechrelais.

gemeinsame Strecke *s*. Das Relais ist ein Einspulenrelais (I) und hat
einen kleinen, aber kräftigen Dauermagneten *m*. Der Relaisanker *a*
(in der Nebenskizze nochmal gezeichnet) hat keinen Drehpunkt, sondern eine Federlagerung. Die Blattfeder *f* ist an dem fest gelagerten

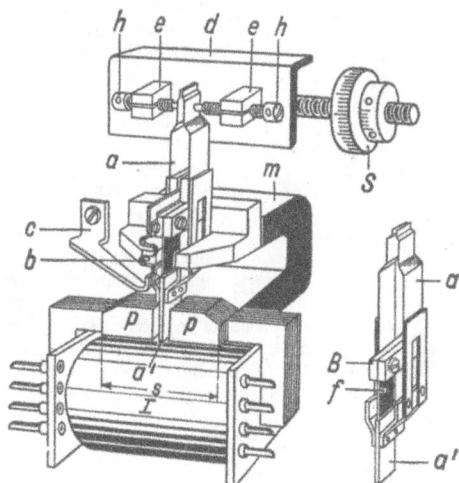

Abb. 218.

Bock *B* festgeklemmt. Das Ende *a′* des Ankers liegt zwischen den Polschuhen *P*, das entgegengesetzte Ende mit den Kontakten ist mit
Reibfedern versehen, wodurch die Aufschlagprellungen vermindert
werden.

Das Relais hat einen Kontaktschlitten *d* mit einer Skalentrommel *S*
zum Einstellen. Skalentrommel und Kontaktschrauben *h* sind mit
einer Teilung versehen; bei der Skalentrommel *S* entspricht ein Teil-
strich einer Kontaktverschiebung von 0,1 mm, bei den Kontaktschrauben einer Kontaktverschiebung um 0,01 mm.

Die nachstehende Zahlentafel gibt die üblichen Wicklungswerte
dieses Präzisionsrelais an.

Rechteckförmiger Ansprechstrom mA[1])	Widerstand je Spule etwa Ω	Windungszahl je Spule etwa	Sinusförmiger Betriebsstrom mA[1])
0,33	4× 35 2×160	4×1250 2×1250	0,93
1,66	4×2,25	4× 375	4,7

[1]) Bei Reihenschaltung sämtlicher Wicklungen und bei 50 Baud.

6. Telegrafen-Modler.

In der Wechselstromtelegrafie kann an Stelle eines Relais auch
ein sog. Modler verwendet werden. Dieses Gerät ist ein Netzwerk
ruhender Schaltelemente, wie Widerstände, Übertrager und Gleichrichterelemente. In dieser Ein-
richtung wird die Eigenschaft
des Trockengleichrichters (s. d.),
bei einer Gleichstromvorspan-
nung bestimmter Richtung
Wechselstrom durchzulassen
und bei einer Vorspannung
entgegengesetzter Richtung zu
sperren, verwendet. Abb. 219
zeigt die vereinfachte Prinzipschaltung eines Modlers, geeignet für die Tastung mit Doppelstrom vom Senderelais eines
Telegrafengerätes aus.

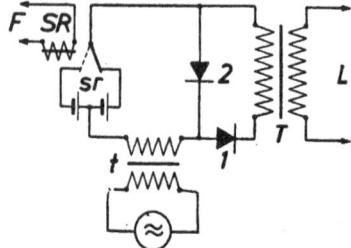

Abb. 219.

Hat der Gleichstrom vom Senderelais SR die in der Abb. 219
gezeichnete Richtung (Senderrelaisanker sr am Minuspol der Batterie),
so sperrt der Gleichrichter 1 infolge erhöhten Widerstandes den vom
Röhrengenerator $\approx$ erzeugten Trägerfrequenzstrom, gleichzeitig wirkt

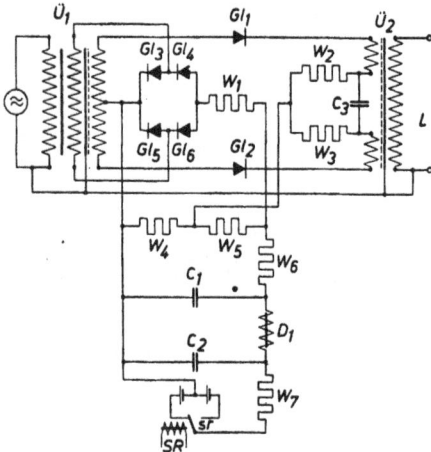

Abb. 220.

Gleichrichter 2 infolge herabgesetzten Widerstandes als Nebenschluß
(Kurzschluß) zur Primärwicklung des Übertragers T. Bei umgekehrter
Stromrichtung läßt Gleichrichter 1 die Tonfrequenz durch, während
Gleichrichter 2 infolge nunmehr erhöhten Widerstandes den Wechsel-
stromdurchfluß sperrt, d. h. keinen Nebenschluß mehr für den Über-

trager T darstellt. In Abb. 220 ist eine verbesserte Schaltung eines
nach dem gleichen Grundprinzip aufgebauten mehrzelligen Telegrafen-
modlers dargestellt, die ohne weitere Erläuterung verständlich ist.
Zwischen dem tastenden Relais SR und dem Modler ist eine Drossel-
kette, zur Überbrückung der Umschlagzeit und der Prellzeit des Relais,
eingeschaltet.

c) Fernsprechrelais[1]).

Eines der wichtigsten Schalt- und Steuermittel in der Fernsprechtechnik ist das Relais. Das Fernsprechrelais wird in sehr großen
Mengen verwendet, ist also deshalb als Massenartikel herzustellen,
andererseits werden aber an das Fernsprechrelais recht große Anforderungen gestellt, wie wir später sehen werden, so daß das Fernsprechrelais auch sorgfältig berechnet und konstruiert sein muß. Die
Mehrzahl der Fernsprechrelais ist für Gleichstrom gebaut.

Es muß möglich sein, auf dem Joch des Relais recht viele Kontaktfedern aufzubauen, die Kontakte müssen jederzeit zu beobachten sein
und möglichst wenig Staub ablagern. Für einen genügenden Kontaktdruck muß gesorgt sein (etwa 20—25 g), und die Kontaktöffnung soll
nach Möglichkeit nicht weniger als 0,4 mm betragen. Um die Häufigkeit der Kontaktversager herabzusetzen, ordnet man vielfach auch
Doppelkontakte an (s. weiter unten).

In der Abb. 221 ist schematisch die typische Form eines sehr viel
verwendeten Fernsprechrelais dargestellt. Auf dem Joch 7 des Relais
lassen sich sehr viele Kontaktfedern isoliert über- und nebeneinander
anordnen. In der Abbildung sind
ein Arbeitskontakt a und ein
Ruhekontakt b zu sehen. Beim
Anziehen des Ankers wird erst
Kontakt a geschlossen und dann
Kontakt b unterbrochen. Der
gegen ein Plättchen aus Isolierstoff stoßende Stift t führt durch
ein rundes Loch in Feder 2 hindurch. Anker A ist auf einer
Schneide gelagert und wird durch

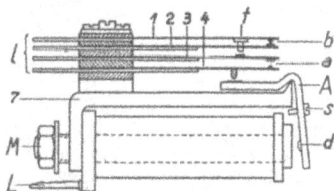
Abb. 221.

Schraube s am Herunterfallen verhindert. d ist ein Klebstift, der verhindern soll, daß der Anker zu dicht an den Kern angezogen und durch
den Restmagnetismus gehalten wird (klebt). Die Fernsprechrelais
können dicht nebeneinander an einer Eisenschiene mittels Schraube
M angebracht werden. Lötstifte L führen zu der Relaiswicklung,
Lötstifte l zu den Kontaktfedern 1, 2, 3, 4.

In der Abb. 222 ist ein Schneidenankerrelais in der Ansicht dargestellt. Auf dem Relais sind 3 Federsätze angebracht. Die Federn
sind am vorderen Ende gespalten und mit Doppelkontakten versehen.
Durch die Verwendung von Doppelkontakten wird die Anzahl der
Kontaktversager erheblich herabgesetzt, da beim Versagen des einen (aus

[1]) Schulze, E., Fernsprechrelais. Z. Fernmeldetechn. 5, 1924,
28—32, 41—48, 51—56, 87—88.

verschiedenen Gründen) stets noch der andere Kontakt zur Verfügung steht. Als Kontaktstoff werden in der Regel Silber oder Silberlegierungen verwendet, für sehr wichtige und stark beanspruchte Relais auch Platin. Der Kontaktdruck beträgt meistens 20 g und kann mit

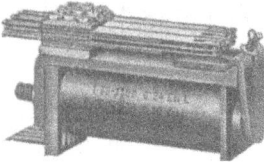 

Abb. 222.   Abb. 223.

Hilfe einer besonderen Federwaage bestimmt werden. Abb. 223 zeigt ein modernes Fernsprech-Flachrelais, das in der aus der Abbildung ersichtlichen Lage aufgebaut wird. Die senkrechte Kontaktanordnung bei Relais hat den Vorzug, daß die Kontakte nicht so schnell verstauben, und daß sie besser zu übersehen sind; auch der Anker des Relais kann besser gelagert werden.

Aus nachstehender Tabelle sind einige der gebräuchlichen Wicklungswerte des Flachrelais zu entnehmen.

Widerstand Ω	Windungen	ϕ Draht mm	Isolation
250	6900	0,17	Lack
500	9500	0,14	,,
1000	13500	0,12	,,
2000	18900	0,10	,,

Die Relais werden zu Gruppen bzw. reihenweise durch Schutzkappen abgedeckt. Werden Relais einzeln durch Eisenkappen abgedeckt, so üben die Kappen auch noch eine Schirmwirkung aus, so daß die dicht nebeneinander aufgebauten Relais sich gegenseitig in keiner Weise beeinflussen.

Ein gut gestaltetes Fernsprechrelais muß in der Zeit von 5 bis 10 Millisekunden (ms) anziehen und auch abfallen, sofern es nicht als Verzögerungsrelais (s. d.) gebaut ist.

1. Relaisberechnung[1]).

Wird ein Relais über einen regelbaren Widerstand an Spannung gelegt und der Strom von Null an auf immer größere Werte gesteigert, so sind folgende kritische, für jedes Relais eigentümliche Stromwerte zu beobachten, siehe Abb. 224.

Es bedeutet:

J_f den Fehlstrom, d. h. diejenige größte Stromstärke, durch die der Relaisanker noch nicht angezogen wird. Der Anker wird bei dieser

---

[1]) Mehlis, A., Etwas über Relaisdatenbestimmung. Mix & Genest. Nachr. 4, 1927, 24—34.

Stromstärke aber bereits ein wenig zucken, J_a ist der Ansprechstrom, d. h. es ist die Stromstärke, die zum Anziehen des Ankers gerade ausreicht; es ist noch keine Sicherheit vorhanden. J ist der Strom, den das Relais braucht, um mit einer Ansprechsicherheit $J : J_a = n$ sicher durchzuziehen. J_h ist der Haltestrom, d. h. dieser Strom ist der kleinste, der den Anker

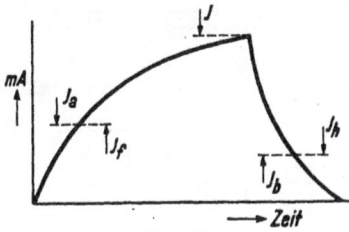

Abb. 224.

noch halten kann. J_b ist der Abfallstrom, der nur um ein geringes kleiner ist als der Haltestrom.

Man kann für die Praxis der Relaisberechnung Kurvenscharen aufstellen, aus denen für Relais mit verschiedenen Klebstiften die Amperewindungen bei verschiedenen Kontaktbelastungen entnommen werden können, und zwar für den Anzug, für Halten und Abfall sowie für den Fehlstrom. Diese Kurven haben alle etwa die Form der Charakteristik in Abb. 226.

Die Berechnung von Relais ist eine Aufgabe, die ganz verschieden gelöst werden kann. In der Regel wird bei der Aufgabenstellung eine Reihe von Annahmen gemacht, so daß nur noch Teilaufgaben zu lösen sind. Zum Beispiel wird man die Abmessungen, die Form, den Ankerhub, die Spannung und die abzugebende Leistung (Anzahl der Kontakte × Kontaktdruck × Sicherheitsfaktoren) von vornherein wissen, so daß gewöhnlich nur die passende Wicklung und die Amperewindungszahl zu bestimmen sind. Kennt man die Abmessungen eines Relais, auch die Anzahl der zu betätigenden Kontakte, so weiß man, welche Kraft der Anker des Relais aufbringen muß, um z. B. 2 Arbeitskontakte sicher zu betätigen. Aus dieser Kraft $P = n g$ errechnet man die Amperewindungen AW nach der Formel $AW = \sqrt{\dfrac{P}{e}}$, wobei e eine Konstante ist, die für jedes Relais einen bestimmten Zahlenwert hat, der durch Messungen festgelegt werden kann.

Auch kann man die Kraft sowie die Wicklung eines Relais wieder unter Annahme bestimmter gegebener Werte rein mathematisch berechnen (s. Mühlbrett-Boysen, Fernmelderelais, Verlag Westphal).

Die praktisch gebräuchlichen Relaisberechnungen werden an Hand von Kurvenblättern durchgeführt. Die Kurven und Charakteristiken können durch feine Meßmethoden festgelegt werden. Betrachtet man das in Abb. 225 schematisch dargestellte Fernsprechrelais mit einem Ankerhub von 0,8 mm und einem Klebstift von 0,3 mm, so

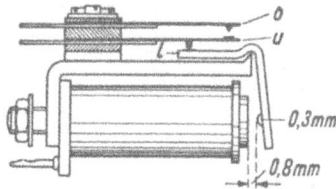

Abb. 225.

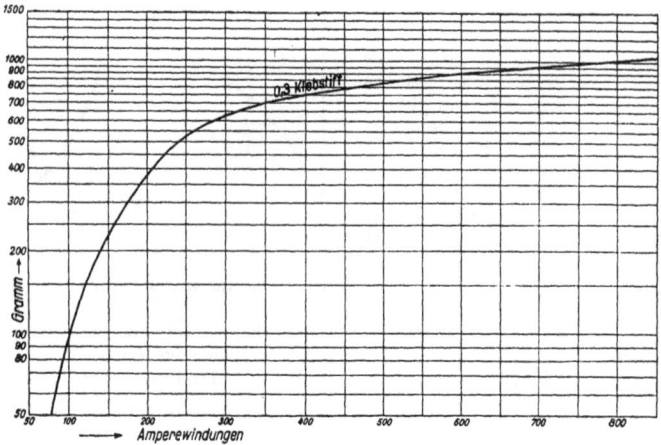

Abb. 226.

können folgende Feststellungen gemacht werden: Gibt man dem Relais beispielsweise eine Wicklung von 1000 Ohm mit 14000 Windungen bei einer Drahtstärke von 0,12 mm Kupfer mit einer Lackisolation und schließt das Relais an 24 Volt über einen zusätzlichen regelbaren Widerstand, so kann man bei Änderung des Vorwiderstandes die elektrische Charakteristik des Relais, also Zugkraft P, in Gramm als Funktion der Amperewindungszahl A W, d. h. $P = f$ (A W) ermitteln. Eine solche Charakteristik zeigt die Abb. 226. Diese Kurve könnte man bereits dazu benutzen, um für dieses Relais von 1000 Ohm und 14000 Windungen festzustellen, welche Kontaktbelastungen es durchzuziehen vermag. Rechnet man beispielsweise für einen Arbeitskontakt 80 Gramm (aus Erfahrungstabelle) zu überwindenden Höchstdruck und multipliziert diesen Wert mit einem Sicherheitsfaktor $f = 1,25$, so sind das 100 Gramm. Aus der Charakteristik entnehmen wir hierfür rund 100 Amperewindungen. Nimmt man zur Sicherheit eine Minimalspannung von 22 Volt statt 24 an und eine Plustoleranz der Wicklung von 10 vH, so ist der Betriebsstrom $22 : (1000 + 100) = 20$ mA; benötigt werden nur 100 A W : 14000 = 0,00715 Ampere = $\sim$ 7,1 mA. Dies bedeutet eine

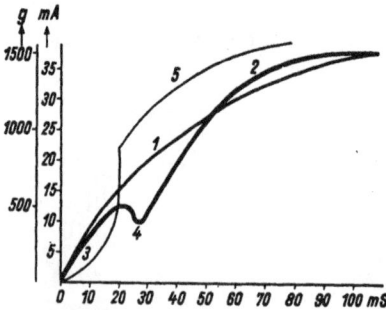

Abb. 227.

Stromsicherheit von $J : J_a = 20 : 7,1 = 2,8$fach. Belastet man das gleiche Relais mit 3 Wechselkontakten, so braucht man zur Überwindung des Höchstdruckes etwa 350 g (aus Erfahrungstabelle), das sind, mit dem Sicherheitsfaktor $f = 1,25$ multipliziert, 438g, und ergibt aus der Charakteristik der Abb. 226 etwa 220 Amperewindungen. Bei 14000 Windungen sind das $220 : 14000 = 15,7$ mA. Bei dieser Belastung ist die Stromsicherheit nur noch $20 : 15,7 = 1,27$fach.

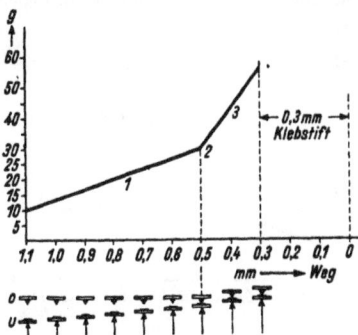

Abb. 228.

Der Stromanstieg[1]) in einer Relaiswicklung ist anders als in Abb. 224 gezeichnet, wenn das Relais plötzlich an die volle Spannung gelegt wird. In der Abb. 227 ist durch die Kurve 1 der Stromanstieg bei angedrücktem Anker gezeichnet. Wesentlich anders geht der Stromanstieg vor sich, wenn der Anker des Relais sich frei bewegen kann. Diesen Stromanstieg zeigt die Kurve 2—4—3. Man sieht aus der Form der Kurve, daß nach dem Einsetzen der Ankerbewegung zunächst der Stromanstieg verlangsamt, dann sogar der Strom wieder sinkt, bis im Punkt 4 die Ankerbewegung vollendet ist und der weitere Stromanstieg ziemlich stetig bis zum Punkt 2 vor sich geht. Die beiden erwähnten Kurven zeigen auch den zeitlichen Verlauf der Magnetisierung an. Durch die Schaulinie 5 soll annähernd ein Bild davon gegeben werden, wie in der gleichen Zeit die vom Relais auf den Anker ausgeübte Kraft (in Gramm gemessen) ansteigt.

Mit der Bewegung des Ankers gegen den Magnetkern wächst linear auch der zu überwindende Druck der Kontaktfedern, da die Kontaktfedern sich durchbiegen und dadurch einen immer stärker werdenden Gegendruck ausüben. Bestimmt man auf dem Wege des Versuches den Anstieg des Gegendruckes der Kontaktfedern bei verschiedenen Ankerabständen, so erhält man die in Abb. 228 dargestellte Kurve, die als mechanische Charakteristik bestimmter Kontaktfedern oder auch des oder der Kontakte bezeichnet wird. Die gezeichnete Kurve soll die mechanische Charakteristik eines Arbeitskontakt-Federpaares darstellen. Aus der Kurve ist zu ersehen, daß beim größten Abstand des Ankers (1,1 mm) vom Kern des Relais die untere Kontaktfeder mit einem ganz geringen Druck von etwa 10 Gramm (g) auf den Ankerlappen drückt.

Beginnt der Anker seine Bewegung gegen den Kern, so steigt der Gegendruck der Feder nach der Geraden 1 an. Unterhalb der Abszisse ist ganz schematisch die jeweilige Lage der beiden Kontakt-

---

[1]) Timme, A., Die Schaltzeiten von Fernsprechrelais. Z. Fernmeldetechn. 2, 1921, 101—105 . 131—136.

federn gezeichnet. Man erkennt auf dem Bild, wie sich die untere Feder (u) gegen die obere (o) bewegt. Bei 0,5 mm Abstand vom Pol des Relais berühren sich die Federn u und o, der Kontakt ist geschlossen, und nun bewegen sich beide Federn zusammen, bis der Klebstift

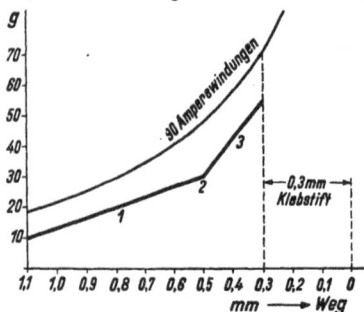

Abb. 229.

von 0,3 mm den Anker anhält. Die Kurve 3 zeigt, daß nun die vom Anker gegen beide Federn aufzuwendende Kraft je Wegeeinheit größer sein muß. Von Punkt 2 ab (Schließen des Arbeitskontaktes) ist die Kurve steiler. Der Enddruck der beiden Federn gegen den Angriffspunkt des Ankerlappens ist, wie die Kurve zeigt, etwa 55 g.

Damit nun ein Reais z. B. mit einem Arbeitskontakt der mechanischen Charakteristik in Abb. 228 mit Sicherheit durchzieht, muß eine solche Amperewindungszahl vorgesehen sein, daß die mechanische Kontaktcharakteristik im ganzen Verlauf des Ankeranzuges unterhalb der Kurve der gewählten Amperewindungszahl bleibt, s. Abb. 229. Kurve 1—2—3 liegt unter der Kurve von 90 Amperewindungen. Eine Relaiswicklung, die bei bestimmter Windungszahl und einem entsprechenden Strom 90 Amperewindungen aufweist, würde das Relais gegen den Federdruck zum Anzug bringen.

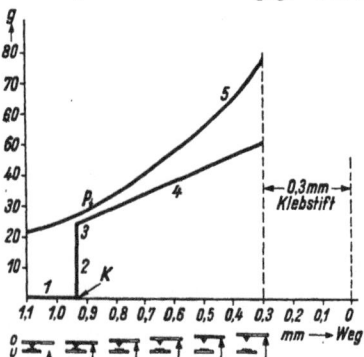

Abb. 230.

Zur Sicherheit werden die an anderer Stelle erwähnten Sicherheitszuschläge gemacht.

Die mechanische Charakteristik 1, 2, 3, 4 eines Ruhestromkontaktes zeigt Abb. 230. Eine Amperewindungszahl mit der Kurve 5 würde das Relais durchziehen. Die Stelle p, bei der die Kurven sich am nächsten kommen, wird als kritischer Punkt bezeichnet.

Die Charakteristik 1, 2, 3, 4 ist folgendermaßen zu erläutern. Auf dem Wege der Kurve 1 hat der Anker noch keine Kontaktfeder bewegt. Der Kraftschluß mit der oberen Feder findet erst im Punkt K statt. Die auf die Feder ausgeübte Kraft muß nun erst so weit anwachsen (K—2—3), daß der Gegendruck der Feder o überwunden wird, dann erst setzt wieder eine Bewegung ein nach der Kurve 4. Siehe auch die schematische Darstellung unterhalb der Abszisse.

Durch verschiedene Bemessung des Widerstandes und der Windungszahl, der Anzahl der Kontaktfedern und Art (Ruhe, Arbeit) der Kontakte kann man eine recht große Mannigfaltigkeit der Relais herstellen.

Über abfallverzögerte Relais ist allgemein schon im Abschnitt „Relais für Signalanlagen", S. 98, gesprochen worden. In der Fernsprechtechnik, insbesondere in der Selbstanschlußtechnik, wird von verzögert abfallenden Relais mit Kupferdämpfung (s. Abb. 186) ausgiebig Gebrauch gemacht.

Um ein verzögertes Ansprechen eines Relais zu erzielen, wird auch die in Abb. 231 gezeigte Gegeneinanderschaltung von 2 Wicklungen verwendet[1]. Die Wicklungen 1 und 2 sind, wie aus der Abbildung zu erkennen, in unterschiedlichem Sinne um den Kern gewickelt, die Wicklung 1 ist jedoch größer, hat infolgedessen eine größere Selbstinduktion, so daß zuerst das Feld der Wicklung 2 überwiegt. Erst

Abb. 231.

nachdem das durch die Wicklung 1 erzeugte, stärkere magnetische Feld aufgebaut ist, zieht der Anker sicher an (s. auch Abb. 190). Eine geringe Anzugsverzögerung von etwa 30 ms eines Fernsprechrelais kann man auch durch das Aufbringen eines Kupferklotzes oder Kupfermantels auf den Relaiskern erzielen.

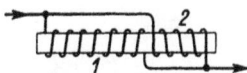

Fernsprechrelais sind für Spannungen von 60, 24 und auch 12 Volt Gleichstrom gebräuchlich.

2. Erwärmung der Relais.

Zu beachten ist noch die Erwärmung der Relais, die in der Wicklung erzeugt wird. Die von einem Strom I in Kalorien (Grammkalorien) erzeugte Wärmemenge ist $Q = 0,24 \cdot I^2 \, t$, wobei die Zeit t in Sekunden gemessen ist. Die in der Zeiteinheit in der Relaiswicklung erzeugte Wärmemenge darf nur so groß sein, daß bei Erreichung einer bestimmten, vorher festgesetzten Höchsterwärmung des Relais gegenüber der Umgebung diese Temperatur nicht überschritten wird; dann ist die in der Zeiteinheit erzeugte Wärmemenge $(0,24 \cdot I^2 \cdot t)$ gleich der durch die Oberfläche des Relais in derselben Zeiteinheit abgegebenen Wärme. Eine Spule darf bekanntlich mit 1 Watt für je 16 qcm belastet werden. Ein gewöhnliches Fernsprechrelais mit 50 bis 60 qcm Oberfläche kann mit höchstens 3,8 Watt belastet werden, wenn es sich um einen Dauerbetrieb handelt, denn das Relais vermag bei der festgelegten Übertemperatur von etwa 60⁰ je 16 qcm Oberfläche nur 1 Watt Wärme an seine Umgebung (20⁰ C Raumtemperatur) abzugeben.

3. Das Phasenrelais für Wechselstrom.

Das Phasenrelais spricht auf Wechselstrom an, ohne zu schnarren. Es besteht aus zwei getrennten Magnetsystemen mit einem ge-

---

[1] Edler, R., Relais mit zwei Wicklungen. Z. Fernmeldetechn. 15, 1934, 151—154.

Abb. 232.

meinsamen Anker. Die Abb. 232 zeigt die äußere Ansicht des Relais von zwei Seiten, die Abb. 233 den prinzipiellen Aufbau. Die Magnetsysteme I und II haben einen gemeinsamen Anker A, vor die Wicklung des Magnetsystems I ist ein Kondensator C geschaltet, wodurch die in den Wicklungen I und II fließenden Wechselströme gegeneinander in der Phase verschoben werden. Bei geeigneten Abmessungen der Wicklungen und des Kondensators kann erreicht werden, daß zu jeder Zeit die Summe der auf den Anker wirkenden Magnetfelder niemals Null wird, so daß der Anker ruhig anzieht und auch ruhig hält. In der praktischen Ausführung schaltet man vor jede Wicklung einen Kondensator, aber von unterschiedlicher Kapazität. In der Abb. 234 ist durch Kurve Φ_1 der Stromverlauf in der Wicklung gezeigt, in der der Strom voreilt; Kurve Φ_1^2 zeigt den Verlauf der magnetischen Feldstärke in diesem Magnetsystem. Die

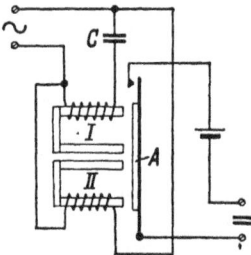

Abb. 233.

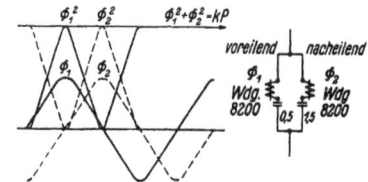

Abb. 234.

Kurve Φ_2 zeigt den Stromverlauf in der Wicklung II mit dem in der Phase nacheilenden Strom und Kurve Φ_2^2 den entsprechenden Verlauf des magnetischen Feldes. Die Summe der auf den Anker wirkenden magnetischen Kräfte[1])

$$\Phi_1{}^2 + \Phi_2{}^2 = kP$$

zeigt, daß das Anzugsmoment des Relais, während es von einem Wechselstrom bestimmter Frequenz durchflossen ist, konstant bleibt.

---

[1]) Börner, P., Über die Induktivität von Fernsprechrelais. Z. Fernmeldetechn. 14, 1933 42—45.

4. Kontaktveränderungen und Funkenlöschung.

Infolge der durch Funkenbildung an Relaiskontakten auftretenden Stoffwanderung werden die Kontakte verunstaltet (Spitzen- und
Kraterbildung) und dadurch in ihrer Wirkung beeinträchtigt. Solche
Erscheinungen sind häufig die Folge von Kontaktüberlastungen.
Der Lichtbogen beim Öffnen eines Kontaktes bewirkt eine Verdampfung
des Kontaktstoffes und eine Metallwanderung vom positiven zum
negativen Kontaktteil. Die üblichen Mittel, die Funkenbildung an
gefährdeten Kontakten zu unterdrücken, bestehen darin, daß parallel
zum Kontakt ein Kondensator oder bes-
ser ein Kondensator in Reihe mit einem
induktionsfreien Widerstand geschaltet
wird. Kondensator und Widerstand müssen bestimmte Werte aufweisen (Erfahrungswerte), um die beste Wirkung zu
erzielen. Es gibt natürlich auch noch
eine Reihe anderer besonderer Schal-

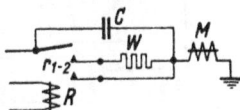

Abb. 235.

tungsanordnungen, die in besonderen Fällen sehr wirksam sein können. Abb. 235 veranschaulicht ein Beispiel. Ein Relais R soll einen
kräftigen Magneten M schalten. Durch die gezeichnete Schaltung
wird über den Stufenkontakt r_{1-2} die Einschalte-Stromspitze nahezu
ganz unterdrückt. Der Funkenlöschkondensator C entlädt sich zuerst über den Widerstand W.

Versuche haben ergeben, daß die Kontaktabnutzung am kleinsten
ist, wenn der eine Kontakt in Form eines flachen Zylinders und der
Gegenkontakt linsenförmig gekuppt ist. Die Kontaktkuppe darf nicht
zu spitz sein. Die Kontaktzerstäubung findet auch bei funkenfreiem
Arbeiten der Kontakte statt, und zwar an der Kontaktanode.

5. Relaisprüfgerät.

Um Relais, insbesondere
Fernsprechrelais, auf Schaltzeiten, unsichere Kontakte,
Prellungen usw. zu prüfen,
bedient man sich geeigneter
Prüfeinrichtungen, die in der
Regel mit der trägheitslos arbeitenden Glimmlampe als An-
zeigemittel ausgerüstet sind.
Abb. 236 [1]) veranschaulicht
die Prinzipschaltung eines Gerätes von O. Preßler. Das zu
prüfende Relais 7 mit seinem
Kontakt 9 (die Kontakte müssen getrennt geprüft werden)

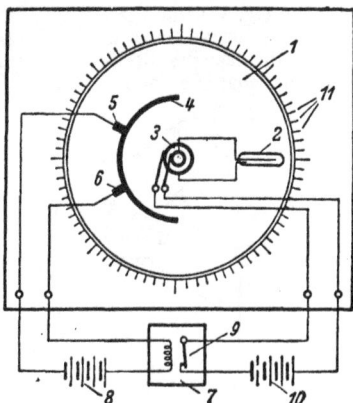

[1]) Abbildungen aus dem
»Archiv für Technisches Messen«, Sept. 1937. Verlag Oldenbourg.

Abb. 236.

wird, wie das Bild zeigt, mit der Prüfbatterie 10 und der Relais-
batterie 8 an die Klemmen des Prüfgerätes angeschlossen. Die Prüf-
einrichtung besteht aus der von einem Synchronmotor angetriebenen
Scheibe 1, die die Glimmröhre 2, die Schleifringe 3 und ein metalli-
sches Kontaktsegment 4 trägt.

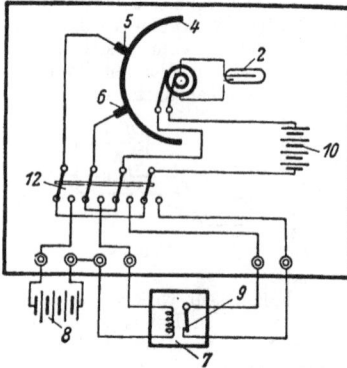

Diese Scheibe dreht sich innerhalb einer ebenfalls kreisrunden Meßscheibe 11. Die
Kontaktbürsten 5 und 6 sind
verstellbar, es kann also der
Zeitbeginn und die Zeitdauer
des Einschaltens des Relais
innerhalb der von dem Sektor 4 (bei bestimmter Um-
drehungsgeschwindigkeit) bestimmten Zeitgrenzen eingestellt werden. Sobald der
Stromkreis über 5, 6 und
Batterie 8 für das Relais geschlossen wird, leuchtet die
Glimmlampe auf und erlischt,
sobald (bei Rechtsumlauf der
Scheibe 1) die Kontaktbürste 6

Abb. 237.

das Segment 4 verläßt. Aus Form und Länge der von der Glimmröhre
gezeichneten Leuchtspur kann, unter Zuhilfenahme der Skalenteilung
11 des Kreisringes, auf die Wirkungsweise des Relais geschlossen werden.
Läuft die Meßscheibe mit dauernd gleicher und innerhalb der Umdrehung gleichbleibender Winkelgeschwindigkeit um, so wird das zu
prüfende Relais in sehr rascher Folge periodisch ein- und ausgeschaltet,
und man kann an einer bestimmten Stelle der Skala die Länge der oben
erwähnten Leuchtspur ablesen.

Um eine vollständige Messung durchzuführen, ist es aber erforderlich, nicht nur die Dauer der Kontaktgabe des Relais sondern auch die
Einschaltedauer des Relais festzulegen. Die Abb. 237 zeigt das vollständige Schaltbild des Prüfgerätes. Ist der Umschalter 12 in der ge

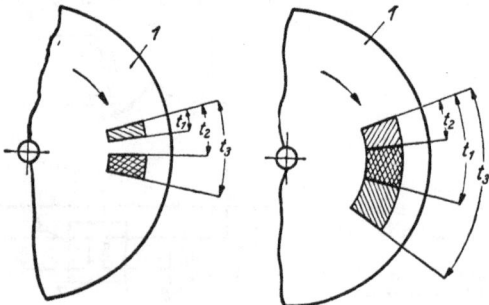

Abb. 238.

zeichneten Lage, so zeichnet die Glimmlampe 2 die Erregerzeiten des Relais, die man durch die Bürsten 5, 6 festlegt. Nach Umlegen, des Umschalters 12 nach rechts mißt man dann die zu diesen festgelegten Erregerzeiten des Relais die Einschaltezeiten des Kontaktes 9.

Diese beiden Messungen ergeben auf der Scheibe Leuchtspuren, wie sie etwa in der Abb. 238 wiedergegeben sind.

Dreht sich die Scheibe 1 in der durch den Pfeil angedeuteten Richtung, so kann aus den Bildern links und rechts folgendes abgelesen werden. Das linke Bild zeigt, daß das Relais nur eine kurze Zeit t_1 erregt wurde, dazu ergab sich die zugehörige Kontaktdauer t_3-t_2; der Kontakt wurde also erst geschlossen, nachdem das Relais wieder aberregt war. Im Bilde rechts wurde das Relais längere Zeit, t_1, erregt, zur Zeit t_2 schloß der Kontakt, zur Zeit t_3 öffnete er wieder, nachdem die Erregung bereits bei t_1 aufgehört hatte. Die Zeit t_2 ist also in beiden Fällen die Verzögerungszeit, mit der das Relais nach Beginn der Erregung anspricht.

V. Stromkreise und Schaltungen.

Ein Stromkreis setzt sich zusammen aus: 1. Stromquelle, 2. Geber, 3. Empfänger, 4. Leitungen. Als Stromquelle dienen die bereits erläuterten primären und sekundären Elemente bzw. Wechselstromquellen. Weitere Stromquellen werden später beschrieben. Als Geber dienen Kontakte verschiedener Ausführung, die entweder durch Stromschwankungen oder durch Stromunterbrechungen bzw. -schließungen den Empfänger beeinflussen. Diese sind Elektromagnete verschiedenster Art. Als Geber können auch der Stromerzeuger selbst, Induktor, Stromwandler oder Mikrofon dienen.

Von den Kontakten[1]) seien erwähnt:

1. der Schließungs- oder Arbeitskontakt (Abb. 239, 1),
2. der Unterbrechungs- oder Ruhekontakt (Abb. 239, 2),
3. der Wechsel- oder Morsekontakt (Abb. 239, 3).

Diese Kontakte können auch in Form von Druckknöpfen (Abb. 240) hergestellt sein oder aber in Form von Kippschaltern mit einer größeren Anzahl gleichzeitig zu betätigender Kontakte (Abb. 241).

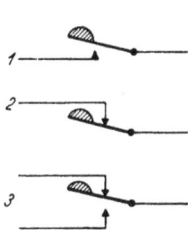

Abb. 239.

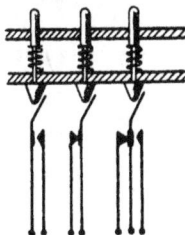

Abb. 240.

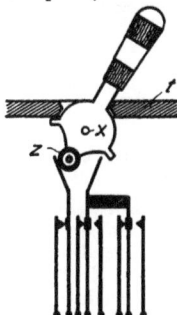

Abb. 241.

[1]) Burstyn, Dr. W., Elektrische Kontakte. Berlin 1937.

Die Kippschalter, auch Kelloggschalter genannt, werden in der Fernsprechtechnik sehr viel als Sprechumschalter verwendet. Sie werden in der Tischplatte *t* der Zentralumschalter angebracht. *x* ist der Drehpunkt, *z* eine Rolle aus Hartgummi, die beim Umschalten gegen die Federn drückt.

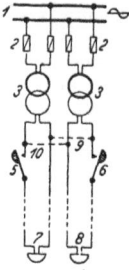

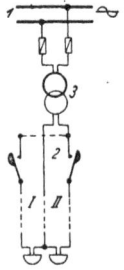

Bei der Gestaltung eines Stromkreises ist nach Möglichkeit so zu verfahren, daß an Einzelteilen der Schaltung gespart wird. Abb. 242 zeigt eine Schaltung, bei der über je einen Klingeltransformator 3, je einen Kontakt 5 und 6 und über zwei getrennte Leitungen die Wecker 7 und 8 betätigt werden. Um den einen Klingeltransformator entbehrlich zu machen, können die Leitungen 9 und 10 herübergelegt werden.

Abb. 242.

Abb. 243.

Um eine Leitung zu sparen, wird die Schaltung wie in Abb. 243 hergestellt. Hier ist ein Klingeltransformator weggelassen. Diese beiden Stromkreise I und II mit gemeinsamer Stromquelle 3 und einer gemeinsamen Leitung 2 nennt man verkettete Stromkreise.

Beispiel: An zwei durch Doppelleitung verbundenen Stellen befinden sich je ein Wecker, eine Batterie und ein Geberkontakt. Die Apparate sind so mit der Doppelleitung zusammenzuschalten, daß gegenseitiger Anruf möglich ist, ohne daß der eigene Wecker ertönt. Die Lösung der Aufgabe ist durch Abb. 244 veranschaulicht. Der Anruf der Gegenstelle erfolgt durch Drücken des Morsekontaktes 1 bzw. 2.

Abb. 244.

Abb. 245.

Soll nur eine Batterie verwendet werden, so ist eine dritte Leitung oder eine Erdleitung erforderlich (Abb. 245).

Legt man Batterie *B* in die dritte Leitung, so ist der Morsekontakt entbehrlich, und es können einfache Arbeitskontakte verwendet werden (Abb. 246).

Durch Zwischenglieder verschiedenster Art, Relais, Kondensatoren (die für Wechselstrom, aber nicht für Gleichstrom durchlässig sind), Drosselspulen (die Gleichstrom, jedoch keinen Wechselstrom durchlassen), Übertrager usw. kann man Stromkreise miteinander verbinden oder voneinander trennen. Die Verbindung zweier oder mehrerer Stromkreise derart, daß Stromvorgänge, die in einem dieser Kreise ausgelöst werden, durch ein geeignetes Zwischenglied auf den anderen Stromkreis übertragen werden, nennt man eine Kopplung.

Sind zwei Stromkreise I und II (Abb. 247) durch ein Relais 1 derart miteinander verbunden, daß durch Erregung des Relais der Stromkreis II geschlossen wird, so nennt man die Kopplung mechanisch. Man unterscheidet einseitige und gegenseitige mechanische Kopplung. Die Kopplung ist einseitig, wenn ein Signal nur nach einer Richtung, z. B. aus dem Stromkreis I nach dem Stromkreise II (Abb. 247), weitergegeben werden kann und nicht umgekehrt. Kann

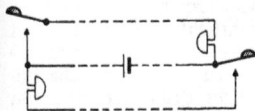

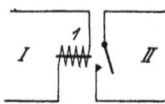

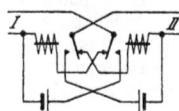

| Abb. 246. | Abb. 247. | Abb. 248. |

das Signal sowohl aus dem Stromkreis I nach dem Stromkreise II und umgekehrt (Abb. 248) gegeben werden, so bezeichnet man die Kopplung als gegenseitig.

Werden zwei Stromkreise I und II (Abb. 249) aus einer gemeinsamen Batterie über die Drosselspulen d_1 und d_2 mit Gleichstrom gespeist und sind diese Stromkreise durch metallische Leitung direkt verbunden, so nennt man die Kopplung eine galvanische.

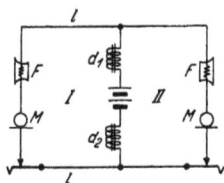

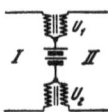

In den Abb. 250 und 251 sind noch zwei weitere Kopplungsarten, die magnetische und die elektrische, dargestellt.

Die Stromkreise I und II werden auch hier aus der gemeinsamen Batterie ge-

Abb. 249.   Abb. 250.

speist, und es wird die Kopplung einmal durch die Übertrager U_1 und U_2, das andere Mal durch die Kondensatoren C_1 und C_2 bewirkt.

Die letzten drei Beispiele sind den Fernsprechsystemen mit einer gemeinsamen, zentralen Batterie entlehnt. Durch das Mikrofon werden Stromschwankungen erzeugt, die aus einem Stromkreis in den anderen übertragen werden, und zwar einmal über die metallische Leitung (galvanisch), sodann durch Induktion (magnetisch) und zuletzt durch den dielektrischen Verschiebungsstrom (siehe S. 32) über Kondensatoren (elektrisch).

Beim Studium der Schaltvorgänge an Hand eines Stromlaufes ist darauf zu achten, daß dieser meistens im Ruhezustand gezeichnet ist. Verfolgt man nun nach dem Schema die Wir-

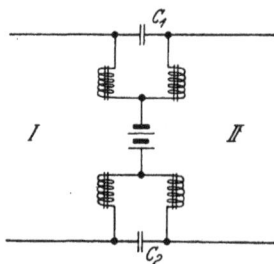

Abb. 251.

10*

kungen der Schaltung, so ist der jeweilige Schaltzustand immer im
Auge zu behalten, insbesondere die Lage der betreffenden Relaisanker.
Um die Abwicklung der Schaltvorgänge nach einem Schema zu verfolgen, ist die Kenntnis der Tätigkeit und deren Reihenfolge erforderlich, d. h. man kann ein Schaltungsschema nicht verfolgen,
wenn man nicht weiß, welchem Zweck die Schaltung dient und in
welcher Reihenfolge die Tätigkeiten und Wirkungen vor sich gehen.

Bei der Anfertigung von Schaltzeichnungen (Stromläufen) sind
die Bildzeichen-Normen *DIN VDE* 700, zu beachten[1]). Beim Zeichnen
der Schaltungen ist immer auf große Übersichtlichkeit zu achten und
der zur Verfügung stehende Raum zweckmäßig auszunutzen. Leitungskreuzungen und Leitungsknicke sind tunlichst zu vermeiden. Die Beschriftung muß klar sein. In Blei ausgeführte Originalzeichnungen
müssen mit Tusche beschriftet werden, damit die Maße beim Pausen
immer deutlich wiedergegeben werden.

---

[1]) Lieber, N., Einheitliche zeichnerische Darstellung in der Stark-
strom- u. Fernmeldetechnik. ETZ 60, 1939, 1091—94.

Zweiter Teil.

Die Signaltechnik.

I. Klingelanlagen[1]).

a) Schaltungen.

Die einfachste Haustelegrafenanlage ist eine Klingelanlage. Abb. 252 zeigt schematisch eine Anlage, bestehend aus zwei Weckern 1 und 2, die durch Leitungen 3 und 4 mit Batterie 5 verbunden sind. Dieser

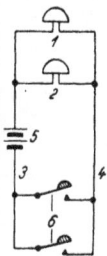 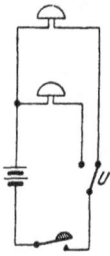 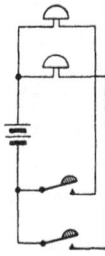 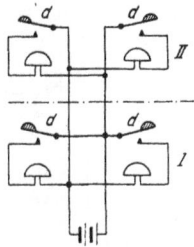

Abb. 252.   Abb. 253.   Abb. 254.   Abb. 255.

Stromkreis ist durch Arbeitskontakte 6 unterbrochen. Bei Betätigung eines dieser Kontakte (Druckknöpfe) sprechen beide Wecker an.

Sollen die Wecker getrennt, aber mittels eines gemeinsamen Druckknopfes betätigt werden, so sind eine dritte Leitung und ein Umschalter U (Abb. 253) erforderlich, oder die Schaltung wird nach Abb. 254 ausgeführt. Diese Anordnung ist ihrer Einfachheit wegen vorzuziehen.

Abb. 255 stellt eine Klingelanlage für zwei Stockwerke I und II eines Hauses dar. Durch die an den Türen angebrachten Druckknöpfe d können die Wecker getrennt zum Ansprechen gebracht werden. Von der Batterie führen zwei Steigleitungen zu den Stockwerken.

In Abb. 256 ist eine Schaltung gezeigt, welche es ermöglicht, die in den Stockwerken I, II und III

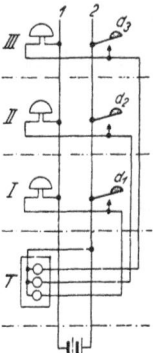

Abb. 256.

Abb. 257.

¹) Ahrens, N., Schwachstromtechnik im Hause. Siemens-Z. 7 1927, 763—767.

befindlichen Wecker von den Druckknöpfen d_1, d_2, d_3 der Wohnungen sowie von einer Druckknopftafel T an der Haustür zu betätigen. Außer den Steigleitungen 1 und 2 führt noch je eine besondere Leitung von T zu jedem Wecker.

Klingelanlagen mit Ruftafel (Abb. 257) werden verwendet, wenn an einer Zentralstelle sofort festgestellt werden soll, von wo, d. h. aus welchem Raum ein Klingelzeichen gegeben worden ist. Das Schema einer Klingelanlage mit Ruftafel zeigt Abb. 258. Die Ruftafel RT besteht

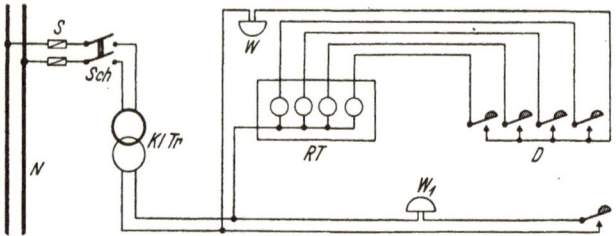

Abb. 258.

im wesentlichen aus einem Holzgehäuse mit Glasfenstern, hinter welchen die entsprechenden Signalzeichen erscheinen. Diese Signalzeichen werden durch eingebaute Elektromagnete ausgelöst. Der Ruftafel RT ist ein Wecker W zugeordnet, der beim Betätigen eines jeden Druckknopfes D ein Klingelzeichen gibt. Als Stromquelle dient ein Klingeltransformator $Kl\ Tr$ oder eine Batterie. Als Signalzeichen für Ruftafeln werden Klappen verschiedener Ausführung verwendet, von denen einige hier beschrieben werden sollen.

b) Optische Anrufgeräte für Ruftafeln.

Die Fallscheibe. An einen um Achse x (Abb. 259) drehbaren Winkelhebel ist Scheibe S befestigt, die an der Rückseite Stift t trägt.

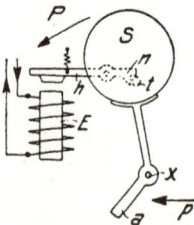

Abb. 259.

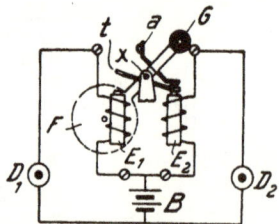

Abb. 260.

Dieser legt sich gegen Nase n des Ankerhebels h. Wird Elektromagnet E erregt, so wird Stift t freigegeben, und die Scheibe fällt nach links in der Pfeilrichtung P über. Durch Drücken eines Rückstellhebels in Pfeilrichtung p kann die Scheibe wieder hochgehoben werden, indem ein Stift gegen Ansatz a des Winkelhebels drückt, worauf die Scheibe in der Ruhestellung mit dem Ankerhebel h wieder verklinkt wird.

Die Fallscheibe erfordert mechanische Rückstellung. Soll elektrische Rückstellung angewandt werden, so müssen die Ruftafeln mit sog. Stromwechselklappen oder mit Kippklappen ausgerüstet werden Die Kippklappe (Abb. 260) besteht aus zwei Elektromagneten E_1, E_2 die getrennt durch Betätigung der Druckknöpfe D_1 oder D_2 an Batterie B gelegt werden können. An dem Zapfen x sind ein zweiarmiger Hebel mit Fahne F und Gegengewicht G sowie ein loser Anker t drehbar gelagert. Wird Elektromagnet E_1 durch Drücken auf Knopf D_1 erregt, so zieht er Anker t an. Durch den hierbei erfolgenden Stoß des entgegengesetzten Endes von t gegen a wird die Fahne umgelegt. Es kommt a auch in den Bereich der Anziehungskraft von E_1, wodurch die Fahne in der Lage, in die sie zuletzt gekippt wurde, festgehalten wird. Einer der Druckknöpfe dient als Einstell-, der andere als Abstellknopf.

Die Stromwechselklappe hat einen permanenten Magneten m (Abb. 261) als Anker. Durch Wechsel in der Stromrichtung kann die Klappe umgelegt bzw. abgestellt werden. Abb. 261 zeigt drei Stromwechselklappen sowie den Stromlauf einer Ruftafel mit Stromwechselklappen, und zwar sind hier die Spulen eines jeden Systems in getrennte Stromkreise gelegt, so daß der permanente Magnet m durch ein neutrales Stück Eisen ersetzt werden kann, welches bald von der einen, bald von der anderen Spule angezogen wird, je nachdem ein Rufkontakt D_1, D_2, D_3 oder der Abstellkontakt A in Tätigkeit tritt. Die mit Nummern versehenen Fahnen erscheinen in den viereckigen Schauöffnungen.

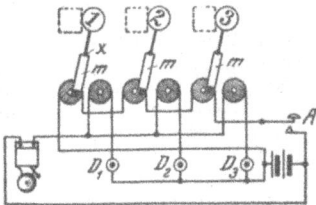

Abb. 261.

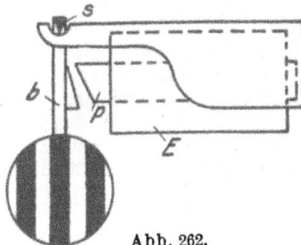

Abb. 262.

Soll die Abstellung an der Ruftafel überhaupt vermieden werden, so verwendet man Ruftafeln mit Pendelsignalzeichen, auch Pendelklappen genannt. Bei vorübergehender Erregung des Elektromagneten E (Abb. 262) zieht p den Anker b an und läßt ihn wieder los. Da b mittels Schneide s aufgehängt ist, wird das Fähnchen einige Zeit (etwa 1 Minute) vor dem Fensterchen der Ruftafel pendeln. Dem Vorteil einer Pendelklappe, welche keine Abstellung erfordert, steht der Nachteil gegenüber, daß bei nicht rascher Bedienung an der Ruftafel der optische Anruf nicht mehr zu erkennen ist.

c) Relais für Klingelanlagen.

In Haustelegrafenanlagen ist es manchmal erwünscht, die Wecker nicht direkt in die Leitung zu schalten, sondern über ein Relais im Ortsstromkreis zu betreiben, um gegebenenfalls eine kräftigere Lautwirkung zu erzielen. Abb. 263 zeigt eine solche Schaltung. Eine Schaltung zur Steuerung von Starkstromsignalgeräten, s. Abb. 201. Ein für einfache Signalstromkreise geeignetes Relais ist auch das in Abb. 194 gezeigte. Beim Schließen eines der Kontakte 1, 2 der Abb. 263 wird Anker A des Elektromagneten R gegen die Kraft der Feder F angezogen und Wecker W an Ortsbatterie B_2 gelegt. Arbeitsstromkontakte müssen parallel geschaltet werden.

Die Relaisschaltung in Haustelegrafenanlagen ermöglicht auch den sog. Ruhestrombetrieb (Abb. 264). In den Stromkreis der Batterie B_1 sind Relais R und Meßinstrument M eingeschaltet. Der Strom-

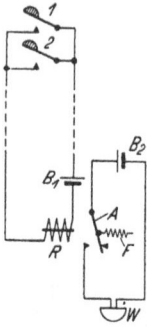

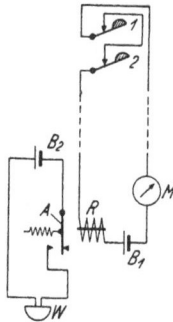

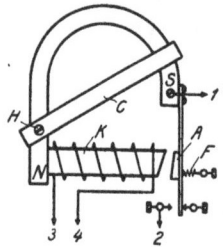

Abb. 263.   Abb. 264.   Abb. 265.

kreis ist dauernd über die Kontakte 1 und 2 geschlossen, so daß das Relais seinen Anker A dauernd angezogen hält. Erst bei Unterbrechung des Stromkreises durch einen der Kontakte 1, 2 schließt Anker A, dem Zuge der Feder folgend, den Stromkreis des Weckers. Am Meßinstrument kann der Zustand der Leitung dauernd beobachtet werden. Ruhestromkontakte müssen hintereinander geschaltet werden.

Um über eine Doppelleitung zwei verschiedene Signale zu geben, verwendet man gepolte Relais, welche nur auf eine bestimmte Stromrichtung ansprechen. In Abb. 265 ist der Kern K des Elektromagneten durch den Dauermagneten NS magnetisiert. Feder F verhindert den Ankeranzug, solange kein Strom durch die Wicklung fließt. Schickt man durch die Elektromagnetwicklung über 3, 4 einen Strom, so daß das Feld, welches von diesem Strom in K erzeugt wird, dem bereits vorhandenen Feld des Dauermagneten gleichgerichtet ist (siehe Korkzieherregel, Abb. 9), so wird bei hinreichender Stromstärke der Anker die Federspannung überwinden und über 1, A, 2 den Ortsstromkreis schließen. Ein Strom umgekehrter Richtung würde das bestehende magnetische Feld schwächen, ein Ankeranzug könnte überhaupt nicht stattfinden. Der um H drehbare Eisenstab C wird als magnetischer Nebenschluß bezeichnet und dient zur Veränderung der Magnetisierung des Kernes K. Dreht man C nach links, so gehen mehr Kraftlinien durch den Kern K und umgekehrt.

Die Anwendung gepolter Relais zeigt Abb. 266. Über eine lange Leitung a, b sollen zwei Wecker W_1, W_2 durch zwei Kontakte beliebig betätigt werden. Die Wecker sind im Ortsstromkreise von gepolten Relais so geschaltet, daß bei bestimmter Stromrichtung nur das eine Relais anspricht, bei Umpolung das andere. Die Umpolung geschieht durch die doppelpolige Taste selbst.

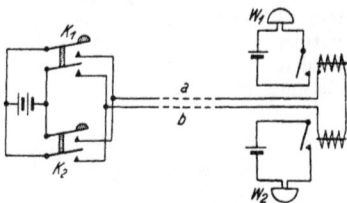

Abb. 266.

II. Elektrische Lichtrufanlagen[1]).

In Hotels, Krankenhäusern und ähnlichen Betrieben muß das Herbeirufen der Bedienung schnell und geräuschlos vor sich gehen. Man bedient sich hierfür der Lichtsignale, die in den Gängen des Hauses zweckmäßig angeordnet werden. Im Aufenthaltsraum des Personals können die Lichtsignale (Glühlampen, Ruftafeln) durch akustische Anruforgane (Wecker, insbesondere Langsamschläger oder auch Schnarren) ergänzt werden. Eine gewöhnliche Signalanlage mit Nummerntafel im Aufenthaltsraum des Personals genügt den Anforderungen nicht, da das Personal sich nicht dauernd in dem Raum aufhalten kann.

Eine moderne Lichtrufanlage setzt sich zusammen aus Ruftastern, Zimmerlampen, Richtungs- oder auch Gruppenlampen, Anruftafeln, Kontrolltafeln, Abstelldruckknöpfen und den erforderlichen Relais.

Die Ruftaster, Abb. 267, sind in den Hotelzimmern, in der Regel unmittelbar neben der Tür, untergebracht. Die Taster enthalten 1, 2 oder 3 Ruftasten, je nachdem die Anlage für eine oder den unterschiedlichen Ruf mehrerer Bedienungsarten (Kellner, Mädchen, Hausdiener) ein-

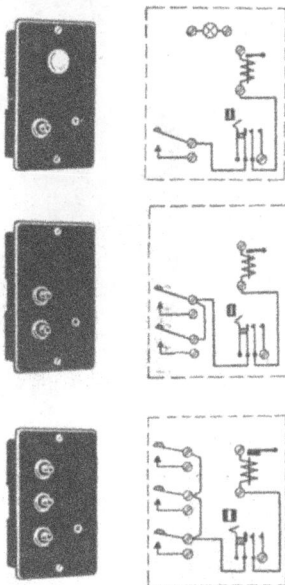

Abb. 267.

---
[1]) S c h i e w i g, R., Fernmeldeanlagen für Hotels, Telegr.-Praxis 8, 1928, 62—64.

gerichtet ist. Bei mehrteiligen Anlagen wird jede Bedienungsart durch eine bestimmte Farbe des Lichtes kenntlich gemacht. Die Tasten selbst werden durch Buchstaben oder durch Bilderschrift (Bildsymbol neben jeder Taste) gekennzeichnet. Im Tastergehäuse ist, wie aus den Abbildungen zu erkennen, gewöhnlich noch eine Schnarre und eine Steckschlüsselbuchse nebst Federsatz eingebaut; die Aufgabe dieser Einrichtung wird weiter unten beschrieben. Jedem Ruftaster ist eine Zimmerlampe zugeordnet, die außerhalb des Hotel- oder Krankenhauszimmers, oberhalb der Tür, angebracht ist, s. Abb. 268.

Abb. 268.

In der Rosette dieser Zimmerlampen sind entweder nur eine weiße oder zwei bzw. drei verschiedenfarbige Glühlampen untergebracht. Im Hotelgang sind an geeigneten Stellen (Kreuzung von zwei Gängen) Gruppen- oder Richtungslampen angebracht, die dem Personal das Auffinden des Hotelzimmers, aus dem gerade gerufen wird, erleichtern sollen. Im Bild 269 ist eine dreiteilige Gruppenlampe mit dreieckigem Querschnitt gezeigt. Im Aufenthaltsraum des Personals befindet sich in der Regel eine mehrteilige Lichtruftafel, an der jeder Ruf (Nummer des Zimmers) zu erkennen ist.

Der Betrieb wickelt sich im wesentlichen wie folgt ab: Der Hotelgast drückt eine Ruftaste, z. B. die zum Herbeirufen des Kellners.
Hierdurch leuchtet eine rote Lampe in der Rosette über der Zimmertür
auf. Es leuchten aber auch alle Richtungs- oder Gruppenlampen auf,
die der gerufenen Bedienung, gleichviel wo diese Personen sich augenblicklich aufhalten, zu erkennen geben, in welchem Teil des Hauses
Bedienung gewünscht wird. Im· Aufenthalts-
raum selbst erscheint an der Lichttafel ein Lichtzeichen, und es ertönt gegebenenfalls auch noch

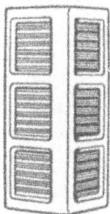

Abb. 269.   Abb. 270.

ein akustisches Rufzeichen (Wecker). Der Wecker läutet meistens
nur so lange, wie der Hotelgast auf den Anrufknopf drückt; die eingeschalteten Lichtsignale bleiben weiter bestehen. Der Kellner folgt
den Lichtzeichen und begibt sich zu dem Hotelzimmer, über dessen
Tür die ihm geltende rote Lampe eingeschaltet ist. An der Tür angelangt, drückt der Kellner auf eine neben der Tür angebrachte Abstelltaste, Abb. 270, und bringt dadurch sämtliche diesen Ruf kenn-
zeichnenden Lichtsignale zum Erlöschen.

In Lichtrufanlagen ist, wie erwähnt, die Schaltung so eingerichtet,
daß das Weckersignal beliebig oft wiederholt werden kann, ohne dabei
die beim ersten Anruf einge-
schalteten Lichtsignale zu stören
oder auszuschalten (Abb. 271).
Durch Drücken des Rufkon-
taktes RK werden Relais R erregt und Wecker W eingeschaltet. Relais R schließt
seinen Kontakt, Lampe L
leuchtet auf. Außerdem wird
(parallel zur Lampe) Haltewick-

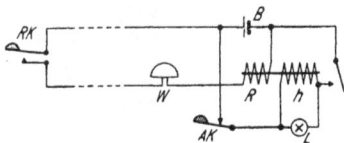

Abb. 271.

lung h des Relais R eingeschaltet. Bei wiederholtem Drücken auf
die Taste RK ertönt immer wieder das Weckersignal. Lampe L kann
jedoch nur durch Drücken der Taste AK zum Erlöschen gebracht
werden.

Bei größeren Anlagen werden Rufwiederholer eingebaut, die in
Zeitabschnitten von 15 oder 20 Sekunden den vom Hotelgast erstmalig
ausgelösten Weckruf (auch Schnarre) selbsttätig wiederholen.

In Abb. 272 ist das Schaltungsprinzip einer Lichtsignalanlage
mit sog. Richtungslampen veranschaulicht. Rufkontakt RK ist im Hotelzimmer angebracht. Durch Betätigen dieses Druckknopfes wird Relais R erregt und schließt seine beiden Kontakte r_1 und r_2. Über r_1

bleibt Relais R unter Strom und Zimmerlampe ZL leuchtet auf. Über
r_2 bekommt Richtungslampe RL Strom, Relais Q wird erregt. Dieses
schaltet entweder weitere Richtungslampen auf dem Wege zum Per-
sonalraum ein oder es wird (wenn das Zimmer des anrufenden Gastes
sich in der Nähe dieses Raumes befindet) über Kontakt q ein zur
Ruftafel BT gehörendes Relais P erregt, welches wiederum über Kontakt p die Anruflampe AL und Wecker W einschaltet. Außerdem kann

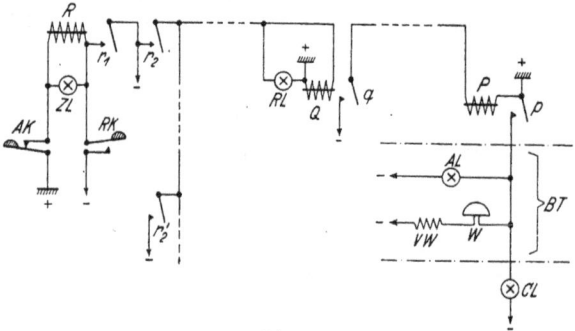

Abb. 272.

an einer Kontrolltafel eine Kontrollampe CL zum Aufleuchten gebracht werden.

In der Abb. 273 ist die Grundschaltung einer Lichtrufanlage dargestellt, bei der das Teilnehmerrelais Tr die Zimmerlampe Z und das
Gruppenrelais Gr, welches die Gruppenlampe einschaltet, hintereinander geschaltet sind. Wird die Ruftaste Rt gedrückt und das Teilnehmerrelais Tr eingeschal-
tet, so hält sich dieses über
seinen eigenen· Kontakt t.
Die Signale werden abgestellt
durch Drücken der Abstelltaste At.

Abb. 274 zeigt eine ähn-
liche Anlage zum Anschluß
an Wechselstrom und mit
mechanischer Halterung für
das Teilnehmerrelais Tr. Als
Gruppenrelais wird hier ein
einfaches Gleichstromrelais
benutzt mit parallel zur
Wicklung geschaltetem Trok-
kengleichrichter Gl.

Lichtrufanlagen werden
neuerdings häufig zum un-
mittelbaren Anschluß an das
Wechselstromlichtnetz ge-

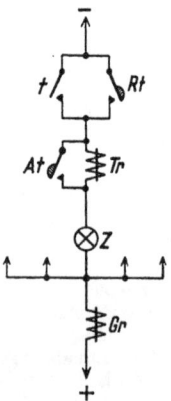

Abb. 273.

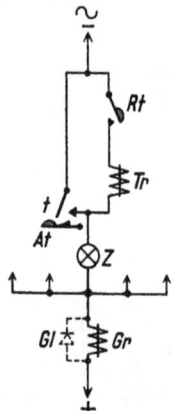

Abb. 274.

baut. Beim Anschluß an eine Sammlerbatterie (24 Volt) ist zu beachten, daß die kleinen Signallampen recht viel Strom verbrauchen.

Der einteilige Taster in Abb. 267 enthält noch eine kleine Glühlampe, die sogenannte Beruhigungslampe; sie zeigt dem Hotelgast, daß sein Ruf wirksam geworden ist. Alle Taster der Abb. 267 lassen noch eine kleine Steckbuchse erkennen. Wenn in diese Buchse ein Stecker gesteckt wird, so wird über den Federsatz die dargestellte Schnarre eingeschaltet, die folgende Aufgabe zu erfüllen hat. Ist ein Zimmermädchen in einem Hotelzimmer beschäftigt, so ist sie außerstande, die lautlosen Lichtsignale im Hotelkorridor wahrzunehmen, wenn von einem anderen Zimmer aus gerufen wird. Um trotzdem Kenntnis von einem Anruf zu erhalten, kann das Zimmermädchen den Stecker, den sie mit sich führt, in die gezeichnete Buchse einführen, so daß nunmehr die eingebaute Schnarre in den Signalstromkreis eingeschaltet ist.

Abb. 275.

In großen Betrieben ist es oft erforderlich, leitende Personen schnellstens aufzufinden, auch wenn sie sich auf dem Gang durch den Betrieb befinden. Als Beispiel einer solchen Personensuchanlage wird nachstehend eine Ärztesuchanlage beschrieben.

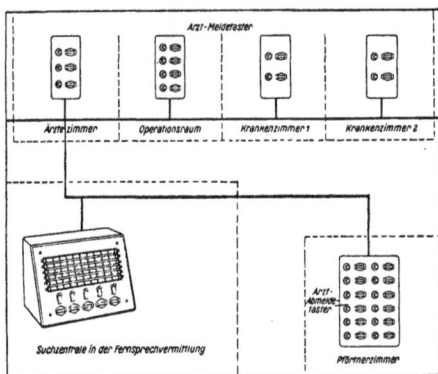

Abb. 276.

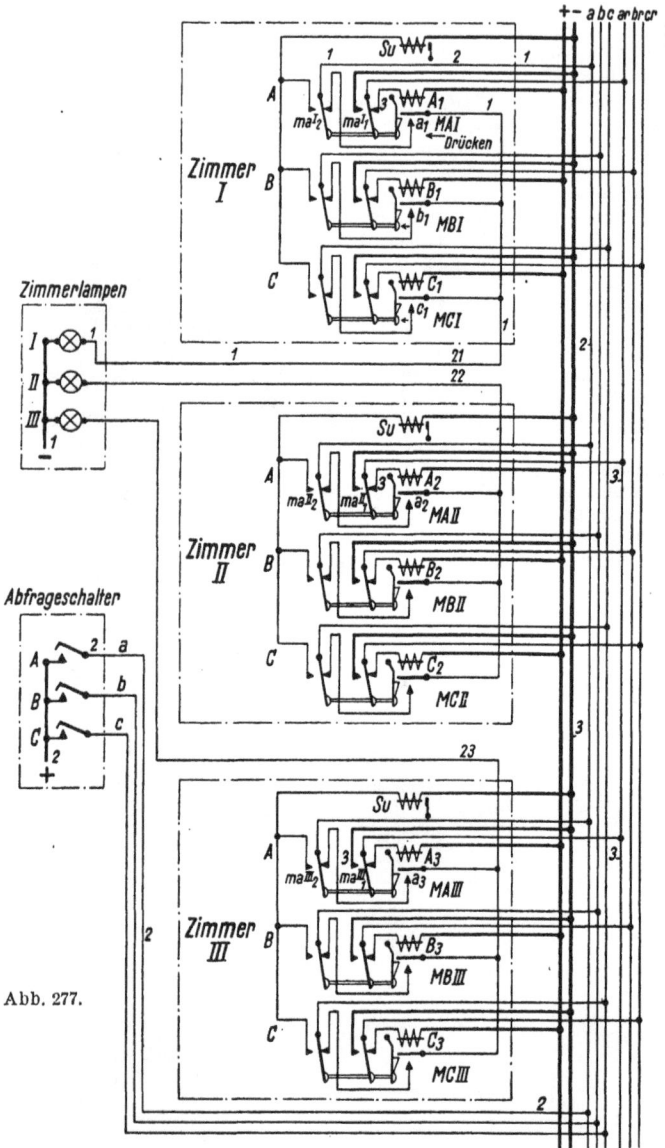

Abb. 277.

Die Suchzentrale (s. Abb. 275) wird in der Fernsprechzentrale aufgestellt und von dort aus bedient. Die Arztmeldetaster sind beim Pförtner und in den einzelnen Räumen (s. Abb. 276) angeordnet. Die Suchzentrale enthält ein Lampenfeld, entsprechend der Anzahl der Meldestellen und so viele Suchschalter, wie Personen gesucht werden sollen.

Beim Betreten des Krankenhauses betätigt jeder Arzt im Pförtnerzimmer die ihm zugeordnete Meldetaste und weiterhin auch in jedem Raum, in dem er sich dann aufhält. Durch diese Meldung wird jeweils ein besonderer, nach der Suchzentrale verlaufender Suchstromkreis vorbereitet. Wird nun in der Fernsprechzentrale ein bestimmter Arzt, z. B. der Chef-Arzt gesucht, so drückt die Bedienungsperson in der Zentrale den diesem Arzt zugeordneten Suchschalter (untere Reihe der Suchzentrale). Hierauf leuchtet im Lampenfeld der Suchzentrale eine Lampe auf, die anzeigt, von welcher Meldestelle der Arzt sich zuletzt gemeldet hatte, und es kann nun der Arzt über den Fernsprecher erreicht werden.

In der Abb. 277 ist die Schaltung einer solchen Personensuchanlage für drei Ärzte und drei Meldestellen wiedergegeben. Die Schaltvorgänge wickeln sich etwa wie folgt ab.

Der Arzt A drückt beim Betreten des Zimmers I seine Meldetaste MAI, hierbei werden die Kontakte ma^I_1 und ma^I_2 kurzzeitig (solange die Taste gedrückt ist) umgelegt; der Kontakt a_1 des Relais A_1 schließt und bleibt geschlossen. Über diesen Kontakt a_1 wird die Zimmerlampe I in der Suchzentrale eingeschaltet (Stromkreis 1), sobald zwecks Feststellung des Aufenthaltsortes des Gesuchten, der zugehörige Abfrageschalter A umgelegt wird (Stromkreis 2 [1]). Verläßt der Arzt A das Zimmer I und begibt sich nach dem Zimmer III, so muß er seine Taste $MAIII$ beim Eintreten in das Zimmer III drücken. Dadurch werden dann die Relais A_1 und A_2 (über Stromkreis 3) erregt, sie ziehen ihre Anker an, wodurch an der Taste MAI der Kontakt a_1 wieder geöffnet wird. Nunmehr ist aber über den Kontakt a_3 der Stromkreis für die Zimmerlampe III vorbereitet, der dann beim Drücken des Abfrageschalters A geschlossen wird.

Abb. 278.   K

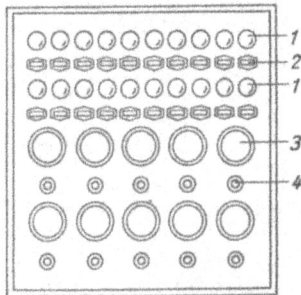

Abb. 279.

---

[1] Stromkreis 2 schließt sich hier an Stromkreis 1 an.

Lichtrufanlagen lassen sich auch so bauen, daß die Bedienungs-
personen der Hotels und Krankenhäuser nicht immer den Weg zum
Rufenden zurücklegen müssen, um sich nach den Wünschen zu er-
kundigen, sondern daß der Wunsch bereits beim Rufen offenbart
wird.

Bei den Wunschrufanlagen benutzt der Rufende nicht lediglich
einen Druckknopf, sondern eine Art Wähler, Abb. 278. Dieser Wähler
hat eine Kurbel K, die zuerst auf das Symbol des gewünschten Gegen-
standes (im Krankenhaus z. B. Heizkissen, Zeitung usw.) eingestellt
und dann eine Ruftaste d betätigt wird. Abb. 279 zeigt die äußere
Ansicht des Empfängertablos mit den Lampenfeldern 1, den Zimmer-
nummern 2, den sog. Wunschlampen 3 und den Abfragetasten 4.
An Hand der Abb. 280 soll die Wirkungsweise einer Wunschrufanlage
beschrieben werden.

Hat der Rufende in Zimmer I gewählt, d. h. die Kurbel K seiner
Wählers eingestellt und die Ruftaste RT gedrückt, so spricht in d e
Zentrale am Empfängertablo (über Stromkreis 1) das Relais T an uds
schaltet die Lampe W_3 ein — wodurch das Symbol des vom Rufendnn
zum Ausdruck gebrachten Wunsches als Lichtzeichen erscheint. Uem
nun festzustellen, von welchem Zimmer aus der Wunsch W_3 geäußert
wurde, wird der der Lampe W_3 zugeordnete Abfrageschalter AT gedrückt, worauf die Zimmerlampe ZL_1 über eingestellte Kurbel K
auf Kontakt 3 und den Anker t'' des zugehörigen Relais T_1 aufleuchtet.

Der erwähnte Tastendruck RT im Zimmer I bewirkt aber nicht nur
die soeben beschriebene Einschaltung des Wunschtablos (RT oben),
sondern gleichzeitig auch die Inbetriebsetzung der gewöhnlichen Lichtrufanlage (RT unten). Das Relais T wird erregt. T zieht seinen Anker t' an, der, wie Anker t'', auch mechanisch gehalten wird. t' schließt
den Stromkreis 3 (—, t' Kontakt, Zimmerlampe ZL, Gruppenrelais
G_1, +) für die Zimmerlampe und das Gruppenrelais G_1. Über den
Anker t' wird auch die Beruhigungslampe BL eingeschaltet, die dem
Kranken anzeigt, daß sein Ruf die Anlage in Gang gebracht hat. Das
Gruppenrelais G_1 schaltet über seinen Kontakt g III den Rufwiederholer RW ein (+, g III, 6, 7, —), worauf dann über das Schnecken-
getriebe tr die Nockenscheiben mit den Federsätzen 3, 4, 5 betätigt
werden.

Über Federsatz 3 und 4 sowie Kontakt g I des Gruppenrelais G_1
wird Summerstrom über die Schnarre Sch gegeben, wenn der Schalter k
z. B. im Zimmer III umgelegt, d. h. der auf Seite 141 erwähnte
Stecker in die Steckerbuchse, Abb. 267, gesteckt worden ist. Durch
das Stecken dieses Schlüssels wird auch über der Zimmertür außerhalb des Zimmers III die Anwesenheitslampe AL aufleuchten, die
anzeigt, daß in dem Zimmer Bedienung anwesend ist. Ist ein Steck-
schlüssel in keinem der Zimmer gesteckt, so bleibt das Arbeiten des
Rufwiederholers RW ohne Wirkung und er schaltet sich selbst aus,
wenn der Kontakt 5 wieder unterbrochen wird.

Der Rufende wird bedient und hierbei auch wie üblich die Zimmerlampe durch die Abstelltaste abgestellt, wodurch dann auch das
Gruppenrelais G_1 abfällt.

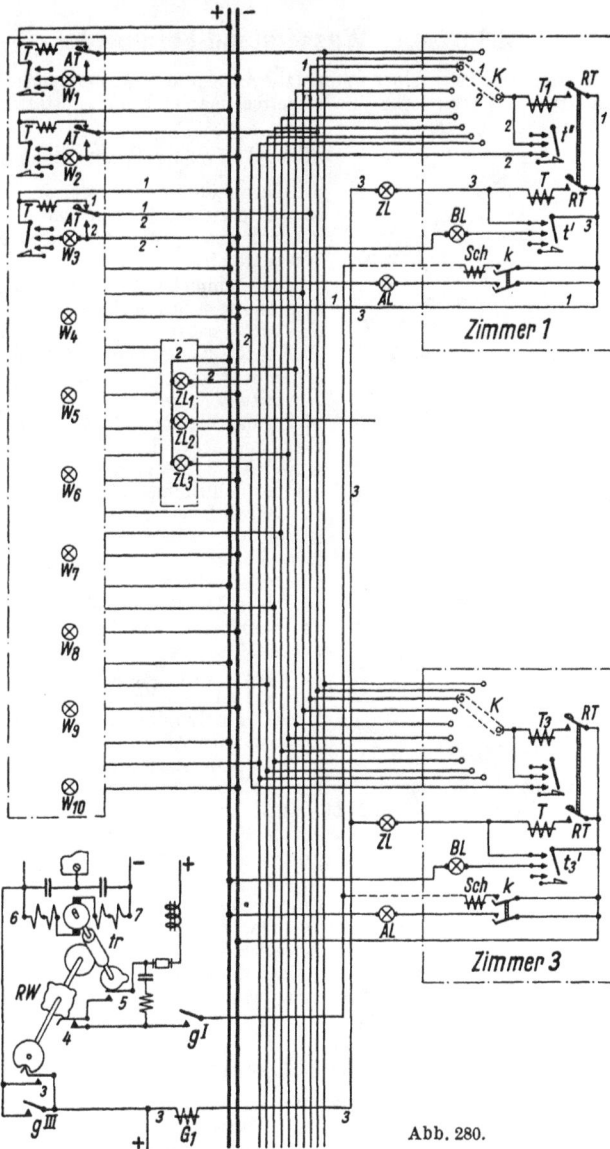

Abb. 280.

III. Elektrische Wasserstand-Fernmelder.

Wasserstand-Fernmelder werden zur Anzeige des Wasserstandes in Behältern der Wasserwerke, in Talsperren usw. und zur selbsttätigen Pumpensteuerung verwendet.

a) Voll- oder Leermelder.

Wasserstand-Fernmelder als Voll- oder Leermelder dienen zur Fernmeldung des tiefsten oder höchsten Wasserstandes.

Eine einfache Signalanordnung zum Anzeigen des höchsten oder des tiefsten Wasserstandes zeigt Abb. 281 (M. & G.). Auf einer Achse e des Gebers ist ein Schwimmer s an einem Hebelarm mittels Kette oder Seil befestigt. Steigt das Wasser in dem Behälter, über welchem der Schwimmer s schwebend aufgehängt ist, so weit, daß der Schwimmer vom Wasser getragen wird, so erfolgt eine Entlastung des Hebelarmes, die Feder c dreht die Achse e und verbindet durch die Doppelfeder f den Erdanschluß e mit dem Leitungsanschluß v. Der im Empfänger eingebaute Rasselwecker W schlägt an über: b, 1, W, L, v, f, e. Das Signal bedeutet in diesem Fall eine Voll-Meldung. Der Wecker am Empfänger kann durch Drücken der Abstelltaste (Weckerausschalter) ausgeschaltet werden.

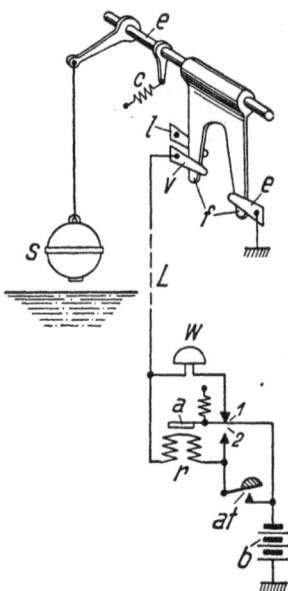

Abb. 281.

Das Relais r zieht hierbei seinen Anker a an, unterbricht den Weckerstromkreis bei 1 und hält sich über 2, bis der Stromkreis am Geber beim Sinken des Wasserspiegels wieder unterbrochen wird.

Diese Einrichtung ist mit geringen Änderungen am Geber auch als Leermelder zu verwenden. Die Feder e mit dem Erdanschluß muß in diesem Fall hinter der Feder f angebracht und die Leitung L an die Feder 1 angeschlossen werden. Der Schwimmer wird vom Wasser getragen, bis der Wasserspiegel seinen niedrigsten Stand erreicht hat und das Schwimmergewicht die Achse e gegen den Zug der Feder c dreht. Die Doppelfeder f schließt dann den Stromkreis für den Wecker im Empfänger.

b) Voll- und Leermelder.

Voll- und Leermelder dienen zur Fernmeldung des höchsten und niedrigsten Wasserstandes. Geber und Empfänger, die durch Leitungen miteinander verbunden werden, können beliebig weit voneinander ent-

fernt sein. Abb. 282 zeigt schematisch eine einfache Anlage für Voll-
und Leermeldung. Ein doppelarmiger Kontakthebel 6 am Geber wird
durch die Federn F_1 und F_2 gegen den Zug einer Kette (bzw. Seil) mit
dem Anschlag 7 und dem am unteren Ende angebrachten Gewicht in
der gezeichneten Lage gehalten. Der Schwimmer 4 ist mit einem durchgehenden Rohr versehen, durch welches das Seil läuft. Sinkt
der Wasserspiegel so weit, daß der Schwimmer an das Gegengewicht
stößt, so wird Kontakt 1 geschlossen. Steigt das Wasser, so stößt bei

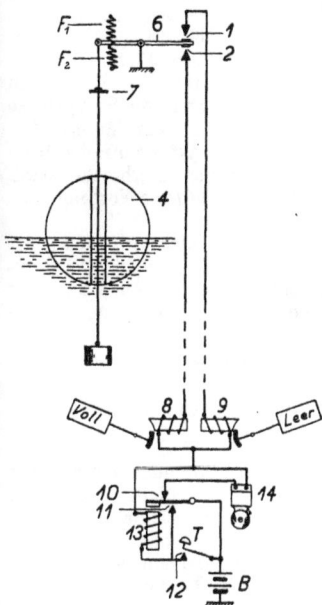

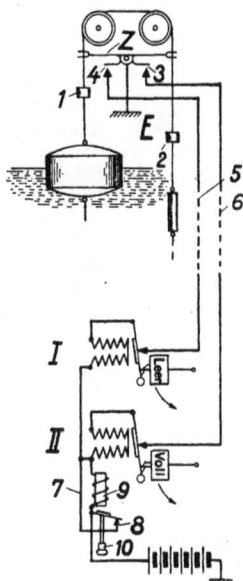

Abb. 282.   Abb. 283.

der höchst zulässigen Wasserhöhe der Schwimmer gegen Anschlag 7
und bewirkt Schließen des Kontaktes 2. Über den Stromkreis: Erde,
Kontakt 2, Wicklung des Elektromagneten 8, Wecker 14, Kontakt 10
und Batterie wird Elektromagnet 8 erregt und bringt eine Fahne mit
der Aufschrift „Voll" zum Vorschein; gleichzeitig ertönt ein Weckersignal. Wecker 14 kann von der Bedienung durch Druck auf Taste T
abgestellt werden. Elektromagnet 13 bekommt dann über Kontakt 12
Strom, unterbricht bei 10 den Stromkreis des Weckers und hält sich
selbst über 11. Das optische Signal bleibt nach einer Meldung so lange
bestehen, bis die Wasseroberfläche wieder gestiegen bzw. gesunken ist.

In Abb. 283 ist ein anderes System der Voll- und Leermeldung
veranschaulicht. Die Kette mit Schwimmer und Gegengewicht ist über

zwei Rollen des Gebers gelegt. An der Kette sind zwei verstellbare Anschläge 1 und 2 angebracht, die beim eingestellten höchsten und tiefsten Wasserstand gegen die Gabel z stoßen, wodurch Kontakt 4 bzw. 3 geschlossen wird. Ist der Behälter leer, so hebt Anschlag 2 den rechten Arm der Gabel; hierbei wird Kontakt 4 geschlossen, und es fließt ein Strom von Erde über Kontakt 4, Leitung 5. Wecker I mit rückstellbarer Fallscheibe spricht an, und die Scheibe „Leer" wird sichtbar. Zum Abstellen des Weckers dient der Weckerausschalter mit Spule 9, die im Ruhezustand des Schalters über Kontakt 8 kurzgeschlossen ist. Beim Betätigen des Weckerausschalters (10) wird der Stromkreis über 7 und 8 unterbrochen, Elektromagnet 9 zieht seinen Anker an und hält ihn. Das Einschalten der hochohmigen Spule 9 verringert die Stromstärke so weit, daß der Wecker nicht mehr läutet. Der Anker von 9 fällt ab, wenn Kontakt 4 am Geber beim Steigen des Wasserspiegels wieder unterbrochen wird. Bei der Vollanzeige spielt sich derselbe Vorgang über Leitung 6 und Wecker II ab.

Abb. 284 zeigt das wasserdichte Gehäuse des Gebers mit den zwei Rollen, der Gabel und (links oben) den zwei Anschlußklemmen. An Stelle der Wecker I und II, Abb. 283, verwendet man zweckmäßig Doppelfallklappenrelais nach Abb. 200, die dann in bekannter Weise abgestellt werden.

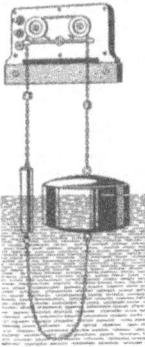

Abb. 284.

c) Melder für fortlaufende Anzeige mit Schwimmer.

Dies sind Apparate, die auf beliebig große Entfernung dauernd und selbsttätig den Wasserstand anzeigen und gegebenenfalls registrieren.

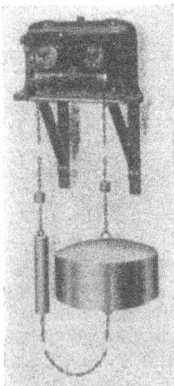

Abb. 285

Die Kette des Schwimmers ist ebenfalls über zwei Rollen geführt, von denen jedoch die eine als Kettenrad ausgebildet ist und ein Kontaktwerk bewegt, welches über zwei Leitungen und Erde mit dem Empfangsapparat in Verbindung steht. Das Kontaktwerk des Gebers ist in einem gußeisernen Gehäuse, Abb. 285, wasserdicht untergebracht. Die Geber für fortlaufende Anzeige (Stufenmelder) sind so eingerichtet, daß sie Niveauschwankungen in bestimmten Abständen, z. B. von 5 zu 5 cm, auf den Empfänger übertragen.

In der Abb. 286 ist der Grundgedanke einer Arbeitsstromschaltung eines Wasserstand-Fernmelders für fortlaufende Anzeige angegeben. Das Kontaktwerk 1-2 des Gebers mit den beiden Kurvenscheiben A und B ist so gebaut, daß je nach der Drehrichtung der Nockenachse die Kontakte 1 und 2 in verschiedener Aufeinanderfolge geschlossen werden. Bei der Drehung der

Achse im Uhrzeigersinne wird die Reihenfolge der Kontaktschließungen
2—1, beim umgekehrten Drehsinn 1—2 sein. Je nach der Bewegung
des Schwimmers wird also beim Ablauf des Laufwerkes, Abb. 287,
nacheinander je ein kurzer Stromstoß in die Leitungen a—b gesandt.
Die Kontaktscheiben A—B sind auf der Achse 2 des Laufwerkes,
Abb. 287, angebracht.

Der Empfänger enthält zwei Elektromagnete I, II zwischen denen
ein Weicheisenanker a_1 drehbar gelagert ist. Durch die erwähnten
Stromstöße wird dieser Anker in dem einen oder anderen Sinne jeweils
um 360° gedreht, so daß jede Ankerumdrehung auch einer Anzeige-
stufe, z. B. 5 cm Wasserspiegeländerung, entspricht. Über ein in der
Abbildung sichtbares Zahnradvorgelege mit einem entsprechenden
Übersetzungsverhältnis werden die Ankerumdrehungen auf den Zeiger
übertragen. Aus der Abb. 286 ist zu ersehen, daß der Anker a_1 beim

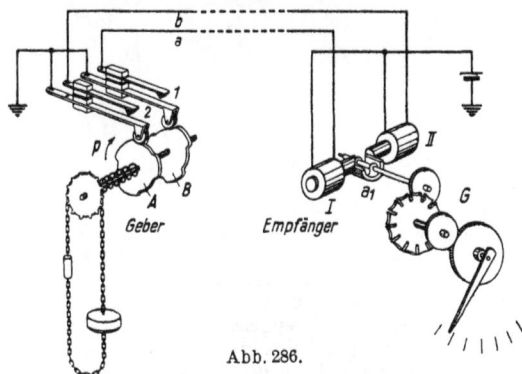

Abb. 286.

Anziehen durch Elektromagnet I nach links geschwenkt, beim darauf-
folgenden Anziehen durch II in gleichem Drehsinn herübergeschwenkt
wird und nach Aberregen von II (wiederum im gleichen Drehsinn) in
die gezeichnete Ausgangslage zurückkehrt. Werden die Elektromagnete I und II in umgekehrter Reihenfolge erregt, so dreht sich auch
der Anker im umgekehrten Sinne.

Der Geber, Abb. 287, ist so gebaut, daß die soeben erwähnten
Kontaktschließungen in nicht zu rascher aber auch nicht schleppender
Folge stattfinden, und zwar auch dann, wenn der Wasserspiegel sich
ganz langsam ändert. Der Geber enthält ein Lauf- und Federwerk,
das dazu dient, die vom Schwimmer durchschrittenen Wegstrecken nur
dann in Form der oben beschriebenen Stromstoßfolgen auszulösen,
wenn eine bestimmte Wegstrecke (eine Stufe), z. B. 2 oder 5 cm, wirklich zurückgelegt ist. Die Abb. 287 zeigt dieses Federwerk ohne die
Kontaktvorrichtung (Abb. 289), die auf der gleichen Achse 2 angebracht
st. Auf dieser Achse 2 sind ebenfalls Kettenrad 1 und Kontakt-
uslösescheibe 3 befestigt. Achse 2 ist in der Gehäusewand 14 und der

festsitzenden Buchse 13 gelagert. Buchse 13 ist mit drei um 120⁰ versetzte Einfallnuten 12 versehen. Rastenrad 7 sitzt mit Buchse 15 lose auf Achse 2. Zwischen Nabe 8 des Rastenrades und der Auslöse-

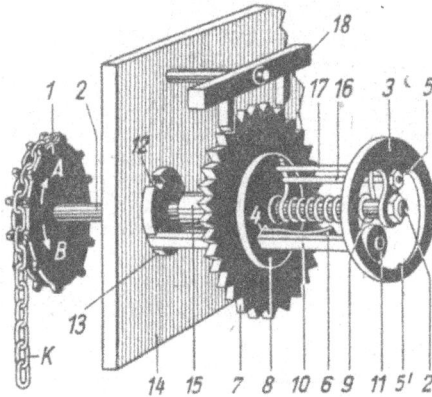

Abb. 287.

scheibe 3 ist auf die Achse 2 eine Feder 9 (siehe auch Abb. 288) zwischen zwei langen Stiften 16, 17 mit einer gewissen Vorspannung aufgebracht. Der Stift 16 ist in 3, Stift 17 in 8 eingeschraubt. Ist der federbeeinflußte (6) Hebel 10 in eine Nut 12 von 13 eingefallen, so wird das Rastenrad 7 festgehalten, da Hebel 10, der in einer viereckigen Öffnung 4 der Nabe 8 drehbar gelagert ist, die Drehung des Rastenrades hemmt. Dreht sich das Kettenrad in Richtung A, so wird unter Vermittlung der Achse 2 sowie der Auslösescheibe 3 und des mit letzterer verschraubten Stiftes 16 Zylinderfeder 9 gespannt. Das linke Ende l der Feder (Abb. 287 und 288) liegt am Stift 17 und wird festgehalten durch 8, 10, 12, 14. Während der Drehung des Rades 1 und der Scheibe 3 nähert sich der rechte

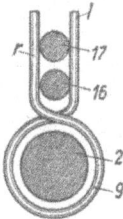

Abb. 288.

Arm des Hebels 10 der Achse 2, indem Rädchen 11 auf der exzentrischen Innenfläche 5—5′ von 3 aufrollt, bis der linke Hebelarm von 10 aus dem Einschnitt 12 herausgehoben und hierdurch das Rastenrad freigegeben wird. Das Rastenrad dreht sich nun unter dem Zug der gespannten Feder 9 um 120⁰. Nach Vollendung dieser Drehung fällt der linke Arm von 10 in den nächsten Einschnitt von 13 ein. Damit das Rastenrad sich nicht zu schnell dreht, ist ein Hemmwerk 18 vorgesehen.

Bei einer Drehung nach der entgegengesetzten Richtung B nimmt der Stift 16 das Ende 1 der Feder 9 (Abb. 288) mit, und der Stift 17 hält das Ende r.

Neben dem Rastenrad 7 (Abb. 287) werden auf die Achse 2
zwei Scheiben A und B (Abb. 289) in etwa 10 mm Entfernung nebeneinander aufgesetzt. Die Scheiben A und B sind mit je 3 Nocken

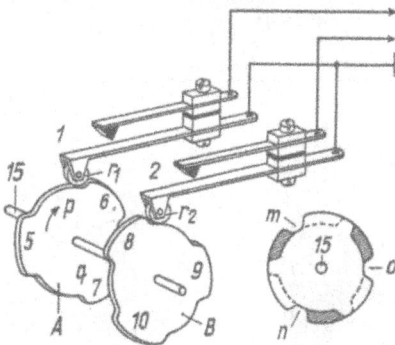

Abb. 289.

(5, 6, 7 und 8, 9, 10) versehen, die in einem Winkel von 120° zueinander angeordnet sind. Die Scheiben sind außerdem so auf der
Achse 15 befestigt, daß die entsprechenden Nocken beider Scheiben um
einen bestimmten Winkel versetzt sind (s. Nebenskizze in Abb. 289),
wodurch drei um 120° versetzte gemeinsame
Lücken m, n, o entstehen. In der Ruhestellung liegen die Rollen (r_1, r_2) zweier Kon-
taktfedersätze 1 und 2 in diesen Lücken.
Nachdem der Schwimmer eine Stufe z. B.
5 cm durchschritten hat, wird das Kontaktwerk um 120° gedreht und, wie aus Abb. 289
ohne weitere Erläuterung zu ersehen, je ein
Stromimpuls über a- und b-Leitung bzw. b-
und a-Leitung gegeben.

Die Abb. 290 veranschaulicht die äußere
Ansicht eines runden Empfängers für 6 m
Wasserspiegelunterschied.

Abb. 290.

d) Registriergerät für Wasserstand-Fernmelder.

Abb. 291 zeigt einen Empfangsapparat mit Zeigerwerk und Registriereinrichtung. Das Empfangssystem (s. Abb. 286 und 292) treibt
von der Zeigerwerksachse 16 aus über ein Vorgelege die Scheibe 6.
Um die Scheiben 6 und 5 ist ein Draht 2 so gelegt, daß mittels dieses
Drahtes ein die Feder 4 tragender Schlitten 3 auf und ab bewegt
werden kann. Der Schlitten 3 wird an der Stange 1 geführt. Die Feder 4
legt sich mit leichtem Druck gegen das auf eine Trommel gespannte
Registrierpapier. Die Registriertrommel 7 wird durch ein Uhrwerk täglich
oder in 7 Tagen einmal um ihre Achse gedreht.

e) Wasserstand-Fernmelder für Feinablesung.

Solche Anlagen werden dort verwendet, wo sehr kleine Anzeigestufen (von 2 bis 10 mm) gewünscht oder erforderlich sind, z. B. in Stauweihern und Talsperren. In der Abb. 293 ist schematisch die Schaltung einer solchen Anlage für Feinablesung und Ruhestrombetrieb

Abb. 291.

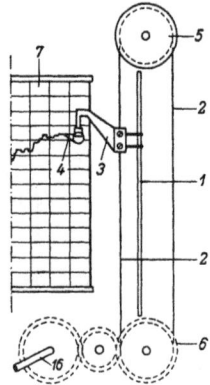

Abb. 292.

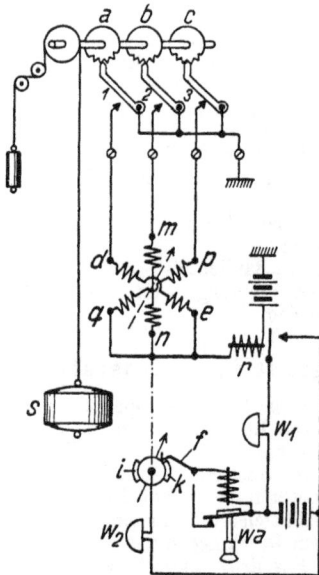

Abb. 293.

(S. & H.) gezeigt. Zur Kontaktvorrichtung gehören drei auf einer Achse so festgekeilte Schalträder *a*, *b*, *c*, daß ihre Zähne um genau ein Drittel ihrer Zahnteilung versetzt sind. Die Achse dieser Schalträder wird durch ein Kettenrad, welches auf der gleichen Achse außerhalb des Gehäuses befestigt ist, dadurch in dem einen oder anderen Sinne gedreht, daß ein Schwimmer von etwa 400 bis 600 mm Durchmesser sich bei Schwankungen des Wasserstandes auf- oder abwärts bewegt und das Kettenrad mit Hilfe einer Kette in entsprechendem Sinne mitnimmt.

Die Anordnung der Hebel 1, 2, 3 ist so getroffen, daß bei jeder Stellung derselben wenigstens einer der drei Kontakte geschlossen ist. Drehen sich die·Schalträder in irgendeinem Sinne, so werden die Kontakthebel derart beeinflußt, daß diese in zyklischer Vertau-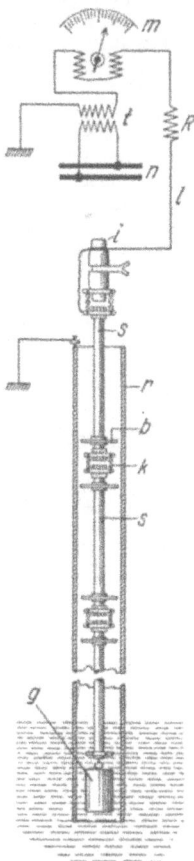schung je einen neuen Kontakt schließen, bevor der vorher geschlossene unterbrochen wird.

Als Empfänger dient ein S e c h s r o l l e n - S y s t e m *d-e*, *m-n*, *p-q*. Von der Achse dieses Systems wird unter Zwischenschaltung von beispielsweise einer Schnecke mit Schneckenrad der Zeiger des Anzeigegeräts bewegt. Ordnet man auf der Zeigerachse noch zwei Kontaktstücke *i*, *k* an, die bei Grenzstellungen des Zeigers (d. h. auch bei Grenzstellungen des Schwimmers am Geber) mit der Kontaktfeder *f* in Berührung kommen, so kann man auf diese Weise auch noch den höchsten bzw. den tiefsten Wasserstand optisch oder akustisch (Wecker w_2) anzeigen. Weckerausschalter w_a dient zur Unterdrückung des akustischen Signals.

Der dauernd fließende Ruhestrom dient gleichzeitig zur Kontrolle des Zustandes der drei Fernleitungen. Jede Leitungsunterbrechung wird alsbald durch Abfallen des Ankers von Relais *r* und Ertönen des Weckers w_1 kenntlich gemacht.

In Abb. 294 ist ein Geber für Wasserstand-Fernmeldeanlagen für Feinablesung in wasserdichtem Gußeisengehäuse abgebildet. Der Empfänger ist in der Regel ein Zeigerapparat, der auch wasserdicht ausgebildet sein kann (Abb. 295). Auch kann am Empfänger eine Registriervorrichtung vorgesehen werden.

Abb. 294.

Abb. 295.

Abb. 296.

f) Wasserstand-Fernmelder ohne Schwimmer.

In manchen Fällen ist es vorteilhaft, einen Wasserstand-Fernmelder ohne Schwimmer zu bauen. Eine einfache Art, die Wasserspiegel-Schwankungen fortlaufend anzuzeigen, ohne dabei einen Schwimmer zu verwenden, ist dem Wasserstand-Fernmelder mit Widerstandspegel und Milliamperemeter als Anzeigegerät zugrunde gelegt. Die fest in den Behälter eingebauten Pegel haben aber den Nachteil, daß die Widerstandskörper, aus denen der Pegel zusammengesetzt ist, bei vollem Behälter nicht auf ihren Betriebszustand untersucht werden können. In der Abb. 296 ist schematisch eine Anlage mit kettenförmigem Pegel gezeigt; dieser Pegel kann auch während des Betriebes aus dem Rückleitungsrohr *r* herausgezogen, gereinigt und auf schadhafte Glieder (Kohlenstäbe *s*) untersucht werden. Das Meßprinzip ist eine einfache Widerstandsmessung. Der Stromkreis, in dem das Anzeige-Instrument *m* liegt, wird aus dem Wechselstromnetz *n* über einen Spezialwandler *t* gespeist. Der Widerstand des Stromkreises: Erde *e*, Schutzrohr *r*, Wasser, Pegel *s-s*, Fernleitung *l*, Schutzwiderstand *R*, *m*, *t*, Erde — ändert sich mit der Höhe des Wasserspiegels, denn es werden, je nach Höhe des Wasserstandes mehr oder weniger Kohlenstäbe *s* aus dem Stromkreis aus- bzw. eingeschaltet. Änderungen in der Leitfähigkeit des Wassers sowie Widerstand-Schwankungen der Fernleitung *l* haben praktisch keinen Einfluß auf die Meßgenauigkeit, da diese Widerstände anderer Größenordnung sind als der Widerstand der Kohlenstäbe. Die Stäbe *s* werden durch Schellen und Ketten *k* zusammengehalten; *b* sind Isolierringe, *g* ein Gewicht, welches die Kette stramm hält. Einen wesentlichen Nachteil dieser Melder bildet die durch Verschmutzung bald eintretende Anzeige-Ungenauigkeit.

g) Wasserstand-Fernmeldeanlagen mit Relaisbetrieb.

In vielen Fällen ist es notwendig, Wasserstand-Fernmeldeanlagen mit Relaisbetrieb einzurichten. Abb. 297 zeigt schematisch die Schaltung einer solchen Anlage, wobei von einem Geber *G* zwei Empfänger I (Zwischenstelle) und II (Endstelle) betrieben werden. Die Magnete M_1 und M_2 bzw. M_3 und M_4, die den auf Achse 16 angebrachten Zeiger nach rechts oder links bewegen, liegen im Stromkreis der Relaiskontakte R_1, R_2 bzw. R_3, R_4. Die Wirkungsweise geht aus der Abbildung ohne weiteres hervor.

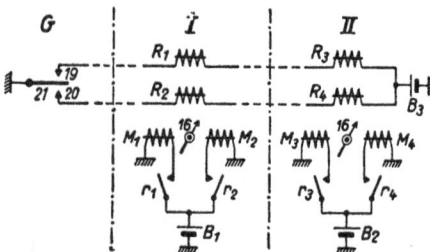

Abb. 297.

h) Wasserstand-Fernmeldeanlagen mit Wechsel-strom systemen.

Der Grundgedanke und die Wirkungsweise des Wechselstrom-systems für Signalapparate ist auf Seite 79 ff. beschrieben. Dieses System kann in vorteilhafter Weise auch für Apparate einer Wasser-stand-Fernmeldeanlage verwendet werden. In der Abb. 298 ist je

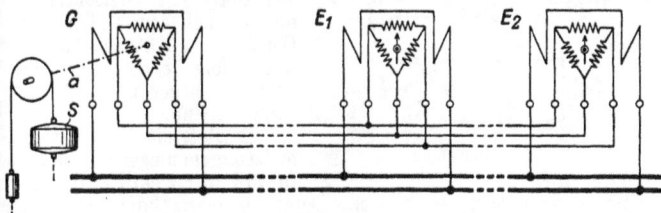

Abb. 298.

ein solches System für den Geber sowohl als auch für den Empfänger verwendet worden. Die Wirkungsweise ist aus der Abbildung ohne weitere Beschreibung eindeutig erkennbar. Als Verbindungsleitungen sind allerdings 5 Leitungsadern erforderlich; 1,5-mm-Kupferadern sind zu empfehlen. Die durch die Mehrzahl der Leitungsadern entstehenden Kosten nimmt man in der Praxis (bis zu 1000 m Entfernung) gern in Kauf, denn diese Apparate arbeiten sehr zuverlässig, da keine zu Störungen Veranlassung gebenden Kontakte vorhanden sind. In Abb. 299 ist ein Wasser-stand-Fernmelder (Geber) mit Drehfeld-system in wasserdichtem Metallgehäuse dargestellt. Über das Kettenrad wird die Schwimmerkette (hartgelötete Tombakkette) mit Schwimmer von 400 mm Durchmesser und Gegengewicht gelegt. Für das Anschluß-kabel ist eine Kabeleinführung vorgesehen.

Abb. 299.

i) Wasserstand-Fernmeldeanlagen mit Ein-fachleitungsbetrieb.

In vielen Fällen der Praxis steht zum Betrieb einer Wasserstand-Fernmeldeanlage mit Stufenanzeige nur eine Leitungsader zur Verfügung. Man benutzt in solchen Fällen zur Übermittlung der Stufen-anzeige zwei aufeinanderfolgende, verschieden starke Stromstöße, Abb. 300. Die Leitung führt beim Empfänger über zwei hintereinander geschaltete Relais R_1, R_2 verschiedener Ansprechempfindlichkeit. Es sei angenommen, daß bei einer Änderung des Wasserspiegels erst ein starker Stromstoß über Kontakt 20, dann ein schwacher Strom-stoß über Kontakt 19 und Widerstand r gegeben wird. Beim ersten Stromstoß sprechen beide Linienrelais R_1 und R_2 an, wodurch im Orts-

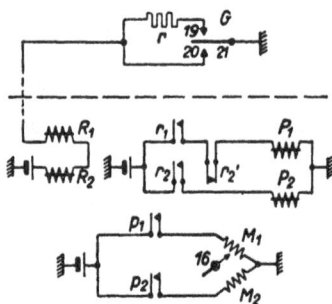

Abb. 300.

stromkreis nur Relais P_2 anspricht und über p_2 Magnet M_2 seinen Anker anzieht. Der darauffolgende schwache Stromstoß vermag nur Relais R_1 zu erregen. P_1 im Ortsstromkreis setzt M_1 über p_1 unter Strom, so daß M_1 den Anker des Dreischritt-Motors (s. auch Abb. 286) anzieht. Der Zeiger auf Achse 16 dreht sich infolgedessen um einen Schritt entgegengesetzt dem Uhrzeigersinn.

Erfolgt die Wasserspiegeländerung im umgekehrten Sinne, so wird zuerst ein Kontakt über 19 und dann über 20 geschlossen. Demzufolge wird die Reihenfolge der Erregung der Magnete M_1 und M_2 eine andere sein und der Zeiger des Empfängers um einen Schritt im Sinne der Uhrzeigerbewegung gedreht.

k) Selbsttätige Pumpen-Fernsteuerungen.

Wasserstand-Fernmeldeanlagen werden vielfach auch zur selbsttätigen Ein- und Ausschaltung der Wasserpumpen mit herangezogen. Die Ein- bzw. Ausschaltung geschieht in Abhängigkeit von je einem Leer- bzw. Voll-Kontakt vom Geber oder vom Empfänger aus. In der Abb. 301 ist der Grundgedanke einer selbsttätigen Pumpensteuerung vom Empfänger aus dargestellt. Auf der Zeigerachse 16 des Empfängers ist ein Nocken 2 so angebracht, daß beim niedrigsten Wasserstand der Kontakt a geschlossen wird. Durch Kurzschluß des Vorwiderstandes r zieht das Relais P an, hält sich selbst über Kontakt p_1 und schaltet die Pumpe über Kontakt p_2 ein. Ist der Behälter voll und zeigt der Empfänger den höchsten Wasserstand, so wird Kontakt b geschlossen, das Relais P kurzgeschlossen, worauf durch Unterbrechung des Kontaktes p_2 die Pumpe wieder stillgesetzt wird.

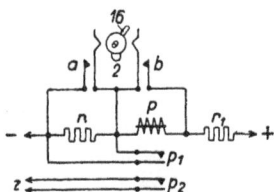

Abb. 301.

l) Leitungsführung und Batteriebemessung.

Wasserstand-Fernmelder werden meistens über Doppelleitungen betrieben. An diese Doppelleitung können bei Gleichstrombetrieb auch gleichzeitig Fernsprecher angeschlossen werden, wenn eine gegenseitige Störung der Fernsprech- und Meldeströme vermieden wird. In Abb. 302

ist schematisch eine Wasserstand-Fernmeldeleitung mit gleichzeitig angeschlossenen Fernsprechapparaten skizziert. Die Fernsprechapparate 2, 2 und 4 sind über je einen Kondensator c an Doppelleitung a, b angeschlossen. 4 ist ein tragbarer Apparat, der auf der Strecke mittels eines Anschlußgestänges 5 an die Leitung gelegt ist. Melder 3 ist durch die Kondensatoren 8 überbrückt, der Empfänger 6 mittels Kondensatoren c_1, c_1. Um den Induktorstrom vom Elektromagnetsystem der Zeigerapparate fernzuhalten, schaltet man in die Zuleitungen zu diesen Apparaten noch eine zusätzliche Induktivität ein.

Die Betriebsstromstärke der Wasserstand-Fernmelder beträgt im Durchschnitt etwa 100 mA. Für richtige Batteriebemessung (Akkumulatoren, große Beutelelemente) ist zu sorgen. Leitungen 3 mm Eisen-, 2 mm Bronzedraht oder Kabel 0,8 mm Kupfer. Soll Erde als Rück-

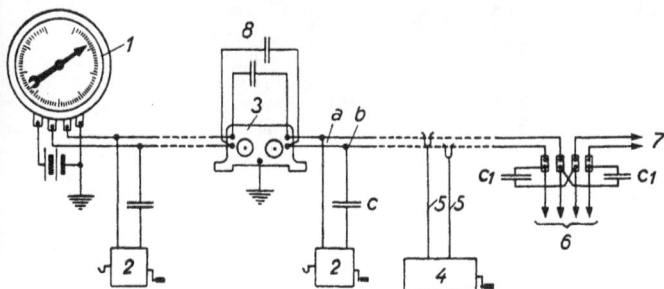

Abb. 302.

leitung vermieden werden, so kann eine dritte Leitung als Rückleitung dienen. Die Betriebsspannung ergibt sich aus den Widerständen der eingeschalteten Geräte und der einfachen Leitungslänge (bei Erdrückleitung).

Beispiel: Eine Wasserstand-Fernmeldeanlage besteht beispielsweise aus einem Geber, einer Endstelle (Empfänger) und einer Zwischenstelle (2. Empfänger). Größte Entfernung zwischen Geber und Endstelle 10 km. Leitungsmaterial Bronzedraht von 2 mm. Wieviel Beutelelemente muß die Batterie enthalten, wenn jeder Empfänger einen Widerstand von 140 Ohm hat?

Der Leitungswiderstand beträgt 10 km × 6*) =   60 Ohm.
Der Gerätewiderstand beträgt .   2 × 140 = 280 Ohm,
zusammen   340 Ohm.

Bei 100 mA Betriebsstrom beträgt die erforderliche Spannung
$$U = 340 \times 0{,}100 = 34 \text{ Volt.}$$

Hieraus errechnet sich die Anzahl Elemente zu
$$34 : 1{,}4^{**}) = \text{etwa } 25.$$

---

*) Widerstand für 1 km 2 mm — Bronzeleitung.
**) Mittlere Spannung eines Beutelelementes.

IV. Wassermesser mit Fernmeldeeinrichtung.

Industrie- und Hauswassermesser bestehen gewöhnlich aus einem Gehäuse, in das ein Flügelrad (bzw. ein Woltmanrad) eingebaut ist, welches, vom durchfließenden Wasser angetrieben, auf ein Zählerwerk arbeitet. Das Zählerwerk ist unmittelbar am Gehäusekörper angebracht.

Abb. 303.

Will man die Angaben des Wassermessers auf elektrischem Wege übertragen, so versieht man den Messer mit einem Kontaktwerk (Abb. 303), das auf einen entfernt aufgestellten Empfänger, z. B. einen Registrierapparat, arbeitet. Die Ausführung des Registrierapparates mit Trommel, Uhrwerk und Schreibfeder ist ähnlich dem Registrierapparat für Wasserstand-Fernmelder (s. S. 152).

Der Elektromagnet M (Abb. 304) bewirkt ein Heben bzw. Senken des Schlittens mit der Schreibfeder. Die Schaltung in der Abb. 304 ist so durchgeführt, daß der Elektromagnet M nur vorübergehend erregt wird, die Batterie also nur kurze Stromstöße abzugeben hat und hierdurch außerordentlich geschont wird. Bei sehr langen Leitungen bis zum Registrierapparat muß auf die Leitungskapazität Rücksicht genommen und die Kontaktdauer*) etwas verlängert werden.

Dreht sich der doppelte Exzenter e, der mit dem Wassermesser direkt gekuppelt ist, in der Pfeilrichtung, so wird in der gezeichneten Lage der Kontaktvorrichtung der Elektromagnet M über Stromkreis 1 erregt. M schaltet sich durch seinen Kontakt m parallel zu Relais I, welches hierauf den Stromkreis 1 unterbricht. Wird bei Weiterdrehung von e die Mittelfeder der Kontaktvorrichtung umgelegt, so erfolgt durch Erregung des Relais II über Stromkreis 2 die Wiederherstellung des Stromkreises 1.

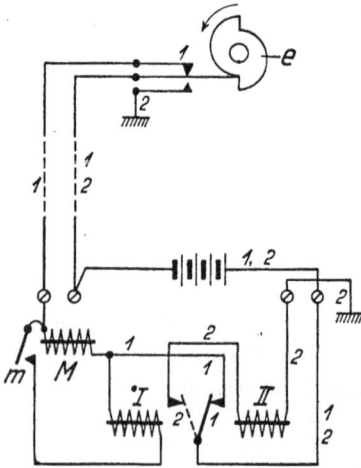

Abb. 304.

Große Durchflußmengen werden nach dem Venturi-Prinzip[1] gemessen. Wird der Querschnitt einer Rohrleitung verengt, so nimmt der

*) Siehe auch Seite 290.
[1] Kirchner, R., Venturimesser. Fördertechn. 15, 1922, 150—152.

Leitungsdruck des durchströmenden Stoffes (Wasser, Gas, Dampf, Luft) an der Einschnürstelle ab, da ein Teil der ursprünglichen Druckhöhe entsprechend der Geschwindigkeitszunahme an dieser verjüngten Stelle in Bewegungsenergie umgewandelt wird. Das zwischen Einlauf und Einschnürung entstehende Druckgefälle (Venturigefälle) ist (für ein bestimmtes Rohr) ein Maßstab für die Durchflußmenge und wird für die Anzeige bzw. Registrierung nutzbar gemacht. Zur Erzeugung des Venturigefälles wird in die Rohrleitung das Venturirohr eingebaut. Es besteht (Abb. 305) aus einem Einlaufrohr mit konisch verengtem Querschnitt und einem langen, sich allmählich erweiternden Auslaufrohr. In der Abbildung sind die Wasserdrucke an den beiden

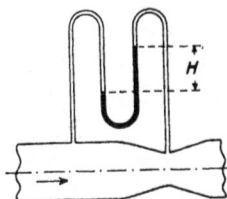

Abb. 305.

Stellen des Rohres schematisch gezeigt. Zur Messung dieses Venturigefälles dient das Differentialmanometer (Abb. 306). Die Druckentnahme geschieht durch 2 Ringkanäle, die am Einlauf und an der Einschnürung angeordnet sind. Die Ringkanäle stehen mit

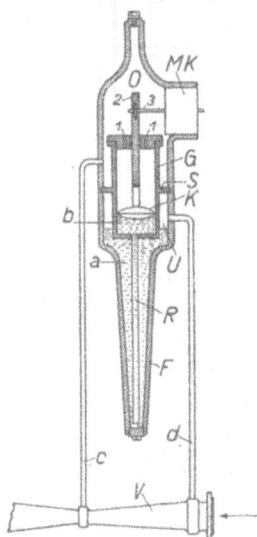

Abb. 306.

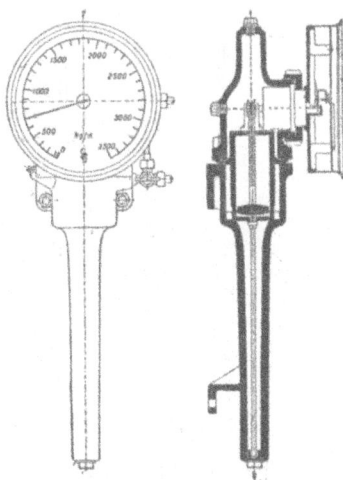

Abb. 307.

dem Innern des Rohres durch Öffnungen in Verbindung. Von den 2 Ringkanälen führen Kupferrohre c, d zum Differentialmanometer. Das Differentialmanometer besteht aus zwei ineinander angeordneten Gefäßen F und G, die bis zu einer gewissen Höhe mit Quecksilber (a, b)

gefüllt sind. Die beiden Gefäße sind durch das Tauchrohr R miteinander
verbunden. Der Innenraum O des Manometers ist von dem Raum U
durch die Scheidewand S vollkommen getrennt. Der Druck im Einlauf
wird durch das Verbindungsrohr d in den Raum U und somit auch auf
den Quecksilberspiegel a
übertragen, desgleichen der
Druck an der Einschnürstelle
durch das Rohr c in den
Raum O und durch die Verbindungskanäle 1, 1 auf den
Quecksilberspiegel b. Durch
besondere (parabolische)
Form des äußeren Gefäßes
wird erreicht, daß die Schreib-
stiftausschläge, in dem wich-

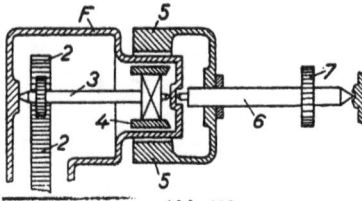

Abb. 308.

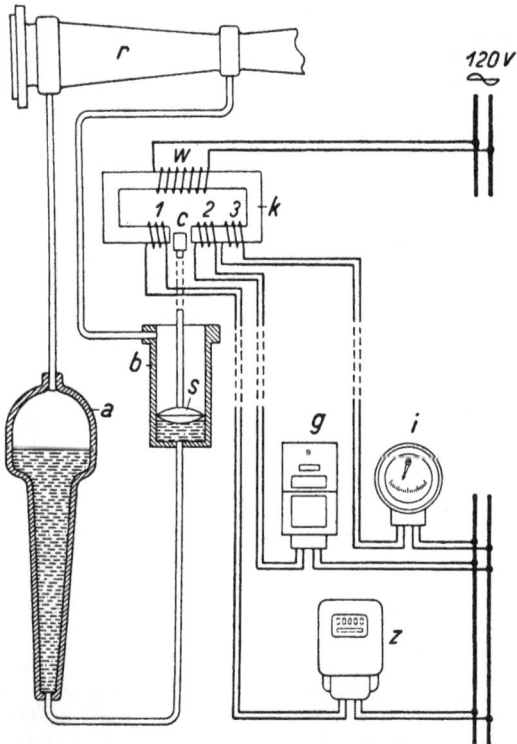

Abb. 309.

tigsten Teil des Meßbereiches, linear zu- bzw. abnehmen. Auf *b* ist ein Schwimmer *K* angeordnet, der mittels Zahnstange *2* und eines Zahnrades die Bewegung des Schwimmers auf die Achse *3* überträgt. Da auf dem Gefäß *O* der Kessel- oder Pumpendruck liegt, kann die Achse 3 nicht ohne weiteres nach außen durchgeführt werden. Zu diesem Zwecke verwendet man eine magnetische Kupplung (Abb. 308). Die Kupplung besteht im wesentlichen aus 2 Systemen permanenter Magnete *4*, *5*, die derart drehbar gelagert sind, daß die Drehbewegung z. B. des inneren Systems *4* durch die Wandung des aus nichtmagnetischem Material bestehenden Gefäßes *F* auf das äußere System *5* und von hier auf die Achse *6* übertragen wird. Durch das Zahnrad *7* kann ein beliebiges Anzeige-Instrument betätigt werden.

In der Abb. 307 ist ein Anzeiger in der Ausführung von Siemens & Halske mit mechanisch direkt angetriebenem Instrument gezeigt.

Eine Fernübertragung vom Differentialmanometer aus kann so vorgenommen werden, daß durch die Stellung des Manometerschwimmers der magnetische Schluß eines Wandlerkernes *k* (Abb. 309) verändert wird. Die Abbildung zeigt nur den Grundgedanken. Der Wandler ist mit seiner primären Wicklung *w* an eine Wechselstromquelle (Netz von z. B. 220 Volt) angeschlossen. Die sekundäre Wicklung des Wandlers ist in drei Teile (1, 2, 3) unterteilt, und von den Klemmen dieser Teilwicklungen führen Leitungen zu den Überwachungs-Meßgeräten, und zwar zu einem Zähler *z*, einem registrierenden Anzeigegerät *g* und zu einem direkten Anzeiger *i*. Da die Spannungen in den sekundären Wicklungen in gewissen Grenzen dem magnetischen Schluß des Eisenkernes *k* (bei *c*) proportional sind, so können die Empfangsgeräte so geeicht werden, daß sie die Durchflußmengen anzeigen, zählen und registrieren.

V. Elektrische Temperaturfernmessung[1]).

Es sind grundsätzlich zu unterscheiden: Elektrische Widerstands-Fernthermometer und thermoelektrische Pyrometer.

a) Elektrische Widerstands-Fernthermometer

beruhen auf dem Prinzip der Widerstandsänderung eines bestimmten Widerstandes mit der Temperatur. Die Anlage besteht somit aus einer Stromquelle, den als Thermometer dienenden Widerstandsdrähten und einem Strommesser. Die Widerstanddrähte werden in geeignete Schutzgehäuse eingebaut (Abb. 310) und in Räumen angebracht, deren Temperatur überwacht werden soll. Zur Temperaturbestimmung würde prinzipiell eine Schaltung nach Abb. 311 genügen. Steigt die Temperatur des Raumes, in welchem der Meßwiderstand *R* untergebracht ist, so nimmt der Widerstand von *R* und somit auch der des ganzen Stromkreises zu, und das Meßinstrument *M* zeigt eine geringere Stromstärke an. Aus der Stromabnahme kann die Temperatursteigerung

[1]) Goldbacher, E., Elektr. Fernmeldeeinrichtungen in Heiz- und Lüftungsanlagen. Elektrotechn. u. Maschinenbau 32, 1914, 769—774, 786—789, 804—806.

bei konstanter Klemmenspannung der Batterie B und bei verhältnismäßig geringem Leitungswiderstand berechnet werden. Diese Schaltung hat die Nachteile, daß die Klemmenspannung einer Batterie praktisch nie konstant und es unbequem ist, wenn die Temperaturskala des Meßinstrumentes rücklaufend ist, d. h. bei steigender Temperatur der Zeiger des Instrumentes zurückgeht. Um von der Batteriespannung in gewissen Grenzen unabhängig zu sein und ein direkt zeigendes, mit ansteigender Skala versehenes Meßinstrument verwenden zu können, wird die Meßschaltung nach Abb. 312 ausgeführt.

In dieser Schaltung sind a, b und c Zweigwiderstände eines Brücken-Kreuzspul-Meßwerkes. $T I$ und $T II$ sind entfernt angeordnete Widerstandsthermometer, die mit

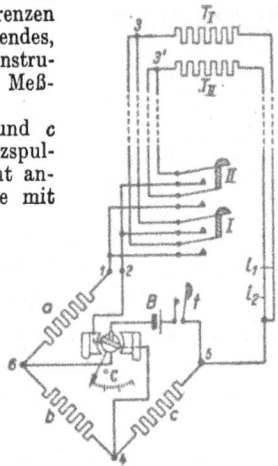

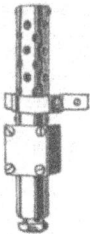

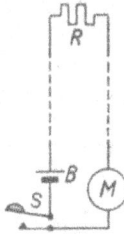

Abb. 310.   Abb. 311.   Abb. 312.

der Brückenanordnung durch Leitungen l_1 und l_2 verbunden sind. Die Meßtasten I und II sind so mit den Thermometern und der Brücke zusammengeschaltet, daß bei der Messung (Drücken der Taste t und I oder II) der Brückenpunkt 1—2 nach 3 bzw. 3′ verlagert wird. Die Zuleitung 1—3 (1—3′) liegt dann noch im Brückenzweig a, Leitung l_1 (l_2) im Brückenzweig des Fernthermometers, so daß Widerstandsänderungen der Zuleitungen keinen Einfluß auf die Meßgenauigkeit haben.

Bei dem in Celsiusgraden geeichten Kreuzspul-Meßwerk wird eine elektrische Richtkraft durch eine besondere Richtspule erzeugt, die zur Hauptspule in einem bestimmten Winkel angeordnet ist. Die Hauptspule liegt im Diagonalzweig der Brücke, die von dem veränderlichen Widerstand des Gebergerätes und temperaturunabhängigen Widerständen gebildet wird. Haupt- und Richtspule liegen an der gleichen Stromquelle, so daß das Verhältnis der Ströme in den beiden Spulen bei Schwankungen der Betriebsspannung unverändert bleibt. Damit vereinigt das Brücken-Kreuzspul-Meßwerk den Vorzug hoher Meßgenauigkeit einer Brückenanordnung mit dem Vorzug spannungsunabhängiger Messung eines Kreuzspul-Meßwerkes. Das Brücken-Kreuzspul-Meßwerk ermöglicht die Ausführung sehr kleiner Meßbereiche.

Die Druckknöpfe I, II können als Tastenumschalter auf Marmortafel ausgebildet werden, oder die Umschaltung wird durch einen Kurbelumschalter (Abb. 313, wasserdichte Ausführung von Siemens & Halske) bewirkt. Mit Fernthermometern können Temperaturen von — 200 bis etwa + 700⁰ C gemessen werden. Als Widerstandselemente werden Platinspiralen verwendet, die in Quarzglas (S. & H.) eingeschmolzen sind und bei 0⁰ C etwa 100 Ohm Widerstand haben. Der Widerstand der Spirale ändert sich bei Temperaturänderungen von je 2,5⁰ C um etwa 1 Ohm. Der Meßbereich des Instrumentes muß dem zu messenden Temperaturbereich angepaßt sein.

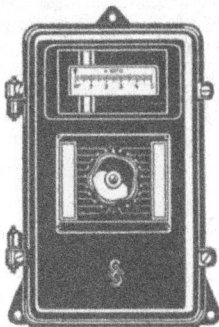

Abb. 313.

Bei Verwendung von 1,5-mm²-Kupferdraht kann die Entfernung (einfach) 1000 m betragen. Als Stromquelle dient normal ein Sammler von zwei Zellen oder drei Trocken- oder Beutelelemente.

b) Thermoelektrische Pyrometer.

Zur Messung höherer Temperaturen als oben angeführt, bedient man sich der sog. thermoelektrischen Pyrometer. Dem Thermoelement liegt folgende physikalische Erscheinung zugrunde: Werden zwei verschiedene Metallstäbe oder -drähte (z. B. Kupfer und Konstantan) an einem Ende c (Abb. 314) zusammengelötet und dieses Ende erwärmt, so entsteht zwischen den kalten Enden eine Potentialdifferenz, die proportional ist der Temperaturdifferenz zwischen der erwärmten Lötstelle c und den kalten Enden. Verbindet man diese mit einem Draht über ein empfindliches Galvanometer M, welches in Celsiusgraden geeicht ist, so kann man am Instrument die Temperaturdifferenz zwischen warmer und kalter Lötstelle ablesen. Die

Abb. 314.

Thermodrähte eines Pyrometers werden je nach der zu messenden Temperatur mit einem Rohr aus Quarz oder sonstigen feuerfesten Materialien umgeben und durch ein kurzes Eisenrohr gehalten. Abb. 315 zeigt ein gerades Schutzrohr mit wasserdicht abgedeckten Klemmen und Kabeleinführung. In Abb. 316 ist ein wasserdichter Temperaturmesser mit Kabeleinführung dargestellt. Es sind folgende thermoelektrische Pyrometer gebräuchlich:

Abb. 315.

Kupfer-Konstantan	für Temperaturen bis 500⁰ C.
Eisen-Konstantan	„ „ „ 800⁰ C.
Nickel-Nickelchrom	„ „ „ 1100⁰ C.
Platin-Platinrhodium	„ „ „ 1600⁰ C.

Bei Fernmeldung dieser Temperaturen ist darauf zu achten, daß der Widerstand der Zuleitungen bei Betriebsmeßinstrumenten (Abb. 316) 0,5 Ohm und bei Feinmeßinstrumenten 2 Ohm nicht überschreitet. Die Länge des Pyrometers muß so bemessen sein, daß die

12*

— 164 —

kalten Enden des Thermoelementes durch die zu messende Wärmequelle nicht beeinflußt werden, d. h. sie müssen die Raumtemperatur aufweisen. Ist diese Bedingung nicht zu erfüllen, so verwendet man sog. Kompensationsleitungen, durch welche die Drähte des Thermoelementes künstlich verlängert werden.

Die Messung sehr hoher Temperaturen (bis 4000⁰ C) geschieht in der Praxis mit dem Glühfaden-Pyrometer nach Holborn-Kurlbaum, bis zu 2000⁰ C mit dem Strahlungspyrometer (Ardometer). Dieses gestattet in bequemer Weise auch Fernanzeige und Fernregistrierung.

Abb. 316.

Aus der schematischen Darstellung (Abb. 317) ist das Meßprinzip des Ardometers zu erkennen. Die von einer strahlenden Fläche ausgehenden Strahlen werden von einer Objektivlinse a gesammelt und auf ein rundes, sehr dünnes Platinblech c geworfen. An diesem geschwärzten Platinblech sind zwei äußerst dünne Drähte zu einem Thermoelement hart zusammengelötet. Nach einem bekannten physikalischen Gesetz (Stefan-Boltz-

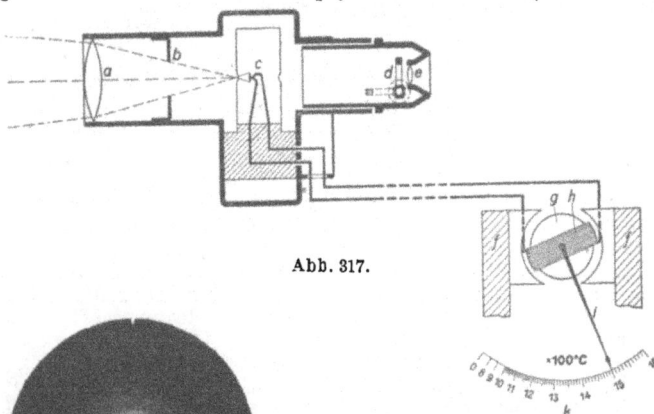

Abb. 317.

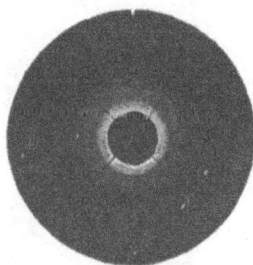

Abb. 318.

mann) ist die Gesamtstrahlung eines absolut schwarzen Körpers proportional der vierten Potenz der absoluten Temperatur. (Absoluter Nullpunkt = —273⁰ C.) Diese Proportionalität ist dem Meßprinzip zugrunde gelegt. Die Messung geschieht in der Weise, daß man das Instrument mit dem Objektiv auf den zu messenden, strahlenden Körper richtet und, durch das Okular e blickend, so einstellt, daß die im Gesichtsfeld erscheinende, kreisförmige, strahlende Fläche (Abb. 318) das Platinblättchen konzentrisch überragt. Ist das der Fall, so ist die Messung in gewissen Grenzen von der Entfernung unabhängig, denn obwohl die Gesamtstrahlungsintensität mit dem Quadrat der Entfernung abnimmt, so vergrößert sich dabei die wirksame, vom Linsensystem erfaßte Fläche ebenfalls quadratisch. Die von dem Objektiv auf das Thermoelement geworfene Strahlung erhitzt die Lötstelle des Thermoelementes und erzeugt hierdurch eine Spannung, die von dem Meßinstrument angezeigt wird. Das Meßinstrument wird in Celsiusgraden geeicht, so daß die Temperatur unmittelbar abgelesen werden kann. Die Einstellung des Instrumentes erfolgt in etwa 10 Sekunden. Das Ardometer kann fest eingebaut verwendet werden.

Widerstands - Fernthermometer, thermoelektrische Pyrometer und das Ardometer gestatten auch eine Registrierung der Temperatur durch sog. Temperaturschreiber (Abb. 319). Mehrfarbenschreiber erhalten einen durch ein Uhrwerk angetriebenen Umschalter, der den Farbschreiber abwechselnd an eine Reihe von Pyrometern schaltet, so daß durch einzelne Punktaufdrucke bis zu 6 Temperaturkurven in 6 verschiedenen Farben gleichzeitig registriert werden können.

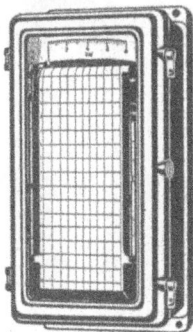

Abb. 319.

VI. Elektrische Raumschutz- und Kassensicherungsgeräte[1]).

a) Das Tresorpendel.

Kassensicherungsanlagen müssen so durchgebildet sein, daß jedes unbefugte Eingreifen einen Alarm zur Folge hat. Die Anlagen werden mit Ruhestrom betrieben, um eine dauernde Kontrolle über den Zustand der Leitungen und der Stromquelle zu haben. Als alarmauslösendes Gerät dient zumeist das sog. Kontaktpendel, welches an der Tür eines Tresors oder eines Kassenschrankes so angebracht wird, daß bereits geringe Erschütterungen, unter Umständen auch Erwärmung der Kassenschranktür, das Alarmsignal auslösen. Abb. 320 zeigt die Prinzipschaltung einer Anlage (Siemens & Halske), die bei beiden erwähnten Einflüssen die Alarmmeldung bewirkt, auf allgemeine Gebäudeerschütterungen jedoch nicht anspricht, so daß blinder Alarm vermieden wird. In Abb. 321 ist schematisch das als „Kontaktpendel" dienende Hebelsystem dargestellt. Der um Achse a_2 leicht drehbare Winkelhebel H_2 liegt unter Vermittlung der Schraube s, die mit einem Fühlstift versehen ist, gegen die Tür des Kassenschrankes. Der vordere Hebelarm liegt mit einer Nase unter dem mit Gewicht G belasteten rechten Arm des Hebels H_1, der um Achse a_1 leicht drehbar gelagert ist. Durch Regulieren an der Schraube s wird das System so eingestellt, daß der mit einem Isolierklötzchen versehene linke Arm von H_1 sich in der Ruhelage in der Mitte zwischen den Ruhekontakten K befindet. Ganz geringe Veränderungen in der Auflagefläche von s ergeben einen erheblichen

[1]) Nentwig, K., Die Verwendung schwingungsfähiger Anordnungen für Alarmzwecke. ETZ 57, 1936, 975—76.

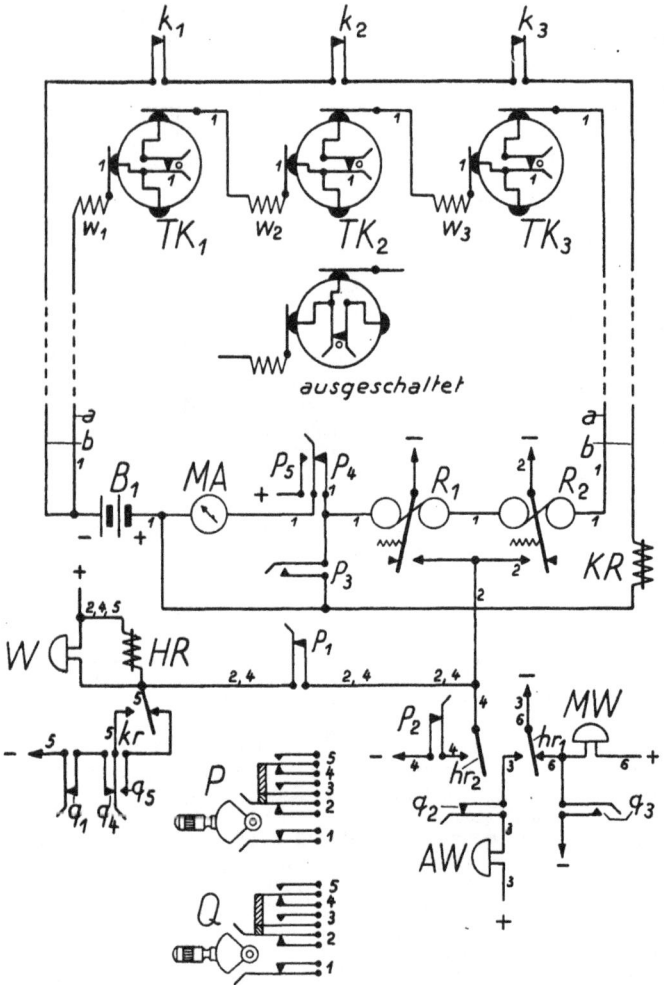

Abb. 320.

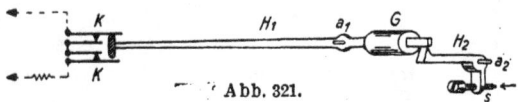

Abb. 321.

Ausschlag des linken Hebelarmes von H_1, wodurch einer der Kontakte K geöffnet und der Gleichgewichtszustand der Anlage gestört wird. Das Hebelsystem ist mit einem Schutzrohr umgeben und kann um 90° gedreht werden, so daß die Kassentür für Befugte freigegeben wird. Es läßt sich eine Anzahl solcher „Kontaktpendel" in Reihe schalten, wie aus Abb. 320, in der drei solcher Tresorkontakte TK hintereinander geschaltet dargestellt sind, hervorgeht. Die Widerstände w_1, w_2, w_3 und Kontrollkontakte k_1, k_2, k_3 sind im Gehäuse eines jeden Tresorkontaktes eingebaut. Aus Batterie B_1 fließt dauernd ein Ruhestrom von etwa 15 mA durch die Ringleitung. Stromkreis 1*). Das Ruhestromrelais R_2 hält seinen Anker dauernd angezogen. Findet an einem der drei Sicherheitskontakte TK oder durch Leitungsbruch eine Stromunterbrechung statt, so läßt R_2 seinen Anker abfallen und schließt Stromkreis 2. Das Halterelais HR wird erregt und schließt über Kontakt hr_1 Stromkreis 3 für Alarmwecker AW. Gleichzeitig ertönt der dem Halterelais parallel geschaltete Wecker W. Das Halterelais hält sich über Stromkreis 4. Wenn die Stromunterbrechung am Sicherheitskontakt wieder beseitigt ist, können durch Umlegen des Schalters P nach „unten", d. h. bei Unterbrechung des Stromkreises 4 (Kontakt p_2), das Halterelais abgeschaltet und die Alarmwecker abgestellt werden. Schalter P geht nach Loslassen wieder in die Ruhestellung. Bei Drahtbruch, d. h. dauernder Unterbrechung in der Schleife a, kann der Alarm nicht durch Umlegen des Schalters P nach „unten" dauernd abgestellt werden, es muß vielmehr zu diesem Zweck eine dauernde Unterbrechung des Stromkreises 4 stattfinden. Dies geschieht, wenn Schalter P nach „oben" umgelegt wird, in welcher Stellung Schalter P verbleibt, bis er nach Behebung des Fehlers wieder in Mittelstellung gebracht werden kann. Soll ein Sicherheitskontakt in Tagesstellung gebracht werden, so wird, wie bereits erwähnt, der Hebelmechanismus um 90° gedreht (siehe Nebenskizze in Abb. 320). Hierbei werden der Tresorkontakt überbrückt und der zugehörige Kontrollkontakt (k_1, k_2, k_3) unterbrochen. Das Kontrollrelais KR, welches als Ruhestromrelais in Leitung b geschaltet ist, läßt seinen Anker los. Das Halterelais wird über kr und Stromkreis 5 wiederum erregt und der Alarm ausgelöst. Das Ansprechen des Kontrollrelais kann vermieden werden, wenn Schalter Q vorher nach „unten" umgelegt wird. Durch Verwendung dieser Kontrollschleife b ist bei mehreren Schleifen somit die Möglichkeit gegeben, am Empfangsapparat festzustellen, in welchen Schleifen sich ein oder mehrere Sicherheitskontakte in Tagesstellung befinden, da dann in dieser Schleife die b-Leitung stromlos ist. Der im Stromkreis 6 liegende mechanisch betriebene Wecker MW dient zur Überwachung der Batterie. Läßt die Spannung der Batterie nach oder wird diese abgeschaltet, so fällt der Anker eines im Weckergehäuse eingebauten Elektromagneten ab, und es wird ein Uhrwerk in Tätigkeit gesetzt, das den Wecker zum Ertönen bringt. Mit einem besonderen Schlüssel kann das Uhrwerk wieder aufgezogen werden.

Um die Schleifen a und b auf Erdschluß zu prüfen, wird Schalter P nach unten umgelegt. Hierdurch wird das Milliamperemeter über Kon-

---

*) Man verfolge den in Abb. 320 mit 1 bezeichneten Stromweg.

takt p_5 zwischen Schleife und Erde geschaltet und die Schleife a über Kontakt p_3 wieder geschlossen. Relais R_1 spricht auf Stromverstärkung an, z. B. wenn der im Kontaktapparat eingebaute Widerstand von einigen hundert Ohm durch Unbefugte kurzgeschlossen wird. Das Ansprechen von R_1 hat Alarm zur Folge.

b) Kassensicherungsapparat System W. Blut.

Die Schaltung, Abb. 322, ist im wesentlichen eine Brückenschaltung. Zwei Brückenarme sind durch die Widerstände W_1 und W_2 gebildet. Als dritter Brücken-

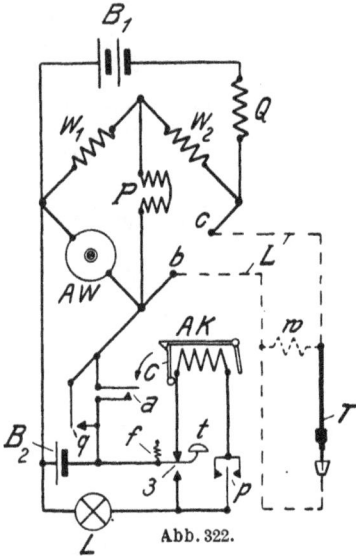

Abb. 322.

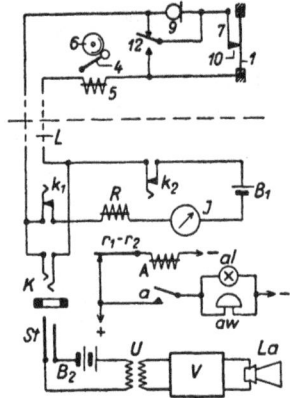

Abb. 323.

arm dient Alarmwecker AW, der jedoch auf den Strom der Batterie B_1 nicht anspricht. Der vierte Brückenarm besteht aus dem Widerstand der Leitung L und einem Widerstand w, der im Gehäuse des Kontaktpendels T untergebracht ist. Ist die Brücke im Gleichgewicht, so fließt kein Strom über das gepolte Relais P. Wird Leitung L unterbrochen oder kommt Pendel T mit seinem unteren Ende in Berührung mit dem als Gegenkontakt ausgebildeten Becher (wobei w kurzgeschlossen wird), so ist das Gleichgewicht der Brücke gestört, Relais P spricht an und schließt einen seiner Kontakte p. Hierdurch wird Klappe AK an Batterie B_2 gelegt. Klappe c fällt und drückt die Federn bei a zusammen, wodurch der Stromkreis des Alarmweckers AW über Batterie B_2 geschlossen wird. Zur Überwachung der Batterie B_1 dient das Ruhestromrelais Q, welches seinen Kontakt q schließt, sobald die Spannung zu stark gesunken ist. Über q erfolgt ebenfalls Einschaltung des Alarmweckers AW. Batterie B_2 kann jederzeit geprüft werden, indem man Taste t drückt und Lampe L über Kontakt 3 an diese Batterie schaltet.

c) Geräuschmeldeanlagen[1]).

Eine elektrische Geräuschmeldeanlage gibt sofort Alarm, wenn in dem von ihr geschützten Raum oder an den Umfassungsmauern Arbeiten ausgeführt werden, die Geräusche oder Erschütterungen hervorrufen. In der Abb. 323 ist die vereinfachte Schaltung einer solchen Anlage dargestellt. Abb. 324 zeigt die äußere Ansicht des Gebers, Abb. 325 eine schematische Darstellung der im Geber untergebrachten Apparateteile.

Der Melder besteht im wesentlichen aus einer dünnen Metallmembran 1 (Abb. 323, 325), gegen die zwei Kontaktfedern 7 mit leichtem Druck aufliegen. Über die Kontakte 10 fließt ein Ruhestrom aus der Batterie B_1, der auch das Relais R der Empfangseinrichtung erregt. Sobald ein Geräusch oder eine Erschütterung die Membran trifft, fangen die Kontaktfedern 7 an zu schwingen und unterbrechen den über Relais R fließenden, schwachen Ruhestrom. Das Relais R ist als Vibrationsrelais (ähnlich dem in Abb. 192) ausgebildet und unterbricht bei Stromunterbrechungen im Melde-stromkreis den Ortsstromkreis bei $r_1 - r_2$. Relais A schaltet hierauf bei a den Alarm ein. Um den Geräusch-melder und die Verbindungsleitungen von der Zentrale aus prüfen zu können, ist in dem Geräuschmelder eine Rück-kontrolleinrichtung eingebaut. Durch Stecken des Stöpsels st in die Klinke K wird bei k_1 und k_2 die Alarm-schleife aufge-trennt und eine höhere Span-nung (Batterie

Abb. 324.

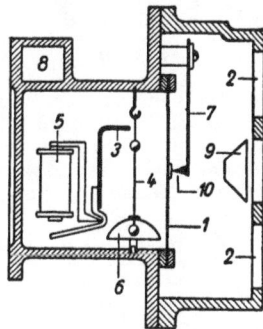

Abb. 325.

B_2) an die Leitung gelegt. Auf den verstärkten Strom spricht das Relais 5 an. Der Anker des Relais 5 trägt einen Bügel 3, der gegen den pendelartig ausgebildeten Klöppel 4 der mechanischen Glocke 6 schlägt. Durch Umlegen des Wechselkontaktes 12 (Abb. 323) vom Relais 5 erfolgt gleichzeitig das Einschalten des Mikrofons 9 in die Alarmschleife. Über das Mikrofon 9 und den Verstärker V werden die Glockenschläge im Lautsprecher La hörbar gemacht, wenn die Anlage in Ordnung ist. Auch weitere, etwa noch vorhandene Geräusche werden durch das empfindliche Mikrofon im Lautsprecher wahrnehmbar. Der normalerweise in der Alarmschleife fließende Ruhestrom beträgt nur einige Milliampere.

d) Optischer Raumschutz.

Ein wirksamer und anpassungsfähiger Raumschutz ist zu erzielen, wenn der zu schützende Raum oder das Gelände G, Abb. 326, mit

[1]) Allen, W., Geräuschschreiber. ETZ 55, 1934. 15—16.

Eingang E oder ein Durchgang bzw. Torweg, Abb. 327, durch unsichtbare Strahlen so umgeben oder durchkreuzt wird, daß das Eindringen in den geschützten Raum ohne Durchschreiten eines oder mehrerer unsichtbarer Strahlenbündel unmöglich ist. Das Umlenken des unsichtbaren Strahlenbündels geschieht mittels der Spiegel Sp. Mit S ist jeweils der Sender, mit E der Empfänger angedeutet. Durch die Abb. 328 soll die prinzipielle Arbeitsweise einer optischen Raumschutzanlage erläutert werden.

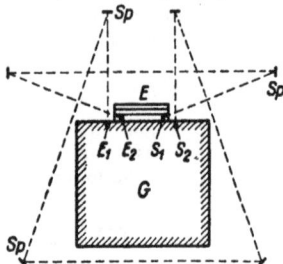

Abb. 326.

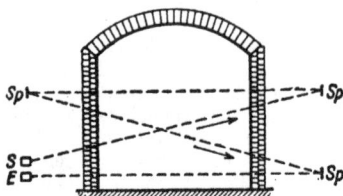

Abb. 327.

Im Brennpunkt des Parabolspiegels Sp_1 im Sender S ist eine kleine Glühlampe l für 5 bis 6 Volt Spannung angebracht. Die Glühlampe wird aus der Batterie B_1 nur schwach geheizt. Über die Glühlampe ist eine durch einen Elektromotor angetriebene Blende gestülpt, so daß vom Sender aus kein kontinuierlicher Strahl, sondern Wechsel-

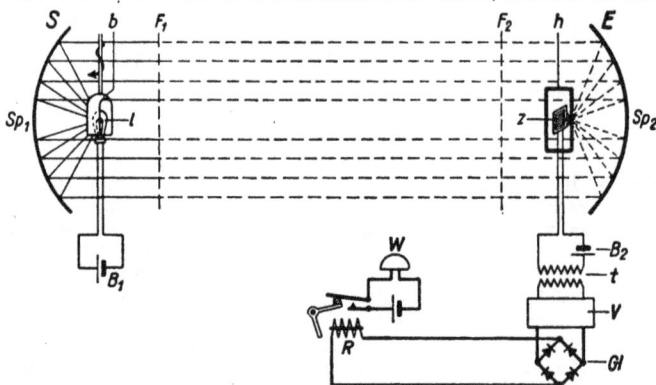

Abb. 328.

licht von etwa 20 Hertz ausgeht. Von diesem Wechsellicht werden alle dem Auge sichtbaren Strahlen in dem Strahlenfilter F_1 absorbiert. Um Fremdlicht irgendwelcher Art vom Empfänger E fernzuhalten, ist bei E nochmals ein Schutzfilter F_2 angeordnet, welches wiederum nur die unsichtbaren Strahlen durchläßt. Die ultrarotempfindliche

Zelle z im Empfänger E ist mit einer Schutzkappe h versehen, die nur an einer Stelle ein kleines Fenster, gegen welches die lichtempfindliche Schicht (z) der Zelle gerichtet ist. Die Zelle wird so in den Empfänger eingesetzt, daß der Brennpunkt der parallel ankommenden und durch den Spiegel Sp_2 gesammelten Strahlen mit dem Eingangsfenster (Blende) an der Zellenkappe zusammenfällt. Die Zelle Z ändert, durch das Wechsellicht beeinflußt, im Rhythmus der Lichtfrequenz ihren Widerstand, so daß im Primärkreis des Transformators t ein welliger Gleichstrom fließt, von welchem die Wechselstromkomponente vom Transformator t auf den Verstärker V übertragen wird.

Der als Ruhestrom fließende Wechselstrom gelangt über einen Vollweg-Trockengleichrichter Gl als Gleichstrom zum Ruhestromrelais R.

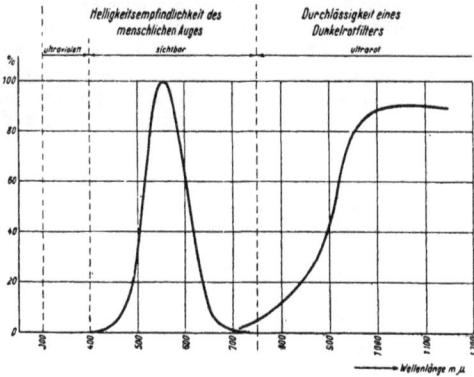

Abb. 329.

Sobald der dem Auge unsichtbare Strahl an irgendeiner Stelle nur für einen Augenblick unterbrochen wird, fällt der Anker des Relais R ab und schaltet einen Alarmapparat ein. Durch Dauerlicht anderen Ursprungs oder Wechsellicht anderer Frequenz kann die Anlage nicht außer Tätigkeit gesetzt werden. Ohne Spiegelung hat die Einrichtung eine Reichweite von etwa 100 m. Aus der Abb. 329 ist

Abb. 330.

Abb. 331.

zu ersehen, daß das Dunkelrot-Schutzfilter F_1 keine Strahlen durch-
treten läßt, die in den Sichtbarkeitsbereich des menschlichen Auges
(400 bis 700 mμ)*) fallen.

Sender und Empfänger der optischen Raumschutz-Anlage sind
äußerlich gleichartig ausgebildet, Abb. 330; die Abb. 331 zeigt die
konstruktive Ausbildung eines Spiegels, durch den der Strahl umgelenkt werden kann. Die Befestigung der Geräte ist so durchgebildet,
daß eine Verstellung der Strahlenrichtung in weiten Grenzen leicht
möglich ist.

VII. Elektrische Türverriegelung (S. & H.).

Die elektrische Türverriegelung wird in Bankhäusern und Spar-
kassen verwendet und bietet die Möglichkeit, sämtliche Eingangstüren
zu schließen, wenn Raubüberfälle vorkommen oder Fälschungen so rechtzeitig bemerkt werden, daß verdächtige Personen noch in den Bank-
räumen eingeschlossen und festgehalten werden können. Der Kassierer
kann durch Druck auf einen Kontakt (auch als Fußkontakt ausgebildet)
sämtliche Türen schließen und durch Druck auf einen Abstellknopf
die Türen wieder entriegeln. Abb. 332 zeigt das Schema der Anlage.

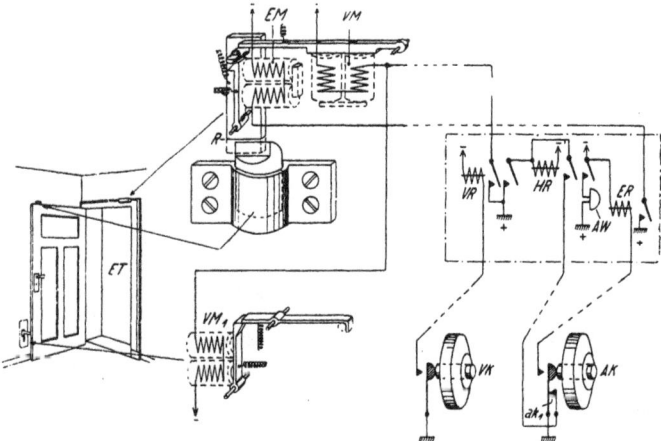

Abb. 332.

An jeder Eingangstür ET ist ein elektromagnetisch gesteuerter Riegel R
so angebracht, daß durch Erregen eines Elektromagneten VM der
Riegel vorgeschoben und durch Erregung des anderen Elektromagneten EM der Riegel wieder zurückgezogen werden kann. Beim Druck
auf einen Knopf VK wird Relais VR erregt. VR schaltet über einen
Kontakt die Verriegelungsmagnete VM und über den anderen Kontakt Halterelais HR ein. Über einen Kontakt von HR wird Alarm-

---

*) 1 μ = 0,001 mm; 1 mμ = 0,000001 mm (Wellenlänge).

wecker AW eingeschaltet und über den anderen Kontakt schließt sich HR in einen Haltestromkreis, der über den Ruhekontakt ak_1 verläuft. Das Halterelais bleibt erregt und Wecker AW ertönt so lange, bis an einem der Abstellknöpfe AK der Stromkreis für HR unterbrochen wird. Beim Drücken eines der Druckknöpfe AK, die als Morsekontakte ausgebildet sind, wird auch Entriegelungsrelais ER eingeschaltet, welches wiederum die Entriegelungsmagnete EM erregt, wodurch die Türen wieder entriegelt werden. Die Schaltung ist so ausgebildet, daß offenstehende Türen auf elektromagnetischem Wege ausgehakt, durch Federkraft geschlossen und dann verriegelt werden; siehe Elektromagnete VM_1 und VM.

VIII. Elektrische Rauchgasprüfer[1]).

An den in den Feuerungsabgasen enthaltenen Mengen von Kohlensäure (CO_2) und Kohlenoxyd (CO) kann man beurteilen, ob eine Feuerung richtig arbeitet und bedient wird. Je höher der Prozentsatz an CO_2 und je niedriger der an CO ist, um so besser geht die Verbrennung vonstatten. Um den Heizer in die Lage zu setzen, seine Arbeit dauernd durch einen Kohlensäuremesser und Kohlenoxydmesser zu überwachen und der Betriebsleitung die Möglichkeit zu geben, den Kohlensäure- oder Kohlenoxydgehalt der Abgase einer Feuerungsanlage zu kontrollieren bzw. zu registrieren, werden die Abgase durch Rauchgasprüfer dauernd untersucht.

a) CO_2-Messung.

Der Grundgedanke eines für dauernde Messung und Registrierung des Kohlensäuregehaltes geeigneten Apparates ist in Abb. 333 veranschaulicht. Die Messung beruht auf der Tatsache, daß Kohlensäure ein etwa 40vH geringeres Wärmeleitvermögen hat als Luft. Es besteht der Geber für die CO_2-Messung aus einer Wheatstoneschen Brückenanordnung mit den Brückenarmen C, D und A, B. Die Brückenarme A, B und C, D sind Platindrähte, die in den Meßkammern dauernd im gestreckten Zustand gehalten und durch den Strom der Batterie G geheizt werden. Die Drähte A und B werden dauernd von den Rauchgasen der Feuerung umspült, die Drähte C und D befinden sich in Luft. Die Rauchgase werden beispielsweise im Fuchs des Kessels entnommen (durch eine Wasserstrahlpumpe angesaugt), filtriert, gekühlt und mit gleichbleibender Geschwindigkeit durch die Meßkammer geführt (siehe weiter unten). In eine Diagonale der Brücke sind Heizbatterie G, Regelwiderstand J und Kontrollmeßinstrument H gelegt. In die andere Diagonale sind ein Anzeige-Instrument E (siehe auch Abb. 334) für den Heizerstand und ein Registrierapparat F eingeschaltet. Die Drähte A, B und C, D haben ursprünglich die gleiche Temperatur. Werden durch beide linke Kammern Feuerungsabgase geleitet, die einen bestimmten CO_2-Gehalt aufweisen, so werden die in

---

[1]) Jaekel, W., Neuzeitliche Kesselhaus-Überwachung. Helios F Lpz. 34, 1928, 264—67.

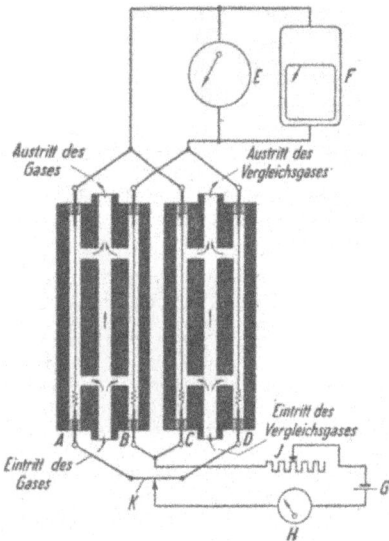

Abb. 333.

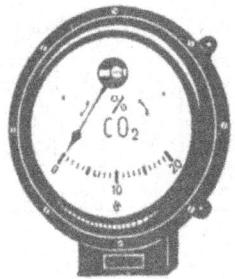

Abb. 334.

diesen Kammern befind-
lichen Drähte A und B infolge des sie umgebenden
Gases von geringem Wär-
meleitvermögen in der Zeiteinheit weniger Wärme
durch Wärmeleitung an
die Umgebung abgeben als
die Drähte C und D. Drähte
A, B werden infolgedessen
eine höhere Temperatur an-

nehmen. Es erhöht sich infolgedessen auch der elektrische Widerstand von A und B, und das Gleichgewicht in der Brücke ist gestört.
Der zur Messung benutzte, in der Brücke fließende Ausgleichstrom
ist dem CO_2-Gehalt des Gases proportional.

b) CO-Messung.

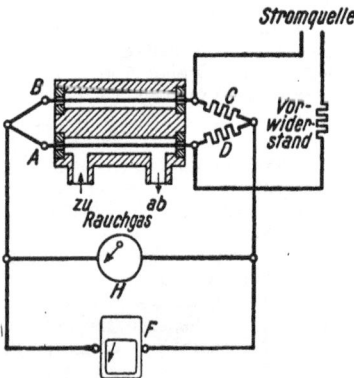

Abb. 335.

Durch mangelhafte und
ungleichmäßige Luftzufuhr kann
die Kohle nicht vollständig zu
CO_2 verbrennen. Sie wird in
diesem Fall nur zu CO (Kohlenoxyd) oxydiert. Der Prozent-
gehalt an CO der Abgase kann
ebenfalls dauernd gemessen und
registriert werden. Die Meßan-
ordnung (Abb. 335) ist ähnlich
der des CO_2-Messers, obwohl die
Messung selbst auf einer anderen physikalischen Grundlage
beruht. Der Brückenarm A
(Abb. 335) wird von Rauchgasen
umspült und ist durch den
Batteriestrom so stark erhitzt,

daß das mit dem Draht in Berührung kommende Kohlenoxyd zu CO_2
verbrennt, wenn genügend Sauerstoff vorhanden ist. Bei diesem Ver-
brennungsprozeß wird Wärme erzeugt, die eine Temperatur- und somit
auch eine Widerstandserhöhung des Drahtes selbst zur Folge hat.
Das Gleichgewicht der Brücke wird hierdurch gestört, und es fließt ein
Strom durch die Instrumente H und F. Diese werden in % CO geeicht.

Für den Meßdraht in der Verbrennungskammer wird Platin gewählt,
weil dieses Metall die Eigenschaft hat, schon bei erheblich niedrigerer
Temperatur, als das bei anderen Metallen möglich ist, den Ver-
brennungsprozeß einzuleiten. Diese Eigenschaft des Platins bezeichnet
man als katalytische
Wirkung.

Abb. 336 zeigt schema-
tisch den Einbau der Geber-
apparate zur CO_2- und CO-
Messung in der Rauchgas-
leitung. Die aus dem Rauch-
kanal durch die Wasser-
strahlpumpe angesaugten
Gase werden gekühlt, in
Filtern gereinigt und durch
eine Drosselstrecke geführt.

Als Registrierapparat
kann ein Mehrfarbschrei-
ber (Abb. 319) verwendet
werden. Das Registrierge-
rät kann im Betriebsbüro

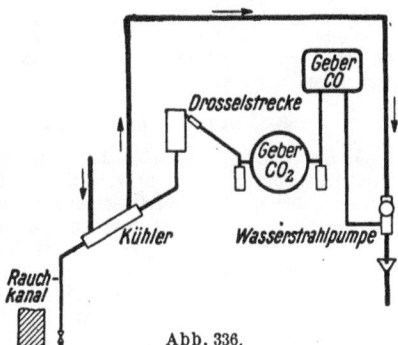

Abb. 336.

so aufgebaut werden, daß der leitende Ingenieur die ferngemeldeten
Meßwerte jederzeit vor Augen hat.

Aus dem in Abb. 337 dargestellten Sankey-Diagramm eines Kessels
ist zu ersehen, welche Rolle die Verluste in der Gesamtwärmebilanz
spielen, und daß den größten Anteil an den Verlusten diejenigen ,,durch
fühlbare Abwärme'' und ,,durch unverbranntes Gas'' haben.

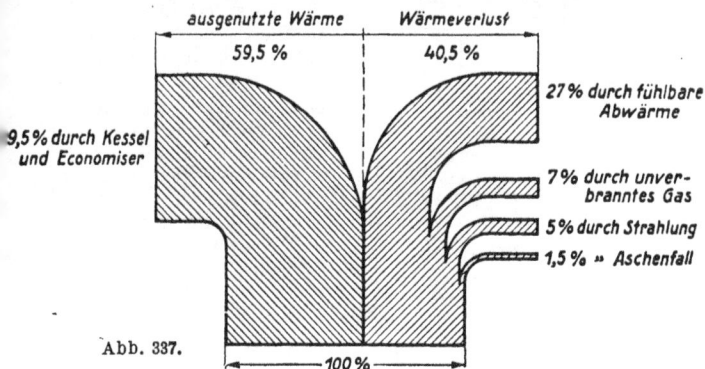

Abb. 337.

IX. Elektrisches Fernmessen[1]).

Die einheitliche Betriebsleitung der Elektrizitätswerke bei zusammengeschlossenen, stark vermaschten Kraftverteilungsnetzen fordert auch die elektrische Fernübertragung von Meßgrößen. Unter Fernmessen soll hier diejenige Übertragung verstanden werden, die nicht durch lediglches Verlängern der Verbindungsleitungen zum Meßgerät erreicht werden kann, sondern durch Anwendung besonderer Übertragungsmethoden, die die Unabhängigkeit der zu übertragenden Meßgrößen von der Länge und dem jeweiligen Widerstandswert der Leitungen gewährleisten.

Von den gebräuchlichen Fernmeßmethoden sollen im nachstehenden das Impulsfrequenzverfahren und das Strom-Zeit-Impulsverfahren beschrieben werden.

a) Impulsfrequenzverfahren.

In der Abb. 338 ist schematisch eine Fernmeßanordnung nach dem Impulsfrequenzverfahren dargestellt. Bei dieser Fernmeßmethode wird als Geber ein Spezial-Zählermotor verwendet, dessen Umdrehungszahl der Stromstärke, der Spannung oder auch der Leistung eines Netzes N proportional ist. Im dargestellten Beispiel soll der Zählermotor b proportional der Leistung des Netzes N umlaufen. Der vom Zählermotor angetriebene Unterbrecher U liefert in dem über Empfangsrelais R_1 verlaufenden Stromkreis eine Frequenz, die jederzeit der Leistung des im Netz N fließenden Stromes proportional ist. Über den Kontakt r_1 des Relais R_1 werden im Takt der Frequenz abwechselnd zwei Kondensatoren C geladen und wieder entladen. Der so entstehende mittlere Kondensatorstrom ist wiederum proportional der fernzumessenden Leistung und wird durch ein entsprechend geeichtes Empfangsinstrument G angezeigt oder registriert. Das Empfangsinstrument G ist als Kreuzspul-Instrument von den Schwankungen der Hilfsspannung unabhängig.

Bei einem Widerstand der Fernleitung L über 600 Ohm wird ein Senderelais R (s. Nebenskizze) verwendet. Der Ortsstromkreis kann über Transformator und Gleichrichter aus dem Netz gespeist werden. Das Impulsfrequenz-Fernmeßverfahren liefert an der Empfangsstelle Momentanwerte der Meßgrößen bei einer Übertragungsgenauigkeit von 100 vH.

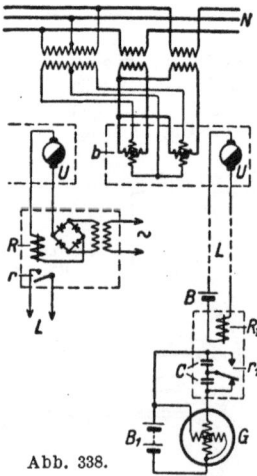

Abb. 338.

[1]) Geyger, W., Fernübertragung von Zeigerstellungen. ETZ 54, 1933, 1187—89.

b) Strom-Zeit-Impulsverfahren.

Das Strom-Zeit-Impulsverfahren soll an Hand der Prinzip-Darstellung in Abb. 339 beschrieben werden.

Als Maß für eine Meßgröße dient hier die zeitliche Länge eines Stromimpulses. Die Stromimpulse werden in bestimmter rhythmischer Folge in die Leitung gegeben. Im Empfänger wird die Impulsdauer wieder in einen Zeigerausschlag umgewandelt. Auf der Sendeseite wird die Zeigerstellung eines Spezialmeßgerätes durch eine Kontaktrolle abgetastet. Der Bügel mit der kleinen Gummirolle m und mit dem Kontakt K_2 wird durch einen kleinen Synchronmotor in der Pfeilrichtung angetrieben. Hierbei läuft die Gummirolle auf der kreisförmigen Bahn Ba und schließt bei jedem Umlauf je einmal die Kon-

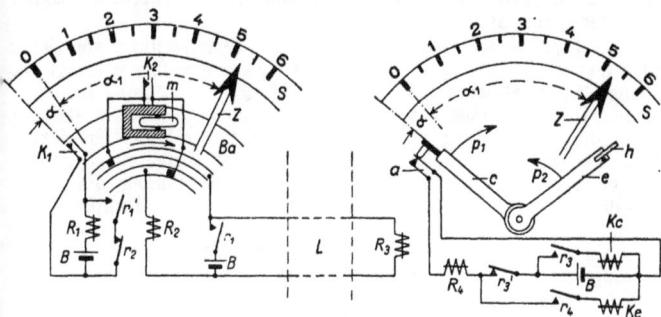

Abb. 339.

takte K_1 und K_2. Der Kontakt K_1 ist fest angeordnet; er wird durch die Gummirolle m kurzzeitig in dem Moment geschlossen, in dem der die Rolle m tragende Arm noch einen Zentriwinkel α bis zur Nullstellung des Zeigers Z zu durchlaufen hat. Der Kontakt K_2 wird in dem Moment geschlossen, in dem die Rolle m über den Zeiger Z läuft, ihn gegen die Kreisbahn Ba drückt und für diesen Augenblick festhält.

Über Kontakt K_1 wird Relais R_1 erregt und über Kontakt r_1 und Fernleitung L das Empfangsrelais R_3 an Spannung gelegt. Relais R_1 hält sich über r_1'. Relais R_3 bleibt erregt, bis die Rolle m den Zeiger des Sendemeßgerätes erreicht hat, denn in diesem Augenblick bekommt Relais R_2 über K_2 und r_1 Spannung, trennt bei r_2 den Haltestromkreis von R_1 auf, so daß R_1 wieder abfällt. Das Empfangsrelais R_3 bleibt infolgedessen so lange angezogen, wie die Rolle m braucht, um den Weg zu durchlaufen, der auf der Bahn Ba zwischen den Kontakten K_1 und K_2 liegt. Befindet sich der Zeiger Z in der Nullstellung, so entspricht diese Weglänge dem Winkel α; befindet sich der Zeiger in der gezeichneten Stellung, so entspricht die Weglänge dem Winkel $\alpha + \alpha_1$, und die Zeit (wenn T Sekunden zu einem Umlauf von m erforderlich)

$$t = \frac{\alpha + \alpha_1}{2\,\pi} \cdot T, \text{ in Sekunden,}$$

ist die Dauer des übermittelten Impulses.

Es wird vorausgesetzt, daß die Synchronmotoren, die den Geber und den Empfänger antreiben, mit praktisch gleichbleibender Drehzahl laufen.

Am Empfänger sind zwei Mitnehmerarme c und e um eine Achse drehbar angeordnet. Die Arme befinden sich zeitweilig in der gezeichneten Ruhelage, und zwar Arm c in der äußersten linken Stellung, Arm e in der gezeichneten Lage rechts.

Der Arm c wird mit einer Winkelgeschwindigkeit, die derjenigen der Rolle m am Geber entspricht, in der Pfeilrichtung p_1 bewegt, solange ein Kupplungsmagnet Kc unter Strom steht; nachdem Kc aberregt ist, verbleibt Arm c in der zuletzt erreichten Lage.

Der Arm e wird ebenfalls mit einer bestimmten Winkelgeschwindigkeit in der Pfeilrichtung p_2 bewegt, solange der Kupplungsmagnet Ke unter Strom steht.

Die Dauer einer jeden Abtastung der Zeigerstellung am Geber entspricht der Zeit, während der Relais R_3 am Empfänger erregt ist. Solange R_3 erregt ist, steht über Kontakt r_3 die Kupplung Kc unter Strom. Der Mitnehmer c bewegt sich von der gezeichneten Stellung aus in der Pfeilrichtung p_1 und nimmt den Zeiger Z des Empfangs-Meßgerätes mit. Fällt Relais R_3 ab, so wird auch Kupplung Kc stromlos, Zeiger Z und Mitnehmer c verbleiben in der Stellung, die sie infolge der Dauer des Stromimpulses über Relais R_3 (oder Kupplung Kc) erreichten.

Da der Schlitten mit Gummirädchen m am Geber und Mitnehmer c am Empfänger sich mit gleicher Winkelgeschwindigkeit bewegen, entspricht die erreichte Zeigerstellung am Empfänger dem Wert bzw. der Zeigerstellung am Geber-Instrument, sofern der vorherige Zeigerausschlag am Empfänger kleiner oder dem neuen Ausschlag gleich war. In dem Moment, in dem R_3 abfällt, wird über Kontakt r'_3 und über r_4 die Kupplung Ke für den Mitnehmer e erregt (Relais R_4 war abgefallen, nachdem der Kontakt a beim Verlassen der Ruhestellung durch Mitnehmer c) geöffnet wurde. Mitnehmer e bewegt sich in Pfeilrichtung p_2 und bringt mit einem Ansatz den Mitnehmer c wieder in die gezeichnete Ausgangsstellung zurück; sobald Kontakt a wieder geschlossen ist, wird der Stromkreis für Kupplungsmagnet Ke bei r_4 wieder aufgetrennt und Mitnehmer e kehrt durch Federkraft in die gezeichnete Stellung zurück.

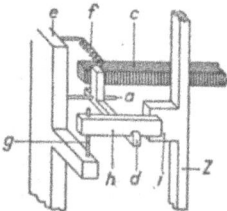

Abb. 340.

Ist der neu einzustellende Wert kleiner als der vorangehende, so erfolgt die eigentliche Zeigereinstellung am Empfänger durch den Mitnehmer e, wobei aber vorher der Mitnehmer c in die Stellung gebracht wurde, die dem neuen, kleineren Zeigerausschlag entspricht.

Der Mitnehmer e mit Ansatz h (siehe auch Abb. 340) nimmt auf seiner Bahn den Zeiger Z in Richtung des Pfeiles p_2 mit, indem h mit Ansatz i am Zeiger in Eingriff kommt. Erreichen Mitnehmer e mit Zeiger Z den vorher eingestellten Mitnehmer c, so wird zuerst Zeiger Z freigegeben, indem das vordere Ende d einer Klinke, die um Achse a drehbar gelagert ist, gegen den Zug der Feder f heruntergedrückt wird. Der Ansatz h (um g drehbar) gibt nun den Zeiger Z frei, der in dieser Stellung verbleibt. Der Mitnehmer e bringt hierauf den Mitnehmer c in die gezeichnete Stellung, Abb. 339. Die Stellung des Zeigers Z wird alle 2 Sekunden übertragen.

X. Geräte zur Anzeigen- und Befehlsübermittlung.

Als solche werden Zeigerapparate bezeichnet, die zur Befehlsübermittlung auf Dampfern, in Stellwerken der Eisenbahn, in Gruben- und Hüttenbetrieben, Kraftzentralen usw. verwendet werden. Abb. 341 zeigt einen Geberapparat, der im wesentlichen aus einem Elektromagnetsystem besteht, welches durch einen Zeiger mit Griff verstellt wird. Die zu übermittelnden Signale sind auf einer kreisförmigen Skalenscheibe angegeben, über der der Zeiger sich bewegt. Will man ein Signal geben, so bringt man den Geberzeiger mit Hilfe eines Knebels auf das

Abb. 341.

Abb. 342.

betreffende Skalenfeld, worauf sich der Zeiger eines jeden angeschlossenen Empfangsgerätes (Abb. 342) unter gleichzeitigem Ertönen eines Weckers auf das gleiche Kommando einstellt.

Die Elektromagnetsysteme, welche den Zeiger bewegen, werden für Wechsel- und Gleichstrom gebaut. Der Grundgedanke des Wechselstromsystems ist aus Abb. 343 zu ersehen. Zwei aufeinandergeschaltete und drehbar gelagerte Drahtspulen (4, 4) nehmen im konstanten magnetischen Wechselstromfeld (3, 3) stets die gleiche Lage ein. Für die praktische Ausführung besteht das Wechselfeld aus einem den Wechselstrommaschinen ähnlichen, ringförmigen Polgestell mit zwei Polen. Diese tragen die zur Erregung dienenden und an eine Wechselstrom-

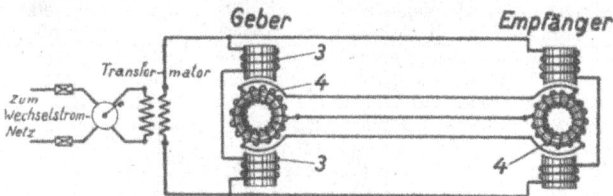

Abb. 343.

quelle anzuschließenden Wicklungen (3, 3). Zwischen den Polen ist ein trommelförmiger Anker mit drei untereinander verbundenen Wicklungen (4, 4) leicht drehbar gelagert. Diese Wicklungen sind an Schleifringe geführt und durch Stromabnehmer mit den drei Leitungen verbunden. Die Erregerwicklung erzeugt zwischen den Polen ein Wechsel-

13*

kraftfeld, welches in der Ankerwicklung eine EMK induziert, die je nach der Lage der Ankerwicklung im Kraftfeld verschiedene Größen annimmt. Haben die Ankerwicklungen von Geber und Empfänger die gleiche relative Lage zum Feld, so halten sich die induzierten elektromotorischen Kräfte der beiden Anker das Gleichgewicht. Wird der eine Anker um einen gewissen Winkel gedreht, so wird die resultierende EMK der beiden Anker einen Strom in den drei Leitungen verursachen, welcher den Empfängeranker so weit verdreht, daß Geber- und Empfängeranker wieder die gleiche relative Lage einnehmen und die drei Leitungen stromlos werden. Zum Verbinden von Geber und Empfänger sind fünf Leitungen erforderlich. Soll außerdem noch ein akustisches Signal (Wecker) gegeben werden, so ist eine weitere Leitung hinzuzufügen. Der Einstellgriff des Gebers sitzt auf der Achse des Ankers.

Durch den Transformator wird der Wechselstrom aus dem Netz auf eine Spannung von etwa 50 Volt gebracht, bei der Netzfrequenz von 50. Eine Anlage, bestehend aus einem Geber und einem Empfänger, verbraucht etwa 28 Watt.

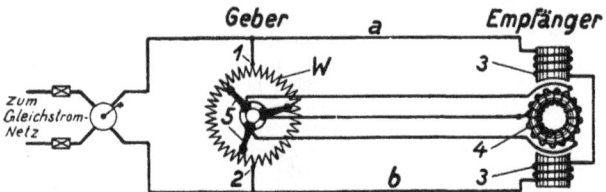

Abb. 344.

Der Grundgedanke eines Gleichstromsystems ist aus Abb. 344 zu ersehen. Als Empfänger dient das gleiche System wie in Abb. 343, als Geber der Widerstand W, der an zwei diametral entgegengesetzten Punkten 1 und 2 an Plus und Minus des Gleichstromnetzes gelegt ist. Die Leitungen a und b führen zu den Feldmagneten (3, 3) des Empfängersystems. Auf Widerstand W schleifen drei um 120° versetzte Kontaktbürsten (5), die mit den drei Ankerleitungen des Empfängers in Verbindung stehen. Je nach der Stellung der Bürsten auf dem Widerstandsring herrschen zwischen den einzelnen Kontakten Spannungen verschiedener Größe und Richtung, so daß über die drei Verbindungsleitungen dem Anker des Empfängers auch verschiedene Spannungen zugeführt werden. Infolgedessen treten in den Spulen (4) Ströme auf. Diese erzeugen ein resultierendes magnetisches Kraftfeld, welches mit dem Magnetfeld der Pole (3) ein Drehmoment erzeugt. Der Anker wird infolge dieses Drehmomentes um den gleichen Winkel gedreht, um welchen die Bürsten des Gebers verstellt wurden.

Die Gleichstromgeräte können an etwa 12 Volt (Sammler) angeschlossen werden.

Zeigergeräte zur Befehlsübermittlung werden für wichtige Betriebe oft mit einer Rückmeldeeinrichtung versehen. Geber sowie Empfänger werden mit zwei Magnetsystemen ausgerüstet, von denen das eine, größere, einen von Hand einstellbaren, weißen Metallzeiger und das andere, kleinere System einen roten Zeiger hat. In der Ruhestellung liegen beide Zeiger so übereinander, daß sie sich vollkommen decken. Stellt man nun den weißen Zeiger des Gebers beispielsweise auf das Skalenfeld „Halt", so bewegt sich der rote Zeiger des entsprechenden Empfängers ebenfalls auf dieses Skalenfeld. Bei der Rückmeldung wird der weiße Zeiger des Empfängers auch in die Lage des roten Zeigers gebracht, worauf sich nun der rote Zeiger des Gebers selbsttätig in die Lage des weißen, von Hand eingestellten dreht. Aus dieser Rückmeldung, d. h. wenn beide Zeiger des Gebers sich in der gleichen Lage befinden, erkennt der Befehlgebende, daß sein Signal richtig verstanden worden ist.

a) Anzeige-Apparate mit sinnbildlicher Darstellung.

Drehfeldsysteme eignen sich auch besonders vorteilhaft für Anzeigegeräte mit sinnbildlicher Darstellung des zu überwachenden ferngesteuerten Anlageteiles. Häufig werden Antriebsmotoren für Dreh-, Hub- oder Klappbrücken, für Schleusentore, Schütze und Wehre von entfernt gelegenen Stellen aus betätigt, so daß es in vielen Fällen

Abb. 345.	Abb. 346.

nicht möglich ist, die Bewegungen der in Betrieb befindlichen Einrichtungen von der Bedienungsstelle aus zu sehen. Durch Stellungsanzeiger mit sinnbildlicher Darstellung kann dem Bedienungspersonal der Fernsteuereinrichtung die Überwachungsmöglichkeit gegeben werden.

Die Abb. 345 und 346 veranschaulichen einen Stellungsanzeiger für eine Doppel-Klappbrücke. Abb. 345 zeigt die Brücke in offenem, Abb. 346 in geschlossenem Zustande.

b) Signalgeräte für besondere Zwecke.

1. Elektrische Umdrehungsfernzeiger.

Eine einfache Methode, die Umlaufzahl von Wellen dauernd zu beobachten, ist durch Abb. 347 veranschaulicht. Der Geber *G* ist

eine kleine Gleich- oder Wechselstrommaschine, die von der zu messenden Welle A unter Vermittlung zweier Seilscheiben S, s angetrieben
wird. Die von einer Wechsel- oder Gleichstrommaschine erzeugte EMK
ist bekanntlich proportional der Drehzahl. Mißt man die Spannung
an den Klemmen des Stromerzeugers G bei verschiedenen Drehzahlen,
die bei der Eichung mittels eines Tachometers bestimmt werden können,
so kann man den Proportionalitätsfaktor zwischen Drehzahl und Spannung festlegen, das Meßinstrument M in Drehzahlen eichen und mit
einer entsprechenden Skala versehen. Die geringen Spannungsverluste
in den Leitungen Z, wenn diese nicht zu lang und zu dünn sind, können
vernachlässigt werden.

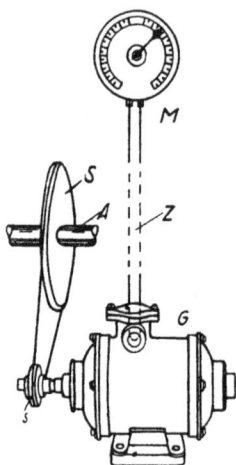

Abb. 347.

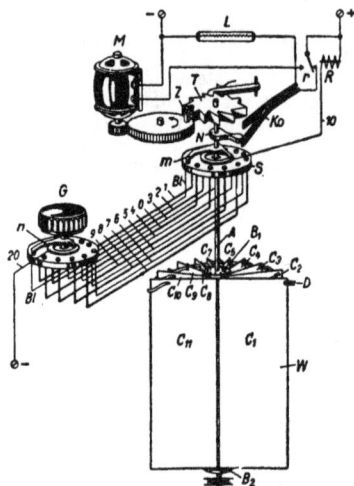

Abb. 348.

2. Elektrische Wendetafeln.

Die elektrische Wendetafel ist ein neuartiger Signalanzeiger, der
für sehr viele Zwecke verwendet werden kann. Der Aufbau und die
Wirkungsweise einer Wendetafel mit Motorantrieb soll an Hand der
Abb. 348 beschrieben werden. Den wesentlichsten Teil des Apparates
bilden die in Buchform angeordneten und doppelseitig beschrifteten
Tafeln, die beim Wechsel des Signals wie Blätter eines Buches ge-
wendet werden müssen.

Der Geber G ist mit dem Schrittschalter S der motorisch angetriebenen Wendetafel W über ein mehradriges Kabel verbunden. Auf der
Achse A sind fest angebracht die Flansche B_1 und B_2, ein doppelarmiger Kontakthebel m, ein einarmiger Hebel N und das Transportrad T. In der gezeichneten Ruhestellung der Wendetafel hält der Hebel
N den Kontakt Ko offen und schaltet hierdurch die Beleuchtung L
der Tafel aus. In dieser Ruhestellung (in der die Vorderseite der Tafel

C_1 und die Rückseite der Tafel C_{11} nach außen sichtbar sind), besteht ein Stromweg von —, Leitung 20, Kontaktarm n, Leitung Bl, Kontaktarm m, Leitung 10, Relais R, +. Das Starkstromrelais R hält über seinen Anker r den Motorstromkreis offen.

Wird am Geber G der Kontaktarm n beispielsweise auf Kontakt 7 gedreht, so fällt R ab und schaltet über r den Motor M ein. Der Motor treibt ein Zahnrad mit Zapfen Z, der bei jeder Umdrehung dieses Zahnrades das Transportrad T um einen Zahn weiterschaltet. Bei jedem Schritt von T wird eine Tafel von rechts nach links umgeklappt. Die einzelnen Tafeln C_1 bis C_{11} sind in den Flanschen B_1 und B_2 leicht drehbar mit Zap-

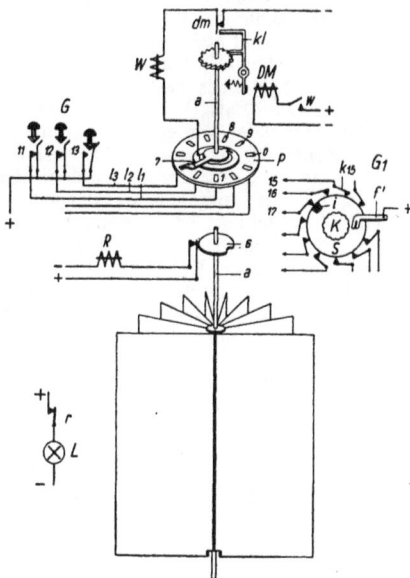

fen gelagert, über die kleine schraubenförmige Federn gezogen sind, welche das Bestreben haben, die Tafeln im Uhrzeigersinne zu drehen. Unter der Zugkraft dieser Federn nun klappt bei jedem Schritt des Schaltrades T eine Tafel an der Sperre D vorbei nach links und nimmt die Stellung der Tafel C_{11} ein. Hier wird die umgeklappte Tafel durch einen nicht gezeichneten Sperrhebel am Zurückschlagen gehindert und durch eine an der Tafel befestigte Distanzfeder so gehalten, daß sie in einer Ebene mit der rechts gelegenen Tafel verbleibt.

So dreht das Transportrad die Tafeln so lange, bis der Kontaktarm m auf den Kontakt der Leitung 7 aufläuft. Relais R schaltet den Motor aus und über Ruhekontakt des Ankers r die Beleuchtung ein. Die Rückseite der einen Tafel und die Vorderseite der anderen zeigen nunmehr ein bestimmtes Signal, beispielsweise die Zahl 7 oder auch einen Buchstaben.

Abb. 349.

Durch Anordnen von mehreren Wendetafeln nebeneinander können mehrstellige Zahlen zum beliebigen Signalisieren benutzt werden. Kursanzeiger für Börsen, Zugrichtungsanzeiger u. dgl. lassen sich in zweckmäßiger Form mit Hilfe von Wendetafeln zusammenbauen.

In der Abb. 349 ist der Grundgedanke einer Wendetafel mit Schrittschaltwerk wiedergegeben. Das Schaltwerk der Wendetafel ist über die Leitungen l_1, l_2, l_3 usw. mit dem Tastengeber G verbunden.

Die Leitungen endigen einerseits jeweils an einem Ruhekontakt 11, 12 usw. am Tastengeber (Taste 13 ist gedrückt, der Ruhekontakt unterbrochen) und andererseits an den Kontakten 0, 9, 8 usw. auf der Kontaktscheibe P. Die Kontaktscheibe steht fest; die im Kreis angeordneten Kontakte selbst werden von einem an der Wendetafelachse a fest angebrachten Kontaktarm überstrichen. Soll eine Zahl eingestellt werden, so wird am Geber die entsprechende Taste gedrückt, z. B. Taste 11. Dadurch springt die vorher gedrückte Taste 13 in die Ruhestellung und legt den Pluspol an den Stromkreis des Wählerrelais W über Kontaktarm 7. Relais W schließt seinen Kontakt w und der Drehmagnet DM dreht mittels Klinke Kl die Welle a der Wendetafel schrittweise, bis der Kontaktarm 7 auf den Kontakt 1 aufgelaufen ist. Hier ist der Pluspol abgetrennt, Relais W fällt ab und schaltet bei w den Drehmagneten DW von der Spannung ab. Die Wendetafel bleibt stehen. An Stelle eines Tastengebers G kann auch der in der Nebenskizze dargestellte, als Drehschalter durchgebildete Geber G_1 (s. auch Abb. 352) verwendet werden. Die Leitungen 15, 16, 17 usw. sind dann mit den Kontakten der Scheibe P zu verbinden. Die Wendetafel bleibt stehen, wenn der Kontaktarm 7 auf denjenigen Kontakt der Scheibe P aufläuft, der über Leitung 17 mit der auf dem Isolierstück i liegenden Schleiffeder verbunden ist. Die anderen Schleiffedern liegen am Umfang der Metallscheibe S, die über Feder f' zum Pluspol führt. Dreht man die Scheibe S am Knopf K in eine andere Stellung, so wird wieder das Relais W erregt und die Wendetafel schrittweise gedreht, bis Feder 7 den Kontakt gefunden hat, der zu einer anderen Schleiffeder des Gebers G_1 führt, und zwar zu der Feder, die nun auf dem Isolierstück i liegt. An der Achse a der Wendetafel ist noch eine Steuerscheibe 6 angeordnet, die über Relais R die Beleuchtung L der Wendetafel steuert und dafür sorgt, daß die Beleuchtung in der Nullstellung der Tafel ausgeschaltet wird. Die Einrichtung bedarf keiner weiteren Erläuterung.

3. Leuchtwechselzahlen.

Ein in der Signaltechnik sehr viel verwendetes Meldegerät ist die Leuchtwechselzahl, Abb. 350. Hierbei sind dem Konstrukteur zwei Aufgaben gestellt, einmal durch möglichst wenige Lampenkammern, Abb. 352, vernünftig aussehende Zahlen zusammenzustellen und einen möglichst einfachen Geber, Abb. 351, zu bauen, durch den die

Abb. 350.

Abb. 351.

Lampenkammern über Leitungen zu Gruppen zusammengeschaltet werden können, die dann die Zahlen ergeben. Die Leuchtwechselzahl läßt sich ganz geräuschlos einstellen und die Zahlen sind, da sie selbst leuchten, in dunklen aber auch in verhältnismäßig hellen Räumen gut erkennbar. In den Kammern 1 bis 13 der Abb. 352 sind kleine Soffittenlampen angeordnet. Der größte Stromverbrauch tritt entsprechend der größten Zahl der eingeschalteten Leuchtkammern bei der Ziffer 8 auf; er beträgt bei Verwendung von Soffittenlampen für 24 V und 4 W etwa 2,8 A. Vorkommende Störungen können nur infolge durchgebrannter Lampen auftreten, da keine bewegten, der Abnutzung unterworfenen Teile verwendet werden. Die zum Einstellen dienenden Geber können verschieden durchgebildet sein. Häufig verwendet man Walzendrehschalter, wie in Abb. 351, oder Tastenstreifengeber, wie in Abb. 353, gezeigt. Aus dem unteren Teil der Abb. 352 ist zu ersehen, welche Lampenfelder jeweils zur Bildung einer Zahl benötigt werden.

4. Schießstand-Fernanzeiger.

Der Schießstand-Fernanzeiger, bestehend aus Geber, Abb. 353, und Empfänger, Abb. 354, die durch ein Kabel miteinander verbunden sind, dient dazu, die Ringzahl und die Lage des Geschoßeinschlages von der Scheibe aus nach dem Schützenstand zu übermitteln. Durch einfaches Drücken von zwei bzw. drei Gebertasten am Geber auf dem Scheibenstand erscheint am Empfänger das Ergebnis.

Wird eine Taste niedergedrückt, so werden immer ein Ruhe- oder ein Wechselkontakt oder beide gleichzeitig betätigt, wodurch die Stromzuführungen zu den Lampenkammern des Empfängers so verändert werden, daß die der Taste entsprechende Zahl aufleuchtet. Die beiden im Empfänger nebeneinander angeordneten Leuchtwechselzahlen dienen zur Übermittlung der Ringzahl. Im Kreise um diese Leuchtwechselzahlen sind acht Einzelleuchtfelder mit

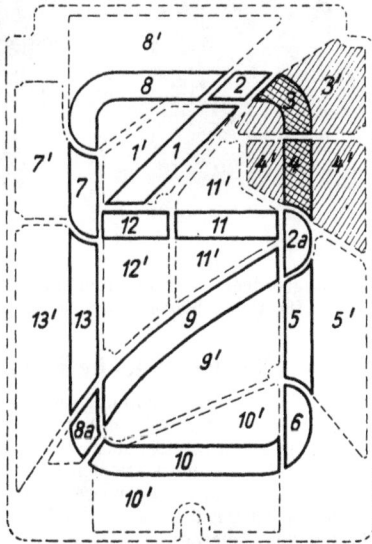

Zahl	1	2	3	4	5	6	7	8	9	0	L
1	●	○	○	●	○	○	○	○	○	○	○
2	●	●	●	●	●	●	●	●	●	●	○
2a	●	●	●	●	○	●	●	●	●	●	○
3	●	●	●	○	○	●	●	●	●	●	○
4	●	●	●	○	○	●	●	●	●	●	○
5	●	○	●	●	●	●	●	○	●	●	○
6	●	●	●	●	●	○	●	●	●	●	○
7	○	○	○	○	○	●	●	●	●	●	○
8	●	●	●	○	●	●	●	○	●	●	○
8a	○	●	●	●	●	●	●	●	●	●	○
9	●	○	○	●	●	●	○	○	●	○	○
10	●	●	●	●	●	●	●	●	○	●	○
11	○	●	●	●	●	●	●	○	●	●	○
12	○	○	○	●	●	●	○	●	●	○	○
13	○	○	○	○	○	●	○	●	○	●	○

Abb. 352.

roten Pfeilen, von denen ein Pfeil „hoch rechts" in Abb. 354 sichtbar ist. Die anderen Pfeile sind rechts, tief rechts, tief, tief links

Abb. 353.

Abb. 354.

usw. angeordnet. Ganz unten auf der Scheibe sind noch einige
Zeichen für Querschläger u. dgl. angebracht.

XI. Elektrische Fernsteueranlagen.

In Elektrizitäts-Versorgungsnetzen ist in vielen Fällen die Fern-
bedienung von Unterstationen notwendig. Eine elektrische Fernsteue-
rungsanlage soll es ermöglichen, von einer Zentrale aus in einer Reihe
von unbesetzten Unterstationen Motoren zu regeln, Ölschalter ein-
und auszuschalten, insbesondere auch den jeweiligen Schaltzustand
zu überwachen. Am einfachsten ist die Aufgabe beim Ein- und Ausschalten von Schaltern.

Fernsteueranlagen müssen so gebaut sein, daß auf der steuernden
Stelle der jeweilige Schaltzustand jederzeit zu erkennen ist, daß Änderungen in dem Schaltzustand selbsttätig gemeldet und eingeleitete
Umsteuerungen mit Sicherheit richtig durchgeführt werden; die erfolgte Durchführung muß sofort an der zentralen Stelle erkennbar sein.

a) Fernsteuerung mit synchron umlaufenden Verteilern.

Die in der Abb. 355 dargestellte Schaltung[1]) soll zeigen, wie die
oben gestellte Aufgabe durch Verwendung synchron umlaufender Verteiler (für die Steuerung und für die Rückmeldung) erfüllt werden kann.
An Stelle der dargestellten, mit Schleifbürsten versehenen Verteiler
können selbstverständlich auch solche mit Nockenwelle und Druck-
kontakten verwendet werden.

---

[1]) USA-Patent 1 562 211.

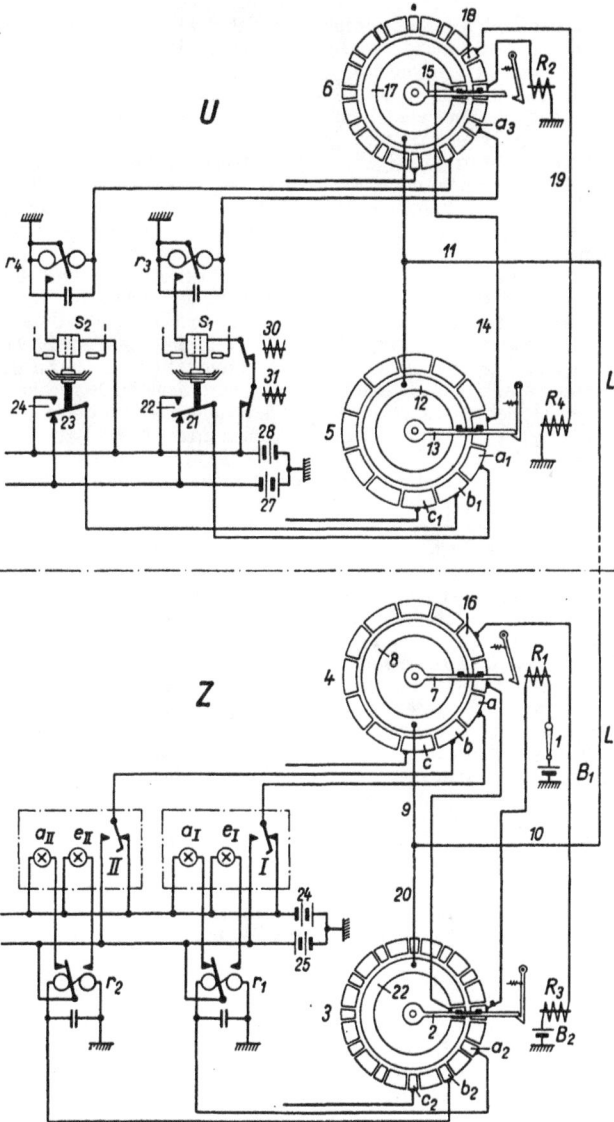

Abb. 355.

In der Zentralstelle Z sowie in der Unterstation U, die durch eine Fernleitung L miteinander verbunden sind, ist je ein Sende- und ein Empfangsverteiler vorhanden. Die mit Schleifbürsten versehenen Kontaktarme 2, 7, 13, 15 der Verteiler 3, 4, 5, 6 sind auf je einer Achse angeordnet, die über eine Reibkupplung mit einer zweiten, dauernd umlaufenden Achse gekuppelt ist. Werden die Arme beim Arbeiten der Elektromagnete R_1, R_2, R_3, R_4 freigegeben, so machen sie je einen Umlauf und werden dann wieder festgelegt. Annähernde Phasengleichheit der Kontaktarme während eines Umlaufes ist Bedingung für die richtige Funktion der Anlage, die im übrigen mit gerichteten Strömen und gepolten Relais r_1, r_2, r_3, r_4 arbeitet.

Der Sendeverteiler 4 in der Zentrale und der Empfangsverteiler 6 in der Unterstation dienen zur Übermittelung der Meldungen von der Zentralstelle nach der Unterstation. Der Sendeverteiler 5 in der Unterstation und der Empfangsverteiler 3 in der Zentralstelle dienen zur Übertragung der Rückkontrollmeldungen von der Unterstation zur Zentralstelle.

Um die Anlage in Betrieb zu nehmen, wird Schalter 1 geschlossen. Der Auslöselektromagnet R_1 des Sendeverteilers 4 und der Auslösemagnet R_2 des Empfangsverteilers 6 werden erregt über: Batterie B_1, Schalter 1, R_1, Kontaktbürste von Arm 2, Kontaktbürste von Arm 7, Ring 8, Leitungen 9 und 10, Fernleitung L, Leitung 11, Ring 12, Arm 13, Leitung 14, Kontaktbürste von Arm 15 des Empfangsverteilers 6, Elektromagnet R_2, Erde.

Kurz vor Vollendung eines Umlaufes von Arm 7 von Verteiler 4 und Arm 15 von Verteiler 6 werden die Rückmeldeverteiler ausgelöst, und zwar über folgenden Stromweg: Batterie B_2, R_3, Segment 16 des Verteilers 4, Kontaktbürste von Arm 7, Ring 8, Leitung 9, 10, Fernleitung L, Leitung 11, Ring 17, Kontaktbürste von Arm 15, Segment 18 des Verteilers 6, Auslöseelektromagnet R_4, Erde. Während nun die Arme 13 und 2 umlaufen, stehen die Arme 7 und 15 still, bis sie, wenn Arme 13 und 2 die gezeichnete Stellung erreichen, durch neuerliches Ansprechen von R_1 und R_2 einen weiteren Umlauf beginnen können. Es ist ohne weiteres zu ersehen, daß die Verteilerpaare sich gegenseitig auslösen, so daß sich immer ein Paar in Bewegung befindet.

An die Sektoren a, b, c usw. des Sendeverteilers 4 sind die Befehlsschalter I, II usw. angeschlossen; an die Sektoren a_1, b_1, c_1 des Sendeverteilers 5 für die Rückmeldung die Rückmeldekontakte 21 (22), 23 (24). An den Empfangsverteilern liegen die gepolten Relais r_1, r_2 usw. bzw. r_3, r_4. Von den zu steuernden Schaltern sind nur zwei, S_1 und S_2, dargestellt, mit denen mechanisch der Rückmeldekontakt verbunden werden kann. Die Schalter S_1 und S_2 sind in der ausgeschalteten Stellung gezeichnet.

Soll Schalter S_1 eingelegt werden, so muß, während die Verteiler laufen, die Befehlstaste I nach links gelegt werden. Es wird dann aus der Batterie 25 ein negativer Stromstoß über Schalter I, Sektor a des Sendeverteilers 4, Kontaktring 8, Leitungen 9, 10, Fernleitung L, Leitung 11, Kontaktring 17, Segment a_3, Relais r_3, Erde — den Anker von r_3 umlegen. Die Erregerspule von Ölschalter S_1 bekommt Strom aus der Batterie 28. Bereits beim nächsten Umlauf des Sendeverteilers 5 für die Rückmeldung wird aus der Batterie 28 ein negativer Stromstoß über den durch S_1 geschlossenen Kontakt 22, über Segment a_1, Bürste von 13, Ring 12, Leitung 11, Fernleitung L, Leitungen 10, 20, Ring 22, Bürste von Arm 2, Segment a_2 — das Relais r_1 umlegen, so daß durch Umlegen des Ankers von r_1 die Signallampe a_f erlischt und Signallampe e_f aufleuchtet. Hierdurch wird in der Zentrale angezeigt, daß Ölschalter S_1 eingeschaltet ist. Fällt ein Ölschalter aus, so wird dies ebenfalls durch Umschalten der Signallampen angezeigt. Dieses Ausfallen der Ölschalter kann beispielsweise stattfinden, wenn die mit dieser Anlage verbundenen Schutzrelais 30, 31 ansprechen.

b) Fernsteuerung mit Wählern.

In der Abb. 356 ist eine Fernsteueranlage mit Drehwählern dargestellt. Die Wirkungsweise solcher Wähler ist im vierten Teil dieses Buches, Kapitel IX (Selbsttätige Fernsprechanlagen) beschrieben.

Die Zentrale Z ist mit der Unterstation U über eine Doppelleitung L verbunden. Für das vorliegende Ausführungsbeispiel ist die Darstellung der Einfachheit halber so gewählt, daß zwei Ölschalter I und II in der Unterstation U gesteuert werden, d. h. von der Zentrale aus beliebig ein- oder ausgeschaltet werden sollen. Die Ölschalter selbst sind nicht gezeichnet, sondern lediglich die Magnete e_I, a_I und e_{II}, a_{II}, die die Ein- bzw. Ausschaltung bewirken. Als Leitungsabschluß dient für die Übermittlung des Kommandos sowie auch der Rückkontrolle je ein Relais ER in einem Gleichrichterkreis. Das Kommando, einen Ölschalter in der Unterstation ein- oder auszuschalten, wird mittels der dreiteiligen Befehlstasten S_I, S_{II} gegeben. Diese Tasten sind so gebaut, daß beim Umlegen nach rechts oder links der Kontakthebel 22 bzw. 25 nur so lange Kontakt macht, wie die Taste von Hand gedrückt wird. Die Lampen l_I und l_{II} zeigen an, wie die Ölschalter I und II in der Unterstation liegen.

Um die Arbeitsweise der Anlage zu erläutern, sollen die Schaltvorgänge beschrieben werden, die beispielsweise beim Ferneinschalten des Ölschalters I stattfinden. Es sei hier gleich bemerkt, daß es mit einem Wählerumlauf möglich ist, eine Reihe von Ölschaltern einzuschalten und eine andere Reihe auszuschalten. Dies wird dann so durchgeführt, daß die Befehlstasten in die erforderliche Kommandostellung gebracht werden und daraufhin eine besonders vorgesehene Anlaßtaste betätigt wird.

Wird die Befehlstaste S_f nach links umgelegt, so spricht über Kontakt 22 und Wählerarm II das Impuls-Relais J an. Über i_1 wird Drehmagnet DM des Wählers erregt; sämtliche Wählerarme I, II, III in der Zentrale Z machen einen Schritt. Auch in der Unterstation machen die Wählerarme I und II einen Schritt, denn das J-Relais in der Zentrale Z legt über seine Kontakte i kurzzeitig eine Wechselstromquelle an den Übertrager tz; über Leitung L, Übertrager tu und über den Gleichrichter wird Relais ERu durch diesen Stromstoß erregt. Über Kontakt er wird dann das Wählerfortschalt-Relais JR und Pausenempfangs-Relais P erregt. Kontakt ir_1 bringt den Drehmagneten DM, Kontakt p_2 das stark verzögerte Relais V. Das V-Relais in der Unterstation hat einen stärker verzögerten Abfall als das Pausen-Relais P.

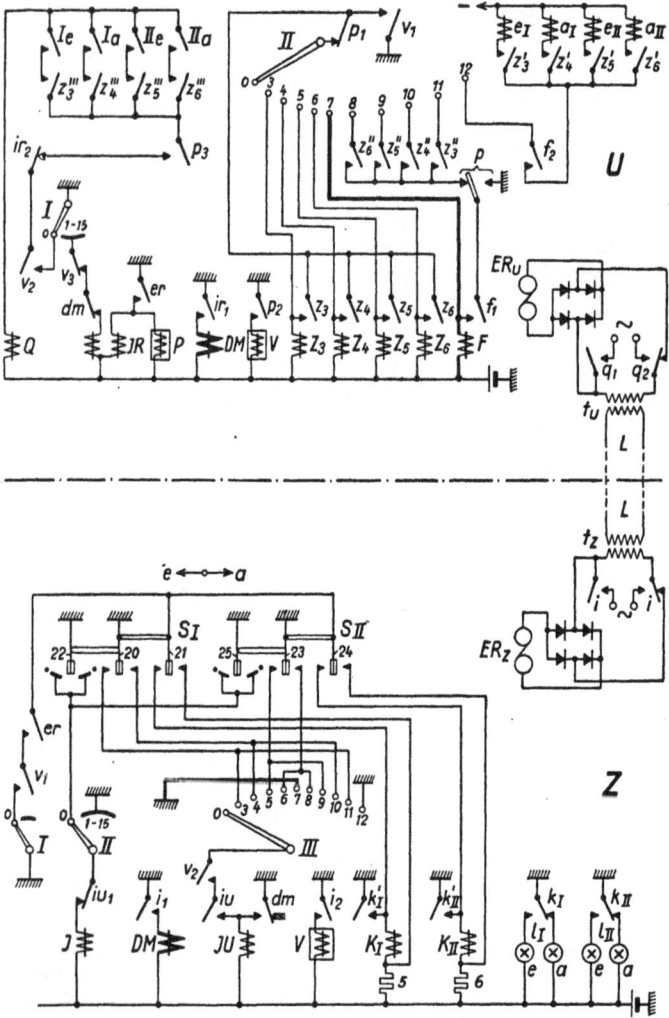

Abb. 356.

Das über Kontakt dm erregte Impulsunterbrecher-Relais JU öffnet über iu_1 wieder den Stromkreis für das Impuls-Relais J. Durch Öffnen des Kontaktes dm fällt Relais JU auch wieder ab, denn auf den Kontakten 1 und 2 findet der Wählerarm II keinen Gegenpol für den Stromkreis des JU-Relais. Kontakt iu_1 schließt beim Abfallen von Relais JU erneut den Kreis für Impuls-Relais J.

Auf diese Weise wird durch das Zusammenarbeiten der zwei Relais J und JU und des Drehmagneten DM der Wähler in der Zentralstelle und der in der Unterstation in rascher Folge schrittweise vorwärtsgeschaltet. Während dieser Impulsfolge bleiben erregt: das Relais V in der Zentralstelle und die Relais P und V in der Unterstation.

Erreicht der Wählerarm II in der Zentralstelle den ersten, durch eine Befehlstaste geerdeten Kontakt, in diesem Falle Kontakt 3, so kann das Impulsunterbrecher-Relais JU erst dann wieder abfallen, wenn das Verzögerungs-Relais V (das Relais zur Pausenerzeugung) abfällt und den Kontakt v_2 unterbricht.

Die hierbei entstehende Pause wird dazu benutzt, in der Unterstation dasjenige Relais anzusteuern und zu halten, welches später die Einsteuerung des Ölschalters I vornehmen soll. Das V-Relais der Zentralstelle ist so verzögert, daß Relais P in der Unterstation Zeit hat, abzufallen. Geschieht letzteres, so bekommt das Steuervorbereitungs-Relais Z_3 Strom über: $+$, Arbeitskontakt v_1 des stärker als P verzögerten Relais V der Unterstation, Ruhekontakt p_1 des bereits abgefallenen P-Relais, Stellung 3 des Wählerarmes II, Relais Z_3, $-$. Z_3 bindet sich über den eigenen Kontakt z_3 und Kontakt v_1. Folgende Stromkreise werden vorbereitet:

Über z_3': Ein Stromkreis für den Elektromagneten e_{l}, der den Ölschalter I einzuschalten hat.

Über z_3'' ein Prüfstromkreis für das Fehlerrelais F und über z_3''' ein Quittungsstromkreis, der nur dann vollendet wird, wenn das dem Relais Z_3 zugeordnete Kommando wirklich ausgeführt ist.

Sobald das V-Relais, das Relais zur Pausenerzeugung, in der Zentralstelle Z abfällt, wird der Stromweg für das Impuls-Unterbrecher-Relais JU bei Kontakt v_2 unterbrochen; Impulsrelais J kann wieder anziehen. Das schnelle, schrittweise Fortschalten der Wähler in der Zentralstelle und in der Unterstation geht nunmehr weiter, bis Wählerarm II der Zentralstelle auf Kontakt 7 aufläuft. In Stellung 7 bleibt das Impulsunterbrecher-Relais JU wieder solange erregt, bis V-Relais abfällt. In dieser Zeit fällt in der Unterstation das Pausenempfangs-Relais P ab. Ist zwischen den Wählern in Z und U Gleichlauf vorhanden, so ist Wählerarm II der Unterstation nun auch in Stellung 7, so daß über: $+$, v_1, p_1, Wählerarm II in Stellung 7, Relais F anspricht und seine Kontakte f_1 und f_2 schließt. Beim nächsten Stromimpuls von der Zentrale aus spricht auch Relais P an und hält über Erde, Kontakt p, Kontakt f_1 das F-Relais.

Die Überprüfung des Kommandos findet statt in dem Moment, in dem Kontroll-Kontakt 11 von den Armen II beider Wähler in der Zentrale und in der Unterstation berührt wird. Kontakt z_3'' ist geschlossen; Kontakt p ist als Schleppkontakt durchgebildet, d. h. er öffnet beim Umschlag den Kontakt p rechts erst dann, wenn der Kontakt p links bereits geschlossen ist und umgekehrt. Hierdurch wird beim Umschlagen des Wechselkontaktes p das bereits erregte Relais F gehalten. Man kann dem Relais F auch eine kleine Abfallverzögerung geben, so daß es während der Umschlagzeit des Wechselkontaktes p nicht abfällt.

Während dieser Kontrollrast in Stellung 11 findet sofort nach Abfallen des P-Relais eine Überprüfung des Fehlerrelais F statt über: Batterie, F-Relais, p-Kontakt (links), Kontakt z_3'', Wählerarm II in Stellung 11, p_1-Kontakt, v_1-Kontakt, Erde. Zieht beim nächsten Impuls das P-Relais wieder an, so hält sich F-Relais über Kontakt p (rechts) und Erde. Durch die anschließend auf Schritt 12 generell erfolgende Steuerrast wird für den Fall, daß das Fehlerrelais bei der Überprüfung nicht abgefallen oder der Empfangswähler der Unterstation U nicht außer Tritt geraten war, über den Kontakt z_3' des Steuervorbereitungs-Relais Z_3 das gegebene Kommando zur Ausführung gebracht und der Ölschalter vom Magneten e_f eingelegt. Der Ölschalter schließt hierbei mechanisch Kontakt I$_e$.

Erreichen die Wähler daraufhin ihre Nullstellung, so wird in der Unterstation vor dem Abfallen des P-Relais und nachdem Relais JR zuletzt abgefallen ist, das Quittungs-Relais Q ansprechen über: Erde, Wählerarm I in der Nullstellung, Kontakt v_2, Kontakt ir_2, p_3, z_3''', I$_4$, Relais Q, Batterie. Durch das Ansprechen von Q wird über die Kontakte q_1 und q_2 ein kurzer Quittungsimpuls zur Zentrale gegeben. Durch die in diesem zeitlich eng begrenzten Moment (d. h. nach Abfallen von JR und vor Abfallen von P) erfolgende Erregung des Empfangsrelais ER_z in der Zentrale wird über die Wählernullstellung das Stellungskontroll-Relais K_f erregt: Erde, Wählerarm I in Nullstellung, Kontakt v_1, er, 21, Relais K_f, Widerstand 5, Batterie. Relais K_f bindet sich über k_f' und schaltet durch Umlegen von Kontakt k_f die Lampe l_{fe} ein. Diese Lampe zeigt in der Zentrale an, daß der Ölschalter I in der Unterstation U eingeschaltet ist. Soll der Ölschalter I wieder ausgeschaltet werden, so erfolgt dies durch Umlegen der Befehlstaste S_f nach rechts. Der Quittungsimpuls über die vollzogene Ausschaltung bewirkt in der Nullstellung des Wählers ein Kurzschließen des Stellungskontroll-Relais K_f auf dem Wege: Batterie, Widerstand 5, Kontakte 21, er, v_1, Wählerarm I in Nullstellung, Erde.

Sobald die Signallampe die richtige Durchführung des gegebenen Kommandos angezeigt hat, wird die Befehlstaste S_f (als Kippschalter ausgebildet) wieder in die Ruhestellung gebracht.

Gelangt der Empfangswähler der Unterstation infolge Impulsverstümmelung nicht ordnungsgemäß in die Nullstellung, so fällt nach Beendigung der normalen Impulsfolge auch das stark verzögert abfallende, während der ganzen Kommandoimpulsfolge über p_2 erregt gehaltene V-Relais ab und bringt daraufhin den Wähler der Unterstation (über v_3, Wählerarm I) in Selbstunterbrechung in die Nullstellung zurück, so daß dieser für eine erneute Kommandogabe empfangsbereit ist.

c) Fernüberwachungs-Anlagen.

In Elektrizitäts-Versorgungsnetzen ist es auch erforderlich, die Stellung von Schaltorganen aus der Ferne zu überwachen, d. h. Verstellungen solcher Organe, die zwei verschiedene Stellungen, beispielsweise „Ein" oder „Aus", einnehmen können, anzuzeigen, und zwar über eine beschränkte Anzahl von Verbindungsleitungen.

Diese Anlagen sind dann einfach aufgebaut, wenn solche Meldungen nur in einer Richtung zu erfolgen brauchen. Zur Übermittelung der Überwachungs-Meldungen dienen Wählorgane, deren Gleichlauf bei jedem Umlauf durch besondere Vorkehrungen überprüft werden muß. Jede Falschstellung wird als solche kenntlich gemacht. In der Abb. 357 ist das Prinzip einer Fernüberwachungs-Anlage mit einer Überwachungsstelle I und mehreren Unterstellen II, III, in denen beispielsweise je ein Ölschalter mit Kontakten 1, 2 bzw. 3, 4 angeordnet sein soll, dargestellt. Die Anlage wird über 4 Adern l_1 bis l_4 eines Kabels betrieben.

Angenommen, der Ölschalter der Unterstelle II sei ausgefallen. Kontakt 1 wird vorübergehend, Kontakt 2 dauernd geschlossen. Über 1 wird Relais M erregt; M hält sich über seinen eigenen Kontakt m_1 und seine zweite Wicklung MII. Über m_2 wird zunächst J erregt, J bringt über i_2 den Drehmagneten DM des Wählers W, so daß dieser einen Schritt ausführt. Über dm wird JU erregt, iu_2 schaltet J ab, so daß auch Drehmagnet DM stromlos wird. DM unterbricht bei dm den Stromkreis für JU, so daß Kontakt iu_2 in die gezeichnete Lage zurückgeht. Es erhält jetzt J wiederum Strom, und zwar über Wählerkontaktarm WII und Kontaktbank 1 — 34. Relais M fällt ab, denn die Wicklung MII ist in Stellung 1 des Wählerarmes $WIII$ über Erde kurzgeschlossen.

Der Wähler W wird somit schrittweise fortgeschaltet, wobei über den Kontakt i_1 nach den Unterstellen II, III usw. Stromimpulse geleitet werden, durch die sämtliche Schrittwähler U synchron mit dem Wähler W der Überwachungsstelle fortgeschaltet werden.

In Stellung 3 des Wählers UII findet der Wählerarm UII_1 Erde. Das Relais S in der Überwachungsstelle I wird hierbei erregt. Über s_1 und Wählerarm WIV in Stellung 3 wird A_3-Relais angezogen und hält sich selbst über Kontakt a_{32}; über a_{31} wird ein Stromkreis für die Lampe AL_3 vorbereitet. Ist der Ölschalter in der Unterstelle III ebenfalls herausgefallen, so findet beim Fortschreiten des Wählers $UIII$ dieser Unterstelle der Wählerarm $UIII_1$ auf Kontakt 4 ebenfalls Erde. Es spricht wiederum das S-Relais der Überwachungsstelle I an und über s_1 und Wählerarm WIV in Stellung 4 das A_4-Relais, so daß auch ein Stromkreis für Lampe AL_4 über a_{41} vorbereitet wird, da auch A_4-Relais sich über den eigenen Kontakt a_{42} hält.

Bei weiterer synchroner Fortschaltung der Wähler in den Stellen I, II, III usw. kommen die Wählerarme gleichzeitig in Stellung 24, S-Relais spricht nochmals an. Über Kontakt s_1 erfolgt keine Erregung des Relais F. Beim Schritt 25 wird der Stromkreis für die Fortschaltung der Wähler in den Unterstellen II, III usf. unterbrochen, bis der Wähler der Überwachungsstelle W in Stellung 34 kommt. Hier erfolgt über Arm WI ein weiterer Stromstoß über

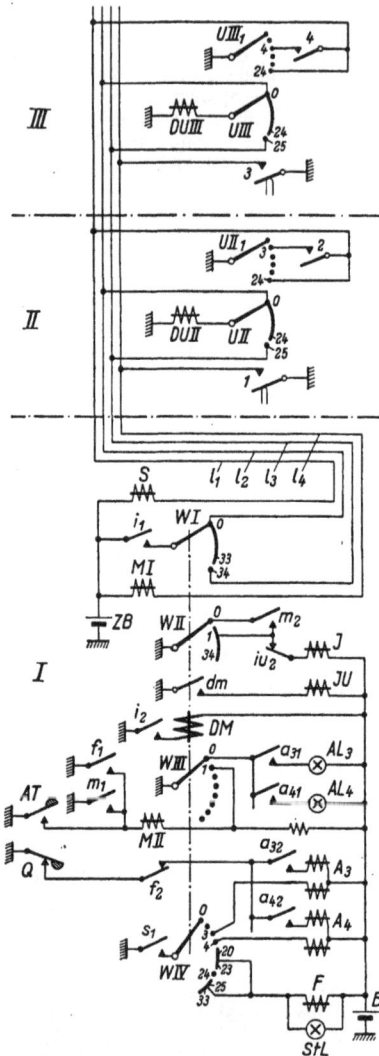

Abb. 357.

Leitung l_3, der die Wähler der Unterstellen in die Nullage zurückbringt.

In der Nullstellung des Wählers W der Überwachungsstelle werden auch die eingeschalteten Meldelampen AL_3, AL_4 zum Aufleuchten gebracht, die anzeigen sollen, daß die entsprechenden Ölschalter herausgefallen sind. Durch einen Druck auf die Taste Q können die Meldelampen zum Erlöschen gebracht werden.

Laufen die Wähler der Unterstellen II, III nicht synchron mit dem Wähler W der Überwachungsstelle, so kann über Kontakt 24 eines der Wähler bei einer Unterstelle ein Stromstoß über S-Relais gegeben werden,

1. bevor Arm WIV des Wählers Stellung 24 erreicht hat oder
2. nachdem Arm WIV des Wählers die Stellung 24 bereits überschritten hat.

In beiden Fällen bekommt Relais F Strom und schaltet bei f_2 alle A-Relais wieder ab. Wie das Beispiel nach Abb. 357 zeigt, kann bei insgesamt 4 vorauseilenden und 9 nacheilenden Schritten eines der Wähler U (entsprechend den Stellungen 20—23 bzw. 25—33 des Wählerarmes WIV) eine Anzeige über eine Störung der synchronen Fortschaltung erfolgen. Die Störung des synchronen Laufes kann auch noch optisch (Störungslampe StL) angezeigt werden.

Aus der Schaltung ist noch zu ersehen, daß bei Eintritt einer solchen Störung des synchronen Umlaufes der Wähler der Abtastvorgang wiederholt wird, denn beim Ansprechen des Relais F wird über f_1 das M-Relais wieder erregt, das sich über m_1 hält. Sobald Wähler W die Nullstellung erreicht hat, bekommt J-Relais über m_2 Strom, und das Spiel beginnt aufs neue.

Durch Betätigen der Taste AT kann der die Anlage bedienende Beamte den Überprüfungsvorgang von Hand auslösen: Erregung des M-Relais über Wicklung MII; M hält sich über m_1 usw.

Die Fernsteueranlage nach Abb. 356 und die Fernüberwachungsanlage nach Abb. 357 können zu einer Anlage so zusammengeschaltet werden, daß von ihr beide Tätigkeiten ausgeübt werden.

Alle Fernsteuersysteme müssen, soweit sie praktische Bedeutung erlangen sollen, gewisse Steuersicherheiten aufweisen. Diejenigen Systeme, die keine Rückmeldung der ausgewählten Schaltorgane vor deren Einsteuerung haben, können nur für kleinere Anlagen verwendet werden. Bei größeren Anlagen muß die Steuersicherheit durch eine Rückmeldung gewährleistet sein.

Die Rückmeldung der Auswahl kann bei Übereinstimmung entweder in der Steuerstelle eine Überwachungslampe zum Aufleuchten bringen, worauf dann die Einsteuerung nach Betätigung einer besonderen oder allen Schaltern gemeinsamen Ausführungstaste durch die Bedienung erfolgt, oder die Einsteuerung vollzieht sich bei der Übereinstimmung zwischen Befehl und Auswahl ganz selbsttätig.

Bei Vorhandensein einer solchen Rückmeldung können Irrtümer vor dem eigentlichen Schalttakt behoben werden; in vollautomatischen Systemen fällt bei Nichtübereinstimmung der Wahl- und Steuervorgang zusammen.

XII. Verkehrssignalanlagen[1]).

In Städten mit starkem Fahrzeugverkehr, insbesondere in den Hauptverkehrsstraßen, ist es erforderlich, zum Zwecke der Sicherheit und um Stockungen im Verkehr zu vermeiden, diesen durch Signale zu regeln.

Eine Verkehrssignalanlage soll den Verkehr fließend erhalten und der Verkehrseigenart angepaßt sein.

Die Signale werden ferngesteuert und den Fahrzeugführern sowie den Fußgängern durch über Straßenkreuzungen aufgehängte Verkehrsampeln kenntlich gemacht. Eine Ampel zeigt durch verschiedenfarbiges Licht die Signale nach jeder Straßenrichtung an, und zwar rot als Sperrsignal, grün als Freisignal und gelb als kurzes Zwischensignal, welches darauf hinweist, daß ein Signalwechsel unmittelbar bevorsteht.

Von den verschiedenen Systemen soll hier das zentral gesteuerte System, welches in Berlin seit Jahren verwendet wird, kurz beschrieben werden. Es besteht aus einer Zentraleinrichtung, den Schaltsäulen, den Ampeln sowie den erforderlichen Verbindungsleitungen und den Stromquellen.

[1]) Küster, H., Selbsttätige Verkehrsregelsysteme, insbes. das Elektromatik-System. Siemens-Z. 15, 1935, 169—77.

In der Abb. 358 ist eine vierseitige Verkehrsampel dargestellt. Das obere Signallicht ist rot, das untere grün, das mittlere gelb. In die Ampel selbst sind nur die Lampen eingebaut; die zur Steuerung

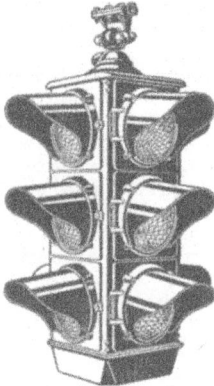

Abb. 358.

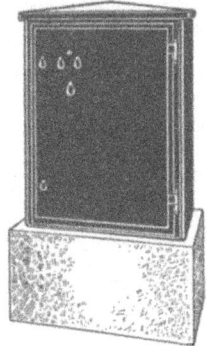

Abb. 359.

der Signale erforderlichen Apparate, insbesondere Relais, sind in der in der Nähe der Ampel aufgestellten Schaltsäule, Abb. 359, untergebracht. Neuerdings werden die Signalampeln vorzugsweise nicht mehr über der Straßenkreuzung aufgehängt, sondern als Standampeln an den Haltelinien auf dem Gehweg angeordnet[1]). Die Abb. 360 zeigt das Bild

[1]) B o c k e r , Dr. H., Der elektrotechnische Aufbau der Verkehrssignalanlage für die Ost-West-Achse in Berlin. ETZ 60, 1939, 1057—69.

Abb. 360.

einer Straßenkreuzung mit Standampeln. Die Steuerung erfolgt von der Zentrale aus über 2 Adern eines Fernsprechkabels. Die zyklische Vertauschung der Signale geht nach der in Abb. 361 dargestellten Zeitfolge vor sich. Die Signale werden so gesteuert, daß

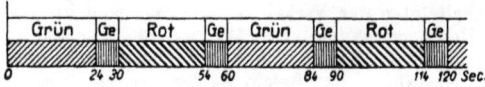

| Grün | Ge | Rot | Ge | Grün | Ge | Rot | Ge |

0   24 30   54 60   84 90   114 120 Sec.

Abb. 361.

beim Durchfahren einer mit Verkehrssignalen versehenen Straße mit 18 km Stundengeschwindigkeit der Fahrer nicht zu halten braucht, wenn er bei der ersten Straßenkreuzung das grüne Licht in der Fahrtrichtung antrifft. Er findet dann beim Einhalten der vorgeschriebenen Fahrgeschwindigkeit von 18 km/h an den nächstfolgenden Straßen-

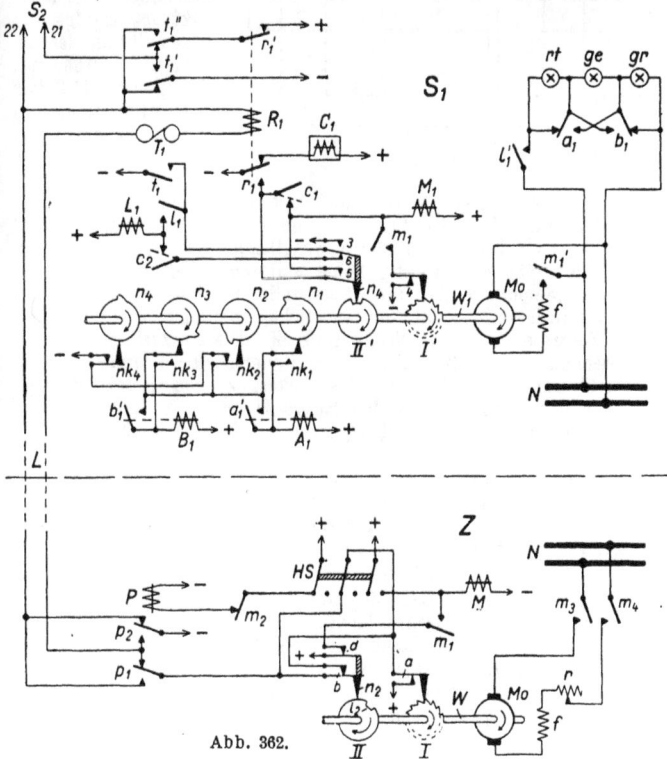

Abb. 362.

kreuzungen immer wieder das grüne Signallicht. Diese Art der Signalsteuerung wird als „Grüne Welle" bezeichnet.

Der Grundgedanke der von Siemens & Halske gebauten zentral gesteuerten Verkehrssignalanlagen soll an Hand der in Abb. 362 dargestellten vereinfachten Schaltung erläutert werden.

Die Schaltsäulen der Verkehrssignalanlage sind in eine Doppelleitung in Reihe geschaltet. Die Art der Reihenschaltung ist aus Abb. 363 zu ersehen. Das Relais R_1 der ersten Schaltsäule steuert über seinen Kontakt r_1 das Relais R_2 der zweiten Schaltsäule usw. Gl sind die Gleichrichter, die zur Gleichstromspeisung der Schaltsäulen dienen.

Die Anlage wird in Betrieb genommen, indem der Hauptschalter HS in Abb. 362 der Zentrale Z umgelegt wird. Das M-Relais wird erregt und schließt seine Kontakte m_1, m_2, m_3 und m_4. Über m_3 und m_4

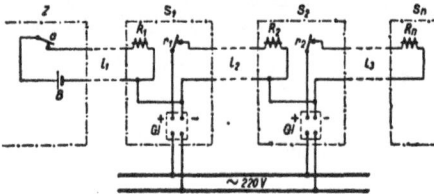

Abb. 363.

wird der Motor Mo an das Starkstromnetz N geschaltet. Über Kontakt m_2 erfolgt die Abschaltung des P-Relais. Durch das Abfallen des P-Relais wird über p_1 und p_2 die Stromrichtung in der Leitung L zur 1. Schaltsäule umgekehrt. In der ersten Schaltsäule legt demzufolge das gepolte Relais T_1 um. Über Kontakte t_1' und t_1'' und Leitungen 21, 22 wird diese Umpolung auch zur 2. Schaltsäule geleitet usw. In den Schaltsäulen gibt es vorläufig keine weiteren Schaltvorgänge, denn es wird angenommen, daß die Steuerwelle W_1 sich in der gezeichneten, der Ruhestellung entsprechenden Lage befindet. Der Motor Mo in der Zentrale dreht die Steuerwelle W. Die kurzzeitigen Stromunterbrechungen am Kontakt a der Steuerscheibe I und das entsprechend kurzzeitige Abfallen des Ankers r_1 von Relais R_1 vermögen in der Schaltsäule S_1 das Relais M_1 nicht zu betätigen, da das verzögert abfallende Relais C_1 erregt bleibt und auch Kontakt 5 noch offensteht.

Erst nachdem die Steuerwelle W so weit gedreht worden ist, daß Steuerscheibe II bei b den Leitungsstromkreis für längere Zeit unterbricht, kann Relais C_1, infolge längeren Umlegens von Wechselkontakt r_1, abfallen. Jetzt wird Relais M_1 erregt. M_1 bindet sich über m_1 und Kontakt 4 und legt über m_1' den Motor Mo an das Netz.

Der Motor dreht die Welle W_1, und Steuerscheibe II' schließt ihre Kontakte 3 und 5 und trennt Kontakt 6. Kurz vorher wurde noch, gleich nach Abfallen des Relais C_1, über Kontakte t_1, 6 und c_2 das Lampenrelais L_1 erregt. Über die Kontakte l_1', a_1 und b_1 werden die gelben Lampen der Ampel 1 an Spannung gelegt.

Die Ein- und Ausschaltung der Signallampen geht nun in folgender Weise vor sich:

Die Nockenscheibe I unterbricht 30 mal in der Minute den Leitungsstromkreis, wobei das Relais R_1 der Schaltsäule (sowie die Relais R der übrigen Schaltsäulen) jedesmal kurzzeitig abfällt. Das Relais M_1 wird jedesmal über r_1 und 5 erregt, über m_1 gehalten und bei 4 abgeschaltet. Der Motor Mo dreht somit die Welle W_1 schrittweise in der angedeuteten Pfeilrichtung. Hierbei treten die Steuerscheiben n_1, n_2, n_3 und n_4 in zyklischer Folge in Tätigkeit und erregen in bestimmter Reihenfolge mal das A_1-Relais und mal das B_1-Relais. Zuerst wird, wie aus der Zeichnung zu ersehen, das B_1-Relais erregt, das sich über b_1' bindet. Kontakt b_1 legt um. Solange die Kontaktfeder von b_1 sich zwischen den beiden Wechselkontakten befindet, sind die Lampen für das grüne und das rote Licht hintereinander geschaltet. Diese kurzzeitige Hintereinanderschaltung hat große Bedeutung für die Lebensdauer der Glühlampen. Als nächstes erfolgt dann die Unterbrechung des Stromkreises für Relais B_1 bei nk_4 usw.

Der Gleichlauf zwischen den Steuerwellen der Schaltsäulen und der der Zentrale Z wird in folgender Weise aufrechterhalten: Der letzte (der dreißigste) Stromstoß von der Zentrale ist länger als die vorangegangenen 29 Impulse. In welcher Weise die Verlängerung dieses dreißigsten Impulses stattfindet, soll unter Zuhilfenahme der Abb. 364 erläutert werden. Aus der Schaltung in Abb. 362 geht hervor, daß in dem Leitungsstromkreis, der in der Minute 30 mal durch die Steuerscheibe I am Kontakt a unterbrochen wird, auch noch der Kontakt b liegt. Die Abb. 364, in der ein Teil der Steuerscheiben I, II, I' und II' in der Abwicklung dargestellt ist, zeigt nun, daß in dem Moment, in dem die Nase n_1 über den Zahn 30 der Steuerscheibe I hinweggesprungen ist und den Kontakt a wieder schließt, der Kontakt b geöffnet wird, weil Nase n_2 in die Nut l_2 der Steuerscheibe II eingefallen ist. Der Leitungsstromkreis bleibt also am Kontakt b längere Zeit unterbrochen. Diese längere Unterbrechung dient dazu, die Steuerwellen aller in Kaskade geschalteten Schaltsäulen S_1, S_2 usw. zu synchronisieren. Ist Gleichlauf vorhanden, so ist in S_1 (S_2 usw.) die Nase n_4 der Steuerscheibe II' in die Nut eingefallen (Kontakt 5 geöffnet), nachdem der 29. Stromstoß von Z ausgegangen war. Um den Umlauf der Steuerwellen in den Schaltsäulen wieder in Gang zu bringen, dient nun der verlängerte 30. Impuls, der, unter Umgehung des bei 5 unterbrochenen Erregerkreises für das M_1-Relais, dieses Relais durch Abfallen des Verzögerungsrelais C_1 (Kontakt c_1 und r_1) an Spannung legt.

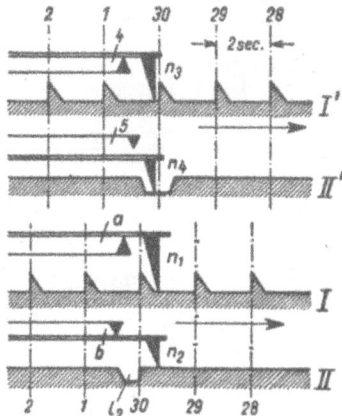

Abb. 364.

Auf diese Weise wird auch die Synchronisierung erreicht; denn würde die Steuerwelle W_1 (W_2 usw.) gegenüber W voreilen und die gezeichnete Stellung, Abb. 362, erreichen, ehe Steuerscheibe II den langen Impuls geben kann, so würde Welle W_1 so lange stehenbleiben, bis Nase n_2 in die Nut l_2 einfällt und die oben geschilderte, lange Stromunterbrechung das Abfallen des Relais C_1 verursacht.

Ist die Welle W_1 zurückgeblieben, so fällt Nase n_4 zu spät in die entsprechende Nut der Steuerscheibe II′, d. h. nachdem Steuerwelle W den langen Impuls bereits gegeben hat. Die Steuerwelle W_1 (W_2 usw.) der Schaltsäulen, die zurückgeblieben sind, bleiben dann etwa für die Zeit einer Umdrehung von W stehen und werden nach erneutem Einfallen von n_2 in l_2 durch die verlängerte Stromunterbrechung wieder in Gang gesetzt.

Die Anlage wird stillgesetzt durch Umlegen des Hauptschalters HS in die in Abb. 362 gezeichnete Stellung. Steuerwelle W läuft nun so lange, bis der Motorstromkreis bei d unterbrochen wird. Die Steuerwellen der Schaltsäulen laufen bis in die gezeichnete Stellung von W_1. Lampenrelais L_1 (L_2 usw.), wird aberregt, da Kontakt t_1 infolge Umkehr der Stromrichtung durch P-Relais unterbrochen wurde.

Von der Zentrale aus kann eine Neueinstellung der Schaltzeiten für die Signale rot, gelb, grün vorgenommen werden. Die Vorkehrungen hierfür sind nicht dargestellt. Bei Drahtbruch zwischen Zentrale und den Schaltsäulen übernimmt die dem Drahtbruch nächstliegende Schaltsäule automatisch die Steuerung.

Das bisher beschriebene Verkehrssignal-System genügt nicht in allen Fällen den beiden Verkehrsforderungen:

1. die größtmögliche Verkehrsleistung einer Straße zu erzielen und
2. den Wegebenutzer gegen Unfälle zu sichern.

Das anpassungsfähigste System ist das durch die Fahrzeuge selbst gesteuerte, das sog. Bodenschwellensystem.

Selbst bei einer einfachen Straßenkreuzung sind 12 verschiedene Verkehrsströme möglich, Abb. 365. Um diesen Verkehr in geregelte Bahnen zu lenken, führt man eine Reihe sich zeitlich ablösender Phasen

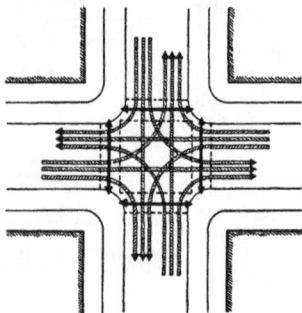

Abb. 365.

ein. Die Abb. 366 zeigt die drei Phasen einer dreiphasigen Regelung
des Verkehrs an einer Kreuzung. Je nach Bedarf können mehr oder
weniger Verkehrsphasen eingerichtet werden. Man erreicht eine rei-
bungslose Verkehrsabwicklung, wenn man die zeitliche Umschaltung
von einer Phase auf die andere durch den Verkehr selbst, d. h. je nach
dem wirklichen Bedarf vornimmt. In den Zufahrtsstraßen der betr.
Straßenkreuzung werden in einiger Entfernung (25 bis 30 m) von

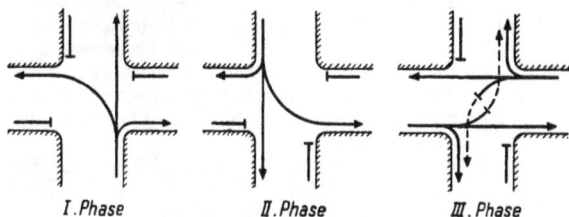

I.Phase   II.Phase   III.Phase

Abb. 366.

dieser Kreuzung als Bodenschwellen, Abb. 367, durchgebildete Kontakte in das Straßenpflaster eingebettet, die beim Überfahren durch
einen Wagen geschlossen werden, und zwar für eine kürzere oder
längere Zeit.

In der Abb. 367 ist mit a der Kontakt (Kontaktplatten aus Stahl)
bezeichnet, der in einer Weichgummitasche b isoliert gefaßt ist. Den
oberen Abschluß der Bodenschwelle bildet eine dicke Weichgummi-
decke d, die im gußeisernen
Rahmen c befestigt ist.

Abb. 367.

Die erwähnte kürzere
oder längere Zeit, während
der die Bodenschwellenkon-
takte geschlossen werden,
bewirkt die Steuerung von
sog. Zeitkreisen des zentralen
Steuergerätes.

Bei den Zeitkreisen handelt es sich um zeitabhängige Kontaktein-
richtungen, die von den Bodenschwellen aus elektrisch beeinflußt werden und die dann auf eine zentrale Steuerwalze wirken, von der aus das
Schalten der Signalampeln vorgenommen wird.

Der Grundgedanke eines Zeitkreises ist aus der Abb. 368 zu ersehen. Ist durch Schließen des Kontaktes e der Zeitkreis eingeschaltet,
so liegt der Kondensator C über den hohen Widerstand w_1 an der
Spannung B, der Kondensator wird langsam aufgeladen, bis er, nach
einer durch Bemessung des Widerstandes w_1 einstellbaren Zeit (z. B. 5
oder 10 Sekunden), seine volle Spannung erreicht. Bei dieser Spannung
zündet die Glimmlampe G, so daß der Kondensator C sich über das
Relais R entladen kann. Das Relais R bewirkt die Weiterschaltung
einer Steuerwalze, wodurch dann die Grünzeit für diese Verkehrsrichtung aufgehoben wird. Kommt innerhalb der Ladezeit des Kon-

densators C ein neuer Wagen in der gleichen Verkehrsrichtung und schließt über Widerstand w_2 den Bodenschwellenkontakt Bo, so wird der Kondensator teilweise (je langsamer das Fahrzeug fährt, um so stärker erfolgt die Entladung) entladen, die Umschaltezeit also hinausgeschoben. Mit solchen Schaltmitteln ist es möglich, ein sehr anpassungsfähiges Signalsteuersystem aufzubauen.

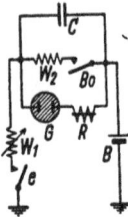

Abb. 368.

Man kann den Grundgedanken der fahrzeuggesteuerten Verkehrssignalanlagen so ausdrücken:

Mit Hilfe der von den Bodenschwellen ausgehenden Stromstöße soll eine Steuerwalze, welche die Ampeln umschaltet, so gesteuert werden, daß die Dauer der Grünzeiten für die einzelnen Verkehrsrichtungen jeweils proportional der Dichte des Verkehrs in diesen Richtungen ist.

Die zentrale Steuereinrichtung der Straßenkreuzung enthält zu diesem Zweck drei Zeitkreise, die auf die Steuerwalze wirken:

Der erste Zeitkreis, auch als Grünzeitkreis bezeichnet, unterstützt die Verlängerung einer begonnenen Grünzeit einer Verkehrsrichtung (z. B. Richtung A) dadurch, daß das Weiterschalten der Steuerwalze innerhalb einer gewissen Zeitspanne verhindert wird, solange in der freigegebenen Verkehrsrichtung die Bodenschwellen erneut überfahren werden, d. h. der Verkehr dauert. Bei jeder neuen Kontaktgabe der Schwellen wird dieser Zeitkreis in seiner zeitlichen Wirkung um eine Stufe zurückgesetzt. Der zweite Zeitkreis (abhängiger Höchstzeitkreis) ist bei der angegebenen Verkehrslage (Grün für Richtung A), d. h. auch bei der entsprechenden Lage der Steuerwalze, unabhängig von den Bodenschwellen der Verkehrsrichtung A. Er wird vielmehr von dem ersten Fahrzeug, das über eine Bodenschwelle der Richtung B befahren wird, eingeschaltet und begrenzt die Ausdehnung der Grünzeit für Richtung A auf eine bestimmte Zeit, auch wenn die Verkehrsdichte in Richtung A noch so groß ist. Den dritten Kreis kann man auch als unabhängigen Höchstzeitkreis bezeichnen; er dient dazu, die Grünzeit, in diesem Falle der Richtung A, auch dann auf eine bestimmte etwas längere Zeit zu beschränken, wenn aus Richtung B kein Fahrzeug kommt, das den abhängigen Höchstzeitkreis (Kreis 2) einschalten könnte. Dieser unabhängige und zwangläufige Höchstzeitkreis ist erforderlich, damit auch für die Fußgänger die Verkehrsrichtung B einmal freigegeben wird.

Zur Erläuterung dieser Vorgänge soll das Diagramm in Abb. 369 dienen.

Auf der Abszisse ist die Zeit in Sekunden aufgetragen und auf der Ordinate die Fahrzeugfolge in den Verkehrsrichtungen A und B. Vorerst sei noch bemerkt, daß für jede Verkehrsrichtung an der zentralen Steuereinrichtung eine bestimmte Anfangszeit eingestellt ist, die das Fahrzeug braucht, um nach Freigabe seiner Fahrtrichtung anzufahren bzw., wenn dieses Fahrzeug selbst die Schwelle betätigt, von der Bodenschwelle bis zur Kreuzung zu kommen. Normal läuft die Einzel-Grünzeit von der Zeit ab, in der die Bodenschwelle betätigt wird, eine

Anzahl von Sekunden, z. B. 6; die Anfangszeit stellt man auf etwa 4 Sekunden. Die abhängige Höchstzeit fängt mit dem Moment an zu laufen, in dem eine Bodenschwelle der anderen Verkehrsrichtung überfahren wird. Die unabhängige Höchstzeit beginnt zu laufen nach Ablauf der Anfangszeit, s. Abb. 369.

Während der Überquerungszeit $t_1 + t_2$, die dem Fahrzeug 1a mit der Anfangsgeschwindigkeit 0 zur Verfügung gestellt war, Abb. 369, überfährt das Fahrzeug 1b (zur Zeit 7 s) eine Bodenschwelle der Verkehrsrichtung B. Die Fahrzeuge 2a, 3a und 4a betätigen jedoch

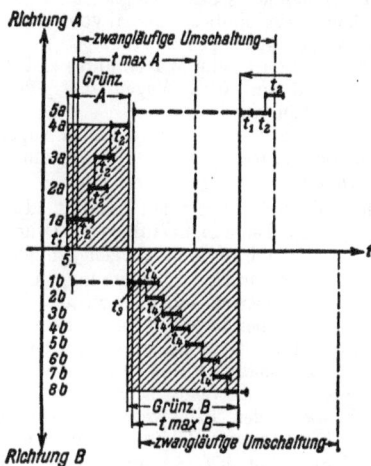

Abb. 369.

noch innerhalb der jeweils laufenden kleinen Grünzeiten t_2 für Richtung A die Bodenschwellen. Solange muß Fahrzeug 1b warten. Fahrzeug 5a kommt aber später an die Bodenschwelle, das Relais des Zeitkreises 1 schaltet die Steuerwalze einen Schritt weiter und gibt durch Umschalten der Buntlichtampeln die Fahrtrichtung B frei. Es beginnt die Grünzeit für b_1 zu laufen mit der Anfangszeit t_3, nach Ablauf der Anfangszeit beginnt auch die Zeit für die zwangläufige Umschaltung (unabhängige Höchstzeit) der Richtung B zu laufen. Das Fahrzeug 5a hat aber inzwischen den Beginn der abhängigen Höchstzeit für das Grün der Richtung B festgelegt. Dieser Kreis tritt dann auch, wie das Diagramm zeigt, in Tätigkeit.

Wird eine Verkehrsphase durch den Verkehr nicht ausgenutzt, so wird diese Phase übersprungen und das fahrzeuggesteuerte System arbeitet zuletzt dann wie ein zweiphasiges. Das fahrzeuggesteuerte System läßt sich mit dem vorher beschriebenen starren und zentralgesteuerten System auch vorteilhaft kombinieren.

XIII. Elektrische Straßenbahnsignalanlagen.

Elektrische Straßenbahnsignalanlagen (E.S.S.) werden an Stelle der Signalanlagen mit Zugleine vorteilhaft dort verwendet, wo Triebwagen mit einem oder mehreren Beiwagen gefahren werden. Durch E.S.S. kann die Haltezeit durch schnellere Signalgabe wesentlich verkürzt werden; die eindeutige und schnellere Signalgabe trägt auch zur Sicherheit des Betriebes bei.

Eine E.S.S. muß im wesentlichen folgende Bedingungen erfüllen:

Das Haltesignal sowie das Notsignal muß beim Wagenführer erscheinen, gleichgültig ob dieses Signal vom Triebwagen oder von einem der Beiwagen aus gegeben wurde.

Das Fahrsignal darf beim Wagenführer erst dann erscheinen, wenn dieses Signal von allen Wagen aus, jedoch in beliebiger Reihenfolge, gegeben wurde.

Das gegebene Fahrsignal muß kurz nach Abgabe eines solchen zurückgenommen werden können, und zwar auch von einem beliebigen Wagen aus.

Es ist eine Reihe von E.S.S.-Systemen bekannt. Im nachstehenden soll als Ausführungsbeispiel eine Signalanlage mit Druckknopfsteuerung beschrieben werden, die obigen Bedingungen genügt.

Bei der E.S.S. mit Druckknopfsteuerung, Abb. 370, ist jeder Wagen mit nur einem Steuerrelais R ausgerüstet. Dieses Relais muß derart gebaut sein, daß es bei der einen kurzzeitigen Erregung mechanisch festgelegt und bei der nächsten Erregung wieder in die Ruhelage zurückgeführt wird. Ein solches Relais kann auf verschiedene Art gebaut werden, beispielsweise als Schrittschaltwerk, oder mit einem den Anker mechanisch sperrenden Klinkwerk versehen sein, welches bei der jeweils zweiten Erregung des Relais den Anker wieder freigibt.

Für die Schaltung, Abb. 370, ist angenommen, daß es sich um einen Straßenbahnzug mit einem Trieb- und einem Beiwagen (TW, BW) handelt. Die 3 durchlaufenden Signalleitungen und die Stromzuführung sind zwischen den Wagen durch eine Kupplung verbunden. Hierbei sind durch die Kupplungsstecker die Kontakte k_1 am vorderen Ende des Triebwagens und k_2 am hinteren Ende des Beiwagens in die Arbeitsstellung gebracht worden, während sich Kontakt K_2 des Triebwagens und K_1 des Beiwagens in Ruhestellung befinden. Die am Führerstand angebrachten Umschalter U_1 und U_2 können entweder von Hand oder zwangläufig durch die Fahrtrichtungsschalter in die entsprechende Betriebsstellung gebracht werden.

Am Führerstand befindet sich je eine Fahrtlampe FL (FL_2), z. B. grün, und eine Haltlampe HL (HL_2), z. B. rot, ferner eine Schnarre S_1 (S_3), während sich eine weitere Schnarre S_2 im Innern des Wagens befindet. Durch eine Rücksignaltaste tr (tr_2) kann der Wagenführer vom Führerstand aus die Schnarren sämtlicher Wagen betätigen und so von sich aus den Schaffnern ein Signal geben. Neben dieser Rücksignaltaste ist eine Halttaste th (th_2) angeordnet, die dem Wagenführer die Möglichkeit gibt, ein gegebenes Fahrtsignal in ein Haltsignal umzuwandeln.

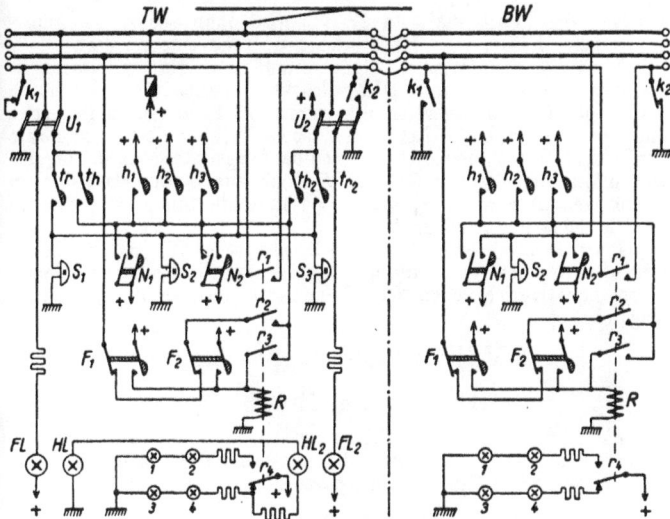

Abb. 370.

An den Schaffnerplätzen sowie an allen sonst geeigneten Stellen des Wagens sind Fahrtsignal-Druckknöpfe F_1 (F_2) sowie Haltsignal-Druckknöpfe h_1, h_2, h_3 und Notsignal-Druckknöpfe N_1, N_2 angeordnet, mit denen das jeweils gewünschte Signal abgegeben werden kann.

Um das Fahrtsignal zu geben, muß einer der Druckknöpfe F_1 oder F_2 gedrückt werden. Das Relais R spricht an und verbleibt in dieser Stellung. Relais R legt seine Kontakte r_1 bis r_4 um. Über Kontakt r_1 wird der Stromkreis für die Fahrtlampe FL vorbereitet, die erst dann aufleuchtet, wenn in sämtlichen Wagen die Fahrttaste F_1 (F_2) gedrückt und das Relais R dieser Wagen angezogen hat. Im Innern der Wagen sind noch besondere Fahrt- und Haltmeldelampen angebracht, die über Kontakt r_4 des Relais geschaltet werden. Zieht das Relais R beim Drücken der Taste F_1 oder F_2 an, so leuchten über r_4 die Fahrt-Meldelampen 1 und 2 auf, außerdem erlischt in diesem Augenblick beim Wagenführer die Halt-Lampe HL (HL_2), so daß dieser auf ein zu erwartendes Fahrtzeichen vorbereitet ist. Nachdem beide Schaffner eine Fahrtsignaltaste (F_1 oder F_2) gedrückt haben, leuchtet beim Wagenführer die Lampe FL über einen Stromkreis, der in vorliegendem Beispiel über beide r_1-Kontakte der Relais R in beiden Wagen verläuft.

Will ein Schaffner, beispielsweise der des Beiwagens BW, das eben gegebene Fahrtsignal nur für seinen Wagen noch einmal schnell zurücknehmen, so kann er dies durch nochmaliges Drücken seiner soeben betätigten Fahrttaste F_1 (F_2) tun. Das Relais R seines Wagens geht hierbei zurück in die gezeichnete Stellung. Beim abermaligen

Drücken der Fahrtsignaltaste F_1 (F_2) wird dann wieder die Fahrtlampe beim Führer in der beschriebenen Weise eingeschaltet.

Wird bei dem jetzigen Signalzustand eine Haltsignaltaste h_1,
beispielsweise im Beiwagen BW gedrückt, so spricht über den durch
den Kontakt r_3 vorbereiteten Stromkreis das Relais R im Beiwagen
und über r_2 und r_3 das R-Relais im Triebwagen (über die Ruhekontakte
der Drucktasten F_1 und F_2) an. Auch der Wagenführer kann von sich
aus mittels der Taste th (th_2) die R-Relais zum Ansprechen bringen
(Stromkreis über r_2 und r_3, sowie Ruhekontakte von F_1 und F_2) und
so sich selbst das Haltsignal geben.

Beim Drücken eines Notsignal-Druckknopfes N_1 (N_2) im Triebwagen wird einmal das Haltesignal gegeben, zugleich aber die akustischen Signalvorrichtungen S im Triebwagen sowie in allen Beiwagen
eingeschaltet.

XIV. Eisenbahn-Signalanlagen.

a) Elektrische Zugabrufer[1]).

Als solche werden Fahrtrichtungsweiser, Ankunfts- und Abfahrts-
melder von Zügen bezeichnet, die auf den Bahnsteigen (Abb. 371)
oder in den Wartesälen Aufstellung finden.

Abb. 371.

Die Bahnsteig-Zugabrufer werden am vorteilhaftesten an einem
Trägermast in der Mitte des Bahnsteiges angebracht. Die links und
rechts vom Mast sichtbaren, unten offenen Kasten enthalten eine

---

[1]) Wetzel, G., Der elektrische Fahrtrichtungsweiser auf dem neuen
Stadtbahnhof Friedrichstraße zu Berlin. Siemens-Z. 3, 1923, 178—82.

Anzahl Richtungstafeln, die auf elektrischem Wege wahlweise herab-
gelassen und wieder zum Verschwinden gebracht werden können. Das
Werk ist im Kasten am Mast selbst untergebracht. Der Geber befindet
sich im Stellwerk oder einer anderen Dienststelle des betreffenden
Bahnhofes. Das Prinzip des Bahnsteig-Zugabrufers geht aus Abb. 372

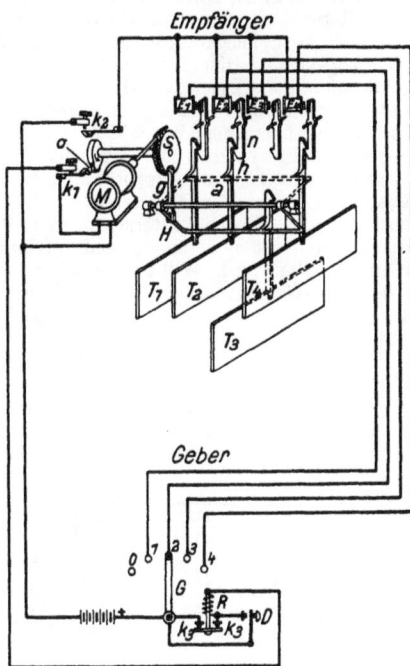

Abb. 372.

hervor. Die mit entsprechenden Aufschriften versehenen Tafeln T_1,
T_2 usw. werden durch einen kleinen Elektromotor M unter Vermittelung des Schneckengetriebes S, Kurbelstange g und des um etwa
90° drehbaren Rahmens H bewegt. Die Auswahl der Tafeln geschieht durch Elektromagnete E_1, E_2 usw. Die Tafeln sind, wie aus der
Abbildung zu ersehen, an Tragstangen, die seitlich geführt sind, angebracht und hängen in der obersten Stellung mit Ansatz n am Anker des
entsprechenden Elektromagneten, solange letzterer nicht angezogen hat.
Wird der Elektromagnet erregt, so hängt die entsprechende Tafel mit
ihrem Ansatz a am Rahmen H. Da in der Betriebsstellung immer
eine Tafel sichtbar ist, so befindet sich der Rahmen stets in der gezeichneten Stellung. Bei jeder Einstellung bewegt der Rahmen sich einmal auf-
und einmal abwärts. Das Heben einer Tafel und Senken einer neuen

vollzieht sich folgendermaßen: Der Beamte im Stellwerk oder einer anderen Dienststelle will Tafel 3 heben und an Stelle dieser Tafel 2 erscheinen lassen; er dreht Kurbel G am Geber in Stellung 2 und drückt Taste D. Es kommt folgender Stromweg zustande: Pluspol, Batterie, Drucktaste D, Wicklung des Magnetschalters R, Kontakt k_1 am Empfänger, Motor M, Minuspol. Magnetschalter R schaltet sich selbst in einen Haltestromkreis, und der Motor läuft auch nach dem Loslassen der Taste D weiter. Am linken Ende der Schneckenradachse ist eine mit Nocken o versehene Scheibe angebracht; der Nocken betätigt den Ruhekontakt k_1 und Arbeitskontakt k_2. Erreicht Rahmen H mit der Tafel T_3 die oberste, punktiert gezeichnete Stellung, so befindet sich auch Nocken o oben und schließt vorübergehend Kontakt k_2. Es wird, wie aus der Zeichnung zu ersehen, ein Stromkreis für Elektromagnet E_2 geschlossen. E_2 zieht seinen Anker an, gibt Nase n der Stange h von Tafel 2 frei, und diese kann nunmehr mit dem sich wieder abwärts bewegenden Rahmen H herunterwandern. Nocken o unterbricht, wenn H die unterste Stellung erreicht hat, Kontakt k_1 vorübergehend, wodurch R abfällt und der Motor ausgeschaltet wird. Will man alle Tafeln in die Ruhelage bringen, so stellt man G auf Kontakt 0 und drückt auf die Taste D. Hierauf hebt Rahmen H die zuletzt gesenkte Tafel hoch und kommt wieder leer herunter.

Die Anlage kann an ein Lichtnetz von 110 Volt Gleichstrom angeschlossen werden. Strom (etwa 1 Ampere für jeden Empfänger) wird nur während des Einstellvorganges, der 8 Sekunden dauert, verbraucht. In Abb. 373 ist die Schaltung von Geber und Empfänger für 25 Tafeln dargestellt. Beim Empfänger sind zum Einschalten der Elektromagnete E_1

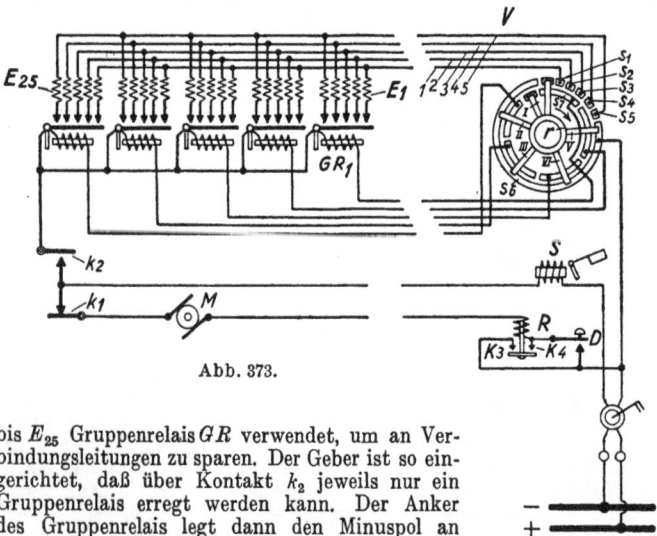

Abb. 373.

bis E_{25} Gruppenrelais GR verwendet, um an Verbindungsleitungen zu sparen. Der Geber ist so eingerichtet, daß über Kontakt k_2 jeweils nur ein Gruppenrelais erregt werden kann. Der Anker des Gruppenrelais legt dann den Minuspol an die eine Seite der Erregerwicklung von fünf Elektromagneten. Von diesen fünf Elektromagneten wird jedoch jeweils nur einer über eine der Vielfachleitungen V am Geber den Pluspol erhalten. Der Geber enthält einen Wahlschalter, der im wesentlichen aus einem sechsarmigen Kontaktarm und zwei unterteilten Kontaktringen besteht. Der kürzere Kontaktarm bestreicht nur den inneren und die übrigen fünf Arme den äußeren Kontaktring. In der Abbildung befindet sich die kürzere und eine der fünf äußeren Kontaktbürsten auf je einem isolierten Segment der beiden Kontaktringe. Dies ist die Ruhelage. Außer dem isolierten Segment enthält der äußere Ring ein langes, stromzuführendes Segment s_6 und fünf kurze Segmente s_1 bis s_5, die mit den Vielfachleitungen V verbunden sind. Die fünf langen Segmente des inneren Ringes führen zu den Gruppenrelais des Empfängers. Der Ring r mit den sechs Kontaktarmen ist mit einem Knebel außerhalb des Gebergehäuses verbunden. Dreht man die Kontaktarme um einen Schritt in Pfeilrichtung, so berührt der lange Arm von I das Segment s_1 und der kurze Arm von I das Segment s_7 vom inneren Kontaktring. Wird nun am Empfänger Kontakt k_2 geschlossen, so kommen folgende zwei Stromkreise zustande: Pluspol, Segment s_6, Ring r über s_7 zum ersten Gruppenrelais, das seinen Anker anzieht, k_2, Überwachungszeichen S, Minuspol. Der zweite Stromkreis: Pluspol über r, langer Kontaktarm I, Segment s_1, Vielfachleitung 1, Elektromagnet E_1, Anker des Gruppenrelais GR_1, Kontakt k_2, S, Minuspol. Elektromagnet E_1 gibt somit Tafel 1 frei.

b) Elektrische Zugfolgeanzeiger[1]).

Auf großstädtischen Schnellbahnstrecken mit dichtem Zugverkehr ist bei Betriebsstörungen die Einhaltung eines Fahrplanes nicht mehr möglich. Die Züge, die, aus verschiedenen Richtungen a, b, c, d, e,

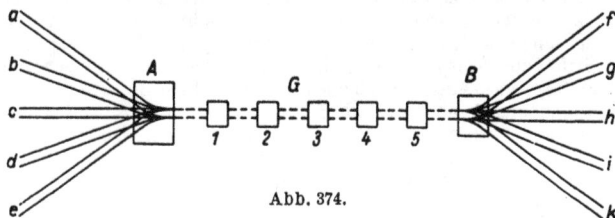

Abb. 374.

Abb. 374, kommend, in ein gemeinsames Gleis G münden, können dann nicht mehr in fahrplanmäßiger Reihenfolge in dieses Gleis geleitet werden. In diesen Fällen muß auf den Bahnsteigen der Bahnhöfe 1, 2, 3 usw. die veränderte Zugfolge im voraus kenntlich gemacht werden. Für diesen Zweck sind von Siemens & Halske der Zugfolgeanzeiger gebaut worden. Die Anzeiger, Abb. 375, werden in der Nähe der Bahnsteigzugänge und auf den Bahnsteigen aufgestellt. Bei den

[1]) Wetzel, G., Die elektrischen Fahrtrichtungsanzeiger und Zugfolgemelder auf der Berliner Stadtbahn. Siemens-Z. 19. 1939. 219—24.

Zugfolgeanzeigern der Berliner Stadtbahn wird außer dem 1. ankommenden noch der 2. und 3. Zug angezeigt.

Die Einstellung der Zugfolgeanzeiger geschieht von dem Stellwerk der Strecke aus, von dem die Züge in das gemeinsame Gleis G, Abb. 374, einfahren, d. h. vom Stellwerk von Bahnhof A bzw. B für die entgegengesetzte Richtung.

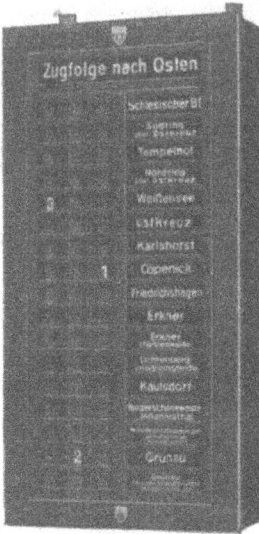

Von hier werden sämtliche Züge in der ankommenden Reihenfolge den Bahnhöfen 1, 2, 3 ... gleichzeitig gemeldet. Auf den einzelnen Bahnhöfen sind jeweils 3 nacheinander folgende Züge am Anzeiger zu erkennen. Für diese und die nachfolgend gemeldeten, noch nicht zur Anzeige gebrachten Züge ist auf jedem Bahnhof eine Einrichtung vorgesehen, die eine Aufspeicherung der gemeldeten Zugfolge so lange vornimmt, bis der Augenblick für die Anzeige gegeben ist.

Verläßt der als 1. gemeldete Zug den Bahnhof, so wird bei der Ausfahrt und Befahren eines Schienenkontaktes die Leuchtzahl 1 am Anzeiger, Abb. 375, zum Verschwinden gebracht, der nächstfolgende als 2. gemeldete Zug wird jetzt 1. und der 3. Zug wird 2. Ein neuer aufgespeicherter Zug erscheint als 3.

Abb. 375.

Bei der Berliner Stadtbahn wird dieses Wechselspiel durch elektrische Speicherapparate (Schaltwerke) erreicht, bei denen für jede Zugrichtung eine Trommel mit einer Anzahl zylinderförmig angeordneter Stifte zur Aufspeicherung der gemeldeten Zugrichtungen dient. Die Stifte können einzeln nach oben bewegt und bei Bedarf auch wieder zurückgenommen werden. Über den Stiften sind 3 Kontaktfedern derart verstellbar angeordnet, daß sie nur mit den hervorstehenden Stiften in Berührung kommen.

Jeder vorkommenden Zugrichtung ist auf jedem Bahnhof ein Speicherwerk zugeordnet. Die Anzahl der Stifte ist so groß bemessen, daß sämtliche auf der Strecke G, Abb. 374, befindlichen Züge aufgespeichert werden können, was besonders für die weit entfernt gelegenen Bahnhöfe von Wichtigkeit ist.

In Verbindung mit den Zugfolgeanzeigern stehen auch die im vorigen Abschnitt beschriebenen elektrischen Zugabrufer, die den jeweils als 1. gemeldeten Zug ankünden.

Die prinzipielle Schaltung und Wirkungsweise der Zugfolgemeldeeinrichtung läßt Abb. 376 erkennen. Die Darstellung ist rein schematisch. Für die Zugrichtungen A bis D ist je ein Speicherwerk mit den Kontaktstiften 4 bis 9 vorgesehen. Darüber an gemeinsamer isolierter

Schiene befinden sich die Kontaktfedern 1 bis 3, die mit Signallampen zur Anzeige der Zahlen 1 bis 3 in Verbindung stehen. Die Schiene mit den Federn wird bei Erregung des Magneten M_1 um eine Teilung in Pfeilrichtung weiterbewegt. Unterhalb der Kontaktstifte ist für jedes Speicherwerk an gemeinsamer Schiene ein einzelner beweglicher Stift 10 angeordnet. Die Stifte 10 werden bei Stromdurchgang durch den Magneten M_2 genau wie die Kontaktfedern gleichzeitig um eine Teilung weiter transportiert. Jeder Stift kann einzeln durch einen darunter angebrachten Magneten M_3 bis M_6 hochgeschlagen werden. Bei seiner Bewegung wird stets der darüber stehende Stift einer Trommel aus seiner Grundstellung hochgeschoben und festgehalten, während der durch den Magnetanker betätigte Zwischenstift 10 seine ursprüngliche Lage wieder einnimmt.

Ist für eine Zugrichtung irrtümlich ein falscher Trommelstift betätigt worden, so kann er mit Hilfe der Magnete M_7 bis M_{10} in seine Grundstellung zurückgeführt werden.

Auf sämtlichen Bahnhöfen befinden sich sowohl für die eine als auch die andere Zugrichtung die gleichen Einrichtungen, die von den beiden Endstellen A und B, Abb. 374, der Strecken eingestellt werden und parallel an gemeinsame Leitungen angeschlossen sind. Für jede Zugrichtung ist in dem für die Zugmeldung vorgesehenen Stellwerk bei A und B, Abb. 374, eine Gebereinrichtung vorhanden, die eine Einstellkurbel 11, Abb. 376, mit den Kontakten A bis D, eine Einstelltaste T_1 und Rücknahmetaste T_2 besitzt. Für die Erregung der Elektromagnete dienen die Batterien B_1 und B_2.

Bei Frühbeginn des Zugverkehrs stehen die gemeinsam verbundenen Stifte 10 unterhalb der Trommelstifte 4. Die darüber an isolierter Schiene befestigten Federn 1, 2, 3 sind in ihrer Anfangsstellung gezeichnet. Bei der Einstellung der Zugrichtungen vom Stellwerk aus kommen folgende Stromwege zustande.

Zu melden sei ein Zug mit der Richtung A.

Die Kurbel 11 wird auf Kontakt A gestellt und Taste T_1 gedrückt. Über Kontakt 13 wird (von + der Batterie B_1 über T_1, 13, M_2, —) der Magnet M_2 erregt. Er zieht seinen Anker an und bewegt die Schiene mit den Stiften 10 um eine Teilung weiter, die sämtlich unterhalb der Trommelstifte 5 zu stehen kommen. Beim Weiterdrücken der Taste T_1 wird Kontakt 14 geschlossen. Elektromagnet M_3 wird erregt über: +, T_1, 13, 14, 11, A, M_3 nach —. Der Magnet M_3 zieht seinen Anker an und schlägt gegen den Stift 10, der nunmehr den Trommelstift 5 nach oben schlägt und diesen mit der Kontaktfeder 1 in Berührung bringt. Die Lampe a_1 erhält Strom aus Batterie B_2 über: +, Stift 5, Feder 1, Lampe a_1 nach —. Die Lampe a_1 leuchtet auf und läßt zur Zugrichtung A die Leuchtzahl 1 erkennen (s. Abb. 375). Nach Loslassen der Taste T_1 werden die Kontakte 13 und 14 wieder geöffnet.

Der zweite zu meldende Zug habe die Richtung B.

Die Kurbel 11 wird auf B gestellt und die Taste T_1 gedrückt. Magnet M_2 wird wieder erregt. Die Schiene wird um eine weitere Teilung bewegt, und die Stifte 10 kommen jetzt unterhalb der Trommelstifte 6 zu stehen. Bei Kontaktschluß mit 14 wird über 13, 14, 11, B der Magnet M_4 erregt. M_4 zieht den Anker an und schlägt den Trommel-

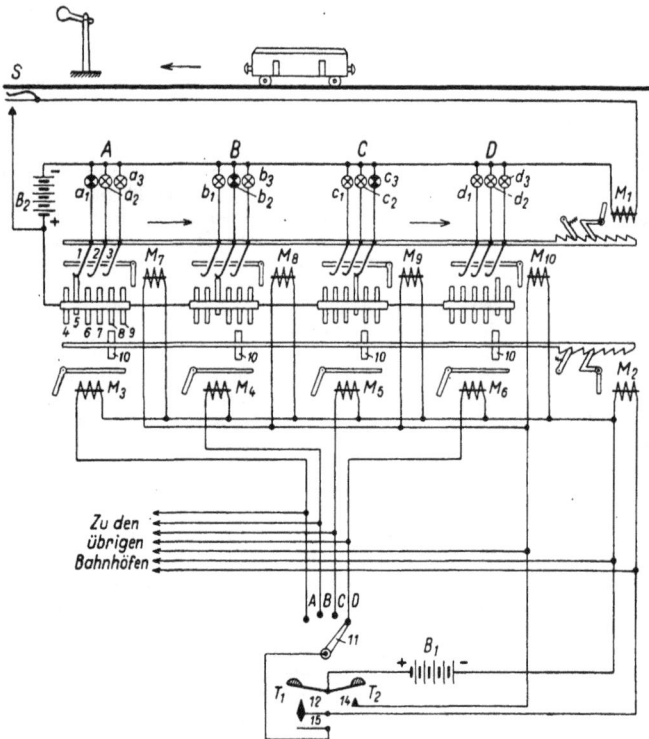

Abb. 376.

stift 6 hoch, der mit Feder 2 in Berührung kommt. Über den Stromweg $+$, 6, Feder 2, b_2 leuchtet die Lampe b_2 auf und läßt die Leuchtzahl 2 zur Zugrichtung B erkennen.

Der dritte Zug habe die Richtung C.

Die Kurbel 11 wird auf Kontakt C gedreht. Bei Betätigung der Taste T_1 werden die Stifte 10 wieder um eine Teilung weiter bewegt und stehen nun unter 7. Der Magnet M_5 wird erregt und der Trommelstift 7 hochgeschlagen. Von der Batterie B_2 wird über Feder 3 die Lampe c_3 aufleuchten. Diese läßt zur Richtung C die Leuchtzahl 3 erkennen. Der Zugfolgemelder zeigt jetzt zur Zugrichtung A die 1, Richtung B die 2 und Richtung C die 3.

Wird ein vierter Zug mit der Richtung D zur Meldung gebracht, so muß die Kurbel auf D gedreht werden. Durch den Stromschluß über die Taste T_1 werden über M_2 die Stifte 10 um eine Teilung weiterbewegt und kommen unter 8 zu stehen. Der Magnet M_6 schlägt den

Stift 8 nach oben, der in seiner Stellung stehen bleibt und weiter keinerlei Verbindung herstellt. Bei jedem weiteren zu meldenden Zug einer beliebigen Richtung erfolgt durch einen herausgestoßenen Stift die Aufspeicherung des Zuges.

Verläßt der Zug mit der Richtung A einen Bahnhof, so wird beim Überfahren des Schienenkontaktes S aus Batterie B_2 der Magnet M_1 erregt. Die gemeinsame Schiene der Kontaktfedern wird um eine Teilung weiter befördert. Die Feder 1 der Richtung A verläßt den Trommelstift 5. Die Lampe a_1 erlischt, und damit verschwindet auch die gemeldete 1. Von der Zugrichtung B verläßt die Feder 2 den Trommelstift 6; dieser kommt nun mit der Feder 1 in Berührung. Die Lampe b_2 erlischt ebenfalls, und b_1 leuchtet jetzt auf. Es wird dadurch der als 2. gemeldete Zug 1. Bei der Richtung C ist der gleiche Wechsel vor sich gegangen. Aus der 3 ist eine 2 geworden. Als 3. Zug erscheint zur Zugrichtung D die 3, weil die Feder 3 mit dem herausragenden Trommelstift 8 in Berührung gekommen ist.

Derselbe Vorgang wiederholt sich bei der Ausfahrt eines jeden Zuges.

Die herausstehenden Trommelstifte werden nach vollständiger Abtastung der ganzen Reihe nacheinander selbsttätig in ihre Grundstellung gebracht.

Die noch vorgesehene Taste T_2 dient zur Rücknahme einer falsch eingestellten Zugrichtung. Ist die Zugrichtung D irrtümlich eingestellt worden, so werden beim Niederdrücken der Taste T_2 sämtliche parallel geschalteten Magnete M_7 bis M_{10} erregt. Die Magnete ziehen ihre Anker an, und einer der Anker stößt den jeweils zuletzt hochgeschlagenen Stift, in diesem Falle Stift 8, in seine Grundstellung zurück.

c) Vorläute-Einrichtung.

Im Eisenbahnbetrieb ist es erforderlich, daß die Schrankenwärter an Wegübergängen die Schranken rechtzeitig, aber auch nicht vorzeitig

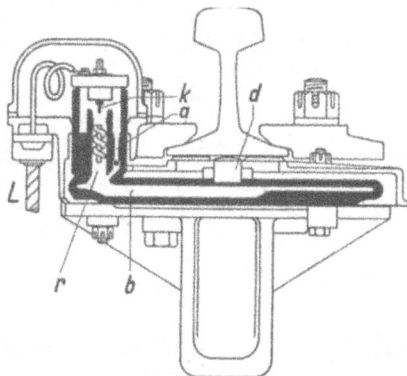

Abb. 377.   Abb. 378.

— 214 —

schließen. Ist der Bahnkörper unübersichtlich (Kurven vor dem Übergang, ungünstige Witterung usw.), so ist es angebracht, das Herannahen eines Zuges dem Schrankenwärter rechtzeitig anzuzeigen. Hierzu dient die Vorläute-Einrichtung, die aus einem Schienenkontakt und einem besonderen Wecker mit Fallscheibe besteht (Abb. 377). Der Schienenkontakt ist in Abb. 378 im Schnitt dargestellt.

Der Schienenkontakt wird unter einer Eisenbahnschiene zwischen zwei Schwellen aufgebaut. Die sich beim Befahren durchbiegende Schiene drückt mit dem Schienenfuß gegen den Druckstöpsel d, der den Druck auf die obere biegsame Platte eines flachen, mit Quecksilber gefüllten Behälters b weitergibt. Der Stöpsel preßt somit das zwischen der oberen und unteren Platte des geschlossenen Gefäßes b befindliche Quecksilber in eine Steigröhre r mit kleinem Querschnitt. In der Steigröhre berührt das Quecksilber den von oben isoliert eingeführten Kontaktstift k und stellt hier einen Stromkreis einer Signaleinrichtung her. Das übergetretene Quecksilber kann durch den Abflußkanal a wieder in den unteren Behälter abfließen. Gegen hochsteigendes Quecksilber ist der Kanal a durch ein kleines Kugelventil verschlossen.

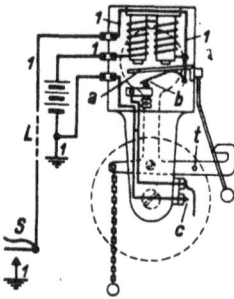

Abb. 379.

In Abb. 379 ist der Schienenkontakt S in einer bestimmten Entfernung vor dem Wegübergang auf der Strecke aufgebaut. Die Leitung L kann auf dem Telegrafengestänge verlegt sein und führt zur Wärterbude am Wegübergang. An der Wärterbude ist der Wecker mit Fallscheibe angebracht. Dieser Membranwecker (siehe S. 90) wirkt beim ersten Stromschluß am Schienenkontakt S als Elektromagnet (Stromkreis 1). Anker a wird angezogen, und die Nase der Fallscheibe gleitet von einem Ansatz am Klöppel herunter. Die Fallscheibe erscheint rechts vom Wecker und schließt durch den Stift t über Kontakt c einen Ortsstromkreis für den Wecker.

Der Wecker arbeitet nun als Selbstunterbrecher, bis er durch Ziehen an der Kette abgestellt wird. Die Batterie (sechs große Beutel- oder Trockenelemente) wird zweckmäßig in der Wärterbude selbst untergebracht. Die Schaltung (Abb. 379) ist nur für eine Zugverkehrsrichtung zu gebrauchen; denn würde man auf der anderen Seite vom Wegübergang auch einen Schienenkontakt anordnen und auf denselben Wecker schalten, so würde dieser Wecker nochmals durch den bereits durchgefahrenen Zug ausgelöst werden.

d) Strecken-Läutewerke.

Außer der beschriebenen Vorläute-Einrichtung werden an den Wegübergängen sog. Streckenläutewerke (Läutebuden Abb. 380) aufgestellt. Die Läutewerke können mit 1, 2 oder 3 Glocken ausgerüstet sein, werden durch Induktorstrom ausgelöst und durch die

Kraft eines Gewichtes (von 35 bis 38 kg) betätigt. Diese Läutebuden dienen dazu, die über eine Bahnstrecke, z. B. A—B (Abb. 381), verteilten Bahnwärter 1, 2, 3, 4, 5 über die Abfahrt der Züge vom nächsten Bahnhof zu benachrichtigen. Desgleichen dienen die Läutewerke als Warnsignal und als Signal zum Schließen der Schranken an Wegübergängen. In Abb. 381 hat der Läuteinduktor J_1 eine Taste e; mittels dieses Induktors, der zur Abgabe von intermittierendem Gleichstrom eingerichtet ist, können die Läutewerke 1 bis 5 ausgelöst werden.

Abb. 380.

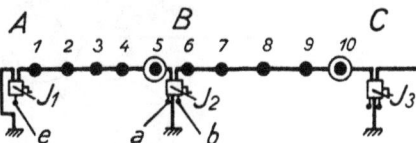
Abb. 381.

Die Läuteinduktoren J_2 und J_3 haben je zwei Tasten a, b, so daß durch Drücken je einer Taste beim Kurbeln des Induktors immer nur die Läutewerke einer Strecke, links oder rechts von der Station, ausgelöst werden. Aus Abb. 380 ist noch zu ersehen, daß das Werk mit dem Gewicht innerhalb der Eisen-

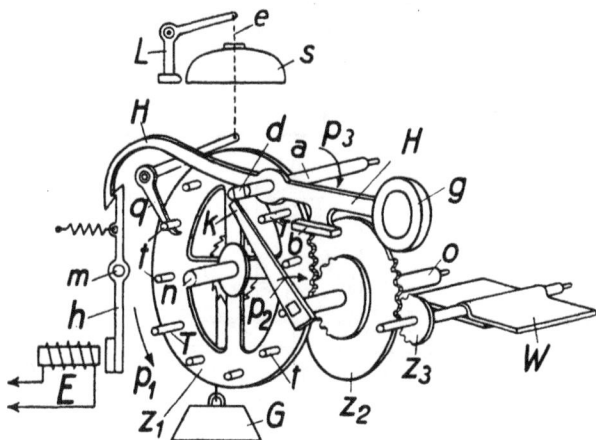
Abb. 382.

bude untergebracht ist und die Glockenschalen mit Hammer oberhalb der Bude unter einem besonderen Schutzdach. Das Läutewerk
selbst ist schematisch in Abb. 382 wiedergegeben, und zwar im Ruhe-
zustande. Das vom Gewicht G angetriebene Räderwerk ist durch Hebel k gesperrt. Hebel k liegt mit seiner Spitze gegen die halb abgefeilte
Achse a. Wird Elektromagnet E durch den Induktorstrom erregt, so gibt
der um m drehbare Hebel h die Nase des schwanenhalsförmigen Hebels H
frei. Dieser Hebel, beeinflußt durch das Gewicht g, dreht sich um einen
gewissen Winkel in Pfeilrichtung p_3. Hierdurch dreht sich auch das
zur Hälfte ausgefeilte Ende d der Achse a so weit, daß Sperrhebel k
freigegeben wird. Durch das Gewicht wird nun das Räderwerk in Drehung versetzt, wobei der Windfang W die Umlaufgeschwindigkeit regelt,
und Hebel k sich in Pfeilrichtung p_2 dreht. Das Rad z_1 ist mit einer

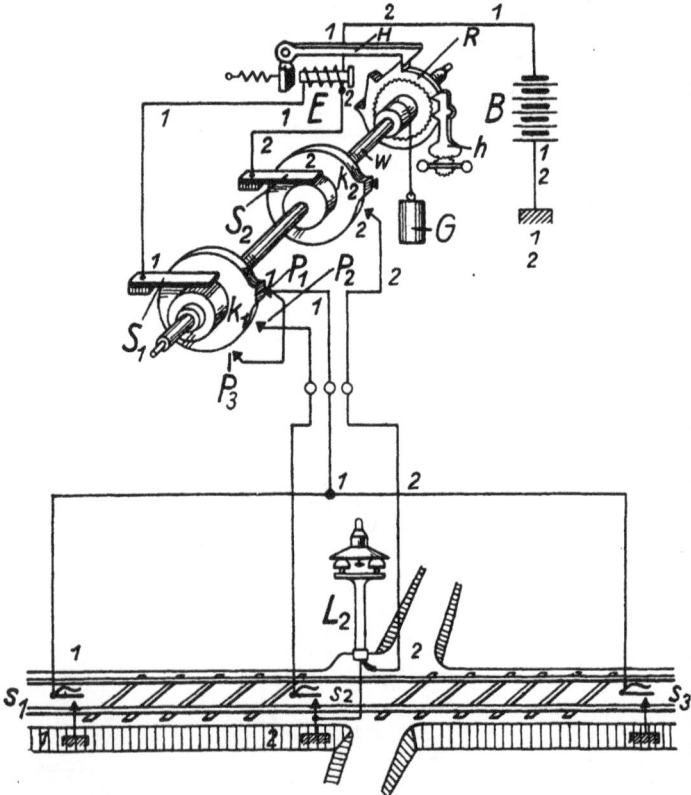

Abb. 383.

Anzahl kurzer Stifte t sowie zwei gegenüberstehenden langen Stiften T versehen. Bei Drehung in Pfeilrichtung p_1 gleiten diese Stifte am Winkelhebel q vorbei, wodurch jedesmal über e ein Schlag gegen Glockenschale s erfolgt. Nach einer Anzahl Schläge wird das Werk selbsttätig gesperrt. Die Sperrung erfolgt in der Weise, daß ein langer Stift T unter einen Ansatz b am Hebel H greift und diesen mit h verklinkt. Hierdurch dreht sich Achse a im entgegengesetzten Sinne des Uhrzeigers so weit, daß die Spitze des Hebels k nicht mehr an der ausgefeilten Achse bei d vorbei kann. Sind mehrere Glocken zu betätigen, so wird eine Anzahl Winkelhebel q nebeneinander angeordnet.

e) Selbsttätige Warnläutewerke[1]

werden an unbewachten Wegübergängen aufgestellt. Diese Läutewerke geben im Gegensatz zu den Läutebuden keine bestimmte Anzahl Schläge, sondern das Läutewerk wird vom ankommenden Zug mittels Schienenkontakt eingeschaltet und beim Befahren des mittleren Schienenkontaktes s_2 (Abb. 383) wieder abgestellt. Die Läutewerksanlage ist mit einem Schaltapparat auf der nächsten Bahnstation über drei Leitungen verbunden. Batterie B ist mit einem Pol geerdet. Befährt der ankommende Zug z. B. den Schienenkontakt s_1, der etwa 500 m vom Wegübergang entfernt ist, so wird Stromkreis 1 geschlossen. E zieht seinen Anker an, und H gibt das Rad R frei. Durch das Gewicht G dreht sich Welle w langsam (Hemmung h) weiter, bis das Werk durch den nächsten Zahn von R und Klinke H wieder angehalten wird. In dieser Stellung ist Stromkreis 2 geschlossen und das Läutewerk L ertönt. L arbeitet ähnlich einem Selbstunterbrecherwerk. Ein Stromkreis über k_1, P_2 ist vorbereitet. Befährt der Zug den Schienenkontakt s_2, so wird Elektromagnet E über den vorbereiteten Kontakt (k_1, P_2) wiederum erregt. Klinke H gibt den zweiten Zahn von R frei, und die Welle w dreht sich in die dritte Stellung; das Läutewerk ist abgestellt. Wird nun der Schienenkontakt s_3 befahren, so erfolgt über k_1, P_3 abermals ein Ankeranzug von E, der dritte Zahn von R wird freigegeben und das Schaltwerk dreht sich langsam in die gezeichnete Ruhelage zurück. Da die Kontakte s_1 und s_2 parallel verbunden sind, ist es für die Betätigung der Anlage gleichgültig, aus welcher Richtung der Zug kommt. Die Tätigkeiten des Schaltwerkes in Abb. 383 können auch durch eine Relaisschaltung ausgeführt werden.

f) Registriergeräte zur Messung der Fahrgeschwindigkeit von Zügen.

Eine einfache Methode, die Fahrgeschwindigkeit von Zügen innerhalb einer bestimmten Gefahrstrecke zu bestimmen und zu registrieren, sei an Hand der Skizze in Abb. 384 erläutert. Am Anfang und am Ende der Gefahrstrecke S wird je ein Schienenkontakt s_1, s_2 angeordnet. Die Empfangseinrichtung besteht aus einem Uhrwerk, welches mit gleich-

[1] Wetzel, G., Selbsttätige Warnsignaleinrichtungen für unbewachte Eisenbahn-Wegübergänge. Siemens-Z. 4, 1924, 465—66.

mäßiger Geschwindigkeit einen Registrierstreifen unter einer Stanz-vorrichtung e, h, t vorbeizieht. Beim Befahren der Schienenkontakte wird Elektromagnet e jedesmal erregt und in den Papierstreifen p ein Loch eingestanzt. Aus der Entfernung n zwischen zwei aufeinander-folgenden Löchern 1 und 2, der bekannten Geschwindigkeit, mit der der Streifen p minutlich vorwärts bewegt wird, und der Entfernung S zwischen den Schienenkontakten s_1 und s_2, läßt sich ohne weiteres die Durchschnittsgeschwindigkeit bestimmen, mit welcher der Zug die

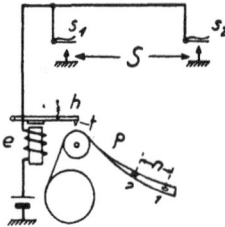

Abb. 384.

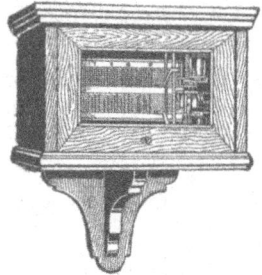

Abb. 385.

Strecke zurücklegte. Bei dieser Registriermethode beträgt der Abstand zwischen den Schienenkontakten 500 bis 1500 m; es kann also nur die Durchschnittsgeschwindigkeit gemessen werden.

1. System Siemens & Halske.

Abb. 385 zeigt einen Registrierapparat von Siemens & Halske für kurze Kontrollstrecken. Die im Innern des Gehäuses sichtbare Trommel macht, durch ein Uhrwerk angetrieben, in 24 Stunden eine volle Um-drehung. Auf die Trommel wird ein Papierstreifen [in der Abbildung zwei Streifen für zwei Kontrollstrecken*)] aufgelegt, der jeden Tag einmal ausgewechselt wird. Der Registrierapparat schreibt senkrecht zur Be-wegungsrichtung verschieden lange Striche, die als Maß für die Zug-geschwindigkeit dienen. An Hand der Abb. 386 sei der Registriervor-gang näher erläutert. Der Registrierapparat ist im Schnitt dargestellt. Die Trommel T wird vom Uhrwerk U angetrieben. Der aufgelegte Registrierstreifen ist in der Längsrichtung in Stunden, senkrecht dazu in Sekunden (von 0 bis 10) eingeteilt. Zum Registrierapparat gehört noch ein elektrisch angetriebenes Halbsekundenpendel P in besonderem Gehäuse. Das Kontaktpendel wird über LB, e, Unterbrecherkontakt k_4 dauernd in Schwingung gehalten, so daß der Kontakt k_3 durch das Pendel jede halbe Sekunde einmal geöffnet wird. Überfährt der Zug den Schienenkontakt k_1, so wird ein Stromkreis über E, B_1, k_3, e_1, k_1, E hergestellt. Elektromagnet e_1 wird halbsekundlich erregt und hebt mittels Klinke s_2 die Zahnstange Z, an welcher die Schreibfeder s be-festigt ist. s_1 ist eine Sperrklinke. Die Schreibfeder, die vorher einen

*) Oder auch für 2 Fahrtrichtungen.

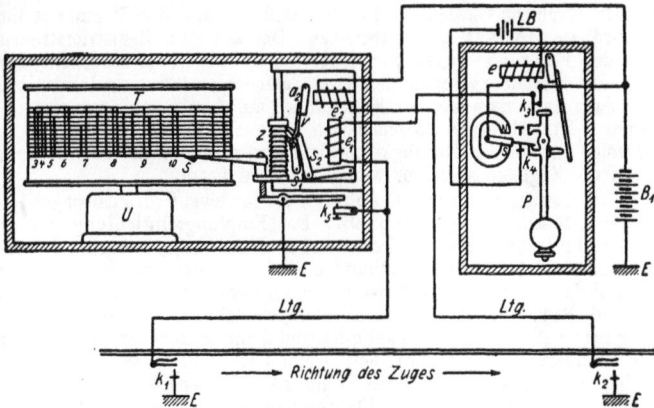

Abb. 386.

waagerechten Strich schrieb, zieht nun (halbsekundlich gehoben) einen
Strich senkrecht zum Registrierstreifen. Sobald Z nur einen Schritt
gehoben ist, wird parallel zu k_1 über Kontakt k_5 eine Erdverbindung
hergestellt, denn bei kurzen Zügen würde der Kontakt k_1 geöffnet und
das Heben der Zahnstange unterbrochen werden, ehe Kontakt k_2 befahren wird. Geschieht letzteres, so zieht e_2 seinen Anker a_2 an und
Klinken s_1 und s_2 werden aus den Zähnen von Z herausgedrückt (Feder v).

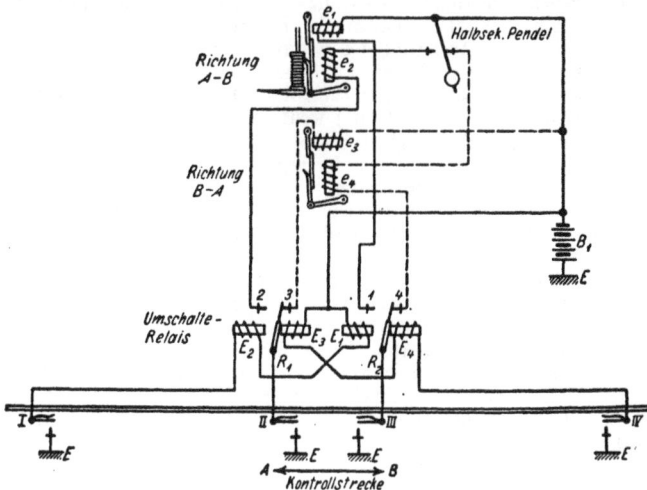

Abb. 387.

Z fällt durch ihr Gewicht in die Ruhestellung, und der Stromkreis für e_1 wird am Kontakt k_5 unterbrochen. Der auf dem Registrierstreifen von der Feder s gezogene Strich ist um so länger, je langsamer der Zug die Strecke zwischen den zwei Schienenkontakten gefahren ist, und zwar kann man die Anzahl Sekunden auf dem Registrierpapier abzählen. Die Abstände zwischen den senkrechten Strichen zeigen die Zugfolge an; die Geschwindigkeitsstriche sind noch deutlich zu erkennen, wenn die Zugfolge auch nur wenige Minuten beträgt.

Der Registrierapparat in Abb. 385 ist für zwei Fahrtrichtungen bestimmt. Schaltung siehe Abb. 387. Der Empfangseinrichtung sind in diesem Falle noch zwei Umschalterelais zugeordnet, welche mit vier Schienenkontakten derart verbunden sind, daß der ankommende Zug beim Befahren eines der äußerst gelegenen Schienenkontakte die Relais R_1 und R_2 so umlegt, daß die Empfangseinrichtung für diese Zugrichtung bereit steht, wenn die zwei mittleren Schienenkontakte in zeitlicher Aufeinanderfolge betätigt werden. Kommt ein Zug in Richtung $B—A$, so findet er in der gezeichneten Stellung die Schienenkontakte III und II über Kontakte 4 und 3 der Elektromagnete E_4, E_3 an die Registriereinrichtung für diese Fahrtrichtung angeschlossen. Kommt ein Zug aus Richtung $A—B$, so werden durch Befahren von I die Elektromagnete E_2 und E_1 erregt, die Anker umgelegt, und es liegt nun die Registriereinrichtung für diese Richtung ($A—B$) über Kontakte 2 und 1 der Relais R_1 und R_2 an den Schienenkontakten II und III.

2. System Wetzer.

Der von der Firma Wetzer gebaute Zuggeschwindigkeitsmesser benutzt 3 Schienenstromschließer, die in 75 m Entfernung voneinander angeordnet werden. Der erste in der Fahrtrichtung liegende Stromschließer dient der Auslösung des Registrierwerkes und der Umschaltung der ganzen Vorrichtung auf diese Zugrichtung. Die Strecke zwischen dem (in der Fahrtrichtung liegenden) zweiten und dritten Schienenstromschließer ist dann jeweils die Meßstrecke.

Dieser Zuggeschwindigkeitsmesser wird an eine Zentraluhrenanlage (Uh) angeschlossen, von der aus die Einstellung von Tages-, Stunden- und Minutentypenrädern vorgenommen wird, so daß bei jeder Registrierung der Zuggeschwindigkeit auch die Zeit auf den Registrierstreifen aufgedruckt wird. Ist der Druck erfolgt, so wird der Registrierstreifen noch etwa 40 mm weiterbewegt. Der Registrierstreifen ist durch eine lange Schauöffnung auf der Vorderseite des Registriergerätes sichtbar angeordnet. Die Schauöffnung ist so lang, daß immer die letzten 8 Registrierungen noch abgelesen werden können.

Das Registriergerät, Abb. 388, wird von einem Federwerk angetrieben, das von einem kleinen Elektromotor (aus einer 12 Volt-Batterie gespeist) aufgezogen wird. Ein eingebauter Wecker ertönt, wenn die für die Meßstrecke vorgeschriebene Höchstgeschwindigkeit überschritten wird.

Das Meßprinzip dieser Einrichtung besteht darin, daß immer durch den zweiten befahrenen Schienenstromschließer der Meßstrecke ein mit Geschwindigkeitszahlen versehenes Typenrad von einer Anfangsstellung aus in gleichmäßige Bewegung gesetzt und beim Befahren des dritten Schienenstromschließers angehalten wird, worauf dann gleich auch der Druck erfolgt, der Papierstreifen weiterbewegt und dann das ganze Laufwerk wieder stillgesetzt wird. Die gleichmäßige Geschwindigkeit des Federwerkablaufes wird durch ein sog. Sirenenrad gesteuert. Das Sirenenrad besteht aus einem Zahnrad mit scharfen

Abb. 388.

breiten Zähnen, welches mit einer schwingenden Blattfeder so zusammenarbeitet, daß im Rhythmus der schwingenden Feder das Zahnrad Zahn um Zahn freigegeben wird, wobei der Antrieb vom Federwerk aus geschieht.

Die Vorgänge beim Befahren der Schienenstromschließer sind folgende:

Wird der Schienenstromschließer I, Abb. 389, vom Zug überfahren, so wird zunächst Stromkreis 1 geschlossen und der Elektromagnet U_1 der Umschalteinrichtung erregt. Dadurch wird die ganze Registriereinrichtung für diese Zugrichtung umgeschaltet.

Aus der Nebenskizze in Abb. 389 sind die Federsätze und Kontakte der Umschalteinrichtung und die bei der Erregung der Elektromagnete U_1 bzw. U_2 jeweils betätigten Kontakte zu ersehen. Die bei der Erregung des Elektromagneten U_1 betätigten Kontakte sind mit einem Strich gekennzeichnet, die durch U_2 betätigten mit zwei Strichen.

Über den Arbeitskontakt U_2' legt sich der Elektromagnet U_1 in einen vom Schienenkontakt I unabhängigen Haltestromkreis und über Stromkreis 2, Kontakt U_8', wird der Anlaßmagnet A erregt, der das Federwerk der Registriereinrichtung in Gang setzt. Damit der Kupplungselektromagnet K und der Druckmagnet D beim Befahren des 2. und 3. Schienenstromschließers sehr schnell ansprechen, werden diese Elektromagnete über die Vorwiderstände vk und vd und über den Kontakt $U_8{}'$ der Umschalteinrichtung vorerregt. Der Kupplungs-Elektromagnet K soll beim Befahren des 2. Schienenstromschließers die Typenräder in Gang setzen und der Druckmagnet beim Befahren

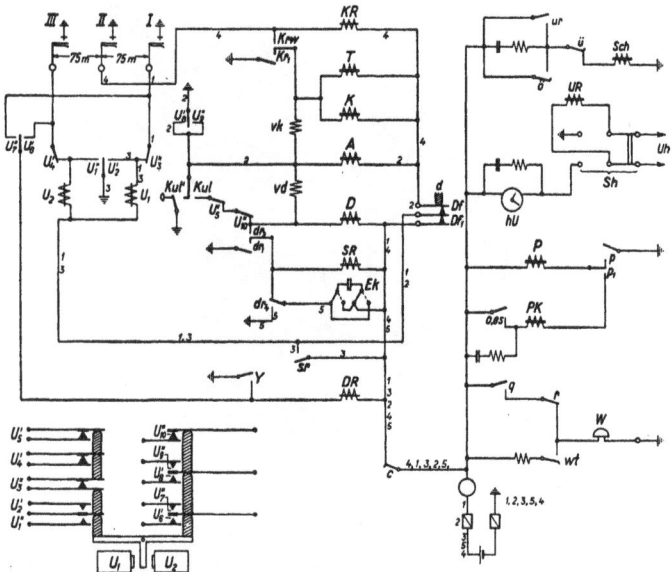

Abb. 389.

des 3. Schienenstromschließers den Abdruck der zu registrierenden Werte vornehmen.

Wird der Schienenstromschließer II befahren, so wird zunächst über Stromkreis 4 das Kupplungsrelais KR erregt und durch dieses über Kontakt kr_1 der Kupplungselektromagnet K unmittelbar an Spannung gelegt. Der Kupplungselektromagnet löst das Registrierwerk aus, indem er die Typenradachse mit dem gleichmäßig umlaufenden Federantriebswerk kuppelt. Die Typenräder drehen sich von einer Anfangsstellung aus so lange, bis der 3. Schienenstromschließer befahren wird. Für die konstante Winkelgeschwindigkeit, mit der die Typenräder sich drehen, sorgt das oben erwähnte Sirenenrad des Federantriebwerkes.

Beim Befahren des 3. Schienenstromschließers wird über Kontakt $U_6{}'$ das Druckrelais DR erregt, welches über seine Kontakte dr_1 und dr_2 den Druckelektromagnet D betätigt. Der Druckhammer schlägt gegen die Typenräder so daß auf dem Papierstreifen der Abdruck der Zuggeschwindigkeit, des Datums und der Zeit (Stunde und Minute) erfolgt. Über den Kontakt dr_1 wurde auch das Schlußrelais SR erregt, das zum Beenden des Registriervorganges dient. Das Druckrelais DR, das vom 3. Schienenstromschließer erregt wird, fällt auch ab, sobald der Schienenstromschließer den Stromkreis unterbricht, was bei manchen Zügen wiederholt erfolgen kann. Um aber die Registriereinrichtung in den ordnungsmäßigen Ruhezustand zurückzuführen, sind allein für das Weiterbewegen des Papierstreifens 6 Sekunden erforderlich. Dazu dient das Schlußrelais. Dieses Schlußrelais kann durch den Entladestrom des Elektrolytkondensators EK noch etwa 8 Sekunden nach dem letzten Kontaktschluß des Schienenstromschließers III gehalten werden, so daß die Umschalteinrichtung (in diesem Fall Elektromagnet U_1) über Kontakt sr noch 8 Sekunden lang Strom erhält, Stromkreis 3. Der Kondensator wird geladen, solange das Druckrelais anzieht, über Kontakt dr_4, Stromkreis 5. Der Elektromagnet U_1 würde beim Anziehen des Druckelektromagneten D stromlos (Unterbrechung des Stromkreises 1) werden, da der D-Magnet die Folgekontakte Df, Df' mechanisch unterbricht, wenn der Druckvorgang stattfindet (siehe d).

Fällt nach 8 Sekunden der Elektromagnet U_1 ab, so ist auch Kontakt U_8' unterbrochen, worauf alle Arbeits-Elektromagneten (Auslöse-Elektromagnet, Kupplungs- und Druck-Elektromagnet) stromlos werden. Die Umschalteeinrichtung U_1—U_2 steht nun wieder in der Mittellage.

Nach beendigtem Druck wird der Papierstreifen um etwa 40 mm weitergezogen. Dies geschieht dadurch, daß nach dem Abfallen des Auslöse-Elektromagneten A die Kontakte p und p' mechanisch geschlossen werden, worauf der Elektromagnet P die Papier-Fortschalteeinrichtung in Gang bringt, bis der Kontakt p mechanisch (vom Federwerk aus) wieder unterbrochen wird. Zur Kontrolle des gleichmäßigen Ganges des Laufwerkes wird über Kontakt p_1 der Stromkreis für den Punktierelektromagneten PK vorbereitet. Da vom gleichmäßigen Gang des Laufwerkes die Genauigkeit der Registrierung abhängt, ist ein mit Unruhgang versehenes, durch den Elektromagnet T elektromagnetisch aufgezogenes Hilfskontaktwerk vorgesehen, dessen 0,6-Sekunden-Kontakt (s. Abb. 389) den Punktierelektromagneten PK steuert, der bei jeder Registrierung durch Marken auf dem unmittelbar nach dem Abdruck fortbewegten Papier den Gang des Laufwerkes überprüft. Diese Überprüfungsmarken müssen in einer Entfernung von 4,5 mm voneinander liegen. An dem Fenster des Gehäuses sind zum bequemen Vergleich Punkte in diesem Abstand angebracht.

Wenn statt der drei Schienenstromschließer in zeitlicher Aufeinanderfolge nur ein Kontakt geschlossen wird, so kann die Registriereinrichtung gestört werden. Um die Anordnung wieder in den Ruhezustand zu bringen, muß die Störungstaste C gedrückt werden; dadurch werden die bereits erregten Relais und Elektromagnete stromlos.

Der Wecker W, Abb. 389, wird über Kontakt r und Schleuderkontakt q eingeschaltet. Der Wecker legt sich über wt in einen Haltestromkreis und läutet weiter als Fortschellwecker. Zum Abstellen wird Kontakt wt mechanisch geöffnet. Der Wecker kann aber nur dann über den (nur vorübergehend) vom Druckmagnet aus betätigten

Schleuderkontakt *q* eingeschaltet werden, wenn die vorgeschriebene höchstzulässige Zuggeschwindigkeit überschritten wird. Fährt der Zug langsamer, so ist der Kontakt *r* mechanisch von einer Überwachungsscheibe aus bereits unterbrochen, bevor der Schleuderkontakt *q* in Tätigkeit tritt.

Die Uhrzeit im Registrierwerk wird minutlich durch den Elektromagneten *Sch* eingestellt. Relais *UR* liegt in einem Uhrenstromkreis *Uh* (s. S. 222) einer elektrischen Hauptuhr wie eine normale Nebenuhr und schaltet über seinen Kontakt *ur* minutlich den Elektromagneten *Sch* ein. Um die Uhrenzeit-Typenscheiben (bei Störungen) von Hand vorzustellen, wird Schalter *ö* betätigt, um die Typenscheiben nachzustellen, wird Schalter *ü* eine Zeitlang geöffnet. Beim Versagen der Hauptuhrenleitung kann eine Hilfsuhr *hÜ* eingeschaltet werden, indem Schalter *Sh* umgelegt wird. Bei Zugfahrten bei einer Geschwindigkeit unter 10 km/h wird Kontakt *Y* mechanisch geschlossen, das Druckrelais *DR* erregt und die Registriereinrichtung stillgesetzt.

XV. Eisenbahn-Blockanlagen[1]).

1. Die Blockstrecke.

Um den Zugverkehr auf Bahnhöfen und auf den freien Gleisstrecken zwischen den Bahnhöfen sicherzustellen, bedient man sich heute an Stelle bzw. neben der telegrafischen Zugfolgemeldung der Blockeinrichtungen in zwangläufiger Verbindung mit den Signalmitteln, die an Masten neben den Gleisen aufgestellt sind. Es wird eine Bahn *A — B*, Abb. 390, in größere oder kleinere Streckenabschnitte 1, 2, 3 eingeteilt, die als Blockstrecken bezeichnet werden. Die Bahnhöfe *A*, *B* werden Zugmeldestellen und die Blockstellen *m*, *n* Zugfolgestellen genannt.

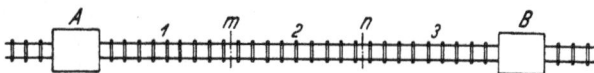

Abb. 390.

Bei zweigleisigen Strecken wird jedes Gleis nur in einer Richtung befahren. Am Anfang jeder Blockstrecke sind an Masten Signalflügel[*]) angebracht, die zwei Stellungen einnehmen können: Die Haltstellung (Signalflügel waagerecht, bei Dunkelheit Signallicht rot) und die Fahrtstellung (Signalflügel mit dem freien Ende nach oben gerichtet unter etwa 45°, bei Dunkelheit Signallicht grün).

Fährt ein Zug in eine Blockstrecke ein, so wird das Signal am Anfang dieser Strecke in die Haltstellung gebracht, bleibt in dieser Stellung gesperrt und wird erst dann wieder freigegeben, wenn der Zug diese Blockstrecke verlassen hat.

Diese Einteilung der Bahnlinie in einzelne Strecken und die Bestimmung der Eisenbahnbetriebsordnung, daß kein Zug von einer Zug-

---

[1]) Seyberth, H., Streckenblockierung. Z. ges. Eisenb. Sich. 18, 1923, 125—30, 144—48.
[*]) Als Hauptsignal; Vorsignale sind verschieden ausgebildet.

olgestelle abgelassen werden oder eine solche Stelle durchfahren darf, he nicht der vorausgegangene Zug die nächste Zugfolgestelle durchahren hat, bedingen einen bestimmten Raumabstand zwischen den ufeinanderfolgenden Zügen (Raumblock). Hieraus folgt wiederum, daß ie Häufigkeit der Blockstrecken d. h. ihre Anzahl gleich oder größer ein muß als die Zahl der Züge, die die ganze Strecke gleichzeitig efahren können. Die Zahl der Blockstrecken bestimmt die Durchaßfähigkeit der ganzen Strecke.

Das früher übliche Zugmeldeverfahren mit Morsetelegrafen virkte verzögernd auf die Zugabfertigung und erforderte beim Anvachsen der Zugfolge und der damit verbundenen Notwendigkeit, ie Anzahl der Blockstellen zu vergrößern, den Bau von verhältnisnäßig kostspieligen Anlagen für die telegrafische Zugmeldung mit Besetzung dieser Stellen durch Telegrafisten. Die weiter unten bechriebenen Blockeinrichtungen bieten den Vorteil einer einfachen, labei aber auch bedeutend sichereren und schnelleren Abwicklung des Zugmeldedienstes sowie auch eines billigeren Betriebes.

2. Der Blockapparat.

Es soll im folgenden nur auf die Blockeinrichtungen für die reie Strecke, die sogen. Streckenblockung, eingegangen werden. Die Blockeinrichtungen auf den Bahnhöfen bestehen zwar im wesentlichen aus denselben Vorrichtungen, stehen aber nicht nur mit Signalen in Verbindung, sondern auch mit den Weichen, und dienen zur Regelung und Sicherung der Zugfahrten innerhalb der Bahnhofgleise.

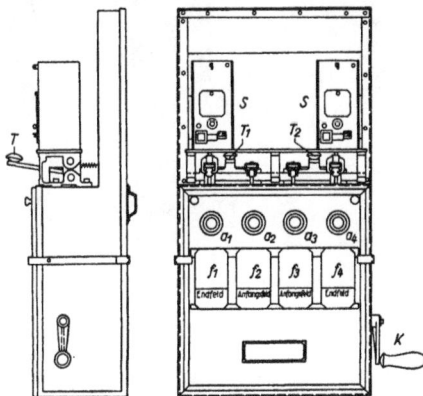

Abb. 391.

Die Blockapparate der Zugfolgestellen sind so gebaut und so elektrisch miteinander verbunden, . daß durch falsche Bedienung eines solchen Apparates durch den Wärter ein Zug zwar aufgehalten, jedoch nach menschlichem Ermessen kein unbeabsichtigtes Unglück herbeigeführt werden kann.

Der Streckenblock für eine zweigleisige Strecke besteht im wesentlichen aus vier Blockfeldern (je ein Anfangs- und ein Endfeld für jede Richtung), die in einem eisernen Kasten zusammengebaut sind. Abb. 391 zeigt die Apparateanordnung in einem Wechselstromblock mit vier Blockfeldern f_1 bis f_4, den zugehörigen Blockfenstern (Schauzeichen-Öffnungen) a_1 bis a_4, den Blocktasten T_1, T_2 (Gemeinschaftstasten für je ein Anfangs- und ein Endfeld) und den elektrischen Tastensperren S für die Endfelder f_1, f_4. In der Abb. 392 ist die äußere Ansicht eines geschlossenen vierteiligen Blockapparates mit 4 Blocktasten für Einzelbedienung der Blockfelder gezeigt. Unterhalb der Blockfelder sind im sogenannten Blockuntersatz die Blocksperren und rechts die Hebel zum Stellen der Signale zu sehen. Abb. 393 zeigt denselben Blockapparat geöffnet.

 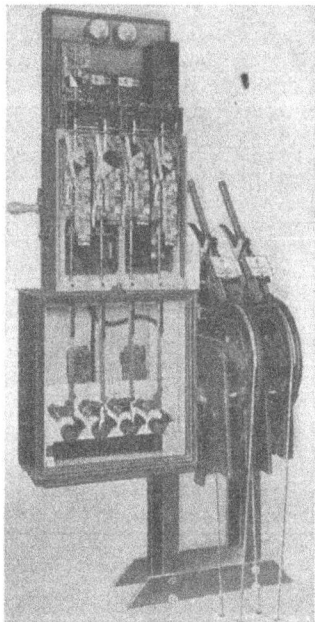

Abb. 392.   Abb. 393.

Zwischen der Stellvorrichtung für die Signale und dem entsprechenden Blockfeld ist eine Abhängigkeit (Sperrung) geschaffen, derart, daß das Signal nur dann auf freie Fahrt gestellt werden kann, wenn das Anfangsfeld entblockt ist. Ist das Blockfeld geblockt, so ist auch der Signalhebel gesperrt. Andererseits kann ein Blockfeld nur dann geblockt werden, wenn der Signalhebel auf „Halt" gestellt ist.

3. Das Blockfeld.

Nachstehend soll das Wechselstromblockfeld der Siemens & Halske A.-G. (jetzt mit diesem Arbeitsgebiet bei: Vereinigte Eisenbahn-Signalwerke G.m.b.H.) beschrieben werden. Es sei vorher noch bemerkt, daß Anfangs- und Endblockfelder, abgesehen von dem später beschriebenen „Verschlußwechsel", in der Konstruktion gleich sind, nur ist die Farbscheibe (Rechen, siehe weiter unten), die zur Hälfte rot und zur Hälfte weiß gestrichen ist, beim Anfangsfeld oben rot und unten weiß, beim Endfeld umgekehrt (s. auch Abb. 393 — links und rechts die Endfelder, in der Mitte die Anfangsfelder).

Es erscheint beim Anfangsfeld in geblockter Stellung der rote Teil der Farbscheibe hinter dem Blockfenster, beim Endfeld in geblockter Stellung der weiße Teil der Farbscheibe, in entblockten Stellungen umgekehrt.

Aus den Abb. 394 bis 396 sind die wesentlichen Bestandteile eines Siemens-Wechselstrom - Blockfeldes (Anfangsfeld) zu ersehen. Der Wechselstrombetrieb gewährleistet einen weitgehenden Schutz des Blockfeldes gegen unbeabsichtigte Betätigung durch Fremdströme (z. B. Ströme aus benachbarten Telegrafenleitungen). Ganz allgemein kann ein Blockfeld als ein mechanisch-elektrisches Schloß bezeichnet werden, welches mechanisch durch Druck auf eine Taste geschlossen, in der geschlossenen Stellung durch Betätigung eines Induktors*) gegen wiederholte Bedienung gesperrt wird und nur durch eine entsprechende Betätigung des mit diesem Blockfeld elektrisch verbundenen zweiten Blockfeldes wieder freigegeben werden kann.

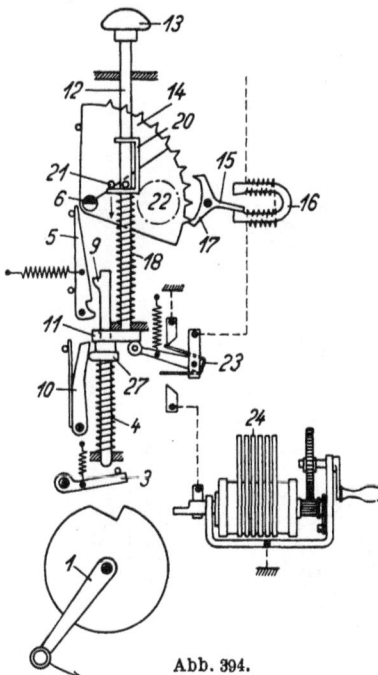

Abb. 394.

In der Abb. 394 ist das Blockfeld in entblockter Lage dargestellt; hinter dem Blockfenster 22 ist der weiße Teil des Rechens 14 zu sehen. Wird das Blockfeld durch Niederdrücken der Blocktaste 13 bedient, so bewegt das Druckstück 11 die Riegelstange 4 nach unten in die Sperrstellung. Das obere Ende der Riegelstange, an dem die Nase 9 sitzt, ist in der Regel von der Riegelstange selbst getrennt und wird als Verschlußstange bezeichnet. Beim Herunterdrücken der Verschluß- und der Riegelstange drückt die Nase 9 den Verschlußhalter 5 in die in Abb. 395 gezeichnete Lage. Der Wechselkontakt 23 wird an der unteren Klemme geschlossen.

*) Siehe Kapitel Induktoren.

16*

Dreht man nunmehr die Kurbel des Induktors 24, wobei Taste 13 in gedrückter Lage gehalten werden muß, so fließt der Blockstrom (Wechselstrom) durch die Spule des Elektromagneten 16, und der gepolte Anker 15 mit der Hemmung 17 schwingt hin und her. Der Rechen 14 dreht sich im Sinne des Uhrzeigers mit seiner Achse 6, die teilweise bis zur Hälfte ausgefeilt ist (s. auch Abb. 382, d). Die Drehung des Rechens erfolgt unter seinem eigenen Gewicht, und zwar schritt-

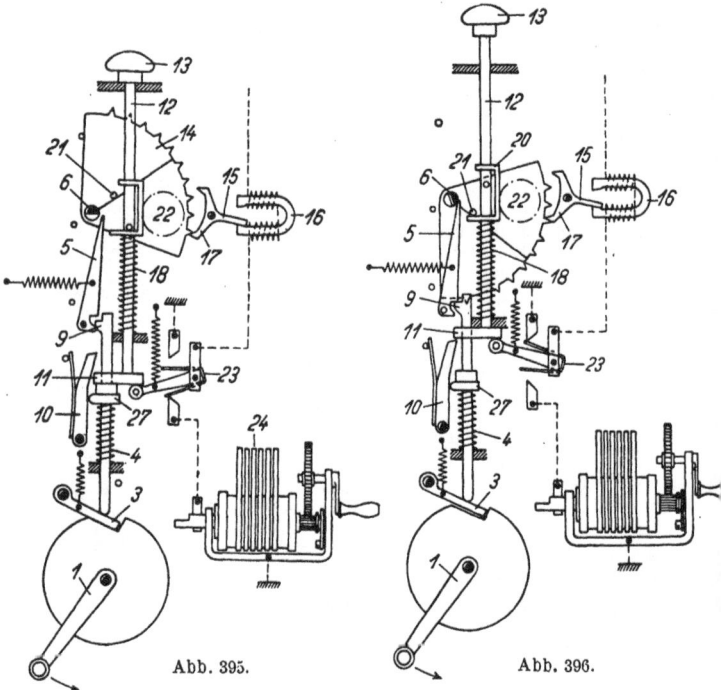

Abb. 395.   Abb. 396.

weise, indem der Anker 15 mit der Hemmung 17 Zahn für Zahn des Rechens freigibt. Diese Drehung kann der Rechen ausführen, da sein Stützstift 21 am Rechenführer 20 (bei gedrückter Taste, s. Abb. 395) keine Auflage (vgl. Abb. 394) mehr findet und jeweils nur durch eine Stahlschneide an der Hemmung gehalten wird. In der untersten Lage angelangt, legt sich der Rechen an einen Anschlag (Abb. 396), und hinter dem Blockfenster ist nun der rote Teil des Rechens zu sehen.

Wird die Blocktaste 13, nachdem durch das Kurbeln am Induktor der Rechen mit der Achse 6 sich gedreht hat, nunmehr vom Wärter losgelassen (Abb. 396), so geht die Druckstange 12 wieder in die Ruhelage zurück. Die Riegelstange 4 kann jedoch nicht mehr in die Höhe

gehen, da die Nase 9 der Verschlußstange gegen einen Nocken am
Verschlußhalter 5 stößt. Der Verschlußhalter 5 kann auch durch seine
Feder nicht mehr in die Ruhelage gezogen werden, denn sein oberes
Ende stößt nun gegen den vollen Teil der Rechenachse 6. Durch den
Sperrhebel 3 ist der Signalhebel 1 in der Haltlage gesperrt. Ein erneutes
Drücken der Taste 13 ist nicht möglich, da die Sperrklinke 10 sich unter
das Druckstück 11 gelegt hat. Auch ein weiteres Drehen an dem Kurbelinduktor ist zwecklos, da der Stromfluß am Wechselkontakt 23 unterbrochen wurde. Der Stromkreis über die Wicklung des Elektromagneten
ist über die obere Klemme des Wechselkontaktes an Erde gelegt, und
die Aufhebung des Blockverschlusses kann nur erfolgen, wenn von
anderer Seite Wechselstrom über den Elektromagneten gesandt wird.

Der Rechen steht von unten unter Druck der Feder 18 (über Rechenführer 20 und Stift 21, der fest im Rechen sitzt). Arbeitet der Anker
15 (Hemmung 17) unter dem Einfluß des von der anderen Seite kommenden Wechselstromes, so wird der Rechen Zahn für Zahn in die
Höhe gehoben und gelangt dann in die Stellung, die in Abb. 395 wiedergegeben ist. Der Verschlußhalter 5 wird nun durch seine Feder an der
ausgefeilten Achse vorbei in die Ruhestellung (Abb. 394) geschnellt;
die Riegelstange 4 hebt sich, desgl. der Sperrhebel 3, und die Signalkurbel
1 ist wiederum frei. Durch den Ansatz 27 an der Riegelstange wird die

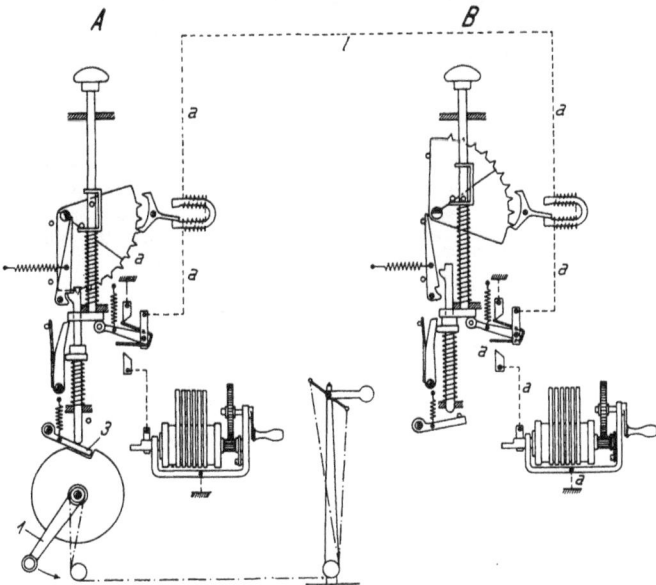

Abb. 397.

Sperrklinke 10 wieder aus der Bahn des Druckstückes 11 geschoben, und das Blockfeld ist zur neuen Betätigung bereit.

Wie aus den Abb. 392 und 393 zu ersehen, wird die in den Abb. 394 bis 396 schematisch dargestellte Abhängigkeit zwischen Blockfeld und Signalhebel durch die im Blockuntersatz befindlichen Blocksperren hergestellt.

4. Zusammenschaltung von Anfangs- und Endfeld.

Abb. 397 veranschaulicht schematisch den Zusammenhang zwischen den wesentlichen Apparaten, die bei der Blockung einer Bahnstrecke zusammenwirken. Das Anfangsfeld ist in geblockter, das Endfeld in entblockter Lage gezeichnet, d. h. in dem Schaltzustand, wenn der Zug in die Strecke $A - B$ eingefahren ist.

Die Riegelstange des geblockten Anfangsfeldes hält mit Hilfe der Sperrklinke 3 den Signalhebel 1 fest. Drückt nun, nach Ankunft des Zuges, der Wärter in der Blockstelle B das Endfeld und erzeugt durch Drehen der Induktorkurbel den Blockstrom, so verläuft dieser über den durch den Buchstaben a gekennzeichneten Stromweg, bewirkt die Entblockung des Anfangsfeldes in A und die Blockung des Endfeldes B. Das Endfeld in B wird gelöst durch den nächsten Blockstrom von A.

5. Zugfahrt durch mehrere Blockstrecken.

Durch die Abb. 398 bis 401 soll die Fahrt eines Zuges durch mehrere aufeinander folgende Blockstrecken im Prinzip geschildert werden. Es war bereits erwähnt, daß für eine zweigleisige Strecke jede Zwischen-

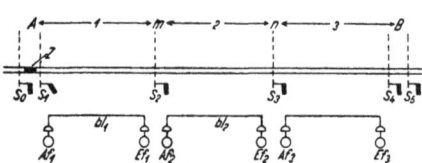

Abb. 398.

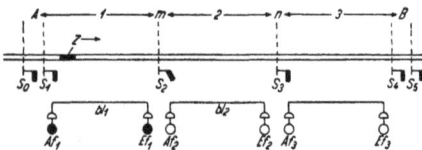

Abb. 399.

Blockstelle mit einem vierfeldrigen Blockapparat (also für jede Fahrtrichtung zwei Felder) ausgerüstet wird. In den Abb. 398 bis 401 ist nur das Gleis für die Fahrtrichtung von links nach rechts gezeichnet, dementsprechend ist auch nur je ein Anfangs- und ein Endfeld für jede Zugfolgestelle angedeutet. Ist die Blockstrecke 1 (Abb. 398) frei (Anfangsfeld Af_1 weiß), so kann auf dem Bahnhof A das Ausfahrsignal für den Zug

Z, der in der Richtung nach B fahren soll, gegeben werden; der Signalflügel S_1 am Ausfahrsignalmast wird auf „freie Fahrt" gestellt. Der Zug fährt hierauf in der Richtung nach B ab und befindet sich nun in der Blockstrecke 1 (Abb. 399). Dieses Gleis der Blockstrecke 1 muß also für alle nachkommenden Züge gesperrt werden, und das geschieht, indem der Wärter in A erst das Ausfahrsignal S_1 (Abb. 399) auf Halt stellt und dann durch Niederdrücken der Taste des Anfangsfeldes Af_1 und Drehen der Induktorkurbel an seinem Blockapparat sein Anfangsfeld blockt, wobei das mit Af_1 elektrisch (über Blockleitung bl_1) verbundene Endfeld Ef_1 entblockt und gleichzeitig der Zug vorgemeldet wird.

Der Wärter in m sieht am roten Schauzeichen des Endfeldes Ef_1, daß der durch Weckersignal bereits angekündigte Zug nunmehr in der Blockstrecke 1 fährt. Da die Blockstrecke 2 frei ist (Af_2 weiß), so stellt der Wärter in m sein Signal S_2 für die Strecke 2 auf freie Fahrt (Abb. 399). Der Zug kann in die Blockstrecke 2 hineinfahren. Nachdem der Zug

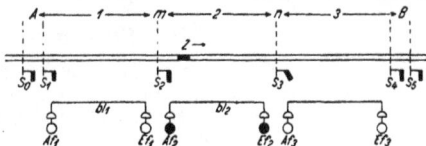

Abb. 400.

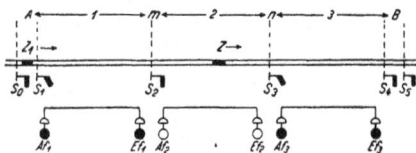

Abb. 401.

an m vorbeigefahren ist, stellt der Wärter sein Signal S_2 wieder auf Halt und blockt das Endfeld Ef_1 und sein Anfangsfeld Af_2. Hierdurch werden die Felder Af_1 und Ef_2 entblockt, d. h. die Strecke 1 wird frei, und der Zug ist nach n vorgemeldet. Der Wärter in n (da Strecke 3 frei) kann sein Signal S_3 auf Fahrt stellen (Abb. 400). Inzwischen kann ein zweiter Zug Z_1 (Aibb. 401) in die Strecke 1 einfahren, wenn der Wärter in A sein Sgnal S_1 auf Fahrt stellt.

6. Die Blockabhängigkeit.

Für die sichere Zugfolge auf der Strecke ist die Bedingung gestellt, daß die Strecke, die der Zug bereits durchfahren hat, erst dann freigegeben (entblockt) werden kann, wenn er durch die nächste Blockstrecke gedeckt ist, wenn also das Signal an der Blockstelle in der Haltstellung verschlossen (geblockt) ist. Diese Abhängigkeit der aufeinanderfolgenden Streckensignale wird mit „Blockabhängigkeit" bezeichnet.

Um die richtige Blockbedienung zu erzwingen und zugleich zu vereinfachen, kann man am Blockapparat die Taste des Endfeldes der ersten Strecke mit der Taste des Anfangsfeldes der nächsten Strecke zu einer Gemeinschaftstaste verbinden. In diesem Falle wird beim Niederdrücken der Gemeinschaftstaste und Drehen des Kurbelinduktors durch Blocken des Anfangsfeldes das auf Halt gelegte Signal verschlossen und gleichzeitig durch Blocken des Endfeldes die rückliegende Strecke entblockt. Dabei wird auch der Zug nach der nächsten Blockstelle oder nach dem vorausliegenden Bahnhof vorgemeldet.

In neuerer Zeit verzichtet man aber auf die Gemeinschaftstaste, um zu vermeiden, daß etwaige Blockstörungen sich von einer Blockstelle zur anderen fortpflanzen. Man gibt jedem Blockfeld eine Einzeltaste und kann die Entblockung der rückliegenden Strecke und die Blockung des eigenen Signals unabhängig voneinander und in beliebiger Reihenfolge vornehmen. Die erforderliche Blockabhängigkeit wird trotzdem durch geeignete Blocksperren aufrechterhalten.

7. Die Hilfsklinke.

In der Abb. 402 sind einige Teile des bereits beschriebenen Blockfeldes gezeichnet. Neben dem (der Deutlichkeit halber teilweise ohne Zähne gezeichnetem) Rechen 14 ist aber noch eine Hilfsklinke 2 mit einer Nase 3 und Feder 5 angeordnet. Diese Hilfsklinke hat folgende Aufgabe zu erfüllen. Es wurde bereits erwähnt, daß bei der Blockung eines Feldes durch dieselben Stromimpulse ein zweites Feld entblockt wird. Die Sperrung kann bei dem beschriebenen Blockfeld nach Herunterdrücken und Loslassen der Taste bereits dann erfolgen, wenn der Rechen 14 um 2 bis 3 Zähne gefallen ist, denn dann würde der Verschlußhalter 4 (Abb. 403) bereits gegen den vollen Teil 6 der Rechenachse stoßen; das Feld wäre hiermit geblockt, denn die Druckstange 12 würde in die Ruhelage zurückgehen, die Riegelstange und die Verschlußstange aber würden unten bleiben. Ein nochmaliges Drücken der Taste wäre auch nicht möglich, da die Sperrklinke 10 sich unter das Druckstück 11*) gelegt hat. Zur Entblockung des mit diesem Feld elektrisch verbundenen zweiten Feldes sind aber zehn bis zwölf Schritte des Rechens erforderlich. Es würde also das elektrisch auszulösende Feld durch zu kurzes Kurbeln am Induktor noch nicht entblockt sein, d. h. es würden nun beide Felder in geblockter Stellung verbleiben und nicht mehr bedienbar sein.

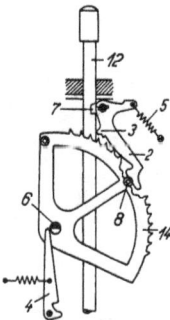 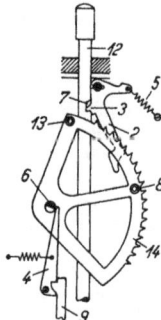

Um eine solche Störung zu verhüten, die z. B. durch vorzeitiges Loslassen der Taste eintreten kann, wird die Hilfsklinke 2 eingebaut. Bei ordnungsgemäßer Bedienung des Blockfeldes hat die Hilfsklinke keinen Einfluß auf dessen Wirkung, denn in der entblockten Ruhelage des Feldes liegt das Ende 11 der Hilfsklinke 2 auf Stift 8 (Abb. 402) in vollständig geblockter Lage gegen Stift 13 des Rechens 14; es kann in diesem Fall die Hilfsklinke mit ihrer Nase 3 nicht in den

Abb. 402.   Abb. 403.

Einschnitt 7 der Druckstange 12 einfallen. Wird der Induktor jedoch zu kurz bedient und hat der Rechen 14 erst die in Abb. 403 skizzierte

*) Siehe Abb. 396.

Lage erreicht, so geht die Druckstange nach dem Loslassen der Taste nicht in die Ruhelage zurück, da sie bei 3,7 gesperrt wird und die Sperrklinke (10, Abb. 395) infolgedessen auch nicht unter das Druckstück (11, Abb. 395) springen kann. Der Wärter kann also durch nochmaliges Niederdrücken der Taste und weiteres Kurbeln des Induktors die Blockung zu Ende führen.

8. Der Verschlußwechsel.

Am Blockfeld wird weiterhin noch der sog. Verschlußwechsel angebracht, der die Riegelstange in der Sperrlage (Signalhebel gesperrt) hält, wenn die Blocktaste einmal gedrückt, der Kurbelinduktor jedoch nicht betätigt wurde. Der Wärter ist in diesem Fall gezwungen, das Feld fertig zu blocken, indem er die Taste nochmals drückt und nun auch den Induktor vorschriftsmäßig betätigt. Die lediglich durch Drücken der Taste bewirkte Sperrung der Riegelstange kann der Wärter nicht rückgängig machen. Der Verschlußwechsel ist nur am Anfangsfeld erforderlich. Bei den Endfeldern (die keine Riegelstange haben und infolgedessen keine Signale sperren) der Streckenblockung entfällt auch der Verschlußwechsel.

9. Elektrische Signalflügelkuppelung.

Die beschriebene Streckenblockung beginnt und endet in den Bahnhöfen. Da der Bahnhof der Anfang einer Blockstrecke ist, gibt es hinter diesem Bahnhof keine rückliegende Blockstrecke. Ist nun das Ausfahrsignal auf dem Bahnhof (mit mehreren Bahnsteigen) auf Fahrt gezogen, so könnten nach diesem Signal beliebig viele Züge, insbesondere auch durchfahrende Züge, in die Blockstrecke hineinfahren, wenn der Wärter das Signal nicht auf Halt stellt. Um die Blockstrecke zu sichern, wird das Signal mit einer elektromagnetischen Flügelkuppelung ausgerüstet, welche über einen Schienenkontakt (s. S. 213) oder einen Gleisstromkreis (s. S. 235) gelöst wird, wenn der Zug diesen Kontakt überfährt oder den Gleisstromkreis kurzschließt. Der Signalflügel fällt dann durch sein Eigengewicht (die Fallgeschwindigkeit regelt eine Öldruckbremse) in die Halt-Lage.

Es sind Flügelkuppelungen verschiedener Bauarten bekannt; deshalb soll hier nur der Grundgedanke eines Systems durch einige schematische Bilder erläutert werden. In der Regel besteht die elektrische Signalflügelkuppelung aus einer Anzahl Hebel, die zur Bewegungsübertragung vom Signalantrieb nach dem Signalflügel durch einen unter Strom stehenden Elektromagneten zu einem, für eine solche mechanische Bewegungsübertragung geeigneten System zusammengehalten werden. Der Signalflügel kann also nur bei erregtem Elektromagnet mechanisch (Drahtseilzug) oder elektromotorisch auf Fahrt gestellt werden. Sobald aber der Zug den Schienenkontakt oder eine andere Stromschlußvorrichtung, die am Eingang der Strecke angeordnet sein muß, befährt, wird der Elektromagnet der Kuppelung stromlos, und das Signal fällt durch Eigengewicht auf Halt. Um die Kuppelung mit dem Signalflügel wieder herzustellen, muß der Antrieb durch Zurücklegen des Signalhebels in die Haltlage gebracht und das An-

234 - 234 -

fangsfeld geblockt werden. Wenn nun von der nächsten Zugfolgestelle
das Anfangsfeld wieder entblockt wird, kann auch der Signalflügel
des Ausfahrsignals wieder gestellt werden. Hierdurch ist die Bedingung
erfüllt, daß auf ein auf Fahrt stehendes Signal jedesmal nur ein einziger
Zug in die Blockstrecke einfahren kann.

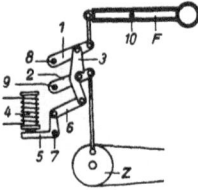 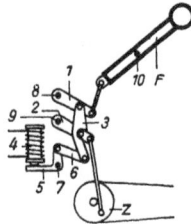 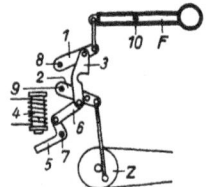

Abb. 404.   Abb. 405.   Abb. 406.

Abb. 407.

Die Arbeitsweise einer elektromagnetischen Signalflügelkuppelung bei einem mechanisch
gestellten Signal geht aus den
Abbildungen 404 bis 406 hervor,
die die Hauptteile einer Flügelkuppelung in ihrer grundsätzlichen Anordnung zeigen. Abb.
404 zeigt die Grundstellung,
Abb. 405 die Fahrtstellung und
Abb. 406 die Stellung, in der
das Signal auf „Halt" gefallen
ist. In den Skizzen sind mit 7,
8, 9 und 10 feste Drehpunkte
bezeichnet. Zwischen den Signalflügel F und den Drahtzugan-
trieb Z sind der Flügelhebel 1
und der Antriebhebel 2 eingefügt, die durch den Kuppelhebel 3 lösbar miteinander verbunden werden können. Solange
der Elektromagnet 4 erregt ist
und seinen Anker 5 angezogen
hat, besteht eine starre Verbindung zwischen den Hebeln 1
und 2, da der Kuppelhebel 3
durch den Lenker 6 abgestützt
ist, der in 7 einen festen Drehpunkt hat. Wird der Antrieb
durch den Drahtzug in der Pfeilrichtung bewegt, so folgt der
Signalflügel dieser Bewegung

über die Hebel 2, 3 und 1, da der Lenker 6, der sich um seinen Drehpunkt dreht, den Kuppelhebel 3 während der ganzen Bewegung abstützt (Abb. 405). Sobald der Elektromagnet 4 aber stromlos wird, kann der Kuppelhebel 3 mit seinem Lenker 6 nach links ausweichen, und der Signalflügel fällt durch sein eigenes Gewicht auf „Halt" (Abb. 406). Bevor das Signal erneut auf „Fahrt" gestellt werden kann, muß der Signalhebel und mit ihm der Antrieb in die Grundstellung gebracht werden. Würde versucht, bei stromlosem Magnet das Signal auf „Fahrt" zu stellen, so würde der Flügel der Antriebsbewegung nicht folgen, da der Kuppelhebel 3 mit seinem Lenker 6 nach links ausweichen könnte. Es würde sich dann die in Abb. 406 dargestellte Lage ergeben.

Abb. 407 veranschaulicht die in einem Gußeisengehäuse untergebrachte Flügelkuppelung an einem Signalmast. Bei den elektromotorischen Signalantrieben sind die Flügelkupplungen bereits in den Antrieb eingebaut.

10. Gleisstromkreise auf Bahnhöfen.

Auf dem Gebiet der Eisenbahn-Sicherungseinrichtungen haben die Gleisfreimeldeanlagen in den letzten Jahren erheblich an Bedeutung gewonnen. Gleisfreimeldeanlagen erleichtern dem Fahrdienstleiter eines Bahnhofs, besonders bei schwer übersehbaren Gleisen und bei Dunkelheit, seine Aufgabe, den Zugverkehr zu regeln, insbesondere auch zu entscheiden, ob und in welches Gleis ein Zug in den Bahnhof eingelassen werden darf.

Die Anordnung und die Wirkungsweise einer Gleisfreimeldeanlage mittels Gleisstromkreis kann an Hand des in Abb. 408 dargestellten Schaltbeispiels erläutert werden. Die Schienen f_1, f_2 des zu überwachenden Gleises liegen auf Holzschwellen und sind daher gegeneinander elektrisch isoliert. Der Gleisabschnitt ist durch isolierende Laschenverbindungen (Isolierstöße) i_1, i_2, i_3, i_4 nach beiden Richtungen hin elektrisch eingegrenzt. Mit v ist der Verluststrom bezeichnet. Auf der einen Seite der Gleisisolierung ist die Wicklung des Blockrelais R, auf

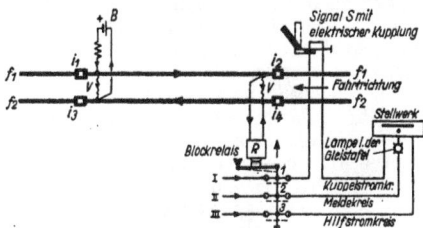

Abb. 408.

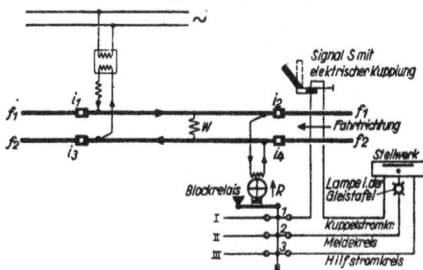

Abb. 409.

der anderen Seite die Stromquelle *B* angeschlossen. Solange dieser Gleisabschnitt frei ist, ist auch das Blockrelais unter Strom und hält seine Kontakte 1, 2, 3 geschlossen. Über Kontakt 1 wird der Strom für die elektromagnetische Kuppelung des elektromotorisch betätigten Signals *S* geliefert, über Kontakt 2 kann eine Meldelampe in der Gleistafel im Stellwerk geschaltet werden, so daß an dieser Lampe das Freisein des Gleisabschnittes erkannt wird. Über Kontakt 3 kann ein Hilfsstromkreis verlaufen, der weitere Abhängigkeiten herstellt.

Sobald eine oder mehrere Achsen einer Lokomotive oder eines Zuges den Gleisabschnitt befahren, werden die beiden Schienen über die Achsen kurzgeschlossen, und das Relais *R* läßt seinen Anker fallen. Hierdurch wird der Gleisabschnitt als „besetzt" gemeldet.

Bei Verwendung von Wechselstrom (Netz) als Überwachungsstrom tritt an Stelle der Batterie ein kleiner Blocktransformator, Abb. 409, als Relais wird ein geeignetes Wechselstrom-Blockrelais verwendet. Der zwischen der Speisestelle und der nächstliegenden Achse fließende Kurzschlußstrom wird durch vorgeschaltete Widerstände, Drosselspulen oder Kondensatoren in seiner Stärke begrenzt.

11. Der selbsttätige Streckenblock[1]).

Bei immer dichter werdender Zugfolge und Zunahme der Zuggeschwindigkeit und bei gleichzeitig gesteigerten Forderungen in bezug auf die Sicherheit mußten auf dem Gebiete des Eisenbahnsicherungswesens auch neue, besser wirksame Signale und selbsttätig wirkende Blockanlagen entwickelt werden. An Stelle der Flügelsignale haben sich bei Schnellbahnen daher in zunehmendem Maße Lichtsignale eingeführt. Durch eine ausgezeichnete Optik sind diese Lichtsignale auch bei hellster Tagesbeleuchtung außerordentlich gut sichtbar.

Die Art der Signale und ihre Steuerungsmethoden sind sehr zahlreich. Es sollen deshalb hier an Hand einiger Beispiele nur einige der wichtigsten Vorgänge erläutert werden.

Aus Abb. 410 sind die heute gebräuchlichen Signalsysteme zu ersehen.

In der ersten Reihe *A — A* ist das zweibegriffige Signalsystem mit grünem Licht für Fahrt und rotem Licht für Halt, geeignet für nicht zu hohe Fahrgeschwindigkeit der Züge (bis 60 km), dargestellt. Bei Fernbahnen wird dem zweibegriffigen Signalsystem noch ein Vorsignal zugeordnet, Reihe *B — B*. Bei zunehmender Fahrgeschwindigkeit und dem dadurch erforderlichen größeren Bremsweg rückt das Vorsignal auf der Strecke immer mehr an das rückliegende Hauptsignal heran, Reihe *C — C*.

Billiger und bei gleicher Leistungsfähigkeit einfacher ist das System der Reihe *D — D*. Dieses dreibegriffige Lichtsignal eignet sich vorzüglich für schnell- und dichtfahrende Dampf- und elektrische Bahnen. Dieses Signalsystem hat den Vorteil, daß die Beanspruchung des Triebwagenführers geringer ist. Die Lichtsignale werden manchmal in doppelter Anordnung verwendet, und zwar aus betrieblichen Gründen (Unterscheidung von anderen Signalen). Die Bedeutung der Lichter

[1]) Arndt, H., Die Schaltungen der selbsttätigen Streckenblockanlagen. Siemens-Z. 4, 1924, 89—93; 108—12.

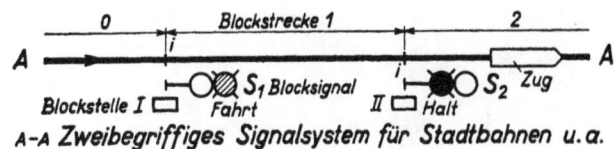

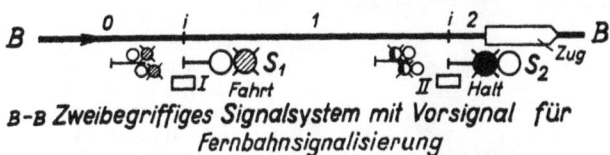

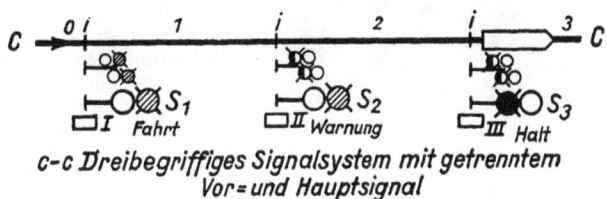

A-A Zweibegriffiges Signalsystem für Stadtbahnen u. a.

B-B Zweibegriffiges Signalsystem mit Vorsignal für Fernbahnsignalisierung

c-c Dreibegriffiges Signalsystem mit getrenntem Vor= und Hauptsignal

D-D Dreibegr. Signalsystem für schnellfahr. Stadtbahnen

Abb. 410.

ist aus der Abb. 411 zu erkennen, und Abb. 412 zeigt die äußere Ansicht eines dreibegriffigen selbsttätigen Ausfahrsignals auf einem Bahnsteig.

Die oben beschriebenen Lichtsignale werden beim selbsttätigen Streckenblock verwendet. Beim selbsttätigen Streckenblock blockt der Zug selbst das Signal, an dem er vorbeigefahren ist, indem er durch mechanische oder elektrische Mittel Blockrelais ein- bzw. ausschaltet. Hierbei bedient man sich des auf der ganzen Strecke isolierten Blockabschnitts, d. h. die auf Holzschwellen ver-

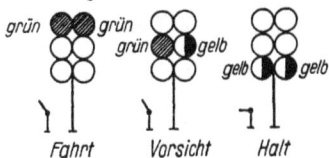

Abb. 411.

Abb. 412.

legten Fahrschienen werden als elektrische Leiter zur Bildung des Gleisstromkreises (s. S. 235) benutzt. Die Signale können auch über Schienenkontakte betätigt werden.

Die Wirkungsweise des selbsttätigen Streckenblocks mit Gleisstromkreisen geht aus dem Schaltbild Abb. 413 hervor, das den Aufbau eines Gleisstromkreises für elektrischen Bahnbetrieb zeigt, bei dem die beiden Fahrschienenstränge zur Rückleitung des Triebstromes dienen. Als Blockstrom wird besonders bei elektrischem Bahnbetrieb oder bei Bahnanlagen, in deren Gebiet mit Fremdströmen zu rechnen ist, Wechselstrom verwendet, da Fremdbeeinflussung bei Wechselstromrelais besser vermieden werden kann als bei Gleichstromrelais. An den Trennstößen der Blockstrecke sind Drosselstöße i eingebaut, die für den Triebrückstrom einen ganz kleinen Widerstand bilden, während sie für den Blockstrom einen sehr großen Widerstand darstellen. Die Führung der Triebströme aus der Fahr-

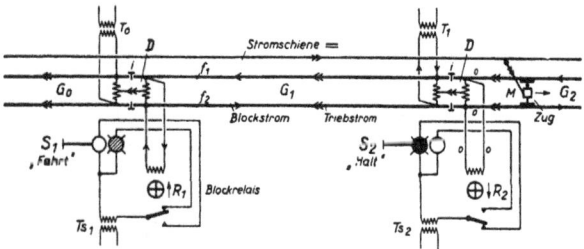

Abb. 413.

schiene über die Wagenmotoren und die beiden Fahrschienenstränge ist aus der Abbildung leicht zu erkennen.

Die Gleisrelais der einzelnen Gleisstromkreise G_0, G_1 und G_2 werden über die Schienen aus den entsprechenden Transformatoren T_0, T_1 usw. gespeist, so daß bei freiem Gleis die Gleisrelais angezogen sind und das Signal (im Bilde ein Relaissignal) in die Fahrtstellung steuern. Wird das Gleis besetzt (siehe Abschnitt G_a), so fällt das zugehörige

Relais R_2 infolge des durch die Achsen verursachten Kurzschlusses ab und steuert das Signal in die Haltstellung. Die Überwachung ist linienförmig, da das Gleisrelais erst wieder frei wird, wenn der Zug mit letzter Achse den Gleisabschnitt geräumt hat. Bei Gleisstromkreisen verursacht der Ausfall des Blockspeisestromes die sofortige Halt-stellung des Signals, so daß sich Störungen immer nur nach der sicheren Seite (Sperrung des betreffenden Abschnittes) auswirken.

Die im Schaltbild Abb. 413 gezeigte einfachste Form wird im all-gemeinen ergänzt durch die sogenannte Blockabhängigkeit zwischen den einzelnen Signalen. Wie beim Handblock darf nämlich ein Signal erst dann wieder in Fahrt gehen, wenn sich der Zug nach Räumung der Blockstrecke durch Aufhaltlegen des nächsten Signales und der ge-wöhnlich vorhandenen Fahrsperre gedeckt hat. Diese von den meisten Eisenbahnverwaltungen geforderte Blockabhängigkeit wurde früher mit Hilfe besonderer Blockleitungen hergestellt. Über diese Block-leitungen wird, bevor der Stromkreis für die Umsteuerung des Signals in die Fahrtstellung geschlossen wird, unmittelbar überprüft, ob das folgende Signal hinter dem Zuge ordnungsgemäß in die Haltstellung übergegangen ist.

Neuerdings wird die Blockabhängigkeit ohne besondere Block-leitungen in sehr einfacher Form erreicht. Bei einer Schaltung wird die Lösung dieser Aufgabe, auch bei Verwendung von dreibegriffigen Signalen, grundsätzlich dadurch erreicht, daß einem Gleisabschnitt je nach der Signalstellung des vorausliegenden Signals verschiedene Stromarten (z. B. verschiedene Polaritäten, Spannungen oder dgl.) zugeführt, d. h. bei Halt eine andere Stromart als bei Fahrt bzw. Warnung, und daß das rückwärts liegende Signal aus der Haltstellung in die Warnstellung nur dann gehen kann, wenn auf den Zu-stand der Stromlosigkeit im Gleisabschnitt, der bei Besetzung durch den Zug eintritt, die Strom-art folgt, die der Haltstellung des vorausliegenden Signals ent-spricht. Die richtige Reihenfolge wird durch Relais oder gleich-wirkende Mittel überwacht.

Bei mit Wechselstrom be-triebenen Gleisstromkreisen sind bei dieser Schaltung die Gleis-relais als Dreilagen-Motorrelais ausgebildet (Abb. 414), die in Abhängigkeit von der Richtung des Blockstromes in den Fahr-schienen verschiedene Kontakte betätigen und im stromlosen Zustande eine Mittelstellung einnehmen. Bei mit Gleich-strom betriebenen Gleisstrom-kreisen wird als Gleisrelais ein

Abb. 414.

gepoltes Gleichstromrelais mit einem neutralen und einem gepolten Anker verwendet.

Die Hauptvorteile der neuen Lösung sind:

Ersparnis des Blockkabels, was auch für Unterhaltung und Betrieb
Ersparnisse bringt.

Erhöhung der Sicherheit, da Gefahr der Aderberührung im Block-
kabel nicht besteht.

Erhöhung der Übersichtlichkeit und Einfachheit für die Unterhaltung, da alle Stromkreise einer Blockstelle an dieser selbst liegen.
Die Gleise sind die einzige blockstromführende Verbindung zwischen
den einzelnen Blockstellen.

XVI. Grubensignalanlagen [1]).

a) Wasserdichte Apparate.

Für Gruben, Schächte und Hüttenbetriebe müssen die Fernmeldeapparate in wasserdichten Gehäusen untergebracht werden. Auch
müssen Spulenwicklungen mit besonderem Schutz gegen Feuchtigkeit,
Gase und Dämpfe versehen sein*). Da die meisten Signalanlagen in den
genannten Betrieben an Starkstrom bis 220 Volt angeschlossen sind,
müssen auch alle Bedingungen, die an Starkstromapparate gestellt
werden, erfüllt sein. Kontakte, wie Druckknöpfe, Zugkontakte u. dgl.,
müssen den diesbezüglichen Verbandsvorschriften entsprechen. Für
kleine Signalanlagen mit Batteriespannungen bis 50 Volt können einfache Druckknöpfe mit Blattfederkontakten, in entsprechenden, wasserdichten Gußeisengehäusen, Verwendung finden. Wird die Anlage mit
einer höheren Spannung (110 bzw. 220 V) betrieben, so sind Moment-

Abb. 415.   Abb. 416.   Abb. 417.

Ein- und -Ausschalter zu verwenden. Eine Ausführungsform dieser Art
ist der Druckknopf in Abb. 415, ferner der Druckhebelschalter in Abb.
416 bzw. der Zugkontakt in Abb. 417; sämtlich doppelpolig. Der
Mechanismus eines solchen Momentschalters ist in Abb. 418 dargestellt.
Die Leitungen werden an 1 und 2 bzw. an 3 und 4 angeschlossen. Beim
Einschalten verbinden die Metallstücke a und b die Anschlüsse 3 und 1

---

[1]) A bel, E., Die Fernmeldetechnik im Bergbau. ETZ 58, 1937, 570—74.
*) Für Kohlengruben müssen die Geräte auch schlagwettergeschützt sein.

bzw. 4 und 2 (siehe Federn 5, 6 vorn). Drückt man (P) auf' den Kontakt, so bewegt sich das Hebelwerk aus der Lage I (Abb. 419) über den toten Punkt II in die Lage III. Nach Loslassen des Kontaktes erfolgt die Ausschaltung unter dem Einfluß der beim vorherigen Drücken gespannten Feder f. Beide Bewegungen sind sprungartig und vollständig unabhängig von der Geschwindigkeit, mit der der Kontakt gedrückt bzw. losgelassen wird. Damit bei Stromschluß bzw. bei Stromunterbrechung von den Kontaktstücken a, b ein genügend langer

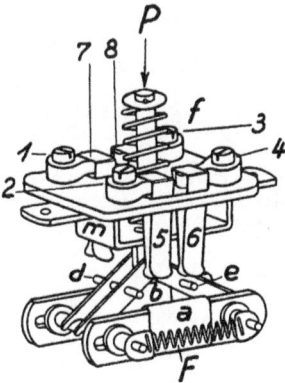

Abb. 418.

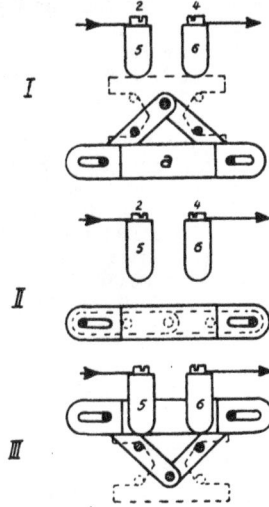

Abb. 419.

Weg durchschritten wird, sind die Drehachsen e, d nicht fest im Schalterkörper gelagert, sondern lose in Aussparungen von der in Abb. 420 dargestellten Form eingesetzt. Beim ersten Drücken (P) werden die Federn f und F gespannt, ohne daß Kontaktstück a (b) wesentlich seine Lage verändert; die Achsen d, e des Hebelwerkes (Abb. 418) gehen aus der Lage 1 (Abb. 418, 420) in die Lage 2. Die Federn F werden beim weiteren Herunterdrücken des Schalters vollständig gespannt (Lage II, Abb. 419). Nach Überschreiten des toten

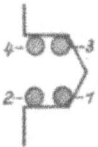

Abb. 420.

Abb. 421.

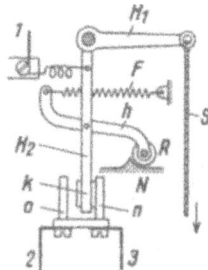

Abb. 422.

Punktes erfolgt nun unter der Wirkung der vollständig gespannten Federn F ein Sprung der Achsen d und e aus der Lage 2 in die Lagen 3 und 4 (Abb. 420). Die Kontaktstücke a und b (Abb. 418) werden zwischen die Kontaktfedern 5, 6 (7, 8) geschleudert. Ebenso plötzlich erfolgt die Stromunterbrechung beim Aufheben des Druckes (P)t Die Kontakte sind daher für Signalanlagen mit Starkstrombetrie.b geeignet.

Wird ein Kontakt sehr häufig betätigt, wie z. B. die Verständigungs- und Ausführungstasten in Schachtsignalanlagen, so verwendet man zweckmäßig etwas schwerer gebaute Signaltasten, Abb. 421. Den Aufbau des Schalters zeigt die Abb. 422. Beim Betätigen des Schalters durch Zug am Seil S wird über Hebelarm H_1 und H_2 der an diesen angelenkte Hebel h mit der Rolle R auf den Nocken N aufgleiten und hierdurch die Feder F spannen. Nach dem Überschreiten von N addiert sich die Kraft der vorgespannten Feder F zu dem auf das Seil S ausgeübten Zug, und Kontaktstück k wird schlagartig auf den Gegenkontakt o aufschlagen. Stromzuleitungen und Stromableitungen sind mit 1, 2 und 3 bezeichnet. Beim Loslassen des Zugseiles S muß R unter der Wirkung der Feder F wieder über den Nocken N hinweg, wodurch wiederum ein schnelles Ausschalten zustande kommt.

Bei Streckensignalanlagen in Bergwerksbetrieben verwendet man Doppelzugkontakte. Abb. 423 zeigt einen Doppelzugkontakt, der gleichzeitig als Kabelverteilungskasten dient.

Abb. 423.

Innerhalb der wasserdichten Gehäuse von Grubenapparaten darf keinerlei hygroskopisches Material verwendet werden, da das innerhalb der Gehäuse sich ansammelnde Schwitzwasser bald Erdschlüsse verursachen würde.

Als Empfangsgeräte werden größtenteils Wecker in wasserdichten Gehäusen verwendet. Die Übertragung der Ankerbewegung auf den Klöppel geschieht bei wasserdichten Weckern entweder unter Vermittelung einer Membran (Abb. 157) oder über ein Drehgelenk, d. h. einen Zapfen a (Abb. 424). Abb. 156 zeigt einen wasserdichten Membranwecker; Abb. 425 einen wasserdichten Wecker mit Drehgelenkklöppel. Membranwecker werden im allgemeinen zum Anschluß an beliebige Gleich- und Wechselspannungen bis etwa 250 Volt gebaut. Bei Verwendung von Maschinenstrom ist die Wicklung nach Abb. 155 auszuführen; siehe auch Beschreibung zur letztgenannten Abbildung. Einschlagwecker (Abb. 424) werden meistens mit Drehgelenkklöppel versehen. Diese Wecker werden bei Schachtsignalanlagen bevorzugt, weil man durch Gruppen von einzelnen Glockenschlägen scharf unterscheidbare Zeichen geben kann. In Schachtsignalanlagen mit Induktorbetrieb verwendet man Wecker mit gepoltem Weckersystem (Abb. 161). Als Geber dient ein kräftiger Induktor in wasserdichtem Gehäuse (Abb. 426). Maschinenwechselstrom-Wecker sind ähnlich gebaut wie Einschlagwecker; es sind Membranwecker, bei denen die kräftige Membran als

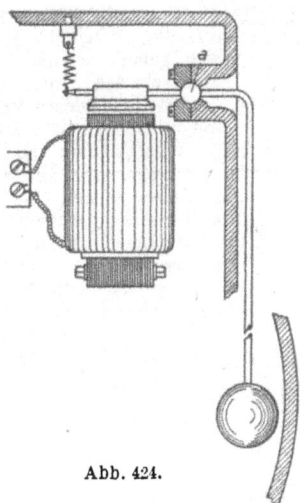

Abb. 424.

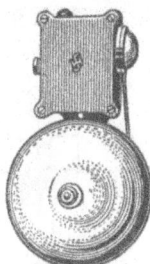

Abb. 425.

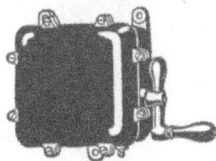

Abb. 426.

Abreißfeder dient. Diese Wecker haben keinen Unterbrecherkontakt, und die Schlagzahl entspricht der Polwechselzahl des Wechselstromes. Das Eisen des Elektromagnetkernes ist unterteilt. Vielfach werden auch Hupen und Motorsirenen als Signalapparate verwendet. Die Hupen müssen wasserdichte Gehäuse haben.

Um Signale von verschiedenen Stellen in Gruben- und Hüttenbetrieben an einer Zentralstelle zu unterscheiden, werden Fallklappen-Ruftafeln verwendet. Abb. 427 zeigt eine Ruftafel in wasserdichtem Gehäuse. Rechts am Gehäuse ist ein Abstellknebel

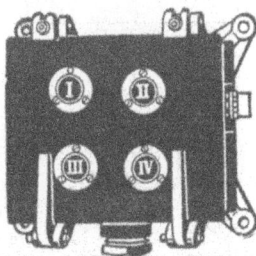

Abb. 427.

sichtbar. Wird die Ruftafel im dunklen Raum untergebracht, so werden die Klappen durch Signallampen ersetzt. Die Einschaltung der Lampen erfolgt dann mittels eingebauter Relais.

b) Einfache Schachtsignalanlagen[1]).

Aus der schematischen Darstellung in Abb. 428 ist die Lage der verschiedenen Stellen zu ersehen, die beim Förderbetrieb sich gegenseitig mittels verabredeter Signale verständigen müssen. Es bedeuten: *FM* Fördermaschinenraum, *HB* Hängebank, *FS* Förderschacht, S_1 und S_2 Sohlen, *FO* Füllort, *H* Kohlenhalde.

---

[1]) Abel, E., Die Entwicklung der elektrischen Schachtsignalanlagen. Elektrizität im Bergbau 14, 1939, 69—74.

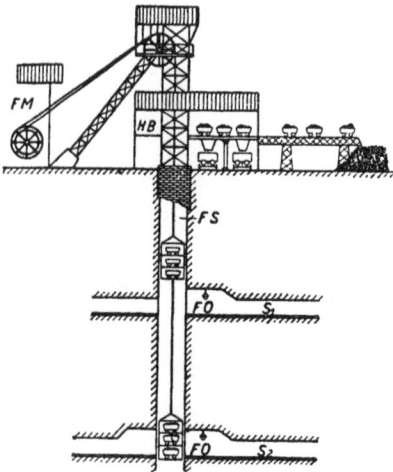

Abb. 428.

Soll die Förderung schnell und gefahrlos vor sich gehen, so muß den Mannschaften auf den Sohlen (Sohlenanschläger), auf der Hängebank (Hängebankanschläger) und im Maschinenraum die Möglichkeit gegeben werden, sich rasch miteinander zu verständigen. Hierzu dienen in erster Linie Signalanlagen verschiedenster Art, zu welchen in den meisten Fällen noch Fernsprechverbindungen hinzukommen. Abb. 429 zeigt schematisch eine Signalanlage mit Einschlagweckern in Parallelschaltung, für Wechselstrombetrieb, Abb. 430 eine Signalanlage mit Einschlagweckern in Hintereinanderschaltung, für Gleichstrombetrieb. Auf den meisten Schächten gibt der Anschläger am Füllort der fördernden Sohle Signal nach der Hängebank, und von dort aus gibt der Hängebankanschläger das sog. Ausführungssignal nach dem Maschinenraum. Es sind bei solchen einfachen akustischen Signalanlagen infolgedessen auf jeder Sohle ein Einschlagwecker und eine Verständigungstaste angeordnet. Auf der Hängebank ist ein Einschlagwecker, Sohlensignalwecker, vorhanden, der zusammen mit allen anderen Weckern der Sohlen ertönt, sobald von einer Sohle oder von der Hängebank aus mittels Verständigungstaste VT Signale gegeben werden. Die Verständigungstaste des Hängebankanschlägers dient somit zum Verkehr mit den Sohlen. Die Ausführungstaste AT der Hängebank dient zur Weitergabe des Signals nach dem Fördermaschinenraum. Hierbei ertönten der Einschlagwecker im Maschinenraum und ein zweiter Einschlagwecker auf der Hängebank, der sog. Kontrollwecker. Der Umschalter US dient dazu, die einzel-

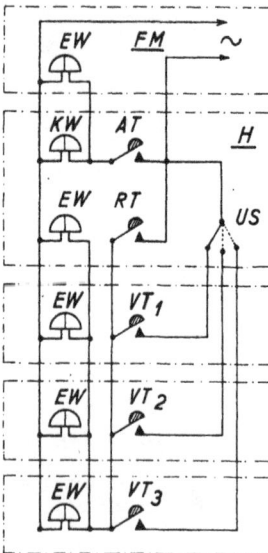

Abb. 429.

nen Sohlen zu verhindern, gleichzeitig Signale zu geben. S. „Vorschriften für die Errichtung elektrischer Anlagen in Bergwerken unter Tage", VDE 0118/XI. 1937, § 35. Abb. 431 zeigt schematisch die Kabelführung und Anordnung der Apparate bei solchen einfachen akustischen Signalanlagen. *KVK* sind Kabelverteilerkasten.

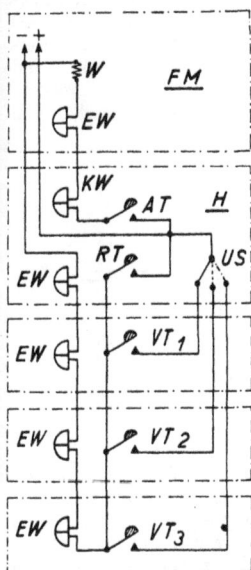

Abb. 430.

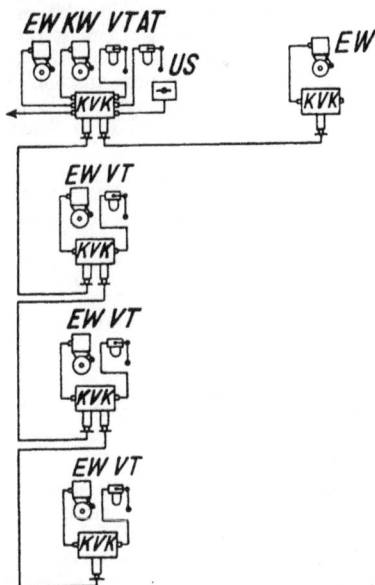

Abb. 431.

Beim Anschluß von Signalanlagen an Starkstromnetze empfiehlt es sich, bei Wechselstrom die Anlage nicht direkt an das Netz zu legen, sondern einen Trenntransformator dazwischen zu schalten. Ist Gleichstrom vorhanden, so verwendet man zwei Batterien, von denen immer eine zur Reserve dient. Die Spannung der Batterie ergibt sich aus der Anzahl hintereinander geschalteter Wecker, von denen jeder etwa 8 bis 10 Volt bei 0,5 bis 1 Amp. verbraucht. Bei Wechselstromanlagen schaltet man die Wecker parallel, weil es praktisch nicht möglich ist, bei in Reihe geschalteten Wechselstrom-Einschlagweckern Synchronismus im Anschlagen zu erreichen. Die vorteilhaftesten Spannungen sind 50 bis 110 Volt bei Gleich- und bei Wechselstrom. Über 220 Volt soll man mit der Betriebsspannung nicht gehen.

c) Streckensignalanlagen

sind unter Tage bei elektrischer Streckenförderung häufig vorgeschrieben, um den Betrieb der Streckenförderung zu sichern. Es wird in der Regel die Forderung gestellt, daß von jedem Punkt der Strecke bestimmte Signale nach der Schaltstelle gegeben werden können. Zu diesem Zweck werden an der Strecke in gewissen Abständen doppelseitige Zugkontakte (Abb. 423) eingebaut, an die an jeder Seite ein Drahtseil angeschlossen ist. Das Seil wird bis zur Mitte der Entfernung zwischen zwei Kontakten geführt (Abb. 432). Bei kleinen Zugkontakten beträgt der Abstand voneinander etwa 200 m, bei größeren bis 400 m. Als Zugseil benutzt man 5 bis 7 mm starkes Bogenlampenaufzugseil mit 600 bis 700 kg Zugfestigkeit. Abb. 432, I zeigt schematisch eine Dreileiter-Streckensignalanlage zum Anschluß an Gleichstrom; die Wecker sind in Reihe geschaltet. Abb. 432, II zeigt eine sog. Vierleiter-Streckensignalanlage zum Anschluß an Wechselstrom mit parallelgeschalteten

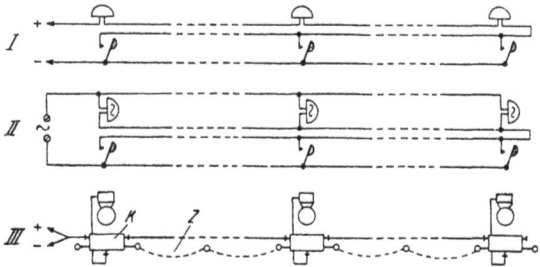

Abb. 432.

Weckern. In Abb. 432, III ist die Anordnung der Apparate gezeigt; Z Zugseil, K Doppelzugkontakt. Das Ende des Seiles ist festgelegt und das Seil selbst am Stoß der Strecke in geeigneter Weise durch Rollen oder durch Spiralhaken (Schweineschwänze) geführt. Durch Ziehen am Seil wird Signal gegeben. Die Wecker neben den Kontakten dienen zur Kontrolle des abgegebenen Signals.

d) Optisch-akustische Signalanlagen.

In modernen Grubenbetrieben werden an elektrische Schachtsignalanlagen häufig noch größere Anforderungen gestellt, als sie durch die beschriebenen Signalanlagen erfüllt werden. Es sollen beispielsweise Mißverständnisse bei der Weitergabe von Signalen durch den Hängebankanschläger nach dem Maschinenraum ausgeschlossen sein. Weiterhin wird eine derartige Schaltung der Anlage verlangt, daß der Hängebankanschläger nicht mehr Signalschläge nach dem Maschinenraum geben kann, als er von der fördernden Sohle bekommen hat, d. h. die Ausführungstaste muß blockiert werden. Häufig ist es für den Betrieb wichtig, daß bei mehreren Sohlen nur von einer bestimmten Sohle Signale abgegeben werden können. Zu diesem Zwecke wird die Schaltung so eingerichtet, daß ein Sohlenanschläger erst dann seine Verständigungstaste betätigen kann, wenn nach vorherigem Anruf seine Taste vom Hängebankanschläger freigegeben worden ist. Als Ergänzung zum akustischen Signal im Maschinenraum wird oft die Forderung gestellt, daß das abgegebene Kommando auch optisch wiedergegeben und registriert wird. Hierzu verwendet man registrierende Signalanzeiger.

Die Änderung der Förderungsart, z. B. beim Wechsel von Produktenförderung auf Seilfahrt, beim Einhängen von Sprengstoff, bei der Schachtrevision usw. mußte bei den bisher beschriebenen Schachtsignalanlagen jeweils durch besondere Gruppensignale, bestehend aus einer größeren Anzahl von Schlägen, angezeigt werden. Das Schlagen dieser zum Teil sehr langen Gruppensignale von der Sohle zur Hängebank und von dieser zur Fördermaschine kann, abgesehen vom Zeitverlust, zu Fehlsignalen bzw. Mißverständnissen führen. Man war daher bestrebt, diese Signale, die längere Zeit Gültigkeit haben und somit als Standsignale bezeichnet werden können, durch Zeigertelegrafen zu übermitteln, so daß für das Signalschlagen nur die Haupt- und Ausführungssignale „Halt" (ein Schlag), „Auf" (zwei Schläge) und „Hängen" (drei Schläge) verbleiben.

Die Abb. 433 zeigt die räumliche Anordnung der Apparate einer Standsignalanlage für drei Sohlen. Die Standsignale werden auf den

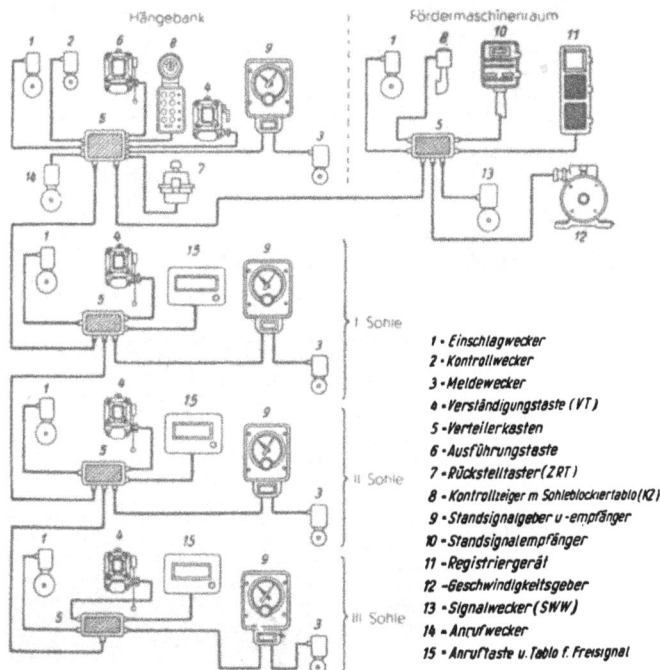

1 - Einschlagwecker
2 - Kontrollwecker
3 - Meldewecker
4 - Verständigungstaste (VT)
5 - Verteilerkasten
6 - Ausführungstaste
7 - Rückstelltaster (ZRT)
8 - Kontrollzeiger m Sohleblockiertablo (K2)
9 - Standsignalgeber u -empfänger
10 - Standsignalempfänger
11 - Registriergerät
12 - Geschwindigkeitsgeber
13 - Signalwecker (SWW)
14 - Anrufwecker
15 - Anruftaste u. Tablo f. Freisignal

Abb. 433.

Sohlen und der Hängebank von den Telegrafengebern und Empfängern 9 durch Zeiger auf einer Skala angezeigt bzw. beim Fördermaschinisten mittels durchscheinender Schriftzeichen in einem dafür vorgesehenen Leuchtfeld eines Standsignalempfängers 10 angekündigt. Entsprechend der Wichtigkeit des Betriebes sind die Zeigergeräte mit einer Rückmeldeeinrichtung versehen.

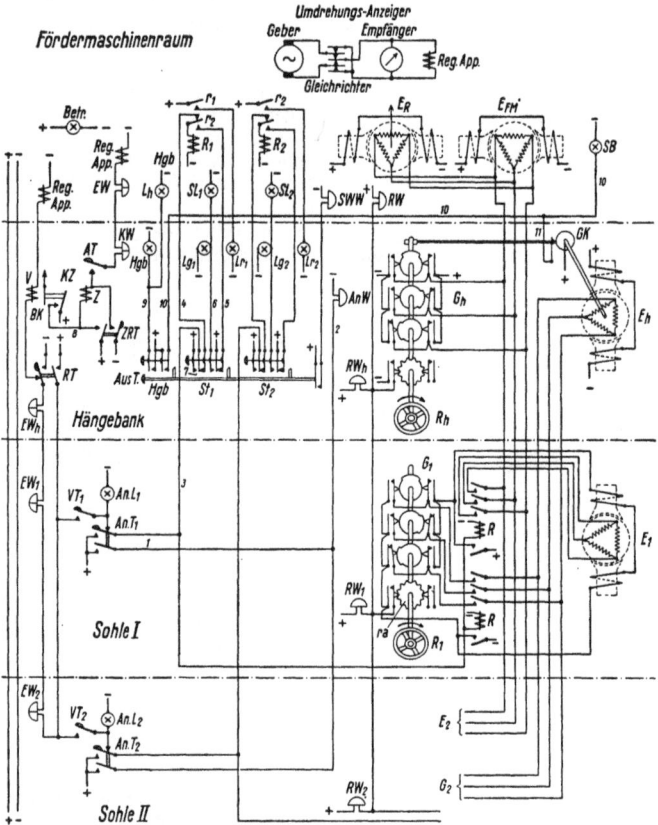

Abb. 434.

Die Möglichkeit einer ständigen Kontrolle des Förderbetriebes und der Signalgabe gibt ein besonderes Registriergerät 11 im Fördermaschinenraum. Die übrigen in Abb. 433 dargestellten Geräte sind in der Bezeichnungstabelle aufgeführt, und ihre Arbeitsweise wird an Hand des Schaltschemas in Abb. 434 beschrieben.

Soll von einer Sohle, z. B. Sohle I, signalisiert werden, so drückt der Sohlenanschläger zunächst seine Anruftaste AnT_1. Hierdurch ertönt auf der Hängebank, solange die Taste gedrückt wird, der Anrufwecker AnW (über Leitung 1 und 2), und es spricht außerdem Relais R_1 an über $+$, AnT_1, Leitung 3, Sohlentaste St_1, Leitung 4, R_1, $-$. Relais R_1 schaltet über Kontakt r_1 die rote Anruflampe Lr_1 der Sohle I ein und hält sich über r_2 und Leitung 5. Wenn Signalgabe möglich, so gibt der Hängebankanschläger die Signalgabe für Sohle I frei, indem die Sohlentaste St_1 gedrückt wird. Diese Taste sperrt sich selbst in der gedrückten Stellung, schaltet das R_1-Relais ab und dadurch die rote Anruflampe Lr_1 der Sohle I aus. Über Leitung 6 werden die grünen Lampen Lg_1 auf der Hängebank und Sl_1 im Fördermaschinenraum (im Standsignalempfänger 10, Abb. 433 und Abb. 437) eingeschaltet. Über Kontakt 7 der Sohlentaste St_1 und Leitung 3 bekommt der Sohlenanschläger der Sohle I den Pluspol für seine Verständigungstaste VT_1, was er am Aufleuchten der Kontrollampe AnL_1 erkennt. Nun kann der Sohlenanschläger mit der Verständigungstaste die erforderlichen Hauptsignale schlagen. Hierbei ertönen auf allen Sohlen und auf der Hängebank die Einschlagwecker EW. In diesem Stromkreis ist auch ein Kontrollzeiger KZ (s. auch Abb. 435) geschaltet, der zwei Schaltmagnete V und Z enthält. Durch den Schaltmagnet V wird der Zeiger des Kontrollzeigers bei jedem Signalschlag um je einen Schritt vorwärtsgeschaltet. Nach dem ersten Schritt wird über Kontakt BK und Leitung 8 der Pluspol an den Zurückschaltemagnet Z gelegt. Wird vom Hängebankanschläger das von der Sohle erhaltene Signal mittels Ausführungstaste AT zur Fördermaschine weitergegeben, so rückt der Zeiger des Kontrollzeigers bei jedem Glockenschlag um ein Feld zurück und blockiert beim Erreichen der Nullage die Ausführungstaste AT, da nach dem letzten Schlag der Kontakt BK wieder geöffnet wird.

Abb. 435.

Im Stromkreis der erwähnten Einschlagwecker liegt ferner ein Relais des Registriergerätes im Fördermaschinenraum, dessen Aufgabe weiter unten beschrieben wird.

Der Maschinist im Fördermaschinenraum erhält somit das Ausführungssignal von der Hängebank über den Einschlagwecker EW. Der Hängebankanschläger kann die von ihm mit der Ausführungstaste AT abgegebenen Signale am Kontrollwecker KW abhören. Auch diese Signale werden registriert.

Wenn vom Hängebankanschläger ein von der Sohle gegebenes Signal zurückgeschaltet werden soll, so betätigt der Hängebankanschläger die Zurücknahmetaste ZRT, bis der Kontrollzeiger auf 0 steht.

Gibt der Hängebankanschläger von sich aus Signale nach dem Maschinenraum, so muß er vorher die Hgb-Taste drücken. Das Aufleuchten der grünen Lampe Lh zeigt dem Maschinisten an, daß vom

Hängebankanschläger ein Signal gegeben wird, ohne daß vorher Signale von einer Sohle eingegangen sind.

Über Leitung 10 wird auch die Skalenbeleuchtung im Standsignalempfänger eingeschaltet. Ruft eine andere Sohle an, so muß der Hängebank-Anschläger durch Drücken der Aus-Taste die vorher gedrückten Tasten St_1 oder Hgb zurückstellen. Das Zurückstellen z. B. der Taste St_1 geschieht auch, wenn Taste St_2 gedrückt wird usw.; die Tasten haben also gegenseitige zwangläufige Auslösung. Jede Betätigung der genannten Tasten erfährt der Maschinist, denn jedesmal ertönt der Rasselwecker SWW im Fördermaschinenraum.

Für die Übermittlung der eingangs erwähnten zusammengesetzten Standsignale (Ankündigungssignale) dienen die Zeigertelegrafen 9 in Abb. 433, G_1 (G_h) bzw. E_1 (E_h) in Abb. 434.

Abb. 436. Abb. 437.

Die Signalgabe z. B. von Sohle I geht folgendermaßen vor sich. Der Sohlenanschläger will beispielsweise das Ankündigungssignal „Langsam hängen" geben. Er drückt seine Anruftaste AnT_1, wie bereits beschrieben, und bekommt das Recht zum Signalisieren. Bei der Freigabe durch den Hängebankanschläger werden die Relais R im Geber G_1 des Zeigertelegrafen (s. Abb. 436) erregt und über die zugehörigen Kontakte dieser Relais der Geber G_1 mit den Empfängern zusammengeschaltet. Dreht nun der Sohlenanschläger mittels Handrad R_1 (siehe auch Abb. 436) seinen Zeiger auf das Signal „Langsam hängen", so stellt sich der eine Zeiger am Empfänger Eh auf der Hängebank auf dieses Signal ein. Hierbei ertönen die Rasselwecker RW_h, RW_1, RW_2 über den linken Kontakt des Rastenrades ra am Geber G_1. Der Anschläger der Hängebank quittiert nun dieses Signal, indem

er seinen Geber *Gh* (über Rad *Rh*) auf das gleiche
Feld „Langsam hängen" stellt; dadurch wird der
Empfänger E_1 (Quittungszeiger am Zeigertele-
graf) und der Empfänger *EFM* im Fördermaschinenraum auch auf dieses Feld eingestellt. Das
Signal im Maschinenraum wird sichtbar, sobald,
bei Übereinstimmung der Signale (Zeiger der Zeigertelegrafen übereinanderliegend), der Gleich-
laufkontakt *GK* auf der Hängebank geschlossen
und die Skalenbeleuchtung *SB* eingeschaltet wird.

Abb. 438.

Der Standsignalempfänger *EFM*, Abb. 437,
enthält einen waagerechten Schlitz im Gehäuse,
hinter dem um eine waagerechte Achse drehbar
gelagert eine Schrifttrommel angeordnet ist.
Die Standsignale sind auf dem Umfang der
Trommel in axialer Richtung in Transparent-
schrift aufgetragen und werden, von innen
durch die Lampe *SB* (Abb. 434) beleuchtet,
nach außen sichtbar.

Ein mit diesem System parallel geschaltetes
System *ER* ist im Registriergerät, Abb. 438, eingebaut, so daß auf dem Registrierstreifen auch
die Standsignale aufgezeichnet werden. Des-
gleichen hat der im Standsignalempfänger, Abb. 437, als anzeigendes
Meßgerät eingebaute Empfänger des Umdrehungsfernzeigers (der
Fördermaschine) im Registriergerät ein Magnetsystem, welches auf

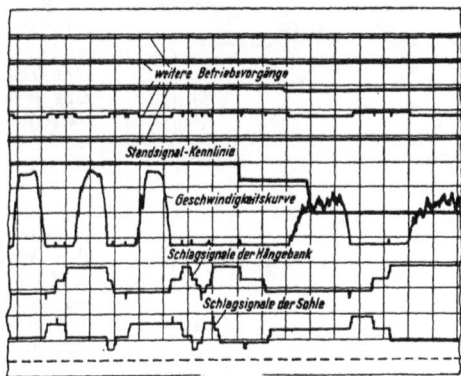

Abb. 439.

eine besondere Schreibfeder arbeitet, so daß auch die jeweilige Förder-
geschwindigkeit niedergeschrieben wird. Die äußere Ansicht des Registriergerätes zeigt Abb. 438 und Abb. 439 ein kurzes Stück eines
Registrierstreifens. Nach den Aufzeichnungen auf diesem Streifen

kann der ganze Förderbetrieb im einzelnen laufend verfolgt und auch später nachkontrolliert werden.

e) Signaleinrichtung für Gefäß-Förderanlagen.

Bei den bereits beschriebenen Schachtsignalanlagen handelt es sich um Anlagen für Gestellförderungen. Bei diesen Förderungen werden Förderwagen (auch Hunde genannt) auf einen Förderkorb auf-

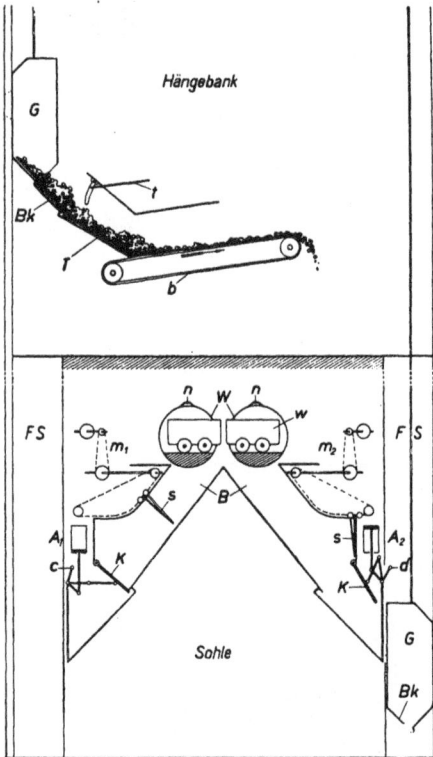

geschoben und nach über Tage gefördert. Bei großen Anlagen rüstet man die Förderkörbe noch mit mehreren Etagen aus, um eine entsprechend größere Leistung zu erzielen. Diese Erhöhung reicht aber in vielen Gruben noch nicht aus, um das anfallende Fördergut über Tage zu fördern. Leistungsfähiger sind die neuen Gefäßförderanlagen. Im Gegensatz zu den Gestellförderungen wird hier das Fördergut direkt in Gefäße oder Kübel geschüttet und nach über Tage gefördert. Eine schematische Darstellung einer Gefäßförderanlage ist in der Abb. 440 zu sehen.

Am Füllort unter Tage sind Füllbunker B angeordnet, in die über Wipper W die Förderwagen w entleert werden. Das Fassungsvermögen eines Füllbunkers ist gleich dem Fassungsvermö-

Abb. 440.

gen eines Fördergefäßes. Bei Kohlenförderung versieht man die Füllbunker mit Schoneinrichtungen s, die das Fördergut in den Bunkern stufenweise absenken, damit das in den Füllbunker hineinfallende Fördergut nicht zermalmt wird. Motoren, die durch die Wipper gesteuert werden, senken nach jeder Wippung die Schoneinrichtung eine Förderwagenfüllung abwärts. Je nach Größe der Füllbunker und

Förderwagen wiederholt sich das Absenken 4- bis 6 mal. Nach der Füllung eines Bunkers wird die Schoneinrichtung ausgeschwenkt (siehe *s* im Bilde rechts) und das Fördergut rutscht bis zur Bunkerklappe *K*. Durch das einfahrende Gefäß *G* am Füllort wird im Zentralsteuerbock eine Verriegelung gelöst, so daß der Bedienungsmann am Füllort den Steuerhebel des in Frage kommenden Füllbunkers auslegen kann und damit den Auslaufverschluß (Verschlußklappe) öffnet. Das Fördergut rutscht nun in das Fördergefäß *G*.

Die Entleerung des Gefäßes über Tage erfolgt automatisch. Beim Einfahren in die Hängebank wird die Bodenklappe *Bk* des Gefäßes geöffnet, und das Fördergut gelangt in die Aufnahmetasche *T*. Von hier wird es über Austragebänder *b* zur Aufbereitung gebracht.

Für diese Gefäßförderungen sind nun auch entsprechende Signaleinrichtungen geschaffen worden. Die Schaltung einer solchen Signalanlage geht aus Abb. 441 hervor. Es sind in dieser Schaltung die Einrichtungen gezeigt, die sich im Fördermaschinenraum *FM*, auf der Hängebank *Hgb* und auf den Sohlen 1, 2 und 3 befinden.

Wenn ein leeres Gefäß am Füllort vorfährt, z. B. Gefäß *I*, so wird durch das aufwärtsfahrende Gefäß *II* der Gefäßschalter G_2 auf der Hängebank betätigt. Hierdurch wird am Füllort die Signallampe gl'_1 und im Fördermaschinenraum die Signallampe gl_1 zum Aufleuchten gebracht. Das Aufleuchten dieser Lampen gibt dem Bedienungsmann am Füllort und dem Fördermaschinisten die Gewißheit, daß sich Gefäß *I* in der richtigen Füllhöhe befindet, und zwar am Füllort in Füllstellung.

Der Bedienungsmann am Füllort kann nun die Verschlußklappe *K* des in Frage kommenden Füllbunkers öffnen. Mit der Verschlußklappe stehen bei *d* und *c*, Abb. 440, die Klappenschalter KS_1 und KS_2 in Verbindung. Beim Öffnen der Klappe werden diese Schalter betätigt. Der Klappenschalter $KS_{1,b}$ bringt in der Leuchttafel am Füllort das Signal „Klappe auf" zum Aufleuchten. Der Bedienungsmann ersieht daraus, daß die Klappe geöffnet ist und das Gefäß gefüllt wird. Gleichzeitig wird über den Klappenschalter $KS_{1,a}$ das Relais *I* erregt, das sich über einen Haltekontakt 6 und den Gefäßschalter g_1 selbst hält und die Abfahrtmeldung vorbereitet.

Nachdem die Klappe *K*, Abb. 440, wieder geschlossen ist, wird über den Ruhekontakt des Klappenschalters $KS_{1,b}$ und den vorher geschlossenen Arbeitskontakt des Relais *I* die Abfahrtlampe *Abf* im Fördermaschinenraum eingeschaltet. Auf Grund dieses Signals fährt der Maschinist an. Über Tage entleert sich das Gefäß automatisch. Für Gefäß *II* wiederholt sich nun der gleiche Vorgang.

Die Entleerungstasche *T* über Tage ist mit einer Tasteinrichtung *t* ausgerüstet, die das Signal „Tasche voll" auslöst. Erscheint dieses Signal im Fördermaschinenraum, so darf der Maschinist das Gefäß nicht zur Hängebank einfahren lassen, da sonst die Entleerungstasche überfüllt und das Fördergut in den Schacht fallen würde.

Der Gang des Austragebandes *b* wird durch ein Relais überwacht, das im Nebenschluß zum Bandmotor liegt. Erscheint dieses Signal, so muß die Förderung unterbrochen werden.

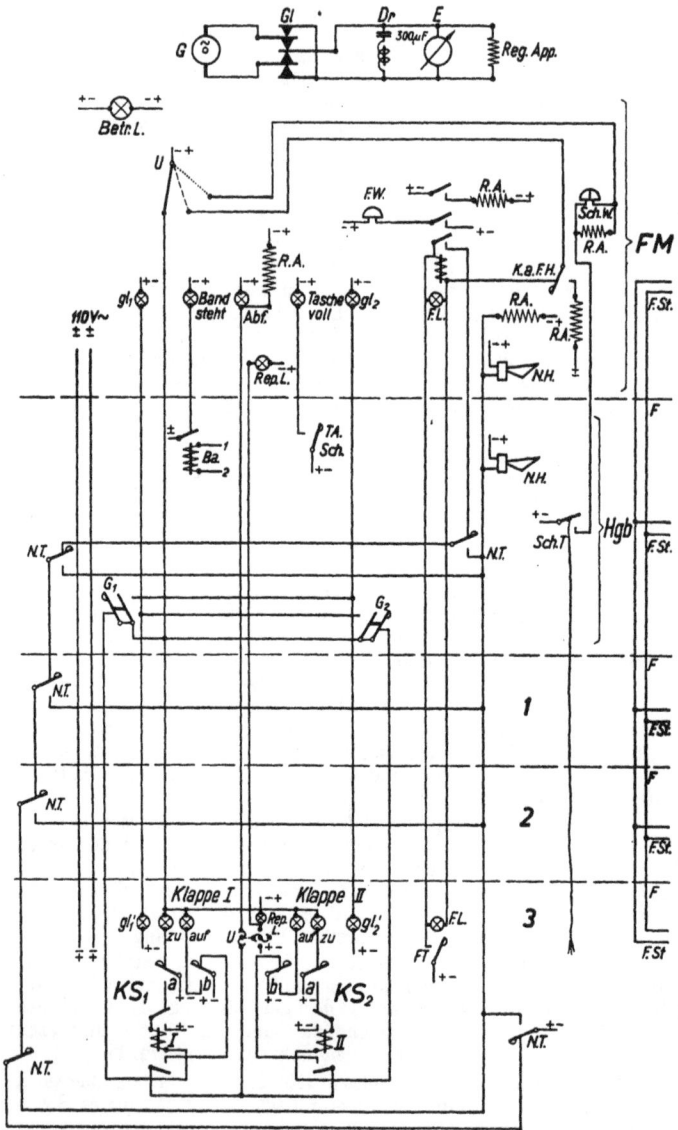

G $\sim$ Gl Dr E $300\mu F$ Reg. App.

Betr. L. +− −+

U −+

F.W. +− R.A. −+ Sch.W. R.A. **FM**

110V~ ±± gl₁ +− Band steht −+ Abf. R.A. Tasche voll gl₂ +− F.L. K.a.F.H. R.A. R.A. F.St.

Rep.L. N.H. F

Ba 1 2 T.A. Sch. N.H.

N.T. Sch.T. +− Hgb F.St.

G₁ G₂ F

N.T. **1** F.St.

N.T. **2** F.St.

Klappe I Klappe II F

gl'₁ zu auf Rep. U auf zu gl'₂ FL **3**

KS₁ a b I II b a KS₂ FT +− F.St.

N.T. N.T.

Abb. 441.

Bei Reparaturen an den Verschlußklappen der Füllbunker unter Tage ist die Stromzufuhr zur Abfahrtmeldung durch den Umschalter U zu unterbrechen, damit beim Öffnen und Schließen der Klappen kein Abfahrtssignal gegeben werden kann. Die Stellung des Schalters wird durch eine Signallampe (Reparaturlampe Rep. L) angezeigt.

Fällt die automatische Signaleinrichtung aus, so dient die Fertigsignalanlage, bei der die Kommandos erst ausgeführt werden, wenn alle beteiligten Stellen das Fertigsignal gegeben haben, zur Signalisierung.

Für Reparatur- und Revisionsfahrten ist das Schachthammersignal eingebaut. Die Signalgabe erfolgt durch Ziehen des von der Schachthammertaste $Sch.T$ in den Schacht hängenden Seiles von dem langsamfahrenden Gefäß aus.

Außerdem ist eine Notsignalanlage vorgesehen. In Fällen dringender Gefahr ist eine der Notsignaltasten $N.T.$ zu betätigen. Hierdurch ertönen die Notsignalhupen $N.H.$ auf der Hängebank und im Fördermaschinenraum. Bei der Fertigsignalanlage wird in diesem Fall außerdem ein bereits gegebenes Fertigsignal rückgängig gemacht.

Durch den Umschalter U im Fördermaschinenraum werden nach Bedarf die einzelnen Signaleinrichtungen, die automatische Signalanlage, die Fertigsignalanlage und die Schachthammereinrichtung eingeschaltet.

Zur mündlichen Verständigung ist eine Fernsprechanlage vorgesehen. Die Fernsprecher $F.St.$ sind parallelgeschaltet.

Alle wichtigen Betriebsvorgänge, die mit der Signalisierung und der Förderung im Zusammenhang stehen, werden auf einen ablaufenden Papierstreifen *(Reg.-App.)* registriert. Es werden aufgezeichnet die Fördermaschinengeschwindigkeit, das Abfahrtsignal, das Fertigsignal, das Notsignal, das Schachthammersignal und das Auslegen der Bremse.

f) Torkontakte.

In einigen Gruben sind besondere Sicherheitsmaßnahmen gegen vorzeitiges Öffnen der Schachttore bzw. vorzeitiges Anlassen der Fördermaschine getroffen. Jedes Tor am Füllort oder Hängebank (Abb. 442) ist mit einem Kontakt (s. Abb. 421) ausgerüstet. Dieser Kontakt wird beim Schließen des Tores unter Vermittelung des Gestänges a, b selbsttätig geschlossen. Abb. 443 zeigt schematisch die Schaltung. Der nicht gezeichnete Bremshebel der Fördermaschine ist durch eine Nase V am Anker S des Entriegelungsmagneten M blockiert. Sind alle Torkontakte K, K_1, K_2 geschlossen, so wird im Fördermaschinenraum Relais R erregt. R schließt durch seinen Kontakt r einen Stromkreis für den Entriegelungsmagneten M und die Signallampe F (Freilampe). Am Aufleuchten dieser Lampe erkennt der Maschinist, daß der Bremshebel nun freigegeben worden ist. Sobald

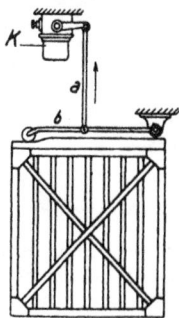

Abb. 442.

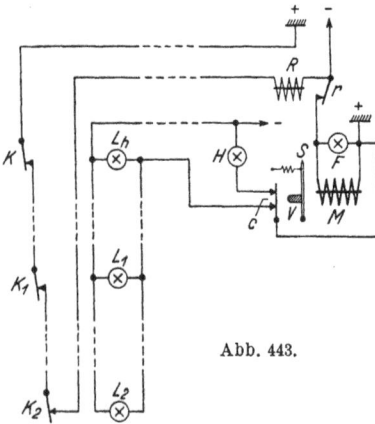

Abb. 443.

auch nur eines der Schachttore geöffnet ist, kann R und
auch M (über r) nicht erregt
werden, so daß der Brems-
hebel durch V gesperrt bleibt.
In der Sperrstellung schließt
Anker S außerdem zwei Kontakte c, wodurch im Fördermaschinenraum die Halt-
lampe H aufleuchtet. Desgleichen brennen grüne Lampen Lh, L_1 und L_2 auf der
Hängebank bzw. auf den
Sohlen als Zeichen dafür, daß
der Bremshebel der Fördermaschine nun gesperrt ist
und der Förderkorb infolgedessen gefahrlos bestiegen
bzw. verlassen werden kann.
Diese Einrichtung ist ganz
besonders bei Seilfahrt (Personenförderung) von großem Wert.

g) Leitungsanlagen in Bergwerken.

Auf gute, gewissenhafte Leitungsverlegung unter Tage muß besonders Gewicht gelegt werden, wenn die Signalanlage als Sicherheits-
einrichtung gelten soll. Die Verlegung blanker Leitungen auf
Rollen oder isolierter Leitungen in Rohr ist zu vermeiden. Nur unter
ganz besonderen Umständen (provisorische Leitungen) kann ein derartiges Leitungsnetz vorübergehend benutzt werden. Für ein dauernd
zuverlässiges Leitungsnetz verwendet man Kabel, nach Möglichkeit
mit Gummiadern. Da Gummikabel jedoch sehr teuer sind, benutzt
man auch solche mit imprägnierter Baumwoll- oder Papierisolation.
Kabel mit trockener Isolation oder auch Papier-Luftisolation (siehe
dieses) sind zu vermeiden, weil bei geringen Beschädigungen sehr
bald größere Teile solcher Kabel durchnäßt sind. Zum Schutze gegen
mechanische Beschädigungen müssen die Kabel armiert sein: Rund-
drahtarmatur für Schachtkabel, Flachdrahtarmatur
für Streckenkabel. Die Armatur erhält eine Jute-
umspinnung, die außerdem noch besonders imprägniert wird (Grubenschutz).

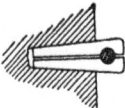

Abb. 444.

Die Verlegung der Streckenkabel geschieht in der
Weise, daß das aufgerollte Kabel mittels Holzschellen
(Abb. 444, Kalibergwerke; Abb. 445 und 446, Kohlen-
bergwerke) an dem Stoß (Streckenwand) der Strecke
befestigt wird. Schellenentfernung 3 bis 4 m, je nach Stärke des
Kabels. Ist der Stollen hoch genug, so kann die Befestigung auch am
First oder in der Ecke, die der Stoß mit dem First bildet, geschehen.
Hin und wieder werden Kabel ohne Befestigung in die Wasserseige
gelegt. Schachtkabel werden in der Regel in den sog. Fahrschacht ein-

gehängt. Das Einhängen erfolgt meistens unter Verwendung eines Trag-
seiles in der Weise, daß das Kabel von der auf einen Bock gestellten
Kabeltrommel über eine Winde in den Schacht hinuntergelassen wird.

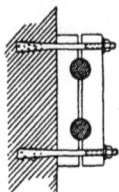 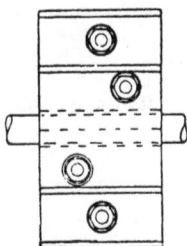 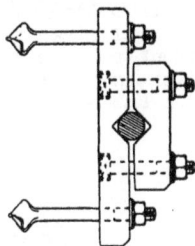

Abb. 445.   Abb. 446.

An das hinunterzulassende Ende befestigt man ein Stahlseil, welches
ebenfalls auf einer Windentrommel aufgerollt und zugleich mit dem
Kabel abgerollt wird. Etwa alle 10 m wird das Tragseil mit dem hinab-
hängenden Kabelende zusammengebunden und so bis zur untersten

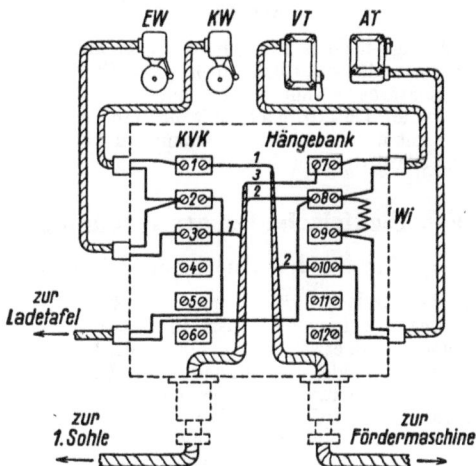

Abb. 447.

Sohle hinabgelassen. In der untersten Sohle zieht man das Kabel in
den Füllort*) so weit hinein, daß der Anschluß an einen Verteilerkasten
erfolgen kann. Dann wird das Kabel, von unten angefangen bis zur
nächsten Sohle angeschellt. Ist dies geschehen, so läßt man von oben
das Kabel noch so weit hinunter, daß eine Schleife bis zum Verteiler-

---

*) In Grubenbetrieben auch das Füllort genannt.

kasten dieser zweituntersten Sohle gebildet werden kann. Das Stück von dieser Sohle nach oben wird wieder angeschellt usw. Man löst das Tragseil vom Kabel in dem Maße, wie dieses angeschellt ist.

Zum Anschluß von Apparaten an die Verteilerkasten verwendet man gewöhnlich bandeisenarmiertes Gummiaderkabel. Für die Verteilung der Kabel müssen geeignete Verteilerkasten (wasserdichte Gußeisenkasten) vorgesehen sein, um die Schaltung und Prüfung der einzelnen Kabeladern bequem vornehmen zu können. Abb. 447 zeigt schematisch einen Kabelverteilerkasten mit den im Innern montierten Klemmen-

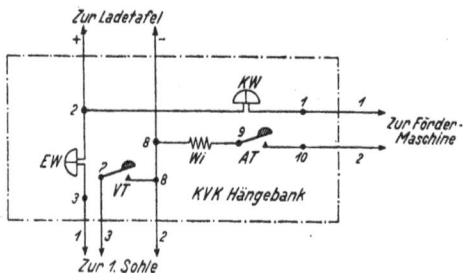

Abb. 448.

leisten, seitlich angebrachten Kabeleinführungen und unten angeordneten Kabelendverschlüssen. (Siehe auch Abschnitt Kabel und Kabelgarnituren.) Sämtliche Klemmenleisten sind numeriert, so daß bei Vorhandensein eines Leitungsplanes mit numerierten Knotenpunkten (Abb. 448), die mit den Klemmenleistennummern übereinstimmen, das Schalten keine Schwierigkeiten bereitet.

XVII. Elektrische Feuermeldeanlagen.

a) Einfache Feuermelder[1]).

Moderne Feuermeldeanlagen werden als Ruhestromanlagen mit Schleifenleitungen (Ringleitungen) ausgeführt. Der Ruhestrom von 40 bis 50 Milliampere, u. U. etwas mehr, der durch die Leitung und über die in Reihe geschalteten Melder verläuft, wird in der Zentrale über ein Milliamperemeter geführt, wodurch eine dauernde Überwachungsmöglichkeit des Leitungszustandes gegeben ist. Der Bau von Feuermeldeanlagen ist je nach Größe und räumlicher Verteilung der Melderstandorte verschieden; auf jeden Fall muß aus dem Zeichen, das vom Melder aus nach der Zentrale gegeben wird, der Standort des betreffenden Melders oder zum mindesten seine nächste Umgebung erkennbar sein. Wesentlich ist außerdem die Unterscheidung zwischen Drahtbruch und einer Feuermeldung. Hierzu bieten sich zwei Wege. Zum Unterschied zwischen einer vollständigen Stromunterbrechung bei Drahtbruch und

[1]) Kalden, H., Neuzeitliche Feuermeldeanlagen. Z. VDI 82, 1938, 1481—82.

einer Feuermeldung wird diese entweder durch Stromschwächung herbeigeführt, oder aber es wird der Unterschied zwischen der dauernden (Drahtbruch) und der vorübergehenden (Feuermeldung) Stromunterbrechung zur Auslösung verschiedenartiger Signale nutzbar gemacht.

In der Abb. 449 ist eine einfache Feuermeldeanlage schematisch dargestellt. In eine Schleifenleitung 1—1 ist eine Anzahl Ruhestromkontakte 2 eingeschaltet. Die Schleifenleitung verläuft in der Zentrale über die Wicklung einer Fallklappe 5, Batterie 3, Milliamperemeter 4. Im Ruhezustand hält 5 seinen Anker 6 angezogen, und das Milliamperemeter zeigt den die Leitung durchfließenden Ruhestrom an. Entsteht in der Schleifenleitung ein Drahtbruch, so wird der Ruhestrom unterbrochen, und das Milliamperemeter zeigt auf Null. Die Fallklappenwicklung wird hierbei ebenfalls stromlos, und Anker 6 fällt ab, wodurch über Kontakt 8 ein Ortsstromkreis für Wecker 10 zustandekommt. Wecker 10 ist somit als Drahtbruchwecker zu bezeichnen. Klappe 7

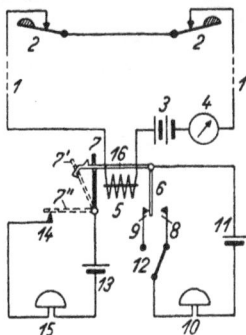 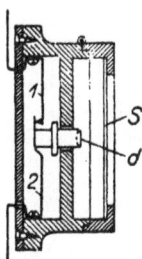 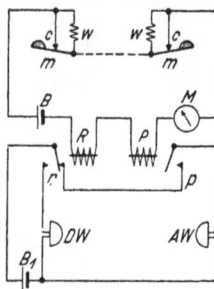

Abb. 449.   Abb. 450.   Abb. 451.

fällt gleichzeitig über die obere Nase des Hebels 16 hinweg und wird in der Lage 7′ von der unteren Nase gehalten. Der Drahtbruchwecker kann durch Umlegen des Schalters 12 ausgeschaltet werden. Bei Feueralarm (Betätigung eines Druckknopfmelders 2) wird die Schleife geöffnet und wieder geschlossen. Die Klappe fällt beim Öffnen des Stromkreises nach 7′, beim Wiederschließen nach 7″ und schaltet über Kontakt 14 Feueralarmwecker 15 an Ortsbatterie 13. Abb. 450 zeigt schematisch den Schnitt durch einen derartigen Druckknopfmelder. Druckknopf d ist, um mißbräuchlicher Betätigung vorzubeugen, erst nach Zertrümmerung einer Glasscheibe S zugänglich.

In Abb. 451 ist der Grundgedanke einer Feuermeldeanlage, bei welcher die Meldung durch Stromschwächung bewirkt wird, dargestellt. In jedem Melder ist ein Widerstand w, beispielsweise 1000 Ohm, eingebaut. Dieser Widerstand ist (im Ruhezustand des Melders) durch Kontakt c überbrückt. Öffnet man diesen Kontakt beim Betätigen des Melders, so wird Widerstand w in die Leitung eingeschaltet. Durch diese Stromschwächung fällt das Relais P ab und schaltet über Kontakt p

18*

den Alarmwecker AW an Ortsbatterie B_1. Relais R fällt nur bei vollständiger Stromlosigkeit ab, d. h. bei Drahtbruch, und schaltet dann über Anker r den Drahtbruchwecker DW ein. Der hierbei gleichzeitig abfallende Anker p vom Relais P hat keine weitere Wirkung, denn der Stromweg für AW wird bei r unterbrochen.

b) Das Zeigerapparatsystem.

Feuermeldeanlagen, die nach den soeben beschriebenen Systemen geschaltet sind, erfüllen ihren Zweck nur dann, wenn beim Eintreffen eines Alarms in der Zentrale sofort auch die Örtlichkeit bekannt ist, von der aus Feuer gemeldet wurde. Sind die Melder über ein großes Gelände verteilt, so empfiehlt es sich, sie in mehrere Schleifen zu schalten, von denen jede an einer Fallklappe in der Zentrale endigt. Um bei größeren Netzen Leitungsmaterial zu sparen, geht man wieder zu weniger Schleifen über, verwendet aber nicht mehr die einfachen Druckknopfmelder, sondern Melder mit einer Typenscheibe. Abb. 452 zeigt die äußere Ansicht eines solchen Melders mit Typenscheibe, in gußeisernem Gehäuse. Den Grundgedanken der Signalgabe zeigt Abb. 453. Die Schleifenleitung führt in jedem Melder über eine Feder F und Kontakt K. In der Ruhelage liegt Feder F mit dem unteren Ansatz auf einem Isolierstück der Typenscheibe.

Abb. 452.

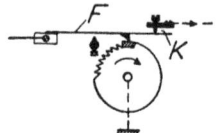

Abb. 453.

Wird der Melder nach Zertrümmerung der Glasscheibe durch Druck auf den Knopf betätigt, so erfolgt die Freigabe der Typenscheibe, und diese dreht sich unter der Wirkung einer Feder in Pfeilrichtung. Die in Abb. 453 dargestellte Typenscheibe hat acht Einschnitte. Beim Umlauf dieser Scheibe wird der Ruhestromkreis somit achtmal unterbrochen. Als Empfänger für eine Meldeschleife mit diesen Meldern kann beispielsweise ein Zeigerapparat dienen. Das Zifferblatt des Apparates trägt die Zahlen 1 bis 20. Es können also 20 Melder in eine Schleife geschaltet und an diesen Empfangsapparat angeschlossen werden. Jeder dieser Melder hat eine Typenscheibe mit einer Anzahl Einschnitte, wobei die Nummer des Melders der Anzahl Einschnitte entspricht. Der Aufstellungsort eines jeden Melders kann in einem Verzeichnis festgelegt werden. Das Verzeichnis wird neben dem Empfangsapparat angebracht.

Beim Siemens-Zeigerapparat-System, dem sog. Universalsystem, wird der Standort des gezogenen Melders auf einer Leuchttafel angezeigt.

In der Abb. 454 ist die äußere Ansicht einer Empfangseinrichtung nach dem Universal-System zu erkennen. Für jede Schleife sind zwei Zeigerapparate vorgesehen. Beim Eintreffen der Meldung gehen die beiden Zeiger schrittweise auf die Nummer des betätigten Feuermelders. Auf der Mitte der Empfangseinrichtung ist eine Leuchttafel angeordnet mit so vielen Leuchtfeldern, wie Melder in der Schleife liegen. Auf diesen Feldern erscheint beim Eintreffen einer Meldung die Bezeichnung der Straße, in der der betätigte Melder steht. Werden 2 Feuermeldungen über die Schleife gleich-zeitig abgegeben, so stellt sich jeder Zeiger auf je einen der beiden Melder ein, von denen aus die Meldung ausging, und in zwei Leuchtfeldern erscheint je eine Leuchtschrift, die den Stand-ort der gezogenen Melder angeben. Läuft noch eine dritte Meldung ein, bevor die bereits vor-liegenden Meldungen zurückgestellt sind, so läuft der eine Zeiger selbsttätig in die Nullage und stellt sich dann auf die Nummer des drit-ten gezogenen Melders. Das zugehörige Leucht-feld mit der Ortsangabe leuchtet auf.

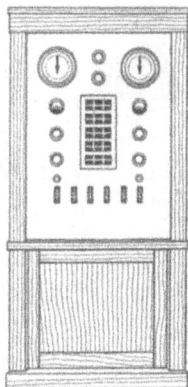

Abb. 454.

Vorgesehen sind bei diesem System natür-lich auch Drahtbruch- und Erdschlußanzeige und die Möglichkeit telefonischer Verständigung zwischen Melder und Feuermeldezentrale über die Schleifenleitung, und zwar ohne daß da-durch eine einlaufende Meldung gestört wird.

Das Universalsystem läßt sich ohne weite-res durch Zusatzeinrichtungen, wie Aufzeich-nung der Meldungen durch Lochung oder Typen-druck, Anordnung von Nebenzeigern, Zeitstempeln u. dgl. erweitern und ausbauen.

An Hand des Prinzipschaltbildes in Abb. 455 soll die Wirkungs-weise des Systems in großen Zügen erläutert werden. Der Einfachheit halber ist aus der Schaltung nur die dem einen Zeigerwerk zugeordnete Relaisgruppe (Gruppe 1) herausgezeichnet; sinngemäß arbeitet, ge-steuert durch Linienrelais L_2, natürlich die zweite Relaisgruppe.

In der Melderschleife sind nur drei Melder schematisch dargestellt — der eine Melder mit der Abwicklung der Typenscheibe um die zeit-liche Aufeinanderfolge der Vorgänge und ihre Auswirkung in der Zen-tralanordnung zu verdeutlichen. Die Typenscheibe bewegt sich nach Auslösung des Melders in der Pfeilrichtung p und gleitet unter der Kontaktfeder f hinweg. Relais L_1 in der Zentraleinrichtung fällt ab, sobald nach dem Auslösen des Melders Feder f in die Lücke 1 der Meldertypenscheibe einfällt und der Kontakt k unterbrochen wird. Dadurch wird über Stromkreis 1 das Halterelais H_1 erregt, das sich über den eigenen Kontakt $h_1{}'$ bindet. Über den Kontakt $h_1{}''$ und Ruhekontakt $b_1{}'$ wird der Stromkreis für das Verzögerungsrelais A_1 vorbereitet, desgleichen der Stromkreis für das Verzögerungsrelais B_1 über $h_1{}'' b_1{}'$ in Abhängigkeit von $l_1{}'''$ und Kontakt $a_1{}'$. Gleitet die Feder f des Melders beim Weiterlauf der Typenscheibe auf den langen Zahn 2, so zieht das L_1-Relais seinen Anker etwa 6 Sekunden lang wieder an. In dieser Zeit wird über Stromkreis 2 das A_1-Relais erregt (Kontakt $h_1{}''$ noch geschlossen, $l_1{}''''$ offen). Das A_1-Relais legt den Kontakt $a_1{}'$ um, jedoch bleibt Relais B_1 unerregt, da es bei erregtem L_1-Relais über Ruhekontakt $l_1{}'''$ kurzgeschlossen ist.

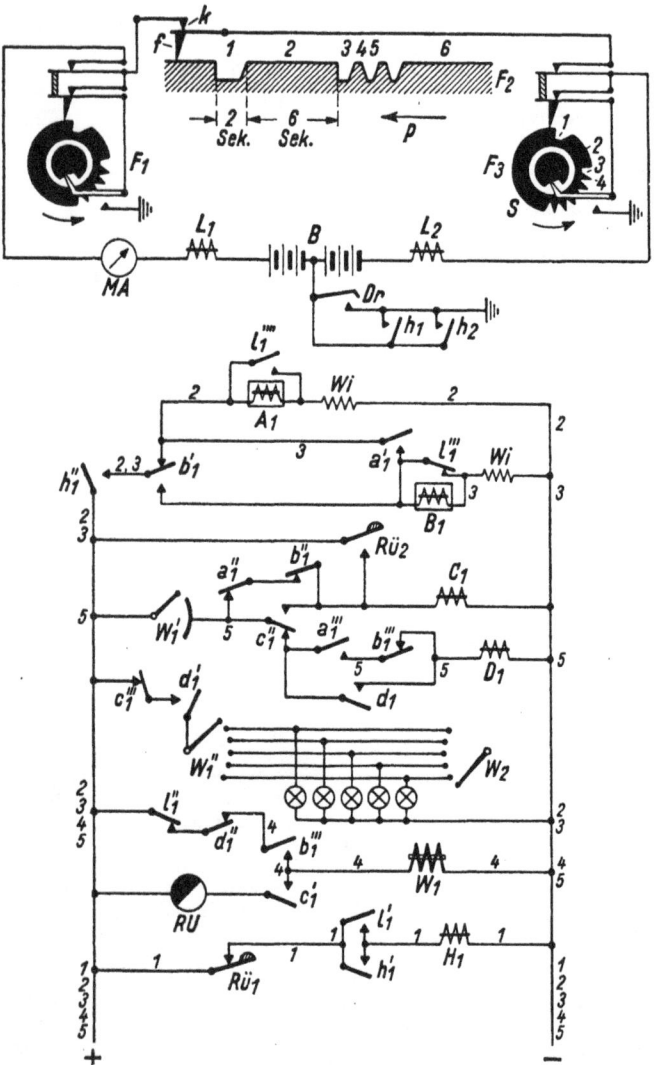

Abb. 455.

Kommt nun Kontaktfeder f des Melders beim Weiterdrehen der Typenscheibe in Zahnlücke 3, so wird der Schleifenstrom wieder unterbrochen, und Relais L_1 fällt kurzzeitig ab. Der Kontakt l_1''' öffnet sich, so daß Relais B_1 nunmehr über Stromkreis 3 erregt wird. Das kurzzeitige Schließen des Kontaktes l_1'''' hat keinen weiteren Einfluß auf das als Verzögerungsrelais ausgebildete Relais A_1.

Gleitet Feder f des Melders weiterhin auf den ersten Zahn 4 der Typenscheibe, so wird auch der Wählermagnet W über Stromkreis 4 erregt. Die Wählerarme w_1' und w_1'' machen den ersten Schritt. Bei der nächsten Stromunterbrechung der Schleife an der Lücke 5 der Typenscheibe wird der Stromkreis 4 bei l_1'' unterbrochen. Während dieser und der noch folgenden kurzen Stromschließungen und Stromunterbrechungen bleiben A_1- und B_1-Relais angezogen (Relais A_1 hält sich über die umgelegten Kontakte b_1' und a_1'), so daß die über l_1'' dem Wählermagneten W_1 zugeführten kurzen Stromstöße die Wählerarme auf die Nummer des gezogenen Melders einstellen. Über Wählerarm w_1'' wird in der entsprechenden Stellung der Lampenstromkreis für das Leuchtfeld des betätigten Melders vorbereitet.

Nun gleitet bei dem Melder mit abgewickelt dargestellter Typenscheibe die Kontaktfeder f auf den sogenannten Endrücken 6. Die dadurch erzeugte lange Stromschließung der Schleife bewirkt zuerst das Abfallen des B_1-Relais. Hierdurch erhält nun Relais D_1 Strom über Stromkreis 5 (a_1''' noch geschlossen). D_1 bindet sich über d_1 und schaltet über d_1' das erwähnte Leuchtfeld ein.

Die Geräte stehen nun wie folgt:

Beide Zeiger (Seite 2 hat mitgearbeitet) stehen auf der Zahl, die den gezogenen Melder kennzeichnet, das Leuchtfeld gibt die Straße an. Die Wählerarme stehen auch auf dem Schritt, der der Nummer des Melders entspricht.

Die Relais stehen wie folgt:

Relais L_1 (L_2), H_1 (H_2), D_1 (D_2), A_1 (A_2) sind erregt, Relais B_1 (B_2) und C_1 (C_2) sind stromlos.

Durch Drücken der Rückstelltaste $Rü_1$ wird das Halterelais H_1 aberregt und durch Drücken der Rückstelltaste $Rü_2$ der Wähler W in die Ruhelage gesteuert. Wird nämlich Taste $Rü_2$ gedrückt, so wird das C_1-Relais erregt, C_1 bindet sich über den eigenen Kontakt c_1'' und schaltet über c_1' den Unterbrecher RU ein. RU gibt dann die Rückstellstromstöße auf den Wählermagneten W_1, der sich selbst in die Ruhelage steuert (w_1' in der Ruhelage unterbricht den Stromkreis für das C_1-Relais).

Wird nach beendeter Meldung und vor Rückstellung der Zeiger in die Ruhelage ein weiterer Melder in der Schleife betätigt, so wird durch eine hierdurch erzeugte Stromunterbrechung von wiederum etwa 2 Sekunden das B_1-Relais wieder angezogen und das bisher über Stromkreis 2 gehaltene A_1-Relais abfallen. Kommt nun die 6-Sekunden-Stromschließung (Kontaktfeder des Melders über Stellung 2), so fällt auch B_1 wieder ab. Sind beide Verzögerungsrelais abgefallen, so zieht über a_1'', b_1'' das C_1-Relais an, und es spielt sich folgender Vorgang (während derselben 6-Sekunden-Stromschließzeit am neu gezogenen Melder) ab:

Über Kontakt c_1' wird der Relaisunterbrecher eingeschaltet, der nun auf den Wählermagneten W_1 arbeitet und dadurch den Wähler sowie auch das Zeigerwerk 1 in schnell folgenden Schritten in die Nullstellung zurückführt. C_1 fällt ab, da Stromweg wieder bei w_1' unterbrochen.

Die weiterhin folgenden kurzen Stromstöße vom neu gezogenen Melder drehen dann in der oben bereits eingehend beschriebenen Schaltfolge den Wähler und den Zeiger 1 auf die neue Nummer und schalten über w_1'' das neue Leuchtfeld ein; das über w_2 vorher eingeschaltete Leuchtfeld bleibt bestehen.

Ähnlich spielt sich der Vorgang ab, wenn eine zweite Meldung ausgelöst wird, während eine Meldung bereits läuft.

Das Universalsystem kann zusätzlich auch noch mit einer Typendruckeinrichtung versehen werden, durch die die Nummer des gezogenen Melders und, wenn ein Anschluß an eine Zentraluhrenanlage möglich, auch die Zeit auf einen Papierstreifen gedruckt wird. Die Schaltung dieser Zusatzeinrichtung ist in der Abb. 456 in vereinfachter Darstellung gezeigt. Dr ist die bereits in Abb. 455 dargestellte Verdrahtung des Wählers W; die Kontaktbank k des Anrufsuchers AS mit den Armen as_1 und as_2 ist an die Verdrahtung Dr mit angeschlossen.

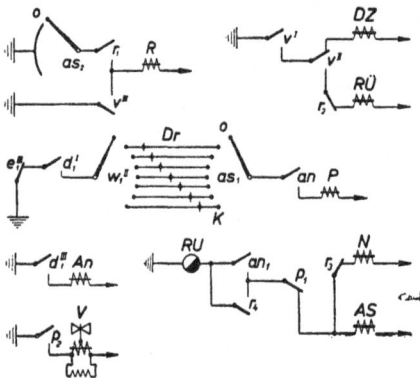

Abb. 456.

Durch Schließen des d_1'''-Kontaktes wird das Anlaßrelais An erregt. An bereitet den Stromkreis für das Prüfrelais P vor (an) und schaltet über an_1 den Relaisunterbrecher RU an den Drehmagnet AS des Anrufsuchers. Der Elektromagnet AS bekommt Stromstöße von RU und dreht ein, bis das Prüfrelais P auf das Wählervielfach, auf dem der Arm w_1'' bei der Feuermeldung geschaltet hatte, aufprüft. Relais P spricht an und trennt den Stromkreis des Relaisunterbrechers RU bei p_1 auf. Gleichzeitig mit dem Anrufsucherelektromagnet hatte auch der Elektromagnet N vom RU Stromstöße erhalten. Von N wurde das Zahlenrad des Typendruckers auf die Nummer des gezogenen Melders geschaltet. Das Prüfrelais P schaltet über p_2 das aus Abb. 183 bekannte stark verzögerte Relais V ein, das in zeitlicher Aufeinanderfolge die Kontakte v^I, v^{II} und v^{III} umlegt. Hierauf spielen sich nacheinander folgende Vorgänge ab: Kontakt v^I legt den Druckelektromagnet DZ des Typendruckers an Spannung, über Kontakt v^{II} wird der Rückstellelektromagnet $R\ddot{U}$, der das Druckwerk nach vollzogenem Druck zurückstellt, erregt, und zuletzt wird über v^{III} das Relais R erregt. R bindet sich über seinen eigenen Kontakt r_1, schaltet durch r_2 den Rückstellelektromagneten ab und unterbricht durch r_3 den Stromkreis des Einstellelektromagneten N. Durch Schließen des Kontaktes r_4 kommt der Relaisunterbrecher RU wieder in Tätigkeit, AS dreht den Anrufsucher in die Nullstellung. Inzwischen war P stromlos geworden durch Abfallen von An, P unterbricht am Kontakt p_2 den Stromkreis des V-Relais, worauf V abfällt. R wird stromlos, sobald Anrufsucherarm as_2 in die Stellung 0 gelangt.

c) Mannschaftsalarm.

Um die Feuerwehrmannschaft nicht öffentlich zu alarmieren, da ein solcher Alarm Zulauf von Publikum verursachen würde, werden die Feuerwehrleute durch besondere, in ihren Wohnungen untergebrachte Wechselstromwecker zum Dienst aufgefordert. Diese Wecker liegen entweder in einer besonderen, von der Feuermeldezentrale ausgehenden Schleifenleitung, oder es werden die Wecker in die Leitung der Feuermelder eingeschaltet (Abb. 457). Die Wecker stehen hier ebenfalls unter Kontrolle des Ruhestromes. Abb. 458 zeigt schematisch eine Anzahl Wecker, die so in eine Schleife geschaltet sind, daß sie auch bei einem etwaigen Leitungsbruch betätigt werden können. Die Wecker sind mit einer Verbundwicklung versehen, die aus einer niedrigohmigen Wicklung 1 und einer hochohmigen Wicklung 2 besteht. Ist die Leitung unbeschä-

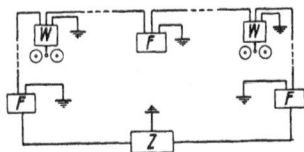

Abb. 457.

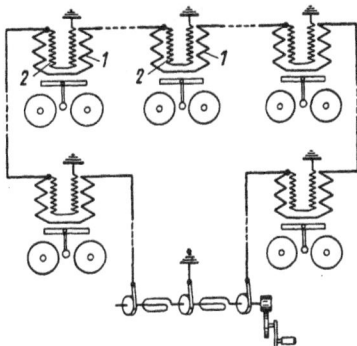

Abb. 459.

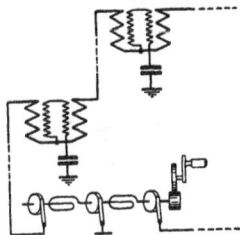

Abb. 458.

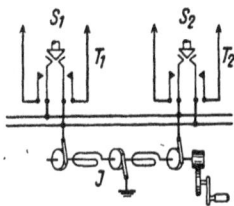

Abb. 460.

digt, so verläuft der Rufstrom von der Zentrale aus über die Wicklungen 1 in Hintereinanderschaltung. Ist Leitungsbruch vorhanden, so verläuft der Rufstrom über die hochohmigen Wicklungen 2 in Parallelschaltung über Erde. An Stelle des von Hand zu bedienenden Kurbelinduktors kann auch eine Rufstrommaschine verwendet werden, die automatisch beim Eintreffen eines Alarms eingeschaltet wird. Man schaltet bis zu 25 Wecker in eine Leitung. Eine andere Schaltung der Alarmwecker zeigt Abb. 459, und zwar ist die hochohmige Wicklung hier in der Mitte der niedrigohmigen Wicklung abgezweigt und über einen Kondensator an Erde gelegt. Laufen mehrere Schleifen in die Zentrale ein, so kann durch Anordnung von Tasten T_1, T_2 (Abb. 460) usw. Induktor J wahlweise in eine beliebige Anzahl Schleifen S_1, S_2 usw. eingeschaltet werden.

d) Morse-Schaltung.

In der Abb. 461 ist die Schaltung einer Feuermeldeanlage gezeigt, bei welcher einlaufende Meldungen durch einen Morse-Farbschreiber niedergeschrieben werden. Die Verwendung eines Farbschreibers hat den Vorzug, daß durch die Niederschrift eine spätere Nachprüfung der Meldungen und außerdem die Aufzeichnung von mehrstelligen Zahlen als Meldernummern (s. auch unter Morsesicherheitsschaltung) möglich ist.

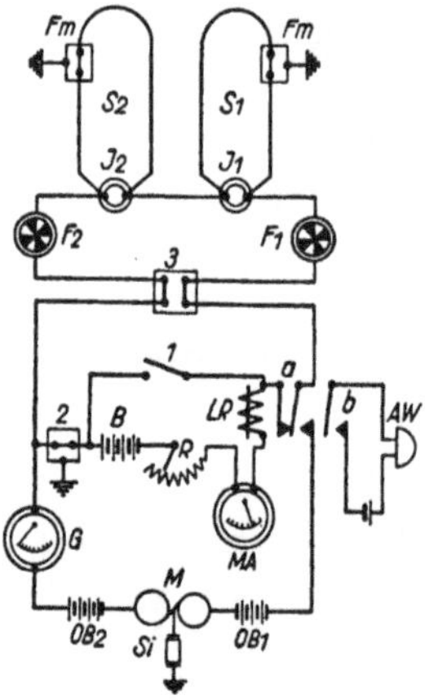

Abb. 461.

In den Schleifen S_1 und S_2 liegende Melder werden von einem Ruhestrom aus der Schleifen-Batterie B durchflossen, so daß auch das Linienrelais LR seine Anker angezogen hält. Der Ruhestrom wird durch das Milliamperemeter und die Schauzeichen F_1 und F_2 angezeigt. Wird ein Feuermelder Fm betätigt, so legt das Linienrelais die Schleife über Kontakt a an die Ortsbatterie OB_1, OB_2 und auf den Farbschreiber M, der nun die Meldernummer schriftlich festlegt. Durch Abfallen des Ankers b vom Linienrelais wird auch der Alarmwecker AW eingeschaltet, der so lange läutet, bis Linienrelais LR wieder anzieht. Der Farbschreiber M ist mit Selbstauslösung (s. d.) versehen, 1, 2 und 3 sind Schalter, J_1 und J_2 Klinken (s. d.), über die ein Fernsprechapparat in die Schleifen geschaltet und über einen zweiten Fernsprecher am Feuermelder Fm gesprochen werden kann.

e) Morsesicherheitsschaltung.

Diese Schaltung (Grundgedanke aus Abb. 462 zu ersehen) kann für Anlagen von beliebigem Umfange verwendet werden. Man schaltet in jede Schleife etwa 25 bis 30 Melder m_1, m_2 usw. mit Typenscheibe. Die Ausschnitte in der Scheibe sind so gruppiert, daß zwei- oder drei-stellige Zahlen durch Strom-unterbrechung gegeben werden. In der Zentrale verläuft die Schleifenleitung über zwei Morseapparate M_1 M_2 (oder einen Doppelmorse), Milli-amperemeter G und Linien-batterie B. Die Einzelheiten der Schaltung, wie Hilfsschalter, Glühlampen, Wecker usw., sind der Einfachheit halber weg-gelassen. Wird bei normalem, ungestörtem Zustande der Lei-tung ein Melder gezogen, so wer-den bei der ersten Stromunter-

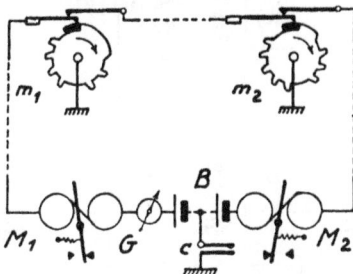

Abb. 462.

brechung beide Morsewerke, die mit einer Selbstauslösung versehen sind, in der Zentrale ausgelöst und beginnen die Nummer des gezogenen Melders zu schreiben. Außerdem wird ein sog. Zentralumschalter be-tätigt, welcher die Einschaltung der verschiedenen Signalglühlampen, Wecker usw. bewirkt und auch die erforderlichen Umschaltungen vor-nimmt. Dieser Zentralumschalter legt u. a. auch die Mitte der Batterie über Kontakt c an Erde und schaltet Erdschluß-Kontrolleitungen (Abb. 466) ab, solange die Meldung einläuft.

Am Aufleuchten einer Lampe ist sofort zu erkennen, aus welcher Schleife die Meldung einläuft. Auf dem Papierstreifen der Morseapparate erscheint die Nummer des Melders, z. B. 132 als Zeichen — — — — — —.

Gewöhnlich durchläuft dieser Streifen noch einen Zeitstempel, der an eine elektrische Haupt-uhr angeschlossen ist, und es wird neben der Nummer des ausgelösten Feuermelders die genaue Zeit des Einlaufs der Meldung aufgedruckt. Laufen mehrere Feuermeldeschleifen in eine Zentrale ein, so schaltet man, um Apparate zu sparen, nicht je zwei Morseapparate in eine Schleife, sondern es wird ein Ortsstromkreis für die Morse geschaften. Die Meldungen aus

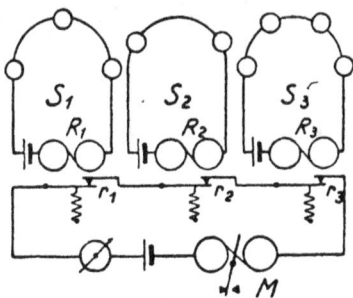

Abb. 463.

den Schleifen arbeiten über entsprechende Relais auf diesen Ortsstrom-kreis. Abb. 463 zeigt den Grundgedanken einer solchen kombinierten Morsesicherheitsschaltung. Die Schleifenleitungen verlaufen in der Zen-trale über eine Batterie und je ein Relais R_1, R_2, R_3 usw. mit den Kon-takten r_1, r_2, r_3, durch welche der Morseapparat M gesteuert wird.

In Abb. 464 ist das Schaltungsprinzip der kombinierten Morse-sicherheitsschaltung älterer Ausführung dargestellt. An Stelle der Morse-

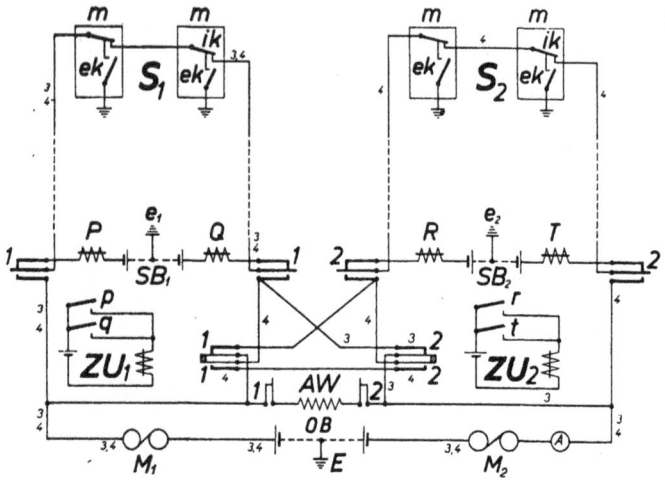

Abb. 464.

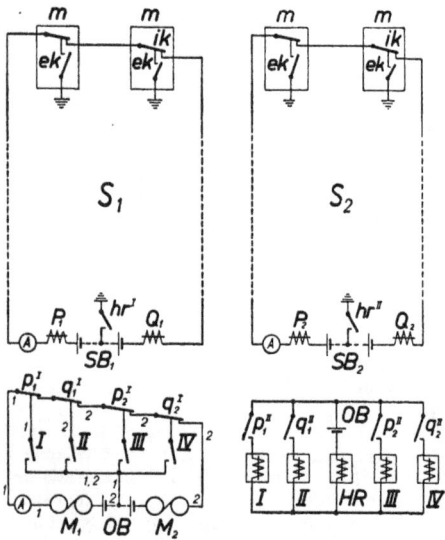

Abb. 465.

apparate liegen auch hier im Linienstromkreis die Relais P, Q bzw. R, T. Geht eine Meldung von einem Melder m der Schleife S_1 ein, so lassen die Ruhestromrelais P und Q ihre Anker fallen, die Kontakte p, q werden geschlossen und der sog. Zentralumschalter ZU_1 erhält Strom. Zum Zentralumschalter ZU_1 gehören die mit 1, zum Zentralumschalter ZU_2 die mit 2 bezeichneten Kontakte. Durch die Zentralumschalter werden außerdem Signallampen eingeschaltet und die Erdschlußkontrolle (Abb. 466) abgeschaltet. Schaltet nun der Zentralumschalter ZU_1 um, so wird Schleife S_1 von den Relais P und Q abgeschaltet und an die Morseapparate M_1 und M_2 gelegt (Stromkreis 3). Ausgleichwiderstand AW, über den die Ortsschleife im Ruhezustand geschlossen ist, wird abgeschaltet. Es schreiben beide Morseapparate diese Meldung auf. Werden in dieser Schleife S_1 zwei Melder gleichzeitig gezogen, so teilt sich Stromkreis 3 in der Mitte der Batterie OB (Erde E), und die eine Meldung wird über Erde von dem Morse M_1, die andere vom Morse M_2 aufgenommen. Bei Drahtbruch verlaufen die Meldungen ebenfalls über Erde. Wird in Schleife S_1 und S_2 je ein Melder gezogen, so werden die beiden Schleifen zusammengeschaltet, denn beide Zentralumschalter ZU_1 und ZU_2 sprechen hierbei an, Stromkreis 4.

Abb. 465 zeigt im Prinzip eine vervollkommnete Schaltung des kombinierten Morsesicherheitssystems, das sog. Siemenssystem. Die Linienrelais P_1, Q_1 verbleiben auch bei Eingang einer Meldung im Schleifenstromkreis. Der Ortsstromkreis ist in Ruhe über Kontakte $p_1^I, q_1^I, p_2^I, q_2^I$ geschlossen. Die Stromunterbrechungen in der Schleife werden über die Anker der Relais P, Q auf den Ortsstromkreis übertragen. Die Einschaltung der optischen und akustischen Signale geschieht durch Halterelais HR, wobei der Stromweg für dieses Relais über einen oder mehrere der Kontakte $p_1^{II}, q_1^{II}, p_2^{II}, q_2^{II}$ der Linienrelais P und Q führt, so daß beispielsweise beim Eingang einer Meldung aus Schleife S_1 die Kontakte p_1^{II}, und q_1^{II} geschlossen werden und das gemeinsame Halterelais HR erregt wird, desgleichen die Halterelais I und II. Die Halterelais I und II schließen ihre Kontakte I und II, und durch die Stromunterbrechungen an den Ankern von P und Q (Kontakte p_1^I und q_1^I) arbeiten die Morseapparate M_1 und M_2. Laufen zwei Meldungen aus Schleife S_1 gleichzeitig ein, so wird die eine Meldung durch Relais P_1, die andere durch Relais Q_1 vermittelt, denn beim ersten Abfall eines der Anker (von P_1 oder Q_1) wird HR erregt und Kontakt hr' geschlossen, wodurch zwei Stromkreise über die Hälfte der Batterie und Erde geschaffen sind. Die vom Relais P_1 vermittelte Meldung nimmt der Morse M_1 (Stromkreis 1, I dauernd geschlossen) und die vom Relais Q_1 vermittelte Meldung der Morse M_2 (Stromkreis 2, II dauernd geschlossen) auf.

In der Schaltung Abb. 466 ist gezeigt, wie mehrere Schleifen an eine Erdschluß-Kontrolleinrichtung angeschlossen werden können. Ist ein Erdschluß eingetreten und durch den Weckeralarm angezeigt, so kann durch einen Schalter S_1, S_2 die fehlerhafte Schleife bis zur Beseitigung der Störung von der Kontrolleinrichtung abgeschaltet werden.

In Feuermeldeanlagen kann der Fall eintreten, daß auch mehr als 2 Melder gleichzeitig gezogen werden. Ohne besondere Vorkehrungen

würden die Meldungen der beiden Melder, die in der Schleife der Zentrale
am nächsten liegen, einlaufen, die weiteren jedoch ausbleiben. Es kann
dies teilweise dadurch vermieden werden, daß man die Typenscheiben

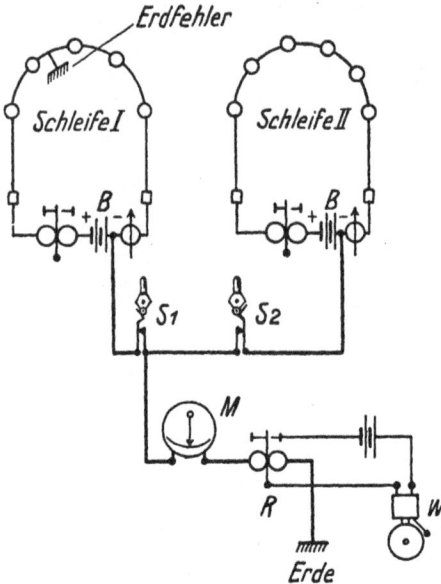

Abb. 466.

der Melder mehrere Um-
drehungen machen läßt,
wodurch die Nummer
des Melders mehrere-
mal in die Leitung ge-
geben wird (Gamewell-
System). Sind die Mel-
der dann so ausgelöst
worden, daß doch noch
kleine Zeitdifferenzen
zwischen den Auslöse-
momenten vorhanden
waren, so werden ein-
zelne Meldernummern
aus dem Anfang und
dem Ende oder den ein-
geschalteten Pausen der
Meldungsaufzeichnun-
gen zu entnehmen sein.

Ein anderes Mittel,
den Eingang der Mel-
dungen bei fast gleich-
zeitiger Auslösung meh-
rerer Melder zu sichern,
besteht darin, daß man
die Melder mit elektri-
scher Arretierung ver-
sieht. Diese Arretierung
bewirkt, daß ein Melder nur dann abläuft, wenn die Leitung im Moment der Auslösung sich im Ruhezustand befindet. Ist das nicht der
Fall, so bleibt der Melder nach Auslösung gesperrt, bis alle vorher gezogenen Melder abgelaufen sind. Auf die Konstruktion dieser Melder
hier einzugehen, würde zu weit führen.

f) Selbsttätige Feuermelder.

Selbsttätige Feuermelder sind auf Wärme ansprechende Ruhestrom-
oder Arbeitsstromkontakte. Man unterscheidet sog. Maximalmelder,
die bei Erreichung einer bestimmten Temperatur ansprechen, und sog.
Differentialmelder, welche neben dem Maximalkontakt noch einen sog.
Differentialkontakt enthalten, der dann anspricht, wenn die Temperatur des den Melder umgebenden Luftraumes rasch ansteigt. Das Prinzip eines Maximalmelders sei an Hand der Abb. 467 erläutert. Der
U-förmig gebogene Blechstreifen 1 besteht aus zwei verschiedenen,
aufeinander gewalzten Metallen mit weit auseinander liegenden Ausdehnungskoeffizienten. Bei Maximalmeldern für Ruhestromschaltung,
d. h. für Kontaktöffnung, liegt das Metall mit höherem Ausdehnungs-

koeffizienten an der Innenseite des Streifens, bei Meldern für Arbeitsstromschaltung, d. h. für Kontaktschluß, liegt es an der Außenseite. Die Abb. 467 zeigt Kontakt 2 geschlossen. Wird der Streifen 1 erwärmt, so biegt er sich auseinander und öffnet Kontakt 2. Durch Feder 6 und Stellrädchen 3 läßt sich der Druck am Kontakt 2 verändern, und es kann hierdurch die jeweilige Temperatur eingestellt werden, bei welcher der Kontakt 2 sich öffnen bzw. schließen soll. An 4 und 5 wird die Schleifenleitung angeschlossen. Abb. 468 zeigt einen Maximalmelder mit und ohne Schutzgehäuse.

Abb. 469 zeigt eine andere Art des Maximalmelders. Eine festgeschraubte, etwas durchgebogene Feder b dehnt sich bei Erwärmung weiter aus und schließt Kontakt a, wodurch ein Stromweg von 1 nach 2 geschaffen wird. Durch Verstellen der Schraube mit dem Zeiger z kann die jeweilige Temperatur eingestellt werden, bei der der Melder ansprechen soll. Scheibe e ist mit einer entsprechenden Temperaturskala versehen.

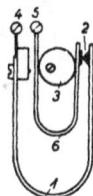

Abb. 467.

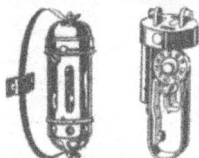

Abb. 468.

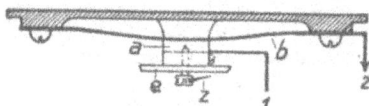

Abb. 469.

Die Wirkungsweise eines Differentialkontaktes von Siemens & Halske geht aus Abb. 470 hervor. Eine U-förmige, vollständig geschlossene Glasröhre ist etwas über die Hälfte mit Quecksilber als stromleitendem Körper gefüllt. Über dem Quecksilber befindet sich in beiden Schenkeln eine geringe Menge einer leicht verdampfenden Flüssigkeit. Aus dem übrigbleibenden Raum ist die Luft ausgepumpt, so daß dieser Raum mit Dämpfen der Flüssigkeit angefüllt ist. Diese Dampfspannung ist um so größer, je höher die Temperatur ist. In das Glasrohr sind Platindrähte eingeschmolzen, an deren Ösen die Zuführungsleitungen angelötet werden.

Wie aus Abb. 470 zu ersehen ist, besteht der eine Schenkel der Glasröhre aus dickerem Glas als der andere. Da Glas ein schlechter Wärmeleiter ist, wird bei rascher Temperatursteigerung eine verschieden schnelle Erwärmung und hierauf folgende Verdampfung der Flüssigkeit in beiden Schenkeln eintreten. Es wird also bei rasch steigender Temperatur im dünneren Rohr durch schnellere Verdampfung ein Überdruck entstehen, der bestrebt ist, das Quecksilber in die dickeren Schenkel hinüberzudrücken. Sinkt hierbei der Quecksilberspiegel bis unter den stromzuführenden Platindraht, so wirkt diese Röhre als Unterbrechungskontakt, wenn sie in einen Ruhestromkreis eingeschaltet wird. Je rascher die Temperatursteigerung in der Zeiteinheit, um so schneller sprechen diese Kontakte an, unabhängig von der Anfangstemperatur. In der Praxis werden Differentialkontakte nur in

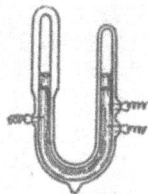

Abb. 470.

Verbindung mit Maximalkontakten verwendet und heißen dann Differentialmelder.

Diese werden an solchen Orten angebracht, wo langsame aber starke Temperaturschwankungen das Einstellen des Maximalkontaktes auf eine hohe Temperatur erforderlich machen, damit die Melder nicht schon ansprechen, ohne daß Feuersgefahr vorhanden ist. Z. B. kommen auf Dachböden im Sommer Temperaturen von etwa 70° C vor, und es muß der Maximalkontakt auf über 70° eingestellt werden, damit der Feueralarm nicht durch Sonnenwärme ausgelöst wird.

Abb. 471 zeigt einen Differentialmelder mit zwei Federn. Steigt die Temperatur langsam, so werden die beiden Federn f_1 und f_2 sich gleichmäßig durchbiegen, und der Ruhestromkontakt c bleibt geschlossen. Steigt die Temperatur sehr rasch, so dehnt sich die freiliegende Feder f_2 schneller aus als die im Gehäuse G eingebaute, und der Kontakt wird unterbrochen.

Die Abb. 472 veranschaulicht noch eine besonders einfache Art eines Maximalkontaktes für Ruhestrom, den sog. Schmelzlotmelder. Er besteht aus zwei zusammengelöteten Metallstreifen, die beim

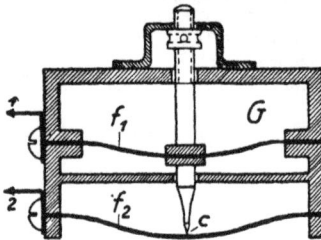

Abb. 471.

Abb. 472.

Schmelzen des Lotes auseinandergehen und den Kontakt unterbrechen. Man verwendet zum Zusammenlöten ein Lot mit sehr niedrigem Schmelzpunkt, etwa 70° C.

An Hand der Schaltung Abb. 473 sei eine Empfangseinrichtung für eine selbsttätige Feuermeldeanlage, und zwar für eine Schleife, beschrieben. Zum Betrieb derartiger Anlagen ist Ruhestrom von 40 bis 50 Milliampere erforderlich. Es sind nach Möglichkeit Akkumulatoren zu verwenden. Bei Anlagen, die Ruhestrom bis etwa 50 Milliampere verbrauchen, genügt eine Batterie von 13 Amperestunden.

In die Schleife der in Abb. 473 skizzierten Anlage sind selbsttätige Maximalmelder 4 und ein von Hand zu bedienender sog. Nebenmelder (s. Abb. 450) eingeschaltet. Als Nebenmelder (5) werden im allgemeinen solche Melder bezeichnet, die in einer privaten Feuermeldeanlage eingeschaltet werden und einen Melder einer öffentlichen Feuermeldeanlage zur Auslösung bringen können. Auf den öffentlichen Melder (Hauptmelder) wirkt dann ein Elektromagnetsystem 15, welches zwischen die Klemmen 11 und 12 eingeschaltet ist.

Der Ruhestrom aus Batterie 1 verläuft über Nebenschluß 2 des Milliamperemeters 3, über Melderschleife, Kontakte 6 und 7, Wicklung 9 der Drahtbruchklappe, Kontakte 24 und 25, Wicklung des Elektromagneten 15, Batterie 1. 15 spricht auf diesen Ruhestrom von etwa 35 bis 40 Milliampere nicht an. Wird ein Melder durch Erwärmung betätigt und hierdurch der Kurzschluß des in einem Melder 4 eingebauten Widerstandes von etwa 1000 Ohm aufgehoben, so entsteht in der Schleife

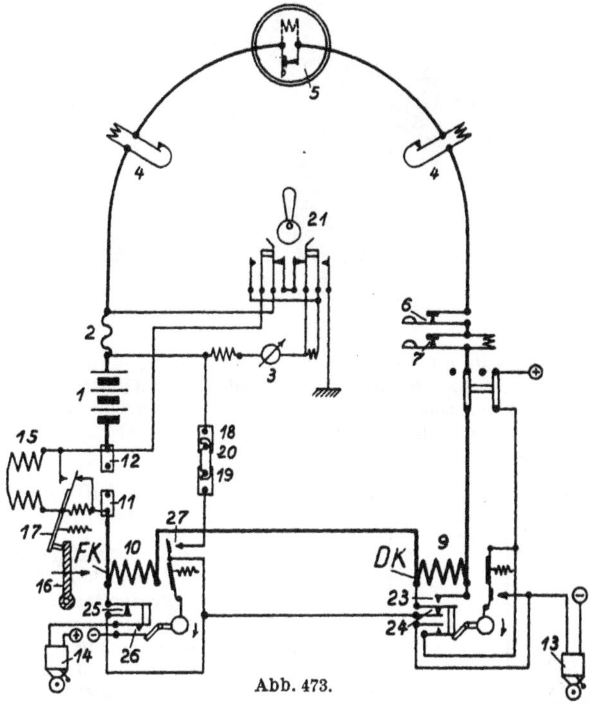

Abb. 473.

eine Stromschwächung. Der im Normalzustand angezogene Anker der Drahtbruchklappe 9 wird abfallen und hierauf Wecker 13 (Draht-bruchwecker) ertönen. Ferner wird über Kontakt 23 Wicklung 9 kurzgeschlossen und durch Unterbrechung des Kontaktes 24 der Kurzschluß von Wicklung 10 der Feueralarmklappe *FK* aufgehoben, so daß *FK* anspricht. Über 26 wird der Feuer-alarmwecker 14 und über Kontakte 27 und 25 der Elektromagnet 15 einge-schaltet, der den Melder der öffent-lichen Anlage auslöst. Wird ein der-artiger Melder nicht eingeschaltet, so muß Bügel 20 zwischen 18, 19 entfernt und zwischen 11 und 12 geschaltet werden.

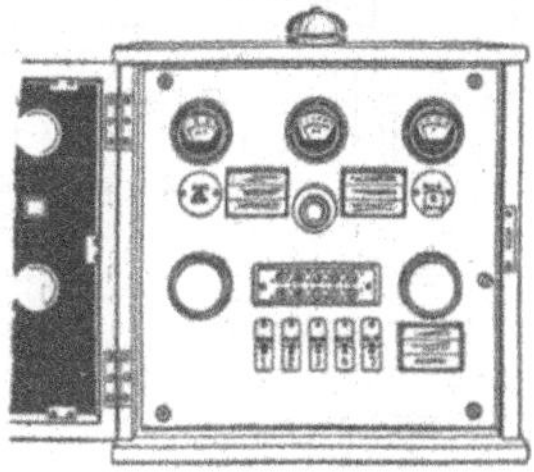

Abb. 474.

Schalter 21 dient einmal zur Erdschlußprüfung und dann zur Prüfung der Batterie, Schalter 6 zur Drahtbruchprüfung, Schalter 7 zum ver-suchsweisen Alarm. Durch 16 ist die Gehäusetür der Empfangseinrich-

Abb. 475.

tung dargestellt, die beim Öffnen in Pfeilrichtung einen Kurzschluß (über 17) von Elektromagnet 15 herbeiführt. Hierdurch ist einem versehentlichen Auslösen des öffentlichen Melders vorgebeugt. Abb. 474 zeigt die äußere Ansicht eines derartigen Empfangsapparates für 5 Schleifen.

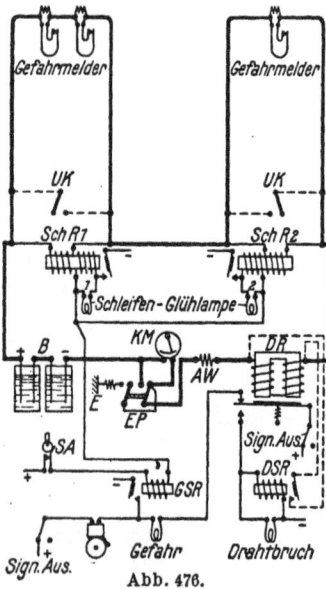

Abb. 476.

g) Gefahrmelder für Transformatoren.

Um die übermäßige Erwärmung (vor Entzündung) des Öles, die bei Transformatoren durch Überlastung oder Kurzschluß verursacht werden kann, rechtzeitig anzuzeigen, verwendet man den Gefahrmelder. Dieser besteht im wesentlichen aus einem selbsttätigen Feuermelder, als Maximalmelder ausgebildet, und wird in einem Gußeisengehäuse untergebracht (Abb. 475). Dieses Gehäuse wird mit dem Rohransatz in das am Transformatorgehäuse an geeigneter Stelle vorgesehene Tauchrohr eingesetzt. Von den an der Kappe angebrachten Klemmenschrauben führen zwei Drähte zur Zentraleinrichtung, deren Schaltung in Abb. 476 im Prinzip dargestellt ist.

Die Gefahrmelder-Schleifen überbrücken in der Zentraleinrichtung je eine der Schleife zugeordnete Relaiswicklung Sch R. Diese Schleifenrelais liegen in einem Ortsstromkreis, in welchen außerdem die Batterie, ein Kontroll-Meßinstrument und das Drahtbruchrelais eingeschaltet sind. Bei einer übermäßigen Temperaturerhöhung spricht der Gefahrmelder an und schaltet den eingebauten Widerstand (etwa 1000 Ohm) in die Schleife ein. Durch diese Widerstandsänderung innerhalb der Schleife bekommt das betreffende Schleifenrelais *Sch R* mehr Strom und zieht seinen Anker an. Der Anker von *Sch R* schaltet eine Schleifenglühlampe sowie ein für alle angeschlossenen Schleifen gemeinsames Signalrelais *GSR* ein, welches wiederum die Gefahrsignallampe zum Aufleuchten bringt und einen Wecker betätigt. Die Abstellung des optischen und akustischen Signals erfolgt durch Umlegen des Schalters *SA*. Das Drahtbruchrelais *DR* spricht nur bei Stromunterbrechung an, und zwar schaltet der Anker von *DR* beim Abfallen das Drahtbruchsignal ein, unterbindet aber gleichzeitig das Aufleuchten der Gefahrlampe sowie das Ansprechen des Weckers. Die Schleifensignallampe leuchtet jedoch gleichzeitig auf, da das betreffende Schleifenrelais auch bei Drahtbruch erregt wird. Die gestörte Schleife kann durch den Überbrückungsschalter *ÜK* ausgeschaltet werden, bis die Störung behoben ist. Eine Erdschlußkontrolle läßt sich durch Umlegen des Schalters *EP* bewirken.

h) Feuermelde- und Wächter-Kontrollapparat[1]).

Um den vorgeschriebenen Rundgang von Wächtern zu kontrollieren, sind Wächterkontrollanlagen erforderlich. In größeren Betrieben ist es zweckmäßig, sie mit Feuermeldeanlagen zu verbinden. Ein Empfangsapparat für eine derartige kombinierte Anlage ist in Abb. 477 abgebildet. Abb. 478 zeigt einen Feuer- und Wächterkontrollmelder in Gußeisengehäuse. Der Feueralarm geschieht durch Ziehen an der unter einer Glasscheibe sichtbaren Kette. Die Wächterkontrollmeldung erfolgt mittels eines vom Wächter mitgeführten Steckschlüssels, indem dieser in eine Öffnung (oberhalb der Glasscheibe verdeckt dargestellt) in der Meldertür eingeführt, einmal umgedreht und wieder herausgezogen wird. Im Innern des Gehäuses ist ein Laufwerk untergebracht, welches durch die Schlüsselumdrehung aufgezogen wird, nach dem Herausziehen des Schlüssels abläuft und durch Kontaktgabe, ähnlich wie es bei der Typenscheibe des Feuermelders

Abb. 477.

Abb. 478.

Abb. 453 geschieht, die Wächterkontrollmeldung abgibt. Im Ruhezustand fließt durch die Schleife ein Ruhestrom von etwa 50 Milliampere. Bei einer Feuermeldung wird dieser Ruhestrom absatzweise unterbrochen, bei einer Wächterkontrollmeldung absatzweise geschwächt. Das im Gehäuse des Empfangsapparates (Abb. 477) eingebaute Milliamperemeter

---

[1]) Buck, B., Moderne kombinierte Feuermelde- u. Wächterschutzanlagen. Z. Fernmeldetechn. 18, 1937, 121—25.

zeigt dauernd den Strom in der Leitung an. Leitungsbruch bewirkt im Empfangsapparat das Abfallen einer Klappe und das Ertönen eines Alarmweckers.

Der Empfangsapparat enthält ein elektrisch betriebenes Nebenuhrwerk, welches an eine Uhrenleitung (s. S. 289) angeschlossen werden muß. Dieses Uhrwerk stellt einen Zeitstempel dauernd auf die richtige Zeit ein; der Zeitstempel tritt in Tätigkeit, sobald eine Meldung einläuft. Eine Meldung besteht bei der Wächterkontrolle aus einem Aufdruck auf einem Papierstreifen, enthaltend die Nummer des Melders, von welchem aus die Meldung abgegeben wurde, sowie die genaue Zeit (Abb. 479). An Hand der auf dem Papierstreifen untereinander aufgedruckten Meldernummern und der Zeiten kann der Rundgang des Wächters genau kontrolliert werden. Bei einer Feuermeldung erfolgt ebenfalls der Aufdruck der Meldernummer und der Zeit; außerdem wird jedoch hinter der Zeitangabe noch ein Buchstabe F aufgedruckt, und es werden Alarmwecker bzw. bei Verwendung von Relaisschaltungen auch Sirenen, Hupen usw. eingeschaltet.

Die Wirkungsweise des Empfangsgerätes kann an Hand der schematischen Darstellung (Abb. 480) erläutert werden, welche nur die Empfangseinrichtung für Wächterkontrollmeldungen darstellt.

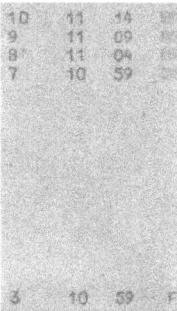

Abb. 479.

Es sind in die Schleifenleitung S, Abb. 480, Wächterkontrollmelder wM, Abb. 481, und Feuermelder fM eingeschaltet, oder es sind kombinierte Geräte (Abb. 478) vorgesehen. Aus der schematischen Darstellung des Wächterkontrollmelders wM ist zu erkennen, daß beim Umlauf der Typenscheibe ein Kontakt absatzweise unterbrochen und bei jeder Unterbrechung ein Widerstand r in die Schleifenleitung eingeschaltet wird. Hierdurch werden die aufeinanderfolgenden Stromschwächungen erzeugt. Die in der Schleifenleitung liegenden Feuermelder fM haben keinen den Unterbrecherkontakt überbrückenden Widerstand, so daß beim Umlauf der Typenscheibe dieses Melders eine Reihe von Stromunterbrechungen in der Schleifenleitung stattfindet. In der Zentraleinrichtung verläuft die Schleifenleitung über ein Relais F und über ein Relais L, ein Milliamperemeter mA und die Schleifenbatterie B_1. Es fließt ein Ruhestrom von etwa 45 mA.

Das Relais F spricht nur auf Stromunterbrechungen an, das Relais L hingegen auf Stromunterbrechungen und auf Stromschwächungen. Beim Abgeben einer Wächterkontrollmeldung arbeitet das Relais L und schaltet über seinen Kontakt l_2 den Elektromagnet Me ein, der über das Klinkwerk me und Klinke c die Nummernscheibe 1 des Typendruckers auf die Nummer des betätigten Melders einstellt. Parallel zu dem Elektromagneten Me wird ein Verzögerungsrelais V betätigt (s. auch Abb. 183), dessen Ankeranzug jedoch verzögernd ausgebildet ist, so daß er mehrere Sekunden Zeit zum Anziehen benötigt. Bei den kurzen Stromschwankungen während der Übertragung der Melder-

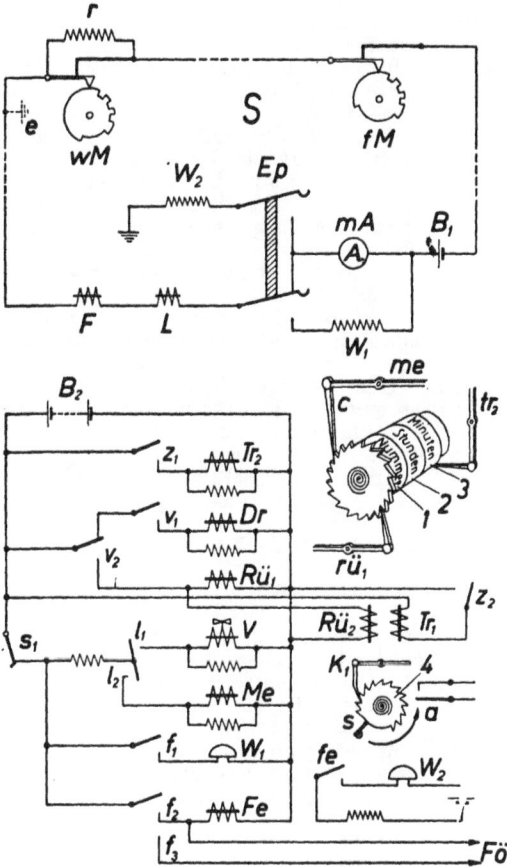

Abb. 480.

nummer wird der Anker des Verzögerungsrelais *V* nicht angezogen, sondern erst nach Beendigung der Übertragung, nach wel-
cher eine Stromschwächung von längerer Dauer von der
Typenscheibe des Melders erzeugt wird. Das Verzögerungsrelais zieht dann seinen Anker an und es werden
hierauf in zeitlicher Aufeinanderfolge die Kontakte v_1
und v_2 geschlossen. Der Elektromagnet *Dr* bewirkt den
Abdruck der eingestellten Meldernummer und Elektromagnet *Rü*$_1$ die Rückstellung der Typendruckerscheibe 1.
Gleichzeitig mit dem Abdruck der Meldernummer auf

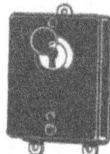

Abb. 481.

den Papierstreifen wird auch die genaue Uhrzeit abgedruckt, denn auf der Typenwalze des Typendruckers sitzen weitere Scheiben 2 und 3, die über Klinke tr_2 vom Elektromagnet Tr_2 minutlich fortgesch altet werden. Von einer Zentral-Uhrenanlage wird der Kontakt z_1 minutlich geschlossen, so daß die Zahlen der Typenscheiben 2 und 3 des Typendruckers, die jeweils dem Druckhammer des Druckmagneten Dr gegenüberliegen, stets die richtige Uhrzeit angeben.

Wird ein in der Schleifenleitung liegender Feuermelder gezogen, so finden in der Zentraleinrichtung die gleichen Vorgänge statt wie bei einer Wächterkontrollmeldung. Außerdem wird aber dadurch, daß nun auch das F-Relais angesprochen hat, ein Alarm gegeben. Über den Kontakt f_1 des F-Relais wird ein Rasselwecker w_1 eingeschaltet, über Kontakt f_2 ein Elektromagnet Fe, der den Abdruck eines Buchstaben F auf dem Registrierstreifen veranlaßt und über Kontakt f_3 kann erforderlichenfalls ein Melder $Fö$ einer öffentlichen (städtischen) Feuermeldeanlage ausgelöst werden. Durch Umlegen des Schalters s_1 kann der Alarm (Wecker w_1) abgestellt werden. Vom Elektromagnet Fe oder über einen weiteren f-Kontakt lassen sich noch zusätzliche Alarmgeräte, z. B. Wecker w_2, der an anderer Stelle untergebracht sein mag, oder eine Sirene einschalten.

Die Abb. 479 zeigt einen Original-Meldestreifen mit einigen abgedruckten Wächterkontroll- und Feuermeldungen. Die erste Zahl (links) bedeutet immer die Nummer des gezogenen Melders, die zweite Zahl die Stunde und die dritte Zahl die Minute, in der die Meldung eingetroffen ist.

Zum Schutz des Wächters ist in der Zentrale eine besondere Alarmeinrichtung vorgesehen, die wie folgt arbeitet. Durch einen weiteren Kontakt z_2 der Uhrenleitung wird der Elektromagnet Tr_1 minutlich erregt, der die Kontaktscheibe 4 über Klinke k_1 schrittweise vorwärtsschaltet, bis der Stift s den Kontakt a schließt, wodurch ein Alarm ausgelöst wird, der anzeigt, daß eine Wächterkontrollmeldung innerhalb einer festgesetzten Zeit von beispielsweise 15 Minuten ausgeblieben ist. Erfolgen die Wächterkontrollmeldungen innerhalb der Zeitabschnitte von 15 Minuten, so wird jedesmal, wenn der Rückstellmagnet $Rü_1$ anspricht, auch der Rückstellmagnet $Rü_2$ anziehen, so daß bei jeder ordnungsgemäß stattfindenden Meldung die Kontaktscheibe 4 unter Federwirkung in die Anfangslage zurückgedreht und der Kontakt a nicht erreicht wird. Der Schalter Ep dient zur Erdschlußkontrolle.

XVIII. Fernmeldeanlagen für den Luftschutz.

Aufgabe des Luftschutzes ist es, bei Luftangriffen alle möglichen Vorkehrungen zu treffen zum Schutze der Bevölkerung allgemein, insbesondere aber auch zum Schutze der Gefolgschaften großer Betriebe und Behörden. Eine sehr wesentliche Rolle spielt hierbei die Nachrichtentechnik, die Geschwindigkeit und die Sicherheit in der Übermittelung von Meldungen. Man unterscheidet heute zwischen dem öffentlichen und dem industriellen Luftschutz.

Als Alarmgerät dient für den öffentlichen Alarm die 5-kW-Sirene, Abb. 482, durch die die behördlich vorgeschriebenen Signale „Flieger-

alarm" (ein auf- und abschwellender Heulton) und „Fliegeralarm
zu Ende" (hoher Dauerton von 385 Hertz) abgegeben werden
können. Soll die Sirene außer zu Fliegeralarmzwecken auch noch
für den Feueralarm benutzt werden, so ist eine solche mit 2 Motoren zu verwenden. Die Abb. 483
zeigt eine solche Doppel-Sirene
mit 2 Motoren und Dreifach-Kugel-
dach.

Abb. 482.

Abb. 483.

Für die Zwecke des öffentlichen Luftschutzalarms werden die
Sirenen in der Stadt so verteilt und an erhöhten Punkten aufgestellt,
daß auch bei ungünstigen Witterungsverhältnissen die gute Hörbarkeit
in allen Straßen gesichert ist.

Die Sirenen werden entweder in ein besonderes Leitungsnetz
oder in etwa vorhandene Feuermelde-Leitungsschleifen eingeschaltet.
Die Steuerung kann dann über
besondere Frequenz-Relais erfolgen.

Zum Ein- und Ausschalten
einer einzelnen zweimotorigen Sirene kann ein besonderes Schaltgerät benutzt werden. Abb. 484
veranschaulicht die äußere Form
eines Schaltgerätes.

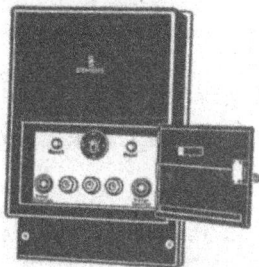

Abb. 484.

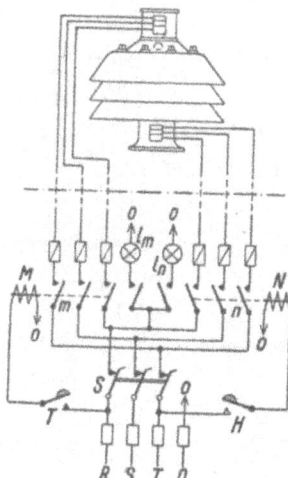

Abb. 485.

Das Gerät enthält 2 Schütze für das Einschalten der beiden Motoren. Außer den Sicherungen sind auf einer durch eine Tür zugänglichen Montageplatte zwei Druckknopfschalter aufgebaut, mit denen

die Sirenenmotoren von Hand eingeschaltet werden können. Bei Betätigen eines Schalters leuchtet die darüber befindliche Überwachungslampe auf, falls das Gerät in Ordnung ist. Zu Prüfzwecken kann durch

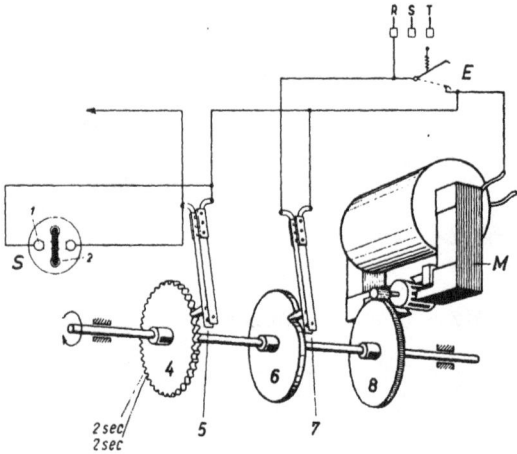

Abb. 486.

einen besonderen Schalter die Sirene abgeschaltet werden. Bei abgeschalteter Sirene läßt sich die Tür des Gehäuses nicht schließen.

Aus der Abb. 485 ist zu ersehen, in welcher Weise mit dem Schaltgerät die Sirene ein- und ausgeschaltet werden kann. Ist der Hauptschalter S eingelegt, so kann durch Drücken des Druckknopfschalters T das Starkstromschütz M eingeschaltet werden. Hierdurch wird der 3,2-kW-Motor der Sirene an Spannung gelegt, und die Sirene gibt einen tiefen Dauerton von etwa 140 Hertz. Die Kontrollampe lm leuchtet am Schaltgerät auf. Die Sirene läuft so lange, wie die Taste T gedrückt wird.

Wird die Taste H betätigt, so wird über Schütz N die 5-kW-Sirene eingeschaltet. Öffnet und schließt man den Druckknopf H in rhythmischer Folge, so wird durch das Ein- und Ausschalten der bekannte und charakteristische Heulton erzeugt. Man sieht an der Kontrollampe ln das Arbeiten der Sirene.

Das Schaltgerät zum Ein- und Ausschalten der Motorsirene kann noch durch ein Motorschaltwerk, Abb. 486, ergänzt werden. Das Motorschaltwerk wird so eingestellt, daß es die Sirene zwei Minuten lang an Spannung legt und dann wieder ausschaltet. Die Schaltachse macht in zwei Minuten eine Umdrehung. Wird der Schalter S in die Stellung 2 gelegt, so wird vom Zahnrad 4 über Kontakt 5 zwei Minuten lang Heulton gegeben. Das Zahnrad 4 ist so geschnitten, daß jeder Zahn den Steuerkontakt 5 zwei Sekunden lang schließt und jede Lücke den Steuerkontakt zwei Sekunden lang öffnet. Dadurch wird die Sirene

abwechselnd ein- und ausgeschaltet und der charakteristische Heulton
erzeugt. Ist Schalter S in Stellung 1, so gibt über 6 und 7 die Sirene
Dauerton. Der Schalter E kann ferngesteuert werden.

In der Abb. 487 ist in schematischer Art veranschaulicht, auf
welchem Wege die Meldungen von der Flugwache zur Luftschutz-
Warnzentrale gelangen und von dort zu den ausführenden Stellen.
Das Bild zeigt eine Anzahl Sirenen, die in Feuermeldeschleifen eingeschaltet sind, und auch eine Reihe solcher, die von einem Fernsprech-

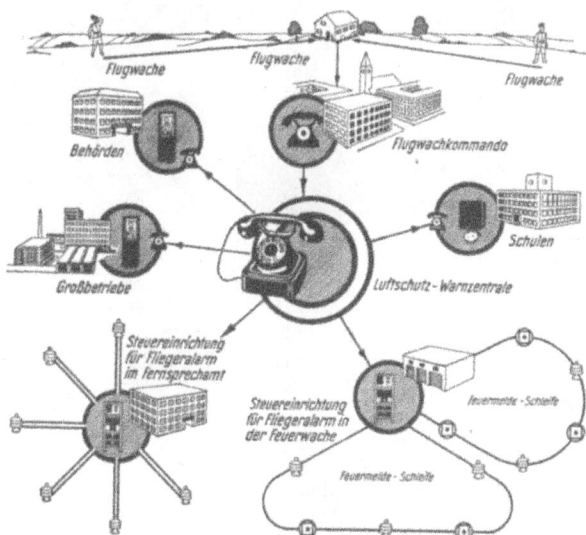

Abb. 487.

amt über besondere Leitungen gesteuert werden. Zum Einschalten der
Sirenen über die Feuermeldeschleifen können sogenannte Frequenzrelais
benutzt werden.

Zur Errichtung eines Nachrichtennetzes in industriellen Betrieben
oder in großen Häusern der Behörden sucht man, nach Möglichkeit
vorhandene Leitungsnetze, die bereits anderen fernmeldetechnischen
Zwecken dienen, mit auszunutzen, Abb. 488.

Dieses Schema zeigt, welche vorhandenen Leitungsnetze (Fernsprechnetz, Pausensignal-Schleifen, Werks-Drahtfunknetz und Feuermeldeschleifen) dazu benutzt werden können, um von der neu zu er-
richtenden Betriebs-Luftschutz-Warnstelle aus die einlaufenden Meldungen und Befehle im Hause des Betriebes (u. U. auch auf dem ganzen
Gelände des Unternehmens) bekanntzugeben. Die Warnungen und
Meldungen werden mit Hilfe eines Warngebers im Luftschutzkeller
abgegeben. Auf die nähere Beschreibung eines solchen Warngebers
kann hier nicht eingegangen werden.

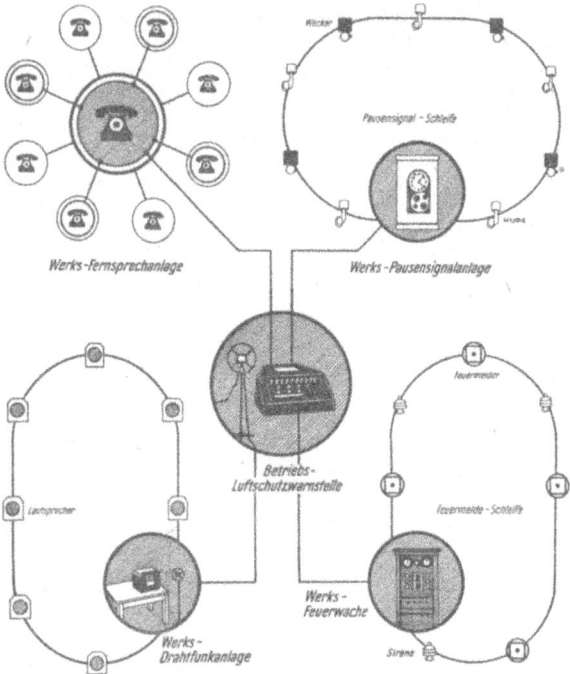

Abb. 488.

XIX. Elektrische Uhrenanlagen[1]).

a) Einführung.

Als Grundlage für die genaue Zeitmessung dient die astronomische Zeitbestimmung. Durch ein mit einem Fadenkreuz versehenes Fernrohr wird der Durchgang bestimmter Fixsterne genau beobachtet und hiernach eine genau gehende Pendeluhr einreguliert.

Als Pendel, physikalisches Pendel, bezeichnet man einen Faden bzw. Stab mit einem am unteren Ende angebrachten Gewicht (Pendellinse), welches so aufgehängt ist, daß es frei schwingen kann. Abb. 489 zeigt ein um den Aufhängepunkt 1 schwingendes Pendel mit der Pendelstange 4 und dem Gewicht oder Linse 5. Die Lage 1—6 ist die Ruhe- oder Durchgangslage, 1—2 und 1—3 sind die Umkehrlagen. Den Winkel x zwischen den beiden Umkehrlagen bezeichnet man als Schwingungsweite oder Amplitude, die hierzu benötigte Zeit ist die Schwingungsdauer.

---

[1]) Baltzer, J., Entwicklung und Stand der elektrischen Uhren seit 1919. ETZ 60, 1939, 561—65.

Die Schwingungsdauer eines Pendels wird durch die Pendellänge bestimmt und ist theoretisch unabhängig von der Schwingungsweite. Die Pendellänge wird zwischen dem Aufhängepunkt und dem Schwingungsmittelpunkt gemessen; dieser ist, bei geringem Gewicht der Pendelstange bzw. des Fadens 4, praktisch identisch mit dem Schwerpunkt der Linse. Ein Sekundenpendel, d. h. ein Pendel mit einer Schwingungsdauer von einer Sekunde hat im Breitengrade von Berlin etwa eine Länge von 994 mm (am Äquator kürzer, an den Polen länger). Das Pendel mit seiner gleichmäßigen Schwingungsdauer wird als Ablaufregler (Regulator) bei Uhren verwendet. Beim Gewichtsantrieb von Uhrwerken wirkt das Gewicht mit dauernd gleichbleibender Kraft auf das Gehwerk, welches die Schwingungen des Pendels zählt und durch die Uhrzeiger anzeigt. Der Zug des Gewichtes wirkt über die sog. Hemmung auch auf das Pendel und hält dessen Schwingungsweite dauernd gleich groß; dies

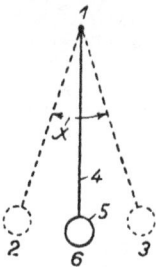

Abb. 489.

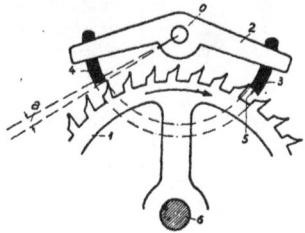

Abb. 490.

ist notwendig, weil ein einmal angestoßenes Pendel nicht die zuerst erteilte Amplitude dauernd beibehalten kann, sondern durch die Wirkung des Luftwiderstandes und der Reibung am Aufhängepunkt nach einer gewissen Zeit zur Ruhe kommen würde. Das Pendel wirkt also regulierend und zählend auf den Ablauf des Gehwerkes, und das Gehwerk ersetzt dauernd die Verluste, welche das Pendel bei seiner Schwingung erleidet. Die Vermittlung dieser Funktionen in einer Pendeluhr übernimmt die sog. Hemmung, deren es verschiedene gibt. Abb. 490 zeigt schematisch den Grundgedanken des Grahamganges. Im wesentlichen besteht dieser aus dem Anker 2 mit den Paletten 3, 4 und dem Steigrad 1. 1 ist mit dem Gehwerk, 2 mit dem Pendel der Uhr verbunden. Die untere schräge Fläche 5 der Palette bezeichnet man als Hebefläche, d. h. die Fläche, an welcher die Spitzen der Steigradzähne hinweggleiten und die Paletten und damit den Arm des Ankers in die Höhe drücken. Während dieses Hubes wirkt das Gewicht der Uhr beschleunigend auf das Pendel. Den Winkel a, der durch die beiden Kanten der Palette und den Drehpunkt o gebildet wird, benutzt man als Maß für die Hebung. Man wählt im Durchschnitt eine Hebung von 1⁰ bis 2⁰.

Das Steigrad mit dem Anker reguliert gleichzeitig den Ablauf des Gehwerkes so, daß sich das Gehwerk nicht schneller bewegt, als die Pendelschwingungen das Steigrad Zahn für Zahn freigeben. Achse 6

des Steigrades ist über das Räderwerk der Uhr mit der vom Gewicht angetriebenen Hauptachse verbunden.

Bei gewöhnlichen Pendeluhren wird an Stelle des Grahamganges
vielfach der einfache Hakengang verwendet, der ein Rückfallen des
Steigrades bei jeder Schwingung des Pendels
zur Folge hat. Hieraus ergeben sich Unge-
nauigkeiten im Gang der Uhr. Der Grahamgang, obwohl nicht der vollkommenste, eignet
sich besser für Präzisionsuhren, da das Steigrad dieser Uhren keinen Rückfall hat.

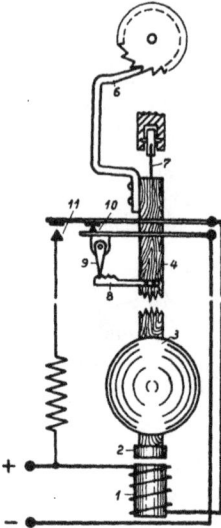

b) Hauptuhren.

Die für elektrische Uhrenanlagen verwendeten Hauptuhren (auch Mutteruhren genannt) haben aus oben beschriebenem Grunde
meistens Grahamgang und werden vorzugsweise mit Gewichtsantrieb versehen. Federantrieb ist für derartige Uhren unvorteilhaft,
weil die Kraft der Feder in gespanntem und
nahezu entspanntem Zustande verschieden ist.
Sollen die Uhren besonders genau gehen, so
werden sie mit Präzisionspendeln ausgestattet, die eine Wärmeausdehnungskompensa-
tion haben, so daß bei einer Änderung der
Länge der Pendelstange durch Wärmeausdeh-
nung der Schwingungsmittelpunkt so weit gehoben wird, daß die wirksame Pendellänge
bei Temperaturwechsel unverändert bleibt.

Abb. 491.

Am verbreitetsten sind die Kompensations-
pendel der Firma Riefler, München. Die Stäbe dieser Pendel bestehen
aus Nickelstahl, einer Legierung, die sich durch besonders niedrigen
Ausdehnungskoeffizienten auszeichnet. Mit Rücksicht darauf, daß von
der Genauigkeit der Hauptuhr die Güte der ganzen Anlage abhängt,
muß die Hauptuhr ein zuverlässiges, genau gehendes Werk besitzen
und erschütterungsfrei montiert werden.

Neben den Hauptuhren mit Gewichtsantrieb und mechanischem
Aufzug werden auch Hauptuhren mit elektrisch angetriebenem
Pendel verwendet. Eine bekannte Antriebsart ist die mit dem Hipp-
schen Kontakt. Das an einer Stahlfeder 7 (Abb. 491) aufgehängte, verkürzt gezeichnete Pendel 4 überträgt die schwingende Bewegung mittels
einer Klinke 6 auf das Steigrad. Der Antrieb des Pendels wird durch
zeitweises Erregen des Elektromagneten 1 bewirkt, der seinen am unteren
Ende des Pendels angebrachten Anker 2 anzieht. Das Pendel regelt
den Antrieb vollständig selbsttätig durch eine besondere Kontaktanordnung. An der oberen Hälfte der Pendelstange ist ein kleiner, ge-
zahnter Rücken 8 so angebracht, daß dieser bei genügend großer Schwingungsweite unter einer, um einen Zapfen ganz leicht drehbaren Zunge 9,
hinweggleitet. Wird die Schwingungsweite kleiner, so gleitet bei einem
bestimmten Ausschlag des Pendels nach links der gezahnte Rücken 8

nicht mehr an der Zunge vorbei, sondern kehrt bereits um, ehe diese
die Zähne von 8 verlassen hat. Hierdurch wird die Feder, an welcher die
Zunge befestigt ist, gehoben und der Kontakt 10 geschlossen. Der Elektromagnet bekommt somit Strom
in dem Moment, in welchem sich das Pendel von links
nach der Mittellage bewegt, seinen tiefsten Punkt
aber noch nicht erreicht hat. Der Elektromagnet erteilt also dem Pendel hierdurch einen neuen Antrieb
und vergrößert dessen Schwingungsweite (Amplitude).
Nach einer Anzahl Schwingungen wiederholt sich
das Spiel von neuem. Bevor der Kontakt 10 unterbrochen wird, schließt sich jedesmal Kontakt 11, über
den sich der Extrastrom von 1 ausgleichen kann. Durch
diese Maßnahme arbeitet der Kontakt 10 funkenfrei.

Abb. 492 zeigt die äußere Ansicht einer elektrischen Hauptuhr. Bei Hauptuhren mit elektrischem
Aufzug ist die Gewichtskette über ein Kettenrad
gelegt, welches minutlich um einen kleinen Winkel so
gedreht wird, daß das Gewicht dauernd auf gleicher
Höhe verbleibt. Der Antrieb des Aufzugskettenrades
geschieht durch ein als Nebenuhrwerk ausgebildetes
Elektromagnetsystem. Die Schaltimpulse für den
Aufzug werden aus einer Batterie minutlich von der
Hauptuhr selbst gegeben. Diese Uhren haben meistens für den Fall,
daß durch Leitungs- oder Batteriestörung der elektrische Aufzug versagt, noch eine Gangreserve von etwa 1 bis 2 Tagen.

Abb. 492.

c) Betrieb von Nebenuhren.

Eine größere Anzahl Uhren läßt sich nur auf elektrischem Wege
auf unbedingt gleicher Zeitangabe halten. Ein weiterer Vorzug elektrischer Uhren ist der, daß sie nicht aufgezogen
zu werden brauchen, also ohne Rücksicht auf
leichte Zugänglichkeit an beliebigen Stellen, auch
im Freien, angebracht werden können. Das Bedürfnis für ein Uhrensystem mit unbedingt gleicher Zeitangabe liegt bei Behörden, Verkehrs-
unternehmungen und in vielen Geschäftsbetrieben
vor. Die ersten elektromagnetisch betriebenen
Uhren wurden 1839 von Steinheil ausgeführt.
Zu jeder Uhrenanlage gehört eine Hauptuhr und
eine Anzahl Nebenuhren (als Regulieruhren oder
als sympathische Nebenuhren ausgebildet) nebst
Leitungen, Batterie und Hilfsapparaten. Nebenuhren, die ein eigenes Gehwerk haben und
lediglich von der Hauptuhr in gewissen Zeitabständen richtiggestellt werden, bezeichnet man als Regulieruhren. Nebenuhren, die kein eigenes Gehwerk haben, sondern ein
von der Hauptuhr elektromagnetisch gesteuertes Schaltwerk enthalten, bezeichnet man als sympathische Nebenuhren.

Abb. 403.

Eine jede Hauptuhr muß ein Kontaktwerk enthalten, welches minutlich einen Stromimpuls aus einer Batterie in die Uhrenleitung sendet. Diese Kontaktwerke müssen funkenfrei arbeiten und besonderen Betriebsbedingungen genügen, die weiter unten näher erörtert sind. In Hauptuhren und auch Nebenuhren lassen sich außerdem noch Signalscheiben zur Abgabe von Pausensignalen einbauen. Abb. 493 zeigt eine Nebenuhr als Signaluhr ausgebildet. Die Signalscheibe unterhalb des Zifferblattes trägt am Umfang eine Reihe von Bohrungen mit daneben aufgetragener Zeiteinteilung. Durch Einschrauben von kleinen Stiften in diese Bohrungen lassen sich zu bestimmten Zeiten Kontakte betätigen, durch welche wiederum Wecker, Hupen oder sonstige Signalapparate ein- und ausgeschaltet werden können. Die Kontaktdauer ist beliebig einstellbar. Mit Signalscheiben besonderer Ausführung ist es auch möglich, mehrere Signalstromkreise zu betreiben.

d) Nebenuhrwerke.

Abb. 494 zeigt das Prinzip einer einfachen Uhrenanlage. Durch Doppeltaste D sei das Kontaktwerk einer Hauptuhr dargestellt, welches

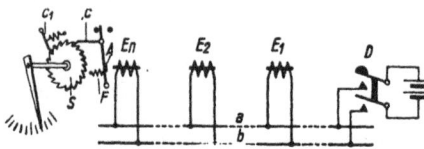

Abb. 494.

minutlich eine Batterie an die Doppelleitung a—b legt, so daß Elektromagnete $E_1, E_2 \ldots E_n$ der Nebenuhren minutlich erregt werden. Erhält Elektromagnet E_n Strom, so wird Anker A gegen den Zug der Feder F angezogen und schaltet beim Zurückgehen durch Federkraft und unter Vermittlung der Klinke c das mit den Uhrzeigern gekuppelte Rad S um einen Zahn weiter; c_1 ist eine Sperrklinke. Der Mechanismus bedarf keiner weiteren Erläuterung. Man bezeichnet diese Nebenuhr als sympathische Nebenuhr mit neutralem Werk.

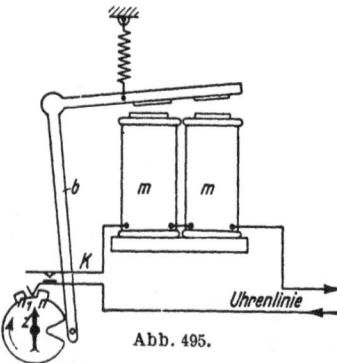

Abb. 495.

Der Grundgedanke eines einfachen Systems einer Reguliernebenuhr sei an Hand der Abb. 495 kurz erläutert. Auf der Sekundenzeigerachse z ist mittels einer Buchse eine Scheibe mit einem besonderen Ausschnitt drehbar, aber mit einer gewissen Reibung, aufgesetzt. Die Zeiger werden bei diesen Uhren in der Regel durch ein elektrisches Pendel bewegt. Der Elektromagnet m,m ist in die Uhrenlinie eingeschaltet. Von der Hauptuhr wird minutlich Spannung an die Uhrenlinie gelegt. Elektromagnet m,m kann jedoch nur erregt werden, wenn Kontakt K geschlossen ist. Geht die Reguliernebenuhr richtig, so werden sich der Sekundenzeiger und die Scheibe jedesmal beim Anlegen der Spannung an die Uhrenlinie in der gezeichneten Lage befinden. Geht die Nebenuhr um einige Sekunden vor oder nach, so wird der minutliche Stromi mpuls in dem Moment eintreffen, in welchem die untere Kontaktfeder auf einem der Zähne n oder n_1 aufliegt und der Kontakt K geschlossen ist. Der Magnet zieht an, und ein am Hebel b angebrachter Stift gleitet auf den Grund der Ausnehmung, wodurch die Scheibe und der Sekundenzeiger zwangsweise richtig gestellt werden. Das Transportrad des Werkes wird von dieser Einstellung nicht berührt.

Dieses Regulierungssystem wird vornehmlich bei Unterhauptuhren, die von einer öffentlichen Uhrenanlage reguliert werden sollen, verwendet.

Die sympathischen Nebenuhren haben in der Regel ein gepoltes Elektromagnetsystem. Die Übertragung der Bewegung auf die Zeiger geschieht entweder mittels Schwinganker oder durch einen rotierenden Anker und Schnecke. Nebenuhren dieser Art müssen dann von der Hauptuhr aus durch minutliche Stromimpulse wechselnder Richtung betrieben werden. Die gepolten Elektromagnetsysteme haben gegenüber dem System nach Abb. 494 den Vorzug, daß sie auf die in den Leitungen zeitweise auftretenden Induktionsströme nicht ansprechen und auch bei fehlerhafter Kontaktgabe, z. B. bei Kontaktprellungen, nicht mehrfach weitergeschaltet werden.

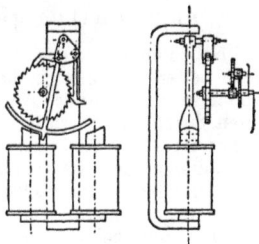

Abb. 496.

In der Abb. 496 ist der Aufbau eines gepolten Nebenuhrwerkes mit Schwinganker schematisch dargestellt. Das aus zwei Elektromagnetspulen sowie einem T-Anker bestehende System wird durch einen permanenten Elektromagneten gepolt. Der Anker sowie

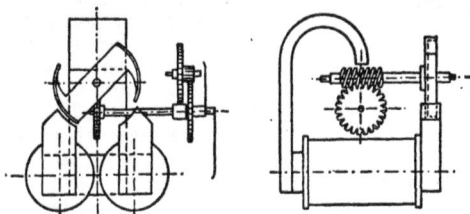

Abb. 497.

die Kerne des Elektromagneten sind aus Weicheisen. Bei Stromdurchgang in der einen oder anderen Richtung wird der Anker nach rechts und dann nach links umgelegt. Die Wirkungsart ist die gleiche wie beim gepolten Wechselstromwecker, S. 91. Mittels zweier Klinken wird die schrittweise Bewegung des Ankers auf das Zahnrad des Zeigers werkes übertragen. Das Nebenuhrwerk mit Schwinganker ist in der Wirkung sehr kräftig und wird auch für größere Nebenuhren bis zu 1,5 m Durchmesser verwendet.

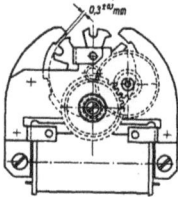

Abb. 497 zeigt ein gepoltes Nebenuhrwerk mit geräuschlosem Gang. Der Z-Anker wird bei Stromstößen wechselnder Richtung im Sinne des Uhrzeigers um seine Achse gedreht und diese Drehbewegung durch eine Schnecke auf ein Zahnrad des Zeigerwerkes übertragen. Eine weitere Ausführung eines Nebenuhrwerkes mit geräuschlosem Gang zeigt die Abb. 498. Der polarisierende Magnet befindet sich bei diesem System am Läufer. An Stelle eines Schneckengetriebes kann hier eine gewöhnliche Zahnradübersetzung verwendet werden.

Abb. 498.

e) Schaltungen von Uhrenanlagen.

Nebenuhren werden heute nicht mehr wie früher parallel an einen Leiter und Erde geschaltet, weil bereits bei einem einzigen Erdschluß in der Leitung sämtliche an der Leitung liegenden Nebenuhren durch ihn überbrückt und somit kurzgeschlossen sein würden. Ferner ist der Isolationszustand derartiger Einleiteranlagen nicht zu kontrollieren, und die vagabundierenden Ströme würden, insbesondere bei Vorhandensein städtischer Starkstromnetze und Straßenbahnen, diese Uhrenanlagen dauernd stark beeinflussen. Bei Verwendung von Doppelleitungen und bei größeren Anlagen des Dreileitersystems (Abb. 505) sind diese Übelstände vermieden.

Das Normalzeit-Reguliersystem mit Erde als Rückleitung. Die Eigenart dieses Uhrensystems ist die periodische Kontrolle

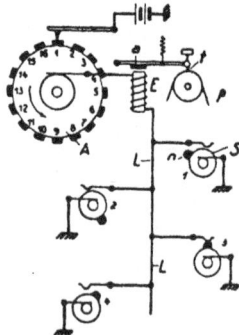

jeder einzelnen angeschlossenen Nebenuhr und der dadurch bedingten Überwachung der Leitung in bezug auf Nebenschluß, Erdschluß und Leitungsbruch. Als Nebenuhren werden Regulieruhren mit eigenem Gehwerk verwendet und an eine sich strahlenförmig verzweigende, von der Uhrenzentrale ausgehende Leitung L (Abb. 499) angeschlossen. Als Rückleitung dient die Erde. Jede Nebenuhr wird in Gang gesetzt und auf eine bestimmte Regulierzeit eingestellt. Die Regulierung je einer Uhr erfolgt in Abständen von 3¾ Minuten. Soll die Regulierung jeder Uhr stündlich erfolgen, so können in einer Linie bis zu 16 Uhren nacheinander reguliert werden. In der Regel wird jede Nebenuhr alle 4 Stunden reguliert, so daß 4 × 16

Abb. 499.

= 64 Nebenuhren je Linie reguliert werden können. Jede Nebenuhr schaltet sich periodisch durch die Scheibe S mit dem Nocken n an die Leitung. Die Nocken n sind bei den Nebenuhren so angeordnet, daß

diese in bestimmter zeitlicher Aufeinanderfolge zur Regulierung herangezogen werden. Die Regulierdauer beträgt 2 Minuten und die Pause
zwischen den Regulierzeiten der Nebenuhren 1¾ Minuten. In dem
Augenblick, in welchem eine Nebenuhr, z. B. 1, sich an die Leitung
schaltet, muß die Kontaktscheibe A der Hauptuhr die Verbindung mit
der geerdeten Batterie hergestellt haben; dann fließt der Regulierstrom
über A, Elektromagnet E, Leitung L, Nebenuhr, ·Erde. Der Elektromagnet zieht Anker a an, Stift t sticht einen Punkt in den Registrierstreifen p. Die Lage dieses Einstiches auf dem Registrierstreifen zeigt
innerhalb gewisser Grenzen an, wie die betreffende Uhr geht. Gleichzeitig mit der Herstellung der Erdverbindung durch die Nebenuhr spricht
eine an der Uhr angebrachte Sperrvorrichtung an und hält das Werk
so lange an, bis auf der Zentrale die Unterbrechung erfolgt. Dieses
Reguliersystem ermöglicht nur dann die Richtigstellung der Nebenuhren, wenn sie um einen geringen Betrag vorgehen.

    Schaltungen von sympathischen
Nebenuhren. Sympathische Nebenuhren
können vorteilhaft in eine Schleifenleitung
(Abb. 500) geschaltet werden. Das Kontaktstück b wird von der Hauptuhr minutlich um
180° gedreht. In der Ruhelage sind die beiden Leiter, die an den
Federn d und c endigen,
durch eine mittlere Fe-
der 2 überbrückt, so daß
sich Restspannungen
ausgleichen können.
Dreht sich das Kontakt-
stück um 180° in der
Pfeilrichtung, so wird
die Feder c durch den
Ansatz a (aus Isolier-
material) erst von 2
abgehoben und darauf
über b an die Batterie
gelegt. Der andere Pol

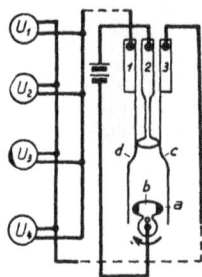

Abb. 500.

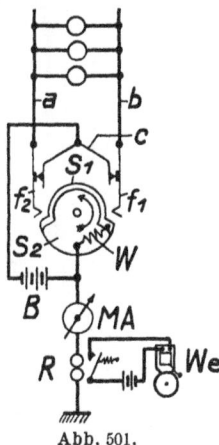

Abb. 501.

der Batterie liegt über 2 und Feder d an der zweiten Leitung.

    In der Schaltung der Abb. 501 sind die Nebenuhren parallel an zwei
Leitungen gelegt. In der Zeit zwischen den minutlichen Stromimpulsen
ist Batterie B von den Leitungen a, b abgeschaltet und die Leitungen sind
durch c überbrückt, so daß auch hier Restladungen innerer oder äußerer
Natur sich über c ausgleichen können. Bei einer halben Umdrehung
der Kontaktscheibe S_1 S_2 in Pfeilrichtung kommt Feder f_1 zuerst in
Berührung mit Scheibe S_1, die von Scheibe S_2 isoliert und nur über
Widerstand W leitend verbunden ist. Der Kontakt zwischen f_1 und c
wird unterbrochen und die b-Leitung über f_1, S_1, W an Batterie B
gelegt; dreht sich die Scheibe weiter, so kommt Feder f_1 direkt mit S_2
in Berührung, so daß die Batterie B nun mit voller Spannung an a und b
liegt. Zum Schluß der Kontaktdauer kommt Feder f_1 nochmals mit der
Scheibe S_1 in Berührung, wodurch der Strom nicht plötzlich ausgeschaltet

wird, sondern für einen Augenblick nochmals der Widerstand W in den Stromkreis geschaltet ist, bevor dieser gänzlich unterbrochen wird. Nach erfolgtem Stromstoß werden die Leitungen a und b wieder durch c überbrückt. Bei einer größeren Anzahl Nebenuhren und langen Leitungen werden die minutlichen Stromimpulse durch besondere Einrichtungen verlängert.

Kontaktwerk, ohne und mit Kontaktverlängerung zur direkten Einschaltung der Nebenuhren. Ein Beispiel eines Kontaktwerkes zeigt Abb. 502. Die Auslösung des Kontaktwerkes erfolgt

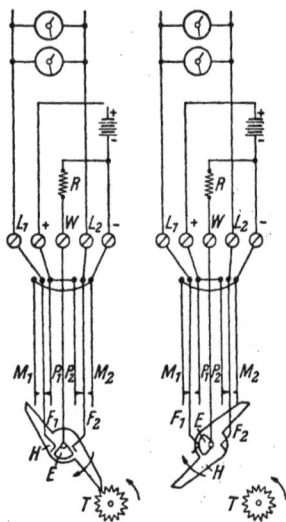
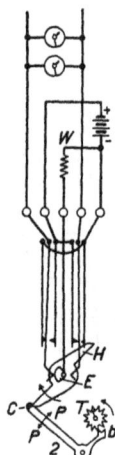

Abb. 502. Abb. 503.

minutlich oder halbminutlich von dem Gehwerk der Hauptuhr. Der Antrieb erfolgt besonders. Stern T dreht sich langsam in der Pfeilrichtung. Ein zweiarmiger Hebel H (links) liegt mit einer Spitze auf einem Zahn des Sternes. Hat sich der Stern so weit gedreht, daß die Spitze des Hebels H von dem ihr als Auflage dienenden Zahn abgleitet, so macht der Hebel eine halbe Umdrehung und legt sich, wenn keine Kontaktverlängerung vorhanden ist, mit der anderen Spitze auf den nächsten Zahn des Sternes. Der Stern dreht sich so langsam, daß jede Minute ein Abgleiten einer der Spitzen erfolgt. Exzenter E schaltet jede Minute einen der beiden Wechselkontakte $M_1 F_1 P_1$ oder $M_2 F_2 P_2$ um, so daß der Linienstrom abwechselnd in der einen und der anderen Richtung durch die Magnetsysteme der Nebenuhrwerke fließt. Bei einem Transport (rechte Skizze) wird im ersten Moment der Minuspol der Batterie über R, W, E, F_1, dann über $M_1 F_1 L_1$ direkt an die Leitung gelegt. Von dort verläuft der Strom über die Nebenuhren, über Rückleitung L_2, Federn F_2, P_2 zum Pluspol. Durch Einschaltung des Widerstandes R wird ein funkenfreies Arbeiten des Kontaktwerkes erzielt.

Eine Kontaktverlängerung kann beispielsweise erreicht werden durch Anordnung eines Winkelhebels 2 (Abb. 503), der mit seinem rechten, gezahnten Ende b ebenfalls mit dem Stern T im Spiel ist und durch Einwirken des Sternes mit dem linken Ende eine kleine Winkelbewegung, wie durch die Pfeile $p-p$ angedeutet, ausführt. Die Anordnung ist so getroffen, daß in dem Augenblick, in dem der Hebel H mit dem Exzenter E eine Drehbewegung ausführt, die Spitze des Hebels gegen den Ansatz c stößt und in der eingeschalteten Stellung kurze Zeit festgehalten wird. Durch Weiterdrehen des Sternes geht die Nase c wieder herunter, so daß Hebel H sich nun bis zum Anschlag gegen einen Zahn des Sternes T weiterbewegen kann. Die minutlich erfolgende Bewegung des Hebels H um 180^0 wird somit in 2 Wege von 90^0 geteilt, um in der Bewegungspause (Anschlag c) eine längere Kontaktdauer zu bewirken.

Diese Kontaktgabe kann für Anlagen bis zu 25 Nebenuhren bei 24 Volt Batteriespannung und bis zu 15 Nebenuhren bei 12 Volt Batteriespannung, bei direkter Anschaltung der Batterie durch das Kontaktwerk, verwendet werden.

Erdschlußkontrolle der Leitungen einer Uhrenanlage kann durch eine Schaltung nach Abb. 501 erzielt werden. Hat eine der Leitungen ab an einer Stelle Erdschluß, so zeigt Milliamperemeter MA Strom an, welcher bei genügender Stärke Relais R zum Ansprechen bringt. Das Relais schaltet dann Alarmwecker We ein.

Bei einer größeren Anzahl Uhren ist es empfehlenswert, die Stromimpulse nicht unmittelbar über die verhältnismäßig zart ausgebildeten Kontakte der Hauptuhr zu führen, sondern durch

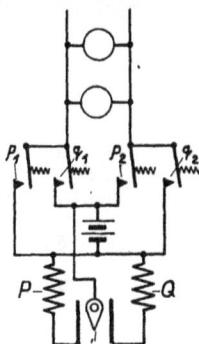

Abb. 504.

die Hauptuhrkontakte sog. Stromwenderelais zu steuern und über deren kräftige Kontakte die Stromimpulse für die Nebenuhren zu leiten. Abb. 504 zeigt eine derartige Schaltung mit Hauptuhrkontakt k und Relais P und Q, welche über k abwechselnd erregt werden. Diese Relais legen über ihre Kontakte $p_1 p_2$ und $q_1 q_2$ die Batterie an die Uhrenleitung.

In größeren Uhrenanlagen mit umfangreichem Leitungsnetz und einer großen Anzahl Nebenuhren ist mit dem Spannungsverlust bei der Stromimpulsgabe ganz besonders zu rechnen. Das Leitungsnetz dieser großen Anlagen kann dann als Dreileitersystem ausgebildet werden (Abb. 505). Bei gleichmäßiger Belastung beider Hälften des Dreileiternetzes kann der Mittelleiter bekanntlich einen ge-

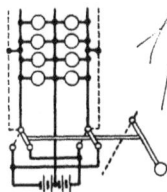

Abb. 505.

ringeren Querschnitt erhalten, und dementsprechend können die Außenleiter bei gleichem Materialaufwand entsprechend stärker gewählt werden.

Es müssen bei großen Anlagen außerdem besondere Vorkehrungen getroffen werden, um auch bei der indirekten Schaltung (Relais-

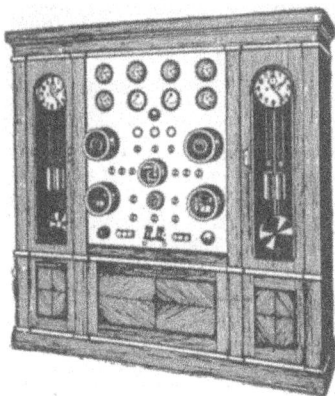

Abb. 506.

schaltung, Abb. 504), d. h. bei Verwendung der Stromwende-relais, die, durch die Hauptuhr gesteuert, die Batterie mit abwechselnder Polarität an die Leitungen legen, eine ausreichende Kontaktverlängerung zu erhalten. Zu diesem Zweck werden in den Stromkreis der Stromwenderelais besondere Verzögerungsrelais eingeschaltet, welche für die erforderliche Kontaktdauer sorgen und die Hauptuhrkontakte vollständig entlasten.

Soll in einer Uhrenzentrale die Überwachungsmöglichkeit für jede angeschlossene Nebenuhr vorhanden sein, ähnlich wie dies bei dem System der Normalzeit der Fall ist, so geschieht es durch Einbau der sog. Rückkontrolleinrichtung.

Abb. 506 zeigt eine Uhrenzentrale mit 2 Hauptuhren, die so geschaltet sind, daß, sobald die eine als Präzisionsuhr ausgebildete Hauptuhr aus irgendeinem Grunde versagt, die zweite gleichlaufende Hauptuhr automatisch die Impulsgabe an die Nebenuhren aufnimmt. Im mittleren Feld sind oben die Kontrolluhren für jede angeschlossene Uhrenschleife angeordnet, in halber Höhe des Mittelfeldes links und rechts die Stromwenderelais, darunter die entsprechenden Verzögerungsrelais. Außerdem sind mehrere Schalter, Signallampen für Erdschlußkontrolle, Batterieschalter usw. zu sehen.

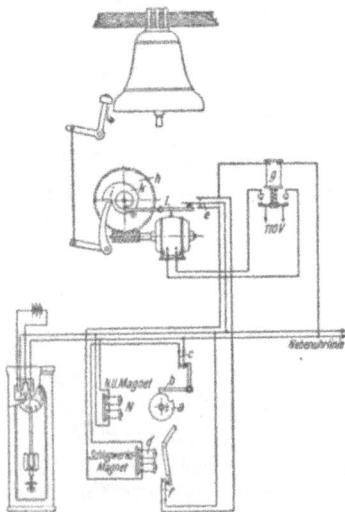

Abb. 507.

f) Schlagwerke.

Schlagwerke, die den Nebenuhren zugeordnet werden, können auf verschiedene Art betrieben werden. Abb. 507 zeigt eine Einrichtung, in welcher ein Turmuhrschlagwerk und ein Nebenuhrschlagwerk sich gegenseitig steuern. Die Auslösung geschieht durch das Nebenuhrwerk selbst; der erforderliche Strom wird der Uhrenleitung entnommen, zu welchem Zwecke der Stromimpuls der Hauptuhr zu den Schlagzeiten verlängert wird. Der Schlagwerkmechanismus $a\,b$ der Nebenuhr schließt zu den bestimmten Stundenzeiten den Kontakt c. Elektromagnet d wird über c und e erregt, Kontakt f geschlossen. Die Nebenuhr gibt durch Anziehen des Ankers von d einen Schlag. Über Kontakt f wird dann das Stockwerkrelais g eingeschaltet, und der Motor des Turmuhrschlagwerkes läuft an. Hierauf verläßt der linke Hebelarm von l die Einkerbung und unterbricht Kontakt e; d wird stromlos und unterbricht den Kontakt f; das Stockwerkrelais wird jedoch über den oberen Kontakt von e gehalten, so daß der Motor weiterläuft und durch h, k, i einen Schlaghammer betätigt. Nach einer Umdrehung von h, d. h. nach einem Schlag der Turmuhr fällt l in die Einkerbung, und der untere Kontakt e wird wieder geschlossen. Über c, e wird d von neuem erregt, und die Nebenuhr gibt ihrerseits einen weiteren Schlag. Diese wechselseitige Sperrung und Auslösung der Schlagwerke dauert so lange, bis Nebenuhr- und Turmuhr-Schlagwerk die richtige Anzahl Schläge abgegeben haben.

g) Nebenuhr als Turmuhr[1]).

Nebenuhren können auch als Turmuhren durchgebildet sein. Das Zeigerwerk solcher Uhren ist aber gewöhnlich so schwer, daß zum Weiterschalten ein Elektromotor verwendet werden muß, der jedoch von einem Nebenuhrwerk gesteuert wird.

In Abb. 508 ist das Turmuhrwerk (ohne Zeiger) abgebildet. An einer kräftigen Aufbauplatte 1 sind ein Nebenuhrwerk 2 (mit Schwing-

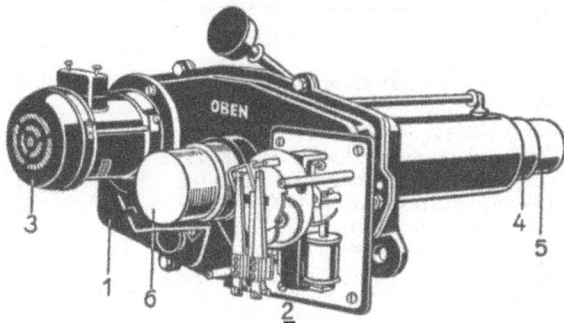

Abb. 508.

anker), ein Motor 3 und die Zeiger-Hohlachsen 4, 5 angebracht. Das Getriebe läuft in Öl und ist wasserdicht hinter der Aufbauplatte verkapselt, auch das Nebenuhrwerk 2 wird mit einer wasserdicht schließenden Kappe verdeckt. Durch die Hohlachse 6 wird die Beleuchtung zum Anstrahlen des Zifferblattes eingeführt.

---

[1]) Plaß, E., Netzgespeiste elektrische Turmuhren. Z. Fernmeldetechn. 20, 1939, 9—10.

Die Wirkungsweise des Getriebes soll durch die vereinfachte Darstellung in Abb. 509 erläutert werden. Das Nebenuhr-Schwingankerwerk 1 ist an eine Uhrenschleife einer Hauptuhr angeschlossen und erhält minutlich je einen Fortschaltestromstoß. Der Schwinganker schaltet über das Klinkwerk 2 und Steigrad 3 das Federpaar 4, 5 mit dem Stift 8′ um $1/_{60}$-Umdrehung in der Pfeilrichtung vorwärts, so daß der an seiner Spitze abgerundete Stift 8′ in die Ausnehmung 8 der Steuerscheibe 20 hineinfällt. Dadurch wird der Stromkreis für

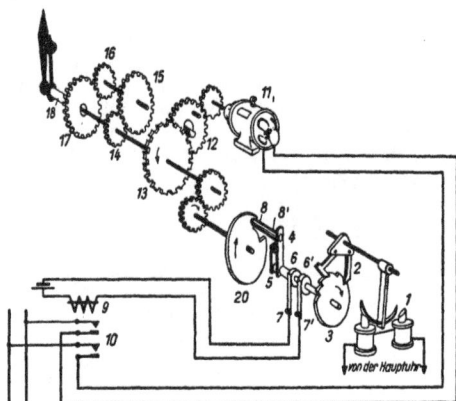

Abb. 509.

das Relais 9 am Kontakt zwischen Feder 4 und 5 und über die Schleifbürsten 6 — 6′ und 7 — 7′ geschlossen. Der Motor 11 erhält über Kontakte 10 Strom aus dem Netz.

Die Motorbewegung wird über ein Zahnradvorgelege auf das Malthesergetriebe 12, 13 übertragen. Bei einer Umdrehung des Zahnrades 12 wird die Minutenzeigerachse um $1/_{60}$-Umdrehung vorwärts bewegt. Über das Wechselgetriebe 14, 15, 16, 17 wird die Stundenzeigerachse 18 um den entsprechenden Winkel gedreht. In demselben Zeitabschnitt wird aber über ein weiteres Stirnräderpaar die Steuerscheibe 20 in der gleichen Richtung gedreht wie vorhin das Federpaar 4, 5, so daß der Stift 8′ wieder aus der Ausnehmung 8 herausgedrückt und der Kontakt zwischen Feder 4 und 5 unterbrochen wird. Der Stromkreis des Relais 9 ist dadurch auch unterbrochen und der Motor 11 von dem Netz abgeschaltet.

Dieses Spiel wiederholt sich jede Minute. Bleibt der Strom (bei Anschluß an ein Starkstromnetz) längere Zeit aus, so werden im Nebenuhrwerk (Drehen der Kontaktfeder 4, 5 um weitere Schritte) die Fortschaltungen gespeichert und bei Wiederkehr der Spannung im Netz wird der Motor so lange laufen, bis die Turmuhr wieder die richtige Zeit anzeigt.

h) Die „Onogo-Uhr".

Die Hauptuhr einer größeren Uhrenzentrale muß, um immer die richtige Zeitangabe für die ganze Anlage zu gewährleisten, stets mit einem Zeitzeichen von zuverlässiger Genauigkeit verglichen werden. Ein solches Zeitzeichen, das für die Zwecke der Schiffahrt und der Wissenschaft eingerichtet ist, wird in Deutschland täglich zweimal (um 1 Uhr und um 13 Uhr) unter Aufsicht der Seewarte Hamburg vom Sender Nauen drahtlos gesendet. Dieses Zeitzeichen ist als „Onogo-Signal" bekannt. Diesen Namen hat das Zeichen erhalten infolge der Buchstabenreihe o-n-o-g-o innerhalb der Morsezeichen des drahtlosen Signals (s. auch Abb. 511 rechts). Es liegt nahe, den Zeitvergleich und die etwa erforderliche Richtigstellung der Hauptuhr auf drahtlosem Wege und selbsttätig durchzuführen. Vorteilhaft ist es, diesen Vergleich nachts 1 Uhr vorzunehmen, weil zu diesem Zeitpunkt die günstigsten Empfangsverhältnisse herr-

Abb. 510.

schen. Eine mit einer solchen Vergleich- und Einstellvorrichtung versehene Hauptuhr nennt man „Onogo-Uhr", sie wird täglich einmal nach der zuverlässigsten Zeitangabe selbsttätig verglichen und richtiggestellt.

Die hierfür erforderliche Zusatzeinrichtung besteht aus einem einfachen Zeitzeichenempfänger, Abb. 510 und einer Sonderkontaktanordnung, die an einer Hauptuhr, Abb. 492, ohne weiteres angebracht werden kann.

Dieser Weg zur Erzielung eines ständig zuverlässigen Zeitdienstes hat gegenüber der Anlage mit einer astronomischen oder einer anderen genau gehenden Hauptuhr noch den Vorzug, daß die Gangabweichungen sich nicht, wie das bei der ungeregelten, wenn auch noch so genau gehenden Hauptuhr der Fall ist, summieren können.

Das von der Sendestelle Nauen auf Welle 18130 m täglich zweimal gegebene Zeichen (Abb. 511) dauert 5 Minuten, und zwar von 12^{55} bis 13^{00} und von 0^{55} bis 1^{00}. Das Zeitzeichen besteht aus einem Vorsignal bis 12^{57} und einem Hauptsignal von 12^{57} bis 13^{00}. Die abgegebenen Zeichen des Hauptsignals sind Morsezeichen, d. h. Stromstöße von kurzer und längerer Dauer, unterbrochen durch Pausen verschiedener Länge. Aus dem Zeitzeichen, dessen kurze und lange Strom-

stöße bis auf Bruchteile einer Sekunde genau gegeben werden, eignet
sich zur Betätigung des Zeitzeichenempfängers der lange Stromstoß
des Vorsignals von $0^{56'55''}$ bis $0^{57'00''}$.

Die Empfangseinrichtung, die an eine ausreichende Hochantenne
angeschlossen werden muß, ist so beschaffen, daß eine Falschreglung
durch atmosphärische Störungen so gut wie ausgeschlossen ist. An
der Hauptuhr ist ein Kontaktrad, das in 24 Stunden einmal umläuft,
angebracht. Dieses Kontaktrad sorgt dafür, daß die Empfangsein-

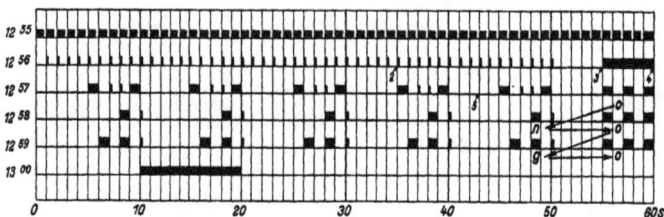

Abb. 511.

richtung kurz vor dem Eintreffen des Zeichens empfangsbereit gemacht
wird, d. h. der Verstärker eingeschaltet und die Erdung der Antenne
aufgehoben, bzw. die Antenne von einer anderen Empfangseinrichtung
auf den Zeitzeichen-Empfänger umgeschaltet wird.

Aus der Abb. 511 ist die Zeichenfolge des Nauener Zeitzeichens
zu erkennen, außerdem sind durch die eingetragenen arabischen Zahlen
folgende Zeitpunkte (außer Zeitpunkt 1) festgelegt:

Zeitpunkt 1: Schließen des ersten Kontaktes durch die Hauptuhr.
Anschalten des Transformators an den Zeitzeichenempfänger.
Anschalten der Antenne. Dieser Zeitpunkt liegt außerhalb
des Zeitzeichens.

Zeitpunkt 2: Schließen des zweiten Kontaktes durch die Hauptuhr.
Zeitpunkt 3...4: Lage und Dauer des 5-Sekunden-Stromstoßes
innerhalb des Zeitzeichens.

Zeitpunkt 4: Augenblick des Zeitvergleiches und der Richtigstellung.

Zeitpunkt 5: Abschalten des Zeitzeichenempfängers.

An Hand des in Abb. 512 dargestellten vereinfachten Schaltschemas soll die Arbeitsweise der Siemens-Hauptuhr, ausgerüstet mit
Zeitzeicheneinstellung, näher beschrieben werden.

Die Vorbereitung zum Empfang des Zeitzeichens wird eingeleitet
beim Schließen des ersten Einstellkontaktes sk_1 (Abb. 512) durch die
Hauptuhr. Über Stromkreis 1 wird das Heizrelais H erregt. Das
Relais H schaltet durch Umlegen von Kontakt h I die Antenne um
und legt über Kontakt h II den Spannungswandler T an das Netz.
Die Röhren der Verstärker-Anordnung V werden angeheizt.

Zwei Minuten später (s. auch Zeitpunkt 2 in Abb. 511) schließt
die Kontaktanordnung sko auch noch den Kontakt sk_2. An die noch

offenen Kontakte e I und b II wird der Pluspol der Batterie gelegt. Die Einstellscheibe rko, die auf der Achse des Sekundenzeigers sitzt, schließt mittels des Stiftes t vorübergehend den Kontakt l. Hierdurch

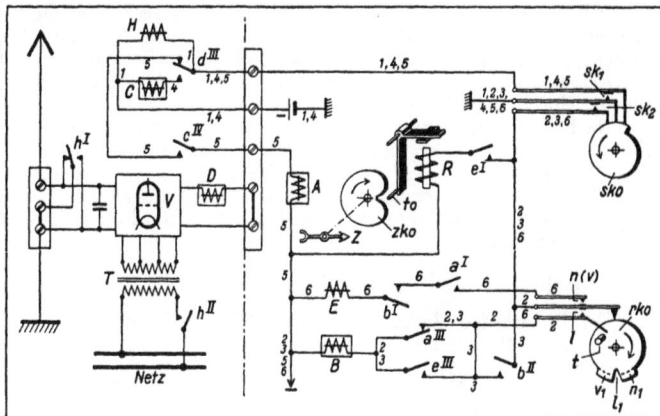

Abb. 512.

wird über Stromkreis 2 das Relais B erregt; B hält sich über Stromkreis 3 und seinen eigenen Kontakt b II. Folgende Fälle können nun vorliegen:

I. Die Uhr geht um einige Sekunden nach oder vor.

Die Einstellscheibe rko schließt mit Nocken n_1 oder v_1 den Kontakt n (v) und bereitet dadurch den Stromweg 6 für den Elektromagneten E vor.

Das vom Empfänger im nahezu gleichen Zeitpunkt aufgenommene Zeitzeichen erregt das Relais D. Relais D bringt über seinen Kontakt d III und Stromweg 4 das mit starker Abfallverzögerung ausgestattete Relais C zum Ansprechen. Nach dem Abbrechen des bereits erwähnten langen Stromstoßes im Vorsignal des Zeitzeichens fällt auch das D-Relais ab. Über den noch geschlossenen Kontakt c IV des stark verzögerten Relais C und den Ruhekontakt d III bekommt das A-Relais einen Stromstoß über Stromkreis 5. Über den Stromkreis 6 und den geschlossenen Kontakt a I zieht nunmehr auch das E-Relais an und schaltet den Einstellmagneten R ein. Dadurch wird der Stift to zwangläufig in die Ausnehmung der Einstellscheibe zko gleiten und den Sekundenzeiger Z der Uhr richtig stellen. Gleichzeitig wird der Kontakt n (v) an der Scheibe rko geöffnet, Relais E fällt ab und öffnet bei e III den Haltestromkreis 3 des B-Relais. Unmittelbar hierauf fällt auch das stark verzögerte Relais C ab und unterbricht am Kontakt c IV den Stromkreis 5 des A-Relais.

II. Die Uhr geht richtig.

Die große Mittelfeder des Vergleichkontaktes steht auf Lücke l_1 der Einstellscheibe. Die unter I beschriebenen Vorgänge wiederholen sich. Beim Abbrechen des verlängerten Stromstoßes fällt wiederum das D-Relais ab, das stark verzögert abfallende Relais C schließt bei c IV den Stromkreis 5 des A-Relais. Da jedoch nicht der Kontakt n (v), sondern Kontakt l an der Einstellscheibe rko geschlossen ist, kommt das E-Relais nicht zum Ansprechen, das B-Relais bleibt angezogen, und die Einstellung durch R fällt aus.

Nach Verlauf der unter I bzw. II beschriebenen Vorgänge werden die Einschaltekontakte sk_1 und sk_2 durch Einfallen der dritten Kontaktfeder wieder geöffnet, das H-Relais und das B-Relais werden aberregt. Über h I wird die Empfangsantenne geerdet oder umgeschaltet, und durch Öffnen des Kontaktes h II wird das gesamte Empfangsgerät stromlos gemacht.

i) Der selbsttätige Zeitansager.

Der selbsttätige Zeitansager, Abb. 513, ist ein elektro-optisch wirkendes Gerät, welches in einem Fernsprechamt aufgestellt wird und, wie bereits der Name besagt, dazu dient, jedem das Amt unter einer bestimmten Nummer anrufenden Fernsprechteilnehmer die richtige Zeit anzusagen. Der Teilnehmer erhält die Zeit nach Stunde

Abb. 513.

und Minute, und zwar in Abständen von 4 Sekunden wiederholt, etwa wie folgt: „dreizehn Uhr dreiundzwanzig" — „dreizehn Uhr dreiundzwanzig" — usw. mit klarer Stimme angesagt. Der Zeitansager gibt außerdem bei Vollendung einer jeden Minute auch ein 3 Sekunden lang andauerndes Zeitzeichen als Summersignal, welches mit Vollendung der vorher angesagten Minute auf die Sekunde genau abbricht. Während dieses Sekundensignals erfolgt, von der Hauptuhr aus gesteuert (s. weiter unten), die Umschaltung des Zeitansagers auf die folgende Minute.

Die Zeitansage kann gleichzeitig von einer größeren Anzahl anrufender Fernsprechteilnehmer abgehört werden. In der Abb. 514 ist gezeigt, wie ein Teilnehmer sich über Vorwähler *VW*, Gruppenwähler *GW* und Leitungswähler *LW* des Fernsprechamtes auf die in der Ab-

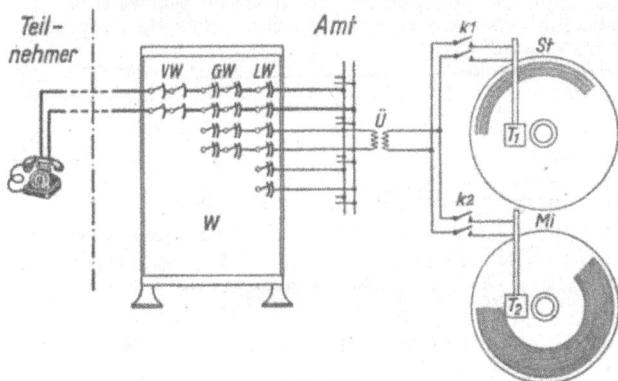

Abb. 514.

bildung erkennbaren Sammelschienen des Zeitansagers aufschalten kann. Die Sammelschienen stehen über einen Übertrager *Ü* mit den Abtastorganen (Photozellen und Verstärker) T_1 (für die Stunden) und T_2 (für die Minuten) in Verbindung. Zweckmäßigerweise erfolgt das Abtasten der beiden Filmstreifen so, daß über den geschlossenen Kontakt k_1 (k_2 offen) einmal das Stundenfilmband und darauffolgend das Minutenfilmband über k_2 (k_1 offen) abgetastet werden. Oder aber es werden die Filmbänder auf der Trommel so angeordnet, wie Abb. 514 schematisch zeigt; hierbei werden keine Überlappungen in der Ansage von Stunde und Minute stattfinden, auch wenn beide Schalter k_1 und k_2 geschlossen bleiben, d. h. die Leitungen durchgezogen werden.

Abb. 515.

Die Ansage der Stunde und die der Minute sind auf je einem Filmstreifen in bekannter Art als Lichtschrift, Abb. 515, aufgezeichnet und die 24-Stunden-Schriftbänder sowie die 60-Minuten-Schriftbänder in 24 bzw. 60 Reihen nebeneinander auf eine große Trommel *T*, Abb. 513 und 516 gespannt.

Als Abtastorgan für die Stunden dient die Photozelle p_2 und für die Minuten die Photozelle p_1. Die Photozellen sind in den Gehäusen *a* und *b* angebracht, die stündlich bzw. minutlich um einen Schritt, in der Breite der Tonaufzeichnung, parallel zur Achse der Trommel verschoben werden müssen. Dies geschieht durch die Kurvenscheiben s_1 und s_2. Durch Federn 2 und 3 werden die Gehäuse *a* und *b* über Rollen 10 und 11 dauernd fest an den Umfang der Kurvenscheiben gehalten. Von der

Hauptuhr ausgehende minutliche Stromstöße geben über Relais R_1 und Kuppelung K_1 sowie über geeignete Vorgelege der Kurvenscheibe s_1 jeweils eine solche Verstellung, daß die Minuten-Abtastvorrichtung um eine Filmbandbreite verschoben wird. Das gleiche geschieht bei einem „Stunden-Stromstoß" von der Hauptuhr zum Verschieben der Stunden-Abtastvorrichtung, und zwar über Relais R_2, Kuppelung K_2 und Kurvenscheibe s_2.

Als Lichtquelle für die Abtastorgane dient je eine kleine Glühlampe, deren Licht durch die Linsen l_1 und l_2 zunächst gesammelt,

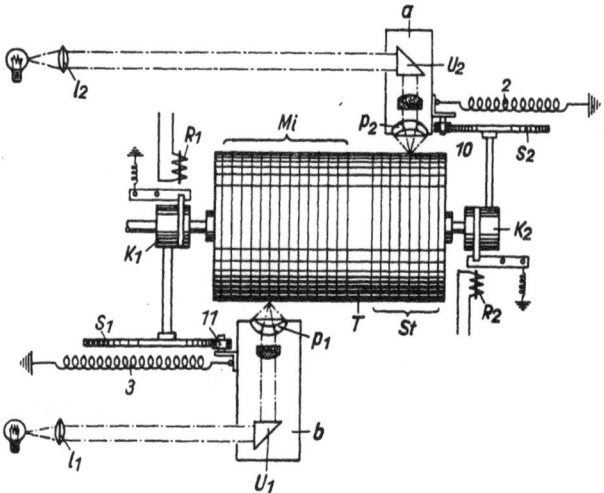

Abb. 516.

über Prismen U_1 und U_2 umgelenkt und über weitere Linsensysteme zum Abtastkegel geformt, auf den Tonfilmstreifen geworfen wird. Das Abtasten geht nun in der Weise ununterbrochen vor sich, daß die motorisch mit gleichmäßiger Geschwindigkeit gedrehte Trommel die Filmstreifen an den Abtastorganen vorbeiführt. Das von der Lichtspitze auf den Filmstreifen geworfene Licht wird mehr oder minder stark reflektiert und von den Ringphotozellen (p_1, p_2) aufgefangen. Die Spannungsschwankungen der Photozellen werden über Verstärker den bereits oben erwähnten Sammelschienen im Fernsprechamt als Sprechströme zugeführt.

k) Das Zeitsignal im Eisenbahnbetriebe.

Im Eisenbahnbetrieb ist für den geregelten Zugverkehr völlige Übereinstimmung aller Uhren für das gesamte Bahnnetz erforderlich. Es muß deshalb von einer Zentralstelle die Zeitangabe an alle beteiligten

Stationen telegrafisch übermittelt werden. Die Zentralstelle*) für Preußen sowie eine Anzahl weiterer deutscher Länder befindet sich im Reichsbahndirektionsgebäude in Berlin. Es sind an diese Einrichtung 80 Ruhestrom-Telegrafenleitungen angeschlossen (Abb. 517).

In der Abbildung ist H eine Normaluhr, die dauernd mit der Sternwartezeit verglichen und auf richtiger mitteleuropäischer Zeit (M E Z) gehalten wird. B ist ein Kontaktrad, welches mittels der Nase a 24-stündlich, jeden Morgen 2 Minuten vor 8 Uhr, den Stromkreis der Elektro-

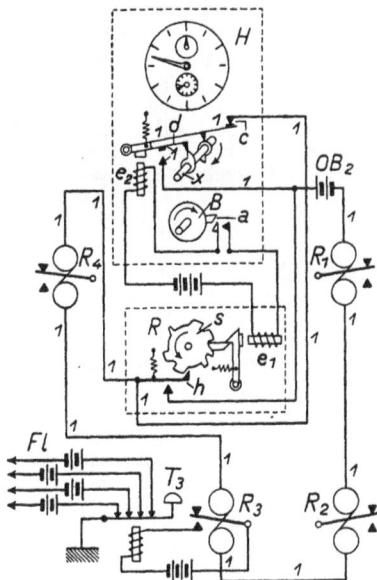

Abb. 517.

magnete e_1 und e_2 schließt. Der Rufzeichengeber R, der aus einem Laufwerk mit elektrischer Auslösung und einem Typenrad s mit Kontakthebel h besteht, wird durch den Elektromagneten e_1 ausgelöst. Der Rufzeichengeber beginnt zu laufen, wobei das Typenrad, dem Zeichen „M E Z“ entsprechend, Stromimpulse aus der Batterie $O B\ 2$ durch die Relais R_1, R_2, R_3 und R_4 schickt. Die in den Relaisstromkreisen liegenden Generaltaster T_3 (desgl. bei R_2, R_1 und R_4) übertragen dieses Zeichen auf je 20 angeschlossene Fernleitungen Fl. Es muß somit in allen 80 angeschlossenen Morsefernleitungen morgens 2 Minuten vor 8 Uhr der gesamte Telegrammverkehr stillgelegt werden, damit alle in diese Leitungen eingeschalteten Morseapparate das sich wiederholende Zeichen — — · — — · · (M E Z) schreiben. 50 Sekunden vor 8 Uhr gleitet der

*) Erbaut von Siemens & Halske im Jahre 1893 (bzw. 1898). Erweitert und neuzeitlich ausgestaltet in den Jahren 1919 und 1931.

Hebel d des Normaluhr-Kontaktwerkes von der entsprechenden Nase der Achse x ab und schließt den Stromkreis 1 über Batterie $OB\ 2$. Der Kontaktmechanismus des Rufzeichengebers wird hierbei überbrückt, so daß sämtliche 80 Leitungen nun stromlos sind und die eingeschalteten Morseapparate einen langen Strich schreiben. Punkt 8 Uhr unterbricht die Normaluhr bei c den Stromkreis der Relais $R_1\ R_2\ R_3\ R_4$, die Morseleitungen werden durch die Generaltaster wieder unter Strom gesetzt und der von allen Morseapparaten geschriebene Strich reißt ab. Das Ende des Striches bedeutet demnach das Zeitsignal, d. h. Punkt 8 Uhr.

In die erwähnten 80 Fernleitungen sind 10 bis 15 Morseapparate eingeschaltet, so daß also täglich 1000 bis 1200 Stationen das Zeitsignal erhalten. Neben diesen Morsewerken können in die Fernleitungen noch Ruf- und Zeitsignalübertrager eingeschaltet werden, welche das in die Fernleitungen gegebene Zeitsignal auf Bezirksleitungen weitergeben. Ferner ist es neuerdings möglich, das Zeitzeichen zum selbsttätigen Regulieren der Bahnhofs-Hauptuhren zu verwenden.

l) Synchronuhren.

Der Wechselstrom der Licht- und Kraftnetze der öffentlichen Elektrizitätswerke hat in der Regel eine Frequenz von 50 Hertz. Regelt man in diesen Netzen die Frequenz so, daß die Summe der Wechsel auf die Zeit von beispielsweise 24 Stunden bezogen, konstant bleibt — die Netze also auf Zeit geregelt, oder wie man sagt, gefahren werden, so kann man die Wechselstromfrequenz als Zeitmaß verwenden.

Schaltet man an ein so geregeltes Wechselstromnetz einen Synchronmotor (also einen Motor, dessen Umdrehungszahl nur von der Frequenz des Netzes abhängt), der mit einem Übersetzungsgetriebe auf ein Zeigerwerk arbeitet, so kann man bei geeigneter Bemessung des Übersetzungsgetriebes diese Einrichtung als Synchronuhr benutzen. Ist das Netz sekundengenau geregelt, so geht eine solche Uhr auch sekundengenau. Die Uhr bleibt natürlich stehen, wenn das Netz stromlos wird.

Man unterscheidet Synchronuhren verschiedener Bauart:

1. Selbstanlaufende Synchronuhren,
2. Nichtselbstanlaufende Synchronuhren,
3. Synchronuhren mit Gangreserve,
4. Uhren mit synchronisierter Unruhe.

Selbstanlaufende Synchronuhren haben einen Synchronmotor, der nach stattgefundener Stromunterbrechung von selbst wieder anläuft. Diese Uhren werden deshalb mit einer Fallscheibe, die als Zeichen der Stromunterbrechung in einer Schauöffnung erscheint, ausgerüstet.

Nichtselbstanlaufende Synchronuhren sind mit einem Motor ausgerüstet, der nach dem Stehenbleiben wieder angeworfen werden muß. Ein Zeichen für die stattgefundene Stromunterbrechung ist die stehengebliebene Uhr. Die Abb. 518 zeigt das Werk einer nichtselbst anlaufenden Synchronuhr. 1 ist der Synchronmotor, 3 der Anwerfhebel, 4 die Zeigerachse.

Synchronuhren mit Gangreserve sind Uhren, die ein vollständiges Gehwerk enthalten und außerdem einen Synchronmotor, der, solange das Wechselstromnetz unter Strom steht, das Uhrwerk treibt. Bleibt die Spannung aus, so schaltet die Uhr um auf den mechanischen Antrieb und läuft als federwerkgetriebene Uhr weiter bis der Netzstrom wieder da ist. Ein solches Werk ist in der Abb. 519 zu sehen. Solange das Netz den Strom liefert, läuft der Synchronmotor und treibt über die Zahnräder *b* und *a* das Zeigerwerk. Bleibt der Strom aus, so legt der Umschaltehebel das Kuppelrad *a* an das Zahnrad *c*, so daß nunmehr das mechanische Werk die Zeiger treibt. Der Synchronmotor treibt auch ein Aufzugswerk für die Feder der Gangreserve. Auch die

Abb. 518.

Unruhe des Federwerkes steht, während der Synchronmotor läuft, nicht still, sondern läuft dauernd (leer) mit.

Ein Uhrwerk mit synchronisierter Unruhe zeigt die Abb. 520. Auch diese Uhr hat ein vollständiges, mechanisch arbeitendes Federuhrwerk mit Unruhe. Das Federwerk wird von einem kleinen, ständig umlaufenden Ferraris-Motor aufgezogen und aufgezogen gehalten.

Das wie bei jeder anderen mechanischen Uhr ablaufende Zeigerwerk wird durch den geregelten Netzwechselstrom an der Unruhe zwang-

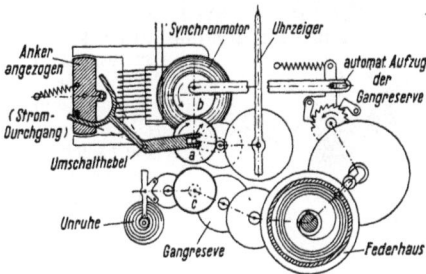

Abb. 519.

läufig gesteuert. Dies geschieht so, daß ein an der Unruhe *e* befestigtes Eisenplättchen *b* zwischen den verlängerten Polschuhen *c* des vom Netz erregten Elektromagneten spielt und so vom magnetischen Feld in seiner Schwingung beschleunigt oder verzögert werden kann. Die Unruhe ist so gebaut und abgestimmt, daß sie nahezu genau 5 Schwingungen in der Sekunde ausführt und das Plättchen *b* infolgedessen durch jede zehnte Wechselstromperiode beeinflußt, d. h. sekundengenau geregelt wird. Bleibt der Netzstrom aus, so läuft die Uhr wie jede me-

chanisch arbeitende Uhr weiter — dann allerdings nur mit der Genauigkeit, die dem mechanischen Gehwerk entspricht.

Eine andere Art der Unruh-Synchronisierung ist in der Abb. 521
veranschaulicht. Hier wird die Feder der Unruhe 3 vom Synchron-

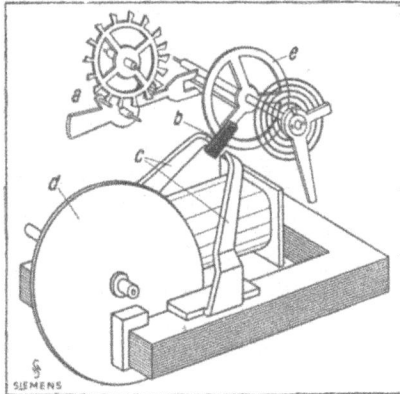

Abb. 520.

motor 1 aus über das Vorgelege 4—5—6 mechanisch beeinflußt,
d. h. es wird die Schwingungszahl der Unruhe zwangläufig in Abhängigkeit zu der Drehzahl des Synchronmotors gebracht. Solange
der Synchronmotor läuft, kann also die Unruhe keine andere Schwingungszahl annehmen als die,
die von der geregelten Netzfrequenz aufgedrückt wird.
Bleibt der Strom aus, so
läuft auch diese Uhr als mechanische Uhr weiter, denn
der Synchronmotor hatte
dafür gesorgt, daß die Feder
aufgezogen wurde.

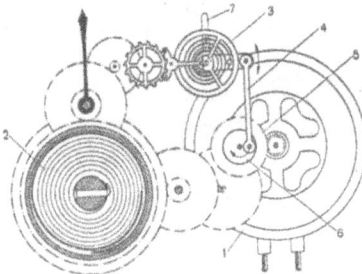

Abb. 521.

Synchronuhren werden
auch in Form von Weck-
uhren gebaut. Bei diesen
Weckuhren braucht auch
keine Weckeinrichtung aufgezogen zu werden. Abb. 522
veranschaulicht eine elektrische Synchron-Weckuhr. Auf der Grundplatte sind noch einige Schalter angebracht zum Abstellen der Wecker-
Schnarre, zum Einschalten einer Zifferblattbeleuchtung und zum
gänzlichen Abschalten der Weckeinrichtung. Das Werk ist nicht-
selbstanlaufend.

Um ein Wechselstromnetz auf Zeit zu regeln, verwendet man im Elektrizitätswerk sog. Periodenkontrolluhren. Eine Periodenkontrolluhr besteht aus einer genau gehenden Präzisionspendeluhr und einer mit dieser zusammengebauten Synchronuhr. Die Synchronuhr wird von dem vom Elektrizitätswerk erzeugten Wechselstrom an-

Abb. 522.   Abb. 523.

getrieben und die Pendeluhr wird in bezug auf ihre Ganggenauigkeit auf Grund drahtloser Zeitzeichen (auch Rundfunk-Zeitzeichen) täglich überwacht. Die Zeiger beider Uhrwerke, des Pendeluhrwerkes und des Synchronuhrwerkes laufen über das gleiche Zifferblatt, Abb. 523, so daß jederzeit der Gangunterschied überprüft und die Netzfrequenz danach geregelt werden kann. Die Regelung der Frequenz nach der Zeit kann in einer Zentrale auch auf selbsttätigem Wege vorgenommen werden. Man verwendet hierzu besondere Steuerwerke mit Differentialgetriebe. Das Differentialgetriebe ist einerseits mit dem Uhrwerk der mechanischen Präzisionsuhr und andererseits mit dem Uhrwerk der Synchronuhr gekuppelt. Bei abweichender Umlaufzahl der Uhrwerke wird über das Steuerwerk selbsttätig die Frequenz korrigiert durch Beeinflussung der den Wechselstrom erzeugenden Maschinen (Veränderung der Felderregung od. dgl.).

Nicht alle Wechselstromnetze im Reich sind auf Zeit geregelt. Das Anschließen einer Synchronuhr an ein nicht auf Zeit geregeltes Starkstromnetz ist zwecklos.

Dritter Teil.

Die Telegrafentechnik.

Einleitung.

Die im zweiten Teil dieses Buches beschriebenen Fernmeldeeinrichtungen können als Telegrafenanlagen mit verabredeten Signalen
bezeichnet werden. Auch kann man diese Anlagen Betriebstelegrafen
nennen, denn sie dienen in der Mehrzahl zur Nachrichtenübermittlung
innerhalb eines bestimmten Betriebes.

Die Verkehrstelegrafie oder die Telegrafie im gebräuchlichen Sinne
des Wortes dient zur Übermittlung von Nachrichten beliebiger und
wechselnder Art. Allerdings kann auch die Telegrafie zur Lenkung
eines Betriebes herangezogen werden, wie beispielsweise die Morsetelegrafie im Eisenbahnbetriebe. Unter Verkehrstelegrafie soll hier
jedoch die Nachrichtenübermittlung auf elektrischem Wege verstanden werden, die dazu dient, dem Empfänger Nachrichten über große
Entfernungen in schriftlicher Form (in der Regel in Druckschrift) und
mit großer Geschwindigkeit zukommen zu lassen. Diese Nachrichtentechnik steht in der Regel auch zur Benutzung der Allgemeinheit zur
Verfügung.

Das Recht, öffentliche Telegrafenanlagen in Deutschland zu er-
richten und zu betreiben, steht ausschließlich dem Reich zu. Private
(Industrie, Banken, Zeitungsverlage) sowie Behörden (Polizei, Feuer-
wehr, Wehrmacht) können für eigenen Bedarf Fernschreibnetze betreiben[1]). Die Leitungen werden von der Post für solche Zwecke vermietet.

Eine Telegrafenanlage besteht im wesentlichen aus den Tele-
grafenapparaten selbst und den Leitungen, oder, wie später erläutert
wird, den Telegrafenkanälen. Die Verlegung von Telegrafenleitungen
wird im Deutschen Reich durch das „Telegrafenwegegesetz" geregelt.

Der Telegrafenbetrieb umfaßt nicht nur den Telegrammverkehr
innerhalb des Reiches, sondern auch den Auslands- und Durchgangsverkehr. Das Haupttelegrafenamt (HTA) in Berlin ist der Knoten-
punkt sowohl für den innerdeutschen als auch für den sehr umfang-
reichen Durchgangsverkehr von und zu den benachbarten Ländern.
An Apparaten werden heute für die Telegrafie in Deutschland benutzt:
Morse, Klopfer, Summer, Hughes, Wheatstone, Baudot, Siemens-
Schnelltelegrafen, Fernschreiber, Recorder, Undulatoren, Siemens-Hell-
Schreiber und Bildtelegrafen, daneben die Einrichtungen der drahtlosen Telegrafie, die in diesem Buch nicht behandelt werden sollen.

---

[1]) Jipp, A., Die wirtschaftliche Neugestaltung der Telegrafie. Z.
VDI 78, 1934, 149—152.

Das Telegrafenleitungsnetz der Reichspost besteht aus Freileitungen und Kabeln. Die Kabelleitungen werden in der Regel für den Mehrfachbetrieb eingerichtet und auch gleichzeitig für den Fernsprech- und Telegrafenbetrieb ausgenutzt (s. Leitungstechnik). Das oberirdische Telegrafennetz der Deutschen Reichspost ist seit 1925 zugunsten des stark angewachsenen Kabelnetzes immer kleiner geworden.

Das deutsche öffentliche Fernschreibnetz ist das erste nach dem Selbstanschlußsystem (Wählersystem) in der Welt errichtete öffentliche Netz; es zählt heute bereits über 1000 Anschlüsse, die im Reich liegen.

Das öffentliche Fernschreibnetz der Deutschen Reichspost.

Infolge des zwischenstaatlichen Zusammenhanges der Telegrafenbetriebe aller Länder hatte sich in den letzten Jahren das Bedürfnis herausgestellt, den zwischenstaatlichen Telegrammverkehr technisch und betriebstechnisch zu vereinfachen und wirtschaftlicher zu gestalten. Im Jahre 1925 wurde in Paris der Internationale Beratende Ausschuß für Telegrafie (Comité Consultatif International des Communications Télégraphiques — CCIT) gegründet. Eine Vollversammlung des CCIT fand im November 1926 in Berlin statt. Weitere wichtige Tagungen fanden statt 1929 in Berlin, 1931 in Bern, 1934 in Prag.

Der CCIT hat unter anderen die Aufgabe, eine Verminderung oder Vereinheitlichung der im zwischenstaatlichen Verkehr benutzten Apparatetypen herbeizuführen bzw. die Vereinheitlichung der verschiedenen

21*

Arbeitsweisen der zur Zeit gebräuchlichen Apparate zu erzielen. Desgleichen sind einheitliche Regeln und Vorschriften für den Bau von Telegrafenleitungen und den Schutz solcher Leitungen gegen Starkstrom ausgearbeitet worden.

Als Einheit der Telegrafiergeschwindigkeit (auch „Schrittgeschwindigkeit" genannt) ist durch den Ausschuß das „Baud"*) aufgestellt worden. Ein Baud ist der reziproke Wert derjenigen Zeit in Sekunden, die zur Übermittlung des kürzesten Elementarintervalls von zusam-

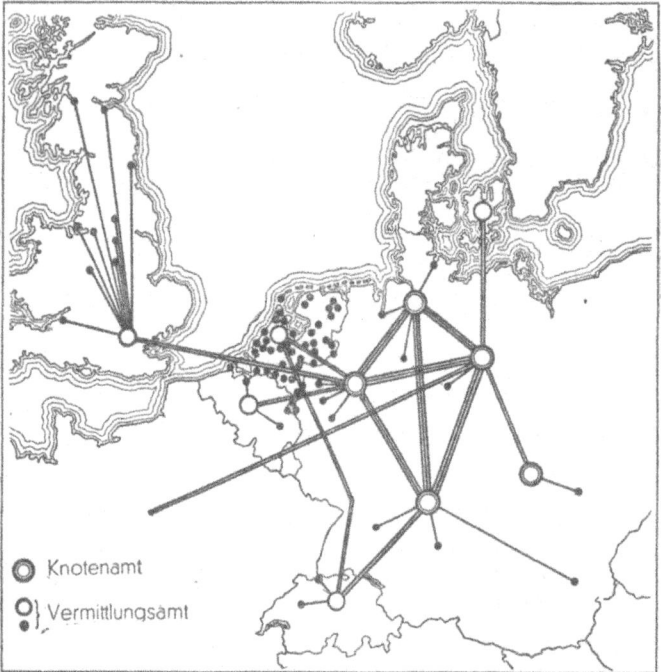

Das europäische Fernschreibnetz.

mengesetzten Zeichen erforderlich ist. Folgen im 5-Einheiten-Alphabet die +- und —-Impulse in $1/50$ Sekunde, so ist die Telegrafiergeschwindigkeit 50 Baud. Im Morse-Alphabet wird die Zeit in Sekunden, die zur Übermittlung der Punkteinheit erforderlich ist, zur Bildung des reziproken Wertes, des Baud, gewählt; ist die Punktdauer $1/6$ Sekunde, so beträgt die Telegrafiergeschwindigkeit 6 Baud. Diese Art der Bestimmung der Telegrafiergeschwindigkeit ist beim Hughes-

*) Nach dem Erfinder des Baudot-Telegrafen.

Typendrucker nicht möglich; auch bei Schrittschaltwerken (wie beim
Ferndrucker von Siemens & Halske) ist sie nicht anwendbar. Man
wird hier also nach wie vor mit der Angabe der minutlich übermittelten Zeichen auskommen müssen.

Das bei vielen Typendruck-Apparaten verwendete 5-Einheiten-
Telegrafen-Alphabet ist durch die Arbeiten des Ausschusses vereinheit-
licht worden. Es ist ein zwischenstaatliches Einheits-Alphabet für
Mehrfachapparate (Baudot) und ein solches für Fernschreibmaschinen geschaffen worden. Das neue (1932) Einheits-Alphabet für Fernschreiber sowie das Baudot- und das Siemens-Alphabet zeigt die
Abb. 524.

Das Fernschreibnetz der Siemensfirmen.

Alphabet für Baudot-Telegrafen: Die mit *) bezeichneten
Kombinationen können von den Telegrafen-Verwaltungen beliebig
nach den Bedürfnissen des Landes belegt werden. Das — bedeutet
Zeichenstrom, + Trennstrom.

Siemens-Schnelltelegrafen-Alphabet: Das Loch bedeutet
Minusstrom = Zeichenstrom.

Fernschreiber-Alphabet: Das Loch bedeutet Plusstrom =
Trennstrom. Der Sperrschritt bedeutet Plusstrom.

Durch die Verbesserung und Verbilligung der Telegrafenapparate,
insbesondere der Fernschreiber, und durch die Verbilligung der telegrafischen Verbindungswege (Kanäle) hat die Telegrafie neuen Auf-
trieb bekommen und gegenüber der heute noch für den Nachrichten-
austausch bevorzugten Telefonie wieder an Bedeutung gewonnen.

Die Telegrafenverwaltungen bemühen sich, beim Modernisieren ihres Apparateparks auch die Fernschreiber einzusetzen. Im Deutschen Reich laufen bereits mehrere tausend Fernschreiber in einer großen Anzahl verschiedener Netze.

Der Fernschreiber, der wie eine Schreibmaschine bedient wird, und die billigen Telegrafierkanäle haben auch den direkten privaten Fernschreibverkehr von Büro zu Büro der Geschäftshäuser möglich gemacht. Die für einen solchen Fernschreibverkehr erforderlichen und allen Anforderungen der Betriebssicherheit entsprechenden zentralen Vermittlungseinrichtungen haben sich vorzüglich in dem öffentlichen und den privaten Fernschreibnetzen in Deutschland bewährt.

Europa-Städte mit Anschluß an das europäische Bildtelegrafennetz.

Eine Einteilung der heute gebräuchlichen Telegrafenapparate und der erforderlichen Umschalteeinrichtungen ergibt sich aus den nachstehenden, systematisch geordneten Beschreibungen. Zur sog. alten Telegrafie gehört apparatemäßig heute die Morsetelegrafie, der Baudot-Mehrfachtelegraf, der Hughes-Typendrucker (in Duplexbetrieb), der Schnellmorse- und Wheatstonebetrieb. Zur neuen Telegrafie zählt die Fernschreibtechnik, und zwar die Apparatetechnik, die Leitungstechnik und die Vermittlungstechnik, sowie die Siemens-Hell-Fernschreibtechnik und die Bildtelegrafie. Zur neuen Telegrafie gehört auch eine besondere Meßtechnik zur Überwachung und Sicherstellung des Telegrafenbetriebes.

Buch.	Zeich.	Baudot-Telegrafen					Buch.	Zeich.	Siemens-Schnell-Tel.					Buch.	Zeich.	Anl.	Fernschreiber					Spe.
A	1	−	+	+	+	+	A	.		o	o			A	−	−	o	o				+
B	8	+	+	−	−	+	B	/		o		o	o	B	?	−	o			o	o	+
C	9	−	+	−	−	+	C	'	o	o	o		o	C	:	−		o	o	o		+
D	0	−	−	−	−	+	D	&	o				o	D	◈	−	o			o		+
E	2	+	−	+	+	+	E	3	o	o	o			E	3	−	o					+
F	*)	+	−	−	−	+	F	!	o		o	o		F	▲	−	o		o	o		+
G	7	+	−	+	−	+	G	"	o	o		o	o	G	▲	−		o		o	o	+
H	*)	−	−	+	−	+	H	;	o	o			o	H	▲	−			o		o	+
I	*)	+	−	−	+	+	I	8	o					I	8	−	o	o				+
J	6	−	+	+	−	+	J	=		o			o	J	Kl	−	o	o		o		+
K	(	−	+	+	+	−	K	?				o		K	(	−	o	o	o	o		+
L	=	−	−	+	−	−	L	+	o	o	o	o		L	)	−		o			o	+
M	)	+	−	+	−	−	M	?	o					M	.	−			o	o	o	+
N	№	+	−	−	−	−	N	−	o	o				N	,	−		o	o			+
O	5	−	−	−	+	+	O	9	o			o	o	O	9	−			o	o	o	+
P	%	−	−	−	−	−	P	0		o	o		o	P	0	−		o	o		o	+
Q	/	−	+	−	−	−	Q	1			o		o	Q	1	−	o	o	o		o	+
R	−	+	+	−	−	−	R	4				o	o	R	4	−		o		o		+
S	;	+	+	−	+	−	S	:		o	o			S	'	−	o		o			+
T	!	−	+	−	+	−	T	5					o	T	5	−					o	+
U	4	−	+	−	+	+	U	7	o	o	o			U	7	−	o	o	o			+
V	'	−	−	−	+	−	V	)	o		o	o	o	V	=	−		o	o	o	o	+
W	?	+	−	−	+	⌣	W	2	o			o		W	2	−	o	o			o	+
X	,	+	−	+	+	−	X	(		o		o		X	/	−	o		o	o	o	+
Y	3	+	+	−	+	+	Y	6	o		o			Y	6	−	o		o			+
Z	:	−	−	+	+	−	Z	,	o				o	Z	+	−	o				o	+
t	.	−	+	+	+	−	Halt		o	o	o	o	o	WR		−				o		+
é	*)	−	−	+	+	+	φ	φ			o			ZL		−	o					+
Bu	Bu	+	+	+	+	−	Bu	Bu			o	o	o	Bu	Bu	−	o	o	o	o	o	+
Zi	Zi	+	+	+	−	+	Zi	Zi	o	o	o	o	o	Zi	Zi	−	o	o		o	o	+
✴	✴	+	+	+	−	−	✴	✴	o	o		o		Zwi		−		o				+
▲▲							▲▲							▲▲		−						+

Bu Buchstaben ✴ Jrrungs-Zeichen ▲ frei
Zi Ziff.-Zeichen φ Korrektion Kl Klingel
WR Wagen-Rücklauf ZL Zeilen-Vorschub Zwi Zwischenraum
Anl Anlaufschritt Spe Sperrschritt ◈ Wer da?

Abb. 524.

I. Schreibtelegrafen mit symbolischer Schrift.

A. Morsetelegrafie.

a) Entwicklung.

Professor Samuel Morse erfand im Jahre 1837 den nach ihm benannten elektromagnetischen Telegrafenapparat. Grundgedanke Abb. 525. Ein Elektromagnet E wird einerseits mit einer Erdplatte p und anderseits mit der Leitung L, die zur entfernt gelegenen Geber-

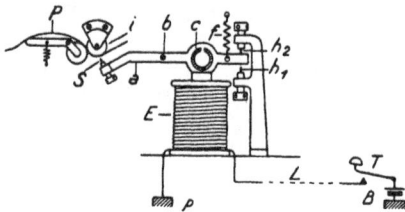

Abb. 525.

stelle führt, verbunden. Auf der Geberstelle führt Leitung L zu einer Taste T und über Batterie zur Erde. Beim Drücken der Taste T wird Elektromagnet E erregt und der Anker c gegen den Zug der Feder f angezogen. Der Anker ist an einem zweiarmigen, um die Achse b leicht drehbaren Hebel a, dem Schreibhebel, befestigt. Der Schreibhebel trägt am linken Hebelarm einen Schreibstift S oder ein Farbrädchen (siehe Abb. 526 u. 527) und ist in seiner Bewegung durch die Anschlagstifte h_1 und h_2 begrenzt. Um die durch Federkraft angetriebene Rolle i ist ein Papierstreifen P gelegt, welcher durch diese Rolle gleichmäßig fortbewegt wird. Wird nun durch die Taste T an der Geberstelle eine Anzahl aufeinanderfolgender kurzer und langer Stromschlüsse bzw. Stromunterbrechungen bewirkt, so schreibt der Stift S kurze und lange Striche auf den Papierstreifen.

Bei den ersten Apparaten drückte sich ein Stift in den Papierstreifen, so daß farblose, in das Papier geprägte Zeichen entstanden. Diese Apparate bezeichnete man als Reliefschreiber. Auch sind Apparate gebaut und viel verwendet worden, bei denen der Stift das Papier gegen eine Farbrolle drückte, wodurch auf dem Streifen gut lesbare, schwarze Zeichen entstanden (Digney-Farbschreiber). Im Jahre 1861 wurde von der Firma Siemens & Halske der Farbschreiber mit Farbrädchen eingeführt, der den Vorzug hat, daß er zum Antrieb des Laufwerkes nur ganz geringer Kräfte bedurfte.

b) Das Morsealphabet.

Die Buchstaben und sonstigen Zeichen werden im Morsealphabet durch Gruppen von Punkten und Strichen dargestellt, wobei:

die Strichlänge = 3 Punktlängen,
der Raum zwischen 2 Zeichen eines Buchstaben = 1 Punktlänge,
der Raum zwischen 2 Buchstaben = 3 Punktlängen und
der Raum zwischen 2 Worten = 5 Punktlängen

betragen muß.

Durch den internationalen Telegrafenvertrag sind folgende Zeichen vereinbart:

Zeichen	Symbol	Zeichen	Symbol	Zeichen	Symbol
a	· —	r	· — ·	!	— — · · — —
b	— · · ·	s	· · ·	/	— · · — ·
c	— · — ·	t	—	—	— · · · · —
d	— · ·	u	· · —	?	· · — — · ·
e	·	v	· · · —	1	· — — — —
f	· · — ·	w	· — —	2	· · — — —
g	— — ·	x	— · · —	3	· · · — —
h	· · · ·	y	— · — —	4	· · · · —
i	· ·	z	— — · ·	5	· · · · ·
j	· — — —	ch	— — — —	6	— · · · ·
k	— · —	ä	· — · —	7	— — · · ·
l	· — · ·	é	· · — · ·	8	— — — · ·
m	— —	ö	— — — ·	9	— — — — ·
n	— ·	ü	· · — —	0	— — — — —
o	— — —	.	· · · · · ·	Irrung	· · · · · · · ·
p	· — — ·	,	· — · — · —	Verstanden	· · · — ·
q	— — · —	;	— · — · — ·	Schlußzeichen	· — · — ·

c) Der Normalfarbschreiber.

Der Normalfarbschreiber der deutschen Reichstelegrafenverwaltung, seit 1870 von Siemens & Halske gebaut, ist in der Abb. 526 schematisch und Abb. 527 in der Ansicht dargestellt. Das Räderwerk ist aus der Abb. 528 zu ersehen. Die Papierrolle ist beim Normal-

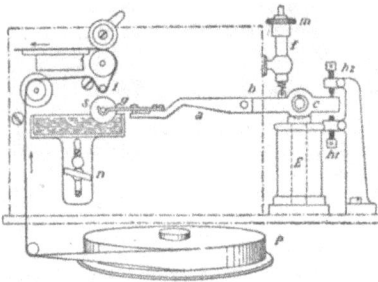

Abb. 526.

farbschreiber in einer Schieblade 5 untergebracht. Der Papierstreifen führt durch den Schlitz 6 über Führungsrolle und Papierzugwalze 9 hinweg. Durch die federbeeinflußte, genutete Deckwalze 8 wird das Papier gegen die geriffelte Papierzugwalze 9 gedrückt. Das Räderwerk, Abb. 528, ist zwischen den Apparatwänden untergebracht und wird von einer kräftigen Feder angetrieben, welche in die Federtrommel T (Abb. 527) eingebaut ist. Durch Drehen des Knebels 2 wird die Feder aufgezogen und durch den Sperrkegel 11 und Sperrad 12 gehalten. 11 und 12 liegen zwischen Apparatwand und Trommel. Der Aufzug und das Ablaufen der Antriebsfeder sind durch den Einbau des Kontrollrades 3, des

Abb. 527.

sog. Malteserkreuzes, begrenzt. Das Kontrollrad hat acht Zahnlücken und steht im Eingriff mit einem Kontrollzahn 3', der auf der Hauptachse des Werkes befestigt ist. Beim Aufziehen der Feder dreht sich der Kontrollzahn mit und schaltet bei jeder Umdrehung das Kontrollrad um einen Zahn weiter. Nach acht Umdrehungen stößt der nicht ausgekehlte Zahn 1 gegen den Kontrollzahn 3', und der weitere Aufzug der Feder ist hierdurch verhindert. Das gleiche wiederholt sich beim Ablauf des Werkes. Die Federtrommel T kann leicht von der Hauptachse abgenommen und ausgewechselt werden. Die Feder muß vorher

jedoch vollkommen entspannt sein. Das Räderwerk läuft sehr gleichmäßig, denn der Windfang 15 regelt den Ablauf innerhalb sehr enger
Grenzen. Die Papierzugwalze 9 sitzt auf der Achse des Zahnrades 14,
das Schreibrädchen g auf der Achse des Zahnrades 13. Das Schreibrädchen g taucht in den Schlitz der Farbflasche n, die erst abgenommen
werden kann, nachdem sie so tief gesenkt worden ist, daß das Schreibrädchen frei liegt. Hierdurch ist einer Beschädigung des Rädchens vorgebeugt. Auf der Windfangachse ist eine doppelgängige Schnecke 17
eingeschnitten, welche von dem Schneckenrad 16 angetrieben wird.
Das Laufwerk wird freigegeben, indem durch seitliches Verschieben des
Hebels 4 (Abb. 527) eine Bremsfeder vom Bremsrädchen 18 abgehoben

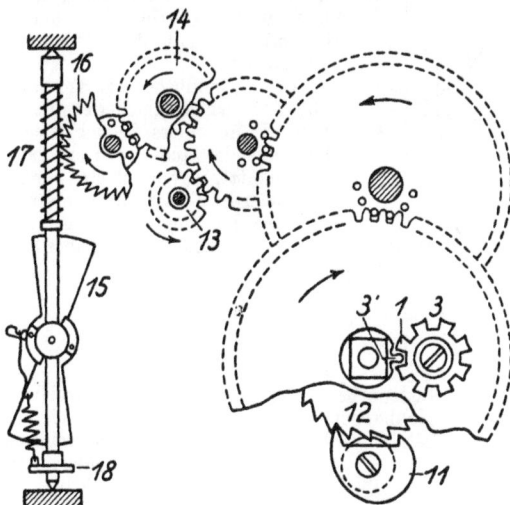

Abb. 528.

wird. Der Papierstreifen läuft normal mit einer Geschwindigkeit von
etwa 160 cm in der Minute. Die Papierzugwalze 9 (Zahnrad 14) macht
etwa 28 Umdrehungen je Minute, der Windfang etwa 3000. Das Werk
läuft nach vollständigem Aufzug etwa 20 Minuten.

Der Anker c des Elektromagnetsystems ist röhrenförmig und geschlitzt, um Wirbelströme zu vermeiden. Polschuhe, Anker und Kerne
der Elektromagnete E sind aus weichem Eisen hergestellt, um Remanenz und Hystereseverluste einzuschränken. Der röhrenförmige Anker
ist an den Enden manchmal abgeschrägt, da die fehlenden Stücke für
den Kraftlinienverlauf nicht in Betracht kommen. Damit der Anker
nicht auf die Polschuhe des Elektromagneten aufschlägt und kleben
bleibt, und damit anderseits der Ankerabstand nicht zu groß wird, sind
besondere Anschlagstifte h_1 und h_2 an einem Anschlagständer B ange-

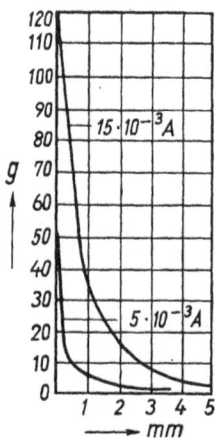

Abb. 529.

ordnet. Diese Anschlagstifte können durch Drehen der Schrauben verstellt werden. Die Spannung der Feder f läßt sich durch Drehen der Mutter m verändern. Durch Drehen der Mutter r_1 kann das ganze Elektromagnetsystem mit dem Joch gehoben oder gesenkt werden. Die Kraft, mit welcher der Anker c von dem Elektromagneten angezogen wird, ändert sich mit dem Abstand und der Stromstärke. Durch die Schaulinien (Abb. 529) ist gezeigt, wie bei einem bestimmten Strom (4,3 und 13 mA), der durch die Elektromagnetwicklung geht, der Ankeranzug (in Gramm) sich mit dem Ankerabstand (in mm) ändert.

Der Schreibhebel hat am linken Ende (Abb. 545) einen hakenförmigen Ansatz, der unter die Achse des Schreibrädchens greift. Das Ende der Achse, an der das Schreibrädchen sitzt, ragt durch eine runde Öffnung (die größer ist als der Durchmesser der Achse) der Apparatewand frei hindurch, so daß dieses Ende der Achse durch den Haken des Schreibhebels gehoben und das Schreibrädchen gegen das Papier gedrückt werden kann.

d) Zubehörteile.

1. Morsetaste.

Abb. 530. Tastenhebel 1 ist um die Achse 2 drehbar gelagert und in seiner Hubbewegung durch Anschläge 4 und 5 begrenzt. Die Zuleitungsdrähte werden an 3, 6 und 7 angeschlossen. Bei

Abb. 530.

der abgebildeten Taste wird in der Ruhelage der linke Hebelarm durch Feder 9 gegen den Kontakt 4 gelegt, also eine Stromverbindung zwischen 3 und 6 hergestellt. Durch Druck auf Knopf 8 wird dieser Stromweg unterbrochen und ein zweiter Stromweg von 3 nach 7 über Kontakt 5 hergestellt.

2. Der Stromfeinzeiger.

Im Telegrafenbetriebe liegt das Bedürfnis vor, eine dauernde Kontrolle über den in der Leitung fließenden Strom zu haben und durch die Beobachtung der Stromstärke auch den Zustand der Leitung zu überwachen. Hierfür verwendet man ein Milliamperemeter mit dem Nullpunkt in der Mitte der Skala (Abb. 531), ein Drehspulinstrument, das in die abgehende oder ankommende Leitung geschaltet wird. (Siehe Abb. 537 und 538, auch als Einbauinstrument, Abb. 648, ausgebildet.)

Abb. 531.

3. Blitzableiter *).

Abb. 532 zeigt die in der alten Telegrafentechnik noch verwendete Form eines Blitzableiters, den sog. Plattenblitzableiter. Dieser Blitzableiter besteht im wesentlichen aus zwei voneinander isolierten gußeisernen Platten, die auf den einander gegenüberliegenden Flächen mit Riffeln versehen sind. Die Platten sind in ganz geringem gegenseitigen Abstand (etwa $1/3$ mm) so aufeinander gelegt, daß die Riffelung der oberen, mit Erde verbundenen Platte quer zur Riffelung der beiden unteren Leitungsplatten verläuft. Diese Anordnung gibt eine große Anzahl Übergangsspitzen für die auf den Leitungen

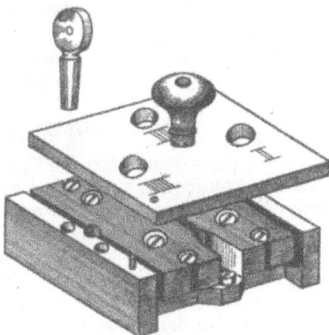

Abb. 532.

auftretenden Überspannungen. Der Plattenblitzableiter wird gleichzeitig als Umschalter verwendet. Beim Einsetzen eines Stöpsels in

Loch I wird die eine Leitung mit Erde verbunden,
Loch II werden die beiden Leitungen unter Ausschaltung des Morse-
apparates unmittelbar verbunden,
Loch III wird die zweite Leitung mit Erde verbunden.

In modernen Telegrafenanlagen wird der Plattenblitzableiter durch einen Luftleerspannungsableiter (siehe dies) ersetzt; Abb. 533 zeigt ein Sicherungsaggregat für Einzelleitungen, bestehend aus einem Luftleerspannungsableiter, einer Feinsicherung für 0,5 und Grobsicherung für 3 Ampere. Auf dem Sockel des Apparatsatzes wird dann ein besonderer Stöpselumschalter (Abb. 534 u. 540) angeordnet.

Abb. 533.

Abb. 534.

*) Richtiger: Spannungsableiter.

e) Klopfer.

An Stelle von Morseapparaten mit Schreibvorrichtung kann man auch sog. Klopfer als Empfangsapparate in der Morsetelegrafie verwenden (Abb. 535). Ein Klopfer stellt lediglich das Elektromagnetsystem des Morsewerkes dar, mit einem besonders ausgebildeten Resonanzboden. Die Telegramme werden von dem Beamten nach Gehör aufgenommen und niedergeschrieben. Mit dem Klopfer ist unter Umständen ein schnelleres Arbeiten möglich als mit dem Farbschreiber.

Abb. 535.

f) Selbstauslösung von Morsewerken.

Auf kleinen Postämtern und im Eisenbahnbetrieb an kleinen Haltepunkten, Stellwerken u. dgl., wo nicht immer ein Beamter zur Bedienung der Morseapparate anwesend ist, werden diese mit Selbstauslösung versehen, damit keine Verzögerung in der Telegrammaufnahme eintritt.

Die Selbstauslösevorrichtung wird durch das Geben der Morsezeichen betätigt. Beim Anzug des Elektromagnetankers, Abb. 536, bewegt sich der linke Arm des Schreibhebels 4 in der Pfeilrichtung. Hierdurch wird der Winkelhebel 3 in der wiederum angedeuteten Pfeilrichtung so weit gedreht, daß Sperrhebel 2 freigegeben wird. Durch den Zug der Feder kommt der halbkreisförmige, im Schnitt gezeichnete Sperrstift in eine derartige Lage, daß Sperrdaumen 1, der fest auf der Achse der Papierzugwalze sitzt, sich drehen kann. Das Werk ist nun freigegeben. Nach einer Umdrehung des Daumens 1 greift jedoch Mitnehmerstift 5 unter den linken Ansatz des Sperrhebels 2 und verklinkt wieder die ganze Sperrvorrichtung. Es muß also bei jeder Umdrehung der Papierzugwalze das Werk von neuem ausgelöst werden.

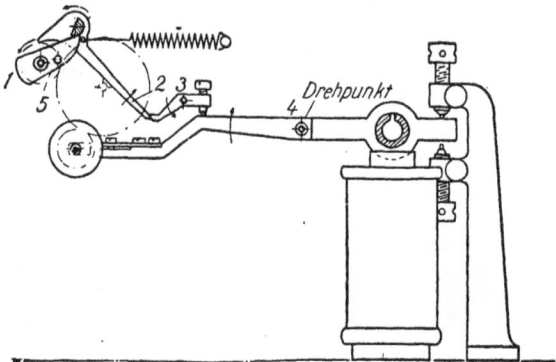

Abb. 536.

g) Morsesätze.

Abb. 537 zeigt einen Apparatesatz mit einem Morseapparat als Direktschreiber, Abb. 538 einen Satz mit Lokalschreiber mit neutralem Dosenrelais für Ruhestrombetrieb. Außerdem sind in den Abbildungen die Stromfeinzeiger und die Morsetasten zu sehen. Die

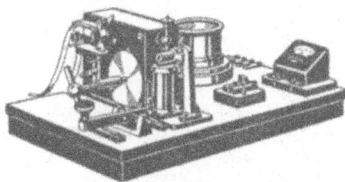

Abb. 537.   Abb. 538.

Schaltungen solcher Morseapparatsätze sind in den Abbildungen 539 und 541 wiedergegeben. Abb. 539 zeigt die Schaltung eines direkt arbeitenden Farbschreibers als Endstelle für Arbeitsstrombetrieb. Bei Einfachleitungsbetrieb wird Klemme 2 geerdet. Bei auftretenden Gewittern wird bei U gestöpselt, wodurch der Farbschreiber kurzgeschlossen und die Leitung geerdet wird. Die Abbildung 541 zeigt die Schaltung eines Apparatesatzes für Ruhestrombetrieb mit neutralem Dosenrelais und Farbschreiber im Ortsstromkreis.

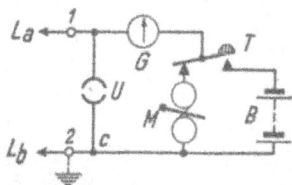

Abb. 539.   Abb. 540.

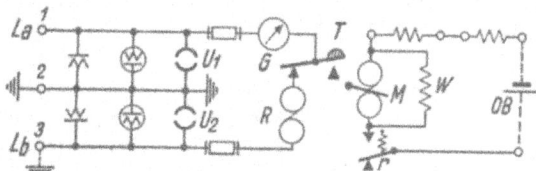

Abb. 541.

Dieser Apparatesatz ist mit Grob- und Feinspannungsableitern sowie mit Feinstromsicherungen für jede Leitungsader versehen. Über die Umschalter U_1 und U_2 können die Leitungen L_a und L_b einzeln oder auch gemeinsam geerdet werden.

Die Abb. 540 zeigt einen gebräuchlichen Umschalter dieser Art.

h) Betriebsarten für Einfachstrom.

Man unterscheidet grundsätzlich folgende Betriebsarten:

1. Arbeitsstrombetrieb, Abb. 542.
2. Deutschen Ruhestrombetrieb, Abb. 543.
3. Amerikanischen Ruhestrombetrieb, Abb. 544.

Die Arbeitsstromschaltung eignet sich besonders für lange Leitungen ohne Zwischenstellen. Die Elektromagnete haben bei dieser Schaltung etwa 600 Ohm Widerstand und 6500 Umwindungen bei 0,2 mm Drahtstärke. Isolation Seide. Der Selbstinduktionskoeffizient (L) ist bei 800 Perioden (f) = 4,43 Henry (H). Strombedarf an der Empfangsstelle etwa 12 mA. Die Batterie einer jeden angeschlossenen Stelle muß für die ganze Leitungslänge ausreichen. Ein Nachteil der Schaltung ist der Mangel einer Kontrolle des Leitungszustandes und der Batterien während der Arbeitspausen.

Der deutsche Ruhestrombetrieb empfiehlt sich dort, wo bei verhältnismäßig kurzen Leitungen viele Zwischenstationen vorhanden sind. Die Zeichen werden im Gegensatz zum Arbeitsstrombetrieb nicht durch Stromschließungen, sondern durch Stromunterbrechungen gegeben. Die Elektromagnetwicklungen haben etwa 50 Ohm Widerstand bei direkter Schaltung *). Strombedarf etwa 15 Milliampere bei Hintereinanderschaltung der beiden Wicklungsrollen. Die für die ganze Leitungslänge er-

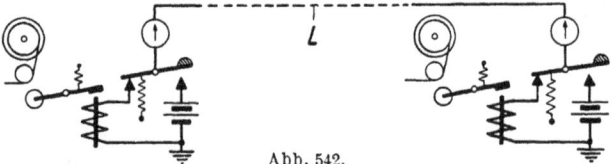

Abb. 542.

forderliche Batterie ist auf sämtliche Stationen verteilt und hintereinander geschaltet. Diese Schaltung hat den Vorzug der dauernden Leitungs- und Batteriekontrolle, erfordert jedoch mehr Batteriematerial, d. h. mehr Amperestunden. Es kann der Stromverbrauch einer Ruhe-

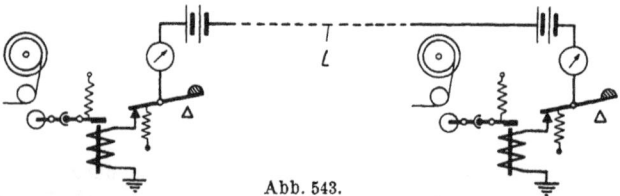

Abb. 543.

---

*) In diesen einfachen Grundschaltungen ist der Farbschreiber als Elektromagnet dargestellt. Die DIN-Darstellung des Farbschreibers findet der Leser in der Abb. 351 und den folgenden.

stromleitung unter Umständen das 10- und 20fache des einer Arbeits-
stromleitung betragen.

Die Schaltung für amerikanischen Ruhestrombetrieb vereinigt in
sich die Vorzüge des Arbeitsstrombetriebes und des deutschen Ruhe-
strombetriebes insofern, als die Zeichen durch Stromschließungen gegeben werden und daß in der Ruhestellung dauernd ein Strom durch
die Leitung fließt. Es ist auch hier nur eine Batterie erforderlich, d. h.
die kleinen Batterien auf den einzelnen Stellen werden hintereinander in
die Leitung geschaltet. Bei Beginn der Arbeit wird die Taste angehoben.

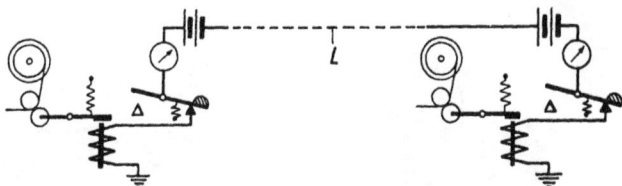

Abb. 544.

Die Betriebsart mit deutschem Ruhestrom erfordert einen ge-
knickten*) Schreibhebel, Abb. 545. Der Hebel, Abb. 545, kann für
Ruhestrom und Arbeitsstrom verwendet werden. Er ist auf Achse 1,
die durch die Apparatewand geht, drehbar gelagert. Der mittlere Teil 2
des Hebels geht am rechten Ende in eine umgebogene Stahlfeder 3
über. Durch Drehen der Schraube 4 kann das linke Ende von 2 gehoben oder gesenkt werden. Am mittleren Teil 2 des Kipphebels ist

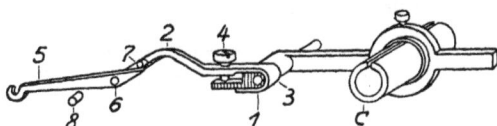

Abb. 545.

um die Achse 6 leicht drehbar ein kleiner Hebelarm 5 befestigt. Das
rechte Ende von 5 legt sich gegen Stift 7 am Teil 2. Wird der Schreibhebel für Arbeitsstrom gebraucht, so liegt das rechte Ende von 5 dauernd
am Stift 7, und bei Aufwärtsbewegung von 2 geht auch Teil 5 aufwärts
und umgekehrt. Soll der Schreibhebel für Ruhestrombetrieb verwendet
werden, d. h. soll das linke Ende von 5 bei einer Aufwärtsbewegung
des Ankers ebenfalls aufwärts gehen und das Farbrädchen gegen das
Papier drücken, so ist durch Drehen an Schraube 4 (bei angezogenem
Anker) Teil 5 so weit zu senken, bis 5 den Stift 8 des Apparatgehäuses
berührt. Läßt nun der Elektromagnet den Anker los, so geht Teil 2
herunter und kippt den Hebel 5 um 8 als Achse, wodurch das linke
Ende von 5 gehoben wird.

*) Auch gebrochener Schreibhebel genannt.

Goetsch, Taschenbuch 9.   22

i) Morse-Direktschreiber und Lokalschreiber.

Als Direktschreiber werden Morseapparate bezeichnet, deren Elektromagnetwicklung direkt in die Leitung geschaltet wird, Abb. 542 bis 544. Die Elektromagnete werden vom Linienstrom durchflossen, und da dieser nur eine geringe Stärke aufweist, muß der Elektromagnet eine beträchtliche Windungszahl haben. Auch wird das Elektromagnetsystem verstellbar (Schraube r_1, Abb. 527) eingerichtet, damit man die Empfindlichkeit einstellen kann. Die Apparate werden außerdem mit einem leichten Schreibhebel ausgerüstet.

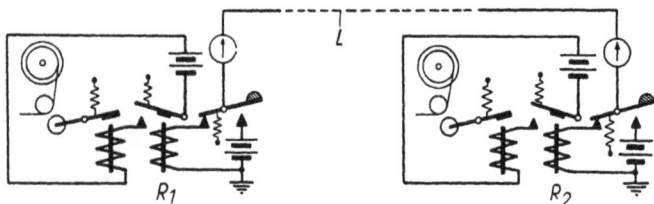

Abb. 546.

Als Lokalschreiber werden Apparate bezeichnet, deren Magnetwicklung in einen Ortsstromkreis gelegt ist, wobei dieser Stromkreis vom Anker eines Linienrelais geschlossen und geöffnet wird. Abb. 546 zeigt die Schaltung einer Morse-Telegrafenanlage für Arbeitsstrombetrieb mit Linienrelais R_1, R_2 und Lokalfarbschreibern. In Abb. 547 ist eine gleichartige Anlage für deutschen Ruhestrombetrieb veranschaulicht. Lokalschreiber können mit schwerem Schreibhebel ausge-

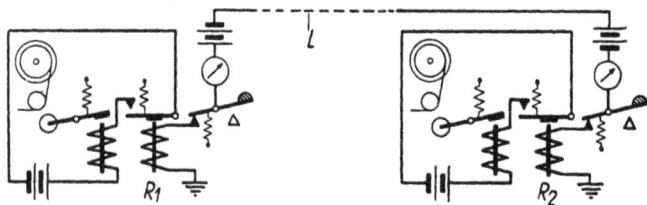

Abb. 547.

rüstet werden, weil im Ortsstromkreis ein starker, gleichbleibender Strom zur Verfügung steht. Der starke Hebel mit einem gut hörbaren Anschlag hat den Vorzug, daß der bedienende Beamte die Telegramme auch nach dem Gehör niederschreiben kann. (Siehe auch Klopfer.) In Abb. 538 ist ein Morse-Lokalschreiber mit innenliegender Federtrommel zu sehen. Wie die Abbildung zeigt, fehlt hier die Einstellvorrichtung (r_1, Abb. 527) für das Elektromagnetsystem. Apparate mit innenliegender Trommel werden vorzugsweise in der Eisenbahntelegrafie verwendet.

k) Übertragungsschaltungen.

Bei sehr langen Telegrafenleitungen ist der ankommende Linienstrom unter Umständen so schwach, daß auch ein empfindliches Linienrelais nicht mehr anspricht. Die Leitung wird dann in zwei oder

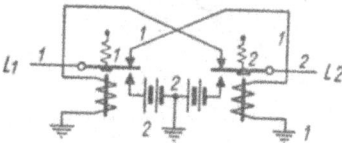

Abb. 548.

Abb. 549.

mehr Abschnitte geteilt, welche durch Übertragungseinrichtungen miteinander verbunden werden. Aus Abb. 548 ist der Grundgedanke einer Relaisübertragung für Arbeitsstrom zu ersehen. Ankommender Strom über Stromkreis 1; abgehender Strom über Stromkreis 2. Die Übertragung kann auch durch den Schreibhebel der Morseapparate selbst bewirkt werden. Der Anschlagständer besteht dann aus zwei isolierten Kontaktsäulen, Abb. 549.

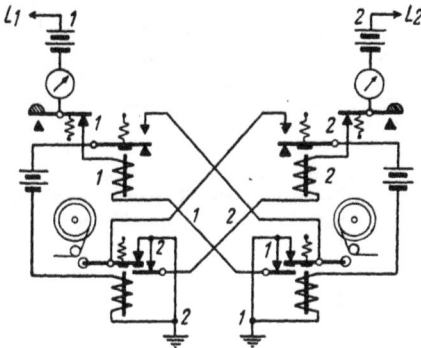

Abb. 550.

Abb. 550 zeigt die Übertragungseinrichtung für deutschen Ruhestrombetrieb. Stromunterbrechung im Stromkreis 1 bewirkt Stromunterbrechung im Stromkreis 2. Der Vollständigkeit halber sei hier noch eine einfache Relaisübertragung von einem Arbeitsstromkreis in einen Ruhestromkreis, Abb. 551, angegeben. Die Leitung L_1 mit dem Morsewerk MW_1 wird mit Arbeitsstrom, die Leitung L_2 mit dem Morsewerk MW_2 mit Ruhestrom betrieben. Um aus der einen Leitung in die andere übertragen zu können, muß eine geeignete Relais-

22*

übertragung V_e eingeschaltet werden. Wird die Taste T_1 des Arbeitsstromkreises gedrückt, so wird das Relais R_1 erregt. R_1 unterbricht am Kontakt r_1'den Ruhestrom der Leitung L_2, wodurch das Morsewerk MW_2 betätigt wird. Damit das Relais R_2 beim Umlegen

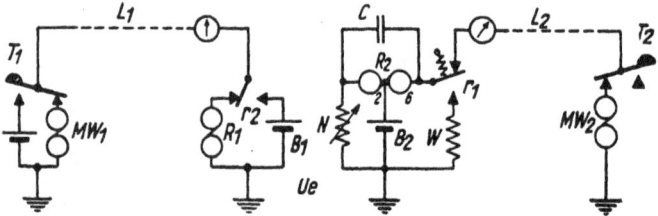

Abb. 551.

legen von Kontakt r_1 nicht rückkoppelt, ist für die Wicklung 6 des R_2-Relais ein Ersatzstromkreis über Batterie B_2 und Widerstand W (angepaßt an L_2) geschaffen. Eine Stromunterbrechung in L_2 durch Drücken der Taste T_2 läßt das Relais R_2 abfallen; r_2 betätigt Morsewerk MW_1. Relais R_1 koppelt nicht zurück, da es unerregt bleibt.

l) Morse-Telegrafie mit Doppelstrom.

Um auf langen Leitungen schnell telegrafieren zu können, verwendet man an der Empfangsstelle Relais, die schnell und sicher ansprechen. Auf S. 111 war bereits erwähnt, daß die gepolten Telegrafenrelais schnell arbeiten und empfindlich in bezug auf die Ansprechstromstärke sind. Die gepolten Relais (Abb. 209 u. 214) werden mit Strömen verschiedener Richtung (mit Doppelstrom) betrieben.

Der Doppelstrombetrieb mit gepolten, neutral eingestellten Relais hat eine Reihe wesentlicher Vorzüge gegenüber dem Einfachstrombetrieb mit neutralen Relais (Abreißfeder). Über die Leitung fließt dauernd ein Strom (mit Ausnahme der Umlegezeit des Senderelais oder der Sendetaste), so daß die Leitung durch Fremdströme nicht mehr so leicht beeinflußt wird. Die hohe Empfindlichkeit der gepolten Relais wurde bereits erwähnt. Das gepolte Relais kann auch ohne Leitungsstrom richtig (neutral) eingestellt werden. Bei Doppelstrombetrieb und bei Verwendung gepolter, neutral eingestellter Relais brauchen diese nicht neu eingestellt zu werden, wenn der Telegrafierstrom in der Stärke (bei Änderung der Leitungswerte) etwas nachläßt

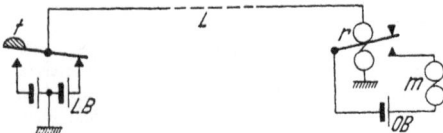

Abb. 552.

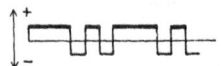

Abb. 553.

oder zunimmt; die Kontaktgabe nach beiden Seiten ist immer gleich stark.

Der Doppelstrombetrieb kann auch beim Morsen verwendet werden, wobei der Strom einer Richtung den Morseapparat zum Schreiben veranlaßt (Zeichenstrom) und der Strom entgegengesetzter Richtung das Schreiben unterbricht (Trennstrom oder Zwischenzeichenstrom). Arbeitet der Morse direkt, so muß er ein gepoltes Elektromagnetsystem haben, arbeitet er lokal, so ist das Relais gepolt.

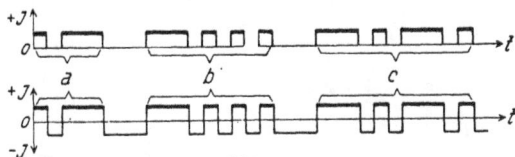

Abb. 554.

In der Abb. 552 ist die Schaltung einer mit Doppelstrom betriebenen Morseleitung L gezeichnet. Der positive Strom dient hierbei als Zeichenstrom, indem er das gepolte Empfangsrelais r an den Arbeitskontakt legt und so den Morse zum Schreiben veranlaßt. Wird beispielsweise der Buchstabe C gegeben, so gehen die in Abb. 553 schematisch dargestellten Stromimpulse wechselnder Richtung in die Leitung. Der Morse am Empfangsende schreibt den Buchstaben C in bekannter Morseschrift (siehe stark ausgezogene Linien in Abb. 553). Um von dem Unterschied zwischen dem bekannten Morse-Gleichstrom-Betrieb (Ströme gleicher Richtung, stromlose Zwischenzeiten) und dem Doppelstrombetrieb (positiver Zeichenstrom, negativer Trennstrom) ein klares Bild zu gewinnen, sind in Abb. 554 die Stromkurven beider Betriebsarten schematisch nebeneinander gezeichnet.

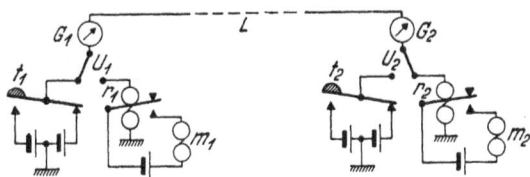

Abb. 555.

Die Abb. 555 zeigt eine Schaltung für Doppelstrombetrieb, bei der abwechselnd in beiden Richtungen gearbeitet werden kann; es ist nur erforderlich, den Schalter U_1 (U_2) umzulegen. Als Stromfeinzeiger (G_1, G_2) werden für diese Betriebsart zweckmäßig Instrumente mit einer Skala, deren Nullpunkt in der Mitte ist, verwendet. Der Schaltung in Abb. 555 haftet noch ein Mangel an. Es ist dort ein Umschalter U_1 (U_2) umzulegen, wenn man vom Senden zum Empfang (oder umgekehrt) übergehen will. Um diesen Handgriff, der zu Irrtümern Veranlassung geben kann, zu vermeiden, ist eine besondere Morsetaste

für Doppelstrom konsturiert worden, die beim Betätigen selbsttätig
vom Empfangen zum Senden umschaltet. Abb. 556 zeigt schematisch
die Schaltung zweier Telegrafenämter unter Verwendung dieser Spezial-
taste. In der Ruhestellung der Taste hält die starke Feder F über den
um a drehbaren Winkelhebel h_1—h_2 den Umschalter c in der in Amt B
gezeichneten Stellung (Feder f schwächer als F). Wird die Taste gedrückt (Amt A,) so gibt der Hebelarm h_2 den Umschalter c frei, der
unter der Wirkung der Feder f das Empfangsrelais M (oder Morse) abschaltet und die Leitung an die Taste legt.

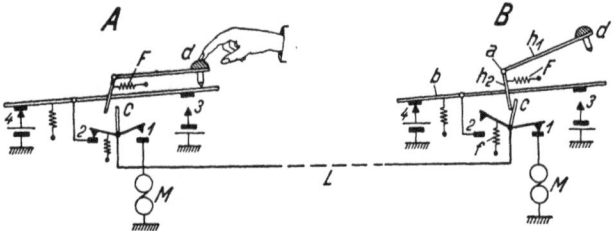

Abb. 556.

m) Telegrafenumschalter.

Um eine Anzahl Telegrafenleitungen beliebig miteinander verbinden
zu können bzw. auf bestimmte Arbeitsplätze zu schalten, sind Umschalter

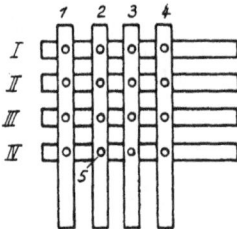

Abb. 557.

erforderlich. Für eine kleine Anzahl von
Leitungen werden sog. Linienumschalter,
Abb. 557, benutzt. An die Messingschienen 1
bis 4 bzw. I bis IV sind Telegrafenleitungen angeschlossen. Die Schienen sind sämtlich voneinander isoliert. Soll beispielsweise die an 2 angeschlossene Leitung mit
der an IV angeschlossenen verbunden werden, so wird ein Stöpsel in Loch 5 gesteckt.
Der Stöpselschaft ist nach der Spitze zu
derart verjüngt, daß er in entsprechenden
Bohrungen der oberen und unteren Schiene
festsitzt. Auch können an eine Anzahl
Schienen verschiedene Batteriespannungen angeschlossen sein und an
die Querschienen Telegrafenleitungen, so daß sich durch entsprechende
Stöpselung verschiedene Spannungen an die Leitungen legen lassen.

Wenn eine größere Anzahl Telegrafenleitungen in eine Telegrafen-
zentrale einläuft, genügt ein Linienumschalter nach Ab . 557 nicht
mehr, diese Leitungen beliebig miteinander zu verbinden bzw. auf verschiedene Arbeitsplätze zu schalten. Man baut für diese Zwecke Zentralumschalter ähnlich solchen, wie sie in der Fernsprechtechnik Verwendung
finden. Die einlaufenden Telegrafenleitungen endigen am Schrank auf
Klinken oder Stöpseln. Den Grundgedanken der Schaltung derartiger
Zentralumschalter für Morsebetrieb zeigt Abb. 558. Jede in die Zentrale

einlaufende Morseleitung*) L ist an den Zentralumschalter geführt und verläuft hier über ein Anruf-Ruhestromrelais AR, einen Stromfeinzeiger S, einen Abfrage- und Verbindungsschalter AS, Batterie B zur Erde. Schalter AS hat in Wirklichkeit drei Stellungen. Der Anruf am Zentralumschalter kann von jeder in der angeschlossenen Leitung eingeschalteten Station erfolgen. Anrufrelais AR ist dauernd vom Ruhestrom durchflossen und hält den oberen Kontakt k geschlossen. Kondensator c (etwa 2 μF) liegt dauernd im Stromkreis der Batterie Ba und ist bis auf

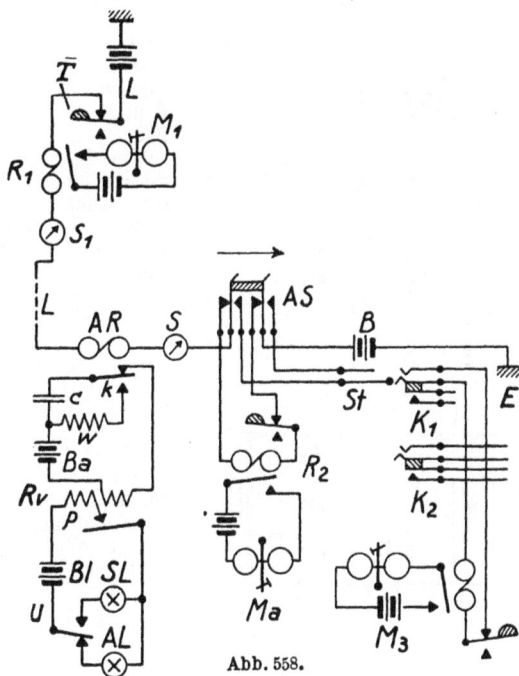

Abb. 558.

die Spannung dieser Batterie geladen. Die verhältnismäßig kurzen Telegrafierimpulse, die über das Relais AR verlaufen, bringen dessen Anker nur auf kurze Zeit zum Abfallen, so daß Kondensator c sich über den hohen Widerstand W (etwa 500000 Ohm) nur teilweise entladen kann. Der Wiederaufladestrom, der über die rechte Wicklung des Relais Rv verläuft, ist in diesem Fall von so geringer Stärke, daß Relais Rv nicht anspricht. Erst wenn der anrufende Beamte auf einer Station der Leitung L durch seine Taste T eine Stromunterbrechung von 6 bis 8 Sekunden bewirkt, entlädt sich Kondensator c

---

*) Diese Schaltung kann mit kleinen Abänderungen auch für Arbeitsstrom verwendet werden.

so weit, daß beim Loslassen der Taste T der Wiederaufladestrom des Kondensators aus Batterie Ba das Relais Rv ansprechen läßt. Kontakt p wird geschlossen und Relais Rv hält sich über seine Haltewicklung (links). Durch Aufleuchten der Anruflampe AL (weiß) wird der Anruf am Zentralumschalter kenntlich gemacht. Legt man Schalter AS aus der nicht gezeichneten Mittelstellung in die gezeichnete Abfragestellung, so schaltet man hierdurch den Abfrage-Morseapparat Ma an die anrufende Leitung. Nach Entgegennahme der Wünsche des Anrufenden verbindet der den Zentralumschalter bedienende Beamte mittels Stöpselschnur St (und Umlegen von AS) die Leitung L über eine der Klinken K_1, K_2 usw. mit dem gewünschten Morseapparat (M_3) oder einer an eine Klinke (K_2) angeschlossenen Leitung. Im Zentralumschalter können auch Klinken für Übertragungseinrichtungen eingebaut sein, welche nach Belieben in die durchgehenden Leitungen mittels Schnur und Stöpsel eingeschaltet werden können.

Das Umlegen des Schalters U von der Anruflampe AL (weiß) auf die Schlußlampe SL (rot) erfolgt selbsttätig beim Umlegen des Schalters AS. Die Schlußzeichengabe geht ebenso vor sich wie der Anruf, d. h. durch eine 6 bis 8 Sekunden lange Stromunterbrechung.

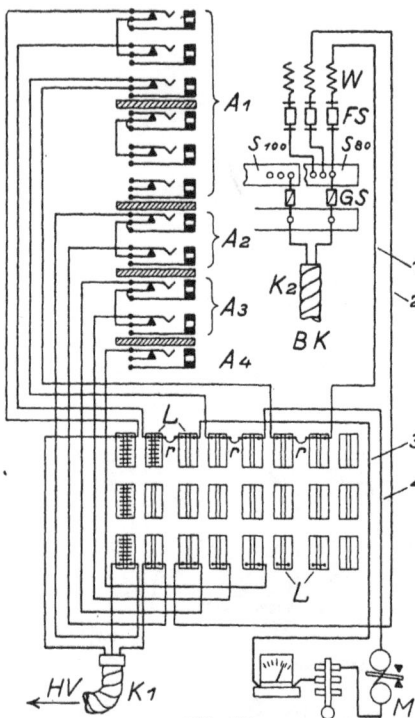

Abb. 559.

In größeren Telegrafenämtern liegt selten das Bedürfnis vor, Telegrafenleitungen beliebig miteinander zu verbinden. Die einlaufenden Leitungen führen gewöhnlich zu bestimmten Apparaten, wie Hughes-Apparate, Morse-Apparate, Fernschreiber, Klopfer usw., aber es sind trotzdem sog. Klinkenumschalter erforderlich, um bestimmte Leitungen vorübergehend von den Apparaten zu trennen, Übertragungen einzuschalten, Leitungen zu prüfen, Batteriespannungen zu ändern usw. Die einlaufenden Leitungen werden zuerst an ein Hauptsicherungsgestell geführt, an welchem jede Leitung über eine Grobsicherung (3 Ampere) führt und an einen Luftleerspannungsableiter angeschlossen wird. Von hier führen die Leitungen nach dem Klinkenumschalter oder bei größeren Ämtern zum Hauptklinkenumschalter und von diesem zu Abteilungsklinkenumschaltern. Von den Klinkenumschaltern werden die Leitungen über ein Batterieverteiler- und Sicherungsgestell zu den Batterie- oder Maschinenklemmen verschiedener Spannungen geführt. Am Batterieverteiler- und Sicherungsgestell gehen die Leitungen noch über Feinsicherungen und Zusatzwiderstände, bevor sie an die spannungführende Leitung angeschlossen werden. Die Feinsicherungen bei Betriebsspannungen von 20 Volt und darüber werden oft in Form von kleinen Glühlampen hergestellt. Die Telegrafenapparate liegen im Leitungsweg über die Ruhekontakte der Klinken, wie aus nachstehenden Schaltungsbildern hervorgehen wird.

Diese Klinkenumschalter sind in der äußeren Form ebenfalls den Fernsprech-Zentralumschaltern ähnlich (siehe Abb. 781). Die Veränderung der Stromwege und das Umschalten der Leitungen auf Prüfapparate erfolgt auch hier mittels Schnur und Stöpsel. Im Unterteil des Schrankes sind noch zwanzigteilige Lötösenstreifen eingebaut, zwischen welchen ein Rangieren der Leitungen möglich ist. Die Klinkenumschalter sind meistens für ·Einfachleitungsbetrieb vorgesehen, so daß zum Verbinden auch einadrige Schnurpaare, mit einem Stöpsel an jedem Ende, verwendet werden können.

In Abb. 559 ist schematisch die Anordnung der Klinken und Lötösenstreifen im Schrank dargestellt. Kabel K_1 führt zum Hauptsicherungsgestell HV und von dort zu den Leitungen. Alle von HV kommenden Leitungen führen über Lötösenstreifen L zu den Klinken. Leitungen 1, 2 führen zum Batterieverteiler- und Sicherungsgestell und hier über Zusatzwiderstände W, Feinsicherungen FS und u. U. noch Grobsicherungen GS. Kabel K_2 führt über Batterieklemmen zur Batterie. Wie aus der Schaltung zu ersehen, liegen die Apparate (z. B. M) dauernd über die Ruhekontakte der Klinken in den Leitungen.

Das ganze Klinkenfeld ist in eine Anzahl Einzelfelder unterteilt, die in Abb. 559 mit A_1, A_2 usw. bezeichnet sind. Abteilung A_1 enthält beispielsweise Klinken, über welche Apparate dauernd in den Leitungen liegen, z. B. Arbeitsstrom-Endämter, Ruhestrom-Endämter nach Ruhestrom-Zwischenämtern, Übertragungen usw.

B. Schnellmorse-Telegrafie.

a) Wheatstone-Schnellmorse-Telegraf.

Die Geschwindigkeit in der bisher beschriebenen Morsetelegrafie übersteigt (bei Farbschreiberbetrieb) in der Regel nicht 10 Baud und ist begrenzt durch die Fähigkeit des Telegrafisten, die Morsetaste zu betätigen. Eine Freileitung gestattet im allgemeinen aber eine Telegrafiergeschwindigkeit von 200 und mehr Baud.

Das Morsealphabet kann in sehr einfacher Weise in Form von Lochschrift in einen Papierstreifen gestanzt und dieser Lochstreifen dann zum schnellen, automatischen Senden verwendet werden. Die Übermittlung des Morsealphabets geschieht durch Doppelstrom.

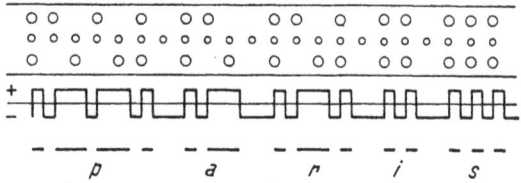

Abb. 560.

Der englische Professor Charles Wheatstone hat einen Schnell-morse-Telegrafen konstruiert, bei welchem ein solcher Sendestreifen verwendet wird. In der Abb. 560 ist das Wort „Paris" im Wheatstone-Lochstreifen wiedergegeben; die obere Lochreihe bedeutet die positiven, die untere die negativen Stromimpulse. Die Telegramme werden mittels eines besonderen Lochers in einen Papierstreifen eingestanzt und durch einen einfachen Geber mit so großer Geschwindigkeit in die Leitung gesandt, daß mehrere Locher arbeiten müssen, um die Sendestreifen herzustellen, die von einem Wheatstone-Telegrafen bewältigt werden können. Die mittlere Lochreihe im Wheatstone-streifen (Abb. 560) dient zur Führung des Streifens. Der Sendestreifen wird im Sender (beispielsweise durch einen Motor) über eine Kontaktvorrichtung hinweggezogen. Die Kontaktvorrichtung, die durch die eingestanzten Löcher über zwei Fühlhebel (Stößer) betätigt wird, gibt die für Morse-Doppelstrom im Lochstreifen vorbereiteten Zeichen in exakter Form in die Leitung.

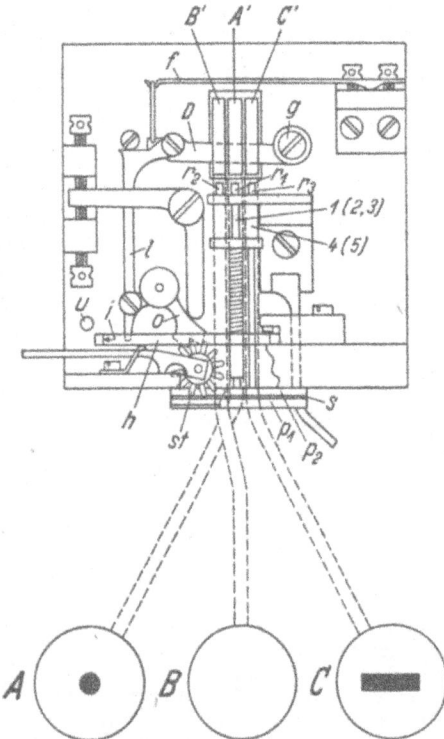

Abb. 561.

1. Wheatstone-Locher.

In der Abb. 561 ist die Konstruktion des Wheatstone-Handlochers dargestellt. Durch die drei Tasten A, B, C werden die Löcher für die Symbole Punkt und Strich sowie die Transportlöcherreihe hergestellt; durch Taste B wird der Zwischenraum (nur Transportlöcher) gestanzt. Der hintere Hebelarm der Tasten A, B, C ist nach oben abgebogen und endigt in senkrecht stehende Ansätze A', B', C', die sich beim Niederdrücken der zugehörigen Taste nach vorn bewegen und gegen je eine senkrechte Reihe von Stiften stoßen. In Abb. 562 sind die senkrechten Stiftreihen mit r_1 (Taste A), r_2 (Taste B) und r_3 (Taste C) bezeichnet. Die Bewegung der Tastenansätze A', B', C' ist in dieser Abbildung durch Pfeile angedeutet. Die Stifte sitzen fest in einer Anzahl über- und nebeneinander verschiebbar angeordneten Blocks a, b, c, d, e, die von der anderen Seite die Stanzstifte 1 bis 5 tragen (man vgl. Abb. 562 und Abb. 561). Die Stanzstifte gehen nach vorn durch bis zu den Metallplatten p_1, p_2 (Abb. 561), zwischen denen ein Schlitz s vorgesehen ist, in welchen der zu stanzende Papierstreifen von rechts nach links eingeführt wird.

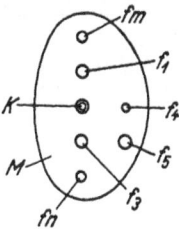

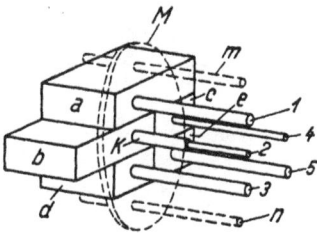

Bei jedem Druck auf eine Taste wird durch einen der Ansätze A', B', C' beim Vorwärtsstoßen einer senkrechten Stiftreihe eine Anzahl Blocks mit den entsprechenden Stanzstiften verschoben und durch diese Verschiebung der Papierstreifen zwischen p_1 und p_2 gelocht.

Bei jedem Druck bzw. Schlag auf eine Taste wird außerdem durch den entsprechenden Ansatz (A', B', C') ein Hebel D (um g drehbar) nach vorn gestoßen. Die Rückwärtsbewegung geschieht durch die Feder f. Diese Rückwärtsbewegung von D in die gezeich-

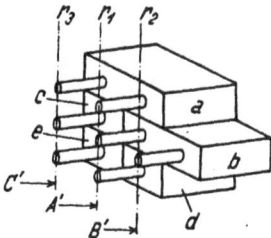

Abb. 562.

Abb. 563.

nete Ruhelage wird zur Vorwärtsbewegung des gelochten Streifens benutzt, und zwar über die Hebel D, l, Klinke o und Sternrädchen st; das Sternrädchen greift hierbei in die Führungslöcher des Streifens. Der Papiervorschub muß jedoch, nachdem ein Strichsymbol gestanzt worden ist, größer sein als nach einem Punkt- oder Zwischenraumsymbol (ein Führungsloch). Um das zu erreichen, hat der Fortschaltehebel l zwei Anschläge: Anschlag i am Hebel h und Anschlag u am Körper des Lochers. Beim Lochen des Symbols für Punkt oder Zwischenraum geht der Hebel l mit seiner Spitze nur bis i und dreht beim Zurückgehen in die Ruhelage mit der Klinke o das Sternrädchen um einen Zahn weiter. Wird aber Taste C (Strichsymbol) angeschlagen, so wird hierbei auch der Hebel h, der mit der Taste C gekuppelt ist, am linken Ende so weit gehoben, daß Anschlag i aus der Bahn von l geht und dieser sich bis zum Stift u bewegen kann. Beim Zurückgehen von l wird das Sternrädchen st nunmehr von o um zwei Zähne gedreht.

In der Abb. 562 (Mitte und oben) ist noch eine ellipsenförmige Scheibe M gezeichnet, die bei dem Stanzen der Löchergruppen eine Rolle spielt. Der Stift 2, der ebenso wie 4 zum Stanzen der Führungslöcher dient, sitzt mit der Hülse k fest in der Scheibe M. Die Ellipsenscheibe sitzt lose vor den Blocks und wird an den Stiften m und n (Löcher fm, fn in M) geführt. Die in den Blocks a, d, c, e festsitzenden Stanzstifte 1, 3, 4, 5 gehen auch lose durch M (Löcher f_1, f_3, f_4, f_5 in M). Wird nun die Taste B (Zwischenraum) angeschlagen, so geht der Block b nach vorn und nimmt die ellipsenförmige Scheibe M mit, so daß durch den Stift 2 (fest in M) ein Führungsloch gestanzt wird.

Die Symbole für Punkt und Strich sowie das Führungsloch (Zwischenraum allein) werden durch Betätigung der in Abb. 563 mit Nummern gekennzeichneten (s. auch dieselben Nummern in Abb. 562) Stanzstifte hergestellt.

2. Wheatstone-Sender.

Der Wheatstone-Schnellmorse-Sender besteht aus einem Laufwerk mit Feder-, Gewichts- oder Motorantrieb zum Fortbewegen des Lochstreifens über eine Kontaktvorrichtung. Abb. 564 zeigt den Sender in prinzipieller Darstellung. Durch den Antrieb wird das Sternrädchen StR in gleichmäßige Umdrehung versetzt. StR greift in die Löcher der Führungslochreihe ein und bewegt den Streifen P. Unterhalb des Streifens befinden sich, etwas zu den übereinander liegenden Punktlöchern versetzt, zwei Stößer s_1 und s_2. Durch den Antrieb des Senders wird auch der um die Achse x drehbare Doppel-Hebelarm y in schwingende Bewegung versetzt, so daß die in y festsitzenden Stifte t_1 und t_2 die Winkelhebel h_1 und h_2 abwechselnd und in gleichmäßigem

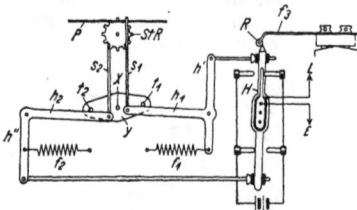

Abb. 564.

Rhythmus anstoßen. Befindet sich gegenüber einem Stößer s_1 (s_2) gerade ein Loch, so wird durch die Federn f_1 oder f_2 der Stößer in das Loch hineingestoßen und durch diese Bewegung (über h' und h'') die Kontaktvorrichtung umgelegt. Durch das Röllchen R (an Feder f_3) wird der Kontakthebel, der aus zwei voneinander isolierten Teilen besteht, fest an die Kontakte gedrückt. Der Schaltvorgang beim Schwingen des Kontakthebels H geht aus der Skizze hervor.

3. Wheastone-Empfänger.

Als Empfänger wird ein gepolter Farbschreiber verwendet, der durch Gewicht oder Motor angetrieben sein kann. Wheatstone-Sender und -Empfänger sind beide mit einem Flügelrad-Geschwindigkeitsregler ausgerüstet, mit dem die Laufgeschwindigkeit der Geräte bzw. des Sende- und Empfangsstreifens in weiten Grenzen geregelt werden kann. Nachdem die Telegramme in Morseschrift auf dem Empfangsstreifen eingelaufen sind, müssen sie durch Beamte übersetzt und auf Telegramm-Formulare geschrieben werden.

b) Siemens-Schnellmorsegerät.

Das Siemens-Schnellmorsegerät ist ein Maschinentelegraf[1]) nach dem bereits beschriebenen Wheatstone-System in verbesserter Form. Durch die Neukonstruktion sind Apparate geschaffen worden, die einfach in der Einregulierung und Bedienung sind. Zur Herstellung des Lochstreifens kann ein Handlocher wie Abb. 561 verwendet werden. Abb. 565 zeigt die äußere Ansicht des Siemens-Schnellmorsesenders mit Motorantrieb. Der Motor ist unter Zwischenschaltung eines Fliehkraftreglers mit einem Friktionsgetriebe gekuppelt, welches durch Drehen des Knopfes 3 die gewünschte Telegrafiergeschwindigkeit einzustellen ermöglicht. Die Geräte werden, je nach Wunsch, für die Geschwindigkeitsgrenzen 15 bis 150 (11 bis 110 Baud) oder 30 bis 300 (22 bis 220 Baud) Worte in der Minute (1 Wort*) = 5 Buchstaben gerechnet = etwa 5 × 9 Punktlängen) eingerichtet. Durch den Fliehkraftregler wird erreicht, daß der Streifen mit vollständig gleichmäßiger Geschwindigkeit bewegt wird. Die durch Netzspannungs-Schwankungen verursachten Drehzahländerungen des Motors werden durch den Fliehkraftregler ausgeglichen, dann dieser überträgt nur eine bestimmte Umlaufzahl, die niedriger ist als die Drehzahl des Motors. Die Sendegeschwindigkeit kann jederzeit an einer Skala (Abb. 565 links) abgelesen werden.´ Die Kontaktvorrichtung, Abb. 567, ist vorn (2 in Abb. 565) so angeordnet, daß sie mit einem Handgriff abgenommen werden kann.

Abb. 566 zeigt das Prinzip des Senders. Der Papierstreifen wird über die gegeneinander etwas versetzt angeordneten „Fühlhebel" n, m in der Pfeilrichtung hinwegbewegt. Sobald der Wheatstone-Sendestreifen (Abb. 560) auf die Nasen der Hebel m, n aufliegt, sind die Kontakte a, b geöffnet. Die Kondensatoren C_1 und C_2 liegen dauernd an der Netzspannung von 110 Volt, und zwar so über einen Spannungsteiler

---

[1]) Kraatz, A., Maschinen-Telegraphen. Braunschweig 1906.
*) Siehe Abb. 560. Wort Paris hat Durchschnittslänge = 5 Buchstaben = 48 Punkteinheiten.

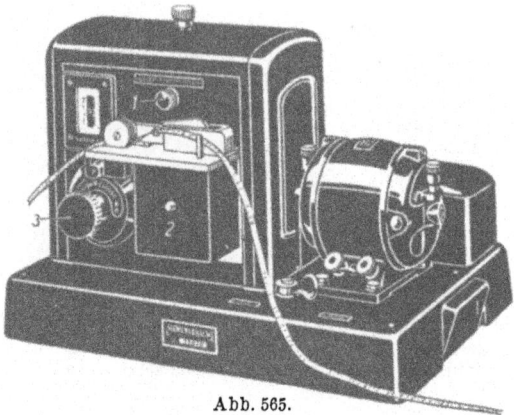

Abb. 565.

von 2×2000 Ohm, daß jeder Kondensator mit 55 Volt aufgeladen ist; r_1 und r_2 sind Schutzwiderstände von je 1000 Ohm. Das Senderelais SR wird über einen Korrektionskollektor 2 gesteuert, der sich in der Pfeilrichtung p dreht.

Bewegt sich der Streifen von rechts nach links, so wird beim Punktsymbol zunächst die Nase des Hebels n in das Loch oberhalb der Führungslochreihe einfallen und den Kontakt a schließen. Hat

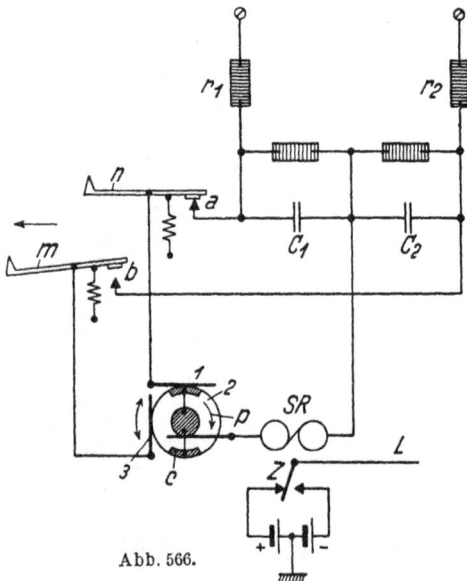

Abb. 566.

der Korrektionskollektor die gezeichnete Stellung erreicht, so fließt ein Entladestrom des Kondensators C_1 über das Senderelais SR. Die Relaiszunge Z wird an den Pluskontakt der Linienbatterie gelegt, und es geht ein Plusimpuls in die Leitung. Kurz hierauf fällt der Hebel m mit seiner Nase in das zum Punktsymbol gehörende Loch unterhalb der Führungslochreihe ein, der Kontakt b wird geschlossen, und sobald der Korrektionskollektor (über Gegenkontakt c

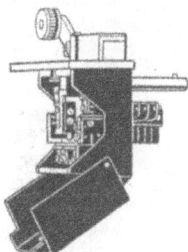
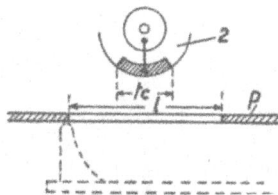

| Abb. 567. | Abb. 568. |

und Bürste 3) den Stromkreis des Senderelais SR schließt, entlädt sich der Kondensator C_2; über Z fließt Minus-Strom in die Leitung. Dieser Vorgang wiederholt sich beim Strichsymbol mit dem Unterschied, daß der Entladestrom von C_2 über b, 3, c zeitlich später erfolgt. Die Aufgabe des Korrektionskollektors 2 besteht darin, die Ungleichmäßigkeiten in der Streifenlochung auszugleichen. Etwaige kleine Verschiebungen der ausgestanzten Lochbreite l (Abb. 568) haben keinen Einfluß auf die exakte Stromimpulsgabe, da durch den Korrektionskollektor 2 nur die Mitte (tc) dieser Kontaktschlußdauer herausgegriffen wird. Durch Drehen der Handschraube über der Kontaktvorrichtung (Abb. 565) läßt sich während des Betriebes die Kollektorbürste 3 (Abb. 566) verstellen. Dadurch wird bei Drehung des Knopfes im Uhrzeigersinn eine Verlängerung des Zeichenstromes bei entsprechender Verkürzung des Trennstromes, bei umgekehrter Verstellung eine Verkürzung des Zeichenstromes und Verlängerung des Trennstromes erreicht.

In Zusammenarbeit mit dem Siemens-Schnellmorsesender dient in der Regel der Drehspul-Schnellschreiber, Abb. 573, als Empfänger.

C. Apparate für Kabeltelegrafie[1]).

a) Allgemeines.

Die Telegrafie über lange Kabelleitungen, insbesondere Untersee-kabel, stellt wesentlich andere Anforderungen an den Betrieb als die auf Freileitungen. Dieser Wesensunterschied ist dadurch bedingt, daß lange Kabelleitungen eine etwa 30 mal so große Kapazität haben wie Freileitungen und die Telegrafiergeschwindigkeit durch diese Kapa-

---

[1]) Jipp, A., Kabeltelegrafenapparate. Elektr. Nachr. Techn. 3, 1926, 108—12.

zität herabgesetzt wird. Mit der Telegrafierspannung geht man in der Regel nicht über 80 Volt hinaus. Durch Bewickeln der Kabeladern mit Eisendraht (Krarupkabel) und neuerdings mit Draht einer Eisen-Nickel-Legierung (Invariant-Kabel und Permaloy-Kabel) ist es gelungen, den nachteiligen Einfluß der Kapazität so weit herabzusetzen, daß ein schnelles Arbeiten auch auf Unterseekabeln möglich ist.*)

Zur Zeit der Verlegung der ersten Unterseekabel (1850—1870) hat man auf Grund der damals bekannten Mittel den Telegrafenbetrieb gestaltet. Es wurden die Kabel mit Morse-Doppelstrom be-

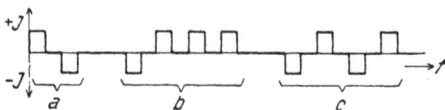

Abb. 569.

trieben. Als Geber diente eine Doppelstromtaste und als Empfänger zuerst das sog. Sprechgalvanometer, später der Recorder von Thomson. Diese Betriebsart hat sich bis in die jüngste Zeit gehalten. Erst vor einigen Jahren sind Verbesserungen in den Kabelbetrieb hineingebracht worden, so daß eine Überflügelung der Draht-Unterseetelegrafie durch die drahtlose Überseetelegrafie wieder auf lange Zeit hinausgeschoben zu sein scheint.

Die Art des Doppelstrom-Betriebes auf Kabelleitungen unterscheidet sich auch von den im Abschnitt Doppelstrombetrieb angegebenen Methoden insofern, als das Morse-Alphabet nicht mehr aus kurzen und langen Stromstößen, die durch einen Zeichenstrom angefangen und durch einen Trennstrom unterbrochen werden, zusammengesetzt wird, sondern es wird Strom positiver Richtung für das Punktzeichen und Strom negativer Richtung für das Strichzeichen verwendet; die Zwischenzeiten sind stromlos (bzw. das Kabel wird geerdet). Aus der Abb. 569 ist zu ersehen, welche Form die Stromimpulse (theoretisch) bei dieser Betriebsart annehmen. Man vergleiche Abb. 569 mit Abb. 554.

Als Empfangsgerät diente, wie bereits erwähnt, in der ersten Zeit der Kabeltelegrafie das Sprechgalvanometer, d. h. das aus der Meßinstrumenten-Technik bekannte Spiegelgalvanometer. Der Empfang war also optisch, die Ausschläge des Lichtstrahles nach rechts und nach links mußten genau beobachtet, als Morsezeichen kombiniert und übersetzt werden. Der Empfang mit diesem Gerät war infolgedessen sehr mühsam und erforderte große Übung und Geschicklichkeit.

b) Der Heberschreiber.

Im Jahre 1867 konstruierte William Thomson (Lord Kelvin) ein Empfangsgerät für Untersee-Morsetelegrafie mit einem, dem Galvanometer ähnlichen Aufbau, jedoch wurden die ankommenden Zeichen durch das Gerät auf einen Papierstreifen geschrieben. Abb. 570 zeigt den prinzipiellen Aufbau dieses Thomsonschen Heberschreibers oder Siphon-Recorders. Die am Ende langer Kabelleitungen ankommenden Telegrafierströme sind durch den Einfluß der Kabelkapazität stark

---

*) Siehe auch Abschnitt: Vorgänge auf Telegrafenleitungen.

verzerrt und werden in Form einer Wellenlinie vom Heberschreiber auf den Papierstreifen geschrieben. Der Heberschreiber besteht aus einer langen und schmalen Spule Sp (Abb. 570), die im zylindrischen Luftspalt zwischen dem feststehenden Eisenkern ek und den (nicht gezeichneten) Polschuhen eines kräftigen Elektromagneten leicht drehbar aufgehängt ist (s. Aufhängefäden 1, 2 und 3). An zwei weiteren

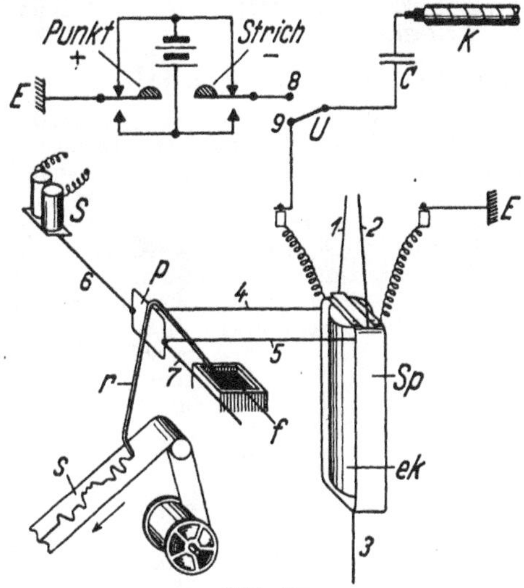

Abb. 570.

Spanndrähten 6, 7 ist ein Plättchen p aufgehängt und an diesem eine sehr dünne Kapillarröhre (Heber) r aus Glas befestigt. Das eine Ende des Hebers r taucht in die Farbe f und das andere liegt auf dem sich in Pfeilrichtung gleichmäßig fortbewegendem Papierstreifen.

Die aus dem Kabel K ankommenden Telegrafierimpulse gehen über die Spule Sp zur Erde. Die stromdurchflossene Spule wird im magnetischen Felde in dem einen oder anderen Sinne gedreht und diese Drehung über die dünnen Fäden 4, 5 auf den Heber übertragen. Um die durch die Reibung des

Abb. 571.

Hebers auf dem Papier verursachte Trägheit des Schreibsystems zu vermindern, wird das System r, p, 6, 7 durch einen am Draht 6 angeschlossenen Summer S in dauernder Vibration gehalten. Die Recorderschrift ist infolgedessen auch eine aus kleinen Punkten gebildete Wellenlinie (Abb. 571).

c) Der Undulator von Lauritzen (1876).

Auf kürzeren Kabelstrecken mit kleinerer Kapazität wird auch vielfach mit dem Undulator gearbeitet. Dieses Empfangsgerät ist ebenfalls ein Heberschreiber, jedoch ist an Stelle einer Spule, die vom Telegrafierstrom durchflossen wird, ein drehbares System aus zwei kleinen, stabförmigen Stahlmagneten im Felde eines Elektromagneten angeordnet. Das Elektromagnetsystem wird vom Telegrafierstrom durchflossen und erregt.

d) Siemens-Drehspul-Schnellschreiber.

Nachdem es der Technik, wie bereits erwähnt, gelungen ist, Unterseekabel herzustellen, die das Fünffache der bisherigen Telegrafiergeschwindigkeit zulassen (1500 Zeichen statt 300 Zeichen in der Minute) mußten auch neue Empfangsgeräte geschaffen werden, die dieser nunmehr möglichen hohen Telegrafiergeschwindigkeit folgen können. Der Heberschreiber von Thomson ist bei etwa 300 Zeichen in der Minute an der Grenze seiner Leistungsfähigkeit. Es mußte ein Empfangsgerät mit hoher Eigenfrequenz gebaut werden, ohne daß besonders großes Gewicht auf die Empfindlichkeit gelegt zu werden brauchte, denn der ankommende Telegrafierstrom kann durch die heute zur Verfügung stehenden Verstärkerröhren beliebig und ohne Verzeichnung in der Amplitude verstärkt werden.

Abb. 572 zeigt schematisch den Aufbau des in Abb. 573 (rechts) in der Ansicht dargestellten Gerätes. Die im Felde des kräftigen Elektromagneten NS bewegliche Spule R ist an starken Stahldrähten s_1 und s_2 aufgehängt, die gleichzeitig auch zur Strom- (Telegrafierstrom-) Zuführung zur Spule R dienen. Die Stahldrähte s_1, s_2 können durch die Schrauben D_1, D_2 beliebig gespannt werden. Die Eigenschwingung der nur etwa 4,5 g wiegenden Spule (2000 Windungen, 6000 Ohm) kann auch noch durch Verschieben der aus Elfenbein angefertigten Schneiden b_1 und b_2 verändert werden. Es kann die Eigenschwingung

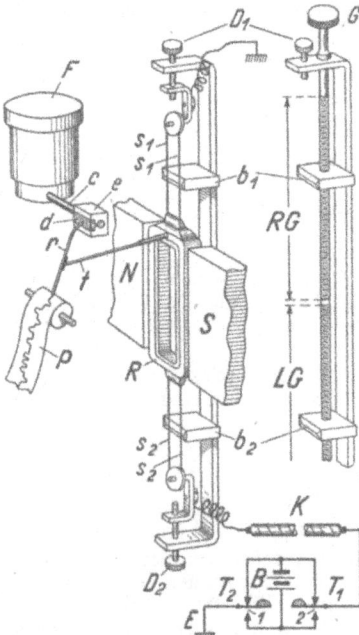

Abb. 572.

des Systems leicht auf 100 Hertz gebracht werden. Die Schneiden b_1 und b_2 sind zu diesem Zweck auf eine mit Rechtsgewinde RG (siehe Nebenskizze in Abb. 572) und Linksgewinde LG versehene Spindel ge-

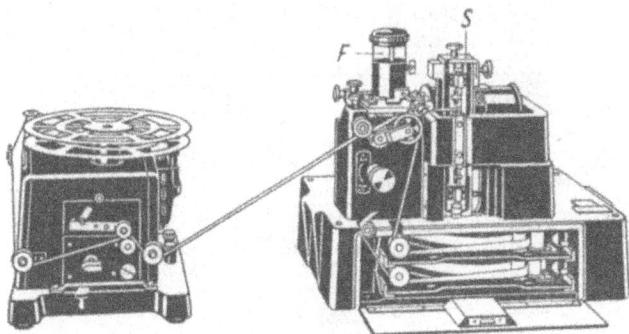

Abb. 573.

setzt, die an einem Knopf G gedreht werden kann. Am Spulenrahmen ist an einem Hebelarm t das Schreibröhrchen aus Metall befestigt. Das Röhrchen entnimmt die Farbe einer Hohlkehle d in einem Metallblock e, wohin die Farbe durch das Rohr c aus dem Farbgefäß F zufließt. In der Hohlkehle d hält sich die Farbe durch Adhäsion. In Abb. 573 wird rechts der Schnellschreiber und links ein Zusatzgerät, durch welches der Papiervorschub besorgt wird, gezeigt. Die Abb. 574 zeigt das in Abb. 572 schematisch dargestellte Spulensystem in der Ansicht.

In der Abb. 575 sind einige Schriftproben (Recorderschrift) des Siemens-Drehspul-Schnellschreibers wiedergegeben, die beim Senden über ein künstliches Kabel aufgenommen wurden; die erste Hälfte jedes Streifens ist retuschiert, da die blaue Schrift sich schlecht zur Herstellung eines Druckstockes eignet. Der Drehspul-Schnellschreiber kann auch mit begrenzten Ausschlägen (Anschläge) arbeiten und liefert dann Morseschrift.

Abb. 574.

23*

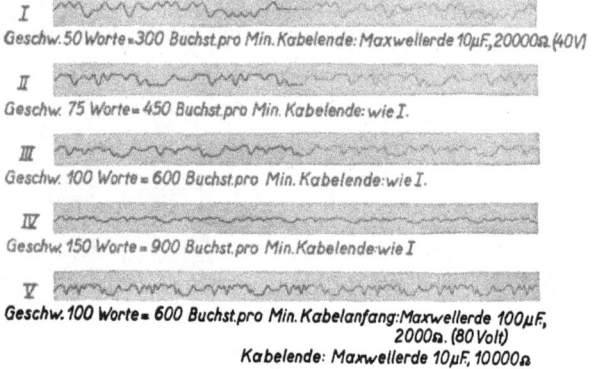

Abb. 575.

e) Siemens-Kabelsender.

Abb. 576 zeigt den Sendestreifen mit den Lochsymbolen, bei denen das Loch oberhalb der Führungslochreihe einen Punkt, ein Loch unterhalb dieser Reihe einen Strich bedeutet.

Abb. 576.

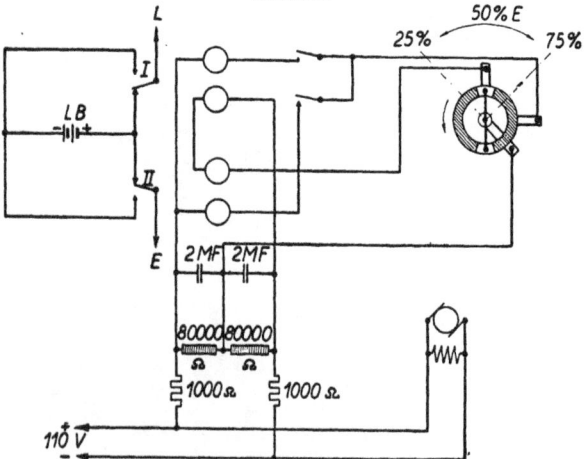

Abb. 577.

Der Sender ist der äußeren Form nach und teilweise auch in der Konstruktion ähnlich dem Schnellmorse-Sender (Abb. 564). Abb. 577 zeigt die Schaltung des Gerätes. Die Kondensatoren von je zwei Mikrofarad sind an einen Spannungsteiler und an 110 Volt gelegt — jeder Kondensator ist mit 55 Volt geladen. Die Mitte der Kondensatoren führt an eine Bürste des aus Abb. 565 bekannten Korrektionskollektors. Die zweite Bürste des Kollektors ist mit den beiden Fühlhebeln, die das Papier abtasten, verbunden. Die Linienbatterie ist so geschaltet, daß je nachdem das obere (Kontakt I) oder untere (Kontakt II) Relais anspricht, das Kabel (L) einen Minus- bzw. einen Plusstrom erhält. Die Erdung des Kabels wird dadurch erreicht, daß an dem Korrektionskollektor noch eine dritte Bürste angebracht worden ist, die über je eine zweite Wicklung beider Relais mit dem Minuspol des Netzes verbunden ist. In dem Moment, in welchem diese Wicklungen Strom bekommen, gehen die Anker I und II in die gezeichnete Stellung und erden das Kabel. Die Zeit, nach welcher die Erdung eintreten soll, ist durch Verschieben dieser Erdungsbürste einstellbar, und zwar zwischen 25% bis 75% des Stromschrittes.

II. Drucktelegrafen (Typendrucker).

Drucktelegrafen, d. h. solche Apparate, die das Telegramm im Empfangsgerät unmittelbar oder mittelbar (Übersetzer) in Typendruck wiedergeben, werden als Maschinentelegrafen bezeichnet, wenn der Geber nicht von Hand bedient, sondern ein Lochstreifen zum Betätigen des Senders verwendet wird. Einen Reihenapparat nennt man ein Telegrafengerät, welches dauernd eine Leitung zur Übermittlung der Telegramme von diesem einen Apparat benötigt, und zwar im Gegensatz zu den Mehrfachapparaten, die über Verteiler mehrere Apparatesätze wechselzeitig und in zyklischer Vertauschung an eine Leitung legen. Die Reihenapparate können rein mechanisch (s. Hughes-Typendrucker) oder elektrisch (s. Siemens-Schnelltelegraf) arbeiten. Sie können auch als Schrittschaltwerke (s. Ferndrucker) oder als Springschreiber, im Englischen Start-Stop-Apparate bezeichnet (s. Siemens-Tastenschnelltelegraf und Fernschreiber), ausgebildet sein. Weitere unterschiedliche Merkmale der z. Z. im Telegrafenbetriebe verwendeten Geräte sind den nachstehenden Beschreibungen zu entnehmen. Die Fernschreiber und die übrigen Geräte der neuzeitlichen Fernschreibtechnik sind im Abschnitt III behandelt.

Die im fünften Teil beschriebenen Systeme der gleichzeitigen Mehrfachtelegrafie umfassen lediglich die schaltungstechnischen Maßnahmen zur Erzielung des genannten Zweckes; es sind keine besonderen Geräte, die im Gegenschreibbetrieb oder mit Hilfe von Trägerfrequenzen gleichzeitig auf einer Leitung betrieben werden können.

A. Reihentelegrafen.
a) Der Hughes-Typendrucker.

Der Hughesapparat ist der älteste erfolgreiche Schnelltelegraf, erfunden von Professor Hughes (sprich Juhs) in New York, 1855. Im

Laufe der Jahre haben verschiedene Teile des Hughesapparates (Abb. 578)
konstruktive Änderungen erfahren, insbesondere ist der alte liegende
Gleichlaufregler durch den Siemensschen Regler ersetzt worden, der
Grundgedanke des Apparates ist jedoch der gleiche geblieben. Geber
und Empfänger sind in einem Apparat vereinigt. Zwei Apparate werden
entweder durch eine Doppelleitung oder über eine Leitung und Erde
miteinander verbunden. Buchstaben und Zeichen werden lediglich durch
Drücken von Tasten einer in Abb. 578 sichtbaren Klaviatur, als einzelne
Stromimpulse in die Leitung gegeben und am Empfänger in lateinischer
Schrift auf ein Papierband gedruckt. Der Geber druckt das abgehende
Telegramm mit. Das Tastenwerk enthält 14 weiße und 14 schwarze
Tasten. Die schwarzen Tasten sind alle, die weißen bis auf die erste
und sechste Taste mit je einem Buchstaben und einem Zeichen oder
einer Zahl versehen. Die erste und die sechste Taste werden als Blanktasten bezeichnet und dienen zur Abgabe von Stromimpulsen, durch die
das Typenrad von Geber und Empfänger von Buchstaben auf Zahlen
oder umgekehrt verstellt werden kann, sowie zur Herstellung von Zwischenräumen im Text. Da Geber und Empfänger genau gleiche Apparate
sind, kann man in jedem Augenblick vom Geben zum Empfangen übergehen, nachdem man seinem Partner am anderen Ende der Leitung
ein entsprechendes Zeichen gegeben hat. Desgleichen kann der Beamte
am Empfänger durch Drücken einiger Tasten den Gebenden durch
die hierbei hervorgerufene Störung darauf aufmerksam machen, daß
er vom Empfangen zum Geben übergehen will oder ihn zur Wieder-
holung auffordern, wenn der Empfang fehlerhaft war.

Abb. 578.

Der Hughesapparat gestattet eine Telegrafiergeschwindigkeit von 90 bis 125 Zeichen in der Minute bei Einfachbetrieb, wogegen mit dem Morseapparat die Übermittelung von nur etwa 60 Zeichen in der Minute erreicht werden kann. Diese höhere Telegrafiergeschwindigkeit (Hughesapparate werden meistens in Duplexschaltung betrieben) sowie die Möglichkeit, die auf Papierstreifen gedruckten Telegramme auf Ablieferungsformulare kleben zu können, sind wesentliche Vorzüge des Hughesapparates gegenüber dem Morse, denn Morseempfangsstreifen müssen erst übersetzt und auf Formulare geschrieben werden.

Abb. 579 zeigt schematisch zwei durch eine Leitung und Erde miteinander verbundene Hughesapparate. An Hand dieser Abbildung sei

der ·Grundgedanke des Apparates erläutert. Jeder Apparat hat eine Typenscheibe r, die über ein Zahnradvorgelege r_1, r_2 von einem Motor bzw. einem Gewicht in schnelle, gleichmäßige Umdrehung versetzt wird. Der gleichmäßige Umlauf wird durch den Regler R aufrechterhalten. Bedingung für die richtige Zeichenübertragung ist, daß die Typenräder beider Apparate mit gleicher Drehzahl laufen und in Phase sind, d. h. daß bei beiden Typenrädern zu jedem Zeitpunkt jeweils derselbe Buchstabe sich in gleicher, relativer Lage, z. B. in bezug auf die Druckrolle p, befindet. Wenn dies der Fall ist, und es geht ein Stromstoß aus der Batterie B über die Leitung und die Elektromagnete e von Geber und Empfänger, so erfolgt gleichzeitig der Ankeranzug der Elektromagnete beider Apparate. Hierdurch wird beim Geber und Empfänger das Zahnrad r_3 mit r_2 gekuppelt, und ein auf der Achse von r_3 fest sitzender Druckdaumen d gleitet mit großer Geschwindigkeit über die Nase n des Druckhebels h hinweg. Die Druckrolle p mit dem Papierstreifen schlägt infolgedessen mit großer Geschwindigkeit gegen das im Umlauf befindliche Typenrad. Wie später erläutert wird, legt sich ein Korrektionsdaumen in eine Zahnlücke des mit dem Typenrad fest verbundenen Korrektionsrades und hält das Typenrad in einer bestimmten Lage gewissermaßen fest, so daß beim augenblicklich vor sich gehenden Druck kein Verwischen des abzudruckenden Zeichens erfolgen kann. Der Papiertransport ist im Moment des Abdruckes = 0. Das Typenrad wird an seinem Umfang dauernd mit Druckerschwärze versehen, so daß die Type, die sich beim Drucken gerade gegenüber der Druckrolle befand, sich beim Geber und beim Empfänger auf dem Papier abdrucken muß.

Von jeder Taste des in Abb. 578 sichtbaren Tastenwerkes führt ein zweiarmiger Hebel zu je einem in der sog. Stiftbüchse D (Abb. 579) beweglich angeordneten Stift S. Die

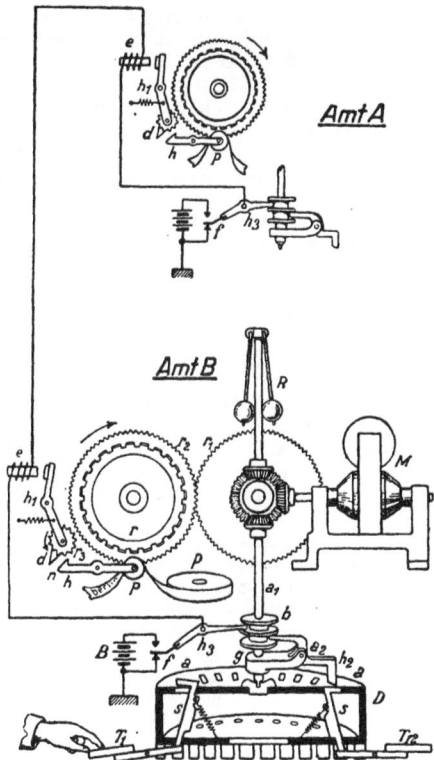

Abb. 579.

Tastenhebel sind so geformt, daß sie durch die am ganzen Umfange der Stiftbüchse vorgesehenen Schlitze (siehe auch Abb. 580) in diese hinein-ragen, sich jedoch gegenseitig an keiner Stelle berühren oder kreuzen. Drückt man eine Taste, z. B. T_1, so wird gegen den Zug einer Feder der dieser Taste zugeordnete Stift S aus der Büchse gestoßen. Durch ein Kegelradvorgelege wird eine Achse a_1 mit einem an dieser Achse fest an-geordneten Kontaktschlitten g—a_2 mit derselben Umlaufzahl gedreht, wie das Typenrad r; außerdem sind die Apparate so justiert, daß die Lage des Schlittens in bezug auf einen Stift der Büchse eine ganz be-stimmte Voreilung aufweist gegenüber der Lage des Typenrades in bezug auf die Druckrolle (siehe Abb. 582).

Auf die Achse a_1 ist eine Stahlhülse b mit vorspringenden Rän-dern lose aufgeschoben. In die Nuten dieser Hülse ragen die Hebel-arme h_2 und h_3 hinein. Wenn keine Taste gedrückt ist, so liegen die oberen Enden der Stifte S in einer Ebene mit der Oberfläche a der Stiftbüchse D. Ist ein Stift durch die betreffende Taste gehoben, so wird der vorbeigleitende Schlitten in die Höhe geschnellt und die Hülse b heruntergedrückt. Der Hebel h_3 dreht sich um seine Achse so weit, daß die am Erdkontakt liegende Feder f den oberen Batteriekontakt berührt und ein Stromimpuls in die Leitung geht. Durch die erwähnte Phasen-verschiebung zwischen dem Schlitten und den Typenrädern vom Geber und vom Empfänger wird erreicht, daß gerade das Zeichen am Geber und Empfänger abgedruckt wird, welches der gedrückten Taste ent-spricht.

An Hand der Abb. 580 sei die Wirkungsweise des Apparates näher beschrieben. In dieser Abbildung sind einige Teile sowie ihre gegen-seitige Lage mit Rücksicht auf das Verständnis der Wirkungsweise und auf die Darstellungsmöglichkeit etwas verzerrt gezeichnet. Die den Teilen eigentümliche Form ist jedoch nach Möglichkeit ge-wahrt. Hughesapparate werden in letzter Zeit mit elektrischem und me-chanischem Antrieb gebaut. In der Abb. 580 ist nur der elektrische An-trieb dargestellt. Der Antrieb erfolgt vom Motor m, und zwar wird über die Kegelräder k_1, k_2 die Achse a_3 angetrieben. Von a_3 aus erfolgt mit einer Übersetzung von 1 : 7 (r_1, r_2) der Antrieb der Typenradachse a_4 und von a_4 aus über zwei Kegelräder (K_4, K_5) mit dem Übersetzungs-verhältnis 1 : 1 der Antrieb der Achse a_1 des Schlittens g—a_2. Schlitten und Typenradachse haben somit die gleiche Umlaufzahl.

Zur Aufrechterhaltung der gleichmäßigen Umlaufzahl dient der Regler R, der mit der Achse a_3 über Kegelradvorgelege k_2, k_3 ge-kuppelt ist. Die an kräftigen Blattfedern befestigten Stangen 12 tragen die auf diesen Stangen beweglichen Kugeln 9, 10. Die Kugeln können durch Drehen an der Mutter 13 gehoben bzw. gesenkt werden, wodurch die Umlaufzahl der Achse a_3 verändert wird. Schlägt der Regler beim Umlaufen aus, so legen sich die Bremsklötzchen 7 und 8 gegen die Innenfläche des Bremsringes 11. Durch die hierdurch verursachte Reibung wird die Umlaufzahl der Welle a_3 in bestimmten (von der Antriebskraft und der Reibung bedingtem Kräftegleichgewicht) Grenzen gehalten. Die Wicklung des Elektromagneten e ist auf die Polschuhe des unterhalb der Tischplatte angebrachten Stahlmagneten M auf-geschoben. Der Dauermagnet M ist so kräftig, daß er bei Stromlosig-

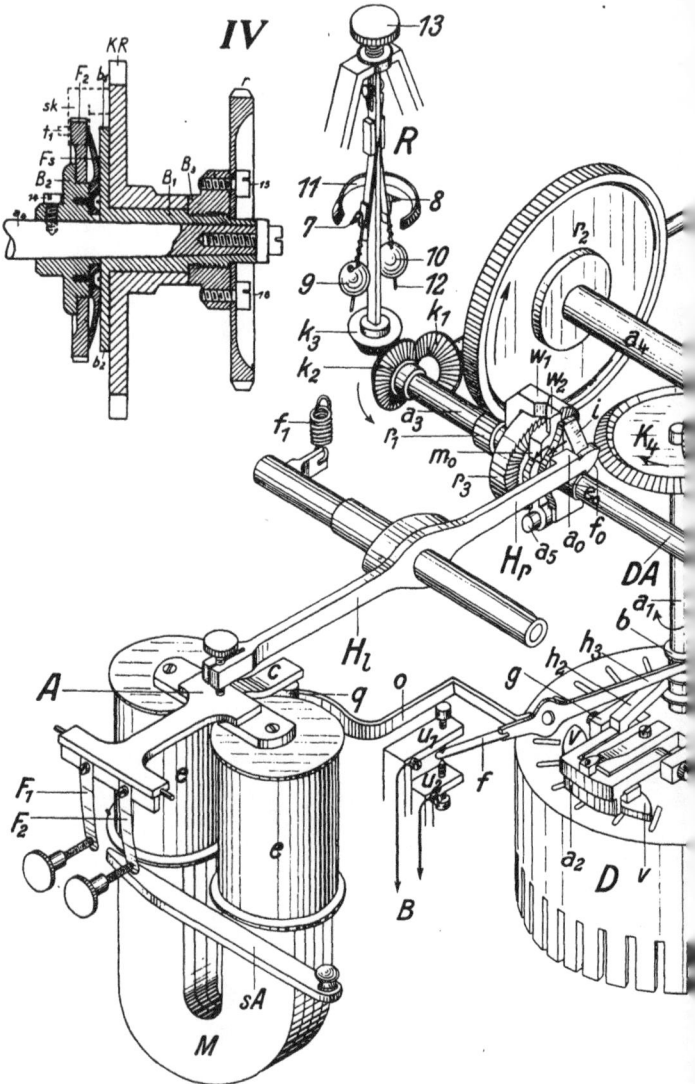

IV

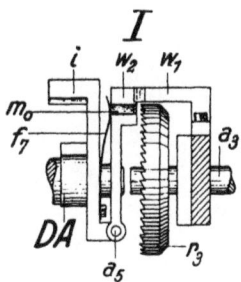

I

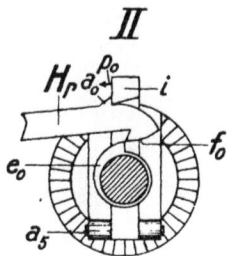

II

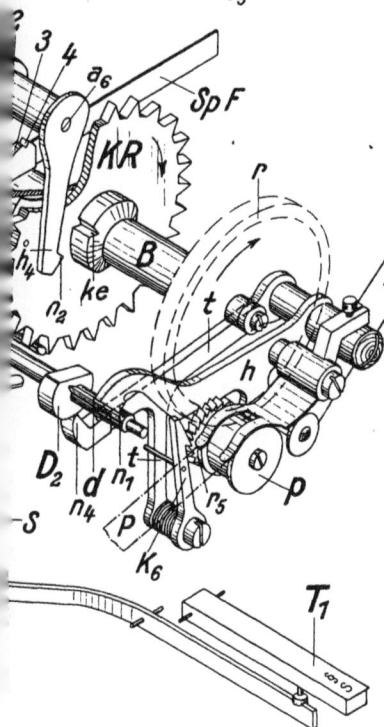

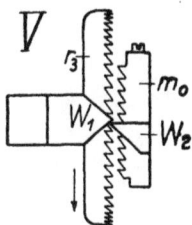

V

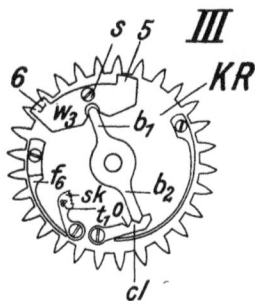

III

keit der Spulen e den Anker A gegen den Druck der Federn F_1, F_2 zu halten vermag. Der Auslösestrom muß so durch die Wicklung von e verlaufen, daß das elektromagnetische Feld der Spule e dem Feld des Dauermagneten entgegenwirkt und dieses so weit schwächt, daß der Anker A durch die zwei Federn abgerissen wird. Die Anziehungskraft des Dauermagneten kann durch den Schwächungsanker sA (magnetischer Nebenschluß siehe Abb. 265) verändert werden.

Der über der Deckplatte a der Stiftbüchse D umlaufende Schlitten besteht im wesentlichen aus einem gabelförmigen Stück g, in welchem, um die Achse n drehbar, die Lippe a_2 und der Hebel h_2 gelagert sind. Der Hebel h_2 greift mit dem freien Ende in eine Nut der Hülse b. Wird ein Stift S durch Druck auf die Taste T_1 gehoben, so daß beim Bestreichen durch den Schlitten die Lippe a_2 auch in die Höhe geht, so wird der Hebel h_2 die Hülse herunterdrücken und ein Umlegen der Feder f vom Kontakt u_2 (Erde) an Kontakt u_1 (Batterie) zur Folge haben.

Wie bereits erwähnt, druckt der als Geber arbeitende Hughesapparat das abgehende Telegramm mit. Soll die Auslösung des eigenen Apparates elektrisch erfolgen, so muß der abgehende Strom auch die Wicklung des Geberelektromagneten durchfließen. Der etwa 1200 Ohm betragende Widerstand des Elektromagneten schwächt den Leitungsstrom (etwa 15 mA) beträchtlich. Man benutzt aus diesem Grunde zur Zeit ausschließlich die mechanische Auslösung des Gebers. Die mechanische Auslösung hat außerdem noch den Vorzug, daß man den Elektromagneten nur zum Empfang verwendet und infolgedessen nur für den schwachen ankommenden Strom einzuregulieren braucht. Aus der Abb. 580 ist die mechanische Auslösung zu ersehen. An den Umschaltehebel h_3 ist seitlich ein Hebel o mit einem Nocken q so angebracht, daß beim Umschalten des Kontaktes u_1, u_2 der Nocken q gegen einen Ansatz c am Anker des Elektromagneten schlägt, letzterer abfällt und die Auslösung für den Druckvorgang betätigt.

Die Auslösung besteht darin, daß durch das Heruntergehen des rechten Armes Hr vom Auslösehebel die Kupplung der dauernd umlaufenden Achse a_3 mit der Druckachse DA vollzogen wird. In der Zeichnung ist die Druckachse in der Ruhelage gezeichnet; die richtige Lage der Einzelteile dieser Druckachse in der Ruhelage zeigt das Diagramm Abb. 582.

Zum Abdruck eines jeden Zeichens muß die Druckachse eine Umdrehung machen. Da diese siebenmal schneller läuft als die Schlitten- und Typenradachse, können bei geeigneter Bedienung der Tastatur während einer Umdrehung des Typenrades im günstigsten Falle sechs Zeichen gedruckt werden, vorausgesetzt, daß die zu druckenden Zeichen im Text des Telegramms in der Reihenfolge so liegen, daß jedes fünfte Zeichen abgedruckt werden kann, was in der Praxis wohl selten vorkommt. Der geübte Telegrafist sucht jedoch die Umdrehung des Typenrades voll auszunutzen, indem er die Zeichen, die in der Reihenfolge des umlaufenden Typenrades liegen, auch mit der erforderlichen Geschwindigkeit auf der Tastatur niederdrückt. Für den Abdruck eines jeden Zeichens muß die Druckachse DA von neuem mit der Achse a_3 gekuppelt werden, denn die Kupplung wird nach Vollendung einer ganzen Umdrehung zwangsweise wieder gelöst.

Die Kupplung wird bewirkt durch das Ineinandergreifen des einseitig gezahnten Sperrades r_3 und dem ebenso gezahnten Segment m_0. Aus der Nebenskizze I ist zu ersehen, daß die Feder f_7 bestrebt ist, das Segment m_0 gegen das Sperrad r_3 zu drücken, was jedoch nur dann geschehen kann, wenn der keilförmige Ansatz w_2 (siehe Hauptzeichnung und Nebenskizze V) an der schrägen Fläche der feststehenden „schiefen Ebene" w_1 abgleitet. Dieses Abgleiten wäre, wie leicht zu ersehen, wiederum mit einer gleichzeitigen Drehung des Segmentes m_0 in Richtung auf r_3 und des durch die Drehachse a_5 mit m_0 verbundenen Ansatzes i in der Pfeilrichtung p_0 (siehe Nebenskizze II sowie Pfeile in der Hauptzeichnung) verbunden. An dieser Drehung ist aber i und somit auch m_0 durch den Ansatz a_0 am Auslösehebel Hr gehindert (siehe Hauptzeichnung und Nebenskizze II). Erst wenn der Auslösehebel beim Abschnellen des Ankers A mit dem Ende Hr gesenkt wird, gibt a_0 das Stahlstück i und hierdurch auch m_0 frei, so daß w_2 durch den Druck der Feder f_7 an der linken Seitenfläche der feststehenden schiefen Ebene w_1 abgleiten und das Segment in das Sperrad r_3 einfallen kann. Dieser Vorgang erfolgt bei der Auslösung momentan und die Druckachse DA wird durch die Achse a_3 mitgenommen. Nach Vollendung einer ganzen Umdrehung kommt der keilförmige Zahn w_2 in Berührung mit w_1, gleitet durch die lebendige Kraft an der rechten schrägen Fläche der feststehenden schiefen Ebene w_1 auf und wird durch den inzwischen hochgegangenen Ansatz a_0 des Auslösehebels angehalten, aber erst dann, wenn w_2 die Spitze von w_1 um etwa 0,5 mm überschritten hat und im Begriff war, an der linken Seitenfläche der schiefen Ebene wieder abzugleiten (siehe Nebenskizze V). Beim Aufgleiten von w_2 auf der rechten Seite von w_1 wird das Segment m_0 aus dem Sperrad r_3 herausgehoben und die Druckachse kommt in der gezeichneten Lage zum Stehen. Hebel h_5 (Abb. 580 u. 582) dient zur Auskupplung für den Fall, daß durch ungenügenden Schwung w_2 nicht über die Spitze von w_1 hinweggleitet und nicht die ausgeklinkte Lage (Nebenskizze V) erreicht. Durch Druck auf Taste Ta drückt die Spitze des Hebels h_5 gegen Stift t_2 (Abb. 582) und dreht dadurch die Druckachse so weit, daß w_2 zwangsweise über die Spitze von w_1 gehoben wird. Auslösehebel Hr wird durch den Exzenter e_0 der Druckachse zwangläufig gehoben, indem Hr mit der Stirnfläche f_0 auf den Exzenter aufgleitet. In der gezeichneten Lage wird Hr durch Feder f_1 gehalten.

Die in der Verlängerung von a_3 liegende Druckachse DA (vgl. auch Abb. 582) trägt am vorderen Ende den Druckdaumen d, der bei der Umdrehung der Druckachse gegen den Druckhebel h mit der Nase n_1 schlägt und das Papier P mit der Druckrolle p gegen das Typenrad r schleudert. Das nierenförmige Stück D_2 dient zum Papiertransport, und zwar unter Vermittlung des Papierführungshebels t mit der Nase n_4, der Klinke K_6 und des Sperrrades r_5 auf der Achse der Druckrolle p. Weiter hinten auf der Druckachse DA sitzt der Korrektionsdaumen KD, dessen Funktion weiter unten beschrieben ist. In der Ruhelage der Druckachse liegt der Korrektionsdaumen auf der sog. isolierten Feder F_5 (siehe auch Schema Abb. 583).

Typenrad r ist durch Zwischenring B_3 fest mit der Buchse B_1 verbunden (siehe Nebenskizze IV), desgleichen der Stellhebel b_1, b_2, welcher ein Stück mit der Buchse B_1 bildet (siehe auch Nebenskizze III). Das mit 28 scharfen Zähnen und ebensoviel Lücken versehene Korrektionsrad KR ist drehbar auf der Buchse B_1 befestigt; die Buchse selbst sitzt leicht drehbar auf der Typenradachse a_4. Korrektionsrad KR (Nebenskizze III) trägt an der Rückseite (um s drehbar) den Wechselhebel w_3, welcher zwei Stellungen einnehmen kann, in denen einer der Vorsprünge 5, 6 eine Zahnlücke fast bis an die Spitzen der Zähne seitlich vom Rad verdeckt. In der Skizze ist es der Vorsprung 6. Der Hebel b_1, b_2 verbindet unter Vermittlung der Buchse B_1 das Korrektionsrad mit dem Typenrad. Sollen Typenrad und Korrektionsrad sich an der Umdrehung der Welle a_4 beteiligen, so muß die Friktionssperrklinke sk, die ebenfalls an der Rückseite des Korrektionsrades befestigt ist, in das Friktionsrad F_2 eingreifen (Feder f_6). Die Verbindung des Friktionsrades F_2 mit der Achse a_4, Nebenskizze IV, ist jedoch auch nicht starr, sondern F_2 ist lose auf die mit der Achse a_4 fest verschraubten (14) Buchse B_2 aufgeschoben, und wird durch die federnde Metallscheibe F_3 an B_2 angedrückt. Bei einigem Kraftaufwand kann F_2 auch bei ruhender Achse gedreht werden. Es ist also eine doppelte Friktionskupplung vorhanden, die bei der Richtigstellung des Typenrades durch den Korrektionsdaumen und das Korrektionsrad folgende Aufgabe zu erfüllen hat.

Das Korrektionsrad, das, wie bereits erwähnt, mit dem Typenrad über den Wechselhebel w_3, Klinke cl und den Stellhebel b_1, b_2 verbunden ist, beteiligt sich an der Umdrehung der Achse a_4, indem die gezahnte Klinke sk in die feinen, einseitig geschnittenen Zähne des Friktionsrades eingreift. Der Korrektionsdaumen KD greift bei jeder Umdrehung der Druckachse DA in die Zähne von KR ein, siehe Hauptzeichnung, und korrigiert die Stellung des Typenrades. Die Korrektion kann beschleunigend oder auch verzögernd auf die Bewegung des Typenrades wirken, d. h. es muß sich das Korrektionsrad und somit auch das Typenrad während der Drehung wahlweise vor- und zurückstellen lassen. Da die Zähne des Sperrades F_2 und der Klinke sk einseitig geschnitten sind, kann Friktion sk—F_2 nur zur Beschleunigung des Typenrades, d. h. zum Verstellen in der Drehrichtung, und zwar durch den Eingriff des KD in das KR (während des Umlaufes) verwendet werden. Hierbei gleitet („ratscht") sk über die Zähne von F_2. Zum Verstellen in der entgegengesetzten Richtung ebenfalls durch den KD (verzögernd) stößt sk das Rad F_2 und bewirkt durch die Friktion zwischen F_2 und F_3 (Nebenskizze IV) eine Verzögerung in der Bewegung des Typenrades.

Das Typenrad des Hughesapparates hat am Umfang 56 gleiche Felder, in welche abwechselnd je ein Buchstabe und je eine Zahl (bzw. Zeichen) eingraviert sind. An zwei Stellen des Typenrades sind je zwei nebeneinander liegende Felder freigelassen, das Buchstabenblank und das Zahlenblank. Da die Stiftbüchse 28 Stifte enthält, das Korrektionsrad ebenfalls 28teilig ist und mit jeder Taste des Tasten-

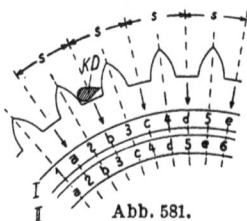

Abb. 581.

werkes entweder eine Zahl oder ein Buchstabe gegeben werden kann, so entspricht auch das Typenrad einer 28er Teilung, d. h. ein ganzer Schritt s (Abb. 581, I) entspricht zwei Feldern. Um vom Buchstabendruck zum Zahlendruck überzugehen, muß das Typenrad um einen halben Schritt $\frac{s}{2}$ = ein Feld verstellt werden (II in Abb. 581), so daß nunmehr die Zahlen bzw. Zeichen im Schritt liegen und beim Anschlagen der Druckrolle (siehe Pfeile in Abb. 581) sich in der jeweils untersten Lage befinden. Dieses Verstellen des Typenrades geschieht beim Drücken der Blanktasten, und der Korrektionsdaumen KD greift dann in diejenige Zahnlücke des Korrektionsrades, gegenüber welcher sich der Vorsprung (6 in Nebenskizze III) des Wechselhebels w_3 befindet. Der Wechselhebel wird durch den Korrektionsdaumen an diesem Ende (6) heruntergedrückt. Diese Schwenkung des Wechselhebels bedingt, da das Korrektionsrad selbst durch den Daumen KD (Abb. 581) in diesem Moment festgehalten wird, eine Drehung des Stellhebels b_1—b_2 und somit auch des Typenrades um den Winkel eines Typenradfeldes $\left(\frac{s}{2}\right)$; hierbei springt b_2 in die Kerbe o der federbeeinflußten Klinke cl. Beim Drücken der anderen Blanktaste legt sich der Korrektionsdaumen in diejenige Zahnlücke, über welcher sich jetzt der Vorsprung 5 von w_3 befindet. Beim Wechsel wird eine Friktion nicht betätigt, da nur Buchse B_1 mit dem Typenrad den halben Schritt $\frac{s}{2}$ ausführt, während die Verklinkung des Korrektionsrades mit dem Friktionsrad durch $s\,k$ bestehen bleibt.

Beim Abdruck eines beliebigen Zeichens befindet sich der Korrektionsdaumen auch in der aus Abb. 581 zu ersehenden Lage und hält das Typenrad während des sehr rasch vor sich gehenden Druckes in der richtigen Stellung fest.

Um den Gleichlauf von Geber und Empfänger herbeizuführen (siehe auch Betrieb), wird das Typenrad zuerst in einer bestimmten Lage zum Halten gebracht. Hierzu ist eine aus den zwei Hebeln h_4, h_5 bestehende Einstellvorrichtung vorgesehen. Dreht sich die Druckachse mit dem Typenrad in Pfeilrichtung und drückt man Taste Ta, so wird hierdurch ein Stahlklötzchen 1, das durch Stahlfeder SpF mit der Apparatewand fest verbunden ist, in die Kreisbahn des Stiftes t_1 (an der Friktionssperrklinke) gedrückt, so daß dieser Stift (siehe auch Nebenskizze III und IV) auf die schiefe Ebene 3 aufgleitet und sich in die Kerbe 4 legt. Hierdurch wird die Friktionssperrklinke $s\,k$ gegen den Druck der Feder f_6 (siehe Nebenskizze III) vom Friktionsrad F_2 abgehoben. Gleichzeitig legt sich die Nase n_2 am Hebel h_4 in die Kerbe ke der Typenradbuchse B. Die Buchse B mit dem Korrektionsrad und dem Typenrad stehen nunmehr still, denn die fest aber drehbar (Achse a_6) zwischen den Apparatwänden sitzende Einstellvorrichtung verklinkt sich in der gedrückten Stellung bei 2 mit der Feder SpF. In dieser Lage des Typenrades, die durch die Lage des Stiftes t_1 und der Kerbe ke bestimmt ist, befindet sich gerade das Buchstabenblank gegenüber der Druckrolle.

Diese Einstellung wird gelöst, sobald durch einen Stromimpuls von der Gegenstation die Kupplung der Druckachse erfolgt, denn es

legt sich dann der Korrektionsdaumen bei seinem Umlauf in diejenige
Zahnlücke des Korrektionsrades, über welcher sich ein Vorsprung des
Wechselhebels w_3 befindet. Es wird also durch den Korrektionsdaumen
mit einigem Kraftaufwand das Korrektionsrad gedreht und die Kupplung bei ke, 4 bzw. 2 zwangläufig gelöst. Die Sperrklinke sk fällt
wieder in die Zähne des Friktionsrades F_2 ein, und das Typenrad läuit
von dieser Anfangsstellung aus wieder mit. Hierdurch ist eine relative
Phasengleichheit des Typenrades in bezug auf den Kontaktschlitten

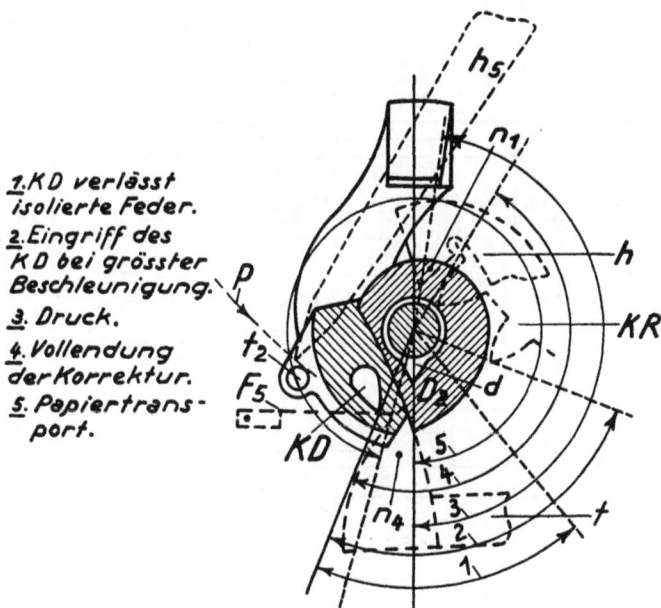

Abb. 582.

und eine absolute Phasengleichheit in bezug auf das Typenrad des den
Auslöseimpuls bewirkenden Gebers hergestellt. Die relative Phasengleichheit besteht darin (und wird bei der Justierung der Hughesapparate
eingestellt), daß der Druck der Type (beim Empfänger sowie beim
Geber), die dem gehobenen Stift der Stiftbüchse entspricht, nicht schon
im Moment des Umlegens der Feder f an den Kontakt u_1, siehe Hauptzeichnung, erfolgt (in diesem Moment erfolgt erst die Auslösung der
Kupplung beider Apparate), sondern eine bestimmte Zeit später. Diese
Nacheilung entspricht der Zeit, die der Druckdaumen von seiner Ruhestellung aus zurücklegen muß, ehe er gegen die Nase n_1 des Druckhebels h schlägt.

Dem Diagramm Abb. 582 sind die Winkel bzw. Zeiten zu entnehmen, welche zwischen dem Augenblick der Auslösung, d. h. der Kupplung der Druckachse und den einzelnen, bereits beschriebenen Wirkungen der Druckachse während einer Umdrehung liegen. Die betätigenden Teile der Druckachse sind im Diagramm durch volle Linien gezeichnet, die betätigten Teile punktiert angedeutet. Die gezeichnete Stellung ist die Ruhestellung. Die voll gezeichneten radialen Linien kennzeichnen

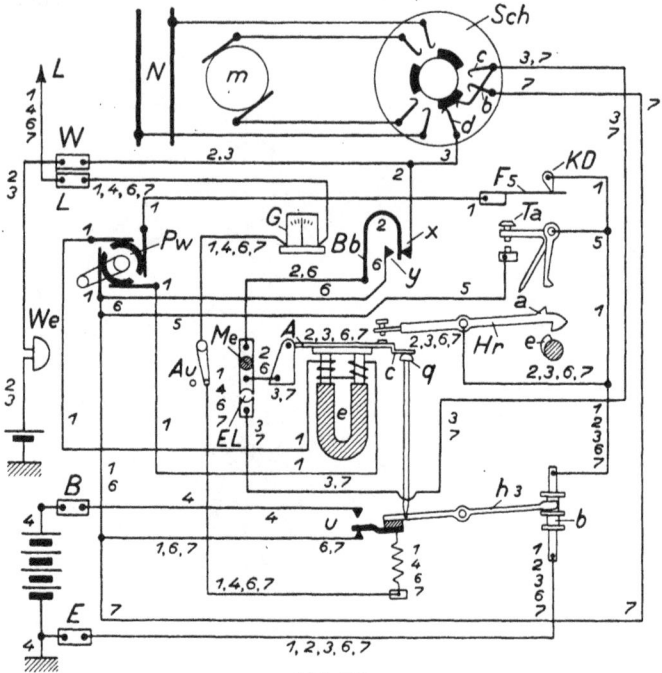

Abb. 583.

den Ausgangspunkt, die gestrichelten den Eingriff bzw. die Betätigung. Die Größe des Zentriwinkels zwischen den zwei Radien ist ein Maß für die Zeit.

Schaltung einer Hughesstation, Abb. 583. Aus der Schaltung ist zu ersehen, daß der Stromkreis auch über einige Apparateteile verläuft, und zwar einmal über die sog. isolierte Feder F_5 zum Apparatkörper und Erde und dann auch über den Anker A des Elektromagneten und den Auslösehebel zu Körper und Erde, desgleichen über die Ausschlußfeder F_6 (Abb. 580), Taste Ta und Einstellvorrichtung ebenfalls zur Erde. Der letzte Stromweg ist in der Ruhelage offen und wird erst beim Drücken der Taste Ta geschlossen. (Siehe Betrieb.)

Wie bereits erwähnt, verwendet man in den letzten Jahren am häufigsten Hughesapparate mit Gewichts- und Motorantrieb. Das durch ein Gewicht angetriebene Laufwerk wird in Gang gesetzt, indem man einen Bügel *Bb* (Abb. 583), den sog. Bremsbügel, umlegt. Der Bremsbügel liegt mit einem Bremsklotz aus Holz gegen ein Schwungrad, welches bei Apparaten mit mechanischem bzw. kombiniertem Antrieb auf der Achse a_3 (Abb. 580) aufgebaut ist. In der Ruhestellung schließt der Bügel *Bb* (Abb. 583) den Kontakt *x*. Wird die Bremse gelöst, d. h. der Apparat in Gang gesetzt, so öffnet sich der Kontakt *x*, und Kontakt *y* wird geschlossen.

Die von der Leitung *L* ankommenden Stromstöße müssen die Elektromagnetwicklung in einem bestimmten Sinne durchlaufen. Der Polwender *Pw* gestattet, die Stromrichtung zu ändern. *Au* ist ein Ausschalter. Durch den Schalter *Sch* kann der Motor *m* an das Netz *N* geschaltet werden. Mit *c-q* ist die mechanische Auslösung angedeutet.

Ein von der Gegenstation kommender Stromstoß verläuft über Stromkreis 1. Der Anker *A* des Magneten *e* fällt ab und schließt den Weckerstromkreis 2 bei der Schaltung für mechanischen Antrieb (bei *Me* gestöpselt). Wird der elektrische Antrieb benutzt, so ist die Schraube aus *Me* zu entfernen und in die Bohrung *EL* einzusetzen. Der Anrufwecker wird dann über Stromkreis 3 eingeschaltet. Der abgehende Telegrafierstrom verläuft über Stromkreis 4. Während des Betriebes ist es erwünscht, etwaige Restladungen von der Leitung über den Auslösehebel *Hr* zur Erde abzuführen. Dieser Stromweg führt bei mechanischem Antrieb über Kontakt *y* (Stromkreis 6) und bei elektrischem Antrieb über die Federn *c* und *b* des Schalters *Sch* (Stromkreis 7).

Betrieb der Hughesapparate. Soll der Betrieb zwischen zwei Hughesapparaten aufgenommen werden, so schaltet der anrufende Beamte A seinen Apparat ein (*Bb* oder *Sch*, Abb. 583) und gibt, wie oben beschrieben, durch Drücken einer beliebigen Taste das Anrufzeichen. Der angerufene Beamte B antwortet, nachdem er seinen Apparat auch in Gang gebracht hat, durch Drücken zweier Tasten, z. B. Buchstabenblank und *N*. A merkt an der doppelten Auslösung seines Apparates, daß sein Anruf beantwortet wird. Will A als erster einstellen, so teilt er das B durch wiederholtes Drücken der Tasten *I T* mit. B gibt daraufhin dauernd einen Buchstaben, z. B. *G*, in die Leitung. B beobachtet die Reihenfolge der erscheinenden Buchstaben, woran er feststellen kann. ob sein Apparat zu schnell oder zu langsam läuft und reguliert nun so lange am Regler *R*, bis der Apparat dauernd den gleichen Buchstaben druckt. Dieser Buchstabe braucht nicht der Buchstabe *G*, sondern kann ein beliebiger anderer sein. Nun ist der Gleichlauf erreicht, und dieser muß noch einer Prüfung unterzogen werden, was folgendermaßen zu geschehen hat. Der Anrufende drückt die Taste *Ta*, wobei jedoch die Einstellvorrichtung festgehalten werden muß (denn sonst würde das Typenrad stehenbleiben). Durch Drücken dieser Taste wird über die Brücke 5 (Abb. 583) das Elektromagnetsystem ausgeschaltet. Hält man die Taste *Ta* während etwa 10 Umdrehungen der Typenradachse gedrückt und erscheint nach Loslassen von *Ta* immer noch das gleiche Zeichen, so ist der Gleichlauf zuverlässig, und der Angerufene teilt dies dem Anrufenden durch Drücken der Tasten *INT* mit. Um die Typenräder nun noch in gleiche Phase zu bringen, legen beide Ämter die Typenräder durch die Einstellvorrichtung fest. Die Auslösung erfolgt durch Drücken der Buchstabenblanktaste, und nun kann der Telegrafierbetrieb aufgenommen werden.

b) Der Ferndrucker von Siemens & Halske[1]).

Der Ferndrucker ist, wie bereits der Name besagt, eine Schreibmaschine (Abb. 584), die es gestattet, über zwei Leitungen bzw. eine Leitung und Erde eine zweite gleichartige Schreibmaschine elektrisch zu betätigen. Im Gegensatz zum bereits beschriebenen Hughes-Typendrucker ist beim Ferndrucker eine Gleichlaufregelung nicht erforderlich. Der Abdruck der Zeichen erfolgt beim Geber und Empfänger erst dann, wenn das Typenrad zum Stillstand gekommen ist. Grundgedanke Abb. 585. Die Leitung führt im Amt A sowie im Amt B über zwei hintereinander geschaltete Elektromagnete e und e_1. Elektromagnet e_1 spricht auf kurze Stromimpulse an, e jedoch nur auf Stromschließungen längerer Dauer. Beim Geber verläuft der Stromkreis noch über Kontaktfeder f, Unterbrecherscheibe u und über eine Schleifbürste zur Batterie B und Erde E. Beide Apparate haben zwei gleiche Typenscheiben r, die unter der Wirkung des Gewichtes G (oder einer Feder) bestrebt sind, sich in der Pfeilrichtung zu drehen, woran sie jedoch durch das Steigrad r_2 und die Hemmung p gehindert werden. Die Zähne p der Hemmung greifen in die Zähne des Sperrades r_2 ein, das fest auf der Typenradachse sitzt. Dasselbe Gewicht G dreht über

Abb. 584.

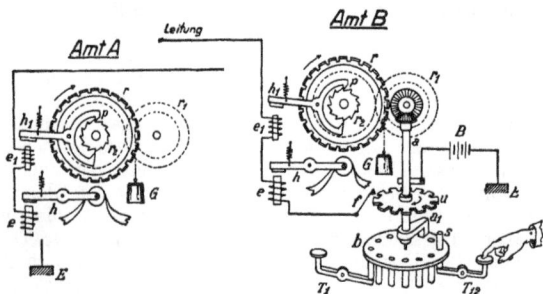

Abb. 585.

[1]) Schatz, H. Der Ferndrucker. Telegr.-Praxis 5, 1925, 345—348.

ein Kegelradvorgelege Achse a in der (auf der Unterbrecherscheibe u sichtbaren) Pfeilrichtung. Am unteren Ende der Achse a ist ein Arm a_1 fest angebracht. Das Ingangsetzen der beiden Apparate erfolgt beim Geber durch Druck auf eine weiße Taste (Abb. 584, oberste Tastenreihe, links). Beim Umlaufen der Achse a sendet Batterie B über u und f Stromimpulse in den bereits erwähnten Stromkreis. Diese Stromimpulse bewirken in rascher Aufeinanderfolge das Anziehen und Abfallen der beiden Anker h_1 der schnellwirkenden Elektromagnete e_1. Durch Hin- und Herpendeln der Hemmung p können die Typenräder r von Geber und Empfänger um soviel Schritte in der Pfeilrichtung ge-

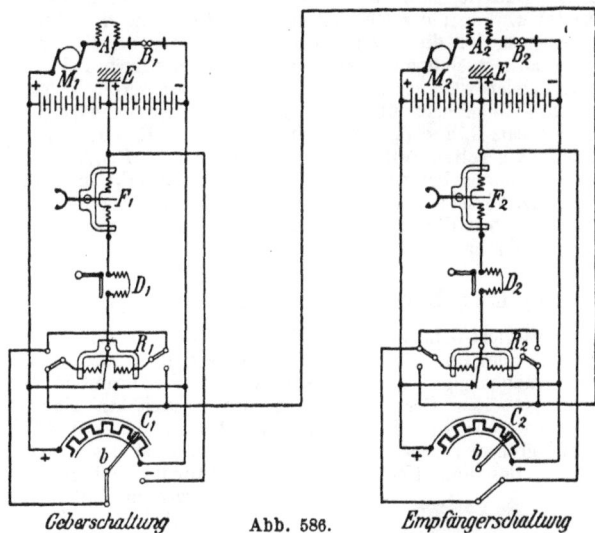

Geberschaltung   Abb. 586.   Empfängerschaltung

dreht werden, wie Stromimpulse vom Unterbrecher des Gebers ausgehen. Es müssen sich die Typenräder von Geber und Empfänger infolgedessen vollständig synchron bewegen, d. h. in gleicher Zeit die gleiche Anzahl Schritte zurücklegen. Hatten die Typenräder außerdem die gleiche Anfangslage, so stehen auch nach dem Durchschreiten einer gleichen Anzahl Schritte gleiche Zeichen den Druckrollen (an den Hebeln h) gegenüber. Erfolgt nun der Druck durch Erregung des nur auf längere Stromimpulse ansprechenden Elektromagneten e, so wird auch der gleiche Buchstabe auf beiden Apparaten abgedruckt. Das Anhalten des Typenrades in einer bestimmten Lage geschieht durch das Hervortreten von Stiften s in die Bahn des mit dem Typenrad synchron umlaufenden Armes a_1. Drückt man beispielsweise Taste T_{12}, so tritt der dieser Taste entsprechende Stift s aus der Stiftbüchse heraus und hält Arm a_1 fest. Hierdurch kommt der Geber zum Stillstand. Da nun auch vom Unterbrecher u keine Stromimpulse mehr in die Leitung gesandt werden, bleibt auch der Empfänger und dessen Typenrad in der gleichen relativen Lage stehen. Hierauf erfolgt, wie oben bereits erwähnt, die Erregung des Druckmagneten durch den langen Stromimpuls, und der der Taste T_{12} entsprechende Buchstabe wird abgedruckt.

Die Ferndrucker werden praktisch jedoch nicht mit Stromunterbrechungen, sondern mit rasch aufeinanderfolgenden Stromwechseln betrieben. Ein ausführlicheres Schaltungsschema zweier Ferndrucker zeigt Abb. 586. Die Stromwechsel liefert ein Kommutator C_1, C_2, der aus zwei ineinander geschobenen Radkränzen aus Bronze besteht, die voneinander isoliert und mit den Polen einer 24-Volt-Batterie verbunden sind. Die Batterie ist in der Mitte geerdet oder, wenn Doppelleitung verwendet wird, mit der Rückleitung verbunden. Aus dem Stromlauf ist zu ersehen, daß die Bürsten b beim Bestreichen der Kommutatorsegmente abwechselnd mit dem negativen und positiven Pol der Batterie verbunden werden. Diese raschen Stromwechsel verlaufen beim Geber und Empfänger über die Wicklungen der schnellwirkenden, gepolten Relais R_1 und R_2. Durch die Anker dieser Relais werden dann die ebenfalls gepolten Fortschalteelektromagnete F_1, F_2 (Abb. 585, e_1) im Ortsstromkreis betätigt. Der neutrale, mit F_1 (F_2) in Reihe geschaltete Druckelektromagnet D_1 (D_2) spricht, wie bereits erwähnt, auf diese raschen Stromwechsel (60 in der Sekunde) vermöge seiner Trägheit nicht an.

c) Der Siemens-Schnelltelegraf.

Der Siemens-Schnelltelegraf gehört zur Gruppe der Maschinentelegrafen. Die Übertragung der Telegrafierzeichen ist bei diesem Apparat unabhängig von der Geschicklichkeit des Beamten und bis zu einer gewissen Grenze nur von den elektrischen Konstanten der Leitung abhängig. Bei guter Beschaffenheit der Leitung kann auch auf größere Entfernungen die Grenze der Leistungsfähigkeit des Apparates, das sind 1000 Zeichen in der Minute, nahezu erreicht werden. In Baud ausgedrückt, ergibt das eine Telegrafiergeschwindigkeit von $(1000 \cdot 5): 60 = 83$ Baud.

Abb. 587.

Die vom Publikum aufgegebenen Telegramme werden von geeigneten Hilfskräften mittels eines Lochapparates (Abb. 587) mit allgemein gebräuchlicher Schreibmaschinentastatur in Form von Lochschrift (Abb. 588) in ein Papierband gestanzt. Wie aus Abb. 589 zu ersehen, werden für jedes Zeichen

fünf Stromimpulse be-
nutzt, und in 32 Kom-
binationen die Buch-
staben sowie Zahlen und
Zeichen dargestellt, wo-
bei ein Loch im Sende-
streifen einen negativen

Lochstreifen

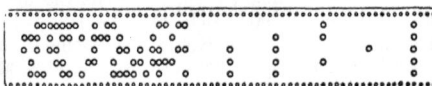

Abb. 588.

Stromimpuls (Zeichen-
strom) und das Fehlen eines Loches einen positiven Stromimpuls
(Trennstrom) bedeutet. Das Typenrad beim Schnelltelegrafen ist wie
beim Ferndrucker zweireihig (Buchstaben sowie Zahlen und Zeichen)
und muß beim Übergang vom Buchstabendruck zum Zeichendruck
und umgekehrt in der Achsenrichtung verschoben werden.

In Abb. 590 ist die Schaltung des Lochers im Prinzip wiedergegeben. Der Kondensator C liegt über Kontakt a dauernd am Netz,
ist also mit der Netzspannung geladen. Jede
Taste T hat eine bestimmte Anzahl besonders
gruppierter Ansätze, wodurch beim Niederdrücken
der Tasten immer nur eine gewisse Anzahl der Stanzmagnete in bestimmter Gruppierung, welche dem
Symbol des Buchstabens (Abb. 589) entspricht, mit
dem Tastenkörper leitend verbunden wird. Beim
Drücken auf eine Taste T werden Kontakte mit
den Schienen 1, 3 und 5, die mit den Stanzmagneten
M_1, M_3 und M_5 leitend verbunden sind, hergestellt.
Die Stanzmagnete werden vorerst noch nicht erregt.
Erst beim Tieferdrücken der Taste T gegen den Bügel H
wird durch diesen der Umschalter betätigt, wobei
Kontakt b geschlossen und Kondensator C sich über
die Wicklung des Elektromagneten R entlädt. R
schließt durch seinen Kontakt e den Stromkreis:
— Pol, gedrückte Taste, die an den Schienen vorbereiteten Kontakte und die über diese eingeschalteten Stanzmagnete zum + Pol. In der
Abbildung sind es die Stanzmagnete M_1, M_3 und M_5, die
je ein Loch in der 1., 3. und
5. Reihe des Papierbandes P
einstanzen. Der Anker von R
geht sofort wieder in die Ruhelage zurück und schließt Kontakt d, wodurch ein Stromkreis

O bedeutet Zeichenstrom

Buchstaben Zwischenraum →
Ziffern u. Zeichen →
Jrrungszeichen →
Gleichlaufzeichen →
Halt →

Abb. 589.

für den Papiervorschubmagneten M_6 zustande kommt und der Papierstreifen um einen Schritt vorgerückt wird. Wesentlich ist, daß an den
Tastenschienen (c) keine Stromunterbrechungen bzw. keine Stromschließungen erfolgen und durch die Wirkung des Kondensators C ein
schnelles, präzises Arbeiten der Stanzmagnete stattfindet.

Der so vorbereitete Lochstreifen wird in den in Abb. 591 dargestellten automatischen Sender eingeführt und hier von einem Elektromotor über fünf federnde voneinander isolierte Kontakthebel (Abb. 592)

24*

hinweggezogen. Die vorderen, mit einer Nase versehenen Enden der Kontakthebel können durch die im Streifen eingestanzten Löcher hindurchtreten, sobald sich ein derartiges Loch gerade über eine Nase hinwegbewegt. Die Kontakthebel sind in der Bewegungsrichtung des Lochstreifens gegeneinander etwas versetzt, so daß sie zeitlich nach-

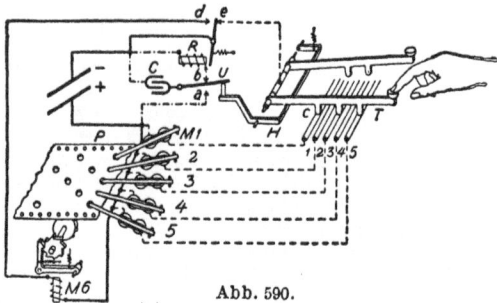

Abb. 590.

einander mit den nasenförmigen Enden in die gestanzten Löcher einer Lochreihe einfallen. Jeder dieser Kontakthebel ist einerseits mit einem Segment der fünfteiligen, abgewickelt dargestellten Senderscheibe verbunden und stellt anderseits, je nach seiner Lage, eine Verbindung mit dem positiven oder negativen Pol einer Ortsstromquelle her.

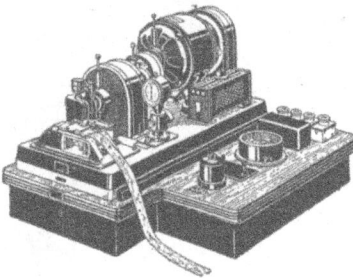

Abb. 591.

Bei dem in Abb. 592 dargestellten Beispiel ist nur in der ersten Reihe des Lochstreifens ein Loch eingestanzt; es wird also nur Segment 1 der Senderscheibe an den —Pol, die Segmente 2 bis 5 dagegen werden an den + Pol der Ortsstromquelle angeschlossen. Die in Übereinstimmung mit dem vorwärtsschreitenden Lochstreifen über die Segmente 1 bis 5 der Senderscheibe hinwegbewegte Kontaktbürste ist mit der Wick-

lung eines gepolten, neutral eingestellten Relais verbunden, dessen Anker während des ersten Fünftels der Umdrehung infolge des negativen Ortsstromes an den rechten Kontakt, während der übrigen vier Fünftel Umdrehung dagegen an den linken Kontakt angelegt wird. Die Kontakte des Senderelais stehen mit den beiden Polen der in der Mitte geerdeten Linienbatterie in Verbindung, während an dem Anker die Leitung angeschlossen ist. Der neutral eingestellte Anker des gepolten Empfangsrelais beim fernen Amt führt, wie leicht ersichtlich, genau die gleichen Bewegungen aus wie der Anker des Senderelais. Synchronismus und Phasengleichheit zwischen der Kontaktbürste der

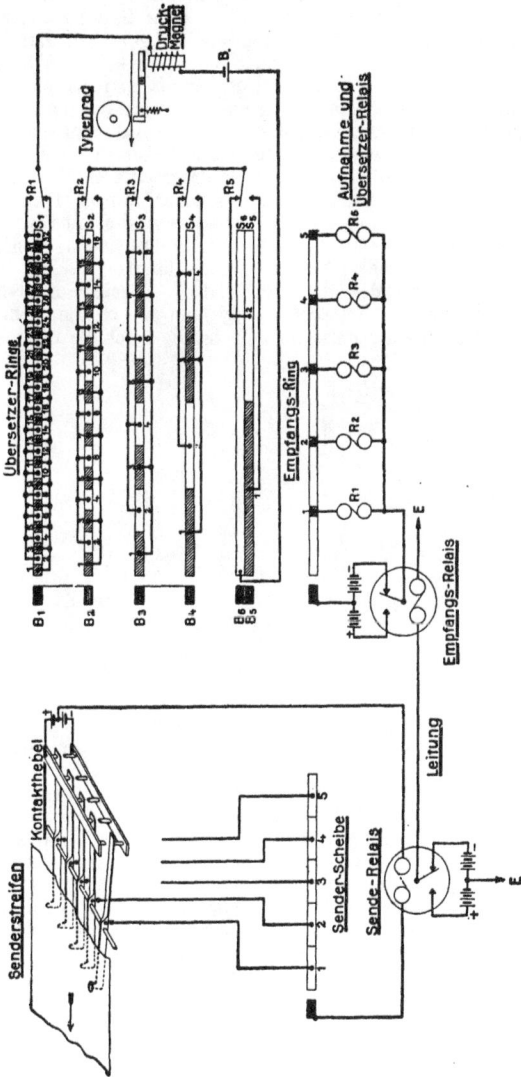

Abb. 592.

Senderscheibe und dem Bürstenarm des Empfangsringes vorausgesetzt, wird der Anker des Empfangsrelais am —- Pol der Batterie liegen, während die Bürste das erste Fünftel des ebenfalls abgewickelt dargestellten Empfangsringes bestreicht; der Anker liegt am + Pol, während die Bürste über die übrigen vier Fünftel des Empfangsringes gleitet. Der Empfangsring hat fünf kurze, voneinander isolierte Segmente 1 bis 5, die mit je einem gepolten, neutral eingestellten Aufnahme- und Übersetzerrelais R_1 bis R_5 verbunden sind; die Anker dieser fünf Relais (in Abb. 592 neben den Übersetzerringen dargestellt und ebenfalls mit R_1 bis R_5 bezeichnet) werden also nacheinander, je nach Richtung des eintreffenden Linienstromes, eingestellt, und es wird somit die jeweilige Stellung der fünf Kontakthebel des Senders in eine entsprechende Umstellung der fünf Relaisanker beim Empfänger übertragen. Bei dem gewählten Beispiel ist nur der Anker des Relais R_1 an seinen unteren Kontakt gelegt, die übrigen Relaisanker liegen an den oberen Kontakten.

Nach Einstellung der Relaisanker R_1 bis R_5 durch die Linienströme

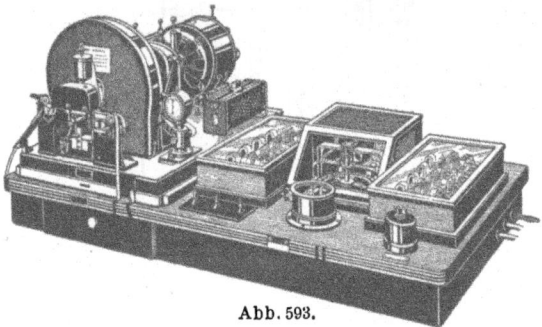

Abb. 593.

erfolgt im Ortsstromkreis, gänzlich unabhängig von den Vorgängen auf der Leitung, die Umsetzung des so aufgenommenen Zeichens in Typendruck. Jedem der Relais R_1 bis R_5 ist zu diesem Zweck je ein Segmentring S_1 bis S_5 zugeordnet. Diese gemeinsam auf einer Scheibe angebrachten Ringe werden als „Übersetzerringe" bezeichnet und sind in 2, 4, 8, 16 und 32 Teile geteilt. Sie stehen mit den Kontakten der Relais R_1 bis R_5 in der aus Abb. 592 ersichtlichen Weise in Verbindung. Werden die mechanisch miteinander verbundenen Bürsten B_1 bis B_6 über die Übersetzerringe nach rechts hinwegbewegt, so kann ein geschlossener Stromkreis über den Druckmagneten, bei der in Abb. 592 dargestellten Relaisankerstellung, nur auf folgendem Wege zustande kommen: Ortsstromquelle B, Zuleitungsring S_6, Bürsten B_6 und B_5, Segment 2 des Ringes S_5, oberer Kontakt und Anker von R_5, oberer Kontakt und Anker von R_4, Segment 4 des Ringes S_4, Bürsten B_4 und B_3, Segment 8 des Ringes S_3, oberer Kontakt und Anker von R_3, Anker von R_2, Segment 16 des Ringes S_2, Bürsten B_2 und B_1, Segment 31 des Ringes S_1, unterer Kontakt von R_1 und dessen Anker, Druckmagnet, Stromquelle. In gleicher Weise entspricht jeder der 32 möglichen Relais-

Sender.

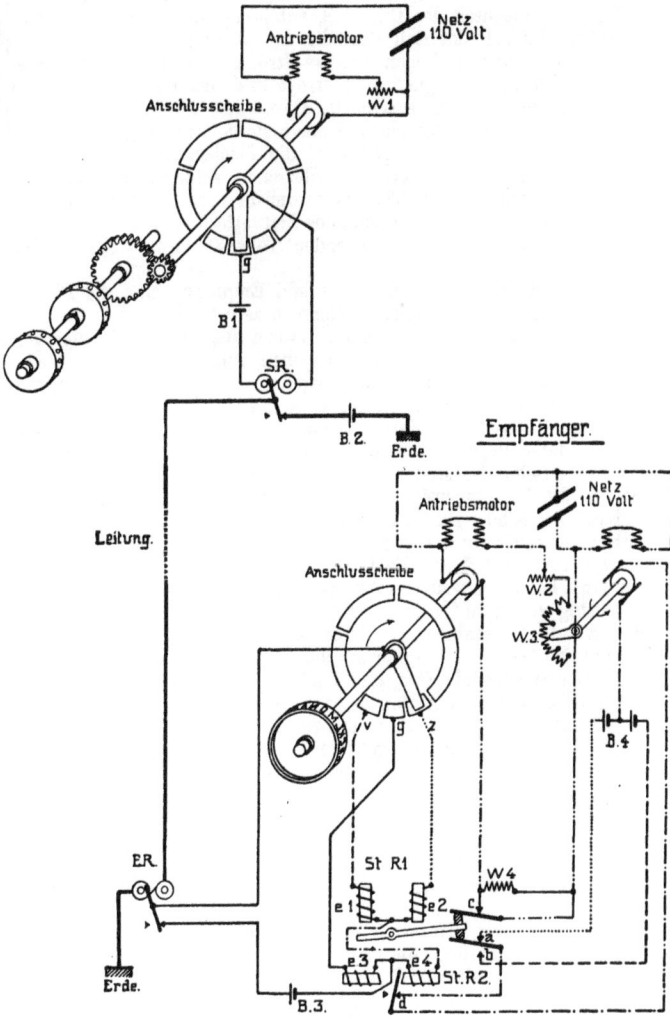

Abb. 594.

einstellungen nur je eine einzige Stromschlußstellung der Bürsten B_1 bis B_6 für den Druckmagneten an den fünf Übersetzerringen. Auf der Achse des Kontaktbürstenarmes B_1 bis B_6 ist das Typenrad befestigt, das den 32 Segmenten des Ringes S_1 entsprechend 32 Typen am Umfang trägt. Es befindet sich stets die der jeweiligen Relaiseinstellung entsprechende Type im Augenblick des Stromschlusses in der untersten Stellung. Der Druckmagnet wird erregt und das Papier kurz gegen das umlaufende Typenrad geschnellt. Durch den Empfänger (Abb. 593) werden die Zeichen fortlaufend auf einen Papierstreifen gedruckt, und es besteht außerdem die Möglichkeit, die Zeichen durch einen (oder mehrere) an den Empfänger angeschlossenen, selbsttätig arbeitenden Lochapparat, wie in Abb. 587, wiederum in Form eines neuen Lochstreifens zu empfangen, der dann ohne Zeitverlust mittels eines zweiten Gebers auf einer anderen abgehenden Telegrafenlinie weitergegeben werden kann.

Die Synchronisierung von Geber und Empfänger und die Einstellung in gleiche Phase geschieht vollkommen selbsttätig, und zwar unter Vermittlung des Empfangsringes und zweier Regelrelais. Solange vom Sender kein Text in die Leitung gegeben wird, erhalten die Regelrelais bei jeder Umdrehung einen Regelstromstoß. Wird Text mittels des Lochstreifens in die Leitung gegeben, so wirkt jeder nach einem Trennstrom eintreffende Zeichenstrom regelnd auf den Gleichlauf. Ein besonderer Regelstromstoß ist somit nicht erforderlich. An Hand der schematischen Darstellung (Abb. 594), die nur den Grundgedanken zeigt, sei die Wirkungsweise der Regeleinrichtung kurz erläutert.

Läuft der Sender zunächst ohne Sendestreifen, so erfolgt, wie bereits erwähnt, bei jeder Umdrehung über Segment g der Anschlußscheibe am Sender ein Stromstoß aus Batterie B_1 in das Senderrelais SR. Dieser Stromstoß hat einen weiteren Stromstoß aus der Linienbatterie B_2 über die Leitung zum Empfangsrelais ER zur Folge. Über dem Anker dieses Relais ER fließt nunmehr ein Strom aus Batterie B_3, der, je nachdem die Kontaktbürste des Empfängers voreilt oder nachbleibt, über Wicklung e_4 des Steuerrelais StR_2 und Wicklung e_1 oder e_2 des Steuerrelais StR_1 und entweder über das Segment v oder z und die umlaufende Kontaktbürste der Anschlußscheibe zur Batterie B_3 zurück.

In der gezeichneten Lage geht der Strom über Segment z, Wicklung e_2 des Steuerrelais StR_1 und Wicklung e_4 des Steuerrelais StR_2. Hierbei werden die Kontakte c, a und d geschlossen. Da sich der Anker des Regelmotors in der Pfeilrichtung dreht, wird der der Feldwicklung des Antriebsmotors vorgeschaltete Widerstand W_3 vergrößert. Der Antriebsmotor läuft in diesem Falle schneller, weil das Feld geschwächt und ein dem Anker vorgeschalteter Widerstand W_4 kurzgeschlossen wird.

Trifft der Regelstromstoß aus Batterie B_3 ein, wenn der Kontaktarm der Anschlußscheibe beim Empfänger das Segment v berührt, so legt das Steuerrelais StR_1 seinen Anker um und schaltet dadurch den Widerstand W_4 vor den Anker des Antriebsmotors. Der Antriebsmotor erhält weniger Strom und läuft langsamer. Die gleiche Wirkung hat das Schließen des Kontaktes b, denn der Regelmotor bekommt dadurch Strom aus der anderen Hälfte der Batterie B_4, und zwar in

entgegengesetzter Richtung und verkleinert durch Drehen des Armes
gegen die Pfeilrichtung den Vorwiderstand W_3 zum Feld des Antriebsmotors, der (als Nebenschlußmotor) dadurch langsamer läuft.

Das gleiche Spiel wiederholt sich so lange, bis der Regelstromstoß aus der Batterie B_3 über Segment g (Gleichlaufsegment) der Anschlußscheibe des Empfängers verläuft, wobei die Wicklung e_3 des
Steuerrelais StR_2 erregt und dessen Anker umgelegt wird. Hierdurch
wird Kontakt d unterbrochen und der Anker des Regelmotors ausgeschaltet. Diese genaue Einstellung des Gleichlaufs und der Phase
vollzieht sich vollkommen selbsttätig, nach dem die beiden Telegrafen-
anstalten sich mittels Morsetaste über die beabsichtigte Telegrafiergeschwindigkeit verständigt und mit Hilfe der beim Sender und Empfänger vorgesehenen Schiebewiderstände und der Tachometer annähernd
die gleiche Umlaufzahl eingestellt haben.

Läuft nach Erreichung des Synchronismus und der Phasengleichheit der Lochstreifen durch den Sender, so wird jedesmal beim Wechsel
der Stromstöße von $+$ auf $-$ gleichzeitig ein Regelstromstoß gegeben, der genau wie oben beschrieben wirkt und den Gleichlauf
während des Betriebes aufrechterhält.

Die Umschaltung des Typenrades von Buchstaben auf Zahlen erfolgt, indem durch eine besondere Stromkombination (Abb. 589) ein
Umschaltemagnet am Empfänger einen Stromstoß über das sog. Wechselrelais erhält. Das Wechselrelais bleibt in der umgelegten Stellung liegen
und der Umschaltemagnet erregt, bis durch eine zweite Stromkombination das Wechselrelais wieder nach der anderen Seite umgelegt wird.

Es war bereits erwähnt, daß der Abdruck des im Empfänger durch
die jeweilige Lage der Relaiszungen R_1 bis R_5 (Abb. 592) festgelegten
Zeichens unabhängig von dem Empfangsring erfolgt. Da die Bürste,
die den Empfangsring bestreicht, und die Bürsten B_1 bis B_6 an einem
Arm befestigt sind, würde für die Aufnahme und für den Abdruck
des Zeichens je eine Umdrehung des Bürstenarmes erforderlich sein.
Um bei jeder Umdrehung des gemeinsamen Bürstenarmes ein Zeichen
aufnehmen und abdrucken zu können, werden zwei Sätze von Aufnahme-
und Übersetzerrelais verwendet. Durch einen umlaufenden Umschalter
muß dann jeder Relaissatz abwechselnd an die Übersetzerscheibe bzw.
an den Empfangsring gelegt werden, so daß bei jeder Umdrehung ein
Zeichen gedruckt und das nächste aufgenommen wird.

B. Wechselzeitige oder absatzweise Mehrfachtelegrafie[1]).

Die bisher beschriebenen und als Reihenapparate bezeichneten
Schnelltelegrafen gestatten eine Telegrafenleitung in hohem Maße
auszunutzen. In der absatzweisen oder wechselzeitigen Mehrfachtelegrafie ist eine anderes Mittel gegeben, den Verkehr auf stark belasteten Telegrafenleitungen zu bewältigen. Bei dieser Betriebsart
wird eine Mehrzahl gleichartiger Telegrafengeräte, bestehend aus je
einem Geber und Empfänger, in zeitlicher Aufeinanderfolge und in
zyklischer Vertauschung an eine Leitung geschaltet. Das An- und Ab-

---

[1]) K r a a t z, Mehrfachtelegraphen. Braunschweig 1914.

schalten besorgen sog. Verteiler, die an jedem Ende der Leitung angeschlossen sind und synchron sowie in Phase laufen müssen. Durch die Abb. 595 wird der Grundgedanke eines solchen, wechselzeitig arbeitenden Telegrafen erläutert. Zwei Ämter A und B sind durch eine Leitung L miteinander verbunden, die in jedem Amt an einen Metallvollring des Verteilers angeschlossen ist. Die Verteilerbürsten B_1 und B_2, die mit gleichmäßiger Geschwindigkeit in der Pfeilrichtung umlaufen, gleiten über je einen Vollring und über einen aus mehreren gleichen und voneinander isolierten Segmenten bestehenden Ring. Bei den in Abb. 595 dargestellten Apparaten haben die geteilten Ringe je vier Segmente, die so geschaltet sind, daß auf jedem Amt zwei Geber und zwei Empfänger wechselzeitig betrieben werden können. Die Geber

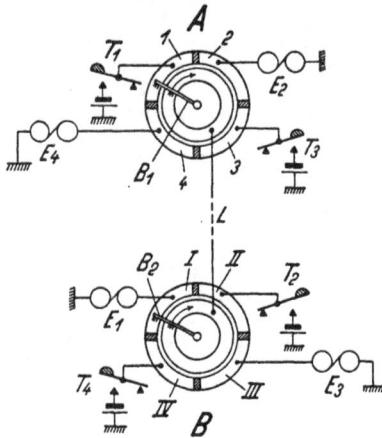

Abb. 595.

sind durch je eine Taste T_1, T_2, T_3 und T_4 und die Empfänger durch je ein Relais E_1, E_2, E_3 und E_4 angedeutet. Jedes Segment des unterteilten Ringes ist mit einem Geber oder mit einem Empfänger verbunden. In der gezeichneten Stellung der Verteilerbürsten ist der Geber T_1 (über Segment 1, B_1, L, B_2, Segment I) mit dem Empfänger E_1 verbunden. Drehen sich beide Bürsten mit gleichmäßiger Geschwindigkeit so weiter, daß sie zu derselben Zeit Segmente gleicher Phase bestreichen, so kann während einer Umdrehung der Bürstenarme

von T_1 nach E_1, von T_3 nach E_3 und
von T_2 nach E_2, von T_4 nach E_4

telegrafiert werden. Hierbei gehen über die Leitung L viermal so viel Zeichen wie jeder der vier (die Tasten $T_1 - T_4$ bedienende) Beamten in derselben Zeit allein leisten könnte[1]).

---

[1]) Raabe, H., Untersuchungen an der wechselzeitigen Mehrfachübertragung (Multiplexübertragung). Elektr. Nachrichtentechn. 16, 1939, 213—28.

Der Baudot-Apparat.

Der zur Zeit leistungsfähigste Apparat für
wechselzeitige Mehrfachtelegrafie ist im Jahre
1874 von dem französischen Telegrafenbeamten
Baudot erfunden worden. Er hat sehr große
Verbreitung gefunden und wird in der Regel
als Vierfachapparat betrieben. Das System ist
sehr anpassungsfähig, und es wird in abge-
änderter Form im internationalen Telegrafenverkehr auch in Zukunft eine bedeutende
Rolle spielen.

Mit dem Baudot-Apparat lassen sich Buchstaben, Zahlen und Zeichen übermitteln, die

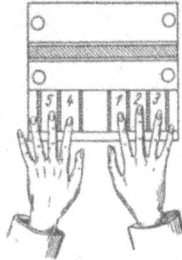

Abb. 596.

Abb. 597.

vom Empfänger in Typendruck auf einem fortlaufenden Papierstreifen gedruckt werden. Wie beim Siemens-Schnelltelegrafen, werden auch hier die Zeichen aus fünf Stromstößen verschiedener Richtung (+ und —, im ganzen $2^5 = 32$ Kombinationen) zusammengesetzt: das Baudot-Alphabet ist aus Abb. 524 zu ersehen. Zum Senden wird jedoch ein mit fünf Tasten ausgerüsteter, handbedienter Geber verwendet. Abb. 596 zeigt den Geber schematisch sowie die Art der

Abb. 598.

Bedienung. Von den fünf Tasten werden diejenigen, die einen Minus-Stromstoß hervorbringen sollen, gleichzeitig niedergedrückt, die Kombination wird mit den Händen gegriffen. Es muß somit der Telegrafist die Kombinationen aus Plus- und Minuszeichen auswendig können, um telegrafieren zu können.

Abb. 597*) zeigt den Verteiler, Abb. 598*) den Empfänger (Typendrucker) in der Ansicht.

*) Ausführung der Firma J. Carpentier, Paris.

Beim Vierfach-Baudot wird der Verteilerring in vier Quadranten eingeteilt. Der Gleichlauf der Verteiler wird durch einen Geschwindigkeitsregler aufrechterhalten und die Phasengleichheit dadurch erreicht, daß der Verteiler des korrigierten Amtes etwas schneller läuft als der Verteiler des korrigierenden Amtes; beim Überschreiten einer gewissen festgesetzten Grenze im Phasenunterschied wird im korrigierten Amt ein Korrektionselektromagnet erregt, der die umlaufenden Bürsten dann einen Augenblick festhält bzw. im Umlaufsinne zurückstellt, so daß die zu großen Unterschiede in der Phase ausgeglichen werden.

In der Abb. 599 ist zu sehen, daß ein jeder Quadrant des Verteilers in fünf weitere, voneinander isolierte Segmente unterteilt ist, an die an der Geberseite (Amt A) die fünf Tasten des Tastensenders angeschlossen sind, und am Empfänger (Amt B) die fünf Elektromagnete*) m_1 bis m_5. Es sind in Abb. 599 nur die Anschlüsse des dritten Quadranten schematisch dargestellt.

Sind Sende- und Empfangsring so eingestellt, daß die Bürsten B_1 und B_2, Abb. 599, vollständig gleichzeitig über entsprechende Sende- und Empfangssegmente gleiten, so würde durch die Laufzeit der Stromstöße auf der Leitung L eine Verzögerung der ankommenden Ströme eintreten, die dadurch bemerkbar wäre, daß die Bürsten des Empfangsverteilers beispielsweise das Segment 1 bereits berührt und der entsprechende Stromstoß von Segment 1 des Sendeverteilers noch nicht eingetroffen ist. Um dies zu vermeiden, gibt man der Bürste des Empfangsverteilers eine bestimmte Phasen-Nacheilung, indem die (verstellbaren) Segmente so angeordnet

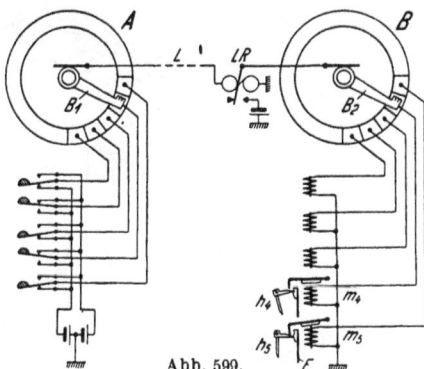

Abb. 599.

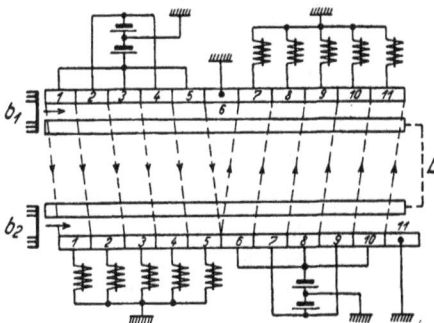

Abb. 600.

*) Mit je zwei Wicklungen von 50 und 200 Ohm (parallelgeschaltet).

werden, wie das Abb. 600 (Zweifach-Verteiler) schematisch und in der Abwicklung der Verteilerringe, zeigt. Die gestrichelten Linien zeigen, daß die Stromstöße des Senders jedesmal ganz von dem entsprechenden Empfangssegment aufgenommen werden. Zum Ausgleich der Stromverzögerung sind freie und geerdete Segmente (6, 11) eingeschaltet.

Um eine Stromkombination, die einem Buchstaben oder Zeichen entspricht, zu übermitteln, werden, wie bereits erwähnt, diejenigen Tasten des Fünftasten-Gebers gedrückt, die einen negativen Stromstoß hervorbringen sollen; in Ruhe liegen die Tasten am positiven Batteriepol. Hier sei noch eingeschaltet, daß die Telegrafisten, die die Geber eines Mehrfach-Telegrafen bedienen, beim Drücken der Tasten einen seqtimmten Takt einhalten müssen, um in der Reihenfolge zu bleiben. Die Geber neuer Bauart haben eine Einrichtung, die die gedrückten Tasten mechanisch festhält, bis der Geber wieder an der Reihe ist. Der die mechanisch gesperrten Tasten freimachende Elektromagnet gibt dem Beamten gleichzeitig den Takt an.

In der Abb. 599 ist die 1., 3. und 5. Taste gedrückt gezeichnet, so daß beim Bestreichen des 3. Quadranten durch die Bürste B, abwechselnd zwei positive und drei negative Stromstöße in die Leitung gelangen und über das Empfangsrelais die Elektromagnete m_1 bis m_5 am Empfänger vorübergehend erregen. Diese Stromkombination entspricht. wie aus Abb. 524, Spalte 1 zu entnehmen, dem Buchstaben t.

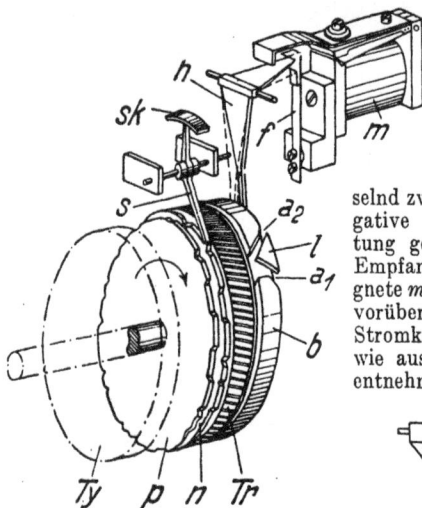

Abb. 601.

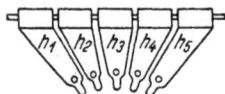

Abb. 602.

Die Anker dieser Elektromagnete wirken beim Anziehen auf Winkelhebel h_1 bis h_5, die hierbei aus der Ruhelage in die sog. erste Arbeitslage verstellt werden. Das waagerechte Ende des Winkelhebels geht bei der vorübergehenden Erregung des Elektromagneten aus dem oberen Rasteneinschnitt (der Rastenfeder F, in Abb. 601, f) in den unteren.

Da der Verteiler und der Empfänger (auch Übersetzer genannt) mit gleicher Geschwindigkeit umlaufen, vollzieht sich die beschriebene Zeichenübermittlung (Verstellung der Winkelhebel) in der Zeit einer

Viertelumdrehung. Während der übrigen Drei-
viertelumdrehung des Empfängers kann nun die
Übersetzung des eingestellten Zeichens in Typendruck erfolgen. Die Übersetzung geschieht auf
mechanischem Wege mit Hilfe von zwei Kombinationsscheiben p und n (Abb. 601). Die Kombinationsscheiben p und n, das Typenrad Ty und
die sog. Begrenzungsscheibe b sitzen fest auf einer
Achse, die von dem Triebrad Tr in der Pfeilrichtung angetrieben wird. Das Typenrad sitzt außerhalb des Gehäuses, desgleichen das sog. Druckrad (Dr, Abb. 604 und 605), welches mit Ty auf
einer Achse, zwischen Ty und der Kombinationsscheibe p liegt. Aus der Abb. 601 ist zu ersehen, daß die Enden des senkrechten Teiles der
Winkelhebel h dicht hinter der Begrenzungsscheibe b liegen, und zwar in einer gegenseitigen Anordnung, die in Abb. 602 gezeichnet ist.

Gegenüber einem jeden Winkelhebel h steht
die Achse eines der fünf Sucher s, die mit den
Sucherköpfen sk dicht nebeneinander gelagert
sind (Abb. 603). In der Ruhelage der Sucher
liegen die Sucherfüße auf dem Umfang der negativen Kombinationsscheibe n, in der Arbeitsstellung auf dem Umfang der positiven Kombinationsscheibe p. Um diejenigen Sucher, die
den verstellten Winkelhebeln entsprechen, in
die zweite Arbeitslage zu bringen, ist auf der
Begrenzungsscheibe b ein Schiffchen l vorgesehen, welches die in der ersten Arbeitslage befindlichen Winkelhebel erfaßt (Rille a_1), sie in
die zweite Arbeitslage bringt und durch die
Rille a_2 wieder hinauswirft. Bei Betrachtung
der Zeichnung in Abb. 604 werden die bereits
beschriebenen Vorgänge in ihrem Zusammenhang klar. Diese Abbildung stellt eine Abwicklung der Kombinationsscheiben p und n
und der Begrenzungsscheibe b dar. Die Bezeichnungen stimmen mit denen der bereits beschriebenen Abbildungen überein. Die Drehrichtung der Scheiben ist durch Pfeile angegeben. Die Sucher s_2 und s_4 befinden sich in
der Arbeitsstellung; sie werden im nächsten Moment durch das Schiffchen d in die Ruhelage
gebracht. Kurz hierauf erfaßt das Schiffchen l
die in der ersten Arbeitsstellung befindlichen
Winkelhebel h_3 und h_5, zwingt diese die Rillen
$a_1 - a_2$ zu durchlaufen und bringt dadurch die
Sucher s_3, s_5 in die Arbeitsstellung. Die mit
ihren Achsen leicht beweglichen Sucher werden

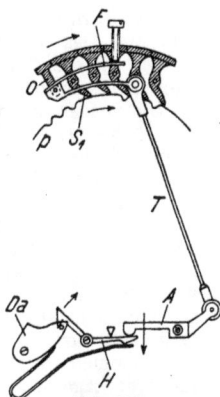

Abb. 603.

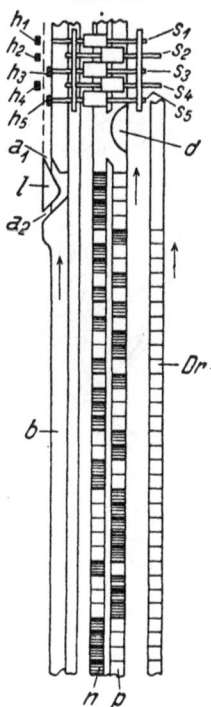

Abb. 604.

von der Stirnseite *h* (Abb. 601) der Winkelhebel in die Arbeitsstellung gebracht. Das aufgenommene Zeichen ist nun durch die Lage der fünf Sucher, die zum Teil über der negativen zum Teil über der positiven Kombinationsscheibe liegen, festgelegt.

Die Sucher sind mit ihren Köpfen so nebeneinander gelagert (Abb. 603), daß sie sich um ihre Achsen nur gemeinsam und um einen kleinen Winkel drehen können. Eine solche Drehung wird zum Abdruck des Zeichens verwendet; neben dem Sucher s_1 (Abb. 603) ist noch ein drehbarer Hebel *o* angebracht, der einem Sucher ähnlich ausgebildet ist und mit seinem Kopf am Sucher s_1 so anliegt, daß er zwangläufig die genannte gemeinsame Bewegung der Sucher mitmachen muß. Diese kleine Bewegung wird durch die Feder *F* (Abb. 603) veranlaßt und über Stange *T* zur Druckauslösung verwendet. Die Kombinationsscheiben sind an ihrem Umfang mit einer Anzahl von Vertiefungen (Furchen) versehen (s. Abb. 601, 603 und 604), die mit den Sucherfüßen so zusammenarbeiten, daß letztere an einer bestimmten Stelle, d. h. relativen Lage zu den beiden Kombinationsscheiben *p* und *n* (und somit auch bei einer bestimmten Lage des Typenrades) die erwähnte Drehung ausführen und den Druckvorgang auslösen. Dieses geschieht dann, wenn sämtliche Sucherfüße sich über je einer Vertiefung (in *p* oder *n*) befinden.

Die Bewegung der Stange *T* (s. auch Abb. 605) geschieht mit solcher Heftigkeit, daß der mit

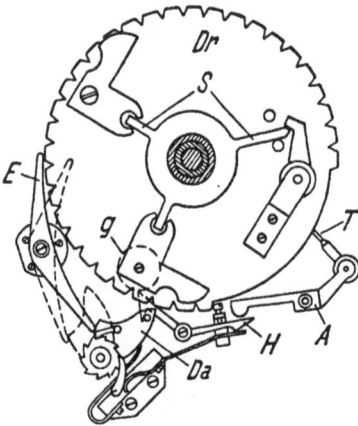

Abb. 605.

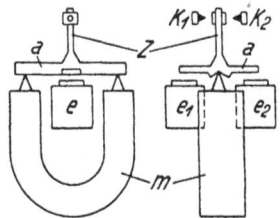

Abb. 606.

T verbundene Hebel *A* den kleinen Sperrhaken *H* aushebt und den an der vorderen Gehäusewand drehbar befestigten Druckdaumen *Da* freigibt. Die Spitze des Daumens *Da* legt sich in eine Vertiefung des Druckrades (das sich zwischen der Gehäusewand und dem Typenrad befindet), während gleichzeitig der Papierstreifen gegen das Typenrad geschleudert und das Zeichen abgedruckt wird. Nach dem Abdruck des Zeichens drückt ein auf der Rückseite des Druckrades angebrachtes Rädchen *g* gegen den Einstellhebel *E*, der den Druckdaumen (während der Zeit des Vorüberbewegens der leeren Stellen am Druck- und am Typenrad) in seine Ruhelage zurückführt.

Durch dieselben Vorgänge wird der·Papierstreifen um eine Buchstabenbreite vorwärts bewegt. An dem Druckrad (Abb. 605) ist ferner ein Wechselhebel S (ähnlich wie beim Hughes-Typendrucker) befestigt, der auch durch den Druckdaumen betätigt wird und das Typenrad, welches, wie beim Hughes-Apparat einreihig ist und abwechselnd Buchstaben und Zahlen trägt, um einen halben Schritt ($\frac{s}{2}$ s. Abb. 581) vor- oder zurückdreht.

Zu einem Baudot-Apparat gehört auch ein Linienrelais (LR, Abb. 599). Die grundsätzliche Konstruktion des Baudot-Relais zeigt Abb. 606. Es ist ein gepoltes Relais mit kleiner Selbstinduktion. Der Anker a ist auf zwei Spitzen gelagert, m ist der polende Elektromagnet, e_1 und e_2 sind die Relaiswicklungen, k_1 und k_2 die Kontakte. Der Ortsstrom geht über die Ankerzunge Z.

III. Die Fernschreibtechnik.[1])

Wie in der Einleitung (S. 309) bereits hervorgehoben, ist durch die Entwicklung der Unterlagerungs- (s. d.) und der Wechselstromtelegrafie (s. d.) über Fernsprechleitungen und durch die Schaffung eines billigen und einfach zu bedienenden Telegrafenapparates, des Fernschreibers, der Telegrafie eine neue Entwicklungsmöglichkeit gegeben. Die neue Fernschreibtechnik will dem Geschäftsmann die Möglichkeit bieten, seine Briefe fernzuschreiben, nachdem eine gewünschte Fernschreibverbindung in der gleichen Weise wie im Fernsprechverkehr durch Anruf beim Amt oder durch Wahl mittels Nummernscheibe hergestellt ist. Auch soll der Geschäftsmann, nachdem die Verbindung hergestellt ist, die Möglichkeit haben, wahlweise fernzusprechen oder (nach telefonisch verabredeter, einfacher Umschaltung) fernzuschreiben. Der Fernschreiber hat für den Geschäftsmann noch den Vorzug, daß die Mitteilungen auch dann ferngeschrieben werden können, wenn keine Bedienung am Apparat des gewünschten Fernschreibteilnehmers ist.

Als Beispiel eines privaten Fernschreibnetzes ist in der Einleitung das Fernschreibnetz der Siemenswerke zwischen dem Stammhaus Berlin und den Unterbüros gezeigt[2]). Der Verkehr geht über Verbindungskanäle, die die Firma von der Reichspost gemietet hat.

Im nachstehenden werden die Fernschreiber und einige Vermittlungseinrichtungen beschrieben.

A. Springschreiber und Fernschreiber.

Der heute als Springschreiber oder Fernschreiber bekannte Telegrafenapparat ist in den Jahren 1915—20 entstanden. Zu etwa

[1]) Jipp, A., Moderne Telegrafie. Berlin 1934. Storch, P., Die Fortentwicklung des Fernschreibverkehrs über Draht und drahtlos. ETZ 55, 1934, 109—112.
[2]) Jipp, A., Das Fernschreibnetz des Siemens-Konzerns. Siemens-Z. 11, 1931, 236—240.

der gleichen Zeit, als in den USA der nach dem Start-Stop-Prinzip arbeitende Fernschreiber, auch „Teletype" genannt, entstand, wurden in Deutschland nach demselben Prinzip zwei Telegrafenapparate, der Pendeltelegraf und der Tastenschnelltelegraf, von Siemens & Halske entwickelt und gebaut. Im Jahre 1916 entstand der in Abb. 607 wiedergegebene Pendeltelegraf, der u. a. bei der Reichsbahn

Abb. 607.

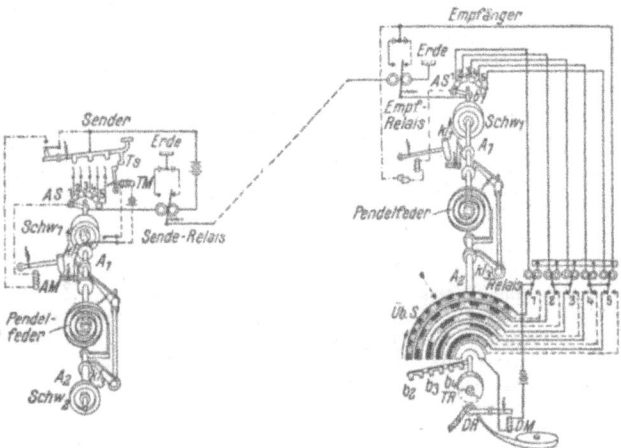

Abb. 608.

in mehreren Sätzen verwendet wurde. Die Abbildung zeigt den Geber (links) und den Empfänger (rechts) auf gemeinsamer Grundplatte. Auch selbsttätiger, gleichzeitiger Lochstreifenempfang war vorgesehen. Den grundsätzlichen Aufbau des Pendeltelegrafen zeigt Abb. 608. Von einer näheren Beschreibung dieses Apparates muß aus Raummangel abgesehen werden. Seine Wirkungsweise ist ähnlich der des weiter unten beschriebenen Tastenschnelltelegrafen.

Einige Jahre darauf bauten Siemens & Halske den Tastenschnelltelegrafen. Die Abb. 609 zeigt den Geber, Abb. 610 den Empfänger
je mit abgenommener Schutzkappe. Dieser Springschreiber wurde
nur in einigen wenigen Sätzen praktisch verwendet. Der Aufbau
und die Schaltung dieses Apparates sollen hier trotzdem geschildert
werden,weil es an Hand der übersichtlichen Schaltung dieses Start-
Stop-Apparates, Abb. 611, für den Leser leicht sein wird, den Grundgedanken der Springschreiber und die notwendigen einzelnen Wirkungen bei der Übermittlung eines Zeichens kennenzulernen. Diese
Vorgänge sind dieselben wie die bei den elektrisch oder mechanisch
wirkenden Fernschreibern, so daß das Verständnis für die Wirkungsweise des modernen Fernschreibers hierdurch wesentlich erleichtert wird.

a) Der Siemens-Tasten-Schnelltelegraf.

Der Tasten-Schnelltelegraf gehört zur Gattung derjenigen Typendrucker, die keinen dauernden Gleichlauf zwischen Sender und Empfänger erfordern. Die Zeichen werden, wie beim Siemens-Schnelltelegrafen,
durch fünf Stromstöße gebildet und entweder durch eine handbediente
Schreibmaschinen-Tastatur über einen Verteilerring in die Leitung gegeben, oder es wird ein 5-Einheiten-Lochstreifen vorbereitet (z. B. auf
dem Locher, Abb. 587), der dann durch einen am Geber angebrachten
Maschinensender gezogen wird. Der Empfang kann erfolgen:

1. in Typendruck auf einem Streifen,
2. in Form eines Lochstreifens und
3. in Typendruck und Lochstreifen.

Ein vom Siemens-Schnelltelegrafen in Lochstreifenform geliefertes
Telegramm kann mit dem Tasten-Schnelltelegrafen sofort weiterbeför-
dert werden und umgekehrt.

Zur Übermittlung eines Zeichens ist eine Umdrehung der Verteiler-
Bürstenarme am Geber und am Empfänger erforderlich. Dieser Umlauf der Bürstenarme erfolgt erst in dem Augenblick, in dem eine
Taste des Tastensenders gedrückt oder der Lochstreifen in den selbsttätigen Maschinensender eingelegt wird. Nach jedesmaligem Umlauf
kommen die Bürsten in ihrer Anfangsstellung wieder zur Ruhe. Solche
Telegrafengeräte werden im Englischen als „Start-Stop‘‘-Apparate
bezeichnet, in Deutschland hat man sie „Fernschreiber‘‘ genannt.
Um ein einwandfreies Arbeiten der Fernschreiber zu erreichen, ist
die Gleichlaufbedingung nur für die Dauer einer Umdrehung
zu erfüllen. Außer den fünf Stromstößen, die zur Übermittlung des
Zeichens selbst dienen, sind noch zwei weitere Stromstöße erforderlich:
Der Auslöse-Stromstoß (z. B. ein Minus-Stromstoß) und der Halt-
Stromstoß (ein Plus-Stromstoß).

Der Tasten-Schnelltelegraf leistete bis zu 8 Zeichen in der Sekunde;
bei 7 Stromeinheiten je Zeichen ergibt das eine Telegrafiergeschwindigkeit von 56 Baud.

25*

Abb. 609.

Abb. 610.

Die Wirkungsweise dieses Springschreibers soll durch die Schaltung in Abb. 611 erläutert werden. Die Kenntnis der Wirkungsweise des Übersetzers vom Siemens-Schnelltelegrafen wird vorausgesetzt (Abb. 592). In der Abbildung sind oben der Sender S und unten der Empfänger E und der Übersetzer Ue dargestellt. S und E sind über Leitung L verbunden. Der Antrieb erfolgt elektromotorisch (Netz) über die Stirnräder V_1, V_2 und V_3, wobei die Achsen A_1, A_2, A_3 einschließlich des rechten Teiles der elektromagnetischen Kupplungen K_1, K_2, K_3 dauernd umlaufen. Die Antriebsmotoren vom Sender und vom Empfänger werden auf nahezu gleiche Umlaufzahl eingestellt, so daß bei einem Umlauf der Bürstenarme B_1 und B_2 diese auch gleichzeitig phasengleiche Segmente (des Sende- und Empfangsringes) berühren.

Drückt man am Sender eine Taste t, so wird der Kondensator C über Kontakt 3, Bürstenarm B_1, Senderelais SR von der rechten Hälfte der Ortsbatterie OB_1 geladen. Der Ladestrom legt den Anker von SR an den Minuspol der Linienbatterie LB. Dadurch wird m_1 (über 11, 12) unter Strom gesetzt, m_1 löst die mechanische Sperre (bei 6) der Bürstenarmachse, wodurch wiederum (bei 5) ein Stromweg für den Kuppelungsmagneten von K_1 geschlossen wird. Inzwischen hat die Taste t mit den Kontaktkämmen 1 und 2 die unterhalb der Kämme liegenden Gegenkontaktfedern erreicht, und es werden die fünf Kondensatoren mit den sich aus der Federanordnung ergebenden Polaritäten geladen.

Gleichzeitig mit den beschriebenen Vorgängen am Sender hat ein Minus-Stromstoß vom Senderelais SR über Leitung L den Anker des Empfangsrelais ER an Minus von OB_2 gelegt. Hierdurch wurde m_2 erregt, m_2 löste die mechanische Sperre der Achse von B_2 (bei 7), und bei 4 wurde ein Stromkreis für den Elektromagneten von K_2 geschlossen.

Nun sind beide Achsen (die des Senders und die des Empfängers) gelöst und mit dem Antrieb (über K_1 und K_2) gekuppelt; die Bürstenarme B_1 und B_2 beginnen ihren Umlauf. Sie bestreichen nacheinander die Segmente s_1 bis s_6 bzw. e_1 bis e_6. Die Kondensatoren C_1 des Senders

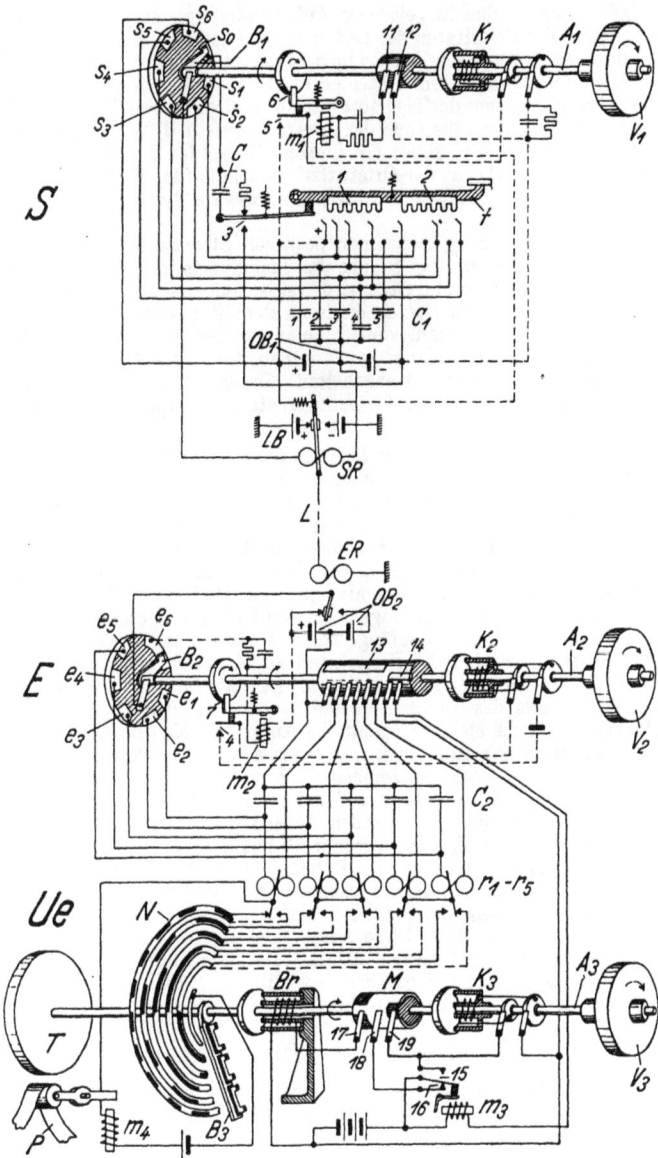

entladen sich hierbei in zeitlicher Aufeinanderfolge über das Senderelais SR. Die Polaritäten der Ladungen von den fünf Kondensatoren
C_1, die einem bestimmten Zeichen im 5-Einheiten-Alphabet entsprechen,
werden infolgedessen beim Entladen auch den Anker des Senderelais
in zeitlicher Aufeinanderfolge so umlegen, daß die dieses Zeichen bildenden fünf Stromstöße (aus der Linienbatterie LB) in die Leitung
und über das Empfangsrelais ER fließen. Es werden demzufolge über
den Anker des ER (aus der Ortsbatterie OB_2) die fünf Kondensatoren
C_2 mit denselben Polaritäten aufgeladen, wie sie die Kondensatoren
C_1 besaßen.

Der Sender S gibt noch einen positiven Stromstoß (über: Mitte
Batterie OB_1, SR, B_1, s_6, $+$) aus der Linienbatterie in die Leitung,
wodurch ER auf Plus umgelegt wird. m_2 ist nun stromlos, desgleichen
m_1, da der Anker von SR ebenfalls an dem Pluskontakt liegt. Die
Achsen vom Sender und vom Empfänger sind nun wieder in der
gezeichneten Lage angelangt und werden durch die Anker von m_1
und m_2 (bei 6 und bei 7) angehalten. Durch Öffnen der Kontakte
5 und 4 werden auch die Elektromagnete der Kupplungen K_1 und
K_2 stromlos.

Kurz bevor der Empfänger E in die gezeichnete Ruhelage gelangt,
werden die Kondensatoren C_2 über das Kontaktstück 13 und die Relais r_1 bis r_5 entladen. Nunmehr ist das übermittelte Zeichen durch die
Ankerstellungen im Übersetzer aufgespeichert, und die Kondensatoren
C_2 sind zur Aufnahme eines neuen Zeichens bereit. Das durch r_1 bis r_5
aufgespeicherte Zeichen kann in derselben Art übersetzt werden, wie
das beim Siemens-Schnelltelegrafen (s. Abb. 592) geschieht; es muß
nur noch der Übersetzer angelassen werden. Dies geschieht (ebenfalls kurz bevor die Empfängerachse die Ruhelage erreicht) über
zwei Bürsten, die über die Kontaktbrücke 14 gleiten und den Stromkreis für ein Anlaßrelais m_3 schließen. Das Relais m_3 öffnet (bei 16)
den Stromkreis des Bremsmagneten Br und schließt (bei 15) den
Stromkreis für die elektromagnetische Kuppelung K_3. Die Übersetzer-
Achse fängt an sich zu drehen, und das in den Relaisanker-Stellungen
(r_1 bis r_5) aufgespeicherte Zeichen wird in bekannter Weise (durch
$N - B_3 - m_4 - T$) übersetzt und auf den Papierstreifen P gedruckt.

Da der Anker von m_3 inzwischen wieder abgefallen ist, hält sich der
Elektromagnet von K_3 über Kontakt 16 und die Federn 18, 19, denn
sobald die Übersetzerachse die Ruhelage verläßt, liegen die beiden
Schleiffedern auf der Metallbrücke von M. Der Stromkreis für den
Bremsmagneten von Br, der auch über Kontakt 16 verläuft, wird
wieder geschlossen, sobald die Achse vom Übersetzer die Ruhelage
erreicht und Bürste 17 (von M) auf Metall zu liegen kommt. In
dieser Stellung von M liegt aber Feder 19 auf Isolation, so daß der
Stromkreis für K_3 wieder unterbrochen ist.

b) Der elektrische Fernschreiber.

Der elektrische Fernschreiber von Siemens & Halske stellt eine
Weiterentwicklung des vorerwähnten, nach dem Start-Stop-Prinzip
arbeitenden Tasten-Schnelltelegrafen dar. Abb. 612 veranschaulicht

diesen Fernschreiber mit Schutzkappe. Aus diesem Bild ist zu erkennen, daß Geber und Empfänger in einem Gerät derart vereinigt worden sind, daß dieses auch rein äußerlich der Büroschreibmaschine sehr ähnlich ist. Das empfangene Telegramm wird wie beim Tasten-Schnelltelegrafen auf einen Papierstreifen gedruckt. Die Abb. 613 zeigt den elektrischen Fernschreiber ohne Schutzkappe. Dieses Bild läßt erkennen, wie durch sinnreichen konstruktiven Aufbau trotz des beschränkten Raumes eine übersichtliche, leicht zugängliche Anordnung der Einzelteile durchgeführt werden konnte. An Stelle der beim Tastenschnelltelegrafen verwendeten Sende- und Empfangsringe und der Übersetzerscheibe N (s. Abb. 611) mit umlaufenden Schleifbürsten sind bei dem elektrischen Fernschreiber Federkontakte fest angeordnet, die durch umlaufende Nockenscheiben betätigt werden.

Abb. 612.

a = Tastenwerk,
b = Kontakteinrichtung,
|c = Sender,
d = Empfänger,
e = Übersetzer,
f = Druckwerk,

g = Übersetzerrelais 1 bis 5,
h = Locherschaltrelais,
i = Auslöserelais,
k = Regler,
l = Weckerrelais.

Abb. 613.|

In der Abb. 616 sind schematisch der Sender, der Empfänger und der Übersetzer dargestellt. Die Federsätze sind mit 7, 8, 9 usw., die Nockenscheiben mit F_1, F_2, F_3 usw. bezeichnet. Ein an das Lichtnetz anzuschließender Motor treibt dauernd die drei Kuppelungsachsen d, d_1, d_2. Auf der Achse des Motors ist ein Drehzahlregler angebracht, der die Umlaufzahl der Motorachse auch bei Belastungsänderungen und Netzspannungs-Schwankungen in engen Grenzen konstant hält. Die Drehzahl wird so eingestellt, daß eine Schreibgeschwindigkeit von $7^1/_7$ Zeichen in der Sekunde, z. B. bei Lochstreifenbetrieb, möglich ist.

Die mit den Nockenscheiben versehenen Schaltwellen w, w_1, w_2 können über die Kuppelungen k, k_1, k_2 mit den dauernd umlaufenden,

Abb. 614.

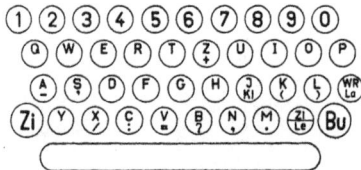

Abb. 615.

vom Motor angetriebenen Achsen d, d_1, d_2 für jeweils eine volle Umdrehung gekuppelt werden. Nach einer Umdrehung werden die Wellen wieder durch die in die eine Kuppelungshälfte eingreifenden Klinken c, c_1, c_2 stillgesetzt.

Abb. 614 und 615 veranschaulichen die heute bei Fernschreibern gebräuchlichen Tastaturen, und zwar für elektrische und mechanische Fernschreiber. Abb. 614 zeigt die sogenannte deutsche Volltastatur, Abb. 615 die deutsche Schmaltastatur. Bei Streifendruckern, wie dem hier beschriebenen elektrischen Fernschreiber, werden die Tasten WR (Wagenrücklauf) und ZL (Zeilenwechsel) blind eingesetzt und gesperrt, da diese Tasten nur bei Blattdruckern (s. weiter unten) benötigt werden.

Die Taste mit der Bezeichnung Kl in Abb. 614 dient zur Zeichengabe nach dem Gegenapparat derart, daß dort eine Klingel ertönt, wodurch etwa gewünschte Bedienung an den von fern eingeschalteten Apparat gerufen werden kann. Die zwei länglichen vorderen, rechts

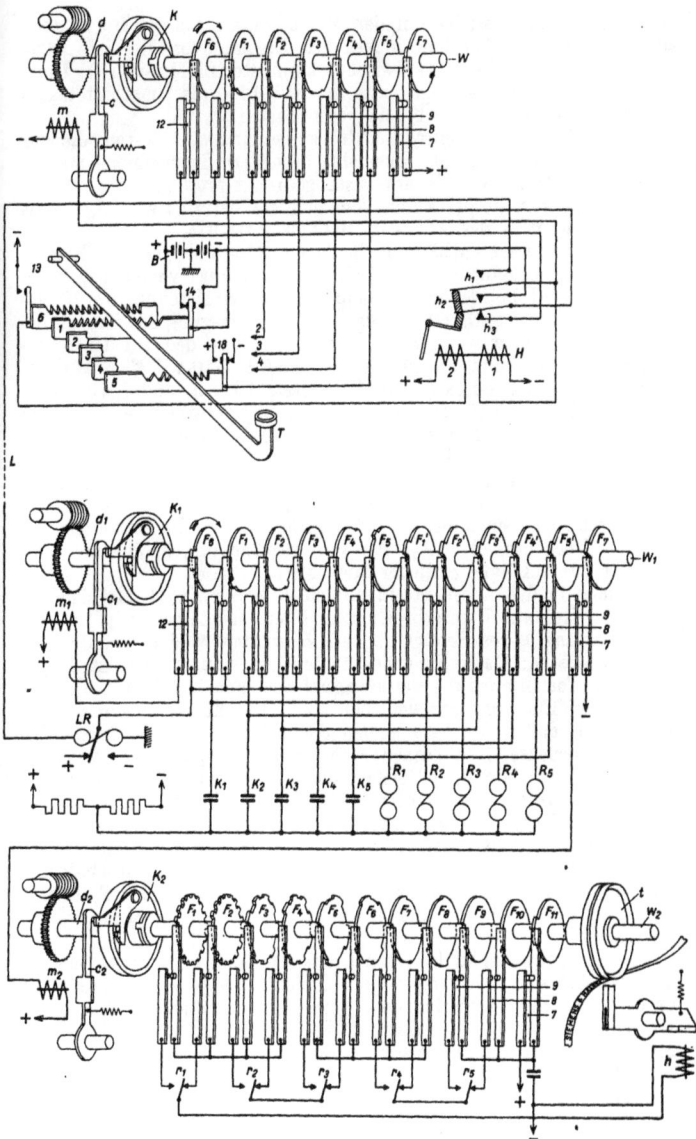

Abb. 616.

und links angeordneten Tasten dienen zum Umschalten von Buchstaben auf Ziffern und Zeichen bzw. umgekehrt. Die ganz vorn liegende Taste ohne Beschriftung dient als Zwischenraumtaste (Blankzeichen). Demselben Zweck dient die lange Taste der Abb. 615; als Umschaltetasten dienen die mit *Bu* und *Zi* bezeichneten Tasten.

Wird die Buchstabentaste gedrückt, so sind alle Tasten, die nur Ziffern und Zeichen tragen, über eine besondere Sperrschiene mechanisch gesperrt; ist die Ziffern-Taste gedrückt .worden, so sind alle Buchstabentasten gesperrt und können nicht betätigt werden. Diese Sperrschiene ist in der Abb. 616 nicht dargestellt.

Das Tastenwerk enthält eine Schiene 6, Abb. 616, die beim Niederdrücken einer beliebigen Taste *T* immer nach links verschoben wird. Hierdurch wird bei jedem Tastendruck der Auslösekontakt 13 geschlossen. Über Kontakt 13 erfolgt dann die Erregung des Sendehilfsrelais *H*, welches wiederum über Kontakt h_1 und den (in der Ruhestellung der Nockenwelle w) geschlossenen Kontakt 7 den Auslösemagneten m des Senders in Tätigkeit setzt. Über h_1 und 7 wird auch die Haltewicklung 1 für Relais *H* an Spannung gelegt. Über Kontakte h_2 und 12 geht ein Minus-Stromstoß in die Leitung *L* und löst den Apparat am Ende der Leitung aus.

Soll der eigene Apparat mitschreiben, so erfolgt zu gleichem Zeitpunkt auch die Auslösung des eigenen Empfängers.

Durch Ansprechen des Auslösemagneten m wird die Senderachse w mit den Nockenscheiben F_1 bis F_7 freigegeben und nach einer Umdrehung durch Klinke c wieder angehalten.

Nachdem die Achse w einen kleinen Zentriwinkel zurückgelegt hat, wird Kontakt 7 unterbrochen, und der Auslösemagnet m und die Haltewicklung 1 des Sendehilfsrelais *H* werden wieder stromlos.

Wie aus der Darstellung des Tastenwerkes zu ersehen ist, liegen unter den Tasten auch die weiteren fünf Schienen 1, 2, 3, 4, 5, die mit bestimmten Einkerbungen versehen sind. Die Einkerbungen sind so angeordnet, daß durch Verschieben dieser fünf Schienen (durch eine heruntergedrückte Taste) nach rechts oder links, an den Kontaktsätzen 14 bis 18 die dem Zeichen entsprechenden Plus- und Minus-Stromstöße vorbereitet werden. Alle fünf Schienen werden in der eingestellten Lage so lange gesperrt, bis das eingestellte Zeichen durch den Sender abgetastet und in die Leitung gegeben ist. Wie aus der Abb. 616 zu ersehen ist, arbeitet der Sender in Doppelstromschaltung. Es liegt an den Kontaktfedern der Nockenscheiben F_1 bis F_5 jeweils (der Zeichenkombination entsprechend) der Plus- oder Minuspol der Batterie *B*.

Setzt man während der einen Umdrehung der Achse w des Senders und der Achse w_1 des Empfängers Gleichlauf voraus, so werden die durch Taste und Wählschienen eingestellten Kontakte (14 bis 18) in zeitlicher Aufeinanderfolge über die Federsätze der Nockenscheiben F_1 bis F_5 abgetastet und als Plus- bzw. Minus-Stromstöße in die Leitung *L* gesandt und vom Linienrelais *LR* des Empfängers empfangen. Der Empfang auf die Kondensatoren K_1 bis K_5, die Übernahme dieser Ladungen auf die Übersetzerrelais R_1 bis R_5, die ihre Anker r_1 bis r_5 entsprechend einstellen, und die Umsetzung der Ankereinstellungen durch den Übersetzer in Typendruck gehen in der gleichen Weise vor sich, wie das beim Tasten-Schnelltelegrafen, Abb. 611, der Fall ist.

Das Typenrad ist zweireihig, so daß der Wechsel von Buchstaben auf Ziffern und Zeichen und umgekehrt durch axiale Verschiebung des Typenrades erfolgt, wie das bei den übrigen bisher beschriebenen Streifendruckern (Ferndrucker, Siemens - Schnelltelegraf, Tasten-Schnelltelegraf) der Fall ist. Die zeitliche Reihenfolge der Vorgänge beim Sender, Empfänger und Übersetzer zeigt die Abb. 617.

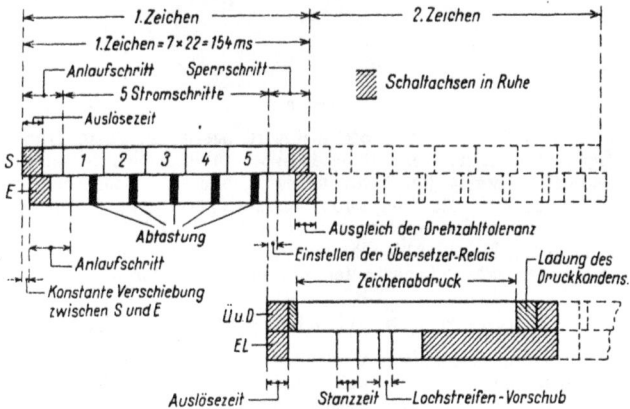

Abb. 617.

Es bedeuten: S = Sender, E = Empfänger, $\ddot{U}$ und D = Übersetzer und Drucker, EL = Empfangslocher.

Durch eine Reihe von Zusatzeinrichtungen läßt sich ein Fernschreiber im Betriebe besser ausnutzen. Mittels eines Handlochers, Abb. 618, kann das Telegramm oder der Brief in die Form eines Lochstreifens gebracht werden. Dieser Lochstreifen wird in einen Lochstreifensender, Abb. 619, eingelegt. Der Lochstreifensender ist mittels Kabelschnur und Mehrfachstecker mit dem Fernschreiber verbunden und gestattet den Betrieb der Maschine mit der Höchstgeschwindigkeit von $7^1/_7$ Zeichen in der Sekunde, das ist bei 7 Stromschritten (fünf Zeichenschritte,

Abb. 618.

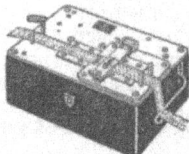

Abb. 619.

Abb. 620.

dazu ein Anlaß- und ein Sperrschritt) eine Telegrafiergeschwindigkeit von 50 Baud.

Der elektromotorisch angetriebene Handlocher enthält eine Tastatur, die ebenfalls unter Vermittlung von fünf Wählschienen einen Satz von 6 Stanzstempeln steuert. 5 Stempel dienen zur Herstellung der

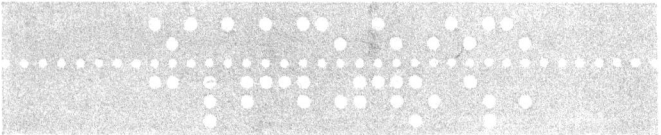

Abb. 621.

Stromschrittlöcher; der 6. Stempel wird bei jedem Tastendruck betätigt und dient zur Herstellung der Vorschublochreihe. Einen mittels Handlocher hergestellten Streifen zeigt Abb. 621 in natürlicher Größe.

Das übermittelte Telegramm kann auch gleichzeitig in Typendruck und als Lochstreifen empfangen werden. Mittels Mehrfachstecker kann ein Empfangslocher, Abb. 620, mit dem Fernschreiber so verbunden werden, daß dieser Lochstreifen mit hergestellt wird.

c) Der mechanische Fernschreiber.

Von den mechanisch wirkenden Fernschreibern soll im nachstehenden die als Blattdrucker durchgebildete Maschine beschrieben werden.[1]) Die äußere Ansicht des Blattdruckers zeigt Abb. 622.

Abb. 622.

Dieser Springschreiber ist noch mehr als der elektrische Fernschreiber der Büroschreibmaschine angeglichen insofern, als der übermittelte Text nicht mehr unter Benutzung eines Typenrades auf einen Papierstreifen gedruckt wird, sondern durch Verwendung von Typenhebeln auf einen Papierbogen. Es wird ein Farbband, das zweifarbig sein kann, verwendet, auch ist die Möglichkeit zur Anfertigung einer Reihe von Durchschlägen (Kopien) gegeben. Es wird beim Blattdrucker sofort sichtbare Schrift erzeugt, und neuere Maschinen haben auch einen angebauten Locher. Die höchstzulässige Schreibgeschwindigkeit beträgt $7^{1}/_{7}$ Tastenanschläge in der Sekunde. Geber und Empfänger sind in einem Gerät vereinigt. Die mechanisch ineinander greifenden Gruppenmechanismen sind in ihrer Wirkungsweise von jedem Schreibmaschinen-Mechaniker zu übersehen, so daß die Instandhaltung dieses Gerätes keine Schwierigkeiten bietet. Pflegevorschriften werden von den liefernden Firmen beigegeben.

---

[1]) Es werden auch mechanische Fernschreiber als Streifendrucker gebaut.

Als Tastatur können die in den Abb. 614 und 615 dargestellten verwendet werden.

Die Abb. 624 zeigt den Blattdrucker ohne Schutzkappe. Der ganze Apparat kann durch wenige Handgriffe in für sich abgeschlossene Teilapparate zerlegt werden.

Die Abb. 623 zeigt eine moderne Ausführung eines Fernschreibers in Pultform. Das Gerät ist in einem geräuschdämpfenden Gehäuse so untergebracht, daß es, wenn verschlossen, fast geräuschlos arbeitet. Dieses Gerät wird auch als Fernschreiber-Teilnehmerstelle bezeichnet.

Abb. 623.

1. Der Tastensender.

Abb. 625*) veranschaulicht einen Teil des Tastenwerkes sowie des Senders S. Die Hälfte der Tasten ist entfernt, damit die Kombinationsschienen 9 sichtbar werden. Bei dem mechanisch wirkenden Fernschreiber wird die Zeichenkombination am Sender genau so vom Tastenwerk vorbereitet, wie das bei dem elektrischen Fernschreiber der Fall ist. Die bei jedem Tastendruck vorbereiteten Plus- und Minus-Stromstöße werden in zeitlicher Aufeinanderfolge in die Leitung gegeben und am Empfänger von einem Empfangsmagneten aufgenommen. Die Speicherung dieser Zeichen geschieht nicht wie bei

---

*) Heute gültige Tastenanordnungen s. Abb. 614 u. 615.

Abb. 624.

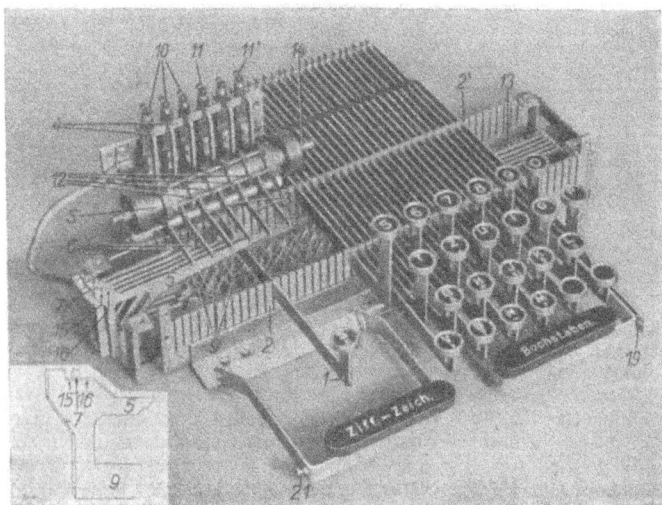

Abb. 625

dem elektrischen Fernschreiber durch Kondensatoren bzw. Relais, sondern durch fünf Wählschienen. Die Tasten 1 sind in ihrer Auf- und Abwärtsbewegung durch die Einschnitte in den Rechen 2 und 2′ geführt. Unterhalb der Tastenhebel und quer zu diesen sind fünf Kombinationsschienen 9 und eine Auslöseschiene 13 leicht beweglich angeordnet.

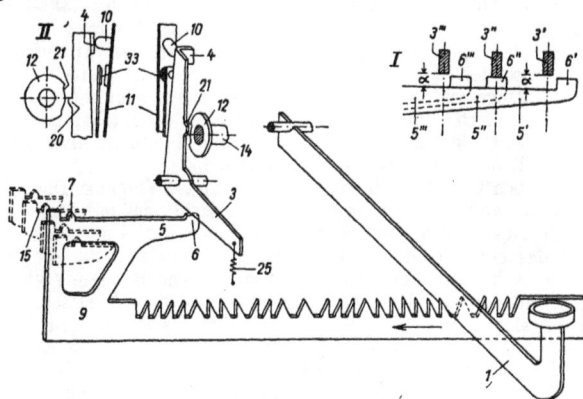

Abb. 626.

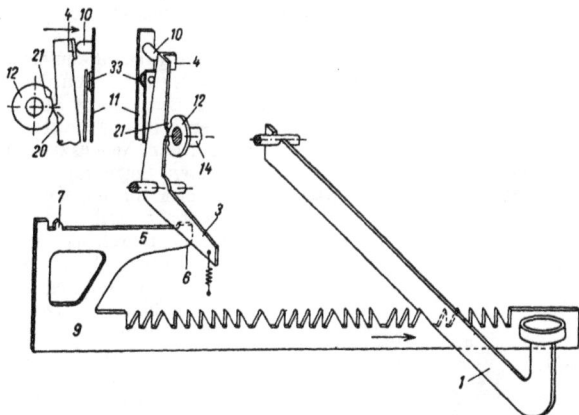

Abb. 627.

Die Form der Kombinationsschiene 9 ist aus Abb. 626 zu erkennen. Bei der nachfolgenden Beschreibung des Tastenwerkes und des Senders sind Abb. 625, 626 und 627 zu beachten.

Beim Niederdrücken einer Taste 1 gleitet, wie aus den Abbildungen zu ersehen, der Tastenhebel an den schrägen Einschnitten der Kombinationsschienen entlang und verschiebt diese, je nach Anordnung der Schrägen, nach rechts, Abb. 627, oder links, Abb. 626. Die Kombinationsschienen 9 sind am linken Ende als Winkel mit den Schenkeln 5 ausgebildet. Die Schenkel 5 von allen fünf Kombinationsschienen sind verschieden lang und arbeiten mit ihren Nasen 6 mit den winkelförmigen Kontakthebeln 3 des Senders zusammen. Der Kontakthebel 3', Abb. 625, ist frei und arbeitet mit dem Kontakt-Federsatz 11' des Senders derart zusammen, daß dieser Kontakt bei jeder Auslösung des Senders einen Minus-Stromschritt, den Anlaufstromschritt, aussendet. Die Nase 6 einer Kombinationsschiene legt sich unter den waagerechten Arm 3 des Kontakthebels, wenn diese Kombinationsschiene sich beim Tastendruck nach links verschiebt; die Nase 6 legt sich nicht unter den Arm 3, wenn die Kombinationsschiene 9 sich beim Tastendruck nach rechts verschiebt.

Die Nebenskizze I in Abb. 626 erläutert diesen Vorgang. Die Skizze soll den Fall darstellen, daß die Kombinationsschiene 9' mit dem Schenkel 5' und Nase 6' sich nach rechts verschoben hat. Der waagerechte Arm 3' des entsprechenden Kontakthebels kann sich um die Wegstrecke α nach unten bewegen, sobald eine solche Bewegung von der Auflage, mit der sich der senkrechte Arm von 3' in Kraftschluß befindet, zugelassen wird. Die Kombinationsschiene 9'' mit dem Schenkel 5'' sei nach links verschoben; der waagerechte Arm von Kontakthebel 3'' kann keine Bewegung nach unten ausführen, da die Nase 6'' sich dicht unter den Hebelarm 3'' geschoben hat. Schiene 9''' mit Schenkel 5''' hat, wie die Nebenskizze zeigt, eine Verschiebung nach rechts erfahren, so daß für den Hebelarm 3''' auch eine Möglichkeit besteht, sich um den Weg α zu verschieben.

Beim Drücken einer Taste 1 wird somit die Stromstoßkombination für ein Zeichen dadurch vorbereitet und festgelegt, daß von den fünf Kontakthebeln 3 ein Teil durch die Nasen 6 für eine spätere Bewegung durch den Sender freigegeben und ein anderer Teil festgehalten wird.

Aus den Abb. 626 und 627 (insbesondere den Nebenskizzen) ist zu sehen, wie die Kontakthebel 3 mit dem oberen, umgekröpften Ende des senkrechten Armes die Kontaktfedern 11 beeinflussen. Durch die Feder 25 soll angedeutet werden, in welcher Richtung die Kontakthebel 3 des Senders S die Neigung haben, sich zu bewegen. Die Kraft wird durch Blattfeder 11 über die Nase 10 auf den Kontakthebel ausgeübt.

Zu jedem Kontakthebel 3 des Senders gehört eine Nutenscheibe 12. In der Ruhestellung liegen die Kontakthebel 3 mit dem Ansatz 20 gegen den Umfang der zugehörigen Nutenscheibe 12, so daß die Kontakte 33 offen

Abb. 628.

gehalten werden. Die Nuten in den Scheiben 12 haben eine Länge von
$^1/_7$ des Umfanges der Scheibe und sind derart versetzt angeordnet, daß
bei einer Umdrehung des Senders S die Kontakte 33 je $^1/_7$ der Umlauf-
zeit geschlossen werden können.

Der Sender S wird bei jedem Druck auf eine Taste des Tastenwerkes unter Vermittlung der in Abb. 625 sichtbaren Auslöseschiene 13
ausgelöst. In Abb. 628 ist der Sender mit dem Auslösewerk und der
Sperreinrichtung für die Kombinationsschienen dargestellt, dessen Wirkungsweise an Hand der Abb. 629 erläutert werden soll.

Der Sender hat die Aufgabe, gleich nach Verlassen der Ruhestellung
den Anlaßstromschritt, sodann die fünf Stromschritte der Zeichenkombination und zuletzt den 7., den Sperrstromschritt, in die Leitung
zu geben. Die Achse 14 des Senders S, Abb. 625, 629, ist über eine
Reibungskupplung mit einer ständig umlaufenden, von einem Elektromotor angetriebenen Achse verbunden und wird um 360° gedreht,
sobald durch die Auslösung die Nase 34 freigegeben wird.

Die Auslöseschiene 13 bewegt sich beim Drücken einer beliebigen
Taste des Tastenwerkes nach rechts und geht durch Federzug wieder
in ihre Ruhestellung zurück, sobald die gedrückte Taste wieder losgelassen wird. Die Rechtsbewegung der Auslöseschiene zieht das
untere Ende des auf der Achse 38 drehbar gelagerten Auslösehebels
ebenfalls nach rechts. Die Auslöseklinke 32 veranlaßt hierbei eine
geringe Schwenkung des u-förmigen (ebenfalls auf Achse 38 gelagerten)
Sperrhebels 37. Dadurch kann der Zwischenhebel 35 die Sperrarme 34

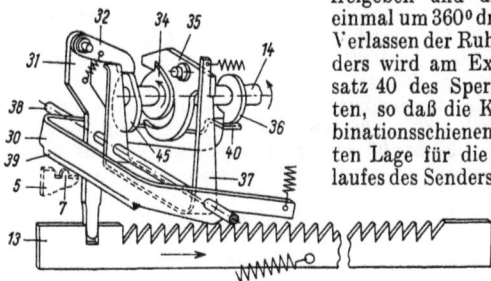

Abb. 629.

freigeben und die Achse 14 sich
einmal um 360° drehen. Sofort nach
Verlassen der Ruhestellung des Senders wird am Exzenter 36 der Ansatz 40 des Sperrbügels 30 abgleiten, so daß die Kante 39 der Kombinationsschienen in der eingestellten Lage für die Dauer eines Umlaufes des Senders sperrt. Die Kante
39 legt sich (je
nachdem, ob
die Schiene
nach rechts
oder nach
links verscho-
ben wurde)

entweder bei 15 oder bei 16 (s. Abb. 625 und die Nebenskizze) auf die
Kombinationsschiene. Das Zeichen wird somit auch dann richtig abgetastet, wenn die eben gedrückte Taste losgelassen und eine neue
gedrückt wird, ehe der Umlauf des Senders vollendet ist.

Die freigewordene Senderachse macht eine Umdrehung und gibt
die sieben Stromstöße in die Leitung: den negativen Anlaufstromschritt, die fünf Kombinationsimpulse und den positiven Sperrstromschritt. Der Anlaufstromschritt und der Sperrstromschritt werden
durch den in Abb. 625 rechts liegenden (sechsten) Kontakt gegeben,
der im Gegensatz zu den übrigen Kontakten 33 des Senders während

der Ruhestellung geschlossen ist, so daß bei Einfachstrombetrieb Ruhestrom in der Leitung fließt. Dieser Kontakt wird gleich bei Beginn des Umlaufes des Senders ebenfalls für $^1/_7$ der Umdrehung unterbrochen, und zwar dadurch, daß die Nutenscheibe 12 des sechsten Kontakthebels 3' (Abb. 625) diesen herausdrückt (s. Pfeilrichtung in Nebenskizze der Abb. 627).

Es wurde bereits erwähnt, daß beim Tastendruck durch die Kombinationsschienen 9 (Abb. 625, 626, 627) die Stromschrittkombination für ein Zeichen vorbereitet ist. Dreht sich nun der Sender, so werden die Kontakte 33, deren Kontakthebel 3 am waagerechten Arm von den Nasen 6 (Abb. 626, Nebenskizze I) festgehalten werden, offen bleiben, da infolge dieser Sperrung die Nase 20 nicht in die Nut 21 der zugehörigen Nutenscheibe 12 einfallen kann (s. Abb. 626, Nebenskizze II). Der offenbleibende Kontakt 33 bedeutet einen „Kein-Strom-Schritt".

Die Kontakte 33 derjenigen Kontakthebel, die am waagerechten Arm frei sind (s. Nebenskizze I, Abb. 626) schließen sich (unter dem Druck der Feder 11), sobald der Kontakthebel 3 mit Nase 20 beim Weiterdrehen des Senders an der Nut der zugehörigen Nutenscheibe angelangt ist (siehe Nebenskizze in Abb. 627). Dieser Stromschluß bedeutet einen positiven Stromstoß auf der Fernleitung.

Aus der Abb. 629 ist auch noch zu erkennen, wie das Anhalten der Senderachse 14 erfolgt, und zwar geschieht dies unabhängig davon, ob die Taste noch gedrückt oder bereits in die Ruhelage zurückgekehrt ist. Der Nocken 45 greift vor Vollendung des Umlaufs der Senderachse unter die Auslöseklinke 32 und verklinkt diese wieder mit dem Sperrhebel 37. Durch die Nase 34, die gegen den unteren Arm des Zwischenhebels 35 stößt, wird dieser auch angehoben und verklinkt sich in der gezeichneten Lage mit dem Sperrhebel 37. Zum Schluß des Umlaufes der Senderachse wird diese durch die Sperrnase 34 und Zwischenhebel 35 wieder angehalten. Durch den Nocken 36 wird der Sperrbügel 30 bei 39 wieder in die Höhe gestoßen, und die Kombinationsschienen 9 (5) sind für die nächste Einstellung wieder freigegeben.

Die Abb. 630 stellt den Stromverlauf auf der Leitung dar, wenn

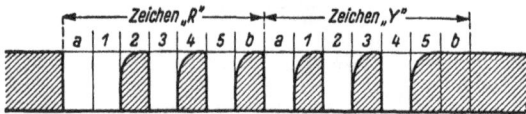

Abb. 630.

das Zeichen R und Zeichen Y gesendet wird. a bedeutet den Anlaufschritt (kein Strom), b den Sperrschritt (Plusstrom).

2. Der Empfänger.

Der Empfänger hat die Aufgabe, mit Hilfe eines einzigen Magneten, auf den die Leitungs-Stromstöße mittelbar oder unmittelbar einwirken, die Auslösung des Apparates herbeizuführen, die fünf Plus- bzw. Minus-

Stromstöße in je eine bestimmte Stellung von fünf Wählschienen umzusetzen und zuletzt den Apparat wieder anzuhalten. Von den Wählschienen aus erfolgt dann die Umsetzung des eingestellten Zeichens in Druckschrift. Die Abb. 631 zeigt den Empfänger, bestehend aus einem Elektromagneten mit 5 nebeneinander liegenden Ankern; links sind die 5 Wählschienen zu sehen, rechts die sogenannte Daumenbuchse, durch deren Vermittlung der Motor, gesteuert durch den Elektromagneten, die einzelnen Arbeitsgänge ausübt.

Über und senkrecht zu den Wählschienen liegen die später noch näher beschriebenen Zugstangen für die Typenhebel.

Abb. 631.

Der in der Ruhestellung stromdurchflossene Elektromagnet hält die fünf (getrennt frei beweglichen) Anker angezogen gegen den Zug von Federn, die jedem Anker zugeordnet sind. Wird der Elektromagnet stromlos (Anlaufstromschritt), so fallen alle fünf Anker, unterstützt durch den Zug der Ankerfedern, ab. Dieser Auslösevorgang soll an Hand der Abb. 632 näher beschrieben werden.

In der Abb. 632 ist durch die Skizze I die Ruhestellung des Empfängers dargestellt; der Elektromagnet mit den Kernen 1 hält die fünf Anker 2 angezogen.

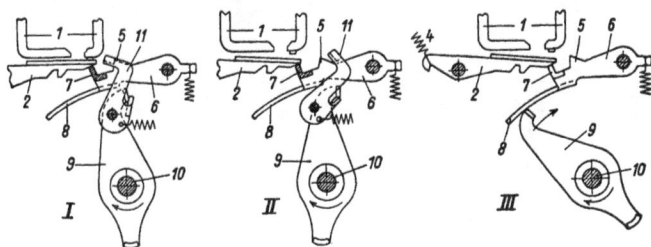

Abb. 632.

Die Achse 10 der Daumenbuchse ist über eine Reibungskupplung mit einer bereits umlaufenden vom Motor angetriebenen Achse verbunden, befindet sich aber in Ruhe, da der fest auf der Achse 10 sitzende Mitnehmer 9 über Anschlaghebel 11 an der Nase 5 des Bügels 6 festgehalten wird.

Die Skizze II derselben Abbildung veranschaulicht den Zustand kurz nach dem Eintreffen des Anlaufstromschrittes. Der Elektromagnet 1 hat alle fünf Anker 2 abfallen lassen. Die Anker hatten,

26*

unterstützt durch den Zug der Federn (4), die quer zu den Ankern verlaufende Leiste 7 abwärts gedrückt. Dadurch war auch der Bügel 6 mit Nase 5 so weit heruntergegangen, daß der Anschlaghebel 11 frei wurde. Die oben erwähnte Kupplung nimmt nun die Achse 10 mit und dreht sie um 360°. Skizze III der Abb. 632 zeigt den Zustand kurz vor Vollendung eines Umlaufes der Daumenbuchse. Der Mitnehmer 9 greift unter die Fahne 8 des Bügels 6 und drückt mittels der am Bügel angebrachten Leiste 7 alle fünf Anker 2 wieder an die Polschuhe des Elektromagneten 1. Geht in diesem Augenblick gerade Strom durch den Elektromagneten, so werden alle fünf Anker wieder gehalten, und die Ausgangsstellung (Skizze I) ist wieder erreicht.

Wie nun im Verlaufe der Umdrehung das Umsetzen der Stromstöße (+, —) in bestimmte Stellungen der Wählschienen stattfindet, soll an Hand der Abb. 633 und Abb. 634 erläutert werden. Jedem der fünf Anker 2 des Elektromagneten 1 ist zugeordnet: ein Wählhebel 5, ein Daumen 9, ein Schwert 12 und zwei Steuerhebel 16· Für alle Teile gemeinsam ist der Hubhebel 14 mit Nocken 15 und Sperrwinkel 17 mit Sperrstift 19 und Nocken 18.

Es wurde bereits ausgeführt, daß nach dem Eintreffen des Anlaufstromschrittes sämtliche fünf Anker des Empfangselektromagneten abgefallen sind. Nach $^1/_7$ des Umlaufes trifft der erste Stromstoß des zu übertragenden Zeichens ein. Der Daumen 9, Abb. 633, I, drückt über Ansatz 6 des Wählhebels 5 und dieser mit seiner oberen Spitze den zugehörigen (beispielsweise) ersten Anker gegen die Polschuhe des Elektromagneten. Trifft in diesem Moment ein Stromstoß aus der Leitung ein, so wird der Anker 2 angezogen und verbleibt in der in Skizze II gezeichneten Stellung. Die Arbeit des Ankeranlegens wird bei diesem Springschreiber so-

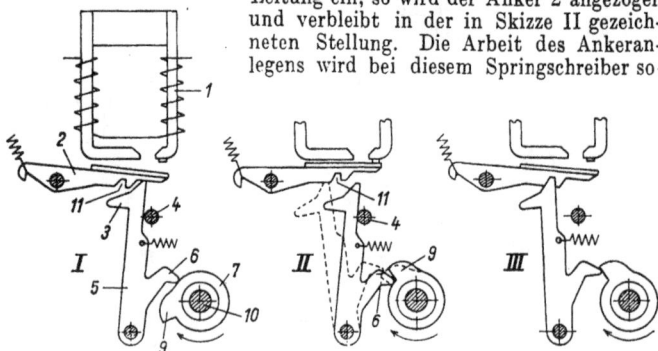

Abb. 633.

mit durch den Motor geleistet. Der Telegrafierstrom braucht also nur gering zu sein (etwa 40 mA), da er nur den Anker in angezogener Stellung zu halten hat. Bei Weiterdrehung der Daumenbuchse in Pfeilrichtung gleitet der Ansatz 6 des ersten Wählhebels vom Daumen 9 ab, und der Wählhebel selbst kehrt unter dem Zug der Feder in die in Abb. 633, II, gezeichnete Stellung (Anschlag 4).

Kommt im Moment des Ankerandrückens kein Stromstoß aus der Leitung, so wird nach Weiterdrehen des Daumens (Abb. 633, III) der Anker wieder zurückfallen und den betreffenden Wählhebel mittels des Einschnittes 11 in der geschwenkten Arbeitslage festhalten.

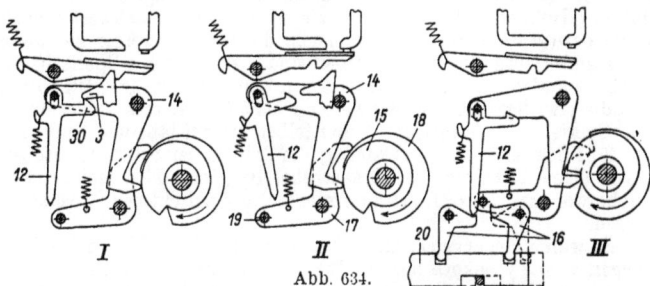

Abb. 634.

Von den fünf Wählhebeln gehen also alle diejenigen zurück in die Ruhestellung, bei denen während des Ankerandrückens der Elektromagnet einen „Strom"-Schritt erhielt. Alle anderen verbleiben (infolge der „Kein-Strom"-Schritte) in der verklinkten Stellung.

Ist der fünfte Wählhebel eingestellt, so erfolgt unmittelbar darauf die Übertragung der Wählhebeleinstellung auf je ein Schwert. Die Schwerter werden, wie oben gesagt, von einem gemeinsamen Hub-

Abb. 635.

hebel 14 (Abb. 634, I) angehoben und stellen sich hierbei ein. Ist der zugehörige Wählhebel mit dem Anker verklinkt, Abb. 634, I, so stößt beim erwähnten Hub Ansatz 30 des Schwertes gegen den Schnabel 3 des Wählhebels, wodurch das untere Ende des Schwertes sich nach links bewegt. Ist der Wählhebel in der Ruhestellung, so wird beim Hub des Hubhebels 14 die Spitze dieses zugehörigen Schwertes nach rechts bewegt, Abb. 634, II. Nachdem die fünf Schwerter auf diese Weise gleichzeitig eingestellt worden sind, hebt sich der Sperrstift 19 durch Einfallen des Sperrwinkels 17 in den Daumen 18. Hierdurch wird die jeweilige Lage der Schwerter 1 bis 5 (Spitze rechts oder links) vom Sperrstift 19 festgelegt. Unmittelbar hierauf läßt der Hubhebel alle fünf Schwerter fallen (Federn); die Spitzen der Schwerter stoßen je auf einen Hebelarm der Steuerhebel 16 (links oder rechts), wodurch, wie aus Abb. 634, III zu ersehen, die Wählschienen 20 verstellt werden.

Es wurde eingangs erwähnt, daß über den Wählschienen die Zugstangen vom Typenkorb liegen. Diese Zugstangen liegen alle in einer Ebene; die Abb. 635, die den Drucker veranschaulicht, zeigt auch die unterhalb des Typenkorbes liegenden Zugstangen. Die Einschnitte in den fünf Wählschienen sind so angeordnet, daß bei beliebiger Verstellung der Wählschienen gegeneinander immer jeweils nur ein durch alle fünf Schienen verlaufender Kanal gebildet wird, in den dann nur eine der Zugstangen einfallen kann. Ist dies geschehen, so wird diese Zugstange durch eine Falle 6, Abb. 636, die parallel zu den Wählschienen 9 unter allen Zugstangen verläuft, am vorderen hakenförmig ausgebildeten Teil erfaßt und nach rechts in die gestrichelt gezeichnete Stellung gezogen. Unter Vermittlung des Zwischenhebels 3 erfolgt dann das Hochschlagen des Typenhebels 1 gegen das Papier auf der Schreibwalze. Die Falle 6, ein flacher Blechstreifen, ist auf der Achse 8 drehbar gelagert und fest mit dem die Rolle 7 tragenden Hebelarm verbunden. Eine kräftige Feder drückt die Rolle 7 gegen das Exzenter 5. Das Exzenter wird von der dauernd vom Motor angetriebenen Druckerachse im richtigen Zeitpunkt in Tätigkeit gesetzt, und zwar erfolgt die Auslösung vom Mitnehmer der bereits früher beschriebenen Daumenbuchse.

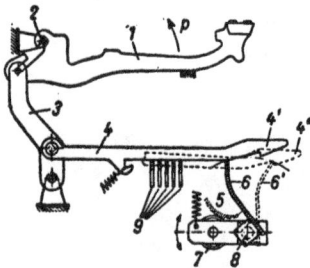

Abb. 636.

Während des Abdruckes eines eingestellten Zeichens sind alle Teile des Empfängers bis auf die Wählschienen für die Aufnahme eines neuen Zeichens frei, so daß das nächste Zeichen bereits während des Abdruckes des vorhergehenden aufgenommen werden kann. Nach dem Abdruck des Zeichens werden alle Zugstangen 4, Abb. 636, von den Wählschienen 9 abgehoben, so daß diese frei sind und im weiteren Verlauf wieder neu eingestellt werden können.

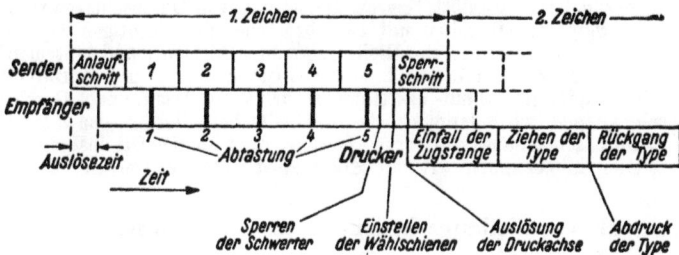

Abb. 637.

Die zeitliche Aufeinanderfolge der beschriebenen Vorgänge beim mechanischen Springschreiber veranschaulicht die Abb. 637. Aus dieser Darstellung ist zu erkennen, daß die Abtastung (bei diesem Springschreiber „das Wirksamwerden") der vom Sender ausgehenden Stromstöße etwa in der zeitlichen Mitte derselben erfolgt. Diese Mittelabtastung macht die empfangenen wirksam werdenden Stromstöße unabhängig von der Verzerrung und läßt beträchtliche Abweichungen in der Phase zwischen Sender und Empfänger zu, ohne daß Störungen in der Übertragung eintreten. Die Mittelabtastung kommt dadurch zustande, daß der Wählhebel sich etwa $1/8$ der gesamten Zeitdauer eines Stromschrittes hinter der Nase des Ankers befindet, Abb. 633, II; während dieser kurzen Zeitdauer wird entschieden, ob der Anker gehalten werden soll (Strom-Schritt) oder nicht (Kein-Strom-Schritt).

Der Wagen mit dem Papier wird nach Abdruck eines Zeichens um einen Zeichenabstand nach links verschoben; dieses geschieht durch eine Klinke, die in eine Zahnstange des Wagens eingreift, und zwar beim Rückgang der in Abb. 636 dargestellten Falle 6 in die Ruhestellung. Hier betätigt die Falle über ein Exzenter-Vorgelege die Fortschalteklinke für den Wagen.

Wagenrücklauf, Zeilenwechsel sowie der Übergang von Zahlen zu Buchstaben und umgekehrt wird durch je eine besondere Zeichenkombination, der wiederum eine besondere Zugstange beim Empfänger

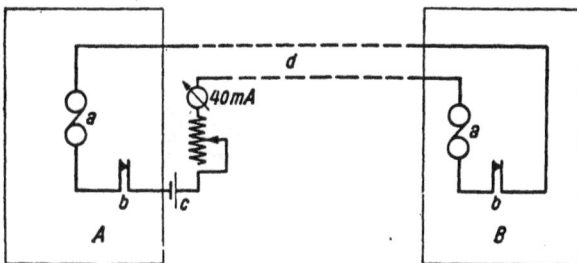

Abb. 638.

zugeordnet ist, ausgelöst. Zwecks Herstellung von Durchschlägen wird
der Originalpapierstreifen mit zwei bzw. vier durchsichtigen Papierstreifen zusammen auf eine Rolle gebracht. Das Farbband läßt man
dann zwischen dem 1. und 2. sowie zwischen dem 3. und 4. Durchschlagpapier einmal hin- und einmal zurücklaufen. Das 1. und 3. Durchschlagpapier wird dann auf der Rückseite beschrieben, das 2. und
4. Durchschlagpapier auf der Vorderseite. Auch können Originalpapierstreifen in bekannter Art mit Kohlepapier unterlegt werden.

B. Vermittlungseinrichtungen und Hilfsgeräte [1]).

a) Selbsttätiger Ein- und Ausschalter.

Die einfachste Schaltung, in der zwei Fernschreiber auf kurze
Entfernungen miteinander verkehren können, ist in Abb. 638 gezeichnet. Mit a ist jeweils der Empfänger, mit b der Sender bezeichnet;
c ist die gemeinsame Batterie, d die Verbindungsleitung. Um dem
Fernschreiber die größte Verwendbarkeit zu sichern, muß die Möglichkeit gegeben sein, eine Maschine von fern einzuschalten, ohne
daß an dieser Maschine eine Bedienungsperson zugegen ist. Das

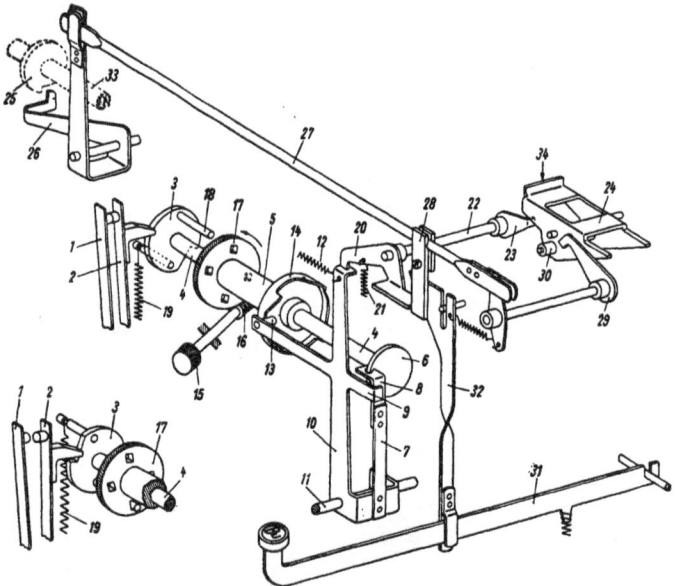

Abb. 639.

[1]) Roßberg, E., Fernschreib-Vermittlungseinrichtungen. Siemens-Z.
12 1932, 149—55.

Einschalten geschieht durch den Telegrafierstrom selbst, der einen selbsttätig wirkenden Schalter betätigt. 30 bis 40 Sekunden nach Beendigung der Übertragung wird die Maschine selbsttätig wieder in die Ruhelage versetzt. Die Wirkungsweise dieses sogenannten Auslaufschalters ist aus Abb. 639 zu erkennen. In dieser Darstellung sind die Einzelteile der Anordnung zum Zwecke der besseren Übersicht etwas auseinandergezogen gezeichnet. Der Antriebsmotor des Fernschreibers wird über das Federpaar 1, 2 ein- und ausgeschaltet. In der Nebenskizze der Abb. 639 ist der Schalter im geöffneten, in der Hauptzeichnung im geschlossenen Zustand gezeichnet. Der Schaltnocken 3 mit Feder 19 und Kuppelungsstift 18 sitzen fest auf der Achse 4, auf der auch der Flansch 6 befestigt ist. An der Buchse 5, die leicht drehbar auf der Achse 4 gelagert ist, sind das Schneckenrad·17 und die Kurvenscheibe 14 befestigt. Die Buchse mit der Kurvenscheibe wird, während die Maschine läuft, über Schnecke 16 und Schneckenrad 17 dauernd ganz langsam in der Pfeilrichtung gedreht. Der Steuerhebel 10, der auf der Achse 11 drehbar gelagert ist, trägt am linken Arm die Rolle 13, die auf der Kurvenscheibe 14 abrollt. Durch die Feder 12, die am oberen Ende des Steuerhebels 10 angreift, wird die Rolle 13 dauernd gegen die Kurvenscheibe 14 gedrückt. Am unteren Bügel des Steuerhebels 10 ist eine Blattfeder 7 befestigt, die mit dem oberen umgekröpften und mit einem Einschnitt versehenen Ende 8 den Flansch 6 umfaßt. Die Feder 7 ist etwas vorgespannt und liegt gegen das umgebogene Ende des rechten Armes 9 vom Steuerhebel 10 an.

Dreht sich die Kurvenscheibe, so gleitet die Rolle 13 auf einen der vier Nocken auf und verdreht hierbei den Steuerhebel 10 im Uhrzeigersinne. Die Klinke 20 kann hierbei einfallen und den Hebel 10 festhalten. Solange jedoch Telegrafierzeichen einlaufen und die bei der Auslösung abfallenden Anker des Empfangs-Elektromagneten auf Hebelarm 23 aufschlagen, wird über Achse 22 die Klinke 20 immer wieder ausgehoben.

Laufen keine Zeichen mehr ein, so kann die Klinke 20 den Steuerhebel 10 festhalten; die Feder 7 ist stärker gespannt und zieht die Achse 4 so weit nach rechts, daß der Kuppelungsstift 18 im weiteren Verlauf der Drehung von 17 in einen der Ausschnitte des Schneckenrades eingreift und nun auch der Schaltnocken 3 gegen den Zug der Feder 19 gedreht wird. Hat der Aufhängestift der Feder 19 die höchste Lage überschritten, so fällt Feder 2 mit ihrem Ansatz in den Ausschnitt des Schaltnockens 3 ruckartig ein. Der Kontakt zwischen den Federn 1 und 2 wird plötzlich unterbrochen und der Motor des Fernschreibers stillgesetzt. Siehe Nebenskizze im Bild links unten.

Soll der Betrieb wieder aufgenommen werden, so muß an dem Fernschreiber, der mit dem Senden beginnen will, die Taste „Buchstaben" (Bu) gedrückt werden. Über 31 und Zugstab 32 wird die Klinke 20 so gedreht, daß sie den Hebel 10 freigibt. Unter dem Einfluß der Feder 12 wird nun über 7, 8, 6, Achse 4 mit Scheibe 3 und Stift 18 so weit nach links verschoben, daß der Stift 18 außer Eingriff mit 17 kommt. Achse 4 kann sich nun wieder frei drehen, so daß Feder 19 erneut zur Wirkung kommt und die Scheibe 3 in die in der Hauptzeichnung dargestellte Lage bringt. Das geschieht wiederum ruckartig, so daß auch der Kontakt zwischen den Federn 1 und 2 plötzlich geschlossen und der Antriebsmotor eingeschaltet wird.

Der Motor des anderen Fernschreibers wird ferneingeschaltet durch Aussenden der für „Buchstaben" vorgesehenen Stromschrittfolge bestehend aus dem „Keinstrom"-Anlaufschritt und fünf Stromschritten für das Zeichen selbst. Am fernen Empfänger fallen alle Anker der Empfangsmagneten ab und drücken bei 34 auf den Schaltbügel 24. Der Bügel dreht sich um die Achse 30 und hebt über 23 und Achse 22 die Klinke 20 aus. Hierdurch wird am fernen Apparat ebenfalls das Schließen des Motoreinschaltkontaktes 1,2 herbeigeführt.

Auf diese Weise ist es in der in Abb. 638 dargestellten Schaltung möglich, einen Fernschreib-Verkehr durchzuführen, ohne daß an dem empfangenden Apparat eine Bedienung erforderlich ist.

Die Einrichtung 25, 26, 27, 28, 29, 30 dient zum Ausschalten des Empfängers des sendenden Fernschreibers wenn das Mitschreiben des eigenen, als Sender arbeitenden Apparates nicht erwünscht ist.

b) Der Namengeber.

Beim Fernschreibverkehr über Vermittlungseinrichtungen (Zentralen) muß, insbesondere bei vollselbsttätigen Zentralen, der Anrufende eine Kontrolle darüber haben, daß der von ihm verlangte und über die Vermittlungseinrichtung auch erreichte Teilnehmer wirklich der Gewünschte und daß dessen Apparat betriebsbereit ist. An jedem Teilnehmerapparat muß deshalb eine Einrichtung vorgesehen sein, die auf telegrafischem Wege eine eindeutige Meldung abgibt, aus der der Anrufende sofort erkennen kann, ob er mit dem gewünschten Teilnehmerapparat verbunden ist. Solche Einrichtungen werden als Namengeber bezeichnet, denn es ist am zweckmäßigsten, diese Meldung gleich als Namen des Teilnehmers zu gestalten, z. B. „Börse-Berlin" oder „Deutsche Bank".

Abb. 640.

Das Tastenfeld des Fernschreibers hat eine Taste mit der Aufschrift „Wer da" (s. Abb. 524). Wird diese Taste gedrückt, so sendet der Sender eine Stromschrittfolge (s. Abb. 524) aus, die beim fernen Empfänger, mit dem der Sender verbunden ist, den Namengeber anlaufen läßt. Der ausgelöste Namengeber setzt den Sender des gewählten und angerufenen Apparates in Gang, der den Namen dieses Apparates dem Anrufenden meldet.

Die Abb. 640 veranschaulicht den Zusammenbau des Fernschreibersenders mit dem Namengeber; an Hand der Abb. 641 soll die Wirkungsweise dieses Teilapparates erläutert werden. Der Namengeber tist so gebaut, daß er, einmal ausgelöst, den Sender des Fernschreiber ffür die Reihenfolge einiger Zeichen (die den Namen des betreffenden Fernschreiber-Inhabers bedeuten) wie von der Tastatur ausgehend bestäitg. Der Namengeber ersetzt also in diesem Falle die Bedienungsperson am unbedienten Fernschreiber.

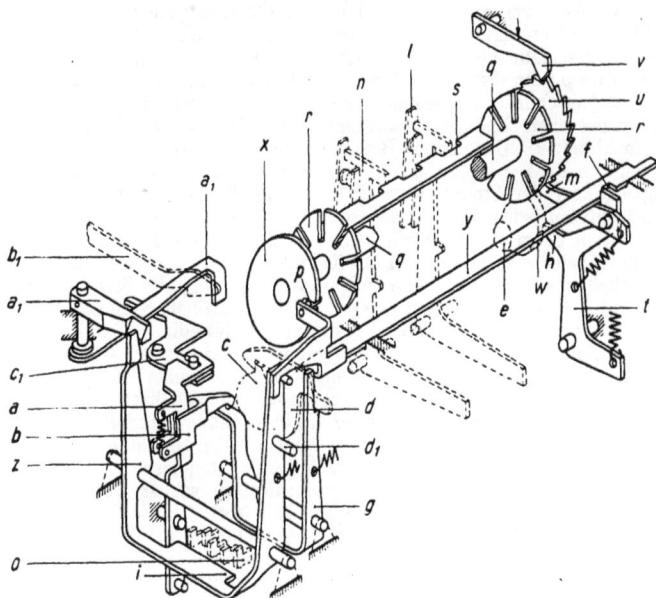

Abb. 641.

Auf der Achse q, die z. T. abgebrochen gezeichnet ist, sind zwei mit Einschnitten versehene Flansche r angebracht, In die Einschnitte werden Wählkämme s eingelegt, die mit den punktiert gezeichneten Kontakthebeln n des Senders zusammenarbeiten sollen. Über das Schaltrad u mit Rasthebel v können über Schalthebel t mit Klinke m nacheinander die verschiedenen Kämme s vor die Enden der Kontakthebel n gebracht werden. Bei jeder Umdrehung der Senderachse e wird über den Nocken w der Schalthebel t einmal betätigt. In der Ruhestellung wird die Achse q des Namengebers durch Stift p, der in einen Schlitz am Steuerflansch x eingreift, gehalten.

Befindet sich der Namengeber in Ruhestellung, so liegt vor den Nasen der Kontakthebel n kein Wählkamm, auch läuft der Nocken w der Senderachse beim gewöhnlichen Arbeiten des Fernschreibers dauernd an der Nase h des Schalthebels t vorbei, da die Steuerschiene y den Schalthebel t in der gezeichneten Lage sperrt. Wird bei einem fernen Sender, der diesen Fernschreiber über eine Vermittlungszentrale gewählt und in Gang gesetzt hat, die „Wer da"-Taste etwa 8 Sekunden lang niedergedrückt, so wird durch die eintreffende Stromschrittfolge zunächst die Zugstange b einfallen, von der Druckerfalle (s. Abb. 636.6) erfaßt und nach rechts gezogen. Dadurch wird über den Winkelhebel a_1 der Bügel z am oberen Ende nach links geschwenkt. Diese Bewegung des Bügels z veranlaßt das Anlaufen des Namengebers. Die Wählschienen o werden stillgesetzt, indem die Leiste i alle Schienen o nach rechts verschiebt; auch die Steuerschiene y wird nach links verschoben. Der Stift p gibt den Steuerflansch x frei und Schalthebel t bekommt in dem Einschnitt f Bewegungsfreiheit. Die Steuerschiene y stößt auch gegen das obere Ende des Sperrhebels g und löst den Sender aus (vgl. 37 in Abb. 629). Gleich nach Beginn der Senderumdrehung fällt Schalthebel t in die Vertiefung w, da er jetzt, wie bereits erwähnt, vor dem Einschnitt f der Steuerschiene y liegt. Die Walze des Namengebers wird nun bei jedem Umlauf des Senders um einen Schritt gedreht und bei jedem Schritt kommt ein neuer Wählkamm s vor die Nasen der Kontakthebel n zu liegen. Da die Kontakthebel n von den nach rechts verschobenen Wählschienen o freigegeben sind, wird die Stromschrittfolge („Strom" oder „Kein Strom" an den einzelnen Kontakthebeln) nur durch die Einschnitte oder Vorsprünge des jeweiligen Wählkammes s bestimmt. Der Stift p bleibt nun während der ganzen, schrittweise erfolgenden Umdrehung der Namengeberwalze außer Eingriff mit Steuerflansch x. Die Steuerschiene y bleibt auch nach links verschoben, so daß auch der Sperrhebel g in der Auslösestellung verharrt. Infolgedessen läuft der Sender weiter bis nach einem vollen Umlauf des Namengebers der Stift p wieder in den Ausschnitt der Steuerscheibe x einfällt. Daraufhin verschiebt sich die Steuerschiene y wieder nach rechts, Sperrhebel g geht in Ruhestellung und hält über d, c die Senderachse an. Bei der vollen Umdrehung der Namengeberwalze haben die Kontakthebel n in zeitlicher Aufeinanderfolge alle Wählkämme s abgetastet, wobei bei jedem Abtasten eines Wählkammes ein Zeichen zum anrufenden Teilnehmer gesendet wurde, so daß beim anrufenden Fernschreiber, der die „Wer da"-Taste drückte, der Name des angerufenen Apparates auf dem Empfangsstreifen oder -blatt niedergeschrieben wurde.

c) Vermittlungszentralen[1]).

Es bestehen im Nahverkehr zwei Möglichkeiten, Fernschreibteilnehmer wahlweise miteinander zu verbinden,

    1. durch Errichtung eigens für den Fernschreibverkehr vorgesehener Vermittlungszentralen,

---

[1]) Friedrich, K., Der Weg zum internationalen Fernschreibteilnehmer-Verkehr. Z. Fernmeldetechnik 15, 1934, 19—22.

2. durch Benutzung der vorhandenen Fernsprechzentralen und des vorhandenen Leitungsnetzes wechselzeitig für das Fernschreiben und das Fernsprechen.

Die Abb. 642 soll beispielsweise den Grundgedanken einer besonderen für den Fernschreibverkehr eingerichteten Wähleranlage dar stellen. Die an die Wählerzentrale angeschlossenen Teilnehmerapparate sind jeweils durch den Sendekontakt und den Empfangsmagneten versinnbildlicht. Durch den ebenfalls zeichnerisch angedeuteten Nummernschalter (s. d.) kann jeder Teilnehmer den zugehörigen Wähler in der

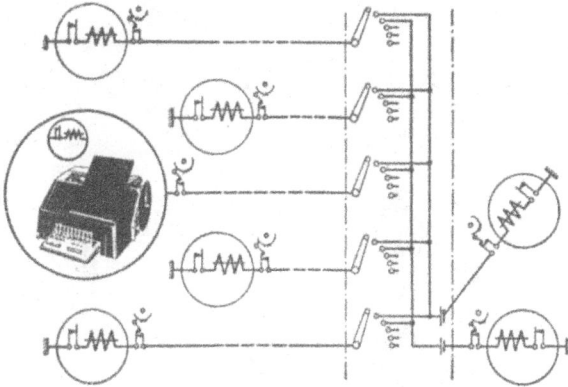

Abb. 642.

Zentrale fortschalten und auf diese Weise den gewünschten Teilnehmer wählen. Jeder Teilnehmer erhält neben dem Fernschreiber selbst eine Zusatzeinrichtung mit folgenden Apparaten:

1. eine Ruftaste bzw. Wählscheibe (Nummernschalter) zum Anruf der Zentrale bzw. Auswahl des gewünschten Apparates,
2. eine Schlußtaste, durch die das Schlußzeichen nach der Zentrale gegeben werden kann,
3. ein gepoltes Einschalterelais, das beispielsweise durch Stromumkehr in der Zentrale umgelegt wird und dadurch
4. ein Starkstromrelais erregt zwecks Einschaltung des Antriebsmotors und für weitere später noch zu erörternde Vorgänge.

Durch die Abb. 643 soll der Grundgedanke eines wechselzeitigen Fernsprech- und Fernschreibbetriebes erläutert werden. Die Fernsprechteilnehmer-Anschlüsse (F_I und F_{II}) erhalten die Möglichkeit, nach Herstellen der Verbindung über die Zentrale (Amt) Z beliebig nach Verabredung ihre Fernschreiber an die Teilnehmerleitungen zu schalten (Schalter U_1, U_2) und nun schriftliche Mitteilungen zu senden. Durch die Zusatzeinrichtungen Tt_1 und Tt_2 werden die Telegrafier-Stromstöße in eine solche Form gebracht, daß sie ohne Beeinflussung der Nachbarleitungen das Kabelnetz durchlaufen und auch in der Zentrale *Z* keine Störungen veranlassen.

Die Vermittlungseinrichtungen für den reinen Fernschreibverkehr (handbedient oder nach dem Wählersystem) unterscheiden sich in einigen Teilen von denen für den Fernsprechverkehr. Im Nah- oder Ortsverkehr betragen die Entfernungen zwischen Teilnehmer und Zentrale in der Regel nur einige Kilometer, so daß Relaisübertragungen im Leitungszug nicht erforderlich sind. Sind zwei mit Ruhestrom betriebene Teilnehmer-Anschlußleitungen dennoch so lang, daß eine Relais-Übertragung notwendig ist, so ordnet man diese Übertragung in der Zentrale an.

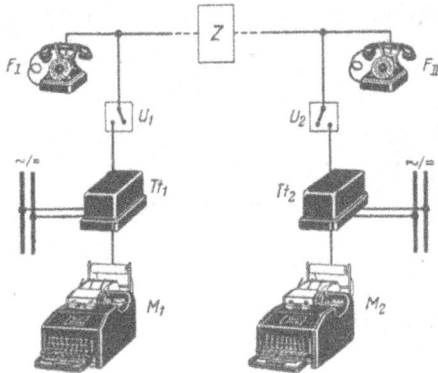

Abb. 643.

In der Zentrale schließt man gewöhnlich jede ankommende Teilnehmerleitung durch ein Relais ab. Der Relaisabschluß dient dazu, in der Zentrale die gleiche Betriebsart, z. B. Doppelstrom (s. d.), für alle Anschlüsse zu erhalten, wohingegen auf den Leitungen Ruhestrom-, Arbeitsstrom-, Doppelstrom- oder auch noch andere Betriebsstromarten benutzt werden können.

1. Handbediente Fernschreibzentralen.

Die Bedienungsperson in der handbedienten Zentrale muß in der Lage sein, den anrufenden Fernschreibteilnehmer abzufragen, die gewünschte Verbindung herzustellen und die Maschine des anzurufenden Teilnehmers in Betrieb zu setzen. Es kann allerdings die Einrichtung auch so gebaut werden, daß das Anlassen und Stillsetzen der Maschine des angerufenen Teilnehmers auch von dem Anrufenden aus erfolgt. Hierfür gibt es schaltungstechnisch verschiedene Möglichkeiten.

Bei einer geringen Anzahl von Teilnehmeranschlüssen genügt als Vermittlungseinrichtung eine kleine handbediente Zentrale, etwa wie die in der Abb. 644 dargestellte Einrichtung. Während bei größeren

Abb. 644.

Vermittlungseinrichtungen für Handbedienung die Verbindungen mit
Schnur und Stöpsel (s. Abb. 646) hergestellt werden, sind bei der kleinen
handbedienten Zentrale Kippschalter vorgesehen. Zu der in der Abb.
644 dargestellten kleinen Zentrale gehört eine im Vordergrund des Bildes
sichtbare Abfragemaschine. Die Stromversorgung, in der Regel
Trockengleichrichter für unmittelbare Netzspeisung, und die Relais
sind getrennt angeordnet.

Die Abb. 645 veranschau-
licht den Grundgedanken der
Schaltung dieser Vermittlungszentrale. Jeder der fünf Teilnehmeranschlüsse T_1—T_5 führt
zu einem Kippschalter U_1—U_5.
M ist die Abfragemaschine mit
dem Kippschalter U_a. Wie die
Abb. 644 zeigt, befindet sich
unter jedem Kippschalter eine
kleine Anruflampe, die aufleuchtet, sobald die Zentrale von
einem Teilnehmer 'angerufen
wird. Jeder Kippschalter hat
drei Stellungen. Ruft ein Teilnehmer, z. B. T_1 die Zentrale
an, es leuchtet seine Anruflampe
auf, so kann dieser Teilnehmer
mittels der Abfragemaschine M
abgefragt werden, wenn vorher

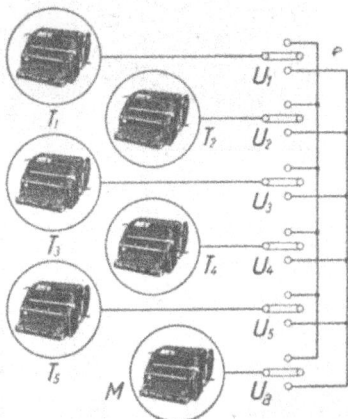

Abb. 645.

die Kippschalter U_1 und U_a nach unten umgelegt wurden. Will Teilnehmer T_1 den Teilnehmer T_5 haben, so wird eine solche Verbindung durch Umlegen der Schalter U_1 und U_5, z. B. in die untere Stellung, hergestellt. Schalter U_a wird hierbei wieder in die Mittelstellung gebracht. Während Teilnehmer T_1 und T_5 verbunden sind, kann noch eine zweite Verbindung hergestellt werden, z. B. zwischen den Anschlüssen T_2 und T_3. Hierbei müssen die Kippschalter U_2 und U_3 in die obere Stellung umgelegt werden. Legt man alle Kippschalter U_1—U_5 nach der gleichen Seite um, so können die angeschlossenen Teilnehmer in dieser „Konferenz"-Schaltung wechselseitig beliebig verkehren.

Abb. 646.

Größere Fernschreibzentralen, Abb. 646, werden in Schrankform ausgeführt. Dieses Bild zeigt einen kleinen Standschrank für 15 Teilnehmeranschlüsse, mit fünf Schnurpaaren zum Verbinden einzelner Teilnehmer dazu fünf Verbindungsschnüre zum Herstellen von Konferenzschaltungen; s. d.

Neben den Vermittlungsschrank ist, auf einem schwenkbaren Stahlrohrtisch, der Abfrage-Fernschreiber angeordnet.

Die Abb. 647 zeigt die vereinfachte Schaltung der Handvermittlungszentrale. Die Kenntnis der Einzelapparate (siehe Fernsprechtechnik, Kapitel IV) der Fernsprechzentraleinrichtungen wird bei nachfolgenden Beschreibungen vorausgesetzt. In der Schaltungsabbildung

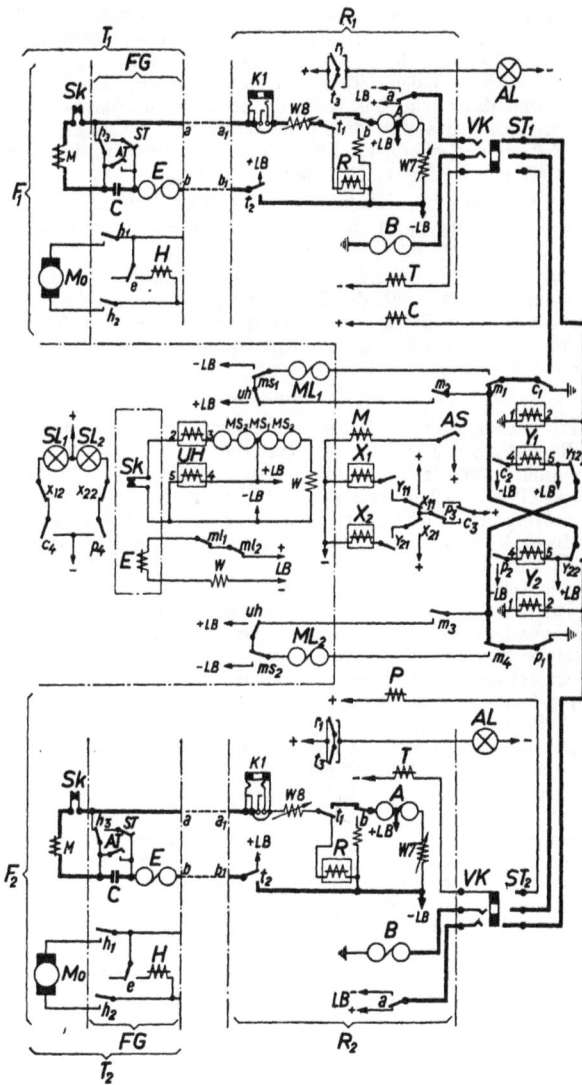

Abb. 647.

647 sind zwei Teilnehmeranschlüsse T_1 und T_2 mit mechanischen Fernschreibern F_1 und F_2 dargestellt, die über Ortsleitungen aa_1, bb_1 mit der Zentrale verbunden sind. Jede Teilnehmerleitung endet auf einem besonderen Relaisabschluß R_1 (R_2), der aus den beiden Telegrafenrelais A und B sowie den Hilfsrelais R und T besteht. Die Teilnehmerschleife und das Anrufrelais R in der Zentrale sind im Ruhezustand stromlos. Der Teilnehmer fordert die Zentrale an, indem er die Anruftaste AT im Fernschaltgerät FG umlegt. Hierdurch wird ein Gleichstromkreis für das Relais R in der Zentrale geschlossen:

$-LB$, Relais R, Kontakt t_1, Abgleichwiderstand $W\,8$, Meßklinke $K\,1$, Leitung a_1—a, Kontakt h_3, Taste AT, gepoltes Relais E Leitung b—b_1, Kontakt t_2, $+LB$.

Relais R spricht an und über Kontakt r_1 wird die Anruflampe AL eingeschaltet. Führt nun die Bedienungsperson in der Zentrale den Stöpsel ST_1 eines freien Schnurpaares in die der Anruflampe AL zugeordnete Klinke VK ein, so spricht über die c-Ader der Schnur das Prüfrelais C an:

$+$, Relais C, Stöpsel ST_1, Klinke VK, Relais T, $-$.

Das Relais T trennt mit seinem Kontakt t_3 den Stromkreis der Anruflampe AL wieder auf. Die Kontakte t_1 und t_2 veranlassen eine Stromumkehr in der Teilnehmerschleife. Dadurch legt in der Teilnehmerstelle T_1 im Fernschaltgerät FG das gepolte Relais E um, Kontakt e bringt das Relais H zum Ansprechen, dessen Kontakte h_1, h_2 den Motor Mo einschalten, während h_3 den Kurzschluß des Fernschreibers F_1 aufhebt. Das Anrufrelais R wird bei t_1 abgeschaltet. Dafür wird das Telegrafenrelais A über Kontakt b (oben) in die Leitung eingeschleift. In der dargestellten Schaltung wird in der Teilnehmeranschlußschleife mit Einfachstrom gearbeitet, während in der Zentrale die Zeichenübermittlung mittels Doppelstrom erfolgt. Das Umsetzen von Einfachstrom in Doppelstrom geschieht über Relais A, in dessen linker Wicklungshälfte 40 mA und in dessen rechter Wicklungshälfte 20 mA Strom fließen.

Die Bedienungsperson in der Zentrale erkennt die Betriebsbereitschaft des rufenden Teilnehmers am Erlöschen der Überwachungs- und Schlußlampe SL_1, die beim Ansprechen des Prüfrelais C über Kontakt c_4 eingeschaltet wurde. Die Lampe SL_1 erlischt, da das A-Relais seinen Anker a umgelegt hat und über einen Stromkreis: a, Klinke VK, Stöpsel ST, Relais Y_1 (Wicklung 1,2), Erde, das Y_1-Relais erregt wurde, dessen Kontakt y_{11} seinerseits das Relais X_1 zum Ansprechen brachte: Relais X_1, Kontakte y_{11}, x_{11}, p_3, c_3, $+$. Der Kontakt x_{12} reißt den Stromkreis der Überwachungslampe SL_1 auf. Die Bedienungsperson in der Zentrale kann nun mittels eines als Abfrageapparat dienenden Fernschreibers den anrufenden Teilnehmer abfragen. Beim Stecken des Abfragestöpsels hat die Bedienung des Vermittlungsschrankes den Abfrageschalter AS umgelegt und das Relais M zum Ansprechen gebracht, das den Motor des Fernschreibers einschaltet und die Kontakte m_1 bis m_4 betätigt. Die Telegrafierzeichen werden nun von der Abfragemaschine zum Teilnehmer über folgende, durch Relaiskontakte abhängige Kreise übertragen: Sendekontaktkreis der Abfragemaschine mit den Relais MS_1, MS_2, UH, Widerstand W und dem Sendekontakt Sk; $+LB$, uh (bzw. $-LB$), Kontakt ms_1, Relais ML_1, Kontakt m_1, Kontakt c_1, Stöpsel ST_1, Klinke VK, Relais B, Erde; Stromkreis der Teilnehmerschleife, der durch den Kontakt b gesteuert wird.

Das Relais UH in der Schaltung der Abfragemaschine spricht bei der ersten Unterbrechung am Sendekontakt Sk an, weil seine Wicklung 5,4 wirksam wird, die vorher durch die entgegengesetzt wirkende Wicklung 2,3 in ihrer Wirkung aufgehoben wurde. Relais UH hält sich während einer Stromstoßfolge erregt und schaltet über Kontakt $uh + LB$ an den Kontakt ms_1 des Telegrafenrelais MS_1.

In umgekehrter Richtung, von der Teilnehmerstelle zur Abfragemaschine, verlaufen die Telegrafierstromschritte über folgenden Weg: Sendekontakt Sk beim Teilnehmer T_1 unterbricht den Stromkreis der Teilnehmerleitung im Takte der Telegrafierzeichen, die linke Wicklung des Relais A (40 mA) wird hierbei stromlos, so daß die rechte Wicklung, in der nur 20 mA fließen, wirksam wird und den Anker a bei jeder Unterbrechung nach $-LB$ umlegt. Von Anker a gehen die Zeichen als Doppel-stromimpulse weiter über Klinke VK, Stöpsel ST_1, Kontakt y_{12}, Kontakt m_3, uh, ms_2, Relais ML_2, Kontakte m_4, p_1, Erde.

Das Relais ML_2 steuert mit seinem Kontakt ml_2 den Empfänger E der Abfragemaschine: $+LB$, Kontakte ml_2, ml_1, Empfänger E, Widerstand w, $-LB$.

Nach Beendigung des Abfragevorganges verbindet die Bedienung der Vermittlung den rufenden Teilnehmer weiter zum gerufenen Teilnehmer, indem sie den Stöpsel ST_2 in die Klinke VK des zweiten Teilnehmers steckt. Im Relaisabschluß R_2 dieses Teilnehmers wird über den Prüfstromkreis das Relais T zum Ansprechen gebracht: $+OB$, Relais P, Stöpsel ST_2, Klinke VK, Relais T, $-OB$. Die Kontakte t_1, t_2 bewirken Stromumkehr der Teilnehmerleitung des Teilnehmers T_2, so daß dort das Relais E umlegt und über Relais H den Motor Mo des Fernschreibers F_2 einschaltet. Kontakt h_3 bewirkt gleichzeitig die Überbrückung des Kondensators C, so daß der Ruhestrom von 40 mA in der Teilnehmerschleife fließen kann. Relais A des Relaisabschlusses R_2 legt seinen Anker a nach $+LB$ um und bewirkt auf dem Weg über VK und Stöpsel ST_2 das Ansprechen des Relais Y_2 (Wicklung 1,2) im Schnurpaar. Kontakt y_{22} schaltet die

Abb. 648.

27*

Leitung durch zum Stöpsel ST_1 und dort weiter zum Relaisabschluß R_1 des rufenden Teilnehmers.

Die Relais Y_1 und Y_2 im Schnurpaar dienen zur Verbindungsüberwachung. Sie haben zwei Wicklungen 1,2 und 4,5, die sich unterstützen, wenn über die Telegrafieradern Trennstrom fließt ($+LB$) und die sich gegenseitig aufheben, wenn über die Telegrafieradern Zeichenstrom fließt ($-LB$). Die Relais Y_1 und Y_2 dienen in Zusammenarbeit mit X_1 und X_2 der Schlußzeichenüberwachung und sind sämtlich abfallverzögert. Wenn am Schluß der Verbindung einer der beiden Teilnehmer die Schlußtaste ST drückt, so öffnet er den Ruhestromkreis der Teilnehmerleitung und veranlaßt, daß Relais A längere Zeit seinen Anker a nach $-LB$ umlegt. Dadurch fällt in der Vermittlung das Schlußzeichen-Überwachungsrelais Y_1 bzw. Y_2 ab. Anschließend fällt auch das zugehörige Relais X_1 oder X_2 ab, dessen Kontakte x_{12} bzw. x_{22} die Schlußlampen SL_1 bzw. SL_2 zum Aufleuchten bringen. Leuchten beide Schlußlampen, so trennt die Bedienung der Vermitt-

Abb. 649.

lung ohne weiteres, leuchtet nur eine Schlußlampe, so schaltet sich die Vermittlung durch nochmaliges Drücken des Abfrageschalters AS als Mitleser ein. Über die Kontakte m_1, m_2 und m_3, m_4 sind die beiden Telegrafenrelais ML_1 und ML_2 in die Telegrafierverbindung der beiden Teilnehmer mit eingeschleift, ebenso sind die Anker ms_1 und ms_2 der Mitschreibeschaltung der Abfragemaschine mit eingeschleift. Über diese Wege kann die Bedienung der Vermittlung auf ihrem Abfrage-Fernschreiber in der bestehenden Verbindung mitlesen und auch mitschreiben.

Die zu jeder Vermittlungszentrale gehörenden Zusatzeinrichtungen sind an einem Relaisgestell, Abb. 648, angebracht, wobei die Telegrafen und Schaltrelais je Teilnehmeranschluß auf sog. Relaisschienen, Abb. 649, angeordnet sind. Die Relaisschiene kann man durch Umlöten nur einiger Drahtverbindungen für Anschlußleitungen verschiedener Betriebsart leicht umschalten und zwar 1. für einfache Ortsteilnehmerleitungen in Zweidraht-Ruhestrombetrieb, 2. für Fernteilnehmerleitungen, die in Unterlagerungs- oder Wechselstromtelegrafie-Betrieb zu weit entfernt liegenden Teilnehmeranschlüssen führen, 3. für Amtsverbindungsleitungen, die zu anderen Zentralen führen und 4. für Verbindungsleitungen, die zu Fernschreibwählerämtern führen. Aus der Abb. 648 ist noch zu ersehen, daß am Gestell außer den Relaisschienen noch ein Feld mit Klinken und Meßgeräten angeordnet ist. Es sind hier Schaltmittel vorgesehen, mit denen es möglich ist in jeden wichtigen Stromkreis der Relaisabschlußschiene die Meßgeräte einzuschalten und Messungen durchzuführen.

An einem weiteren Gestell der Zentraleinrichtung ist je ein besonderer Rahmen, der die Sicherungseinrichtungen enthält und einer, der die Relais und die Signallampen für die Durchführung der Konferenzschaltung trägt, angebracht.

Zur Zentraleinrichtung gehört außerdem noch eine geeignete Stromversorgung, in der Regel ein an das Lichtnetz angeschlossener Gleichrichter, der alle notwendigen Telegrafier- und Signal-Ströme in der erforderlichen Gleichförmigkeit liefert. Zu diesem Zweck sind besondere, mit Trockengleichrichtern ausgestattete Telegrafengleichrichter, Abb. 127, gebaut worden.

2. Rundschreib- und Konferenzschaltungen.[1])

Neuerdings wird bei Vermittlungsanlagen häufig der Umstand ausgenutzt, daß man bei der Fernschreibmaschine von einer Stelle aus an eine beliebig große Anzahl von Empfängern gleichzeitig Nachrichten absetzen kann. Man unterscheidet hierbei zwei Grundformen:

1. den Rundschreibbetrieb, bei dem ein Sender Nachrichten gleichzeitig an alle Empfänger gibt, die Empfänger beschränken sich auf die Entgegennahme dieser Nachrichten, während sie selbst keinerlei Sendung vornehmen,
2. den Konferenzbetrieb, der so ausgebildet ist, daß jeder an das Konferenznetz angeschlossene Teilnehmer die Möglichkeit hat, von sich aus ohne besondere Umschaltungen Nachrichten an alle übrigen zugleich zu senden.

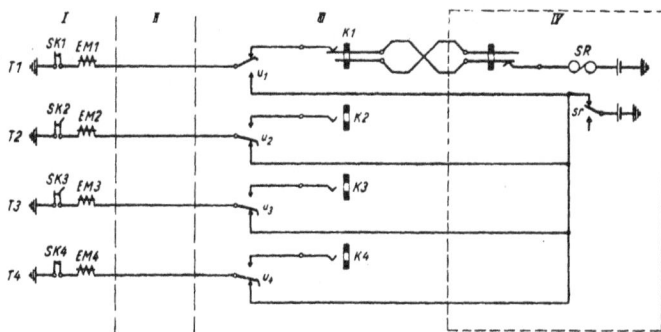

Abb. 650.

---

[1]) Roßberg, E., Otter, M., Rundschreib- und Konferenzschaltungen in der Fernschreibtechnik. Veröffentl. aus der Nachrichtentechnik (Siemens) 9, 1939, 143—50.

In Abb. 650 ist gezeigt, wie eine Rundschreibschaltung in eine Handvermittlung eingebaut werden kann. Für den üblichen Vermittlungsbetrieb sind die Teilnehmer an die Klinken K_1 bis K_4 angeschlossen. Über Verbindungsschnüre können sie miteinander verbunden werden. Will aber einer der Teilnehmer, z. B. T_1, eine Rundschreibverbindung haben zu den übrigen Teilnehmern T_2 bis T_4, so läßt er sich in der Vermittlung mit der besonderen Klinke für Rundschreibsendungen verbinden. Jetzt steht sein Fernschreiber mit der Wicklung des Rundschreibrelais SR in Verbindung. Die für den Empfang der Rundschreibsendung bestimmten Teilnehmer werden durch Umlegen der vor den Klinken befindlichen Schalter U_2 bis U_4 mit dem Kontakt sr des Rundschreibrelais verbunden. Auf diese Weise ist eine Rundschreibschaltung hergestellt worden, bei der der Kontakt sr die Empfänger EM_2 bis EM_4 in Parallelschaltung steuert.

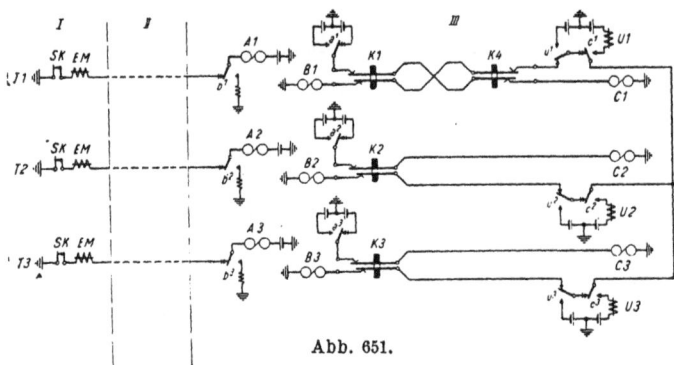

Abb. 651.

Die zweite Betriebsart, der Konferenzbetrieb, unterscheidet sich vom Rundschreibbetrieb hauptsächlich dadurch, daß jeder an das Netz angeschlossene Teilnehmer senden und auch empfangen kann und dabei seine Nachrichten immer an alle übrigen Teilnehmer gehen. In Abb. 651 ist der Einbau einer Konferenzschaltung in eine Fernschreib-Handvermittlungszentrale gezeigt. Genau wie bei der Rundschreibanlage wird der Teilnehmer, der eine Konferenzverbindung wünscht, in diesem Fall Teilnehmer T_1, über Klinken und Schnüre mit einer Konferenzklinke K_4 verbunden. Die weiteren Ausgänge der Konferenzeinrichtungen liegen auf Stöpseln, die in die Klinken K_2 und K_3 der gewünschten Teilnehmer gesteckt werden. Die Teilnehmer T_1, T_2 und T_3 sind jetzt in einer Konferenzschaltung miteinander verbunden. Die Konferenzschaltung besteht aus den Relais C_1, C_2, C_3 und U_1, U_2, U_3, die mit den Telegrafenrelais A_1, B_1, A_2, B_2, A_3, B_3, die den Teilnehmern fest zugeordnet sind, zusammenwirken. Sendet z. B. der Teilnehmer T_1, so wird über seinen Sendekontakt sk das Relais A_1 gesteuert, dessen Anker a_1 über die Verbindungsschnur das Relais C_1 steuert. Der Anker c_1 legt sich bei jedem Telegrafierstromschritt um und bringt das Relais U_1 kurzzeitig zum Ansprechen. Gleichzeitig werden in Parallelschaltung die Relais B_2 und B_3 der anderen beiden Teilnehmer gesteuert. Die Kontakte b_2 und b_3 steuern ihrerseits wieder die Empfänger EM der Teilnehmer T_2 und T_3. Dasselbe Spiel wiederholt sich, wenn einer der anderen Teilnehmer, z. B. T_3, sendet. Dann wird Relais C_3 und U_3 durch den Sender SK von T_3 beeinflußt und Kontakt c_3 steuert wieder in Parallelschaltung die Relais B_1 und B_2 bzw. die Empfänger EM von T_1 und T_2.

3. Fernschreibzentrale mit Wählerbetrieb.[1])

Die vereinfachte Schaltung einer Selbstanschluß-Vermittlungszentrale mit Vorwähler und Leitungswähler zeigt Abb. 652. Die Kenntnis der Grundlagen der Wählertechnik (s. d.) wird bei der nachfolgenden Beschreibung vorausgesetzt.

Dem Fernschreiber des Teilnehmers ist hier außer der Einschalte- und Ausschaltetaste ein Nummernschalter nsi zugeordnet. Bevor jedoch der Nummernschalter betätigt werden kann, muß die Anruftaste AT gedrückt werden. Dies entspricht dem Abheben des Handapparates bei Fernsprech-Teilnehmeranschlüssen.

Der Aufbau einer Teilnehmer-Verbindung gestaltet sich wie folgt: Beim Drücken der Anruftaste AT im Fernschaltgerät FG läuft im Wähleramt der Vorwähler VW an. Dieser belegt einen freien Gruppenwähler. Gleichzeitig wird der Fernschreiber in Betrieb gesetzt, indem der Motor Mo eingeschaltet wird. Durch Drehen der Wählscheibe am Fernschaltgerät wird die Verbindung über den Gruppen- und Leitungswähler mit dem gewünschten Teilnehmer hergestellt. Ist die Leitung zu diesem Teilnehmer frei, dann läuft der Motor des gewählten Fernschreibers an, und es kann mit der Übermittlung der Nachricht begonnen werden. Ist jedoch der gewählte Teilnehmer besetzt, dann wird der Fernschreiber des rufenden Teilnehmers durch einen Ausschalteimpuls vom Wähleramt wieder stillgesetzt. Das Anlaufen des Motors ist durch Aufleuchten einer roten Lampe L im Fernschaltgerät erkennbar. Beim Stillsetzen des Fernschreibers erlischt die Lampe wieder. Nach Beendigung der Nachrichten-Übermittlung ist die Schlußtaste ST im Fernschaltgerät (längere Zeit, 3 bis 6 Sekunden) zu drücken. Dadurch wird die Verbindung getrennt und der Motor ausgeschaltet.

Die Schaltung zeigt den Fernschreiber (F) des Teilnehmers mit dem zugehörigen Fernschaltgerät (FG), der Teilnehmerleitung (TL) und dem Relaisabschluß (RA), der vor dem Vorwähler angeordnet ist. Beim Fernschreiber stellen sk den Sendekontakt und M den Empfangsmagneten dar. Das Fernschaltgerät FG enthält eine Anruftaste AT, eine Schlußtaste ST, einen Nummernschalter mit dem Impulskontakt nsi, ein gepoltes Telegrafen-Empfangsrelais ER', ein neutrales Starkstromrelais H und einen Kondensator c sowie eine Lampe L. Im Relaisabschlußteil RA der Teilnehmer-Anschlußschaltung dienen die Relais SR und ER'' zur Umsetzung des Telegrafierzeichens von Einfach-Ruhestrom in Doppelstrom. Die Relais R, L sowie ein Relais T werden zum Anlassen und Auslösen des Vorwählers benötigt.

[1]) Jipp, A., u. Roßberg, E., Fernschreib-Vermittlungseinrichtungen nach dem Selbstanschlußsystem. Z. Fernmeldetechn. 14, 1933, 69—73

Ruhezustand. Im Ruhezustand ist die Teilnehmerleitung und damit der Fernschreiber stromlos. Der Stromkreis: $+LB$ über oberen Kontakt von l_2, Leitung a, nsi, Kondensator c, über h_2, Relais ER', Leitung b, l_2, $R\,1, 2$, $-LB$ ist durch den Kondensator c unterbrochen. Durch h_2 ist der Fernschreiber kurzgeschlossen.

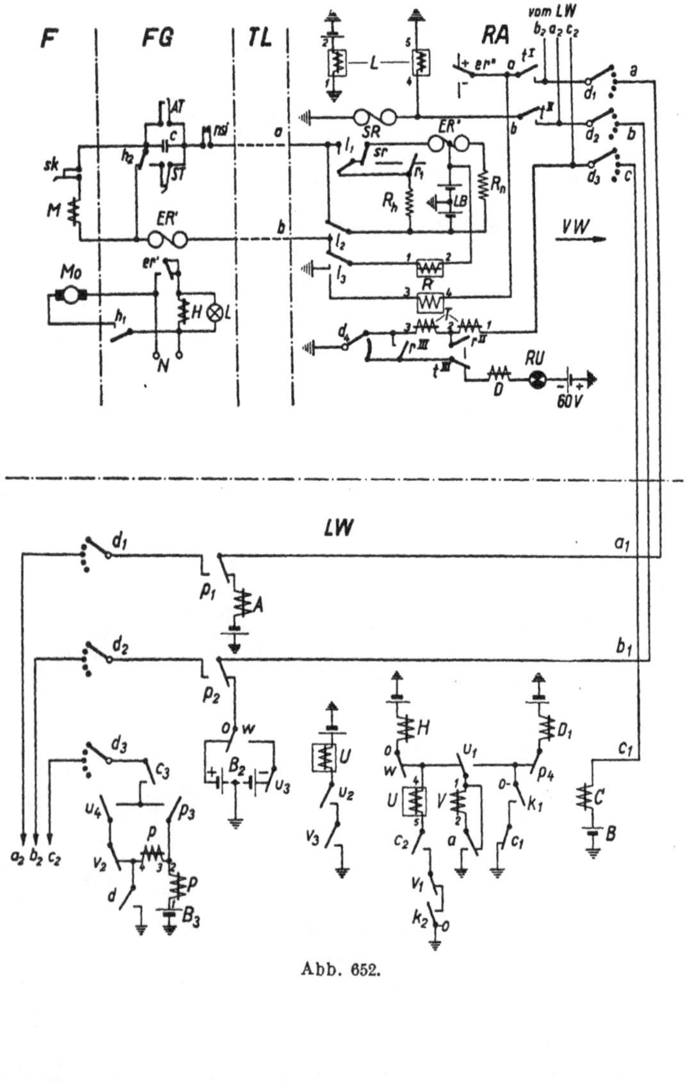

Abb. 652.

Teilnehmer drückt die Anruftaste AT, die in gedrücktem Zustand verbleibt. Der Kondensator c wird überbrückt. In der Teilnehmerleitung fließt Strom und R-Relais spricht über Wicklung 1, 2 an. Kontakt r^{III} legt im Vorwähler der Zentrale den Drehmagneten D an Spannung. Der Drehmagnet erhält vom Relaisunterbrecher RU des Vorwählers Stromstöße und schaltet die Arme dieses Wählers schrittweise vorwärts. Der c-Arm dieses Drehwählers läuft auf die Zuleitung zum freien Gruppen- oder Leitungswähler. Das T-Relais spricht an, setzt den Vorwähler still (t^{III} geöffnet) und schaltet die Teilnehmerleitung über t^I und t^{II} durch zum LW. Der Teilnehmer wählt weiter und erreicht (über den LW) den gewünschten anderen Teilnehmer.

Umpolung der Teilnehmerleitung. Über den Leitungswähler und über die b-Ader erhalten das L-Relais und das SR-Relais Strom. Der Kontakt von l_3 trennt den Minuspol der LB von der Teilnehmerleitung (b-Ader) ab; der Kontakt von l_2 legt den Pluspol der LB an die b-Ader. Die Minusseite der LB liegt über Kontakt des SR-Relais und über l_1 an der a-Ader der Teilnehmerleitung. Durch diesen Vorgang wurde die Teilnehmerleitung umgepolt und das hat zur Folge, daß der Anker er' das ER'-Relais im Fernschaltgerät nach links umlegt. H erhält nunmehr Strom aus dem Netz N, h_1 schaltet den Motor Mo des anrufenden Teilnehmers ein und h_2 hebt den Kurzschluß des Fernschreibers auf; Lampe L leuchtet. Es fließt ein Linienstrom von 40 mA von $-LB$ über die linke Hälfte von ER'', Anker sr, l_1, a-Leitung, nsi, Taste ST, h_2 (auch über AT), sk, M, ER', b-Leitung, l_2 nach $+LB$.

In diesem System hat der Fernschreibteilnehmer eine zweistellige Zahl zu wählen. Ein freier Leitungswähler ist nunmehr belegt, so daß der anrufende Teilnehmer mit dem Nummernschalter die erste Stromstoßfolge geben kann. Durch das Unterbrechen des Stromkreises bei nsi legt das Relais ER'' in der Zentrale den Stromstößen entsprechend seinen Anker er'' um; es geht Doppelstrom in die Schleife, auf den das A-Relais anspricht.

Die Stromstöße über den Kontakt a erhält der Hubmagnet H des als Hebdrehwähler ausgebildeten Leitungswählers über: Erde, a-Kontakt, $V\,2$, 1, u_1, w, Hubmagnet H, Batterie. Das V-Relais ist während der Stromstoßfolge erregt und fällt dann ab. Inzwischen ist auch der Kopfkontakt k_2 des Hebdrehwählers geschlossen worden, da der Wähler gehoben hat. Sobald nach der ersten Stromstoßfolge das V-Relais abfällt, wird über: Erde, k_2, v_1, c_2, Relais U, w, H, Batterie das U-Relais erregt und legt u_1 um. (Der Hubmagnet H wird hierbei nicht mehr ansprechen, denn das Relais U ist hochohmig gewickelt.) Nachdem der u_1-Kontakt umgelegt hat, wird die nächste Stromstoßfolge, die der anrufende Teilnehmer durch nochmaliges Drehen seiner Fingerscheibe erzeugt, auf den Drehmagneten D_1 des LW einwirken. Während dieser Stromstoßfolge hält sich wiederum das V-Relais. Der Hebdrehwähler dreht auf den gewünschten Teilnehmer; ist dieser frei, so spricht das Prüfrelais P an über: Batterie B_3, P_{1-2}, P_{3-4}, v_2, u_4, c_3, d_3, über c_2-Ader zum Vorwähler des gewünschten Teilnehmers, Arm d_3 des in Ruhestellung befindlichen Vorwählers, die beiden Wicklungen des T-Relais. Vorwählerarm d_4, Erde. Das P-Relais schaltet über p_1 und p_2 die Teilnehmerschleife weiter durch und legt sich selbst über p_3 in einen Haltestromkreis. Das T-Relais dieses gewünschten Teilnehmers wird über denselben Stromkreis erregt, der zum Ansprechen des P-Relais diente. Das T-Relais legt seine Kontakte t^I, t^{II}, t^{III} um; über t^I und t^{II} wird die Schleife weitergeschaltet. Das L-Relais sowie das SR-Relais legen ihre Kontakte um. Durch den Wechsel der Kontakte l_1 und sr wird die Stromrichtung in der Leitungsschleife des gewünschten Teilnehmers auch umgekehrt und das ER-Relais erregt. Relais ER' bringt H, und H schaltet den Motor Mo ein.

Beide Fernschreiber sind nun über die Selbstanschlußzentrale verbunden und betriebsmäßig eingeschaltet. Die Nachrichtenübertragung kann beginnen, nachdem durch einen etwa noch vorgesehenen Namengeber der angerufene und eingeschaltete Fernschreiber sich gemeldet hat.

Umsetzen von Einfachstrom beim Teilnehmer in Doppelstrom in der Zentrale. Das ER''-Relais in der Teilnehmer-Anschlußschaltung wird von zwei Stromkreisen gesteuert:

1. $-LB$, rechte Spule ER'', Nachbildwiderstand Rn, $+LB$. Durch Einschalten von Rn fließt in diesem Kreise ein Strom von 20 mA.

2. $-LB$, linke Spule ER'', sr, l_1 (oben liegend) zur Teilnehmerleitung (a-Leitung), nsi, ST, h_2 (auch über gedrückte AT), sk, M, ER', b-Leitung über l_2 umgelegt nach $+LB$. In diesem Kreise fließen 40 mA.

Da der Motor Mo des Fernschreibers läuft, kann mit dem Schreiben begonnen werden. Hierbei werden die Sendekontakte sk wechselnd geöffnet und geschlossen. Bei geöffnetem sk ist die linke Spule von ER'' stromlos, in der rechten Spule fließen aber 20 mA. Der Anker er'' legt sich an minus. Bei geschlossenem sk fließen 40 mA über die linke Spule und es überwiegen die AW gegenüber den AW bei 20 mA der rechten Spule, der Anker von ER'' legt sich an plus der Batterie. Somit wird der Einfachstrom in der Teilnehmerleitung in Doppelstrom in der Vermittlungszentrale umgesetzt.

Die für den empfangenden Teilnehmer ankommenden Doppelstromimpulse betätigen nur das SR-Relais, nicht aber das L-Relais, da L abfallverzögernd wirkt. Der Anker sr von SR schließt und öffnet wechselnd die über l_1 (oben) und l_2 (unten) durchgeschaltete Teilnehmerleitung und setzt somit den ankommenden Doppelstrom in Einfachstrom (Strom und Kein-Strom) um.

Beim Drücken der Schlußtaste ST (3 bis 6 Sekunden) wird die lange Stromunterbrechung in Dauerminus umgesetzt. Das L-Relais beim Gegenteilnehmer fällt ab und polt mit $l_1 l_2$ die Teilnehmerleitung wieder um; Anker er' im Fernschaltgerät liegt nach rechts, H-Relais fällt ab, h_1 öffnet. Der Motor wird ausgeschaltet. h_2 hat den Fernschreiber wieder kurzgeschlossen. Die AT-Taste hat sich infolge mechanischer Kopplung beim Drücken der ST-Taste geöffnet. Der Kondensator sperrt den Stromfluß in der Teilnehmerleitung und der Ruhezustand ist wieder hergestellt.

Abb. 653.

In der Abb. 653 ist der Aufbau eines großen Fernschreibwähler-
amtes zu sehen. Die im Vordergrund zu sehenden Fernschreiber und
Prüfschränke dienen dem Überwachungspersonal zum Prüfen und
Überwachen des Gesamtbetriebes.

IV. Abtast-Telegrafen.

In der modernen Telegrafie nehmen die Abtast-(Faksimile-)Tele-
grafen und die Bild-Telegrafen mit optischer Abtastung der Bildvorlage
eine Sonderstellung ein. Insbesondere hat die Siemens-Hell-Fernschreibtechnik innerhalb einiger Jahre große Bedeutung für den Nachrichten-
dienst der Nachrichtenbüros erlangt.

a) Die Siemens-Hell-Fernschreibtechnik.

Ein auf ganz neuen Grundlagen aufgebautes Telegrafengerät, der
Siemens-Hell- (SH-)Schreiber, hat in den letzten Jahren bedeutende
Verbreitung im In- und Auslande gefunden. Das Telegrafengerät eignet
sich sowohl für den drahtlosen als auch für den Drahtbetrieb, es ist
einfach zu bedienen, insbesondere ist der Empfänger durch einfachen
Aufbau ausgezeichnet. Wie aus der folgenden Beschreibung zu ersehen
ist, arbeitet der SH-Schreiber mit einer größeren Anzahl von Stromstößen als die Apparate mit dem 5-Einheiten-Alphabet. Ähnlich wie
bei der Bildtelegrafie wird im Empfänger das Bildzeichen, wie in einem

Koordinatensystem, Punkt für Punkt eingezeichnet. Das Bild eines Zeichens wird beim Geber aber nicht fotoelektrisch abgetastet (s. S. 424), sondern ist vielmehr in einer Schablone (als Nockenscheibe oder als Kontaktwalze ausgebildet) festgelegt. Die Schablone eines jeden Zeichens steuert die Stromstoßgabe in bezug auf Anzahl, Länge und

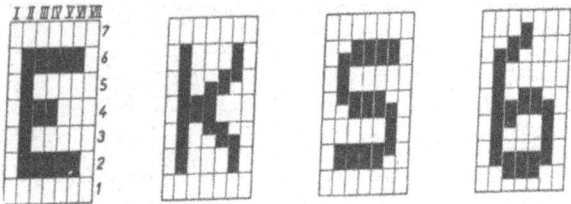

Abb. 654.

zeitliche Aufeinanderfolge. Das Prinzip dieser telegrafischen Übertragung besteht also darin, daß ein jedes Zeichen zunächst in einem Koordinatensystem in Schwarz-weiß-Punkte zerlegt wird, Abb. 654, und diese Punkte auf dem Umfang einer Nockenscheibe oder Kontaktwalze aufgetragen werden, und zwar die weißen Felder als Lücken, die schwarzen Felder als Nocken, Abb. 655. Bei der Übertragung (Abtasten einer der Nockenscheiben) bewirken die Nocken bzw. Kontakte Stromschließungen, die Lücken Stromunterbrechungen, Abb. 656. Auf der Empfängerseite ergeben sich dann durch geeignete Mittel der Aufzeichnung wiederum die Punkte des übertragenen Zeichens in dem Koordinatensystem.

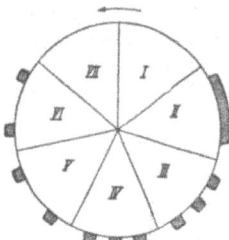

Abb. 655

Die Abb. 654 zeigt beispielsweise die Aufteilung des Zeichenfeldes der Buchstaben *E*, *K* und *S* und der Zahl 6. Die schwarzen Teile des Zeichenfeldes, die den Buchstaben oder die Zahl darstellen sollen, bewirken die Stromstoßgabe, die weißen Felder ergeben die Stromunterbrechungen. Jede Spalte *I* bis *VII* des Zeichenfeldes wird bei der Ab-

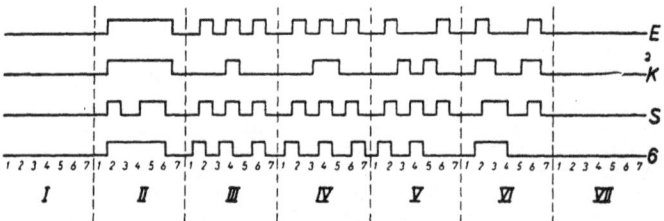

Abb. 656.

tastung jeweils von unten nach oben (siehe Reihenfolge der arabischen Zahlen in der Zeile *VII*) durchlaufen, und zwar fortschreitend von links nach rechts. Die sieben Spalten der Buchstaben *E*, *K* und *S* und die Zahl 6 ergeben, wenn die schwarzen Teile in Form von Nocken wiedergegeben werden, aneinandergereiht die Bilder in Abb. 656. Für jeden Buchstaben und jedes Zeichen ist auf der Kontaktwalze des Handgebers, Abb. 657, eine solche Nockenscheibe vorhanden. Diese Nockenscheiben 2, Abb. 658, auf der Achse 1 aufgereiht, ergeben die Kontaktwalze. Jeder Nockenscheibe ist ein Hebelwerk 3, 4, 5, 6 und ein Arbeitskontaktfedersatz 8 zugeordnet. Dieses Hebelwerk wird für den Handgeber durch Drücken einer Taste ausgelöst. Die Kontaktwalze wird durch einen kleinen Elektromotor angetrieben.

Abb. 657.

Wird eine Taste 3 z. B. die des Buchstaben *E*, Abb. 658, des Handgebers gedrückt, so gleitet der Zahn 10 von der Nase 9 ab und es schiebt nun der Hebel 5 unter der Wirkung der Feder 11 den Schieber 6 nach rechts. Dadurch kommt der Ansatz 12 des Schiebers 6 in den Bereich der in Pfeilrichtung umlaufenden Nockenscheibe 2. Der Kontakt 8 wird nun von der Nockenscheibe 2 über 12 und Nippel 13 betätigt, alle anderen Kontakte bleiben offen. Damit das Abtasten

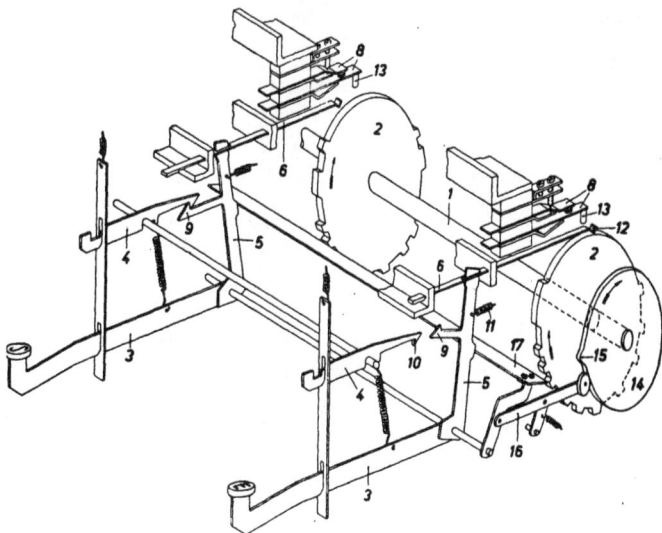

Abb. 658.

nicht an einer beliebigen Stelle der Kontaktscheibe einsetzen kann, werden die Tasten durch eine Tastensperre nur dann freigegeben, wenn der dem Buchstabenabstand entsprechende Teil des Kontaktwalzenumfanges den Kontaktfedern gegenüberliegt. Sobald eine Taste gedrückt ist, wird sie durch die Sperre auch so lange gehalten, bis das Zeichen vollständig abgetastet ist. Alle anderen Tasten sind während dieses Umlaufes auch gesperrt. Die Rückführung des Schiebers 6 in die Ruhestellung geschieht von der Steuerscheibe 14 aus, und zwar von dem Nocken 15 über Hebel 16 und Schiene 17, die entgegen dem Zug der Feder 11 den Hebel 5 nach links schwenkt, so daß 4 und 5 bei 9 und 10 verklinkt werden. Die Drehzahl des Antriebsmotors wird durch einen verstellbaren elektrischen Regler überwacht. Ein Zungentachometer zeigt die Umlaufzahl an. Die Übersetzungsverhältnisse der Zahnräder für die Umdrehungszahl sind so festgelegt, daß die Schreibgeschwindigkeit 2,5 Zeichen/Sekunde beträgt, also 17,5 Linien je Sekunde abgetastet werden. Hieraus ergibt sich dann bei einem kürzesten Stromschritt von 8,16 ms und einer kürzesten Pause von 8,16 ms die maximale Punktfrequenz

$$f = \frac{1}{t} \cdot 1000 = \frac{1}{2 \cdot 8,16} \cdot 1000 = 61,25 \text{ Hz.}$$

Um die volle Leistungsfähigkeit des Siemens-Hell-Senders auszunutzen, bedient man sich der Lochstreifensteuerung. Der zu übermittelnde Text wird zunächst mittels eines Handlochers in 5-Einheiten-Lochschrift übersetzt und in einen Papierstreifen eingestanzt. Es kann auch ein mit Fernschreiber empfangener Lochstreifen zur Weitersendung über einen Siemens-Hell-Sender verwendet werden. Der Lochstreifen wird in den Siemens-Hell-Lochstreifengeber, Abb. 659, eingelegt, der dann die Umwandlung der 5-Einheitenschrift in Siemens-Hell-Zeichen vornimmt. Die im Lochstreifen gestanzten Lochkombinationen werden durch Fühlstifte abgetastet und auf die an Stelle der Tastenhebel eingesetzten Wählschienen übertragen. Je nach der Stellung der Wählschienen wird dann über dasselbe Hebelwerk, Abb. 658, das der Lochkombination entsprechende Siemens-Hell-Zeichen abgetastet und ausgesandt.

Je nach der Eigenart des zur Verfügung stehenden Übertragungskanals können die Zeichen als Gleichstrom-, als tonfrequente oder auch direkt als hochfrequente Stromstöße ausgesandt werden. Üblich ist es,

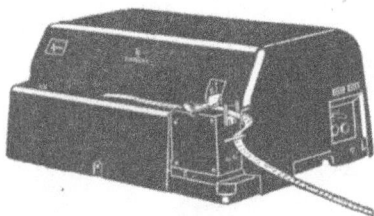

Abb. 659.   Abb. 660.

auf Leitungen mit einer Trägerfrequenz von 900 Hz zu arbeiten. Auf der Empfangsseite werden diese Tonfrequenzimpulse zunächst verstärkt, dann gleichgerichtet und dem Siemens-Hell-Schreiber, Abb. 660, zugeführt. Der Anker 2 des Empfangsmagneten 1 hat, wie aus Abb. 661 ersichtlich, eine Schreibschneide 4, die senkrecht zum Papierstreifen 7 angeordnet ist. Wird der Anker durch einen eintreffenden Stromstoß angezogen, so drückt die Schreibschneide den Papierstreifen gegen die Schreibspindel 5, die durch eine mit Farbe getränkte Filzrolle dauernd eingefärbt wird. Bei der Berührung des Papiers gibt die

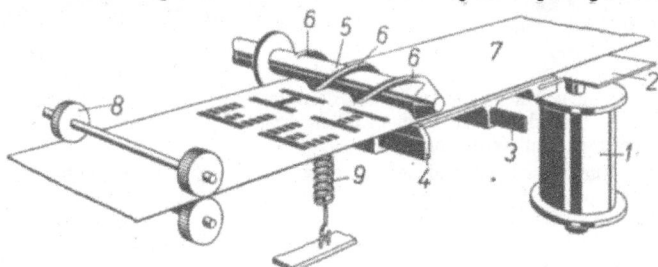

Abb. 661.

Spindel die Farbe an das Papier ab. Je länger ein Stromstoß dauerte ein um so längerer Strich wird durch die Verschiebung des Berührungspunktes quer zum Papierstreifen aufgezeichnet. Diese zweigängige Spindel dreht sich je Linie des Buchstabenfeldes ½ mal herum, d. h. je Buchstaben 3,5 mal. Wie aus Abb. 661 zu ersehen ist, hat die Schreibspirale zwei volle Windungen, 6 und 6′, d. h. die Spirale berührt das Papier an zwei Stellen, so daß die Zeichen stets doppelt aufgezeichnet werden. Das leicht abnehmbare Schreibsystem des Siemens-Hell-Schreibers ist in Abb. 662 zu sehen.

Der Zweck der doppelten Niederschrift ist der, auch bei unterschiedlicher Umlaufgeschwindigkeit von Geber und Empfänger eine immer sicher lesbare Schrift zu erhalten. Ist kein Gleichlauf vorhanden, so werden die ankommenden Zeichen nicht parallel zum Papierstreifen, sondern schräg nach oben oder unten verlaufen, Abb. 663. Infolge der doppelten Aufzeichnung ist aber trotz der starken Neigung der Schriftzeilen

Abb. 662.

die Schrift gut lesbar. Der Papierstreifen wird von den Rädern 8, Abb. 661, vom Motor angetrieben, gezogen.

Die Umlaufgeschwindigkeit des Antriebsmotors am Empfänger kann durch einen elektrischen Regler so geregelt werden, daß das Zeichenbild parallel zum Papierstreifen läuft.

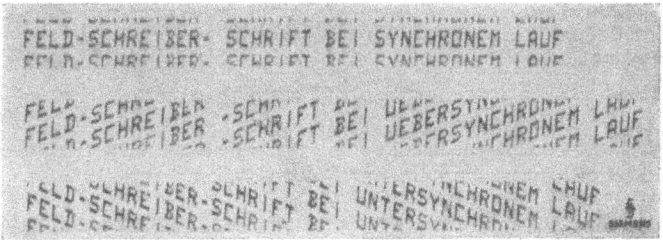

Abb. 663.

Um von der Senderseite aus den Siemens-Hell-Schreiber ein- und wieder ausschalten zu können, ist in diesen eine besondere Schalteinrichtung, Abb. 664, eingebaut.

Im Betriebszustand der Ruhe ist das A-Relais der Schalteinrichtung von der Batterie aus erregt, der a_2-Kontakt infolgedessen geschlossen und der a_1-Kontakt geöffnet. Das verzögert ansprechende B-Relais ist kurzgeschlossen. Der vom Sender ausgehende Einschaltestromstoß von 0,5 Sekunden Dauer erregt den Schreibmagnet 1, der den Fernschaltkontakt m öffnet. Durch Öffnen von Kontakt m fällt das A-Relais ab und durch Öffnen von Kontakt a_2 wird das B-Relais erregt. Über Kontakt b_1 wird nun der Motor M des Siemens-Hell-Schreibers an das Netz geschaltet. Hört der Einschaltestromstoß auf und schließt m-Kontakt wieder, so wird auch das A-Relais wieder erregt, was aber ohne Wirkung auf das B-Relais bleibt, da das B-Relais

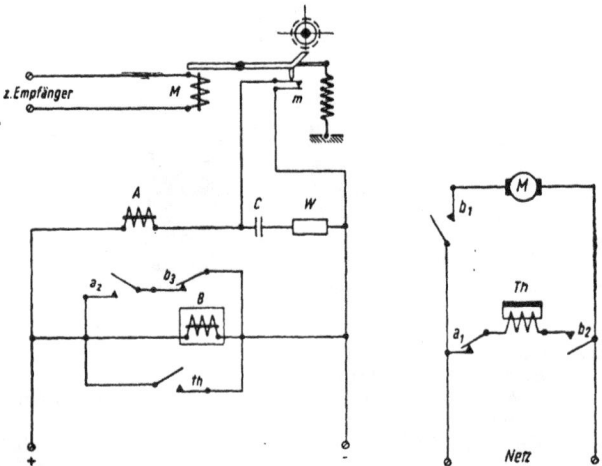

Abb. 664.

seinen eigenen Kontakt b_3 offenhält und infolgedessen erregt bleibt. Während der nun folgenden kurzen Stromstöße bei der Zeichenübermittlung fällt das A-Relais infolge der parallelgeschalteten CW-Kombination nicht ab.

Hört die Zeichenübermittlung auf, so muß, um den Schreiber wieder zum Stillstand zu bringen, ein Stromstoß von 7 Sekunden Dauer gegeben werden. In dieser Zeit wird (Kontakt a_1 und b_2 geschlossen) der Thermokontakt Th so weit erhitzt, daß Kontakt th die Wicklung des B-Relais kurzschließt und B aberregt wird. Durch Unterbrechung des b_1-Kontaktes wird der Motor M vom Netz abgeschaltet.

Abb. 665.

In der Abb. 665 ist eine Siemens-Hell-Fernschreibempfangsanlage neuester Ausführung zu sehen. Der besondere Vorzug dieses neuen Telegrafiesystems ist, daß durch zusätzliche Störimpulse niemals ein falscher Buchstabe entstehen kann. Es kann wohl vorkommen, daß bei sehr heftigen Störungen ein Buchstabe unleserlich wird, aber die Praxis hat gezeigt, daß die Sicherheit der Übertragung sehr groß ist.

Diese große Annehmlichkeit des SH-Schreibers haben sich zuerst die großen Nachrichtenagenturen, wie DNB, Havas, Reuter usw., zunutze gemacht und damit eine wesentliche Beschleunigung und Ausweitung ihrer Nachrichtendienste durchführen können. In diesen Betrieben wird ausschließlich mit dem Lochstreifengeber gearbeitet.

Siemens-Hell-Feldfernschreiber.

Diese großen Vorzüge des SH-Systems führten zur Entwicklung des Feldfernschreibers in tragbarer Ausführung mit dem Vorteil, überall dort, wo es darauf ankommt unabhängig von der Netzstromversorgung in möglichst kurzer Zeit über irgendwelche Verbindungen einen zuverlässigen Telegrafenbetrieb aufzunehmen. Alle erforderlichen Einrichtungen sowohl für Draht- als auch für drahtlosen Betrieb sind in einem Tornister betriebsfertig zusammengebaut. Dem Zweck entsprechend wurde auf gedrängten Zusammenbau geringes Gewicht, geringen Leistungsbedarf bei Verwendung nur einer Stromquelle (12-Volt-Gleichstrom) sowie einfache Bedienung und Handhabung Wert gelegt.

Das Gerät, Abb. 666, besteht aus drei Hauptteilen: dem Schreibgerät, dem Anschlußgerät und dem Tornister mit Zubehör.

Das Schreibgerät ist im Tornister nach vorn verschiebbar angeordnet und wird durch ein Riegelschloß, das durch den Hebel 25, Abb. 669, betätigt wird, jeweils in seiner Ruhe-, Abb. 666, oder Arbeitsstellung, Abb. 669, verklinkt und festgehalten.

Das Schreibgerät (s. Abb. 669) besteht aus dem Tastaturgeber 4, dem Unterteil 5, dem Schreibsystem 6 und dem Motorgenerator 7. In den Tastaturgeber sind sämtliche von der Taste bis zur Geberwalze benötigten Betätigungs- und Abtastorgane eingebaut. Die Vorbereitung der Stromstoßfolgen für Buchstaben und Zahlen wurde bei dem Feldfernschreiber in Form von Kontaktringen (s. auch Abb. 667) vorgenommen, die sich durch die Herstellung der Metallwalze aus einem Stück ergeben. Durch Einsetzen einer Iso-

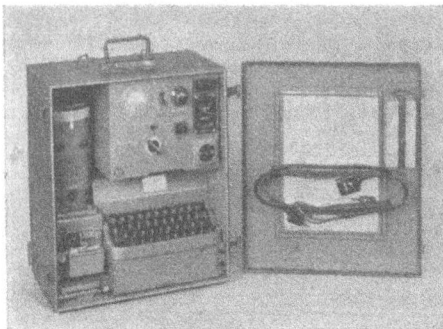

Abb. 666.

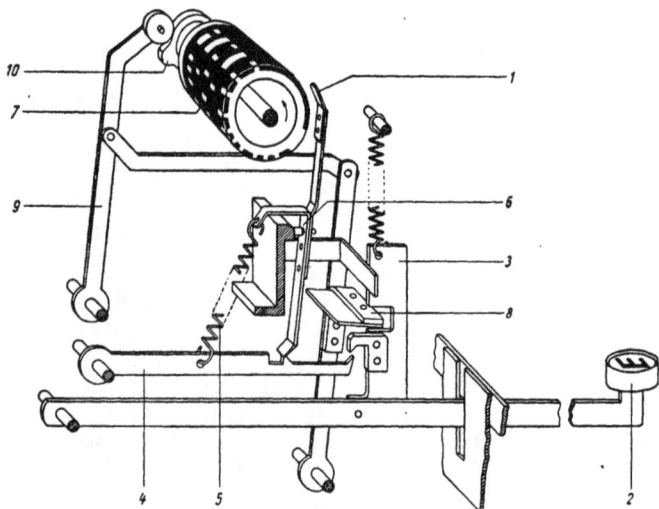

Abb. 667.

liermasse werden die Stromschritte durch die leitend untereinander verbundenen Metallsegmente gebildet. Jedem Kontaktring der Kontaktwalze, Abb. 667, ist ein Schleifkontakt 1 zugeordnet. Durch Drücken der Taste 2 zieht das Zwischenglied 3 den Sperrhebel 4 nach unten, und die Rastung des Schleifenkontaktes 1 ist aufgehoben. Damit jedoch dieser Vorgang nicht in einer beliebigen Stellung der Kontaktwalze 7 erfolgen kann, ist die Tastensperre 8, die von den Nocken 10 rechts und links der Geberwalze über die Übertragungsglieder 9 gesteuert wird, eingebaut. Nur in der Breite des Nocken-(10) An- und Abstieges werden die Tasten zum Drücken freigegeben, d. h. nur solange der Hebel 9 durch den Nocken in der nach links ausgeschwenkten Stellung gehalten wird. Der ausgelöste Schleifkontakt, der sich um den Lagerstift 6 bewegt, legt sich unter Einwirkung der Zugfeder 5 gegen die Tastensperre und wird beim Rückgang derselben kurz vor Beginn des abzutastenden Kontaktringes auf die Isoliermasse der Kontaktwalze aufgelegt. Nach erfolgtem Abtasten schiebt die Tastensperre den Schleifkontakt in seine Rastung zurück und hebt die Sperrung der Tasten wieder auf.

Abb. 668.

Außer den aus der Schreibmaschinentechnik her bekannten Tasten hat der Tastaturgeber noch zwei Sondertasten, und zwar:

Die Pausenzeichentaste (18 in Abb. 669). Sie wird in ihrer gedrückten Stellung durch eine schrägverzahnte Schiene verklinkt gehalten. Während der Dauer dieser Verklinkung wird das Pausenzeichen abgetastet, jedoch durch einen nockengesteuerten Kontakt nur nach jeder dritten Walzenumdrehung ausgesandt. Beim Drücken einer beliebigen Taste wird die Schiene durch die schrägen Zähne verschoben und die Verklinkung aufgehoben. Dieses Zeichen (F) dient zur Kontrolle der Aufrechterhaltung einer Verbindung sowie zur Einstellung der Geräte, bei der sich die dauernde Aussendung eines Buchstabens als zweckmäßig erwiesen hat.

Die Morsetaste (17 in Abb. 669 und 670.) Der Einbau dieser Taste gibt dem Gerät eine zusätzliche Möglichkeit bei etwaigen Störungen in langsamem Tempo Morsezeichen zu geben bzw. durch die Verbindung des Gerätes mit einem Lautsprecher Anrufsignale durchzugeben.

In der Abb. 668 ist in Originalgröße ein in Morseschrift beschriebener Empfangsstreifen abgebildet.

Der Tastaturgeber ist mit dem Unterteil durch drei leicht lösbare Schrauben verbunden; die elektrische Verbindung wird über Federkontakte vorgenommen. In das Unterteil sind die zum Antrieb des

28*

Tastaturgebers, des Papiervorschubes und ˉdes Schreibsystems benötigten Getriebeorgane eingebaut. Der im Unterteil eingebaute Farb-
rollenhebel 12 mit dem Farbrollenträger 14 zum Einfärben der Schreibspindel des Schreibsystems und der Andruckhebel 15 mit der Andruck-
rolle 12 für den Papiervorschub sind so angeordnet, daß durch Hoch-
heben des Farbrollenhebels bis zur Verklinkung sowohl die Einfärbung

Abb. 669.

als auch der Papiervorschub unterbrochen werden. In dieser Stellung
läßt sich die Auswechslung des Farbrollenträgers durch Herausziehen
leicht vornehmen. Durch Ziehen des Andruckhebels nach links wird
die Verklinkung wieder aufgehoben. Im Unterteil sind noch zwei
Papierkassetten zur Aufnahme der Schreibrollen so untergebracht, daß
durch Drücken des Knopfes 9 die Papierkassetten freigegeben werden.
Durch Drücken eines der Knöpfe 10 springt die zugeordnete Papier-

kassette vor. Das Herausnehmen der Papierkassetten kann durch
Gedrückthalten des zugehörigen Knopfes 10 vorgenommen werden.

Der auf das Unterteil aufgesetzte Motorgenerator ist über ein
starres Kupplungsglied mit dem Getriebe gekoppelt und gibt bei
seinem Antrieb durch 12 Volt Gleichstrom bei einer Stromaufnahme
von 2,3 A und bei einer elektrisch geregelten Nenndrehzahl von 3600
Umdrehungen/Min. generatorseitig etwa 165 Volt/15 mA als Anodenspannung für die Röhren des Anschlußgerätes ab. Durch die Verwendung eines Motorgenerators (Hauptschlußmotor) mit zusätzlicher
Erregerwicklung Z,Z, Abb. 670, konnte die Regelung über eine Röhrenschaltung R vorgenommen werden.

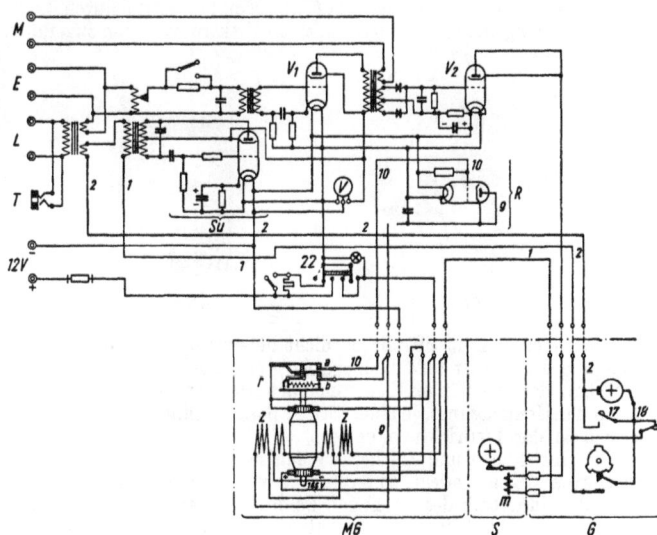

Abb. 670.

Die Schaltung des Feldschreibers in Abb. 670 läßt die wesentlichsten Teile des Gerätes erkennen. Nicht dargestellt in der Schaltung ist
die Steckdose 2, Abb. 669, für Anschlüsse zur Durchführung der
direkten Tastung kleiner tragbarer Sender bestimmter Tastleistung.
Der Motorgenerator MG mit dem Regler r und der Reglerröhre R
liefert alle erforderlichen Spannungen für den Betrieb des Anschlußgerätes mit den Empfangsröhren V_1 und V_2. Das Schreibsystem mit
dem Magnet m liegt im Anodenkreis der Röhre V_2. Mit dem Tastaturgeber G wird der Summer Su über die Leitungen 1 und 2 getastet.
Der Hauptschalter 22 (s. auch Abb. 669) mit drei Stellungen ist in der
Mittelstellung gezeichnet. Die Verstärkerröhren werden in dieser
Schalterstellung vorgeheizt.

b) Der Frequenz-Schreiber[1]).

Die Zeichenübertragung auf drahtlosem Wege nach dem Faksimileprinzip kann auch durch Steuerung einer Anzahl getrennter Schreibstifte mittels je einer Frequenz vorgenommen werden. Jedem Schreibstift ist ein Elektromagnet zugeordnet, die einzeln oder in besonderer Gruppierung erregt werden können. Zur Steuerung eines jeden Elektromagneten ist eine Übertragungsfrequenz vorgesehen, so daß bei 7 Schreibstiften und 7 Elektromagneten auch 7 Frequenzen benötigt werden. Es werden die Frequenzen 600 bis 2040 Hz in je 120 Hz Abstand benutzt.

Diese Steuerwechselströme werden auf der Geberseite mittels je eines Röhrengenerators erzeugt, auf der Empfangsseite durch Siebe getrennt, gleichgerichtet und den einzelnen Elektromagneten zugeführt.

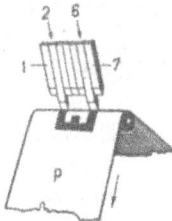

Abb. 671.

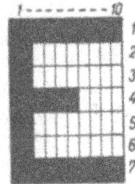

Abb. 672.

Die sieben Schreibstifte liegen dicht nebeneinander, Abb. 671; zur Erzeugung der Schrift wird Kohlepapier verwendet. Die Stifte schreiben, wenn der zugehörige Elektromagnet aberregt wird (Ruhestromprinzip der Übertragung), je einen Strich parallel zum Papierstreifen P, der sich in der Pfeilrichtung bewegt.

Die Buchstaben und Zeichen werden in 7 waagerechte Zeilen mit 10 Punkten je Zeile zerlegt, so daß durch verschiedene Kombinationen der Punkte innerhalb des 70teiligen Feldes sich 46 Telegrafierzeichen bilden lassen. Abb. 672 zeigt schematisch die Aufzeichnung des Buchstabens E. Sämtliche Schriftzeichen werden aus 23 verschiedenen Bildelementen (10 verschieden gelagerte Punkte innerhalb der Zeilen) gebildet. Der Sender kann also aus 23 Nockenscheiben bestimmter Form bestehen.

Dreht sich die Nockenwelle so rasch, daß in der Sekunde 5 Telegrafenzeichen ausgesandt werden können, so beträgt die Länge des ganzen Zeichens 200 ms und bei 10 Punkten je Zeile die Punktlänge 20 ms. Das entspricht einer Punktfrequenz von 25 Hz und einer Telegrafiergeschwindigkeit von 50 Baud.

Der Text wird bei diesem Gerät, im Gegensatz zum Siemens-Hell-Schreiber, nur einmal auf den Telegrafierstreifen geschrieben. Der Apparat bedarf keiner besonderen Gleichlaufregelung und arbeitet als Start-Stop-Gerät.

[1]) L. Devaux u. F. Smets, Elektr. Nachr. Wes. 17, 1938, 22—35.

Die ganze Einrichtung erfordert sehr viele (90) Relais, Verstärker, Frequenzweichen (Siebe) und 7 Frequenzerzeuger.

c) Die Bildtelegrafie[1]).

Die für die Zwecke der Bildtelegrafie entwickelten Geräte dienen nicht nur zur schnellen Übertragung von Bilddarstellungen. sondern auch zur Übermittlung von Schrift. Die Versuche, solche

Abb. 673.

U = Umschaltefeld	*StV* = Stimmgabelverstärker
EV = Empfangsverstärker	*Sch* = Schalterplatte
LP = Lautsprecherplatte	*A* = Empfangs-Abtaster
	Btr = Bildtrommel

Apparate zu bauen, sind bereits um die Mitte des vorigen Jahrhunderts vorgenommen worden. Bei den meisten Systemen mußte jedoch die zu übertragende Bildfläche vorher besonders zugerichtet werden.

[1]) Reche K., Neue Bildtelegrafiegeräte, ETZ, 60, 1939, 1413—1417, 1449—1452.

Der Bildtelegraf nach dem System Siemens-Karolus-Telefunken vermag Schwarz-weiß-Bilder sowie auch Halbtöne ohne vorherige Vorbereitung der Vorlage auf elektrischem Wege über Draht oder auch drahtlos zu übertragen. Eine vollständige Anlage, Abb. 673, besteht aus dem ·Sender, dem Empfänger und dem Verstärkerteil in einem Gerät zusammengebaut. Steht als Leitung eine Vierdrahtverbindung (s. d.) zur Verfügung, so können zwei miteinander arbeitende Bildtelegrafenstellen gleichzeitig senden und empfangen.

Der Sender arbeitet nach dem lichtelektrischen Prinzip, er tastet das Bild mit einem Lichtstrahl ab und führt die abgetasteten Lichtwerte einer Photozelle zu. Die Photozelle verwandelt diese Lichtwerte in verhältnisgleiche Stromwerte, die dann nach entsprechender Ver-

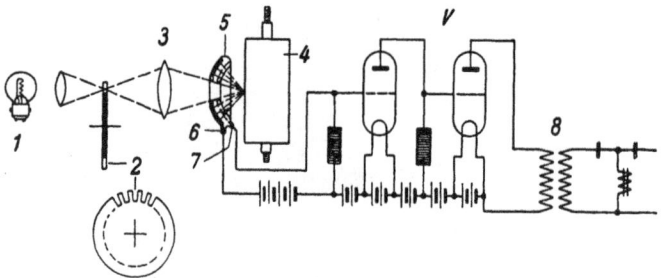

Abb. 674.

stärkung der Leitung zugeführt werden. Auf der Empfängerseite werden (ebenfalls nach Verstärkung) die von der Leitung kommenden Ströme einem Lichtrelais zugeführt und dort wieder in Lichtwerte umgewandelt.

In der Abb. 674 ist schematisch die Schaltung und die Anordnung der Einzelgeräte auf der Sendeseite gezeigt.

Der von der Kinolampe 1 ausgehende Lichtstrahl wird von der Lochscheibe 2 zerhackt, durch ein Linsensystem 3 zu einem Lichtkegel gesammelt, dessen Spitze (etwa $1/25$ mm^2) auf die Trommel 4 fällt. Das Originalphoto (Positiv), das übertragen werden soll, ist auf diese Trommel aufgespannt. Die Trommel 4 dreht sich mit gleichbleibender Geschwindigkeit und wird außerdem in axialer Richtung (bei $5\frac{1}{2}$ Umdrehungen um 1 mm) verschoben. Infolge dieser Bewegungen wird das Bild auf der Trommel durch die Spitze des obengenannten Lichtkegels punktförmig (infolge Zerhackens durch die Lochscheibe 2) und in feinen spiralförmigen Linien (durch die axiale Verschiebung) ausgeleuchtet.

Das übertragene Bild oder die Schrift erscheinen um so deutlicher und schärfer, je feiner der Zerlegungsraster ist. Um aber einen sehr feinen Raster verwenden zu können und dabei doch eine geringe Zeit für die Übermittlung des Bildes zu benötigen, müssen die photoelektrisch wirkenden Umwandlungsapparate eine außerordentlich geringe Trägheit haben.

Der Zerlegungsraster im System Siemens-Karolus-Telefunken beträgt 5⅓ Linien je mm. Dieser Raster ist vom CCIT festgelegt. Bei einer Trommelumdrehung in der Sekunde wird ein Bild von der Größe 13 × 18 cm in etwa 12 Minuten übertragen. Die Trägerfrequenzerzeugung erfolgt durch Zerhacken des Lichtstrahles mittels der erwähnten Lochscheibe 2.

Je nachdem nun der betreffende Punkt des Bildes beschaffen ist, auf den ein Lichtstrahl fällt (hell oder dunkel), wird mehr oder weniger Licht auf die Ringphotozelle 5 zurückgeworfen. Infolge der Licht-

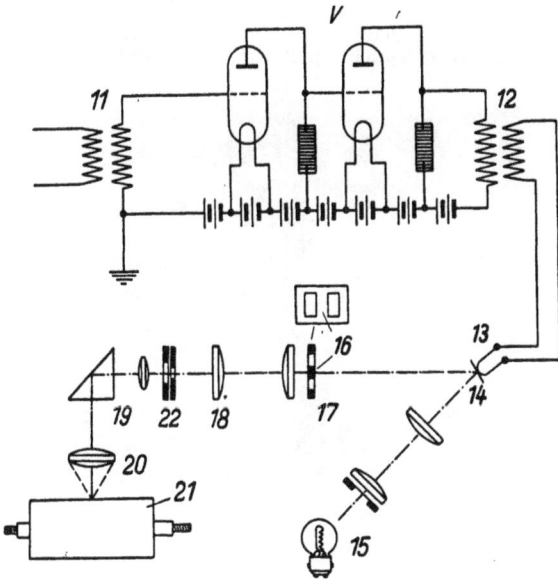

Abb. 675.

einwirkung auf den Cäsiumbelag der Photozelle werden Elektronen frei, die von dem positiv vorgespannten Gitter der Photozelle aufgesaugt werden und den Sendeverstärker steuern. Die Cäsiumelektrode 6 und die Saugelektrode 7 der Zelle sind in den Gitterkreis der ersten Röhre der Verstärkereinrichtung geschaltet. Durch die Photozelle werden bei Helligkeitsschwankungen Stromschwankungen erzeugt, die, vom Verstärker V verstärkt, über den Ausgangsübertrager 8 in die Leitung gelangen.

Die beim Empfänger (s. schematische Darstellung der Empfangsanordnung in Abb. 675) aus der Leitung über den Eingangsübertrager 11 eintreffenden Stromstöße werden auch hier zuerst verstärkt und dann über einen zweiten Übertrager 12 einer Oszillographenschleife 13 zugeführt. Auf den an der Schleife befestigten Spiegel 14 fällt ein Lichtstrahl von der Glühlampe 15. Der Spiegel wirft den Lichtstrahl so zurück, daß in der Ruhelage der Oszillographenschleife der zurückgeworfene Strahl auf den lichtundurchlässigen Steg 16 der Blende 17 fällt. Auf beiden Seiten des Steges sind Ausschnitte von derselben Breite wie der Steg selbst vorgesehen. Jeder Spiegelausschlag läßt Licht durch die Ausschnitte gehen, und zwar verhältnisgleich zu dem Ausschlag. Das über die Optik 18, 19, 20 gehende Licht trifft mit einer Kegelspitze die Oberfläche des auf der Trommel 21 aufgespannten photografischen Papiers.

Damit nun bei der Umwandlung der Bild-Stromstöße in Lichtwerte das auf der Empfängerseite erzeugte Bild dem beim Sender abgetasteten genau entspricht, muß die Empfängertrommel mit dem

Abb. 676.

Sender synchron und phasengleich umlaufen. Außerdem muß das zur Umwandlung benutzte Lichtrelais eine geradlinige Charakteristik haben und praktisch trägheitslos arbeiten.

Die synchrone Drehzahl der Empfängertrommel wird durch Stimmgabelsynchronisierung erreicht und die Phasengleichheit stroboskopisch eingestellt (s. auch S. 68). Dadurch, daß die Eigenschwingung der Oszillographenschleife 13 mehrere tausend Hertz beträgt und die Blende 17 dafür sorgt, daß die Menge des durch die oben erwähnten Ausschnitte der Blende hindurchtretenden Lichtes verhältnisgleich zur Aussteuerung der Oszillographenschleife ist, ist auch die Charakteristik dieses Lichtrelais (13, 14, 15, 16, 17) linear.

Neuerdings werden auch tragbare Bildtelegrafen gebaut, die überall dort eingesetzt werden, wo vorübergehend ein großes Bedürfnis

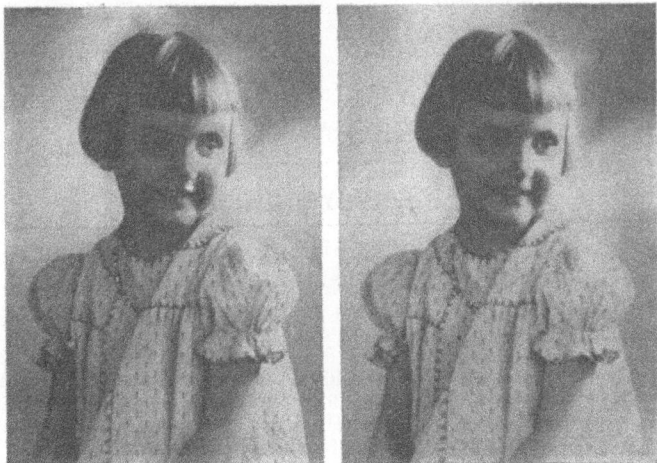

Abb. 677.

an bildtelegrafischen Sendungen vorliegt, z. B. bei sportlichen oder politischen Veranstaltungen. In der Abb. 676 ist ein tragbarer Bildsender in Kofferform dargestellt. Es sind zu erkennen die Antriebswelle (1), die Bildtrommel (2), die Vorschubspindel (3), ein Spannungsmesser (4), die Abtastlampe mit Kondensor (5), die übrige Optik (6), der Sendeverstärker (7), ein Beobachtungsrohr (8), die Photozelle (9) und die Kuppelung (10). Ein zweiter gleich großer Koffer enthält alle zum Betrieb des Senders erforderlichen Stromquellen, so daß der Betrieb eines solchen Senders ganz unabhängig ist vom Vorhandensein eines örtlichen Stromversorgungsnetzes. Als Empfänger dient in allen Fällen ein ortsfester Empfänger und als Verbindungsleitung eine gewöhnliche Fernsprechdoppelleitung.

In der Abb. 677 ist (links) eine Photografie und (rechts) das von diesem Bild übertragene Photogramm (beides in verkleinertem Maßstab) wiedergegeben. Infolge der Klischee-Rasterung ist der Übertragungsraster auf dem rechten Bilde auch mit der Lupe nicht mehr zu sehen. Das Bild zeigt aber die Güte der Übertragung, auch der Halbtöne.

Vierter Teil.

Die Fernsprechtechnik.

Einleitung.

Um die Bedeutung und den Umfang dieses wichtigen Zweiges der Technik zu würdigen, sei kurz auf die geschichtliche Entwicklung der Fernsprechtechnik hingewiesen und einige statistische Daten angegeben. Man zählte am 1. I. 1937 in der ganzen Welt über 37 Millionen Fernsprechstellen, wovon 49,7 vH auf die Vereinigten Staaten entfallen. In Deutschland wurden Ende Juni 1939 4227000 Sprechstellen gezählt.

Die Versuche von Philipp Reis[1]) in den 60er Jahren sind als erster Schritt zur Sprachübertragung auf elektrischem Wege zu bezeichnen.

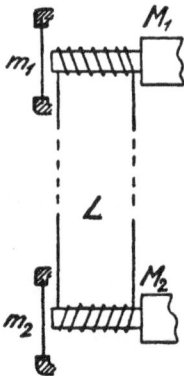

Diese Versuche gelangen bei der Übertragung artikulierter Laute nicht immer, da Reis seinen Versuchen nicht Stromschwankungen, sondern Stromunterbrechungen zugrunde legte. Alexander Graham Bell ließ im Jahre 1876 eine Anordnung (Abb. 678) patentieren, deren Grundgedanke die induktive Sprachübertragung war. Eine Batterie kam zunächst nicht zur Verwendung. Vor den Polschuhen von permanenten Magneten M_1 und M_2 sind Eisenmembranen m_1 und m_2 eingespannt. Die Polschuhe sind mit Wicklungen versehen, welche durch die Leitung L miteinander verbunden sind. Die durch die Sprache in Schwingungen versetzte Membran verursacht Induktionsströme in der zugehörigen Spule. Diese Ströme gelangen über Leitung L zur Spule des zweiten Apparates und bewirken eine Magnetisierungsschwankung; die Folge ist ein Schwingen der zugehörigen Membran. Der Fernhörer kann also als Geber sowie als Empfänger dienen.

Abb. 678.

Im Jahre 1878 wurde von Hughes das Mikrofon erfunden, welches als Geberapparat in der Fernsprechtechnik Verwendung findet. Mit der Anordnung von Bell (Abb. 678) gelang es, einige hundert Meter zu überbrücken. Bei Verwendung von Mikrofon und Batterie war es möglich, in der ersten Entwicklungsstufe Ferngespräche über mehrere Kilometer zu führen. Es wurden nun Stadt-Fernsprechanlagen gebaut, wobei Freileitungen über Dächer und durch Straßen gezogen wurden. Heute sind alle größeren städtischen Fernsprechnetze in Kabeln verlegt.

---

[1]) Karrass, Th. Geschichte der Telegraphie, Braunschweig 1909.

Fernverbindungen wurden bis vor etwa 20 Jahren über Freileitungen hergestellt. Erst die Einführung der Pupinspulen hat es ermöglicht, auch lange Überlandleitungen zu verkabeln. Fernsprechverbindungen über 5000 und mehr Kilometer sind nun möglich, wenn neben den Pupinspulen auf besonders langen Strecken auch Fernsprechverstärker (s. Abschnitt Verstärker und Verstärkerämter) verwendet werden.

Das Wesen der Fernsprechtechnik ist eine ganz besondere Übertragung elektrischer Energie. Es kommt in der Fernsprechtechnik nicht so sehr auf die Energiemenge wie auf die Energieform an. In der Starkstromtechnik ist man bestrebt, bei der Übertragung die in die Leitung gesandte Kilowattzahl eines sinusoidalen Wechselstromes mit einer Frequenz von 50 Perioden am anderen Ende der Leitung mit möglichst geringem Verlust wiederzugewinnen. Die Grundfrequenz des Sprechwechselstromes beträgt etwa das Zwanzigfache der üblichen Starkstromfrequenz, und es gehören zu jedem Laut außer der Grundfrequenz eine Anzahl Partialtöne, d. h. höhere Harmonische, die bei der Übertragung auf weite Entfernungen erhalten bleiben müssen, um den entsprechenden Laut wiederzugeben. Man sagt, die Einzelfrequenzen müssen gleich stark gedämpft sein, damit die Sprache als solche vom Empfangsapparat wiedergegeben werden kann. In Abb. 679 ist bei a die Kurvenform eines bestimmten Lautes dargestellt. Zerlegt man diese Kurve in die einzelnen Schwingungen, so erhält man

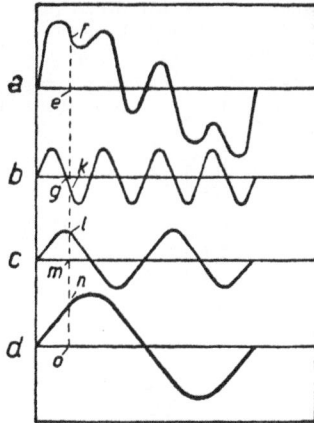

Abb. 679.

drei Sinusströme b, c, d. In jedem Punkt der Kurve a ist die Ordinate $e — f$ gleich der algebraischen Summe der Ordinaten $g — k$, $l — m$, $n — o$ der Partialsinusströme. (Durch Abgreifen mit einem Zirkel leicht nachzuprüfen.)

Da ein induktiver oder kapazitiver Stromkreis für einen Wechselstrom, je nach seiner Frequenz, verschiedenen Widerstand bietet, leuchtet ohne weiteres ein, daß die Erhaltung der Sprechkurvenform besondere Maßnahmen erfordert.

Schallwellen sind aufeinander folgende Verdichtungen und Verdünnungen der Luft, die durch Erschütterungen, Schwingungen von Körpern (Saite, Stimmgabel, Stimmbänder) erzeugt werden. Die Verdichtungen 1, 2, 3 (Abb. 680) sind immer durch eine Verdünnung 4, 5 getrennt. Eine ganze Verdünnung und eine ganze Verdichtung stellen eine ganze Schallwelle dar. Die Schallwellen breiten sich im

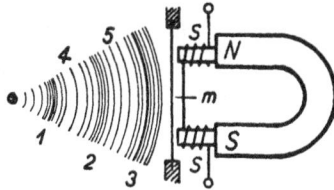

Abb. 680.

Raum nach allen Richtungen aus. Sie haben in der Luft bei 0° C eine Geschwindigkeit von 333 m/s.

Die komplizierten Luftschwingungen der Sprachlaute werden mit Hilfe des Mikrofons in entsprechende Schwankungen des elektrischen Stromes und diese am Empfangsort mit Hilfe des Fernhörers wieder in Luftschwingungen verwandelt. Wie empfindlich die Geräte sein müssen, geht daraus hervor, daß die Schwankungen der Fernhörermembran in millionstel Millimeter gemessen werden und daß die Membran bildgetreu die Feinheiten der Sprechstromkurve wiederzugeben vermag. Am kompliziertesten ist die Kurvenform der Konsonanten, deren Zusammensetzung bisher noch nicht erforscht ist. Die annähernde Zusammensetzung der Kurvenform von Vokalen ist der nachstehenden Zahlentafel[1]) zu entnehmen. Die Amplitude (Schwingungsweite) des Grundtons ist zu 1 angenommen.

Vokal	Partialtöne und deren Schwingungsweite.								
	1	2	3	4	5	6	7	8	9
u	1	0,28	—	—	—	—	—	—	—	—
i	1	—	—	—	—	—	—	0,19	—
a	1	0,88	0,91	1,84	1,37	1,80	2,11	0,05	0,04
o	1	24,4	—	22,8	—	—	—	—	—
e	1	0,70	—	—	—	—	—	1,15	2,11

Dem Mikrofon als Geber werden manchmal Energien von nur einigen Milliwatt zugeführt, bei Zentralbatteriebetrieb einige hundertstel Watt, von welcher Energie nur $\frac{1}{40}$ bis $\frac{1}{30}$ in den Empfangsapparat gelangt. Der größte Teil der Energie geht durch die Kondensatorwirkung der Leitungen, insbesondere bei Kabeln, verloren.

I. Einzelapparate für Fernsprechstellen.

a) Fernhörer[2]).

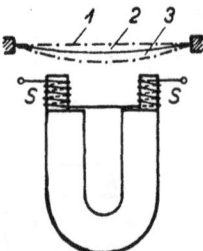

Abb. 681.

Der Fernhörer besteht im wesentlichen aus drei Teilen: dem Dauermagneten, der Elektromagnetwicklung und der Membran, welche als Anker dient. Schickt man durch Spule s, s (Abb. 681) einen Wechselstrom, so führt die Membran, die aus weichem Eisen hergestellt ist, Schwingungen im Rhythmus der Stromschwankungen aus und erzeugt dadurch wieder Luftwellen, wie in Abb. 680 dargestellt. Bezeichnet man mit Φ das vom Dauermagneten $N\,S$ herrührende magnetische Feld und das von den Wicklungen s, s stammende Feld mit φ, so wird bei

[1]) Wietlisbach, V. Handbuch der Telefonie, 2. Aufl. Wien 1910.
[2]) Jacoby, H. u. Panzerbieter, H. Über moderne Mikrofone und Telefone, Elektr. Nachr. Technik 13, 1936, 75—84.

Durchgang eines Wechselstromes durch die Spule s, s das Gesamtfeld einmal $\Phi + \varphi$ und das andere Mal $\Phi - \varphi$ betragen, je nach Richtung des Stromes. Bei einer ganzen Periode (Abb. 682) des Wechselstromes vollführt die Membran (Abb. 681) eine Bewegung von 2 nach 3, von 3 über 2 nach 1 und zurück nach 2. 2 ist die Mittellage und entspricht der Nullinie der Wechselstromkurve. In 2 ist die Membran in der Ruhelage, und zwar, wie in Abb. 681,

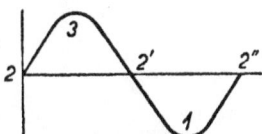

Abb. 682.

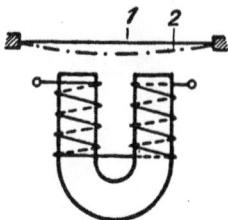

Abb. 683.

im angezogenen Zustande, was durch den Dauermagneten bewirkt wird. Würde der Fernhörer keinen Dauermagneten haben (Abb. 683), so wäre die Membran im Ruhezustand nicht gespannt (Lage 1) und würde bei jeder Halbwelle 2—2' oder 2'—2'' (Abb. 682) von 1 nach 2 (Abb. 683) und zurück eine Schwingung vollführen, d. h. die Fernhörer-

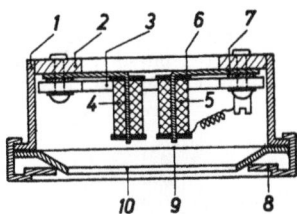

Abb. 684.

Abb. 685.

membran würde die Schwingungszahl des Wechselstromes, die der der Mikrofonmembran entspricht, verdoppeln. Der Hörer würde somit alle Töne um eine Oktave höher wiedergeben, als sie vom Mikrofon aufgenommen wurden.

Der Fernhörer ohne Dauermagnet kann nur bei direkter Schaltung (s. Abb. 695) verwendet werden, da hier die Leitungen keinen ausgesprochenen Wechselstrom, sondern veränderlichen Gleichstrom führen, die Membran also dauernd im etwas angezogenen Zustand ist.

Die Abb. 684 zeigt im Schnitt den Aufbau eines Fernhörers in fester Kapselform. Die Kapsel wird (s. 2 in Abb. 694) in die Mikrotelefon-Fassung eingelegt und diese dann zugeschraubt. Durch die Abb. 684 bis 686 werden die Einzelteile dieser Fernhörerkapsel und ihre gegenseitige Lage im Zusammenbau deutlich veranschaulicht. In den drei Abbildungen bedeuten: 1 die Hauptkapsel, 2 Montagering, 2' Isolationsring mit einer Stromzuführung, 3 Dauermagnete, 4—5

Elektromagnetspulen, 7 Polschuhe, 8 Überwurfmutter für die Membran 9, 10 Zwischenring. Die Lage der Membran zu den Elektromagneten ist unveränderlich.|

Die heute verwendeten Fernhörer haben, auch infolge ganz neuer Fertigungsmethoden in der feinmechanischen Massenherstellung, neue

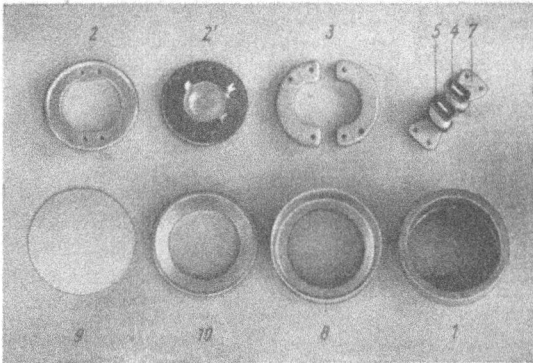

Abb. 686.

Formen bekommen. Die Fernhörer, in der Regel als Mikrotelefon (s. d.) ausgebildet, sind aber auf Grund der erweiterten physikalischen Erkenntnisse und der neuen, besseren Werkstoffe leistungsfähiger als die alten Formen.

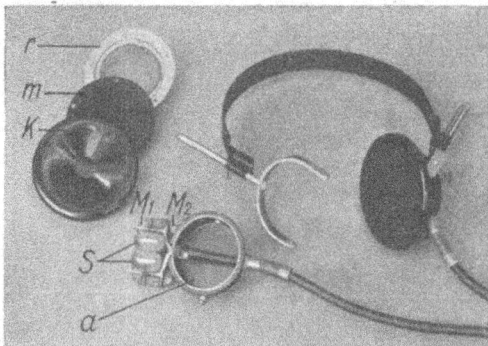

Abb. 687.

Als Dauermagnete für die Fernhörer verwendet man nur noch Wolfram- und Kobaltstähle mit großer Entmagnetisierungsfestigkeit. Als Fernhörer allein verwendet man heute noch kleine Dosenfernhörer in der bekannten Kopfhörer-Form, Abb. 687, und für gewisse Laboratoriumzwecke, als zweiten Hörer an Fernsprechstellen, oder auch an wasserdichten Fernsprechgeräten (mit festeingebautem Mikrofon) als Dosenhörer mit Griff. In der Abb. 687 sind die Einzelteile eines Kopfhörers zu erkennen. Das Magnetsystem mit den Magneten $M_1 - M_2$ und den Spulen S ist aus der Kapsel a herausgezogen. Die Membran m wird auf den Auflagering r aufgeschraubt, darüber greift dann die Hörmuschel K. Wie aus dem Bild zu ersehen, wird die Membran ein für allemal in bestimmter Entfernung vor den Polschuhen festgelegt.

Bei älteren Fernhörern ist die Membran verstellbar. Zum Einstellen eines solchen Hörers wird nach Lösen der Schrauben am Stellring die Membran durch Drehen der Muschel so nahe an die Polschuhe gebracht, daß sie auf diese aufschlägt. Hierauf ist die Membran wieder langsam zurückzuschrauben, bis sie von den Polschuhen abreißt (am Knacken deutlich zu hören). In dieser letzten Stellung wird die Membran festgeschraubt.

Der Widerstand der Spulen ist bei den gebräuchlichen Fernhörern 2 × 30 Ohm, 2 × 75 Ohm oder 2 × 100 Ohm bei Drahtstärken von 0,16, 0,10 oder 0,06 mm. Der Membrandurchmesser schwankt zwischen 45 und 60 mm und die Membranstärke zwischen 0,15 und 0,25 mm.

b) Mikrofone.

Legt man einen Kohlestab a (Abb. 688) so auf zwei Kohlestäbe b, c, daß aus einer an 1 und 2 angeschlossenen Batterie ein Strom über den Kohlenstab a fließt, so wird man beobachten, daß der Strom seinen Wert dauernd ändert, solange Schallwellen den Stab a treffen. Diese Eigenschaft der Kohlekörper (bzw. der Kohlekörper gegen andere elektrische Leiter), den Übergangswiderstand an den Berührungsstellen durch geringe Erschütterungen zu ändern, nennt man mikrofonische Wirkung. Um

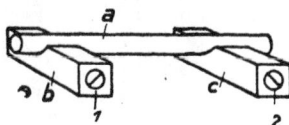

Abb. 688.

diese zu steigern, vergrößert man die Anzahl der Kontaktstellen durch Verwendung einer Mehrzahl von Kohlekugeln. Über eine Membran M des Kugelmikrofons (Abb. 689) werden die Druckschwankungen der Luft auf die Kugeln übertragen. Die Kugeln liegen in konischen Ausbuchtungen K des Kohlekörpers C. Diese Anordnung wurde früher viel gebraucht, beispielsweise beim Ortsbatterie-Mikrofon von Lewert. Widerstand in Ruhe etwa 50 Ohm. Bei 1,5 Volt Span-

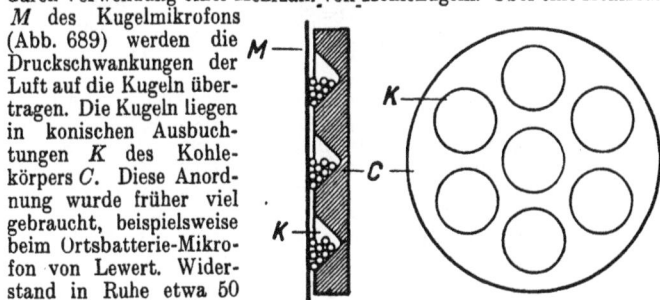

Abb. 689.

nung beträgt der Strom, der durch das Mikrofon in der Ruhelage fließt, etwa 30 Milliampere. Die Sprachwiedergabe ist klar.

In modernen Mikrofonen wird als Mikrofonfüllung fast ausschließlich Kohlegrieß verschiedener Korngröße verwendet. Abb. 690 stellt den Schnitt durch das Ortsbatterie- (OB-) Mikrofon von Siemens & Halske dar. Der Kohlekörper c ist mit konzentrischer Riefelung versehen. Der Raum zwischen c und der Membran m ist durch einen Filzring F begrenzt (welcher gleichzeitig zur Dämpfung der Membranschwingungen dient) und über die Hälfte mit Kohlegrieß gefüllt ist (etwa 85 vH des Raumes). Widerstand etwa 30 Ohm. Abb. 691 zeigt ein älteres Zentral-Batterie- (ZB-) Mikrofon von Siemens & Halske. Kohlekörper c ist geriefelt, wie in Abb. 690. Die Membran hat einen Ansatz a mit kugelförmiger Ausbuchtung, F ist der Filz. Der Widerstand dieses Mikrofons beträgt etwa 150 Ohm.

Ein Mikrofon neuester Gestaltung von Siemens & Halske zeigt im Schnitt die Abb. 692, die äußere Ansicht 1 in Abb. 694. Der Ruhewiderstand beträgt etwa 100 Ohm.

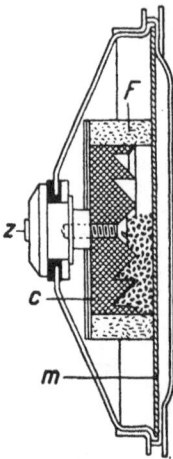 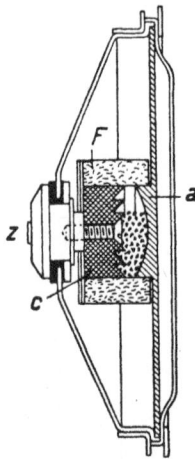 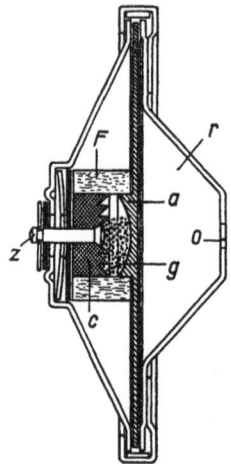

Abb. 690.   Abb. 691.   Abb. 692.

Da das Mikrofon am meisten zu der Verzerrung der Sprache in den Sprechstromkreisen beiträgt, ist eine Verbesserung des Mikrofons für die Übertragungsgüte sehr wesentlich. Um eine gute Sprachverständlichkeit zu erzielen, muß beim Mikrofon der Speisestrom richtig gewählt werden, das Mikrofon in richtiger Entfernung vom Mund und in richtiger Lage zur Waagerechten gehalten werden.

Ein modernes Mikrofon[1] überträgt auch die tiefen Frequenzen der Sprache unter 300 Hertz sowie auch die Zischlaute über 2000 Hertz.

---

[1] Schubert, G. Grundlegendes zur Untersuchung an Mikrofonen. Elektr. Nachr. Techn. 4, 1927, 139—54.

Auch ist man bestrebt gewesen, den Klirrfaktor der neuen Mikrofone herabzusetzen. Als Klirrfaktor bezeichnet man das Verhältnis des Effektivwertes der Summe aller Oberschwingungen zum Effektivwert der Grundschwingung. Neue, gut durchgebildete Mikrofone haben einen Klirrfaktor von höchstens 10 vH.

Die Abb. 693 zeigt das neue Mikrofon in der Lage, wie es im Mikrotelefon betriebsmäßig eingesetzt ist. Der als Helmholtz-Resonator bezeichnete Hohlraum, die enge Öffnung und das Dämpfungssieb dienen dazu, die Dämpfungscharakteristik des Mikrofons zu verbessern, insbesondere auch zur Erweiterung des Frequenzbandes. Die Mikrofonmembran ist in der Regel aus Kohle. Sie ist meistens mit der Kapsel leitend verbunden und wird über den Kapselkörper an die eine Stromzuleitung angeschlossen. Die zweite Zuleitung geht über den Ansatz z

(Abb. 692 u. 693) und an den Kohlekörper c. Die Kohleteile des Mikrofons müssen von bester Güte und sehr hart sein. Der Widerstand[1]) des neuen Mikrofons beträgt wie oben erwähnt etwa 100 Ohm. Er darf nicht zu hoch und nicht zu niedrig sein, da dasselbe Mikrofon für Orts- und Ferngespräche geeignet sein muß. Der angegebene Wert hat sich bewährt.

Der Zusammenbau von Mikrofon und Fernhörer zu einem Gerät, Handapparat oder Mikrotelefon genannt, hat sich als

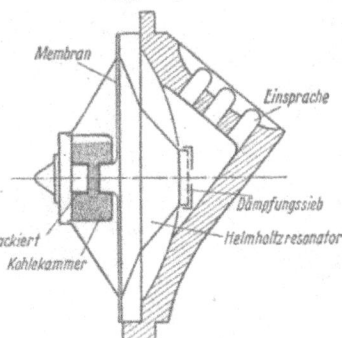

Abb. 693.

Abb. 694.

[1]) Waetzmann, E., Gigling, O. Widerstands- und Aussteuerungsmessungen in Kohlemikrophonen. Akust. Z. 3, 1938, 169—75.

29*

sehr praktisch erwiesen. Abb. 694 veranschaulicht ein Mikrotelefon neuester Ausführung von Siemens & Halske, ganz aus Preßmaterial von hoher Festigkeit.

Die Form dieses Mikrotelefons ist so an die durchschnittliche Kopfform des Menschen angepaßt, daß die Mikrofon-Einsprache die günstigste Lage zum Mund des Sprechenden erhält[1]). Durch die schlitzartige Ausbildung der Öffnungen für die Aufnahme der vom Mund des Sprechenden kommenden Schallwellen ist auch der Einfluß der Raumgeräusche stark herabgemindert worden.

Wie aus der Abb. 694 zu ersehen, ist auch der Fernhörer 2 in einer auswechselbaren Kapsel untergebracht; Membran und Magnet sind in einem bestimmten Abstand zueinander festgelegt. Mit 3 sind die Kontaktfedern bezeichnet, über die die Stromkreise geschlossen werden, sobald die Telefonkapsel 2 und die Mikrofonkapsel 1 in die vorgesehenen Öffnungen des Mikrotelefons eingelegt und mit der Hörmuschel 4 und Einsprach-Formstück 5 festgeschraubt werden.

c) Direkte und indirekte Schaltung von Fernsprechstellen[2]). Induktionsspulen.

Werden Fernhörer und Mikrofone mit der Batterie und den Verbindungsleitungen hintereinander geschaltet, so nennt man diese Schaltung eine direkte (Abb. 695). Die direkte Schaltung eignet sich nur für kleine Hausfernsprechanlagen mit kurzen Entfernungen. Sie hat den Nachteil, daß der Fernhörer vom Gleichstrom durchflossen wird, wodurch eine Schwächung des Dauermagnetismus

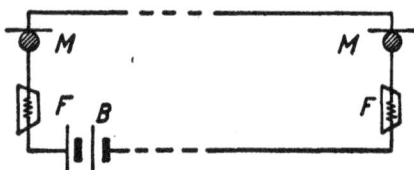

Abb. 695.

erfolgen kann, wenn die Magnetisierung durch den Strom so geschieht, daß das Feld, welches vom Strom herrührt, dem Dauerfeld entgegengerichtet ist. Bei direkter Schaltung verwendet man aus genanntem Grunde vielfach Fernhörer ohne Dauermagnet, sog. magnetlose Fernhörer.

Die direkte Schaltung ist auch nachteilig für die Wirkung des Mikrofons, denn beim Besprechen werden die Widerstandsschwankungen des Mikrofons in ihrem absoluten Wert nicht voll zur Geltung kommen, da diese Schwankungen nur im Verhältnis zum Gesamtwiderstand des Sprechstromkreises auf den Empfänger wirken. Die Schwankungen werden größer, wenn man die Batteriespannung oder den Mikrofonwiderstand erhöht. Diesen beiden Maßnahmen sind jedoch gewisse Grenzen gesteckt. Der geschilderte Sachverhalt sei an einem Beispiel erläutert. Das Mikrofon (Abb. 695) habe im Ruhezustand

[1]) Panzerbieter, H. Stand der Entwicklung von Mikrophonen und Telefonen. Europ. Fernspr. Dienst, 1938, 51—60.
[2]) Führer, R. Grundlagen der Fernsprech-Schaltungstechnik, Wolfshagen-Scharbeutz 1938.

einen Widerstand von etwa 25 Ohm, der Widerstand der Leitung sei 5 Ohm, der des Fernhörers 150 Ohm, so daß der Gesamtstromkreis (ohne Batteriewiderstand) einen Widerstand von $(2 \times 25) + (2 \times 150) + 5 = 355$ Ohm hat. Bei einer Batteriespannung von 6 Volt beträgt der Strom $6 : 355 = 0,0169$ Ampere = etwa 17 mA. Wenn nun der Widerstand des einen besprochenen Mikrofons bei einer Schallwelle beispielsweise auf 10 Ohm sinkt, so sinkt der Gesamtwiderstand des Stromkreises auf $355 - (25 - 10) = 340$ Ohm, und die Stromstärke steigt in diesem Moment auf $6 : 340 = 17,6$ mA; offenbar eine sehr geringe Schwankung. Aus diesem Grunde ist die direkte Schaltung auch für große Entfernungen, d. h. für große Leitungswiderstände, nicht zu verwenden. Man greift hier zu einem aus der Starkstromtechnik bekannten Mittel, indem man die Stromschwankungen aus einem niedrigohmigen Ortsstromkreis mittels Induktionsspule in die Leitung überträgt und hierbei auch auf höhere Spannung und kleinere Stromstärke umformt. Der geringe Strom überwindet dann mit kleinerem Spannungsabfall ($J \cdot R$) den Widerstand der Leitungen und wird an der Empfangsstelle durch eine zweite Induktionsspule wieder auf kleinere Spannung herabgesetzt. Die Induktionsspule hat somit drei Aufgaben zu erfüllen,

1. den Fernhörer mit Dauermagnet vor Gleichstrom zu schützen,
2. den Widerstand des Mikrofonstromkreises zu verringern, so daß die vom Mikrofon herrührenden Stromschwankungen im Mikrofonstromkreis voll zur Geltung kommen und durch die Induktionsspule in die Leitung übertragen werden,
3. die Stromstärke des zu übertragenden Sprechstromes zu verringern und die Spannung zu erhöhen.

In Abb. 696 ist eine indirekte Schaltung zweier Fernsprechstellen gezeichnet. Im Mikrofonstromkreis liegt nur die niedrigohmige Primärwicklung (p) der Induktionsspule J. Fernhörer F wird vom Gleichstrom nicht durchflossen. Abb. 664 zeigt annähernd die Strom- und Spannungsschwankungen im Mikrofonstromkreis (M, p) und im Fernhörerkreis (s, F). Im Ruhezustand des Mikrofons fließt

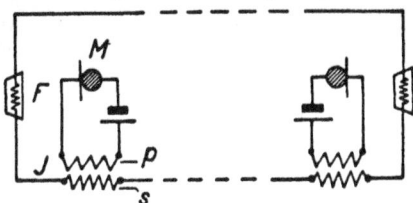

Abb. 696.

durch dieses und die Primärwicklung der Induktionsspule ein Strom, der durch die Größe 1 angegeben sei. Die Spannung an den Enden der Primärwicklung entspricht der Größe 2. Wird das Mikrofon besprochen, so schwanken Spannung und Strom in der Primärwicklung etwa wie die Schaulinien e_p und i_p zeigen. Die Stromschwankungen und die sich hieraus ergebenden Schwankungen der magnetischen Feldstärke induzieren in den vielen Windungen der Sekundärwicklung eine EMK. Die Spannung an den Enden der Sekundärwicklung kann

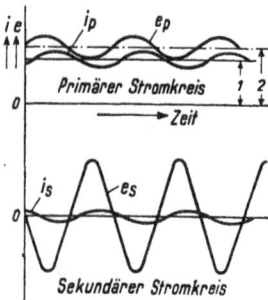

Abb. 697.

durch Schaulinie e_s und der Sekundärstrom durch Schaulinie i_s dargestellt werden. Aus der Abbildung ist zu ersehen, daß an den Enden der hochohmigen Sekundärwicklung eine bedeutende Spannungsschwankung vorhanden ist. Dagegen ist die Schwingungsweite der Stromkurve in der Sekundärwicklung sehr gering. Bis vor einigen Jahren wurden Induktionsspulen nur mit offenem Kern gebaut. Auf einem aus weichem, geglühten Eisendraht hergestellten Kern k (Abb. 698) war eine Wicklung p aus dickerem Draht mit wenigen Windungen und eine Wicklung s aus dünnerem Draht mit vielen Windungen aufgebracht. Der Grundsatz, daß es nicht vorteilhaft ist, einen geschlossenen Eisenkern für Induktionsspulen zu verwenden, weil der Wirkungsgrad durch die starke Vormagnetisierung beim geschlossenen Kern herabgesetzt würde, hat sich als nur bedingt richtig erwiesen. Durch Versuche und genaue Messungen ist nun nachgewiesen, daß es möglich ist, bei richtiger Bemessung und Auswahl des geeigneten Stoffes eine Spule mit geschlossenem Kern zu bauen, deren Vormagnetisierung durch den Mikrofonspeisestrom den Wirkungsgrad nicht erheblich beeinträchtigt. Die Spulen mit geschlossenem Kern sind auch erheblich billiger, da sie weniger Kupfer erfordern. Abb. 699 zeigt den Aufbau der neuen Induktionsspule mit geschlossenem Kern aus Blechlamellen von etwa 0,35 mm Stärke. Die untere Wicklung ist auch hier die Primärwicklung, während darüber die Sekundärwicklung liegt. Die Abmessungen der Induktionsspule müssen den jeweiligen Stromverhältnissen genau angepaßt sein[1]). Dient die Induktionsspule nur zur Trennung bzw. magnetischen Kopplung zweier Stromkreise, so wählt man das Übersetzungsverhältnis gleich 1 : 1 oder aber nahezu 1 : 1, wie es beispielsweise bei Induktionsspulen für ZB-Betrieb der Fall ist. In der nachfolgenden Tabelle sind die Wicklungsverhältnisse der gebräuchlichsten Induktionsspulen angegeben, wie sie sich

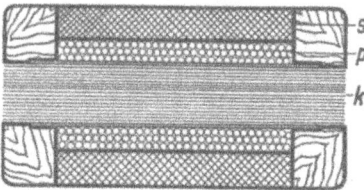

Abb. 698.

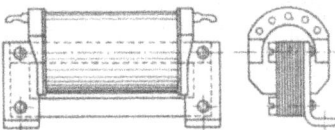

Abb. 699.

[1]) Schnabel, M. Induktionsspulen, Schwachstrom — Handwerk 1, 1925, 230—31.

nach sorgfältigen Versuchen als die günstigsten ergeben haben. Berechnen lassen sich diese Verhältnisse schlecht — ebenso wie die Größenverhältnisse von Fernhörer- und Mikrofonteilen. Durch Vergrößerung der Windungszahlen kann eine Induktionsspule nicht ohne weiteres verbessert werden; der scheinbare Widerstand der Sekundärspule muß dem des Fernhörers angepaßt sein.

Sprachübertrager in Fernsprechern mit Rückhördämpfungsschaltung							
Ortsbatterieschaltung				Zentralbatterieschaltung			
Schaltung	Übertrager			Schaltung	Übertrager		
	Ohm	Win-dun-gen	Draht-stärke mm		Ohm	Win-dun-gen	Draht-stärke mm
	4,8	550	0,30		35	1550	0,18
	28,0	1000	0,20		33	1100	0,18
	130,0	1000	0,10		95	800	0,10
	470,0	bif.	0,10		200	bif.	0,10

Der nach dem Prinzip der Abb. 699 gebaute Übertrager hat einen lamellierten Eisenmantel, Abb. 700, aus dünnen Eisenblechen von etwa $^1/_{10}$ mm Stärke. Die Bleche werden durch Bolzen, die durch die Öffnungen 3 gehen, zusammengepreßt. Die Wicklungen liegen in den Räumen 1 um den Mittelkern 2. Der weitere Zusammenbau eines solchen Übertragers ist aus der Abb. 701 zu ersehen. Die Enden der unterteilten Wicklungen werden an Lötösenstifte geführt, die in bestimmter Ordnung aus einem in

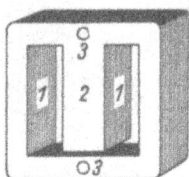

Abb. 700.   Abb. 701.

der Abbildung sichtbaren Bezeichnungsbrettchen herausragen. Das Ganze wird in einem Metallbecher untergebracht, ähnlich wie die weiter unten noch zu beschreibenden Kondensatoren. Die Metallhülse kann, wie das Bild zeigt, aus zwei Hälften bestehen oder auch aus einem ganzen Becher (im Bilde rechts), der nötigenfalls dann noch mit Isoliermasse ausgegossen werden kann. In dieser Form eignen sich die Übertrager ganz vorzüglich für Schaltungsaufbauten, die heute meistens an Gestellen (s. Abb. 648 u. 649 u. S. 706) vorgenommen

werden. Auch sind die Wicklungen nicht äußeren Beschädigungen und
Witterungseinflüssen so ausgesetzt.

d) Übertrager und Abzweigspulen.

Übertrager sind, wie die Induktionsspule, kleine Wandler, die zur
magnetischen Kopplung von Stromkreisen dienen. Der Kern wird
meistens geschlossen ausgeführt und ist aus dünnen Blechlamellen zusammengesetzt. Das Wicklungsverhältnis ist bei möglichst symmetrischer Anordnung der Wicklungen sehr ver-
schieden und richtet sich nach dem Verwendungszweck. In Abb. 702 ist schematisch der Aufbau eines Übertragers skiz-

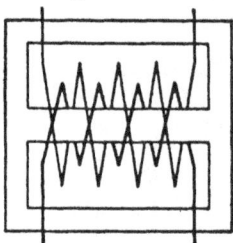

Abb. 702.

Abb. 703.

ziert, der auch in den Schaltungen der Fernsprechverstärker Verwendung findet. Auch beim Übergang einer Fernsprech-Doppelleitung in eine Einfachleitung und umgekehrt (Abb. 703) wird ein
Übertrager mit angepaßter Wicklung eingeschaltet. Desgleichen liegt
oft die Notwendigkeit vor, Doppelleitungen durch Übertrager zu trennen, z. B. beim Übergang von der Ortsfernsprechleitung in die Fernleitung. Bei der Herstellung von Viererkreisen zum Mehrfachsprechen*)

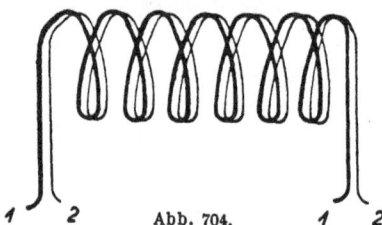

Abb. 704.

werden Übertrager als Ab-
zweigspulen verwendet. Hier
ist ganz besonders auf die
symmetrische Anordnung der
Wicklungen auf dem Kern
zu achten. Die Symmetrie
wird dadurch erreicht, daß
entweder beide Wicklungen
gleichzeitig und nebeneinander aufgewickelt werden (Abb.
704), oder aber es werden die
Wicklungen in je zwei übereinander und nebeneinander
liegende Hälften, d. h. in vier
Teile, geteilt (Abb. 705). Es
werden dann die erste untere
Spule U_1 mit der zweiten oberen O_2 und die erste obere
Spule O_1 mit der zweiten
unteren U_2 verbunden.

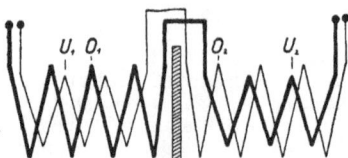

Abb. 705.

*) Siehe Abschnitt Mehrfachausnutzung von Leitungen S. 691.

Aus Abb. 706 ist die äußere Ansicht eines viel verwendeten Ring-
übertragers zu ersehen. Abb. 707 deutet die Anordnung der Wicklungen
an. Die primäre und se-
kundäre Wicklung ist in
je zwei Hälften unter-
teilt zu je 2 × 21,
2 × 40 oder 2 × 100 Ohm,
je nach Verwendungs-
zweck. Die Enden jeder
Hälfte der Wicklungen
sind an Lötösen geführt.
Die Wicklungen des Ring-
übertragers sind auch vollständig symmetrisch an-
geordnet, so daß sie glei-

Abb. 706.

chen Widerstand, gleiche Selbstinduktion und gleiche Wirbelstrom- und
Hystereseverluste haben. Der Ringübertrager wird ebenfalls zur Herstellung von Schaltungen zum Mehrfachsprechen benutzt, desgleichen
zur magnetischen Kopplung im Schnurpaar des Western-ZB-Systems
und in Wählerschaltungen.

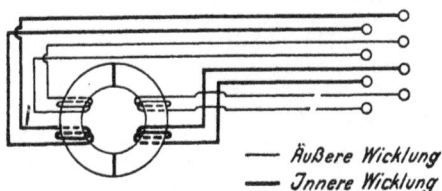

—— Äußere Wicklung
—— Innere Wicklung

Abb. 707.

e) Drosselspulen[1]).

In der Fernmeldetechnik ist es oft erforderlich, einen Teil des
Stromkreises für Wechselstrom, beispielsweise Sprechstrom, zu sperren.
Man benutzt hierfür Drosselspulen, Elektromagnetspulen, die für Wechsel-
strom einen hohen Widerstand haben.

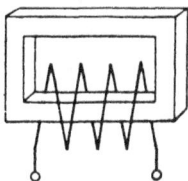

Abb. 708.

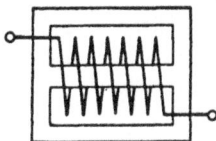

Abb. 709.

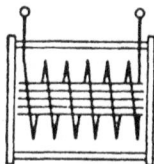

Abb. 710.

[1]) Duenbostel, W. Bau und Entwurf kleiner Drosselspulen, Helios
F Lpz 42, 1936, 1176—78.

Die Abb. 708 bis 710 zeigen verschiedene Formen von Drosselspulen, die folgende Werte haben:

Abbildung Nr.	Eisenkern mm	Draht- stärke mm	Win- dungen	Ohmscher Wider- stand	Selbst- induktions- koeffizient Henry
708	9 × 8,5	0,25	4900	100	2,3
709	12 φ	0,2	2570	115	2,7
710	17 φ	0,2	8800	400	9,7

f) Haken- und Gabelumschalter.

Die in Abb. 695 und 696 dargestellten Sprechstellenschaltungen enthalten noch einige Unvollkommenheiten, denn die Sprechstellen haben noch kein Anruforgan, und es fließt außerdem durch das Mikrofon dauernd ein Strom, wodurch sich die Batterie sehr rasch verbraucht. Wird in den Stromkreis noch ein Wecker eingebaut, so muß dieser während des Sprechens ausgeschaltet werden, denn ein Wecker wirkt wie eine Drosselspule und würde den hochfrequenten Sprechstrom nicht durchlassen. Aus Gesagtem ergeben sich zwei Hauptaufgaben, die der Hakenumschalter bzw. Gabelumschalter zu erfüllen hat:

1. die Ein- und Ausschaltung des Mikrofonspeisestromes,
2. den Anrufwecker in der Ruhestellung in die Leitung zu schalten und beim Sprechen auszuschalten.

Als Umschalter wird der Haken (bzw. die Gabel) verwendet, der zum Anhängen bzw. zum Auflegen des Mikrotelefons vorgesehen ist, so daß der Sprechende zwangsweise bei Beginn und bei Schluß des Gespräches durch Abheben und Anhängen bzw. Auflegen des Mikrotelefons die genannten Umschaltungen vornimmt.

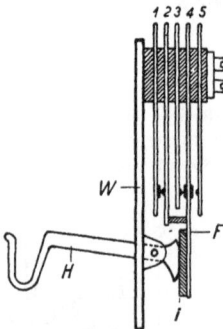

Abb. 711.

Die Abb. 711 zeigt schematisch einen Hakenumschalter, von dem der Hörer abgehoben ist. Der Haken ist so gelagert, daß er beim Abheben des Hörers durch die starke Feder F in die Höhe gedrückt wird. Hierbei können durch ein Federpaket 1 bis 5 beliebige Umschaltungen vorgenommen werden. Die Anzahl der Federn und der Kontakte richtet sich nach der Art der Sprechstellenschaltung. Der durch die Gehäusewand W hindurchragende Haken H ist von den stromführenden Teilen durch Isolationszwischenlagen i isoliert.

g) Induktoren.

Als Induktoren werden kleine, von Hand betätigte Wechselstrommaschinen bezeichnet, die im Fernsprechbetrieb als Anrufstromquelle vielseitig Verwendung finden. Der Induktor ist eine gleichbleibende,

selten versagende Stromquelle, die wenig Raum beansprucht und weder
Ersatz noch besonderer Wartung bedarf.

In Abb. 712 ist der prinzipielle Aufbau eines Kurbelinduktors
mit drei Dauermagneten gezeigt. Durch Drehen der Kurbel K wird
über ein Zahnradvorgelege Z_1—Z_2 mit einem Übersetzungsverhältnis
1:5 oder 1:7 ein Anker A in rasche Drehbewegung versetzt. Abb. 713
stellt den Anker A und seine Lage zum dauermagnetischen Feld dar.
Der Doppel-T-Anker ist entweder aus dünnen, ausgeglühten Blechlamellen zusammengesetzt oder auch massiv aus Temperguß hergestellt
und zwischen den Polschuhen P—P des Magnetsystems M_1—M_2 drehbar gelagert. Die obere und untere Nut des Doppel-T-Ankers wird
durch die Drahtwicklung ausgefüllt. Das eine Ende der Wicklung 3
(Abb. 712) ist am Körper des Lagerbockes angeschlossen, das andere
Ende isoliert und über einen Schleifkontakt an Feder f geführt.

Die Induktoren für Fernsprechstellen sind mit einer Umschalte-
vorrichtung versehen, derart, daß der Ruf- oder Sprechstrom unter
Umgehung der Ankerwicklung über den Induktor verlaufen kann,
wenn er sich in Ruhe befindet, und daß beim Rufen, d. h. bei Stromabgabe des Induktors,
diese Überbrückung der
Ankerwicklung aufge-
hoben und der Induktor so
in die Leitung geschaltet
ist, daß der eigene Wecker
der rufenden Fernsprech-
stelle entweder kurzge-
schlossen oder abgeschal-
tet wird. Diese Umschal-
tung wird dadurch be-
wirkt, daß beim Drehen
der Induktorkurbel die

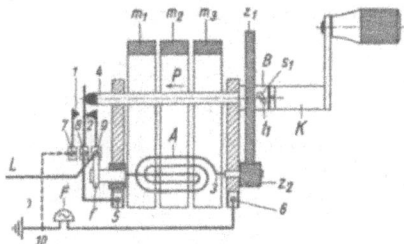

Abb. 712.

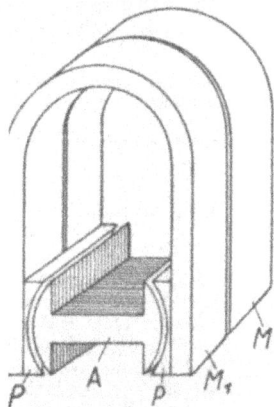

Abb. 713.

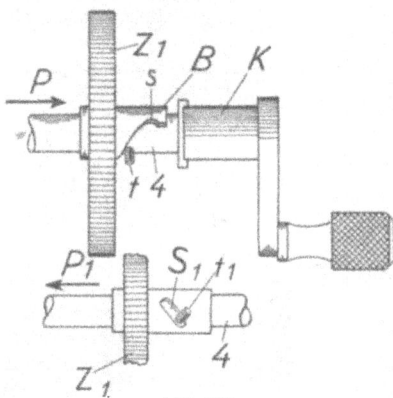

Abb. 714.

Kurbelachse sich in axialer Richtung verschiebt (s. Pfeil P, Abb. 712) und einen Wechselkontakt (1, 2) betätigt. Ist der Induktor in Ruhe, so läuft ein von der Leitung L kommender Rufstrom über 9, Kontakt 2, Klemmen 8, 5, Körper des Induktors, Klemme 6, Sprechstelle F, Erde. Beim Rufen, d. h. beim Drehen des Induktors, drückt die Achse 4 den Wechselkontakt hinüber, so daß 2 geöffnet und 1 geschlossen wird. Der Rufstrom nimmt folgenden Weg: E, 10, 7, 1, 8, Körperkontakte 5 und 6, 3, Ankerwicklung A, f, 9, L. Der eigene Wecker der Sprechstelle F ist über 10, 7, 1, 8, 5, 6 kurzgeschlossen.

Die Verschiebung der Kurbelachse wird selbsttätig bewirkt, indem ein fest in der Achse 4 (Abb. 714) eingeschraubter Stift t an einer schiefen Ebene s der Buchse B hinweggleitet und das Zahnrad Z_1 erst mitnimmt, wenn der Stift t die tiefste Stelle des Ausschnittes s erreicht hat. Eine besondere Ausführung dieser Vorrichtung zum Verschieben der Kurbelachse ist in der Nebenskizze der Abb. 714 und in der Zeichnung Abb. 712 (Stift t_1 und Schlitz S_1 bzw. s_1) veranschaulicht. Die Verschiebung der Kurbelachse erfolgt hier bei Rechtsdrehung in der entgegengesetzten Richtung.

In den Abbildungen 715 bis 717 sind die äußeren Ansichten von Kurbelinduktoren mit zwei, drei und vier Dauermagneten zu sehen.

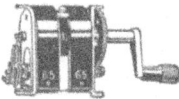 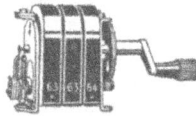 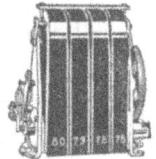

Abb. 715.   Abb. 716.   Abb. 717.

Die Eigenschaften dieser Induktoren und des in Abb. 718 dargestellten mit einem Magneten sind in nachstehender Zahlentafel zusammengestellt.

Abb.-Nr.	Anzahl der Magnete	Ankerwiderstand etwa Ohm	Leistung etwa Watt	Gewicht etwa kg
715	2	403	2,8	1,3
716	3	634	3,3	1,8
717	4	135	10	5,4
718	1	406	4,4	1,6

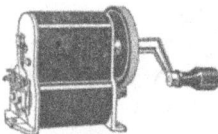

Abb. 718.

Die Abb. 718 zeigt die Außenansicht und Abb. 719 den inneren Aufbau eines Fernsprechinduktors mit nur einem Dauermagneten, der sich durch geringen Raumbedarf und verhältnismäßig große Leistung auszeichnet. Die Bauart ist ganz geschlossen. Der Dauermagnet ist aus hochlegiertem Kobalt-Chromstahl von hoher Koerzitivkraft gefertigt. Die Abschlußscheiben an den Enden dienen als Lagerschilder für den aus unterteiltem Eisen hergestellten Läufer *A*. An der linken Abschlußscheibe sind zwei Schleifringe 3, 4 angebracht, an die die Enden der Läuferwicklung angeschlossen sind. Als Stromabnehmer dienen die federnd eingebauten Schleifstifte 5, 6, welche auf die Schleifringe aufliegen. Nachdem die Wirkungsweise des Kurbelinduktors an Hand der Abb. 712 eingehend erläutert wurde, bedarf die Abb. 719 keiner weiteren Erklärung.

Die Stromkurve des Induktors weicht wesentlich von der Sinusform ab. In Abb. 720 ist eine typische Kurvenform des vom Induktor gelieferten Wechselstromes abgebildet. Abb. 721 zeigt eine weitere Kurvenform (*a*) eines Induktorstromes; *b* ist die Sinusform. Die Kurvenform hängt, wie bei allen Wechselstromgeneratoren, von der Gestaltung der Polschuhe und vom Verlauf des magnetischen Kraftflusses durch den Anker ab. Der wirksamste Teil des Induktorstromes ist die Stromspitze,

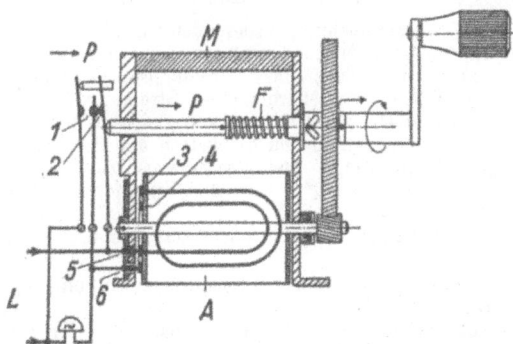

Abb. 719.

die durchdringt und bei großen Leitungswiderständen gerade noch das Anruforgan (Wecker oder Anrufklappe) zum Ansprechen bringt. Der steile Anstieg und Abfall der Induktorstromkurve bedingt aber auch sehr rasche Veränderungen im elektromagnetischen Felde, welches die stromführenden Leiter umgibt, wodurch wiederum die induktive Wirkung benachbarter Leiter aufeinander lästig werden kann. Es soll aus diesem

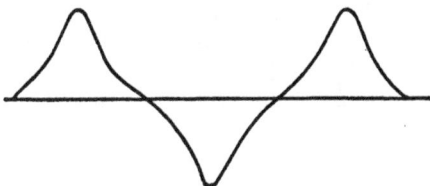

Abb. 720.

Grunde die Induktorstromkurve nicht zu steil anwachsen und abfallen. Der Induktor wird von Hand durchschnittlich mit einer Geschwindig-

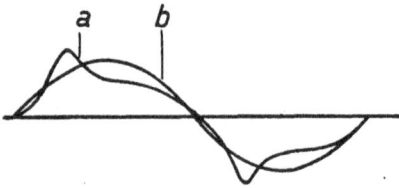

Abb. 721.

keit von 3 Kurbelumdre-
hungen in der Sekunde ge-
dreht. Bei einer Zahnrad-
übersetzung 1 : 5 macht der
Anker dann 15 Umdrehun-
gen in der Sekunde, bei
einer Übersetzung von 1 : 7
etwa 21 Umdrehungen. Da
eine Umdrehung bei zwei-
poligen Maschinen einer
Periode entspricht, hat der Induktorwechselstrom 15 bzw. 21 Perioden.
Man kann Kurbelinduktoren auch zur Abgabe von Gleichstrom
bauen. Es wird in diesem Fall auf der Achse des Ankers noch ein
Polwender angeordnet, so daß ein wellenförmiger Gleichstrom dem
Induktor entnommen werden kann.

h) Kondensatoren.

In der Fernmeldetechnik, insbesondere in den Stromkreisen der
Fernsprechtechnik finden Kondensatoren vielseitige Verwendung. Sie
dienen dazu, gewisse Teile eines Stromkreises für Gleichstrom zu
sperren bzw. einem Wechselstrom einen Stromweg zu bieten; auch
werden Kondensatoren zur Glättung von gleichgerichtetem Wechselstrom benutzt, zum Aufbau von Siebketten und Sperren für Kunstschaltungen, Verzögerungs- und Phasenrelais, zu Speicherzwecken,
zum Funkenlöschen u. a. m.*). Über die Wirkungsweise des Kondensators s. S. 32.

Man unterscheidet heute Kondensatoren in drei verschiedenen
Ausführungsformen:

1. Papierkondensatoren mit Kapazitätswerten von einigen Mikrofarad (μF),
2. Elektrolytkondensatoren mit Kapazitätswerten von 5 bis
   5000 Mlkrofarad und
3. Kleinkondensatoren von 50 bis 50000 cm,

wobei 1 μF $= 1000000$ pF ($\mu\mu$F) $= 900000$ cm ist.

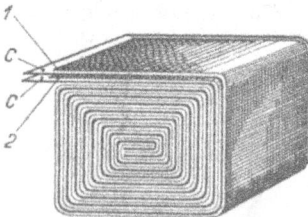

Abb. 722.

Papierkondensatoren.
Die bisher gebräuchlichsten Kondensatoren sind die Papierkondensatoren. Sie werden so hergestellt,
daß zwei Stanniolbänder 1 und 2
(Abb. 722), durch ein (auch doppelt
gelegtes) Band c aus paraffiniertem
Papier getrennt, derart zusammengerollt werden, daß sie eine kom-
pakte Masse bilden (Abb. 723, links),
welche dann noch in eine vierkan-
tige Form (Abb. 723, Mitte) gepreßt
und, mit Zuleitungen versehen, in ein Schutzgehäuse (Abb. 723, rechts)
untergebracht wird.

*) Siehe auch Seite 693, 125, 202, 127, 102.

Abb. 723.

Die Schutzgehäuse erhalten Lötösen oder auch Schraubklemmen verschiedenster Ausführung. In der nachstehenden Tafel sind einige der in der Fernmeldetechnik gebräuchlichen Papierkondensatoren aufgeführt, Postkondensatoren entsprechend den Vorschriften des Reichspostzentralamtes. Die Kapazitätstoleranz beträgt bei den ersten 3 Typen ± 5 vH, bei allen übrigen ± 10 vH. Die Becherhöhe dieser Typen beträgt 50 mm.

Papierkondensatoren[1].

Kapazität μF	max. Betriebsspannung V	Prüfspannung V	Becherform
0,1	250 =	650 =	
0,25	250 =	650 =	
0,5	250 =	650 =	
1	250 =	650 =	
2	250 =	650 =	
2	175 =	500 =	
3	170 =	360 =	
4	170 =	360 =	
0,5	250 =	650 =	
1	250 =	650 =	
2	170 =	360 =	
0,25	250 =	650 =	
0,5	250 =	650 =	
1	250 =	650 =	
2	170 =	500 =	

[1] Kindermann, Cl. Berechnung von Wickelkondensatoren, Z. Fernmeldetechn. 7, 1926, 71—73.

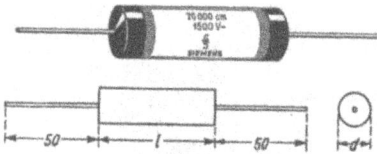

Abb. 724.

Kleinkondensatoren werden in der Regel in Röhrenform (aus Glas oder Porzellan), Abb. 724, hergestellt mit den aus nachstehender Tabelle ersichtlichen Werten. Der Kondensator ist im Aufbau der gleiche wie der durch Abb. 723 beschriebene. Der runde Wickel ist in der runden Form belassen worden. Nachstehende Tabelle gibt die Werte einiger der gebräuchlichen Größen an.

Kleinkondensatoren.

Kapazität	Kapazität pF ($\mu\mu$F) bzw. μF	max. Betriebsspannung	Prüfspannung	Abmessungen mm		Gewicht für 100 Stück etwa
cm		V	V	d	l	g
50	55 pF			8	33	350
100	110 pF			8	33	350
250	280 pF	500 =		8	33	350
300	330 pF	oder	1500 =	8	33	350
500	550 pF	300 $\sim$		8	33	350
1000	1100 pF			8	33	350
2000	2200 pF			8	33	350
5000	5500 pF			8	33	350
10000	11000 pF			10	33	500
20000	22000 pF	500 =		12	33	900
50000	55000 pF	oder	1500 =	14	48	1300
	0,1 μF	250 $\sim$		15	58	1700
	0,25 μF			22	58	2700
	0,5 μF			27	58	4300

Der Elektrolytkondensator[1]) hat in letzter Zeit vielfach auch in der Fernmeldetechnik Verwendung gefunden. Er läßt sich nicht nur in vielen Fällen an Stelle der Papierkondensatoren einbauen,

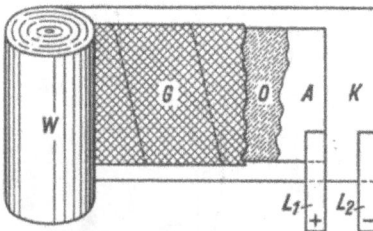

Abb. 725.

sondern er hat sich auch neue Anwendungsgebiete erschlossen. Der Elektrolytkondensator ist dadurch ausgezeichnet, daß er in außergewöhnlich großen Kapazitäten hergestellt werden kann und dabei nur wenig Raum beansprucht. Er besteht, wie jeder andere Kondensator aus zwei Belägen und einem dazwischenlie-

[1]) Gulba W. Elektrolyt-Kondensatoren, Berlin 1935.

genden Dielektrikum. Wie die Abb. 725 zeigt, wird auch der Elektrolytkondensator in Form*) eines Wickels W hergestellt, der dann in passenden, weiter unten abgebildeten Becherformen untergebracht wird. Die Kathode (oder Minuspol) wird durch den Elektrolyt, mit dem das Gewebe G getränkt ist, und durch eine Stromabnahmefolie K gebildet. Als Anode dient eine dünne Aluminiumfolie A, auf der durch einen Formierungsvorgang eine hauchdünne (0,001 mm) Oxydschicht Al_2O_3 (Tonerde) von sehr hoher elektrischer Durchschlagfestigkeit niedergeschlagen ist. Diese Schicht ist das Dielektrikum. Die Schichten sind also folgende:

1. die Anode A als ein Belag,
2. die dünne Oxydhaut O als Dielektrikum,
3. der die Oxydhaut allseitig umgebende Elektrolyt, welcher durch das Gewebe gehalten wird, als zweiten Belag und als Kathode,
4. eine Folie K, die als vergrößertes Stromabnehmemittel dient.

Als Elektrolyt kann beispielsweise eine Lösung von Ammoniumborat dienen; die Zusammensetzung der praktisch gebräuchlichen Elektrolyte wird von den Herstellern geheimgehalten. Zu beachten ist, daß die Dicke der dielektrischen Schicht beim Überschreiten der Spitzenspannung (siehe Tabelle) wächst, wobei sich das Dielektrikum verändert. Das richtige Arbeiten des Elektrolytkondensators ist auch an die richtige Polung gebunden. Die Kapazität dieser Kondensatoren wächst mit der Temperatur. Die Frequenzabhängigkeit kann man in dem für Siebzwecke in Betracht kommenden Frequenzbereich meist vernachlässigen. Die Spitzenspannung ist etwa die Formierungs-

Elektrolytkondensatoren.

Kapazität μF	max. Betriebsspannung V=	Spitzenspannung V=	Ausführungsform
10	6	8	
5	20	25	Röhrenform
10	20	25	
5	25	30	Länge
10	25	30	55 mm
10	60	70	
20	60	70	
1500	6	8	
3000	6	8	Becherform
500	25	30	
1500	25	30	Höhe
3000	25	30	120 mm
5000	25	30	
500	50	60	

*) Es gibt auch eine ganze Reihe anderer Herstellungsarten.

spannung, sie darf deshalb, auch nicht kurzzeitig, überschritten werden.
Bei den Niedervolttypen liegt die Spitzenspannung etwa 20 vH, bei
den Hochvolttypen etwa 10 vH über der Betriebsspannung. Die uni-
polar ausgebildeten Elektrolytkondensatoren sind für Wechselstromkreise nicht brauchbar, können aber als Glättungskondensator, als
Sperre oder Ventil verwendet werden. Aus der Abb. 726 sind die gebräuchlichen Formen zu ersehen, und in der vorstehenden Zahlentafel
sind einige Typen mit den zugehörigen Werten aufgeführt.

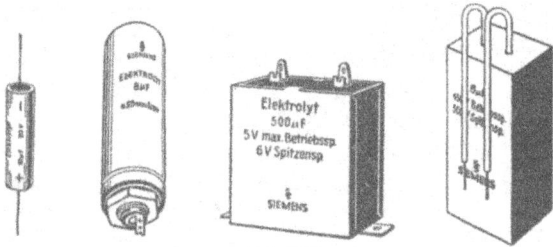

Abb. 726.

II. Schaltungen von Fernsprechstellen.

Man unterscheidet grundsätzlich Fernsprecher mit einer besonderen (zur Speisung des Mikrofons) der Sprechstelle zugeordneten Batterie
(Orts- oder Lokalbatteriesprechstellen genannt) und solche Sprech-

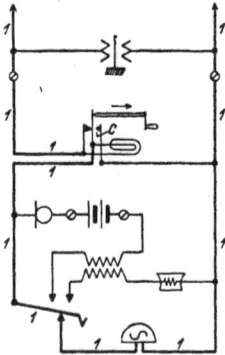

Abb. 727.

stellen, die keine besondere Batterie haben
und von der Zentrale (Zentralbatterie) den
Mikrofonspeisestrom erhalten. Diese Sprechstellen werden als ZB-Sprechstellen bezeichnet. Die OB-Sprechstellen sind meistens
noch mit einem Induktor zum Anrufen der
Zentrale ausgerüstet, wobei der Induktorstrom in der Zentrale in der Regel eine
Anrufklappe oder eine Schlußzeichenklappe
betätigt. Die ZB-Sprechstellen rufen die
Zentrale selbsttätig an, indem beim Abheben
des Mikrotelefons von der Gabel oder vom
Hakenumschalter ein Relais in der Zentrale
zum Ansprechen gebracht wird, welches eine
kleine Anruflampe (Abb. 745) einschaltet.
In der Abb. 727 ist eine Sprechstelle in
OB-Schaltung dargestellt. Um die Wirkungsweise der Sprechstelle kennenzulernen,
werden im folgenden die einzelnen Strom-
kreise und Schaltvorgänge beschrieben. Die Sprechstelle, Abb. 727, ist
in der Ruhelage gezeichnet. Ein von der Zentrale ankommender Rufwechselstrom verläuft über den Stromkreis 1 und betätigt den Wechselstromwecker. Wird von der Sprechstelle aus nach der Zentrale, an die

die Sprechstelle angeschlossen ist, gerufen und zu diesem Zweck die Induktorkurbel gedreht, so schließt sich durch die Bewegung der Induktorachse in der gezeichneten Pfeilrichtung (s. auch Abb. 719) der Kontakt c (Abb. 728), und der Rufstrom verläuft über Stromkreis 2 nach der Zentrale. Die Überbrückung des Induktorankers (Abb. 727) ist beim Rufen nach der Zentrale (Abb. 728) durch Öffnen des Kontaktes d aufgehoben, solange die Induktorkurbel gedreht wird.

Bei angehängtem bzw. aufgelegtem Mikrotelefon ist während des Rufens der eigene Wecker der Sprechstelle über Stromkreis 3 kurzgeschlossen. Wird bei abgehobenem Mikrotelefon gerufen, so ist das Mikrotelefon über die gleiche Strombrücke 3 kurzgeschlossen und wird vom Induktorwechselstrom infolgedessen nicht beeinflußt. Wird das Mikrotelefon oder der Hörer abgehoben, so schließen sich am

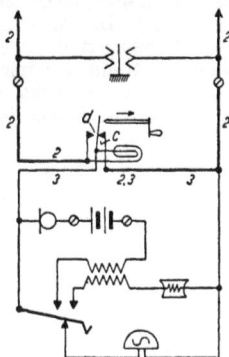

Abb. 728.

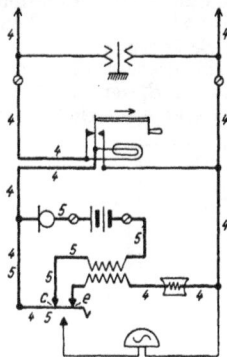

Abb. 729.

Haken- oder Gabelumschalter die beiden Kontakte c̄ und e, Abb. 729, und auch der Fernhörerkreis 4 (über Anschlußleitung und Zentrale) sowie der Mikrofonkreis 5 über die Ortsbatterie. Die durch das Besprechen des Mikrofons im Mikrofonstromkreis entstehenden Stromschwankungen werden durch die Induktionsspule in den Stromkreis 4 übertragen und gelangen so in die Leitung. Über Stromkreis 4 verläuft auch der ankommende Sprechstrom. Aus den Abb. 727 bis 729 ist noch zu ersehen, daß der Hakenumschalter einer OB-Sprechstelle einen Ruhekontakt und zwei Arbeitskontakte hat. Der Stromkreis des Mikrofons kann auch ganz gesondert geführt werden (s. Abb. 757).

In der Weiterentwicklung hat man, um akustische Rückkopplungen vom Hörer auf das eigene Mikrofon zu vermeiden und um die eigene Sprache im Fernhörer abzudämpfen, die Schaltung mit Rückhördämpfung, Abb. 730, eingeführt. Die Sekundärwicklung der Induktionsspule ist in zwei Teile (1, 2) geteilt und der Hörer mit einem hohen

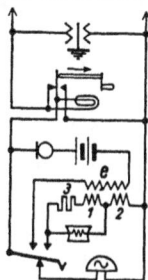

Abb. 730.

30*

Widerstand 3 (400 Ohm) in Reihe geschaltet, so daß praktisch nur ein Bruchteil des vom eigenen Mikrofon übertragenen Sprechstromes in den Fernhörer gelangt. Die Wicklungen haben etwa folgende Werte: Primärwicklung e 8 Ohm, Sekundärwicklung 1 300 Ohm, Sekundärwicklung 2 110 Ohm. Der Fernhörerwiderstand beträgt 2 × 100 Ohm, Widerstand des Weckers 2 × 750 Ohm. Die Mikrofonbatterie hat 1,5 oder 3 Volt.

Die älteren OB-Sprechstellen haben Induktionsspulen mit einer Primärwicklung von 0,8 Ohm und einer Sekundärwicklung von 200 Ohm, Fernhörer 2 × 75 oder 2 × 100 Ohm, Mikrofonwiderstand (Ruhe) etwa 30 Ohm. Als Induktoren kommen solche mit 1, 2 oder 3 Dauermagneten in Frage.

Die Abb. 731 zeigt die Schaltung einer Sprechstelle mit Gleichstromanruf. Diese Sprechstellen werden für kleine Hausanlagen verwendet und nach Abb. 732 zusammengeschaltet. Der Anruf geschieht durch Betätigen der Ruftaste RT. Als Anruforgan dient entweder eine Schnarre oder ein Gleichstromwecker W. Wenn eine gemeinsame Rufbatterie B_1 verwendet werden soll, sind drei Leitungen zwischen den Sprechstellen erforderlich. Erhält jedoch jede Sprechstelle (Ab-

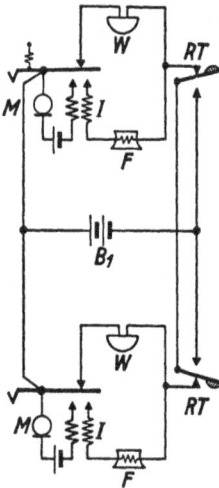

Abb. 731.

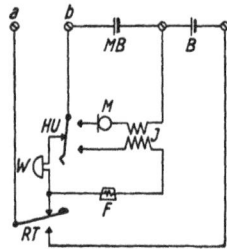

Abb. 732.

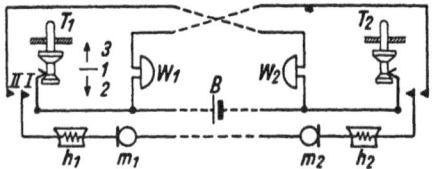

Abb. 733.

bildung 731) zur Mikrofonbatterie MB noch ein Element B hinzu, so können die beiden Sprechstellen durch zwei Leitungen (Klemmen a und b) miteinander verbunden werden. Die beiden Batterien MB und B werden beim Rufen (Drücken der Ruftaste RT) hintereinander geschaltet.

Die Verwendung einer Induktionsspule ist bei solchen kleinen Anlagen für den Hausverkehr nicht unbedingt notwendig. Die Abb. 733

zeigt die direkte Schaltung einer bekannten Heimfernsprecher-Anlage, bei der Hörer und Mikrofon in Reihe liegen. Für die Verbindung sind vier Leiter benutzt, dafür genügt aber eine gemeinsame Batterie für beide Sprechstellen. Als Batterie wird gewöhnlich eine Taschenlampen-batterie verwendet. Die Tasten T_1 und T_2 werden durch die angehäng-ten Mikrotelefone in der gezeichneten Lage gehalten, wobei alle Strom-kreise offen sind (Lage 1). Nimmt man das Mikrotelefon ab und drückt die Taste in Lage 2, so werden die Kontakte I und II geschlossen und dadurch der Wecker (W) oder die Schnarre der Gegen-Sprechstelle an Spannung gelegt. Haben beide Teilnehmer die Mikroteletone ab-gehoben, so befinden sich die Tasten T_1 und T_2 in der Sprechstellung 3; Kontakt I beider Tasten ist geschlossen. Die Teilnehmer können sprechen.

In der Abb. 734 ist die äußere Ansicht einer modernen OB-Fern-sprechstelle zum Befestigen an der Wand dargestellt. Das Fernsprech-

Abb. 734.   Abb. 735.   Abb. 736.

gehäuse sowie das Mikrotelefon sind aus Preßstoff gefertigt. Die Abb. 735 zeigt die Außenansicht einer OB-Fernsprechstelle als Tischapparat und die Abb. 736 den Fernsprecher, der in der Schaltung der Abb. 733 benutzt wird, den sogenannten Heim-fernsprecher.

Tragbare Fernsprecher[1]), Abb. 737, werden in Holzgehäuse, Ledertasche oder auch in Metallgehäuse (wasserdicht, aus Aluminiumguß) hergestellt. Als Feld-fernsprecher gebaut, erhalten tragbare Fernsprechgeräte oft auch Summeranruf. Die tragbaren Fernsprecher sind in der Regel mit Ortsbatterie versehen, die aus Trockenelementen, auch aus Taschen-lampenbatterien bestehen kann und im Gehäuse mit untergebracht ist.

Abb. 737.

Fernsprechstellen für Ortsbatterie-betrieb oder auch für Zentralbatteriebetrieb werden für rauhe Be-triebe, wie Bergwerke, oder auch für Außenräume in wasserdichter

---

¹) Ein tragbarer Induktor-Fernsprechapparat für OB-Betrieb, Helios, 45, 1939, 1347—48.

Ausführung, Abb. 738, gebaut. Das Bild zeigt einen wasserdichten Wandfernsprecher in schlagwettergeschütztem Gußeisengehäuse. Der gußeiserne Batteriekasten ist mit dem Fernsprechgehäuse zusammengebaut. Der wasserdicht eingekapselte Wechselstromwecker ist oberhalb des Gehäuses angebracht. Der links angeordnete Handapparat enthält auswechselbare Mikrofon- und Hörkapseln, wie der Handapparat in Abb. 694.

 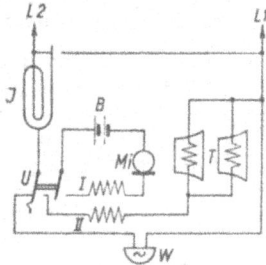 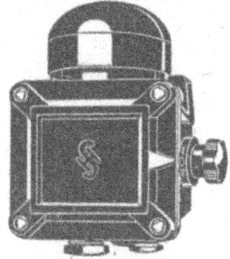

Abb. 738.   Abb. 739.   Abb. 740.

Die Schaltung dieses wasserdichten Fernsprechers, Abb. 739, bedarf keiner weiteren Erläuterung. Der zweite Hörer ist an einem Haken, rechts am Gehäuse, aufgehängt und ermöglicht auch in geräuschvoller Umgebung eine gute Verständigung. In Fernsprechanlagen für Bergwerke werden alle Bestandteile in wasserdichter Ausführung gebaut. Abb. 740 zeigt die äußere Ansicht und Abb. 741 die Schaltung eines für Bergwerke bestimmten Zwischenstellenumschalters mit drei Stellungen. Der Schalter ermöglicht die in Abb. 742 dargestellten Verbindungen zwischen dem Fernsprecher F am Standort des Zwischenstellenumschalters und zwei weiteren Fernsprechern F_1 und F_2.

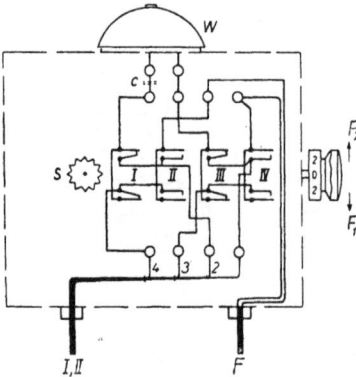

Abb. 141.

Sprechstellen für Zentralbatteriebetrieb sind einfacher und billiger, da der Induktor und die Ortsbatterie wegfallen.

Abb. 743 zeigt eine prinzipielle Schaltung einer ZB-Sprechstelle. Ein von der Zen-

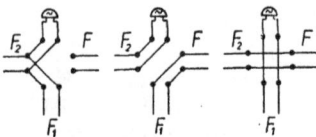

Abb. 742.

trale kommender Rufwechselstrom verläuft über Stromkreis 1 zurück zur Zentrale. Will der Teilnehmer die Zentrale anrufen, so hat er lediglich den Hörer bzw. das Mikrotelefon vom Hakenumschalter abzuheben. Der Hakenumschalter hat nur einen Kontakt, der beim Abnehmen des Hörers geschlossen wird. Der Mikrofonspeisestrom von der Batterie in der Zentrale gelangt sodann in den Mikrofonstromkreis, das Anrufrelais dieser Teilnehmerleitung wird erregt, und der Anruf in der Zentrale erfolgt. Der Teilnehmer kann nach Herstellen der Verbindung sprechen. Die beschriebene Schaltung hat den Nachteil, daß der Fernhörer vom Gleichstrom durchflossen wird (s. S. 436). Aus

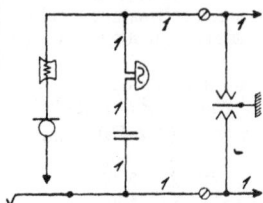

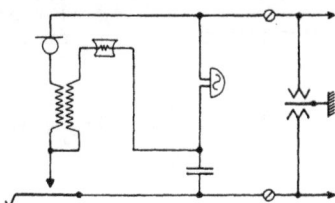

Abb. 743.   Abb. 744.

genanntem Grunde wird der Mikrofonstromkreis mit dem Fernhörerkreis unter Vermittlung einer Induktionsspule magnetisch gekoppelt (Abb. 744). Diese Abbildung zeigt die sog. Western-Schaltung einer ZB-Stelle. Hier liegt ebenfalls ein Kondensator im Weckerstromkreis. Nach Abheben des Hörers geht ein Teil des vom Amt kommenden Gleichstromes über Wecker, Fernhörer und Sekundärwicklung der Induktionsspule. Dieser Strom ist aber (infolge des sehr hohen Weckerwiderstandes gegenüber dem parallelgeschalteten Mikrofon) sehr gering.

In Abb. 745 ist eine sehr verbreitete Schaltung einer ZB-Stelle dargestellt, die sog. Ericsson-Schaltung. Zur Erläuterung der Wirkungsweise einer ZB-Stelle ist die Verbindung L nach der Zentrale schematisch eingezeichnet. Der Weckerstromkreis mit dem üblichen Kondensator ist der gleiche wie bei den bereits beschriebenen ZB-Schaltungen. Der Fernhörerkreis ist vollständig von dem Mikrofonstromkreis getrennt. Nimmt der Teilnehmer seinen Hörer F vom Hakenumschalter HU, so fließt Strom von der Zentrale: $-ZB$, Wicklung des Anrufrelais AR, Teilnehmerleitung L, über b, HU, Pri-

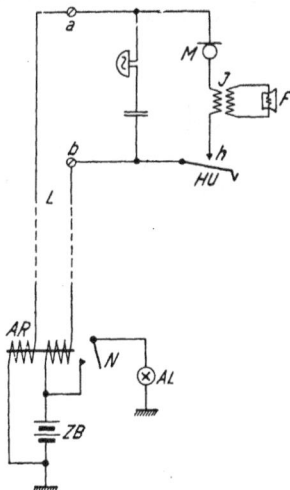

Abb. 745.

märwicklung der Induktionsspule J, Mikrofon M, a, zweite Wicklung des AR, $+ ZB$. Anrufrelais AR wird erregt, zieht seinen Anker N an und schaltet Anruflampe AL an Batterie. Am Aufleuchten von AL erkennt die Telefonistin, daß dieser Teilnehmer angerufen hat. Hängt der Teilnehmer seinen Hörer wieder an HU, so wird Kontakt h unterbrochen, und, da über den Kondensator des Stromkreises kein Gleichstrom fließen kann, das Anrufrelais fällt wieder ab; Lampe AL erlischt. Vorgang genauer beschrieben S. 478. Abb. 746 zeigt eine Schaltung (ZB), in welcher bei abgenommenem Hörer der Kondensator durch die halbe Weckerwicklung und Leitung e überbrückt ist, so daß beim Hinlegen des Mikrotelefons auch dann, wenn eine Stromunterbrechung am Mikrofon stattfinden sollte, eine Schlußzeichengabe nach der Zentrale vermieden wird.

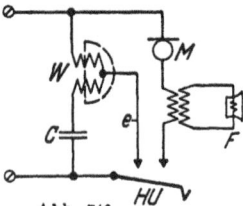

Abb. 746.

Für diese älteren ZB-Sprechstellen waren folgende Werte gebräuchlich:

Fernhörer 2×30 (2×75) Ohm,
Mikrofon 150 bis 300 Ohm,
Wecker 2×750 (2×500) Ohm,
Induktionsspule $16 : 22$ bzw. $29 : 32$ Ohm,
Kondensator 2 μF.

Auch neue ZB-Fernsprechstellen werden mit der Rückhördämpfung ausgerüstet. In Abb. 747 ist diese Schaltung für ZB-Betrieb nochmals im Prinzip dargestellt. Beim Besprechen des Mikrofons M verzweigen sich die erzeugten Wechselströme in der Sekundärwicklung zu gleichen

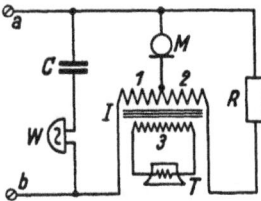

Abb. 747.

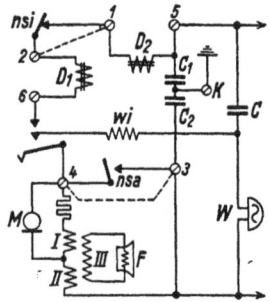

Abb. 748.

Abb. 749.

Teilen und in jeweils entgegengesetzten Richtungen in den Wicklungshälften 1 und 2 der Induktionspule I. Der für R zu wählende Widerstand ist ein Mittelwert, der dem Durchschnittswert des Widerstandes des an a—b angeschlossenen Leitungsteils anzugleichen ist. Im eigenen Fernhörer T ist der eigene Mikrofonstrom nur ganz leise zu hören.

Moderne Fernsprechstellen müssen mit Rundfunkstörschutz ausgerüstet sein. Die Abb. 748 zeigt die Schaltung einer Fernsprechstelle, die sowohl für den Selbstanschlußbetrieb wie für ZB-Betrieb zu verwenden ist. Bei ZB-Betrieb werden die Klemmen 1, 2 sowie 3, 4 mit je einem Draht, wie die gestrichelten Linien zeigen, überbrückt. Die Störschutzeinrichtung (für die ZB-Betriebsweise) besteht aus einer kleinen Drosselspule mit zwei Wicklungen D_1 und D_2 und den kleinen Kondensatoren C_1, C_2 mit je einer Kapazität von 0,05 μF. Auch diese Sprechstelle ist mit Rückhördämpfung ausgerüstet. In der Abb. 749 ist die äußere Ansicht einer ZB-Tisch-Sprechstelle zu sehen. Selbstanschluß(Wähler)Fernsprechstellen

Abb. 750.

werden in Abschnitt „Wähler-Fernsprechanlagen" beschrieben.

In Bürobetrieben ist es vorteilhaft, Dreharme, Abb. 750, überall dort zu verwenden, wo man einen Fernsprecher mehreren Personen in diesen Büros zugänglich machen will.

III. Linienwähler.

In Abb. 732 ist gezeigt, wie zwei Fernsprechstellen verbunden werden, damit diese miteinander sprechen können. Wenn mehrere Stellen wahlweise verbunden werden sollen, führt man entweder von jeder Sprechstelle eine Leitung nach einer Zentralstelle (an einen Zentralumschalter), oder aber es werden die Sprechstellen als sog. Linienwählersprechstellen ausgebildet und durch ein mehradriges Kabel so miteinander verbunden, daß die betreffenden Teilnehmer ohne Vermittlung einer Zentralstelle einander anrufen und

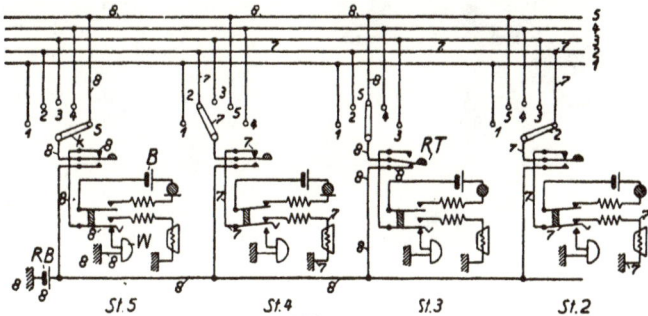

Abb. 751.

sprechen können. Abb. 751 zeigt die Zusammenschaltung sog. Kurbel-Linienwähler für Einfachleitung. An Stelle der Kurbel kann auch ein Stöpsel verwendet werden, der bei der Auswahl des gewünschten Teilnehmers in die entsprechende, mit dem Teilnehmer verbundene Buchse gesteckt wird. Jede Sprechstelle St 2 bis St 5 hat eine Sprechbatterie. Die Rufbatterie RB ist jedoch gemeinsam. Zum Anrufen dient je ein Gleichstromwecker W. Die Anzahl der Kabeladern sowie der Kontakte am Kurbelumschalter k entsprechen der Anzahl der Sprechstellen. In der Abbildung sind nur vier Sprechstellen gezeichnet. Kurbel k muß bei jeder Sprechstelle, die in Ruhe ist, auf dem Kontakt der eigenen Leitung liegen, z. B. bei Sprechstelle 2 auf 2, bei Stelle 5 auf 5 usw. In der Schaltung (Abb. 751) befindet sich Stelle 4 im Gespräch mit Stelle 2 (Stromkreis 7). Soll von Stelle 3 ein Anruf zur Stelle 5 erfolgen, so muß die Linienwählerkurbel der Stelle 3 auf Kontakt 5 gestellt und Ruftaste RT gedrückt werden. Der Rufstrom verläuft alsdann über Stromkreis 8. An Stelle der Erdrückleitung benutzt man meistens einen starken, blanken Kupferdraht, welcher außerdem nach Möglichkeit an verschiedenen Stellen zu erden ist, wodurch der Querschnitt der Erdrückleitung noch vergrößert wird. Diese Maßnahme ist bei Linienwählerbetrieb mit Einfachleitung unbedingt erforderlich, denn

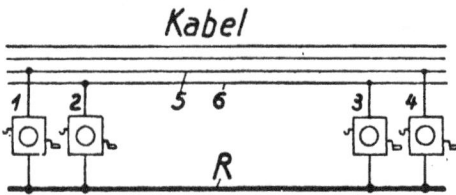

Abb. 752.

wenn gleichzeitig mehrere Teilnehmer sprechen, verlaufen die Sprechströme in der Erdrückleitung nebeneinander, und es tritt eine gegenseitige induktive Beeinflussung der Stromkreise ein, die um so größer ist, je größer der Widerstand und je länger die Leitung ist. Diese Beeinflussung nennt man Nebensprechen. In der Schaltung der Abb. 752 sind beispielsweise je zwei Sprechstellen über die Kabeladern 5 und 6 und die gemeinsame Rückleitung R miteinander verbunden. Das Nebensprechen äußert sich darin, daß das zwischen 1 und 4 geführte Gespräch von 2 und 3 gehört werden kann und umgekehrt. Die induktive Beeinflussung tritt am stärksten zwischen den Kabeladern, z. B. 5, 6, auf. Das Kabel für Linienwähler mit Einfachleitung wird deshalb so hergestellt, daß die einzelnen Adern über der

Abb. 753.

Baumwollisolation mit Stanniolband umwickelt werden. Diese meistens 0,8 mm starken Adern werden zusammen mit einem oder mehreren Rückleitungsdrähten (R) lagenweise verseilt, gemeinsam mit Band bewickelt und mit einem nahtlosen Bleimantel umpreßt. Linienwähler für Einfachleitung können nur auf kurzen Entfernungen betrieben werden. Bei langen Leitungen ist ein Nebensprechen nicht zu vermeiden.

In der Abb. 753 ist die äußere Ansicht eines neuzeitlichen Dreh-Linienwählers für 19 Anschlüsse zu sehen, bei dem eine Drehscheibe zum Einstellen der gewünschten Sprechstelle verwendet wird. In dem Bild ist zu sehen, daß die Namen der angeschlossenen Teilnehmer auf die Drehscheibe aufgeschrieben werden können. Die Verbindung wird hergestellt, indem man zunächst das Mikrotelefon von der Gabel abhebt,

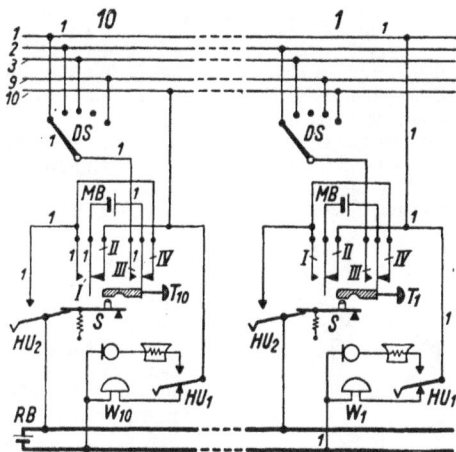

Abb. 754.

die Randmarke (neben dem Namen des gewünschten Teilnehmers) der Scheibe auf eine feste Randmarke einstellt und dann den in der Mitte der Drehscheibe angeordneten Knopf drückt. Die Drehscheibe braucht nicht in eine Ruhestellung zurückgeführt zu werden. In der Abb. 754 ist die Schaltung des Dreh-Linienwählers gezeigt. Teilnehmer 10 hat seine Drehscheibe DS auf den an Leitung 1 angeschlossenen Teilnehmer 1 gedreht. Drückt Teilnehmer 10 nach Abnehmen des Mikrotelefons die Ruftaste T_{10}, so wird über Stromkreis 1 (über Kontakte I und III der Taste T_{10}) der Wecker W_1 betätigt. Hierbei sind die Batterien MB und RB in Reihe geschaltet. Wird die Taste T_{10} wieder losgelassen, so wird sie in der Mittelstellung (Sprechstellung) durch die Sperre S gehalten. Der Sprechstrom geht über Kontakte II und III der Taste T_{10}. Hierbei sind Mikrofone und Hörer in Reihe geschaltet. Gabelumschaltekontakt HU_2 ist hierbei unwirksam.

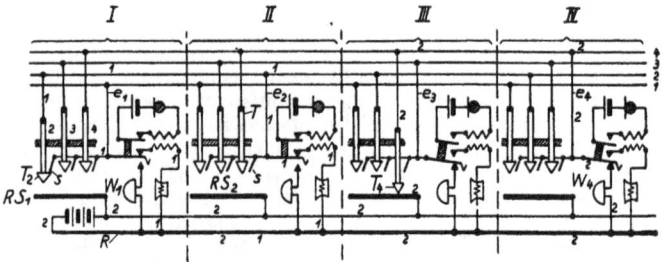

Abb. 755.

Abb. 755 zeigt im Prinzip die Schaltung von sog. Druckknopf-Linienwählern für Einfachleitung. Die Stellen I bis IV sind an das Linienwählerkabel und an eine gemeinsame Rückleitung R von möglichst großem Querschnitt angeschlossen. Das Linienwählerkabel enthält soviel Adern wie Stellen vorhanden sind, und jede der Adern 1 bis 4 steht mit der sog. eigenen Leitung e_1 bis e_4 der Stellen I bis IV in Verbindung. Jede Stelle ist außerdem über je eine Drucktaste T mit den übrigen drei Leitungen verbunden, z. B. Stelle I hat Tasten 2, 3, 4, die an die Leitungen 2, 3, 4 führen, desgleichen hat Stelle II drei Tasten

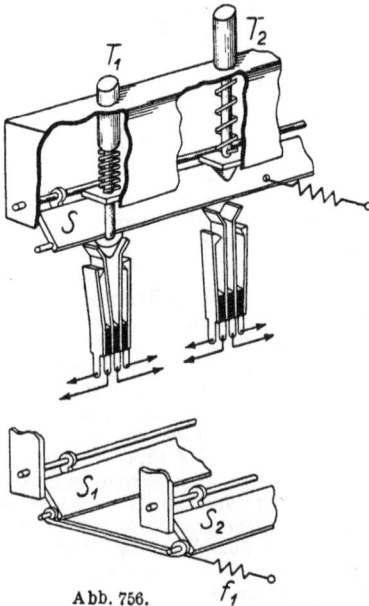

Abb. 756.

1, 3, 4, die an die Leitungen 1, 3, 4 angeschlossen sind usw. Will eine Sprechstelle die andere anrufen, so hat sie nur diejenige Taste zu drücken, die über eine Kabelleitung mit der Leitung zur gewünschten Stelle in Verbindung steht, und zwar muß die Taste so tief gedrückt werden, bis sie mit der sog. Rufschiene (RS_1, RS_2 usw.) in Berührung kommt. In der Abb. 755 ruft Stelle III die Stelle IV über Stromkreis 2 an. Nach Loslassen der Taste geht diese nicht in die Ruhestellung, sondern wird in der Mittellage (s. Taste T_2 Stelle I) gesperrt, indem sie gegen Schiene s stößt; dies ist die Sprechstellung. In der Abbildung befindet sich Sprechstelle I mit Stelle II im Gespräch (Stromkreis 1), und zwar hat Stelle I angerufen; siehe gedrückte Taste T_2, Stelle I. Die Linienwählertasten lösen sich

gegenseitig aus, und die zuletzt gedrückte Taste wird beim Anhängen
oder Auflegen des Mikrotelefons ausgelöst.

Die gegenseitige Tastenauslösung sei an Hand der Abb. 756
erläutert. In dieser Abbildung ist ein Teil einer Tastenmechanik
schematisch gezeichnet. Die obere Zeichnung veranschaulicht die
gegenseitige Auslösung der Tasten in einer Reihe, die untere zeigt,
wie man die Sperrschienen S_1, S_2 miteinander verbinden kann, damit
die Tasten auch beliebig vieler Reihen gegenseitig ausgelöst werden.
Drückt man (bei der gezeichneten Lage der Tasten T_1, T_2) T_2
herunter, so wird der kegelförmige Ansatz dieser Taste der Schiene S
gegen den Zug der Feder zurückdrängen, hierbei Taste T_1 freigeben
und sich selbst mit Schiene S verklinken. Aus Abb. 757 ist zu ersehen, wie Linienwählersprechstellen für Doppelleitungsbetrieb
an ein Linienwählerkabel angeschlossen werden müssen. Auch hier ist
jede Stelle über die eigene Leitung (e_1) mit der entsprechenden Doppelader des Linien-
wählerkabels verbun-
den und hat außer-
dem so viel Linienta-
sten T_2, T_3, T_4 (siehe
auch Abb. 756), wie
noch weitere Stellen
an das Kabel ange-
schlossen sind. Will
Sprechstelle 1 bei-
spielsweise Stelle 4
anrufen, so muß zu-
erst Taste 4 (bleibt in
der gedrückten Stel-
lung gesperrt) und
dann Ruftaste RT ge-
drückt werden. Bei

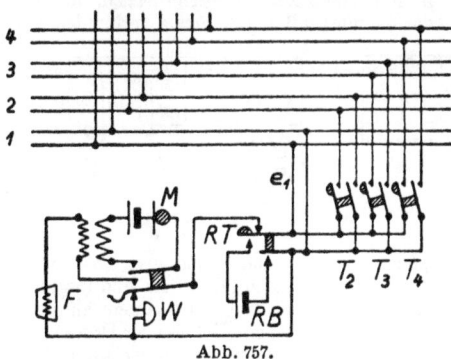
Abb. 757.

Linienwählern mit Doppelleitung besteht die Gefahr des Nebensprechens
nicht, da die Doppeladern 1, 2, 3 usw. des Kabels verseilt werden können*),
wodurch die induktive Wirkung auf die Nachbaradern aufgehoben wird.

Die Abb. 758 zeigt die äußere Ansicht eines sog. Hebellinienwählers
für Doppelleitungsbetrieb. Das Gerät
vermag bei kleinen äußeren Abmessungen
bis zu 20 Hebel (das sind auch 20 Verbindungswege) aufzunehmen.

Aus Abb. 758 ist zu ersehen, daß
10 Linienhebel auf der schrägen Vorderseite des Apparatgehäuses untergebracht
sind. Diese Anordnung hat noch den
besonderen Vorteil, daß die Hebel selbst
die dazwischen liegenden Bezeichnungs-
schilder für den Beschauer nicht verdecken. Der Anruf erfolgt hier, wie beim

Abb. 758.

*) Siehe Seite 626 u. 666.

Linienwähler für Einfachleitung (Abb. 755), durch Niederdrücken des Hebels in die tiefste Stellung.

Beim Entwerfen von Hausfernsprechanlagen tritt oft die Frage auf, welches System für einen vorliegenden Fall geeigneter ist — eine zentrale Fernsprechanlage oder eine Linienwähleranlage. Wenn keine besonderen Umstände für die Anschaffung eines bestimmten Fernsprechsystems von vornherein ausschlaggebend sind, so ist die Frage des Systems in gewissen Grenzen lediglich eine Kostenfrage, denn bei kleiner Teilnehmerzahl ist eine Linienwähleranlage, bei großer Teilnehmerzahl eine Anlage mit zentraler Vermittlung billiger. Bei einer Teilnehmerzahl über 25 bis 30 wird man im allgemeinen keine Linienwähleranlage bauen, da das Kabel für eine so große Anschlußzahl sehr teuer ist. In den Abb. 759 und 760 sind zwei gleiche Büros von 8 Zimmern mit Fernsprechapparaten versehen. Im ersten Fall ist ein System mit Zentrale (Z), im zweiten ein Linienwählersystem veranschaulicht. Im ersten Fall sind einfache Fernsprechapparate, z. B. mit Induktoranruf, erforderlich, die über je eine Doppelleitung (Ader 0,8 mm) mit der Zentrale verbunden sind.

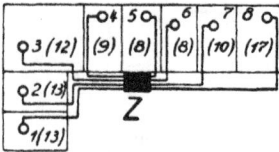

Abb. 759.

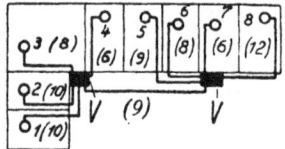

Abb. 760.

Die Entfernungen der Sprechstellen von der Zentrale in Metern sind durch die in Klammern gesetzten Zahlen angegeben. Es sind insgesamt 90 m Doppelleitung erforderlich. Für das System mit Linienwählern für Doppelleitung sind Linienwählersprechstellen (Hebel- oder Druckknopfsystem), zwei Verteilerkasten V und insgesamt 78 m Kabel mit 10 × 2 Adern vorzusehen. Für die zwei Anlagen sind dann die Preise für folgende Gegenstände gegenüberzustellen:

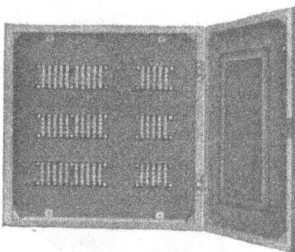

Abb. 761.

Abb. 762.

I.

1. 1 Zentralumschalter für zehn Anschlüsse,
2. 8 Fernsprechstellen für Induktoranruf,
3. 90 m Doppelleitung.

II.

1. 8 Linienwählerstellen mit 10 Tasten (Hebeln),
2. 2 Verteilerkasten,
3. 78 m Kabel, 10 × 2 Adern.

Für den Fall I ist noch zu berücksichtigen, daß am Zentralumschalter dauernd eine Bedienungsperson anwesend sein muß, welche die verlangten Verbindungen herstellt, es sei denn, man verwendet eine kleine Zentrale mit Wählerbetrieb (s. d.).

Verteilerkasten dienen zur Herstellung von Abzweigungen an Fernsprechkabeln und werden an solchen Stellen des zu bauenden Fernsprechnetzes angeordnet, daß ein kleinster Aufwand an Kabeln oder sonstigem Leitungsmaterial erzielt wird. Abb. 761 zeigt einen Verteilerkasten mit eingebauten Klemmenleisten, Abb. 762 einen Rahmen mit fünf Klemmenleisten zu je 4 Klemmen. Sehr gebräuchlich sind auch Verteilerkasten mit Lötösen, die bei gleicher Anschlußzahl bedeutend kleinere Abmessungen haben als Verteilerkasten mit Schraubenklemmen*). Außerdem sind Lötverbindungen sicherer als Schraubverbindungen. Lötverbindungen haben allerdings auch wiederum den Nachteil geringerer Übersichtlichkeit und machen bei jeder Änderung in der Schaltung ein Umlöten erforderlich.

IV. Einzelteile der Zentraleinrichtungen.

Fernsprech-Vermittlungseinrichtungen sind je nach Größe und den gestellten Anforderungen verschieden ausgestattet. Bevor die Zentraleinrichtungen erläutert werden, seien die zur Verwendung kommenden Einzelteile beschrieben. Fernsprechrelais s. S. 119.

a) Anruforgane.

Die Fallklappe (Abb. 763) ist das einfachste Anruforgan für Fernsprechzentralen mit Induktoranruf. Das Zurückstellen der Klappe erfolgt meistens von Hand. Der Grundgedanke einer Klappe geht aus

Abb. 763.

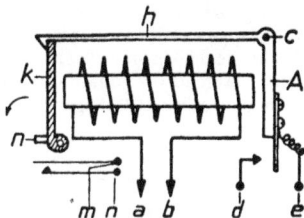

Abb. 764.

Abb. 764 hervor. Die Teilnehmerleitung wird bei a und b an die Wicklung der Klappe angeschlossen. Eine Nase des Bügels h hält die Klappe k in der Ruhestellung fest. Geht ein von der Sprechstelle des Teilnehmers ausgesandter Wechselstrom (Induktor) durch die Wicklung, so wird der um c drehbare Anker A angezogen, Hebel h gibt die Klappe k frei, und diese fällt in der Pfeilrichtung herunter. Hinter der Klappe wird dann die Nummer des anrufenden Teilnehmers sichtbar. Es kann außerdem die

---

*) Siehe auch die Abbildungen 1018 u. 1019.

Einrichtung so getroffen werden, daß die Klappe auch zur Betätigung eines Weckers benutzt wird. Der Wecker kann entweder nur für die

Abb. 765.

Dauer des Ankeranzuges ertönen (Anschluß an d, e), oder die gefallene Klappe schaltet den Wecker ein (Anschluß an m, n), der dann so lange ertönt, bis die Klappe wieder in die Ruhestellung gebracht wird.

Zur Platzersparnis und zum Zwecke des schnelleren Zusammenbaues, kann man Fallklappen zu fünf oder zehn Stück zu einem Streifen vereinigen. Abb. 765 zeigt einen zehnteiligen Fallklappenstreifen.

Die Wirkungsweise einer Fallklappe mit mechanischer Rückstellung sei an Hand der Abb. 766 erläutert. Klappe und Klinke c sind zu einer Einheit zusammengebaut. Die Rückstellung der gefallenen

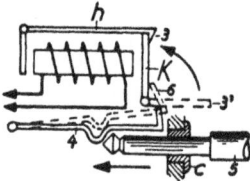

Abb. 766.

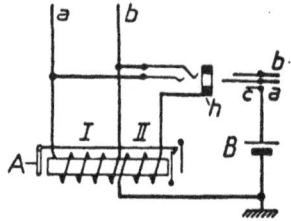

Abb. 767.

Klappe K aus der Lage $3'$ in die Ruhelage 3 geschieht beim Einführen des Stöpsels 5, wobei 5 gegen Feder 4 mit dem Ansatz 6 stößt und 4 in die gestrichelt gezeichnete Lage drängt. Hierbei wird Klappe K in der Pfeilrichtung hochgerichtet und in der Lage 3 durch die Nase des Hebels h gehalten.

Fallklappen mit elektrischer Rückstellung sind wenig in Gebrauch; sie haben den Nachteil, daß der Strom für den Rückstellmagneten während der ganzen Gesprächszeit fließt. In Abb. 767 ist gezeigt, wie eine Rückstellklappe mit der Klinke und dem Stöpsel zusammengeschaltet werden kann.

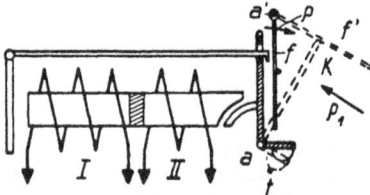

Abb. 768.

Die Teilnehmerleitung a, b ist an Wicklung I angeschlossen. Gibt der Teilnehmer mit seinem Kurbelinduktor Strom in die Leitung, so wird Anker A angezogen und die Klappe fällt. Beim Einführen des Stöpsels in die der Klappe zugeordnete Klinke kommt über B, c, h und Wicklung II

ein Stromweg zustande; Elektromagnet II zieht die Klappe wieder in die Ruhestellung zurück. Aus Abb. 768 sind die (schematisch gezeichneten) Einzelteile der Klappe mit elektrischer Rückstellung zu ersehen. Gegenüber der eigentlichen, um Achse a drehbar gelagerten Klappe ist eine leichte Gegenklappe um Achse a' drehbar angebracht. Die Klappe fällt nicht ganz herunter, sondern wird in der gestrichelt gezeichneten Lage (durch t) angehalten. Hierbei wird die Gegenklappe $f(f')$ so weit gehoben, daß die Nummer der Klappe in der Pfeilrichtung p_1 sichtbar wird. In nachstehender Tabelle sind die Ohmschen Widerstände sowie die Ansprechstromstärken einiger Fallklappen angegeben.

Fallklappentyp	Gleichstrom-widerstand Ohm	Spricht an bei mA
Mantelklappe der Reichspost mit massivem Kern	150	4
Fallklappe von Siemens & Halske . . .	600	3,5—5
» » » » » . . .	2300	2—2,5
Mechanische Rückstellklappe von Mix & Genest	2 × 150	13

Wenn die Teilnehmerstelle ihren Mikrofonspeisestrom von der Zentrale erhält (ZB-Sprechstelle), kann das Anruforgan durch diesen Strom mittelbar oder unmittelbar betätigt werden. Hierfür verwendet man dann Anrufschauzeichen oder Anrufglühlampen. Das Schauzeichen (Abb. 769) wirkt ähnlich wie eine Klappe. Bei Ankeranzug geht das vordere Ende des Hebels h in die Höhe und dreht die Fahne f in die senkrechte Stellung (Drehpunkt a), so daß die weiße oder gelbe Fahne hinter einem gleichgroßen Fenster einer nicht gezeigten vorderen Schutzkappe erscheint. Gleichstromwiderstand und Ansprech-Stromstärken stimmen mit denjenigen der Klappen überein.

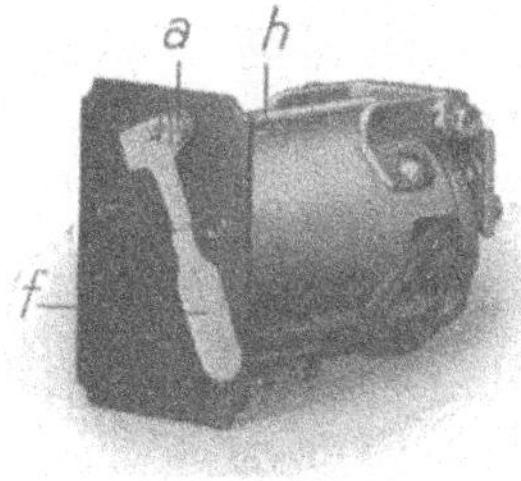

Abb. 769.

Die Glühlampen-Signalisierung ist für mittlere und größere Zentralumschalter von ganz besonderem Vorteil. Die Glühlampen (Abb. 770) beanspruchen einen verhältnismäßig kleinen Platz und können in jeder Lage in den Zentralumschalter eingebaut werden. Trotz ihrer Kleinheit sind sie beim Aufleuchten ein ganz auffälliges Signal, dessen Wirkung durch Flackern (Schließen und Öffnen des Rufstromkreises durch wiederholtes Drücken auf den Hakenumschalter der Teilnehmerstelle) noch erhöht werden kann. Die Glühlampen (Kohlefaden oder Metallfaden) verbrauchen verhältnismäßig viel Strom, was bei der Bemessung der Batterie berücksichtigt werden muß. Der Wattverbrauch je Hefnerkerze ist erheblich; siehe nachstehende Zahlentafel. Die Einschaltung der Glühlampen geschieht meist mittels Relais (vgl. Abb. 745).

Abb. 770.

Volt	Widerstand kalt Ohm	Widerstand warm Ohm	HK	Strom Mittelwert etwa mA	Verbrauch etwa Watt/HK
24	450 bis 500	275 bis 330	0,25	80	7,7
12	100 bis 160	50 bis 100	0,25	160	7,7
60	1330	1000	0,5	60	7,2

Es können auch Lampen mit zwei Fäden, die parallelgeschaltet sind, gebaut werden, bei denen aber nur ein Faden glüht. Brennt der hellglühende Faden durch, so glüht der parallelgeschaltete schwach rot und gibt zu erkennen, daß die Lampe schadhaft ist. Der Stromverbrauch solcher Lampen ist naturgemäß größer als bei denen mit einem Faden. Die Lampen werden in geeignete Fassungen geschoben; diese werden zu Lampenstreifen (10teilig) zusammengebaut und meistens mit einem dazugehörigen Klinkenstreifen vereinigt. Die Lampenfassungen sind mit je einer Kappe versehen, in welcher sich eine Decklinse mit einer entsprechenden Nummer befindet.

b) Schlußzeichen.

Die Beendigung eines Gespräches muß in der Fernsprechzentrale kenntlich gemacht werden. Der Schaltvorgang bei der Schlußzeichengabe wird in einem späteren Kapitel eingehend besprochen werden. Als Schlußzeichen werden Fallklappen, Schauzeichen (auch Schlußzeichen-Galvanoskope genannt) oder Glühlampen verwendet. Abb. 771 zeigt

Abb. 771.

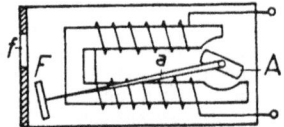

Abb. 772.

die äußere Ansicht eines als Schlußzeichen bei Klappenschränken viel verwendeten Drossel-Schauzeichens. Die Konstruktion dieses Schauzeichens geht aus Abb. 772 hervor. Der leicht drehbare Anker A trägt an einem leichten Aluminiumarm a eine Fahne F, die bei Erregung des Elektromagneten gehoben wird und hinter dem Fenster f erscheint. Die Gitterschauzeichen sind ähnlich gebaut.

c) Klinken, Stöpsel und Schnüre.

In den meisten Zentraleinrichtungen werden die Teilnehmer mittels Schnur und Stöpsel miteinander verbunden. Die Teilnehmerleitungen werden über die Anruforgane, wie Fallklappen, Schauzeichen oder Anrufrelais, an Klinken geführt. Abb. 773 zeigt schematisch, wie zwei Teilnehmer I und II mit den Leitungen a und b an die Wicklungen der Klappen K_1 und K_2 sowie parallel hierzu an die Klinkenfedern 1 bzw. 3 und an die Klinkenhülsen 2 bzw. 4 geführt sind. Die Verbindung der beiden Teilnehmer I und II geschieht, indem die Stöpsel 5 und 6 in die Klinken gesteckt werden. Die Stöpsel bestehen in diesem Beispiel aus zwei zylindrischen, voneinander isolierten Metallteilen, die durch Schnuradern 7 und 8 leitend zu einem Stöpselpaar verbunden sind. Sind die Stöpsel in die Klinken eingeführt, so ist eine leitende Verbindung zwischen den Federn 1 und 3 über einen Metallteil des Stöpsels und eine

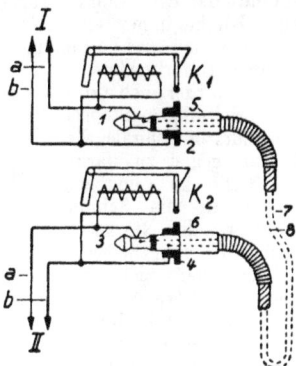

Abb. 773.

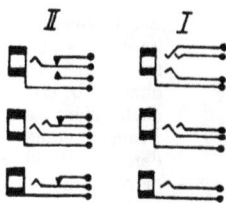

Abb. 774.

Abb. 775.

Schnurader bzw. zwischen den Klinkenhülsen 2 und 4 über den zweiten Metallteil des Stöpsels und die andere Schnurader hergestellt. Es können durch die Einführung des Stöpsels in die Klinke auch verschiedene Umschaltungen vorgenommen werden. In Abb. 774 sind verschiedene Klinken schematisch dargestellt, und zwar unter I sog. Parallelklinken, unter II sog. Unterbrechungsklinken. Die Klinkenhülse 2 bzw. 4 (Abb. 773) wird mit dem Federsatz fest zusammengebaut (Abb. 775), und die Klinken werden zu Klinkenstreifen vereinigt. Abb. 776 zeigt einen 5 teiligen Klinkenstreifen für kleinere Zentralumschalter, Abb. 777 einen 20 teiligen Klinkenstreifen, wie dieser zum Aufbau des Vielfachfeldes*)

Abb. 776.

Abb. 777.

*) Siehe Seite 482.

31*

bei großen Zentralumschaltern Verwendung findet. Der letztgenannte Klinkenstreifen hat dreiteilige Parallelklinken, bestehend aus je zwei Federn und der sog. Hülse. Die Hülse, eine langgestreckte Messingbuchse, wird ebenfalls zu Schaltzwecken mitbenutzt, wie bereits aus Abb. 773 hervorgeht. Die voneinander isolierten Klinkenfedern werden aus gut federndem Material hergestellt und am vorderen Ende so umgebogen, daß der mit einem Halseinschnitt versehene Stöpsel in der Klinke festgehalten werden kann. Das andere Ende der Federn endigt in einer Lötöse. Von der Hülse der Klinke führt ebenfalls ein Metallstreifen zu einer Lötöse. Der Stöpsel muß der Klinke immer angepaßt sein, z. B. entspricht einer dreiteiligen Klinke immer ein dreiteiliger Stöpsel mit dreiadriger Schnur. Hat die Klinke drei Verbindungskontakte (einschl Hülse) und einen Unterbrechungskontakt, so ist der zugehörige Stöpsel auch dreiteilig. Abb. 778 zeigt einen zweiteiligen Stöpsel ohne, Abb. 779 einen mit Schnurschutzspirale, die dazu dient, die Stöpselschnur gegen zu starke Beanspruchung an dieser Stelle zu schützen; denn unmittelbar am Stöpsel ist die Schnur dem stärksten Verschleiß bzw. der stärksten Knickung unterworfen, auch wird vom Schweiß der Hand die Umklöppelung einer nicht geschützten Schnur bald brüchig. Derjenige Teil

Abb. 778.

des Stöpsels, der mit der Hülse Kontakt bildet, wird als Hals oder Schaft bezeichnet; den Kontaktteil zwischen Spitze und Hals bezeichnet man als Ring.

Abb. 779.

Der Grundgedanke einer Stöpselkonstruktion geht aus Abb. 780 hervor. Der Stöpsel besteht aus einer Anzahl übereinander geschraubter und voneinander isolierter Messingrohre, die um einen Stahlkern K angeordnet sind. Stöpselgriff G ist aus Fiber oder Zelluloid hergestellt. Nachdem man den Griff abgeschraubt hat, sind die Schrauben zugänglich, mittels deren die Schnuradern mit dem Hals H und der Spitze S des Stöpsels verbunden werden.

Die zum Verbinden der Teilnehmer dienenden Schnüre müssen sehr widerstandsfähig und gleichzeitig sehr biegsam sein. Das Material der

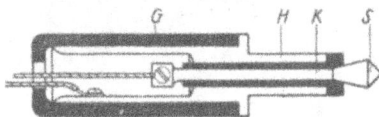

Abb. 780.

Schnuradern ist meistens Kupfer, entweder in Form von ganz feiner Litze oder als Lahnfäden-Litze. Zu einer Schnurader gehören größtenteils 3×7 Lahnfäden, die miteinander verseilt sind. Der Lahnfaden besteht aus einem ganz schmalen und dünnen ($0,01 \times 0,3$ mm) Kupferband, welches schraubenförmig um einen Glanzgarn- oder Seidenfaden gewickelt ist. Die Adern sind mehrfach umsponnen, mit Füllschnüren zusammengefügt und nach zwei Richtungen umklöppelt.*)

---

*) Siehe Kapitel Drähte und Schnüre im fünften Teil.

Das Schnurpaar 1, 2 (Abb. 781) besteht aus zwei Schnurabschnitten, von denen je ein Ende an einen Stöpsel 3, 4 führt, das andere abgespannt und die Adern mittels kleiner Steckkontakte mit den weiterführenden Leitungen 8, 9, 10 verbunden sind. Zwischen den beiden Abschnitten 1, 2 (siehe auch Abb. 782) ist die Schlußklappe SK sowie der Sprechumschalter SpU eingeschaltet. Die Leitungen sind in Abb. 781 nicht doppelt gezeichnet. Wird Sprechumschalter SpU nach vorn (v) umgelegt, so verbindet die Beamtin ihren Abfrageapparat AA über den Abfragestöpsel (3), der in eine Klinke K eines anrufenden Teilnehmers gesteckt ist, mit diesem Teilnehmer. Wird der Sprechumschalter nach hinten (h) umgelegt, so legt die Beamtin die Rufstromquelle (Induktor oder Polwechsler J) an den Verbindungsstöpsel 4, der in die Klinke des gewünschten Teilnehmers gesteckt ist. Die Mittelstellung des Sprechumschalters ist die Durchsprechstellung. Klappe SK dient als Schlußklappe und fällt, wenn ein über das betreffende Schnurpaar verbundener Teilnehmer nach Beendigung des Gespräches seinen Induktor dreht (abkurbelt). Anrufklappe AK wird beim Einführen des Stöpsels in die entsprechende Klinke an dem Kontakt e ausgeschaltet.

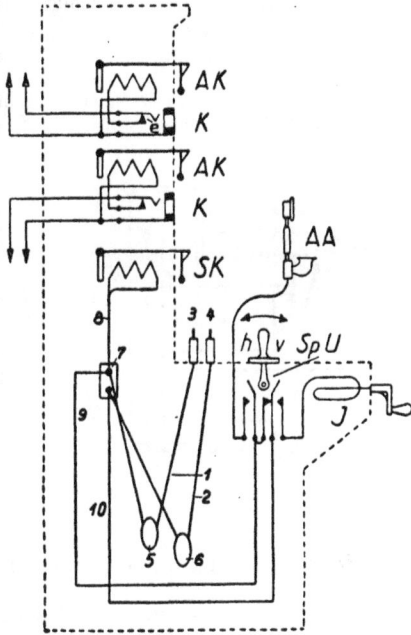

Abb. 781.

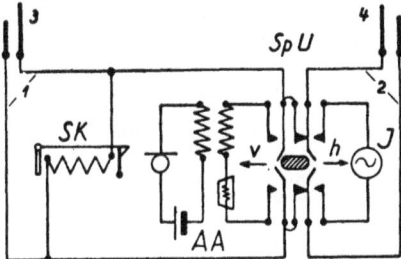

Abb. 782.

Ist im Schnurpaar keine besondere Schlußklappe SK vorgesehen, so verwendet man Klinken K (Abb. 783), die so ausgebildet sind, daß beim Stöpseln mit einem kurzen Stöpsel Kontakt e geschlossen, die

Anrufklappe in Brücke zum Sprechstromkreis eingeschaltet bleibt und als Schlußklappe dient. Beim Stöpseln mit einem längeren Stöpsel wird jedoch Kontakt *e* unterbrochen und die Anrufklappe ausgeschaltet. Es wird für diese Art Schlußzeichengabe der Abfragestöpsel kurz und der Verbindungsstöpsel lang ausgebildet. (Siehe auch Abb. 791.)

Abb. 784 zeigt die äußere Form eines Sprechumschalters. Aus Abb. 781 ist noch zu ersehen, daß die beiden Schnurabschnitte mit Rollgewichten 5, 6 versehen sind, die die Schnüre dauernd straff halten. so daß ein Verwickeln einer Mehrzahl nebeneinander liegender Schnurpaare vermieden wird. Ein Schnurgewicht zeigt Abb. 785.

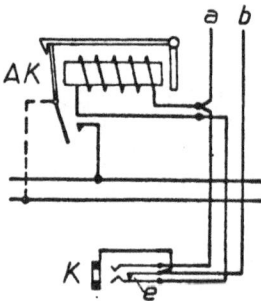  

Abb. 783.   Abb. 784.   Abb. 785.

V. Zentrale Fernsprech-Vermittlungseinrichtungen.

Eine öffentliche Fernsprech-Vermittlungseinrichtung bezeichnet man als Fernsprechamt, eine private Einrichtung im allgemeinen als Fernsprechzentrale. Ein Fernsprechamt oder auch eine Zentrale haben die Aufgabe, die gewünschten Verbindungen zwischen den angeschlossenen Teilnehmern beliebig herzustellen, zu überwachen und zu trennen. Jeder Teilnehmer muß die Möglichkeit haben, die Zentrale anzurufen (Anruforgan), die Bedienungsperson (Beamtin) muß den Anruf erkennen können und nach Herstellung der Verbindung in der Lage sein, den gewünschten Teilnehmer anzurufen. Als einfachster Zentralumschalter ist der Klappenschrank zu bezeichnen. Klappenschränke können für Einfach- sowie für Doppelleitungen der Teilnehmeranschlüsse gebaut werden. Jeder Teilnehmerleitung ist im Schrank eine Anrufklappe zugeordnet. Dreht der mit einer OB-Fernsprechstelle ausgerüstete Teilnehmer seine Induktorkurbel, so fällt seine Anrufklappe am Klappenschrank. Die Verbindung des anrufenden mit dem gewünschten Teilnehmer kann unter Verwendung eines Schnurpaares oder schnurlos erfolgen. Im ersten, häufigeren Fall ist jedem angeschlossenen Teilnehmer neben der Anrufklappe noch eine Klinke zugeordnet. Schnurlose Klappenschränke werden nur für geringe Teilnehmerzahlen gebaut. Je nach den gestellten Anforderungen und der Größe der Klappenschränke werden diese mit besonderen Einrichtungen, die das Bedienen erleichtern und beschleunigen, versehen.

a) Schnurloser Klappenschrank.

In der Abb. 786 ist die äußere Ansicht eines schnurlosen Klappenschrankes für 10 Anschlüsse gezeigt. W ist der Anrufwecker, der auch als akustisches Schlußzeichen mitverwendet wird, T sind die Anrufklappen der Teilnehmer, Sch die Schlußklappen. In der Reihe St sind die zum Herstellen der Verbindungen dienenden Stöpsel angeordnet. A sind die Abfrageklinken und V die drei Reihen von Verbindungsklinken. In der Abb. 787 ist die Schaltung des schnurlosen Klappenschrankes zu sehen, in der Nebenskizze ist mit St ein Abfrage- und Verbindungsstöpsel abgebildet. Beim Einstecken des zweiteiligen Stöpsels wird die Verbindung zwischen zwei federnden Schienen (Schraubenfedern) hergestellt. Aus der Schaltung ist zu ersehen, daß die Anrufklappen AK_1, ...AK_9, AK_{10} durch die in der Raststellung befindlichen Stöpsel St_1, St_9, St_{10} jeweils an die zugehörige Teilnehmerleitung geschaltet sind. Ruft Teilnehmer 1 an, so fällt die Anrufklappe AK_1. Über Kontakt ak_1 der Klappe wird der Anrufwecker W eingeschaltet.

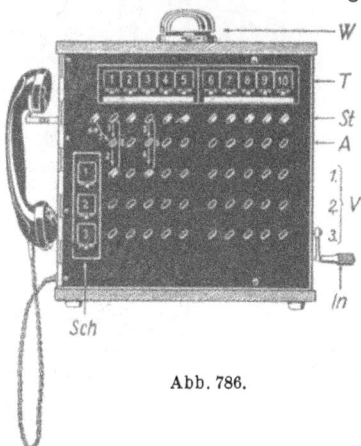

Abb. 786.

Das Abfragen geschieht über die Klinken 7—8, 9—10, 11—12. Wird der Stöpsel in 7—8 gesteckt, so ist hierdurch der Abfrageapparat mit dem rufenden Teilnehmer verbunden. Ist der gewünschte Teilnehmer, z. B. X, frei und soll nun gerufen werden, so kann das so geschehen, daß der Stöpsel St_{10} in 11—12 gesteckt und der Induktor I des Abfrageapparates gedreht wird. Damit dieser Rufstrom nicht auch zum anrufenden Teilnehmer I gelangt, wird St_1 in 13—14 gesteckt. Nachdem Teilnehmer X gerufen ist und sich gemeldet hat, steckt die Bedienungsperson des Klappenschrankes den Stöpsel St_{10} in 17—18, wodurch nun Teilnehmer I mit Teilnehmer X über 13—14, Stöpsel St_1 und 17—18, Stöpsel St_3 verbunden ist. Die Fallklappe SK_1 ist als Schlußzeichenklappe parallel zum Sprechstromkreis eingeschaltet. Nach Schluß des Gespräches wird von einem oder von beiden Teilnehmern der Sprechstelle I und X die Induktorkurbel gedreht. Die Schlußklappe SK_1 fällt, worauf der den Schrank Bedienende die Verbindung durch Herausziehen der Stöpsel St_1 und St_{10} trennt. Über die

Klinkenpaare 19—20 bis 29—30 können weitere Verbindungen gleichzeitig hergestellt werden. Der Wecker *W* kann nach Belieben abgestellt werden und braucht nicht bei jedem Anruf- oder Schlußzeichen mitzuklingeln.

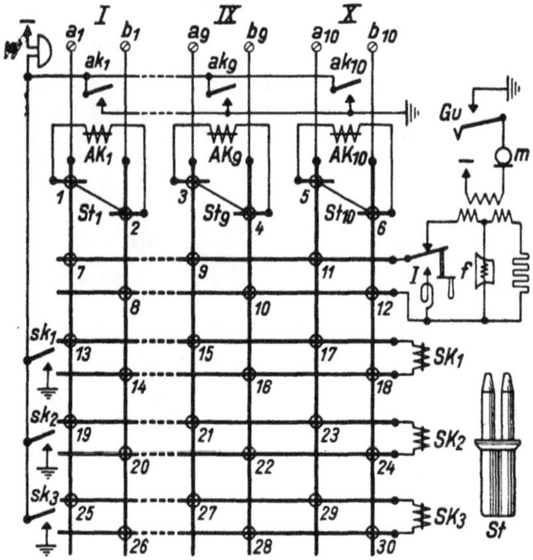

Abb. 787.

b) Drehschalterschränke.

In Abb. 788 ist die Schaltung eines sog. Drehschalterschrankes für drei Teilnehmeranschlüsse veranschaulicht. In der Ruhestellung der Schalter (s_1) sind die Anrufklappen (K_1) mit den betreffenden Teilnehmeranschlüssen (1) verbunden. Ruft Teilnehmer 1 an, so fällt seine Klappe K_1, und Wecker *W* ertönt. Das Abfragen kann erfolgen, nachdem der Schalter des anrufenden Teilnehmers, z. B. 1, auf die Kontakte 7 (8, 9) gedreht worden ist. Um den gewünschten Teilnehmer von der Zentrale aus anzurufen, muß der Drehschalter des betreffenden Teilnehmers auf die Abfrage- bzw. Rufkontakte (7, 8, 9) gestellt und der Induktor des Abfrageapparates betätigt werden. Die Verbindung der Teilnehmer geschieht, indem die betreffenden Schalter (s_2, s_3) auf die gleiche Verbindungsleitung (4) eingestellt werden. *SK* sind Schlußklappen, *MS* ist ein Mithörschalter. In der gezeichneten Lage der Schalter kann das zwischen 2 und 3 geführte Gespräch von der Vermittlungsperson mitgehört werden.

Abb. 789 zeigt die Schaltung eines schnurlosen Klappenschrankes, der, in ein wasserdichtes Gehäuse eingebaut, in Bergwerksbetrieben viel

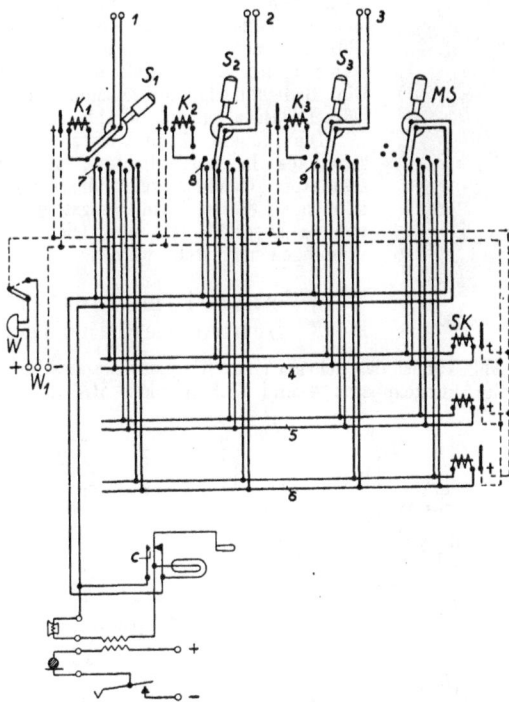

Abb. 788.

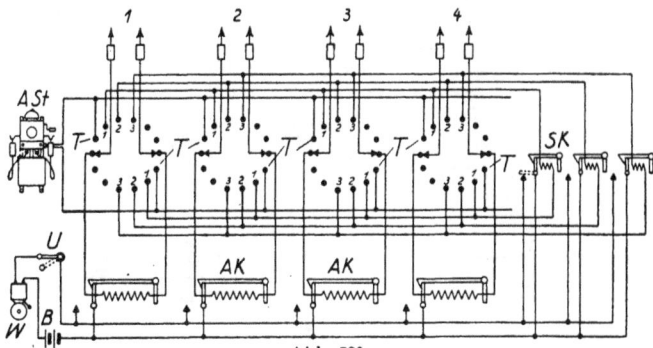

Abb. 789.

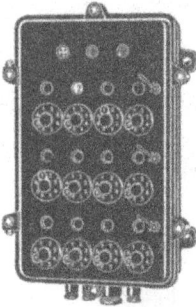

Abb. 790.

Verwendung findet. Als Abfrageapparat dient hier eine Fernsprechstelle *ASt* (siehe auch Abb. 738) in wasserdichtem Gehäuse, die in Vielfachschaltung mit den Kontakten *T* verbunden ist. Die Bedienungshandgriffe sind dieselben wie beim Drehschalterschrank Abb. 788.

Die äußere Form eines Drehschalterschrankes in wasserdichtem, schlagwettergeschütztem Gehäuse zeigt die Abb. 790. Es können an diesen Vermittlungsschrank 12 Teilnehmer angeschlossen und gleichzeitig 3 Verbindungen hergestellt werden.

c) Zentralumschalter mit Schnurverbindung.

In Abb. 791 ist das Schema eines Klappenschrankes für Induktoranruf mit Abfrageapparat *A* und Mithörklinken *MK* in den Schnur-

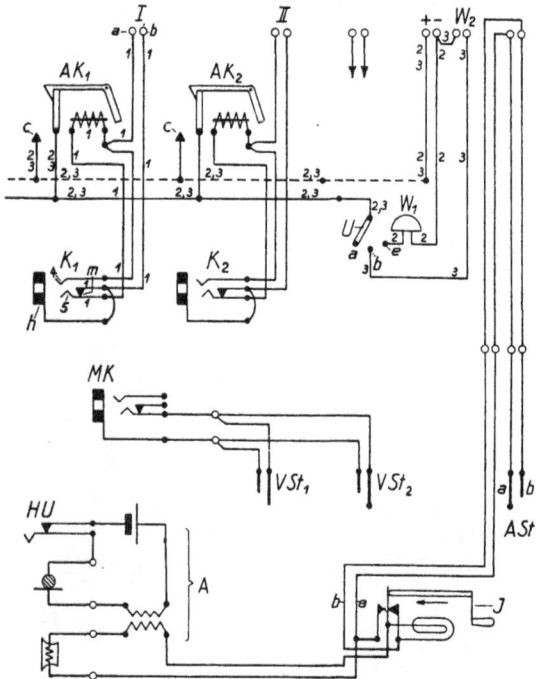

Abb. 791.

paaren dargestellt. Der Schrank hat zum Abfragen einen besonderen
Stöpsel *ASt* und zum Verbinden der Teilnehmer einfache zweiadrige
Stöpselpaare ohne Sprechumschalter. Der Anrufstrom von einer an die
Klemmen I, II usw. angeschlossenen OB-Sprechstelle verläuft über Stromkreis 1. Klappe $A k_1$ fällt und schaltet über Kontakt *c* einen Wecker W_1
(etwa 20 Ohm) ein, wenn Umschalter *U* in die Stellung *e* gebracht ist
(Stromkreis 2), oder es wird ein besonderer Wecker W_2 über Stromkreis 3
(Umschalter *U* in Stellung *b*) betätigt. Hält sich die Bedienungsperson
dauernd vor dem Klappenschrank auf, so legt man den Umschalter *U*
normalerweise in die gezeichnete Stellung, denn das Fallen einer Klappe
ist dann ohne weiteres zu sehen und zu hören. Nach erfolgtem Anruf
führt die den Schrank bedienende Person den Abfragestöpsel *ASt* in
die Klinke des anrufenden Teilnehmers ein. Hierbei wird die Anrufklappe durch das Aufliegen der beiden Federn 4, 5 auf die verlängerte
Spitze des Abfragestöpsels *ASt* kurzgeschlossen und durch Öffnen des
Kontaktes *m* abgeschaltet. Der Sprechstromkreis mit der Abfrage-
stelle ist nunmehr hergestellt, indem Teil *b* des *ASt* über *h* von K_1 mit der
b-Leitung und Teil *a* des *ASt* über Feder 4 von K_1 mit der *a*-Leitung
in Verbindung steht. Der gewünschte Teilnehmer wird durch Stecken
des Abfragestöpsels *ASt* in die betreffende Klinke und durch Drehen des
Induktors *J* angerufen. Beim Drehen des Induktors wird der Abfrageapparat *A* kurzgeschlossen. Hierauf werden die beiden Verbindungsstöpsel VSt_1 und VSt_2 in die Klinken der zu verbindenden Teilnehmer
eingeführt. Die Klappe des mit dem Stöpsel VSt_1 verbundenen Teilnehmers wird nicht abgeschaltet, viel-
mehr bleibt sie als Schlußklappe parallel
zum Sprechstromkreis liegen. Dieser
Stöpsel VSt_1 hat keine verlängerte
Spitze, er berührt somit die kurze Feder
(5 bei K_1) der Klinke nicht. Ist das Gespräch beendet, so fällt beim Abkurbeln
die als Schlußklappe dienende Anrufklappe. Die Verbindung ist hierauf zu
trennen. Die den Schrank bedienende
Person kann ein Gespräch immer mithören (und feststellen, ob das Abkurbeln
nicht etwa vergessen worden ist), indem
sie ihren Abfragestöpsel *ASt* in die Mit-
hörklinke *MK* des betreffenden Schnurpaares einführt.

Abb. 792 zeigt die äußere Ansicht
eines kleinen Klappenschrankes für 30 Anschlüsse, mit Abfrageapparat (Mikrotelefon). Die Schaltung dieses Schrankes ist
ähnlich der in Abb. 791. Eine Mithörmöglichkeit ist nicht vorhanden. An der
Schrankseite rechts ist die Induktorkurbel, links der Abfrageapparat zu sehen.

Für größere Klappenschränke sind
in den Schnurpaaren Sprechumschalter *S*

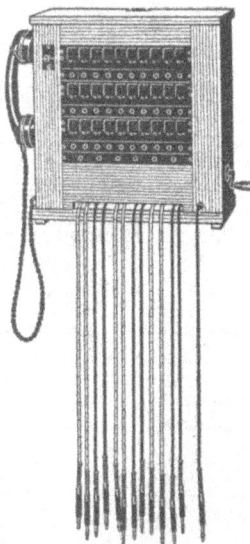

Abb. 792.

(Abb. 793) und doppelseitig Galvanoskope (SZ_1, SZ_2) vorgesehen, wodurch die Bedienung des Schrankes wesentlich schneller und einfacher vor sich geht. Beide Anrufklappen werden hier beim Stöpseln abgeschaltet und kurzgeschlossen. Als Teilnehmerstellen können OB-Apparate mit einem Kondensator im Fernhörerstromkreis oder im Weckerstromkreis verwendet werden. Im ersten Fall dienen die Galvanoskope SZ_1 und SZ_2 als Schlußzeichen (G-Zentrale oder G-Amt), die erscheinen, wenn die Teilnehmer nach Gesprächsschluß ihre Hörer anhängen. Im zweiten Fall dienen die Galvanoskope (Abb. 771) als Überwachungszeichen, die erst nach Schluß des Gesprächs verschwinden. Um die doppelseitige Schlußzeichengabe zu ermöglichen, sind Kondensatoren c_1, c_2 in die Schnurpaare eingebaut, so daß jeder Teilnehmer das ihm zugeordnete Schlußzeichen steuert.

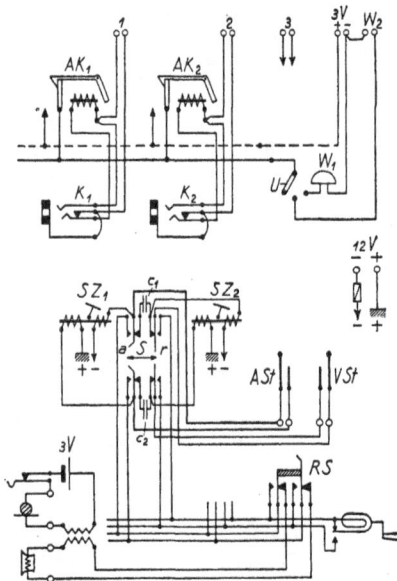

Abb. 793.

Die Stöpsel der Schnurpaare dürfen nicht verwechselt werden, denn das Abfragen kann nur über den Abfragestöpsel ASt (Sprechumschalter S nach a umgelegt) und das Rufen gewöhnlich nur über den Verbindungsstöpsel VSt (Sprechumschalter S nach r umgelegt) geschehen. Die Stöpsel der Schnurpaare sind, um nicht verwechselt zu werden, durch verschiedene Farbe der Griffe kenntlich gemacht, z. B. ASt rot und VSt schwarz.

Um der Bedienungsperson jedoch die Möglichkeit zu geben, einen Teilnehmer, mit dem sie soeben über den ASt gesprochen hatte, wieder anzurufen, ohne die Stöpsel zu wechseln, ist ein Rückrufschalter RS vorgesehen. Wird dieser nach links umgelegt, so liegt an Stelle des Abfrageapparates der Induktor (über S in Stellung a) am ASt, und der betreffende Teilnehmer kann über ASt durch Drehen des Induktors gerufen werden.

Die zu einem Schnurpaar gehörenden Stöpsel sowie der Sprechumschalter sind bei Zentralumschaltern in einer Reihe so angeordnet, daß sie mit denselben Teilen eines anderen Schnurpaares nicht verwechselt werden können.

Die Anzahl der Schnurpaare beträgt bei großen Klappenschränken etwa 10 vH der Teilnehmerzahl, d. h. bei 200 Anschlüssen etwa 20 Schnurpaare. Bei kleineren Schränken ist die Gesprächsdichte (Zahl der gleichzeitig Sprechenden) im allgemeinen größer. Bei 100 Anschlüssen sind 12 Stöpselpaare, bei 50 Anschlüssen 8 Schnurpaare und bei 30 Anschlüssen 6 Schnurpaare gebräuchlich.

In Abb. 794 ist die Schaltung eines sog. Schauzeichenschrankes mit selbsttätigem Anruf der Zentrale dargestellt. Die Teilnehmerapparate sind entweder als reine ZB- (St_2) oder als OB-Fernsprechstellen (St_1) mit einem Kondensator im Weckerstromkreis ausgebildet. Beim Abnehmen des Fernhörers verläuft der Strom aus der Zentralbatterie über die Wicklungen e und f des Anrufschauzeichens[1]) (G_1, G_2) über die Unterbrechungskontakte der Klinke (K_1, K_2) und den Mikrofonstromkreis der Teilnehmerstelle. Ein Kontrollrelais CR schaltet je nach Lage des Umschalters U Kontrollwecker W oder ein Kontrollschauzeichen s ein.

Das Abfragen und Verbinden zweier Teilnehmer geschieht in gleicher Weise wie beim Klappenschrank in Abb. 793. Die Klemmen a, b (Abb. 794) des Abfrageapparates A sind mit den Klemmen a', b' zu verbinden. Die Anrufschauzeichen werden beim Stöpseln an den Klinkenfedern doppelpolig abgeschaltet, und die Teilnehmer mit ZB-Sprechstellen (St_2) bekommen ihren Mikrofonspeisestrom aus der Zentralbatterie über das Schnurpaar und über

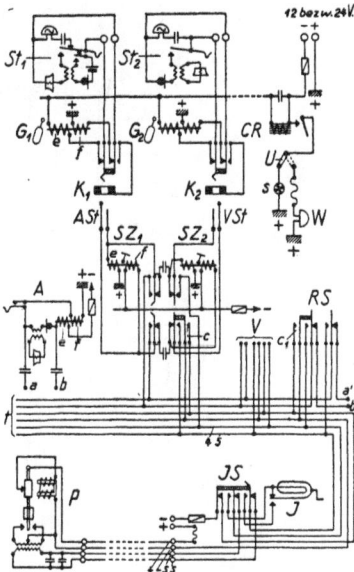

Abb. 794.

die Überwachungszeichen SZ_1, SZ_2. Bei den Teilnehmern mit OB-Stellen (St_1) fließt während der Gesprächsdauer ein Strom über den Fernhörerkreis; beim Anschließen dieser Sprechstellen ist deshalb auf die Polung zu achten[2]). Die Schauzeichen SZ_1, SZ_2 dienen gleichzeitig als Speisedrosseln. Speisedrosseln sind bei der Speisung von Teilnehmermikrofonen aus einer Zentralbatterie unbedingt erforderlich, um ein Nebensprechen über die Batterie zu vermeiden[3]).

Für größere Zentralen wird an Stelle des Induktors ein Polwechsler P als Rufstromquelle verwendet. Um über den Verbindungsstöpsel VSt den gewünschten Teilnehmer anzurufen, ist der Sprechumschalter lediglich nach rechts (in Wirklichkeit nach hinten, Abb. 781)

[1]) Siehe Abb. 769.
[2]) Siehe Seite 436.
[3]) Siehe auch Abb. 805.

umzulegen, wodurch über einen Kontakt c (Abb. 794) am Sprechumschalter der Polwechsler P angelassen wird, der dann Wechselstrom über die Leitungen 4, 5 in den VSt schickt. Beim Rufen über den Abfragestöpsel ist der Sprechumschalter in der Abfragestellung (links) zu belassen und der Rückrufschalter RS umzulegen. Der Polwechsler wird sodann über Kontakt c_1 von RS eingeschaltet. Für den Fall, daß der Polwechsler P versagen sollte, ist ein Rufinduktor vorgesehen. Um mit J rufen zu

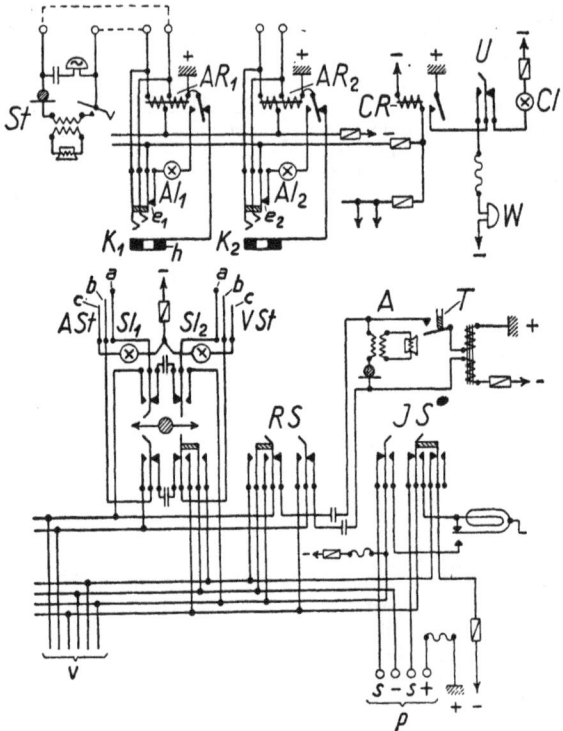

Abb. 795.

können, muß vorher der Induktorumschalter JS umgelegt werden. JS bleibt in der umgelegten Stellung liegen. An die Leitungen t sind sämtliche Schnurpaare des Schrankes, wie bei v angedeutet, angeschlossen.

Auch beim Glühlampenschrank für ZB-Betrieb mit doppelseitigem Glühlampenschlußzeichen (Abb. 795) wickelt sich der Verkehr in ähnlicher Weise ab. Die Teilnehmer haben reine ZB-Apparate St. Beim Abheben des Hörers wird das Anrufrelais AR_1, das gleichzeitig als Speisedrossel dient, erregt. AR_1 zieht seinen Anker an und schaltet Anruflampe Al_1 über das Kontrollrelais CR ein, so daß mit Al_1 gleichzeitig die Kontrollampe Cl aufleuchtet, oder der Kontrollwecker W ertönt, wenn U umgelegt ist. Anrufrelais AR_1 bleibt während der ganzen Dauer des Gespräches erregt. Wird der Abfragestöpsel ASt in die Klinke des anrufenden Teilnehmers, z. B. K_1, gesteckt, so erlischt die Anruflampe Al_1, da beim Stöpseln der Kontakt e_1 unterbrochen wird.

Für die Schlußlampen Sl_1, Sl_2 ist im Schnurpaar ein besonderer Stromkreis, die dritte Ader c, vorgesehen, die beim Stöpseln mit der Klinkenhülse h verbunden wird. Diese steht in leitender Verbindung mit dem Ruhekontakt des Anrufrelais AR. Hieraus geht hervor, daß die Schlußlampen vom Anrufrelais gesteuert werden; die Schlußlampe leuchtet auf, wenn bei gestöpselter Klinke das Anrufrelais (AR_1) aberregt wird, d. h., wenn der Teilnehmer seinen Fernhörer auflegt. RS ist der Rückrufschalter, JS der Induktorumschalter, A der Abfrageapparat, T der Gabelträger des Abfrageapparats. Bei p ist der Polwechsler (wie Abb. 794), bei v ein zweites Schnurpaar anzuschließen.

VI. Vielfachschaltungen und Fernsprechämter.

Die handbedienten Vermittlungseinrichtungen haben heute weder für den reinen Hausverkehr noch für die öffentlichen Ämter die Bedeutung, die ihnen vor etwa 20 Jahren noch zukam. Die Kenntnis der erläuterten Einzelapparate und der Schaltungen sowie der grund-

Abb. 796.

legenden Begriffe ist aber für das Verständnis der Vorgänge in der überall siegreich vorgedrungenen Wählertechnik unbedingt erforderlich. Deshalb soll im nachstehenden auch noch auf die Vielfachschaltungen der handbedienten Ämter eingegangen werden, zumal im Fernsprechternverkehr die Vermittlungseinrichtungen auch noch handbedient sind.

Die in eine Zentrale oder in ein Amt einlaufenden Kabel werden im Erdgeschoß des Amtsgebäudes mit Endverschlüssen*) versehen und von hier als Gummiaderdrähte zum Hauptverteiler geführt. Oder es werden die dicken Straßenkabel (Bleikabel mit Papier-Luftisolation) in Abzweigmuffen B (Abb. 796) in eine Anzahl dünner Kabel (50 paar. Bleikabel mit Papier-Luftisolation) unterteilt und dann durch einen Kabelschacht an den Hauptverteiler herangeführt. Die Kabel V müssen dann am Hauptverteiler noch durch einen Endverschluß abgeschlossen werden, von dem die Gummiadern direkt an die Sicherungsleisten S (Abb. 797), die in senkrechter Anordnung am Hauptverteiler angebracht sind, führen. Der Hauptverteiler (Abb. 797) besteht in großen Zentralen und Ämtern aus einem aus Profileisen hergestellten Eisengerüst. Bei kleineren Zentralen wird ein Verteiler direkt in den Schrank eingebaut; er ist von der Rückseite des Schrankes zugänglich. Die im Schrank eingebauten kleinen Verteiler werden am vorteilhaftesten aus Klemmenleisten (Abb. 798) zusammengebaut (Abb. 799). Die Adern des ankommenden Kabels K_1 werden abgebunden und an die Lötösen[1] l der Klemmenleiste L_1 angelötet, desgl. die Adern des zu den Anruforganen und Klinken führenden Schrankkabels K_2 an die Leiste L_2. Ein Verteiler (Abb. 797 und 799) hat die Aufgabe, die Adernpaare des Kabels K_1, die fest mit bestimmten Teilnehmerstellen, und die Adernpaare des Kabels K_2, die fest mit bestimmten Klinken und Anruforganen des Schrankes verbunden sind, beliebig zu vertauschen (rangieren). Hierzu dienen lose Rangierdrähte R. Bei größeren Hauptverteilern (Abb. 797) sind die Außenleitungen, wie bereits erwähnt, an die senkrecht angebrachten Sicherungsstreifen geführt. Diese Sicherungsstreifen (Abb. 800) sind

Abb. 797.

*) Siehe Seite 637.

[1]) Finne, Th., Der Einheitslötösenstreifen 24. Schwachstr.-Handwerk 1926, 311—12.

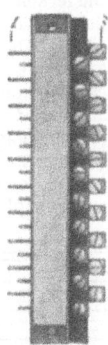

Abb. 798.

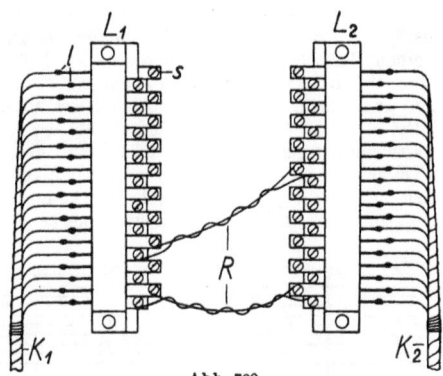

Abb. 799.

25 teilig. Abb. 801 zeigt schematisch den Aufbau eines solchen Sicherungsstreifens. Die Außenleitungen werden bei a_1 und b_1, die Innenleitungen bei a_2 und b_2 an die Lötösen l angeschlossen. Zwischen jeder Außenleitung und den Erdschienen e ist ein Kohleblitzableiter Bl angeordnet. Von b_1 und a_1 führt der Stromkreis über die Federn f_1 und f_2, über Abschmelzrölichen AR zu den Federn der Innenleitungen a_2 und b_2. An a_2 und b_2 werden die Rangierdrähte angelötet, und diese führen dann zu 20 teiligen Lötösenstreifen, die an großen Hauptverteilern waagerecht angebracht

Abb. 800.

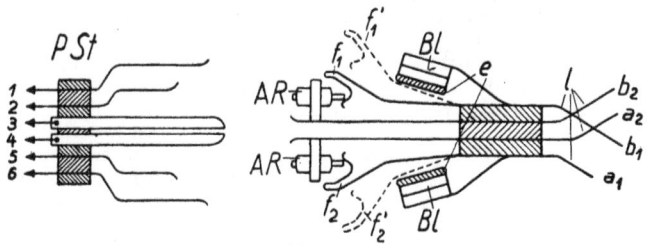

Abb. 801.

sind. Die Rangierdrähte R (Abb. 797) werden durch Ringe r gezogen, so daß eine geordnete und übersichtliche Führung auch der Rangierdrähte möglich ist. Die Lötösenstreifen sind im Gegensatz zu den 25 teiligen Sicherungsstreifen nur 20 teilig, da immer mehr Außenleitungen vorhanden sind als Innenleitungen. Durch Einstecken eines Prüfstöpsels *PSt* (Abb. 800) können die Leitungen jedes Anschlusses auf einen Prüfschrank gelegt werden. Der Prüfstöpsel *PSt* (Abb. 801) ist über 6 Leitungen mit dem Prüfschrank verbunden, an welchem die Innen- und Außenleitungen auf Isolation usw. untersucht werden können.

Bei den im Abschnitt V beschriebenen Zentralumschaltern mit verhältnismäßig geringer Anschlußzahl war es ohne weiteres möglich, alle Teilnehmer an einem oder zwei Arbeitsplätzen miteinander zu verbinden, denn die Verbindungsschnüre können lang genug gemacht werden, um auch nach dem Klinkenfeld des benachbarten Arbeitsplatzes

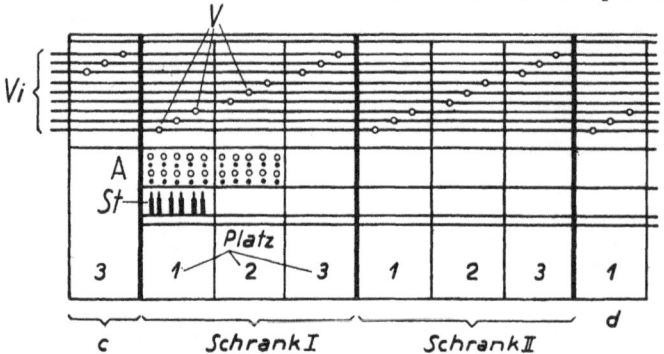

Abb. 802.

hinüberzureichen. Sind mehr als zwei Arbeitsplätze vorhanden, so ist die Anordnung eines Vielfachklinkenfeldes erforderlich. Der Zentralumschalter eines Amtes ist dann wesentlich anders aufgebaut. Hat das Amt 10000 Anschlüsse und jede Beamtin etwa 100 Anschlüsse zu bedienen, so müssen 100 Arbeitsplätze (Abb. 802) eingerichtet werden. Je 3 Arbeitsplätze werden zu einem Schrank vereinigt. Jede Beamtin muß in der Lage sein, jeden der ihr zur Bedienung zugeordneten 100 Teilnehmer mit den übrigen 9999 zu verbinden. Diesem Zweck dient das Vielfachfeld. Sämtliche Teilnehmeranschlüsse sind so geschaltet, daß jede Teilnehmerleitung an jedem Schrank zu erreichen ist, d. h. eine Verbindungsklinke hat. Bei 10000 Teilnehmeranschlüssen, 100 Arbeitsplätzen und etwa 34 Schränken ist jede Leitung 34 mal zu einer Klinke abgezweigt und führt dann zum Anruforgan und zur Abfrageklinke an einem bestimmten Arbeitsplatz. Aus Abb. 803 ist zu ersehen, wie die Teilnehmerleitungen das Viel-

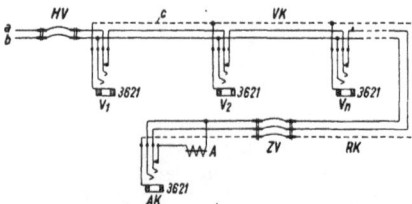

Abb. 803.

fachklinkenfeld *Vi* durchlaufen und in jedem Schrank an bestimmten Stellen an Klinken *V* führen. Eine vom Teilnehmer kommende Leitung *a, b* (Abb. 803), z. B. mit der Anschlußnummer 3621, verläuft über den Hauptverteiler *HV*, über die Vielfachklinke *V* Nr. 3621 im Schrank 1, 2 usw. bis *n* und von hier zum Anruforgan *A* und zur Abfrageklinke *AK* Nr. 3621. Vor den Abfrageklinken liegt auch der Zwischenverteiler *ZV**). Es sind in jedem Vielfachklinkenfeld eines voll ausgebauten 10000er Amtes 10000 Klinken vorhanden, und dieses Klinkenfeld wiederholt sich in jedem Schrank. Vor jedem Arbeitsplatz liegen etwa 3333 Vielfachklinken; es muß also jede Beamtin von ihrem Arbeitsplatz aus die Vielfachklinken ihres eigenen und der beiden benach-

barten Arbeitsplätze erreichen können. Die erste und die letzte in einer Schrankreihe sitzenden Beamtinnen haben neben ihrem Arbeitsplatz links bzw. rechts noch einen Ansatzschrank *c, d,* Abb. 802, mit dem noch fehlenden Drittel des Vielfachfeldes. Aus Abb. 803 ist zu ersehen, daß das Vielfachkabel *VK* sowie das sog. Rückführungskabel *RK* dreiadrig sind. Abb. 804 zeigt schematisch einen Schnitt durch einen Vielfachumschalter. Im Raum *C* sind die Vielfachkabel (im dreiadrigen System 63 adrig, Abb. 991, von denen 3 Adern zur Reserve dienen; die Klinkenstreifen sind 20 teilig, Abb. 771), in *D* das Rückführungskabel untergebracht. *V* ist das Vielfachklinkenfeld, *A* das Abfragefeld, *L* sind die Schlußlampen, *T* Diensttasten, von denen noch später die Rede sein wird. Von den Steckkontakten *a* der dreiadrigen Verbindungsschnüre führen Leitungen zu verschiedenen im Schnur-

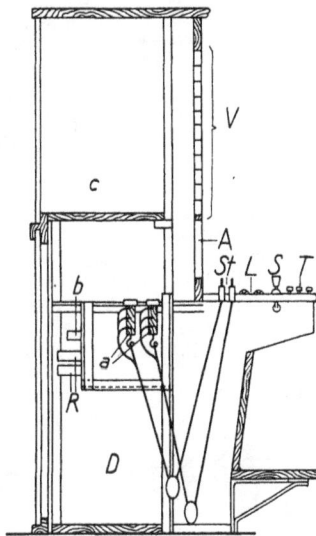

Abb. 804.

paar eingeschalteten Apparaten. *R* sind die Anrufrelais (Glühlampenanruf), *b* Kondensatoren usw. Wesentlich bei der Bedienung eines Vielfachumschalters ist die Besetztprüfung. Verlangt beispielsweise der Teilnehmer 8960 eine Verbindung mit Nr. 3621, so darf die Beamtin, an deren Abfragefeld die Nr. 8960 liegt, diesen nicht ohne weiteres mit der Vielfachklinke Nr. 3621 zusammenschalten, denn der Teilnehmer Nr. 3621 kann an einem entfernt gelegenen Arbeitsplatz bereits mit einer dritten Teilnehmerleitung verbunden sein. Es muß deshalb geprüft werden, ob der von 8960 verlangte Teilnehmer frei oder besetzt ist. Das Besetztprüfen geschieht, indem die Beamtin mit der Spitze des Verbindungsstöpsels die Vielfachklinkenhülse des gewünschten Teilnehmers berührt. Meistens ist die Schaltung so getroffen, daß die Beamtin bei bereits besetzter Leitung ein Knacken in ihrem Kopfhörer wahrnimmt. Ist die Leitung noch frei, so bleibt das Knackgeräusch aus, und die gewünschte Verbindung kann hergestellt werden. Große Fernsprechzentralen und Ämter werden nur noch als dreiadrige ZB-Systeme gebaut. Als Zentralbatterie verwendet man zwei große Sammlerbatterien*) mit einer Spannung von 24 Volt; von diesen dient eine als Reserve. Um zu verhindern, daß der Sprechstrom über die Batterie aus einer Doppelleitung in die andere gelangt, müssen die Speiseleitungen zur Batterie, also die Leitungen 1 und 2, einen möglichst niedrigen Widerstand haben, außerdem schaltet man in jede Speiseleitung

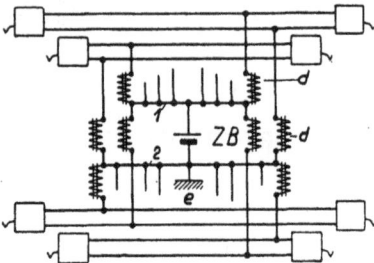

Abb. 805.

von der Zentralbatterie ZB (Abb. 805) zu den Teilnehmerleitungen eine Drosselspule d ein. Gewöhnlich wird hierfür das Anrufrelais (Abb. 790 und 809) verwendet, oder es erfolgt die Speisung aus der Zentralbatterie über die Übertrager, die auch als Drosselspulen dienen (Abb. 807). Die Zentralbatterie ZB (Abb. 805) ist am positiven Pol (e) zu erden.

Abb. 806 veranschaulicht eine Vielfachschaltung für OB-Betrieb. Die Teilnehmerleitung geht über den Hauptverteiler HV

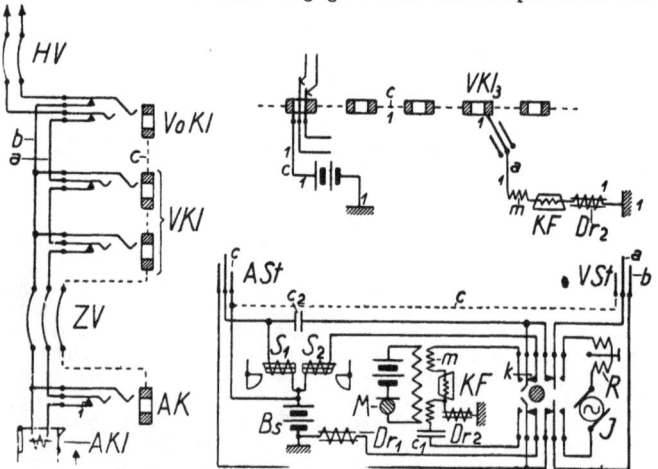

Abb. 806.

*) Siehe Seite 51.

zunächst an die Vorschalteklinken *VoKl* mit doppelten Unterbrechungskontakten. Die Vorschalteklinken liegen sämtlich an einem sog. Vorschalteschrank und dienen zur Herstellung der Verbindungen mit dem Fernamt*). Die doppelte Unterbrechung an der Klinke ist zur Wahrung der Leitungssymmetrie erforderlich. Über die Vielfachklinken *VKl* und den Zwischenverteiler *ZV* führt die Teilnehmerleitung dann zur Abfrageklinke *AK* und zur Anrufklappe *AKl*. Der Zwischenverteiler dient dazu, die Belegung der einzelnen Arbeitsplätze mit stark sowie wenig belasteten Teilnehmerleitungen möglichst gleichmäßig zu gestalten, wobei die Reihenfolge der Nummern nicht gewahrt zu werden braucht. Der Zwischenverteiler wird gewöhnlich im selben Raum wie der Hauptverteiler aufgestellt.

Als Teilnehmerstellen werden Apparate mit Kondensator im Fernhörerkreis verwendet, so daß während des Gespräches kein Strom aus der Schlußzeichenbatterie fließt. Ruft ein Teilnehmer an, so fällt die ihm zugeordnete Anrufklappe *AKl*. Die Beamtin führt den Abfragestöpsel *ASt* eines Schnurpaares in die betreffende Abfrageklinke *AK* ein, schaltet hierbei die Anrufklappe *AKl* am Kontakt 1 aus und legt den Minuspol der Schlußzeichenbatterie *Bs* über *c* des Stöpsels *ASt* an die Hülsenleitung *c*. (Siehe auch Nebenskizze.) Die Hülsenleitung *c* und die *c*-Ader des Schnurpaares dienen lediglich zur Besetztprüfung. Nach dem Abfragen muß die Beamtin prüfen, ob der verlangte Teilnehmer nicht bereits am anderen Platz mit einer dritten Teilnehmerleitung verbunden ist. Indem der Sprechumschalter in der Abfragestellung belassen wird, berührt die Beamtin mit der Spitze des Verbindungsstöpsels (s. Nebenskizze oben) die an ihrem Schrank befindliche Vielfachklinke *VKl*₃ der gewünschten Teilnehmerleitung. Ist diese Leitung bereits besetzt, so fließt ein Strom (Stromkreis 1) über den Kopfhörer der Beamtin und erzeugt ein Knackgeräusch. Durch Unterbrechung des Kontaktes *k* am Sprechumschalter wird ein zweiter Stromweg über den Kopfhörer und das Schlußzeichengalvanoskop *S*₂ zum Minuspol der Batterie unterbrochen. Um ein zu heftiges Knackgeräusch zu vermeiden, ist in den Stromkreis 1 eine Drosselspule *Dr*₂ eingeschaltet. Die Zuverlässigkeit dieser Besetztprüfung kann unter Umständen dadurch in Frage gestellt werden, daß sich auf der im Ruhezustand isolierten Leitung *c* der Klinkenhülsen statische Ladungen ansammeln können, die beim Berühren der Hülsenleitung mit der Spitze des Verbindungsstöpsels zur Erde abgeleitet werden, wodurch im *KF* auch ein Knackgeräusch hervorgerufen wird.

Ist die gewünschte Teilnehmerleitung frei, so wird der Verbindungsstöpsel *VSt* in die Vielfachklinke des Teilnehmers eingeführt und der Sprechumschalter in die Rufstellung (nach rechts bzw. nach vorn) umgelegt. An Stelle der Induktoren oder Polwechslers wird in größeren Zentralen oder Ämtern als Rufstromquelle eine Rufmaschine verwendet (Einankerumformer), die von der Gleichstromseite aus (24-V-ZB) angetrieben wird und einen Rufstrom von 25 Perioden liefert. Der vom Umformer erzeugte 25 periodige Strom wird durch einen Wandler auf 60 Volt eff. Spannung hinauftransformiert. In den Rufstromkreis schaltet man meistens noch einen Rufstromanzeiger *R* (Abb. 806), der im wesentlichen aus einem gepolten Elektromagnetsystem (Abb. 163 u. 164) mit einer schwarz-weiß gefärbten Fahne an Stelle des Klöppels besteht und durch das Schwingen der Fahne zu erkennen gibt, daß die Rufstromquelle

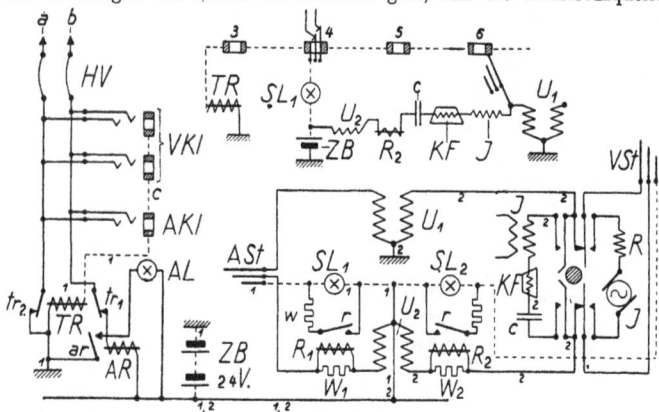

Abb. 807.

in Ordnung ist. Hat die Beamtin den Teilnehmer angerufen, so bleibt das Schlußzeichen S_2 so lange sichtbar, bis der angerufene Teilnehmer sich gemeldet, d. h. seinen Sprechapparat abgehoben hat.

Das Schema eines dreiadrigen ZB-Vielfachsystems zeigt Abb. 807. Diese als Western-System bekannte Schaltung hat neben dem Ericsson-System sehr große Verbreitung gefunden. Das An-

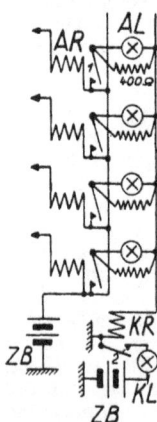

Abb. 808.

rufrelais AR liegt einerseits am Minuspol der Zentralbatterie, anderseits über einen Ruhekontakt des Trennrelais TR an der Teilnehmerleitung. Hebt der Teilnehmer (ZB-Stelle Abb. 739 oder 740) seinen Fernhörer ab, so fließt ein Strom über ZB, AR, tr_1, Teilnehmerstelle, tr_2, Erde. Das AR wird erregt und schaltet über ar Anruflampe AL ein. Damit die den Arbeitsplatz bedienende Beamtin nicht dauernd das Abfragefeld nach aufleuchtenden Anruflampen abzusuchen braucht, schaltet man eine Anzahl von Anruflampen AL (Abb. 808) mit einem Kontrollrelais KR hintereinander. Das Ansprechen des Kontrollrelais bringt dann eine Kontrollampe KL zum Aufleuchten, sobald ein Anruf erfolgt. Aus Abb. 808 ist noch zu ersehen, daß die AL mit einem Widerstand parallel geschaltet sind, so daß, wenn eine der AL durchbrennt, das Kontrollrelais beim Anruf trotzdem noch ansprechen kann. Leuchtet die KL auf, jedoch keine AL, so erkennt die Beamtin hieraus, daß eine Anruflampe durchgebrannt sein muß. Hat ein Teilnehmer angerufen, so leuchtet die AL (Abb. 807) so

lange, bis die Beamtin den Abfragestöpsel ASt eines Schnurpaares in
die Abfrageklinke AKl eingeführt hat. Ist dies erfolgt, so spricht über
Stromkreis 1 das Trennrelais TR an, das Anrufrelais wird stromlos
und unterbricht bei ar den Stromkreis der AL. AL erlischt. Das TR
wird während der ganzen Dauer des Gespräches vom Strom durchflossen; dieser Strom geht jedoch nicht dauernd über die Schlußlampe SL_1 (Stromkreis 1), sondern auch über Widerstand w und Kontakt r, denn sobald der ASt in die AKl des anrufenden Teilnehmers
gesteckt ist, fließt der Speisestrom für das Mikrofon des Teilnehmers aus
der ZB über je eine Hälfte der Übertrager U_1, U_2 zur Teilnehmerstelle
und somit auch über das Relais R_1. Während des Sprechens ist R_1 erregt
und hält Kontakt r geschlossen. Legt der Teilnehmer sein Mikrotelefon

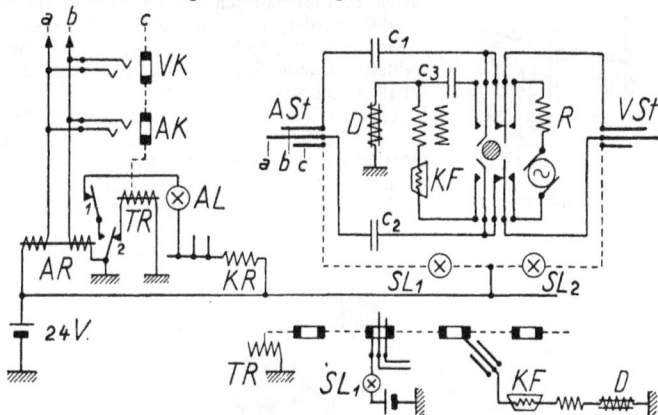

Abb. 809.

auf, so wird R_1 stromlos, Kontakt r wird unterbrochen und die Schluß-
zeichenlampe SL_1 leuchtet auf (Stromkreis 1). Wird der Verbindungsstöpsel in eine Vielfachklinke des gewünschten Teilnehmers gesteckt,
so leuchtet SL_2 so lange, bis der Teilnehmer sich meldet. Die Besetztprüfung geht folgendermaßen vor sich: Sobald der Sprechumschalter
in die Abfragestellung umgelegt ist, findet eine Ladung des Kondensators c über Stromkreis 2 statt. Ist eine zu dieser Vielfachklinken-
leitung 3, 4, 5, 6 gehörende Klinke, z. B. 4, bereits durch einen Abfrage-
oder Verbindungsstöpsel mit dem Minuspol der ZB verbunden, so erfolgt beim Berühren der Klinkenhülse (bei 6) mit dem Verbindungsstöpsel ein Entladen des Kondensators c über SL_1, 6, 5, 4. Hierdurch
wird ein Knackgeräusch im KF verursacht. Ist die Leitung nicht gestöpselt, d. h. frei, so findet eine Entladung des Kondensators c nicht statt,
weil c dann nach wie vor (über TR zur Erde) im Stromkreis der ZB liegt.

Das Ericsson-System einer ZB-Schaltung ist bereits durch Abb. 790
erläutert worden. Die Abschaltung der Anruflampe findet in der Vielfachschaltung (Abb. 809) durch ein Trennrelais TR statt, das beim
Stöpseln unter Strom gesetzt wird. Die Besetztprüfung ist durch die

Nebenskizze erläutert. Hier sowie beim Western-System ist die Besetztprüfung dadurch zuverlässiger, daß die Vielfachleitung dauernd über das
Trennrelais geerdet ist, statische Ladungen sich infolgedessen nicht ansammeln können.

Gesprächszähler[1]).

Parallel zum Trennrelais TR, Abb. 807, kann die Wicklung Z eines
Gesprächszählers (Abb. 811) geschaltet werden. Das Prinzip einer
solchen Schaltung ist in der Teilzeichnung in Abb. 810 zu sehen. Nach
dem Aufleuchten der Schlußlampen und bevor die Verbindung getrennt wird, drückt die Beamtin eine im
Schnurpaar liegende Taste, die Zähltaste ZT.
Die Wicklung des Gesprächszählers Z lag
bisher in Reihe zu den übrigen Widerständen
in der c-Ader, und der Z durchfließende
Strom genügte nicht zum Ansprechen des
Zählers. Durch das Drücken der Taste ZT
erhält Z unmittelbar Strom aus der Zentralbatterie ZB und schaltet um eine Zahl weiter.

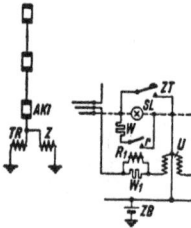

Die Abb. 811 zeigt die äußere Ansicht
eines viel verwendeten Gesprächszählers. Das
Fortschalten der Zahlenringe geschieht durch
ein hier nicht näher zu erörterndes Klinkwerk.

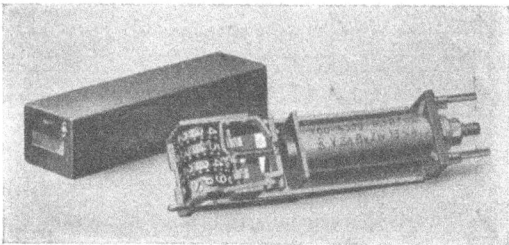

Abb. 810.

Abb. 811.

VII. Selbsttätige Fernsprechanlagen (Wähleranlagen)[2]).

a) Grundbegriffe.

Während in den bisher beschriebenen handbedienten Fernsprechanlagen mit Zentraleinrichtungen das Verbinden, Anrufen und Trennen der
Teilnehmer durch eine Vermittlungsperson geschehen mußte, werden in

---

[1]) Giesen, W., Die elektrischen Gesprächs- und Doppelzähler,
Gebührenanzeiger, Summenzähler und Gesprächszeitmeßeinrichtungen.
Telegr. u. Fernspr.-Techn. 28, 1939, 355—361, 380—391.

[2]) Lubberger, Prof. Dr.-Ing. G., Die Fernsprechanlagen mit
Wählerbetrieb. 6. Aufl. München 1938. — Hettwig, Dr.-Ing. E.
Fernsprech-Wählanlagen, München 1940.

selbsttätigen Fernsprechanlagen alle diese Schaltvorgänge von in einer Zentrale untergebrachten Wählern und Relais ausgeführt. Die Wähler und Relais (neuerdings auch Magnetschalter oder Schütze genannt) werden vom anrufenden Teilnehmer aus elektromagnetisch gesteuert. Einige Jahre, nachdem Bell sein elektromagnetisches Telefon einführte (1876), begannen bereits die Versuche, die Verbindung der Teilnehmer untereinander durch Schaltwerke herzustellen. An Hand der Abb. 812*) sei der Grundgedanke einer Fernsprechanlage mit Wählerbetrieb erläutert. Von jeder Teilnehmerstelle N_1 bis N_4 führt eine Leitung a_1 bis a_4 zu je einem Wähler in der Zentrale. Die Teilnehmerleitungen sind innerhalb der Zentrale durch die Leitungen q_1 bis q_4 mit den Vielfachleitungen (V_1 bis V_4) verbunden, die wiederum an jedes Wählervielfach angeschlossen sind. Der Wähler hat einen (oder mehrere) Kontaktarm (0_1 bis 0_4), der in der Ruhelage auf einem Ruhekontakt r liegt und mit Hilfe eines Schrittschaltwerkes (Elektromagnet H, Klinke s und Schaltrad) auf einen beliebigen Kontakt der Vielfachleitungen gedreht werden kann. Der Elektromagnet H zieht seinen Anker bei jedem Kontaktschluß bei t_a der Teilnehmerstelle einmal an. Bei jedem Ankeranzug schaltet die Klinke s den Wählerarm um einen Schritt, d. h. um einen Kontakt, weiter. Will der Teilnehmer N_1 beispielsweise den Teilnehmer N_3 erreichen, so drückt er dreimal seine Taste t_a, worauf der Kontaktarm 0_1 den Ruhekontakt r verläßt und nach drei Schritten auf dem Wählervielfach V_3, an welchen N_3 über q_3 und a_3 angeschlossen ist, stehenbleibt. Die erläuterte Schaltung hat jedoch den Nachteil,

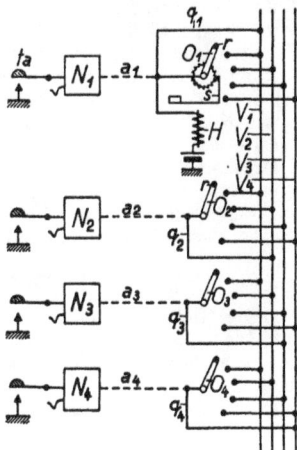

Abb. 812.

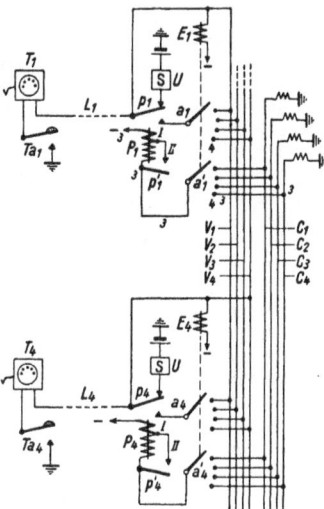

Abb. 813.

*) Die in diesem Abschnitt beschriebenen Schaltungen bzw. Apparate sind Ausführungen von Siemens & Halske.

daß ein oder mehrere Teilnehmer sich auch dann noch auf eine Vielfachleitung V_1 bis V_4 schalten können, wenn der daran angeschlossene Teilnehmer bereits im Gespräch ist. Um diese Doppelverbindungen zu verhindern, muß eine Besetztprüfung eingeführt werden derart, daß die Verbindung nur dann zustande kommen kann, wenn die gesuchte Leitung frei ist. Wir betrachten die Schaltung Abb. 813. Hier besteht der Wähler aus dem Elektromagneten E und zwei miteinander gekuppelten Kontaktarmen a, a_1', die beide von E unter Vermittlung eines Schrittschaltwerkes gedreht werden können. Wie bei handbedienten Zentralumschaltern mit Vielfachschaltung sind auch hier besondere Prüfleitungen, die c-Leitungen, vorgesehen. Im übrigen gestaltet sich das Besetztmachen eines Wählervielfaches genau in derselben Weise wie bei Parallelschaltanlagen mit Anschalterelais (s. Abb. 874 und 875).

b) Nummernschalter[1].

Die Teilnehmerstellen sind mit Wählscheiben (Nummernschalter) ausgerüstet, die zur bequemeren Nummernwahl dienen. Die Schaltvorgänge in einer Anlage nach Abb. 813 gestalten sich nun wie folgt: Teilnehmer T_1 wünscht den Teilnehmer T_4 zu sprechen. Er erdet seine Leitung mittels Nummernschalter viermal, wodurch der Elektromagnet E_1 vier Stromstöße bekommt. Die beiden Kontaktarme a, a_1' werden auf die Kontakte 4 der v- und c-Wählervielfache geschaltet. Ist Teilnehmer T_4 frei, so bekommt der Prüfelektromagnet P_1 Strom über Stromkreis 3 (Batterie, Wicklung I, Wicklung II, a_1', c_4, Widerstand, Erde) und zieht seine beiden Anker p_1 und p_1' an. Der anrufende Teilnehmer ist nun über den Anker p_1 des Prüfelektromagneten und den auf Kontakt 4 gedrehten Arm a_1 mit dem Teilnehmer T_4 verbunden. Durch Anziehen seines Ankers p_1' schließt der Prüfelektromagnet P_1 seine hochohmige Wicklung II kurz und hält sich über die niedrigohmige Wicklung I. Versucht ein dritter Teilnehmer sich auf das vierte Wählervielfach zu schalten, so bekommt sein Prüfelektromagnet bei der Parallelschaltung (Abb. 874) nicht genügend Strom und zieht nicht an. Der Anker p_1 des Prüfelektromagneten verbleibt dann in der gezeichneten Stellung und der Teilnehmer erhält vom Selbstunterbrecher U ein Besetztzeichen.

Wie bereits erwähnt, werden die Wähler in der Zentrale von der Teilnehmerstelle aus durch Stromstöße gesteuert. Zum Zwecke der bequemen Impulsgabe erhält jede Teilnehmerstelle einen Nummernschalter (Fingerscheibe, Abb. 814). Der Nummernschalter besteht im wesentlichen aus einem Kontaktwerk (Abb. 815), welches an der Rückseite a (Abb. 814) befestigt ist und durch Drehen der Fingerscheibe b (Abb. 814) aufgezogen wird. Der Teilnehmer greift mit einem Finger in eine der runden Öffnungen der drehbaren Fingerscheibe b und dreht diese im Sinne des Uhrzeigers bis zum Anschlag c; hierbei wird eine Feder gespannt. Läßt nun der Teilnehmer die Fingerscheibe wieder los, so dreht sich diese unter der Wirkung der gespannten Feder bis in die Ruhelage zurück. Bei diesem Rücklauf

[1] Flad, A., Wähler, Relais, Nummernschalter. Z. Fernmeldetechn. 10, 1929, 81—92, 106—12.

Abb. 814.

Abb. 815.

(nicht beim Aufziehen) der Fingerscheibe erfolgt eine Reihe von Stromstößen, deren Anzahl davon abhängt in welches Loch der Fingerscheibe bei derem Aufziehen (bis zum Anschlag) gegriffen wurde.
Greift man beispielsweise in das Loch 5 und dreht die Scheibe bis
zum Anschlag, so bewirkt der Nummernschalter beim Rücklauf
der Fingerscheibe 5 Stromstöße. Greift man in das Loch 0, so bewirkt
die Scheibe beim Rücklauf 10 Stromstöße usw.

In Abb. 815 ist mit *a* der Federantrieb mit Schneckenrad bezeichnet.
Beim Drehen der Scheibe *b* (Abb. 814) wird die eingebaute Feder auf-
gezogen. Das Schneckenrad *a* (Abb. 815) wird beim Aufziehen durch die
Feder *b* am Drehen verhindert. Beim Rücklauf der Scheibe dreht sich
a im Sinne des Uhrzeigers und treibt die Schnecke *d* an. Auf der
Schneckenradachse sitzt oben in der Kapsel *c* die Bremse, welche die
Rücklaufgeschwindigkeit der Fingerscheibe regelt. Sobald die Finger-
scheibe bei der Nummernwahl die Ruhestellung verläßt, werden durch

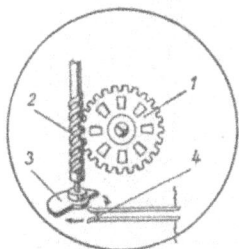

Abb. 816.

Abb. 817.

das Schließen des Doppelkontaktes g, f das Mikrofon und die Induktionsspule kurzgeschlossen, so daß der Sprechapparat durch die Stromimpulse nicht beeinflußt wird.*) Die Impulsabgabe wird dadurch bewirkt, daß eine auf der Schneckenachse sitzende halbkreisförmige Scheibe e (Impulsscheibe) aus Isoliermaterial beim Drehen der Schneckenwelle zwischen dem Kontakt h hindurchgleitet und dadurch kurze, aufeinanderfolgende Unterbrechungen der a-Ader bewirkt. Die Wirkungsweise ist durch Abb. 816 weiter erläutert. Das Schneckenrad 1 treibt die Schnecke 2 mit der halbkreisförmigen Isolierscheibe 3, die bei jeder Umdrehung den Kontakt 4 einmal unterbricht. (Siehe Pfeile, die die Bewegung der Scheibe andeuten.)

Die Feder k, Abb. 815, ist an einem federbeeinflußten Verriegelungshebel i so befestigt und steht mit dem Gabel- oder Hakenumschalter derart in Verbindung, daß die Fingerscheibe durch den Verriegelungshebel erst nach Abheben des Mikrotelefons freigegeben wird. Diese Verriegelung ist nicht bei allen Fabrikaten vorgesehen.

In der Weiterentwicklung entstand dann der in Abb. 817 in der Rückansicht gezeigte Nummernschalter. Geändert ist an diesem Nummernschalter der Aufbau der Bremse und die Anordnung der

Abb. 818.   Abb. 819.

Kontakte. Neuere Konstruktionen haben zu weiteren Vereinfachungen geführt, auf die hier nicht weiter eingegangen werden kann.

Zum Aufbau auf Fernsprechgehäuse, insbesondere der Zentralumschalter, verwendet man auch den in Abb. 818 dargestellten Profilnummernschalter. Bei diesem Gerät ist das Schaltwerk eines gewöhnlichen Nummernschalters über Zahnrad und Zahnstange (Abb. 819) mit dem in Abb. 818 sichtbaren Zahlenbügel aus Preßstoff gekuppelt. Das Betätigen dieses Nummernschalters geschieht durch einen fast geradlinigen Zug des Zahlenbügels nach unten bis zum Anschlag des in ein Zahlenloch gesteckten Fingers. Die geraden und ungeraden Zahlen sind in zwei nebeneinander liegenden Zahlenreihen angeordnet.

c) Wähler.

Die in der Fernsprechtechnik mit Wählerbetrieb am meisten verwendeten Wählerarten sind die Drehwähler und die Hebdrehwähler.

*) Siehe Abb. 743, Kontakt nsa.

Vorwähler und Anrufsucher (siehe weiter unten) sind die am häufigsten vorkommenden Formen von Drehwählern. Die Abb. 820 zeigt die typische Form eines 10teiligen Drehwählers mit vier dreiarmigen Bürstensätzen. Die Kontaktbank ist auf einem Kreisbogen von 120⁰ angeordnet, dementsprechend sind auch die Kontaktarme der Kontaktbürsten um 120⁰ versetzt. Der Anker des Wählermagneten trägt eine kräftige als Stoßklinke ausgebildete Blattfeder, die mit einem auf der

Abb. 820.

Abb. 821.

Wählerachse befestigten Steigrad zusammenarbeitet (im Bilde ganz rechts) derart, daß bei jedem Stromstoß auf den Wählermagneten die Kontaktbürstensätze um einen Schritt (einen Kontakt) vorwärts geschaltet werden. Nach einer Drehung von jeweils 120⁰ wird immer eine Gruppe der Kontaktarme durch die nächste abgelöst. Die Drehwähler laufen nur in einer Richtung.

In der Abb. 821 ist ein Drehwähler mit 25 Kontakten und zweiarmigen Bürstensätzen zu sehen. Man kann auf einem Halbkreis auch

Abb. 822.

30 oder 50 Kontakte anordnen und erhält dadurch 30- bzw. 50teilige Drehwähler. Die Kontaktarme sind an den Enden so gebaut, daß die als Kontaktfedern ausgebildeten Spitzen die Kontakte selbst von beiden Seiten berühren. Die Kontaktfedern sind geschlitzt, so daß jeweils vier Berührungsstellen vorhanden sind. Die Stromzuführung zu den Kontaktarmen geschieht über besondere Schleifbürsten, die durch die Kontaktarme hindurchgreifen. Die Bürsten schleifen auf Schleifringen, die auf der Achse der Dreharme angebracht sind.

Abb. 823.

Die Drehwähler werden über die in den Abb. 820 und 821 sichtbaren kranzförmig angeordneten Lötösen verdrahtet. Die Abb. 822 zeigt eine Blankdrahtverdrahtung (3) von zehn kleinen Drehwählern, die in einem Rahmen aus Profileisen nebeneinander aufgebaut sind. Mit 1 ist das Verbindungskabel für Relais und Wählerarme be-

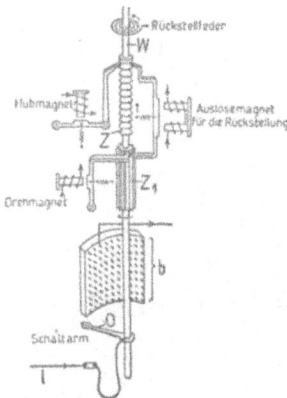

Abb. 824.

zeichnet, darunter ganz links liegt der Verteiler für ankommende Leitungen. In der oberen Reihe 2 liegen Widerstände, darunter die im Bild nicht sichtbaren Teilnehmerrelais. Die Abb. 805 zeigt den Wählerrahmen in der Vorderansicht. Unter der Kappe 1 sind die erwähnten Teilnehmerrelais untergebracht, 2 sind Sicherungen (Abschmelzröllchen), 3 der bereits genannte Verteiler. Die in dem Rahmen verwendeten Wähler sind 10teilige Vorwähler neuester Bauart; siehe Abb. 838.

Für größere Anschlußzahlen bzw. Wählerausgänge wird der Heb-Dreh-Wähler verwendet.

In Abb. 824 ist schematisch ein Heb-Drehwähler dargestellt, der es gestattet, einen Kontaktarm O, an den eine Teilnehmerleitung l angeschlossen ist, durch Heben und Drehen der Welle W wahlweise mit einem beliebigen der 100 Teilnehmer, die an die Kontakte der Kontaktbank b angeschlossen sind, zu verbinden. — Die Numerierung der Kontakte bzw. der Teilnehmeranschlüsse geht aus Abb. 825 hervor. In dieser Abbildung sind die Kontakte durch waagerechte Striche (10 Reihen zu je 10 Kontakten) angedeutet. Die Kontaktreihen übereinander werden als Dekaden bezeichnet. — Die Klinke des Hubmagneten greift in die Zahnstange Z, die Klinke des Drehmagneten in das langgestreckte Zahnrad Z_1 der Welle W ein. Durch das einmalige Erregen des Hubmagneten wird die Welle W in die erste Dekade, durch zweimaliges in die zweite usw. und durch zehnmaliges Erregen in die zehnte (0) Dekade gehoben; beim Heben werden die Kontakte nicht berührt. Durch Erregen des Drehmagneten wird die Welle W in gleicher Weise in einer Dekade gedreht, wobei der Kontaktarm über die Kontakte der Zehnerreihen schleift. Will der an l (Abb. 824) angeschlossene Teilnehmer

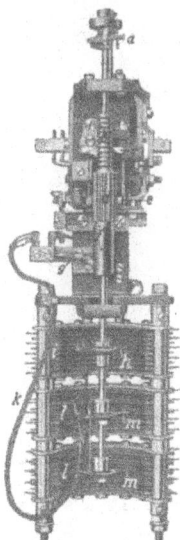

01	02	03	04	05	06	07	08	09	00	0. Dekade
91	92	93	94	95	96	97	—	—	—	9. "
81	82	83	84	85	86	—	—	—	—	8. "
71	72	73	74	75	—	—	—	—	—	7. "
61	62	63	64	—	—	—	—	—	—	6. "
51	52	53	—	—	—	—	—	—	—	5. "
41	42	—	—	—	—	—	—	—	—	4. "
31	—	—	—	—	—	—	—	—	—	3. "
21	—	—	—	—	—	—	—	—	—	2. "
11	12	13	14	15	16	17	18	19	10	1. "

Abb. 825.   Abb. 826.

den Teilnehmer Nummer 03 sprechen, so muß er die Welle seines Wählers erst in die zehnte Dekade (10 Schritte) durch zehnmaliges Erregen des Hubmagneten heben und darauf durch dreimaliges Erregen des Drehmagneten um 3 Schritte (Pfeilrichtung) drehen. Das Zurückführen des Wählers in die Ruhelage geschieht, sobald der Auslösemagnet erregt wird, durch die Rückstellfeder, die den Wählerarm aus der Kontaktreihe herausdreht, worauf der Wähler dann durch sein Gewicht in die Ruhestellung fällt.

In Wirklichkeit hat ein solcher Heb-Drehwähler drei kreisförmig angeordnete Kontaktsätze (Abb. 826) und drei Kontaktarme: zwei für die a- und b-Leitungen und den oberen für die c-Leitung.

In der weiteren Entwicklung, die dahin zielte, den Heb-Drehwähler in den äußeren Abmessungen und im Gewicht zu verkleinern, weil dadurch auch die zum Aufbau der Wähler erforderlichen Rahmengestelle verkleinert werden können, entstand der sog. Viereckwähler[1]).

---

[1]) S o r a u, A., Vergleich zwischen Strowger- u. Viereckwähler. Z. Fernmeldetechn. 13, 1932, 167—72.

Den Erfolg dieser Entwicklungsarbeit soll die Abb. 827 veranschaulichen. Das Bild zeigt links den bereits beschriebenen Heb-Drehwähler,
auch nach dem Erfinder Strowger-Wähler genannt. In der Mitte ist

Abb. 827.

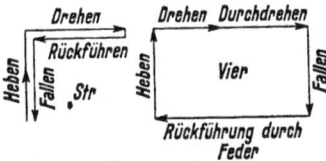

Abb. 828.

der Viereckwähler aus dem
Jahre 1924 und rechts der Viereckwähler aus dem Jahre 1927
abgebildet. Der mitfotogra-
fierte Zentimetermaßstab gestattet die Abmessungen der
Wähler zu vergleichen. Aber
nicht nur Raumersparnisse sind
durch diese Neugestaltungen er-
zielt worden, sondern die neuen Wähler arbeiten auch schneller, sie sind
im Rahmen leicht auswechselbar und leicht einstellbar. Wie aus den Abbildungen des Viereckwählers zu ersehen, befinden sich die Heb- und
Drehelektromagnete nicht oberhalb des Kontaktfeldes, sondern neben
diesem. In der Abb. 828 ist für den Strowger-Wähler *Str* und für den
Viereckwähler *Vier* jeweils schematisch die Bahn gezeichnet, die die
Kontaktbürsten beim Einstellen und bei der Zurückführung in die
Ruhelage beschreiben. Beim Strowger-Wähler kehren die Bürsten
auf demselben Wege zurück, auf dem sie eingestellt wurden. Beim
Viereckwähler hingegen werden die Kontaktarme zwecks Rückführung
in die Ruhelage zunächst weiter durchgedreht, dann fallen die Arme
an der anderen Seite der Kontaktbank herunter und werden aus dieser
Lage dann mittels Federkraft in die Ausgangsstellung gebracht.
Die Arme beschreiben jedesmal ein Viereck von gleicher Breite

aber unterschiedlicher Höhe, je nachdem in welche Dekade die
Arme gehoben wurden. Der Viereckwähler hat keinen besonderen
Auslösemagneten.

Abb. 829.

In der Abb. 829 ist die Ansicht des Viereckwählers mit der dreiteiligen Kontaktbank 1 dargestellt. Die Kontaktbank besteht aus
drei Feldern (a, b, c) mit je 110 Kontakten (je 10 übereinander liegende
Reihen zu 11 Kontakten, von denen 10 zum Vielfachfeld gehören;

Abb. 830.

der 11. Kontakt dient zur Steuerung. Mit 2 sind die Kontaktarme
bezeichnet. Der rechts liegende Wählerbock trägt die beiden Elektromagnete und die zum Heben und Drehen erforderlichen Schaltglieder.
Aus der Abb. 830 ist zu ersehen, wie zweckmäßig die Einzelteile
der Viereckwähler im Wählerbock aufgebaut sind. Alle Teile sind

Abb. 831.

zugänglich und klar zu überblicken, trotz der gedrängten Anordnung. 1 ist der Hebmagnet, 2 der Drehmagnet, 3 die Kontaktwelle mit den Armen 4.

Die Viereckwähler werden nicht, wie die Strowger-Wähler nebeneinander, sondern übereinander (Abb. 831) am Aufbaurahmen befestigt. Die Rahmen mit den gleichfalls neben den Wählern angeordneten zugehörigen Relaissätzen werden dann senkrecht nebeneinander an den Gestellen angebracht.

d) A-, B-, X-Schaltung mit Drehwählern.

In Abb. 832 ist eine vollständigere Schaltung einer Wähler-Fernsprechanlage mit Drehwählern für drei Teilnehmeranschlüsse gezeichnet. Von den Teilnehmerstellen N_1, N_2, N_3 führe Doppelleitungen a, b an je einen Relaissatz in der Zentrale, mit dessen Hilfe der Teilnehmer seinen Wähler steuert; außerdem ist jeder Teilnehmer durch die Leitungen q_1, q_4; q_2, q_5; q_3, q_6 mit den Vielfachleitungen V_1, V_4; V_2, V_5; V_3, V_6 über Ruhekontakte des P-Relais verbunden. Neben der Doppelleitung wird hierauch die Erdrückleitung zur Relaissteuerung herangezogen.

Bei der Nummernwahl mit Hilfe des Nummernschalters werden vom Teilnehmer zwei Kontakte betätigt: der Stromstoßkontakt Ta und der Steuerkontakt Tb. Sobald z. B. Teilnehmer N_1 seinen Hörer abhebt, werden in der Zentrale die drei Relais A, B, X (das Relais X hat zwei Wicklungen) erregt über Batterie, X_1, A, a, Ta Sprechapparat, Hakenumschalter Hh, Tb, b, B X_2, Batterie. Kontakte a_1, b_1 x_1 werden geöffnet, Kontakt x_2 wird geschlossen. Dreht nun der Teilnehmer seine Nummernscheibe in der Pfeilrichtung, indem er den Finger z. B. in Loch 3 steckt, so wird der Stromkreis durch den Kontakt Ta dreimal unterbrochen und das A-Relais dreimal stromlos. B und X halten sich über Erde, Ta, Hh, Tb, b, B, X_2, Batterie, Erde. Das dreimalige Stromloswerden und Wiederanziehen von A hat ein dreimaliges Erregen des Wählerelektromagneten H zur Folge, und zwar über $+$, H, a_1, x_2, $—$. Der Elektromagnet H dreht unter Vermittlung der Klinke HK und des Zahnrades z die Welle W mit den Kontaktarmen O_1, O_2, O_3 um drei Schritte,

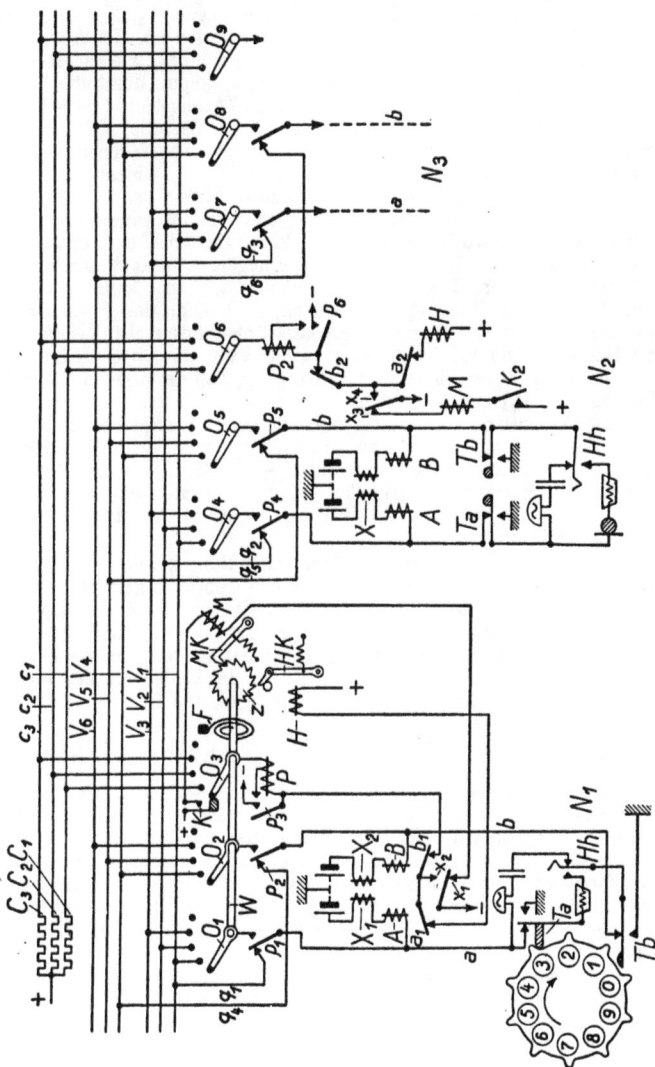

Abb. 832.

33*

so daß diese Kontaktarme mit den Vielfachleitungen V_3, V_6 und c_3 verbunden sind, und zwar sind das die Vielfachleitungen (V_3, V_6), an die der gewünschte Teilnehmer N_3 über q_3, q_6 angeschlossen ist. Ist N_3 frei, so kann das Durchschalten der Teilnehmerleitung von N_1, wie nachstehend erläutert, erfolgen. Nachdem der letzte, dritte, Impuls durch die Wählscheibe gegeben worden ist, wird der Kontakt Tb umgelegt. Das B-Relais wird stromlos, A und X halten sich über Erde, Batterie, X_1, A, a, Ta, Sprechapparat, Hh, Tb, Erde. Über Kontakt b_1 des abgefallenen B-Relais wird Relais P erregt: —, x_2, b_1, P, Kontaktarm O_3, c_3, Widerstand C_3, +. Das P-Relais schaltet die Teilnehmerleitung durch (p_1, p_2), legt sich selbst in einen Haltestromkreis über p_3 und schaltet seine hochohmige Wicklung über diesen Doppelkontakt p_3 kurz. Der Anruf der Teilnehmerstelle N_3 kann auf jede beliebige Art erfolgen, z. B. auch durch einen Gleichstromwecker. Ein dritter Teilnehmer, z. B. N_2, kann sich wohl auf die Vielfachleitung V_3, V_6 schalten, doch kann das Prüfrelais P_2 (da zur Wicklung von P parallel geschaltet) nicht ansprechen, wie bereits an Hand der Abb. 813 beschrieben. Auch kann ein dritter Teilnehmer sich nicht mit N_1 verbinden, da N_1 bei p_1, p_2 von der eigenen Vielfachleitung (V_1, V_4) abgeschaltet ist.

Das Trennen der Verbindung geschieht beim Aberregen des Relais X, wenn der Hörer z. B. von N_1 an Hh angehängt wird, denn der Auslösemagnet M bekommt dann Strom über +, K, M, x_1, —. Der Auslösemagnet gibt durch die Sperrklinke MK das Sperrad z frei; Schaltwerk und Wählerarme werden in die Ruhelage befördert, wobei O_3 den Kontakt K öffnet und M stromlos macht.

Die Stelle N_2 ist in vereinfachter Darstellung gezeichnet, von der in vorherigen Kapiteln dieses Buches schon Gebrauch gemacht worden ist. Ganz besonders in der Darstellung von Stromläufen der Fernsprech-Wähleranlagen hat sich diese Darstellungsart als nützlich erwiesen und viel zur raschen Orientierungsmöglichkeit in verwickelten Schaltbildern beigetragen. Man vergleiche genau die beiden an sich identischen Stromläufe der Teilnehmeranschlüsse N_1 und N_2.

e) Wählerzentrale für 100 Teilnehmeranschlüsse.

Aus den soeben beschriebenen Heb-Drehwählern läßt sich in einfacher Weise eine Wählerfernsprechzentrale für 100 Teilnehmeranschlüsse zusammenbauen. Es werden 100 solcher Heb-Drehwähler aufgestellt und alle gleichnamigen Kontakte der Kontaktsätze durch Vielfachleitungen (Wählervielfache) verbunden. Jeder Teilnehmeranschluß wird einmal an den Kontaktarm eines ihm zugeordneten Wählers und an ein Wählervielfach entsprechender Nummer angeschlossen.

Es hat also jeder Teilnehmer einen Ausgang und einen Zugang zum Vermittlungssystem. In der Handtechnik sind es die Vielfachklinke im Vielfachfeld und die Abfrageklinke bzw. der Verbindungsstöpsel im Abfragefeld. In der Wählertechnik sind es einmal der bzw. die Kontakte in der Vielfachkontaktbank, z. B. der Leitungswähler (siehe weiter unten), und der Kontaktarm des dem Teilnehmer zugeordneten oder auf dem Wege des Verbindungsaufbaues belegten Wählers.

In Abb. 833 ist schematisch der Grundgedanke einer 100er Gruppe mit Heb-Drehwählern dargestellt. Diese Abbildung zeigt grundsätzlich für die Wählertechnik dasselbe wie die Abb. 803 für die Handtechnik. Die Teilnehmerstelle links ist beispielsweise an dem linken Wähler und dem Wählervielfach Nr. 19 angeschlossen, das alle 100 Kontakte Nr. 19 der 100 Wähler miteinander verbindet. Die zweite Teilnehmerleitung führt an den rechten Wähler und das Wählervielfach Nr. 03. Alle Anschlußnummern haben zweistellige Zahlen, so daß bei der Auswahl eines Teilnehmers der Nummernschalter zweimal aufgezogen werden muß. Es muß immer der Hebmagnet und darauf

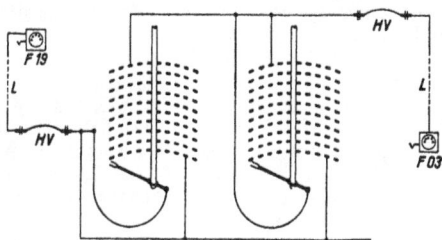

Abb. 833.

der Drehmagnet betätigt werden. Ist der Wähler in die gewünschte Dekade gehoben, so müssen die Stromimpulse, die beim zweiten Ablauf des Nummernschalters in die Leitung gegeben werden, nicht mehr über den Hebmagneten, sondern über den Drehmagneten verlaufen. Das erfordert ein selbsttätiges Umschalten in der Zentrale, was von dem sog. Steuerschalter besorgt wird.

f) A-B-X-Schaltung mit Heb-Drehwählern und Steuerschalter (altes Erdsystem).

In Abb. 834 ist die Schaltung eines Selbstanschluß-Erdsystems mit Steuerschalter abgebildet. An Stelle einer vollständigen Teilnehmerstelle ist lediglich der Nummernschalter Sch schematisch dargestellt. Hebt der Teilnehmer sein Mikrotelefon von der Gabel und schließt hierbei den Kontakt 1, so erfolgt die Erregung der Relais A und B in der Zentrale. Das differential gewickelte Relais X wird zwar auch vom Strom durchflossen, jedoch nicht erregt. Relais B unterbricht Kontakt b_1, so daß das T-Relais vom — Pol abgetrennt (Stromkreis 10) und hierdurch diese Teilnehmerleitung für Dritte besetzt gemacht wird. Ausführlich siehe weiter unten.

Sobald beim Wählen der Nummernschalter Sch seine Ruhelage verläßt, sind beide Adern der Teilnehmerleitung an der Teilnehmerstelle (4, 2, 3) geerdet und die in der b-Leitung liegende Wicklung des X-Relais ist über Erde kurzgeschlossen. X-Relais zieht an und schließt seine Kontakte x_1, x_2, x_3. B-Relais hält sich über x_1. Über x_3 wird der Magnet S des

Steuerschalters *St* erregt (—, *S*, *St* V$_1$, x_3, +) und über x_2 ein Stromkreis für den Hebmagneten *H* des Heb-Drehwählers vorbereitet. Der Steuerschalter bleibt vorläufig in Ruhe. Es wird der Nummernschalter *Sch* beispielsweise von 5 ab gedreht, so daß dieser fünfmal den Stromkreis für das *A*-Relais (über *a*-Leitung und Erde) unterbricht, wodurch der Anker a_1 fünfmal den Stromkreis für den Hebmagneten *H* schließt (+, x_2, a_1, *H*, *St* IV$_1$, —).*) Die Welle des Heb-Drehwählers wird durch *H* schrittweise in die 5. Dekade gehoben. Nach Ablauf der Nummernscheibe, d. h. in der Ruhestellung, ist die Erdung der *a*- und *b*-Leitung bei 3 dann wieder aufgehoben und das *X*-Relais in der Zentrale infolgedessen aberregt. Der *S*-Magnet des Steuerschalters wird stromlos (x_3 geöffnet), und die Klinke *Kl* zieht unter der Federwirkung die Steuerschalterarme I bis V in die Stellung 2.

Der Teilnehmer dreht die Nummernscheibe nochmal, z. B. von der Nummer 8 ab. Es erfolgt wiederum die Erdung von *a* und *b* (bei 3) und als Folge hiervon das Anziehen des *X*-Relais und des Elektromagneten *S*. Die Stromstöße vom Nummernschalter *Sch*, die wiederum das *A*-Relais steuern, bewirken nunmehr über Kontakt a_1 ein achtmaliges Erregen des Drehmagneten *D* (+, x_2, a_1, *D*, St IV$_2$, —). Die Wählerwelle wird um 8 Schritte gedreht, so daß die Wählerarme *a*, *b*, *c* auf den 58sten Kontakten *a*, *b*, *c* stehen bleiben. Nach Ablauf von *Sch* werden *X* und *S* stromlos, der Steuerschalter geht in Stellung 3 und von hier in Stellung 4, indem *S* über Stromkreis 8 vom Unterbrecher *U* einen Stromstoß bekommt. In Stellung 3 des Steuerschalters erfolgt die Prüfung des ausgewählten Teilnehmers 58 (über Stromkreis 9). Ist der Teilnehmer 58 frei, so wird der Stromkreis 9 vollendet durch den Stromkreis 10 des ausgewählten Teilnehmers 58. Das Prüfrelais *Y* schaltet in bekannter Weise seine hochohmige Wicklung (über y_1) kurz (Steuerschalterarm III in Stellung 4) und macht den Teilnehmer 58 ebenfalls besetzt. Über Kontakt y_4 wird Schleife 12 (*St* IV$_4$) geschlossen. Der Summer *SU*$_1$ überträgt in diesen Stromkreis induktiv einen Summerstrom, der über Zusatzwicklungen auf den *A*- und *B*-Relais verläuft und im Sprechstromkreis des anrufenden Teilnehmers als „Freizeichen“ wahrnehmbar wird. Ist der Teilnehmer 58 jedoch besetzt, so wird *Y* nicht erregt, und es bekommt der Anrufende über Ruhekontakt y_4 und *St* IV$_4$ ein Besetztzeichen von *SU*$_2$ auf dem gleichen Wege wie das Freizeichen.

Angenommen, der Teilnehmer 58 ist frei. *Y* hat angezogen und bleibt über y_1, *St* III$_4$ erregt. Der anrufende Teilnehmer ist, wie bereits erwähnt, durch Unterbrechung des Kontaktes *b*, sofort nach dem Abheben des Mikrotelefons besetzt gemacht worden; außerdem wird das *T*-Relais (Stromkreis 10) am Kopfkontakt K_1 vom Minuspol abgeschaltet, sobald der Wähler einen Hubschritt macht.

In Stellung 4 des Steuerschalters bekommt *S* erneut einen Stromstoß von *U* über *St* V und y_2, so daß sämtliche Arme des Steuerschalters in die Stellung 5 gehen. *Y* fällt ab. In dieser Stellung von *St* geht ein Rufstrom von der Rufmaschine *R* über *St* I und *St* II zum gewählten Teilnehmer 58. In Stellung 5 verweilt der Steuerschalter jedoch nur kurze Zeit, denn *S* erhält abermals einen Stromstoß von *U* über Stromkreis 8,

---

*) *St* IV$_1$ bedeutet: Steuerschalter, Arm IV, Stellung 1.

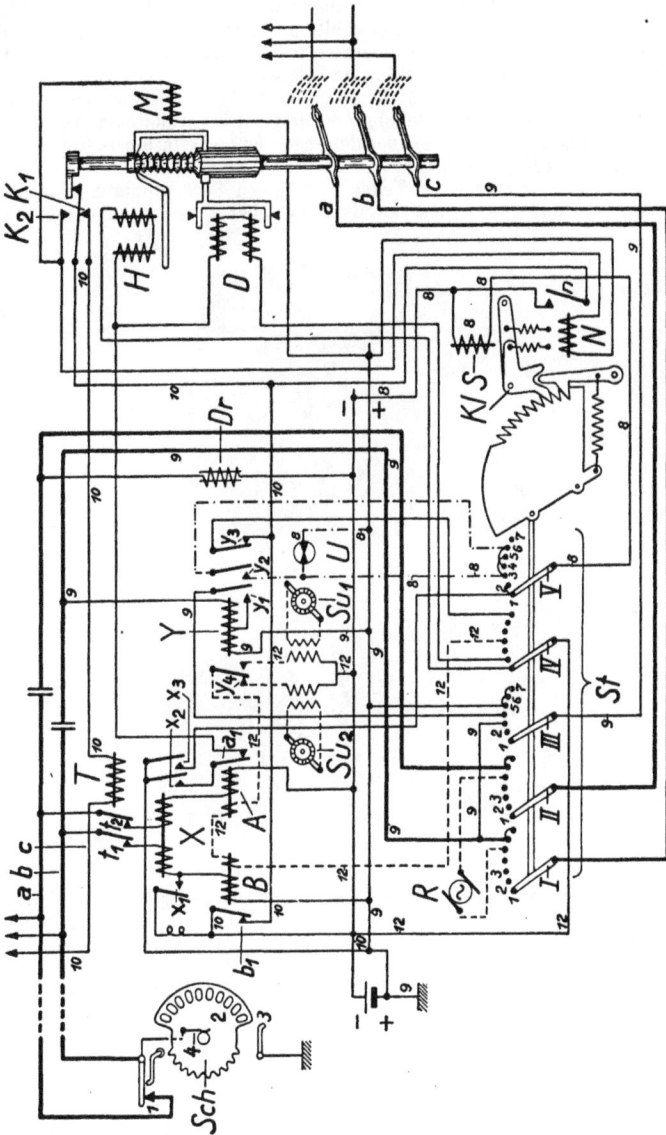

Abb. 834.

St V$_5$, und es geht *St* in Stellung 6, die als Wartestellung bezeichnet wird. Hier verbleibt *St*, bis der ausgewählte und angerufene Teilnehmer sich durch Abheben des Sprechapparates meldet. Geschieht dies, so wird die Speisebrücke über Drossel *Dr* und Relais *Y* geschlossen. *Y* zieht wieder an, und *S* bekommt über *St* V$_6$ und y_2 von *U* einen weiteren Stromstoß, der den Steuerschalter in Stellung 7 befördert. Die erwähnte Speisebrücke bleibt eingeschaltet. Die *c*-Ader des angerufenen Teilnehmers liegt über *St* III$_5$ — *St* III$_7$ an Erde.

Wenn der anrufende Teilnehmer seinen Sprechapparat anhängt, werden *A* und *B* stromlos. Relais *B* legt über b_1 und Kopfkontakt K_2

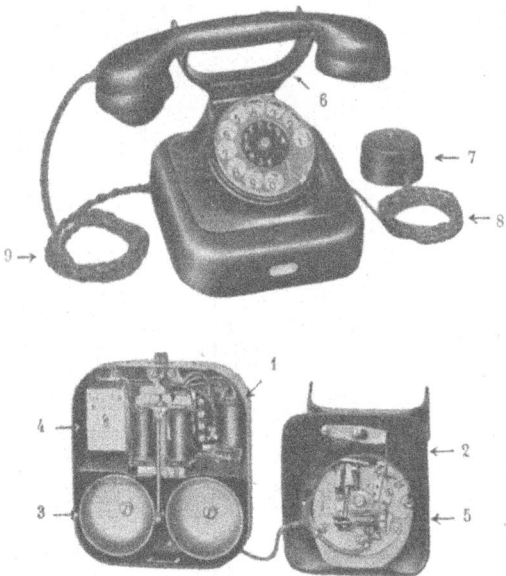

Abb. 835.

den Auslösemagneten *M* des Wählers sowie den Auslösemagneten *N* des Steuerschalters an Spannung, so daß Wähler und Steuerschalter in die Ruhelage gehen. Hängt der angerufene Teilnehmer zuerst an, so wird *Y*-Relais stromlos und schließt über y_3 die Stromkreise von *M* und *N*. *N* schließt seinen Kontakt *n*, so daß neben b_1 oder y_3 für den Auslösestromkreis der Elektromagnete *M* und *N* ein zweiter Weg zum Minuspol geschaffen und erst unterbrochen wird, wenn der Wähler die Ruhelage erreicht hat.

In der Abb. 835 ist eine Fernsprechstelle mit Nummernschalter in der äußeren Ansicht und im Zusammenbau zu sehen. Das Gehäuse besteht aus zwei Teilen 1 und 2. In 1 sind untergebracht der

Wecker 3, der Konden-
sator 4 und rechts neben
dem Weckermagneten die
Induktionsspule. 5 ist der
Nummernschalter, 6 der
Gabelumschalter, 7 die
Anschlußrosette, 8 die
Anschlußschnur, 9 die
Mikrotelefonschnur. Die
Schaltung des Fernspre-
chers zeigt Abb. 743.
In der Abb. 836 ist
die äußere Form einer
moderne Fernsprech-
stelle ganz aus Preßstoff für Wählerbetrieb zu sehen. Das Mikrotelefon
ist in seiner Form ganz besonders an die Durchschnittskopfform angepaßt.

Abb. 836.

g) Vorwähler.

In Zentraleinrichtungen wie Abb. 832 u. 834 ist für jeden Teilnehmeranschluß ein besonderer Heb-Drehwähler erforderlich. Die Erfahrungen
haben jedoch gelehrt, daß in größeren Fernsprechzentralen höchstens
etwa 10 vH sämtlicher Teilnehmer gleichzeitig sprechen, bei 100 Teilnehmern etwa 12 vH. Von den 100 Heb-Drehwählern würden also

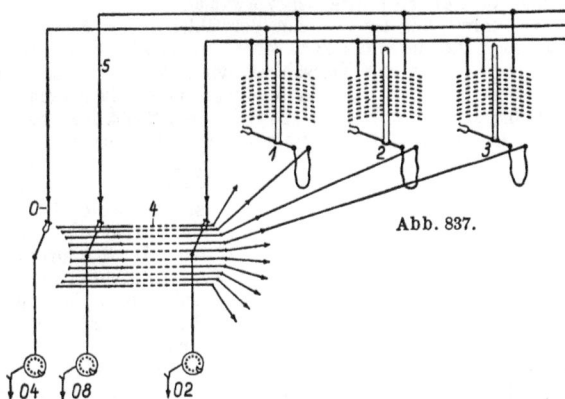

Abb. 837.

beim stärksten Verkehr nur immer 12 gleichzeitig in Betrieb und 88
in Ruhe sein. Um nun 88 dieser teuren Heb-Drehwähler zu sparen,
werden für 100 Teilnehmeranschlüsse 12 Heb-Drehwähler (Leitungswähler) vorgesehen und jedem Teilnehmer ein kleiner Drehwähler
(Vorwähler) zugeordnet, mit dessen Hilfe der Teilnehmer auf einen
freien Leitungswähler geschaltet werden kann. In Abb. 837 ist der

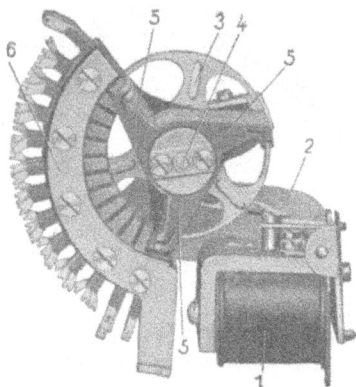

Abb. 838.

Grundgedanke dieses Systems veranschaulicht.

Jede Teilnehmerleitung führt in der Zentrale an die Kontaktarme eines Vorwählers (äußere Ansicht Abb. 838). Die Kontaktarme der Vorwähler liegen in der Ruhestellung auf Kontakten, die mit dem entsprechenden Wählervielfach der Heb-Drehwähler in Verbindung stehen. Belegt ein Teilnehmer (durch einen später noch zu beschreibenden Schaltvorgang), z. B. 02, mittels seines Vorwählers einen freien Leitungswähler, z. B. 3, so kann er einen jeden der 100 Teilnehmer erreichen, indem er durch Stromstoßgabe den Leitungswähler 3 betätigt. Will er den Teilnehmer 08 erreichen, so muß er die Welle des Leitungswählers 3 in die zehnte Dekade (10 Impulse) heben und dann 8 Schritte drehen. Ist der Teilnehmer 08 frei, so liegt sein Vorwählerarm auf dem Ruhekontakt, der durch Leitung 5 mit dem Wählervielfach 08 in Verbindung steht. Die Leitungen 4, die alle gleichnamigen Kontakte der Vorwähler verbinden, nennt man die Verdrahtung der Vorwähler.

Diese Verdrahtung ist für zehn Vorwähler des in Abb. 838 dargestellten Typs auch in Abb. 822 zu sehen. In der Abb. 838 bedeutet 1 den Antriebsmagneten des Vorwählers, der mit der Kontaktbank 6 in einer Ebene liegt, 2 ist der Verbindungsarm zwischen dem Anker des Antriebsmagneten und der nicht sichtbaren Stoßklinke des Fortschaltewerkes. Der Radkranz 3 trägt Zahlen, aus denen die jeweilige Stellung des eingestellten Vorwählers zu erkennen ist. 4 ist die Hauptwelle und 5 sind die Kontaktarme. Die Stromzuführung zu den Kontaktarmen geschieht über eine entsprechende Anzahl von kreisrunden Scheiben, die auf derselben Achse aufgebaut sind wie die Kontaktarme und auf denen Federn schleifen. Die mit Lötösen versehenen äußeren Enden dieser Federn sind etwas gekröpft (s. Bild) und am oberen Ende der Kontaktbank eingeklemmt.

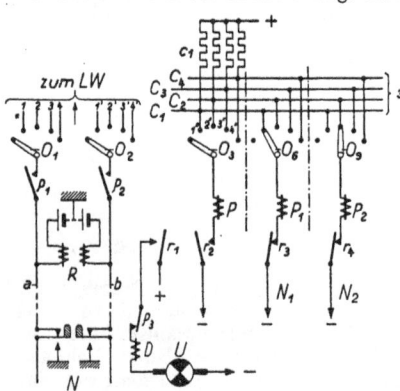

Abb. 839.

Die Wirkungsweise des Vorwählers sei an Hand der Abb. 839 erläutert. Zum Vorwähler der Sprechstelle N gehören die Kontaktarme O_1, O_2 und O_3. Mit 3 ist die Verdrahtung der Vorwähler bezeichnet, und zwar nur die Verdrahtung der Prüfkontakte (c-Leitungen). Von zwei weiteren Teilnehmeranschlüssen sind lediglich die Prüfrelais P_1, P_2 und die c-Kontaktarme O_6, O_9 gezeichnet.

Hebt Teilnehmer N seinen Hörer ab, so schließt sich die Stromschleife über Hakenumschalterkontakt, a- und b-Leitung, Relais R. Relais R spricht an und schaltet durch r_1 den Drehmagneten D des Vorwählers an den Relaisunterbrecher U (siehe auch Abb. 146). Durch den ersten Stromstoß von U gehen die drei Kontaktarme des Vorwählers auf die ersten Kontakte. Die erste Vielfachleitung (c_1) sei bereits besetzt durch den Teilnehmer N_1, dessen Prüfrelais P_1 über r_3, O_6, C_1, c_1 erregt ist, so daß P, wenn zu P_1 parallelgeschaltet, nicht mehr anspricht. D bekommt einen zweiten Stromstoß von U, die Vorwählerarme werden von D auf die zweiten Kontakte gedreht. Auch diese Vielfachleitung sei durch den Teilnehmer N_2 besetzt (—, r_4, P_2, O_9, C_2, Widerstand, +), so daß P wieder nicht erregt werden kann. Die Vorwählerarme drehen nun auf den dritten Kontakt, der frei sei, so daß P anzieht; durch Unterbrechung von p_3 wird der Unterbrecherstrom für den Drehmagneten D abgeschaltet und durch Schließen von p_1, p_2 der Teilnehmer N zum Leitungswähler LW durchgeschaltet. Die beschriebene Wirkungsweise des Vorwählers wird beim Abheben des Hörers ausgelöst und geht so rasch vor sich, daß dem Teilnehmer bereits ein freier Leitungswähler zur Verfügung steht, wenn er anfängt, seinen Nummernschalter zu betätigen.

h) Schleifensystem mit Vorwählern ohne Steuerschalter.

In Abb. 840 ist das Schaltungsschema einer kleinen Fernsprechzentrale nach dem Schleifensystem ohne Steuerschalter dargestellt. Die Wirkungsweise dieses Systems ist folgende: Beim Abheben des Hörers wird der anrufende Teilnehmer durch seinen Vorwähler selbsttätig mit einem freien Leitungswähler LW verbunden. Beim ersten Ablauf des Nummernschalters wird die Schaltwelle des LW gehoben, beim zweiten Ablauf des Nummernschalters gedreht. Hierauf folgt selbsttätig das Prüfen auf die gewünschte Leitung. Wenn diese besetzt ist, bekommt der Teilnehmer das Besetztsignal (Summerzeichen). Es ist dies ein Zeichen, den Hörer anzuhängen und später zu rufen. Ist die Leitung dagegen frei, so sendet der Leitungswähler selbsttätig sofort einmal, und dann in regelmäßigen Zeitabschnitten von etwa 10 Sekunden, Rufstrom in die betreffende Teilnehmerleitung. Sobald die Teilnehmer ihre Hörer (Mikrotelefone) anhängen, fällt die Verbindung zusammen. An Hand des Stromlaufes seien die Schaltungsvorgänge näher beschrieben.

Einstellung des Vorwählers. Beim Abheben des Hörers spricht das Anrufrelais R an und legt die beiden Kontakte r_1 und r_2 um. r_2 schaltet den Drehmagneten D ein (Stromkreis 3). D empfängt vom Relaisunterbrecher RU (s. auch Abb. 146) Stromstöße und bewegt schrittweise die vier Kontaktarme a, b, c, d des Vorwählers. Kontaktarm d des Vorwählers dient dazu die beide hochohmigen Wicklungen des T-Relais

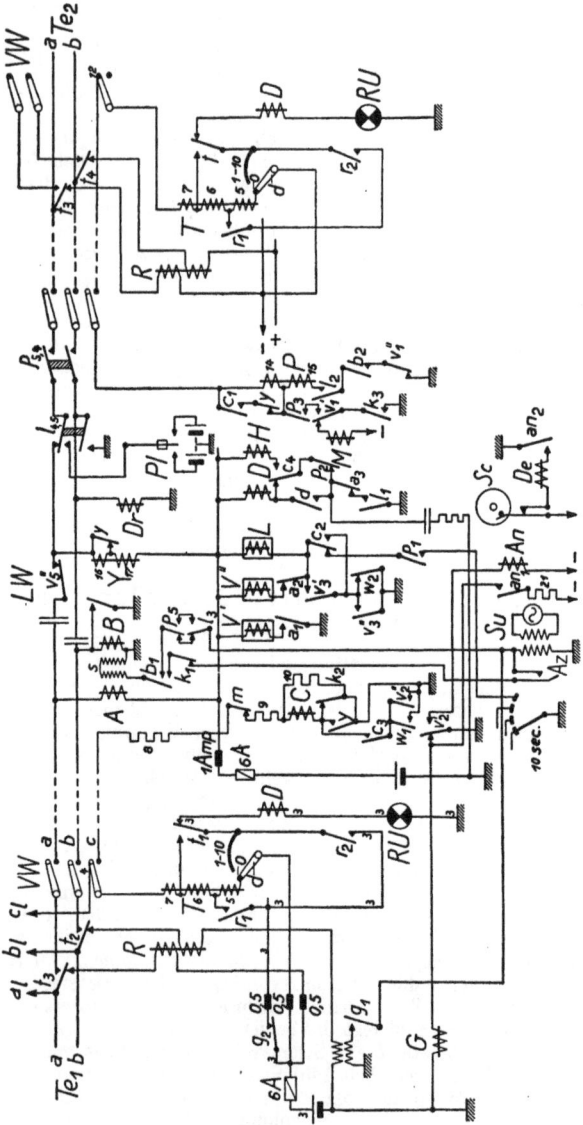

Abb. 840.

kurzzuschließen (wenn T angesprochen hat) und den VW nach Beendigung des Gespräches wieder in die Ruhelage zu befördern. Beim Verlassen der Ruhelage wird die zu den LW abgehende c-Leitung bei 4 unterbrochen und dadurch die Teilnehmerleitung für andere Anrufe gesperrt.

Die von den Kontaktarmen beim schrittweisen Fortschalten bestrichenen Leitungen werden mittels des Relais T (Kontaktarm c) geprüft. Befinden sich die Kontaktarme des VW auf einer besetzten Leitung, d. h. auf einem bereits besetzten LW, dann kann Prüfrelais T nicht ansprechen, und der VW dreht einen Schritt weiter. Sobald aber ein freier LW erreicht wird, spricht T an über: — Pol, r_1, T (Wicklungen 6 und 7), Wählerarm c, Widerstand 8, m, Widerstand 9, C-Relais, k_2, + Pol. T schaltet durch Umlegen von t_1 den Drehmagneten D vom Relaisunterbrecher ab, so daß der VW stehenbleibt. Durch Umlegen von t_1 schaltet T seine hochohmige Wicklung 6 kurz, wodurch der ausgewählte LW gegen weitere Anrufe gesperrt wird. Das T-Relais eines anderen VW, der die zu diesem LW gehörige c-Leitung berührt, kann nicht mehr ansprechen, da es durch die niedrigohmige Wicklung 7 des ersten VW nahezu kurzgeschlossen ist. Außerdem schaltet das T-Relais durch t_2 und t_3 das Anrufrelais R ab und die Teilnehmerleitung zum LW durch. Relais A und B ziehen an.

Die Einstellung des Vorwählers geht, wie bereits erwähnt, so schnell vor sich, daß der Teilnehmer nach dem Abheben des Hörers innerhalb $^1/_5$ Sekunde mit einem freien LW verbunden ist und mit dem Nummernschalter Impulse senden kann. Zum Zeichen dafür, daß ihm ein freier LW zur Verfügung steht, erhält der Anrufende vom Summer Su über Kontakt Az (Amtszeichen) und k_1, b_1, s, Erde, einen unterbrochenen Summerstrom (siehe auch S. 511). Die von der Wählscheibe beeinflußten Kontaktfedern werden so gesteuert, daß erstens, solange die Scheibe aus der Ruhelage entfernt ist, der Hörer und das Mikrofon kurzgeschlossen sind, und daß zweitens beim Rücklauf der Scheibe der über a und b fließende Strom am Impulskontakt ein- oder mehrmals unterbrochen wird.

Einstellung des LW. Sobald der VW sich auf einen LW eingestellt hat, sprechen im Relaissatz dieses LW die Relais C, A, B, V' und L an. Das C-Relais erhält, wie oben bereits erwähnt, seinen Strom über die c-Leitung.

Stromkreis für A und B: — Pol, A-Relais, a-Leitung, Teilnehmerstelle, b-Leitung, B-Relais, + Pol. Kontakt a_1 schließt den Stromkreis für Relais V'. Relais L wird erregt über — Pol, L, c_2 und v_3', w_2 + Pol.

Wenn z. B. Teilnehmer 55 gewählt wird, erfolgt beim ersten Rücklauf der Wählscheibe eine fünfmalige Unterbrechung der über die Teilnehmerstelle geschlossenen Schleife; das A-Relais fällt fünfmal ab. Beim ersten Abfallen von A wird V'' erregt über —Pol, V'', a_2, v_3' und c_2, w_2, +Pol. Der Kontakt v_3' bleibt während der Stromstoßgabe geschlossen, da V' ein Verzögerungsrelais ist, wie auch V''. Jedesmal wenn A abfällt, wird der Stromkreis für den Hebmagneten H geschlossen: — Pol, H, c_4, p_2, a_3, l_1, + Pol. Die Kopfkontakte k_1, k_2, k_3 des LW werden beim ersten Hub der Schaltwelle umgelegt. Das C-Relais bleibt während der noch folgenden vier Stromstöße über c_2 und v_2'' erregt. Ist die Nummernscheibe wieder in die Ruhelage zurückgekehrt, fällt V'' ab, wodurch auch der Stromkreis für C (bei v_2'') unterbrochen wird. Das T-Relais des VW hält sich über Widerstand 10.

Wird nun die Nummernscheibe zum zweiten Mal betätigt, so bewirkt das Abfallen von A wieder die Erregung von V''. Da L über v_3' und w_2 erregt war, bekommt der Drehmagnet D bei jedem Abfallen von A einen Stromstoß über — Pol, D, c_4, p_2, a_3, l_1, +Pol. Bei der ersten Drehbewegung der Welle des LW werden die Wellenkontakte w_1, w_2 umgelegt, und das L-Relais hält sich während der noch folgenden vier Impulse über v_3''. Erreicht die Nummernscheibe wieder die Ruhelage, so fällt V'' verzögert ab. Die drei Schaltarme des LW sind jetzt auf die Leitungen des gewünschten Teilnehmers eingestellt.

Schaltvorgänge bei besetzter Leitung. Der Teilnehmer kann auf zweierlei Weise besetzt sein, entweder als Anrufender oder Angerufener. Im ersten Fall ist die c-Leitung (bei 12) unterbrochen, da der VW aus der Ruhelage ist. Im anderen Falle liegt die c-Leitung über die niedrigohmige Wicklung eines Prüfrelais P an Erde. In beiden Fällen kann das Prüfrelais des LW nicht ansprechen.

Da P nicht anspricht und L abfällt, wird über eine Zusatzwicklung s von A und B ein Sekundärkreis von Su geschlossen: + Pol, Summer Su, l_3, p_5, b_1, s, +. Hierauf hängt der Teilnehmer den Hörer an und unterbricht die Schleife in der Teilnehmerstelle. Dadurch werden die Relais A und B sowie hierauf auch V' stromlos. Das Abfallen von V' bewirkt das Einschalten des Auslösemagneten M über k_3, v_1'. Der Leitungswähler geht in Ruhelage. Durch Ansprechen von M wird auch der Haltestromkreis für T (bei m) unterbrochen. T fällt ab und schaltet den Drehmagneten D (über t_1, Kontaktschiene 1—10 des VW und d-Arm) ein. Der VW wird nun vom Relaisunterbrecher schrittweise weitergeschaltet, bis der d-Arm das lange Segment 1—10 verläßt und auf den O-Kontakt aufgleitet; hier bleibt der VW stehen.

Schaltvorgänge bei freier Leitung. Ist die gewählte Teilnehmerleitung frei, kann das Prüfrelais P des LW erregt werden: + Pol, v_1'', b_2, l_2, P, c-Arm, c-Leitung, Nullstellung 12 vom c-Arm des VW, Wicklungen 7, 6, 5 des T-Relais, O-Kontakt des d-Armes, — Pol. Relais L fällt nämlich verzögert ab, und Kontakt l_2 bleibt noch eine kurze Zeit geschlossen, nachdem V'' schon abgefallen ist, doch reicht diese Zeit für das Ansprechen von P aus. P hält sich dann über die Wicklung 14: + Pol, k_3, v_1', p_3, P_{14}, c-Arm usw. T vom VW spricht an und trennt das Anrufrelais R von der angerufenen Leitung ab.

Sobald P anspricht, wird die anrufende Leitung durchgeschaltet, $(p_5, {}_4)$ und, da L noch nicht abgefallen ist, wird hierdurch die angerufene Leitung an die Rufstromquelle (Polwechsler Pl) geschaltet (erster Ruf). Das Relais L wird über p_1 und c_2 durch einen Zehnsekundenschalter (10 s) periodisch erregt, und L legt die ausgewählte Leitung über $l_4, {}_5$ ebenfalls periodisch an den Polwechsler Pl. Der anrufende Teilnehmer bekommt bei jedem Ruf ein Summerzeichen über + Pol, Su, l_3, p_5, b_1, s, +Pol als Zeichen dafür, daß der von ihm gewählte Teilnehmer Rufstrom erhält.

Sobald der angerufene Teilnehmer den Hörer abnimmt, schließt er die Schleife über sein Mikrofon, wodurch das Y-Relais Strom bekommt:

—Pol, Y, l_4, p_5, a-Leitung, Teilnehmerstation, b-Leitung, p_4, Dr, $+$Pol.
Die Mikrofonspeisung erfolgt über Dr und Wicklungen 17 und 16 von Y.
Durch das Ansprechen von Y wird C wieder erregt und hierdurch L abge-
schaltet, so daß der Weckruf aufhört.

Trennung der Verbindung, wenn der Anrufende zuerst
anhängt. Wenn der Anrufende den Hörer anhängt, werden A und B
stromlos, demnach auch V'. Durch Erregung des Auslösemagneten M
kehren der LW und VW, wie oben beschrieben, in die Ruhelage zurück.

Trennung der Verbindung, wenn der Angerufene zuerst
anhängt. Wenn der Angerufene anhängt, wird Y stromlos und dadurch P_{14} kurzgeschlossen. P fällt ab und T des VW wird stromlos.
Der anrufende Teilnehmer bekommt über l_3, p_5, b_1, s das Besetztzeichen.
Er hängt an, A, B und V' werden stromlos, worauf LW und VW in
die Ruhelage gehen.

Signalsatz. Der Relaisunterbrecher RU fängt an zu arbeiten, sobald ein R-Relais anspricht. Der Polwechsler läuft an, sobald ein Leitungswähler belegt wird, und zwar unter Vermittlung des Anlaß-Relais An,
das erregt wird, sobald V' anspricht.

Sind alle LW belegt, dann sind alle v_2'-Kontakte umgelegt und das
G-Relais wird über an_1 und Widerstand 21 erregt; durch g_2 wird der
— Pol von dem Drehmagneten des VW abgeschaltet, gleichzeitig be-
kommt der anrufende Teilnehmer über g_1 das Besetztzeichen. Beim
Belegen eines LW wird, wie bereits erwähnt, An erregt. Dieses schaltet
durch seinen Kontakt an_2 einer Drehmagneten De ein, der den Zehn-
sekunden-Schalter betätigt. De arbeitet als Selbstunterbrecher über den
Kontakt unter der Pendelscheibe Sc. Diese schließt bei jeder Doppel-
schwingung auch den Kontakt Az (Amtszeichen), so daß das über s (A-,
B-Relais) auf die Leitung des anrufenden Teilnehmers übertragene Signal
als absatzweises Summen wahrnehmbar wird.

Abb. 841.

Abb. 841 zeigt das sog. Relaisdiagramm für die besprochene Schaltung in Abb. 840 und für den Fall, daß der gewählte Teilnehmer frei ist. Aus diesem Diagramm ist ohne weiteres zu ersehen, welche Relais in den aufeinanderfolgenden Schaltzuständen gleichzeitig angezogen sind, und es empfiehlt sich beim Studium der Schaltungen von Selbstanschlußsystemen, ein solches Relaisdiagramm anzufertigen, da es die Übersicht erleichtert und die gegenseitige Abhängigkeit der Relaiswirkungen zeigt. Die im Diagramm stark ausgezogenen Linien bedeuten die Anzugszeiten der Relais (erste senkrechte Spalte links) während der zeitlich aufeinanderfolgenden Wirkungen des Systems (weitere senkrechte Spalten).

i) 1000er-System.

Ist eine Zentraleinrichtung für mehr als 100 Teilnehmeranschlüsse erforderlich, so muß diese nach dem 1000er-System aufgebaut werden (Abb. 842). Die angeschlossenen Teilnehmerleitungen 000 bis 999 sind in Gruppen zu unterteilen, und zwar, wenn voll ausgebaut, in 10 Gruppen zu je 100 Anschlüssen. Die erste Gruppe umfaßt die Anschlußleitungen 100 bis 199, die zweite die Leitungen 200 bis 299, die letzte (X.) Gruppe enthält dann die Anschlußleitungen 000 bis 099. Jede ankommende Teilnehmerleitung führt an die Kontaktarme des dieser Leitung zugeordneten *VW* und ist außerdem über Leitungen 10, 11, 12 usw. mit dem betreffenden Vielfach der Kontaktbank einer Leitungswählergruppe verbunden. Im Tausender-System sind also 1000 Vorwähler erforderlich, wenn die Zentrale voll ausgebaut ist.

Um eine Verbindung zu erhalten, muß der Teilnehmer dreimal seinen Nummernschalter betätigen, denn alle Anschlußnummern sind dreistellig. Da mit dem Heb-Drehwähler durch Heben und Drehen nur 100 verschiedene Teilnehmer zu erreichen sind, wird in das System noch ein Heb-Drehwähler, der sog. Gruppenwähler (*GW*), eingeschaltet, mit dessen Hilfe der Teilnehmer beim erstmaligen Betätigen des Nummernschalters sich die betreffende Hundertergruppe wählt. Die Wirkungsweise des als *GW* geschalteten Heb-Drehwählers unterscheidet sich von der des *LW* darin, daß die Welle des *GW* zwar beim Heben vom Teilnehmer gesteuert wird, das Drehen sich jedoch, wie wir gleich sehen werden, selbsttätig vollzieht und lediglich dem Aussuchen eines freien *LW* dient.

Die Gruppenbildung bei einem 1000er-System kann durch die schematische Darstellung in Abb. 843 noch besser erläutert werden. Die Abbildung zeigt auch ein System mit Vorwählern, Gruppen- und Leitungswählern wie in Abb. 842.

Die 1000 Teilnehmeranschlüsse sind an der anrufenden sowie auch an der Leitungswählerseite in 10 Gruppen zu 100 Leitungen eingeteilt. Jeder Hundertergruppe an der anrufenden Seite sind 100 Vorwähler (*VW*) zugeordnet, so daß jede Gruppe 10 Ausgänge (*a*, *b* ... *k*) zu den Gruppenwählern (*GW*) hat. Jeder Teilnehmer hat somit die Möglichkeit, unter dem Bündel*) (*a*, *b* ... *k*) von 10 Leitungen einen freien Ausgang zu einem der 10 (hier gezeichnet 91, 92 bis 100) *GW* zu er-

---

*) Siehe Seiten 514 u. 522.

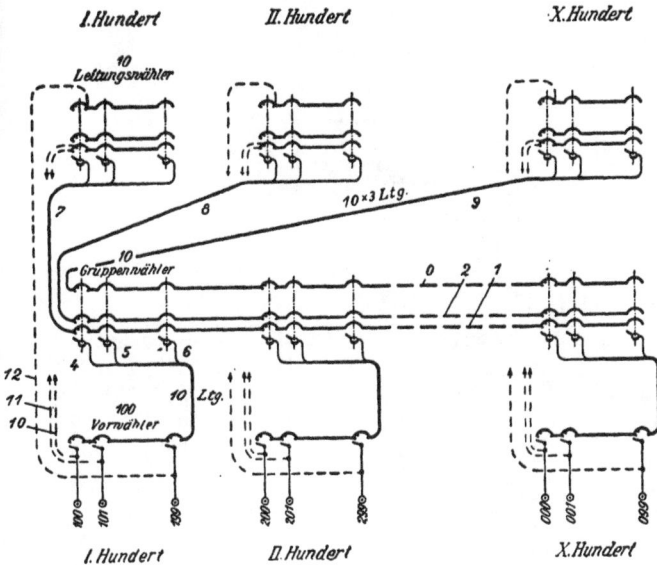

Abb. 842.

halten. Von jedem der 10 Gruppenwähler aus können alle 1000 Teilnehmer (über die Leitungswähler LW) erreicht werden, und zwar

über die Dekade 1 eines der GW alle Teilnehmer der Gruppe L mit den Nummern 100 bis 199,

über die Dekade 2 eines der GW alle Teilnehmer der Gruppe K mit den Nummern 200 bis 299

usw.

Die 10 Vielfachleitungen V_0, die über die Kontakte der Dekade 0 (d_{10}) von allen 100 GW vielfachgeschaltet sind (siehe Leitung 6-7-8-9), führen über dieses Bündel v_0 an je einen der gleichberechtigten LW der Reihe AA'.

Die 10 Vielfachleitungen v_9, die über die Kontakte der Dekade 9 (d_9) von allen 100 GW vielfachgeschaltet sind, führen über dieses Bündel v_9 an je einen der 10 gleichberechtigten LW der Reihe CB' usw.

Der Wahlvorgang würde sich in dieser Zentrale mit 1000 VW 100 GW und 100 LW wie folgt abspielen:

Hat der Teilnehmer abgehoben, so dreht der ihm allein zugeordnete Vorwähler auf ein noch unbesetztes Wählervielfach, z. B. b, und belegt hierdurch den GW 92. Der anrufende Teilnehmer will beispielsweise den Teilnehmer 320 haben. Alle Teilnehmer dieser Hundertergruppe sind an die LW-Gruppe L angeschlossen und vielfachgeschaltet, so daß jeder dieser 100 Teilnehmer über jeden LW der Gruppe L erreicht

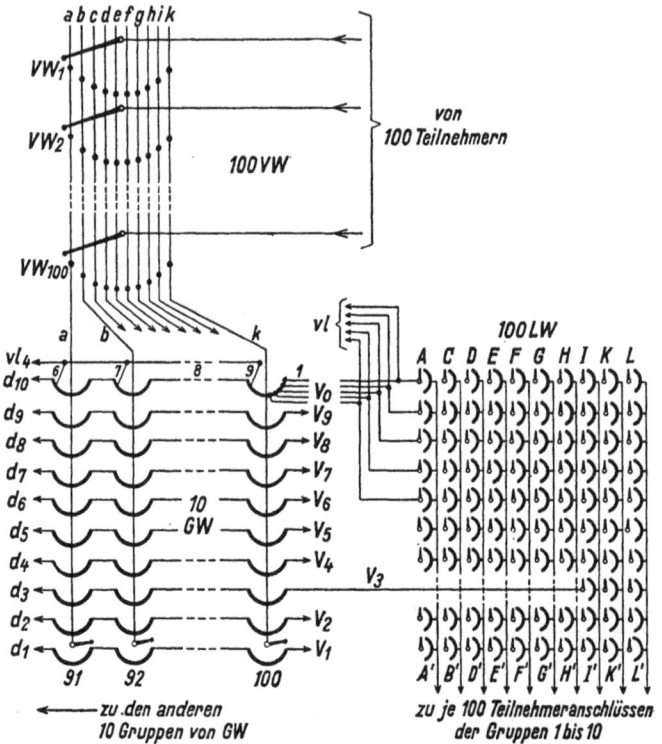

Abb. 843.

werden kann, wenn der Gruppenwähler in die dritte Dekade gehoben wird. Um in diese Gruppe zu kommen, muß also der anrufende Teilnehmer, dem nun *GW* 92 zur Verfügung steht, die Zahl 3 wählen. *GW* 92 hebt in die Dekade 3 und dreht selbsttätig auf den ersten freien Ausgang des Zehnerbündels v_3. Hier findet der *GW* z. B. den *LW* 23 frei und belegt diesen. Durch weiteres Heben und Drehen mittels Nummernwahl wird der *LW* 23 auf die gewünschte Zahl 320 eingestellt.

Kleine Wählerzentralen können vorteilhafterweise an Stelle der *VW* auch Anrufsucher (*AS*) erhalten. Man verwendet in einem solchen Fall z. B. 25 teilige Drehwähler (s. Abb. 821).

In den bisher erläuterten Wählerzentralen wurde jedem Teilnehmeranschluß ein *VW* zugeordnet, z. B. für 100 Anschlüsse 100 *VW*. Da erfahrungsgemäß von den 100 Teilnehmern nicht alle gleichzeitig sprechen, sondern nur ein gewisser Hundertsatz, ist klar, daß von den 100 *VW* die Mehrzahl in Ruhe ist.

Beim VW endet der Leitungseingang an den VW-Armen und beim Betätigen sucht der VW einen freien Ausgang z. B. zu einem freien Leitungswähler (LW). Beim Anrufsucher, Abb. 844, liegt die Teilnehmerleitung auf einem Vielfach, und die Kontaktarme des AS führen zu den Ausgängen. Hebt ein Teilnehmer ab, so wird ein freier AS angereizt, der dann rückwärts den anrufenden Teilnehmer sucht und auf diese Weise die Verbindung zum GW oder LW herstellt. Man braucht also nur so viele Anrufsucher vorzusehen wie gleichzeitig Anrufe zu erwarten sind. Die Einstellzeiten der AS, insbesondere bei großen mit 50 und mehr Kontakten, sind länger als beim VW.

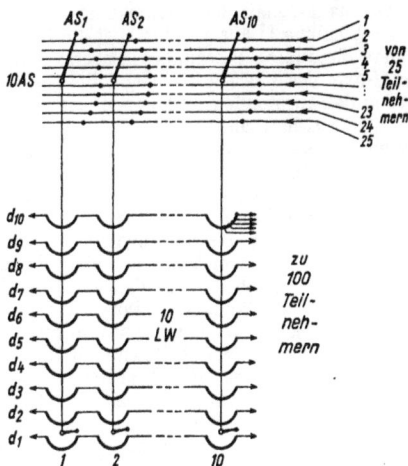

Abb. 844.

k) Schaltung eines 1000er Systems.

In der Abb. 845 ist die vereinfachte Schaltung eines 1000er Wählersystems mit Vorwählern (VW), Gruppenwählern (GW) und Leitungswählern (LW) veranschaulicht.

Die vom Teilnehmer T_1 ankommende Leitung (a-, b-Adern) führt in der Schaltung des VW über Ruhekontakte t_1 und t_2. Der Stromkreis 1 (über Erde 1, Batterie B_1, Widerstand Wi, t_1, a-Leitung, Schaltung der Teilnehmersprechstelle, b-Leitung, t_2, Anlaßrelais R, Erde 18) ist am nsa-Kontakt und am Hakenumschalter HU der Sprechstelle offen. Wird der Teilnehmer T_1 von anderer Seite belegt, so geschieht das vom LW ausgehend über die Prüfader c durch Erregen des T-Relais; Stromkreis 2 (Erde 9, d-Arm des VW in Stellung 0, Wicklungen II und I des Prüf- und Trennrelais T, 0-Stellung des c-Armes des VW, Widerstand Wi und über c-Ader zum LW).

34*

Wenn der Teilnehmer T_1 sein Mikrotelefon abhebt und die Schleife schließt, spricht über Stromkreis 1 das Anlaßrelais R an; dieses schaltet über seinen Kontakt r_1 den Drehmagneten D des Vorwählers an den Relaisunterbrecher RU. In der Regel ist für etwa 50 VW ein gemeinsamer RU vorhanden. Der Drehmagnet D bekommt nun in der vom RU bestimmten Zeitfolge Stromstöße, durch die die Schaltarme a-b-c-d des VW schrittweise weitergeschaltet werden. Hierbei prüft der VW über den c-Arm auf Erdpotential, d. h. auf einen freien Ausgang zu einem GW. Ist ein solcher Ausgang, z. B. in Stellung 4, gefunden, so spricht das Prüfrelais T an. Das T-Relais hat auch in dieser Schaltung zwei Wicklungen, eine niederohmige I mit etwa 10 Ohm und eine hochohmige II mit etwa 600 Ohm. Durch Umlegen des Kontakts t_3 schaltet das T-Relais den Drehmagneten D vom RU ab und die hochohmige Wicklung II aus. Dadurch ist die Leitung des anrufenden Teilnehmers für andere Belegungen gesperrt. Das T-Relais hält sich über den d-Arm des VW (in Stellung 1 bis 11, Rücklaufbank).

Die Leitung des anrufenden Teilnehmers ist nun durch Umlegen der Kontakte t_1 und t_2 und über die in Stellung 4 stehengebliebenen Schaltarme a und b des VW zum frei gefundenen GW durchgeschaltet. Sind aber alle Ausgänge zu den GW besetzt, so dreht der VW durch bis in Stellung 11. Hier findet der c-Arm ein Relais, das über seinen Kontakt g einen Summer (Bes) an den Übertrager $Ü$ und somit auch an die Leitung des anrufenden Teilnehmers legt. Der Teilnehmer erhält so das Besetztzeichen. Besondere Schaltelemente sind vorgesehen, um entweder nach einer gewissen Zeit den Summer wieder abzuschalten, insbesondere dann, wenn inzwischen doch ein Ausgang frei geworden ist und der VW veranlaßt wird, in die freie Suchstellung zu drehen, oder es gehen alle Schaltelemente in die Ruhestellung, wenn der anrufende Teilnehmer sein Mikrotelefon wieder auflegt.

Ist ein GW belegt, so wird über die bis zum GW durchgeschaltete Teilnehmerleitung das A-Relais (A_1, A_2) über Batterie B_2 erregt und die Kontakte a_1, a_2 und a_3 umgelegt. Über den c-Arm des VWs Widerstand Wi und Kopfkontakt k_1 des GW bekommt das C-Relai, über die obere Wicklung Strom und zieht an. Das C-Relais ist als Verzögerungsrelais durchgebildet, damit es beim Arbeiten des c_3-Kontaktes angezogen bleibt. Über c_1 werden die Signaleinrichtungen angelassen, über c der Prüfstromkreis für das P-Relais vorbereitet, desgleichen über c_2 der Stromkreis für den Hubmagneten H und über c_3 das Amtszeichen (Wählzeichen) durch Übertragung von der Induktionswicklung A_3 auf A_1 und A_2 (und somit auf die Leitungsschleife des anrufenden Teilnehmers) gegeben. Relais C hält sich über c_1 nach Erde 11.

Die Wicklungen A_1 und A_2 des A-Relais dienen auch als Speisedrosseln für den Mikrofonspeisestrom des Teilnehmers T_1. Dieser Speisestromkreis ist gegenüber der anderen Seite (Teilnehmer T_2) durch Kondensatoren C_1 und C_2 abgeriegelt.

Der Teilnehmer T_1 betätigt jetzt seinen Nummernschalter und gibt die erste Stromstoßreihe auf das A-Relais. Durch den Kontakt a_2 des A-Relais erhält nun der Hubmagnet H des GW über Stromkreis 3 (Erde 12, Batterie B_3 bis Erde 8), die vom Teilnehmer T_1 abgegebene

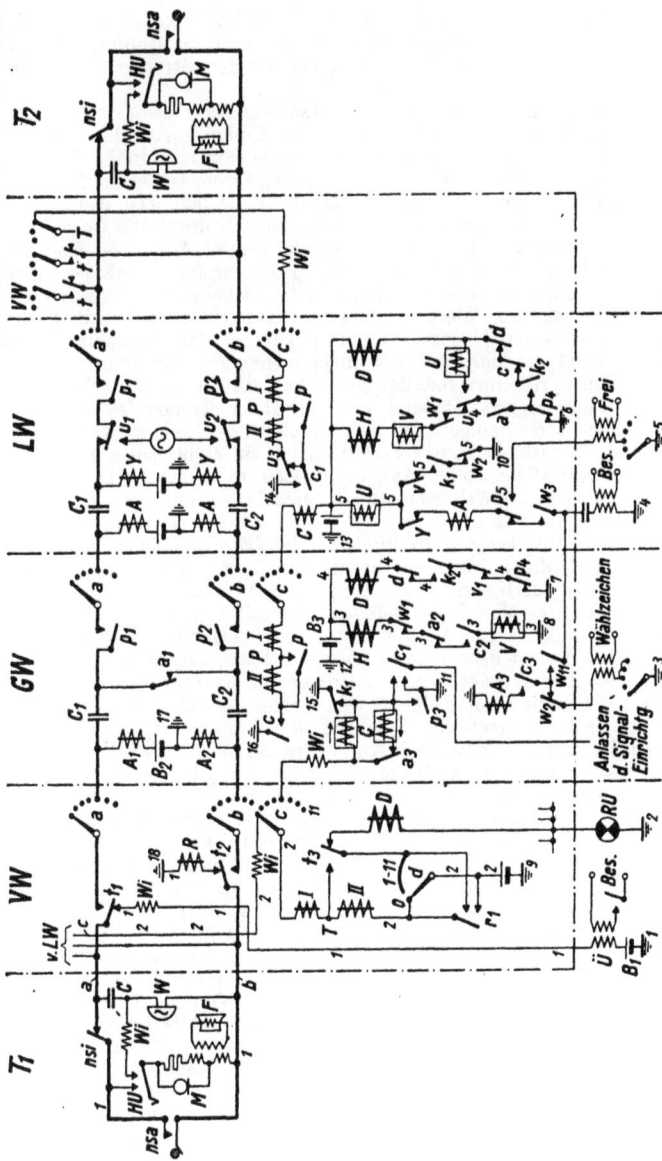

Abb. 845.

Anzahl Stromstöße und hebt in die gewünschte Dekade. Sobald der Hubmagnet H den Wähler anhebt, werden auch die Kopfkontakte k_1 und k_2 umgelegt. Der Kontakt k_2 bereitet den Stromkreis für den Drehmagneten D des GW vor.

Im Stromkreis 3 des Hubmagneten liegt auch das Verzögerungsrelais V. Dieses hält den Stromkreis 4 des Drehmagneten durch seinen Kontakt v_1 so lange offen, wie die erste Stromstoßreihe für den Hubmagneten H dauert. Nach dem letzten Stromstoß bleibt Kontakt a_2 offen, das Verzögerungsrelais V fällt ab und schließt bei v_1 den Stromkreis 4 des Drehmagneten. Der Drehmagnet D dreht nun (in Selbstunterbrechung über den eigenen Kontakt d) seine Arme a-b-c über die Suchstellungen hinweg, bis der Arm c Spannung findet und das Prüfrelais P anspricht. Das P-Relais unterbricht bei p_4 den Stromkreis 4 des Drehmagneten; dieser bleibt stehen und schaltet bei p die hochohmige Wicklung II des Prüfrelais P kurz, so daß ein zweiter Teilnehmer auf den besetzten LW nicht mehr aufprüfen kann. Sobald die Wählerwelle einen Schritt gedreht hat, werden die Wellenkontakte w_1 und w_2 umgelegt. Dadurch wird einmal der Stromkreis 3 des Hubmagneten sofort aufgetrennt und durch Öffnen von w_2 verhindert, daß der Teilnehmer T_1 nun auch nochmals ein Wählzeichen bekommt. Findet der GW jedoch alle Ausgänge besetzt, so wird in der 11. Stellung der Dreharme der Wellenkontakt w_{11} geschlossen, und der Teilnehmer bekommt das Besetztzeichen.

Beim Ansprechen des Prüfrelais P des GW wird über die Kontakte p_1 und p_2 die Leitung des anrufenden Teilnehmers weiter durchgeschaltet, jedoch spricht das A-Relais im LW-Satz nicht an, da der Kontakt a_1, der den Stromkreis schließen soll, beim erregten A-Relais des GW geöffnet ist. Im LW-Satz wird (nach dieser vereinfachten Schaltung) somit beim Belegen nur das C-Relais ansprechen. C-Relais bereitet über Kontakt c_1 den Stromkreis für das Prüfrelais P des LW vor. Die zweite Stromstoßreihe vom Nummernschalter des anrufenden Teilnehmers bewirkt das Schließen des Kontaktes a_1 im GW-Satz und dadurch die stoßweise Erregung des A-Relais im LW-Satz. Über Kontakt a wird nun auch der Hubmagnet des LW stoßweise erregt.

Obgleich Kopfkontakt k_1 nun geschlossen ist, wird das U-Relais noch nicht erregt, da durch den Kontakt v des inzwischen angezogenen V-Relais der Stromkreis für U unterbrochen ist.

Nachdem die erste Stromstoßreihe den LW in die vom Teilnehmer gewünschte Dekade gehoben hat, fällt nach dem letzten Stromstoß das Verzögerungsrelais V ab. Über Stromkreis 5 wird das Umschalterelais U erregt, Kontakt u_4 legt um, so daß nun die nächste Stromstoßreihe vom Nummernschalter des wählenden Teilnehmers aus über Kontakt a den Drehmagneten betätigt. Obwohl der Wellenkontakt w_2 unterbrochen ist, hält sich das U-Relais als Verzögerungsrelais über seinen eigenen Kontakt u_4, a und p_4. Ist der gewählte Teilnehmer frei, so spricht das Prüfrelais P an, außerdem geht über u_1 und u_2 Rufstrom zum ausgewählten Teilnehmer; p_1 und p_2 sind geschlossen.

Ist der gewünschte Teilnehmer besetzt, so wird Prüfrelais P nicht ansprechen, und der anrufende Teilnehmer bekommt über den p_5-Kontakt, w_3 und y das Besetztzeichen. Hebt der angeläutete Teil-

nehmer ab, so spricht das Y-Relais an. U-Relais wird stromlos und
schaltet bei u_1 und u_2 die Leitung durch.

Die Auslösung der Verbindung muß in dieser Schaltung vom anrufenden Teilnehmer ausgehen. Legt dieser sein Mikrotelefon auf, so
wird das A-Relais im GW-Satz stromlos. Durch das Schließen des

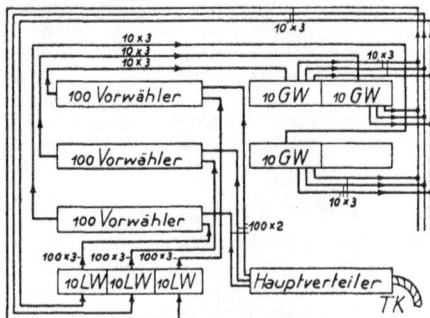

Abb. 846.

Kontaktes a_3 bekommt nun auch die untere Wicklung des C-Relais
Strom. Da die beiden Wicklungen aber so angeordnet sind, daß sie
den Relaiskern in entgegengesetzter Richtung magnetisieren, fällt
das C-Relais ab. Durch Aufreißen des c-Kontaktes wird das Prüfrelais
P im GW-Satz stromlos, daraufhin das C-Relais im LW-Satz und
durch Abfallen von C_1 auch das Prüfrelais P des LW-Satzes.

Abb. 847.

Stromkreis 4 des *GW*-Drehmagneten wird durch p_4 geschlossen und der *GW* durchgedreht (s. Abb. 828) durch Selbstunterbrechung am *d*-Kontakt. Kontakt p_4 im *LW*-Satz veranlaßt auch das Durchdrehen des *LW*.

In Abb. 846 ist schematisch die Leitungsführung in einer Zentrale nach dem 1000er-System, ausgebaut für 300 Anschlüsse, gezeigt. Das Teilnehmerkabel *TK* ist an den Hauptverteiler geführt. Der weitere Verlauf der Leitungen über die Gestelle und die jeweilige Adernzahl sind durch Pfeile bzw. Zahlen angegeben. Die von den *LW* kommenden Teilnehmerleitungen treffen am Vorwählergestell mit den Teilnehmeranschlüssen vom Hauptverteiler zusammen (s. auch Stromlauf Abb. 840. 845).

Abb. 847 zeigt die Ansicht eines Wähleramtes. In der Abbildung sind die VW-Gestelle und ein Teil eines *LW*-Gestelles sichtbar.

l) Zehn- und Hunderttausender-Systeme.

Übersteigt die Anschlußzahl 1000, so wird das Amt nach dem 10000er-System mit *VW*, 1. *GW*, 2. *GW* und *LW* ausgerüstet. Der jedem Teilnehmer zugeordnete *VW* belegt beim Abheben des Hörers einen freien 1. *GW*. Der Teilnehmer wählt mit Hilfe des Nummernschalters durch Heben des 1. *GW* in die betreffende Dekade das gewünschte Tausend. Der 1. *GW* dreht selbsttätig und sucht sich in dieser Tausender-Gruppe einen freien 2. *GW*. Der Teilnehmer wählt wieder durch Heben des 2. *GW* die betreffende Dekade, d. h. das gewünschte Hundert in der Tausender-Gruppe. Der 2. *GW* sucht und belegt dann automatisch einen freien *LW*. Das Einstellen der *LW*, (der Zehner sowie der Einer der gewünschten Anschlußnummer), das Heben und das Drehen geschieht nun durch zweimaliges Betätigen des Nummernschalters.

m) Anordnung der Vielfachfelder und Verbindungsleitungen in Wähleranlagen.

Die Erfahrungen im Handamtsbetrieb haben gezeigt, daß man einen Verbindungsweg (auch Verbindungsleitungen) mit etwa 20 Verbindungen in einer Stunde belasten kann[1]).

In den Anlagen mit Wählerbetrieb rechnet man am besten mit der Leistung jeder Leitung in Belegungsminuten, d. h. mit der Zeit, während der im Durchschnitt jede Verbindungsleitung eines Bündels*) (während der Hauptverkehrsstunde) belegt ist. Die übrige Zeit interessiert nicht, denn es kommt nur darauf an, daß während der Hauptverkehrsstunde möglichst wenig Belegungen (Anrufe) verlorengehen. Die Belastungsschwankung eines Fernsprechamtes zeigt die in Abb. 848 dargestellte, sogenannte *M*-Kurve. Diese Kurve hat um etwa 11 Uhr eine sehr hohe Spitze, auf deren oberstes Ende in der Regel keine Rücksicht genommen wird, wohl aber auf die Durchschnittshöhe der Spitzen in der Zeit z. B. von 10 bis 11. Es ist angestrebt worden, die Ämter mit Wählerbetrieb so zu bauen, daß von 1000 Anrufen in dieser

[1]) Lubberger, F., Hoefert, R. Die Berechnung der Wählerzahlen für Selbstanschluß-Fernsprechanlagen. Z. Fernmeldetechn. 2, 1921, 67—69, 96—97.
*) Siehe nächsten Abschnitt.

verkehrsreichsten Stunde höchstens ein Anruf aus Mangel an freien Verbindungsleitungen (Ausgängen) verloren geht. Es ist aber eine solche
Höchstleistungsgrenze nur mit einem großen Aufwand von teuren
Wählern zu erreichen. Aus diesem Grunde und weil in derselben verkehrsreichsten Stunde die Anrufenden in 25 oder 30 vH der Fälle den
Angerufenen besetzt finden, ist man von dieser Verlustforderung von
$1\,^0/_{00}$ abgegangen.

Bezeichnet man die Anzahl der Belegungen (Anrufe, Prüfungen,
Störungen) einer Anzahl Teilnehmer z. B. der 100 Teilnehmer, Abb. 843,

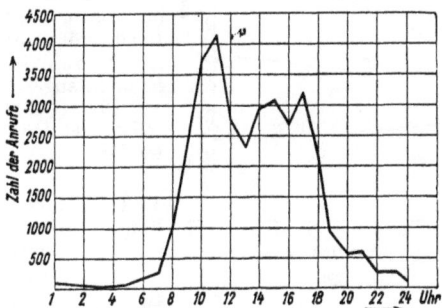

Abb. 848.

in der verkehrsreichsten Stunde mit c und die mittlere Belegungsdauer
mit t (in Stunden oder Minuten ausgedrückt) so ist $c \cdot t = y$; y nennt
man die Belegungsstunde. Ist die Belegungszahl $c = 240$ und die mittlere
Dauer $t = 2$ min, so ist $y = 480'$ oder in Stunden $t = 2$ min $= \dfrac{1}{30}$
Stunde; also $y = 240 \cdot {}^1/_{30} = 8$ Belegungsstunden.

Die aus den Praxis sich ergebenden (möglichen) Belegungsstunden
sind in Abb. 849 für verschiedene Bündelarten im Verhältnis zur Bündelgröße dargestellt. Hierbei zeigt Schaulinie a die Belegungsstunden
für ein vollkommenes (s. weiter unten) Leitungsbündel, Schaulinie c
für ein gestaffeltes (s. weiter
unten) Zehnerbündel und
Schaulinie d für ein reines
ungestaffeltes Zehnerbündel.
Der Berechnung ist ein Verlust von $V = 1\,^0/_{00}$ zugrunde
gelegt worden.

Um aus den Verkehrs-
stunden die Anzahl der erforderlichen Verbindungsleitungen v zu ermitteln, sind verschiedene Erfahrungsgleichun-
gen aufgestellt worden, z. B.

$v = y + 3{,}875 \cdot \sqrt{y}$.

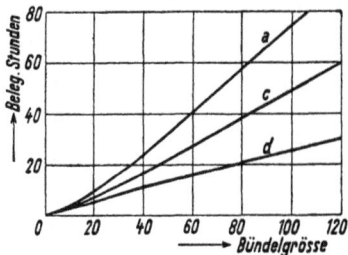

Abb. 849.

Aus vielen Messungen der Leistungen einzelner Leitungen in verschieden großen Bündeln und Bündelarten in Wähleranlagen sind auch Schaulinien aufgestellt worden, die diese Einzelleistungen angeben, und die in Abb. 850 wiedergegeben sind. Auch hier gilt die Kurve a für vollkommene Leitungsbündel, Kurve c für Zehnerbündel gestaffelt, Kurve d für reine Zehnerbündel ungestaffelt. Die Leistungen je Leitung in Abhängigkeit von der Bündelgröße sind in vH der Leitungsausnutzung und in Minuten angegeben.

Die erwähnten Begriffe sollen nachstehend erläutert werden.

1. Vollkommenes, geradliniges Bündel mit 10 Ausgängen.

Das Leitungsbündel ist von M. Langer wie folgt bezeichnet worden: „Unter Leitungsbündel wird eine Gruppe von Leitungen verstanden, in der jede Leitung an die Stelle irgendeiner anderen Leitung treten kann, so daß sich alle Leitungen gegenseitig vollkommen aushelfen können." Prof. Lubberger bezeichnet als Bündel eine Anzahl von Leitungen, aus denen zur Herstellung einer Verbindung eine beliebige freie ausgewählt werden kann.

Die Leitungsbündel werden so gewählt und danach die Anzahl der Wähler so festgesetzt, daß die Wähler nahezu gleichmäßig in der Bewältigung des Verkehrs belastet werden.

Es gibt auch Möglichkeiten, die Wähler ganz gleichmäßig zu belasten; dies ist jedoch deshalb nicht erwünscht, weil eine solche Maßnahme dazu führen würde, daß alle Wähler gleichmäßig abgenutzt würden und zu einem gewissen Zeitpunkt plötzlich alle erneuert werden müßten. Aus wirtschaftlichen Gründen wird bevorzugt, die Wählererneuerung auf die Betriebsjahre gleichmäßig zu verteilen. Die Anzahl der Wähler, Wählerkontakte, Wählerausgänge und der verfügbaren Verbindungsleitungen zwischen Teilämtern (auch Bündel) ist deshalb in Fernsprechanlagen mit Wählerbetrieb so sehr wichtig.

Die Vielfachschaltung der von einer Gruppe ankommenden Leitungen belegbaren abgehenden Leitungen wird als vollkommenes Bündel bezeichnet, wenn jede ankommende Leitung jede abgehende Leitung erreichen kann.

Aus der Abb. 843 ist zu ersehen, daß die 100 Teilnehmer, die mit je einem Vorwähler 10 Ausgänge zu den *GW* haben, bei der Suche nach einem freien Ausgang immer von derselben Ruhestellung aus die Vielfachleitungen bestreichen. Es wird von jedem der 100 *VW* beim

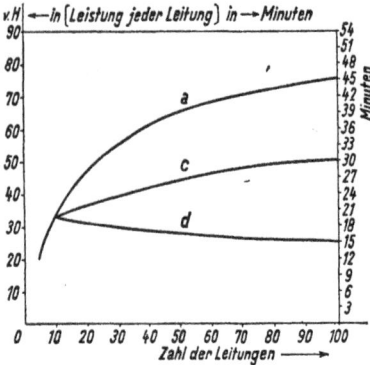

Abb. 850.

Ansprechen versucht, über Ausgang *a* (Abb. 843) einen freien *GW* zu bekommen; ist dieser besetzt, über Ausgang *b*; ist Ausgang *b* besetzt, über Ausgang *c* usw. Aus diesem Vorgang erhellt, daß der Ausgang *a* immer stärker belastet ist als Ausgang *b*, und Ausgang *b* stärker in Anspruch genommen wird als Ausgang *c* usw. In Abb. 851 ist für diese Teilnehmergruppe von 100 Anschlüssen nochmals das vollkommene geradlinige Bündel mit 10 Ausgängen I bis X zu den *GW* gezeichnet, die allen 100 Teilnehmern in gleicher Art zur Verfügung stehen (vollkommenes Bündel). Wenn diese Teilnehmergruppe in der starken Verkehrsstunde eine Gesamtbelegung von 240 Minuten aufzunehmen hat, so verteilt sich diese Gesamtbelastung in der in der Zeichnung angegebenen Weise (die Zahlen sind Erfahrungswerte).

Der I. Ausgang übernimmt die größte Leistung von 49′ für den ersten *GW*, Rest 191′; von diesen übernimmt Ausgang II 43,5′ für den zweiten *GW* usw.

Das Angebot beträgt 240 Minuten. Die Gesamtleistung ist 238,7 Minuten, so daß der sog. Überlauf 1,3′ beträgt. Demnach ist der Verlust = 1,3 : 240 = 0,0054 = 5,4⁰/₀₀, und die mittlere Leistung je Ausgang ist 238,5 : 10 = 23,85 Minuten.

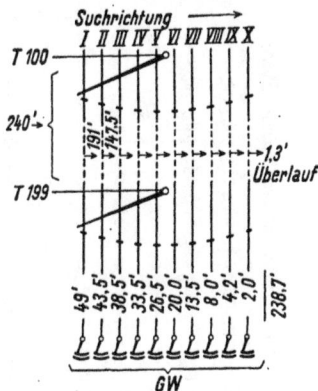

Abb. 851.

2. Gemischte Bündel.

Zur Steigerung des Wirkungsgrades der einzelnen Ausgänge werden verschiedene schaltungstechnische Verfahren angewendet. Das zunächst zu beschreibende Verfahren nennt man Staffeln. Wenn man in der Teilnehmergruppe der Abb. 852 die erste Suchstellung der Vorwähler halbiert, d. h. der ersten Suchstellung der 50 Vorwähler 100 bis 149 einen besonderen Ausgang zu dem ersten *GW* und den übrigen Vorwählern 150 bis 199 in der ersten Suchstellung einen besonderen weiteren Ausgang zu einem 11. *GW* gibt, so hat die ganze Gruppe ein Elferbündel als Ausgang zur Verfügung.

Bei dem gleichen Verlust von 5,4⁰/₀₀ kann dieses gemischte Bündel ein Angebot von 2 × 145′ = 290 Minuten bewältigen, wobei die mittlere Leistung je Ausgang sich erhöht.

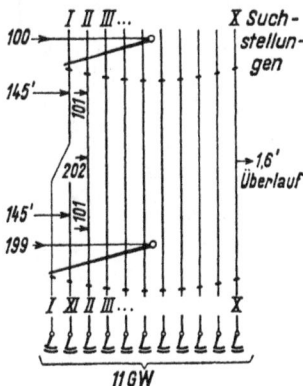

Abb. 852.

Nimmt man an, daß das höchste Gesamtangebot in der Stunde 290 Minuten beträgt, und daß diese Belastung je zur Hälfte von den beiden 50er Gruppen der angeschlossenen 100 Teilnehmer eingebracht wird, so sind es je 145′, die der Staffel I und der Staffel XI (in der ersten Suchstellung der *VW*) als Verkehrslast angeboten werden. Nimmt *GW* I und *GW* XI in diesem Fall je 44′ (Erfahrungswerte) auf, so werden insgesamt 202′ dem Ausgang II angeboten usw., und es verbleibt ein Überlauf von 1,6′. Hieraus ergibt sich ein Verlust von 1,6:290 = 5,4 ⁰/₀₀. Die mittlere Leistung je Ausgang hat sich aber auf 290:11 = 26,4′ erhöht.

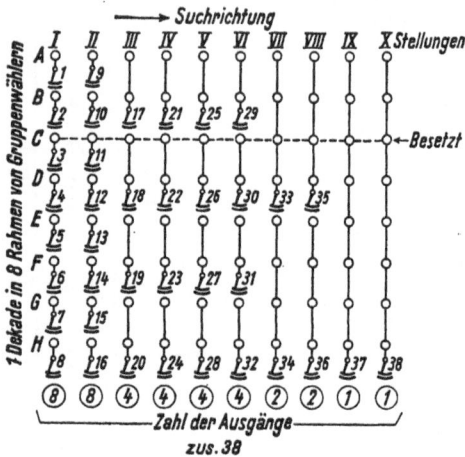

Abb. 853.

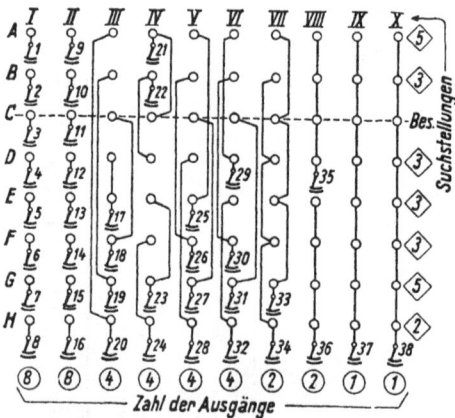

Abb. 854.

Dieses 11er-Bündel ist unvollkommen, weil die abgehenden Leitungen (Ausgänge zu den *GW*) über ungleiche Gruppen der belegenden Kontakte gevielfacht sind.

In der Staffelung kann man je nach Bedarf beliebig weit gehen. Die Abb. 853 zeigt eine Staffel 80/38, d. h. 80 belegende Kontakte (z. B. Vorwähler oder 8 mal je 10 Kontakte einer bestimmten Dekade, z. B. der 5.

von *GW*, die in 8 verschiedenen *GW*-Rahmen *A*, *B*, *C*, *D*, *E*, *F*, *G*, *H* untergebracht sind) — mit 38 Ausgängen, d. h. Verbindungsleitungen, die z. B. zu 38 verschiedenen *LW* führen. Die Wähler haben wieder

10 Suchstellungen I bis X. Die Staffelung ist so vorgenommen worden, daß in der ersten und zweiten Suchstellung in jedem Rahmen ein Ausgang geschaffen wurde, also für die am meisten belasteten Suchstellungen die meisten Ausgänge. In den Suchstellungen III, IV, V, VI sind je zwei nebeneinander gelegene Rahmen gevielfacht, so daß in diesen Suchstellungen je vier Ausgänge zur Verfügung stehen. Suchstellungen VII und VIII haben je zwei Ausgänge und Suchstellungen IX und X nur je einen. Trotz der vielen Ausgänge ist diese Vielfachschaltung ungünstig. Man nehme an, daß durch eine zufällige Verkehrsspitze durch die an den Rahmen C angeschlossenen Teilnehmer in jeder Suchstellung ein Ausgang gesperrt ist, d. h. die Ausgänge 3, 11, 18, 22, 26, 30, 33, 35, 37 und 38 (s. gestrichelte Linie durch den Rahmen C). Dieses würde z. B. für den Rahmen D große Verluste bedeuten, weil 80 % der dem Rahmen D zur Verfügung stehenden Ausgänge vom Rahmen C besetzt sind.

Um diesen Besetzteinfluß von einem Rahmen auf den anderen zu mildern, wird eine weitere Schaltungsmaßnahme angewandt, das Übergreifen. In der Abb. 854 ist diese Schaltmaßnahme schematisch dargestellt. Es sind in 8 Rahmen die Vielfache zu 38 Ausgängen gestaffelt und übergreifend geschaltet. Es sind hier wieder 80 belegende Kontakte vorhanden. Die Anzahl der Ausgänge je Suchstellung ist auch in dieser Zeichnung in der unteren Zeile der Darstellung durch die in Kreisen angeordneten Zahlen angegeben. Ist ein Rahmen, z. B. C (gestrichelte Linie) während einer Verkehrsspitze voll besetzt, so wirkt sich das nicht mehr so stark auf die Nachbarrahmen aus, denn für den Rahmen A werden dadurch nur 5 Ausgänge gesperrt, für Rahmen B—3, für D—3 usw. (s. Zahlen im Quadrat). Der größte Besetzteinfluß ist somit 50 %. Bei einer angenommenen Leistung von 17 Stunden = 1020 Minuten, beträgt die Leistung je Ausgang 1020 : 38 = 27 Minuten bei einem Verlust von 5,4 ‰.

Staffeln und Übergreifen werden immer angewandt, wenn mehr als 10 Ausgänge aus 10teiligen Wählern herauszuführen sind.

Ein weiteres schaltungstechnisches Mittel, die Leistungen der einzelnen Ausgänge gleichmäßiger zu gestalten, ist das Verschränken. Dieses Mittel wird aber deshalb in der Praxis nicht angewandt, weil die Belastung der einzelnen Wähler so gleichmäßig wird, daß Pflege- und Erneuerungskosten für die Wähler unzweckmäßig verteilt sind,

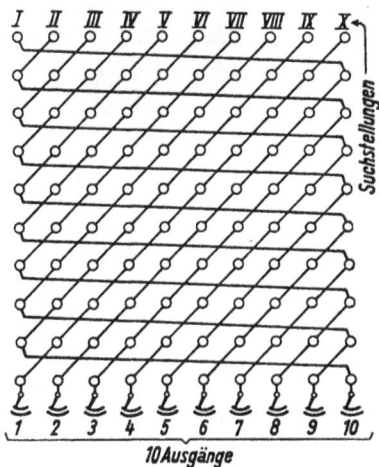

10 Ausgänge

Abb. 855.

d. h. stoßweise auftreten. Als Lebensdauer der Wähler nimmt man 25 Jahre an. Bei dieser Vielfachschaltung wären nach 25 Jahren alle Wähler des Amtes auf einmal krank und erneuerungsbedürftig. Die Abb. 855 zeigt die Verschränkung über 10 Rahmen hinweg. Jeder Ausgang (1 bis 10) geht von allen Suchstellungen (I bis X) ab, woraus sich die gleichmäßige Leistung jedes Ausganges ergibt.

3. Doppelte Vorwahl.

Durch die Anwendung einer zweiten Vorwahlstufe ist es möglich, die Leistung von 10er-Bündeln zu steigern. Der zweite Vorwähler ist in diesem Fall ein Mischwähler. Die Abb. 856 zeigt schematisch diese Vielfachschaltung. Es sind in dieser Schaltung 2000 I. VW in 20 Gruppen (1100 bis 1000 und 2100 bis 2000) von je 100 I. VW mit je 10 Ausgängen so geschaltet, daß über die Verbindungsleitungen a, b, c, d jede der 20 Vorwählergruppen Zugang zu den zehn Gruppen (von je 20) A bis K der II. VW hat. Je 20 II. VW haben 10 Ausgänge, z. B. zu 10 I. GW, also zusammen 100 I. GW. Jede Gruppe (1100...2000) sei z. B. mit je 4,5 Stunden = 270' belastet. Es führt also bei angenommener gleicher Belastung der Suchstellungen) jeder Ausgang vom I. zum II. VW 27'. Die gleichzeitige Gesamtbelastung aller 20 Gruppen der I. VW ist aber niemals 20 · 4,5 = 90 Stunden, weil die 20 Gruppen ihre Höchstlast von 4,5 Stunden zu verschiedenen Tageszeiten haben.

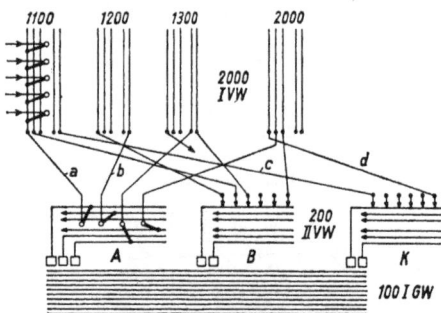

Abb. 856.

Hier kommt dann jeder Gruppe die Vervielfachung der Ausgänge durch die II. VW zugute.

Die höchste Verkehrsspitze für alle 20 Gruppen zusammen kann mit 75 Stunden angenommen werden; die 100 I. GW tragen dann zusammen 75 Stunden = 4500 Minuten oder 45' je I. GW.

Die Leistung eines Ausganges I. $VW \rightarrow$ II. VW ist gleich 27'
,, ,, ,, ,, II. $VW \rightarrow$ I. GW ,, ,, 45'.
Die Leistungssteigerung
45 − 27 = 18, also 18 : 27 = 67 %.

VIII. Die Nebenstellentechnik.

a) Die Fernsprechordnung.

Die Herstellung der für den öffentlichen Verkehr bestimmten Fernsprechanlagen und deren Betrieb ruht in Deutschland mit nur wenigen

Ausnahmen in den Händen des Reiches. Die Vorschriften über den Anschluß von Fernsprechapparaten an ein staatliches Fernsprechnetz sind enthalten in

der Fernsprechordnung, den Gebührenvorschriften und Ausführungsbestimmungen hierzu vom 24. November 1939[1]).

Bei öffentlichen Fernsprechnetzen sind zu unterscheiden die Ortsnetze, bestehend aus den Vermittlungsstellen V_1, V_2 (Abb. 857), den Teilnehmersprechstellen T_1, T_2, den Leitungen zwischen Teilnehmern und Vermittlungsstellen L_1, L_2 und den Verbindungsleitungen zwischen den Ortsnetzen V_1 und V_2. Die Teilnehmersprechstellen werden an diejenigen Vermittlungsstellen angeschlossen, zu deren Anschlußbereich sie gehören. Der Anschlußbereich einer Vermittlungsstelle umfaßt alle Grundstücke, die dieser Vermittlungsstelle in der Luftlinie näher als einer anderen liegen. Wenn also in Abb. 857 die Sprechstelle T_3 in der Luftlinie näher an V_2 als an V_1 liegt, so wäre T_3 an V_2 anzuschließen. Die Teilnehmersprechstellen (2, Abb. 858), bei denen die zum Fernsprechamt (1) führenden Anschlußleitungen endigen, sind Hauptstellen, alle übrigen Sprechstellen (3) Nebenstellen.

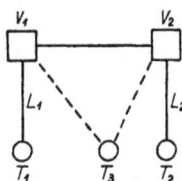

Abb. 857.

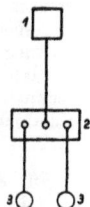

Abb. 858.

Bei Nebenstellenanlagen werden drei Arten unterschieden:

1. Posteigene Nebenstellenanlagen[2]); sie werden von der Reichstelegrafenverwaltung (RTV)*) hergestellt, instandgehalten, dem Teilnehmer mietweise zur Benutzung überlassen und sind Eigentum der RTV.

2. Teilnehmereigene Nebenstellenanlagen werden von der RTV oder in deren Auftrag durch Dritte für Rechnung des Teilnehmers erstellt. Nach Erstattung der Herstellungskosten geht die Anlage in den Besitz des Teilnehmers über. Die Anlage wird ausschließlich von der RTV instandgehalten. Auch Erweiterungen dürfen nur von der RTV oder in deren Auftrag durch Dritte vorgenommen werden.

3. Private Nebenstellenanlagen[3]) werden durch den Teilnehmer oder in dessen Auftrag durch Dritte hergestellt und unterhalten. Das Anschließen und die Inbetriebnahme solcher Anlagen bedarf der vorherigen Genehmigung der RTV. Das Anschließen von privaten Nebenstellen[2]) an post- oder teilnehmereigene Anlagen ist nicht zulässig. Jede Errichtung einer privaten Nebenstellenanlage ist 3 Wochen

[1]) Siehe Allgemeine Dienstanweisung für Post und Telegraphie, Abschnitt VI, 3A. Zu beziehen durch die Postanstalten vom Druckschriftenlager des Reichspostzentralamtes (RPZ).

[2]) Petzold, E., Die Betriebsverhältnisse in den Nebenstellenanlagen mit Wählerbetrieb der Deutschen Reichspost. Telegr.- u. Fernspr.-Techn. 26, 1937, 13—18, 32—37, 63—68, 78—81.

*) Auch Deutsche Reichspost.

[3]) Lubberger, F., Der gegenwärtige Stand der Fernsprech-Nebenstellentechnik in der Welt. ETZ 54, 1933, 201—203.

vorher bei dem zuständigen Verkehrsamt durch Übersendung eines Antrages auf hierfür bestimmtem Vordruck anzumelden. Im Vordruck sind die Nebenstellen einzeln aufzuführen und eine Schaltung nebst Beschreibung der Anlage beizufügen. Für jede Zulassung von Zeichnungen, Schaltungsänderungen oder Zusatzschaltungen erhebt die RTV eine einmalige Gebühr. In den meisten Fällen werden an Nebenstellenanlagen auch solche Apparate angeschlossen, die nur mit den Nebenstellen und unter sich, jedoch nicht mit dem Amt verkehren sollen. Solche Apparate werden als Haus- oder Privatstellen bezeichnet, für die gewöhnlich keine Gebühren gezahlt zu werden brauchen. Im Gegensatz zu reinen Nebenstellenanlagen werden Anlagen mit Privat- und Nebenstellen als gemischte Nebenstellenanlagen bezeichnet. Die Schaltung einer gemischten Nebenstellenanlage muß derart eingerichtet sein, daß die Hausstellen auf keinen Fall mit dem öffentlichen Fernsprechnetz verbunden werden können. Technische Verhinderungsmaßnahmen sind im entsprechenden Kapitel beschrieben.

1. Gebühren*).

Für die Errichtung und Benutzung der Teilnehmersprechstellen, die mit einem Fernsprechamt verkehren können, erhebt die RTV einmalige und laufende Gebühren. Einmalige Gebühren sind zu entrichten bei Neuanlagen und bei Verlegung eines Anschlusses. Zu den laufenden Gebühren gehören die Gebühren für die Haupt- und Nebenanschlüsse sowie die Gebühr für jedes Gespräch. Die Höhe der Gebühr für den Hauptanschluß richtet sich nach der Zahl der Teilnehmer des Ortsnetzes. Bei teilnehmereigenen und privaten Nebenstellenanlagen ist die laufende Gebühr für jeden Hauptanschluß die gleiche wie bei posteigenen Anlagen.

Für jedes Gespräch mit einem Teilnehmer desselben Ortsnetzes ist eine Gebühr zu entrichten ohne Rücksicht auf die Dauer des Gespräches und darauf, welcher Art die Fernsprechanlage ist, von der das Gespräch ausgeht. Bei Verbindungen mit anderen Ortsnetzen (Ferngespräche) richtet sich der zu zahlende Betrag nach der Entfernung der Ortsnetze voneinander und der Gesprächsdauer.

2. Querverbindungen und Grundstücksbezeichnung.

Als Querverbindungen, QV, (Abb. 859) werden unmittelbare Verbindungsleitungen zwischen den Hauptstellen Z_1, Z_2 von Nebenstellenanlagen bezeichnet. Querverbindungen dürfen mit Hauptanschlüssen nur zusammengeschaltet werden, wenn sich daraus für den Betrieb keine Schwierigkeiten ergeben. Es muß beispielsweise ausgeschlossen sein, daß Hausstellen über Querverbindungen mit dem öffentlichen Fernsprechnetz verbunden werden können. Bei Querverbindungen unterscheidet man ebenfalls posteigene, teilnehmereigene und private. Letztere sind jedoch nur zwischen privaten Nebenstellenanlagen auf demselben Grundstück zulässig. Flächen, die verschiedenen Eigentümern gehören

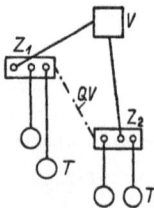

Abb. 859.

*) Höhe der Gebühren siehe Fernsprechordnung vom 24. November 1939.

und Flächen, die durch fremden Grund und Boden, öffentliche Wege, Plätze oder öffentliche Gewässer getrennt sind, werden als besondere Grundstücke angesehen. Die einzelnen Teile eines Grundstückes, z. B. eines Häuserblocks, die zwar demselben Eigentümer gehören, aber durch Mauern, Zäune oder in anderer Weise so gegeneinander abgeschlossen sind, daß sie getrennte wirtschaftliche Einheiten bilden, gelten als verschiedene Grundstücke. In sich zusammenhängende, in keiner der vorstehend angegebenen Weisen getrennte Flächen, die demselben Eigentümer gehören, werden als einheitliche Grundstücke auch dann angesehen, wenn sie auf verschiedenen Grundbuchblättern eingetragen sind. Dasselbe gilt auch für demselben Eigentümer gehörende Grundstücke, die zwar durch öffentliche Wege usw. getrennt sind, aber durch dem Personenverkehr dienende Brücken oder Tunnel zusammenhängen.

Bei posteigenen und teilnehmereigenen Querverbindungen werden für den Ausfall an Gesprächsgebühren und für die Instandhaltung jährliche Pauschbeträge erhoben. Private Querverbindungen sind gebührenfrei. Ausnahmsweise werden posteigene Querverbindungen auch zwischen den Hauptstellen von Nebenstellenanlagen in den Anschlußbereichen verschiedener Ortsnetze zugelassen (Ausnahme-Querverbindungen), wenn die Antragsteller ein dringendes wirtschaftliches Bedürfnis nachweisen.

Bei Haupt- und Nebenanschlüssen werden an Stelle der mit den Leitungen fest verbundenen Apparate Anschlußdosen zur Einschaltung tragbarer Apparate zugelassen. Die Haupt- oder Nebenanschlußleitung endigt an der ersten Anschlußdose. Die Zahl der zu einem Haupt- oder Nebenanschluß gehörenden Anschlußdosen ist nicht beschränkt, doch müssen sie sich in demselben Gebäude befinden. Es sind wiederum zu unterscheiden posteigene, teilnehmereigene und private Anschlußdosenanlagen. Private Anschlußdosen dürfen nur in Nebenstellenleitungen angelegt werden.

3. Verbindungsmöglichkeiten.

Nachstehend sollen die von der RTV zugelassenen Verbindungen zwischen den verschiedenen Sprechstellen von privaten Nebenstellenanlagen an Hand einfacher Skizzen erläutert werden. Die Skizzen gelten für Anlagen mit Zentralumschalter, lassen sich jedoch sinngemäß auf Reihenanlagen und andere Systeme anwenden. Die Darstellungsweise entspricht der postalisch üblichen. Der Zentralumschalter einer privaten Nebenstellenanlage wird durch ein gestricheltes Rechteck 1 (Abb. 860) dargestellt; ferner bedeuten: 2 — das Amt, 3 — Abfrageapparat, 4 — Nebenstelle. Das Rechteck 1 kann unter Umständen noch in eine Anzahl Felder unterteilt werden. Nur die innerhalb eines Feldes mit einem kleinen Kreis 5 versehenen Anschlüsse dürfen so geschaltet sein, daß sie miteinander verbunden werden können. Abb. 860 stellt eine reine Nebenstellenanlage ohne Hausstellen dar. Alle Nebenstellen 4 verkehren mit dem Amt 2.

In Abb. 861 ist eine gemischte Nebenstellenanlage mit Hausstellen (6) im gleichen Anschlußbereich dargestellt. Bei diesen Anlagen ist zu beachten, daß, entsprechend den Bestimmungen der Fernsprechordnung, der Verkehr der Hausstellen (6) mit den Amtsleitungen durch besondere

Maßnahmen unmöglich gemacht werden muß. Abb. 861 läßt folgende Verbindungsmöglichkeiten erkennen: Nebenstellen (4) untereinander und mit dem Amte (2) — oberes Feld von 1; Hausstellen untereinander und mit den Nebenstellen — unteres Feld 1. Es genügt ein Abfrageapparat (3). Bedingung für solche Anlagen ist, daß sämtliche Hausstellen im

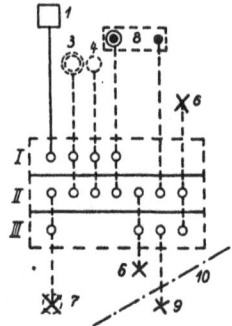

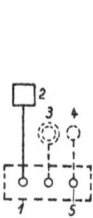

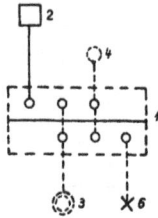

Abb. 860.　　　　Abb. 861.　　　　Abb. 862.

gleichen Anschlußbereich liegen wie die Hauptstelle, d. h. in diesem Falle der Zentralumschalter. Obwohl die Hausstellen zum Amtsverkehr nicht zugelassen sind, ist doch zu prüfen, welches Fernsprechamt jeder Hausstelle am nächsten liegt.

Wesentlich anders gestalten sich die Verbindungen, wenn sich auch nur eine der Hausstellen 9 (Abb. 862) in einem anderen Anschlußbereich (Grenze 10) befindet. Der Verkehr der Nebenstellen 4 wird beschränkt insofern, als diese nicht mit den im anderen Anschlußbereich gelegenen Hausstellen sprechen dürfen. Es ist auch unzulässig, bei Rückfrageapparaten 8 (s. S. 541), bei denen, wie üblich, die Rückfrageleitung als Hausanschluß geschaltet ist, das Mikrotelefon, das zum Verkehr mit dem Amt dient, auch für die Hausstellen im anderen Anschlußbereich zu verwenden. Die Rückfrageleitung muß vielmehr ein besonderes Mikrotelefon erhalten. Aus demselben Grunde sind auch bei der Hauptstelle zwei Abfrageapparate (3 und 7) erforderlich, der eine (3) für die Amtsleitungen, Nebenstellen und Hausstellen im gleichen Anschlußbereich, der andere (7) für die Nebenstellen und alle Hausstellen ohne Rücksicht auf ihre Lage. In Abb. 862 sind 3 Felder I, II und III zu erkennen. Das obere Feld gilt für den Verkehr der Nebenstellen untereinander und mit dem Amt 1, das mittlere Feld für den der Nebenstellen 4 und der im gleichen Anschlußbereich liegenden Hausstellen untereinander, während das untere Feld zeigt, daß alle Hausstellen miteinander sprechen dürfen. Das Reichspostministerium hebt allerdings diese Einschränkung bei Einreichung eines genügend begründeten Antrages auf, doch müssen dann für diese Hausstellen (9) Gebühren entrichtet werden, die von Fall zu Fall festgesetzt werden.

b) Nebenstellenanlagen mit Hausstellen.

In Nebenstellenanlagen mit Hausstellen muß Vorsorge getroffen werden, daß die Hausstellen nicht mit den Amtsleitungen verbunden werden bzw. über die Amtsleitungen sprechen können.

Es ist für jede Amtsleitung, die zu einer Privatfernsprechanlage führt, ein doppelpoliger Umschalter vorzusehen, der als Va- (Fünf-a) Kontrollschalter bezeichnet wird und dazu dient, im Bedarfsfalle die Amtsleitung von der Privatanlage abzutrennen und die Amtsleitung auf einen Postapparat zu legen, wodurch bei vorkommenden Störungen sofort festgestellt werden kann, ob der Fehler in der Privatanlage oder auf der Amtsseite liegt.

Die Privatanlagen können für Handvermittlung (OB- oder ZB-Betrieb) oder Wähler-Betrieb eingerichtet werden.

Diejenigen Nebenstellen, die das Amt unmittelbar erreichen können, werden als voll amtsberechtigt bezeichnet, Nebenstellen, die nur durch Vermittlung einer Hauptstelle zum Amt durchgeschaltet werden, nennt man halb amtsberechtigt.

Die Selbstanschluß- oder Wählertechnik hat sich auch für den Aufbau von Nebenstellen-Fernsprechanlagen als sehr geeignet erwiesen, so daß die moderne Nebenstellentechnik für den Anschluß an ZB-Ämter und W-Ämter sich zum großen Teil auf die Wählertechnik umgestellt hat.

Durch besondere Gruppierungen und anpassende Schaltungen in den Wählerstufen ist es auch möglich, Teilnehmerstellen verschiedener Verkehrsberechtigung in einer Wählerzentrale zusammenzufassen, und zwar nicht nur Nebenstellen und Hausstellen, sondern, wie das beispielsweise bei den Betriebsfernsprechanlagen der Deutschen Reichsbahn der Fall ist, Fernleitungen, Meldeleitungen, Bezirksleitungen u. ä.).

Die Nebenstellentechnik hat heute in Deutschland große Bedeutung erlangt, denn etwa 40 vH aller Sprechstellen im Reich sind Nebenstellen. Vornehmlich sind dies Fernsprechanlagen der Betriebe, der Behörden, Banken und sonstiger Unternehmen.

Für zentrale Nebenstellenanlagen, die zum Verbinden der Nebenstellen mit dem Amt und zum Verbinden von Nebenstellen untereinander und mit Hausstellen dienen, werden Zentralumschalter gebaut, die entweder in Wand- oder Standform, ähnlich den Zentralumschaltern für Privatverkehr (s. Abb. 787 und 791), ausgebildet sind oder aus einem Tischgehäuse mit den Bedienungsgeräten (Tasten, Nummernschalter s. Abb. 893) und einem Gehäuse zur Aufnahme der erforderlichen Relais und gegebenenfalls Wähler, bestehen (s. Abb. 893).

Im nachstehenden werden Nebenstellenanlagen für Handbetrieb, ohne und mit Zentraleinrichtungen, sodann Nebenstellenanlagen mit Wählerbetrieb beschrieben. Bei Nebenstellenanlagen mit Reihen- und Parallelschaltung der Amtsleitungen erfolgt der Verkehr der Nebenstellen untereinander entweder über Linienwähler oder über kleine Wählereinrichtungen.

Ausführlich dargestellt und beschrieben ist die Nebenstellenanlage mit Relaisbetrieb, die vom Studierenden durchgearbeitet werden muß, um eine Übersicht über den schaltungstechnischen Aufbau von solchen Einrichtungen zu bekommen.

Die Deutsche Reichspost hat im Einvernehmen mit den Firmen, die Nebenstellenanlagen herstellen, eine Verordnung herausgegeben, durch die eine Einheitlichkeit der Betriebsbedingungen von Nebenstellenanlagen erreicht werden soll. Die in dieser Verordnung aufgestellten Bedingungen sind als Regelbedingung in allen Anlagen zu erfüllen*).

c) Reihenanlagen.

1. Reihenanlagen mit Druckknopf- oder Hebellinienwähler für den Innenverkehr.

Der Grundgedanke einer Reihenschaltung (Abb. 863) besteht darin, daß die Amtsleitung in Reihe durch die Nebenstellenapparate geführt wird (N_1, N_2 usw.). Das Fernsprechgehäuse der Nebenstellen enthält

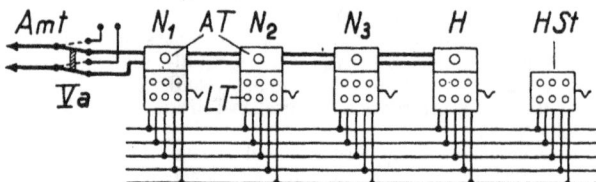

Abb. 863.

neben einer oder mehreren Amtstasten AT noch eine Anzahl Linienwählertasten LT, d. h., jeder Inhaber einer Nebenstelle kann sich durch Drücken einer Taste AT mit dem Amt und durch Drücken einer Taste LT mit einer anderen Nebenstelle oder einer Hausstelle HSt (einfache Linienwählersprechstelle) verbinden. Der Anruf vom Amt wird bei der Hauptstelle H entgegengenommen und unter Benutzung des Linienwählers die Nebenstelle, die vom Amt aus gewünscht wird, benachrichtigt.

In Abb. 864 ist das Prinzip einer gemischten Nebenstellenanlage dargestellt, in der sich die Nebenstellen N_1, N_2 usw. ohne Vermittlung einer Zentrale in die Amtsleitung einschalten können. Die ankommenden Amtsanrufe laufen bei der Hauptstelle H ein (Stromkreis 1), und diese bewirkt den Weiterruf nach der gewünschten Nebenstelle über das Hausnetz (H). Alle Sprechstellen einer Reihenschaltanlage liegen unter Zwischenschaltung je einer Amtstaste AT hintereinander in der Amtsleitung. Die Schaltung der Hauptstelle H und der Sprechstellen Sp richtet sich immer nach der Schaltung des Amtes. In der Abbildung ist ein OB-Amt mit Induktoranruf und Galvanoskopschlußzeichen angenommen; die Sprechstellen Sp der Reihenanlage sind als normale OB-Sprechstellen ausgebildet. Der Amtswecker W bei der Hauptstelle H bleibt dauernd im Nebenschluß zur Amtsleitung liegen, um dem Amt jederzeit die Möglichkeit des Anrufs zu geben. Die Amtstasten AT der Haupt- und Nebenstellen sind derart ausgeführt, daß sie beim Auflegen des Mikrotelefons auf den Gabelträger selbsttätig in die Ruhelage zurückgehen.

Wie bereits erwähnt, wird der Anruf vom Amt durch die Hauptstelle entgegengenommen und über das Hausnetz (Linienwähler) an

---

*) Veröffentlicht im Amtsblatt 135 des Reichspostministeriums vom 15. Dezember 1939.

die gewünschte Nebenstelle weitergegeben. Auf den Anruf von der Hauptstelle meldet sich die betreffende Nebenstelle, z. B. N_2, durch Drücken ihrer Amtstaste. Über Kontakt 9 der Amtstaste werden die Besetztzeichen sämtlicher Reihensprechstellen eingeschaltet (Stromkreis 2). In diesem Stromkreis liegt auch das der Hauptstelle zugeordnete Relais R, das seinen Anker r umlegt und dadurch den Schlußzeichenstrom im Amt über Kondensator c sperrt. An den Kontakten 1 und 3 wird der Sprechapparat Sp der Nebenstelle vom Hausnetz H (Linienwähler) abgetrennt und über Kontakte 2 und 4 mit der Amtsleitung verbunden. In den Kontakten 7 und 8 erfolgt das Abtrennen sämtlicher in der Reihe nach hinten liegenden Nebenstellen. Will eine Nebenstelle, die über das Amt verbunden ist, über den Hauslinienwähler Rückfrage*) halten, so hat sie einfach die betreffende Linienwählertaste zu drücken. Hierbei springt der obere Teil der Amtstaste in die Ruhelage und verbindet Sp mit H. Der untere Teil der Amtstaste verharrt in der gedrückten Stellung, so daß Stromkreis 2 auch intakt bleibt und die Besetztzeichen nach wie vor die Amtsleitung als besetzt kennzeichnen. Da Relais R auch noch unter Strom ist, wird kein Schluß-

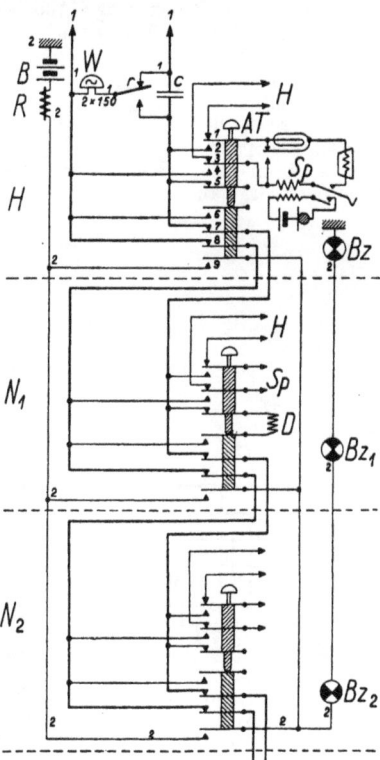

Abb. 864.

zeichen nach dem Amt gegeben. Nach erfolgter Rückfrage hat der Nebenstellenteilnehmer lediglich die Amtstaste nochmals zu drücken und ist sofort wieder über das Amt verbunden. Die zum Zwecke der Rückfrage gedrückte Linienwählertaste springt hierbei in die Ruhelage zurück. Nach Schluß des Gespräches, d. h. beim Auflegen des Mikrotelefons, wird die Amtstaste in die Ruhestellung ausgelöst. Relais R wird stromlos, und es fließt der Amtsschlußzeichenstrom über den Wecker. Da Stromkreis 2 am Kontakt 9 unterbrochen ist, verschwinden auch die Besetztzeichen.

*) Siehe Seite 541.

Als Besetztzeichen wird meistens ein Drehschauzeichen (Abb. 865) verwendet. Stromverbrauch dieser Schauzeichen

bei 25 Ohm	. . .	16 mA	bei 50 Ohm	. . .	11 mA
bei 100 Ohm	. . .	8 mA	bei 200 Ohm	. . .	6 mA

Beim Anschluß der Reihenanlage (Abb. 864) an ein ZB-Amt sind die Schaltung der Nebenstellen sowie die Schaltung der Hauptstelle nach Abb. 866 auszubilden. Die Abb. 867 zeigt die Hauptstellenschaltung sowie die Schaltung der Sprechapparate beim Anschluß der Anlage an

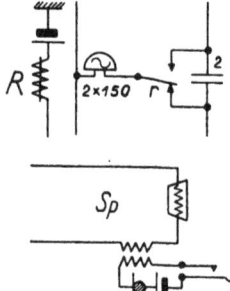

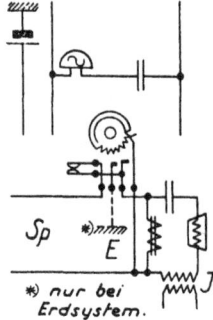

Abb. 865. Abb. 866. Abb. 867.

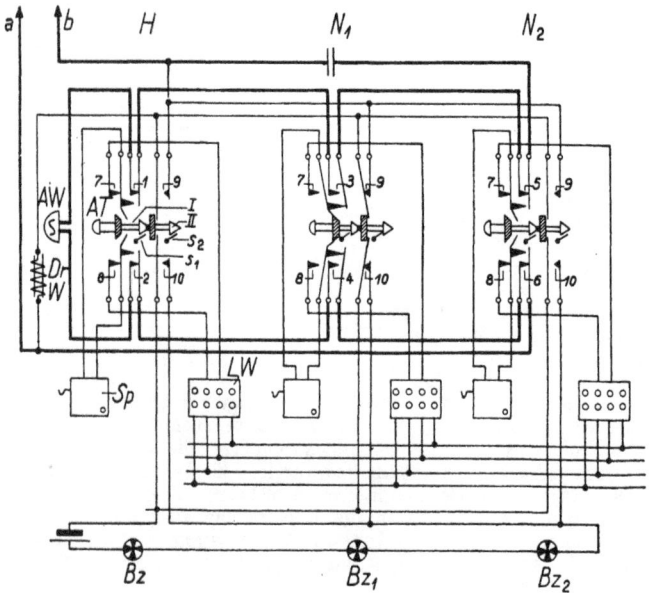

Abb. 868.

ein Wähleramt (W.-Amt). Für diesen Fall muß außerdem zwischen die Federn 5 und 6 (Abb. 864) der Amtstasten ein Widerstand D*) eingeschaltet werden, der während der Rückfrage in die Amtsleitung eingeschaltet ist und ein Zusammenfallen der Wähler verhindert.

Eine weitere Reihenschaltanlage ist in Abb. 868 veranschaulicht. Die Amtsleitung a, b führt über die Kontakte 5—6, 3—4 und 1—2 der Amtstasten AT zum Anrufwecker AW der Hauptstelle H. Im Ruhezustand der Amtstasten sind die Sprechapparate Sp der Haupt- und Nebenstellen über Kontakte 7 und 8 mit der Linienwähler-Hausanlage verbunden (LW). Auch hier besteht die Amtstaste aus zwei Teilen I und II. Bei Rückfrage über LW wird beim Drücken einer Linienwählertaste Teil I der Amtstaste ausgelöst, Teil II bleibt in der gedrückten Stellung. Über Kontakt 9 der Amtstaste wird auch während der Rückfrage die Amtsleitung besetzt gehalten, und zwar durch den Stromfluß über die Drosselspule DrW. Über Kontakt 10 wird der Stromkreis für die Besetztzeichen geschlossen. Die Sperrschiene s_1 der Amtstasten ist mit den Sperrschienen der Linienwählertaste derart gekuppelt, daß die Teile I der Amtstasten und die Linienwählertasten sich gegenseitig auslösen. Sämtliche Sperrschienen werden beim Herunterdrücken des Haken- oder Gabelumschalters ausgelöst, so daß auch sämtliche Tasten beim Auflegen des Hörers in die Ruhelage springen.

Abb. 869.

Abb. 869 zeigt eine Reihenschaltstelle mit Linienwähler für 10 Leitungen, 2 Amtsleitungen und eingebauter Wählscheibe zum Wählen nach einem W-Amt.

2. Reihenanlagen mit Wählereinrichtung für den Innenverkehr.

Wie bei den unter 1. beschriebenen Reihenanlagen verläuft auch bei den Reihenanlagen mit Wählereinrichtung für den Innenverkehr die Amtsleitung in Reihe über alle Nebenstellen (Abb. 870). Am Fernsprechgehäuse sind keine Linienwählertasten mehr vorhanden. Dafür wird die Fernsprechstelle, Abb. 871, mit einem Nummernschalter und

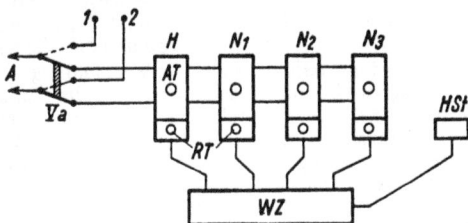

Abb. 870.

*) Nebenstelle N_1, Abb. 864.

neben den Amtshebeln A mit einem Rückfragehebel R ausgerüstet.
Als Besetztzeichen sind bei dieser Ausführung statt der Drehschauzeichen Glühlampen BL verwendet. Der Amtsverkehr dieser Nebenstellen wickelt sich wie bei den unter 1. geschilderten Reihenanlagen
mit Linienwählern ab. Zum Belegen der Amtsleitung legt die Nebenstelle den Amtshebel A um; bei Anschluß der Anlage an ein Wähleramt kann dann, wenn es sich um ein abgehendes Gespräch handelt,
mit dem Nummernschalter unmittelbar in das Amt hineingewählt
werden. Bei ZB-Ämtern erfolgt der Anruf des Amtes selbsttätig,
während bei Anschluß an ein OB-Amt noch der Rufhebel Ru, der
eine lose Stellung hat, vorübergehend umgelegt werden muß. Damit
wird mittels eines Polwechslers od.
dgl. Rufstrom zum Amt gesandt.

Wünscht eine Nebenstelle eine
Verbindung mit einer anderen Nebenstelle, so hebt sie den Handapparat
ihrer Sprechstelle ab und ist dadurch

Abb. 871.

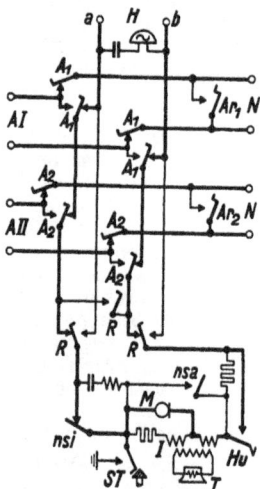

Abb. 872.

unmittelbar mit der Wählerzentrale verbunden. Durch Wählen der in
Frage kommenden Nummer kann sich die Nebenstelle mit jeder be-
liebigen anderen Sprechstelle (Neben- oder Hausstelle) verbinden. Das
Rufen der Sprechstellen geschieht selbsttätig durch die Wählerzentrale.

Will die Nebenstelle während einer Amtsverbindung eine Rückfrage zu einer anderen Nebenstelle oder Hausstelle halten, so drückt
sie den Rückfragehebel (R), wodurch eine Umschaltung des Sprech-
systems auf den Hausanschluß erfolgt. Der Amtshebel A bleibt in
der umgelegten Stellung liegen, wobei über einen weiteren Kontakt
des Rückfragehebels R die Amtsverbindung gehalten wird. Den
Stromlauf einer solchen Sprechstelle zeigt die Abb. 872.

Bei einem Anruf vom Amt erfolgt das Abfragen durch die Hauptstelle, die dann über den Rückfrageweg in der vorbeschriebenen
Weise die gewünschte Nebenstelle anruft und sie auffordert, sich in

die bestimmte Amtsleitung durch Umlegen des betreffenden Amts-
hebels (*A*) einzuschalten.

d) Parallelschaltanlagen.

Bei Parallelschaltung von Nebenstellen sind alle angeschlossenen
Sprechstellen gleichberechtigt. Wie bei der Reihenschaltung werden auch
hier die Anrufe des Amtes von einer Hauptstelle entgegengenommen und

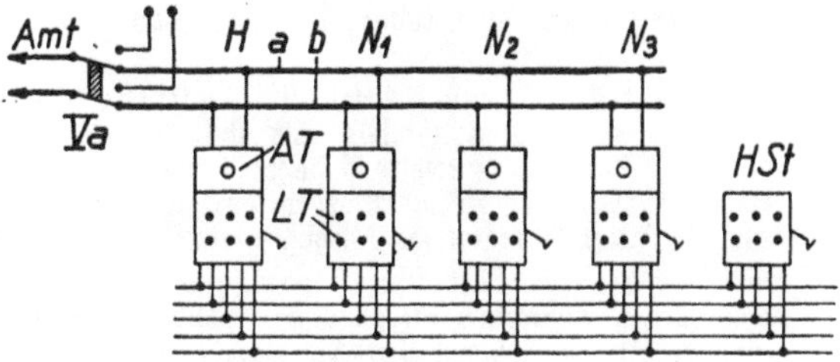

Abb. 873.

an die betreffende Nebenstelle weitergeleitet. Die Nebenstellen schalten
sich ohne jegliche Vermittlung durch Drücken einer Amtstaste in die
Amtsleitung. Der Grundgedanke der Parallelschaltung ist aus Abb. 873
zu ersehen. In der Schaltung sind eine Hauptstelle *H*, drei Nebenstellen
N_1, N_2 und N_3 sowie eine Hausstelle *HSt* gezeichnet. Die Haupt- und

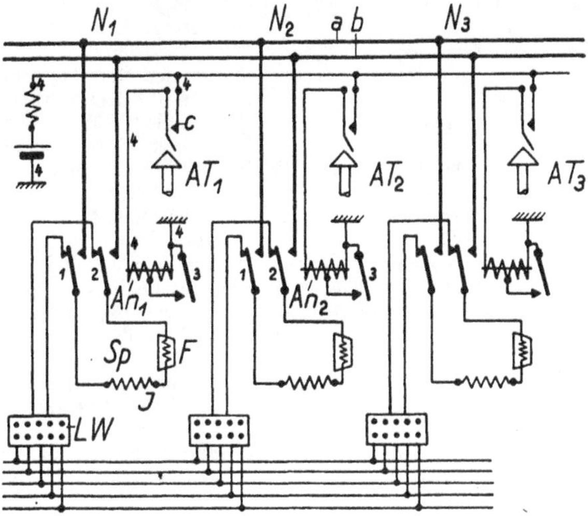

Abb. 874.

Nebenstellen sind parallel an die Amtsleitung a, b angeschlossen, und alle Stellen sind außerdem mit einem Linienwählernetz verbunden. Bei Parallelschaltung von Nebenstellen muß durch besondere Relais bewirkt werden, daß, nachdem die Amtsleitung von einer Haupt- oder Nebenstelle belegt worden ist, diese Amtsleitung für alle anderen Nebenstellen gesperrt wird. Hierfür gibt es grundsätzlich drei Methoden:

1. Die Nebenstelle wird beim Drücken der Amtstaste durch ein Anschalterelais an die Amtsleitung geschaltet. Das Anschalterelais einer zweiten Nebenstelle spricht bei besetzter Amtsleitung nicht an.

2. Die Nebenstelle ist beim Drücken der Amtstaste über Ruhekontakte eines Abschalterelais mit der Amtsleitung verbunden. Versucht eine zweite Nebenstelle sich an eine bereits besetzte Amtsleitung zu schalten, so wird sie durch ein nunmehr in Tätigkeit tretendes Abschalterelais abgeschaltet.

3. Beim Drücken einer Amtstaste werden die jeder Nebenstelle zugeordneten Sperrelais erregt und durch die Anker dieser Relais sämtliche Nebenstellen-Amtstasten außer der bereits gedrückten Amtstaste gesperrt.

Die Wirkungsweise der Anschalterelais ist aus der Schaltung in Abb. 874 zu ersehen. Von der Amtstaste (AT) ist nur das Federnpaar gezeichnet, über das das Anschalterelais betätigt wird. Ist die Amtsleitung a, b frei und will Nebenstelle N_1 sich mit dem Amt verbinden, so drückt sie Amtstaste AT_1. Anschalterelais An_1 wird über Stromkreis 4 erregt. Relais An_1 schaltet über Kontaktfedern 1 und 2 den Sprechapparat Sp an die Amtsleitung und schließt über Kontaktfeder 3 seine hochohmige

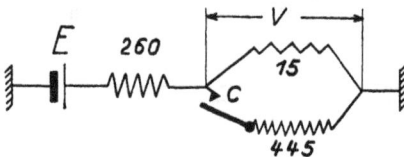

Abb. 875.

Wicklung kurz. Das Relais hält sich über seine niedrigohmige Wicklung von beispielsweise 15 Ohm. Wird nun versucht, eine zweite Nebenstelle durch Drücken ihrer Amtstaste auf die besetzte Amtsleitung zu schalten, so entsteht das durch Abb. 875 veranschaulichte Schaltbild. Das zweite An-Relais liegt mit seinen 445 Ohm dem ersten bereits erregten An_1-Relais (15 Ohm) parallel und spricht nicht an, da an den Enden dieses An-Relais mit 445 Ohm nur eine geringe Spannung V liegt (c geschlossen), die dem Spannungsabfall in der 15-Ohm-Wicklung entspricht.

Als Beispiel für eine Parallelschaltanlage mit Abschalterelais sei die Schaltung in Abb. 876 angeführt, und zwar zum Anschluß an ein G-Amt*) (Abb. 806), ein ZB-Amt (Abb. 809) sowie an ein W-Amt (Wähleramt)**). Es bedeuten: a, b die Amtsleitung, Sp die Sprechapparate, R, P, Q die Abschalterelais mit je drei Kontakten, die mit ent-

---

*) Amt mit Galvanoskopschlußzeichen.
**) Siehe Seite 488 ff.

sprechenden kleinen Buchstaben bezeichnet sind. An d, e ist das Linien-wählernetz für den Hausverkehr (H) angeschlossen. In der Ruhestellung sind die Sprechapparate Sp über die Kontakte 7, 9 bei der Hauptstelle und über 6, 8 bei den Nebenstellen mit dem Hausnetz verbunden.

Anschluß an ein G-Amt. Innenschaltung der Sprechstellen wie Hauptstelle. Amtsanruf-strom verläuft über a, Wecker W an der Haupt-stelle, Leitung s, Kontakt AT_4 der Hauptstelle, r_2, b. Die Hauptstelle drückt ihre Amtstaste AT und fragt ab: Sprechstrom-kreis 13. Beim Drücken der Amtstaste bei der Hauptstelle werden über Kontakt 2 dieser Amts-taste die Besetztzeichen der Nebenstellen einge-schaltet, Stromkreis 14. Über Kontakt 3 der Hauptstellen-Amtstaste wird der Abschaltestrom-kreis vorbereitet: Batte-rie w_2, Kontakt 3, g_1, R, W_3, Leitung c. Wird vom Amt aus die Nebenstelle I gewünscht, so benachrich-tigt die Hauptstelle diese Nebenstelle über den Li-nienwähler. Beim Drük-ken einer Linienwähler-taste springt Teil II der Amtstaste in die Ruhe-stellung, wie bei einer Rückfrage. Nebenstelle I schaltet sich durch Drük-ken ihrer Amtstaste ein. Der Sprechstrom verläuft nun über a, c_1, p_3, Kon-takt 9 der Amtstaste, Sprechstelle, Kontakt 7 der AT, p_2, b. Abschalte-stromkreis: Batterie, w_2,

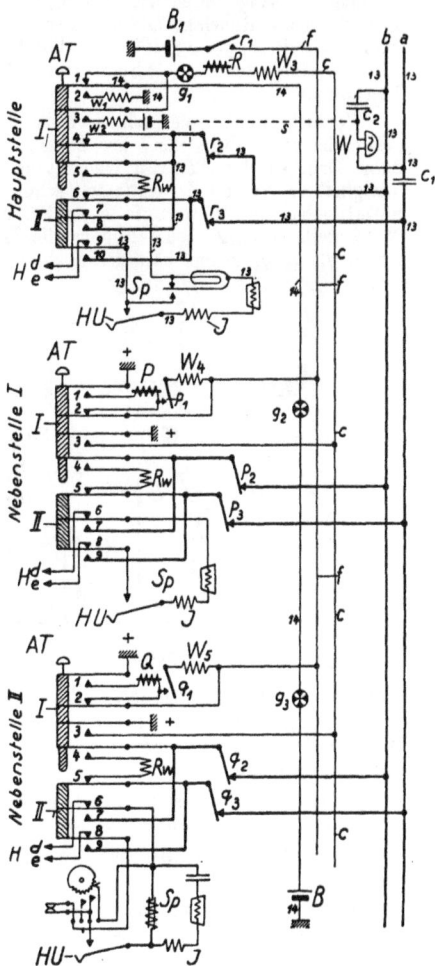

Abb. 876.

Kontakt 3 der noch gedrückten Amtstaste der Hauptstelle, g_1, R, W_3 Leitung c, AT_3 der Nebenstelle I, +. Am Ansprechen des Besetzt zeichens g_1 erkennt die Hauptstelle, daß die Nebenstelle sich gemeldet hat. Das Abschalterelais R der Hauptstelle zieht an und trennt durch Öffnen von r_2 und r_3 die Hauptstelle von der Amtsleitung ab. Die Hauptstelle hängt ihren Hörer ein, die Amtstaste der Hauptstelle springt in die Ruhelage zurück. Der Besetztzeichenstrom fließt nun über Batterie B, g_3, g_2, AT_1 der Hauptstelle, g_1, R, W_3, Leitung c, AT_3 der Nebenstelle I, $+$. Sperrkreis in Vorbereitung: Batterie B_1, r_1, Leitung f.

Versucht nun beispielsweise Nebenstelle II sich während des Amtsgesprächs von Nebenstelle I auf die Amtsleitung zu schalten, so tritt beim Drücken der AT von Nebenstelle II folgender Sperrstrom in Tätigkeit (Kontakt 1 der Amtstaste schließt sich zuerst, ehe Kontakt 2 unterbrochen wird): Batterie B_1, r_1, f, AT_2 (noch geschlossen) der Nebenstelle II, Q, AT_1 der Nebenstelle II, $+$. Relais Q zieht seine Anker q_1, q_2, q_3 an und hält sich auch, nachdem Kontakt 2 der Amts-

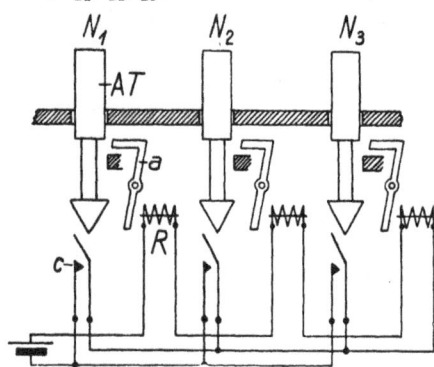

taste geöffnet ist, über Batterie B_1, r_1, f, W_5, q_1, Q, AT_1 der Nebenstelle II, $+$. Die Nebenstelle II ist bei q_2 und q_3 von der Amtsleitung abgetrennt.

Hängt die Nebenstelle I nach Schluß des Gesprächs ihren Hörer ein, und geht die Amtstaste in die Ruhelage zurück, so wird auch R aberregt und Kontakte r_2, r_3 geschlossen. Schlußzeichenstrom nach dem G-Amt über: a-Leitung, Wecker W an der

Abb. 877.

Hauptstelle, Leitung s, Kontakt AT_4 der Hauptstelle, r_2, Amtsleitung b.

OB-Amt mit Induktorschlußzeichen. Die gestrichelte Leitung s fällt weg. Kondensatoren c_1 und c_2 überbrücken. Sprechstellenschaltung wie Hauptstelle.

ZB-Amt. Die gestrichelte Linie s fällt weg. Kondensator c_1 überbrücken. Sprechstellenschaltung wie Nebenstelle I.

W-Amt. — Wie ZB-Amt. Sprechstellenschaltung wie Nebenstelle II.

Ein Beispiel für die dritte Methode, die Aufschaltung mehrerer parallelgeschalteter Nebenstellen auf eine Amtsleitung zu verhindern, ist durch die Skizze in Abb. 877 erläutert. Beim Drücken einer Amtstaste AT wird an einem Kontakt c dieser Taste ein Stromkreis für die Relais R geschlossen. Die Relais R ziehen ihre als Winkelhebel ausgebildeten Anker a an, die sich derart gegen die noch nicht gedrückten Tasten legen, daß diese mechanisch gesperrt werden.

e) Rückfrage-Einrichtungen.

Führt eine Nebenstelle ein Gespräch über eine Nebenstellenzentrale mit dem Amt, so liegt oft die Notwendigkeit vor, während des Gesprächs eine Auskunft über die Nebenstellenzentrale einzuholen, ohne die Amtsverbindung zu trennen. Diese vorübergehende, wieder rückgängig zu machende Umschaltung bezeichnet man als Rückfrage. Man unterscheidet mechanische und elektrische Rückfrageeinrichtungen. Im ersten Fall bekommt der Apparat zwei Tasten, eine Rückfragetaste und eine Rückfrage-Auslösetaste, und hat normalerweise zwei Doppelleitungen nach dem Nebenstellen-Zentralumschalter. Abb. 878 zeigt die Innenschaltung des Gehäuses eines Rückfrage-Tischapparates, Abb. 879 die Grundschaltung. Zu jedem Tischapparat gehört eine Anschlußrosette AR, die fest über die Anschlußschnur AS mit dem Gehäuse verbunden ist. Die Rosette enthält die Anschlußklemmen, an die die von der Zentrale kommenden Leitungen angeschlossen werden. Bei

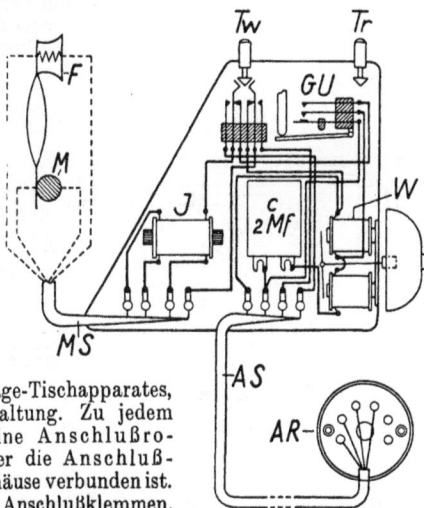

Abb. 878.

einer gewöhnlichen ZB-Sprechstelle ist die Schnur zweiadrig, bei Rückfragesprechstellen vieradrig. Wenn außer den Anschlußschrauben z. B. noch der Wecker und ein Kondensator (falls diese Teile keinen Platz im Gehäuse selbst haben) in der Rosette unterzubringen sind, spricht man von einem Anschluß-Beikasten. Das Mikrotelefon (M und F) ist über eine vieradrige Schnur mit dem Gehäuse verbunden und ruht (bei Nichtgebrauch) auf einem Gabelträger, dessen unteres Ende GU einen Kontaktfedersatz betätigt (Hakenumschalter). J ist die Induktionsspule und W ein Wechselstromwecker, der an die Leitung N (Abb. 879) angeschlossen ist. Außerdem enthält der Apparat zwei Tasten, eine Rückfragetaste Tw und eine Auslösetaste Tr, die sich gegenseitig mechanisch auslösen. Durch Abnehmen des Mikrotelefons wird dieses sogleich an die Leitung N angeschlossen; gleichzeitig wird die eine Spule des Weckers in Brücke zur Leitung gelegt. In der Zentrale kann die Leitung N entweder mit einem anderen Anschluß der Zentrale oder mit einer Amtsleitung verbunden sein. Soll nun während dieses Gesprächs eine Rückfrage gehalten werden, so wird durch Drücken auf die Taste Tw das Mikrotelefon auf die Leitung R umgeschaltet, die ebenfalls zur Zentrale führt, jedoch keinen Wecker enthält. In der Leitung N

bleibt die eine Weckerspule eingeschaltet, so daß eine Unterbrechung des ZB-Stromes (von der Zentrale oder auch vom Amte) nicht eintritt. Nach beendeter Rückfrage wird durch Drücken der Auslösetaste *Tr* die Taste *Tw* in die Ruhelage zurückgebracht und das Mikrotelefon wieder an die Leitung *N* angeschaltet. Beim Auflegen des Mikrotelefons kehrt auch *Tr* in die Ruhelage zurück. Dieser Apparat kann von der Zentrale nur über Leitung *N* angerufen werden, im Gegensatz zu der Rückfragesprechstelle Abb. 880. Abb. 880 zeigt eine Schaltung mit zwei

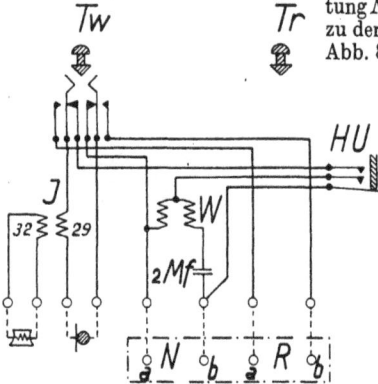

Abb. 879.

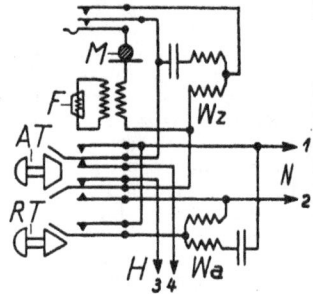

Abb. 880.

Weckern. Der Wecker *Wa* dient für Anrufe auf der Leitung *N* und *Wz* für solche auf *H*. Beim Abheben des Mikrotelefons wird dieses mit der Leitung *H* verbunden. Über *H* findet im allgemeinen der Verkehr mit den übrigen Neben- und Hausstellen der Zentrale statt. Abgehende und ankommende Amtsgespräche werden jedoch über die Leitung *N* durch Drücken der Taste *AT* abgewickelt. In diesem Falle dient zur Rückfrage die Taste *RT*; wird sie gedrückt, so springt *AT* in die Ruhestellung, und es wird eine Spule des Weckers *Wa* in Brücke zu *N* (an Stelle des

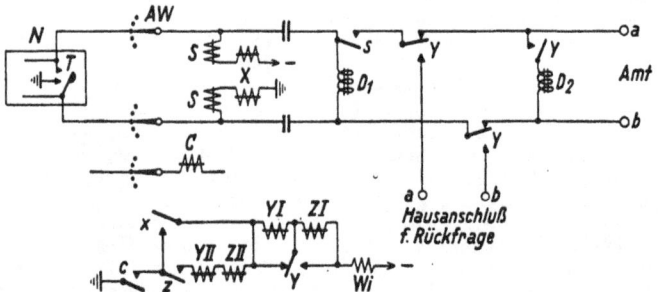

Abb. 881.

Mikrofons) gelegt. Nunmehr ist die Leitung *H* mit dem Mikrotelefon verbunden. Von dem Wecker *W z* wird eine Spule dauernd (beim Gespräch) als Brücke neben dem Mikrofon benutzt, damit beim Hinlegen des Mikrotelefons die Leitung nicht unbeabsichtigterweise stromlos wird.

Die elektrische Rückfrageeinrichtung, wie sie durch das Schema in der Abb. 881 dargestellt ist, wird angewendet, wenn zwischen Teilnehmerapparat und Nebenstellenanlage nur eine Doppelleitung zur Verfügung steht (siehe Kapitel über W-Nebenstellenanlagen).

Der Teilnehmerapparat, Abb. 882, ist mit einer Taste ausgerüstet, mittels der über einen Arbeitskontakt Erde an die *a/b*-Adern der Teilnehmerleitung gelegt werden kann, um dadurch eine Umschaltung auszulösen. Soll bei einer bestehenden Amtsverbindung eine Rückfrage innerhalb des Hauses gehalten werden, so ist die in Abb. 882 sichtbare weiße Taste zu drücken. Dadurch wird die eine Wicklung des Differentialrelais *X*, Abb. 881, kurzgeschlossen, so daß dieses anziehen kann. Über seinen Arbeitskontakt *x* und den geschlossenen Kontakt *c* erregt es das Relais *Z* über dessen Wicklung I. Beim Loslassen der Taste fällt das Relais *X* wieder ab und hebt dadurch den Kurzschluß für das *Y*-Relais (Wicklung II) und die Wicklung II des *Z*-Relais auf. *Y*-Relais zieht an und schaltet mit seinen

Abb. 882.

Wechselkontakten die Leitung auf den Rückfrageanschluß um, wobei über die Drosselspule D_1 die Belegung des Haussystems erfolgt. Ein weiterer Arbeitskontakt des Relais *Y* hält über die Drosselspule D_2 die Amtsverbindung aufrecht. *Y*-Relais hält sich über seine Wicklungen I und II und *Z*-Relais über seine Wicklung II. Bei der nachfolgenden Impulsgabe wird in bekannter Weise durch Unterbrechung des *S*-Relais die Einstellung der Wähler veranlaßt.

Um nach erfolgter Rückfrage wieder die Rückschaltung der Sprechleitung auf den Amtsteilnehmer vorzunehmen, wird wieder die Taste *T* gedrückt. Das *X*-Relais zieht wieder an und schließt die Wicklung II der Relais *Y* und *Z* kurz. *Z*-Relais fällt ab und öffnet seinen Arbeitskontakt. *Y*-Relais bleibt mit seiner Wicklung I über den *x*-Kontakt noch gehalten. Wird die Taste losgelassen, so wird auch der Stromkreis für Relais *Y* unterbrochen, dieses fällt ab und schaltet mit seinen Wechselkontakten die Sprechleitung wieder auf den Amtsteilnehmer um.

Der Rückfrageanschluß ist einmal für jede Amtsleitung vorzusehen.

f) Zwischenstellen-Umschalter[1]).

Der Zwischenstellenumschalter (ZU) dient als Vermittlungseinrichtung (Hauptstelle) für Nebenstellenanlagen mit nur einer Nebenstelle, wobei zwischen Haupt- und Nebenstelle im Gegensatz zu den Reihenanlagen nur eine Leitung mit einer Doppelader erforderlich ist.

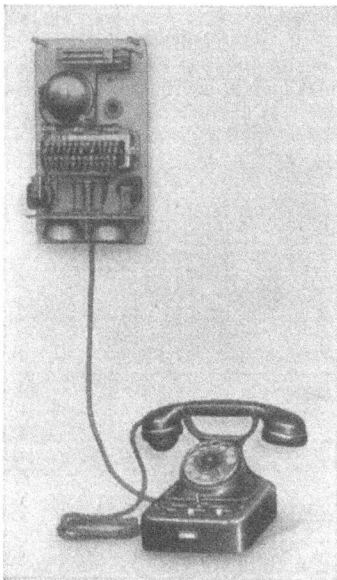

Es wird dadurch ermöglicht, eine entferntere auf einem anderen Grundstück liegende Nebenstelle anzuschließen.

Die Einrichtung, Abb. 883, besteht aus einer Fernsprechstelle mit zwei Anschlußleitungen, von denen die eine Leitung zum Amt und die andere Leitung zur Nebenstelle führt, und einem Beikasten, der die erforderlichen Relais, Kondensatoren, Wecker usw. aufnimmt und gleichzeitig als Anschlußkasten dient.

Für den Betrieb der ZU verwendet man Batterien (Trockenelemente, Sammlerbatterien) oder bezieht den erforderlichen Strom aus dem Wechselstromnetz über einen Trockengleichrichter.

Man unterscheidet handbediente und automatische ZU. Beim handbedienten ZU wird die Nebenstelle bei ankommenden und abgehenden Amtsgesprächen vermittelt,

Abb. 883.

während beim automatischen ZU die Nebenstelle in abgehender Richtung selbsttätig das Amt erreicht und nur im ankommenden Amtsverkehr vermittelt wird. Die beiden prinzipiellen Stromläufe sind in den Abb. 884 und 885 wiedergegeben, wobei im ersten Fall ein geänderter VW-Anschluß und im zweiten Fall eine Speisebrücke im Amt für den Betrieb vorgesehen ist.

Es erfolgt bei dem handbedienten ZU nach Abb. 884 der Ruf vom Amt vom Leitungswähler des Amtes aus mit Rufstrom über die a-Ader, den Wechselstromwecker W und den Kondensator zur Erde. Der Wecker ertönt. Die Zwischenstelle meldet sich durch Abheben des Handapparates. Durch Umlegen der Schalter, A und Ar in die Amtsstellung wird die Sprechbrücke (Induktionsspule und Mikrofon) an die Amtsleitung gelegt, und die Kondensatoren werden überbrückt. Hierdurch werden die Drosselspule Dr_1 und der Wecker W zusammen als

---

[1]) Zwischenstellenumschalter mit selbsttätigem Amtsanruf von der Nebenstelle. Schwachstrom-Bau- u. Betr.-Techn. 9, 1933, 2—4.

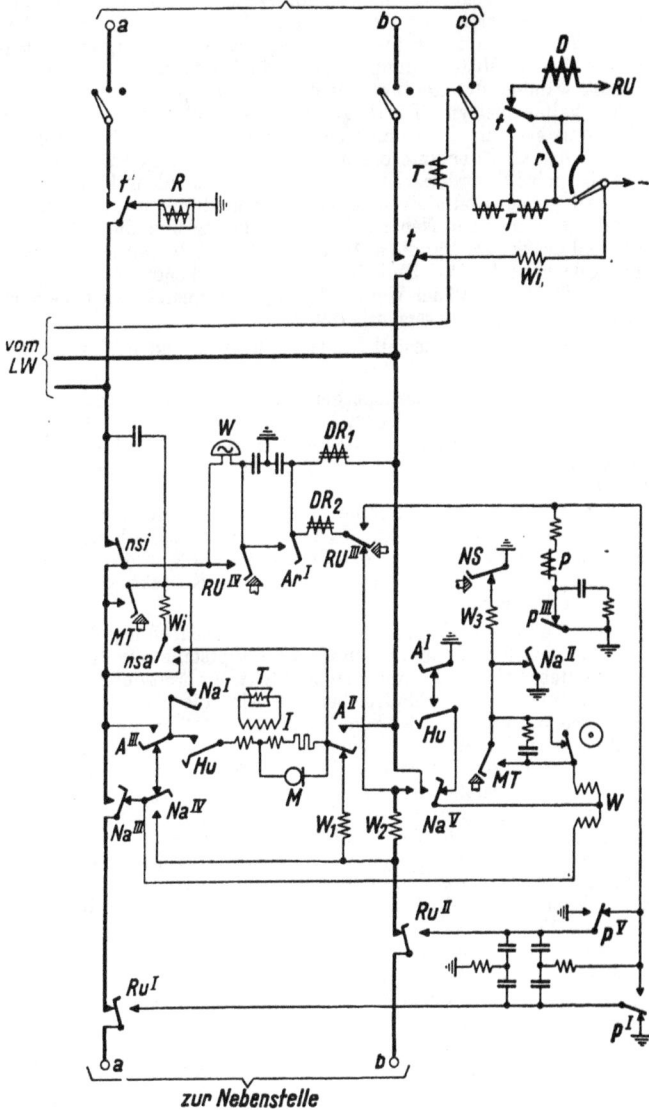

Abb. 834.

Gleichstrombrücke parallel zur Sprechbrücke an die Amtsleitung gelegt, um bei einer Rückfrage der Hauptstelle zur Nebenstelle das Halten der Amtsverbindung zu übernehmen. Es legt dann die Hauptstelle den Schalter A in die Mittelstellung, wodurch die Kontakte A des Schalters geöffnet, während die Kontakte Ar durch einen Sperrschieber mechanisch gehalten bleiben. Durch Drücken der Ruftaste Ru wird zur Nebenstelle gerufen. Über den Kontakt Ru III wird das Polwechslerrelais P, das als Selbstunterbrecherrelais arbeitet, angelassen. Dieses ladet über seine Kontakte p I und p V den Weckerkondensator der Endstelle bei jedem Kontaktwechsel um, indem durch diese Kontakte einmal die a-Ader zur Nebenstelle an Spannung und die b-Ader an Erde und das andere Mal die a-Ader an Erde und die b-Ader an Spannung gelegt wird. Die Umladung des Weckerkondensators erfolgt mit etwa 25 Hz, so daß der Wecker durch die Stromstöße wie bei einem Anruf mit Rufwechselstrom arbeitet.

Meldet sich die Nebenstelle, so ist sie über folgenden Weg mit der Hauptstelle verbunden.

Mikrofon und Sprechbrücke der Hauptstelle, Ruhekontakt A II, Widerstand W 1, Ruftaste Ru II, b-Ader zur Nebenstelle, Nebenstelle, a-Ader von der Nebenstelle, Ruftaste Ru I, Kontakt Na III, Kontakt Na IV, Kontakt A III, Hakenumschalterkontakt Hu, zurück zum Mikrofon.

Die Speisung der Mikrofone geschieht über die Wicklung des Gleichstromweckers, Kontakt Na V, Hakenumschalterkontakt Hu, Kontakt A I nach Erde bzw. den Widerstand W 2, Kontakt Ru III, Drosselspule Dr 2, Kontakt Ar I, Wecker, nsi-Kontakt, a-Ader zum Amt nach Spannung.

Soll die Nebenstelle das Gespräch übernehmen, so legt die Hauptstelle den Schalter Na um, wodurch die Hauptstelle von der Leitung abgeschaltet wird und die Nebenstelle direkt zum Amt durchgeschaltet ist. Für eine spätere Schlußzeichengabe wird die eine Wicklung des Gleichstromweckers parallel zum Widerstand W 2 in die b-Ader geschaltet. Der Wecker wird dabei über den Linienstrom gehalten, so daß der Weckerkontakt geöffnet bleibt. Hängt nach beendetem Gespräch die Nebenstelle den Handapparat ein, so wird durch Unterbrechung des Linienstroms die Haltewicklung des Weckers unterbrochen, so daß jetzt der Wecker über seine andere Wicklung läutet über Erde, Kontakt NS, W 3, Unterbrecherkontakt des Weckers, Weckerwicklung, Kontakt Na V, b-Ader zum Amt nach Spannung. Durch Zurücklegen des Schalters Na in die Mittelstellung trennt die Hauptstelle die Verbindung.

Wünscht die Nebenstelle eine Verbindung mit dem Amt, so hebt sie den Handapparat ab, wodurch selbsttätig die Hauptstelle gerufen wird. Bei der Hauptstelle ertönt der Gleichstromwecker, der sich vom Amtswecker (Wechselstromwecker) durch seinen Klang unterscheidet, um Verwechslungen zu vermeiden. Die Nebenstelle hat während des Rufes im Hörer ein Summergeräusch, das durch die Unterbrechungen des Weckers erzielt wird. Der Wecker läutet über folgenden Stromkreis.

Erde, Kontakt Na II, Unterbrecherkontakt des Weckers, beide Wicklungen des Weckers, Kontakt Na III, Kontakt Ru I, a-Ader zur Nebenstelle, Nebenstelle, b-Ader von der Nebenstelle, Kontakt Ru II, Widerstand W 2, Kontakt Ru III, Drosselspule Dr 2, Drosselspule Dr 1, b-Ader zum Amt nach Spannung.

Die Hauptstelle meldet sich durch Abheben des Hörers. Dadurch überbrückt sie mit dem Hakenumschalterkontakt Hu den Unterbrecherkontakt und eine Wicklung des Weckers und schafft folgende Stromkreise für die Mikrofone der Haupt- und Nebenstelle.

Erde, Kontakt A I, Hakenumschalterkontakt Hu, Kontakt Na V, Weckerwicklung, Kontakt Na IV, Kontakt A III, Kontakt Hu, Mikrofon, Kontakt A II, Widerstand W 1, Widerstand W 2, Kontakt Ru III, Drosselspule Dr 2, Drosselspule Dr 1, b-Ader zum Amt nach Spannung, bzw. Erde, Kontakt A I, Hakenumschalterkontakt Hu, Kontakt Na V, Weckerwicklung, Kontakt Na III, Kontakt Ru I, a-Leitung zur Nebenstelle, Nebenstelle, b-Leitung von der Nebenstelle, Kontakt Ru II, Widerstand W 2, Kontakt Ru III, Drosselspule Dr 2, Drosselspule Dr 1, b-Leitung zum Amt nach Spannung.

Zum Durchschalten der Nebenstelle zum Amt legt die Hauptstelle den Amtsschalter Na um. Dadurch werden die beim Verkehr Amt — Hauptstelle — Nebenstelle beschriebenen Stromverhältnisse geschaffen, d. h. die Nebenstelle zum Amt durchgeschaltet und der Wecker für die spätere Schlußzeichengabe in die Leitung geschaltet.

Die Einrichtung ermöglicht weiter im Bedarfsfalle der Hauptstelle Gespräche zwischen Amt und Nebenstelle mitzuhören. Durch Drücken der Mithörtaste wird das Sprechsystem der Hauptstelle unmittelbar an die Sprechadern der Verbindung geschaltet.

Wenn die Hauptstelle nicht besetzt ist, kann eine Dauerverbindung zwischen Amt und Nebenstelle durch Umlegen des Schalters Na hergestellt werden. Bei Amtsanrufen läutet dann der Wecker der Hauptstelle sowohl als auch der der Endstelle. Der Gleichstromwecker als Überwachungssignal wird durch Betätigen der Nachttaste NS abgeschaltet.

Bei dem ZU nach Abb. 885 hat die Nebenstelle die Möglichkeit, das Amt ohne Vermittlung der Hauptstelle zu erreichen. In diesem Fall wird der offene Kontakt N (s. weiter unten) durch eine Drahtbrücke überbrückt. Die Nebenstelle drückt dazu die an ihrem Fernsprechgehäuse befindliche Taste T, hebt den Handapparat ab und läßt dann die Taste wieder los. Beim Drücken der Taste zieht das X-Relais an über: Spannung aus der Amtsbatterie über die Speisebrücke Dr im Amt über die b-Ader, D_1, Kontakt n, Widerstand m, Kontakt w, Kontakt d, X-Relais, Schauzeichen mit Parallelwiderstand, Kontakt R, Sprechstelle mit Taste an Erde.

Das Schauzeichen erscheint in diesem Stromkreis bei der Hauptstelle als Überwachungszeichen. Das ansprechende X-Relais erregt das Verzögerungs-Relais D, das mit seinen Umschaltekontakten d die Durchschaltung zum Amt vornimmt, wobei das X-Relais gehalten bleibt (über die Spannung vom Amt) über die a-Ader, Kontakt nsi, Kontakt A, Kontakt d, X-Relais, Schauzeichen, Kontakt R, Sprechstelle mit Taste an Erde. Nach Loslassen der Taste spricht über die Sprechstellenschleife das F-Relais und dadurch das H-Relais an, wodurch ein Haltestromkreis für das D-Relais geschaffen ist. Die Wahl des gewünschten Teilnehmers im Amt erfolgt durch Betätigen der Nummernscheibe, wobei der Stromkreis zum Amt impulsmäßig unterbrochen wird. Das in diesem Stromkreis liegende F-Relais fällt infolge seiner Kupferdämpfung dabei nicht ab, wodurch auch das D-Relais gehalten bleibt.

Während eines Amtsgespräches hat die Nebenstelle die Möglichkeit, Rückfrage bei der Hauptstelle zu halten. Sie drückt dazu die Taste T am Apparat, wodurch die a-Ader wieder geerdet wird, so daß das F-Relais durch den Kurzschluß seiner Wicklung abfällt und das X-Relais wieder erregt wird. Das D-Relais bleibt über den x-Kontakt weiter gehalten, damit auch das H-Relais. Bei der Hauptstelle läutet der Wecker, solange die Taste gedrückt bleibt. Nach dem Loslassen der Taste wird X-Relais wieder stromlos und F-Relais zieht wieder an. Hat die Hauptstelle Mithörmöglichkeit, so kann sie sich durch Abheben ihres Handapparates unmittelbar in die Amtsverbindung zum Mithören und Mitsprechen einschalten. Soll die Hauptstelle das Gespräch übernehmen, so geschieht dies durch Umlegen des Amtsschalters A. Das D-Relais fällt dann ab und die Amtsverbindung wird über die Sprechbrücke der Hauptstelle gehalten. Fehlt für die Hauptstelle die Mithör- bzw. Mitsprechmöglichkeit, so legt sie den Schalter zunächst in die Amtsstellung und dann, um mit der Nebenstelle sprechen zu können, in die Mittelstellung. Dabei bleibt über den Kontakt Ar und die Drosselspule D_3 die Amtsverbindung gehalten. Haupt- und Nebenstelle sind über die d-Kontakte miteinander verbunden, die Mikrofonspeisung erfolgt über das N-Relais. In gleicher Weise muß in der Bedienung bei der Hauptstelle verfahren werden, wenn die Rückfrage geheim gehalten werden soll.

Bei einem Anruf der Nebenstelle zur Hauptstelle hebt die Nebenstelle nur den Handapparat ab; dadurch wird über die Teilnehmerschleife das N-Relais erregt, das den Gleichstromwecker als Dauerweckzeichen einschaltet. Beim Melden der Hauptstelle wird durch den Hakenumschalterkontakt Hu der Wecker ausgeschaltet. Die Mikrofonspeisung geschieht, wie oben beschrieben, über das N-Relais; das X-Relais bleibt in Ruhe, da seine Wicklungen gegeneinander geschaltet sind.

Eingehende Amtsrufe werden bei der Hauptstelle angezeigt durch Ertönen des Gleichstromweckers in Rufabständen entsprechend dem Amtsruf. Der Wecker wird durch Anrufrelais W erregt. Die Hauptstelle fragt durch Umlegen des Schalters A ab und kann sich wenn nötig mit der Endstelle verbinden, wobei durch Umlegen des Schalters in die Stellung R die Nebenstelle gerufen wird. Die Rufstromeinrichtung entspricht der bei dem handbedienten ZU beschriebenen. Beim Melden der Nebenstelle kommen die bei der Rückfrage erwähnten Stromwege zustande. Soll die Verbindung der Endstelle zugeleitet werden, so drückt die Hauptstelle die Durchschaltetaste T, wodurch das D-Relais und damit die Relais F und H erregt werden.

Bei Nacht oder unbesetzter Hauptstelle kann ein eingehender Amtsruf der Nebenstelle sofort zugeleitet werden. Wie bereits erwähnt,

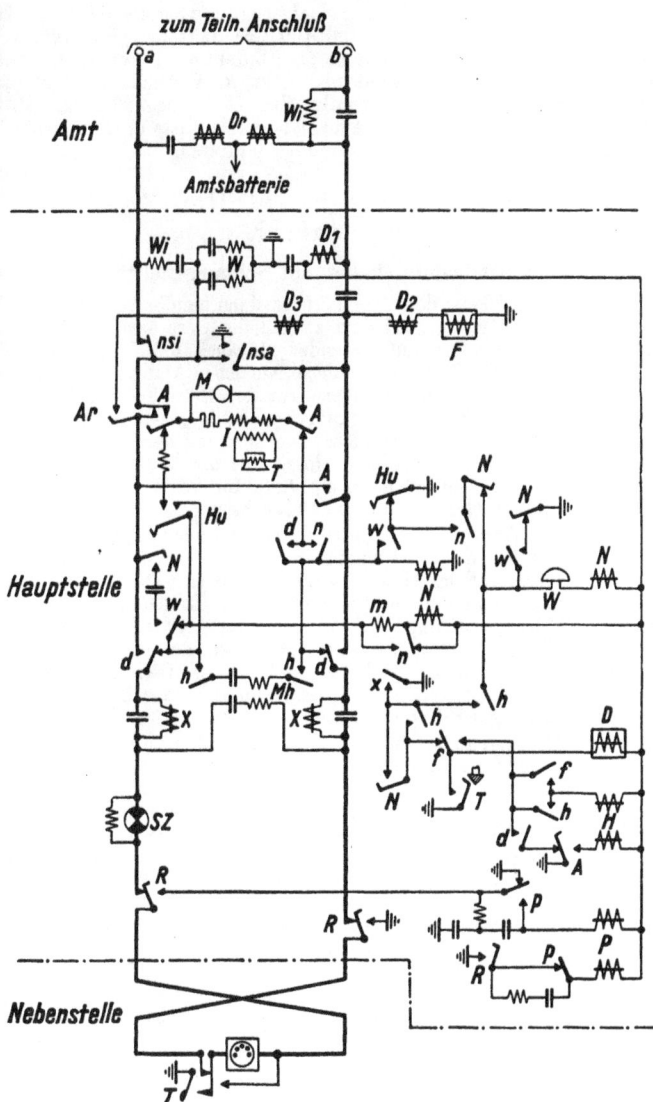

Abb. 885.

spricht das W-Relais an und in der Nachtschaltung parallel der Wecker der Nebenstelle über a-Ader vom Amt, Kontakt nsi, Kontakt A, Kontakt N, Kondensator, Kontakt w, Kontakt d, X-Relais, Schauzeichen, Kontakt R, Sprechstelle, Kontakt R, X-Relais, Kontakt d, Kontakt w, Hakenumschalterkontakt Hu. Die Nebenstelle muß abheben und da sie die Hauptstelle nicht hört, die Taste drücken, wobei wieder die geschilderten Schaltvorgänge eintreten.

g) Handbediente Nebenstellen-Zentralumschalter.

1. Nebenstellenumschalter mit Schnurvermittlung.

In der Abb. 886 ist der Stromlauf für einen handbedienten Nebenstellenumschalter gezeigt, bei dem sowohl die Gespräche der Nebenstellen und Hausstellen untereinander als auch die Gespräche der Nebenstellen mit den Teilnehmern des öffentlichen Amtes über Schnurpaare von Hand vermittelt werden. Für den Betrieb des Schrankes und zur Speisung der Teilnehmermikrofone bei internen Verbindungen ist eine Zentralbatterie vorgesehen. Die Speisung der Mikrofone der Nebenstellen bei Amtsgesprächen erfolgt über die Amtseinrichtungen. Zum Rufen der Nebenstellen ist ein Induktor vorgesehen, der auch durch eine Rufmaschine oder einen Polwechsler ersetzt werden kann

Bei einem Anruf vom Amt wird durch den vom Amt kommenden Wechselstrom das Wechselstromanrufrelais A erregt. Dieses schaltet mit seinem Kontakt das Halterelais H ein, das sich über den eigenen Kontakt bindet und die Anruflampe AL zum Leuchten bringt. Im Stromkreis der Anruflampe AL bzw. des Halterelais H, ist ein gemeinsames Anrufkontrollrelais ACR vorgesehen, das neben der Kontrollampe ACL noch als hörbares Signal einen Gleichstromwecker GW einschaltet. Der Wecker kann im Bedarfsfalle durch den Weckerschalter WS ausgeschaltet werden.

Zum Abfragen nimmt die Bedienungsperson den Abfragestöpsel AS eines freien Schnurpaares und steckt ihn in die Klinke AK der anrufenden Amtsleitung. Dadurch wird der Ruhekontakt der Klinke geöffnet, so daß der Stromkreis für das Halterelais H unterbrochen wird und somit auch die Anruflampe AL und die Kontrollampe ACL erlöschen. Über die c-Ader des Schnurpaares und die Klinkenbuchse wird das T-Relais erregt. Das in diesem Stromkreis liegende Tr-Relais kann jetzt nicht ansprechen, weil das T-Relais hochohmig gewickelt ist. Die Bedienungsperson legt jetzt den Abfrageschalter um und verbindet somit ihr Sprechsystem mit der Amtsleitung, wobei über das Drosselrelais Dr die Durchschaltung des Amts-LW und damit die Rufabschaltung bewirkt bzw. die Amtsverbindung gehalten wird.

Durch einen Kontakt st des Stöpselsitzumschalters, der beim Abheben des Stöpsels betätigt wird, werden die beiden Schlußlampen zur Gesprächsüberwachung eingeschaltet.

Soll die Verbindung zu einer Nebenstelle weitergeleitet werden, so nimmt die Bedienungsperson den zu dem benutzten Abfragestöpsel gehörigen Verbindungsstöpsel VS und steckt ihn in die Klinke NK der verlangten Nebenstelle und ruft mit dem Induktor *Ind* diese an. Der Abfrageschalter *AS* wird dann in die Ruhelage zurückgelegt, wodurch das S_1-Relais, das nun als Haltebrücke in die Amtsleitung geschaltet wird, über den Amtsstrom anspricht und mit seinem Ruhekontakt die Schlußlampe SL_1 ausschaltet.

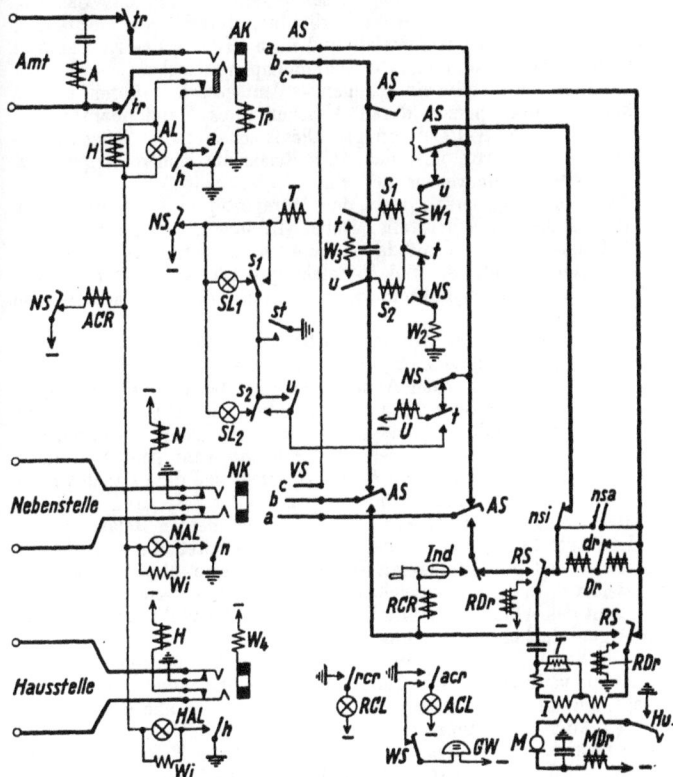

Abb. 886.

Meldet sich der Teilnehmer, so spricht das S_2-Relais, das in Reihe mit der Teilnehmerleitung bzw. Sprechstelle parallel zu dem Widerstand W_1 liegt, an und schaltet die Schlußlampe SL_2 aus, woran die Bedienungsperson erkennt, daß sich die Nebenstelle gemeldet hat Durch S_2-Relais wird weiter das *U*-Relais erregt, das den im bisherigen Haltestromkreis liegenden Widerstand W_1 abschaltet, so daß jetzt die Relais S_1 und S_2 in Reihe mit der Teilnehmerleitung liegen und durch den vom Amt fließenden Mikrofonspeisestrom weiter erregt bleiben. U-Relais hält sich über seinen eigenen Kontakt und den Kontakt st.

Legt nach Gesprächsschluß die Nebenstelle das Mikrotelefon auf, so werden durch Unterbrechung des Stromkreises die Relais S_1 und S_2 stromlos, fallen ab und bringen die beiden Schlußlampen SL_1 und SL_2 zum Leuchten. Die Bedienungsperson erkennt daran, daß das Gespräch beendet ist und trennt die Verbindung durch Ziehen der beiden Stöpsel. Dabei wird das T-Relais und nach Öffnung des Kontakts st auch das Relais U abfallen. Die Schlußlampen erlöschen.

Will die Nebenstelle ein abgehendes Amtsgespräch führen, so ruft sie die Bedienungsperson durch Abheben ihres Handapparates an. Dadurch wird das N-Relais erregt. Dieses schaltet die Nebenstellenanruflampe NAL bzw. über das ACR-Relais die Kontrollampe ACL und den Gleichstromwecker GW ein.

Die Bedienungsperson steckt den Abfragestöpsel AS in die Klinke NK der anrufenden Nebenstelle. Dabei wird über die Klinkenkontakte das N-Relais abgetrennt und damit die Anruflampe und Anrufkontrolllampe ausgeschaltet. S_1- und U-Relais sprechen dabei über den zur Nebenstelle fließenden Mikrofonspeisestrom an. S_1-Relais schaltet die Schlußlampe SL_1 aus.

Nach Umlegen des Abfrageschalters kann sich die Bedienungsperson mit der Nebenstelle in Verbindung setzen.

Zum Verbinden mit der Amtsleitung wird der Verbindungsstöpsel in die Amtsleitungsklinke AK gesteckt, wodurch das T-Relais anspricht und vorübergehend die Relais S_1 und U stromlos werden. Nach Zurücklegen des Abfrageschalters werden durch den vom Amt fließenden Mikrofonspeisestrom die Relais S_1 und S_2 erregt und damit auch wieder U-Relais, das den Widerstand W_1 ausschaltet. S_1- und S_2-Relais schalten die Schlußlampen aus. Parallel zu den beiden Relais ist über die Kontakte t und u ein Widerstand W_3 geschaltet, um eine größere Haltesicherheit der Speiserelais im Amt bzw. eine Abfallverzögerung der Relais S_1 und S_2 zu erreichen. Der Teilnehmer kann, nachdem er vom Amt das Wählzeichen erhalten hat, selbst die Wahl des gewünschten Amtsteilnehmers vornehmen.

Die Verbindung von Hausstellen mit einer Amtsleitung ist folgendermaßen verhindert. Wie bereits beim ankommenden Amtsverkehr gesagt, spricht beim Stecken des Stöpsels in die Klinke das T-Relais in der c-Ader der Schnur an, wobei aber das Tr-Relais an der Buchse der Amtsklinke wegen des hohen Widerstandes von T-Relais nicht anspricht. Wird jetzt der zweite Stöpsel in eine Hausstellenklinke gesteckt, so wird durch Parallelschaltung des Widerstandes W_4 der Strom in der c-Ader für das Tr-Relais so weit erhöht, daß dieses anzieht und mit seinen Kontakten tr die Durchschaltung zum Amt verhindert.

Wünscht eine Nebenstelle oder eine Hausstelle eine Verbindung mit einer anderen internen Sprechstelle, so erfolgt zunächst der Anruf zum Bedienungsplatz wieder in bekannter Weise durch Abheben des Hörers; Abfragen und Verbinden gehen wie beim ankommenden Amtsverkehr vor sich. Das T-Relais im Schnurpaar kann bei diesen Verbindungen aber nicht ansprechen, weil an den Teilnehmer-Klinkenbuchsen Erde fehlt. In diesem Fall erfolgt die Mikrofonspeisung

über die Relais S_1 bzw S_2, die mit ihren Kontakten s_1 und s_2 die Schlußlampen einzeln steuern.

Will die Bedienungsperson nach dem Rufen der verlangten Nebenstellen, sowohl beim Hausverkehr als auch beim ankommenden Amtsverkehr, vor der Durchschaltung erst noch mit dieser sprechen, so legt
sie zu dem Abfrageschalter noch den Rückfrageschalter RS um. Dadurch legt sie ihr Sprechsystem an den Verbindungsstöpsel und kann
mit der Nebenstelle oder Hausstelle sprechen, das Mikrofon dieser
Stelle wird dabei über die Drosselspule RDr gespeist. Der anrufende
Teilnehmer ist abgetrennt.

Nachtverbindungen zwischen Amt und Nebenstelle erfolgen durch
Stecken der beiden Stöpsel AS und VS in die Amts- bzw. Nebenstellen-
klinke und Umlegen des Nachtschalters. Durch dies wird die ört-
liche Batterie abgeschaltet und so ein Anzug der Relais bzw. die Einschaltung der Anruf- und Schlußlampen verhindert.

2. Schnurloser Glühlampenschrank.

Der schnurlose Glühlampenschrank ist, wie aus der Abb. 887 zu
ersehen, ähnlich aufgebaut wie der in Abb. 780 dargestellte schnurlose Klappenschrank. Auch hier dienen
zum Abfragen und Verbinden die kleinen in Abb. 780 besonders dargestellten
Stöpsel. In der obersten Reihe des Glüh-
lampenschrankes sind die Anruflampen
angeordnet, darunter die im Schalt-
schema noch zu beschreibenden Ruftasten bzw. Wähltasten. In der dritten Reihe sind die Verbindungsstöpsel
in ihren Ruheklinken untergebracht,
gleich darunter liegen die Abfrageklinken als letzte Reihe im oberen Feld.
Die im unteren Feld befindlichen Klinken sind Verbindungsklinken. An diesem Glühlampenschrank können die
Nebenstellen untereinander und auch
mit dem Amt verbunden werden.

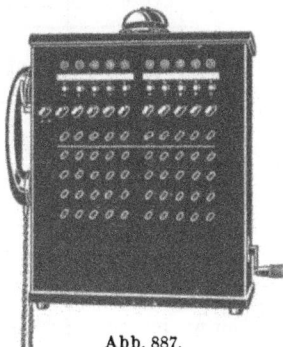

Abb. 887.

Die vereinfachte Schaltung dieses Schrankes zeigt die Abb. 888.
Die Schaltvorgänge sind wie folgt:

Hebt ein Teilnehmer den Handapparat seiner Sprechstelle ab, so
wird das Relais T_1 bzw. T_2 erregt, das über seinen Umschaltekon-
takt die Anruflampe L_1 bzw. L_2 einschaltet und über das Kontrollrelais K auch den Wecker W als akustisches Anrufsignal. Das Abfragen
und Verbinden von zwei Teilnehmern untereinander geschieht in der
gleichen Weise wie bei dem schnurlosen Klappenschrank bereits beschrieben.

Zum Rufen werden hierbei die Ruftasten RT_1 bzw. RT_2 gedrückt
und mit dem Induktor In gerufen. Soll eine Verbindung mit dem Amt
hergestellt werden, so wird der Stöpsel der Amtsleitung AL in die
Klinke 17, 18 gesteckt. Beim Ziehen des Stöpsels aus seiner Ruheklinke
ist automatisch der Kontakt u geschlossen und damit der Anruf zum

Amt gegeben, falls es sich um ein ZB-Amt handelt. Bei Anschluß an ein OB-Amt muß die Vermittlungsperson mittels der Ruftasten, die in diesem Fall wie bei einem Teilnehmeranschluß vorgesehen sind, zum Amt rufen. Bei Anschluß an ein W-Amt sind an Stelle der Ruftasten Wähltasten vorgesehen, die beim Drücken die Anschaltung eines Nummernschalters vornehmen, mit dem der Amtsteilnehmer aus-

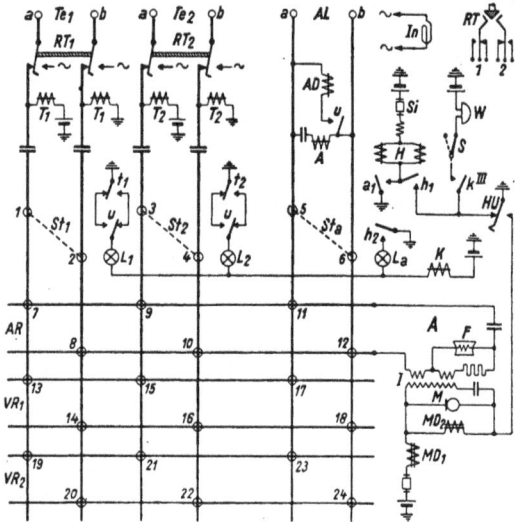

Abb. 888.

gewählt werden kann. Schlußzeichen wird beim Einhängen der Sprechstelle automatisch durch das abfallende Relais T gegeben, wobei dann wieder die Anruflampe, in diesem Fall als Schlußlampe, erscheint und der Wecker ertönt. Die Stöpsel werden darauf in die Ruheklinken zurückgesteckt.

h) Wähler-Nebenstellenanlage.

Unter diesem Titel (W-Nebenst.-Anl.) ist eine Nebenstellenanlage zu verstehen, bei der die Nebenstellen bzw. Hausstellen ihre Hausverbindungen und die Nebenstellen auch ihre abgehenden Verbindungen zum Amt vollselbsttätig herstellen können. Die Amtsverbindungen in ankommender Richtung werden durch eine Vermittlungsperson über Wähler, Tasten oder Stöpsel und Klinke hergestellt.

Nachstehend sind einige solcher Anlagen in ihrem prinzipiellen Aufbau beschrieben.

1. Relaiszentralen.

Bei diesen Anlagen werden alle Verbindungen ausschließlich durch Relaisanordnungen ohne Dreh- oder Hebdrehwähler hergestellt. Es wird dadurch eine einfache Wartung erreicht. Für den Betrieb solcher Anlagen wird Gleichstrom aus einer Batterie oder mit einem Netzanschlußgerät über einen Gleichrichter aus dem Starkstromnetz entnommen.

Abb. 889. Abb. 890.

Abb. 889 zeigt den äußeren Aufbau einer Anlage für 1 Amtsleitung und 4 Teilnehmeranschlüsse, wobei gleichzeitig ein Netzanschlußgerät eingebaut ist. Dieses besteht aus dem Netztransformator, der an Spannungen von 110, 125, 220 und 240 Volt Wechselstrom von 50 Perioden angeschlossen werden kann, aus der Trockengleichrichtersäule und der Siebkette, bestehend aus zwei Drosseln und zwei Elektrolytkondensatoren von je 500 μF. Das Netzanschlußgerät liefert gewöhnlich eine Betriebsspannung von 24 Volt Gleichstrom.

In Abb. 890 ist der Aufbau einer Anlage für 1 Amtsleitung und 10 Teilnehmeranschlüsse gezeigt, wofür der Stromlauf Abb. 891 gilt.

Nachstehend folgt an Hand dieses Stromlaufes eine Beschreibung der Schaltvorgänge.

Hausverkehr:

Der Teilnehmer 1 (Hauptstelle) hebt seinen Hörer ab, dadurch spricht das R_1-Relais an.

(Stromkreis 1)

Spannung, Widerstand W_1, Kontakte t_1, u_1, Relais X_1, a-

Leitung, Teilnehmerstelle, b-Leitung, Relais X_1, Kontakte u_1, x_1, t_1 und 1, Relais R_1, Kontakte anl, v_1, v_2 und an_3, Erde. Durch R_1-Relais werden die Relais An_1 und J erregt:

(Stromkreis 2)
Spannung, Relais An_1, Kontakt r_1, Erde.

(Stromkreis 3)
Spannung, Relais J, Kontakt r_1, Relais J, Erde.

An_1-Relais bringt T-Relais zum Anzug.

(Stromkreis 4)
Spannung, Widerstand W_6, Kontakt an_4, Relais T_1, Kontakte r_1, r_2, r_3, v_1 und an_1, Erde.

Das Relais T_1 schaltet mit seinen Umschaltkontakten den Teilnehmer 1 an den Hausverbindungsweg.

(Stromkreis 5)
Spannung, Relais J, Kontakte t_1 und u_1, Relais X_1, a-Leitung, Sprechstelle, b-Leitung, Relais X_1, Kontakte u_1, x_1 und t_1, Relais J, Erde.

Das Relais X spricht in diesem Stromkreis nicht an, weil seine Wicklungen differential geschaltet sind. Über Relais J wird ein Haltestromkreis für Relais T_1 geschaffen und weiter das Relais V_1 erregt.

(Stromkreis 6)
Spannung, Widerstand W_7, Kontakt i, Relais T_1, Kontakte t_1 und an_3, Erde.

(Stromkreis 7)
Spannung, Widerstand W_{12}, Relais V_1, Kontakt i, Erde.

Das Relais V_1 trennt den Stromkreis 1 für das Relais R_1 auf und sperrt dadurch den Hausverbindungsweg für weitere interne Gespräche. Relais V_1 übernimmt das Halten des Relais An_1 und bereitet die Belegung der Relaiskette für die Wahl vor.

(Stromkreis 8)
Spannung, Widerstand W_3, Relais An_1, Kontakte ab_1, an_1, v_1, an_2, Erde.

Es wird nun der Nummernschalter an der Teilnehmerstelle aufgezogen und ablaufen gelassen. Gewählt wird z. B. Ziffer 3. Bei der ersten impulsmäßigen Öffnung fällt das Relais J ab. Dadurch wird der Kurzschluß für das Relais V_2 aufgehoben, das nun anzieht.

(Stromkreis 9)
Widerstand W_{12}, Relais V_1 und V_2, Kontakt v_1, Erde.

Die Relais V_1 und V_2 halten sich während der Impulsgabe infolge der Abfallverzögerung durch Kurzschluß.

Relais V_2 schaltet das V_3-Relais und dieses das Relais I an.

(Stromkreis 10)
Spannung, Relais V_3, Kontakte v_2, an_1, v_1 und an_2, Erde.

(Stromkreis 11)
Spannung, Relais I, Kontakte v_3, n, an_1, v_1 und an_2, Erde.

Durch das abgefallene Relais J wird Relais K erregt.

(Stromkreis 12)
Spannung, Relais K, Kontakte l, p, an_4, i, an_1, v_1 und an_2, Erde.

Relais *I* schaltet Relais *II* ein und hält sich selbst.
(Stromkreis 13)
Spannung, Widerstand W_2, Kontakte p und k, Relais *II*, Kontakte 3, k, an_1, v_1 und an_2, Erde.
(Stromkreis 14)
Spannung, Relais *I*, Kontakte 1, 3, k, an_1, v_1 und an_2, Erde.
Das Relais *J* zieht nach Beendigung der ersten Schleifenunterbrechung wieder an. Dabei wird der Kurzschluß für das Relais *L* aufgehoben. Es zieht an und hält sich über seinen eigenen Kontakt.
(Stromkreis 15)
Spannung, Relais *K*, Kontakt l, Relais *L*. Kontakte k, an_1, v_1 und an_2, Erde.
(Stromkreis 16)
Spannung, Relais *L*, Kontakt l, Relais *L*, Kontakte k, an_1, v_1 und an_2, Erde.
K-Relais hält sich über:
(Stromkreis 17)
Spannung, Relais *K*, Kontakte i, an_4 und p, Relais *L*, Kontakte k, an_1, v_1 und an_2, Erde.
L-Relais schaltet *N*-Relais ein, das sich über eigenen Kontakt hält, solange die Relaiskette belegt ist:
(Stromkreis 18)
Spannung, Relais *N*, Kontakte l, an_1, v_1 und an_2, Erde.
(Stromkreis 19)
Spannung, Relais *N*, Kontakte n, an_1, v_1 und an_2, Erde.
J-Relais wird zum zweitenmal stromlos, zweiter Impuls. Es unterbricht den Stromkreis 17 für *K*-Relais. *K*-Relais wird stromlos. Durch Umlegen seines Kontaktes fällt *I*-Relais ab. *II*- und *L*-Relais halten sich weiter über:
(Stromkreis 20)
Spannung, Relais *II*, Kontakte 2, 4, k, an_1, v_1 und an_2, Erde.
(Stromkreis 21)
Spannung, Relais *L*, Kontakte l, p, an_4, i, an_1, v_1, an_2, Erde.
Die k-Kontakte schalten ferner *III*-Relais ein über:
(Stromkreis 22)
Spannung, Widerstand W_2, Kontakte p, k, v_2, Relais *III*, Kontakte 4, k, an_1, v_1 und an_2, Erde.
J-Relais zieht wieder an.
L-Relais wird stromlos durch Umlegen des i-Kontaktes. Relais *II* und *III* halten sich über die Stromkreise 20 bzw. 22. *J*-Relais wird zum drittenmal stromlos, dritter Impuls. *K*-Relais wird erneut erregt durch das *J*-Relais (Stromkreis 12). *III*-Relais hält sich weiter und *IV*-Relais wird durch Öffnen des Kontaktes 3 eingeschaltet.
(Stromkreis 23)
Spannung, Relais *III*, Kontakte 3, k, an_1, v_1 und an_2, Erde.
(Stromkreis 24)
Spannung, Widerstand W_2, Kontakte p, k, 1, Relais *IV*, Kontakte k, an_1, v_1 und an_2, Erde.

II-Relais wird durch den erneuten Anzug des K-Relais stromlos. Die Impulsreihe ist zu Ende, das J-Relais zieht dauernd an.

L-Relais wird erneut über Stromkreis 15 eingeschaltet.

Nach der Impulsgabe wird durch den i-Kontakt V_2-Relais kurzgeschlossen; dieses fällt verzögert ab und erregt P-Relais.

(Stromkreis 25)

Spannung, Widerstand W_2, Kontakt v_2, Relais P, Kontakte l, an_1, v_1 und an_2, Erde.

p-Kontakt unterbricht den Stromkreis 24 für das IV-Relais, das abfällt. Nach dem Abfall von V_2-Relais wird V_3-Relais ebenfalls verzögert stromlos.

Prüfen, Teilnehmer frei, erster Ruf. Beim Anzug des N-Relais wurde durch dessen Kontakt der Polwechsler angelassen (PW-Relais).

Die Prüfung und der erste Ruf werden begrenzt durch den Zeitraum zwischen dem Anzug des P-Relais und dem Abfall des V_3-Relais. Bei freiem Teilnehmer 3 spricht über den vom Polwechsler abgegebenen Rufwechselstrom das P_1-Relais an.

(Stromkreis 26)

Spannung, Widerstand W_1, Kontakte t_3, u_3, Relais X_3, Teilnehmerstelle, Relais X_3, Kontakte u_3, t_3, 3, p, v_3, Relais P_1, über Rufstromtransformator an Erde.

Relais P_1, schließt den Stromkreis für Fr-Relais, das sich über den eigenen Kontakt fr hält.

(Stromkreis 27)

Spannung, Relais Fr, Kontakte p_1 (fr), n, an_1, v_1 und an_2, Erde.

Dem rufenden Teilnehmer wird das Freizeichen induktiv durch J-Relais vermittelt.

(Stromkreis 28)

Spannung, Relais J, Kontakte an_1, n und fr, Widerstand W_{10}, Kontakt rf, Wicklung des Polwechsler-Transformators (Rufstrom), Erde.

Das Freizeichen ist ein Rasseln im Rhythmus des Rufstromes. Beim Anzug von P_1-Relais geht unmittelbar der erste Ruf in die Leitung zum gewünschten Teilnehmer (Stromkreis 26).

Der Weiterruf geschieht durch Steuerung des Rufstromes mit Hilfe des Rf-Relais. Sofort nach Schließen des n-Kontaktes läuft der PW an und der Transformator erhält Strom. Mit rf_1-Kontakt wird der Stromkreis für Thermorelais Th_2 geschlossen.

(Stromkreis 29)

Spannung, Relais Th_2, Kontakt rf_1, Erde.

Nach kurzer Zeit schließt das Th_2-Relais seinen Kontakt th_2 und bringt dadurch Rf-Relais zum Abfall. rf_1-Kontakt unterbricht Th_2-Relais, das sich abkühlt und nach kurzer Zeit den Kurzschluß von Rf-Relais aufhebt. Das Wechselspiel zwischen Rf-, Th_2-Relais und th_2-Kontakt dauert so lange, bis derTeilnehmer abhebt. Dieser wird gerufen, sobald Rf-Relais seinen rf II-Kontakt schließt. Rufstromkreis über:

(Stromkreis 30)

Erde, Transformator, Kontakt rf, Relais Ab, Kontakte fr, v_3, p und 3, Teilnehmerschleife, Widerstand W_1, Spannung.

Ab-Relais spricht über den Rufstrom infolge seiner Kupferdämpfung nicht an.

Hebt der gerufene Teilnehmer ab, so spricht Ab-Relais über den nun fließenden Gleichstrom im Stromkreis 30 an. Ein ab-Kontakt schließt einen Anzugsstromkreis für Ab_1-Relais. Dieses zieht an und hält sich über eigenen Kontakt und erregt T_3-Relais des Teilnehmers 3.

(Stromkreis 31)
Spannung, Relais Ab_1, Kontakte ab (ab_1), an_1, v_1 und an_2, Erde.

(Stromkreis 32)
Spannung, Widerstand W_6, Kontakt an_4, Relais T_3, Kontakte 3, ab_1, an_1, v_1 und an_2, Erde.

T_3-Relais hält sich über den eigenen Kontakt:

(Stromkreis 33)
Spannung, Widerstand W_7, Kontakt v_1, Relais T_3, Kontakte t_3 und an_3, Erde.

Durch Umlegen des ab_1-Kontaktes wird Relais An_1 stromlos und dadurch fallen ferner folgende Relais ab: Fr, K, L, P, N und III; der Polwechsler PW und Rf-Relais kommen ebenfalls zum Stillstand. Das sich haltende T_3-Relais schaltet den gerufenen Teilnehmer 3 mit seinen Kontakten auf die Hausverbindungsleitung. Durch den t_3-Kontakt wird auch Ab-Relais zum Abfall gebracht.

Während des Gespräches erhalten beide Teilnehmer über J-Relais als Speiserelais den Speisestrom für die Mikrofone.

(Stromkreis 34)
Spannung, Relais J, $\dfrac{\text{Schleife zum Teilnehmer 1 (Hauptstelle)}}{\text{Schleife zum Teilnehmer 3 (Nebenstelle)}}$ Relais J, Erde.

Erregt sind folgende Relais: J, V_1, T-Relais der Teilnehmer 1 und 3.

Hängen nach Gesprächsschluß beide Teilnehmer ein, so wird J-Relais stromlos. i-Kontakt schließt V_1-Relais kurz, das dadurch verzögert abfällt. Da sich die T-Relais beider Teilnehmer während des Gespräches über i-Kontakt (v_1-Kontakt) halten, werden nun auch sie zum Abfall gebracht, und der Ruhestand ist damit wieder hergestellt.

Prüfen auf besetzten Teilnehmer.

Wie bereits mit Stromkreis 26 erwähnt, findet der Prüfvorgang zwischen Anzug von P-Relais und Abfall von V_3-Relais statt. Ist der gerufene Teilnehmer besetzt, so spricht im Gegensatz zu Stromkreis 26 P_1-Relais nicht an, da durch die umgelegten t- und u-Kontakte die Schleife für P_1-Relais unterbrochen ist. Mithin erhält auch Fr-Relais keinen Strom, der Teilnehmer erhält Besetztzeichen.

(Stromkreis 35)
Erde, Transformator, Kondensator, Kontakte fr, n und an_1, Relais J, Spannung.

Legt der rufende Teilnehmer nach erhaltenem Besetztzeichen auf, so wird, wie vorher beschrieben, das J-Relais stromlos. V_1-Relais wird kurzgeschlossen und dadurch T-Relais zum Abfall gebracht.

Ist die Hausverbindungsleitung besetzt und ein weiterer Teilnehmer hebt seinen Handapparat ab, so erhält er Besetztzeichen.

In diesem Falle fehlt für den Stromkreis 1 die direkte Erde im Ansprechkreis für das Relais R, weil das V_1-Relais erregt ist.

Ein Stromkreis kommt jedoch über das Su-Relais zustande, das einen so hohen Widerstand hat, daß das R-Relais nicht anziehen kann. Su-Relais spricht jedoch an und unterbricht seinen Stromkreis durch den eigenen Kontakt su, fällt daher ab und spricht sogleich wieder an. Durch dieses periodische Öffnen und Schließen des Stromkreises wird das Besetztzeichen erzeugt.

Abgehender Amtsverkehr:

Hebt der Teilnehmer den Handapparat ab, so bauen sich nacheinander die Stromkreise 1 bis 8 auf, falls das Hausaggregat frei ist.

Nach dem Abheben des Handapparates drückt der Teilnehmer die an seiner Sprechstelle befindliche Erdungstaste. Dadurch zieht X-Relais über folgenden Stromkreis an:

(Stromkreis 36)

Spannung, Relais J, Kontakte t_1 und u_1, Relais X_1, Taste T, Erde.

Relais X schaltet U- und S-Relais ein:

(Stromkreis 37)

Spannung, Widerstand W_{13}, Kontakte g, u_1, Relais U_1, Kontakte x_1 und g, Erde.

(Stromkreis 38)

Spannung, Relais S, Kontakte g und x_1, Relais X_1, Taste T der Hauptstelle, Erde.

U-Relais hält sich über seinen umgelegten Kontakt und schaltet den Teilnehmer auf die Amtsleitung. G-Relais zieht an.

(Stromkreis 39)

Spannung, Relais G, Kontakt u_1, Relais U_1, Kontakte x_1 und g, Erde.

U-Relais hält sich weiter über:

(Stromkreis 40)

Spannung, Relais G, Kontakt u_1, Relais U_1, Kontakt x_1, Relais C, Erde.

C-Relais kommt durch diesen Stromkreis ebenfalls zum Ansprechen. Durch Anziehen von S-Relais (Stromkreis 38) wird S_1-Relais erregt.

(Stromkreis 41)

Spannung, Relais S_1, Kontakt s, Erde.

Das beim Abheben des Handapparates des Teilnehmers angelaufene Aggregat wird abgeschaltet, sobald im Stromkreis 37 U-Relais anzieht und mit seinen Kontakten den Stromkreis für J-Relais auftrennt. Das bewirkt ein Stromloswerden von V_1-Relais und damit analog den Einhängevorgängen ein Zusammenfallen aller bestehenden Stromkreise für das Aggregat. Wünscht ein Teilnehmer die Herstellung einer Amtsverbindung und drückt er zu diesem Zweck die Erdungstaste bei besetztem Aggregat, so erhält er die Amtsleitung durch Umgehung des Hausaggregates. Sein X-Relais zieht jetzt über den Widerstand W_1 an.

(Stromkreis 42)

Spannung, Widerstand W_1, Kontakte t_1, und u_1, Relais X_1, a-Ader, Taste T, Erde.

Beim Loslassen der Taste fällt Relais X ab. Durch Umlegen des x_1-Kontaktes wird der Stromkreis 40 für C-Relais unterbrochen. Dieses fällt ebenfalls ab und erregt Q_1-Relais.

(Stromkreis 43)
Spannung, Widerstand W_{11}, Relais Q_1, Kontakte s, c und g, Erde.

Q_1-Relais schaltet mit seinen Kontakten die Sprechleitungen zum Amt durch. U_1-Relais hält sich weiter über:

(Stromkreis 44)
Spannung, Relais G, Kontakt u_1, Relais U_1, Kontakte x_1, w_2, h_1, Widerstand W_8, Kontakte c, s_1 und g, Erde.

Bis in diesem Stromkreis der c-Kontakt wieder geschlossen wird, halten sich U_1-Relais infolge des Kurzschlusses seiner zweiten Wicklung und G-Relais infolge seiner Cu-Dämpfung.

Die Speisung für das Mikrofon des Teilnehmers erfolgt jetzt über beide Wicklungen des S-Relais.

Der Teilnehmer wartet, nachdem er auf die Amtsleitung aufgeschaltet ist, das Amtszeichen vom Amt her ab und beginnt dann mit der Wahl. Durch den Impulskontakt wird der Stromkreis für das S-Relais impulsmäßig unterbrochen. Dieses pendelt und unterbricht mit seinem Kontakt die Amtsschleife im Tempo der Impulse sowie den Stromkreis 41 für S_1-Relais. Auch S_1-Relais folgt den Impulsen. Beim ersten Impuls wird Q_2-Relais erregt.

(Stromkreis 45)
Spannung, Widerstand W_{11}, Kontakt s, Relais Q_2, Kontakt q_1, Erde.

Während der Impulsgabe halten sich infolge Abfallverzögerung durch Kurzschluß Q_1- und Q_2-Relais. q_2-Kontakte trennen während der Impulsgabe die a- und b-Ader von den Kondensatoren ab und schließen während der Wahl die Schleifendrossel zum Amt zwecks einwandfreier Impulsgabe kurz. Nach beendeter Wahl fällt Q_2-Relais verzögert wieder ab. Die Amtsschleife wird wieder durchgeschaltet und der Kurzschluß der Amtsdrossel aufgehoben.

Ist der gerufene Teilnehmer frei, so kann das Gespräch geführt werden, andernfalls erhält der Rufende vom Amt das Besetztzeichen. Während des Gespräches sind folgende Relais erregt: S, Q_1, U, S_1 und G. Hat ein zweiter Teilnehmer die Absicht, ein Amtsgespräch zu führen, während die Amtsleitung bereits belegt ist, so erhält er Besetztzeichen während des Tastendruckes. Sein U-Relais kann während des Tastendruckes nicht erregt werden, da der g-Kontakt bereits durch die bestehende Amtsverbindung geöffnet ist. Es wird daher das Anl-Relais erregt und vermittelt dem Teilnehmer das Besetztzeichen.

(Stromkreis 46)*)
Spannung, Relais Anl, Kontakte x_1 und u_1, Relais X_1, Sprechstelle, Taste T, Erde.

Hängt der mit dem Amt verbundene Teilnehmer nach Gesprächsschluß ein, so fällt zuerst S-Relais ab und damit auch S_1-Relais und

---

*) Nur dargestellt für die Hauptstelle.

Q_1-Relais. Dadurch fallen auch U- und C-Relais ab und der Ruhezustand ist wieder hergestellt.

Ankommender Amtsverkehr:

Anruf vom Amt kommt bei der Hauptstelle an.

Durch den ankommenden Rufstrom wird A-Relais im Rhythmus
des Rufstromes erregt. Relais A schließt den Stromkreis für H_1- und
H_2-Relais beim ersten Rufstromimpuls.

(Stromkreis 47)

Spannung, Relais $\dfrac{H_1}{H_2}$, Kontakt a, Erde.

H_1-Relais hält sich über h_1-Kontakt.

(Stromkreis 48)

Spannung, Relais H_1, Kontakte h_1 und q_1, Erde.

H_1-Relais schaltet U-Relais der Hauptstelle ein, das sich über
seinen eigenen Kontakt hält.

(Stromkreis 49)

Spannung, Widerstand W_{13}, Kontakte g und u_1, Relais U_1,
Kontakte x_1, w_2, h_1, t_1 und an_3 (an_1), Erde.

(Stromkreis 50)

Spannung, Relais G, Kontakt u_1, Relais U_1, Kontakte x_1, w_2,
h_1, t_1 und an_3 (an_1), Erde.

Die Hauptstelle wird durch Kontakte des Relais U_1 an die Amtsadern gelegt. h_2-Kontakt läßt den PW an und leitet den Rufstrom zur
Hauptstelle da inzwischen auch Rf-Relais arbeitet (s. S. 520). Um ein
Ansprechen von S-Relais während des Rufens zu verhindern, wird durch
einen h_2-Kontakt die eine Wicklung des S-Relais kurzgeschlossen und
dadurch Unempfindlichkeit des S-Relais für Rufstrom erreicht. Nach
Beendigung des ersten Rufes fällt H_2-Relais wieder ab, der Ruf hört
auf. Der zweite und dritte Rufimpuls wirkt ähnlich.

Meldet sich die Hauptstelle nicht, so geht der Ruf an die Nachtstelle.

Th_1-Relais erhielt über h_1-Kontakt beim Ansprechen des H_1-
Relais Strom.

(Stromkreis 51)

Spannung, Relais Th_1, Kontakte w_1, h_1 und q_1, Erde.

Nach etwa 25 bis 30 Sekunden wird th_1-Kontakt geschlossen. W_1-
und W_2-Relais ziehen an und beide halten sich über w_1-Kontakt.

(Stromkreis 52)

Spannung, Relais $\dfrac{W_1}{W_2}$, Kontakte th_1 (w_1), h_1 und q_1, Erde.

w_2-Kontakt unterbricht den Haltekreis für U_1-Relais der Hauptstelle. Die Hauptstelle wird abgeschaltet, und dafür zieht jetzt über
w_2-Kontakt das U-Relais der Nachtstelle (Teilnehmer 2) an.

(Stromkreis 53)

Spannung, Widerstand W_{13}, Kontakte g und u_2, Relais U_2,
Kontakte x_2, w_2, t_2 und an_3 (an_1), Erde.

U-Relais hält sich entsprechend Stromkreis 50 und legt die Nachtstelle an die Amtsadern. Die weiteren Amtsrufe gelangen also jetzt zur

Nachtstelle. Inzwischen kühlt sich Th_1-Relais innerhalb 25 bis 30 Sekunden wieder ab, th_1-Kontakt legt sich um und schließt, da w_1-Kontakt geschlossen ist, H_1-Relais kurz. H_1-Relais fällt ab und schaltet dadurch auch die Nachtstelle von der Amtsleitung wieder ab. Es tritt der Ruhezustand ein, bis A-Relais durch erneuten Amtsanruf wieder betätigt wird.

Hebt der gerufene Teilnehmer (Haupt- oder Nachtstelle) ab, so ist er direkt, also ohne Tastendruck auf die Amtsleitung geschaltet.

Das Amtsgespräch kann geführt werden, Speisung erfolgt über das S-Relais.

(Stromkreis 54)
Spannung, Relais S, Kontakt u_1 bzw. u_2, Relais X_1 bzw. X_2, Sprechstelle, Relais X_1 bzw. X_2, Kontakt u_1 bzw. u_2, b-Ader, Relais S, Erde.

S-Relais zieht an und erregt Q_1- und S_1-Relais. q_1-Kontakt trennt den Stromkreis für H_1-, W_1- und W_2-Relais auf, H_1-, W_1- und W_2-Relais fallen ab, U-Relais hält sich jetzt über s_1-Kontakt.

(Stromkreis 55)
Spannung, Relais G, Kontakt u_1, Relais U_1, Kontakte x_1, w_2 und h_1 Widerstand W_8, Kontakte c, s_1 und g, Erde.

Einhängen.

Nach Gesprächsschluß hängt der Teilnehmer ein. S-Relais wird stromlos, S_1- und Q_1-Relais fallen ab. Dadurch wird U-Relais stromlos und die Sprechstelle von der Amtsleitung abgetrennt. Der Ruhezustand ist wieder hergestellt.

Führt ein Teilnehmer der Zentrale ein Amtsgespräch, so kann eine Rückfrage zu einem anderen internen Teilnehmer nötig werden. Angenommen der Teilnehmer 2 führt ein Amtsgespräch (Stromkreis 54). S-, Q_1-, U-Relais des Teilnehmers 2, S_1- und G-Relais ziehen an.

Will Teilnehmer 2 nun z. B. zum Teilnehmer 3 rückfragen, so drückt er seine Erdungstaste, das X-Relais des Teilnehmers 2 spricht an.

(Stromkreis 56)
Spannung, Relais S, Kontakt u_2, Relais X_2, Taste T, Erde.
Über x_2-Kontakt wird C-Relais erregt und dadurch Y-Relais.

(Stromkreis 57)
Spannung, Relais G, Kontakt u_2, Relais U_2, Kontakt x_2, Relais C, Erde.

(Stromkreis 58)
Spannung, Relais Y, Kontakte z, c und q_1, Erde.

Y-Relais erregt An_2- und An_3-Relais und über an_3-Kontakt An_4-Relais.

(Stromkreis 59)
Spannung, Relais $\dfrac{An_2}{An_3}$, Kontakte y, c und g, Erde.

(Stromkreis 60)
Spannung, Relais An_4, Kontakt an_3, Erde.

Wird jetzt die Taste wieder freigegeben, so fällt X-Relais ab und damit auch C-Relais. Das vorher kurzgeschlossene Z-Relais wird erregt über:

(Stromkreis 61)
> Spannung, Relais Y, Kontakt z, Relais Z, Kontakte y und q_1, Erde.

Durch z-Kontakt wird der Haltekreis für Z-Relais gebildet.

(Stromkreis 62)
> Spannung, Relais Z, Kontakt z, Relais Z, Kontakte y und q_1, Erde.

Y-Relais hält sich weiter über:

(Stromkreis 63)
> Spannung, Relais Y, Kontakt c, Relais Z, Kontakte y und q_1, Erde.

Y- und Z-Relais trennen die Amtsleitung hinter der Drossel Dr_1 auf, so daß der Amtsteilnehmer das Rückfrage-Gespräch nicht mithören kann. Die Amtsverbindung wird über die Drossel Dr_1 gehalten.

Die Nummernwahl erfolgt wie bereits beim Hausverkehr beschrieben. Hier tritt lediglich das S_1-Relais als Impulsrelais an die Stelle des dortigen J-Relais. Beim ersten Nummernimpuls zieht Q_2-Relais an, das V_2- und V_3-Relais erregt. Alle drei Relais halten sich während der Impulsgabe. Im übrigen erfolgt genau das gleiche Spiel zwischen den Relais K, L, I bis V, N und P wie vorher. Die Vorgänge unterscheiden sich nur dadurch voneinander, daß am Ende der Wahl einer geraden Ziffer K- und L-Relais abgefallen, während sie beim Wählen ungerader Teilnehmer-Ziffern noch bis zum Abheben des gerufenen Teilnehmers erregt sind. Durch n-Kontakt wird der PW, das Rf- und Th_2-Relais in Tätigkeit gesetzt.

Ist die Nummernwahl zu Ende, so fällt verzögert Q_2-Relais und kurz darauf V_2-Relais ab. Das abfallende V_2-Relais schließt mit seinem Kontakt den Stromkreis für Relais P.

(Stromkreis 64)
> Spannung, Widerstand W_2, Kontakte p und v_2, Relais P, Kontakte n, an_4 und z, Erde.

p-Kontakt schließt den Rufstromkreis zum Teilnehmer. P_1-Relais zieht an und erregt Fr-Relais nach Stromlauf 27. Dem rufenden Teilnehmer wird das Freizeichen jetzt über S-Relais induktiv vermittelt.

(Stromkreis 65)
> Erde, Transformator Tr, Kontakt rf, Widerstand W_{10}, Kontakte fr, n und an_2, Relais S, Spannung.

3-Kontakt hebt den Kurzschluß vom U-Relais auf und bereitet das Ansprechen von U-Relais vor.

Weiterruf wie Stromkreis 29 und 30.

Hebt der Teilnehmer 3 seinen Handapparat ab, so zieht Ab-Relais (Stromkreis 30) an. Durch den bereits früher umgelegten an_4-Kontakt wurde den T-Relais der einzelnen Teilnehmer die Spannung genommen. Ab-Relais kann daher jetzt das bereits durch III-Relais der Relaiskette vorbereitete U_3-Relais zum Ansprechen bringen, während die U-Relais der übrigen Teilnehmer kurzgeschlossen sind.

(Stromkreis 66)

Spannung, Widerstand W_c, Kontakt an_4, über die kurzgeschlossenen U-Relais der übrigen Teilnehmer, Relais U_3 des Teilnehmers 3, Kontakte ab_1, an_4 und z, Erde.

U_3-Relais hält sich mit seiner zweiten Wicklung über Stromkreis 44. Durch ab_1-Kontakt werden An_2- und An_3-Relais und durch an_3-Kontakt An_4-Relais stromlos. An_4-Relais unterbricht den Stromkreis für P-, Fr- und N-Relais; letzteres bringt den PW und Rf-Relais zum Stillstand. Das stromlos werdende Fr-Relais bringt schließlich Ab-Relais wieder zum Abfall und damit auch Ab_1-Relais.

Nachdem Ab-Relais abgefallen ist, ist der Gesprächszustand erreicht. Es sind folgende Relais erregt: S, Q_1, U-Relais des Teilnehmers 2, S_1, G, Y, Z, U_3-Relais des Teilnehmers 3. Die Teilnehmer sind jetzt parallel an die Amtssprechadern gelegt.

Der Teilnehmer 3 wird aufgefordert, das Amtsgespräch durch Tastendruck zu übernehmen. Er drückt die Erdungstaste, sein X_3-Relais spricht entsprechend Stromkreis 56 an. Über x-Kontakt spricht C-Relais entsprechend Stromkreis 57 an und trennt Teilnehmer 2 von der Amtsleitung durch Stromloswerden seines U_2-Relais ab. Ferner wird durch C-Relais das Y-Relais und damit auch Z-Relais stromlos; Teilnehmer 2 legt auf.

X-Relais wird wieder stromlos, C-Relais fällt ab, U-Relais hält sich weiter entsprechend Stromkreis 44.

Das Gespräch zwischen Teilnehmer 3 und Amtsteilnehmer kann geführt werden. Folgende Relais sind erregt: S, Q_1, S_1, G, U_4. Mikrofonspeisung erfolgt über S-Relais und die Schleife.

Legt nach Gesprächsschluß der Teilnehmer auf, wird S-Relais stromlos und bewirkt die Auslösung der übrigen Relais wie früher beschrieben. Falls der rückfragende Teilnehmer 2 das Amtsgespräch selbst wieder übernehmen will, drückt er seinerseits wieder seine Taste und wirft dadurch Teilnehmer 3 ab. Die Stromkreise sind entsprechend den früher beschriebenen.

Führt der in Rückfrage zu erreichende Teilnehmer 3 bereits ein Hausgespräch, so kann nach der internen Wahl des rückfragenden Teilnehmers das Fr-Relais nicht anziehen, vielmehr wird das Auf-Relais erregt.

(Stromkreis 67)

Spannung, Relais Auf, Kontakte an_2, v_3, fr, n, an_4 und z, Erde. Alle drei internen Teilnehmer erhalten ein Besetztzeichen induktiv über S-Relais.

(Stromkreis 68)

Spannung, Relais S, Kontakte an_2, n und fr, Kondensator, Transformator, Erde.

Kontakte des Auf-Relais vollziehen die Aufschaltung auf die Hausleitung. Auf-Relais schaltet das U-Relais des über Rückfrage angerufenen Teilnehmers 3 ein.

(Stromkreis 69)

Spannung, Widerstand W_6, Kontakt an_4, Kette der durch die Wählerkontakte kurzgeschlossenen U-Relais, Relais U_3 des

Teilnehmers 3 (nicht kurzgeschlossen), Kontakte *auf*, an_4 und z, Erde.

Wünscht der angerufene Teilnehmer das Gespräch zu übernehmen, so drückt er seine Taste, wünscht der Rufende das Gespräch fortzusetzen, so drückt dieser seine Taste.

Bei Nacht wird der Nachtschalter N umgelegt. Erfolgt nun ein Amtsanruf, so treten, wie bereits beschrieben, A-, H_1- und H_2-Relais in Tätigkeit (Stromkreise 47 und 48). H_1-Relais hält sich über eigenen Kontakt. Über den gleichen Kontakt wird das W_2-Relais erregt.

(Stromkreis 70)
Spannung, Relais W_2, N-Schalter, Kontakte w_1, h_1 und q_1, Erde.

Das U_2-Relais der Nachtstelle (Teilnehmer 2) zieht an und hält sich über eigenen u-Kontakt.

(Stromkreis 71)
Spannung, Widerstand W_{13}, Kontakte g und u_2, Relais U_2, Kontakte x_2, w_2, t_2 und an_1, Erde.

U_2-Relais legt mit seinen Kontakten die Nachtstelle an die Amtsleitung. Die Nachtstelle wird über den h_2-Kontakt gerufen, der PW wird angelassen. Die Hauptstelle kann nicht gerufen werden, da durch das W_2-Relais der Haltekreis für ihr U-Relais aufgetrennt ist. Nach etwa 25—30 Sekunden wird th_1-Kontakt umgelegt, W_1-Relais zieht an, trennt den Kreis für W_2-Relais auf, die Nachtstelle wird durch w_1- und w_2-Kontakte abgeschaltet und dafür über w_2-Kontakt die Hauptstelle an die Adern gelegt und gerufen. Nach Abkühlen des Th_1-Relais wird H_1-Relais kurzgeschlossen, die Rufeinrichtung wird stromlos und beim nächsten Amtsanruf wieder eingeschaltet. Hebt der gerufene Teilnehmer (Haupt- oder Nachtstelle) ab, so wird er, wie bereits vorher beschrieben, auf die Amtsadern geschaltet. Nach Schluß erfolgt die Auslösung der Verbindung durch Auflegen des Handapparates. Meldet sich keine der beiden Sprechstellen, so fällt am Schluß des Amtsanrufes H_1-Relais endgültig ab, das U-Relais der Hauptstelle ebenfalls, und der Ruhezustand ist wieder hergestellt.

Mithören:

Für einen Teilnehmer ist Mithörmöglichkeit der Amtsgespräche vorgesehen. Er drückt zu diesem Zweck während des Amtsgespräches der anderen Teilnehmer seine Erdungstaste und bringt dadurch zunächst sein X-Relais und dann über den x-Kontakt und die b-Ader das Mithörrelais M zum Ansprechen.

(Stromkreis 72)
Spannung, Relais M, Kontakte x und u, Relais X, Sprechstelle, Taste T, Erde.

Die Aufschaltung wird dann durch die m-Kontakte bewirkt.

2. Drehwähler-Zentralen.

In den Abbildungen 892 und 893 ist eine Nebenstellenanlage dargestellt, bei der im Gegensatz zu den vorbeschriebenen für den Aufbau der Verbindungen außer Relais auch Drehwähler Verwendung finden. Abb. 892 zeigt die Zentraleinrichtung, während Abb. 893 die

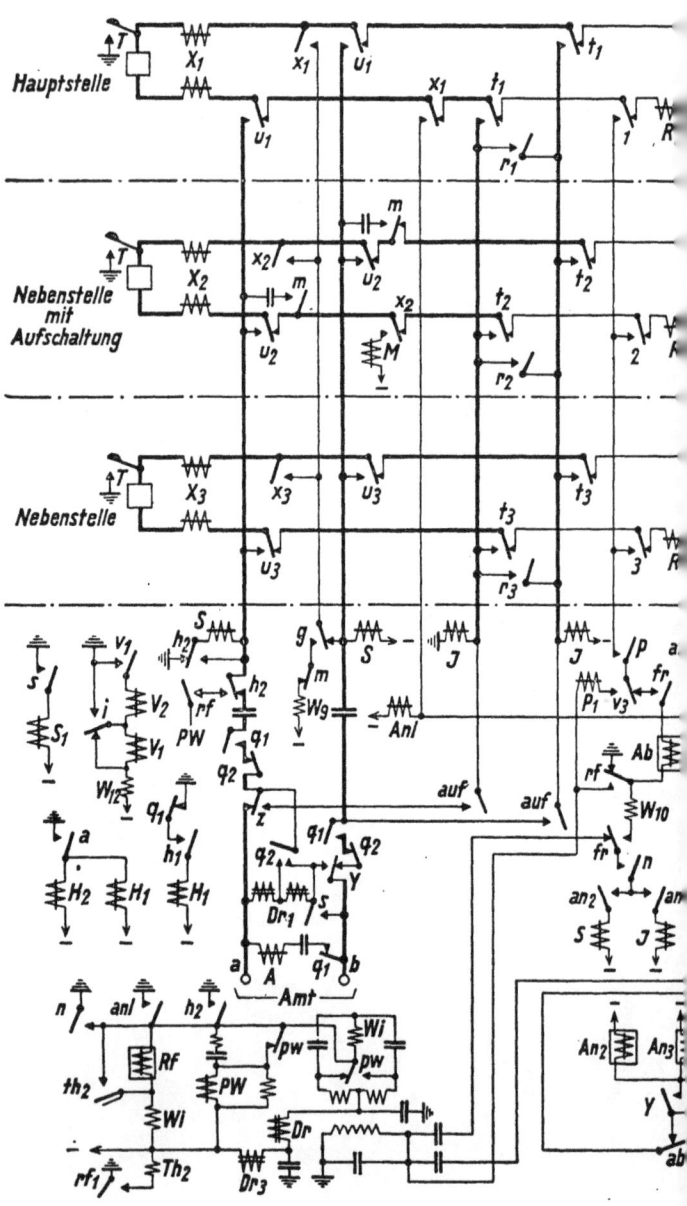

Hauptstelle

Nebenstelle mit Aufschaltung

Nebenstelle

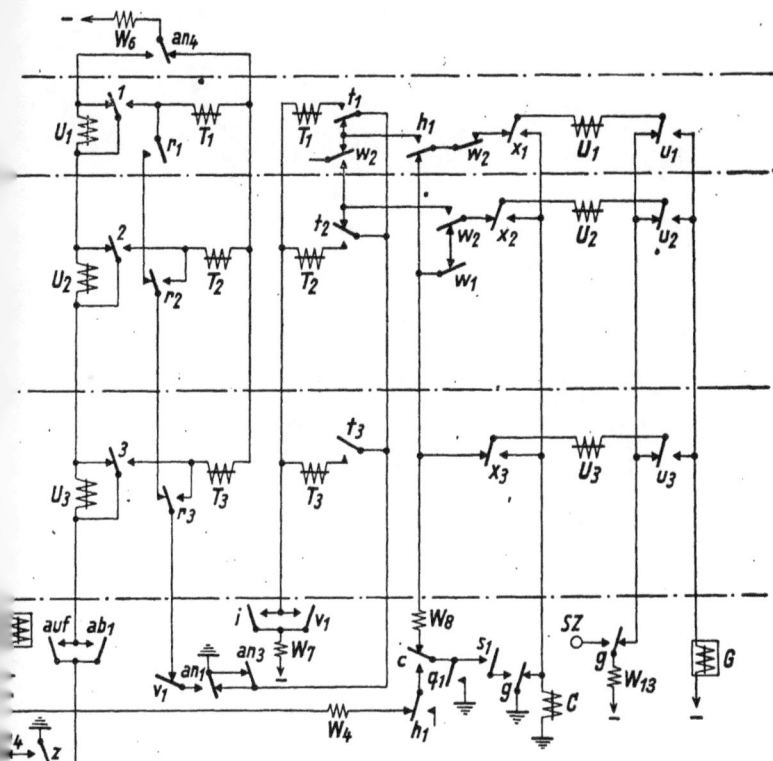

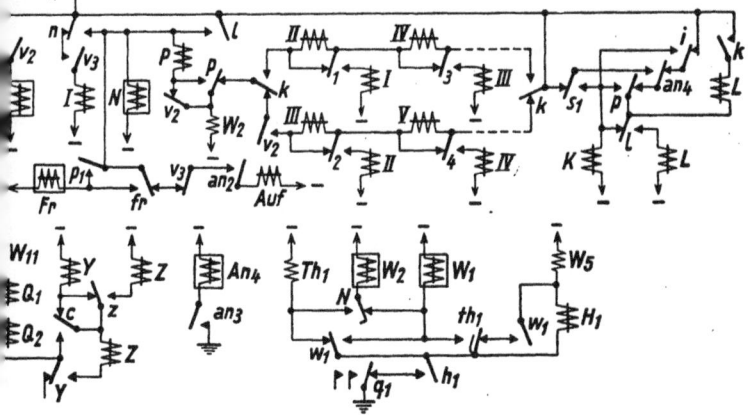

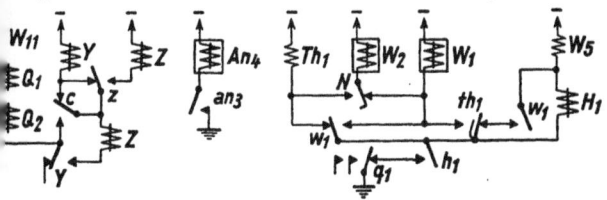

Vermittlungsstelle (Hauptstelle) darstellt. Die Anlage läßt einen maximalen Anschluß von 25 Teilnehmern und 4 Amtsleitungen zu. Die Teilnehmer können beliebig in voll amtsberechtigte, halb amtsberechtigte Nebenstellen oder Hausstellen unterteilt werden. Für den Hausverkehr sind drei Verbindungswege, bestehend aus Anrufsucher und Leitungswählern mit einer Erweiterung auf vier Wege vorgesehen. Die Belegung der Amtsleitungen erfolgt in abgehender Richtung durch die voll amtsberechtigten Nebenstellen selbsttätig durch Wahl einer Kennziffer. Die halb amtsberechtigten Nebenstellen können nur durch Vermittlung der Hauptstelle mit den Amtsleitungen verbunden werden, die in diesem Falle die Verbindung wie bei einem ankommenden Amtsgespräch aufbaut.

Abb. 892.

Um bei belegten Hausverbindungswegen die Auswahl einer noch freien Amtsleitung sicherzustellen, ist ein Hilfsverbindungsweg vorgesehen, der gegebenenfalls das Kennzeichen für die Amtsbelegung aufnimmt und die Einstellung der Amtsleitung auf den die Verbindung wünschenden Teilnehmer veranlaßt. Die Numerierung der Teilnehmeranschlüsse ist undekadisch.

Abb. 894 zeigt die prinzipielle Systemskizze.

Es ist daraus zu ersehen, daß im Hausverbindungsweg für den Anrufsucher (AS) als auch Leitungswähler (LW) Drehwähler vorgesehen sind, und daß jeder Amtsleitung ein besonderer Drehwähler (AW), der

Abb. 893.

mit den anderen Wählern parallel verdrahtet ist, zugeordnet ist. Wünscht eine Sprechstelle eine Hausverbindung, so nimmt sie den Handapparat ab. Ein freier Anrufsucher stellt sich auf den suchenden

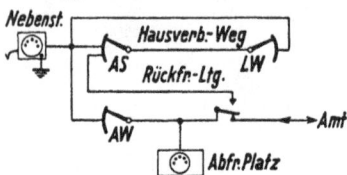

Abb. 894.

Teilnehmer ein. Dieser erhält über das Speiserelais für die Mikrofone ein Zeichen, daß er mit der Wahl beginnen kann (Wählzeichen). Die Wahl findet in bekannter Weise durch Aufzug und Ablauf des Nummernschalters statt, wobei das Relais A (Abb. 895) die Stromstöße auf den Drehmagneten des Leitungswählers umsetzt. Ist der gewählte Teilnehmer frei, so erfolgt Prüfung und Sperrung des angerufenen Teilnehmers gegen weitere Belegung. Der gewählte Teilnehmer wird automatisch gerufen, wobei dem Anrufenden ein Sum-

Abb. 895.

merzeichen als Freizeichen im Rhythmus des herausgehenden Rufes übermittelt wird. Meldet sich der angerufene Teilnehmer, so erfolgt die Durchschaltung der Sprechadern auf die für beide Teilnehmer gemeinsame Mikrofonspeisebrücke. Die Auslösung der Verbindung, Abb. 895, bei Schluß des Gespräches erfolgt nach Auflegen der Handapparate beider Teilnehmer.

War der angerufene Teilnehmer besetzt, so kann die Prüfung nicht stattfinden, und es tritt automatisch eine Auslösung und Freigabe des eingestellten Verbindungsweges ein. Der Verbindungsweg ist für neue Belegungen frei, und der Teilnehmer erhält ein Besetztzeichen über seine Teilnehmerschaltung.

Wünscht ein Teilnehmer eine abgehende Amtsverbindung, so belegt er zunächst wieder einen freien Verbindungsweg und wählt eine

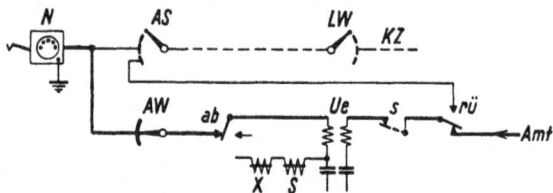

Abb. 896.

Kennziffer, mittels der ein Anreiz für einen freien Amtswähler gegeben wird. Der Wähler dreht und prüft auf den Anschluß des Teilnehmers. Sind alle Verbindungswege besetzt, so belegt der Teilnehmer automatisch einen Hilfsweg, und es findet über diesen bei

Wahl der Kennziffer die Belegung einer freien Leitung statt. Wenn
der Amtswähler geprüft hat, erfolgt Durchschaltung der Amtsleitung
zum Amt. Von dort erhält der Teilnehmer ein Summerzeichen und kann
nun mit der Wahl des gewünschten Amtsteilnehmers beginnen.

Sind alle Amtsleitungen besetzt, so erhält der Teilnehmer nach
Wahl der Amtskennziffer ein Summerzeichen als Besetztzeichen,
Abb. 896.

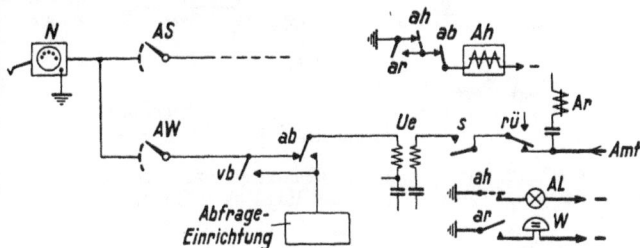

Abb. 897.

Bei einem Anruf vom Amt wird durch den vom Amt kommenden
Wechselstrom das *Ar*-Relais in der Nebenstellenanlage erregt. Dieses
bringt im Takt des Amtsrufes einen Wecker *W*, der erforderlichenfalls
auch abgeschaltet werden kann, Abb. 897. Über ein Hilfsrelais *Ah*
wird eine Anruflampe *AL* an der Bedienungsstelle eingeschaltet.

Durch Drücken der Abfragetaste der betreffenden Amtsleitung
schaltet sich die Hauptstelle an die Amtsleitung. Dabei werden der
Wecker und auch die Anruflampe ausgeschaltet, Abb. 898.

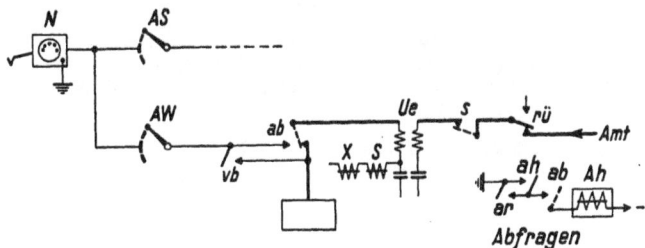

Abb. 898.

Soll die Verbindung zu einer Nebenstelle weitergeleitet werden,
so drückt die Bedienungsperson eine gemeinsame Verbindungstaste
und wählt die verlangte Nebenstelle. Die Verbindung bleibt jetzt unabhängig von der Hauptstelle gehalten, Abb. 899, so daß die Bedienungsperson ihren Handapparat auflegen kann. Der Zustand des Auf-
baues der Verbindung wird durch eine Überwachungslampe an der
Bedienungsstelle angezeigt.

Ist der Teilnehmer frei, so erhält er automatisch Rufstrom, Abb.
900. Meldet sich die Nebenstelle, so leuchtet die Überwachungslampe,

die bisher flackernd eingeschaltet war, ruhig. War die Nebenstelle besetzt, so wurde die Überwachungslampe in einem schnelleren Rhyth-

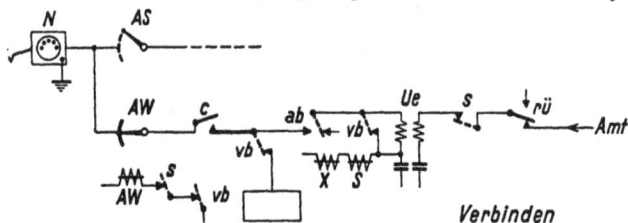

Abb. 899.

mus eingeschaltet, um auch der Bedienungsperson diesen Zustand sofort anzuzeigen. Es besteht jetzt die Möglichkeit für die Bedienungs-

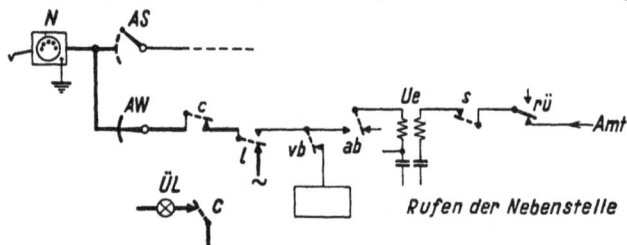

Abb. 900.

person, sich auf das bestehende Gespräch durch Drücken der Verbindungstaste aufzuschalten, wobei, um ein unbefugtes Mithören zu vermeiden, ein Tickerzeichen auf die Leitung geschaltet wird, Abb. 901.

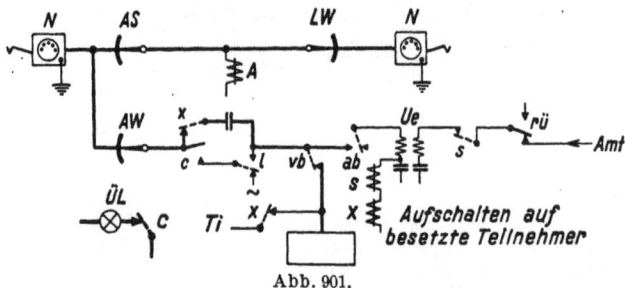

Abb. 901.

Wird von der Aufschaltung abgesehen, so kann die eingestellte
Verbindung trotzdem bestehen bleiben, und es erfolgt eine selbsttätige
Aufschaltung, wenn die Nebenstelle frei wird. Dabei wird die Neben-
stelle auch selbsttätig gerufen und ist nach dem Melden sofort mit der

Amtsleitung verbunden. Bis zum Melden des Teilnehmers flackert die Überwachungslampe. Ein eingebauter Prüfverteiler sorgt dafür, daß, wenn mehr als eine Verbindung zu einem besetzten Anschluß auf Warten geschaltet ist, doch nur eine Verbindung durchgeschaltet wird, damit keine Doppelverbindungen zustande kommen, Abb. 902.

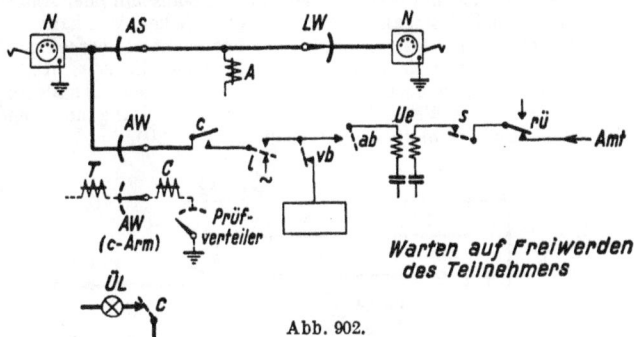

Abb. 902.

Erforderlichenfalls kann durch Drücken einer Trenntaste die eingestellte Verbindung auch wieder getrennt und durch neue Wahl einer anderen Nebenstelle zugeleitet werden.

Will ein Teilnehmer während eines bestehenden Amtsgespräches eine Rückfrage halten, so drückt er kurz die an seiner Sprechstelle befindliche Signaltaste. Dadurch wird der Anrufsucher eines freien Hausverbindungsweges auf den Rückfrageanschluß der Amtsleitung, der

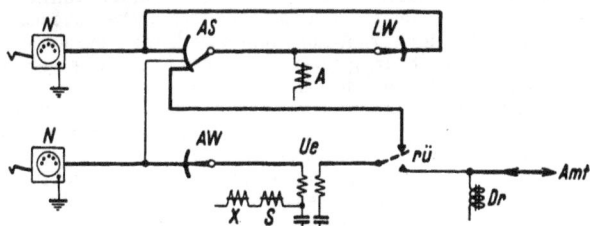

Abb. 903.

wie ein Teilnehmeranschluß geschaltet ist, gesteuert. Die Amtsverbindung bleibt über die Drosselspule der Amtsleitung gehalten. Der Aufbau und das Rufen bei dieser Rückfragevervindung erfolgen wie bei einer normalen Hausverbindung, Abb. 903.

Die Zurückschaltung nach erfolgter Rückfrage auf die Amtsverbindung geschieht wieder durch kurzes Drücken der Signaltaste. Bleibt der in Rückfrage angerufene Teilnehmer am Apparat, so kann die Nebenstelle zwischen der Amtsverbindung und der Hausverbindung mehrfach wechseln, ohne die Hausverbindung jedesmal wieder neu

aufbauen zu müssen. Dieses Wechseln geschieht lediglich durch wiederholtes Drücken der Signaltaste (siehe auch Abb. 881 und Erläuterung
dazu).

Wählt der Nebenstellenteilnehmer, nachdem er die Rückfrage ein-
geleitet hat, die Amtskennziffer, so wird der Amtswähler einer freien
Amtsleitung angereizt und prüft auf den Rückfrageanschluß der Amts-
leitung. Nach Erhalt des Wählzeichens vom öffentlichen Amt kann die
Nebenstelle die Wahl des verlangten Amtsteilnehmers vornehmen.
Die Rückschaltung von dem Rückfragezustand auf die erste Amts-
leitung geschieht durch nochmaliges kurzes Drücken der Signaltaste.
Das vorhin erwähnte Wechseln zwischen der Amtsleitung und dem
Rückfrageanschluß ist hierbei nicht möglich, Abb. 904.

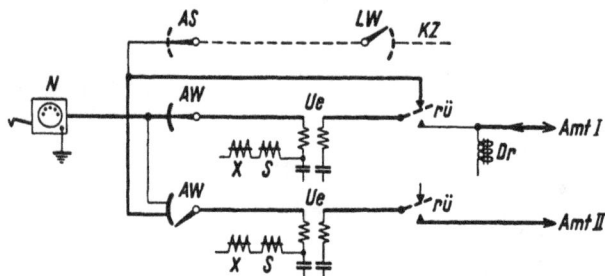

Abb. 904.

Legt nach beendeter Rückfrage die Nebenstelle den Handapparat
auf, vergißt also, sich durch erneuten Tastendruck auf die Amtsleitung
zurückzuschalten, so bleibt die Amtsverbindung trotzdem gehalten,
und es erscheint bei der Vermittlung auf dieser Leitung ein neuer Anruf, der von der Vermittlungsperson wieder abgefragt und gegebenenfalls der ursprünglich verbundenen Nebenstelle oder einer anderen
wieder zugeleitet werden kann. Während einer Rückfrage besteht die
Möglichkeit, die Amtsverbindung der in Rückfrage angerufenen Nebenstelle zuzuleiten. Diese Nebenstelle drückt zu diesem Zweck kurz ihre
Signaltaste, wodurch der Amtswähler einen Anreiz erhält und sich auf
die in Rückfrage angerufene Nebenstelle schaltet. Die die Umlegung
veranlassende Nebenstelle erhält ein Besetztzeichen und hängt ein.

Während eines Amtsgespräches besteht auch die Möglichkeit, die
Vermittlungsstelle zum Eintreten in die Verbindung aufzufordern, um
z: B. von dieser die Umlegung des Amtsgespräches auf eine andere
Nebenstelle vornehmen zu lassen. Die Nebenstelle drückt zu diesem
Zweck die Signaltaste längere Zeit, wodurch die Überwachungslampe der
belegten Amtsleitung an der Bedienungs-Sprechstelle im schnellen Takt
flackert. Durch Drücken der Abfragetaste schaltet sich die Bedienungsperson in die Leitung ein, kann den Amtsteilnehmer benachrichtigen
und sich durch Drücken der Verbindungstaste auch mit der Nebenstelle
in Verbindung setzen. Das letztgenannte Gespräch wird vom Amtsteilnehmer nicht mitgehört. Die Hauptstelle kann durch Drücken der

Trenntaste gegebenenfalls die bestehende Verbindung trennen und durch neue Wahl das Amtsgespräch der zweiten gewünschten Nebenstelle zuteilen. Erforderlichenfalls kann auch die Beamtin durch Drücken der Flackertaste und damit einer Unterbrechung des Amtsstromes einen Anruf zum Amt vornehmen.

Gibt der Amtsteilnehmer beim Anruf bekannt, daß er mehrere Nebenstellen nacheinander sprechen will (Kettengespräche), so drückt die Beamtin nach Wahl der Nebenstelle die sogenannte Kettentaste. Nach Auflegen des Handapparates bei der Nebenstelle nach beendetem Gespräch erscheint dann die Anruflampe an der Bedienungsstelle wieder neu, wobei jedoch die Amtsverbindung gehalten bleibt. Die Bedienungsperson fragt die Amtsleitung durch Drücken der Abfragetaste wieder neu ab und vermittelt in bekannter Weise zur nächsten gewünschten Nebenstelle. Nach Beendigung des letzten Gespräches wird von der Bedienungsperson die Taste wieder in ihre Ruhelage gebracht, so daß die Amtsverbindung bei Beendigung des letzten Gespräches unmittelbar ausgelöst und das Schlußzeichen zum Amt gegeben wird.

Mittels der erwähnten Taste hat die Vermittlungsperson auch die Möglichkeit, eine Amtsleitung, die bereits abgefragt ist, aber nicht weiterverbunden werden kann, zu halten, um in einer zweiten Amtsleitung einen Anruf zu erledigen. Erfolgt die Weitervermittlung dieser gehaltenen Amtsleitung jedoch nicht innerhalb einer gewissen Zeit, so erhält die Bedienung ein Aufmerksamkeitszeichen, indem die Anruflampe der Amtsleitung anfängt zu flackern. Der Bedienungsapparat der Hauptstelle ist auch mit einem Hausanschluß ausgerüstet, um erforderlichenfalls Gespräche mit den Nebenstellen oder Hausstellen zu führen.

Ist die Bedienung für die Hauptstelle abwesend, z. B. nachts, so können die Amtsleitungen einzeln zu bestimmten Nebenstellen durchgeschaltet werden. Diese Nebenstellen sind zunächst in ihrem normalen Hausverkehr, sowohl abgehend als auch ankommend, und auch in der abgehenden Richtung zum Amt nicht behindert. Erst bei einem Anruf auf der Amtsleitung wird eine Sperrung des Hausanschlusses vorgenommen. Erforderlichenfalls kann die Nebenstelle die Verbindung durch Herstellen des Rückfragezustandes an eine andere Nebenstelle weiterleiten, die zu diesem Zweck in der vorgeschilderten Weise ihre Signaltaste drückt und so die Umlegung veranlaßt. Es besteht aber auch die Möglichkeit, alle Amtsleitungen auf eine Nebenstelle, die sogenannte Nachtvermittlungsstelle, zu leiten, die nun ihrerseits durch Rückfragen und Umlegen die Vermittlung übernimmt. Für den Fall, daß sich die Nachtstelle nicht meldet, ist ein Thermorelais vorgesehen, das nach einer gewissen Zeit den Amtsruf wieder abschaltet.

Nach dem gleichen Prinzip lassen sich auch Nebenstellenanlagen für größere Teilnehmer- und Amtsleitungszahlen herstellen. An Stelle der Drehwähler werden dann Hebdrehwähler, sowohl als Anrufsucher und Leitungswähler wie auch als Amtswähler, verwendet, dadurch wird dann die Numerierung der Teilnehmeranschlüsse dekadisch.

Eine andere Anlagenart zeigt die Abb. 905, bei der für den Hausverkehr und den abgehenden Verkehr zum Amt eine Wählereinrichtung und für den ankommenden Amtsverkehr ein Schnurvermittlungsschrank nach dem Einschnur- oder Zweischnursystem vorgesehen ist. Die Nebenstellen erreichen als voll amtsberechtigte Nebenstellen das Amt selbsttätig über eine Dekade des Wählers.

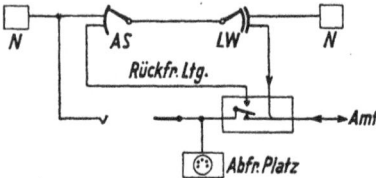

Abb. 905.

Der Wähler bleibt während der Verbindung belegt. Als halb amtsberechtigte Nebenstellen bleibt ihnen der selbsttätige Ausgang zum Amt verwehrt, bei Wahl der Amtskennziffer erreichen diese Sprechstellen den Vermittlungsplatz, der ihnen gegebenenfalls eine Amtsleitung zuteilt. Auch für diese Nebenstellenanlagen ist für die Nebenstellen die Rückfragemöglichkeit zu anderen Sprechstellen oder über eine zweite Amtsleitung vorgesehen. Das Umlegen von Verbindungen von einer Nebenstelle zu einer anderen übernimmt die Vermittlungsperson, die durch langen Tastendruck bei bestehender Amtsverbindung angerufen werden kann.

IX. Fernsprechnetze.

a) Allgemeines[1]).

In großen Städten kommt man mit einem öffentlichen Fernsprechamt nicht aus, denn die Anschlußleitungen zu den Teilnehmern werden zu lang und zu teuer, die Vielfachfelder der handbedienten Ämter zu groß und infolgedessen schwer zu bedienen. Es müssen mehrere Ämter gebaut werden, diese über Verbindungsleitungen miteinander verbunden und der Betrieb so eingerichtet werden, daß jeder Teilnehmer des Ortes wahlweise mit jedem anderen verbunden werden kann. Jede Fernsprechverbindung zweier Teilnehmer verschiedener Ortsämter geht somit über zwei Ämter und eine Verbindungsleitung zwischen diesen Ämtern.

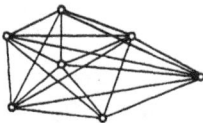

Maschen - Netz

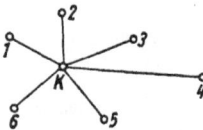

Knoten - Netz

Abb. 906.

Beim Betrieb über Handämter wird man immer zu sog. Maschennetzen, Abb. 906, als den günstigsten gelangen. Beim Wählerbetrieb ist das Knotennetz das günstigste, weil die Anzahl der durchzuwählenden Knotenpunkte weniger Bedeutung hat, als die hierbei erzielte bessere Ausnutzung der Leitungen und Verkürzung der Wartezeiten durch größere Leitungsbündel. Bei der Bildung von Netzgruppen mit Knotenämtern und großen Leitungsbündeln werden sorgfältige Berechnungen angestellt. Es gibt hierbei sehr viele Bedingungen, die erfüllt und sehr viele Umstände, die beachtet werden müssen. Es gibt

[1]) Langer, M., Studien über Aufgaben der Fernsprechtechnik. München-Berlin 1936

für bestimmte Verhältnisse (Dichte der Teilnehmeranschlüsse, daraus Lage der Ämter, zu erwartende Verkehrsdichten) optimale Anordnungen, die sorgfältig ermittelt werden. Die Abb. 906 zeigt ein Maschennetz und ein Knotennetz über eine gleiche Anzahl Ortsämter. Beim Vergleich der beiden Systeme ist zu ersehen, daß das Amt K im Knotennetz für den Verkehr eines jeden Ortsnetzes 1—6 nach dem anderen, ein Durchgangsamt darstellt.

b) Verbindungsleitungen der Handämter.

Sind in einer Ortschaft fünf Ämter, 1 bis 5, (Abb. 907) vorhanden, so ist die Bedingung zu erfüllen, daß nicht nur alle Teilnehmer eines jeden Amtes unter sich, sondern alle Teilnehmer der ganzen Ortschaft miteinander verkehren können. Es sind deshalb sämtliche Ämter miteinander durch Kabelleitungen verbunden. Die Anzahl dieser sog. Verbindungsleitungen VL beträgt in großen Städten etwa 10% der Gesamtteilnehmerzahl. Der Fernsprechverkehr in einer großen Stadt mit vielen Fernsprechämtern wickelt sich wesentlich anders ab als in einer Ortschaft mit nur einem

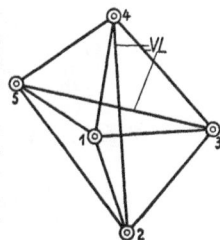

Abb. 907.

Fernsprechamt. Die Mehrzahl der Anrufe wird somit unter Vermittlung zweier Ämter erledigt werden müssen. Die Vielfachschränke solcher Ämter sind insofern anders zusammengebaut, als die Arbeitsplätze in zwei Gruppen unterteilt sind, in A-Plätze und B-Plätze. Eine dritte Gruppe bilden die Vorschalteschränke, an denen die Verbindungen nach dem Fernamt (Fernleitungen) hergestellt werden. Sämtliche Anruforgane und Abfrageklinken der Teilnehmer befinden sich an den A-Plätzen. Die A-Beamtin kann jedoch keine Verbindung mit dem gewünschten Teilnehmer herstellen, da an den A-Plätzen kein Vielfachfeld vorhanden ist. Die Herstellung der Verbindungen mit einem Teilnehmer desselben oder eines anderen Amtes gestaltet sich vollkommen gleich. An Hand der schematischen Darstellung in Abb. 908 sei dieser Vorgang kurz beschrieben.

I und II seien zwei Ämter in einer Ortschaft. A_1 und A_2 sind A-Plätze, B_1 und B_2 sind B-Plätze. An den A-Plätzen eines jeden Ortsamtes endigen die Teilnehmeranschlüsse auf Abfrageklinken Kl. An Stelle der Vielfachklinken sind Parallelklinken vorgesehen, von denen je eine Verbindungsleitung zu einem Stöpsel St eines B-Platzes führt, und zwar zu einem B-Platz des eigenen Amtes, sowie zu den B-Plätzen aller mit diesem Amt über Verbindungsleitungen zu erreichenden übrigen Ämter. Neben den üblichen Schnurpaaren und Sprechumschaltern sind auf der Tischplatte der A-Plätze Diensttasten DT vorgesehen, die über eine Dienstleitung DL unmittelbar an den Kopffernhörer eines B-Platzes eines anderen sowie des eigenen Amtes führen.

Hat eine Beamtin am A-Platz, Amt I, einen Anruf entgegengenommen, und wird eine Verbindung mit einem Teilnehmer im Amte II verlangt, so drückt die A-Beamtin eine Diensttaste DT_2 und verbindet hierdurch ihre Abfragegarnitur über die Dienstleitung DL_{10} unmittelbar mit der Abfragegarnitur KF_3 einer B-Beamtin in dem Amt, an welches der gewünschte Teilnehmer angeschlossen ist (II). Die A-Beamtin teilt hierauf der B-Beamtin die Nummer des gewünschten Teilnehmers mit, während die B-Beamtin die Nummer der Verbindungsleitung, über die die Verbindung hergestellt werden kann, nennt (z. B. VL). Der B-Beamtin steht ein Vielfachfeld mit sämtlichen Anschlüssen ihres Amtes zur Verfügung. Nachdem nun die B-Beamtin geprüft hat,

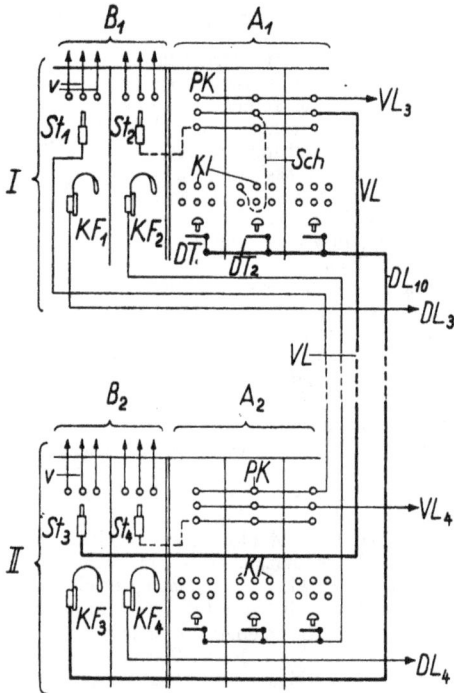

Abb. 908.

ob der gewünschte Teilnehmer frei ist, steckt sie den Stöpsel (St_3) dieser Verbindungsleitung VL in die Vielfachklinke des gewünschten Teilnehmers ihres Amtes, den sie dann wie üblich durch Umlegen ihres Sprechumschalters anruft. Der Sprechstromkreis verläuft somit vom anrufenden Teilnehmer zur Abfrageklinke am A-Platz, von hier über das Schnurpaar (Sch) zu einer Parallelklinke einer Verbindungsleitung (VL), über diese Verbindungsleitung zum Verbindungsstöpsel (St_3) am B-Platz und über diesen Stöpsel und Vielfachklinke (v) zum angerufenen Teilnehmer.

Dienstleitungen, z. B. DL_3, DL_4 führen nach weiteren Ämtern, desgl. die Verbindungsleitungen VL_3, VL_4.

Das soeben im Prinzip beschriebene System zum Herstellen der Fernsprechverbindungen über zwei Ortsämter wird als System mit Dienstleitungsverkehr bezeichnet. Etwas abweichend hiervon ist das sog. Anrufsystem, bei dem aber auch der Verkehr von den A-Plätzen — immer in einer Richtung — nach den B-Plätzen geht. Während beim bereits beschriebenen Dienstleitungssystem der anrufende Teilnehmer beim Anruf seinem Amt (das Amt an das er angeschlossen ist) sofort das gewünschte Amt und die Nummer nennt, teilt er beim Anrufsystem der Beamtin des A-Platzes seines Amtes zunächst nur das gewünschte Amt mit, wird dann sofort mit diesem über eine Verbindungsleitung verbunden und gibt der B-Beamtin dieses zweiten Amtes die gewünschte Nummer an. Durch die schematische Darstellung in Abb. 909 soll der Anrufbetrieb bei einer Teilnehmerverbindung über

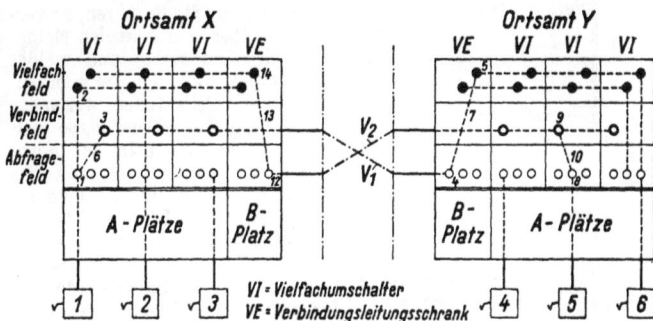

Abb. 909.

zwei Ortsämter erläutert werden. Die Schränke der Ortsämter X und Y sind in A-Plätze und B-Plätze eingeteilt. Jeder A-Platz hat ein Abfragefeld, ein Verbindungsfeld und ein Vielfachfeld. Jeder B-Platz hat ein Abfragefeld und ein Vielfachfeld mit Vielfachklinken aller Anschlüsse an dieses Amt. Das Herstellen einer Verbindung geht folgendermaßen vor sich: Teilnehmer 1 des Ortsamtes X ruft an. Die Beamtin des A-Platzes des Teilnehmers 1 fragt über Klinke 1 ab und erfährt, daß dieser Teilnehmer einen anderen des Amtes Y sprechen will. Sie prüft die Klinke 3 der Verbindungsleitung V_1 nach dem Amt Y und verbindet mit dem Schnurpaar 6 den Teilnehmer 1 über diese Verbindungsleitung (V_1) mit dem B-Platz des Amtes Y. Die B-Beamtin stöpselt die Klinke 4, fragt nach der gewünschten Nummer und verbindet dann mittels Schnurpaar 7 und Vielfachklinke 5 mit dem verlangten Teilnehmer 6. Vom Amt Y aus wünscht Teilnehmer 5 das Amt X (Verbindung durch die A-Beamtin des Amtes Y über Klinke 8. Schnurpaar 10, Klinke 9 der Verbindungsleitung V_2) und im Amt X den Teilnehmer Nr. 2 (Verbindung durch die B-Beamtin des Amtes X über Abfrageklinke 12, Schnurpaar 13, Vielfachklinke 14).

Die Schnurpaare 6 und 7 einer Verbindung und die Schnurpaare 10 und 13 müssen so geschaltet sein, daß das doppelseitige Schlußzeichen bei der *A*-Beamtin erst dann erscheint, wenn beide Teilnehmer ihre Mikrotelefone auflegen. Außerdem ist Vorsorge getroffen, daß die Verbindungsklinke (und Verbindungsleitung) nach dem *B*-Platz der soeben am *A*-Platz aufgetrennten Verbindung solange „besetzt" prüft, bis auch die *B*-Beamtin die Verbindung löst. Zu dieser Trennung der Verbindung wird die *B*-Beamtin durch ein Schlußzeichen aufgefordert.

c) Fernverkehr[1]).

Auf dem Wege über Meldeleitungen und Dienstleitungen wickelt sich auch der Verkehr der Ämter mit dem Fernamt ab. Im Fernamt laufen die Fernleitungen ein. Will ein Teilnehmer eines Ortsamtes (Abb. 910) ein Ferngespräch nach einer anderen Stadt führen, so verlangt er über sein Amt den Meldeplatz des Fernamtes und meldet sein Gespräch an. Ist die vom anmeldenden Teilnehmer verlangte Fernleitung frei geworden, so meldet sich eine Beamtin des Fernamtes am Vorschalteschrank des gewünschten Ortsamtes, indem sie ihre Diensttaste *DT* drückt, und sich unmittelbar mit der Abfragegarnitur (*KF*) dieses Ortsamtes verbindet. Die Beamtin des Fernamtes fordert nun die Beamtin am Vorschalteschrank auf, den Teilnehmer, der das Gespräch angemeldet hat, heranzuholen. Die Beamtin am Vorschalteschrank nennt dann der Beamtin im Fernamt eine Verbindungsleitung, z. B. Nr. 20 (Stöpsel 20), die zur Herstellung der Verbindung benutzt werden kann.

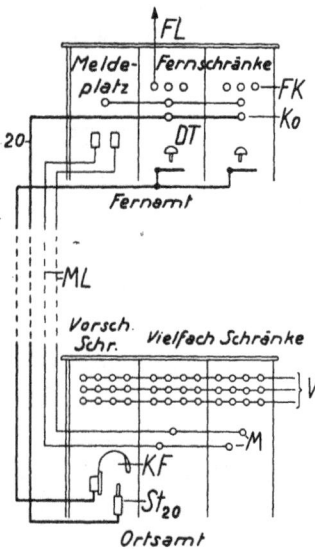

Abb. 910.

Trotzdem heute die Mehrzahl der öffentlichen Fernsprechämter mit Wählerbetrieb eingerichtet ist, erfolgt das Herstellen der Fernverbindungen noch über handbediente Fernämter. Die zu zahlenden Gebühren werden von der Beamtin nach der Zeit und nach dem Tarif errechnet. Die Gebühren für Ferngespräche betragen heute für jeweils 3 Minuten Dauer:

für 15 km . . . . RM. 0,30
„ 100 „ . . . . „ 1,20
„ 600 „ . . . . „ 2,70

Für Blitzgespräche (Gespräche, die außer der Reihe zustandekommen) wird die zehnfache Gebühr erhoben.

[1]) Mayer, H. F., Die Grundzüge des allgemeinen Fernleitungsplanes. Europ. Fernsprechdienst 1932, 238—247.

Die Überwachung der Gespräche und die Gebührenberechnung ist im Fernverkehr über Wähleranlagen auch zu lösen. Durch die im Netzmittelpunkt der Netzgruppen eingeschalteten Zeit-Zonen-Schalter wird die Gebühr (in der Regel als Vielfaches der Ortsgebühr) aufgezeichnet oder sonstwie festgehalten.

d) Netzgestaltung im Wählersystem.

Es war bereits erwähnt, daß das Netz von Wählersystemen als Knotennetz sich wesentlich vom Maschennetz der Handamtssysteme unterscheidet. Um die Vorteile, die durch eine Dezentralisation der Vermittlungseinrichtung herbeigeführt werden, voll auszunutzen darf auch der Umbau alter Kabelnetze nicht gescheut werden. Auch bei kleineren Wähleranlagen wird es u. U. notwendig sein, die Amtseinrichtungen zu unterteilen, z. B. für eine abseits liegende kleine Gruppe von 100 Teilnehmern ein kleines Unteramt mit 100 VW einigen GW und LW einzurichten. Von den GW dieses Unteramtes führt dann beispielsweise die erste Kontaktreihe über Verbindungsleitungen auf die Leitungswähler dieser Gruppe des Haupt-(Knoten-)amtes, die anderen Dekaden derselben GW auf die LW desselben Unteramtes. Ebenso führt dann im Hauptamt bei den GW die erste Kontaktreihe auf die LW des Unteramtes, die anderen Kontaktreihen auf die LW des Hauptamtes. Als Verbindungsleitungen dient dann in beiden Richtungen je ein aus zehn Leitungspaaren bestehendes Bündel. Da in solchen Unterämtern keine ständige Bedienung notwendig ist, kann ein Unteramt in einem beliebigen, aber gut zugänglichen Raum untergebracht werden. Die Bedienungsweise der Fernsprech-Teilnehmerstellen ist dieselbe und der Ablauf aller Vorgänge bei der Wählereinstellung geht ebenso vor sich, als wenn die Wähleinrichtungen alle in einem Amt untergebracht wären.

Die Unterämter eines Knotennetzes werden auch als Teilämter bezeichnet und können, wie oben bereits ausgeführt, verschiedene Wählerstufen enthalten. In großen Netzen können, um größere Bündel zu schaffen, auch Verbindungswege zwischen den Teilämtern eingerichtet werden. In weitausgedehnten Wählernetzen, z. B. dem Betriebs-Fernsprechnetz der Deutschen Reichsbahn, ist es erforderlich, über weite Strecken zu wählen. Hierfür sind verschiedene Systeme der Fernwahl entwickelt worden.

e) Fernwahl[1]).

Unter Fernwahl wird die Auswahl eines Fernsprechteilnehmers über eine Fernleitung (Freileitung, Kabelleitung oder auch Starkstromfernleitung, s. Abschnitt XI) mittels Nummernschalter verstanden. Die technischen Probleme der Fernwahl sind die gleichen wie die der Telegrafie mit Gleich- oder Wechselstrom. Die Gleichstromfernwahl wird praktisch über eine Entfernung bis zu 1000 Ohm Leitungswiderstand verwendet.

1. Gleichstromfernwahl.

Die Abb. 911 zeigt eine Anordnung für Gleichstromfernwahl. Die Fernleitung ist durch Kondensatoren 1, 2, 3, 4 in der dargestellten

[1]) Wöhner, H., Grundsätzliche Betrachtungen zur Fernwahl. Telegraf.- u. Fernsprech-Techn. 21, 1932, 166—70, 289—95.

Weise abgeriegelt. Relais *A* wird vom Nummernschalter der wählenden Sprechstelle gesteuert und gibt über seinen Kontakt *a* die empfange-

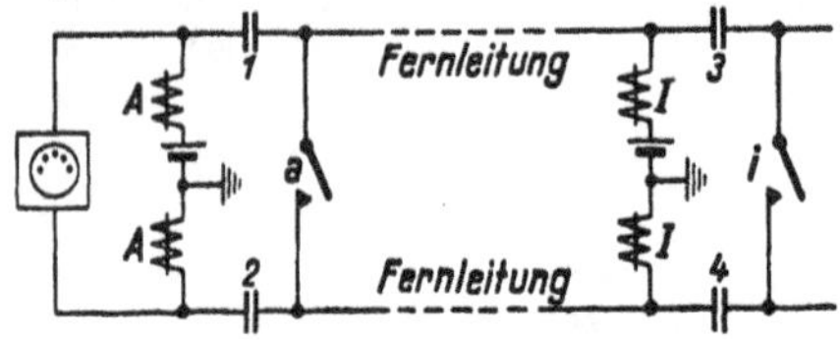

Abb. 911.

nen Stromstöße über die Fernleitung an das Relais *I*. Das Relais *I*
steuert über seinen Kontakt *i* die örtlichen Wähleinrichtungen.

Bei größeren Längen einer Fernleitung
wird die Leitung durch Übertrager $Ü_1$, $Ü_2$,
Abb. 912, abgeriegelt. Die Stromstoß-Über-
tragungskontakte a_1, a_2 des Relais *A* werden
in die Leitung gelegt.

2. Wechselstromfernwahl.

Mit der Ausbreitung der Starkstromnetze
und mit der fortschreitenden Elektrifizierung
der Bahnen ergaben sich für die Fernmeldeleitungen immer stärker störende Beeinflussungen. Die in die Fernleitungen von benachbarten, besonders parallel verlaufenden
Starkstromleitungen induzierten Spannungen
waren derart hoch, daß eine Gefährdung der
Personen und Apparate vorkam. Um dies
zu verhindern, riegelte man die Leitungen
durch hochspannungssichere Übertrager ab
und steuerte die Wähler der automatischen
Zentrale über die Übertrager hinweg mit
Wechselstrom, Abb. 913.

Der Teilnehmer betätigt durch seinen
Nummernschalter das Relais R_2 bzw. R_4.
Die Unterbrechungen der Teilnehmerschleife

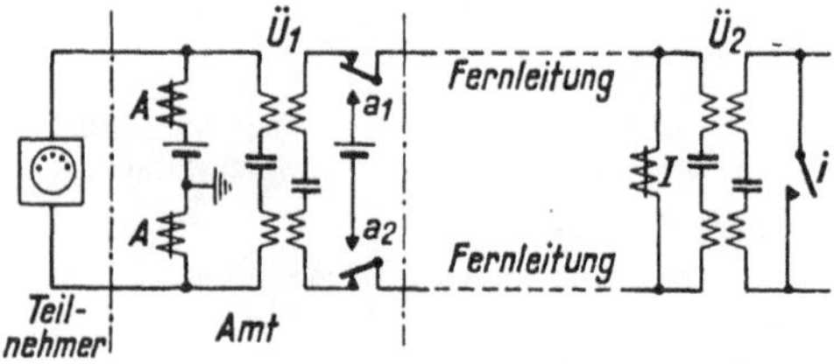

Abb. 912.

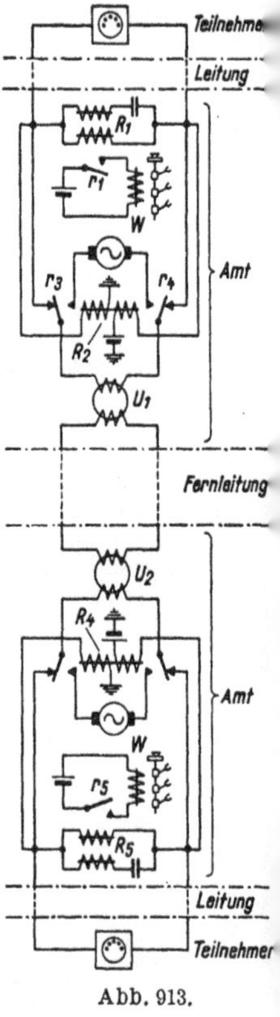

Abb. 913.

— 581 —

werden somit durch Umlegen der Kontakte r_3 und r_4 des Relais R_2 in Wechselstromstöße umgewandelt, die über den Übertrager U_1, über Fernleitung und Übertrager U_2 zum Phasenrelais R_5 gelangen. Das Phasenrelais (s. d.) R_5 arbeitet mit seinem Kontakt r_5 auf die Wähleinrichtungen W des angewählten Amtes am Ende der Fernleitung.

3. Stromstoß-Übertragung.

Eine weitere Ausbildung erhielt die Fernwahl durch die Einführung der in Abb. 914 schematisch dargestellten Schaltung für Stromstoß-

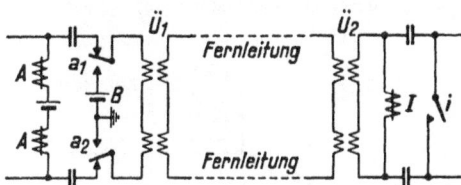

Abb. 914.

Übertragung. Bei dieser Schaltung werden die Stromstöße aus der Batterie B über Kontakte a_1 und a_2 des steuernden Relais A über die Übertrager U_1 und U_2 auf das Relais I übertragen. Relais I wird in der Regel als empfindliches, gepoltes Telegrafenrelais ausgebildet.

4. Fernwahl mittels Tonfrequenz.

Für die Fernwahl über Kabelleitungen kann auch die Tonfrequenzwahl verwendet werden. Die Abb. 915 veranschaulicht das Prinzip

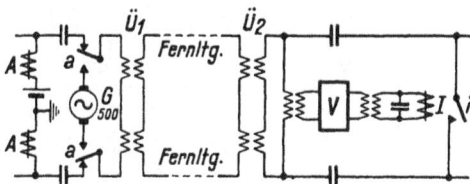

Abb. 915.

eines solchen Systems. Die Tonfrequenz von etwa 500 Hertz liefert beispielsweise ein Tonrad G. Über die Kontakte a werden die vom wählenden Teilnehmer (über Relais A) ausgehenden Stromstöße als Tonfrequenz-Stromstöße auf die Fernleitung gegeben. Auf der Empfangsseite gelangen die Tonfrequenzströme über einen Verstärker V zu dem Phasenrelais (s. d.) I.

X. Linienfernsprecher oder Fernsprechanlagen mit wahlweisem Anruf.

a) Einführung.

In Fernsprechanlagen mit einfachem Leitungsnetz und geringer Gesprächsfrequenz wird häufig von dem wahlweisen Anruf Gebrauch gemacht. Man versteht darunter das Wählen und Anrufen (ohne Zentraleinrichtung) einer bestimmten Sprechstelle, die mit mehreren anderen parallel an einer Fernsprechleitung liegt. Gefordert wird dabei, daß nur der Wecker der gewünschten Sprechstelle und keiner der übrigen an-

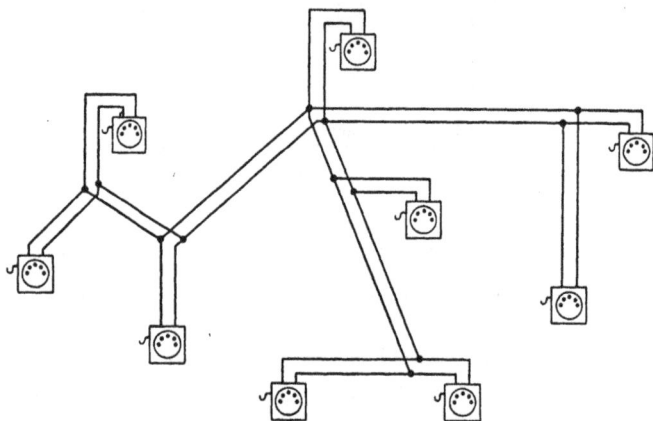

Abb. 916.

spricht. Die Linie besteht gewöhnlich aus einer Doppelleitung, die alle Sprechstellen auf dem kürzesten Wege miteinander verbindet (Abb. 916). Der wahlweise Anruf wird also überall dort angewendet, wo man aus wirtschaftlichen Gründen eine kostspielige Leitungsführung vermeiden und anderseits verstreut liegenden Sprechstellen, z. B. in ländlichen Bezirken, die Gelegenheit geben will, untereinander telefonisch zu verkehren. Der wahlweise Anruf hat deshalb auch im Eisenbahnbetrieb Eingang gefunden. Hier ermöglicht dieses Fernsprechsystem das wahlweise Anrufen der Dienststellen, denen die Überwachung und Regelung des Zugverkehrs obliegt und ersetzt die veraltete, störende Anrufsart durch verabredete Zeichen (Morsezeichen).

Die Mittel, mit denen der Einzelanruf einer Sprechstelle bewirkt wird, sind ganz verschieden. Es kann Gleich- oder Wechselstrom benutzt werden; mitunter werden auch beide Stromarten zusammen verwendet. Bei Wechselstrom läßt sich von den Resonanzerscheinungen Gebrauch machen. Es werden Wechselströme verschiedener Periodenzahl und Spannung in die Leitung gesandt, die jeweils immer nur in einem bestimmten Apparat zur Wirkung kommen. Wird Gleichstrom verwendet, so schickt man Stromimpulse verschiedener Anzahl, Dauer oder Richtung in die Linie. Diese betätigen Schrittschaltwerke oder gepolte Relais. In allen Fällen wird angestrebt, bei den einzelnen Teilnehmern Schaltmechanismen in eine für jeden Anschluß bestimmte Stellung zu bringen. Ist diese Stellung erreicht, so wird auf der gewünschten Sprechstelle ein Kontakt geschlossen und über diesen ein Wecker zum Ertönen gebracht. Die zum Betrieb erforderliche Energiequelle kann zentralisiert oder auf die einzelnen Stellen verteilt werden. Endlich sind noch Systeme zu unterscheiden, bei denen von einem bestimmten Punkte der Linie aus (Zentralstelle) gerufen wird, oder aber es ist jede der angeschlossenen Sprechstellen in der Lage, wahlweise eine der übrigen anzurufen.

Von der großen Zahl der bestehenden Systeme seien hier nur einige derjenigen kurz erwähnt, die praktische Anwendung gefunden haben.

Eines der ersten war das Dean-System. Es arbeitete mit Wechselstrom und beruhte auf Resonanzwirkung. Mechanisch abgestimmte Wecker, deren Klöppel sich im Gewicht (bestimmte Eigenschwingung) unterschieden, wurden durch Ströme verschiedener Frequenz und Spannung wahlweise zum Läuten gebracht (Abb. 917). Für jeden Wecker W_1, W_2 usw. der angeschlossenen Stellen war eine Rufmaschine n_1, n_2 usw. erforderlich, die unter Vermittlung einer Taste T_1, T_2 usw. an die Leitung gelegt werden konnte.

Die Schaltung in Abb. 917 war ursprünglich nur für 4 bis 6 Zweiganschlüsse gedacht. Obwohl sich die Zahl der Anschlüsse bei Zuhilfenahme einer Erdrückleitung verdoppeln läßt, ist der allgemeinen Anwendung dieses Systems doch eine Grenze gezogen, da die Teilnehmer sich gegenseitig nur unter Vermittlung der Zentrale rufen können. In Deutschland wird es zur Zeit kaum noch benutzt.

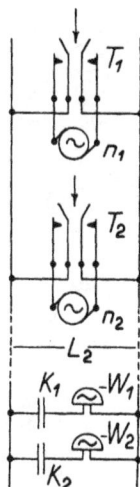

Abb. 917.

b) Zugmeldesystem.

Für den Zugmeldedienst wird insbesondere in den Vereinigten Staaten von Nordamerika das sog. Dispatching-System verwendet. Grundgedanke des Systems ist aus Abb. 918 zu ersehen. Dieses System gestattet die Einschaltung (und den Betrieb) einer großen Anzahl Sprechstellen in eine Doppelleitung. Einer Zentralstelle ist die ganze Leitungsstrecke unterstellt, und der Beamte (Dispatcher), dem die Kontrolle des gesamten Zugverkehrs obliegt, ist mittels Kopffernhörer und Brustmikrofon dauernd mit der Leitung verbunden. Der Fernsprechverkehr wickelt sich in der Weise ab, daß die Stationsbeamten sich zwar nicht gegenseitig anrufen, jedoch nach Abheben des Fernhörers sofort mit dem Beamten der Zentrale, dem Dispatcher, sprechen können. Hingegen ist der Dispatcher in der Lage, von der Zentrale aus jederzeit eine bestimmte Sprechstelle ohne Störung der übrigen anzurufen und Be-

fehle zu erteilen. Hierzu verwendet der Überwachungsbeamte einen Wählschlüssel, von denen ihm soviel zur Verfügung stehen, wie Sprechstellen
in der Strecke vorhanden sind. Zum Anruf einer bestimmten Stelle hat
er lediglich den dieser Stelle zugeordneten Schlüssel zu drehen ued dann
diesen sich selbst zu überlassen. Der Wählschlüssel dreht sich langsam
(Kugelregulator) unter der Wirkung einer angezogenen Spiralfeder um
360° und bewirkt die Abgabe einer Anzahl verschiedenartiger Stromimpulse in die Leitung.

In Abb. 918 ist einer dieser Wählschlüssel (w) schematisch dargestellt. In bezug auf die Einzelteile sind die Wählschlüssel vollkommen

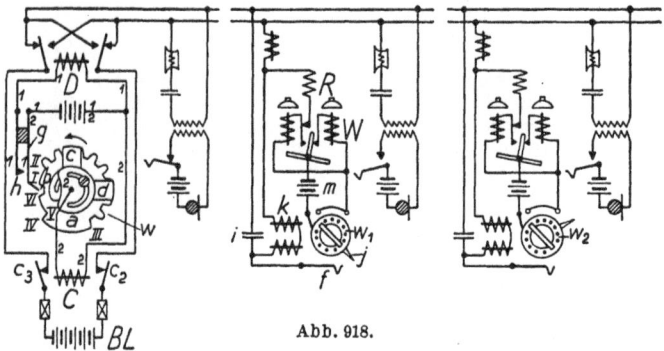

Abb. 918.

gleich und unterscheiden sich nur in bezug auf die Lage der verstellbaren Teile (Segmente) c und d gegenüber den Zähnen des Rades a. Alle
Kontakträder a haben die gleiche Anzahl Zähne, einen langen Zahn
III—IV und zwei Ausbuchtungen I—II und V—VI. Zwischen den
letztgenannten Ausbuchtungen ist eine Zahnlücke b eingeschnitten, in
die in der Ruhestellung das umgebogene Ende der Kontaktfeder g hinein-
ragt. Die 2 Metallsektoren c und d werden an den Wählschlüsseln so
eingestellt, daß die Zähne von a drei Gruppen bilden, die jeweils durch
die Sektoren unterbrochen sind. Die Reihenfolge und die Anzahl bzw.
die Länge der in die Leitung abgehenden Stromimpulse ist somit durch
die relative Lage der verstellbaren Sektoren zu den Zähnen von a bedingt.

Wird der Wählschlüssel in Gang gesetzt (Pfeilrichtung), so verläßt
Feder g die Lücke b und berührt Scheibe a. Relais C wird über Stromkreis 2 erregt und legt die Linienbatterie BL von etwa 200 Volt über c_2, c_3
an die Leitung. Sobald die Feder g auf einen Zahn aufgleitet, wird der
Kontakt zwischen g und h geschlossen, Relais D über Stromkreis 1 erregt, so daß die an der Leitung liegende Batterie BL umgepolt wird. Solange also die Feder g über kurze Zähne gleitet, werden abwechselnd
Plus- und Minus-Impulse von BL in die Leitung gelangen. Gleitet Feder
g auf einen Sektor, so wird ein langer Stromimpuls in die Leitung gegeben. Die Schrittschaltwerke der Sprechstellen sind zum Zwecke des
Anrufes so ausgebildet, daß die vom Elektromagneten k schrittweise vor-

wärts geschaltete Scheibe w_1 mit Ansatz j so weit gedreht werden muß, bis ein Stromkreis für den Wecker W (Ortsbatterie m) geschlossen wird und dieser anspricht. Der Elektromagnet k des Schrittschaltwerkes ist mit einem Kondensator i in Reihe geschaltet, so daß er bei kurzen Stromimpulsen wechselnder Richtung das Rad w_1 vorwärtsschaltet, ein langer Stromimpuls jedoch als Stromunterbrechung wirkt und w_1 durch die Kraft einer Spiralfeder in die Ruhelage zurückgeführt wird, sobald ein langer Stromimpuls in die Leitung gelangt, da eine Sperrung nicht vorgesehen ist. Die Wähler der Sprechstellen sind so gestaltet, daß ein jeder Wähler zwei oder drei Schrittreihen zurückzulegen hat, ehe der Weckerstromkreis geschlossen wird. Die Schrittreihen sind durch eine oder zwei Raststellungen unterbrochen, in welchen w_1 durch einen Ansatz j und eine Feder f gehalten wird. Ordnet man diese Raststellungen bei jeder Sprechstelle verschieden an (d. h. daß der Wähler jeder Stelle eine ganz bestimmte Anzahl Schritte gedreht werden muß, um zu seiner Raststellung zu gelangen), so werden alle Wähler, die ihre Raststellung nach einer Anzahl Schritte nicht erreicht oder bereits überschritten haben, wieder in die Ruhelage gehen, sobald ein langer Stromimpuls eintrifft. Nur der Wähler wird gehalten, dessen Ansatz j mit Feder f in Berührung gekommen ist. Dieser Wähler schreitet bei der zweiten Impulsfolge auch weiter, während die übrigen Wähler wieder von der Nullstellung aus vorwärts geschaltet werden. Hieraus ist zu ersehen, daß bei drei Impulsreihen eine sehr große Anzahl von Sprechstellen wahlweise angerufen werden kann.

Über Widerstand R bekommt der Beamte in der Zentrale ein Summerzeichen, an dem er erkennen kann, daß der Wecker der von ihm ausgewählten Stelle angesprochen hat. Nachdem der Wecker der Sprechstelle kurz geläutet hat, wird der Wähler dieser sowie sämtlicher anderen Sprechstellen durch eine weitere Anzahl Stromimpulse vom Wählschlüssel aus in die Ruhestellung gebracht.

In Weiterentwicklung der Bahn-Streckenfernsprecher, der Anlagen für wahlweisen Anruf und der Betriebsfernsprechanlagen, bei denen Streckenfernsprecher mit Selbstanschlußzentralen zusammengeschaltet werden, sind die Basa-(Bahn-Selbst-Anschluß-)Bezirksfernsprechanlagen entstanden. Bekannt sind die Systeme von Siemens, Mix und Genest sowie das Lorenz-System. Alle Anlagen müssen folgende technische Bedingungen erfüllen:

1. Der Anruf muß als Einzelanruf erfolgen.
2. Der Anruf aller angeschlossenen Dienststellen muß durchführbar sein.
3. Wird über die Leitung gesprochen, so muß sie an allen angeschlossenen Sprechstellen als besetzt gekennzeichnet sein.
4. Das Geheimsprechen muß gewährleistet sein. Ein nicht gewählter Teilnehmer darf keine Möglichkeit haben, das bestehende Gespräch zu belauschen oder gar sich in das Gespräch einzuschalten.
5. Es muß jede angeschlossene Sprechstelle über eine versiegelte Nottaste dennoch die Möglichkeit haben, in dringenden Fällen sich auf die besetzte Leitung zu schalten.

6. Durch Nichtauflegen des Hörers darf die ganze Leitung nicht
außer Betrieb gesetzt werden.

Weitere, nach den Richtlinien der Deutschen Reichsbahn zu er-
füllende Bedingungen ergeben sich aus den nachstehenden Beschreibungen einiger Systeme.

c) Gleichstrom-Systeme mit Erde.

Über eine Doppelleitung und Erde lassen sich leicht Schaltungen
herstellen, die den wahlweisen Anruf einer Mehrzahl von Sprechstellen
von einer jeden dieser Stellen aus gestatten. Abb. 919 zeigt eine derartige
Schaltung. An der Doppelleitung X, Z sei eine Reihe von Sprechstellen

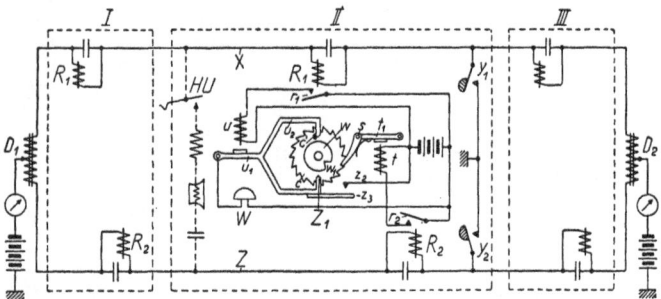

Abb. 919.

angeschlossen, von denen jede mit einem Kontaktwerk (Wählscheibe,
Nummernschalter) y_1, y_2 und einem Wähler ausgerüstet ist. Die Doppelleitung sei über die Drosseln D_1 und D_2 so an je eine Batterie angeschlossen, daß in der Ruhelage der Anlage kein Strom durch die Leitungen fließt (Batterien gegeneinander geschaltet). Die Wählwerke
werden durch je zwei Relais R_1 und R_2 (die durch Kondensatoren überbrückt sind, um dem Sprechstrom einen Weg zu schaffen) gesteuert.
Auf der Achse des Schrittschaltwerkes mit dem Sperrad c ist Scheibe w
mit Einkerbung w_1 befestigt. Die Einkerbung der Scheibe w befindet
sich bei jeder Sprechstelle in anderer Entfernung von der Nullstellung.

Soll eine Stelle, z. B. 5, angerufen werden, so wird zuerst Kontakt y_1
geschlossen. Durch den Strom aus beiden Batterien werden die Relais R_1
aller Sprechstellen erregt. Kontakt r_1 schließt den Ortsstromkreis für
Elektromagnet u. Der gabelförmige Anker u_1 wird angezogen, und u_2
gibt einen Sperrstift c' der Scheibe c frei. Durch die hierauf folgenden
fünf Stromimpulse über Kontakt y_2 werden sämtliche R_2-Relais fünfmal
erregt. Sämtliche Wählwerke der angeschlossenen Stellen werden durch
die Elektromagnete t, Anker t_1, Klinke s um fünf Schritte gedreht. Nach
fünf Schritten befindet sich die Einkerbung w_1 einer einzigen Stelle,
der Stelle fünf, gegenüber der Nase Z_1 des Winkelhebels, so daß beim
nochmaligen Anzug von u_1 diese Nase Z_1 in die Einkerbung einfällt
und über z_2, z_3 der Weckerstromkreis (W) geschlossen wird. An allen

übrigen Stellen zieht u allerdings auch seinen Anker an, da jedoch Z_1 gegen den Umfang von w stößt, kann Kontakt z_2, z_3 dieser Sprechstelle nicht geschlossen werden. Nach Abheben des Hörers vom HU kann das Gespräch stattfinden.

Eine vervollkommnete Schaltung für wahlweisen Anruf mit Gleichstrombetrieb ist in Abb. 920 schematisch dargestellt. Die gemeinsame Batterie eines Fernsprechbezirks wird zweckmäßig in der Mitte der Strecke, und zwar an die Leitung La angeschlossen.

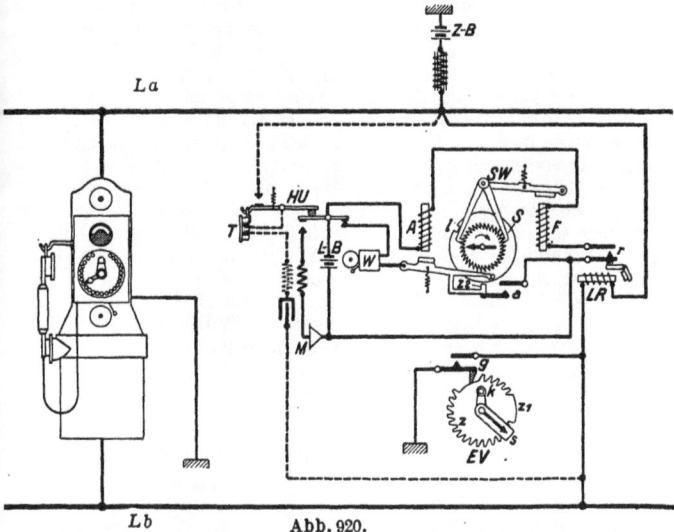

Abb. 920.

Kontaktwerk und Wähler sind in jede Stelle eingebaut. An der Außenseite des Fernsprechgehäuses ist ein Zifferblatt sichtbar, auf dem man mittels Zeiger die Nummer des gewünschten Teilnehmers einstellt. An der Achse des Zeigers ist eine Anrufkurbel drehbar angeordnet. Hat man die gewünschte Nummer mittels Zeiger eingestellt, so braucht man lediglich die Anrufkurbel bis zu einem Anschlag zu drehen und dann das Werk sich selbst zu überlassen. Die Nullstellung aller Wählwerke, die Auswahl der gewünschten Sprechstelle, der Anruf sowie die nochmalige Zurückstellung in die Nullage erfolgen völlig selbsttätig. Über dem Zifferblatt am Apparatgehäuse befindet sich noch ein kleiner Besetztanzeiger. Ist der Zeiger des Apparates unsichtbar, so ist die Leitung frei; ist dies nicht der Fall, so ist der Zeiger sichtbar und steht auf der Nummer der von dritter Seite gewählten Sprechstelle.

Gewöhnlich sind diese Geräte so gebaut, daß bis etwa 25 Stellen an eine Doppelleitung geschaltet werden können.

Das jeder Sprechstelle zugeordnete Schaltwerk SW, Einstellvorrichtung EV und Linienrelais LR sind aus der Abbildung zu ersehen.

Will man eine Sprechstelle anrufen, so stellt man, wie bereits erwähnt, den Zeiger auf deren Anrufnummer. Man verstellt dabei den Sektor s der Einstellvorrichtung EV so, daß er die Zähne z in zwei ganz bestimmte Gruppen unterteilt. Hierauf dreht man Kurbel k bis zum Anschlag und überläßt die EV sich selbst. Kontakt g wird beim Ablauf des Kontaktrades durch die kurzen Zähne und den langen Zahn z_1 geschlossen. Die kurzen Zähne bewirken kurze Stromschlüsse, die über die Linienrelais LR sämtlicher Stellen auf die schnell ansprechenden Magnete F einwirken, den mit F in Reihe geschalteten Elektromagneten A jedoch nicht beeinflußen. Durch diese Stromimpulse werden sämtliche Wähler, soweit sie nicht bereits auf Null stehen, in die Nullstellung befördert. Durch den langen Zahn z_1 erfolgt sodann ein Stromimpuls von längerer Dauer, auf den Elektromagnet A anspricht und durch Anziehen seines Ankers die Scheibe S des Schrittschaltwerkes freigibt. (Siehe kleinen runden Stift in der Scheibe S, der gegen das äußerste Ende des Ankers von A anliegt.) Durch die nunmehr von der EV erfolgenden weiteren kurzen Stromimpulse werden die Schaltwerke sämtlicher Stellen um eine bestimmte Anzahl Schritte fortgeschaltet. Bei dem jetzt folgenden längeren Stromschluß durch Sektor s ziehen die A-Magnete sämtlicher Stellen wieder an. Wie im vorigen Beispiel, erfolgt nur an einer Stelle, bei der die Lücke l der Scheibe S sich gegenüber z_2 befindet, die Einschaltung des Weckers über Kontakt a. Der Wecker W ertönt so lange, bis der angerufene Teilnehmer seinen Hörer abhebt (HU). Nach Beendigung des Gespräches und Auflegen der Hörer laufen sämtliche Schrittschaltwerke in die Ruhestellung, wobei die Besetztzeichen auch verschwinden.

d) Wahlweiser Anruf nach dem Kurzschlußprinzip. (Wechselstromwahl.)

Ein System für Wechselstromwahl, bei dem die Steuerung mit Phasenrelais (s. d.) durchgeführt wird, ist in Abb. 921 in vereinfachter Darstellung wiedergegeben. Die Auswahl des oder der (Gruppenwahl) Teilnehmer geht ohne Zuhilfenahme der Erde vor sich. Den Wählwechselstrom liefert die in der Abbildung rechts dargestellte Zentrale. Die Teilnehmerstelle (links in der Abbildung) hat ZB-Speisung und einen zehnteiligen Nummernschalter.

Soll von der dargestellten Teilnehmerstelle ein Anruf vorgenommen werden, so ist der Hörer abzunehmen, worauf durch Umlegen des Hakenumschalter-Kontaktes Hu_2 die Teilnehmerschleife über das A-Relais in der Zentrale und über den hohen Widerstand W_2 geschlossen wird. Das A-Relais spricht noch nicht an. Wird nun der Nummernschalter auf der wählenden Sprechstelle aufgezogen, so legt Kontakt nsa um und schließt den hohen Widerstand W_2 kurz; das A-Relais in der Zentrale wird über seine beiden Wicklungen A_1 und A_2 erregt, so daß der Wählermagnet D über Kontakt a_1 einen Stromstoß erhält und seine Arme Dr_1 und Dr_2 in die Stellung 1 dreht. Dadurch, daß nun auch das Umschalterelais U Strom bekommt, wird über u_1 und u_2 Wechselstrom an die Leitung L gelegt.

Dieser Wechselstrom hat in diesem Augenblick noch keinen Einfluß auf die R-Relais, da alle R-Relais über Hu_2, nsa, nsi der wählenden Sprechstelle kurzgeschlossen sind. Erst in dem Zeitpunkt, in dem der Nummernschalter der wählenden Sprechstelle den Rücklauf beginnt und am Kontakt nsi der erwähnte Kurzschluß stoßweise unterbrochen wird, kann auch der an der Leitung liegende Wechselstrom stoßweise auf alle R-Relais der angeschlossenen Sprechstellen einwirken. An den

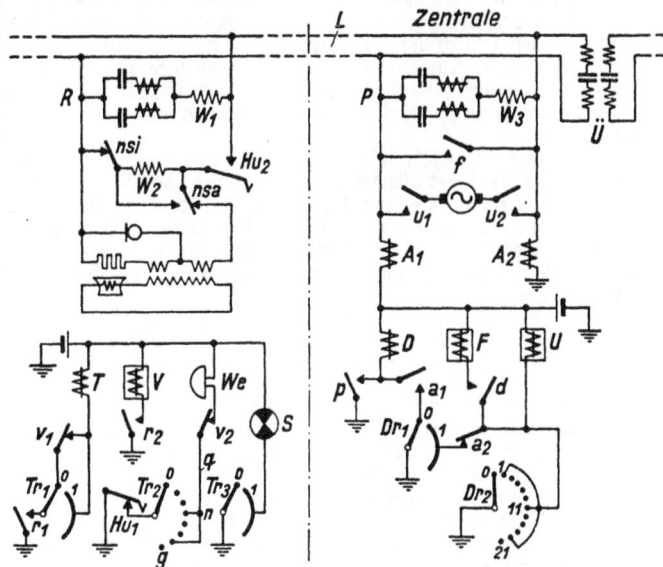

Abb. 921.

Sprechstellen erhält der T-Magnet des Wählers Strom über r_1 (vor Öffnen von v_1), so daß sämtliche Wählerarme Tr_1, Tr_2 und Tr_3 aus der Nullstellung in Stellung 1 drehen. Die Schauzeichen S aller Sprechstellen zeigen nun, daß die Leitung besetzt ist. Über den Kontakt r_2 wird auch das Verzögerungsrelais V erregt, das durch seinen nunmehr geöffneten Ruhekontakt v_2 den Weckerstromkreis vorläufig offen hält. Derselbe Wechselstromstoß erregt natürlich auch das Phasenrelais P in der Zentrale.

Die Stromstöße aus der Wechselstromquelle, gesteuert durch den nsi-Kontakt der Nummernscheibe der wählenden Sprechstelle, wirken über die r_1-Kontakte und Arm Tr_1 auf die Schaltmagnete T aller Sprechstellen, wodurch die Wählerarme Tr_1—Tr_3 in die Stellung gedreht werden, die der gezogenen Nummer entspricht.

Bei Verwendung eines 10-teiligen Nummernschalters wäre es somit möglich, von jeder Stelle aus acht verschiedene Sprechstellen auszuwählen und durch Wahl einer bestimmten weiteren Nummer einen Generalanruf aller neun Sprechstellen zu bewirken. Die Sprechstellen sind in bekannter Weise der Reihe nach mit ihren Anrufweckern We einmal alle an denselben Generalanrufkontakt g (siehe Wählerarm Tr_2) und jede Stelle außerdem an einen besonderen eigenen Kontakt, z. B. Stelle n an Kontakt n angeschlossen.

Um bei Sprechstellen mit 10-teiliger Wählscheibe und beispielsweise 30-teiligen Wählern mehr als neun Stellen anschließen zu können, werden sog. Raststellungen der Wähler eingerichtet, so daß bei der Wahl der Zahlen 1 bis 9 der Nummernschalter nur einmal abzulaufen braucht. Kommt der Nummernschalter in die Ruhelage, so wird zuerst A-Relais und darauf etwas verzögert auch das U-Relais abfallen. Die Wechselstromquelle wird sodann wieder von der Leitung abgetrennt.

Wird eine Sprechstelle mit höherer Nummer gewünscht, so ist bei zweistelliger Zahl erst die Nummer 0 zu ziehen, der Wähler in der Zentrale geht dann in Stellung 11, die als Raststelle durchgebildet ist (s. Dr_2). Wird zweimal eine 0 gewählt, so geht der Wähler in die Stellung 21, die ebenfalls eine Raststelle ist. In diesen Stellungen wird das U-Relais über Dr_2 gehalten. Es können also folgende Nummern gewählt werden:

$$2, \quad 3, \quad 4, \quad 5, \quad 6, \quad 7, \quad 8, \quad 9, \quad 0$$
$$02, \quad 03, \quad 04, \quad 05, \quad 06, \quad 07, \quad 08, \quad 09, \quad 00$$
$$002, \quad 003, \quad 004, \quad 005, \quad 006, \quad 007, \quad 008, \quad 009, \quad 000$$

also insgesamt 27 Nummern einschl. Generalanruf.

Die ausgewählte Sprechstelle wird selbsttätig gerufen, wenn der Wählarm Tr_2 in die der Sprechstelle zugeordnete Stellung, z. B. Schritt n, gedreht hat, in der dann auch die Weckerverbindung dieser Sprechstelle über den Kontakt v_2 liegt. Sobald das V-Relais abgefallen ist, klingelt der Wecker We so lange, bis der Hörer abgenommen und der Weckstromkreis bei Hu_1 unterbrochen wird. Da nur an einer Sprechstelle der Wecker We mit diesem Wählerkontakt verbunden ist, klingelt auch nur dieser eine Wecker.

Während des Gesprächs hält sich das A-Relais über die Mikrofonstromkreise der miteinander sprechenden Stellen. Der Widerstand W_2 liegt zwar im Nebenschluß zum Mikrofon der Sprechstelle, ist aber induktiv gewickelt, so daß er für die Sprechströme keinen Verlustweg bedeutet.

Hängen beide Teilnehmerstellen die Hörer ein, so wird A-Relais stromlos und schaltet in der Ruhestellung über den a_2-Kontakt Erde (Plus) an das U-Relais, welches wieder Wechselstrom an die Leitung L legt. Die Phasenrelais R der Sprechstellen und P der Zentrale ziehen wieder an. Auf allen Sprechstellen werden über r_1 alle Fortschaltemagnete T und über r_2 alle V-Relais einmal angezogen, und in der Zentrale bekommt der Drehmagnet D über p Strom. Alle Drehwähler der Sprechstellen drehen um einen Schritt, desgleichen der Drehwähler der Zentrale.

In der weiteren Folge wird über den Kontakt d des Drehmagneten das F-Relais erregt, F schaltet über f die Leitung kurz, P und die

R-Relais fallen ab, Stromkreis des D-Magneten wird bei p unterbrochen, nach einiger Zeit fällt auch F ab (d unterbrochen), worauf dann der Leitungskurzschluß bei f wieder aufgehoben ist, so daß der Wechselstrom über u_1 und u_2 wieder wirksam wird. Das eben geschilderte Wechselspiel der Relaiskette wiederholt sich, und alle Wähler drehen mit einer vom Verzögerungsrelais F bestimmten Schrittgeschwindigkeit bis in ihre Nullagen: für D von Dreharm Dr_1 (a_1 offen) bestimmt und für T der Sprechstellen von Dreharm Tr_1 (r_1 noch offen) bestimmt. In der Zentrale fällt U-Relais ab und schaltet die Wechselstromquelle von der Leitung.

e) Wahlanrufsystem mit Wechselstrom ohne Zentrale.

Auf jeder angeschlossenen Sprechstelle befindet sich ein Polwechsler, der den für die Wechselstromwahl erforderlichen Wechselstrom erzeugt. In der Schaltung, Abb. 922, ist zu erkennen, daß diese Wechselstromquelle vom Impulskontakt nsi des Nummernschalters gesteuert wird. Der Nummernschalter ist so gebaut, daß der Impulskontakt in der Ruhestellung offen ist. Die Steuerung der verschiedenen Schaltvorgänge auf den Sprechstellen geschieht durch Relais und durch eine Reihe von Nockenscheiben no, nn, n_2, n_3 und ng mit den Kontakten o, n, 2, 3 und g.

Nimmt ein Teilnehmer der Wahlanruf-Linie seinen Hörer ab und zieht die Nummernscheibe auf, so wird das E-Relais dieser Teilnehmerstelle erregt über Erde 8, o-Kontakt, Nummernschalter-Kontakt nsk_1, Hu_4, s_1, E-Relais, Batterie. Beim Ablauf des Nummernschalters wird stoßweise Polwechslerstrom — über den geschlossenen Kontakt e_1 über nsi und Kontakt 2 der Nocke n_2 — an die Leitung gelegt. Diese Wechselstromstöße betätigen alle Phasenrelais J der Leitung, auch das der wählenden Sprechstelle. Der Fernhörer der wählenden Sprechstelle muß während der Aussendung von Wahlstromstößen durch einen Kontakt nsk des Nummernschalters von der Leitung getrennt werden. Über die Kontakte i, g_1, s_2 wird auf allen Sprechstellen das D-Relais — entsprechend der von dem ablaufenden Nummernschalter gegebenen Anzahl Wechselstromstößen — erregt. Dadurch schalten die Wählwerke aller Sprechstellen um die entsprechende Anzahl Schritte weiter. Inzwischen haben sich folgende Schaltvorgänge abgespielt:

Über Kontakt d_1 des Drehmagneten D ist ein Verzögerungsrelais V erregt worden; über Kontakt o der Nockenscheiben no ist auf allen Sprechstellen das Besetztzeichen B betätigt, und das Relais E der wählenden Sprechstelle hat sich über den eigenen Kontakt e_5 (s_1 und o) einen Haltestromkreis gesichert.

Nach Ablauf der ersten Stromstoßreihe fällt das V-Relais wieder ab. Wird die Nummernscheibe zum zweitenmal betätigt, so wird durch den ersten Wahlstromstoß auf allen Sprechstellen, nachdem D über i angezogen hat, aber bevor über d_1 das V-Relais anzieht, das R-Relais erregt: Erde 8, o, v_1, s_4, d_2, r_1, R-Relais, Batterie. Das Relais R bindet sich sofort über seinen eigenen Schleppkontakt r_1 (r_1 links unterbricht erst, wenn r_1 rechts geschlossen hat).

Nach dem zweiten Ablauf des Nummernschalters sei die Wahl beendet. In diesem Fall schließt die den Ruf auslösende Nockenscheibe nn der gewählten Sprechstelle mit dem Nocken den Kontakt n. Auf allen anderen Sprechstellen ist der Kontakt n offen. Der Wecker W wird eingeschaltet, sobald das V-Relais wieder abgefallen ist.

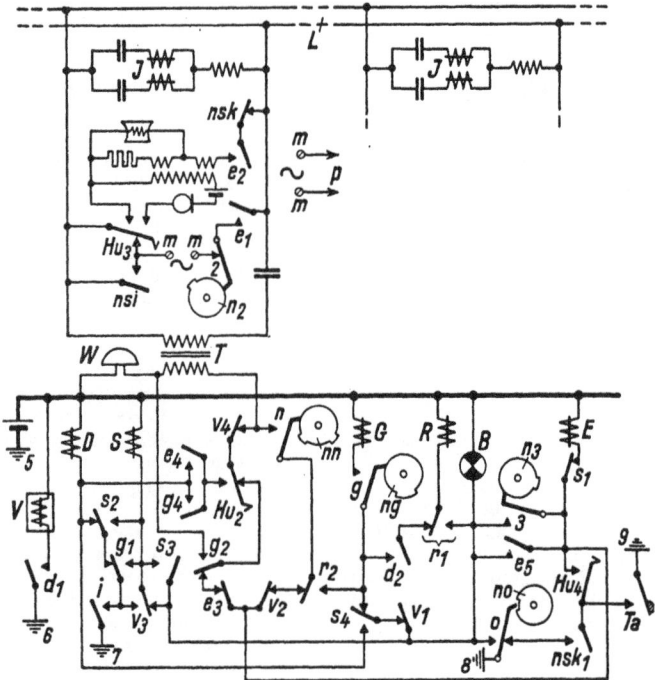

Abb. 922.

Stromkreis: Erde 8, o, v_1, s_4, r_2, n, Sekundärwicklung des Übertragers T, W, Batterie.

Über den Übertrager gelangen die Wecker-Stromstöße als Freizeichen zur anrufenden Sprechstelle. Der Wecker ertönt so lange, bis der gerufene Teilnehmer seinen Hörer abnimmt. Inzwischen hat nämlich das E-Relais der gerufenen Sprechstelle auch angesprochen über: Erde 8, o, v_1, r_2, n, v_4, Hu_2, g_2, e_3, s_1, E-Relais, Batterie. E bindet sich auch hier über e_5. Über Erde 8, o, v_1, s_4, r_2, n, b_4, Hu_2 (abgehoben), e_4, D-Magnet — Batterie erhält D einen Stromstoß, dreht die Nockenscheiben der gewählten Sprechstelle um einen Schritt weiter und schaltet dadurch am Kontakt n der Scheibe nn den Wecker ab. Über den Kontakt e_1 und den Hakenumschalterkontakt Hu_3 ist die gerufene Sprechstelle nunmehr auch mit der Leitung L verbunden.

Nachdem das Gespräch beendet ist, legt einer der Teilnehmer oder beide die Hörer auf. Hierdurch geht über Hu_3, Kontakte 2 und e_1 Wechselstrom auf die Leitung L. Alle Phasenrelais J werden erregt und über die i-Kontakte die Drehmagnete, die alle einen Schritt weiter drehen. Die Verzögerungs-Relais V sprechen an, desgleichen die im Anziehen verzögerten Relais S über i und v_3. Bei den beiden Sprechstellen, die soeben verbunden waren, werden die E-Relais aberregt durch Aufreißen des Kontaktes s_1. Durch Auftrennen des e_1-Kontaktes wird dann auch der Auslösewechselstrom unterbrochen. Die Phasenrelais werden stromlos, bei i wird der Stromkreis vom Drehmagneten und bei d_1 sodann auch der Stromkreis des V-Relais unterbrochen. Die S-Relais bleiben über s_3 und o unter Strom. Nun müssen alle Wählwerke in die Ruhestellung gedreht werden. Dieses geschieht auf folgende Art.

Ist in diesem Schaltzustand (S-Relais erregt) das V-Relais nach einer Verzögerungszeit abgefallen, so erhält der Drehmagnet D wieder Strom über Kontakte s_4, v_1 und o. Über d_1 wird wieder V erregt, v_1 unterbricht Stromweg für D usw. — bis die Nockenscheibe no das Wechselspiel beendet, sobald die Wähler in der Ruhestellung angelangt sind (Umlegen des Kontaktes o).

Bei Generalanruf werden auf allen Sprechstellen nach zweimaligem Ablauf des Nummernschalters die Nockenwellen in die Stellung gedreht, in der die Kontakte o, 2, 3, g und n gleichzeitig geschlossen bzw. geöffnet werden. Fällt nun das Verzögerungsrelais V ab, so wird über Erde 8, o, v_1, s_4 und g das Generalanrufrelais G erregt. Das G-Relais auf allen Sprechstellen schaltet dann über g_2, Hu_2, v_4, n, r_2, s_4, v_1, o und Erde 8 den Wecker ein. Der Wecker liegt nicht mehr mit dem Übertrager T in Reihe, so daß auch kein Freizeichen in die Leitung gelangt. Das E-Relais wird über s_1, 3 und o erregt, schaltet sich über e_5 in einen Haltestromkreis und über e_2 den Sprechapparat an die Leitung. Am Kontakt 2 der Nockenscheibe n_2 ist die Wechselstromquelle abgeschaltet, so daß Kontakt e_1 keine Wirkung hat.

Nehmen nun die Teilnehmer ihre Hörer vom Gabelumschalter, so erhält auch diesmal der Drehmagnet D einen Stromstoß über: Erde 8, o, v_1, r_2, n, v_4, Hu_2, e_4 (g_4), D, Batterie. Das Schaltwerk dreht alle Nockenscheiben um einen Schritt weiter. Da die Nocke der Scheibe ng doppelt breit ist, bleibt in dieser Lage des Schaltwerkes der g-Kontakt geschlossen und das G-Relais erregt.

An jeder Sprechstelle ist eine Notruftaste Ta vorgesehen, die für gewöhnlich versiegelt ist und die dem Sprechstellen-Inhaber die Möglichkeit gibt, in dringenden Fällen sich bei besetzter Leitung in das bestehende Gespräch einzuschalten. Durch Drücken dieser Taste wird das E-Relais erregt, E bindet sich über e_5 und legt über e_2 (bei abgenommenem Hörer) die Sprechstelle an die Leitung. Die Zurückschaltung in die Ruhelage erfolgt nach Auflegen eines Hörers, wie oben bereits beschrieben.

XI. Fernsprechanlagen mit Schutz gegen Hochspannung[1]).

Fernsprechleitungen, die an dem Gestänge der Starkstrom-Hochspannungsleitungen verlegt werden, sind nach den Vorschriften des Verbandes Deutscher Elektrotechniker ebenfalls als Hochspannungsleitungen zu betrachten und als solche zu behandeln. Abb. 923 zeigt die Einführung von Fernsprechleitungen von den Hochspannungs-Leitungsmasten in ein Schalthaus. Die Fernsprech-Doppelleitung verläuft unterhalb der Hochspannungs-Drehstromleitung. Die Fernsprechleitungen sind bei dieser Anordnung in hohem Maße und dauernd der Induktion des Starkstromes und der Influenz der Hochspannung ausgesetzt; außerdem besteht jederzeit die Gefahr der unmittelbaren Berührung zwischen den Starkstrom- und den Fernsprechleitungen. Vorübergehende Beeinflussungen der Fernsprechleitungen finden statt bei nicht stationären Zuständen auf den Starkstromleitungen, wie diese z. B. durch das Ein- oder Abschalten großer Leistungen und durch Kurz- oder Erdschlüsse in den

Starkstromleitungen hervorgerufen werden. Personen, die sich einer solchen Fernsprechanlage bedienen, wie auch die hierzu verwendeten Apparate müssen gegen die Gefahren, die aus den erwähnten Beeinflussungen erwachsen, geschützt werden. Es soll im nachstehenden das Schutzsystem von Siemens & Halske

Abb. 923.

beschrieben werden, das derart durchgebildet ist, daß sämtlichen möglichen Gefahren durch geeignete Mittel und Schaltmaßnahmen begegnet wird. Nach einer Verfügung des Reichspostministers sind die von Siemens & Halske entwickelten Hochspannungs-Schutzeinrichtungen für Betriebsfernsprechanlagen am Hochspannungsgestänge von der OPD für Anlagen bis zu 60000 Volt Betriebsspannung zugelassen. Die Verbindungsleitungen zwischen den am Hochspannungsgestänge verlegten Fernsprechleitungen und den einzelnen Betriebsstellen dürfen bei Verwendung der S & H-Schutzeinrichtungen als normale Niederspannungsleitungen verlegt werden. Es sei hier noch darauf

---

[1]) Frank, G., Telefonie in Elektrizitätswerken. Mix & Genest-Nachr. 9, 1937, 237—245.

hingewiesen, daß eine Fernsprechvermittlung mit drahtgerichteten Wellen nur für gerade, unverzweigte Strecken in Betracht kommt. Auf verästelten und auch als Ringleitung ausgebildeten Überlandleitungen kann zurzeit eine zuverlässige Fernsprechverbindung mit Drahtwellen nicht erzielt werden.

Die Fernsprechleitungen werden am Hochspannungsgestänge meistens als Freileitungen auf Isolatoren verlegt. Erdkabel sind zu teuer, Luftkabel belasten zu stark das Gestänge. Einfachleitung kommt aus bekannten Gründen nicht in Betracht. Die

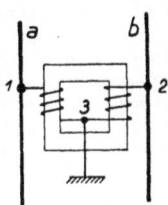

Abb. 924.

Fernsprech - Doppelleitung wird in möglichst kleinen Abständen gekreuzt*), wodurch es gelingt, die elektromagnetische Induktionswirkung in beiden Leitungszweigen nahezu gleich und entgegengesetzt gerichtet zu machen. Durch die

Abb. 925.

elektrostatische Induktion der Hochspannung werden beide Fernsprechleitungen immer im gleichen Sinne geladen. Da die Kapazität langer Leitungen beträchtlich ist, häufen sich auf den Leitungen große Ladungsenergien, die sich jedoch durch Einschaltung von sog. Erdungsspulen (Abb. 924) zur Erde ableiten lassen. Diese Spulen werden in

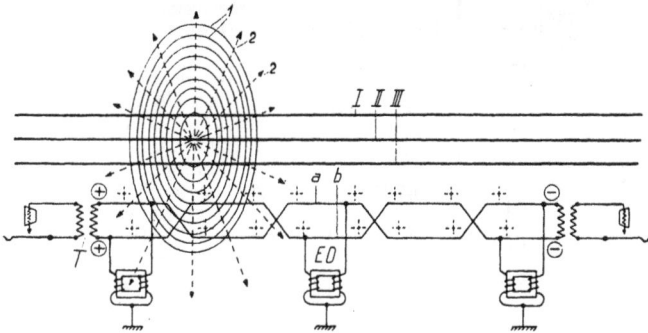

Abb. 926.

bestimmten Abständen in die Leitung geschaltet. Fließen aus den Leitungen a, b über 1 bzw. 2 nach 3 und Erde gleichstarke Ströme, so haben diese Ströme lediglich den Ohmschen Widerstand je einer Wicklungshälfte zu überwinden, wenn die Wicklungen symmetrisch angeord-

*) Siehe Seite 663 ff.

net und so gewickelt sind, daß sie ein vollständiges Differential bilden.*) Für den Fernsprechstrom bilden diese Spulen keine Strombrücken, da in diesem Fall der Sprechstrom die volle Drosselwirkung zu überwinden hat. Abb. 925 zeigt die äußere Ansicht einer Erdungsspule. In Abb. 926 sind eine Starkstrom-Hochspannungsleitung I, II

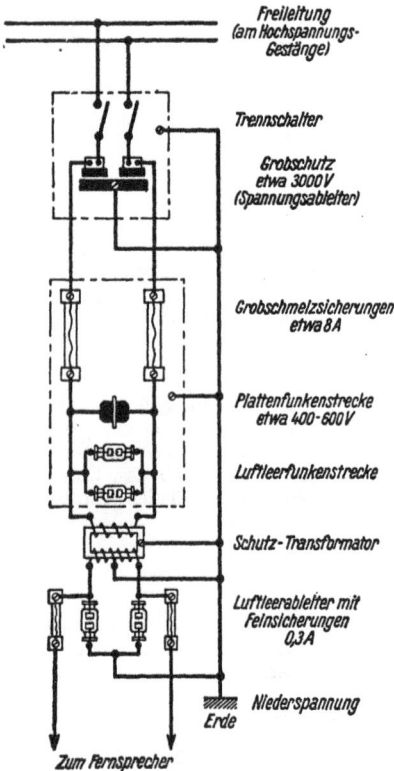

Freileitung
(am Hochspannungs-
Gestänge)

Trennschalter

Grobschutz
etwa 3000V
(Spannungsableiter)

Grobschmelzsicherungen
etwa 8A

Plattenfunkenstrecke
etwa 400-600V

Luftleerfunkenstrecke

Schutz-Transformator

Luftleerableiter mit
Feinsicherungen
0,3A

Niederspannung
Erde

Zum Fernsprecher

Abb. 927.

III und eine daneben verlaufende Fernsprech-Doppelleitung a, b schematisch dargestellt. Die elektrostatische Induktion, die vom elektrostatischen Feld (Kraftlinien 2) herrührt, ist unabhängig von dem jeweiligen in der Starkstromleitung fließenden Strom; die Beeinflussung ist ebenso stark, wenn nur Spannung an den Hochspannungsleitungen liegt. Die elektromagnetische Induktion ist bei sonst gleichen Verhältnissen um so stärker, je stärker der Strom ist, den die Hochspannungsleitungen führen. Die elektromagnetische Beeinflussung ist gleich Null, wenn nur Spannung an die Starkstromleitungen angelegt ist. Betrachten wir die Beeinflussung der Fernsprechleitung, die nur von dem Leiter II der Drehstrom-Hochspannungsleitung herrührt, und zwar zu einem bestimmten Zeitpunkt. Die elektromagnetischen Kraftlinien 1 sowie die elektrostatischen 2 schneiden die Fernsprechleitungen a, b, die an jedem Ende über die Primärwicklung eines Fernsprechtransformators T zu einem geschlossenen Stromkreis verbunden sind. Die vom elektromagnetischen Kraftfeld herrührende induzierte Spannung hat auf beiden Leitern am selben Ende der Leitung die gleiche Spannung (siehe Zeichen in den Kreisen); ein Stromfluß kann also nicht zustande kommen**). Die elektrostatischen Kraftlinien (2) erzeugen (durch Influenz) auf den Fernsprechleitungen beispielsweise eine positive Ladung (gestrichelte Pluszeichen), die durch die Erdungsspulen ED zur Erde abgeleitet wird.

*) Siehe Abb. 14.
**) Siehe auch Abb. 1046 nebst Beschreibung.

Die anzuschließenden Fernsprechstellen werden durch ein Schutzsystem nach Abb. 927 gegen Eindringen der schädlichen Ströme und
Spannungen gesichert; denn trotz der Leitungskreuzung und der
streckenweise eingeschalteten Erdungsspulen ist die Gefahr vorhanden,
daß gefährliche Ströme und Spannungen auf den Fernsprechleitungen
auftreten, namentlich bei nicht ganz symmetrischer Leitungsführung
und bei gestörten Leitungen, wie bei Leitungsbruch, Erdschlüssen, Auftreten von Wanderwellen usw. Es ist deshalb bei der Leitungsverlegung
auf gute und möglichst gleichmäßige Isolation beider Fernsprechleiter
ganz besonders zu achten.

Das Schutzsystem von Siemens & Halske (Abb.
927) besteht aus:

1. einem gestaffelten Überspannungsschutz,
2. einer vorschriftsmäßigen Erdung aller Metall-
teile, mit denen eine Berührung (beim Bedienen
der Apparate) möglich ist,
3. einem hochisolierten Fernsprechtransformator,
der das Sprech-
gerät von der
Hochspannungs-
seite vollkommen
trennt.

Ein wesentlicher
Bestandteil des
Schutzsystems ist
der Transformator
(Abb. 928). An der

Abb. 92⁸.

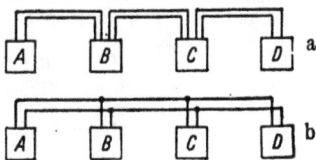

Abb. 929.

Niederspannungsseite dieses Schutztransformators können keine höheren
Spannungen als 200 Volt auftreten. Der anzuschließende Fernsprechapparat ist außerdem, wie immer, mit Feinsicherungen und Luftleer-

Abb. 930.

patronen gesichert. Sollen auf einer langen Strecke an eine Doppelleitung mehrere Apparate angeschlossen werden, so ist die Schaltung nach Abb. 929a, nicht nach Abb. 929b auszuführen. *A* und *D* sind Endstellen, *B* und *C* Zwischenstellen.

In der Abb. 930 ist ein sog. Überführungskasten mit geöffneter Tür dargestellt. Der Überführungskasten wird verwendet, wenn auf der Strecke eine Abzweigung der Fernsprechleitung, z. B. in die Wohnung eines Streckenwärters o. dgl., gemacht werden soll. Diese Überführungsstelle enthält ein vollständiges Schutzsystem nach Abb. 909. An der aufgeklappten Tür sind Reserve-Strom- und -Spannungssicherungen angebracht.

XII. Hochfrequenz-Übertragung über Hochspannungsleitungen[1]).

Bei Spannungen über 70 kV und Netzen mit sehr großen Entfernungen tritt zweckmäßigerweise an die Stelle von Fernsprechanlagen mit Schutz gegen Hochspannung eine Fernsprechanlage mit hochfrequenten Trägerströmen (s. auch Abschnitt IX und XI im fünften Teil); die Fernsprechortskreise werden in nachstehend beschriebener Weise mit den Hochspannungskraftleitungen selbst gekoppelt. Man nennt dieses auch leitungsgerichtete Hochfrequenztelefonie.

Die Ankopplung der Hochfrequenz-Fernsprechgeräte *HF*, Abb. 931, an die Hochspannungsleitung geschieht mit Hilfe von Hochspan-

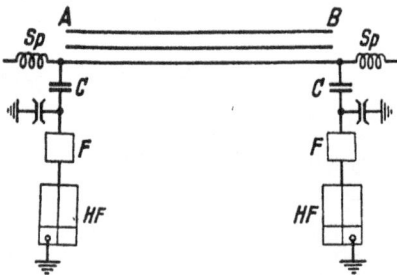

Abb. 931.

Abb. 932.

nungskondensatoren *C*. Für die Aufstellung im Freien werden Porzellankondensatoren (Dielektrikum auch aus Porzellan) oder Ölpapierkondensatoren in Porzellanmantel verwendet. Die Abb. 932 zeigt die äußere Form eines solchen Kondensators mit Porzellanmantel für 100 kV mit einer Kapazität von 2000 cm. Die Ölpapierkondensatoren haben den

---

[1]) Dreßler, G., Telefonie auf Starkstromleitungen. Z. f. Fernmeldetechn. 8 1927, 8—14, 23—24.

Vorzug, daß sich auch die höchsten Spannungen in einem einzigen Bau-element beherrschen lassen, so daß die Aufstellung oder das Aufhängen dieser Kondensatoren auch für sehr hohe Spannungen sehr einfach ist.

Der Vollständigkeit halber sei hier noch die früher in einigen Fällen angewendete Antennenankopplung, Abb. 933, der Fernsprechgeräte an die Hochspannungsleitungen erwähnt. Diese Ankopplung mittels Hilfs-antenne A ist aber ganz verlassen worden wegen der nichtstabilen Übertragungsverhältnisse.

Um die Hochfrequenzströme auf den gewünschten Sprechabschnitt, z. B. $A—B$ in Abb. 931, zu begrenzen und sie unab-hängig von Schaltungsänderungen und be-triebsmäßiger Erdung der Leitung zu ma-chen, verwendet man Hochfrequenzsperren. Eine Sperre (Prinzipschaltung in Abb. 934) besteht aus Induktivitäten f_1 und Kapazi-täten f_2. Die Sperren müssen für den vollen Betriebsstrom der Starkstromleitung be-messen sein und den gesamten Kurzschluß-

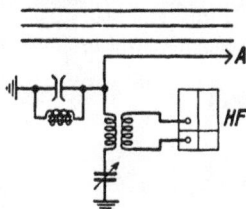

Abb. 933.

strom der Anlage aushalten. Normale Betriebsstromstärken sind etwa 300—700 Amp. bei Höchstspannungsanlagen, der größte Kurzschluß-strom ist dann etwa 30000 Amp. Um die Induktivität im Hinblick auf

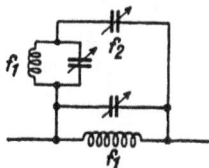

Abb. 934.

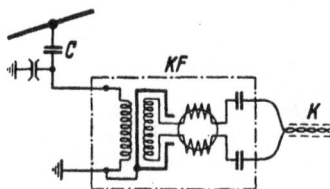

Abb. 935.

den Spannungsabfall des Starkstromes klein zu halten, stimmt man die Hochfrequenzsperren (durch Parallelschalten von Kondensatoren) auf die verwendeten Trägerfrequenzen so ab, daß Resonanzkreise bzw. Sperrfilter für die verwendeten Hochfrequenzträgerwellen entstehen.

Der Starkstrom von 50 Hz kann dann fast verlustlos über die Hochfrequenzsper-ren hinweg, hingegen wird der Weg für die Hochfre-quenz vollkommen gesperrt.

Da die Kopplungskon-densatoren für so hohe Span-nungen sehr groß (Abb. 932), etwa 1600 mm Höhe, und infolgedessen sehr kostspielig

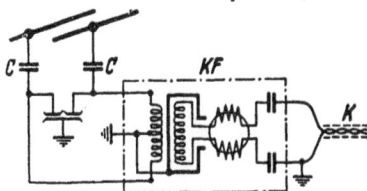

Abb. 936.

sind, ist es notwendig, mit einer möglichst geringen Zahl dieser Kon-densatoren auszukommen. Für eine einzige Trägerfrequenz genügte eine Spule zum Kompensieren (Herabsetzen der Kopplungsverluste) der Kondensatorkapazität. Um (für mehrere Trägerkreise) möglichst viele Trägerfrequenzen über den gleichen Kondensator zu schicken, benutzt man Kettenleiter (s. Abschnitt IX im fünften Teil) aus Kondensatoren und Spulen, das sind Koppelfilter. Da die Koppelkapazität in die Bemessung des Filters eingeht, muß zwecks Vergrößerung des Durchlaßbereiches die Kapazität des Kopplungskondensators möglichst groß (1000 bis 2000 cm) bemessen werden.

Die Abb. 935 zeigt den Anschluß des Koppelfilters *KF* und des Kopplungskondensators *C* einerseits an die Hochspannungsleitung und

Abb. 937.

andererseits an das zum Hochfrequenzgerät führende Hochfrequenzkabel *K*, und zwar für einphasige Ankopplung an die Hochspannungsleitung. Abb. 936 zeigt eine ähnliche Schaltung von Filter und Kopplungskondensator für eine zweiphasige Ankopplung. Die Geräte müssen so beschaffen sein, daß keine Hochspannung auf die Geräte der Sprechstellen übertreten kann. In der Abb. 937 ist die äußere Ansicht eines Koppelfilters dargestellt.

Die Hochfrequenzsprechgeräte verwenden zur Erreichung eines vollen Gegensprechverkehrs zwei Trägerwellen. Man könnte den Sprechverkehr auch mit einer einzigen Trägerwelle herstellen, wie dies in Amerika üblich ist. Hierbei muß man aber mehrere Nachteile in Kauf nehmen, insbesondere die Unmöglichkeit, einen dauernd sprechenden Gesprächspartner unter-

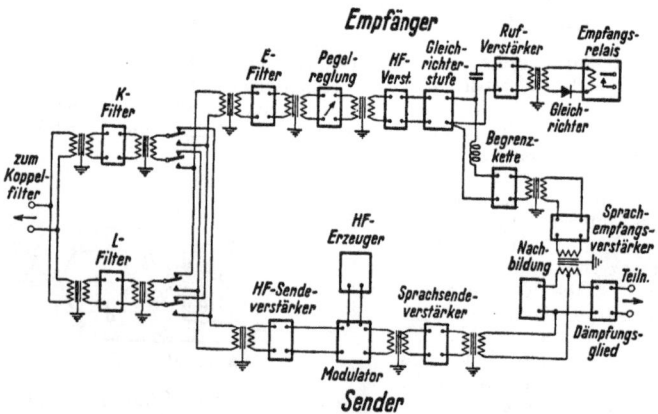

Abb. 938.

brechen zu können. Dieses ist eine Eigentümlichkeit der Trägerfrequenztelefonie.

Die Abb. 938 zeigt ganz schematisch die im einzelnen bezeichneten
Bauteile eines Hochfrequenz-Sprechgerätes von Siemens & Halske.
Diese Hochfrequenz-Zweiwellengeräte bestehen aus einem Hoch-
frequenzsender und einem Hochfrequenzempfänger, den Trennfiltern
zur Scheidung der beiden Trägerfrequenzen in Gegenrichtung einer
(nicht dargestellten) Wahlrufautomatik und einem Netzanschlußteil
zum Speisen des Hochfrequenzgerätes aus dem Netz. In der Abb. 939
ist der Aufbau dieser Einzelteile in einem verschließbaren Ganzmetall-
schrank gezeigt. Der Sender enthält einen Hochfrequenzgenerator, eine
Modulationsstufe, in der die vorverstärkten Sprechströme der hochfrequenten Trägerwelle aufgedrückt werden, und eine Endstufe, in der
der modulierte Trägerstrom ver-
stärkt wird. Die in Deutschland
höchst zulässige Trägerleistung
ist 10 Watt, der Frequenzbereich
üblicherweise 50—150 kHz, in
Ausnahmefällen auch darüber
bis 300 kHz.

Die von der Gegensprech-
stelle über Kopplungskondensatoren und Koppelfilter in das
Hochfrequenzgerät eintretende
Empfangswelle wird mit Hilfe
der Filter von der Sendewelle
getrennt und dem Empfänger
zugeleitet. Dieser besteht aus
einer oder mehreren Hochfre-
quenzverstärkerstufen und einer
Gleichrichterstufe für den Ruf
bzw. die Sprache, die meist voneinander getrennt sind. Die Ruf-
ströme werden nach ihrer Verstärkung und Gleichrichtung
dem Empfangsrelais zugeführt,
das einen Schrittwähler betätigt,
um den Wahlruf zu ermöglichen.
Während des Gesprächs bleibt
das Relais empfangsbereit, um
das Schlußzeichen geben zu können. Die Sprechströme werden

Abb. 939.

nach ihrer Verstärkung, Gleichrichtung und Wiederverstärkung als
Niederfrequenzströme über eine Gabelschaltung dem Fernhörer zugeführt, bzw. auf ein angeschlossenes Niederfrequenzkabel weitergeleitet.

Moderne Hochfrequenztelefoniegeräte sind mit einer automatischen
Pegelregulierung ausgerüstet, um eine stets gleichbleibende Empfangsspannung an den Klemmen des Empfängers sicherzustellen. Voraus-
setzung hierfür ist eine genügende Energiereserve, die im Falle normaler

Leitungsdämpfung in Widerständen vernichtet wird und mit zunehmender Leitungsdämpfung zwecks Gleichhaltung der Empfangsspannung zur Ausnutzung kommt. Es genügt wegen der langsamen Dämpfungsänderung der Leitung eine einmalige Einpegelung des Verbindungsweges vor jedem Gespräch.

Die Wahlrufautomatik ist mit den Mitteln der Selbstanschlußtechnik, Wählern und Relais, ausgerüstet und gestattet den Wahlruf jeder an die gleiche Leitung angeschlossenen Hochfrequenzsprechstelle bzw. von Automatenteilnehmern, die an selbsttätige Fernsprechzentralen angeschlossen sind, die mit den Hochfrequenzgeräten verbunden werden können.

Im Zuge der Hochspannungsleitung liegende Trennstellen für Starkstromschaltzwecke werden durch Nebenwege für die hochfrequenten Ströme überbrückt. Diese bestehen aus Kopplungskondensatoren und Koppelfiltern, um einen möglichst dämpfungsfreien Durchlaß für den Nebenweg zu schaffen. Diesseits und jenseits der Trennstelle werden Sperren eingesetzt, damit auch bei Erdung der einzelnen Leitungsabschnitte die Hochfrequenzübertragung noch einwandfrei arbeitet.

Abb. 940.

Die Zahl von in Reihe liegenden Brücken im Zuge einer Sprechverbindung wird im allgemeinen mit zwei bis drei begrenzt, da sonst die Dämpfung der Gesamtverbindung zu groß wird. Handelt es sich um eine größere Zahl von Sprechstellen und liegen zahlreiche Brücken in Reihe, so wird eine Auftrennung der Gesamtleitung in mehrere Hochfrequenzabschnitte vorgenommen. In jedem Abschnitt arbeitet man mit einem getrennten Wellenpaar. An der Stoßstelle der Abschnitte werden zwei Geräte (vollständige Sende- und Empfangsgeräte) aufgestellt. Diese können automatisch miteinander verbunden werden, so daß die Durchwahl von einem Abschnitt in den anderen möglich ist und die Teilnehmer der verschiedenen Abschnitte so miteinander verkehren können, als wenn sie im gleichen Abschnitt lägen.

Die Wahlrufeinrichtung moderner Hochfrequenzgeräte ist ferner so ausgebildet, daß sie in den Gesprächspausen für Schaltermeldung bzw. für Fernmessung nach einem Impulsverfahren (siehe dies) geeignet ist. Zu dem Hochfrequenzkanal muß nur die entsprechende Niederfrequenzeinrichtung für Schaltermeldung bzw. Fernmessung hinzugesetzt werden.

Außerdem können gleichzeitig mit bestehenden Gesprächen durch Unterlagerung der Hochfrequenzträgerwelle Dauerfernmeßübertra-

gungen vorgenommen oder die hochfrequenten Trägerwellen für die
Meldung der Energierichtung zum Zwecke des hochfrequenten Strecken-
schutzes von Leitungsabschnitten benutzt werden.

Durch diese Möglichkeiten sind sehr große Ersparnisse an hochfrequenten Trägerwellen zu erzielen. Bei den ausgedehnten Hoch-
frequenznetzen in den verschiedenen europäischen Ländern, insbesondere in Deutschland, ist die Wellenersparnis von ausschlaggebender
Bedeutung.

In der Abb. 940 sind ein Koppelfilter und zwei Hochfrequenzsperren einer Hochfrequenz-Fernsprechanlage auf dem Gelände einer
Freiluftstation zu sehen.

XIII. Lautfernsprecher und Lautsprecheranlagen.

Lautfernsprecher dienen zur lauten Sprachwiedergabe. Der Emp-
fangsfernhörer wird meistens mit einem Schalltrichter versehen, der die
Laute in den Raum sendet, so daß die Sprache noch in größeren
Entfernungen vom Apparat verständlich ist. Durch Lautfernsprecher
ohne Verstärker kann die Sprache im allgemeinen so laut wiedergegeben werden, wie in das Mikrofon hineingesprochen wird.

a) Lautfernsprecher ohne Verstärker.

Die Mikrofone sind für hohe Strombelastung, etwa 300 mA, eingerichtet, und es ist zur guten Verständigung erforderlich, ziemlich dicht
und deutlich in den Mikrofontrichter hinein-
zusprechen. Stärkere Sprechströme erfordern
außer einem geringen Widerstand der Batterie
und der Leitungen normalerweise auch eine
höhere Betriebsspannung. Man nimmt 3 bis 4
Akkumulatorenzellen oder 5 bis 6 große Trok-
ken- oder Beutelelemente. Direkte Schaltung
verwendet man bei kurzen Entfernungen bis
höchstens 400 m und 1,5-mm-Kupferleitung,
bei Entfernungen über 400 m aber indirekte
Schaltung.

Bei direkter Schaltung ist darauf zu achten,
daß der Leitungswiderstand möglichst gering
ist. Die Telefone der Lautsprecher haben bei
direkter Schaltung etwa ein Ohm, die Mikrofone
etwa 10 bis 20 Ohm Widerstand. Auf richtige
Verbindung des Telefons mit der Leitung ist
besonders zu achten, da es beim Anschalten auf
die Polung ankommt. Sind die Anschlußklemmen nicht mit der Polbezeichnung versehen,
so findet man beim Vertauschen der Leitungen den richtigen Anschluß durch Prüfen
der Lautstärke.

Bei der indirekten Schaltung ist zu erstre-
ben, daß möglichst nur zwei Sprechstellen mit-

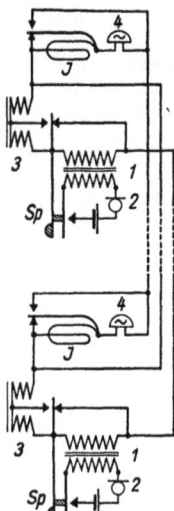

Abb. 941.

einander verkehren; ist ein Zusammenschalten von drei Stellen nicht zu umgehen, so sind die Stellen parallel zu schalten.

Bei indirekter Schaltung mit Induktoranruf (Abb. 941) soll die Entfernung nach Möglichkeit 10 km nicht überschreiten. Der Weckerwiderstand (4) beträgt etwa 1600 Ohm, der des Fernhörers (3) 1000 Ohm, der des Mikrofons (2) 10 bis 20 Ohm. Die Induktionsspule (1) hat primär etwa 1 Ohm, sekundär etwa 50 Ohm. Beim Sprechen ist die Sprechtaste Sp zu drücken, wodurch das Mikrofon eingeschaltet und die Hälfte der Fernhörerwicklung kurzgeschlossen wird. Durch Ausschalten der einen Fernhörerspule wird die Drosselwirkung für den abgehenden Sprechstrom bedeutend herabgesetzt. Die in der Leitung verbleibende Fernhörerspule genügt noch zur Wahrnehmung von Zwischenrufen der Gegenstelle während des Gesprächs. Häufig wird bei Lautfernsprechern Summeranruf verwendet. Eine direkte Schaltung mit Summeranruf und gemein-

Abb. 942.

samer Batterie ist in Abb. 942 schematisch dargestellt. Die Sprechstellen sind durch drei Leitungen verbunden. Durch Drücken der Taste und Schließen des Kontaktes 1 wird Summer S mit Anker a in Tätigkeit gesetzt. Die Stromunterbrechungen des Summers erzeugen im Telefon der Gegenstelle einen lauten pfeifenden Ton, der als Anruf dient. Kondensator c dient zur Funkenunterdrückung am Kontakt 3 des Summerankers. Beim Sprechen wird die Taste nach der anderen Seite gedrückt und durch Kontakt 2 Mikrofon M in den Stromkreis der Batterie und des Telefons F der Gegenstelle gelegt. Abb. 943 zeigt ein lautsprechendes Telefon, Abb. 944 ein Handmikrofon dazu, mit Hakenumschalter für Hausanlagen.

Die Membran des lautsprechenden Telefons (Abb. 943) kann durch Drehen einer Mutter und Anziehen einer Gegenmutter verstellt und in der günstigsten Lage festgeschraubt werden. Beim Einstellen empfiehlt es sich, in das dazugehörige Mikrofon gleichmäßig laut wiederholt von 1 bis 10 zu zählen. Das Handmikrofon ist hierbei senkrecht zu halten. Zur

Abb. 943.

Abb. 944.

Lockerung der Kohleteilchen kann das Mikrofon von Zeit zu Zeit leicht geschüttelt werden.

b) Lautsprecher und Großlautsprecher.

Im Gegensatz zu den bereits beschriebenen Lautfernsprechern werden magnetelektrische und elektrodynamische Lautsprecher und Großlautsprecher immer mit Röhrenverstärkern betrieben. Um Sprache und Musik klanggetreu aufzunehmen und wiederzugeben, müssen die Aufnahmeapparate (Mikrofone) und die Wiedergabeapparate (Lautsprecher) in der Lage sein, auf langsame sowie auf sehr schnelle Schwingungen zu reagieren, so daß die zusammengesetzten Schwingungen der Sprache (s. S. 429) in ihrer Form unverzerrt wiedergegeben werden.

Bei Verwendung der bisher beschriebenen Lautsprecher mit eingespannter Eisenmembran ist es nicht möglich, die Amplitude der Sprech- oder Musikströme beliebig zu steigern, ohne die Sprache stark zu verzerren[1]). Für den Rundfunk wurden daher elektromagnetische Lautsprechersysteme geschaffen, die in Verbindung mit einer Konusmembran höhere Anforderungen erfüllten (Zweipol-, Vierpol-, Freischwinger-Systeme). Das Prinzip eines Antriebssystems mit freischwingendem Anker ist durch die schematische Darstellung in Abb. 945 erläutert. Dicht vor den Polschuhen des sehr kräftigen Dauermagneten M ist ein Anker a mit der Stahlfeder F freischwingend befestigt. Um den Anker ist die Erregerspule Sp so gelegt, daß der Anker noch frei ausschwingen kann. Durch einen Stift t ist der Anker mit dem Lautsprecherkonus K verbunden.

Eine wirklich befriedigende Wiedergabe wurde jedoch erst durch die elektrodynamischen Lautsprecher ermöglicht. Sie verarbeiten auch sehr große Leistungen verzerrungsfrei und mit hohem Wirkungsgrad, so daß man mit diesen Lautsprechern Sprache und Musik Tausenden von Menschen in großen, geschlossenen Räumen sowie auch im Freien hörbar machen kann. Diese Großlautsprecher werden permanent-dynamisch oder elektrodynamisch gebaut. Die aufgedrückten elektrischen Leistungen betragen 5, 10, 20 oder auch noch mehr Watt. Die Leistungsaufnahme der Erregerspulen (Feldspulen) der elektrodynamischen Lautsprecher beträgt auch etwa 10 bis 30 W.

Die Abb. 946 zeigt das Schema eines dynamischen Lautsprechers. In einem kräftigen magnetischen Feld 5 (der Spalt 5 muß möglichst

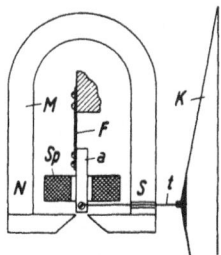

Abb. 945.

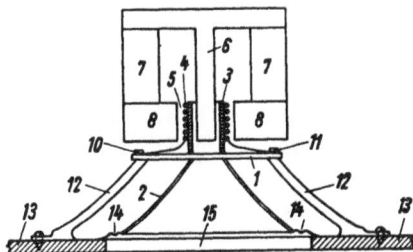

Abb. 946.

[1]) Schweikert, G., Berechnung eines elektromagnetischen Lautsprechers. Z. Fernmeldetechn. 9, 1928, 1—5.

eng sein) ist die Schwingspule *3* angeordnet, die die Wicklung *4* trägt; diese wird von den Sprechströmen durchflossen; *10* und *11* sind die Stromzuführungen. Der Kern *6* des Elektro- oder Dauermagneten *6—7—8* ragt in die Schwingspule *3* hinein. Der aus Pappenguß bestehende Konus *2* ist mit der Schwingspule *3* starr verbunden und mit einer elastischen Zentrierung (in der Zeichnung nicht erkennbar) am Ring *1* befestigt. Der Konus *2* ist leicht gewölbt, um Untertöne zu vermeiden. *14* ist ein Lederring, der einerseits am Konus und andererseits am Rande der Schallöffnung *15* befestigt ist. Das Magnetsystem wird mit den Armen *12* an die Schallwand *13* angeschraubt. Abb. 947 zeigt die technische Ausführung eines Großlautsprechers; im Fuß ist der Anpassungsübertrager untergebracht.

Meist wird der Lautsprecher an einer Schallwand befestigt, die aus Holz besteht und etwa 1 m² groß ist. Zur Verwendung im Freien und als Rundstrahler wird er in entsprechende Blechgehäuse eingebaut (Ampel- und Pilz-Lautsprecher, Schallring-

Abb. 947.

Abb. 948.

Lautsprecher usw.). Abb. 948 zeigt einen Rundlautsprecher, wie er für größere Hallen oder im Freien verwendet wird.

c) Mikrofone für Übertragungsanlagen.

Für Übertragungsanlagen mit Großlautsprechern und Musikübertragungsanlagen verwendet man neben hochwertigen Kohlemikrofonen auch das Kondensatormikrofon, das Bandmikrofon und das Kristallmikrofon.

1. Das Kondensatormikrofon.

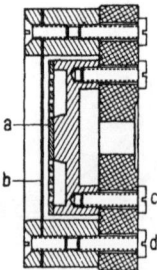

Abb. 949.

Das Kondensatormikrofon ist in Abb. 949 im Schnitt schematisch dargestellt. Die den Schalldruck aufnehmende Membran *a* bildet zusammen mit der festen Gegenelektrode *b* einen Kondensator, dessen Kapazität sich mit dem Schalldruck ändert. Die Membran *a* ist in sehr geringer Entfernung von der Gegenelektrode angeordnet. Durch das Schwingen der Membran im Rhythmus der umzuwandelnden Schallwellen wird die Kapazität dieses kleinen Kondensators im selben Verhältnis fortwährend geändert. Die Mikrofon-Vorspannung von etwa 100 V (Anschluß z. B. an c und d, Abb. 949) entnimmt man einem Spannungsteiler, Abb. 950. An die Klemmen *1* und *2* wird die Heizbatterie angeschlossen (+ an Klemme *1*) und an die Klemmen *2* und *5* die Anodenbatterie. Von den Klemmen *3* und *4* führen die Leitungen zum Lautsprecher bzw. zu einem Leistungsverstärker und von dort zu den Lautsprechern. In Abb. 951 ist das Mikrofon als Ganzes und in den Einzelteilen nochmals gezeigt. Um den störenden Einfluß der Leitungskapazität auszuschalten, legt man, wie aus den Abb. 950 und 951 zu ersehen,

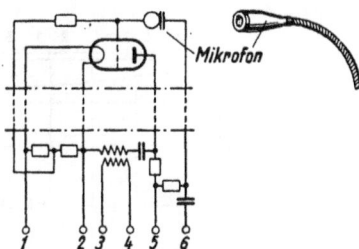

Abb. 950.

die Vorverstärkerröhre unmittelbar in die Kapsel des Mikrofons. Das Kondensator-Mikrofon hat insbesondere für Musikübertragungen die günstigsten Eigenschaften.

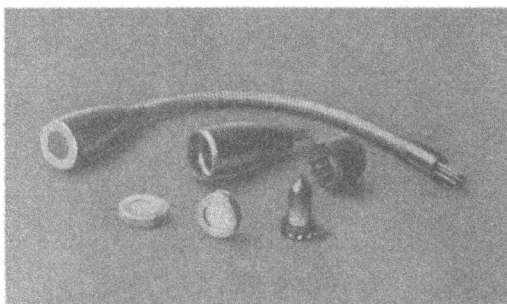

Abb. 951.

Eine bedeutende Verbesserung stellt das sog. Zweischicht-Kondensatormikrofon dar mit einer Eigenkapazität von etwa 800 pF. Mittels eines Mikrofonübertragers wird dieser kapazitive Widerstand so weit nach unten übersetzt, daß ihm gegenüber auch eine größere Leitungskapazität keine Rolle mehr spielt. Man kann bei Verwendung des Zweischicht-Kondensatormikrofons Leitungslängen bis zu 200 m zwischen Mikrofon und Verstärker schalten, ohne daß dadurch das Mikrofon an Empfindlichkeit verliert.

Die Frequenzkurve (im Bereich von 150 bis 10000 Hertz) der Mikrofonkapsel allein verläuft bei tiefen und mittleren Sprachfrequenzen nahezu waagerecht, Abb. 952. Die Kurve E zeigt das Übertragungsmaß Millivolt je Mikrobar (mV/μb) für die Mikrofonkapsel allein, und zwar gemessen im Eichfeld. Die entsprechenden Werte für das freie Schallfeld, z. B. in einem Vortragssaal, erhält man durch

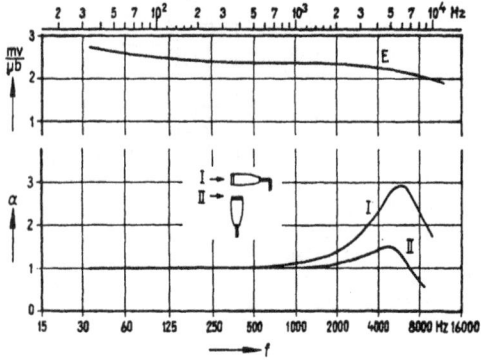

Abb. 952.

Multiplikation der Werte der Kurve E mit den Korrektionswerten der Kurven I oder II, je nachdem die Schallwellen senkrecht oder tangential die Mikrofonkapsel treffen (s. Bild).

Als Schalldruckeinheit dient das Mikrobar (μb); es ist $1\,\mu b = 1$ dyn : cm^2 = $1,02 \cdot 10^{-6}$ Atm. (kg : cm^2).

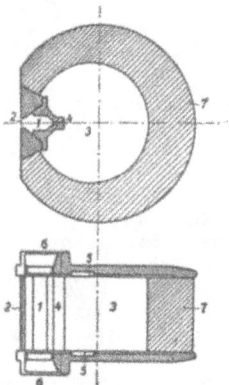

Abb. 953.

Abb. 954.

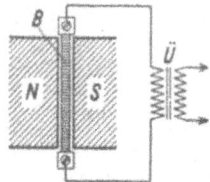

Abb. 955.

2. Das Bandmikrofon.

Ein modernes hochwertiges Mikrofon ist das Bandmikrofon, welches in der äußeren Ansicht in Abb. 953 und im Quer- bzw. Längsschnitt in Abb. 954 dargestellt ist. Im Luftspalt des sehr kräftigen Dauermagneten 7 ist das Bändchen 2 (eine Metallamelle mit sehr geringer Eigenschwingung) angeordnet. Hinter dem Band befindet sich ein Hohlraum 1, der mit dem Innenraum 3 des Magneten über den Schlitz 4 verbunden ist. Diese Hohlräume haben besonderen Einfluß auf die günstige Form der Frequenzkurve. Abb. 955 zeigt schematisch, wie das Bandmikrofon arbeitet. Das leicht gespannte Band *B* befindet sich im starken magnetischen Feld. Schallwellen, die das Band *B* treffen, bewirken ein Schwanken von *B* im Rhythmus dieser Wellen. Dadurch wird an den Enden dieses metallischen Leiters eine EMK erzeugt (s. Kapitel Induktion, S. 19). Die geringen Ströme im Primärkreis des Übertragers werden über die Sekundärwicklung dem Verstärker zugeführt.

3. Das Kristallmikrofon.

Kristallmikrofone[1]) sind auf der Eigenschaft der Piezoelektrizität verschiedener Kristalle aufgebaut, d. h. auf der Eigenschaft, durch Druck elektrische Spannungen zu erzeugen. Die Erscheinung der Piezoelektrizität ist umkehrbar, d. h. beim Anlegen z. B. von Wechselspannungen an bestimmte Kristalle werden diese in mechanische Schwingungen versetzt. Diese Schwingungen sind geringfügige Ausdehnungen und Zusammenziehungen des Kristalls. Piezoelektrische Erscheinungen sind bekannt beim Quarz, beim Turmalin und bei dem Kristall des Seignettesalzes[2]). Der piezoelektrische Modul (= Spannung : Druck) der Kristalle des Seignettesalzes ist etwa tausendmal größer als der von Quarz oder Turmalin, so daß zum Bau eines Mikrofons die Kristalle des Seignettesalzes sich am besten eignen. Solche Mikrofone haben bereits einige Bedeutung erlangt, denn sie haben den Vorzug ohne primäre Stromquellen zu arbeiten, und sie sind infolge einer ver-

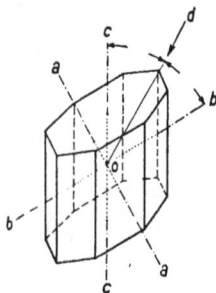

Abb. 956.

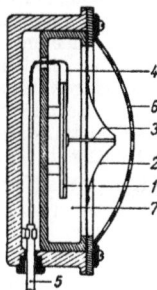

Abb. 957.

[1]) Metschel, E. C., Wesen und Anwendung der Piezoelektrizität. ETZ 59, 819—825.
[2]) Weinsaures Kalium-Natrium-Tartrat.

hältnismäßig hohen Eigenkapazität nicht so empfindlich in bezug auf die Kapazität der Anschlußleitungen. Auch ist das Kristallmikrofon geräuschfrei, arbeitet trägheitslos und ist gegen Erschütterungen unempfindlich, dagegen jedoch wärmeempfindlich für Temperaturen über 55° C. Gegen Feuchtigkeit kann der Kristall durch luftdichten Abschluß geschützt werden.

Die piezoelektrischen Wirkungen, d. h. der bereits erwähnte Modul, ist je nach Druckrichtung für die 3 Achsen a—a, b—b, c—c des Kristalls, Abb. 956, verschieden. Am größten ist der Modul für die Druckrichtung der Winkelhalbierenden d—0 und senkrecht zur a—a-Achse. Man schneidet in der Regel die Kristalle deshalb so, daß der von der schallaufnehmenden Membran ausgehende Druck in der bezeichneten Richtung erfolgt. Diese sog. bimorphen Kristallelemente bestehen aus zwei aufeinander gekitteten Kristallplatten 1, Abb. 957, die so gelagert werden, daß bei Druck von der Membran 2 aus über Verbindungssteg 3 die eine Platte auf Zug und die andere auf Druck beansprucht wird, so daß auch die piezoelektrischen Spannungen sich addieren. Die Elektroden des bimorphen Kristallpaares sind über Leitungen 4 mit dem Anschlußkabel 5 verbunden. Mit 6 ist eine Schutzhaube aus Drahtgitter bezeichnet. Um das Kristallpaar gegen Feuchtigkeit zu sichern, ist es in einen Behälter 7 luftdicht eingebaut.

XIV. Münzfernsprecher.

Das älteste deutsche Münzfernsprecher-Patent stammt aus dem Jahre 1887; seither ist die Entwicklung im steten Fluß geblieben.

Die ersten Münzfernsprecher waren so gebaut, daß der in einem Behälter unter Verschluß gehaltene Fernsprecher erst nach Einwurf einer Münze für den Sprechgast zugänglich wurde. Bei dieser Betriebsweise mußte daher die Benutzungsgebühr entrichtet werden, auch wenn die Verbindung nicht zustande kam. Um diesen Übelstand zu beseitigen, wurden die Münzfernsprecher mit einer Klangeinrichtung versehen, die eine Überwachung der Münzfernsprecher-Verbindung durch eine Beamtin im Fernsprechamt gestattet. Der Rufende meldet die Nummer des gewünschten Teilnehmers und wird kurz darauf durch das Vermittlungsamt aufgefordert, die Münze in die Kassiervorrichtung zu werfen. Durch das von der eingeworfenen Münze erzeugte Klangsignal, das durch ein Mikrofon der Beamtin im Fernsprechamt hörbar gemacht wird, erkennt die Beamtin, daß der Anrufende die Gebühr entrichtet hat und gibt die hergestellte Verbindung frei.

Die Klangsignalüberwachung findet auch heute noch in den modernsten Münzfernsprechern für die Telegrammaufnahme und für die Überwachung hochwertiger Fernverbindungen, die durch Vermittlung einer Beamtin hergestellt werden, Anwendung.

Um für die hochwertigen Verbindungen verschiedenwertige Münzen zulassen zu können, sind die Klangeinrichtungen so beschaffen, daß von den einzelnen Münzsorten verschiedene Klangsignale erzeugt werden, die sich nach Tonhöhe und nach der Anzahl der Töne unterscheiden.

Bei Verbindungen über ein Selbstanschlußamt ohne Einschaltung
einer Beamtin muß auf die Überwachung durch Klangsignale verzichtet
werden. In diesem Falle wird der Münzfernsprecher so gebaut, daß der
Anrufende durch Einwurf einer Münze, die zunächst in einer Zwischen-
stellung im Gerät liegen bleibt, die Wahlstromstoß-Sendeeinrichtung
für die Einstellung der Wähler des Selbstanschlußamtes entsperren
muß, was am einfachsten durch einen von der Münze betätigten Kontakt geschieht, der in der Ruhelage den Impulskontakt des Nummernschalters kurzschließt. Die in der Zwischenlage befindliche Münze
kann nun entweder selbsttätig durch einen nach Melden des gerufenen
Teilnehmers ansprechenden Magneten oder durch eine Bedienungs-
maßnahme des Anrufenden kassiert werden. Beim selbsttätigen Kassieren unter Vermittlung eines Magneten müssen zwei Fälle unterschieden
werden, je nachdem, ob das Kassieren bei Beginn des Gespräches oder
am Ende des Gespräches nach Einhängen des Hörers stattfinden soll.
Der Zeitpunkt des Kassierens richtet sich dabei nach der Art des Amtes,
an das der Münzfernsprecher angeschlossen ist.

Die Selbstanschlußämter der Deutschen Reichspost sind so gebaut,
daß erst am Ende des Gespräches der Zählimpuls für das Verstellen
des Teilnehmer-Gesprächzählers gegeben wird. Da das Anziehen des
Kassiermagneten im Münzfernsprecher abhängig vom Zählimpuls erfolgt, kann der Kassiermagnet erst nach dem Einhängen des Hörers
in Tätigkeit treten.

Wenn der gerufene Teilnehmer sich nicht meldet, wird die in der
Zwischenlage befindliche Münze dem Anrufenden zurückgegeben.
Zweckmäßig wird dabei die Rückgabe der Münze durch Einhängen des
Hörers ausgelöst. Im Gegensatz zu den Münzfernsprechern des sog.
Nachzahlungstyps, bei denen der Anrufende erst nach Auffordern durch
die überwachende Beamtin (nach Melden des gewünschten Teilnehmers)
die Münze einwirft, werden die Münzfernsprecher mit Einwurf der Ge-
bühr vor dem Herstellen der Verbindung als Münzfernsprecher des
Vorauszahlungstyps bezeichnet. Beide Münzfernsprechertypen werden
zur Zeit einzeln und miteinander kombiniert in den verschiedensten
Ausführungen angewendet.

Der von der Deutschen Reichspost benutzte Münzfernsprecher
M 28, der nachstehend beschrieben
und dargestellt ist, ist eine Ver-
einigung von Voraus- und Nach-
zahlungs-Typ.

Die Abb. 958 zeigt schematisch den Münzfernsprecher bei
abgenommenem Hörer und einge-
worfener Münze, Abb. 959 die Schaltung der Sprechstelle und einiger
Amtsteile. Vor Beginn der Wahl
muß der Anrufende die Münze in
den Apparat werfen, damit der

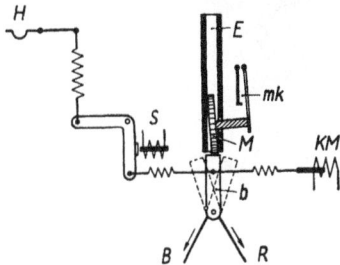

Abb. 958.

durch den Münzkontakt mk gebildete Kurzschluß des Nummernschalter-
impulskontaktes nsi ,Abb. 959, aufgehoben ist. Über den Hörerhaken-

40*

kontakt hu_1 ist bei abgenommenem Hörer die Amtsschleife geschlossen, so daß in bekannter Weise das Anlaßrelais R des Vorwählers VW anspricht

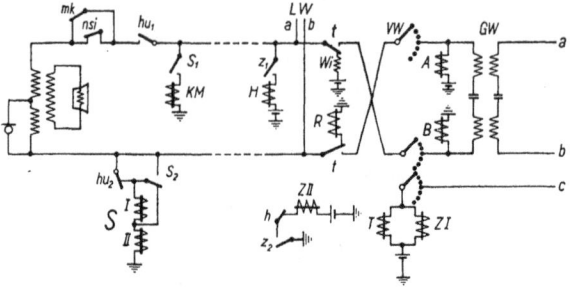

Abb. 959.

und den VW auf einen freien Gruppenwähler GW aufprüfen läßt. Wenn der gerufene Teilnehmer sich gemeldet hat, soll beim Einhängen des Hörers das Kassieren der Münze stattfinden. Bei eingehängtem Hörer ist der Kontakt hu_1 geöffnet und der Kontakt hu_2 geschlossen. Die Steuerrelais A und B des GW kommen zum Abfall, so daß die aufgebaute Verbindung zusammenfällt und über die c-Ader des Vorwählers das Zählrelais Z über seine Wicklung ZI anzieht. In dem Münzfernsprecher selbst hat über den nun wieder geschlossenen Hörerhakenkontakt hu_2 der Sperrmagnet S angezogen, der sich über das A-Relais im GW solange hält, bis die Wähler in ihre Ruhelage zurückgekehrt sind. Der Magnet S bindet sich über den eigenen Kontakt s_2 und schaltet gleichzeitig seine hochohmige Wicklung SII in den Stromkreis des A-Relais. Das A-Relais kann sich über die hochohmige Wicklung des Sperrmagneten SI nicht halten, so daß das Trennen der Verbindung nicht behindert ist. Wie bereits erwähnt, zieht beim Trennen

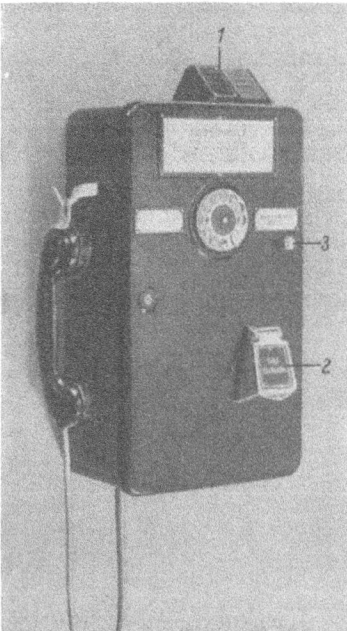

Abb. 960.

der Verbindung (nachdem der gerufene Teilnehmer sich gemeldet hatte) das Zählrelais Z an, das sich über den eigenen Kontakt z_2 und eine zweite Wicklung ZII abhängig von einem Relais H hält, das in Reihe mit dem Kassiermagneten KM zum Anziehen kommt, da die Kontakte s_1 und z_1 geschlossen sind. Zieht der Kassiermagnet KM an, so wird der bewegliche Boden b, Abb. 959, auf dem die Münze bisher ruhte, in die punktierte Lage nach rechts bewegt, worauf die Münze abrutscht und in den Kassierbehälter B fällt. Beim Einhängen des Hörers wird der bewegliche Boden, auf dem die Münze ruhte, in die punktierte Lage nach der linken Seite bewegt. Diese Bewegung kommt jedoch erst zustande, wenn der Sperrmagnet S, der den winkelförmigen Anker festhält, stromlos geworden ist. Der bewegliche Münzboden ist sowohl mit dem Kassiermagneten als auch mit dem Anker des Sperrmagneten mittels je einer Feder gekuppelt, so daß der Münzboden in beiden Richtungen schwenkbar ist. Auch der Hörerhaken ist an dem Anker des Sperrmagneten durch eine Feder angelenkt, die beim Einhängen des Hörers gespannt wird und das Verschwenken des winkelförmigen Ankers des Sperrmagneten veranlaßt, sobald der Sperrmagnet nicht mehr erregt ist. Auf diese Weise ist sichergestellt, daß die mechanisch ausgelöste Münzrückgabe erst nach einer gewissen Verzögerung erfolgt, die durch die Auslöseschaltvorgänge im Amt bestimmt wird. Diese Zeit ist ausreichend, um den Kassiermagneten vor der Münzrückgabe zur Wirkung kommen zu lassen. Das Umpolen der zum Gruppenwähler führenden Leitung ist erforderlich, damit der bei eingehängtem Hörer an die Leitung geschaltete Sperrmagnet S nur bei einer abgehenden Verbindung (beim Einhängen des Hörers) vorübergehend über das A-Relais des Gruppenwählers mit dem Batterie-Potential verbunden ist. Die vom Leitungswähler LW kommenden Leitungen sind nicht gekreuzt, so daß der Sperrmagnet beim Aufprüfen des Leitungswählers und eingehängtem Hörer nicht zum Ansprechen kommt.

In der Abb. 960 ist die äußere Ansicht des in der Wirkungsweise beschriebenen Münzfernsprechers M 28 dargestellt. Am Oberteil des Gehäuses ist der Geldeinwurf 1 angebracht, der zur Entgegennahme von vier verschiedenen Münzgrößen eingerichtet ist, die in verschiedene Bahnen geleitet werden. Auf der Vorderseite des Münzfernsprechers sind außer dem Nummernschalter noch der Münzrückgabebehälter 2 und der Kassierknopf 3 zu sehen.

Aus der Abb. 961 sind einige der bereits erwähnten Apparateteile des Münzfernsprechers zu erkennen, die alle auf der Rückseite einer im Innern des Gehäuses angeordneten und das ganze Apparatesystem tragenden schwenkbaren Grundplatte angebracht sind. Die Abb. 962 zeigt die Vorderseite dieser Grundplatte, auf der weitere Teile zu erkennen sind.

In der Abb. 961 ist die Münzkassette mit der Kassettenschlitzsicherung 12, die den Schlitz abdeckt, wenn das Gehäuse geöffnet wird, zu sehen. Ferner sind Münzleitungskanäle zu erkennen, die sich gliedern in den Einlaufkanal 14 mit Aussortierung, die Klangeinrichtung 16, den Fallkanal 15, den Fallenkanal 17, den Aussortiertrichter 20 und in die Münzrutsche 21.

Die eingeworfenen Münzen fallen in den Einwurfkanal, gehen durch die Aussortiervorrichtung, die die Geldstücke prüft. Im Durchmesser zu kleine Münzen fallen hierbei aus der Laufbahn heraus und gelangen in den Rückgabebecher. Im Ortsverkehr hat der Teilnehmer nach Einwurf der Münze keinen weiteren Handgriff (außer dem Wählen) zu tun. Bei zustandegekommenem und beendetem Gespräch wird die Münze beim Einhängen des Hörers vereinnahmt. War der gewünschte

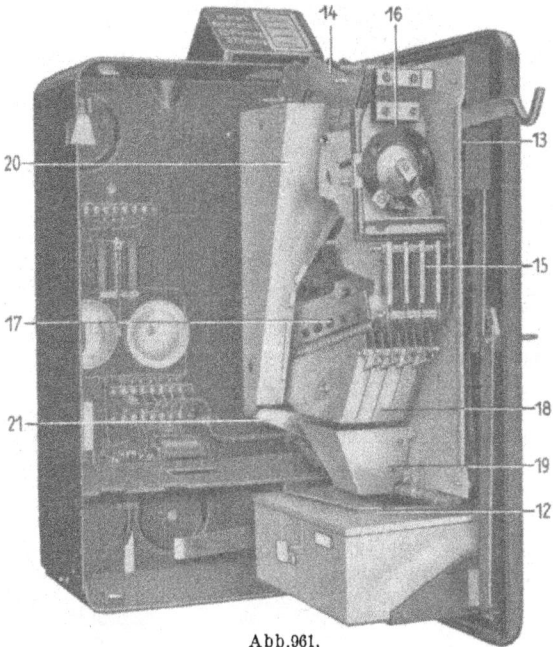

Abb. 961.

Teilnehmer besetzt und der Rufende hängt dann ein, so fällt die eingeworfene Münze wieder in den Rückgabebecher.

Beim Anruf des Meldeamtes im Fernverkehr wird zunächst auch eine Münze eingeworfen, um durch Öffnen des mk-Kontaktes (Abb. 959) zunächst das Meldeamt zu erreichen. Das Meldeamt nimmt den Wunsch entgegen, der Teilnehmer hängt zunächst wieder ein und erhält seine Münze zurück. Ist der gewünschte Teilnehmer herangeholt, so ruft das Fernamt den am Münzfernsprecher wartenden Teilnehmer wieder an, der nun aufgefordert wird, die Gebühr zu zahlen. Beim Heruntergleiten der Münze schlägt diese gegen einen Gong von bestimmter Klangfarbe. Dieser Klang wird elektrisch zum Amt übertragen und von der die Fernverbindung herstellenden Beamtin vernommen. Die

Münzen fallen so, daß bei 5 Pf. ein tiefer Ton, bei 10 Pf. zwei tiefe Töne, bei 50 Pf. ein hoher Ton und bei 1 RM. zwei hohe Töne erzeugt werden. Hat sich die Beamtin überzeugt, daß die Gebühr richtig bezahlt wurde, so fordert sie den anrufenden Teilnehmer auf, den Kas-

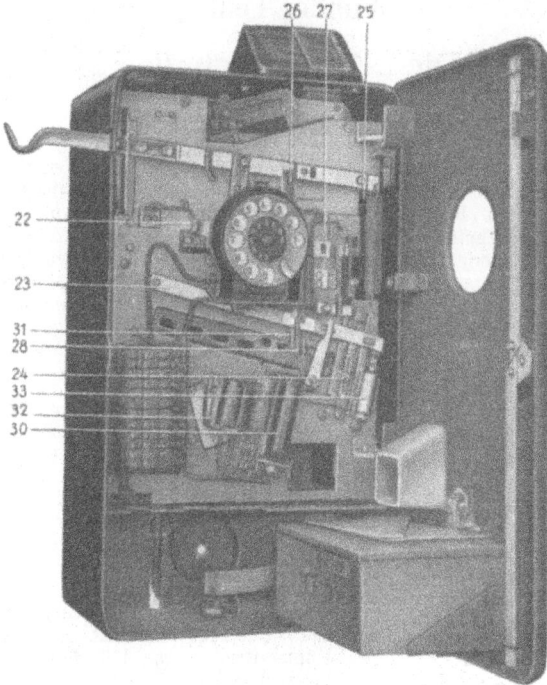

Abb. 962.

sierknopf (3, Abb. 960) zu drücken, wodurch die eingezahlten Münzen in die Kassette befördert werden.

In der Abb. 962 sind zu sehen: der Sperrmagnet 30, der Kassiermagnet 32, der Rückgabehebel 23, der Münzfühlhebel 31 und der Münzkontakt 28.

Fünfter Teil.

Die Leitungstechnik.

I. Freileitungen.

Durch die fortschreitende Verkabelung (s. d.) der Fernsprech-
und Telegrafenleitungen und durch die Schaffung von Leitungskunst-
schaltungen (s. Kunstschaltungen) hat der Freileitungsbau für die
Nachrichtentechnik im Weitverkehr an Bedeutung verloren. Das oberirdische Telegrafen-Leitungsnetz der Reichspost ist in den letzten
12 Jahren nahezu auf $1/_{10}$ der ursprünglich größten Länge zurück-
gegangen. Auf dem flachen Lande und als Zubringerleitungen sind
Freileitungen am Platze und werden hier fast ausschließlich verwendet.

a) Bau der Freileitungen[1]).

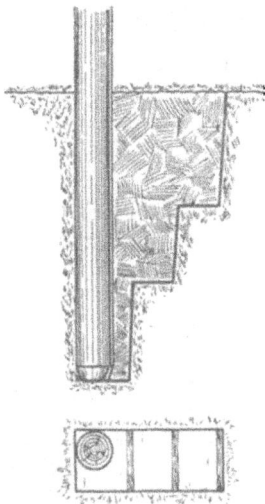

Freileitungen werden gewöhnlich
an Holzstangen mit eisernen Quer-
trägern bzw. eisernen Isolatorenstützen
ausgeführt.

Die Stangen müssen, um das Faulen
des Holzes, insbesondere an der Erdoberfläche, zu verhindern, entsprechend zu-
bereitet (imprägniert) werden. Hierfür
gibt es eine Anzahl Stoffe und Imprä-
gnierungs-Verfahren. Durch Zubereitung
mit Quecksilbersublimat, Teerölen,
Kupfervitriol usw. läßt sich eine
Lebensdauer der Stangen von 10 bis
20 Jahren erreichen[2]).

Zu Telegrafenstangen verwendet
man hauptsächlich Nadelhölzer, Kiefer,
Tanne, Fichte, und zwar in zwei Stär-
ken, von 12 cm am Zopf und 7; 8,5 und
10 m Länge und von 15 cm am Zopf
und 7; 8,5; 10 und 12 m Länge. Die
Einstelltiefe der Stangen richtet sich
nach der Bodenbeschaffenheit und beträgt $1/_7$, $1/_5$ oder auch $1/_4$ der Länge.
Abb. 963 zeigt, wie eine Stange eingestellt

Abb. 963.

[1]) Winnig, K., Die Grundlagen der Bautechnik für oberirdische
Telegrafenlinien. Braunschweig 1910.
[2]) Gewecke, H., Über die Lebensdauer von nach dem Saftverdrän-
gungsverfahren getränkten Leitungsmasten. ETZ 60, 1939, 805.

werden muß. Die Stangen, die an Winkelpunkten, Krümmungen, End-
und Drahtwechselpunkten aufgestellt werden, sind seitlichem Zug der
Leitungsdrähte ausgesetzt und müssen durch Streben (Abb. 964) oder
Anker (Abb. 965) gesichert werden. Der Winkel, den die Strebe mit
der Stange bildet, darf 30° nicht unterschreiten.

Abb. 966 zeigt eine
gekuppelte Stange; diese
wird an solchen Stellen
verwendet, wo für die
Aufstellung eines Spitz-
bockes (Abb. 967) nicht
genügend Platz vorhan-
den ist. Die Widerstands-
kraft der gekuppelten
Stange nach beiden Seiten
beträgt das Doppelte einer
einfachen Stange. Der
Spitzbockwinkel beträgt
gewöhnlich 5°, 7° oder
10°. Mit dem Winkel a
wächst die Festigkeit. Für
eine größere Anzahl Lei-
tungen verwendet man

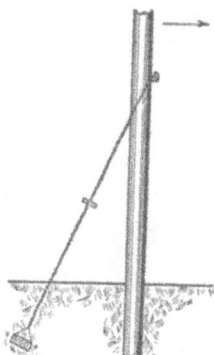

Abb. 964.

Abb. 965.

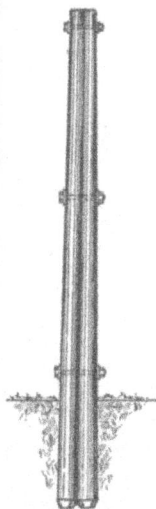

Abb. 966.

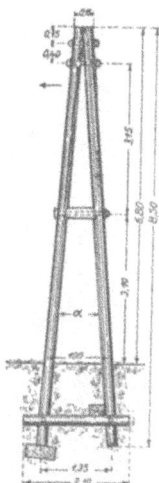

Abb. 967.

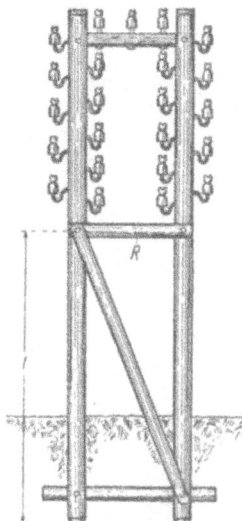

Abb. 968.

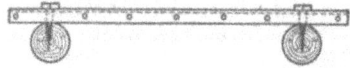

Abb. 969.

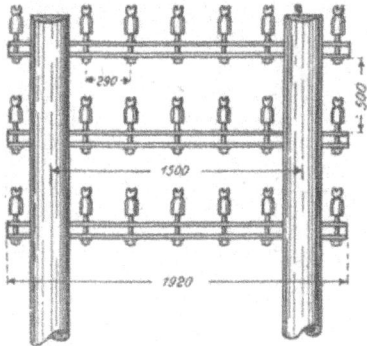

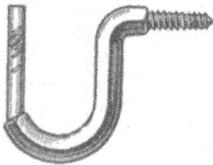

Abb. 970.

Abb. 971.

Doppelgestänge verschiedenster Form (Abb. 968). Für die Anordnung des Mittelriegels *R* (Abb. 968) gelten folgende Werte:

bei 7,0 m langen Stangen ist $l = 4,2$ m,
„ 8,5 „ „ „ „ $l = 5,0$ „
„ 10,0 „ „ „ „ $l = 6,0$ „
„ 12,0 „ „ „ „ $l = 7,2$ „.

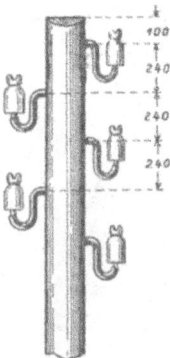

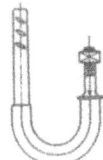

Abb. 974.

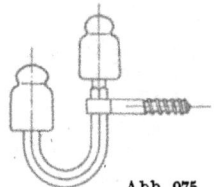

Abb 972.

Abb. 973.

Abb. 975.

Die Isolatoren werden an den Stangen mittels eiserner Stützen befestigt. Man verwendet entweder einfache Hakenstützen (Abb. 970) und U-Stützen (Abb. 975), die in die Stangen eingeschraubt werden (Abb. 972), oder J-Stützen (Abb. 974).

Querträger werden mit geraden (Abb. 973) und mit U-Stützen (für Doppelleitungen Abb. 975) versehen.

Die Deutsche Reichspost verwendet für Freileitungen als Isolatoren Porzellandoppelglocken in zwei verschiedenen Ausführungsformen (s. Abb. 976, Glocke RM und Abb. 977, Glocke RMk) und diese in je drei verschiedenen Größen. In nachstehender Zahlentafel sind die wichtigsten Abmessungen gegeben. Sämtliche Abmessungen sind im Normenblatt DIN VDE 8020 angegeben.

Die Isolatoren werden auf Stützen mit entsprechenden Abmessungen aufgedreht, wobei das Ende der Stützen mit gefirnistem Hanf umwickelt wird.

Doppelglocken-Isolatoren RM und RMk für Fernmeldeleitungen.
Maße in mm

Bezeichnung	D	D_1	D_2	D_3	a	b	c	f	h	Gewindekern Durchmesser d	d_1
RM III	60	35	40	20	4	31	20	30	80	11,5	13
RM II	70	44	51	28	5	45	20	32	100	17	18,5
RM I	86	51	59	31	6	59	30,5	49,5	140	21	22,5
RMk III	60	35	42	20	4	31	20	30	75	11,5	13
RMk II	70	44	52	28	5	45	20	32	95	17	18,5
RMk I	86	51	68	31	6	59	30,5	49,5	130	21	22,5

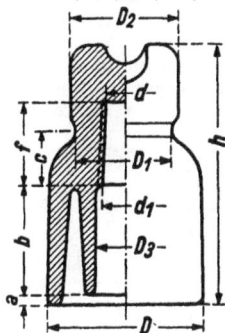

Abb. 976, RM.

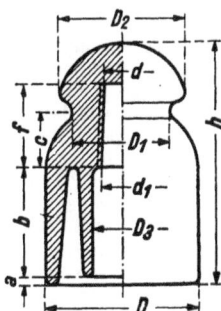

Abb. 977, RMk.

Die Isolatoren RM III und RMk III sind für Drähte bis 1,5 Bronze und 2 mm Eisen.

Die Isolatoren RM II und RMk II sind für dickere Drähte an Dachgestängen.

Die Isolatoren RM I und RMk I sind für dickere Drähte an Holzgestängen.

Die Befestigung der Leitungsdrähte an den Isolatoren geschieht entweder durch den Kopfbund, Abb. 978, auf geraden Leitungsstrecken, meistens aber auch dort sowie auf Krümmungen, durch den Seitenbund, Abb. 979 und 980. Die Fernsprechordnung schreibt den Seitenbund, Abb. 980, vor und gibt dafür folgende Vorschrift:

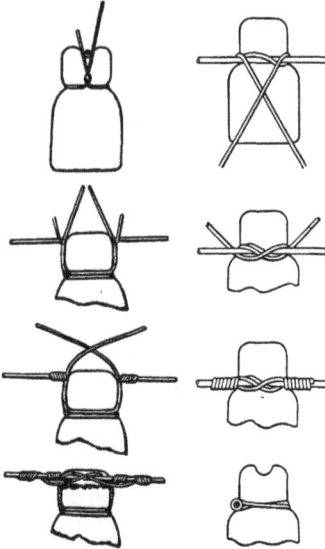

„Der Bindedraht wird mit seiner Mitte in drei rechts umlaufenden, auseinandergezogenen Schlägen, also in Form einer linksgängigen Schraube, um den Teil der durchlaufenden Leitung gewickelt, mit dem sie am Isolator anliegt. Das linke Ende des Bindedrahtes, von der Seite des Drahtlagers gesehen, wird dann im Halslager einmal fest um den

| Abb. 978. | Abb. 979. | Abb. 980. |

Isolator herumgelegt und in 6 vom Isolator weg- und in rücklaufenden, auseinandergezogenen Schlägen (Gegenwindungen) fest um den von links kommenden Leitungsdraht gewickelt. Das rechte Ende des Bindedrahtes wird ebenfalls um den Hals der Doppelglocke einmal herumgelegt und in 6 Gegenwindungen um die Leitung gewickelt. Die Enden des Bindedrahtes werden schließlich vor dem Isolator zusammengenommen und miteinander verwürgt. Das Binden der Leitung muß bis auf das Verwürgen der Bindedrahtenden mit der Hand geschehen.“

Der Draht muß an der der Stange zugekehrten Seite des Isolators liegen. Bronze- oder

Leitung		Bindedraht	
aus	φ mm	Länge cm	φ mm
Bronze oder Kupfer	5	120	2
	4	120	2
	3	120	2
	2	90	1,5
	1,5	85	1,5
Stahl	5	120	2
	4	120	2

Kupferdrähte werden mit geglühtem Bronze- bzw. Kupferbindedraht gebunden. Stahldrähte mit verzinktem Stahldraht.

Die Abmessungen der Bindedrähte für verschiedene Leitungsdrähte sind in vorstehender Zahlentafel angegeben.

Zum Verbinden von Bronze- und Hartkupferdrähten verwendet man Kupferhülsen, zum Verbinden von Stahldraht Aluminiumhülsen. Die lichte Weite der Hülsen muß so bemessen sein, daß die Drähte sich gerade noch einschieben lassen, denn hier wie bei allen Handhabungen des Leitungsdrahtes muß dafür gesorgt sein, daß keine Risse und Knicke entstehen. Ein Draht mit beschädigter Oberfläche hat seine Haltbarkeit verloren. Die nebenstehende Zahlentafel gibt die zu verwendenden Hülsen an.

Kupferhülsen

Stärke der Drähte	Hülsenlänge mm	Wandstärke mm
5	250	0,8
4,5	250	0,8
4	200	0,8
3	150	0,6
2	100	0,5
1,5	80	0,5

Aluminiumhülsen

5	250	1,2
4	200	1,0

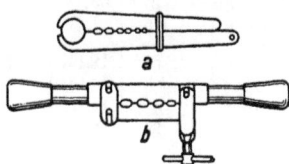

Abb. 981.

Abb. 982.

Die Vorschrift zum Herstellen einer Drahtverbindung mit Verbindungshülsen lautet in der Fernsprechordnung:

„Die Enden der zu verbindenden Drähte werden von beiden Seiten so tief in die Hülse hineingesteckt, daß sie 3 bis 4 Drahtdurchmesser (5 bis 10 mm) vom anderen Ende der Hülse entfernt bleiben. Mit einer Kluppe (nach Abb. 981, a bei Drähten von 1,5; 2 und 2,5 mm und nach Abb. 981, b bei Drähten von 3; 4; 4,5 und 5 mm) wird die Mitte der Hülse festgehalten und mit einer zweiten Kluppe zunächst das eine und dann das andere Ende 10 bis 15 mm vom Rande gefaßt und in beiden Fällen nach der gleichen Seite gedreht, Abb. 982. Die Kluppe ist dabei an jedem Hülsenende zweimal herumzudrehen. Schließlich werden die Enden der Hülse schräg abgekniffen, wobei mit besonderer Vorsicht zu verfahren ist, damit die Drahtoberfläche durch die Zange nicht verletzt wird."

b) Leitungsdrähte für Freileitungen[1]).

Für Fernmeldefreileitungen läßt sich mit Erfolg auch Aluminium insbes. auch die sog. Aldrey-Leitung (eine Al-Legierung mit etwa

---

[1]) K a d e n , H., u. K a u f m a n n , H., Die Übertragungskonstanten von Freileitungen. Elektr. Nachr.-Techn. 15, 1938, 210—17.

Stoff	Durch-messer mm	Quer-schnitt mm²	Zug-festig-keit kg/mm²	Wider-stand je 1 km (20°C) Ω	Dämpfung je 1 km Doppelleitung bei 800 Hertz Neper	Gewicht von 1000 m kg
Stahl verzinkt	5	19,63	40	7,02	0,014	153
	4	12,57	40	10,98	0,016	99
	2	3,14	40			24,5
Leitungs-Bronze I	5	19,63	50	1,06	0,0021	175
	4,5	15,90	50	1,32	0,0025	142
	4	12,57	51	1.66	0,0030	112
	3	7,07	52	2,96	0,0047	63
Leitungs-Bronze II	2	3,14	66	8,80	0,0100	28
	1,5	1,76	70	15,70	0,0170	15,5
Hart-Kupfer	5	19,63	43	0,93	0,0021	175
	4,5	15,90	43	1,15	0,0025	141
	4	12,57	44	1,45	0,0030	112
	3	7,07	44	2,60	0,0047	63

0,5 vH. Si und etwa 0,5 vH. Mg) verwenden, und zwar als Draht oder als dünnes Seil aus etwa drei Drähten. Die Aldrey-Legierung hat eine Zugfestigkeit von 30 bis 35 kg/mm² und einen Widerstand von 0,0303 bis 0,0333 $\dfrac{\text{Ohm} \cdot \text{mm}^2}{\text{m}}$ bei 20° C, also eine Leitfähigkeit von 30 bis 33 Siemens. Die Widerstandstemperaturzahl für 1° C = 0,0036.

Auch dünne Stahlaluminiumseile sind mit Erfolg für Fernmelde-freileitungen benutzt worden. Man vermeidet bei Verlegungen im Freien Leitungsarmaturen aus Kupfer oder Kupferlegierungen wegen der Gefahr der elektrolytischen Zersetzung bei Feuchtigkeit. Die Verbindungen werden am zweckmäßigsten als Kerbverbindungen hergestellt, da Lötverbindungen wegen ihrer schlechten Wetterbeständig-keit nicht geeignet sind. Würgeverbindungen (Abb. 982) mit Aluminium-hülsen sind anwendbar. Die elektrische Leitfähigkeit des Aluminiums beträgt etwa 62 vH. der des Kupfers.

Bei gleicher Leitfähigkeit der Leitung muß also der Querschnitt der Aluminiumleitung 1,61 mal so groß sein wie der einer Kupferleitung. Andererseits hat das Aluminium aber ein spez. Gewicht von nur 30 vH. von dem des Kupfers, und wiegt deshalb bei gleicher Leitfähigkeit nur halb soviel wie eine Kupferleitung. Leitungen gleichen Leitwertes haben folgende Gewichte:

Stoff	Cu	Bronze	Al	Stahl-Al 1 : 6	Aldrey
Gewicht kg	1000	1510	488	724	549

Aus nachstehender Zahlentafel ist die Belastungsfähigkeit der normalen Gestänge zu ersehen. Die Zahlen sind mit doppelter Sicherheit errechnet, unter Annahme eines Winddruckes von 125 kg/m² und einer Eis- und Schneebelastung bis zum doppelten Drahtdurchmesser.

Stangen- länge	Draht- φ	Zulässige Anzahl der Leitungen											
		für einfache Stangen im Abstande von				für Spitzböcke im Abstande von				für Doppelgestänge im Abstande von			
m	mm	75 m	60 m	50 m	40 m	75 m	60 m	50 m	40 m	75 m	60 m	50 m	40 m
7	1,5	**23**	**28**	**34**	42	81	101	121	151	69	87	114	130
	2	**17**	**21**	**25**	32	61	67	91	114	52	65	78	97
	4	**8**	**11**	**13**	**16**	**30**	**38**	**45**	**56**	**26**	**32**	**39**	**49**
	5	**7**	**8**	**10**	**13**	**24**	**30**	**36**	**45**	**21**	**26**	**31**	**39**
8,5	1,5	**20**	**25**	**30**	38	82	103	123	154	67	83	100	125
	2	**15**	**19**	**23**	28	62	77	92	115	50	62	75	94
	4	**8**	**9**	**11**	**14**	**31**	**38**	**46**	**58**	**25**	**31**	**37**	**47**
	5	**6**	**8**	**9**	**11**	**24**	**31**	**37**	**46**	**20**	**25**	**30**	**37**
10	1,5	**18**	**23**	**27**	**34**	84	106	127	158	65	82	98	123
	2	**14**	**17**	**21**	**26**	63	79	95	119	49	61	74	92
	4	**7**	**9**	**10**	**13**	**32**	**40**	**48**	**59**	**25**	**31**	**37**	**46**
	5	**5**	**7**	**8**	**10**	**25**	**32**	**38**	**48**	**19**	**25**	**29**	**37**

In der Regel werden an den Gestängen nicht mehr Leitungen angebracht als die fettgedruckten Zahlen angeben.

Der Drahtdurchhang muß bei der Verlegung der Leitungen richtig bemessen und die Länge der jeweiligen Temperatur angepaßt werden. Bei mittleren Temperaturen beträgt der Durchhang etwa 1 vH der Spannweite. Steigt die Temperatur, so nimmt die Drahtlänge entsprechend dem linearen Ausdehnungskoeffizienten zu.

Für Eisen ist

$$L_t = L_0\,(1 + 12{,}3 \cdot 10^{-6} \cdot t) = L_0\left(1 + \frac{12{,}3 \cdot t}{1\,000\,000}\right).$$

Für Bronze ist

$$L_t = L_0\,(1 + 16{,}6 \cdot 10^{-6} \cdot t) = L_0\left(1 + \frac{16{,}6 \cdot t}{1\,000\,000}\right).$$

L in cm. Ein Eisendraht von 50 m = 5000 cm Länge (Spannweite zwischen zwei Isolatoren) bei $+\,5^0$ C hat bei $+\,25^0$ C eine Länge von

$$L_{25} = L_5\,[1 + 12{,}3 \cdot 10^{-6} \cdot (25 - 5)] = 5000\left(1 + \frac{12{,}3 \cdot 20}{1\,000\,000}\right)$$

$$= 5000 + \frac{5000 \cdot 12{,}3 \cdot 20}{1\,000\,000} = 5001{,}23 \text{ cm}.$$

Bei $-\,10^0$ C hat derselbe Draht eine Länge

$$L_{-10} = L_5\,(1 - 12{,}3 \cdot 10^{-6} \cdot 15) = 5000 - \frac{5000 \cdot 12{,}3 \cdot 15}{1\,000\,000}$$

$$= 5000 - 0{,}9225 = \text{etwa } 4999 \text{ cm}.$$

Die Verkürzung der Leitungen bei tiefen Temperaturen bedingt eine Spannungszunahme, die unter Umständen die Zugfestigkeit des betreffenden Leitungsmaterials überschreiten kann. Es müssen die Leitungen aus diesem Grunde einen bestimmten, von der Spannweite und der jeweiligen Temperatur abhängigen Durchhang bekommen, der so bemessen sein soll (nach den Vorschriften der Telegrafenbauordnung), daß bei der tiefsten vorkommenden Temperatur (in Deutschland etwa — 25° C) die Zugspannung im Draht etwa ¼ der Zugfestigkeit nicht überschreitet. Aus nachstehender Zahlentafel sind die Durchhänge zu ersehen:

Eisendraht von 40 kg/mm² absoluter Festigkeit								
Temp. ° C	Durchhang in cm bei Spannweiten von							
	40 m	50 m	60 m	80 m	100 m	120 m	150 m	200 m
— 25	16	24	35	62	98	140	219	390
— 10	22	33	46	77	116	161	244	418
— 5	24	36	50	82	122	168	252	427
0	27	40	54	87	129	175	260	436
+ 5	30	43	58	93	135	182	267	445
+ 10	34	47	63	98	141	189	275	454
+ 15	37	51	67	103	147	196	283	462
+ 20	40	55	71	109	154	202	290	471
+ 25	44	59	76	114	160	209	298	479

Bronzedraht von 50 kg/mm² absoluter Festigkeit								
Temp. ° C	Durchhang in cm bei Spannweiten von							
	40 m	50 m	60 m	80 m	100 m	120 m	150 m	200 m
— 25	14	22	32	57	89	128	200	356
— 10	19	29	41	70	107	150	227	391
— 5	21	32	44	76	113	158	236	402
0	23	35	48	81	120	166	246	413
+ 5	26	38	53	87	127	173	255	424
+ 10	29	42	57	92	134	181	264	435
+ 15	32	46	62	98	141	190	274	446
+ 20	36	51	67	105	148	198	283	457
+ 25	40	55	72	111	155	206	292	468

Eine einfache Methode, den Drahtdurchhang zu bestimmen, ist durch Abb. 983 erläutert. Man schlägt in eine Holzlatte L einen Nagel N in solcher Entfernung vom oberen Ende, wie der Drahtdurchhang bei der jeweiligen Temperatur und der Spannweite betragen muß. Diese

Latte wird dann von einem Arbeiter in der Mitte der Spannweite so gehalten, daß das obere Ende der Latte in der Sehlinie a—b—c liegt. Hierauf spannt man den Draht so weit, daß er den als Marke dienenden Nagel gerade berührt. Sind die Masten zu hoch oder ist die Mitte der

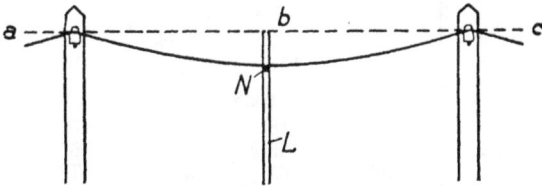

Abb. 983.

Spannweite unzugänglich, so kann der Durchhang auch aus der Schwingungszahl der Drähte bestimmt werden. Der Draht wird durch rhythmisches Hin- und Herdrücken in Schwingungen versetzt und die Anzahl Pendelausschläge P in der Minute nach der Uhr gezählt. Die Schwingungszahl, die dem erforderlichen Durchhang D entspricht, entnimmt man nachstehender Zahlentafel. Als Pendelschwingungen sind hier nicht Doppelschwingungen, sondern Einzelschwingungen zu verstehen. Weitere Werte für größere Durchhänge sind im Winnig zu finden.

Schwingungstabelle.

P	D	P	D	P	D	P	D	P	D	P	D
45	221	59	128	73	84	88	58	102	43	117	33
46	211	60	123	74	82	89	56	103	42	118	32
47	202	61	120	75	79	90	55	104	41	119	32
48	194	62	116	76	77	91	54	105	41	120	31
49	186	63	112	77	75	92	53	106	40	121	31
50	178	64	109	78	73	93	52	107	39	122	30
51	172	65	106	79	72	94	51	108	38	123	30
52	165	66	103	80	70	95	50	110	37	124	29
53	159	67	100	81	68	96	49	111	36	125	29
54	153	68	97	82	66	97	48	112	36	126	28
55	148	69	94	83	65	98	47	113	35	127	28
56	143	70	91	85	62	99	46	114	34	128	27
57	138	71	89	86	60	100	45	115	34	129	27
58	133	72	86	87	59	101	44	116	33	130	26

Folgender Zahlentafel können die Gewichte und Widerstände von Kupfer-, Bronze- und Eisendrähten entnommen werden:

Gebräuchliche Leitungsdrähte.

φ mm	Quer- schnitt mm²	Gewicht kg/km	Wider- stand Ohm/km	Zug- festigkeit kg
	Verzinkter Eisendraht			
4	12,57	100	10,74	502
5	19,64	155	6,87	785
	Bronzedraht			
1,5	1,76	18	14,18	120
2	3,14	29	5,94	165
3	7,07	63	2,64	372
	Hartkupferdraht			
2	3,14	28	5,7	141
2,5	4,91	44	3,65	220
3	7,07	63	2,53	318
3,5	9,62	86	1,9	433
4	12,57	112	1,42	565
4,5	15,90	142	1,13	683
5	19,64	175	0,91	844

II. Kabel.

a) Allgemeines[1]).

Fernmeldeleitungen (Fernsprech-, Telegrafen- und Signalleitungen), insbesondere auch Fernleitungen, werden heute vorwiegend als Kabel verlegt. Die Kabel, die entweder mit blankem Bleimantel in besondere Kabelkanäle eingezogen oder als bewehrte Kabel unmittelbar in die Erde oder ins Wasser gelegt werden, haben den Vorzug, daß sie nicht wie die Freileitungen den Witterungseinflüssen ausgesetzt sind. Auch sind Fernsprech- und Telegrafenkabel weniger dem Einfluß fremder Stromquellen, wie Starkstrom, atmosphärischer Elektrizität usw. unterworfen, ganz abgesehen davon, daß Diebstähle von Kabeln seltener vorkommen als von Freileitungen und bei einer großen Anzahl Leitungen Kabel billiger sind als Freileitungen mit Gestänge.

b) Aufbau der Kabel.

1. Fernsprechkabel.

Die Adern der Fernsprechkabel bestehen aus Kupferleitern, die mit trockenem Papier (fest oder lose) isoliert sind; die Adern werden paarweise miteinander oder als Vierer verseilt, um die gegenseitige induktive Beeinflussung der dicht nebeneinanderliegenden Sprechstromkreise zu vermeiden. Zur Unterscheidung der Adern im Vierer sind

[1]) Baur, C., Das elektrische Kabel. 2. Aufl. Berlin 1910.

dieselben farbig gekennzeichnet. Die Adernpaare oder Vierer werden
zur Seele verseilt, mit Papierband umwickelt und dann mit einem
nahtlosen Bleimantel umpreßt (Abb. 984). Soll das Kabel als Erd-

Abb. 984.

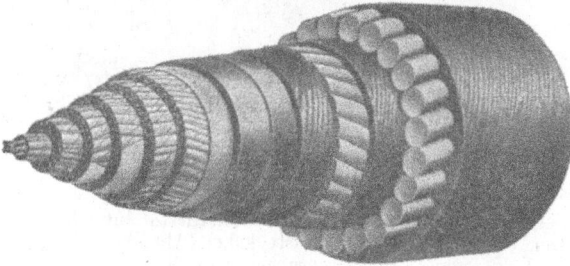

Abb. 985.

oder Flußkabel verwendet werden, so erhält es über dem Bleimantel
noch eine Bewehrung, bestehend aus einer asphaltierten Papier- und
Juteschicht, verzinkten Rund-, Flach- oder Profildrähten oder auch

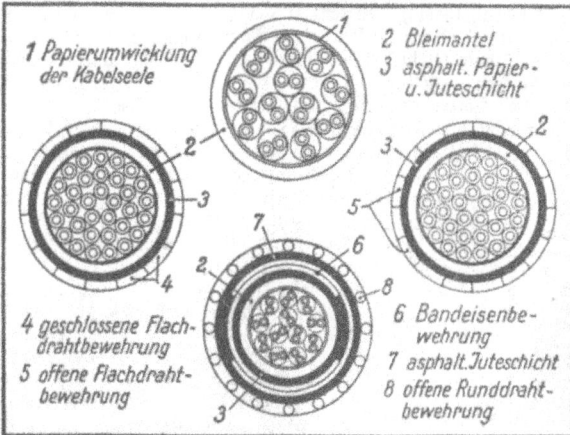

1 Papierumwicklung der Kabelseele
2 Bleimantel
3 asphalt. Papier- u. Juteschicht
4 geschlossene Flachdrahtbewehrung
5 offene Flachdrahtbewehrung
6 Bandeisenbewehrung
7 asphalt.Juteschicht
8 offene Runddrahtbewehrung

Abb. 986.

41*

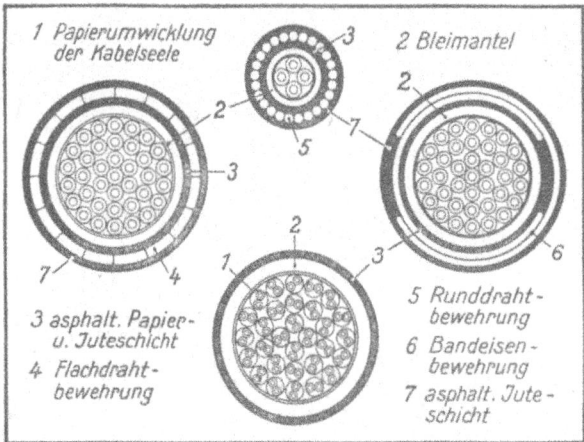

1 Papierumwicklung der Kabelseele
2 Bleimantel
3 asphalt. Papier- u. Juteschicht
4 Flachdraht- bewehrung
5 Runddraht- bewehrung
6 Bandeisen- bewehrung
7 asphalt. Jute- schicht

Abb. 987.

Bandeisen und darüber eine weitere asphaltierte Juteschicht. Fluß- und Seekabel — insbesondere Küstenkabel (Abb. 985) — müssen in der Regel durch mehrere Bewehrungen geschützt sein. Sie erhalten erst eine Rund- oder Flachdrahtbewehrung und darüber eine asphaltierte, starke Rund- oder z-Drahtbewehrung. In der Abb. 986 und 987 sind verschiedene Querschnitte von Röhrenkabeln und Querschnitte von Erdkabeln gezeigt.

Der Leiterdurchmesser ist in sog. Teilnehmerkabeln (Stadt-Fernsprech-Kabelnetze) meistens 0,6 oder 0,8 mm. Fernkabel haben stärkere Leiter, können jedoch neuerdings nach Einführung des Fernsprechverstärkers (siehe weiter unten) in allen Fernämtern auch mit dünnen Leitern ausgeführt werden. Die deutschen Normal-Fernkabel (s. d.) haben Leiter von 0,9 und 1,4 mm Durchmesser.

Bei modernen für den Fernverkehr bestimmten Fernsprechkabeln mit Papier-Luft-Isolation ist man bestrebt, auch Kabeladern einzulegen mit sehr hoher Grenzfrequenz bei sehr leichter Pupinisierung (s. d.). Diese Kabeladern haben eine Drahtstärke von 1,4 mm und eine Grenzfrequenz von 20000 Hertz. Die Leiter werden als S-Leitungen bezeichnet und zur Bildung von Mehrfach-Vierdraht-Verbindungen (s. d.) verwendet. Abb. 988 zeigt, den Querschnitt eines solchen Kabels mit 0,9 mm Viererseilen und 1,4 mm Leitungen. Für die Weiterleitung der Rundfunkübertragungen sind auch besondere Kreise eingelegt mit der Grenzfrequenz von etwa 10000 Hertz.

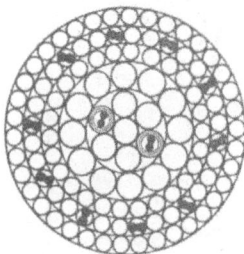

Abb. 988.

2. Breitbandkabel[1]).

Für die Zwecke des Fernsehens werden Kabel mit außerordentlich hoher Grenzfrequenz von 500 000 bis 4 000 000 Hertz benötigt. Hierfür werden sogenannte koaxiale Kabel mit je einem Leiter und einem Rückleiter verwendet. Die Ableitungsverluste des zur Isolation der Fernsprechkabel benutzten Papieres hatten bisher für die Entwicklung von Kabel mit geringer Dämpfung eine Grenze gesetzt. An Stelle des Papiers hat man zum Aufbau eines Breitbandkabels einen Stoff gefunden, der verschwindend kleine Ableitungsverluste hat und sich dabei gut verarbeiten läßt. Dieser Stoff ist das Styroflex. Den Aufbau eines koaxialen Styroflexkabels zeigt die Abb. 989. Der Innenleiter ist in weiten Schlägen mit einer Styroflexspirale umwickelt, darüber eine Hülle aus Styroflexband. Auf dieser Hülle ist dann der Rückleiter in Form von schmalen Kupferbändern aufgebracht.

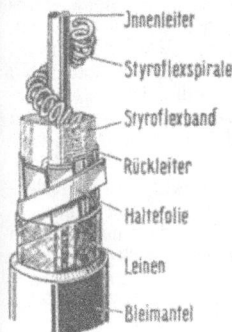

Abb. 989.

Innenleiter
Styroflexspirale
Styroflexband
Rückleiter
Haltefolie
Leinen
Bleimantel

3. Telegrafen- und Signalkabel.

Die Adern der Telegrafen- und Signalkabel haben meistens 1 und 1,5 mm starke Kupferleiter, die mit Papier isoliert sind*). Abb. 990 zeigt ein Telegrafenkabel mit Flachdrahtbewehrung.

Gummikabel werden für Fernsprech- und Telegrafenzwecke verwendet. In Gruben kommen hauptsächlich Kabel mit imprägnierter Papierisolation und Gummikabel zur Verlegung; diese erhalten außer dem Bleimantel und der Flach- oder Runddrahtbewehrung über dieser

Abb. 990.

noch eine Flachdrahtgegenspirale und mitunter noch einen besonderen Grubenschutz.

Für Fernsprech- und Signalzwecke in Hausanlagen kommen die sog. Hausleitungskabel in Betracht. Ihre Leiter von 0,6, 0,8 und 1 mm Durchmesser haben Papier-Baumwollisolation oder für besondere Zwecke auch Gummiisolation. Die papier-baumwollisolierten Kabel werden in der Regel imprägniert verwendet, wodurch sich, wie bei Gummikabeln, die Anwendung besonderer Endverschlüsse im allgemeinen erübrigt.

---

[1]) Fischer, E., Aufbau von Breitbandkabeln. Europäisch. Fernsprechdienst 1937, 15—25.

*) Werden mit trockener oder getränkter Papierisolation geliefert.

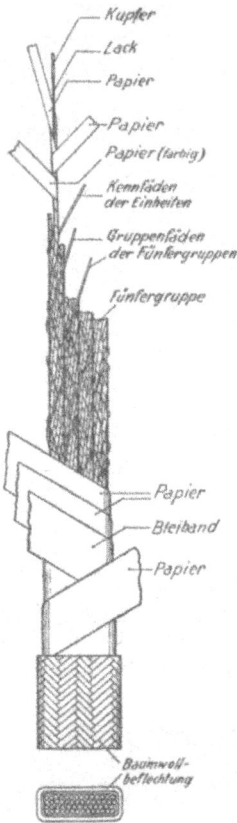

4. Zimmerleitungskabel, Systemkabel.

Als Zimmerleitungskabel und Linien-
wähler-Fernsprechkabel ohne Bewehrung sei
das runde und flache sog. Systemkabel erwähnt. Der Aufbau eines flachen 63adrigen
Systemkabels mit 0,6-mm-Kupferleitern und
Lack-Papier-Isolation, das als Vielfachkabel
in Zentralumschaltern mit Vielfachfeld Verwendung findet (20teilige Klinkenstreifen
Abb. 771, a-, b-, c-Adern, drei Adern zur
Reserve) ist aus Abb. 991 zu ersehen. Diese
Zimmerleitungskabel werden mit verschiedenen Adernzahlen in runder und zum Teil
auch in flacher Form hergestellt und erhalten
in der Regel eine imprägnierte Baumwoll-
hülle . Für besondere Zwecke werden
Kabel auch mit Bleimantel ver-

5. Luftkabel.

In Gegenden, in denen die Verlegung
von Erdkabel besondere Schwierigkeiten
bereitet (felsiger Boden) oder wo im Zuge
der Strecke bereits Hoch- oder Niederspan-
nungsgestänge oder auch gewöhnliche Fern-
sprechleitungsmaste vorhanden sind, werden heute häufig Luftkabel verwendet.
Wenn Luftkabel vorschriftmäßig und gut
verlegt sind, sind sie immer betriebssicherer
als Freileitungen. Man kann Luftkabel an
einem Stahl-Tragseil an Masten aufhängen,
es werden aber auch freitragende Luftkabel
gebaut. Abb. 992 zeigt den Aufbau eines
selbsttragenden Fernmelde-Luftkabels[1]. Die
äußere Stahlbewehrung dient als Träger
des eingeschlossenen Bleikabels, das mittels
besonderer Hängeklemmen an den Trag-
masten aufgehängt wird. Die Spannnweiten

Abb. 991.

können bis 80 m betragen. Die erforderlichen Verbindungsmuffen
hängen im Spannfeld zwischen den Masten, Abb. 993. Anleitung und

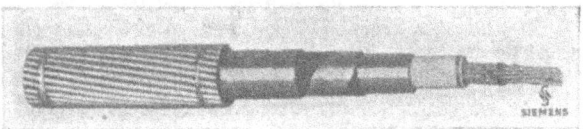

Abb. 992.

[1] Remold, K., Meeder, K., Selbsttragende Luftkabel. Siemens-Z.
16, 1936, 438—44.

Vorschriften für die Verlegung von Luftkabeln geben die Kabel-
fabrikanten.

c) Verlegung der Kabel.

Beim Verlegen der Kabel ist sehr darauf zu achten, daß es nicht
geknickt wird. Kabel mit getränkter Isolierung sind bei Kälte nicht
zu verlegen. Die Verschlußkappen an den Enden der Kabellängen
dürfen erst entfernt werden, wenn die Enden gegen eindringende Feuchtigkeit geschützt sind. Zwischen Stark- und Schwachstromkabeln muß
eine Mindestentfernung von 30 cm gewahrt bleiben; je größer die Entfernung, um so weniger sind die Beeinflussungen zu befürchten.

Abb. 903. Abb. 994.

1. Verlegung von Kabeln mit blankem Bleimantel.

Wenn Erweiterungen oder Änderungen des Kabelnetzes zu erwarten
sind, wie das in Stadt-Fernsprechnetzen immer vorkommt, so legt
man die Kabel nicht in die Erde, sondern zieht Kabel mit blankem
Bleimantel in Kabelkanäle ein. Die Kabelkanäle (Abb. 994) werden durch in die Erde verlegte Formstücke, wie in Abb. 994 und 995,
hergestellt. Die Zementblöcke, die aneinander gereiht werden, müssen
dieselbe Anzahl gleichgroßer, zylindrischer Öffnungen haben. Sie wer-

---

[1] Kabelkanäle. Telegr.-Praxis 7, 1927, 684.

— 632 —

den starr miteinander verbunden. Diese Kabelkanäle sind in gewisse
Entfernung (100 bis 200 m) durch sog. Kabelbrunnen unterbrochen. Di
Kabelbrunnen (Abb. 996) dienen zum Einziehen und Auswechseln de
Kabel bzw. zu Revisionszwecken und zur Herstellung von Verbindunge
und Abzweigungen. In Abb. 996 ist P das Straßenpflaster, D der Deck
des Kabelbrunnens, c_1 und c_2 sind vom Kabelbrunnen abgehende Kabel
kanäle. Das Einziehen der Kabel (Abb. 997) erfolgt durch Kabelwinde
mit Hand- oder Motorantrieb. Von einem Kabelbrunnen aus wird ers
durch den Kanal ein Gestänge (besonders miteinander gekuppelte, kurz
Holzstäbe) geschoben[1]). Mit dem Schiebegestänge wird dann da
Stahlseil durchgezogen, das wieder-
um zum Durchziehen des Kabels
selbst bestimmt ist.

Wie die Abb. 997 zeigt, muß
das Kabel K beim Einziehen so geführt [werden, daß es mit seiner
durch die Auftrommelung entstan-

Abb. 995.

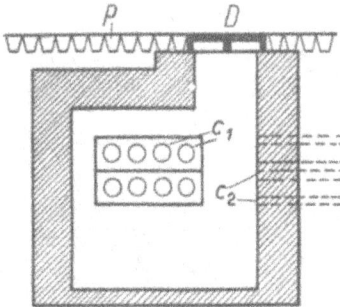

Abb. 996.

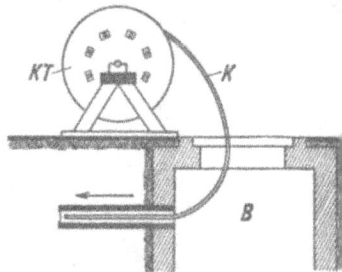

Abb. 997.

denen Rundung auch in den Kabelkanal hineingleitet. Nach der anderen Seite darf es nicht umgebogen werden. Zum Verbinden der
Kabelenden in dem Kabelbrunnen verwendet man Bleimuffen M

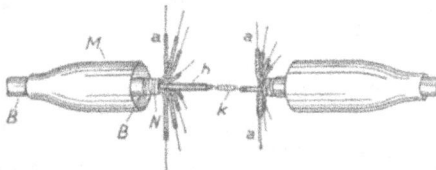

Abb. 998.

(Abb. 998), die aus zwei ineinander passenden, flaschenförmigen
Hälften oder einem längsgeschlitzten einteiligen Bleirohr mit verjüngten Enden (Abb. 999) bestehen. Die zweiteiligen Flaschenmuffen
müssen vor dem Spleißen des Kabels über beide Kabelenden gescho-

ben werden. Vor Beginn der Spleißarbeit sind etwaige Wasserreste im vorher ausgeschöpften Brunnen durch Heizen mit einem Holzkohlen-Schwenkofen zu entfernen. Das Holzkohlenfeuer muß während der Spleißarbeiten unterhalten werden. Über der Brunnenöffnung wird ein Zelt aufgestellt. Nachdem die imprägnierten Enden (etwa ½ bis ¾ m lang) von beiden Kabeln abgeschnitten worden sind, legt man durch Abnehmen des Bleimantels die Kabelseele auf eine Länge von 20 bis 50 cm je nach Länge der Muffe frei. Bei den nun

Abb. 999.

folgenden Arbeiten ist auf größte Sauberkeit und vor allem auf Trockenheit der Hände Wert zu legen. Die Papierumwicklung der Seele bindet man etwa 15 mm vom Bleimantel entfernt mit einem sauberen Bunde aus trockenem Zwirn fest und schneidet die überflüssigen Papierstreifen ab. Die nun freiliegenden Aderpaare werden strahlenförmig abgebogen und an den Enden auf etwa 25 mm Länge abisoliert. Die richtige Lage der Adern und etwaige Unterbrechungen innerhalb der Länge werden durch Ausklingeln festgestellt, wozu man sich einer Klingel oder eines Galvanoskops in Verbindung mit einigen Elementen

Abb. 1000.

oder eines Kurbelinduktors bedient. Ist das Kabel in Ordnung, so beginnt man an der innersten Ader mit dem Spleißen. Vorher werden imprägnierte Papierröhrchen (Abb. 1000), die über den Schwenkofen getrocknet wurden, auf die einzelnen Adern aufgeschoben. Die Adern werden durch Würgestellen miteinander verbunden (Abb. 1001), indem man zunächst die noch mit Papier behafteten Adern einmal miteinander verschlingt, das Papier ab-

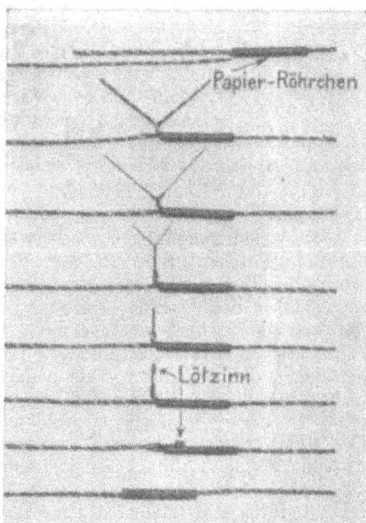

Abb. 1001.

wickelt und abschneidet. Die nun blanken Adern werden noch etwa
fünf- bis sechsmal gleichmäßig miteinander verdrillt. Die überflüssigen
Aderenden werden abgekniffen. Nach Fertigstellung von 10 bis 20 solcher
Würgestellen werden ihre Spitzen mit Kolophoniumzinn verlötet, die
Würgestelle ohne Verwendung einer Zange nach einer Seite umgelegt
und durch Überschieben des Papierröhrchens isoliert.*)

Diese Verbindungsart der Kabelleiter wird vorzugsweise bei
langen Fernsprechkabeln, insbesondere Fernkabeln verwendet. Zwickhülsen sind für Verbindungen an Fernsprechkabeln unzulässig, da
selten gute Kontakte zu erreichen sind. Bei Kabeln, bei denen es
auf dauernd konstante Widerstände nicht so genau ankommt, ist
die Verbindungsart mittels Zwickhülsen zulässig. Ein nachträgliches
Verlöten der mittels Zwickhülsen hergestellten Verbindung ist nicht
erforderlich.

Die Verbindung der Adern mittels Zwickhülsen wird folgendermaßen hergestellt. Auf die einzelnen Adern schiebt man Papierröhrchen, die mit Nummern versehen sein können, um die Adern zu
kennzeichnen. Die blanken Enden der Adern werden dann in eine
passende Kupferhülse (Abb. 1002) geschoben und
mit einer Spezialzange (Abb. 1003), die mit scharfen
Zähnen versehen ist, eingedrückt. Daraufhin wird

Abb. 1002.

das vorher aufgesetzte Papierröhrchen über die Verbindungsstelle geschoben. Die Herstellung einer Kupferhülsenverbindung
bei Kabeladern ist durch Abb.
1004 illustriert. Beim Herstellen
solcher Verbindungen sind die Kabeladern, wie immer, sorgfältig zu behandeln, insbesondere darf das
Blankschaben nur mit dem Rücken
des Kabelmessers geschehen, auch sind die isolierenden Papierröhrchen vor dem Verwenden mit weißer
Abbrühmasse (150⁰ C) zu überbrühen oder über dem
Holzkohleofen zu trocknen.

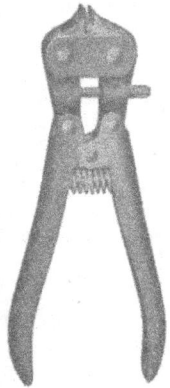

Abb. 1003.

Bei vieladrigen Kabeln ist es erforderlich, die
Verbindungsstellen der Adern, die mit den Papierröhrchen isoliert werden, so anzuordnen, daß sich nicht alle Röhrchen
an derselben Stelle befinden, sondern gegenseitig etwas versetzt sind,
wodurch die Verbindungsstelle nicht zu dick wird und die Muffe gut
darüber paßt. Die so verbundenen Adern werden dann mit Heißluft
getrocknet, bei getränkten Kabeln dagegen mit der bereits genannten
Abbrühmasse (150⁰ C) so lange überbrüht, bis die Masse nicht mehr
schäumt. Die Spleißstelle wird hierauf mit Nesselband (abbrühen),
das stets trocken aufbewahrt werden muß, bewickelt. Daraufhin
wird die Bleimuffe um die Spleißstelle gelegt und mit dem Bleimantel
des Kabels verlötet (Plombe). Die Trocknung mittels Heißluft geschieht durch Unterstellen des Holzkohlenofens und Überlegen eines

---

*) Bei starken Leitern werden auch Löthülsen verwendet.

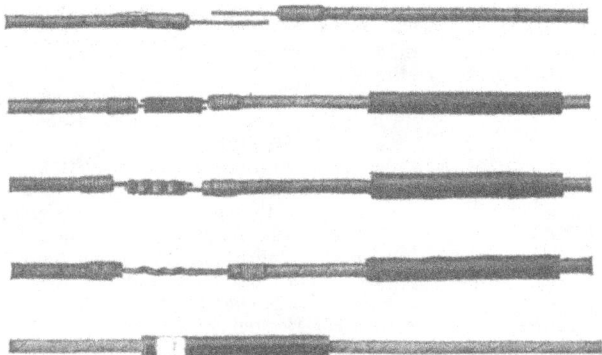

Abb. 1004.

Trockenbleches etwa ½ Stunde lang (Abb. 1005). Es ist jedoch Obacht zu geben, daß das Papier nicht verbrennt. Nach Beendigung der Trocknung wird das Adernbündel mit Wachsband fest zusammengebunden und die Bleimuffe übergeschoben bzw. übergelegt und zunächst bei den Flaschenmuffen die Mittelplombe, bei den einteiligen Muffen die

Abb. 1005.

Längsplombe unter Verwendung von Schmierzinn mit Lampe und Lappen geschmiert. Bei allen Kabellötungen darf auf keinen Fall Lötsäure verwendet werden. Als Flußmittel gebraucht man zum Verlöten der Adern Kolophoniumzinn. Zum Schmieren der Bleimuffen wird Schmierzinn mit einem in Rindertalg getauchten Lappen aufgetragen. Mit einiger Sorgfalt ist es leicht möglich, die Muffen vollständig dicht zu bekommen.

2. Verlegung bewehrter Kabel (Erdkabel).

Erdkabel werden in einen Kabelgraben von 40 bis 80 cm Tiefe und etwa 25 bis 30 cm Breite gelegt. Die Grabensohle ist von scharfkantigen Steinen zu befreien und möglichst mit Sand auszukleiden. Das Kabel wird auf den Strecken, wo mit späteren Erdarbeiten zu rechnen ist, mit Backsteinen oder mit Abdecksteinen (Abb. 1006) besonderer Form abgedeckt, um es vor Beschädigungen beim Aufgraben zu schützen. In der Abb. 1007 ist gezeigt, wie ein Kabel mit Backsteinen oder mit Abdeckhauben nach Abb. 1006 geschützt werden muß.

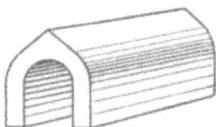

Abb. 1006.

An den Kabelenden wird zur Herstellung der Muffen eine Grube von der Tiefe des Grabens ausgehoben und mit einem Zelt überdacht. Die in gleicher Weise, wie bei blanken Kabeln, hergestellte Bleimuffe wird mit einer passenden Schutzmuffe aus Gußeisen umgeben (Abb. 1008), deren Hälften mit geteerter Juteschnur abzudichten sind. Der verbleibende ringförmige Zwischenraum zwischen Kabel und Muffenhals wird mit einem Wickel aus geteerter Isolierpappe, der mit Hilfe von Isolierband zusammengehalten wird, ausgefüllt. Die Bewehrung ist vorher

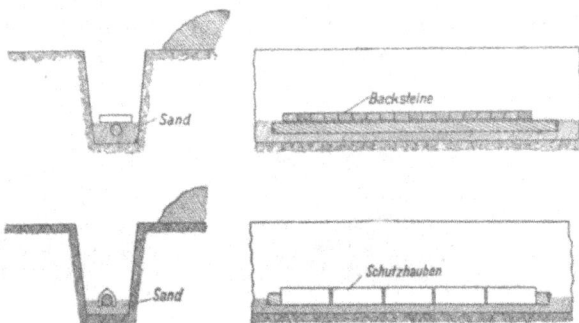

Abb. 1007.

sauber mit Bindedraht abzubinden. Nachdem die Muffe mit der Lötlampe gut angewärmt ist, wird der Raum zwischen Blei- und Schutzmuffe mit einer schwarzen Füllmasse, die vorher bis auf 150° C er-

Abb. 1008.

hitzt wurde, bei 120⁰ C ausgegossen. Während des Erkaltens ist so viel Masse nachzugießen, daß der Raum vollständig ausgefüllt wird. Nach Verschließen der Eingußöffnung mit dem Deckel werden sämtliche Schraubenmuttern der Muffe mit Masse übergossen, um ein Festrosten zu verhüten.

d) Kabelendverschlüsse.

Die Enden der Kabel müssen gegen das Eindringen von Feuchtigkeit, die auch in trockener Luft immer vorhanden ist, durch Endverschlüsse geschützt werden. Endverschlüsse sind mit Isoliermasse auszugießen. Bei Guttapercha- und Gummikabeln sind Endverschlüsse entbehrlich.

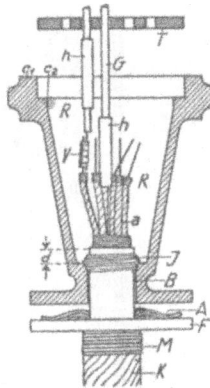

Abb. 1009. Abb. 1010. Abb. 1011.

Die Enden von papierisolierten Kabeln müssen jedoch gegen das Eindringen von Feuchtigkeit geschützt werden. Bei den Dosen-, Blei- und Konsol-Endverschlüssen, die für kleine Kabel noch verwendet werden, führt man die Adern des papierisolierten Kabels im Endverschluß in Gummileitungen über. Die Bleiendverschlüsse sind den Dosenendverschlüssen, die aus Eisenguß bestehen, ähnlich und werden dort verwendet, wo mechanische Beschädigungen nicht zu befürchten sind. Abb. 1009 zeigt einen Dosenendverschluß mit getrenntem Klemmenbrett. Die Kabelbewehrung ist hier über den Hals des Endverschlusses herumgelegt und auf diesem festgebunden, so daß die Bewehrung und der Endverschluß etwaigen mechanischen Zug aufnehmen. Bleiendverschlüsse werden mit dem Bleimantel des Kabels verlötet. Abb. 1010 veranschaulicht einen Konsolendverschluß.

Die Einführung eines Kabels mit Papierisolation in einen Endverschluß ähnlich des in Abb. 1010 dargestellten ist aus Abb. 1011 zu ersehen. Die Darstellung ist zum Zwecke der Anschaulichkeit rein schematisch gehalten. Nach Entfernung der Abschlußkappe am Kabelende eines Papierkabels sind die Adern trocken zu halten. In der

Abb. 1011 ist mit K das bewehrte Kabel, mit B der bloßgelegte Bleimantel bezeichnet. Der Bleimantel B muß in das Innere des Endverschlusses weit hineinreichen (d). Das Freilegen des Kabelendes darf erst vorgenommen werden, nachdem in der erforderlichen Entfernung vom Ende die Bewehrung mit Bindedraht (M) abgebunden ist. Die Jutebekleidung wird weggeschnitten und die Bewehrungsdrähte (A) über den Flansch (F) sternförmig umgelegt, worauf sie durch Anziehen des Flansches festgeklemmt werden. Die einzelnen Adern (a) — wenn mit Papier isoliert — müssen vorher mit Gummileitungen (G) verbunden, durch den Deckel (T) durchgeführt und innerhalb des Endverschlusses von der Umklöppelung befreit werden. Bei anderen Endverschlüssen werden die Adern an Klemmenstifte des Endverschlusses

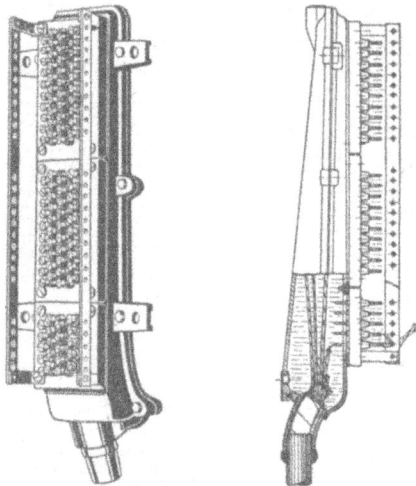

Abb. 1012.

gelötet. Die Verbindungsstellen können entweder mittels Löthülsen (V) oder nach Abb. 1001 hergestellt und mit Papierröhrchen (h) überdeckt werden. Um den Endverschluß mit Masse zu vergießen, wird die Platte (T) hochgehoben, die Drähte etwas gespannt und die Vergußmasse nahezu bis an den Rand (c_2) eingegossen. Ist eine Füllschraube vorhanden, so wird die Masse durch diese Öffnung hineingegossen. Bevor die Masse ganz erstarrt ist, drückt man den Deckel (T) als Abschlußdeckel darauf. Blanke Drähte dürfen durch den Deckel nicht geführt werden.

Die unbequeme Einschaltung von Gummileitungen (mit anderen elektrischen Eigenschaften und geringerer Lebensdauer) zwischen Kabelende und Klemmenplatte gab die Veranlassung, eine Wand des Kabelabschlußraumes selbst als Klemmenplatte mit durchgehenden Klemmenstiften auszubilden, derart, daß die Kabeladern in dem später mit Isoliermasse zu füllenden, geschlossenen Abschlußraum an die Klemmenstifte angelötet werden, während Schraubklemmen od. dgl. auf der Vorderseite die Möglichkeit bieten, Leitungen an- und abzuschalten, Messungen vorzunehmen usw.

Die Abb. 1012 zeigt die äußere Ansicht und den Halbschnitt durch einen Endverschluß dieser Art, geeignet für ein mit senkrechten Schienen versehenes Verteilergestell. Man erkennt aus der Abbildung, wie die papierisolierten Kabeladern unmittelbar an den Durchführungsstift herangeführt und angelötet sind.

Als bestes Material für die Klemmenplatten dieses neuartigen Kabelabschlusses hat sich nach jahrelangen Versuchen gummifreier Isolierpreßstoff bewährt. Um bei der geforderten räumlichen Beschränkung der Endverschlüsse möglichst lange Oberflächenkriechwege zu haben, preßt man den Isolierstoff noch bis zu einer gewissen Höhe konisch um die Klemmenstifte herum, so daß größtenteils für Klemmenplatten Isolationswerte von 5000 Megohm zwischen zwei Stiften sowie zwischen Stift und Erde für die Abnahme der Endverschlüsse vorgeschrieben werden können.

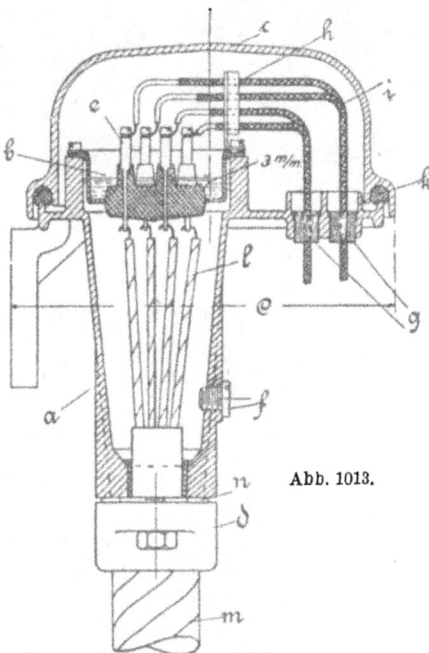

Abb. 1013.

Selbst mit diesen Mitteln läßt sich jedoch eine hohe Isolation nicht konstant erhalten, wenn die Möglichkeit gegeben ist, daß sich bei Temperaturschwankungen Feuchtigkeit aus der umgebenden Luft auf die Klemmenplatten niederschlägt. Auch bei wasserdicht gekapselten Schalträumen sind derartige Niederschläge aus der eingeschlossenen Luft zu befürchten, und vor allem bei Öffnung der Gehäuse z. B. für Schaltarbeiten kann sich Feuchtigkeit niederschlagen. Sind also Endverschlüsse in feuchten Räumen oder im Freien untergebracht, so muß man ein weiteres Mittel zur Konstanthaltung der Isolation anwenden, besonders dann, wenn bei hochwertigen Anlagen mehrere Endverschlüsse hintereinander in einer Kabelleitung angeordnet sind, da in diesem Falle die Isolationsschwankungen sich durch die Parallelschaltung der Isolationswiderstände noch wesentlich verstärken.

In solchen Fällen sind Endverschlüsse mit Ölisolierung zu verwenden, deren Klemmenplatte mit den Anschlußstiften *e*, Abb. 1013, im Schnitt zeigt. Der Boden dieser trogförmig ausgebildeten Klemmenplatten, die aus diesem Grunde immer waagerecht angeordnet sein müssen, wird durch Eingießen von Isolieröl *b* mit einer zwei bis drei mm hohen Ölschicht bedeckt, so daß der Weg von Klemme zu Klemme sowie von Klemme zur Erde stets über Öl geht. Nun kann sich selbst bei stärkster Niederschlagsbildung aus der Luft keine zusammenhängende Feuchtigkeitsschicht auf der Klemmenplatte entwickeln, da die mikroskopisch kleinen Wasserteilchen, die diese Schicht bilden, bei Berührung mit dem Öl sofort umkapselt werden und dem tiefsten Punkt des Ölspiegels, d. h. der Mitte zwischen den Stiften zueilen. Dort sinken sie infolge ihres größeren spezifischen Gewichtes unter das Öl und bleiben somit für die Isolation ungefährlich. Die Klemmenplatte mit Ölisolierung ist aus dem gleichen Material hergestellt wie die gewöhnlichen Klemmenplatten.

Abb. 1014.

Die Vorzüge der Ölisolierung sind in vielen Versuchen untersucht worden, und ihre praktische Eignung hat sich seit Jahrzehnten in den Fällen erwiesen, wo mit Endverschlüssen mit trockener Isolierung nicht ausreichende Isolationswerte erzielt wurden. Abb. 1014 zeigt eine besonders bevorzugte Endverschlußkonstruktion für Ölisolierung. Die wasserdichten Gehäuse sind in dichtem Gefüge seitlich aneinanderzureihen, um größere Schaltstellen zu bilden. Leitungen sowie Gummikabel können durch Rohre bzw. Stopfbuchsen ausgeführt werden.

Abb. 1015.

Bei Überführungen von Kabeln in Freileitungen s. Abb. 1015, werden diese vorerst oben am Gestänge mit ein- oder zweiadrigen

Kabeln, vorzugsweise Gummikabeln, verbunden. Dies geschieht in störungsfreier Ausführung bei einadrigen Kabeln in Überführungsisolatoren (Schnitt s. Abb. 1016) und bei zweiadrigen Kabeln, besonders bei Fernsprech-Teilnehmereinführungen, in Überführungsdosen, die ebenfalls oben am Gestänge befestigt werden.

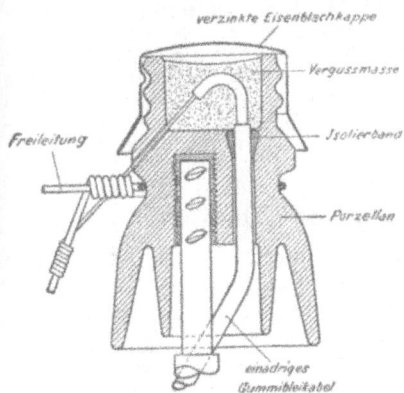

Abb. 1016.

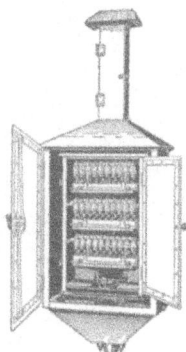

Abb. 1017.

Diese Kabel führen nun, u. U. in einem besonderen Aderschutzkanal, in den Schaltraum der sog. Überführungsendverschlüsse; Abb. 1017 zeigt eine derartige Einrichtung. Die Überführungsendverschlüsse zeigen den gleichen Aufbau wie die eingangs beschriebenen Kabelendverschlüsse, nur tragen die Klemmenplatten auf der Vorderseite statt der gewöhnlichen Schraubverbindungen Federsätze zur Aufnahme von Spannungsableitern und Schmelzsicherungspatronen, mit denen jede Kabelader

Abb. 1018.

Abb. 1019.

gegen atmosphärische Entladungen aus der Freileitung geschützt werden muß*). Unter bestimmten Umständen ist es nur nötig, die Kabel durch Spannungsableiter, oder in anderen Fällen nur durch Sicherungspatronen zu schützen.

Schließlich sei noch als Verteiler für Hausleiterkabel und Leitungen in Innenräumen eine Konstruktion (Abb. 1018) erwähnt, bei der die gewünschte Größe durch Abbrechen aus einer großen Grundplatte für die verschiedenen Aderzahlen hergestellt werden kann. Die Klemmensockel werden für 48 Adern gepreßt. Die waffelartige Grundplatte läßt sich jedoch leicht durch Abbrechen in Klemmenplatten für 24 und 12 Adern teilen. Die Abb. 1019 zeigt eine vierteilige, beschaltete Platte. Trotz kleiner Abmessungen ist eine übersichtliche Anordnung der Leitungen möglich.

III. Drähte und Schnüre.

a) Querschnitt und Widerstand von Leitungsdrähten bei + 20° C

für Kupfer von spezifischem Widerstand von 0,0175,
„ Eisen „ „ „ „ 0,1347.

Durchmesser	Querschnitt	Widerstand von		Durchmesser	Querschnitt	Widerstand von	
		Kupferdraht für 1 km	Eisendraht für 1 km			Kupferdraht für 1 km	Eisendraht für 1 km
mm	mm²	Ohm	Ohm	mm	mm²	Ohm	Ohm
0,5	0,196	89,4	702,0	2,8	6,158	2,860	22,4
0,6	0,283	62,1	487,3	2,9	6,605	2,667	20,9
0,7	0,385	45,6	358	3	7,069	2,470	19,5
0,8	0,503	34,9	274	3,1	7,548	2,332	18,2
0,9	0,636	27,6	216,8	3,2	8,042	2,183	17,1
1	0,785	22,4	175,5	3,3	8,553	2,054	16,05
1,1	0,95	18,5	145,0	3,4	9,079	1,939	15,15
1,2	1,131	15,56	122,0	3,5	9,621	1,830	14,34
1,3	1,327	13,28	103,9	3,6	10,179	1,730	13,54
1,4	1,539	11,43	89,5	3,7	10,752	1,636	12,83
1,5	1,767	9,94	78,0	3,8	11,341	1,552	12,16
1,6	2,011	8,75	68,5	3,9	11,946	1,474	11,54
1,7	2,27	7,75	60,7	4	12,566	1,401	10,99
1,8	2,545	6,91	54,1	4,1	13,203	1,334	10,44
1,9	2,835	6,20	48,6	4,2	13,854	1,272	9,94
2	3,142	5,60	43,9	4,3	14,522	1,213	9,50
2,1	3,464	5,08	39,8	4,4	15,205	1,160	9,06
2,2	3,801	4,63	36,2	4,5	15,904	1,108	8,66
2,3	4,155	4,24	33,2	4,6	16,619	1,060	8,29
2,4	4,524	3,882	30,5	4,7	17,349	1,014	7,94
2,5	4,909	3,584	28,0	4,8	18,096	0,972	7,61
2,6	5,309	3,312	26,0	4,9	18,857	0,934	7,30
2,7	5,726	3,071	24,0	5	19,635	0,896	7,01

*) Siehe Abschnitt XIV.

Um die Widerstände von Leitungen aus Zink oder Aluminium zu ermitteln, sind die Werte in der dritten und siebenten Spalte zu multiplizieren für Zink mit 3,4, Aluminium mit 1,64.

Der Widerstand der Leiter vergrößert sich bei zunehmender und verringert sich bei abnehmender Temperatur. Um den genauen Widerstand bei von + 20⁰ C abweichender Temperatur festzustellen, bedient man sich folgender Formeln:

bei höheren Temperaturen als + 20⁰ C: $W_t = W_{20} (1 + a [t - 20])$,
bei niedrigeren Temperaturen als + 20⁰ C: $W_t = W_{20} (1 - a [20 - t])$,

worin bedeuten:

W_t den Widerstand bei der Temperatur t,
W_{20} den Widerstand nach der Zahlentafel bei + 20⁰ C,
a die Temperaturzahl des Metalles.

Temperaturzahlen.

Kupfer	Eisen	Zink	Aluminium
0,004	0,0047	0,0039	0,004

b) Gewicht und Widerstand von dünnen Kupferdrähten bei 20⁰ C.

Durchmesser mm	Querschnitt mm²	Gewicht kg/km	Widerstand Ohm/km	Länge	
				m/kg	m/Ohm
0,05	0,00196	0,0175	9091	57 140	0,109
0,10	0,00785	0,0700	2272	14 286	0,440
0,15	0,0177	0,1575	992,3	6 349	1,009
0,20	0,0314	0,2800	568,1	3 571	1,760
0,25	0,0491	0,4375	463,6	2 286	2,159
0,30	0,0707	0,6300	252,5	1 587,3	3,97
0,35	0,0962	0,8575	185,52	1 166,2	5,39
0,40	0,1257	1,1200	142,04	892,9	7,04
0,45	0,1590	1,4175	112,24	705,5	8,92
0,50	0,1963	1,7500	90,91	571,4	10,99
0,55	0,2376	2,118	75,13	472,3	13,31
0,60	0,2827	2,520	63,13	396,8	15,86
0,65	0,3318	2,957	53,79	338,1	18,61
0,70	0,3848	3,430	46,38	291,5	21,55
0,75	0,4418	3,937	40,40	254,0	24,75
0,80	0,5027	4,480	35,51	223,2	28,50
0,85	0,5675	5,057	31,45	197,73	31,81
0,90	0,6362	5,670	28,06	176,37	35,66
0,95	0,7088	6,317	25,18	158,36	39,75
1,00	0,7854	7,000	22,72	142,86	44,00
1,20	1,1310	10,080	15,782	99,21	63,35
1,40	1,5394	13,720	11,595	72,89	86,18
1,60	2,0106	17,92	8,878	55,80	112,6
1,80	2,545	22,68	7,014	44,09	142,6

c) Leitungen nach VDE-Normen.
Schnüre. Rohrdrähte.

Abb. 1020. Baumwoll-Wachsdraht BW, ein- und zweiadrig, mit Kupferleiter von 0,8 oder 1 mm Durchmesser, doppelt mit Baumwolle besponnen und gewachst. Für Innenmontage in trockenen Räumen über Putz. Für Klingelanlagen.

Abb. 1020.   Abb. 1021.

Abb. 1021. Lackpapierdraht LP, ein- bis dreiadrig, mit lackiertem Kupferleiter von 0,6, 0,8 oder 1 mm Durchmesser, mit zwei Lagen Papier und einer Lage Baumwolle besponnen, mit Baumwolle beflochten und gewachst. Für Innenmontage in trockenen Räumen über Putz und in Rohr. Für Haustelegrafie.

Abb. 1022. Gummidraht G, ein- bis dreiadrig, mit verzinntem Kupferleiter von 0,8 oder 1 mm Durchmesser, mit Gummi isoliert, mit Baumwolle beflochten und paraffiniert. Für Innenmontage über Putz und in Rohr. Für Haustelegrafie und Fernsprechanlagen. ·

Abb. 1023. Gummikabel mit Bleimantel IGM, einadrig (rund) und zweiadrig (flach), mit verzinntem Kupferleiter von 0,8 mm Durchmesser, mit Gummiisolierung und Bleimantel. Für Einführungen (s. S. 480 u. 640) und feuchte Räume an Stelle von BW, LP und G.

Abb. 1022.   Abb. 1025.

Abb. 1026.

Abb. 1023.

Abb. 1024.   Abb. 1027.

Abb. 1024. Schwarze, wetterfest und säurebeständig umhüllte Freileitung ohne Gummiisolation: Parnitleitung NWSS .. Kh und NWSS .. Bz II hat einen durch Spezialmasse gezogenen Hartkupfer- oder Bronzeleiter (Leiterstärken 1 mm, 1,5 mm, 2 mm, 2,5 mm), der mit zwei Lagen getränkten Papiers bewickelt ist, zwischen denen eine dünne Schicht Spezialmasse liegt. Eine mit entsprechender Masse imprägnierte Baumwollgarnbespinnung und -beflechtung schützt die Leitung gegen Witterung, Säuren, Alkalien und ähnlichen schädlichen Einflüssen. Die Parnitumhüllung dient als Korrosionsschutz für den Metallleiter, sie ist keine Isolation. Isolierte Parnitleitung wird auch hergestellt.

Abb. 1025. Klingelschnur, zwei- bis vieradrig, mit Litzen aus zehn Kupferdrähten von 0,15 mm Durchmesser, baumwollisoliert und mit farbiger Seide umsponnen. Schnur sehr biegsam. Für freihängende Birnen und sonstige bewegliche Kontakte.

Abb. 1026. Stöpselschnur, ein- bis fünfadrig, mit Adern aus Kupferlahnfäden (s. S. 468) auf Eisengarn, seideisoliert und mit Eisengarn beflochten. Außenbeflechtung Leinengarn. Zur Herstellung von Verbindungen an Fern- und Vielfachschränken.

Abb. 1027. Apparatschnur, vieradrig geflochten oder zwei- bis sechsadrig rund, mit Adern aus Kupferlahnfäden (siehe Seite 468) auf Eisengarn, seideisoliert und mit Eisengarn beflochten. Als Verbindungsschnur zwischen Telefon bzw. Mikrotelefon und Fernsprechapparat.

Abb. 1028. Anschlußschnur, zweiadrig und 2-, 3-, 4-, 6-, 8-, 11-, 14-, 16-, 19-, 22-, 24- oder 30-paarig, mit Litzen aus 18 Kupferdrähten von 0,10 mm Durchmesser, seideisoliert und getränkt. Außenbeflechtung Eisengarn. Zum Verbinden der Fernsprechstellen mit den Anschlußdosen.

Abb. 1028.

Nicht abgebildet: Siemens-Rapid-Rohrdraht (GGUZ 34) für Installationen von Signal- und Fernsprechanlagen an Stelle von Papierbleikabeln und Gummibleikabeln, hauptsächlich zum Verlegen über Putz. Ein verzinnter Kupferleiter von 0,8 mm Durchmesser ist mit einer vulkanisierten Gummimischung von 0,45 mm Wanddicke umgeben. Zwei Adern sind zu einem Paar oder vier Adern zu einem Vierer, gegebenenfalls mit einer gummiisolierten Erdungsader (Kupferleiter 1 mm Durchmesser) parallel einlaufend verseilt. Die Adern sind mit einem gefalzten Metallmantel fest umgeben, wobei die Hohlräume durch Erdwachsmischung oder gleichwertigen Stoff ausgefüllt sind. Der Metallmantel ist der leichten Biegbarkeit wegen mit einer schraubenförmigen sog. Rapidrillung versehen.

Für feuchte Räume oder das Freie findet der gleiche Rohrdraht mit einem Parnitschutz versehen Verwendung.

IV. Telegrafen-Leitungstechnik.

In der Telegrafie ist man aus Gründen der Wirtschaftlichkeit allgemein bestrebt, das für Nachrichtenübermittlungen notwendige Leitungsnetz klein und übersichtlich zu halten, um an Anlagekosten und den beträchtlichen Unterhaltungskosten zu sparen. Man ist darum mit Erfolg bemüht, an Stelle eigener Drahtverbindungen durch Kunstschaltungen (s. d.) vorhandene Fernsprechleitungen zum Telegrafieren mitzubenutzen.

Für diese Mehrfachausnutzung (s. d.) vorhandener Fernsprechverbindungen sind die verschiedensten Übertragungssysteme mit Trägerfrequenzen entwickelt worden. Die Einordnung dieser Einrichtungen in das Frequenzband der Leitungen geht aus dem in Abb. 1029 gezeigten Frequenzverteilungsplan hervor. Die Vielzahl der Übertragungssysteme und die Verschiedenheit in den Schaltungen, der Betriebsarten der Telegrafenanlagen ist nicht immer durch die Betriebsweise der Telegrafengeräte und Fernschreiber bedingt, sondern durch die Tatsache, daß vielerorts bereits vorhandene Kabel- oder Freileitungen verwendet werden mußten, die bestimmte elektrische Eigenschaften aufzuweisen hatten, denen sich der Telegrafenbetrieb anpaßte. Im Inlande war es das vorhandene und weitverzweigte Fernsprech-Fernkabelnetz, das für den Telegrafenverkehr herangezogen werden konnte ohne den Fernsprechverkehr zu behindern oder zu beeinflussen.

Sobald es sich um die Mehrfachausnutzung pupinisierter Fernsprechkabel handelt, ist die Entscheidung über die Wahl der zweckmäßigsten Übertragungseinrichtung auf ein begrenztes Frequenzband festgelegt. Die obere Grenzfrequenz der älteren Fernsprechkabel liegt meist unterhalb 3000 Hz, so daß die Anwendung der Mittelfrequenztelegrafie sowie der Mehrfachtonfrequenztelegrafie auf Hochfrequenztelefoniekanälen nicht in Frage kommt. Desgleichen kann auch das Prinzip der Simultanschaltungen in der Telegrafie auf pupinisierten Fernsprechkabeln nicht angewendet werden, da bekanntlich im Simultanbetrieb gegen Erde telegrafiert wird und der Kapazitätsausgleich der Fernsprechkabel nicht durch Erdung einzelner Adern gestört werden darf. Es kommt demzufolge für die Mehrfachausnutzung von pupinisierten Fernsprechkabeln im Frequenzband der Gleichstromtelegrafie nur noch die Unterlagerungstelegrafie bzw.

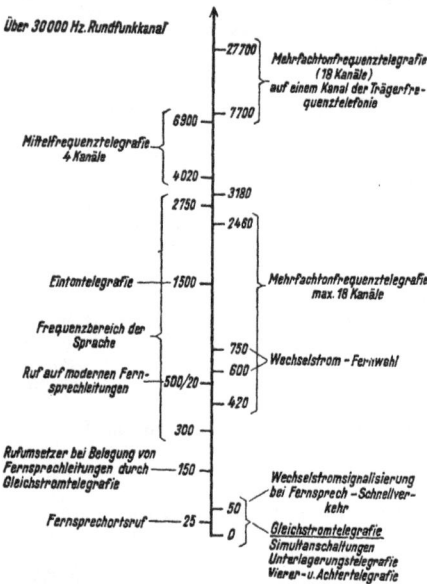

Abb. 1020.

Achter- oder Vierertelegrafie, wenn es sich um die Beschaltung von Fernsprechphantomkreisen mit Telegrafie handelt, in Frage. Außerdem muß noch die Anwendung der Wechselstromtelegrafiesysteme, d. h. der Eintontelegrafie sowie der Mehrfachtonfrequenztelegrafie, berücksichtigt werden.

Bei Verwendung der Unterlagerungstelegrafie auf Fernsprechkabeladern von 0,9 mm Stärke können Entfernungen bis zu 150 km und bei 1,4 mm Aderstärke bis zu 300 km ohne Relaisübertragungen

überbrückt werden. Man wird also zweckmäßig die Unterlagerungstelegrafie anwenden, wenn die zu überbrückenden Entfernungen nicht
wesentlich über die eben angegebenen Reichweiten hinausgehen, damit der Preis für den notwendigen Apparateaufwand durch die bei
größeren Entfernungen notwendigen Relaisübertragungen nicht zu
hoch wird. Der Fernsprechkanal bleibt bei der mit Unterlagerungstelegrafie bestückten Fernsprechleitung zum Fernsprechen erhalten.

Stehen auf dem fraglichen Fernsprechkabel noch Fernsprech-
phantomkreise (s. d.) unbenutzt für Telegrafierzwecke zur Verfügung,
so ist die Anwendung der Vierer- oder Achtertelegrafie (s. d.) der Anwendung der Unterlagerungstelegrafie vorzuziehen. Das Prinzip der
Arbeitsweise der Vierer- oder Achtertelegrafie ist mit dem der Unterlagerungstelegrafie identisch. Da jedoch auf dem mit Vierer- oder
Achtertelegrafie bestückten Fernsprechphantomkreis nicht gesprochen
wird, können die bei der Unterlagerungstelegrafie notwendigen Liniendrosseln und Kondensatorleitungen bei der Achter- und Vierertelegrafie
wegfallen.

Sollen größere Entfernungen auf pupinisierten Fernsprechkabeln
überbrückt werden, so ist die Verwendung der Mehrfach-Tonfrequenz-
telegrafie angebracht, da die Reichweite dieses Telegrafiersystems
durch die Mitbenutzung der vorhandenen Fernsprechverstärker bedeutend größer ist. Aus diesem Grunde sind auch viele internationale
Telegrafen-Fernverbindungen mit dieser Mehrfach-Tonfrequenztele-
grafie ausgerüstet. Bei Anwendung der Mehrfach-Tonfrequenztele-
grafie muß allerdings beachtet werden, daß der notwendige Fernsprechkanal nicht gleichzeitig zum Sprechen mitbenutzt werden kann.
Dafür ist es aber möglich, auf einer Fernsprechdoppelader bis zu 18 Tele-
grafierwege zu schaffen.

Wenn Einzeltelegrafenkanäle nur kurze Zeit und wahllos zu jeder
Zeit hergestellt werden sollen, wird vorteilhaft das Prinzip der Eintontelegrafie benutzt. Bei dieser Telegrafierart wird bei einer Frequenz-
von 1500 Hz, also im Sprachbereich, telegrafiert, so daß die vorhandenen Fernsprecheinrichtungen unverändert mitbenutzt werden.
Gleichzeitiges Fernsprechen und Telegrafieren ist nicht möglich.
Der Vorteil der Eintontelegrafie besteht darin, daß man jeden Fernsprechkanal ohne Änderung zum Telegrafieren benutzen kann, vorausgesetzt, daß die Fernsprechverbindung verhältnismäßig störungsfrei
und eine gute Verständigung möglich ist.

Sobald es sich um die Mehrfachausnutzung von Fernsprechfreileitungen handelt, tritt in erster Linie die Anwendung von Simultanschaltungen in den Vordergrund. Bisher begnügte man sich meist
mit der Verwendung der Einfachsimultanschaltung. Es hat sich
jedoch gezeigt, daß diese Ausnutzung von Fernsprechfreileitungen
nicht ausreicht, da man der unkonstanten elektrischen Verhältnisse
auf der Freileitung wegen nicht immer Duplex-Betrieb durchführen
konnte, und demnach 2 Fernsprechfreileitungspaare bereithalten
mußte, um einen vollständigen Telegrafenkanal schaffen zu können.
Dem abhelfend wurde die Doppelsimultantelegrafie entwickelt. Mit
Hilfe dieses Telegrafiersystems werden auf einer doppeladrigen Fern-

sprechfreileitung 2 voneinander getrennte Telegrafierkanäle geschaffen, ohne daß auf den Fernsprechkanal verzichtet werden muß.

Bei Anwendung der Doppelsimultantelegrafie muß der gewöhnliche Fernsprechruf (meist 15...25 Hz) aus dem Frequenzband der Gleichstromtelegrafie (0...50 Hz) entfernt und durch einen 150-Hz-Ruf ersetzt werden. Die für die Rufumsetzung (s. d.) notwendigen Einrichtungen gestatten eine Rufübertragung über eine Leitungsdämpfung von maximal 2,5 Neper. Sollen größere Leitungsdämpfungen überbrückt werden, so müssen bei Anwendung der Doppelsimultantelegrafie die Leitungen aufgeteilt und in die Mitte derselben Rufübertragungseinrichtungen vorgesehen werden. Aus betriebstechnischen Gründen wird man jedoch Telegrafenzwischenämter nur wählen, wenn die Anwendung eines anderen Telegrafiersystems ausgeschlossen ist.

Bei längeren Freileitungen wird meist der Wunsch auftreten, mehr als einen Telegrafenkanal zu schaffen, da die hohen Kosten der Fernsprechfreileitungen eine möglichst weitgehende Ausnutzung auch für Telegrafenzwecke fordern. Hierfür ist die Mittelfrequenztelegrafie entwickelt worden (s. d.), die in dem Frequenzband zwischen 4020 und 6900 Hz 8 Telegrafenkanäle schafft, von denen 4 zum Telegrafieren in der einen Richtung benutzt werden. Die Trägerfrequenzen der Mittelfrequenztelegrafie sind so gewählt, daß eine Beeinflussung der Niederfrequenzsprache nicht stattfindet und außerdem der gleichzeitige Betrieb mit Trägerfrequenz-Fernsprecheinrichtungen nicht ausgeschlossen ist. Die von der Mittelfrequenztelegrafie überbrückte Dämpfung beträgt im Mittel 3,5 Neper. Leitungen mit größerer Leitungsdämpfung müssen aufgeteilt und über Mittelfrequenztelegrafie-Zwischenverstärker geführt werden.

Besonders hochwertige und wichtige Fernsprechfreileitungen sind oft bereits für die Fernsprech-Mehrfachausnutzung mit Trägerfrequenztelefonie-Einrichtungen ausgerüstet. Bei derartigen Fernsprechleitungen besteht die Möglichkeit, unter Verwendung eines der Trägerfrequenz-Fernsprechkreise für die Telegrafie bis zu 18 Telegrafenkanäle zum gleichzeitigen Betrieb in beiden Richtungen zu schaffen. Bei dieser Betriebsart wird das normale, bereits zuvor erwähnte Mehrfach-Tonfrequenztelegrafiersystem benutzt.

V. Vorgänge auf Telegrafenleitungen [1]).

Der Telegrafiergeschwindigkeit sind nicht nur durch die Apparate selbst, sondern auch durch die Art und Beschaffenheit der Leitungen gewisse Grenzen gesteckt. Bei Betrachtungen über den Stromverlauf auf langen Leitungen ist zu beachten, daß eine solche Leitung neben dem Ohmschen Widerstand auch noch Kapazität, Selbstinduktion und Ableitung besitzt. Die kilometrischen Werte dieser sog. Leitungskonstanten sind in der Zahlentafel auf S. 670 angegeben. Bei Freileitungen von einigen hundert Kilometern Länge hat die Kapazität und die Selbstinduktion keinen erheblichen Einfluß auf die Kurvenform der ankommenden Telegrafierstromstöße. Die Wirkung dieser Lei-

---

[1]) Breisig, F., Theoretische Telegrafie. 2. Aufl. Braunschweig 1924.

tungseigenschaften ist erst zu bemerken, wenn Kabelleitungen in Betracht kommen oder wenn die Frequenz der Telegrafierstromstöße erhebliche Werte annimmt; desgl. bei Wechselstromtelegrafie mit Trägerfrequenzen. Bei .Freileitungen kann man die Kurve des abgehenden Stromes als nahezu rechtwinklig annehmen; auch die des ankommenden Stromstoßes. Bei längeren Stadtkabeln, die von den Telegrafenämtern bis zur Grenze der Stadt führen, wo dann die Überführung in Freileitungen stattfindet, können diese Anschlußkabel mit ihrer Kapazität von gewissem Einfluß auf die Stromkurvenform sein.

Von größerem Einfluß ist bei Freileitungen neben dem Ohmschen Widerstand die Ableitung, d. h. die kleinen Teilströme, die über die

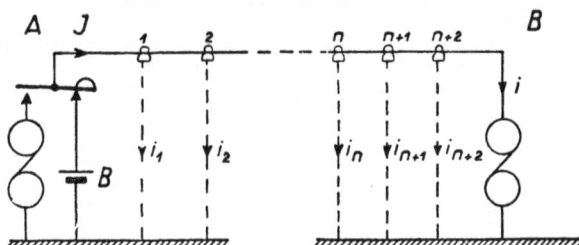

Abb. 1030.

Isolatoren zur Erde abfließen. Bei langen Leitungen und schlechter Witterung kann der Isolationswiderstand die gleiche Größenordnung erreichen wie der Leitungswiderstand, so daß nur ein Bruchteil des von der Geberstation A (Abb. 1030) abgehenden Stromes I an der Empfangsstation zur Verfügung steht. An jedem Isolator 1, 2, n usw. geht ein geringer Strom i_1, i_2 usw. zur Erde und von hier zur Batterie B zurück.

Telegrafenleitungen müssen gegen gegenseitige Beeinflussung und gegen Beeinflussung durch die in der Nähe verlaufenden Starkstromleitungen durch Kreuzungen geschützt werden. Über Kreuzungen siehe S. 663 ff.

Im folgenden sollen Vorgänge beschrieben werden, die in der ausgeprägten Form nur bei Kabelleitungen mit einer Kapazität von 50, 100 und mehr Mikrofarad vorkommen, die aber im Prinzip für alle Kabelleitungen gelten. In der Abb. 1031 ist eine Telegrafenleitung mit Kapazität und Ohmschem Widerstand symbolisch dargestellt. Die Gesamtkapazität C

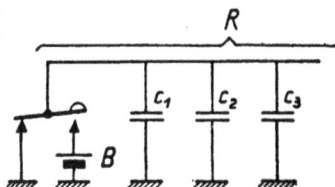

Abb. 1031.

setzt sich aus unendlich vielen, unendlich kleinen Teilkapazitäten $c_1 + c_2 + c_3 + \ldots c_n$ der Leitungsader (gegen Erde oder gegen den anderen Leiter) zusammen. Legt man diese Leitung mit dem Ohmschen Widerstand R und der Kapazität $C = c_1 + c_2 + c_3$ usw. durch Drücken der Taste an Spannung, so wird die Leitungskapazität C geladen. Das Dielektrikum erscheint im Moment des Stromschlusses gewissermaßen widerstandslos, wie ein leeres Gefäß, in welches der Strom hineinstürzt. Bei Kabeln, die gegenüber den Freileitungen gleicher Länge eine etwa 30 mal so große Kapazität haben kann aus diesem Grunde der erste Stromstoß das Mehrfache vom Dauerwert betragen. Ist die Leitung geladen, so fließt nunmehr der Dauerstrom, dessen Stärke sich nach dem Ohmschen Gesetz aus der Batteriespannung und dem Widerstand R der Leitung errechnen läßt. Geht die Taste in die Ruhelage zurück, so wird die Leitung geerdet, und die Ladung der Leitung strömt in die Erde, deren Kapazität als unendlich groß angenommen werden kann.

In der Telegrafie über lange Kabelleitungen ist die Kurvenform des ankommenden Stromstoßes, insbesondere der zeitliche Stromanstieg, von ausschlaggebender Bedeutung. W. Thomson hat als erster den Stromanstieg am Ende einer langen Kabelleitung berechnet, und es wird heute diese Kurve ($I = f[t]$), Abb. 1032, als Thomsonkurve bezeichnet. Maßgebend für den Stromanstieg am Ende eines (über den Empfangsapparat geerdeten) Kabels ist das Produkt $C\,R\,l^2$; C und R sind die kilometrischen Werte der Kapazität in Farad und des Widerstandes in Ohm, l ist die Länge des Kabels in Kilometern. Je größer dieses Produkt, um so langsamer ist der zeitliche Anstieg des ankommenden Stromes. Man nennt daher $C\,R\,l^2$ die Zeitkonstante des Kabels.

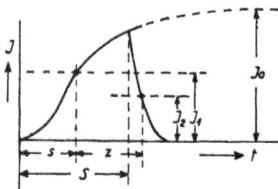

Abb. 1032.

Bei Leitungen von großer Kapazität kann es vorkommen, daß bei hoher Telegrafiergeschwindigkeit der Stromimpuls am Ende der Leitung bereits abbricht, ehe er bis zum Dauerwert angestiegen ist, dementsprechend ist auch das Empfangsrelais einzustellen. In der Abb. 1032 ist die Stromkurve, Thomsonkurve, am Empfangsende einer mit Kapazität behafteten Leitung dargestellt. Das Empfangsrelais spricht erst an, nachdem eine Zeit s seit dem Kontaktschluß am Geber verstrichen ist und die Stromstärke am Empfangsende den Wert I_1 erreicht hat. Diesen Wert von I bezeichnet man als erste kritische Stromstärke. S ist die Kontaktschlußdauer am Geber. Der Strom erreicht den Dauerwert I_0 überhaupt nicht, sondern beginnt kurz nach der Stromunterbrechung am Geber abzufallen. Fällt die Stromstärke auf den Wert I_2, so vermag dieser Strom den Relaisanker gegen den Zug der Feder nicht mehr zu halten; der Anker fällt ab. I_2 ist die zweite kritische Stromstärke, z die Länge des Zeichens am Empfangsrelais. Je steiler die Stromwelle, um so schneller wird offenbar die erste kritische Stromstärke erreicht, und um so kürzer kann die Gesamtzeit S sein. Eine steile Stromwelle ergibt ein präzises Arbeiten des Empfangsrelais und eine schnelle Telegrafiermöglichkeit. Ein bekanntes Mittel, die Thomsonkurve steiler zu gestalten, ist die Einschaltung eines sog. Endkondensators C *) (Abb. 1033) am Ende der Leitung zwischen Empfangsrelais R und Erde. Diese Schaltung ist nur für kurze Stromimpulse zu verwenden, und es muß außerdem hierbei die Telegrafierspannung erhöht werden.

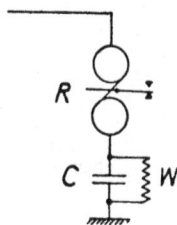

Schaltet man diesem Kondensator C noch einen hohen Widerstand W parallel, so können auch längere Zeichen gegeben werden. Diese Anordnung bezeichnet man als Maxwell-Erde, durch die die Telegrafiergeschwindigkeit um etwa 50 vH erhöht werden kann.

Abb. 1033.

Beim Telegrafieren über lange Kabelleitungen mit großer Kapazität erhält man keine ausgeprägten Stromimpulse am Empfangsende, sondern einen wellenförmigen Dauerstrom. Zur Aufzeichnung dieser Wellenlinie dienen besondere Empfangsapparate **) von außerordentlicher Empfindlichkeit. Abb. 1034 zeigt den Buchstaben f, wie

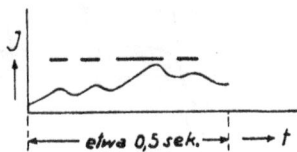

Abb. 1034.

dieser am Ende einer langen Kabelleitung empfangen wird. Das Kabel nimmt während der Striche eine höhere Ladung auf, als während der Punkte, und es kann sich das Kabel während der kurzen Pausen nicht ebenso weit entladen, wie während der langen Pausen. Um die große Kapazität langer Kabelleitungen schnell zu entladen, nachdem das Zeichen aufgenommen worden ist, schaltet man am Anfang und am Ende der Kabelleitung eine Induktanzrolle, die sog. Gegenstromrolle, zwischen Kabelader und Erde.

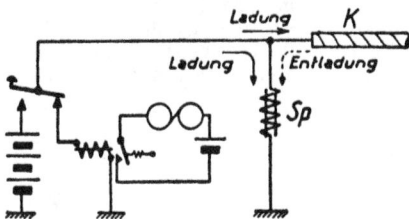

Abb. 1035.

In der Abb. 1035 ist zwischen Kabelader und Erde eine veränderliche Selbstinduktionsspule Sp eingeschaltet. Im ersten Moment des Stromschlusses wirkt Sp wie ein unendlich großer Widerstand, und die ganze Stromstärke fließt in das Kabel; erst am Ende des Ladevorganges fließt der überschüssige Teil des Stromes in die Spule Sp, und es wird somit bei langen Stromzeichen ein zu starkes Aufladen des Kabels vermieden. Geht die Taste in die Ruhelage zurück, so muß das Kabel

---

*) $C = 0,1$ der Kabelkapazität.
**) Siehe Seite 337, 339.

rasch entladen werden. Die Entladung wird durch die Spule *Sp* gefördert, denn der Extrastrom der Spule versucht den Stromfluß, der
bei der Ladung stattfand, aufrechtzuerhalten und saugt die Ladung vom
Kabel zur Erde ab. Die Selbstinduktion von *Sp* muß der Kapazität des
Kabels angepaßt sein. Durch die Einschaltung der Induktanzspule
kann die Telegrafiergeschwindigkeit auf das Doppelte erhöht werden.

Die Abb. 1036 zeigt die Kurvenform der ankommenden Stromstöße
(Buchstaben *a* und *b* bei Morse-Doppelstrom, s. Abb. 554) auf einem

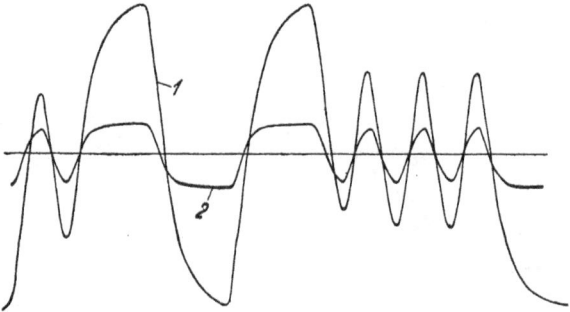

Abb. 1036.

470 km langen Kabel mit einer Gesamtkapazität von 100 μF und
1600 Ω Widerstand. Die Zeichen sind mit 41 Baud Geschwindigkeit
telegrafiert worden. Die Kurve 1 zeigt die Zeichenform beim normalen
Senden, Kurve 2 mit Maxwell-Erde.

Ein weiteres Mittel, am Ende einer Kabelleitung deutliche Zeichen
zu empfangen, besteht darin, daß man die Stromgebung beim Sender
vor dem Ende des Stromschrittes unterbricht und das Kabel eine kurze
Zeit erdet, so daß es sich entladen kann; die Erdungszeit geht auf

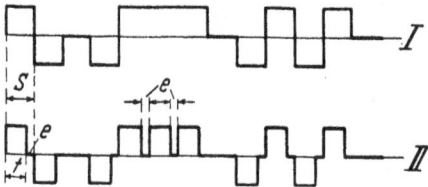

Abb. 1037.

Kosten der Länge des Stromschrittes. Man bezeichnet im Englischen
diese Art der Stromgebung als „curbing". Die Sendeapparate müssen
mit Einrichtungen versehen sein, die eine solche Erdung nach jedem
Stromstoß auszuführen gestatten (s. Abb. 577 und Beschreibung dazu).

In der Abb. 1037 sind schematisch die Stromimpulse für die Buchstaben *a*, *b* und *c* (Kabel-Doppelstrom) dargestellt, und zwar unter I

ohne Erdung und unter II mit etwa 25 vH Erdung (curbing). Es ist S die Schrittlänge, t die Stromschlußdauer und $e = S - t$ die Erdungszeit.

Aus vorstehenden Betrachtungen geht hervor, daß die Kabelkapazität die Telegrafiergeschwindigkeit in starkem Maße herabsetzt. Gelingt es, den Einfluß der Kapazität zu vermindern, so kann auch die Telegrafiergeschwindigkeit erhöht werden. Ein Mittel, den Einfluß der Kapazität herabzusetzen, besteht darin, daß man die Selbstinduktion des Kabels künstlich erhöht, indem man die Kupferader mit Eisendraht bewickelt. Die Wirkung ist um so größer, je größer die Permeabilität des Eisens ist. Durch Versuche ist festgestellt worden, daß einige Eisen-Nickel-Legierungen bei schwachen magnetisierenden Kräften eine besonders große Permeabilität aufweisen. Bekannt geworden sind die Legierungen Permaloy und Invariant mit 78,5 vH Nickel und etwa 21,5 vH Eisen bzw. 47 vH Nickel und 53 vH Eisen. Ein Kabel, das mit einem Band aus einer derartigen Legierung bewickelt ist, hat eine geringere Dämpfung als ein Kupferleiter ohne Bewicklung und einem Querschnitt, der gleich dem des Leiters und der magnetischen Bewicklung ist. Auf solchen Kabeln kann die fünffache Telegrafiergeschwindigkeit erreicht werden. Ein Permaloykabel ersetzt im Kabelbetriebe somit fünf Kabel ohne künstlich erhöhte Selbstinduktion.

Aus der Definition von CR als Zeitkonstante kann auch die günstige Wirkung von Übertragungen (bei Freileitungen) auf die Telegrafiergeschwindigkeit abgeleitet werden. Es sei beispielsweise bei einer Leitung das Produkt $CR = 16$, wobei $C = 2$ und $R = 8$ angenommen sei. Unterteilt man die Leitung durch eine in der Mitte eingeschaltete Übertragung, so ist für jede Hälfte der Leitung $C = 1$ und $R = 4$, also $C \cdot R = 4$, und es verhalten sich die maximalen Telegrafiergeschwindigkeiten wie $1/16 : 1/4 = 1 : 4$. Es kann also durch die Einschaltung einer Übertragung*) die maximale Telegrafiergeschwindigkeit auf das Vierfache erhöht werden. Die Anzahl der Übertragungen, die in eine Telegrafenleitung eingeschaltet werden kann, ist jedoch auch beschränkt. Im allgemeinen kann man annehmen, daß die Summe der Relaisumlegezeiten sämtlicher in die Leitung eingeschalteten Übertragungen nicht größer sein darf als die Stromschlußdauer am Senderelais oder an der Morsetaste. Aus dieser Überlegung heraus ergibt sich bei einer bestimmten Telegrafiergeschwindigkeit die Anzahl der zulässigen Übertragungen.

Durch Fremdströme, die in die Leitungen gelangen, können Störungen im Telegrafenbetrieb verursacht werden. Wie eingangs bereits erwähnt, hat die Stromanstiegkurve am Anfang von Freileitungen nahezu rechtwinkelige Form (Abb. 1038A). Abb. 1038B zeigt die Stromkurvenform am Ende der Leitung (bei Doppelstrombetrieb). Mit d ist der Zeitabschnitt

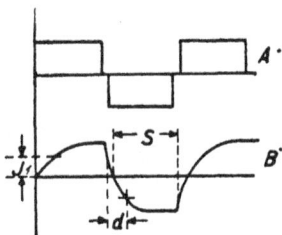

Abb. 1038.

*) Siehe Abb. 548, Abb. 550.

bezeichnet, in welchem Störungen von außen das Empfangsrelais am ehesten beeinflussen können. J_1 ist die kritische Stromstärke, S der Stromschritt. Je kleiner $d : S$, um so größere Telegrafiergeschwindigkeit ist möglich und umgekehrt.

Der Außenstrom *) auf der Leitung kann auch ein „Hängen" des Empfangsrelais verursachen. Das Hängen eines Relais besteht darin, daß der Relaisanker an einer Seite länger liegen bleibt als an der anderen, was am Milliamperemeter beim Empfänger zu beobachten ist. Bei Doppelstrombetrieb (Wheatstone, Siemens-Schnelltelegraf) müssen die Empfangsrelais neutral eingestellt werden. Die neutrale Einstellung geschieht in der Weise, daß vom Geber aus Wechselimpulse in die Leitung gegeben werden (X, Z, Abb. 589). Das Empfangsrelais schlägt hierbei abwechselnd nach rechts und nach links um. Sind die Stromimpulse von gleicher zeitlicher Länge, so zeigt das am Empfangsende eingeschaltete Milliamperemeter auf 0. Sind jedoch die Stromimpulse einer Richtung länger, so muß der Kontaktschlitten (5 in Abb. 211) des Relais solange verstellt werden, bis das Milliamperemeter wieder auf 0 steht. Hierbei wird auch die Wirkung der Außenströme unschädlich gemacht.

Aus den Betrachtungen über Stromvorgänge auf langen Telegrafenleitungen geht hervor, daß man i für den Schnelltelegrafenbetrieb auf langen Leitungen oder auf Kabelne demjenigen System den Vorzug geben wird, das möglichst wenig Strommpulse zur Zeichenübermittelung erfordert. Bei Gegenüberstellung d s Fünf-Einheiten-Alphabets (Schnelltelegraf, Baudot, Fernschreiber) und des Wheatstone-Morse-Alphabets ist an betriebsmäßig abgegebenen Telegrammen festgestellt worden, daß zum Abdruck eines Buchstabens im Morsealphabet etwa 9 bis 12 Stromimpulse erforderlich sind; für einen Buchstaben im Fünf-Einheiten-Alphabet (siehe Abb. 524) sind hingegen nur fünf Stromimpulse notwendig, beim Fernschreiber sieben. Hieraus geht hervor, daß man bei gleicher zeitlicher Länge der einzelnen Stromimpulse mit dem Fünf-Einheiten-Alphabet fast doppelt so schnell telegrafieren kann wie mit dem Morsealphabet (Wheatstonesystem) oder, daß bei gleicher Telegrafiergeschwindigkeit die zeitliche Dauer der Stromimpulse im Fünf-Einheiten-System sehr viel größer ist. Dies gewährt natürlich eine wesentlich größere Betriebssicherheit, oder aber es können weit größere Entfernungen ohne Übertragung überbrückt werden.

Die Probleme der modernen Telegrafie sind zum Teil andere als die bisher geschilderten Bestrebungen die Telegrafiergeschwindigkeit auf Freileitungen und langen Kabeln möglichst hochzutreiben. Durch Schaffung von vielen billigen Telegrafenwegen (Kanälen) mittels Kunstschaltungen zur Mehrfachausnutzung bereits vorhandener sowie auch neuer Leitungen und durch Schaffung eines Fernschreibers, der verhältnismäßig billig in der Anschaffung und einfach zu bedienen ist, ist eine hohe Telegrafiergeschwindigkeit nicht mehr so sehr ausschlaggebend für die Wirtschaftlichkeit des Betriebes verschiedener Telegrafensysteme.

Es ist heute die Aufgabe der Telegrafenbetriebe, eine große Betriebssicherheit zu erzielen, während die Verwendung billiger Tele-

---

*) Unter Außenstrom ist hier ein Fremdstrom, der auf Freileitungen fast immer vorhanden ist, zu verstehen.

grafenkanäle und Apparate dann auch die erforderliche Wirtschaftlichkeit ergibt.

Bei der Übertragung von Telegrafierzeichen wird absolute Fehlerfreiheit verlangt und heute in der Regel auch erreicht. Um diese Bedingung zu erfüllen, werden aber an die Betriebssicherheit große Anforderungen gestellt, und zwar an die Güte der Geräte, Leitungen und Relais, die ein wesentliches Bindeglied bei der Übertragung der Telegrafierzeichen darstellen und nicht zuletzt auch bei der Sicherheit und Zuverlässigkeit der meßtechnischen Überwachung des ganzen Übertragungssystems. Um in den Meßmethoden die notwendige Sicherheit zu haben, müssen die zu messenden Größen so definiert sein, daß ihre Kenntnis und Bewertung auch zuverlässige Rückschlüsse auf die Übertragungsgüte gestattet.

Beim Telegrafieren mit dem Fünf-Einheiten-Alphabet kann man mit ‚Strom" und „Kein Strom" oder mit Doppelstrom, d. h. Plus- und Minusstromstößen, arbeiten. Hierbei treten

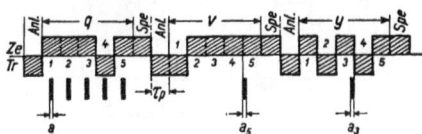

Abb. 1039.

Stromstöße verschiedener Länge auf, wie aus der Abb. 1039 zu ersehen ist. Diese Stromstoßfolgen bedeuten die Buchstaben q, v und y in Fünf-Einheiten-Fernschreiberschrift mit den zugehörigen Anlauf- und Sperrschritten. Ze ist der Zeichenstrom, Tr der Trennstrom.

Die Zeitdauer des kürzesten Telegrafierstromschrittes, in diesem Fall τ_p, bezeichnet man als Punkt. Ein Punkt ist die Einheit der Telegrafier-Stromstoßlänge, ausgedrückt in ms. Die Zahl der in der Zeiteinheit ausgesandten ganzen Wechsel der Stromstöße bezeichnet man als Punktfrequenz. Die Länge des Telegrafierzeichens im Fünf-Einheiten-Alphabet ist gleich dem Vielfachen einer Einheit, beim Fernschreiber einschließlich des Anlauf- und des Sperrschrittes sind es 7 Einheiten. Bei der üblichen Telegrafiergeschwindigkeit mittels Fernschreiber und bei einem kürzesten Stromschritt $\tau_p = 20$ ms ist die Telegrafiergeschwindigkeit $1 : \tau_p = 50$ Baud $= 25$ Hz.

Die bei Einfachstrom übertragenen „Strom-" und „Kein Strom"-Schritte oder bei Doppelstrom übertragenen positiven und negativen Stromschritte werden vom Telegrafenempfänger nicht in ihrer ganzen Länge, sondern nur in einem kurzen Ausschnitt abgetastet. Dieser Ausschnitt kann bei unverzerrt übertragenen Zeichen genau in der Mitte der Stromschritte liegen. Man nennt diesen Vorgang deshalb den Mittelabgriff a, in Abb. 1039 als Ausschnitt aus dem Punkt τ_p des Übertragungszeichens. Hierbei ist mit Anl der Anlaufschritt, mit Spe der Sperrschritt und mit 1...5 die Stromschritte des Zeichens selbst bezeichnet. Damit ein Zeichen richtig übertragen wird, muß jeder Mittelabgriff, d. h. das Abtasten in der ganzen Länge a zeitlich in den entsprechenden Stromschritt fallen. Der Abgriff kann hart an der Grenze, am Anfang (a_4) des Stromschrittes, oder am Ende (a_5) des Stromschrittes liegen.

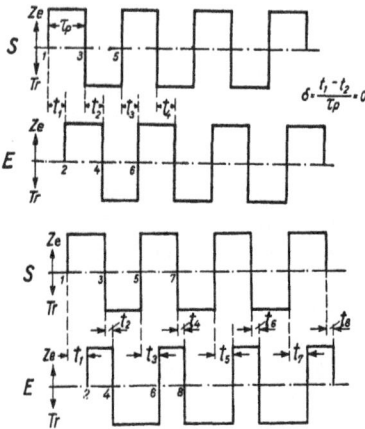

Abb. 1040.

Bei der Übertragung einer Folge von Stromstößen, die die Telegrafierzeichen bilden, über verschiedene Leitungsgebilde entstehen zeitliche Verschiebungen zwischen den Einsatzpunkten 2, 4, 6, Abb. 1040, der einzelnen Stromstöße am Ende der Leitung gegenüber den gleichen Einsatzpunkten 1, 3, 5 am Anfang der Leitung. Sind diese Einsatzpunkte alle um die gleiche Zeit $t = t_1 = t_2 = t_3 = t_4$ usw., Abb. 1040 oben, parallel verschoben, so sind die Empfangszeichen in ihrer zeitlichen Länge alle den ausgesandten gleichgeblieben. Man sagt zu einer solchen Übertragung, daß die Zeichen unverzerrt geblieben sind.

Finden Abweichungen, Abb. 1040 unten, in solcher Form statt, daß die Zeitdauer der einzelnen Stromschritte am Empfangsende der Leitung kürzer oder länger ausfällt gegenüber den zeitlichen Längen am sendenden Ende, so sind die Zeichen verzerrt. Ist die größte zeitliche Abweichung, d. h. die größte Wiedergabeverzögerung gleich t_{max} und die kleinste gleich t_{min}, so nennt man

$$t_{max} - t_{min} = \varepsilon$$

die Unschärfe. Ist die Punktlänge (= Zeitdauer des kürzesten Stromstoßes eines Telegrafierzeichens) gleich τ_p, so ist die Verzerrung

$$\delta = \frac{\varepsilon}{\tau_p} \cdot 100 \text{ vH.}$$

Die Wiedergabeverzögerung entspricht der Laufzeit des Zeichens auf der Leitung vom Sender zum Empfänger einschließlich der Relais-Umschlagzeiten.

Für die Bewertung der Übertragungsgüte ist bekanntlich die Kenntnis der Verzerrungen, die die Telegrafierstromschritte auf ihrem Weg vom Sender zum Empfänger über Relais und über Leitungen erleiden, maßgebend. Der Begriff der Verzerrung des Telegrafierzeichens ist von dem CCI genauestens festgelegt.

In Abb. 1041 ist im oberen Bild S die Sendestromschrittfolge angegeben, die unverzerrt aber mit der Wiedergabeverzögerung t am Empfänger eintrifft. Aus dem unteren Bild E ist zu ersehen, daß die eingetroffenen Zeichen auch dann noch mit der richtigen Polarität abgetastet (a) werden, wenn die Stromumkehr zwischen den Stromschritten zu den Zeitpunkten erfolgt (gestrichelte Linien), die gegenüber dem Umschlagzeitpunkt des unverzerrt empfangenen Zeichens (voll ausgezogene Linien) um den Betrag Δ zeitlich früher oder später liegt. Die Wiedergabeverzögerung kann also zwischen den Grenzen

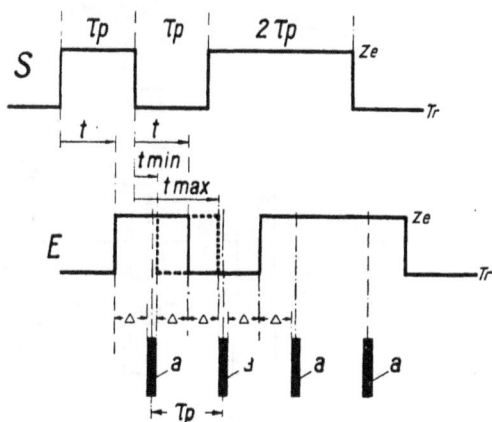

Abb. 1041.

t_{max} und t_{min} schwanken, ohne daß falsche Stromschritte aufgenommen werden. Das sind auch die Grenzen für die zulässige Verzerrung δ. Denn δ wurde definiert als

$$\frac{t_{max} - t_{min}}{\tau_p}.$$

Wenn bei allen Zeichen die gleiche Wiedergabeverzögerung $t_{max} = t_{min} = t$ auftritt, so ist die Verzerrung

$$\delta = \frac{t_{max} - t_{min}}{\tau_p} = 0.$$

Der Grenzwert der Verzerrung δ bei der ein Fernschreiber noch richtig arbeitet, wird auch als Spielraum des empfangenden Fernschreibers bezeichnet. Der Spielraum wird auch als Prozentsatz der Stromschritt-länge ausgedrückt. Der Spielraum bei Fernschreibern soll (als Nenn-spielraum) 35% nicht unterschreiten.

Mit Rücksicht auf die verschiedenen Ursachen, die die Verzer-rungen von Telegrafierzeichen hervorrufen, müssen auch die Verzer-rungsarten unterschieden werden. Die Abb. 1042 soll das Verständnis für die Definition der drei verschiedenen Verzerrungsarten erleichtern. Die Kurve I zeigt die ausgesandten Telegrafierzeichen, die Kurve II die unverzerrt ankommenden Stromschritte, die Kurven III, IV und V veranschaulichen die verzerrt eintreffenden Zeichen mit Angabe der Wiedergabeverzögerung in ms.

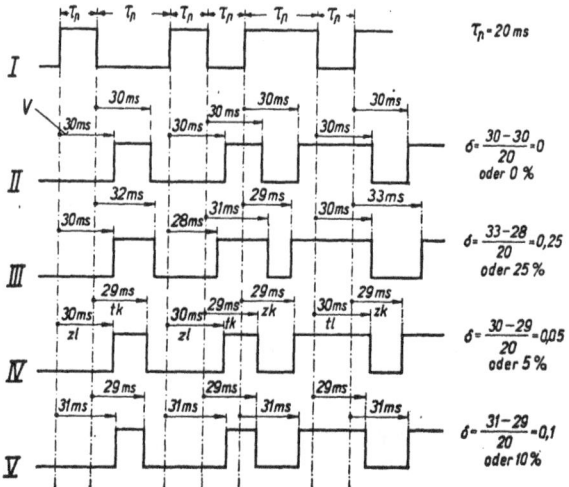

$$T_n = 20\ ms$$

I

V

$\delta = \dfrac{30-30}{20} = 0$ oder 0 %

II

$\delta = \dfrac{33-28}{20} = 0,25$ oder 25 %

III

IV

$\delta = \dfrac{30-29}{20} = 0,05$ oder 5 %

$\delta = \dfrac{31-29}{20} = 0,1$ oder 10 %

V

Abb. 1042.

Man unterscheidet drei Arten von Verzerrungen:

a) Die unregelmäßige Verzerrung, die durch Bild III veranschaulicht ist. Sie besteht aus unregelmäßigen Verlängerungen oder Verkürzungen der Stromschritte, die durch Kontaktstörungen, Lagerreibungen und Prellungen an Relais oder auch durch Fremdströme verursacht werden.

b) Die regelmäßige Verzerrung, Bild IV, die sich je nach der Länge des Schrittes mehr oder weniger bemerkbar macht. Diese Art der Verzerrung bezeichnet man auch als Einschwingverzerrung. Sie kann in einer Verlangsamung im Aufbau des Magnetfeldes des Relais liegen (große Selbstinduktion des Relais). Die Wiedergabeverzögerung der Zeicheneinsätze schwankt zwischen zwei Grenzwerten; die Schwankungen sind aber, wie das Bild IV zeigt, regelmäßig bei den kurzen Stromschritten, die meistens der Einschwingverzerrung unterliegen.

c) Eine einseitige Verzerrung des Schrittes, Bild V, liegt vor, wenn eine Verlängerung oder Verkürzung nur des Zeichenstroms oder nur des Trennstroms vorhanden ist. Die Ursachen der einseitigen Verzerrung können verschieden sein, z. B. die einseitige Einstellung des Relaisankers, Abnutzung eines Kontaktes oder auch unsymmetrische Stromquellen.

VI. Fernsprech-Leitungstechnik.

Die Fernsprechtechnik hat in ihrer Entwicklung für den Außenstehenden in dem letzten Jahrzehnt scheinbar keine weiteren Fortschritte gemacht, es sei denn, daß die Dichte des Fernsprechnetzes, die Zahl der Fernsprechteilnehmer und dementsprechend auch die Anzahl der Vermittlungsstellen zugenommen hat. Augenscheinlich für den Außenstehenden ist auch die Automatisierung des Vermittlungsverkehrs. In dem Bereiche der Deutschen Reichspost sind fast alle öffentlichen Ämter auf den Wählerbetrieb umgestellt worden. Über Anschlußzahlen in Deutschland und in der Welt, siehe Einleitung zum vierten Teil dieses Buches.

Abgesehen von der zahlenmäßigen Vergrößerung in der Fernsprechtechnik sind im letzten Jahrzehnt im Fernsprechweitverkehr aber doch ganz erhebliche Fortschritte und sehr große Erfindungen gemacht worden. Die ersten Versuche, die Reichweite für den Fernsprechverkehr zu vergrößern, liegen mehrere Jahrzehnte zurück. Man benutzte anfänglich für die Fernsprechverbindungen nur Freileitungen. Die Umstellung auf Kabel konnte erst vorgenommen werden, nachdem die Überwindung der Kabelkapazität ermöglicht wurde Über eine etwa 1 mm starke Kabelleitung ist über eine Reichweite von 20 km hinaus eine Sprachverständigung ohne besondere Vorkehrungen nicht möglich. Bei Freileitungen von etwa 5 mm Kupfer und einem Leiterabstand von 20 cm ist die Reichweite etwa 750 km. Durch die Einführung der Fernsprechkabel ist somit zunächst eine Beschränkung in der Reichweite Hand in Hand gegangen, da die Dämpfung einer Kabelleitung um vieles größer ist als die einer Freileitung. Zum Vergleich sei erwähnt: die kilometrische Dämpfung einer Freileitung bei 800 Hz und 2 mm starkem Hartkupfer- oder Bronzedraht beträgt 10 mN, für ein gleich starkes Fernkabelpaar 35 mN (Millineper s. S. 764).

Durch die Einführung der Pupinspulen konnte die Dämpfung wesentlich verringert werden, so z. B. für den oben angegebenen Leitungsdurchmesser von 2 mm bei der anfänglich eingeführten schweren Bespulung auf 6,7 mN.

I. Die erste Etappe in der Entwicklungsarbeit zur Vergrößerung der Reichweiten und zur Verbesserung der Sprachübertragung bestand in der Überwindung von Widerstand und Dämpfung. Dies geschah durch Einführung der Pupinspule etwa um das Jahr 1910 und durch Einführung des Fernsprechverstärkers in der Weltkriegszeit und kurz nach dem Kriege. Das erste pupinisierte Fernkabel wurde in Deutschland 1911 verlegt.

Als Reichweite für ein pupinisiertes Kabel ohne Verstärker können etwa 250 km angesehen werden. Mit Verstärkern und Pupinspulen glaubte man anfänglich, beliebige Entfernungen überbrücken zu können. Die erste lange Fernsprechleitung mit Verstärkern und Pupinspulen war die Freileitung New York — San Francisco, die aus sechs hintereinander geschalteten Strecken zu je 900 km Freileitung bestand, zusammen also 5400 km.

Mit Ausnahme von wenigen alten Kabeln verwendet man ausschließlich Kabel mit einem Leiterdurchmesser von 0,9 und 1,4 mm. Die anfänglich eingeführte schwere Bespulung ließ die Übertragung eines Frequenzbandes von 300 bis 2000 Hz zu, was früher als ausreichend angesehen wurde. Praktische Erfahrungen ließen es aber als wünschenswert erscheinen, für den Fernsprechverkehr ein Mindest-

43*

frequenzband von 300 bis 2400 Hz zu beanspruchen. Diese Forderung bedingt eine Grenzfrequenz von 3500 Hz. Die dafür vorgesehene mittelstarke Bespulung genügt dieser Bedingung. Da erfahrungsgemäß die höchste Dämpfung zwischen zwei beliebigen Teilnehmern 3 Neper (N) nicht überschreiten darf, ist naturgemäß die Reichweite einer solchen Kabelleitung äußerst beschränkt. Anfänglich schien es, daß man durch Einschaltung von Zweidraht-, bzw. Vierdrahtverstärkern (s. d.) beliebige Längen überbrücken könnte.

II. Bei größeren Reichweiten bestand eine zweite Schwierigkeit, nämlich die Verzerrung der Sprache, die sich darin äußerte, daß von den vielen Einzelfrequenzen, die die Sprache enthält (und die bei der Übertragung nach Möglichkeit alle auch im Fernhörer wahrnehmbar sein müssen, um eine Sprache deutlich zu gestalten), diese Schwingungen in den Kabeln und Freileitungen verschieden stark geschwächt werden, wodurch die Sprache zwar laut, aber außerordentlich undeutlich wird (s. S. 429). Die Verbesserung wird erzielt durch entzerrende Übertrager mit dem Ergebnis, daß Schwingungen mit einer Frequenz von 350 bis über 2000 gleich gut die Leitungen durchlaufen.

Von gewisser Störwirkung ist auch die Kopplung (s. S. 774) zwischen den einzelnen Sprechkreisen, die sich als verständliches Übersprechen äußert, wodurch das Fernsprechgeheimnis gefährdet wird, oder aber als Geräusch, das die Verständlichkeit beeinträchtigen kann. Durch sorgfältigen Aufbau der Kabeladern und durch besondere Ausgleichverfahren ist es heute gelungen, auch diese Störung vollkommen bedeutungslos zu machen.

Durch zweckmäßige Leitungsführung und besondere Kabelarmierung ist die Beeinflussung der Sprechwege durch Außenstörungen ausreichend unterbunden.

III. Als weitere, dritte Schwierigkeit stellten sich alsbald die Echoerscheinungen ein, die ganz besonders stark bei dem sog. Zweidrahtverstärker (s. d.) auftraten, von denen jeder Ausgleicheinrichtungen enthielt, die das Echo verursachten.

Bei Zweidrahtleitungen wird also die Reichweite dadurch begrenzt, daß es die Nachbildung nur bis zu einem gewissen Grad verhindert, daß von der verstärkten Energie in der einen Richtung nicht ein Teil über den Verstärker der entgegengesetzten Richtung wieder zum Ausgangspunkt zurückfließt. Diese inneren Reflexionen machen es unmöglich, mehr als fünf Zwischenverstärker betriebsicher in eine mittelstark belastete Zweidrahtleitung einzuschalten. Die Verbesserung konnte erreicht werden durch die sog. Vierdrahtschaltung (s. Abb. 1043), das ist eine mit Pupinspulen und Verstärkern ausgerüstete, aus vier Drähten bestehende Fernleitung für den Fernsprechverkehr, bei der zwei Adern für das Gespräch nach einer Richtung und die anderen zwei Adern dem Gegensprecher zur Verfügung standen. Nach diesem System sind in den Jahren 1921 bis 1928 in Deutschland insgesamt 8500 km Fernkabel mit 0,9 und 1,4 Adern verlegt worden.

Bei einer Vierdrahtleitung treten Reflexionen nur in den Endämtern, in der Gabel auf, da auch hier die Nachbildung die weiterführende Zweidrahtverbindung nur unvollkommen nachahmen kann. Diese Reflexionen sind es, die sich als Echoerscheinungen äußern und die besonders bei langen Verbindungen unangenehm werden. Durch Anwendung von Echosperren kann jedoch diese Störung praktisch vollkommen beseitigt werden.

Die Echo-Erscheinung sei noch an Hand der Abb.1043 erläutert. An die dargestellte Vierdrahtverbindung seien bei A_1 und A_2 je ein Teilnehmer angeschlossen. Die Leitungs-Nachbildungen N_1 und N_2 (künstliche Leitungen) können nie so genau eingestellt werden, daß nicht eine Restschwingung am Leitungsende (von A_1 kommend) in den unteren Zweig hineinkommt. Es muß damit gerechnet werden, daß eine unausgeglichene Restschwingung dann wieder die Verstärker V_3 und V_2 durchläuft und verstärkt wieder bei dem an A_1 angeschlossenen Teilnehmer ankommt. Der Teilnehmer hört also das Echo seiner eigenen Sprache. Desgleichen hört der an A_2 angeschlossene Teilnehmer seine eigene Sprache nach der Laufzeit über Verstärker V_3, V_2 und V_4, V_1 wieder.

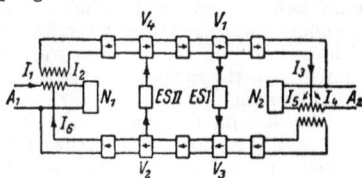

Abb. 1043.

Um das Echo in der Vierdrahtschaltung zu unterdrücken, werden Echosperrer vorgesehen. Für die Sprechrichtung $A_1 - A_2$ ist der Echosperrer ES_I vorgesehen. Am Verstärker V_1 wird ein Teil der Sprechstromenergie abgezweigt und dem Echosperrer ES_I zugeführt. Das von der Leitungsnachbildung N_2 kommende Echo findet für seine Schwingung den Verstärker V_3 gesperrt, da ES_I das Gitterpotential des Verstärkers V_3 so stark ins negative Gebiet verlagert, daß V_3 außer Tätigkeit gesetzt wird. Die gleiche Wirkung hat die Sperre ES_{II} für die Sprechrichtung $A_2 - A_1$.

IV. Eine weitere, vierte Schwierigkeit stellte sich ein, die in der Fernmeldetechnik mit Hilfe des inzwischen erheblich verbesserten mathematischen und meßtechnischen Rüstzeuges zu beseitigen war, und zwar die Einschwingvorgänge. Die Einschwingvorgänge verursachen bei langen pupinisierten Fernverbindungen einen sehr unangenehmen Klang der Sprache und entstehen dadurch, daß hohe Schwingungszahlen erheblich langsamer übertragen werden als tiefere Frequenzen (s. Phasenverzerrung, S. 667). Eine Verbesserung und Beseitigung dieser Einschwingvorgänge wurde erzielt durch die umkehrenden Siebketten nach Prof. Küpfmüller und in Amerika durch eine leichtere Pupinisierung. Die letzte Methode verlangte jedoch wiederum eine dichtere Bestückung der Leitung mit Zwischenverstärkern.

Man hat für Fernsprechverbindungen die zulässigen Laufzeitunterschiede mit 30 ms, für die Übertragung von Rundfunkprogrammen mit 10 ms festgelegt.

V. Nachdem diese Schwierigkeiten beseitigt worden waren, stellte sich das Bedürfnis nach einer Verbesserung des Sprachklanges und der Sprachdeutlichkeit auch bei Fernverbindungen ein. Die Verbesserung wurde erzielt durch Erhöhung der Grenzfrequenz der pupinisierten Fernkabel von 2500 auf 3500 Hz (Arbeiten von Prof. Küpfmüller und Dr. Lüschen). Im Jahre 1928 wurde ein Versuch durch-

— 662 —

geführt, bei dem künstlich eine Leitung von 12000 km hergestellt wurde. Der Erfolg war befriedigend.

VI. Bei sehr großen Fernsprechverbindungen über mehrere 1000 km macht sich die Übertragungszeit für Sprechströme in pupinisierten Kabeln unangenehm bemerkbar. Die Laufzeit von Fernsprechströmen in solchen Kabeln beträgt etwa $1/_{20}$ der Lichtgeschwindigkeit, das sind 15000 km in der Sekunde. Bei einer 15000 km langen Fernsprechverbindung beträgt der Hin- und Rückweg 30000 km, die Zeit zwischen Frage und Antwort würde in diesem Falle 4 Sekunden ausmachen. Diese Zeit ist für eine erträgliche Verständigungsart untragbar. Die Schwierigkeit, die durch die Übertragungszeit entsteht, kann nur dadurch behoben werden, daß diese Fernleitungen besonders für den weiten Verkehr eingerichtet sind und mit einer leichten Pupinisierung versehen werden. Durch leichte Pupinisierung kann die Übertragungsgeschwindigkeit auf 35000 km in der Sekunde erhöht werden.

Man hat für die gesamte Übertragungszeit einer beliebigen Verbindung 250 ms als Höchstgrenze festgelegt. Geht man wesentlich darüber hinaus, dann treten die erwähnten Störungen auf, daß zwischen dem Fragen und Antworten eine unangenehme Wartepause verstreicht.

Die Bespulung von Fernkabelleitungen hat in den letzten 10 Jahren große Veränderungen dadurch erfahren, daß in bezug auf die Breite des zu übertragenden Frequenzbandes immer größere Anforderungen gestellt wurden. Man ist von einer Bespulung von 100 mH je km immer weiter heruntergekommen bis auf 3,2 mH für die Leitungen des Weitverkehrs. Solche Leitungen vermögen ein Frequenzband bis zu 15000 Hz zu übertragen.

Diese leicht, bzw. sehr leicht bespulten Leitungen gestatten es, außerdem noch, daß man sie mittels Trägerfrequenztelefonie mehrfach ausnützt.

Die nachstehende Tabelle soll die wesentlichen Merkmale der einzelnen Kabelleitungen nach dem System II des CCI*) zusammenstellen.

Es sei hier noch erwähnt, daß im Deutschen Reich in den letzten Jahren neu verlegte Kabel nach diesem System ausgerüstet werden.

Zu erwähnen sind noch die zur Übertragung sehr hoher Frequenzen dienenden Breitbandkabel (s. d.). Die bei papierisolierten, unbelasteten Kabeln auftretende Dämpfung durch Widerstand und Ableitung ist bei 1000 Kilohertz (kHz) etwa 0,7 Neper je km. Für Hochfrequenz-Vielfachkanäle und für Fernsehzwecke werden Kabel benötigt, die bei 4000 kHz nur etwa 0,4 N Dämpfung auf den Kilometer aufweisen.

Um zu solchen geringen Dämpfungswerten zu gelangen, sind ein neuer Isolierstoff, das Styroflex, und ein neuer Kabelaufbau gefunden worden.

Aus der Abb. 989 im Abschnitt Kabel ist der Aufbau dieses sogen. Koaxialkabels zu ersehen. Über ein solches Kabel können viele Trägerfrequenz-Kanäle als Fernsprechverbindungen gebildet werden, so daß durch ein Breitbandkabel ein Papier-Luft-Kabel mit etwa 100 Aderpaaren ersetzt werden kann.

*) Siehe Seite 669.

Daten für Stammleitungen.

Belastung	Leiter ⌀ mm	Belastung in mH/km	Spulen-Abstand km	Grenz-frequenz Hertz	Dämpfung je km bei 800 Hz m Neper	Wellenwider-stand (ß) bei 800 Hz Ω	Übertragungs-geschwindig-keit für höchste Frequenz km/sek	Verstärker-Feldlänge km	Spalte
Mittel	0,9	140/56	1,7	3500	18,6	1590	14000	70 bzw.	1
	1,4	140/56		3400	8,9	1550		140	
Leicht	0,9	32/12	1,7	7700	36	785	35000	70	2
sehr leicht	1,4	3,2	1,7	20000	38	375	105000	70	3
Rundfunk	1,4	12	1,7	11000	22,7	520	56000	70	4

Zu Spalte 1: Zweidraht 0,9 mm, Verstärker Abstand (Feldlänge) 70 km
            „   1,4 mm, Verstärker Abstand   „   140 km
            Vierdraht 0,9 mm, Verstärker Abstand   „   140 km
Zu Spalte 2: Zwei Kanäle für Trägerfrequenz möglich
                   300 . . . . 2700 Hz
                   3300 . . . . 5700 „
Zu Spalte 3: Vier Kanäle bis 15000 Hz möglich.
Zu Spalte 4: 30 bis 8000 Hz.

VII. Vorgänge auf Fernsprechleitungen.

a) Leitungskreuzungen.

Wird ein Leiter 1—2 (Abb. 1044) von einem Wechselstrom durch-flossen (Fernsprechstrom) oder entsteht in diesem Leiter periodisch ein Strom (Telegrafierstrom), so entstehen und verschwinden in der Umge-bung dieses Leiters magnetische Kraftlinien (3, 4, 5), auch periodisch (s. S. 18). In einem benachbarten Leiter 6—7 wird beim Ent-stehen oder Anwachsen des Stromes in 1—2 ein Strom in der Rich-tung 8 induziert. Beim Verschwinden oder Abnehmen des Stromes

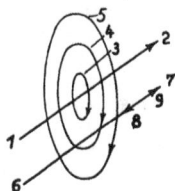

Abb. 1044.

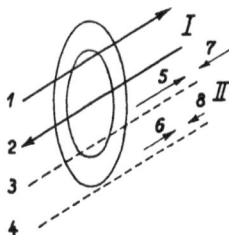

Abb. 1045.

in 1—2 wird in 6—7 ein Strom in Richtung 9 induziert. Zwei auf einer langen Strecke nebeneinander verlaufende Fernsprech- oder Telegrafenleitungen werden sich somit gegenseitig beeinflussen, was allgemein als Nebensprechen bezeichnet wird. Zwei Doppelleitungen I und II (Abb. 1045), die man, wie in Abb. 1084 dargestellt, auch zum Mehrfachsprechen ausnutzen kann, werden als Stammleitungen, Stamm I und Stamm II bezeichnet. Den aus Stamm I und II gebildeten 3. Sprechkreis (Abb. 1084 u. 1085) bezeichnet man als Vierer. Zwei Doppelleitungen beeinflussen sich gegenseitig weniger als Einfachleitungen. Der im Leiter 2 anwachsende (bzw. entstehende) Strom mit dem angedeuteten magnetischen Kraftfeld induziert in den Leitern 3 und 4 Ströme, die durch die Pfeile 5 und 6 der Größe und Richtung nach angedeutet sein mögen. Der in 4 induzierte Strom ist kleiner, weil 4 von 2 weiter entfernt ist. Durch das magnetische Feld des Leiters 1, in dem gleichzeitig ein gleich großes Feld umgekehrter Richtung im Entstehen begriffen ist, werden in 3 und 4 die Ströme 7 und 8 induziert. Der resultierende Strom im Stromkreis II ist

$$J = 5 - 6 + 8 - 7 = \overset{5}{\longrightarrow}\overset{8}{\rightarrow} + \overset{7}{\longleftarrow}\overset{6}{\leftarrow} = \overset{J}{\rightarrow}$$

also bedeutend kleiner als der induzierte Strom bei Einfachleitung; ganz zu vermeiden ist der Strom jedoch auch nicht. Aus diesem Grunde werden Doppelleitungen gekreuzt und Kabeladern verseilt. Bei Freileitungen ist im Auslande noch ein anderes Verfahren gebräuchlich, das schraubenförmige Verdrehen der Leitungen. Werden Doppelleitungen gekreuzt und völlig symmetrisch — bei gleicher Isolation — angeordnet, so muß das Nebensprechen bis auf nichtauszugleichende sehr kleine Reste verschwinden. Siehe

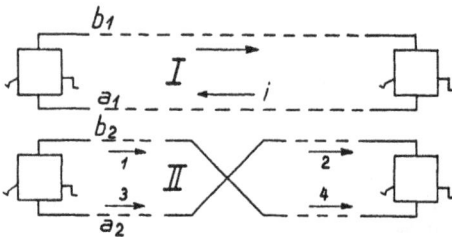

Abb. 1046.

Abb. 1213 und Beschreibung dazu. Betrachten wir die zwei Doppelleitungen I und II der Abb. 1046. Der in Leitung a_1 anwachsende Strom i induziert in II die zwei Ströme 1 und 2, die gleichgroß sind, wenn die Doppelleitung II genau in der Mitte gekreuzt ist. Die Ströme 1 und 2 sind im geschlossenen Stromkreis jedoch entgegengesetzt gerichtet und heben sich somit auf, desgleichen die weiteren induzierten Ströme 3 und 4. Nachstehend sind einige Beispiele von Leitungskreuzungen angeführt.

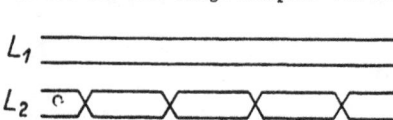

Abb. 1047.

Liegen auf einem Gestänge zwei Doppelleitungen L_1, L_2 (Abb. 1047), so kann man die gegenseitige Beeinflussung der Leitungen bereits durch Kreuzung der einen Leitung beseitigen. Zwischen den Schleifen L_1 und L_2 kann jedoch ein Übersprechen stattfinden, sobald einer der Leiter von L_2 Erdschluß hat, bzw. wenn die Leiter der Schleife L_2 verschiedene Isolationswiderstände aufweisen.

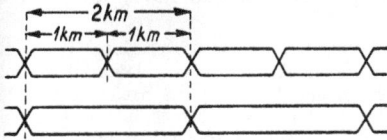

Abb. 1048.

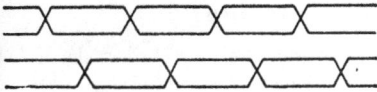

Abb. 1050.

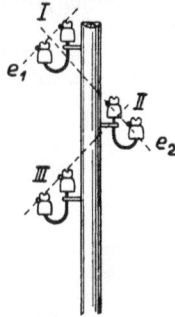

Abb. 1049.

In der Praxis werden zwei Doppelleitungen meistens so angeordnet, daß beide Leitungen gekreuzt sind, und zwar entweder nach dem Schema in Abb. 1048, nach dem die eine Doppelleitung doppelt so oft gekreuzt ist wie die andere, oder es werden die Kreuzungsabstände gleich groß gewählt, jedoch die Kreuzungspunkte um einen halben Kreuzungsabstand

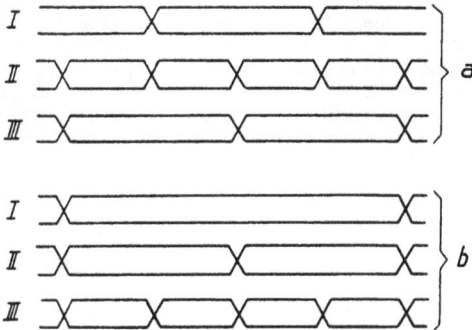

Abb. 1051.

verschoben (Abb. 1049). Die Kreuzungsabstände wählt man so klein wie möglich; mitunter ist es ratsam, bereits alle ein bis zwei km zu kreuzen.

Zwei Fernsprechleitungen können auch ohne Kreuzung so verlegt werden, daß keine gegenseitige Beeinflussung der Sprechstromkreise stattfindet. Die Leitungen I und II (Abb. 1050) müssen dann so angeordnet sein, daß die Ebenen e_1, e_2, die durch die Doppelleitungen I und II gelegt werden können, senkrecht zueinander stehen. Kommt jedoch noch eine dritte Leitung III hinzu, so würden sich I und III gegenseitig beeinflussen, und es empfiehlt sich dann, alle drei Doppelleitungen nach dem Schema *a* oder *b* (Abb. 1051) zu kreuzen. In gleicher Art werden drei Doppelleitungen, die auf einer Traverse (Abb. 971) verlegt sind, gekreuzt.

Bei mehr als drei Doppelleitungen wird das bereits durch Beispiele erläuterte Kreuzungsverfahren sinngemäß erweitert. Dabei ist darauf zu achten, daß bei gleichen Kreuzungsabständen die Kreuzungspunkte um einen halben Kreuzungsabstand zu verschieben sind, und daß besonders bei gemischten Leitungen, Fernsprech- und Telegrafenleitungen, die Abstände möglichst klein sein müssen.

b) Kabelverseilung.

Bei der weitgehenden Ausnützung der Fernsprechadern der Kabel zur Bildung von Viererkreisen ist es notwendig, daß weder die Stammkreise sich gegenseitig noch die Stammkreise die Viererkreise und umgekehrt stören. Die Stärke des Nebensprechens wird durch eine zweckmäßige Verseilung der Adern und der Adernpaare vermindert; nach der Verseilung ist die zwischen den Einzeldrähten wirksame Kapazität maßgebend für den Grad des Nebensprechens.

Man verwendet bei Fernsprechkabeln zwei Verseilungsarten, das Dieselhorst-Martin-Verfahren und die Sternviererverseilung. Bei den Fernkabeln wird fast ausschließlich die Dieselhorst-Martin-Verseilungsart angewandt, welche darin besteht, daß man zuerst jedes Paar mit verschiedener Drallänge für sich verseilt und dann die so verseilten Paare wiederum miteinander und mit einer anderern Drallänge zu Vierern verseilt. Zwei Stammkreise und der aus diesen gebildete Phantomkreis (Vierer) bilden gewissermaßen eine Einheit. Bei der Sternviererverseilung werden die vier Adern eines Vierers in einem einzigen Gang verseilt, wobei die zu einem Paar gehörigen Adern im Stern einander gegenüber liegen.

c) Verzerrung und Dämpfung.

Wie wir auf S. 429 gesehen haben, ist der Fernsprechstrom ein Wechselstrom von ziemlich hoher Frequenz; Grundwelle im Mittel etwa $f = 800$. Es sind infolgedessen bei der Betrachtung der Fernsprechleitungen alle Erscheinungen, die einem Wechselstromkreis eigentümlich sind, zu berücksichtigen. Ohne besondere Vorkehrungen ist für eine gute Sprachübertragung auf Freileitungen eine Grenze von 300 km (bei 3-mm-Kupferdraht) gesteckt, bei Eisenleitung (4 mm) sogar nur 100 km. Bei Kabeln liegt diese äußerste Grenze bereits bei 20 km (0,8-mm-Ader) und 50 km (2-mm-Ader). Siehe auch Zahlenwerte auf Seite 674. Es ist durch Vergrößerung der Leiterquerschnitte selbstverständlich möglich, auch größere Entfernungen zu überbrücken. Solche Leitungen sind dann aber außerordentlich kostspielig und werden aus wirtschaftlichen Gründen nicht gebaut.

Bei größeren Leitungslängen (Kabel oder auch Freileitungen) ist zu berücksichtigen, daß die elektrischen Konstanten der Leitung, wie:

der Ohmsche Widerstand R für 1 km Leitung,
die Kapazität C für 1 km Leitung,
die Ableitung A für 1 km Leitung und
die Selbstinduktion L für 1 km Leitung

sich bei langen Strecken zu größeren Werten summieren. Diese Werte sind für die Sprachübertragung von ausschlaggebender Bedeutung, da ihr Einfluß auf die Endstromstärke, insbesondere bei der hohen Frequenz des Sprechstromes, ganz bedeutend ins Gewicht fällt.

Auf S. 29 und 33 ist gezeigt worden, daß das Ohmsche Gesetz in einem Stromkreis, der mit Selbstinduktion und Kapazität behaftet ist, in seiner einfachen Form keine Gültigkeit mehr hat. An erwähnter Stelle ist an Hand von einigen Beispielen nachgewiesen worden, daß bei induktiven oder kapazitiven Widerständen der reine Ohmsche Widerstand gegenüber dem Einfluß der Selbstinduktion und Kapazität bei hoher Frequenz zurücktritt, und zwar ist der Einfluß des Ohmschen Widerstandes auf den Gesamt- oder Scheinwiderstand um so geringer, je höher die Frequenz ist. Auf S. 429 ist auch gezeigt worden, daß der Sprechstrom aus einer Grundwelle und einer Anzahl Wellen höherer Frequenzen besteht. Es werden infolgedessen die einzelnen Wellen (b, c, d Abb. 679) mit Rücksicht auf die verschiedenen Frequenzen auch verschieden großen Widerstand im kapazitiven und induktiven Stromkreis finden. Die einzelnen Frequenzen werden in ihren Amplituden verschieden stark geschwächt oder, wie man sich auszudrücken pflegt, gedämpft, so daß die Summe der Wellen am Ende der Leitung nicht mehr dieselbe Form ergibt, die der Strom am Anfang der Leitung hatte. Die Formveränderung der Sprechkurve bezeichnet man als Verzerrung. Insbesondere ist die Verzerrung bei Kabeln infolge der hohen Kapazität sehr beträchtlich.

Auf Fernsprechleitungen treten drei verschiedene Arten von Verzerrungen auf. Die soeben beschriebene Art der Verzerrung, die durch verschieden starke Dämpfung der einen Sprechstrom bildenden Frequenzen entsteht, nennt man Amplitudenverzerrung. Durch diese Verzerrung wird das ursprüngliche Verhältnis der Schwingungsamplituden geändert. Die Sprache am Ende der Leitung klingt infolge dieser Verzerrung dumpf. Diese, auch als lineare Verzerrung bezeichnete Formveränderung der Sprachkurve, kann durch Einbauen von künstlicher Induktivität in die Leitung zum größten Teil behoben werden. Den Rest kann man durch besondere Maßnahmen in den Verstärkerschaltungen beseitigen (entzerren). Eine weitere Verzerrung wird dadurch verursacht, daß auf langen Leitungen im internationalen Fernsprechverkehr die Laufzeit für die einzelnen Grundschwingungen verschieden ist. Die Schwingungen höherer Frequenz benötigen eine längere Zeit, um die Leitung zu durchlaufen, als die Schwingungen niederer Frequenz. Der Unterschied in der Laufzeit bedingt eine Phasenverschiebung der einzelnen Teilschwingungen einer Sprechstromkurve, und man bezeichnet diese Verzerrungsart deshalb als Phasenverzerrung. Besonders stark tritt der Laufzeitunterschied auf stark pupinisierten (s. d.) Leitungen auf. Als dritte Art von Verzerrungen treten weitere, nicht-

lineare Verzerrungen auf, durch Rückkoppelung in ungenauen Nachbildungen (s. d.) und durch Übersteuerungen von Verstärkern (s. d.).
Jedes Adernpaar kann beim Kabel als Kondensator angesehen werden,
bei dem die Adern die Belege des Kondensators sind und die dazwischen liegende Isolationsschicht das Dielektrikum darstellt. Bei einer
Doppelleitung als Freileitung ist die zwischen den Leitern liegende Luft
das Dielektrikum, desgl. bei einer Einfachleitung, wobei in diesem
Fall als zweite Kondensatorbelegung die Erdoberfläche anzusehen ist.
Sind die Leiter lang, so kann die Kapazität beträchtliche Werte annehmen. Legt man an die Leitung eine Gleichspannung, so wird der
kapazitive Stromkreis geladen, desgl. beim Anlegen einer Wechselspannung, jedoch periodisch und mit entgegengesetzten Polaritäten. Hierbei
ist die Gesamtkapazität als eine Parallelschaltung unendlich vieler, unendlich kleiner Kapazitäten zu betrachten (Abb. 1031). Der Strom, der am
Anfang in die Leitung geht verzweigt sich in Ladeströme aller dieser
Kapazitäten, so daß am Ende der Leitung nur ein Bruchteil des am Anfang in die Leitung gesandten Stromes ankommt. Es haben die Leitungen jedoch nicht nur eine elektrostatische Kapazität, sondern es
ist die Isolation der Leitungen nie vollkommen. Insbesondere bei langen
Freileitungen ist eine Stromableitung durch die Isolation zu berücksichtigen. Die Ableitung A, die bereits als Leitungskonstante erwähnt
wurde, ist in Wirklichkeit bei Freileitungen nicht konstant, sondern
von den Witterungsverhältnissen abhängig. Als Einheit der Ableitung
wird das Siemens angenommen. Beträgt der Isolationswiderstand
R Ohm, so ist die Ableitung $A = \dfrac{1}{R}$. Hat eine Leitung einen Isolationswert gegen Erde von 0,8 Megohm, d. h. 800000 Ohm, so beträgt die
Ableitung $A = 1 : 800000 = 0,00000125$ Siemens (S) $= 1,25$ Mikrosiemens (μS). Der durch den Isolationswiderstand zur Erde oder auch
zur anderen Leitungsader fließende Strom kann manchmal ganz beträchtliche Größen annehmen, denn bei schlechter Witterung sinkt der
Isolationswert sehr stark, so daß bei langen Leitungen unter Umständen
der Isolationswiderstand gleich dem Ohmschen Widerstand der Leitung
sein kann. Aus Gesagtem geht hervor, daß der Strom durch die Kapazität
der Leitungen geschwächt wird, desgleichen durch die Ableitung, wobei
die Lade- und Entladeströme im Dielektrikum zum Teil auch in Wärme
(Joulesche Wärme $= i^2\,R$) umgewandelt werden.

Die Spannung des Sprechstromes wird vermindert durch den Ohmschen Widerstand (Spannungsabfall) und durch die Selbstinduktion L
der Leitung. Als Maß für diese Strom- und Spannungsverluste wird ein
Faktor errechnet, welcher die Strom- und Spannungsverluste eines
Sprechstromes für 1 km Leitung zum Ausdruck bringt und als Dämpfungsfaktor oder spezifische Dämpfung gekennzeichnet wird.
Dieser Faktor wird mit β bezeichnet.

Aus den Grundgleichungen über die Schwächung der Ströme und
Spannungen in Fernsprech- und Telegrafenleitungen ergibt es sich,
daß diese Schwächung proportional ist der Größe e^g und die Schwächung
der Leistung proportional der Größe e^{2g}, wobei $e = 2{,}718$ (die Basis
der natürlichen Logarithmen) und g als Übertragungsmaß dem kom-

plexen Wert $b + ja$ entspricht. Hierbei wird b als Dämpfungsmaß und a als Phasenmaß bezeichnet. Sind mit U_1, I_1 und N_1 jeweils Spannung, Strom und Leistung am Anfang der Leitung und U_2, I_2 und N_2 dieselben Größen am Ende der Leitung bezeichnet, so ist

$$\frac{U_1}{U_2} = e^g; \quad \frac{I_1}{I_2} = e^g = e^{b+ja} = e^b \cdot e^{ja} \text{ und } \frac{N_1}{N_2} = \frac{U_1 I_1}{U_2 I_2}. \quad (1)$$

Da für die Ermittelung der Dämpfung nur der Wertteil (e^b) und nicht auch der Phasenteil (e^{ja}) interessiert, wird bei Weglassen des imaginären Teils in der Gleichung e^{b+ja}, das Verhältnis der Anfangs- und Endleistung:

$$\frac{N_1}{N_2} = e^{2b} \text{ und } 2b = \ln \frac{N_1}{N_2} \text{ und } b = \frac{1}{2} \ln \frac{U_1 I_1}{U_2 I_2}. \quad \ldots \quad (2)$$

Diese Größe b ist eine reine Zahl (s. Seite 764) und hat die Bezeichnung Neper (N) als Einheit bekommen, auf Vorschlag des Comité Consultatif International des Communications Téléphoniques à grande Distance (CCI) zu Ehren des Erfinders der natürlichen Logarithmen, des Engländers Napier. Die Werte von U und I können durch Messungen bestimmt werden. Da $b = \beta l$ und die Länge l in Kilometern bekannt ist, kann auch der Dämpfungsfaktor $\beta = b : l$ errechnet werden.

Zur Berechnung der spezifischen Dämpfung und der Reichweite von Fernsprechleitungen kann man sich auch vereinfachter Formeln bedienen. Hat man es mit Freileitungen zu tun, bei denen die Selbstinduktion verhältnismäßig hoch ist gegenüber dem Ohmschen Widerstand, und zwar bei denen der Wert von $2 \pi f L$ mindestens $= 3 R$ (R = Ohmscher Widerstand) ist, so kann man die spezifische Dämpfung nach der Formel

$$\beta = \frac{R}{2} \sqrt{\frac{C}{L}} + \frac{A}{2} \sqrt{\frac{L}{C}} \text{ Neper/km} \quad \ldots \quad \ldots \quad (3)$$

berechnen. Die kilometrischen Werte R in Ohm, C in Farad, A in Siemens und L in Henry entnimmt man umstehender Tabelle. In derartigen Tabellen sind C, L und A meistens in kleineren Einheiten angegeben; es ist also beim Rechnen darauf zu achten, daß die Werte richtig eingesetzt werden. Hierbei ist zu berücksichtigen, daß

1 Farad (F) = 1 000 000 Mikrofarad (μF),
1 Henry (H) = 1000 Millihenry (mH) und
1 Siemens (S) = 1 000 000 Mikrosiemens (μS) sind.

Die in verschiedenen Tabellen angegebenen kilometrischen Werte der sog. Leitungskonstanten sind nicht immer genau dieselben. Die geringen Unterschiede z. B. in der berechneten spezifischen Dämpfung β haben ihren Ursprung darin, daß die der Rechnung zugrunde gelegten Werte voneinander abweichen bzw. auch die Ausrechnung nicht immer mit demselben Grade der Genauigkeit erfolgte.

Die folgenden Zahlentafeln geben einige Werte für die gebräuchlichsten Freileitungsdrähte und Kabel.

Elektrische Leitungskonstanten für Freileitungen und eine Kilometerschleife bei einer Ableitung von 0,5 Mikrosiemens ($\mu\,S$) für 1 Kilometer.

Leitungsmaterial	ϕ mm	Gleichstromwiderstand R Ohm	Wirksamer Widerstand bei $\omega = 5000$ Ohm	Kapazität μF	Selbstinduktion L mH	Dämpfungsfaktor β bei $\omega = 5000$ Neper	Fortpflanzungsgeschwindigkeit km/s
Bronze ...	1,5	28,4	28,4	0,0051	2,3	0,0158	217 109
Bronze ...	2,0	11,9	11,9	0,0054	2,2	0,0085	261 920
Bronze ...	2,5	7,6	7,6	0,0057	2,1	0,0061	274 000
Hartkupfer	3,0	5,3	5,304	0,0060	2,0	0,00457	281 300
Hartkupfer	3,5	3,9	3,909	0,0062	1,9	0,0036	283 800
Hartkupfer	4,0	3,0	3,014	0,0064	1,85	0,00287	283 800
Hartkupfer	4,5	2,35	2,370	0,0066	1,8	0,00238	283 800
Hartkupfer	5,0	1,90	1,927	0,0068	1,8	0,00199	283 800

Ist die spezifische Dämpfung β für den Sprechstrom in einem Kabel zu berechnen, d. h. für eine Leitung, bei der die Kapazität C überwiegt und $2\pi f L$ klein gegenüber R ist, so gilt mit großer Annäherung die Formel

$$\beta = \sqrt{\frac{2\pi f C R}{2}}. \dots \dots \dots (4)$$

In der folgenden Zahlentafel sind die Leitungskonstanten für Kabel enthalten.

Elektrische Leitungskonstanten für Kabel.
(Die Werte gelten für 1 km Schleife. Kupferadern.)

ϕ mm	R Wirksamer Widerstand Ohm	C μF	L m H	A Ableitung μS	β Dämpfungsfaktor bei $\omega = 5000$ Neper
0,6	124	0,031	0,7	0,6	0,0970
0,8	70	0,033	0,7	0,6	0,0740
0,9	55,2	0,034	0,7	0,6	0,0656
1,0	44,6	0,035	0,7	0,6	0,0598
1,2	31,0	0,037	0,7	0,6	0,0505
1,5	19,8	0,040	0,6	0,7	0,0413
1,8	13,8	0,041	0,6	0,8	0,0337
2,0	11,3	0,042	0,6	0,8	0,0300

Die praktische Verwertung dieser Daten und der Formeln zur Berechnung der Dämpfung sei an Hand von Beispielen gezeigt.

Beispiel. Für eine 4-mm-Hartkupfer-Freileitung ist die spezifische Dämpfung zu berechnen. Die kilometrischen Werte für diese Leitung entnimmt man der obigen Zahlentafel. Hiernach ist:

$R = 3$ Ohm, $\quad\quad\quad\quad C = 0{,}0064\,\mu\text{F} = 6{,}4 \cdot 10^{-9}$ F,
$A = 0{,}5\,\mu\,\text{S} = 0{,}5 \cdot 10^{-6}$ S, $\quad L = 1{,}85$ mH $= 0{,}00185$ H.

In diesem Fall ist $2\pi f L > 3R$, denn bei einer Sprechstromfrequenz von $f = 800$ ist $2\pi f = 5000$ und $5000 \cdot 0{,}00185 = 9{,}25$, wogegen $R = 3$ Ohm ist. Der Ausdruck $2\pi f$ wird auch Kreisfrequenz genannt und mit dem Buchstaben ω (Omega) bezeichnet, siehe Zahlentafeln.

Da $2\pi f L > 3R$ ist, kann man die Formel (3) Seite 669 zur annähernden Berechnung von β verwenden. Es ergibt sich:

$$\beta = \frac{3}{2}\sqrt{\frac{6{,}4 \cdot 10^{-9}}{0{,}00185}} + \frac{0{,}5 \cdot 10^{-6}}{2}\sqrt{\frac{0{,}00185}{6{,}4 \cdot 10^{-9}}}$$

$$= \frac{3}{2} \cdot 0{,}00186 + \frac{0{,}5 \cdot 10^{-6}}{2} \cdot 537 = \sim 0{,}0029.$$

Genau aus der Zahlentafel S. 670 ist $\beta = 0{,}00287$.

Beispiel. Für ein Kabel mit 0,8-mm-Ader ist die spezifische Dämpfung zu berechnen. Der Zahlentafel ist zu entnehmen:

$R = 70$ Ohm, $L = 0{,}0007$ H;
$C = 0{,}033 \cdot 10^{-6}$ Farad; $\omega = 5000$ ($= 2\pi \cdot 800$).

Die Berechnung erfolgt hier nach der Formel (4) Seite 670, da $L\omega = 5000 \cdot 0{,}0007 = 3{,}5 < R$, denn R ist 70 Ohm. Setzt man die Werte in die Formel ein, so erhält man

$$\beta = \sqrt{\frac{5000 \cdot 0{,}033 \cdot 70 \cdot 10^{-6}}{2}} = 0{,}076.$$

Genau aus der Zahlentafel S. 670 ist $\beta = 0{,}074$.

Hat eine Leitung eine spezifische Dämpfung β je km, so bezeichnet man als Dämpfungsmaß das Produkt aus β und der Reichweite l in km. Das Produkt $\beta\,l = b$ ist ein Maß für die Güte der Sprachübertragung, und zwar unterscheidet man im allgemeinen folgende Werte:

$b = \beta\,l$	Sprachübertragung
1	ausgezeichnet
2	gut
3	genügend
4	mangelhaft
5	schlecht

Hat man für eine Leitung, z. B. für eine Bronzeleitung, von 2,5 mm als Freileitung den Wert von β errechnet bzw. der Tabelle S 670 entnommen, und es ist die Reichweite dieser Leitung bei guter Sprachübertragung ($b = 2$) zu bestimmen, so ergibt sich die Reichweite zu

$l = b : \beta = 2 : 0{,}0061 = 328$ km. Soll auf 500 km Freileitung eine gute Verständigung erzielt werden ($b = 2$), so muß

$$\beta = \frac{b}{l} = \frac{2}{500} = 0{,}0040$$

sein. Nach der Tabelle S. 670 hätte man für $\beta = 0{,}004$ einen Hartkupfer draht von 3,5 mm Durchm. zu wählen, denn für 3-mm-Hartkupferdraht ist $\beta = 0{,}00457$.

Durch die Einschaltung von Pupinspulen (künstliche Belastung mit Selbstinduktion) kann die Sprachübertragung verbessert bzw. die Reichweite von Fernsprechleitungen bei gleichem Durchmesser vergrößert werden.

Betrachten wir den Ausdruck (Formel (3) Seite 669) für die Dämpfung auf Freileitungen und vergrößern bei gegebenen R, C und A den Wert von L, und zwar getrennt für die beiden Komponenten, also für

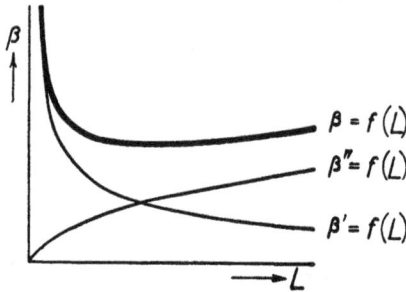

Abb. 1052.

$$\beta' = \frac{R}{2} \sqrt{\frac{C}{L}} \quad \text{und}$$

$$\beta'' = \frac{A}{2} \sqrt{\frac{L}{C}},$$

wobei $\beta' + \beta'' = \beta$ ist.

Nehmen wir für R, C und A beliebige konstante Zahlengrößen an und verändern L, so erhalten wir für $L = 0$, $\beta' = \infty$ und $\beta'' = 0$ (Abb. 1052). Durch Einsetzen weiterer Werte für L erhalten wir 2 Schaulinien für β' und β''. Die Schaulinien für β'

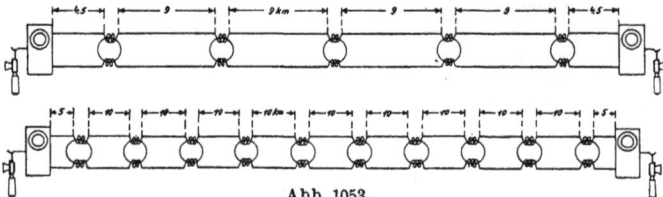

Abb. 1053.

und β'' werden grafisch addiert und ergeben die Schaulinie $\beta = f(L)$. Diese Linie zeigt, daß das β bei Vergrößerung von L sehr rasch abnimmt und bei einem bestimmten L ein Minimum erreicht. Es kann also durch das Einschalten von Selbstinduktion in die Leitung die Dämpfung verringert werden.

Diese Selbstinduktion muß in bestimmten Abständen in die Leitung bzw. in die Kabeladern eingeschaltet werden. Abb. 1053 zeigt die Verteilung der Pupinspulen in einer 100 bzw. 45 km langen

Leitung. In Abb. 1054 ist eine Pupinspulen-Muffe dargestellt, die zur Unterbringung von 4 Pupinspulen dient. Die Kabelmuffe kann zur Verbindung zweier Kabelenden dienen, so daß an der Kabelspleißstelle auch die Pupinspulen eingeschaltet werden können. Eine Spule

Abb. 1054.

ist in der Abbildung links oben zu sehen. Für vieladrige Kabel sind die Pupinspulen in entsprechend bemessenen großen, gußeisernen Kasten wasserdicht untergebracht. Aus folgender Zahlentafel ist zu ersehen, wie die Reichweite von Fernsprech-Freileitungen und -Kabeln durch Einschaltung von Pupinspulen vergrößert werden kann. Der Reichweitenberechnung ist ein $b = 1{,}5$ zugrunde gelegt.

Reichweiten von Fernsprech-Freileitungen.

Art der Leitungen	Dämpfung je km		Reichweite	
	ohne	mit	ohne	mit
	Pupinspulen		Pupinspulen	
	β	β	km	km
Hartkupferdrähte:				
2 mm Durchmesser . . .	0,0088	0,0043	170	350
2,5 » » . . .	0,0065	0,0032	230	470
3 » » . . .	0,0049	0,0026	310	580
4 » » . . .	0,0032	0,0019	470	800
Eisendrähte:				
2 mm Durchmesser . . .	0,027	0,0213	55	70
2,5 » » . . .	0,0225	0,016	65	95
3 » » . . .	0,02	0,0134	75	115
4 » » . . .	0,0162	0,0098	90	155
5 » » . . .	0,0148	0,0084	100	180
Eisenseile:				
4×2 mm Durchmesser . .	0,0132	0,0073	115	210
7×2 » » . .	0,0099	0,0051	150	290

Reichweiten von Fernsprechkabeln[1]).

Art der Leitungen	Dämpfung je km		Reichweite	
	ohne	mit	ohne	mit
	Pupinspulen *)		Pupinspulen	
	β	β	km	km
Kupferleiter:				
0,8 mm Durchmesser . . .	0,078	0,022	19	65
0,9 » » . . .	0,069	0,02	22	75
1 » » . . .	0,062	0,017	25	90
1,4 » » . . .	0,046	0,0098	32	150
1,5 » » . . .	0,043	0,0089	35	170
2 » » . . .	0,033	0,0061	45	250
Aluminiumleiter:				
0,8 mm Durchmesser . . .	0,1	0,039	15	40
1 » » . . .	0,082	0,027	20	55
1,5 » » . . .	0,055	0,013	30	115
2 » » . . .	0,043	0,0086	35	175

Der Verlauf des Fernsprechstromes auf einer Leitung muß als elektromagnetische Schwingung betrachtet werden. Die Leitung ist so zu gestalten, daß die Wellen des Sprechstromes an den Enden der Leitung keine Reflexionen erleiden. Man kann die Wellenreflexion vermeiden, wenn der Wellenwiderstand Z der Leitung dem des Gebers und Empfängers angepaßt wird. Für den niederfrequenten Sprechbereich (300 bis 2400 Hz) kann man annähernd $Z = \sqrt{\dfrac{L}{C}}$ setzen.

Die Einführung der Pupinspulen bewirkt, daß sich ein Kabelpaar wie ein Kettenleiter verhält. Die in den Leitungszug des Kabels gelegte Induktivität bildet mit den Aderkapazitäten eine Art Spulenleitung (s. S. 693). Im Durchlaßbereich erhält man eine wesentlich kleinere Dämpfung als beim unbespulten Kabel, oberhalb der Grenzfrequenz steigt die Dämpfung des bespulten Kabels aber so rasch an, daß es für diese Frequenzen praktisch undurchlässig ist.

Die Grenzfrequenz einer pupinisierten Kabelleitung berechnet sich zu

$$f_0 = \frac{1}{\pi s \sqrt{LC}}.$$

Hierin ist s der Pupinspulenabstand, L und C die kilometrischen Werte der Induktivität und Kapazität der pupinisierten Leitung. Wie auf Seite 662 bereits erwähnt ist man deshalb später zur leichten und sehr leichten Pupinisierung übergegangen. S. auch Kapitel XI, Seite 723.

---

[1]) Kaden, H., Die Leitungskonstanten symmetrischer Fernmeldekabel. Europ. Fernspr.-Dienst. 1939, 174—190.
*) Mittelstarke Pupinisierung,

VIII. Verstärker und Verstärkerämter.

Durch die große Störanfälligkeit der Freileitungen sowohl elektrischer wie auch mechanischer Art geht man heute für Fernsprechnetze großer Ausdehnung fast ausschließlich zu pupinisierten Kabeln (s. d.) über.

Für eine gute Fernsprechverständigung ist eine gewisse Mindestenergie am menschlichen Ohr nötig. Die von einem Mikrofon abgegebene Energie ist aber beschränkt, und da der Wirkungsgrad der Fernhörer auch nicht wesentlich gesteigert werden kann, hat sich schon frühzeitig ein Bedürfnis nach einem Mittel gezeigt, das es gestattet, die Dämpfung der Kabel zu kompensieren, ohne die Güte der Sprache zu verschlechtern. Eine erst teilweise Lösung des Problems stellte das Siemens-Brownsche Relais dar. Im Prinzip wird hier die Verstärkerwirkung von Kohlekontakten (ähnlich wie im Fernsprechmikrofon) verwendet. Der Kontakt und damit der Widerstand wird mit einem elektromagnetischen System (ähnlich einem Lautsprecher- oder Kopfhörersystem) gesteuert. Die zusätzliche Verschlechterung der Sprachwiedergabe ist im Siemens-Brownschen Relais aber unzulässig groß, so daß diese Art von Verstärkung keine Bedeutung erlangte.

Erst die Erfindung der Elektronenröhre durch v. Lieben und de Forest brachte einen vollkommenen Umschwung auf dem Gebiete des Weitfernsprechverkehrs. Auch hier hat man es mit einer Art Relaiswirkung zu tun; der Elektronenstrom wird fast trägheitslos gesteuert, und die Energie, die die Verstärkung unterhält, wird besonderen Gleichstromquellen entnommen. Da die Elektronenröhre die Seele des Verstärkers ist, soll hier, ehe auf diese näher eingegangen wird, über die Vorgänge in der Röhre berichtet werden.

a) Elektronenröhre[1]).

Wird in einem hochevakuierten Gefäß (es soll hier nur die Hochvakuumröhre behandelt werden) mit einem Restdruck von etwa 10^{-7} mm Hg ein metallischer Faden (h, Abb. 1055), etwa aus Wolfram, mittels Gleichstroms genügend erhitzt (Heizbatterie Eh), so treten aus dem Faden Elektronen aus. Ist in dem Gefäß eine weitere Elektrode a, die dem Heizfaden (Kathode) gegenüber eine positive Spannung (s. Anodenbatterie Ea) hat, so werden die negativ geladenen Elektronen zur positiven Elektrode (Anode) wandern. Dieser Elektronenstrom p entspricht einem in entgegengesetzter Richtung fließenden Strom I_a gemäß der internationalen Festlegung, daß die Richtung des Stromes vom positiven Pol zum negativen weist. Die aus der Kathode austretenden Elektronen umgeben diese als negative Wolke (Raumladung) und verhindern das Einwirken der Anodenspannung auf die Kathode. Dadurch kann nur ein Teil der freien Elektronen zur Anode wandern. Erst wenn die Anodenspannung einen bestimmten Betrag erreicht, dann wird

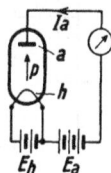

Abb. 1055.

---

[1]) Ratheiser, L., Rundfunkröhren. 3. Aufl. Berlin 1938.

44*

die Raumladung aufgehoben, und sämtliche Elektronen wandern zur Anode. Der Anodenstrom kann dann auch bei Erhöhung der Anodenspannung E_a nicht mehr weiter gesteigert werden (Sättigungsstrom I_s und Sättigungsspannung E_s, Abb. 1056). Steigert man die Temperatur des Glühfadens durch Erhöhen des Heizstromes von Ih_1 auf Ih_2 (s. Charakteristik in Abb. 1056), dann kann man bei Erhöhung der Anodenspannung den Anodenstrom vergrößern, bis

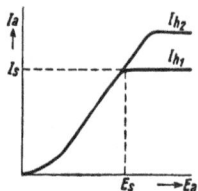

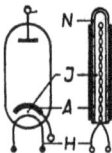

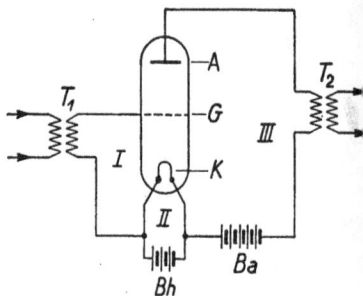

Abb. 1056. Abb. 1056 a. Abb. 1057.

abermals der Sättigungszustand (s. Ih_2) erreicht wird. Sättigungsstrom und Sättigungsspannung sind bei gegebener Kathode abhängig von der Temperatur der Kathode, also vom Heizstrom. Die Temperatur bestimmt auch die Lebensdauer der Röhre, daher müssen die von der Herstellerfirma angegebenen Heizdaten genau eingehalten werden; bei spannungsgeheizten Röhren die Spannung, bei stromgeheizten der Strom. Für den Sättigungsstrom ist, wie schon angedeutet, auch der Stoff der Kathode von Bedeutung. Ein Maß hierfür gibt die Emission je Watt Heizleistung, d. i. die spezifische Emission. Bei den wichtigsten Kathodenstoffen sind die Werte etwa wie folgt:

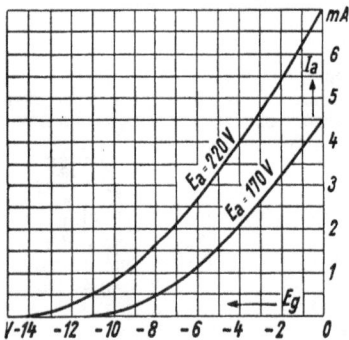

Abb. 1058.

Wolfram 3—4 mA/W
Thorium 25 ,,
Oxyd 50 ,,
Barium 100 ,,

Man spricht von direkt geheizten Röhren, wenn die als Faden ausgebildete Kathode selbst geheizt wird, von indirekt geheizten Röhren, wenn die Kathode durch eine Isolierschicht von der Heizwicklung aus Widerstandsdraht getrennt ist (Wechselstromheizung). Indirekt geheizte Röhren haben eine größere Konstanz der Elektronenemission, da sie infolge ihrer größeren Wärmekapazität unabhängiger sind von den Heizspannungsschwankungen. Den Aufbau einer indirekt geheizten Kathode zeigt schematisch die Abb. 1056a. Der Heizfaden H ist bifilar gewickelt, so daß das Brummgeräusch des Heizwechselstromes vollkommen unterdrückt werden kann. Die wirksame Schicht A hat eine Stärke von 30 bis 60 Tausendstel Millimeter. Um die Anheizzeit der indirekt geheizten Röhren zu vermindern, wird an Stelle der bisher verwendeten Isolierröhrchen zum Zwecke der Isolation der bifilar gewickelte Heizfaden mit einer Isoliermasse gespritzt und dann in das Nickelröhrchen N geschoben. Das Anheizen einer indirekt geheizten Röhre dauert etwa 25 Sekunden.

Führt man zwischen Kathode K, Abb. 1057, und Anode A eine sieb- oder maschenförmige dritte Elektrode G, das Gitter, ein, so kann man durch eine zwischen Kathode und Gitter wirkende Spannung den Elektronenstrom steuern (Dreielektrodenröhre). Man bezeichnet I als Gitterkreis, II als Heizstromkreis und III als Anodenkreis. Wird die Gitterspannung positiv, dann fließt ein Teil des Emmissionsstromes im Gitterkreis I (Gitterstrom), wodurch Gitterleistung verbraucht wird. Ist die Gitterspannung immer negativ, dann kann der Anodenstrom ohne Leistungsaufwand im Gitterkreis gesteuert werden. Wir haben hier die prinzipielle Anordnung einer Verstärkerröhre, wie sie im großen Umfang in der Fernmeldetechnik, insbesondere der Fernsprechtechnik, heute verwendet wird. Der Strom und die Spannungsverhältnisse einer Röhre werden durch die Kennlinien dargestellt. Die Anodenstrom-Gitterspannungskennlinie (s. Abb. 1058) zeigt bei festgehaltener Anodenspannung E_a die Abhängigkeit des Anodenstromes I_a von der Gitterspannung E_g. Aus diesen Kennlinien kann man die drei Kenngrößen ablesen, die folgendermaßen definiert sind:

Steilheit $S = \dfrac{\text{Änderung d. Anodenstromes}}{\text{Änderung d. Gitterspannung}} = \dfrac{\Delta I_a}{\Delta E_g}$ bei $E_a = \text{const.}$ [α]

z. B. bei $E_g = \sim 6$ V ist $I_a = 2{,}7 \cdot 10^{-3}$ Amp.

„ $E_g = \sim 5$ V ist $I_a = 3{,}3 \cdot 10^{-3}$ „

$\Delta E_g = 1$ V, $\Delta I_A = 0{,}6$ mA

$$S = \frac{0{,}6}{1} = \frac{\text{mA}}{\text{Volt}};$$

Der Durchgriff

$D = \dfrac{\text{Änderung der Gitterspannung}}{\text{Änderung der Anodenspannung}} = \dfrac{\Delta E_g}{\Delta E_a}$ bei $I_a = \text{const.}$ [β]

z. B. bei $E_g = \sim 6$ ist $E_a = 220$ V

„ $E_g = \sim 2{,}70$ V ist $E_a = 170$ V

$$D = \frac{\Delta E_g = 3{,}3}{\Delta E_g = 50} = 6{,}6\,\%.$$

Der innere Widerstand

$R_i = \dfrac{\text{Änderung der Anodenspannung}}{\text{Änderung des Anodenstromes}} = \dfrac{\Delta E_a}{\Delta I_a}$ bei $E_g = \text{const.}$ [γ]

z. B. $E_a = 220$ V, $I_a = 4$ mA; $R_i = \dfrac{220 - 170}{(4-2) \cdot 10^{-3}} = 25 \cdot 10^3\ \Omega.$

und $E_a = 170$ V $I_a = 2$ mA;

Es gilt, wie man sich leicht überzeugen kann, die Beziehung

$$R_i \cdot D \cdot S = 1$$

oder

$$R_i = \frac{1}{DS}; \quad D = \frac{1}{R_i S}; \quad S = \frac{1}{R_i D}.$$

Den reziproken Wert des Durchgriffs nennt man Verstärkungsfaktor:

$$g = \frac{1}{D}.$$

Legt man in den Anodenkreis einer Röhre einen Verbraucherwiderstand R_a, dann werden die Kennlinien der Abb. 1058 verflacht. Man nennt Kennlinien, die ohne Widerstand im Anodenkreis aufgenommen werden, statische, solche mit Anodenwiderstand dynamische oder Arbeitskennlinien.

Legt man an das Gitter einer Dreielektrodenröhre eine Wechselspannung mit der Amplitude E_g, dann erhält man am Verbrauchswiderstand R_a eine Wechselspannung mit der Amplitude E_a. Das Verhältnis E_a/E_g nennt man Verstärkung V. Sie ergibt sich zu:

$$V = \frac{1}{D} \frac{R_a}{R_i + R_a} \, *).$$

Wird R_a unendlich, dann ist $V = \frac{1}{D} = g$ der Verstärkungsfaktor.

In der Fernmeldetechnik ist es üblich, die Verstärkung durch den natürlichen Logarithmus von V auszudrücken und nennt die Einheit davon 1 Neper.

$\ln V = 1$ Neper bedeutet daher, wenn e die Basis der natürlichen Logarithmen ist, $E_a/E_g = V = e = 2{,}718$.

Damit die Kurvenform der Anodenwechselspannung vollkommen der der Gitterwechselspannung entspricht, muß die Arbeitskennlinie über ihren ganzen Aussteuerungsbereich gerade sein. Um daher den größtmöglichen Aussteuerungsbereich zu erhalten, wird der Arbeitspunkt 3 so gewählt, daß die Arbeitskennlinie, von ihm aus gesehen, nach beiden Seiten gleich große lineare Teile besitzt. Um die Bestimmung des Aussteuerbereiches anschaulich zu machen, soll die Röhrencharakteristik der Abb. 1058 vereinfacht als gerade Linie 1 dargestellt

---

*) Man kann sich die Verhältnisse etwa so veranschaulichen: Aus der Gleichung [β] erhält man $\varDelta E_a = \dfrac{\varDelta E_g}{D}$.

$\varDelta E_a$ entspricht der Wechsel-EMK der Röhre, wenn am Gitter der Röhre die Wechselspannung $\varDelta E_g$ wirkt. In Reihe mit dem Innenwiderstand R_i liegt der Verbraucherwiderstand R_a. Durch Spannungsteilung erhält man am Verbraucherwiderstand die Spannung

$$E_a = \varDelta E_a \frac{R_a}{R_i + R_a}.$$

$\varDelta E_a$ aus der obigen Formel eingesetzt, ergibt

$$E_a = \frac{\varDelta E_g}{D} \frac{R_a}{R_i + R_a},$$

oder wenn $\varDelta E_g = E_g$ gesetzt wird

$$\frac{E_a}{E_g} = \frac{1}{D} \frac{R_a}{R_i + R_a}.$$

werden (Abb. 1059). Schaltet man in den Anodenkreis der Röhren einen Ohmschen Widerstand, dann wird durch den Spannungsabfall an diesem bei gleicher Gitter- und Anodenbatteriespannung der Anodenstrom verringert. Man erhält so eine flachere Charakteristik, deren Neigung durch die Größe des Belastungswiderstandes bestimmt wird, die sog. Arbeitskennlinie 2. Nur wenn der Anodenstrom null ist, liegt an der Röhre wieder die volle Anodenspannung, und bei diesem Wert treffen sich die Arbeitskennlinie und die statische Kennlinie in einem Punkt auf der Abszisse. Die Strecke vom Nullpunkt bis zu diesem Wert ist der Aussteuerbereich, d. i. die doppelte Wechselspannungsamplitude, die am Gitter der Röhre maximal auftreten darf. Beim Überschreiten des Steuerbereiches treten unzulässige Verzerrungen auf.

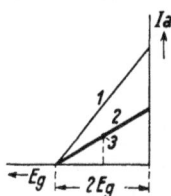

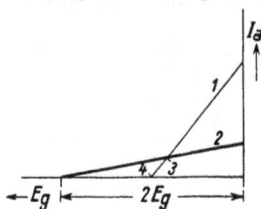

Abb. 1059.　　　　　Abb. 1060.

Aus der Gleichung für den Durchgriff $D = \dfrac{\varDelta E_g}{\varDelta E_a}$ bei $I_a = 0$ und aus der Abbildung können wir, wenn wir für $\varDelta E_g = 2\,E_g$ setzen, ablesen, daß $\varDelta E_a = E_b$ und $D = \dfrac{2\,E_g}{E_b}$ wird; also $E_g = \dfrac{D\,E_b}{2}$ und der Aussteuerbereich $2\,E_g = D\,E_b$, wobei E_b die Anodenbatteriespannung ist.

Ist der Gleichstromwiderstand der Belastung vernachlässigbar klein (Drossel, Übertrager), dann erhält man im Ruhezustand einen Anodenstrom $I_a = f\,(E_g)$, der nach der statischen Kennlinie 1, Abb. 1060, verläuft. Die Arbeitskennlinie 2 hingegen wird dem im Anodenkreis wirkenden Belastungswiderstand entsprechend geneigt sein, wobei die Wirkungsweise so ist, daß neben der wirkenden Batteriespannung noch eine zusätzliche Spannung, die durch die Induktivität des Übertragers oder der Drossel bei Änderung des Stromes erzeugt wird, wirksam ist. Dadurch wird dann der Schnittpunkt der Arbeitskennlinie mit der Abszisse dem einer statischen Kennlinie mit höherer Anodenspannung entsprechen, s. Abb. 1060.

Ist der Belastungswiderstand gleich 0, d. h. also, fällt die Arbeitskennlinie 2 mit der statischen Kennlinie 1 zusammen, so ist der Aussteuerungsbereich der Röhre gegeben durch $2\,E_g = D \cdot E_b$. Ist der Belastungswiderstand R_a gleich ∞, dann erhält man einen doppelt so großen Aussteuerbereich, weil die Arbeitskennlinie bei größer werdendem Belastungswiderstand immer flacher wird und schließlich bei $R_a = \infty$ mit der Abszisse zusammenfällt. Dann fällt auch der Arbeitspunkt 3, Abb. 1060, mit dem Schnittpunkt (4) der statischen Kennlinie und der Abszisse zusammen. Somit wird in diesem Fall $E_g = D \cdot E_b$ und der Aussteuerbereich $2\,E_g' = 2\,D \cdot E_b$ $(2\,E_g' = 2 \cdot 2\,E_g)$. Eine Gleichung für den Aussteuerbereich, die für ein beliebiges R_a, auch diesen beiden Grenzfällen, entspricht, ist

$$2\,E_g = 2 \cdot D \cdot E_b \,\frac{R_a + R_i}{R_a + 2\,R_i}.$$

Die Gleichungen für den Aussteuerbereich sind notwendig zur Bestimmung der günstigsten (und zulässigen) Gittervorspannung der Röhre bei gegebenen Betriebsdaten. Bei zu klein gewählter Gittervorspannung wird die Aussteuermöglichkeit nach der Richtung positiver Gittervorspannung begrenzt durch den einsetzenden Gitterstrom, bei zu groß gewählter Gittervorspannung wird die Aussteuerung nach der

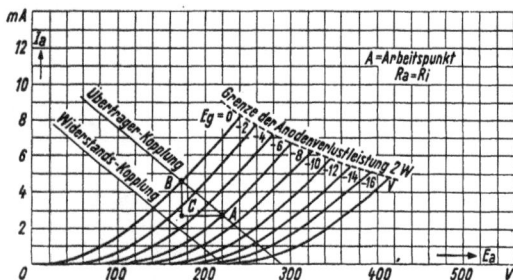

Abb. 1061.

negativen Richtung hin durch den unteren Knick (s. Abb. 1058) der Kennlinie begrenzt.

Neben dem Aussteuerbereich ist in der Verstärkertechnik von größter Wichtigkeit, die maximale Leistung, die die Röhre abgeben kann, und die dazu notwendigen Bedingungen zu kennen.

Bei einer Stromquelle mit konstantem inneren Widerstand erhält man die maximale Energie am Belastungswiderstand, wenn

$$R_a = R_i.$$

Da sich aber der innere Widerstand einer Röhre mit dem Belastungswiderstand ändert, muß für den Belastungswiderstand der günstigste Wert bestimmt werden. Aus den Anodenstrom-Anodenspannungskennlinien kann man durch grafische Auswertung leicht zum Ziele kommen (Abb. 1061). Zieht man durch den Arbeitspunkt A die Arbeitskennlinie, so ist deren Neigung ein Maß für den Belastungswiderstand $R_a = \dfrac{CA}{BC}$. Die Größe CA ist die Amplitude der Anodenwechselspannung, BC die Amplitude des Anodenwechselstromes. Die maximale Leistung ist $N_a = \frac{1}{2}\,BC \times AC$. Die Fläche des Dreiecks ABC auf ein Maximum zu bringen, heißt also, aus der Röhre die größtmögliche Leistung entnehmen.

Je höher man nun die Anodenspannung und den Anodenstrom wählt, um so größer ist die aus der Röhre zu entnehmende Leistung. Dieser Erhöhung ist jedoch eine Grenze gesetzt, da durch das Aufprallen der Elektronen auf die Anode diese mit steigendem Strom und steigender Spannung immer mehr erwärmt wird, bis zu einer Grenze, bei der durch Freiwerden der in der Anode absorbierten Gasreste eine Verschlechterung des Vakuums entsteht oder durch Rückheizung eine Verminderung der Lebensdauer der Röhre hervorgerufen wird.

Wenn keine Wechselspannung an der Röhre wirkt, dann ist das Produkt aus Anodenstrom und Anodenspannung gleich der Anodenverlustleistung. Die Grenze, bis zu der die Erwärmung der Anode zulässig ist, wird bei der Entwicklung der Röhre bestimmt und mit angegeben. In unserer Kurvenschar ist diese Grenze eingetragen. Der Arbeitspunkt muß also so gewählt werden, daß diese zulässige maximale Anodenverlustleistung nicht überschritten wird.

Außer der Eingitterröhre gibt es für besondere Zwecke Mehrgitterröhren. Es würde zu weit führen, die Arbeitsweise all dieser Röhren hier näher zu behandeln, lediglich die wichtigsten Eigenschaften sollen hier aufgezählt werden.

Vierelektrodenröhren.

a) Raumladegitterröhre (Abb. 1062). Das Raumladegitter RG zwischen Steuergitter und Kathode erhält positive Vorspannung, bedingt Verringerung der Raumladewirkung; man kann bei diesen Röhren mit kleinen Anodenspannungen arbeiten.

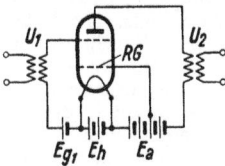

Abb. 1062.

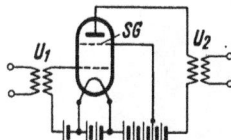

Abb. 1063.

b) Schutzgitterröhre (Abb. 1063). Das Schutzgitter SG zwischen Steuergitter und Anode erhält positive Vorspannung. Die Röhre hat sehr kleinen Durchgriff, und die Anodenrückwirkung ist vernachlässigbar.

c) Schirmgitterröhre (Abb. 1064). Das Schirmgitter ist eine besondere Ausführungsart des Schutzgitters. Das Schirmgitter wird als statische

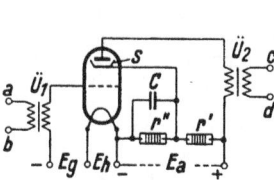

Abb. 1064.

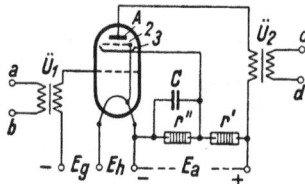

Abb. 1065.

Abschirmung zwischen Anode und Steuergitter ausgebildet. Es erhält ebenfalls positive Vorspannung. Die Röhre hat äußerst kleine Anoden-Gitterkapazität und ist als Hochfrequenzverstärkerröhre geeignet.

Fünfelektrodenröhren (Penthoden), Abb. 1065.

Das dritte Gitter, Fanggitter 3 zwischen Schirmgitter 2 und Anode A liegt am Kathodenpotential (von außen nicht zugänglich).

Die Hochfrequenzpenthode ist als Hochfrequenzverstärkerröhre geeignet, die Endpenthode arbeitet als Leistungsröhre schon bei kleiner Anodenspannung mit gutem Wirkungsgrad. Außer diesen Röhren gibt es noch Röhren bzw. Röhrenkombinationen für besondere Zwecke, die hier nicht erörtert werden sollen.

Durch die weite Verbreitung des Rundfunks entwickelte sich eine besondere Klasse von Röhren, die in erster Linie den Bedürfnissen des Rundfunks angepaßt sind, im Preise aber so liegen müssen, daß sie für die große Masse der Rundfunkteilnehmer bei der Beschaffung von Ersatzröhren keine unerschwingliche Belastung sind. Diese Röhren sind unter der Bezeichnung „Rundfunkröhren" bekannt.

Anders liegen die Verhältnisse in der Fernmeldetechnik, insbesondere auch im internationalen Weitfernsprechverkehr. Hier müssen die Verstärker, da eine Großzahl von ihnen in einem Leitungszuge hintereinandergeschaltet wird, genauen, im CCI*) international festgelegten Bedingungen genügen. Dies hat zur Folge, daß auch die Röhrendaten enge, festgelegte Toleranzen einhalten müssen. Um Betriebsstörungen durch Röhrenausfall auf ein kleines Maß herabzudrücken, muß die Lebensdauer einer Röhre für Fernsprechverstärker in der Größenordnung von 10000 Brennstunden liegen. Von der Firma Siemens & Halske sind für die Fernmeldetechnik besonders hochwertige Röhren, die unter der Bezeichnung „Technische Röhren" bekannt sind, entwickelt worden. Abb. 1066

Abb. 1066.

zeigt die als Standardröhre in Fernsprechverstärkern allgemein eingeführte Ba-Röhre. Die Kennlinien der Abb. 1058 und Abb. 1061 beziehen sich auf diese Röhre.

b) Verstärker.

Wie aus dem bisher Gesagten hervorgeht, kann jede Elektronenröhre mit Steuergitter als Verstärker angesehen werden. Im allgemeinen Sprachgebrauch versteht man aber unter Verstärker den gesamten Zusammenbau der Verstärkerröhre mit den Schaltelementen zur Gleichstromspeisung der Röhre, ihre Anpassung an die zu verstärkende Wechselstromquelle, bzw. an den Verbraucher. Reicht die Verstärkung einer Röhre, deren höchst erreichbare Größe durch den Durchgriff gegeben ist, nicht aus, dann kann man durch Hinter-

*) Siehe Seite 669.

einanderschalten von. mehreren Röhren die gewünschte Verstärkung erzielen (mehrstufige Verstärker). Eine Grenze der Verstärkung bildet das Eigenrauschen und Klingen der Röhren. In vielen Fällen kann man nicht bis zu dieser Grenze gehen, da die Störgeräusche der Übertragungsleitungen weit über dem Eigenrauschen der Röhre liegen. Es ergibt sich daraus, daß die kleinste noch zu verstärkende Spannung nicht unter die Störspannung sinken darf. Die größte noch zu verstärkende Spannung ist durch den Aussteuerungsbereich der Röhren gegeben. Geht man mit der Spannung über diesen Wert hinaus, dann wird die Röhre übersteuert, d. h. der Klirrfaktor wird unzulässig groß.

Bei mehrstufigen Verstärkern müssen die Röhren so miteinander gekoppelt werden, daß eine Trennung der Wechselspannungen von den gemeinsamen Speisespannungen möglich ist. Dies kann durch die induktive Übertragerkopplung, durch die CW- (Kapazität-Widerstand) oder LC-Kopplung erzielt werden.

Bei der Übertragerkopplung, Abb. 1067, der beiden Röhren I und II liegt die eine Wicklung des Übertragers $Ü$ im Anodenkreis der ersten Röhre, die andere Wicklung im Gitterkreis der folgenden Röhre. Die niedrigste Frequenz, die mit dieser Anordnung verstärkt werden kann, wird durch die anodenseitige Induktivität bestimmt. Ohne hier näher auf die Theorie der Verstärker einzugehen, wollen wir uns nur als Faustformel merken, daß

$$L_1 \omega_{min} \approx R_i$$

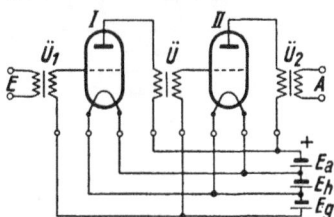

Abb. 1067.

sein muß, wobei L_1 die anodenseitige Induktivität, ω_{min} die niedrigste noch zu übertragende Kreisfrequenz und R_i der innere Widerstand der Röhre ist.

Die höchste noch übertragbare Frequenz wird bestimmt durch die gesamte auf der Gitterseite wirksame Kapazität, das Übersetzungsverhältnis und die Streuinduktivität des Übertragers.

Bei der CW-Kopplung, Abb. 1068, wird die Anodenspannung über den Belastungswiderstand R_a, die Gitterspannung über den Gitterableitwiderstand R_g der nachfolgenden Röhre zugeführt. Die Wechselspannung wird von der Anode der Röhre I über den Kondensator C an das Gitter der Röhre II geleitet. Man macht $R_g \gg R_a$, so daß die Verstärkung nur durch R_a

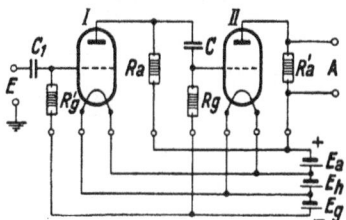

Abb. 1068.

bestimmt ist. Die untere Grenze des übertragenen Frequenzbandes bestimmt das Verhältnis C/R_g. Als Faustformel erhalten wir

$$\frac{1}{\omega_{min} C} \approx R_g.$$

Die oberste Frequenz wird auch hier durch die gesamte am Gitter der zweiten Röhre wirksame Kapazität bestimmt.

Bei der *LC*-Kopplung, Abb. 1069, wird die Anodenspannung über eine Induktivität *L* zugeführt, die Gitterspannung wird hier zweckmäßig über einen Widerstand R_g zugeführt. Die Wechselstromkopplung zwischen Anode und Gitter wird mittels des Kondensators *C* vorgenommen. Für die tiefen Frequenzen gilt das bei der Übertrager-Kopplung Gesagte, bei den hohen etwa die bei der *CW*-Kopplung bestehenden Bedingungen.

Die *CW*-Kopplung ist billiger als die Übertragerkopplung oder die *LC*-Kopplung. Nur in Fällen, in denen ein großer Aussteuerungsbereich gefordert wird, muß man auf die *LC*- bzw. *Ü*-Kopplung zurückgreifen. In der Ausgangsschaltung wird man immer die *Ü*-Kopplung wählen, um die gewünschte Anpassung des Verbraucherwiderstandes an den inneren Röhrenwiderstand leicht durchführen zu können. Denn damit wird, wie wir schon früher sahen, die beste Leistungsausnutzung der Endröhre erzielt. In manchen Fällen, insbesondere wenn man eine Gleichstromvormagnetisierung des Übertragers vermeiden muß (hauptsächlich bei Ausgangsschaltungen), verbindet man die *LC*-Kopplung mit der *Ü*-Kopplung (siehe Abb. 1070).

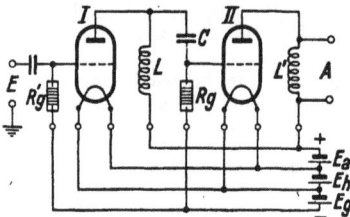

Abb. 1069.

Von besonderer Bedeutung, insbesondere für die Leistungsendstufe ist die Gegentaktschaltung (Abb. 1071). Zwei Röhren I und II mit übereinstimmenden Kenngrößen werden so gesteuert, daß die Wechselspannung am Gitter der einen Röhre gegen die am Gitter der anderen um 180⁰ verschoben ist.

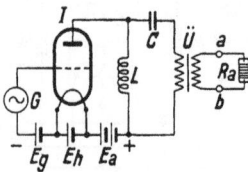

Abb. 1070.

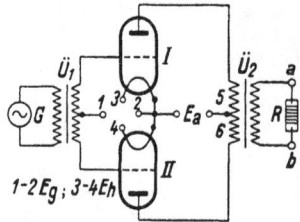

Abb. 1071.

Im Ausgangsübertrager $Ü_2$ wird die Phasenverschiebung wieder rückgängig gemacht, so daß an den Verbraucherwiderstand *R* die Summe der Wechselstromleistungen der beiden Röhren abgegeben wird. Die Phasenverschiebung auf der Gitterseite sowie auf der Anodenseite wird dadurch bewirkt, daß die Zweitwicklung von $Ü_1$ und die Erst-

wicklung von $\overset{*}{U}_2$ angezapft sind, so daß man zwei symmetrische
Wicklungen mit gleicher Windungszahl erhält. Von der Anzapfung
der Wicklung als Bezugspunkt aus gesehen, erhalten die beiden
Enden der Wicklung in der Phase um 180⁰ verschobene Spannungen,
wenn auf der anderen Seite des Übertragers eine Wechselspannung
wirkt. Die Schaltung hat den Vorteil, daß die Gleichstrommagneti-
sierung des Übertragers $\overset{*}{U}_2$ vollkommen aufgehoben ist, da der im
Anodenkreis fließende Gleichstrom durch die beiden Wicklungen 5
und 6 im umgekehrten Sinne fließt. Dasselbe gilt auch von der
Störspannung, die von den Batterien (bzw. Netzanschluß) herrührt.
Auch die in den Verstärkerröhren entstehenden quadratischen Nicht-
linearitäten werden durch die Gegentaktschaltung kompensiert.
Verstärker in Gegentaktschaltung, die mit mittlerem Ruhestrom
arbeiten, nennt man *A*-Verstärker, solche, bei denen der Arbeitspunkt
im unteren Knick der Kennlinie liegt, heißen *B*-Verstärker.

Die Elektronenröhre findet außer in ihrem Hauptanwendungs-
gebiet zur Verstärkung schwacher Wechselströme noch in einer Reihe
von besonderen Schaltungen Anwendung. Wir wollen hier nur die
beiden wichtigsten anführen.

c) Elektronenröhre als Schwingungserzeuger.

Wird bei einer Elektronenröhre, Abb. 1072, der Anodenkreis mit
dem Gitterkreis gekoppelt, dann kann unter gewissen Bedingungen
die Röhre sich selbst erregen. Diese Bedingungen sind dann vorhanden,
wenn die Spannung zwischen Gitter und Kathode nach ihrer Verstärkung vom Anodenkreis über die Rück-
kopplungsschaltung $C_1 — L, C$ dem Gitter
so zugeführt wird, daß die Amplitude
mindestens der ursprünglichen entspricht,
die Phasenlage aber so gewählt wird, daß
die ursprüngliche Spannung unterstützt
wird. Die Frequenz, mit der sich die Röhre
erregt, hängt von den Größen der Kopp-
lungselemente ab. Durch entsprechende
Bemessung dieser Größen, z. B. durch Re-

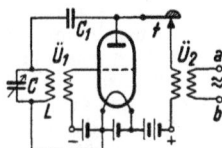

Abb. 1072.

sonanzkreise, kann eine gewünschte Frequenz erzeugt werden. Eine
Schaltung dieser Art nennt man Rückkopplungssummer. Es ist eine
große Reihe von Rückkopplungsschaltungen bekannt. Zur Erregung
eines solchen Kreises genügt der Einschaltstoß (z. B. Schließen des
Schalters *t*, Abb. 1072) oder auch Schwankungen in den Batteriespannungen. Durch Veränderung der Selbstinduktion L oder der
Kapazität C kann eine beliebige Frequenz eingestellt werden.

d) Elektronenröhre als Gleichrichter.

Schon eine Zweielektrodenröhre kann, wie früher schon angedeutet, zur Gleichrichtung von Wechselströmen verwendet werden.
Legt man zwischen Anode *A* einer Röhre *Rö* (Abb. 1073) und Glühkathode *K* eine Wechselspannung (*G*), so wird nur die positive Halbwelle durchgelassen. Man erhält dann in einem Verbraucher (an *a* und *b*
angeschlossen) einen pulsierenden Gleichstrom(Diodengleichrichtung).

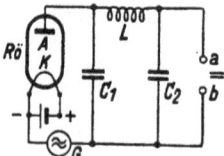

Abb. 1073.

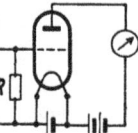

Abb. 1074.

Durch entsprechende Siebschaltungen können die Wechselspannungen unterdrückt werden und man erhält am Ausgang a—b des Siebes einen Gleichstrom, dessen Größe dem am Gleichrichterkreis wirkenden Wechselstrom entspricht.

Verbindet man bei einer Dreielektrodenröhre Anode und Gitter, so entspricht die Röhre einer Zweielektrodenröhre.

Gibt man aber dem Gitter der Dreielektrodenröhre eine so starke negative Vorspannung, daß der Arbeitspunkt im unteren Knick der Charakteristik liegt, dann wird, wenn man dieser Gitterspannung eine Wechselspannung überlagert, nur die positive Halbwelle der Gitterspannung eine merkliche Änderung des Anodenstromes bewirken. Man erhält auf diese Weise eine Gleichrichtung unter Ausnützung der Verstärkereigenschaften der Röhre (Anodengleichrichtung). Auch hier muß die noch restliche Wechselspannung durch Siebglieder beseitigt werden.

Eine weitere Gleichrichterschaltung mit der Dreielektrodenröhre ist die unter der Bezeichnung Audiongleichrichtung oder Gitterstromgleichrichtung bekannte Schaltung. Hier wird die Gleichrichterwirkung des Gitter-Kathodenkreises ausgenützt. Das über einen hohen Widerstand R (Abb. 1074) auf Kathodenpotential gelegte Gitter wird über einen Kondensator C an die Wechselspannung gelegt. Während der positiven Halbwelle fließt ein Gitterstrom, der den Kondensator negativ auflädt. Die negative Spannung bewirkt ein Sinken des Anodenstromes, und zwar so lange, bis der Kondensator sich über den hochohmigen Widerstand entladen hat. Die Auflade- und Entladezeiten sind durch die Größe des Kondensators C, durch den Widerstand R_i des Generators und des Widerstandes R bestimmt. Schaltungen mit Meßgeräten im Anodenkreis nach dieser Art werden auch Spannungsspitzenzeiger genannt.

e) Fernsprechverstärker.

Sind die ankommenden Sprechströme, die der Teilnehmerstelle zugeführt werden, so schwach, daß eine Verständigung erschwert ist, so

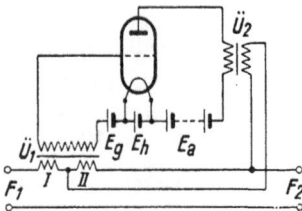

Abb. 1075.

kann man zwischen ankommende Leitung und Fernsprecher einen Einröhrenverstärker mit Eingangs- und Ausgangsübertrager schalten. Verstärker dieser Art bezeichnet man als Endverstärker. Die Mikrofonströme werden im allgemeinen nicht verstärkt.

Von besonderer Wichtigkeit ist es, bei langen Übrtragungsleitungen in den Leitungszug in gewissen

Abständen Verstärker einzuschalten, um so die durch die Leitungsverluste bedingte Dämpfung durch entsprechende Verstärkung wieder zu kompensieren. Verstärker dieser Art nennt man Zwischenverstärker.

Hier ergibt sich eine gewisse Schwierigkeit, da, wie bekannt, Verstärkerröhren nur in der einen Richtung verstärken, in der anderen aber fast vollkommen undurchlässig sind. Man ist genötigt, besondere Kunstschaltungen anzuwenden, um in beiden Richtungen eine Verstärkung zu ermöglichen. Als einfachste Schaltung sei der Einröhren-Zweidrahtverstärker erwähnt (Abb. 1075), der mehr oder weniger nur theoretisches Interesse besitzt, da Schaltungen dieser Art kaum verwendet werden. Bedingung dafür, daß diese Anordnung sich nicht selbst erregt, ist, daß die Scheinwiderstände der Leitungen F_1 und F_2 im vorgegebenen Frequenzbereich einander gleich sind.

Von größerer Wichtigkeit ist der Zweiröhren-Zweidrahtverstärker (Abb. 1076[1])). Hier wird für jede Sprechrichtung eine Röhre (I, II) verwendet und die verstärkte Energie über eine Gabel $Ü_1$—N_1 und $Ü_2$—N_2 an die Fernleitung weitergegeben. Die Gabel besteht aus einem Übertrager $Ü$ mit zwei symme-

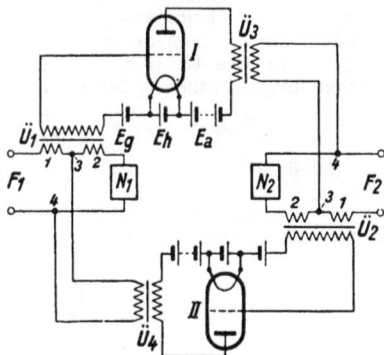

Abb. 1076.

trischen Wicklungen 1 und 2 auf der Primärwicklungsseite. Mit der Fernleitung F_1 und der Nachbildung N_1 bildet dieser Symmetrieübertrager eine Brückenschaltung, deren Speisepunkte der Symmetriepunkt 3 des Übertragers und der gemeinsame Punkt 4 Fernleitung-Nachbildung sind. Ist der Scheinwiderstand der Nachbildung gleich dem der Fernleitung, dann wird im Nullzweig der Brückenschaltung,

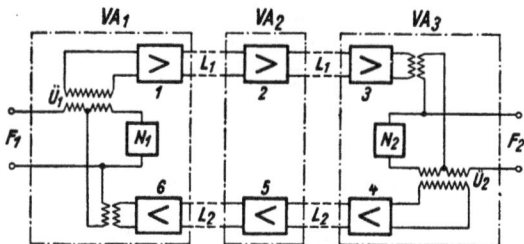

Abb. 1077.

[1]) Hagen, E., Fortschritte im Fernsprechverkehr mit Zweidraht-zwischenverstärkern. Z. Fernmeldetechn. 19, 90—92.

in unserem Fall in der Zweitwicklung des Gabelübertragers, keine
Spannung induziert. Es gelangt daher auch keine Spannung in die für
die entgegengesetzte Richtung vorgesehene Röhre. Da die Nachbildung
der Leitung mit wirtschaftlichem Aufwand nicht beliebig gut gemacht
werden kann, so kann man mit diesem Verstärker nur bis zu einem gewissen Grad der Verstärkung gehen, wenn eine Selbsterregung vermieden
werden soll (Näheres siehe bei Beschreibung der Zweidrahtverstärker).

Von großer Bedeutung für den Fernsprechverkehr auf große Entfernungen sind die Vierdrahtverstärker, Abb. 1077. Hier wird für jede
Sprechrichtung ein besonderes Leitungspaar L_1 und L_2 vorgesehen.
Die Verstärker 1, 2, 3, 4, 5, 6 können daher ohne Kunstschaltungen in den Leitungszug eingefügt werden. Es ist lediglich
in den beiden Endämtern die Zusammenschaltung der beiden Richtungen über eine Gabel an die Teilnehmerleitung notwendig. Die
Nachbildungen N_1 und N_2 der Gabeln müssen genau abgestimmt werden.

f) Zweidrahtverstärker.

Bei diesen wird für beide Sprechrichtungen je eine Röhre ver-
wendet. Zur Beschreibung der Wirkungsweise eines in modernen
Ämtern verwendeten Zweidrahtverstärkers bedienen wir uns des in
Abb. 1078 wiedergegebenen Schaltbildes, in dem zur Vereinfachung

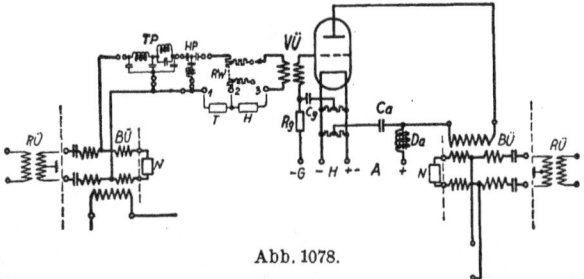

Abb. 1078.

nur die eine Richtung herausgezeichnet ist. Die von der Fernleitung
kommenden Sprechströme gelangen über den Ringübertrager $R\ddot{U}$,
das Tiefpaßfilter TP und das Hochpaßfilter HP, den Regelwiderstand
RW und den Vorübertrager $V\ddot{U}$ an das Gitter der Verstärkerröhre.
Die verstärkten Wechselströme werden über einen Brückenübertrager
$B\ddot{U}$ und einen Ringübertrager $R\ddot{U}$ an die weitergehende Fernleitung
gegeben. Die Nach-
bildung N bildet den
Scheinwiderstand im
Übertragungsfre-
quenzbereich weitest-
gehend nach, so daß
an den beiden Sym-
metriepunkten des
Brückenübertragers

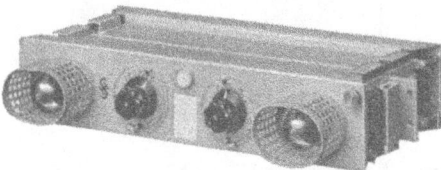

Abb. 1079.

keine Spannungen auftreten. Da in diesem Punkt die Eingangsschaltung der Röhre in der entgegengesetzten Richtung liegt, gelangt auch an diese keine Spannung.

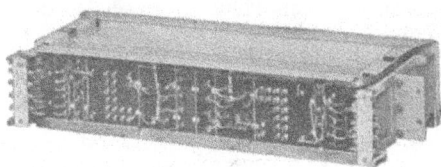

Abb. 1080.

Das Tiefpaßfilter begrenzt die zu verstärkenden Frequenzen nach oben. Es ist austauschbar und richtet sich nach der Pupinisierungsart. Bei starker Pupinisierung beträgt seine Grenzfrequenz 2070 Hz, bei mittelstarker 2400 Hz.

Die Hochpaßfilter werden nur verwendet, wenn die Leitungen gleichzeitig für Unterlagerungstelegrafie (s. d.) benutzt werden. Bei Verwendung des Hochpaßfilters werden bei voll aufgedrehtem Regelwiderstand die Frequenzen unterhalb 160 Hz überhaupt nicht verstärkt.

Die gesamte Verstärkung eines Zweidrahtverstärkers beträgt bei 800 Hz 2 Neper. Mit dem Regelwiderstand RW kann sie in 16 Stufen von 0,1 Neper im Bereich von 0,4 bis 2 Neper geändert werden. Der im Stromlauf angedeutete zweigliedrige Entzerrer T und H ermöglicht es, die Verstärkungskurve der jeweilig vorliegenden Kabeldämpfungskurve anzupassen. Es läßt sich damit die Frequenz von 2100 Hz gegenüber 800 Hz um maximal 0,5 Neper anheben (mit dem H-Glied). Die Frequenz von 300 Hz läßt sich gegenüber 800 Hz um maximal 0,15 Neper senken (mit dem T-Glied). Der Verstärker ist als Baukastenverstärker aufgebaut, so daß nach der Vorderseite zu die zu bedienenden Teile wie Röhren und Regelwiderstand (Abb. 1079), auf der Rückseite die Lötösen zur Anschaltung der Leitung untergeben.

Abb. 1081.

45

bracht sind (Abb. 1080). In einem Verstärkeramt werden in einem Gestell 10 solche Verstärker untergebracht (Abb. 1081). Über diesen im Gestell befindet sich der Gestellkopf, der die Anschlußpunkte für die Batterie-, Signal- und Sprechleitungen enthält, des weiteren enthält er Sicherungen, Widerstandslampen, Gestellsignallampen und Alarmrelais.

Unter den 10 Verstärkern ist das Schalt- und Abfragefeld untergebracht, dieses enthält entsprechende Buxen für durchzuführende Messungen, sowie Mithör- und Trennstellen.

Die Rufeinrichtung ist beim Zweidrahtverstärker so durchgeführt, daß mit einem besonders hochempfindlichen Relais, das auf die Ruffrequenzen zwischen 16 und 50 Hz anspricht, der Ruf um den Verstärker herumgeleitet wird, da dieser für tiefe Ruffrequenzen eine Dämpfung darstellt. Zweidrahtverstärker sind modernster Bauart universell verwendbar, und zwar bei sämtlichen Zweidrahtkreisen sowohl für Stamm- als auch für Phantomkreise, bei Freileitungen sowie bei Kabel. Es ist lediglich erforderlich, daß man die Nachbildung und die Entzerrung den jeweiligen Verhältnissen anpaßt.

g) Vierdrahtverstärker.

Auch beim Vierdrahtverstärker zeichnen wir nur den Verstärker der einen Richtung heraus (Abb. 1082). Ein vollkommen gleicher wird im zweiten Aderpaar für die entgegengesetzte Richtung verwendet. Die Sprachströme gelangen über den Ringübertrager $R\ddot{U}$, den Regel-

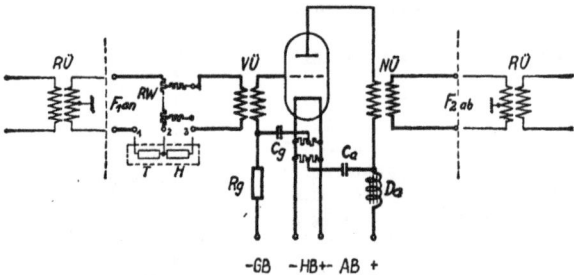

Abb. 1082.

widerstand RW und den Vorübertrager $V\ddot{U}$ ans Gitter der Röhre. Die verstärkten Ströme werden über den Nachübertrager $N\ddot{U}$ und den Ringübertrager $R\ddot{U}$ an die weitergehende Leitung gegeben.

Die maximale Verstärkung zwischen 600 Ohm Generatorwiderstand und Belastungswiderstand bei 800 Hz ist etwa 3 Neper. Sie kann durch den Regelwiderstand in 3 Grobstufen zu je 0,6 Neper und in 23 Feinstufen zu je 0,033 Neper geändert werden.

Auch hier wird ein zweigliedriger Entzerrer T und H verwendet. Mit diesem läßt sich die Verstärkungskurve der Dämpfungskurve des Kabels angleichen, und zwar für starke Pupinisierung bei 2400 Hz in 6 Stufen bis maximal 0,7 Neper bei leichter Pupinisierung bei 3200 Hz in 4 Stufen bis maximal 0,3 Neper (mit dem H-Glied).

Bei 300 Hz kann man die Verstärkungskurve in 5 Stufen bis maximal — 0,4 Neper senken.

Ein Vierdrahtverstärker (bestehend aus je einem Verstärker für die beiden Sprechrichtungen) wird, wie der Zweidrahtverstärker in einem halben sog. Baukasten untergebracht. Der Aufbau des Amtsgestelles ist ähnlich dem des Zweidrahtverstärkers. Es enthält oben den Gestellkopf, dann 10 Verstärker und das Schalt- und Abfragefeld.

In der bisher beschriebenen Form kann der Vierdrahtverstärker in Zwischenämtern verwendet werden. Im Endamt muß, um die zweidrahtmäßige Anschaltung des Teilnehmers durchführen zu können, eine zusätzliche Einrichtung vorhanden sein, die als Vierdrahtgabel bezeichnet wird (siehe Abb. 1083). Die im Vierdrahtverstärker verstärkt ankommenden Gespräche werden über den Gabelüberträger dem Teilnehmer zugeführt.

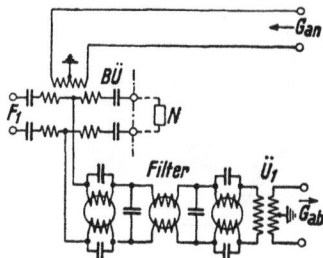

Abb. 1083.

Wird an F_1 ein Teilnehmer angeschlossen, so wird die Nachbildung so gewählt, daß sie dem Scheinwiderstand einer mittleren Leitung entspricht. Wird bei F_1 eine Zweidrahtleitung angeschlossen, so bildet N den Scheinwiderstand einer Zweidrahtleitung nach. Um beim Anschluß des Teilnehmers die Nachbildschwierigkeit zu vereinfachen, wird in die abgehende Leitung vom Teilnehmer zum Vierdrahtverstärker ein Filter geschaltet, das den Übertragungsbereich nach den hohen Frequenzen hin begrenzt.

Das Vierdrahtgabel-Verstärkergestell für Endämter entspricht in seinem Aufbau vollkommen dem Vierdraht-Zwischenverstärkergestell. Es hat im Gegensatz zu diesem im unteren Teil des Gestelles lediglich noch Schienen, die die Gabelschaltung und Nachbildung enthalten.

IX. Mehrfachausnutzung von Leitungen[1]).

Fernsprech-, Telegrafen- und Signalleitungen können mittels Kunstschaltungen verschiedenster Art mehrfach ausgenutzt werden. Man unterscheidet

1. Mehrfachausnutzung der Fernsprechleitungen zur Bildung von zusätzlichen Sprechkreisen,
2. Mehrfachausnutzung der Telegrafen- und Fernsprechleitungen zur Bildung von zusätzlichen Telegrafierkreisen,
3. Mehrfachausnutzung der Fernsprech-Ortsleitungen sowie der Feuermelde-Ringleitungen zur Bildung von zusätzlichen Signalkreisen.

Zur Bildung von zusätzlichen Kreisen verwendet man entweder Brücken- oder Differentialschaltungen aus mehreren parallel verlaufenden Leitungen oder man verwendet Trägerströme (Kanalbildung) und trennt die Kanäle durch Filter oder Wellensiebe.

---

[1]) Dobmaier, A., Aus der Trägerfrequenztechnik, Das Stellwerk 1938, 29—34.

Zur mehrfachen Ausnutzung von Fernsprech-Fernleitungen schaltet man zwei Fernsprech-Doppelleitungen (Abb. 1084) zu einem Vierer-

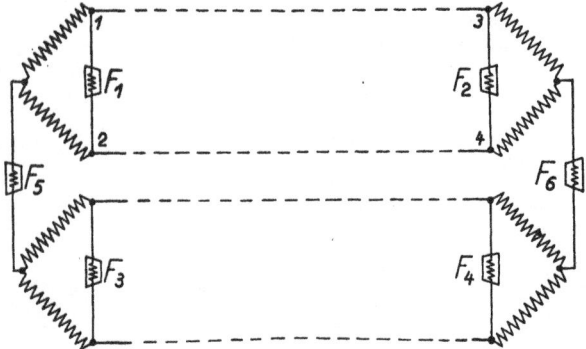

Abb. 1084.

kreis F_5, F_6 unter Anwendung einer Brücke. Die Fernsprecher $F_1 F_2$ (desgl. $F_3 F_4$) in den Stammkreisen verkehren miteinander unmittelbar und werden von den Sprechströmen des Kreises F_5 F_6 nicht

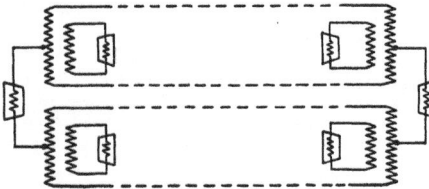

Abb. 1085.

beeinflußt, denn die Anschlußpunkte 1, 2 bzw. 3, 4 sind für die Ströme des neu gebildeten Kreises Punkte gleichen Potentials.

Abb. 1085 zeigt eine ähnliche Schaltung, bei der Übertrager zur Bildung der Doppelsprechkreise verwendet worden sind. Auf die praktische Ausgestaltung derartiger Mehrfachsprechkreise wird weiter unten noch eingegangen werden.

Schaltet man eine Induktivität L, Abb. 1086, und eine Kapazität C in Reihe an eine Wechselstromquelle f von veränderbarer Frequenz, so tritt bei einer bestimmten Frequenz $f_1 = \dfrac{1}{2\pi} \sqrt{\dfrac{1}{LC}}$ Span-

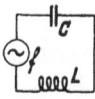 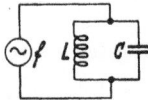

Abb. 1086. Abb. 1087.

nungsresonanz zwischen L und C ein (s. auch Seite 31, 32). Der Scheinwiderstand des Gesamtgebildes ist für die Frequenz f_1 gleich Null; praktisch ist er gleich dem Ohmschen Widerstand der Zuleitungen und dem der Selbstinduktionsspule.

Schaltet man eine Induktivität L mit einer Kapazität C parallel in einen Wechselstromkreis, Abb. 1087, so tritt bei einer bestimmten Frequenz f_1 Stromresonanz in dem Kreise L—C ein; der Widerstand des Gebildes ist unendlich groß (Sperrkreis). Hierbei sind die Ströme im kapazitiven Teil denen im induktiven Teil gleich, aber entgegengesetzt gerichtet.

Verschiedenartige aus Induktivitäten und Kapazitäten aufgebaute, in ihrem Scheinwiderstand frequenzabhängige Gebilde, die in ihrer Charakteristik zwischen den oben erwähnten Grenzfällen 0 und ∞ liegen, bezeichnet man als Kettenleiter, Sperren und Siebe.

Als Kondensatorleitungen, Abb. 1088, werden Kettenleiter bezeichnet, die aus Kondensatoren und Drosselspulen so geschaltet sind, daß alle Frequenzen ($\omega = 2\pi f$) oberhalb einer bestimmten Frequenz ω' fast

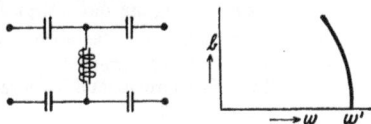

Abb. 1088.

ohne Dämpfung (b) (s. Dämpfung und Dämpfungsfaktor) durchgelassen werden.

Als Spulenleitung, Abb. 1089, bezeichnet man einen Kettenleiter, der alle Frequenzen unterhalb einer bestimmten Frequenz ω_1 fast ohne Dämpfung (b) durchläßt; die Frequenzen oberhalb ω_1 werden jedoch sehr stark gedämpft.

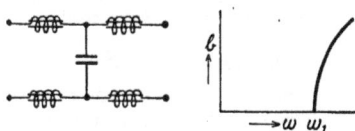

Abb. 1089.

Abb. 1090 zeigt den schaltungstechnischen Aufbau einer kapazitiv gekoppelten. zweigliedrigen Siebkette, wie eine solche für die Zwecke der Trägerfrequenztelegrafie verwendet werden kann. Abb. 1091 zeigt die Dämpfung von Wechselströmen in Siebketten als Funktion der Kreisfrequenz ω. Nur Wechselströme mit einer Kreisfrequenz, die zwischen ω' und ω'' liegt, können ungedämpft durch die Siebkette gehen. Bei steigender oder abnehmender Frequenz steigt die Dämpfung nach beiden Seiten ganz schnell an.

In welcher Weise die Kettenleiter bei der Kanalbildung in der Fernmeldetechnik verwendet werden, wird in den nachstehenden Abschnitten gezeigt werden.

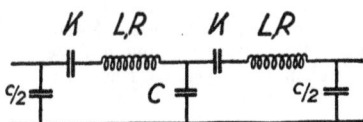

Abb. 1090.

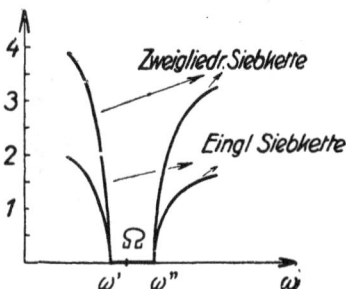

Abb. 1091.

X. Kunstschaltungen in der Telegrafie[1]).

Die hohen Kosten für die Erstellung und Unterhaltung von Leitungen zwangen den Fernmeldetechniker schon frühzeitig die Freileitungen und Kabel für Mehrfachbetrieb auszunutzen. Als erste Kunstschaltungen für die Mehrfachausnutzung der Leitungen entstanden die Gegensprech- und die Simultanschaltungen. Das heute stark ausgebaute Fernsprechkabelnetz wird unter Anwendung verschiedener Kunstschaltungen auch zur Erledigung des Telegrafenverkehrs herangezogen.

Von den Fernsprech-Kabelleitungen wird
  1 Teil nur für Fernsprechzwecke,
  1 Teil für Fernsprech- und Telegrafenzwecke (s. Unterlagerungstelegrafie) und
  1 Teil nur für Telegrafie (s. Tonfrequenztelegrafie)
benutzt. Neuerdings sind Versuche gelungen, im Ortsverkehr die Fernsprechleitungen abwechselnd für Telegrafie und Telefonie auszunutzen, ohne daß irgendwelche Störungen in den benachbarten Kabeladern beobachtet wurden. Diese letztgenannte Technik, die mit Eintontelegrafie bezeichnet wird, ist ebenfalls eine Trägerfrequenz-Telegrafie und ist wahrscheinlich dazu berufen, die private Fernschreibtechnik (s. d.) besonders zu fördern.

a) Gegenschreib-Schaltung für Einfachstrom.

Wenn zwei Telegrafen-Apparate gleichzeitig über eine Leitung im Gegenschreibbetrieb*) arbeiten sollen, so muß die Schaltung der Apparate so eingerichtet werden, daß auf jeder Endstelle das eigene Empfangsgerät durch die abgehenden Ströme nicht beeinflußt wird und nur auf die ankommenden Ströme der Gegenstation anspricht. Man verwendet zu diesem Zweck bei längeren Kabelleitungen die sog. Differentialschaltung und bei kurzen Kabelleitungen und oberirdischen Leitungen die sog. Brückenschaltung.

Die Gegenschreibschaltungen werden unter Verwendung von Morse-Apparaten beschrieben. An Stelle der Morse-Apparate können auch Hughestelegrafen- oder Fernschreiber, soweit sie mit Gleichstromstößen arbeiten, in den Schaltungen betrieben werden.

An direkt arbeitenden Farbschreibern muß für Duplexbetrieb der Elektromagnet differential gewickelt sein (siehe S. 7), und bei Lokalschreibern verwendet man differential gewickelte Relais.

Aus Abb. 1092 ist der Grundgedanke einer Dif-

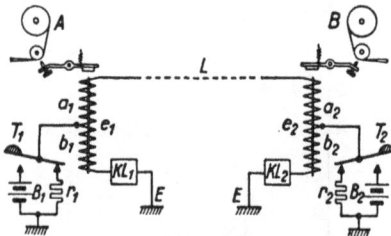

Abb. 1092.

---

[1]) Wagner, K. W., Mehrfachtelefonie und -telegrafie mit schnellen Wechselströmen. ETZ 40, 1919, 383—86, 394—97.
*) Auch Duplexbetrieb genannt.

ferentialschaltung zu ersehen. Die auf Eisenkernen gewickelten Spulen e_1 und e_2 stellen die Differentialrelais (bei indirekter Schaltung) bzw. die Elektromagnetrollen (bei direkter Schaltung) für Morsebetrieb dar. Über Leitung L sollen gleichzeitig je ein Telegramm von A nach B und von B nach A gesandt werden. Es sei angenommen, Taste T_2 wäre gedrückt, Taste T_1 in der Ruhelage. Es fließt dann aus Batterie B_2 ein Strom über T_2, verzweigt sich in je zwei gleiche Teile über a_2 und Leitung L und über b_2 und die sog. künstliche Leitung KL_2. Durch die künstliche Leitung ist die Leitung einschließlich der Apparate der Gegenstelle in bezug auf Widerstand und Kapazität genau nachgebildet. Der Kern der Spule e_2 wird infolge der differentialen Wicklung und der gleichgroßen Teilströme nicht magnetisiert. Im Amt A fließt der größte Teil des ankommenden Stromes über Wicklung a_1 der Spule e_1, Taste T_1 zur Erde. Die b_1-Wicklung ist praktisch stromlos, da KL_1 groß gegen Widerstand

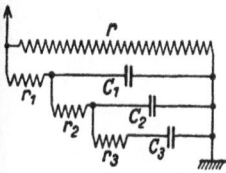 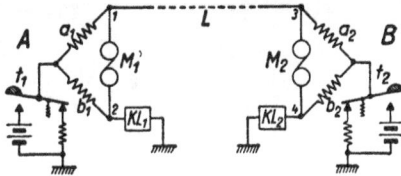

Abb. 1093.   Abb. 1094.

r_1 ist, der gleich dem inneren Widerstand der Batterie B_1 gemacht wird. Das Relais oder der Morseapparat e_1 zieht seinen Anker an. Der gleiche Vorgang, nur in umgekehrter Richtung, spielt sich ab, wenn Taste T_1 gedrückt und Taste T_2 in Ruhe ist. Sind beide Tasten gedrückt und die Batterien, wie in der Abbildung, gegeneinander geschaltet, so werden beide Relais e_1 und e_2 erregt, und zwar durch den Stromfluß in den Wicklungen b_1 und b_2 aus der eigenen Batterie, welcher Stromfluß aber vom entgegengesetzten Amt gesteuert wird. Die Leitung ist in diesem Falle stromlos, trotzdem praktisch Zeichen übermittelt werden. Sind die Batterien hintereinander geschaltet und beide Tasten gedrückt, so ist der Strom in der Leitung doppelt so groß wie bei einer gedrückten Taste. Künstliche Leitungen werden aus Widerständen und Kondensatoren (Abb. 1093) aufgebaut. Man macht $r_1 = r_2 = r_3$ und $r = r_1 + r_2 + r_3$; sowie $c_1 + c_2 + c_3$ (in Parallelschaltung) $= C$ der Leitung. Vorteilhaft ist es, die Widerstände und die Kondensatoren regelbar zu machen, da C und R der Freileitungen sich mit der Witterung und der Temperatur ändern und zur genauen Abgleichung tägliche Einregulierungen erforderlich sind. Die Abgleichung ist dann richtig, wenn der eigene Farbschreiber oder das Empfangsrelais bei empfindlichster Einstellung die abgehenden Telegrafierzeichen nicht wiedergibt.

Die Brückenschaltung für den Gegenschreibbetrieb (Abb. 1094) beruht auf der Wheatstoneschen Brückenanordnung (siehe dies). Die Brücke ist im Gleichgewicht, d. h. Punkte 1 und 2 bzw. 3 und 4 haben gleiches Potential, und der Strom in der Diagonale ist $= 0$, wenn das Produkt der Widerstände $a \cdot L = b \cdot KL$ ist. Unter dem

Widerstand L ist hier der Leitungswiderstand zuzüglich des Kombinationswiderstandes der Schaltung der Gegenstelle bis zur Erde, zu verstehen. Die Widerstände a und b macht man etwa je 1000 Ohm. Wird die Taste im Amt A gedrückt, so teilt sich der aus der Batterie ausgehende Strom bei 5 in zwei gleiche Teilströme über a_1 und L bzw. über b_1 und KL_1. Bei B geht der Leitungsstrom zum größten Teil über M_2, so daß dieser Apparat anspricht. Ein Teilstrom geht über a_2, t_2 zur Erde.

b) Schaltungen für Doppelstrom.

Die moderne Telegrafentechnik, insbesondere Fernschreibtechnik, arbeitet im Gegensatz zu der Technik der alten Telegrafie fast nur mit Doppelstrom. Die Vorzüge des Doppelstroms gegenüber dem Einfachstrom wurden auf Seite 324 bereits erwähnt.

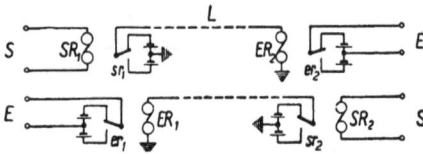

Abb. 1095.

Da bei Doppelstrombetrieb gepolte Relais verwendet werden, so ist die Empfangsgüte in weiten Grenzen unabhängig vom Leitungsstrom.

Für Telegrafen-Dauerleitungen über 100 km Länge und Fernschreibanschlüsse mit über 100 km Anschlußleitung verwendet man die in Abb. 1095 dargestellte Zweiwegschaltung (und Erde als Rückleitung) für jede Verkehrsrichtung. Ist Starkstrombeeinflussung zu befürchten, so sind zwei Doppelleitungen (bei Freileitungen entsprechend gekreuzt) zu verwenden. In der Schaltung bedeuten SR und ER jeweils die Sende- und die Empfangsrelais.

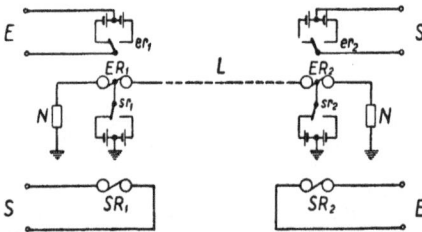

Abb. 1096.

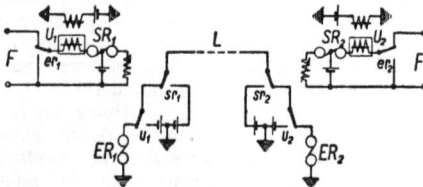

Abb. 1097.

Für kurze Dauerverbindungen und für den Anschluß von Fernteilnehmern in einem Fernschreibnetz ist die Gegenschreibschaltung Abb. 1096 gebräuchlich. Nach Erläuterung der Gegenschreibschaltungen für Einfachstrom (Abb. 1092 und Abb. 1094) bedarf die Abb. 1096 keiner weiteren Erklärung.

— 697 —

Die in der Abb. 1097 dargestellte Wendeschaltung wird für Dauerleitungen verwendet; die Leitung wird in beiden Richtungen ausgenutzt, aber nur wechselzeitig, wobei die Umschaltung selbsttätig, durch das Umschalterelais U_1 (bzw. U_2) vorgenommen wird. An F sind die Fernschreiber angeschlossen. Wird ein Zeichen gesendet (Stromunterbrechung im Sende-Ortsstromkreis), so legt das Senderelais SR_1 (SR_2) seinen Anker um und hierbei die Telegrafenleitung an den Minuspol der Batterie. Gleichzeitig mit dem Senderelais SR_1 (SR_2) spricht auch das U_1 (U_2)-Relais an, das im Ruhezustand durch die Wirkung der Kompensationswicklung abgefallen war. Anker u_1 (u_2) legt um. Relais U_1 (U_2) ist abfallverzögert, so daß der Anker u_1 (u_2) während des Telegrafierens in der umgelegten Lage verbleibt. Der Senderelaiskontakt sr_1 (sr_2) arbeitet nun im Takt des Senderelais und gibt Plus- und Minus-Stromstöße auf die Leitung. Der Anlaufschritt für die Fernschreiber mit 5-Einheiten-Alphabet (s. S. 311) kommt zustande unabhängig davon ob das U-Relais bereits umgelegt hat oder nicht, und zwar sofort nachdem der Anker des Senderelais umgeschlagen hat. Auch der Sperrstromschritt kommt einwandfrei zustande, wenn der Anker des Senderelais wieder in die gezeichnete Lage kommt, denn das U-Relais fällt durch die Kompensationswicklung verzögert ab, nachdem sr_1 (sr_2) bereits umgelegt hat.

c) Simultanschaltungen.

Schaltungen, die es ermöglichen, auf einer Einfach- oder Doppelleitung gleichzeitig zu telegrafieren und telefonieren, werden als Simultanschaltungen bezeichnet.

Es sind zu unterscheiden:
1. das Telegrafieren auf Fernsprechleitungen (Doppelleitungen),
2. das Fernsprechen auf Telegrafenleitungen (Einfachleitungen).

In Abb. 1098 ist eine in der Geschichte der Telegrafie sehr bekannte Schaltung zum gleichzeitigen Telegrafieren und Fernsprechen auf einer Einfachleitung dargestellt.

Den Sprechströmen aus 13 und 14 ist der Weg über die Morseapparate durch die Drosseln 1 und 3 gesperrt. Die Fernsprecher 13, 14 sind gegen die Telegrafierströme durch die Kondensatoren 11, 12

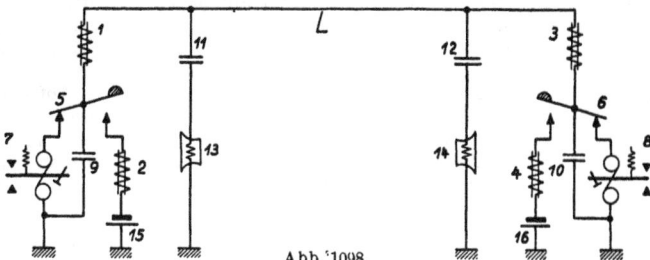

Abb. 1098.

blockiert. Damit beim Schließen und Öffnen des Stromkreises durch die Morsetasten (5, 6) in den Fernhörern kein Knackgeräusch auftritt, wird das Ansteigen des Telegrafierstromes verzögert erstens durch die der Batterie 15 (16) vorgeschaltete Drossel 2 (4) und durch Parallelschaltung eines Kondensators 9 (10). Im ersten Moment, nachdem die Taste gedrückt worden ist, nimmt der Kondensator 9 (10) den ersten Stromstoß auf; er wirkt der Leitung gegenüber wie ein Kurzschluß. Erst ganz allmählich geht auch Strom über die Drosseln 1, 2 (3, 4) in die Leitung.

Diese Schaltung hat nur ein beschränktes Anwendungsgebiet, weil längere Telegrafenleitungen (Eisen) für Sprechströme eine zu große Dämpfung haben und weil die Schaltung eine Verringerung der Telegrafiergeschwindigkeit bedingt, und zwar als Folge einer zu starken Abflachung des Stromanstieges.

Die Schaltung in Abb. 1099 zeigt, in welcher Weise auf einer Doppelleitung Sprech- und Telegrafierströme ohne gegenseitige Störung nebeneinander verlaufen können. Der Sprechstromkreis ist durch die Doppelleitung a, b unter Ausschluß der Erde gebildet. Der Telegrafierstrom verläuft über Erde und über beide Adern der Doppelleitung, indem er sich im Punkt 3 bzw. 4 in zwei Hälften teilt und in

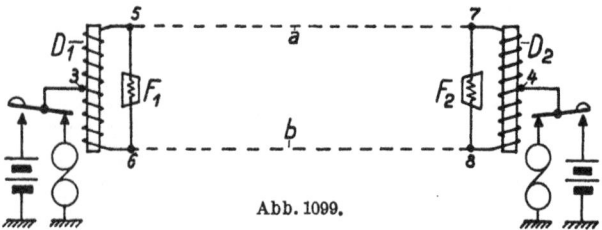

Abb. 1099.

den beiden Wicklungen der sog. Simultanspulen $D_1 D_2$ (Differential) nur den Ohmschen Widerstand findet. Für die von F_1 und F_2 ausgehenden Sprechströme ist der Weg über die Simultanspule gesperrt, weil die Spule in diesem Fall als Drosselspule wirkt. Die Fernsprecher werden durch den Telegrafierstrom nicht gestört, denn die Anschlußpunkte 5, 6 bzw. 7, 8 sind Punkte gleichen Potentials.

Die soeben beschriebene Schaltungsanordnung für Simultanbetrieb arbeitet dann einwandfrei, wenn beide Seiten a und b der Fernleitung elektrisch gleich sind. Bei Freileitungen[1]) z. B., die ihre elektrischen Werte durch Witterungseinflüsse ändern, ist das geforderte Gleichgewicht schwer zu erreichen, so daß man wieder zu einem Abflachmittel greifen muß, um vom Sprechkreis die Telegrafiergeräusche fernzuhalten. Als modernes Abflachmittel dienen heute sog. Kettenleiter (s. Seite 693). In diesem Fall der Simultantelegrafie schaltet man den Kettenleiter zwischen den Telegrafenapparat und die Leitung, wie in Abb. 1100 dargestellt.

---

[1]) Jipp, A., Telegrafie auf Freileitungen. Telegr. u. Fernspr.-Techn 26, 1937, 195—99; 231—38.

Der Kettenleiter $C — L_1 — L_2$ muß so bemessen sein, daß er die höchste Frequenz der Telegrafierströme (Punktstromstoß, Fünferzeichen-Wechsel bei Lochstreifenbetrieb) noch ohne Dämpfung durchläßt. Ist die Höchstfrequenz der Telegrafierströme f_h, so bemißt man praktischerweise die Grenzfrequenz des Kettenleiters auf das 1,6fache von f_h; also $f_0 = 1,6 f_h$. Eine solche Schaltung arbeitet in bezug auf das Fernsprechen sowie auch in bezug auf die Telegrafie einwandfrei und ist eine Anwendung der Frequenztrennung mittels Kettenleiter auf bereits durch Brücken- oder Differential-Schaltung ausgeglichene Kreise.

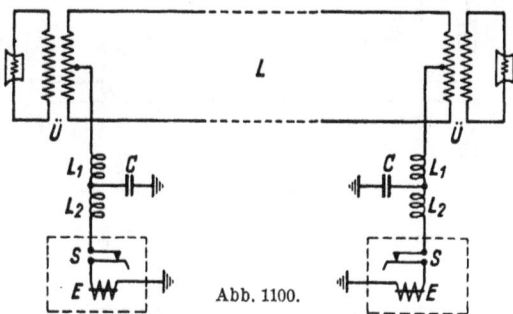

Abb. 1100.

Mit Hilfe eines Differentials und der Kettenleiter kann über eine besprochene Fernsprechleitung auch Gegenschreibbetrieb eingerichtet werden. In der Abb. 1101 ist das Prinzipschaltbild für einen Einfachsimultanbetrieb mit Gegenschreibmöglichkeit und Doppelstrombetrieb gezeichnet.

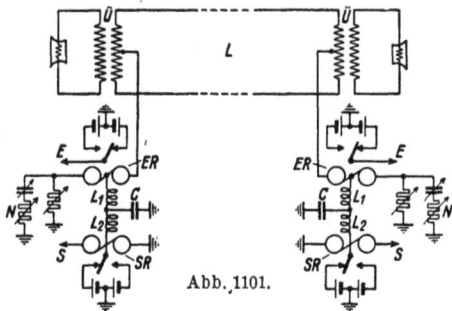

Abb. 1101.

Soweit Fernsprechdoppelleitungen zur Verfügung stehen, können auch zwei Stammleitungen (Vierer) zur Bildung eines Telegrafierstromkreises herangezogen werden. Einen solchen Viererkreis zeigt Abb. 1102. Der Telegrafierstromkreis wird an die Übertrager $\ddot{U}v$ in der dargestellten Art angeschlossen.

In ähnlicher Weise kann natürlich auch ein aus zwei Vierern gebildeter Achter beschaltet werden. Praktisch wird jedoch die sog. Achtertelegrafie ohne Erde als Rückleitung betrieben. Abb. 1103 zeigt die vereinfachte Schaltung eines Endamts für Fernschreiberbetrieb.

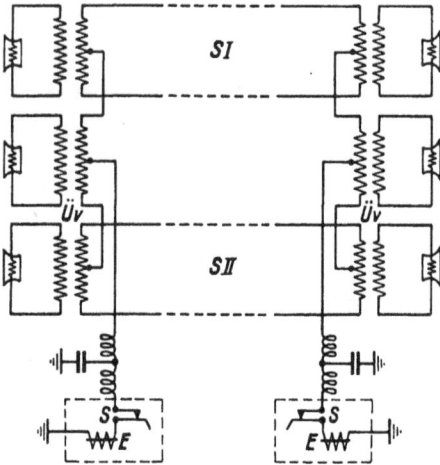

Abb. 1102.

Es wird in dieser Schaltung im Gegenschreibbetrieb gearbeitet. Das Empfangsrelais ER ist deshalb als Differential geschaltet, wobei auf der einen Seite die Leitung, auf der anderen Seite die Nachbil-

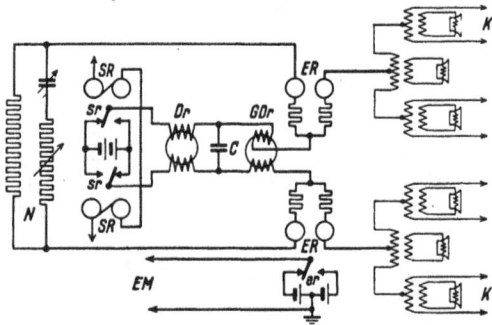

Abb. 1103.

dung N liegt. Die Mitten der Wicklungen des Empfangsrelais ER führen zur Sendeseite. Das Empfangsrelais wird von den abgehenden Telegrafierströmen nicht beeinflußt, da bei richtiger Nachbildung beide

Wicklungshälften jeder Spule entgegengesetzt mit gleicher Stärke vom Sendestrom durchflossen werden. Der Empfangsstrom durchfließt die beiden an der Leitungsseite liegenden Wicklungen beider Spulen des Relais und verzweigt sich dann, indem ein Teil in den Sendekreis und ein Teil über die anderen Wicklungen in die Nachbildung fließt. Um gegenseitige Beeinflussung der Stromkreise durch kapazitive Ausgleichströme zu vermeiden, müssen die Spannungen auf den Adern jedes Stammes in bezug auf die Mitte der Batterie symmetrisch sein. Die Tastung beim Senden geschieht, bei Anwendung von zwei hintereinander geschalteten Senderelais SR, deshalb durch doppelpoliges Umschalten der Sendebatterie. Um Störströme, die durch nicht ganz gleichmäßiges Arbeiten der Sendekontakte entstehen können, von den Fernsprechkreisen fernzuhalten, sind zur Abflachung die Drossel Dr, Vordrossel GDr sowie der Kondensator C in den Sendekreis geschaltet.

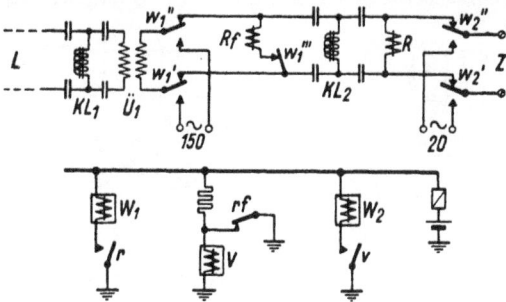

Abb. 1104.

Bei der Bildung der Achterkreise sind je zwei Stammleitungen parallel geschaltet, der Ohmsche Widerstand ist daher nur $^1/_4$ des Widerstandes einer Doppelleitung. Hierdurch ist die Reichweite groß, z. B. bei 0,9 mm Kabeladern 300 km, bei 1,4 etwa 400 km.

Man kann mit der Frequenztrennung, die mit Hilfe der Kettenleiter möglich ist, noch weiter gehen, insbesondere auch zur Bildung von getrennten Sende- und Empfangswegen für den Telegrafenverkehr, der auch über Vermittlungseinrichtungen geht. In diesem Fall sind getrennte Sende- und Empfangskreise notwendig.

Wenn für die Sprachübertragung ein Frequenzband von 300 bis 2400 benötigt wird und für das Fernschreiben Frequenzen von etwa 50 und 60 Hertz, so kann man durch geeignete Kettenleiter sehr wohl getrennte Kreise für Senden und Empfangen einrichten. Das Prinzip einer solchen Trennung ist in Abb. 1106 gezeigt. Mit Hilfe dieses Prinzips läßt sich die Doppelsimultantelegrafie aufbauen, Abb. 1105. Wie aus der Abbildung zu ersehen, sind zwischen den Fernsprechern und den Übertragern noch Apparate eingeschaltet, die mit RU bezeichnet sind. Diese mit Rufumsetzer bezeichneten Umschalteeinrichtungen haben folgenden Zweck.

Für die Abwicklung des geregelten Fernsprechbetriebes ist es notwendig, die Leitungswege so durchzubilden, daß über diese nicht nur gesprochen, sondern auch gerufen werden kann. Der Rufstrom ist ein Wechselstrom von 20 oder 30 Hertz und würde in der Schaltung nach Abb. 1105 auch in den Telegrafierstromkreis geraten und den Fernschreibbetrieb stören. Um das zu vermeiden, wird ein Rufumsetzer eingeschaltet, eine Relais- und Kettenleiter-Anordnung, Abb. 1104, durch die der von einer Fernsprechzentrale Z kommende Rufstrom von z. B. 20 Hertz in einen solchen von 150 Hertz umgewandelt wird, bevor er in die Leitung gelangt, und der von der Leitung L kommende 150 periodige Rufstrom erst in einen solchen von 20 Hertz, ehe er an die Fernsprechzentrale weitergeleitet wird. Der 20-Hertz-Strom betätigt das Wechselstromrelais R (z. B. Phasenrelais, s. d.). R schaltet über r das Wechselrelais W_1 ein, das seinerseits über seine Kontakte w_1' und w_1'' die 150-Hertz-Wechselstromquelle an die Leitungsseite legt. Der

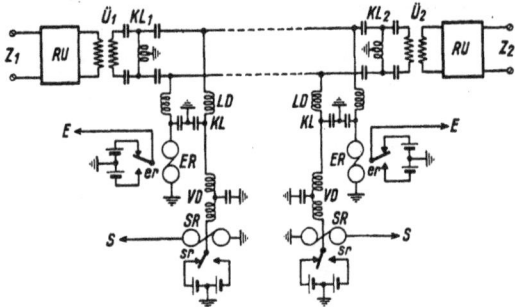

Abb. 1105.

von der Leitung kommende Rufwechselstrom von 150 Hertz betätigt das Rf-Relais, Kontakt rf bringt das V-Relais, das V-Relais das Wechselrelais W_2, das wiederum über w_2' und w_2'' Rufstrom von 20 Hertz zur Zentrale leitet.

Die Wirkungsweise des in Abb. 1105 dargestellten Doppelsimultanbetriebes dürfte nun klar sein. Zwischen der Leitung und dem Eingangsübertrager $\ddot{U}_1$ ist eine Kondensatorleitung KL_1 mit einer Grenzfrequenz $fo = 100$ geschaltet, so daß Telegrafierfrequenzen, die ja unter 100 Hertz liegen, nicht in die Fernsprechzentralen gelangen können. Im Rufumsetzer ist außerdem noch eine weitere Kondensatorleitung eingebaut mit einer Grenzfrequenz $fo = 250$, die verhindert, daß Sprechströme mit Frequenzen unterhalb 250 Hertz zum Relais Rf gelangen und dieses ansprechen lassen.

d) Unterlagerungstelegrafie.

Um auch auf Kabelleitungen gleichzeitig fernsprechen und telegrafieren zu können, ist von der Firma Siemens & Halske ein System der Unterlagerungstelegrafie entwickelt worden, welches allen

Anforderungen eines störungsfreien Fernsprechbetriebes und einer schnellen Telegrafiergeschwindigkeit genügt (Schnelltelegrafie). Für die Sprachübertragung ist ein Frequenzband von 300 bis 2700 Hertz erforderlich. Arbeitet ein Telegrafenapparat, z. B. eine Fernschreibmaschine, mit $7^1/_7$ Zeichen zu je 7 Stromschritten in der Sekunde, so entspricht das $7 \times 7^1/_7 = 50$ Wechsel $= 25$ Hertz. Es liegt also das für die Telegrafie erforderliche Frequenzband noch weit unter der unteren Grenze des Fernsprech-Frequenzbandes, so daß bei entsprechender Bemessung der Telegrafierstromstärke (s. auch Telegrafenrelais) der gleichzeitige Fernsprech- und Telegrafierbetrieb auf derselben Leitung möglich ist. Zur Trennung der Ortskreise werden die auf Seite 693 beschriebenen Kettenleiter verwendet. Der Grundgedanke der Unterlagerungstelegrafie kann durch die zeichnerische Darstellung in Abb. 1106 erläutert werden. Über die Leitung Ltg soll gleichzeitig telefoniert und telegrafiert werden. Die Fernsprecher

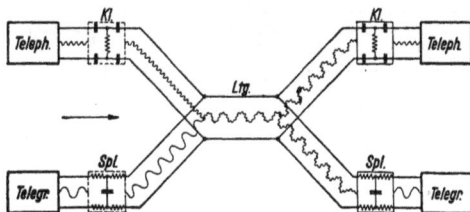

Abb. 1106.

sind gegen die Telegrafierströme (niedrige Frequenz) durch die Kondensatorleitungen (s. d.) Kl geschützt, die Telegrafenapparate werden andererseits durch die Fernsprechströme (hohe Frequenz) nicht beeinflußt, da vor diese Apparate je eine Spulenleitung (s.d.) Spl geschaltet ist. Auf der Leitung selbst fließt ein Strom, der beide Frequenzen enthält.

Die Unterlagerungsschaltung hat sich für kurze und mittlere Entfernungen (150 bis 300 km) ausgezeichnet bewährt.

Kabelvierer (s. d.) werden zum Zwecke der Unterlagerungstelegrafie in der Regel so geschaltet, daß für die Telegrafie Gegensprechbetrieb für jede Stammleitung vorgesehen wird, so daß über zwei Doppeladern gleichzeitig drei Fernsprech- und zwei Telegrafenverbindungen zustande kommen.

In der Abb. 1107 ist die Schaltung eines Kabelvierers für Unterlagerungstelegrafie dargestellt. Zwischen den Stellen A und B liegt die aus Stamm I und Stamm II bestehende Viererleitung eines normalen Fernsprechkabels (s. d.). Über Stamm I besteht die Fernsprechverbindung $F_1 - F_4$, über Stamm II die Verbindung $F_2 - F_6$ und über den Viererkreis die Fernsprechverbindung $F_3 - F_5$. An dieselben Stammleitungen sind über die Liniendrosseln LD_1, LD_2, LD_3 und LD_4 die Telegrafeneinrichtungen angeschlossen. N ist die künstliche Leitung, d. h. die Nachbildung des Kabel-Scheinwiderstandes (für den Telegrafen-Frequenzbereich). Zwischen der Liniendrossel LD

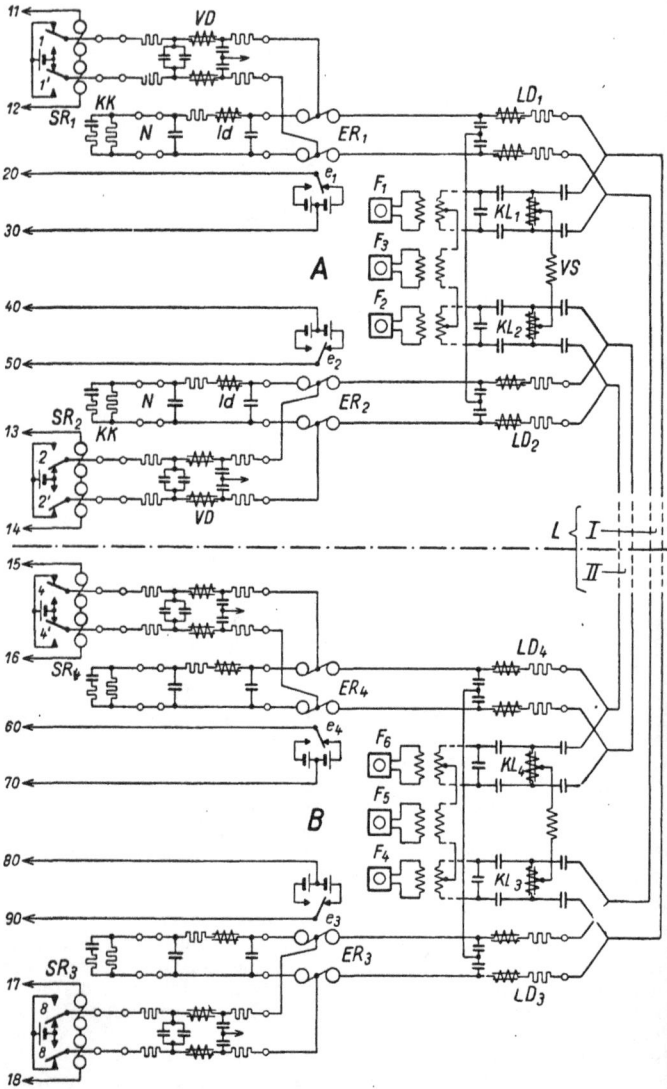

Abb. 1107.

und der Nachbildung liegt das gepole-Empfangsrelais *ER*, welches für den Gegent sprechbetrieb differential geschaltet ist. Die Kontakte des Senderelais *SR* sind über eine Vordrossel *VD*, die zur Abflachung der Telegrafen-Sendeströme dient, mit den Mitten der Empfangsrelais-Spulen verbunden. Die Leiter 11/12, 13/14, 15/16, 17/18 führen zur Sendeeinrichtung des jeweils benutzten Telegrafenapparates. Die Leiter 20/30, 40/50, 60/70, 80/90 führen zu den Empfängern. Aus der Schaltung ist zu erkennen, daß die Empfangsrelais ER_1 bis ER_4 durch die vom eigenen Senderelais SR_1 bis SR_4 kommenden Stromimpulse nicht beeinflußt werden.

Um die gegenseitige Beeinflussung der Stromkreise, die durch kapazitive Ausgleichströme verursacht werden kann, zu vermeiden, sind verschiedene schaltungstechnische Vorkehrungen getroffen. Auch die doppelpolige Tastung an den Senderelais *SR* hat diesen Zweck. Die Mitten der zu den Kondensator-Leitungen *KL* gehörigen Drosseln sind über eine Viererspule *VS* verbunden. Diese Induktivität bildet zusammen mit den Kondensatoren der Kondensator-Leitungen *KL* der Stammleitungen eine neue Kondensatorleitung für den Vierer.

Abb. 1108 zeigt den gestellmäßigen Aufbau einer modernen Unterlagerungstelegrafie-Einrichtung — es ist der sog. Schienenaufbau. Die Gesamtschaltung ist auf Relais-

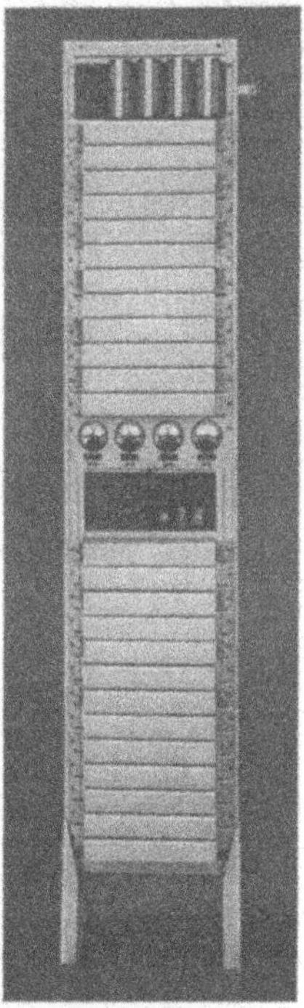

Abb 1108.

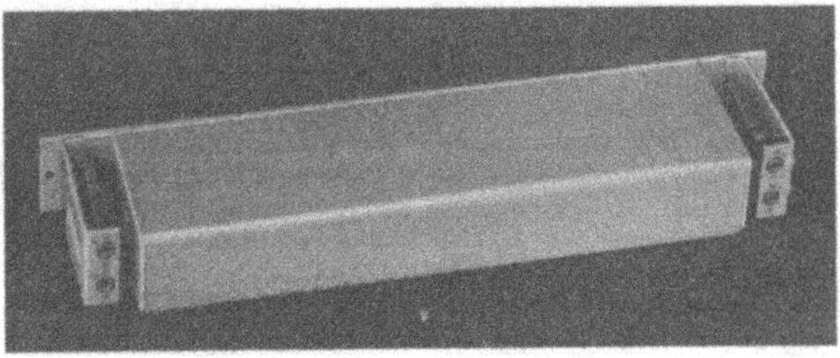

Abb. 1109.

schienen, Zusatzschienen, Nachbildschienen und Frequenzweichenschienen untergebracht. Außer dem in Abb. 1108 dargestellten Relaisgestell gehört zu einem Unterlagerungstelegrafie-Endamt noch ein Frequenzweichengestell mit ähnlichem (Schienen-)Aufbau. Die äußere

Ansicht einer Schiene mit staubdichter Schutzkappe ist in Abb. 1109
wiedergegeben. Abb. 1110 zeigt die Einzelteile einer Schiene. Die abgebildeten Relais, Übertrager, Widerstände usw. werden durch Ver-
schraubung an der Schiene befestigt und dann verdrahtet.

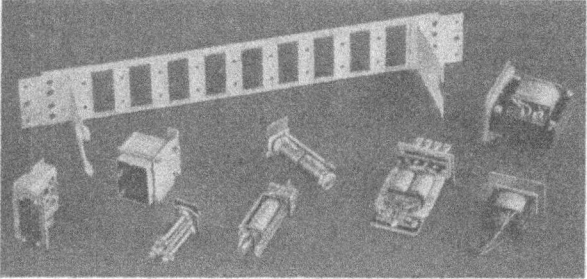

Abb. 1110.

e) Impulstelegrafie[1]).

Wenn Fernmeldekabel oder oberirdische Telegrafenleitungen durch
Starkstrom-Hochspannungsleitungen, auch Bahnleitungen, beeinflußt
werden (s. Beeinflussung), so· sind besondere schaltungstechnische
Maßnahmen erforderlich, um den Fernmeldebetrieb gefahrlos zu gestalten. Das sicherste Mittel besteht in der galvanischen Trennung
der Stromkreise durch Übertrager, wie das in Abb. 1111 angedeutet

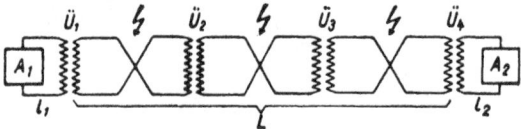

Abb. 1111.

ist. Die beeinflußte Leitungsstrecke L ist in eine Anzahl Abschnitte eingeteilt, die mittels Übertrager U_2, U_3 miteinander elektromagnetisch gekoppelt sind. Die Fernmeldeapparate A_1, A_2 werden mittels der
Übertrager U_1 und U_4 an die Leitung angeschlossen (s. auch Abb. 926).
Die Übertrager sind Spezialgeräte und mit hoher Isolationsfestigkeit
gewickelt. Die Anschlußleitungen l_1 und l_2 können nunmehr als gewöhnliche Schwachstromleitungen ausgeführt werden; ein Überspannungsschutz*) für die Apparate muß noch vorgesehen werden.

Über eine solche Leitung ist ein Fernsprechverkehr ohne weiteres
möglich, ein Telegrafieren mit den üblichen Gleichstromimpulsen
jedoch nicht.

---

[1]) Jipp, A. u. Nottebrock, H., Die Telegrafie auf Fernkabeln
mit besonderer Berücksichtigung der Unterlagerungs- und Impulstelegrafie.
Telegr.- u. Fernspr.-Techn. 17, 1928, 227—36.
*) Siehe S. 715.

Um einen Telegrafenbetrieb auf solchen Leitungen trotzdem durchzuführen, ist die sog. Impulstelegrafie entwickelt worden.

Ein Telegrafierimpuls wird aus zwei Stromstößen a, b gebildet, Abb. 1112, die auf das Empfangsrelais so einwirken, daß der Zeichen-Stromstoß a den Anker eines gepolten, neutral eingestellten Empfangsrelais umlegt und der Trenn-Stromstoß b den Anker wieder in die ursprüngliche Lage zurückführt. l ist die Zeichenlänge.

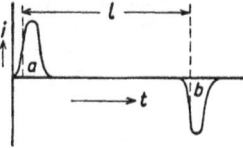

Abb. 1112.

Abb. 1113 zeigt eine Schaltung für Impulstelegrafie, und zwar je eine Verbindung über Stammleitung I und Stammleitung II. Diese Verbindungen sind den Fernsprechverbindungen über $St\,I$ und $St\,II$ unterlagert. Die Fernsprecher sind durch die Übertrager $Ü_1$ und $Ü_2$

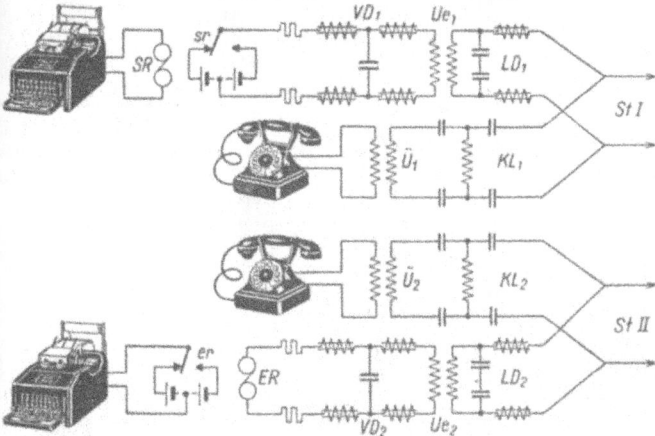

Abb. 1113.

abgeriegelt, die Telegrafengeräte durch die Übertrager Ue_1 und Ue_2. Die Schaltung ist im übrigen nach dem Studium der Abb. 1107 ohne weiteres verständlich.

Zum Zwecke der Funkenlöschung sind parallel zu den Kontakten der Senderelais SR Kondensatoren und Widerstände geschaltet.

Die Apparate, die zur Ausrüstung von Unterlagerungs- und Impulstelegrafie-Schaltungen dienen, werden auf Schienen montiert, die wiederum auf Gestellen untergebracht werden. Es ist üblich, die Übertrager sowie die elektrischen Weichen (Spulen- und Kondensatorleitungen) auf dem Frequenzweichengestell und die Relais, Meßgeräte, Prüfklinken usw. auf dem Relaisgestell Abb. 1108 unterzubringen.

46*

f) Telegrafie mit Trägerströmen.

Die Mehrfachtelegrafie mit Träger-Wechselströmen ist zuerst auf Freileitungen betrieben worden. Um mehr als zwei (Gegensprech-schaltung) bzw. vier (Doppelgegensprechen) Telegramme über eine Leitung zu befördern, verwendet man solche Schaltungen, in denen zur Übermittlung eines jeden Telegramms ein Wechselstrom bestimmter Frequenz als Träger benutzt wird.

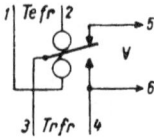

Zur Erzeugung dieser Wechselströme dienen an der Sendestelle Röhrengeneratoren (s. Rück-kopplungsschaltung Abb. 1072) und neuerdings auch Wechselstrommaschinen, sog. Tonräder. Das sind magnetelektrische Generatoren, die gleichzeitig bis zu 12 Frequenzen erzeugen.

Abb. 1114.

Jeder als Träger dienende Wechselstrom wird einem Telegrafen-Apparatesatz zugeordnet und dieser Trägerstrom *Tr fr*, Abb. 1114, durch das Senderelais getastet. Leitungen 1/2 führen zum Telegrafen-Apparat, Leitungen 3/4 zum Tonfrequenzgenerator und 5/6 zum Sendeverstärker und zur Leitung.

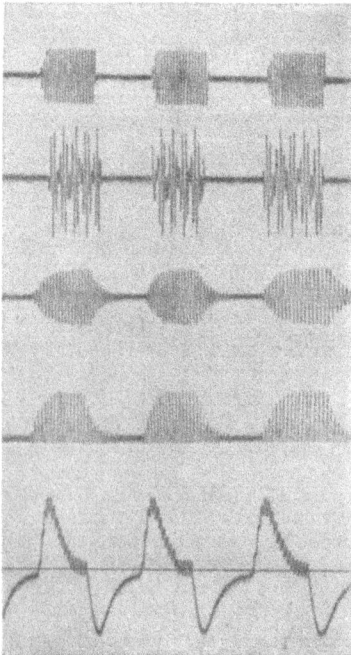

1. Das Zeichen, welches in die Leitung gelangt, besteht aus einer Anzahl Wechselstromwellenzügen (Abb. 1115, 1). Gehen zwei
2. solche Wellenzüge verschiedener Frequenz gleichzeitig in die Leitung, so überlagern sie sich (Abb. 1115, 2) und müssen am Empfangs-
3. ende wieder getrennt (ausgesiebt) und den Empfangsrelais der Telegrafen-Empfänger nach vorherigem Gleichrichten zugeführt werden.
4. Zum Aussieben der einzelnen modulierten Trägerströme dienen die bereits beschriebenen Siebketten. Abb. 1115, 3 zeigt die Form der Wechselstrom-Wellen-
5. züge hinter der Siebkette. Aus Abb. 1115, 4 und 5 ist noch zu erkennen, wie die Telegrafierströme hinter dem Gleichrichter und im Empfangsrelais aussehen.

Abb. 1115.

1. Tonfrequenz-Telegrafie.

Bei der Tonfrequenz-Telegrafie müssen die Stromstärken der Telegrafier-Wechselströme[1]) von der Größenordnung der Sprechströme

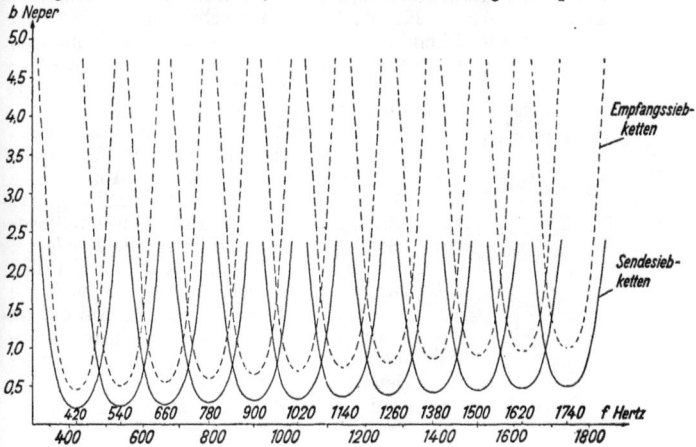

Abb. 1116.

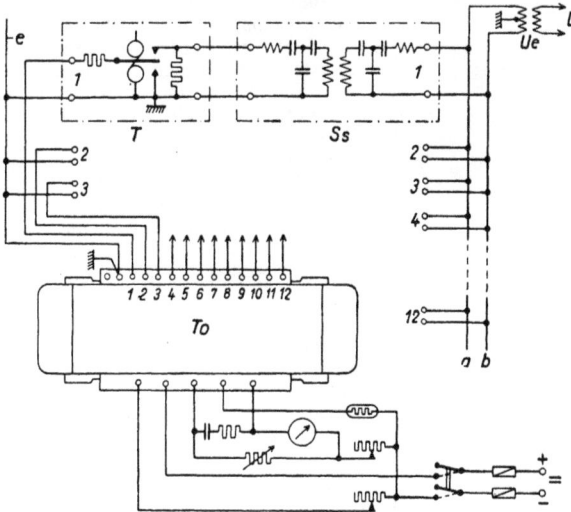

Abb. 1117.

[1]) Lüschen, F., Über die Wahl der Trägerfrequenzen für die Tonfrequenztelegrafie. Elektr. Nachricht.-Techn. 1927, 165—73.

sein, um eine Beeinflussung der im selben Kabel liegenden Sprech-stromkreise zu vermeiden.

Für den Betrieb auf pupinisierten Fernkabeln (s. d.) sind für den Zwölffach-Betrieb auf einer Fernsprech-Doppelader die aus Abb. 1116 ersichtlichen Frequenzen 420 bis 1740 Hertz gebräuchlich. Das Bild veranschaulicht die Dämpfungskurven der Sende- und Empfangs-siebketten. Die Empfangssiebketten sind zweigliedrig und haben des-halb einen viel steileren Anstieg der Dämp-fung als die Sendesiebketten.

Abb. 1118.

Aus den Frequenzzahlen ist zu ersehen, daß diese jeweils ein ganzes Vielfaches von der Zahl 60 sind und je einen Abstand von 120 Hertz haben. Die Abb. 1117 zeigt das Prinzip der Sendeschaltung für Zwölffach-Betrieb, d. h. für 12 Telegrafierkanäle.

In der Zeichnung sind nur für den ersten Kanal der Tastkreis T und die Sendesiebkette Ss dargestellt. Auf das im Tastkreis gezeichnete Telegrafenrelais ar-beitet der Telegrafensender und moduliert jeweils die vom Tonrad To gelieferte Trägerfrequenz. Die modulierten Träger-frequenzen gelangen aus allen Sendesieb-ketten Ss in die gemeinsamen Sammel-leitungen a/b und gehen von hier als Fre-quenzgemisch über den Übertrager Ue und die Leitungen L zum gemeinsamen Sende-verstärker und dann zum Kabel.

Das Tonrad To wird durch einen ein-gebauten Gleichstrom-Nebenschlußmotor angetrieben. Abb. 1118 zeigt ein Apparate-gestell für Tonfrequenztelegrafie mit zwei auf dem Gestell aufgebauten Tonrädern. Die Sende- und Empfangssiebketten werden auf einem anderen Gestell untergebracht.

In der Abb. 1119 ist schematisch die Empfangsschaltung für Zwölffach-Tonfre-quenztelegrafie dargestellt. Das Frequenzgemisch gelangt über einen ge-meinsamen Empfangsverstärker zu den Verteilerleitungen. Die Emp-fangssiebketten trennen die einzelnen Frequenzen und führen jede in den besonderen Kanal über jeweils einen Empfangsgleichrichter zum Relais des Telegrafen-Empfängers. Das Gleichrichten erfolgt mittels der Kupfer-oxydul-Gleichrichter in Vollwegschaltung. Neuerdings ist von Siemens & Halske ein 18-fach-Tonfrequenztelegrafie-System herausgebracht worden.

2. Teilnehmer-Tonfrequenz-Telegrafie.

Diese Betriebsweise wird auch als Eintontelegrafie[1]) bezeichnet und bedeutet den Betrieb von Fernschreibmaschinen auf Fernsprech-

---

[1]) Arzmaier, A. u. Rudolph, H. Die Eintontelegrafie, Telegr. u. Fernspr.-Techn. 24, 1935 245—50.

Teilnehmerleitungen. Es soll in bereits vorhandenen Fernsprechnetzen, insbesondere in solchen mit Wähler-Betrieb, jedem Fernsprechteilnehmer die Möglichkeit gegeben werden, sowohl fernsprechen als auch fernschreiben zu können (s. Abb. 643), und zwar über das städtische Fernsprech-Anschlußkabel (s. d.) als Verbindungsleitung.

Die bestehenden Fernsprech-Amtseinrichtungen und die Kabel (0,8 mm Ader, Papierluftisolation (s. d.), machen es erforderlich, daß das Telegrafieren mit überlagerter Tonfrequenz geschieht.

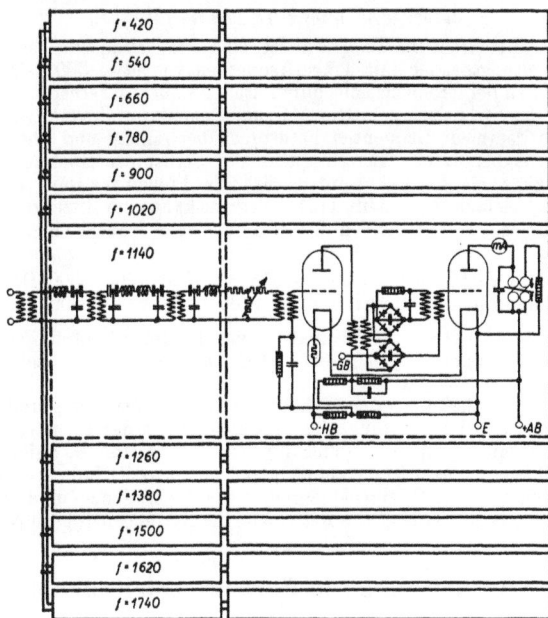

Abb. 1119

Der Teilnehmer hat beispielsweise neben seinem Wähler-Fernsprechapparat eine Fernschreibmaschine und eine Zusatzeinrichtung, die alle diejenigen Apparate enthält, durch die die Sende- und Empfangsapparatur der Fernschreibmaschine ein- bzw. ausgeschaltet werden kann, ferner die Sende- und Empfangsröhren, die Röhren zur Erzeugung der Trägerfrequenz in Rückkopplungsschaltung (s. d.), die Gleichrichterröhre, die erforderlichen Relais usw.

Um den Fernschreibverkehr mit einem über das Amt erreichbaren Teilnehmer aufzunehmen, wählt der rufende Teilnehmer in üblicher Weise mittels Nummernschalter die Anrufnummer des gewünschten Anschlusses und stellt über Vorwähler, Gruppenwähler und Leitungswähler die Verbindung her. Nach fernmündlicher Verständigung wird

an beiden Enden der Leitung die Fernsprechstelle ab- und die Fernschreibmaschine angeschaltet. Die Zusatzeinrichtungen zur Erzeugung der Tonfrequenz werden eingeschaltet.

Es sind auch Schaltungen bekannt geworden, die die Fernein-
schaltung der Fernschreibmaschine und der Zusatzeinrichtung mit
Trägerfrequenzgeneratoren und Verstärkereinrichtung ermöglichen.

Von einer näheren Beschreibung dieser Einrichtungen muß aus
Raummangel abgesehen werden.

3. Mittelfrequenz-Telegrafie (MT).

Die Mittelfrequenz-Telegrafie ist eine Trägerfrequenz-Telegrafie
für Freileitungsbetrieb mit Trägerfrequenzen von etwa 3000 Hz aufwärts bis zu der Frequenz, die durch trägerfrequente Fernsprechübertragung bereits belegt ist. Die MT kann somit im Frequenzschema
oberhalb der niederfrequenten Fernsprechübertragung und unterhalb
der jeweils benutzten Trägerfrequenz der Fernsprech-Hochfrequenz-
Übertragung eingerichtet werden. Ist die Freileitung mit Träger-
frequenz-Telefonie T_3 (s. Abb. 1131) belegt, so kann eine Mittelfrequenz-
Telegrafie mit nachstehenden Trägern für sechs Kanäle eingerichtet
werden:

Gruppe Richtung A: 3300 3540 3780 4020 4260 4500 Hz,
Gruppe Richtung B: 5700 5940 6180 6420 6660 6900 Hz.

Die Bandbreite je MT-Kanal ist mit Rücksicht auf die serien-
mäßige Herstellung der Siebe auf 200 Hz bei einem Frequenzabstand
von 240 Hz festgesetzt.

Da bei Freileitungen der Verkehr in beiden Richtungen grundsätzlich über die gleiche Leitung abgewickelt wird, ist das Frequenzband
in zwei Frequenzgruppen, je eine für Richtung A und B, aufgeteilt.

In diesem Telegrafiersystem benutzt man ebenfalls Röhrensummer
zur Erzeugung der Trägerfrequenzen, die auf der Sende- und Empfangsseite gesiebt werden. Die Reichweite des Systems beträgt 3 Neper.

XI. Kunstschaltungen in Fernsprechleitungsnetzen.

a) Einleitung.

Die Erfahrungen in der drahtlosen Telegrafie zeigten den Weg
zum Fernsprechen mit Trägerfrequenzübertragung[1]. Für die Übertragung von Fernsprechströmen ist bekanntlich an sich ein viel breiteres
Frequenzband erforderlich als für die im vorigen Abschnitt behandelte
Trägerfrequenztelegrafie. Der Vorgang beim Fernsprechen mittels
Trägerfrequenzen, sei es drahtlos oder über Draht, besteht darin, daß
die Amplitude eines Hochfrequenz-Wechselstromes (des Trägers) im
Rhythmus der Sprachfrequenzen beeinflußt (moduliert) wird, der modulierte Trägerstrom die Leitung durchläuft, um dann am Empfangsende wieder ausgesiebt zu werden. Die modulierte Trägerfrequenz

---

[1] Hülse, A., Einführung in die Trägerstromtechnik auf Freileitungen
und Fernkabeln. Z. f. Fernmeldetechn. 20, 1939, 133—38, 156—59.

wird am Empfangsende gleichgerichtet, so daß der ursprüngliche Sprechstrom wiedergewonnen wird. Diesen Vorgang nennt man auch Demodulation. Bei der Modulation erhält man am Ausgang des Modulators das Produkt aus Sprachfrequenz und Trägerfrequenz. Auf mathematischem Wege kann gezeigt werden, daß in der Ausgangswechselspannung des Modulators außer der Trägerfrequenz f_0 (Abb. 1120)

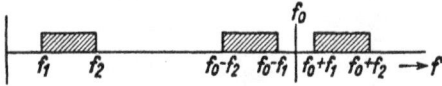

Abb. 1120.

die Summe und die Differenz aus Träger- und Sprachfrequenz, also $f_0 + f_1$ und $f_0 - f_1$ erscheint. Die beiden Bänder $f_0 - f_2$ bis $f_0 - f_1$ und $f_0 + f_1$ bis $f_0 + f_2$ werden Seitenbänder genannt. Jedes Seitenband hat die ursprüngliche Breite des Bandes f_1 bis f_2 beibehalten; durch die Modulation entsteht eine Frequenzwandlung und es ist möglich, durch entsprechende Wahl der Trägerfrequenz das Sprachfrequenzband nach beliebig hohen Frequenzen hin zu verschieben. Durch diese Maßnahme ist es möglich, mit je einem gesonderten Niederfrequenz-Sprachband mehrere voneinander unterschiedliche Trägerfrequenzen zu modulieren und diese modulierten Träger nebeneinander über einen Übertragungsweg (metallische Leitung, Äther) zu leiten, ohne daß eine gegenseitige Beeinflussung stattfindet.

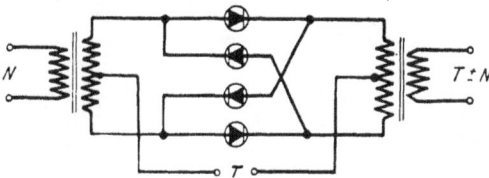

Abb. 1121.

Als Modulator und Demodulator verwendet man gittergesteuerte Hochvakuumröhren und in den neueren Trägerfrequenzsystemen den aus Trockengleichrichtern bestehenden Ringmodulator (s. Abb. 1121)[1].

Durch die bei T angelegte Trägerfrequenz wird bewirkt, daß während der positiven Halbwelle des Trägers die äußeren Gleichrichter durchlässig sind. Die beiden Übertrager sind also unmittelbar durchgeschaltet, und die Niederfrequenz wird mit der jeweiligen Augenblicksspannung durchgelassen. Während der negativen Halbwelle sind die beiden inneren Gleichrichter durchlässig, wodurch die beiden Übertrager über Kreuz zusammengeschaltet werden und die Niederfrequenz mit der jeweiligen Augenblicksspannung aber umgekehrtem Vorzeichen durchgelassen wird.

[1] Schmid, A. Wirkungsweise der Ringmodulatoren. Veröff. Geb. Nachr.-Techn. 6, 1936, 145—63.

Im Ringmodulator wird also die Niederfrequenzspannung im Rhythmus der Trägerfrequenz umgeschaltet. Abb. 1122 zeigt graphisch diese Umschaltung. Am Ausgang des Modulators erhält man nur die beiden Seitenbänder $T \pm N$, da der Modulator für die Trägerfrequenz T als ausgeglichene Brücke wirkt.

Bei der Demodulation wird nun umgekehrt zu den beiden Seitenbändern $T \pm N$ die Trägerfrequenz T hinzugefügt. Dadurch wird wieder eine Umschaltung der Durchlaßrichtung vorgenommen, wodurch man den ursprünglichen Kurvenverlauf der Niederfrequenz am Ausgang des Demodulators wieder erhält.

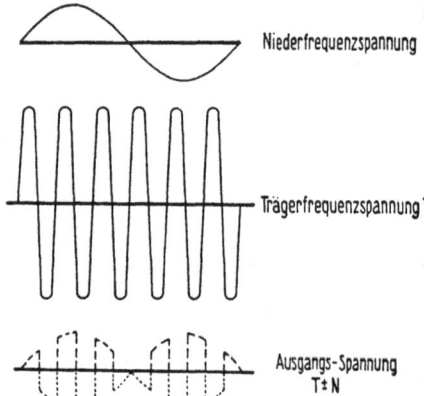

Abb. 1122.

Diese Art der Betrachtung kann nur unter vereinfachten Annahmen über die Wirkungsweise der Gleichrichter gemacht werden. Zum Verständnis des Modulations- und Demodulationsvorganges reicht dies aber aus, da die wirklichen Verhältnisse nur wenig davon abweichen. Der Ringmodulator zeichnet sich durch seine kleinen Abmessungen, Einfachheit, unbegrenzte Lebensdauer und seine große Betriebssicherheit aus.

Abb. 1123 und Abb. 1124 zeigen zwei Grundschaltungen von Modulationseinrichtungen, wie sie in der Trägerfrequenztelefonie verwendet werden[1]). Bei der Modulation nach

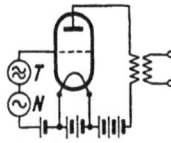

Abb. 1123.

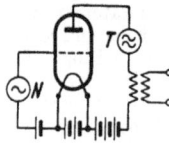

Abb. 1124.

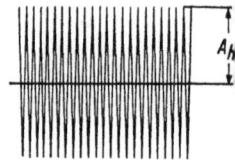

Trägerfrequenz (a)

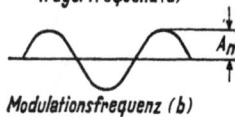

Modulationsfrequenz (b)

Abb. 1125.

Abb. 1123 wird dem stark negativ vorgespannten Gitter der Modulationsröhre sowohl die Trägerfrequenz T mit der Amplitude A_h Abb. 1125, als auch die Niederfrequenz N mit der Amplitude A_n, Abb. 1125, aufgedrückt. Die sich in der Röhre abspielenden Vor-

[1]) Banneitz, F., Taschenbuch der drahtlosen Telegrafie und Telefonie. Berlin 1921.

gänge kann man sich an Hand der Röhrenkennlinie klarmachen.
S. Abb. 1126.

Man sieht aus dieser Abbildung (bei *c*), daß man im Anodenkreis
der Röhre einen Gleichstrom erhält, dem ein Wechselstrom mit der
Frequenz des Trägers T überlagert ist, dessen Amplitude im Rhythmus und Ausmaß der Amplitude der Niederfrequenz (Sprachfrequenz)
geändert wird. Der Ausgangsübertrager trennt den Gleichstrom vom
Wechselstrom, so daß auf der Sekundärseite des Übertragers die mit der
Sprachfrequenz modulierte Trägerfrequenz übrig bleibt, Abb. 1126 (bei *d*).

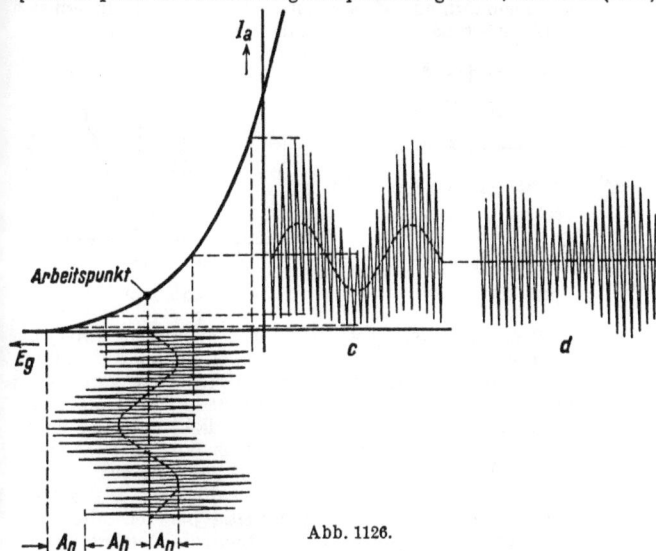

Abb. 1126.

Ähnlich liegen die Verhältnisse bei der Modulationseinrichtung nach
Abb. 1124. Hier wird der Anodenstrom durch Ändern der Anodenspannung im Takte der Trägerfrequenz geändert. Dieser Stromände-
rung wird eine weitere sprachfrequente Gitterspannungsänderung überlagert. Auch hier erhält man an den Ausgangsklemmen des Übertragers die Trägerfrequenz, deren Amplitude im Rhythmus der Niederfrequenz geändert ist.

Bei der Demodulation wird die Hochfrequenzspannung an das
stark negativ vorgespannte Gitter der Demodulationsröhre gelegt,
man erhält dann im Anodenkreis einen im Rhythmus der Niederfrequenz schwankenden Gleichstrom.

Bei der Übertragung über Leitungen kann man eines der Seitenbänder unterdrücken, da dadurch keine merkliche Verschlechterung
nach der Demodulation auftritt. Man hat so die Möglichkeit, in einem
vorgesehenen Frequenzgebiet noch weitere Übertragungskanäle unterzubringen.

Um über einen vorhandenen Übertragungsweg einen Gegensprech verkehr durchzuführen, werden auf beiden Seiten sowohl Sende- als auch Empfangseinrichtungen verwendet. Es muß nur dafür gesorgt werden, daß die zur Übertragung in der Richtung $A-B$ verwendeten Seitenbänder nicht die der Richtung $B-A$ stören.

Auf die praktische Verteilung der Seitenbänder über den gesamten Übertragungsbereich soll bei der Besprechung der einzelnen Systeme eingegangen werden. Hier wird nur darauf hingewiesen, daß, da man auf elektrisch vollkommen voneinander getrennten Kanälen spricht, jede Trägerfrequenzverbindung zwischen zwei fernen Teilnehmern sich wie eine Vierdrahtleitung verhält und alle ihre Vorzüge hat.

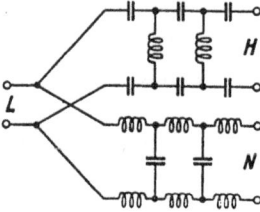
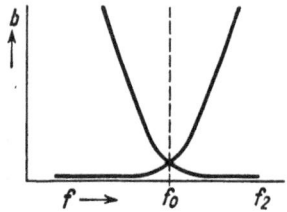

Abb. 1127.   Abb. 1128.

Zur Trennung der Frequenzen verwendet man Wellenfilter, die die Aufgabe haben, einerseits in der Sendeeinrichtung die Anschaltung der einzelnen Kanäle auf die Übertragungsleitung ohne gegenseitig Beeinflussung vornehmen zu können, andererseits in der Empfangseinrichtung die Kanäle so voneinander zu trennen, daß jeweils nur die für den betreffenden Kanal vorgesehene Frequenz durchgelassen wird. Filter einfachster Art für diese Zwecke sind die auf Seite 693 beschriebenen Kondensator- und Spulenleitungen. Schaltet man eine Spulenleitung einer Kondensatorleitung eingangsseitig parallel, Abb. 1127, so erhält man am Ausgang der Spulenleitung die Niederfrequenzströme N unterhalb der Grenzfrequenz f_0, Abb. 1128, fast ungeschwächt, während man am Ausgang der Kondensatorleitung alle Frequenzen oberhalb der Grenzfrequenz f_0 fast ungedämpft wieder erhält. Diese Einrichtung, die die Niederfrequenz von der Hochfrequenz trennt, nennt man Frequenzweiche (s. Dämpfungskurven in Abb. 1128).

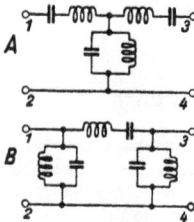
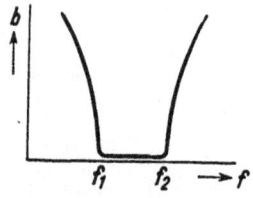

Abb. 1129.   Abb. 1130.

Filter, die nur einen engen Frequenzbereich durchlassen, nennt man Bandfilter. Sie dienen dazu, die einzelnen Kanäle aus dem Frequenzgemisch, das auf der Leitung übertragen wird, herauszusieben und dem Demodulator, der dem betreffenden Kanal zugeordnet ist, zuzuführen. Zwei einfache Schaltformen von Bandfiltern zeigt die Abb. 1129. Der entsprechende Dämpfungsverlauf ist in Abb. 1130 schematisch dargestellt. Die Dämpfungskurve zeigt, daß für die Frequenzen zwischen f_1 und f_2 die Dämpfung b sehr klein ist.

b) Trägerfrequenz-Telefonie über Freileitungen[1]).

Durch die Einführung der Pupinisierung (s. Seite 672) konnte man die Reichweite von Fernsprechkabeln bedeutend vergrößern. Wie bereits erwähnt, wurde dadurch allerdings die Dämpfung oberhalb der

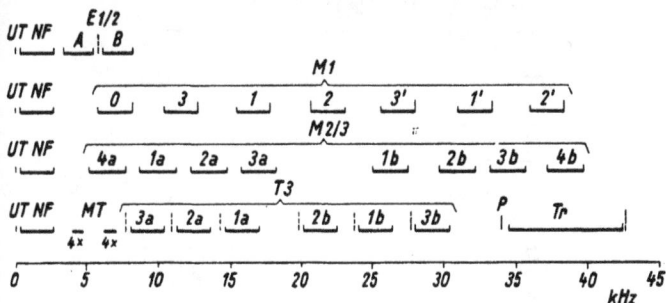

Abb. 1131.

Grenzfrequenz um so stärker, so daß eine trägerfrequente Ausnutzung dieser ersten stark bespulten Kabel unmöglich war. Es ist daher verständlich, daß die ersten Trägerfrequenzsysteme auf Freileitungen angewendet wurden. Obwohl man in Gebieten mit starkem Fernsprechverkehr im großen Maße Fernsprechkabelanlagen hat, haben auch heute noch die Fernsprechfreileitungen große Bedeutung, so vor allem in Ländern mit schwachem Fernsprechverkehr und großen Leitungslängen; ferner in Gebieten mit einem ausgedehnten Freileitungsnetz als Zubringerleitungen und schließlich bei öffentlichen Einrichtungen mit Sonderfernsprechnetzen, wie z. B. die ausgedehnten Freileitungsnetze von Eisenbahnverwaltungen. Hier haben nun einfache Wirtschaftlichkeitsberechnungen gezeigt, daß schon bei Entfernungen von über 50 km die Anschaffung von Trägerfrequenzeinrichtungen billiger ist als das Verlegen von zusätzlichen Freileitungen bzw. Kabeln. In dem Frequenzschema der Abb. 1131 sind die für Freileitungen entwickelten Trägerfrequenzbereiche schematisch dargestellt.

[1]) Gladenbeck, F., Die neuere Entwicklung in der Technik der Fernsprechübertragung auf Drahtleitungen. ETZ **59**, 1938, 771—74, 792—96.

Es bedeuten UT = Unterlagerungstelegrafie, NF = Niederfrequenztelefonie, $E_{1/2}$ = Einfach-Trägerfrequenztelefonie, M_1 = Mehrfach-Trägerfrequenztelefonie, $M_{2/3}$ = Mehrfach-Trägerfrequenztelefonie (neues System), MT = Mittelfrequenztelegrafie (s. d.), T_3 = System für drei Hochfrequenzgespräche, TR = Trägerfrequenz-Rundfunkband.

1. E_1-System.

Das Einfach-Trägerfrequenz-System E_1 gestattet, über eine Freileitung neben dem Niederfrequenzgespräch ein zusätzliches Trägerfrequenzgespräch zu führen. Es wird hauptsächlich als Zubringerverbindung benutzt. Die Leitungsdämpfung, die mit diesem System überbrückt werden kann, beträgt 4 Neper. Man erhält also

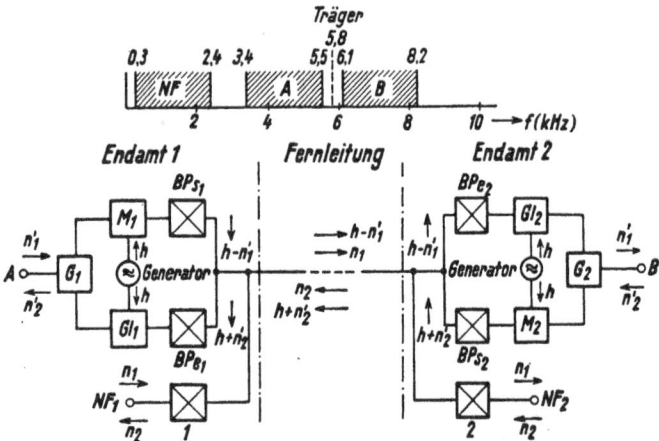

Abb. 1132.

unter Zugrundelegung einer 3-mm-Hartkupfer- oder Bronzeleitung (da die höchste zu übertragende Seitenbandfrequenz 8,2 kHz beträgt) eine Reichweite von etwa 500 km. In Abb. 1132 ist das Schema einer E_1-Verbindung dargestellt. Über die Spulenleitungen 1 und 2 werden über die Freileitung die Niederfrequenzteilnehmer NF_1 und NF_2 verbunden. Die Trägerfrequenzteilnehmer A und B werden über das E_1-System auf folgende Weise verbunden: die Sprachfrequenzen des Trägerfrequenzteilnehmers A werden über die Gabel G_1 dem Modulator M_1 zugeführt und gelangen hier über ein Bandfilter BPs_1, das für die Frequenzen von 3400—5500 Hz durchlässig ist, auf die Freileitung. Im Endamt 2 wird das Seitenband A über das Bandfilter BPe_2 dem Gleichrichter Gl_2 zugeführt und gelangt von hier aus über die Gabel G_2 zum Trägerfrequenzteilnehmer B.

Die Sprachfrequenzspannungen des Teilnehmers B modulieren die Trägerfrequenz im Modulator M_2 und gelangen über das Bandfilter BPs_2, das die Frequenz von 6100—8200 Hz durchläßt, auf die

Freileitung. Im Endamt 1 werden sie über ein Bandfilter BPe_1 dem Gleichrichter Gl_1 und über die Gabel G_1 dem Teilnehmer A zugeführt. Man hat also hier für die beiden Sprechrichtungen zwei elektrisch voneinander getrennte Kanäle. Die Trägerfrequenz ist in beiden Fällen 5800 Hz. Der Teilnehmer A spricht also über das untere Seitenband, der Teilnehmer B über das obere. Die Generatoren in den Endämtern 1 und 2 werden sowohl beim Modulations- als auch beim Demodulationsvorgang verwendet. Durch den auf Seite 714 beschriebenen Ringmodulator wird bei diesem System die Trägerfrequenz vollständig unterdrückt.

Die Übermittlung des Rufes geschieht in der Weise, daß mit dem vom Fernplatz kommenden normalen Amtsrufstrom ein Relais betätigt wird, welches im Takte von 20 Hz durch Änderung der Kapazität im Schwingkreis die Generatorfrequenz um 500 Hz ändert. Dadurch erhält man im Endamt einen im Takte von 20 Hz schwankenden Strom von 5300 Hz, der, auf die Leitung gesandt, durch das Sendebandfilter sowie durch das Empfangsbandfilter im Endamt 2 durchgelassen wird. Dort entsteht dann hinter dem Gleichrichter die Frequenz 500/20 Hz. In einer Ruf-Umsetzerschaltung (s. Abb. 1104) werden die mit 20 Hz modulierten 500 Hz gleichgerichtet und die so entstehenden 20 Hz einem Resonanzrelais zugeführt, welches den amtsüblichen Rufstrom an den Fernplatz weitergibt.

Das E_1-System ist in seiner neuesten Form als Baukastensystem ausgeführt (Seite 725), außerdem wird es auch als einfache tragbare Einrichtung gebaut. Diese kann auf freier Strecke an einem Freileitungsmast unter Zwischenschaltung einer Frequenzweiche an eine vorhandene Freileitung angeschlossen werden, ohne die auf dieser Leitung bestehende Niederfrequenzverbindung zu stören. Von den verschiedenen Anwendungsmöglichkeiten einer solchen Verbindung sei nur der Fall eines Zugunglückes auf freier Strecke erwähnt. Hier kann auf schnellste Weise mittels dieser tragbaren Einrichtung zwischen der Unglücksstelle und einem Amt, das bis 200 km entfernt sein kann, eine Fernsprechverbindung hergestellt werden.

Der Vollständigkeit halber sei hier das M_1-System (Abb. 1131) erwähnt, welches wohl heute bei Neuplanungen von Trägerverbindungen nicht mehr verwendet wird. Es war für Verbindungen gedacht, bei denen eine zusätzliche Trägerfrequenzverbindung nicht ausreicht und gestattete, drei weitere Gespräche hinzuzufügen. Bei diesem System wurde der Träger mit übertragen.

2. System M_2/M_3.

Für den Verkehr auf große Entfernungen wurde das Trägerfrequenz-Mehrfachsystem M_2/M_3 entwickelt. Bei diesem System können neben der bestehenden Niederfrequenzverbindung vier zusätzliche Hochfrequenzverbindungen über eine Fernleitung hergestellt werden. Abb. 1133 zeigt die Frequenzverteilung dieses Systems. Man kann daraus entnehmen, daß die einzelnen Kanäle in ihrer Frequenzlage bei diesen beiden Systemen vollkommen gleich liegen. Jedoch werden die Träger so gewählt, daß bei M_3 das untere Seitenband, bei M_2 das obere Seitenband übertragen wird. Sollen auf einem Gestänge zwei Doppelleitungen mit Trägerfrequenz betrieben werden, so wählt man für eine Doppelleitung ein M_2-, für die andere ein M_3-System. Man erhält auf diese Weise bei Vorhandensein einer Kopplung zwischen den beiden Leitungspaaren nach der Demodulation nur ein unverständliches Übersprechen des Nachbarsystems.

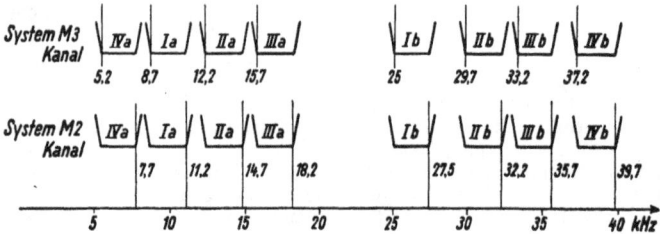

Abb. 1133.

Beim M_2/M_3-System wird durch eine Kompensationsschaltung die nmplitude der Trägerfrequenz etwa auf $^1/_{10}$ ihres Wertes herabgesetzt und mit über die Leitung übertragen. Das übertragene Frequenzband beträgt 2500 Hz je Kanal. Auf der Empfangsseite wird durch einen Aesonanzverstärker die Trägerfrequenzamplitude nach Durchgang durch das entsprechende Bandfilter auf ihren ursprünglichen Wert ebracht, und dann dem Demodulator zugeführt.

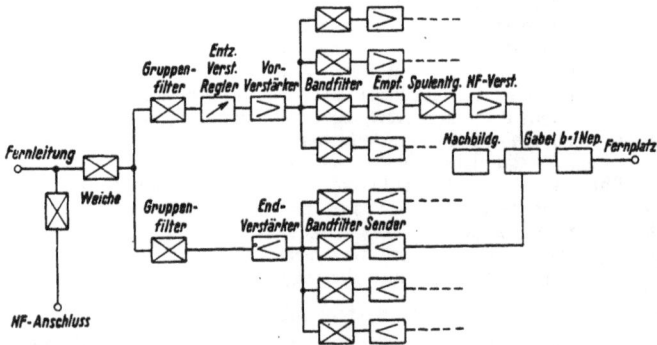

Abb. 1134.

Für den Verkehr in beiden Richtungen faßt man die Kanäle in Gruppen zusammen, und zwar die Kanäle für die Richtung von A nach B in die Gruppe A, die für die entgegengesetzte Richtung in die Gruppe B. In der Abb. 1134 ist das Schema eines Endamtes M_2/M_3 dargestellt. Vom Fernplatz gelangen die Mikrofonströme über die Gabel zur Modulationseinrichtung des Senders. Im Sendebandfilter wird das für die Übertragung vorgesehene Seitenband ausgesiebt und gemeinsam mit den drei weiteren Seitenbändern des Systems dem Sendegruppenverstärker zugeführt. Von diesem gelangt die Energie über das Sendegruppenfilter auf die Freileitung. Das Sendegruppenfilter und der Sendegruppenverstärker sind für alle vier Kanäle gemeinsam; Gabel, Sender und Sendebandfilter sind jeweils jedem Sprechkanal zugeordnet.

Auf der Empfangsseite gelangen die Ströme der Freileitung über das Empfangsgruppenfilter und den Leitungsentzerrer zum Empfangsgruppenverstärker. Im Endamt B werden die Trägerfrequenzen der Richtung A—B ausgesiebt, die für die verschiedenen Frequenzen bestehenden Dämpfungen der Freileitung im Leitungsentzerrer ausgeglichen und im Empfangsgruppenverstärker auf einen vorgeschriebenen Pegel verstärkt. Im Empfangsbandfilter, das jeweils dem entsprechenden Kanal zugeordnet ist, wird das für die Sprechrichtung vorgesehene Seitenband ausgesiebt, im Empfänger demoduliert und die so erhaltenen Sprachfrequenzströme im Niederfrequenzverstärker verstärkt und über die Gabel dem Fernplatz zugeführt.

Die Rufübertragung wird beim M_2/M_3-System auf folgende Weise vorgenommen: Mit dem vom Teilnehmer kommenden 25 Hz-Rufsignal wird in der Gabelschaltung ein Relais betätigt. Dieses bewirkt über ein weiteres Relais eine teilweise Aufhebung der Trägerfrequenzkompensation. Dadurch steigt der Anodenstrom in der Gleichrichterröhre des Empfängers so weit an, daß ein dafür vorgesehenes Relais, dessen gewöhnliche Ruhestrom durch einen Kompensationsstrom in einer zweiten Wicklung unwirksam gemacht wird, anspricht. Dieses Ruf-Empfangsrelais schließt den Stromkreis eines weiteren Rufrelais, das das Durchschalten der örtlichen Rufstromquelle an den Vermittlungsschrank vornimmt. Es sei noch erwähnt, daß besondere Einrichtungen vorgesehen sind, um den Pegel der Trägerfrequenz zu überwachen und eine Abweichung über das zulässige Maß zu signalisieren. Der Aufbau der zu einem M_2/M_3-System gehörenden Geräte ist so durchgeführt, daß vier Buchten mit je einer Sende- und Empfangseinrichtung je Kanal und eine fünfte Bucht mit dem für die vier Kanäle gemeinsamen Gruppenverstärker und Filter in ein einheitliches Gestell zusammengebaut sind.

Das M_2/M_3-System kann eine Leitungsdämpfung bis zu 4,5 Neper bei 40 kHz überbrücken. Das entspricht einer Länge von etwa 300 km bei einer 3 mm-Bronze-Freileitung und ungünstigen Witterungsverhältnissen. Sollen Leitungen mit größerer Dämpfung überbrückt werden, so können Zwischenverstärker im Zuge der Leitung angeordnet werden.

Der aus der Niederfrequenz und der Trägerfrequenz bestehende Wechselstrom der Leitung wird in einer Weiche in seine beiden Anteile getrennt. Der niederfrequente Teil wird ohne Verstärkung über eine zweite Weiche an die weitergehende Fernleitung geschaltet. Die Trägerfrequenz wird durch entsprechende Empfangsgruppenfilter dem zugehörigen Gruppenverstärker zugeführt und von hier aus über die Weiche der Fernleitung weitergegeben. Die Verstärkung beträgt bei 40 kHz 4,5 Neper, so daß mit dem Zwischenverstärker dieselbe Leitungslänge überbrückt werden kann wie mit den Endämtern. Die Einrichtungen sind in einem zweibuchtigen Gestell untergebracht.

3. System T_3.

In dem Frequenzschema Abb. 1131 ist noch ein weiteres System, das T_3-System, enthalten. Mit diesem können außer dem Nieder-frequenz-Gespräch noch drei getrennte Hochfrequenz-Gespräche geführt werden. Ähnlich wie beim E_1-System wird auch hier der Träger unter-drückt und für alle drei Kanäle jeweils nur das obere Seitenband über-tragen. In der Abb. 1131 ist noch angedeutet, daß bei Verwendung dieses heute als Standard eingeführten Systems noch die Unterbringung von zweimal vier Mittelfrequenz-Telegrafiekanälen MT möglich ist, und zwar zwischen dem Niederfrequenzgespräch und den drei Trägerfrequenz-gesprächen T_3. Des weiteren kann man oberhalb der Trägerfrequenz-gespräche noch ein Trägerfrequenz-Rundfunkband Tr unterbringen[1]).

Dieses System hat besondere Bedeutung für Länder mit einem ausgedehnten Freileitungsnetz, bei dem in schwach besiedelten Gegen-den große Entfernungen überbrückt werden müssen. Hier sind die zu-sätzlichen Einrichtungen für Mittelfrequenztelegrafie (s. d.), Träger-frequenztelefonie und in Sonderfällen für den Trägerfrequenzrundfunk um vieles billiger als die Verlegung eines hochwertigen modernen Kabels. Eine genaue Beschreibung dieses Systems würde hier zu weit führen.

4. Pegelregelung.

Beim Trägerfrequenzbetrieb auf Freileitungen machen sich die Witterungsverhältnisse dadurch störend bemerkbar, daß die Dämpfung stark mit ihnen schwankt. Insbesondere erhält man bei Rauhreif einen starken Anstieg der Dämpfung. Da aber für die ordnungsmäßige Ab-

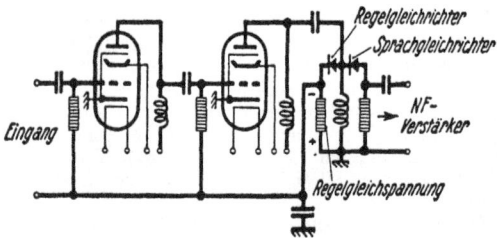

Abb. 1135.

wicklung eines Gespräches über eine Trägerfrequenzverbindung die Restdämpfung gleich bleiben muß, müssen besondere Regeleinrich-tungen vorgesehen werden, um diese Dämpfungsschwankungen durch entsprechende Verstärkungsänderung auszugleichen. Solche sogen. Pegelregelungen können von Hand oder selbsttätig vorgenommen werden. Automatische Pegelregelungen ergeben eine größere Betriebs-sicherheit und eine Verbilligung des Betriebes. Sie können mittels Verstärkungsreglern, die mechanisch durch die Ausgangsspannung des Verstärkers gesteuert werden, oder durch entsprechende Röhrenschal-tung vorgenommen werden. Bei der letzteren wird ein Teil der Aus-

---

[1]) R a b a n u s , W., u. R y n n i n g - T o n n e s s e n , Rundfunkübertragung in Norwegen. Europäischer Fernsprechdienst 1935, 219—29.

gangsenergie gleichgerichtet und zur Erzeugung der Gitterspannung der Verstärkerröhre verwendet. Abb. 1135 stellt ein einfaches Prinzipschaltbild einer automatischen Pegelregulierung mit Röhrenschaltung dar. Es ist dies ein Hochfrequenzempfänger, bei dem die eine Gleichrichterschaltung zur Demodulierung (Sprachgleichrichter), die zweite (Regelgleichrichter) zur Erzeugung der negativen Gittervorspannung für die beiden Verstärkerröhren verwendet wird. Steigt die Eingangsspannung im Verstärker, so wird gleichzeitig auch die Ausgangsspannung erhöht, damit gleichzeitig die negative Gittervorspannung der Röhren. Dadurch wird durch Verlagerung des Arbeitspunktes in einen weniger steilen Teil der Kennlinie eine Verringerung der Verstärkung bewirkt. Mit einer solchen Einrichtung kann man bei einer Änderung des hochfrequenten Eingangspegels um etwa 3 Neper die Schwankung des Niederfrequenzpegels auf 1 Neper herabmindern.

c) Trägerfrequenzsysteme für Fernkabelleitungen[1]).

1. L-System.

Wie schon oben erwähnt, war bei den ersten pupinisierten Kabeln eine starke Pupinisierung eingeführt, um eine geringe Dämpfung und damit große Reichweite zu erzielen. Die Grenzfrequenz von 2800 Hz gestattet die Übertragung eines Frequenzbandes von nur 300 bis 2100 Hz. Es war also hier an eine zusätzliche trägerfrequente Ausnützung des Kabels nicht zu denken. Für große Entfernungen zeigten diese stark pupinisierten Leitungen wegen Echo-Erscheinungen (s. d.) und Einschwingvorgängen (s. d.) so große Unzulänglichkeiten, daß man zur Erhöhung der Grenzfrequenz durch leichtere Pupinisierung übergehen mußte. Man kam bei einem Pupinspulenabstand von 2 km und einer Induktivität von 50 mH zu einer Grenzfrequenz von 6500 Hz. Hier ergab sich zum erstenmal die Möglichkeit der Mehrfachausnutzung auch für Kabelleitungen, als es sich zeigte, daß das Seekabel zwischen Schweden und Deutschland mit seinen vorhandenen Stromkreisen nicht mehr ausreichte. Im Jahre 1929 wurde erstmalig ein von Siemens & Halske entwickeltes Trägerfrequenz-Kabelsystem, das sogen. Zweiband-Telefoniesystem, angewendet. Bei diesem System wurde neben der Niederfrequenz von 300 bis 2440 Hertz in der einen Richtung ein Trägerfrequenzkanal von 3100 bis 5200 Hertz in der entgegengesetzten Richtung verwendet. Es ist dies das untere Seitenband einer modulierten Trägerfrequenz von 5500 Hz.

Auch diese Pupinisierungsart befriedigt noch nicht vollkommen, da man mit dem Übertragungsband bis knapp unter die Grenzfrequenz gelangt. Es wurde daher ein ganz neuer Kabeltyp (s. Abb. 988) mit einer neuen Pupinisierungsart eingeführt, bei dem außer den beiden inneren Lagen, die mittelstarke Pupinisierung erhalten und für den Zweidrahtverkehr verwendet werden, drei äußere Lagen mit leichter Pupinisierung vorgesehen sind. Hier ist der Spulenabstand 1,7 km

[1]) Trägerfrequenztelefonie auf Kabelleitungen. Telegr. u. Fernspr.-Techn. 25, 1936, 1—9.

die Induktivität 30 mH und die Grenzfrequenz 6700 Hz. In der zweiten Lage von außen sind außerdem 10 Paar 1,4 mm starke Leiter eingefügt. Die sehr leichte Pupinisierung sieht 3,2-mH-Spulen vor. Die Grenzfrequenz beträgt 20 000 Hz.

Auf der leicht pupinisierten Vier-Drahtleitung kann man neben dem Niederfrequenzgespräch ein Hochfrequenzgespräch führen. Das dafür entwickelte System wird (wegen der leichten Pupinisierung) L-System genannt.

Der Teilnehmer A_1 spricht über die Gabel, den Niederfrequenzverstärker und ein Niederfrequenz-Bandfilter über das Kabel mit Zwischenverstärker zum Endamt B. Hier wird über ein entsprechendes Bandfilter und den Niederfrequenzverstärker die Sprachfrequenz über die Gabel dem Teilnehmer B_1 zugeführt. Ebenso spricht der Teilnehmer B_1 über entsprechende Einrichtungen auf dem zweiten Leitungspaar zum Teilnehmer A_1.

Die Sprachfrequenz des Teilnehmers A_2 wird über einen Niederfrequenzverstärker dem Modulator zugeführt, in dem der Träger von 6 kHz moduliert wird. Aus dem Modulationsprodukt wird das untere Seitenband von 3300 bis 5700 Hz ausgesiebt und über das Kabel und ein Bandfilter im Endamt B dem Demodulator, der ebenfalls durch einen 6 kHz-Generator gesteuert wird, zugeführt, gleichgerichtet und über einen Niederfrequenzverstärker über die Gabel zum Teilnehmer B_2 weitergeleitet. Ebenso spricht über analoge Einrichtungen der Teilnehmer B_2 zu A_2 auf dem zweiten Leitungspaar.

Man kann also mit dem L-System auf jeder leicht pupinisierten Vierdraht-Leitung zwei vollkommen gleichwertige Vierdrahtgespräche führen. Die vorgesehenen gemeinsamen Verstärker sowohl in den Endämtern als auch in den Zwischenämtern verstärken das gesamte Band von 300 Hz bis 5700 Hz. Es müssen besondere Linearisierungseinrichtungen vorgesehen werden, um eine gegenseitige Beeinflussung der beiden Gespräche zu vermeiden.

2. S-System.

Auf jedem Aderpaar der sehr leicht pupinisierten Kabel können vier Kanäle übertragen werden. Der Verkehr beim S-System wird ebenfalls über Vierdrahtleitungen vorgenommen. Die vorgesehenen vier Kanäle werden sowohl für die Richtung von A nach B als auch von B nach A verwendet. Auch hier müssen bei den Zwischenverstärkern, die das Frequenzband von 300 bis 14 700 Hz verstärken, besondere Linearisierungseinrichtungen vorgesehen werden.

Es sei noch erwähnt, daß ein System entworfen wurde, das über zwei unbespulte Doppelleitungen 10 Vierdrahtgespräche zu übertragen gestattet. Zur praktischen Anwendung ist dieses System noch nicht gelangt.

3. Breitbandsysteme[1]).

Durch die Entwicklung des Fernsehens, das in seiner heutigen technischen Form ein Frequenzband von 500 000 Hz beansprucht (für

---

[1]) Mayer, H. F., u. Thierbach, D., Nachrichtenübermittlung auf Breitbandkabeln. VDE-Fachber. 8, 1936, 167—70.

die Zukunft wird sogar ein Frequenzband bis zu 2 000 000 Hz in Aussicht genommen), ergibt sich die Notwendigkeit, Leitungswege zu finden, um diese breiten Frequenzbänder zu übertragen. Sowohl in Deutschland als auch in USA wurden Kabel für derartig breite Frequenzbänder entwickelt. Es sind dies koaxiale Kabel, die in der Nachrichtentechnik seit einiger Zeit nur für ganz besondere Zwecke in Verwendung waren. Es mußte vor allem eine Konstruktion gefunden werden, die eine einfache und billige Herstellung zuließ. Von größter Wichtigkeit war es außerdem, ein Isoliermaterial mit hochwertigen Isoliereigenschaften auch im Gebiet von 4000 kHz herzustellen, das sich ebenso leicht wie Papier verarbeiten läßt, um so den Innenleiter von der zylindrischen Rückleitung konzentrisch zu isolieren. Den Aufbau eines koaxialen Breitbandkabels zeigt Abb. 989. Über ein solches Kabel, das bis 4000 kHz ausgenützt wird, kann man etwa 200 Trägerfrequenzgespräche führen. Im Frequenzgebiet von 1000 bis 4000 kHz kann man ein Fernsehband mit 500 kHz Breite und ein zweites mit 2000 kHz Breite unterbringen.

Da in dem Frequenzgebiet, mit dem beim koaxialen Kabel gearbeitet wird, die Störungen sehr gering sind, kann man eine Verstärkerfelddämpfung (auf der Strecke zwischen zwei benachbarten Verstärkerämtern) von etwa 7 Neper zulassen. Das ergibt bei einem Verstärkerabstand von 35 km und der Frequenz von 1000 kHz eine Dämpfung von 0,2 Neper pro km. Dieser Wert wird von dem deutschen Normalfernsehkabel gehalten. Für das zweite Fernsehband von 2000 bis 4000 kHz muß allerdings der Verstärkerabstand halbiert werden, so daß man auf 17,5 km je einen Zwischenverstärker erhält. Das erste Fernsehkabel wurde zwischen Berlin und Leipzig (1936) in Betrieb genommen.

d) Aufbau von Fernsprechverstärkern nach der Baukastenform.

Die hohen Anforderungen, die in Verstärkerämtern an die Betriebssicherheit, die zweckmäßige Anordnung, die leichte Zugänglichkeit bei geringstem Platzbedarf an die Verstärker gestellt werden, führten zu einer neuartigen konstruktiven Durchbildung dieser Verstärker. Es werden dabei sämtliche Verstärkerelemente in Metallbechern untergebracht, deren Höhe und Tiefe immer gleich bleiben und zwar 75×75 mm. Die Breitenabmessungen richten sich nach den unterzubringenden Teilen und betragen 12,5, 25, 37,5, 50 und 75 mm. Man kann in diesen Bechern sowohl

Abb. 1136.

ganze Schaltungen, wie z. B. Entzerrer oder Filter, sowie auch einzelne
Bauelemente, wie z. B. Röhrenfassungen (s. Abb. 1136), Ringkernspulen
(Abb. 1137) usw. unterbringen. Ein Metallgehäuse enthält einen wannen-
förmigen Hohlraum, in dem die einzelnen Baukastenbecher in der
günstigsten Folge nebeneinandergereiht untergebracht werden können.
Durch entsprechende Schienen werden die Becher im Gehäuse festgehalten. Das Gehäuse kann von beiden Seiten mit Bechern bestückt
werden.

In Abb. 1080 ist die
Rückansicht eines Zwei-
drahtverstärkers in geöffnetem Zustand zu sehen.
Es ist dabei ihre Ver-
drahtung zu erkennen.
Da sämtliche Lötösen der
Baukastenbecher in einer
Ebene liegen, erhält man
eine einfache und über-
sichtliche Drahtführung.
Die Auswechselung und
der Ersatz eines schadhaft
gewordenen Teiles ist denk-
bar einfach. Der Zusam-
menbau auf diese Art ist
billiger und ergibt auch in
elektrischer Hinsicht Vorteile, insbesondere erhält man gute Übersprech-
werte. Abb. 1081 zeigt ein Verstärkergestell; der Aufbau ist übersichtlich
und von allen Seiten zugänglich. Besonders heben sich die schwarzen
Bedienungsschalter klar von der grauen Oberfläche der Verstärker ab.

Abb. 1137.

XII. Kunstschaltungen in der Signaltechnik.

a) Allgemeines.

Ähnlich wie vorhandene Fernsprech-Fernleitungen für Telegrafenzwecke mitbenutzt werden, können die Ortsfernsprechnetze für Signalzwecke verwendet werden, ohne daß für die Betriebssicherheit und
die Betriebsbereitschaft des Fernsprechdienstes Nachteile erwachsen.
Die Mehrfachausnutzung bereits vorhandener metallischer Verbindungsleitungen für die Zwecke des Signal- und Sicherheitsdienstes geschieht
unter Zuhilfenahme ähnlicher Einrichtungen (Kettenleiter).

Vorhandene Leitungsnetze können mitbenutzt werden für die
Zwecke

> des öffentlichen Feuermeldedienstes,
> der öffentlichen Alarmanlagen (Polizeimelder),
> der Luftschutzwarnung,
> der Steuerung von Verkehrssignalanlagen,
> des Zeitdienstes.

Einige dieser Systeme sollen im nachstehenden kurz beschrieben werden.

Für die zusätzliche Ausnutzung wird in der Regel die *b*-Ader der Fernsprechteilnehmerleitung in der Weise mitbenutzt, daß diese durch Kondensatoren beim Teilnehmer und im Fernsprechamt abgeriegelt wird und unter Zuhilfenahme der Erde als Rückleitung den Signalstromkreis bildet. Die Speisung des Teilnehmermikrofons erfolgt hierbei über die *a*-Ader und über Erde; dies ist auch der Kreis, über den die Wähler gesteuert werden. Der Ruf- und der Sprechstrom verlaufen nach wie vor über beide Adern der Anschlußdoppelleitung. Die Erde wird im Mittelpunkt einer sowohl beim Teilnehmer als auch im Amt vorhandenen Speisebrücke angelegt. Die Speisebrücke ist so ausgebildet, daß durch deren Einfügung die Symmetrie der Leitungen praktisch nicht gestört wird.

b) Uhrenbetrieb.

In der Abb. 1138 ist in schematischer Art gezeigt, in welcher Weise zusätzlich zu dem Fernsprechbetrieb auf derselben Doppelleitung eine elektrische Uhrenanlage betrieben werden kann. Die zum Teilnehmer

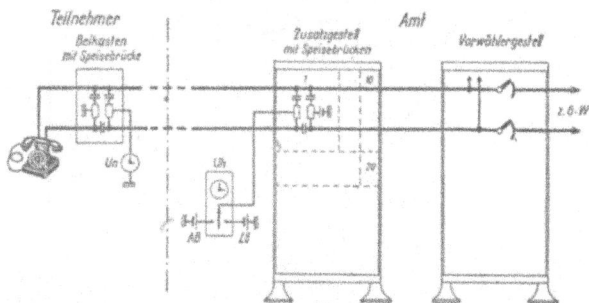

Abb. 1138.

führende Doppelleitung wird über einen Beikasten geleitet, der die bereits erwähnte Speisebrücke enthält. An diesen Beikasten können bis zu vier Nebenuhren in Hintereinanderschaltung (Schleife) angeschlossen werden. Das Fortschalten der Uhren geschieht von einer im Fernsprechamt aufgestellten Hauptuhr, die alle 30 oder 60 Sekunden einen Stromstoß über die Leitungen sendet (s. auch Schaltungen von Uhrenanlagen, Seite 288). Der Fernsprechbetrieb geht in der Weise vor sich, daß der Teilnehmer die Wählstromstöße über Erde und die *a*-Ader gibt, aber über die *a—b*-Schleife spricht und gerufen wird. Die Fernsprechteilnehmerstelle ist jederzeit betriebsbereit.

Die für die Uhrenstromstöße ausgenutzte *b*-Ader wird durch bekannte Einrichtungen auf Drahtbruch und Erdschluß überwacht.

Aus der Abb. 1138 geht noch hervor, daß im Fernsprechamt die Aufstellung eines Zusatzgestells notwendig ist, auf dem die je

Teilnehmeranschluß erforderlichen Speisebrücken aufgebaut sind. Der
für den Betrieb der Uhrenanlage notwendige Strom kann der 60-Volt-
Amtsbatterie entnommen werden.

c) Feuermelde- und Polizeimeldebetrieb.

Die Abb. 1139 zeigt schematisch die Geräteanordnung, die unter
Mitbenutzung der Teilnehmeranschlußleitungen für einen Privat-Feuer-
melde- und Polizeimeldebetrieb dient. Auch hier wird die zum Teilnehmer führende a—b-Leitung über einen zusätzlichen Beikasten geleitet, der eine Speisebrücke enthält. Weiterhin ist in dem Beikasten
ein Stromstoßgeber *JG* untergebracht. An diesen Beikasten kann eine
beliebige Anzahl von Feuermelde- und Polizeimelde-Druckknöpfen in
Hintereinanderschaltung (Schleifen) angeschlossen werden. Im Amt
befindet sich auch hier ein Zusatzgestell, das die je Teilnehmer-

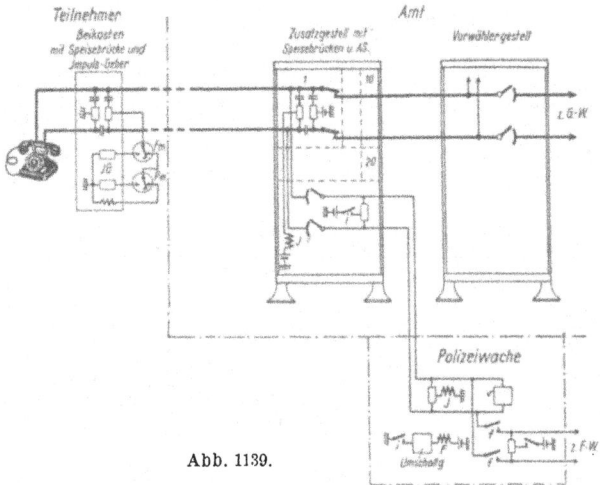

Abb. 1139.

leitung erforderlichen Speisebrücken und außerdem ein Anrufsucher-
aggregat aufnimmt. An den Segmentkontakten dieses Anrufsuchers
liegen die vom Teilnehmer kommenden a—b-Leitungen. Die zum Teilnehmer führende b-Ader, die für den Signaldienst ausgenützt wird, befindet sich, wie aus der Schaltung zu ersehen, dauernd unter Ruhestromkontrolle (Relais *J*).

Bei Abgabe einer Feuermeldung oder Polizei-Alarmmeldung wird
der Teilnehmerapparat vom Fernsprechamt abgetrennt und über den
Anrufsucher des Zusatzgestells auf die Verbindungsleitung zur Feuerwache oder Polizeiwache geschaltet. Eine Störung des Fernsprechbetriebes tritt dadurch nicht ein, da in diesem Fall der Besitzer der
Fernsprechstelle durch diese Umschaltung in die Lage versetzt ist,

mit Hilfe seines Fernsprechers die abgegebene Meldung der Wache gegenüber mündlich zu ergänzen. Das Zusatzgestell ist für den Anschluß von 50 Teilnehmerleitungen vorgesehen. Der Strombedarf für jede angeschlossene Leitung beträgt etwa 30 Milliampere, der bei Eingang einer Meldung auftretende Höchststrom etwa 5 Ampere.

Der Vorgang einer Polizei- oder Feuermeldung spielt sich etwa wie folgt ab. Durch Drücken oder Ziehen des Melders wird der Ruhestrom in der b-Ader unterbrochen und dadurch der Anrufsucher im Zusatzgestell im Amt angelassen. Nachdem der Anrufsucher die angereizte Teilnehmerleitung gefunden hat, wird die Leitung nach der Feuerwache bzw. der Polizeiwache durchgeschaltet und der Stromstoßgeber beim Teilnehmer angelassen. Der Stromstoßgeber gibt durch Stromunterbrechungen die Kennziffer der meldenden Teilnehmerstelle nach der Feuermelde- oder Polizeimeldezentrale. Auf einem ebenfalls im Zusatzgestell befindlichen Überwachungsfeld kann der Durchgang einer Meldung im Fernsprechamt beobachtet werden.

d) Feuermeldung über ein Wähler-Fernsprechamt (Radialsystem).

Bei diesem System wird die ganze Fernsprechanschlußleitung in Anspruch genommen. Der Teilnehmerstelle, Abb. 1141, ist ein besonderes Laufwerk M zugeordnet, das für Meldezwecke lediglich durch eine Druck- oder Zugbewegung ausgelöst werden kann.

Abb. 1140.

In der Abb. 1140 ist die äußere Ansicht des Laufwerkes und der innere Aufbau gezeigt.

Das Laufwerk arbeitet nach dem Auslösen so, als wenn die Fernsprechstelle zum Auswählen der Feuermeldezentrale oder der Polizeiwache, die auch an das Selbstanschlußamt angeschlossen sein mögen,

richtig betätigt werden würde. Die Zusatzeinrichtung mit dem Laufwerk ist ein Ersatz für den Nummernschalter der Fernsprechstelle. Die
Teilnehmerleitung steht unter Ruhestromkontrolle; die Kontrollrelais
und die Kontrolleinrichtung werden im Amt an einem Zusatzgestell angeordnet, von wo aus die Leitungen zu den Vorwählern führen (Abb. 1141).

Ist die Verbindung zur Feuermeldezentrale über das Selbstanschlußamt hergestellt, so muß der Teilnehmer sich melden und seine
Adresse angeben. Es ist aber auch möglich, Fangvorrichtungen im Amt
anzuordnen, die die aufgebaute Verbindung festhalten. Die Feststellung
des Meldenden kann dann an Hand dieses Verbindungsweges geschehen.

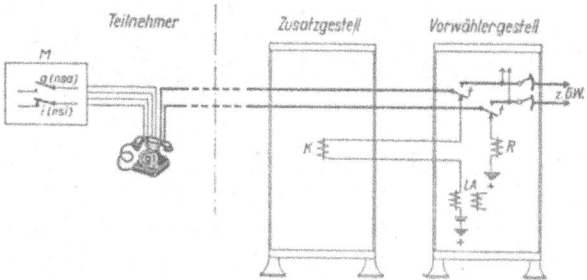

Abb. 1141.

e) Zählerumschaltung.

Als ein weiteres Beispiel der zusätzlichen Ausnutzung von Fern-
sprechverbindungsleitungen sei eine Schaltung erwähnt, durch die
Doppeltarifzähler umgeschaltet werden können. Abb. 1142 zeigt den

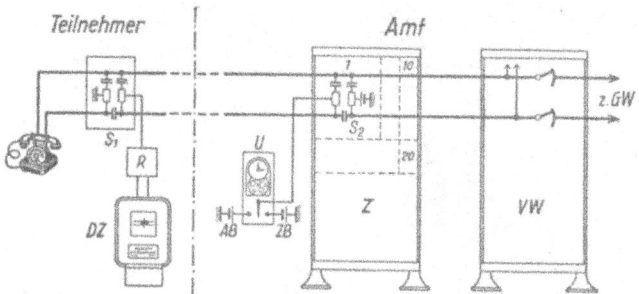

Abb. 1142.

Grundgedanken einer solchen Anordnung. Es werden die gleichen
Mittel verwendet, die auch zur Steuerung von Nebenuhren über die
b-Ader der Anschlußleitung benutzt wurden. Die Speisebrückenanord-

ung im Amt und beim Teilnehmer bleibt dieselbe, nur tritt an die Stelle der Hauptuhr Uh, Abb. 1138, die mit einer Signalscheibe ausgerüstete Hauptuhr U.

f) Luftschutz-Warnanlage.

Sollen die Teilnehmerleitungen zur Übermittelung von Alarmsignalen bei Fliegergefahr verwendet werden, so ist im zugehörigen Amt eine Zusatzeinrichtung aufzubauen, auf die die Leitungen beim Alarm geschaltet werden. Als Empfangseinrichtung für die Alarmsignale dient in diesem Fall der in der Fernsprechteilnehmerstelle eingebaute Wechselstromwecker, auf den der Alarmstrom in entsprechender Stromstoßfolge gegeben wird. Die Alarmeinrichtung wird durch Umlegen des Schalters AS, Abb. 1143, in Gang gesetzt. Die Maschine Al wird hierdurch angelassen und ein etwa 20 Sekunden dauerndes Vorsignal auf die Wecker der Teilnehmerstellen gegeben.

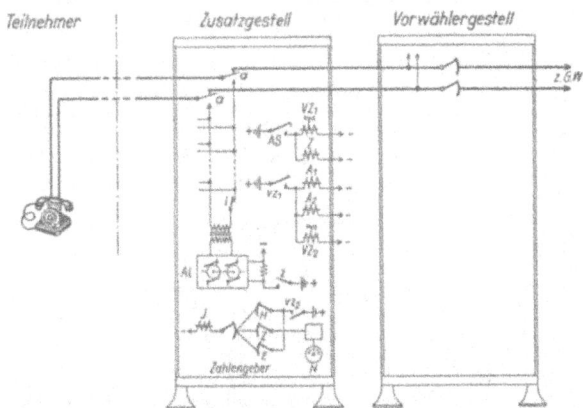

Abb. 1143.

Das aus einer Stromstoßgruppe (Code-Signal) bestehende Alarmzeichen wird auf dem Zahlengeber vorher durch Nummernscheibe N eingestellt. Diese Hauptalarm-Stromstoßgruppe kann unmittelbar dem Voralarm folgen. Die Steuerung des Alarmkreises besorgt über seinen Kontakt i das I-Relais. Das Abstellen kann entweder von Hand oder nach Ablauf einer bestimmten Zeit selbsttätig erfolgen.

Zum Einschalten von Alarmsirenen innerhalb eines Stadtgebietes können vorhandene Feuermeldeschleifen mitbenutzt werden, indem Frequenzrelais, die in der Leitung liegen oder zwischen Leitung und Erde eingeschaltet sind, die Einschaltung der Sirenen vornehmen. Die Frequenzrelais werden von einem Hochfrequenzstrom von der Zentrale aus erregt (s. auch Abschnitt „Luftschutz-Warnanlagen").

XIII. Beeinflussung von Fernmeldeleitungen durch Starkstromleitungen [1]).

Der gewaltige Aufschwung der Elektrotechnik in den letzten Jahrzehnten bedingte in vielen Fällen einen mehr oder weniger dichter Parallelverlauf von Stark- und Fernmeldeleitungen (*FL*), d. h. einerseits Leitungen, über die tausende Kilowatt befördert werden, und andererseits solchen, über die nur Bruchteile von Watt verlaufen. Ohne besondere Vorkehrungen müssen infolgedessen Störungen in den *FL* auftreten. Jede *FL*, die in der Nähe und parallel zu Starkstromleitungen, Kraftübertragungs- oder Bahnleitungen, verläuft, wird durch den Starkstrom in mehr oder weniger hohem Maße beeinflußt.

Parallel geführte Leitungen sind miteinander immer elektromagnetisch lose gekoppelt; die Starkstrom- oder Bahnleitung ist der primäre Kreis, die *FL* der sekundäre. Die Art der Beeinflussung von einer Wechselstromanlage ist von der einer Gleichstromanlage verschieden. Von den Gleichstromanlagen wirken diejenigen besonders auf die *FL* ein, die als Rückleitung die Erde benutzen.

Man unterscheidet entsprechend den drei Arten der elektrischen Kopplung, die zwischen zwei Leitersystemen möglich sind, zwischen galvanischen, elektrostatischen oder kapazitiven (Influenz) und elektromagnetischen oder induktiven (Induktion) Beeinflussungen. In bezug auf Wirkungen (im Fernmeldekreis) unterscheidet man zwischen Betriebsstörung und Gefährdung.

a) Galvanische Beeinflussung.

Die galvanischen Einwirkungen treten an Bedeutung hinter denen der Influenz und Induktion zurück. Die unmittelbare Berührung beschädigter Starkstromleiter an Kreuzungen kann und wird bei Befolgung der Sicherheitsvorschriften durch bauliche Maßnahmen sicher verhindert. Wenn beide Kreise die Erde als Rückleitung benutzen und die Erdungspunkte an einem oder beiden Enden der Leitungen sich nicht weit genug voneinander befinden, können ebenfalls erhebliche galvanische Einwirkungen stattfinden. In der Umgebung einer Starkstromerde kann das Erdreich erhebliche Potentiale annehmen, und dadurch können zwischen einem an einer solchen Stelle befindlichen Erdungspunkt und dem anderen Erdungspunkt einer *FL* Potentialdifferenzen auftreten, die störende Ausgleichströme zur Folge haben. Jedoch sind solche Beeinflussungen in 50 bis 100 m Entfernung von einem Starkstromerdungspunkt im allgemeinen klein. Eine mittelbare galvanische Störung der Fernmeldeanlage bildet die sog. Korrosion an den metallischen Mänteln von Fernmeldekabeln. Sie entsteht dadurch, daß Starkströme, insbesondere die Rückströme von Gleichstrombahnen, teilweise in die Kabelmäntel fließen und zu chemischen (elektrolytischen) Zerstörungen der Mäntel an den Stromaustrittstellen führen.

[1]) Brauns, O., Einwirkung von Starkstromanlagen auf Schwachstromleitungen. Telegr.- u. Fernspr.-Techn. 8, 1919, 61—75.

b) Elektrostatische Beeinflussung.

Die elektrostatischen Einwirkungen werden dadurch hervorgerufen, daß die *FL*, je nach ihrer Lage im elektrischen Felde des Starkstromleiters, auf eine bestimmte Spannung aufgeladen werden. Die Höhe der Spannung läßt sich aus den Kapazitäten der Leiter gegeneinander und gegen Erde sowie aus der Betriebsspannung der Starkstromleitungen berechnen.

Die Kapazität der beiden Leiter 1, 2 (Abb. 1144) gegeneinander ist nach einer Näherungsformel von Lienemann:

$$C_{12} = 1{,}5 \frac{b \cdot c}{a^2 + b^2 + c^2} \cdot 10^{-9} \text{ Farad/km.}$$

Bedeutet *U* die Betriebsspannung der Starkstromleitung 1, so ist die Spannung (*V*) in der *FL*:

$$V = U \frac{C_{12}}{C_{12} + C_{20}} \approx U \frac{C_{12}}{C_{20}}.$$

Der Ladestrom, der in die *FL* übertritt, ist

$$I = U \cdot \omega \cdot l \cdot C_{12},$$

worin ω die Kreisfrequenz des Starkstromes und *l* die Länge der Parallelführung in km bedeuten. Im Gegensatz zu der Spannung, die von der Frequenz und der Länge der Parallelführung unabhängig ist, ist der Ladestrom diesen beiden Größen proportional.

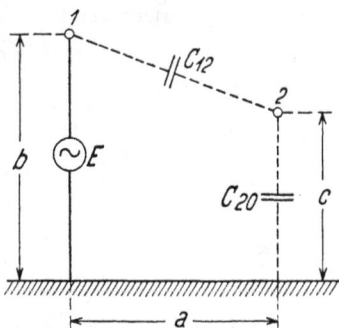

Abb. 1144.

Die Influenzspannungen nehmen mit dem Quadrat der Entfernung ab und sind daher schon in geringen Entfernungen zu vernachlässigen. Bei Einphasen-Vollbahnen, die gewöhnlich mit einer Spannung von 15000 Volt betrieben werden, zwingen sie immerhin zu einer Verkabelung der am Bahnkörper zu verlegenden *FL* bzw. zur Verlegung der *FL* in größerem Abstand, abgesehen von den hier noch stärkeren, später zu besprechenden Induktionsstörungen. Erwähnt sei, daß, abgesehen von der Gefährdung der Telegrafenarbeiter durch den Ladestrom, eine Betriebsstörung in den Telegrafenleitungen schon bei einem Ladestrom von 10—20% des Betriebsstromes, also bei 2 bis 4 mA eintritt.

Drehstromleitungen sind im allgemeinen elektrisch ausgeglichen. Bei Schaltvorgängen und Erdschlüssen treten jedoch starke Störungen und Gefährdungen in den *FL* auf.

Um derartige Störungen zu vermeiden, wurden vom VDE gemeinsam mit Reichspost und Reichsbahn die »Leitsätze für Maßnahmen an Fernmelde- und an Drehstromanlagen im Hinblick auf gegenseitige Näherungen« (ETZ 1925, Heft 40, S. 1527) geschaffen. Die Leitsätze berücksichtigen in der Hauptsache die Gefährdung durch Knall-

geräusche und die Störungen durch Geräusche. Knallgeräusche ent
stehen durch Influenz hoher Spannungen bei Erdschlüssen im Dreh
stromkreis, die die Spannungssicherungen der Fernsprechleitungen
zum Ansprechen bringen und, falls diese nicht gleichmäßig in beiden
Zweigen arbeiten, Ausgleichströme über die Fernhörer verursachen. Die
hierdurch entstehenden lauten Knalle (s. S. 744) im Fernhörer können
schwere Nervenstörungen des Bedienungspersonals zur Folge haben. Die
Geräusche entstehen dadurch, daß die Oberschwingungen der Dreh
ströme infolge von Unsymmetrien der Drehstromleitungen elektrisch
nicht völlig ausgeglichen sind und Spannungen höherer Frequenz auf die
Fernsprechleitungen influenzieren. Influenzstörungen werden bei ge
nauer Befolgung der Leitsätze großenteils vermieden. Einen voll
kommenen Schutz gegen Influenz bietet die Verkabelung, wenn gewisse
Voraussetzungen erfüllt sind[1]).

c) Elektromagnetische Beeinflussung.

Die elektromagnetischen Einwirkungen werden durch das elektro
magnetische Wechselfeld eines über Erde sich schließenden Stark
stromes verursacht. Das Feld eines solchen Stromes erzeugt in einem
gleichfalls über Erde geschlossenen parallellaufenden Leiter eine EMK,
die proportional ist der Größe und der Frequenz des Starkstromes, der
Gegeninduktivität der beiden Leitungen und der Länge der Parallel
führung. Dabei ist es gleichgültig, ob die *FL* galvanisch mit der Erde
verbunden ist oder nur über ihre Erdkapazität. Es werden daher auch
Kabelleitungen induktiv beeinflußt. Die Größe der induzierten EMKe ist

$$e = I \cdot \omega \cdot M \cdot l$$

worin I der beeinflussende Strom, ω dessen Kreisfrequenz, M die
Gegeninduktivität in H/km und l die parallellaufende Strecke in km
bedeuten. Die Gegeninduktivität M ist nach neueren Untersuchungen
von der Frequenz des beeinflussenden Stromes, vom Abstand der
Leitungen sowie von der Leitfähigkeit des Erdreiches abhängig.
Da die Leitfähigkeit des Erdreichs in seinen einzelnen Schichten
im allgemeinen nicht bekannt ist, ist man zur genauen Bestimmung
vorläufig noch auf Versuche angewiesen. Die Abb. 1145 zeigt die
bisher einzige Bestimmung der Gegeninduktivität für einen größeren
Frequenz- und Abstandsbereich, die von Siemens & Halske in
der Umgebung von Berlin durchgeführt worden ist. Daneben
liegen noch zahlreiche Meßpunkte aus verschiedenen Gegenden
bei niedrigen Frequenzen ($16\frac{2}{3}$ und 50 Hz) vor, die zu der gleich
falls eingezeichneten Mittelwertskurve des Telegrafen-Technischen
Reichsamtes (TRA)*) führten. Da die Gegeninduktivität nur etwa
logarithmisch mit dem Abstand abnimmt, ist ihre Einwirkung bei
längeren Parallelführungen auch noch in größerem Abstand zu merken.
Die induktiven Störungen äußern sich in gefährlichen Spannungen
(bei Einphasenbahnen oder bei Doppelerdschlüssen in Drehstrom
anlagen ohne geerdeten Nullpunkt oder Einfacherdschlüssen in Dreh
stromanlagen mit geerdetem Nullpunkt) sowie in Geräuschstörungen

[1]) Zastrow, A., Beeinflussung von Schwachstromleitungen durch
parallelgeführte Starkstromleitungen. Siemens-Z. 4, 1924, 296—302; 344—50.
*) Heute Reichspostzentralamt, RPZ.

durch die Oberschwingungen der Starkströme. Erstere zwingen zum Verlegen der Leitungen in größerem Abstand oder bei Kabeln durch Abschluß mit hochspannungssicheren Übertragern. Kabel zeigen im allgemeinen nur etwa 50 bis 70% der Beeinflussung von Freileitungen, Spezial-Induktionsschutzkabel von S. & H. 25 bis 35% bei technischen Frequenzen. Bei hohen Frequenzen erhalten Kabel nur 5 bis 10% der Beeinflussung von Freileitungen. Die Geräuschstörungen

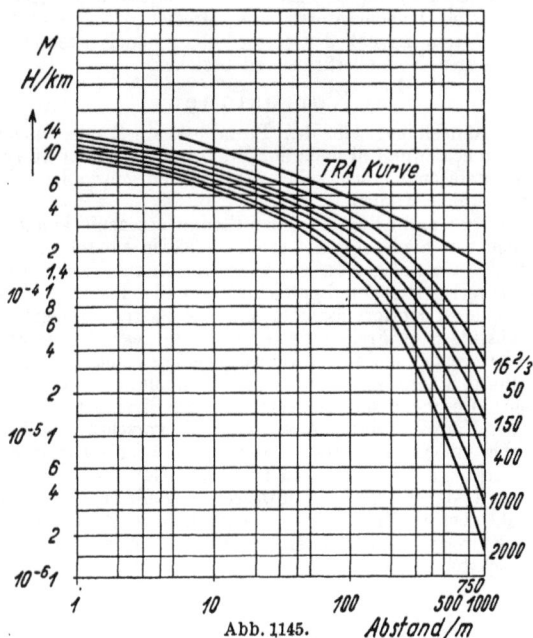

Abb. 1145.

zwingen zu erdfreiem und vollkommen symmetrischem Doppelleitungsbetrieb der *FL*-en. Besonders kostspielige Maßnahmen sind erforderlich bei Einphasenbahnen oder bei mit Gleichrichtern betriebenen Gleichstrombahnen. Ähnliche Leitsätze wie die für Drehstromanlagen sind zwischen Reichspost und Reichsbahn für Einphasenbahnen 1927 aufgestellt worden, die in erster Linie die induktiven Beeinflussungen berücksichtigen.

d) Rundfunkstörschutz.

Durch Kontaktschließungen und Kontaktunterbrechungen an Maschinen und Apparaten der Fernmeldetechnik entstehen Störungen an Rundfunkempfangsanlagen. Um diese Störungen zu mildern oder zu beseitigen sind Störschutzeinrichtungen in die Apparate einzubauen. Siehe

VDE „Leitsätze für Maßnahmen an Maschinen und Geräten zur Verminderung von Rundfunkstörungen". Die meisten dieser Einrichtungen, die aus Kondensatoren und Drosseln bestehen, werden heute bereits bei der Fabrikation in die Apparate hineingebaut. Den eingebauten Störschutz zum Unterbrecherkontakt (*nsi*) in einer Wählerfernsprechstelle zeigt Abb. 748. Die erwähnten VDE-Leitsätze, VDE 0874/1935, enthalten eine große Reihe von Skizzen und Schaltungen als Anleitung für den vorschriftsmäßigen Einbau von Entstörungsmitteln. Die Störschutzmittel, Kondensatoren und Drosseln, in geeigneter Bemessung und zum Anschließen fertig gebaut, sind listenmäßig von den einschlägigen Herstellerfirmen zu beziehen.

e) Korrosionen.

Im Zusammenhang mit den Beeinflussungs-Erscheinungen und weil Korrosionen zum Teil auch auf Beeinflussung durch Starkstromleitungen entstehen können, sollen Korrosionen ganz allgemein auch hier kurz erwähnt werden[1].

An Anlagen und an Geräten der Fernmeldetechnik können durch Korrosionen verschiedenster Art größte Schäden entstehen. An Bauwerken und Außenanlagen ist vor allen Dingen zur Verhinderung des Rostens für rechtzeitigen und guten Anstrich aller Eisenteile zu sorgen. Einer besonderen Korrosionsgefahr sind die eisernen Telegrafen- und Fernsprechstützen an Freileitungen der Küstengegenden unterworfen. Für solche Gegenden und in den Industriegebieten sind daher möglichst gut verzinkte Stützen zu verwenden. Aluminium-Freileitungen sind in manchen Gegenden sehr schlecht haltbar, Bleikabel sind sehr viel weniger der Korrosion unterworfen, wenn sie vorschriftsmäßig verlegt sind. Kabel mit ungeschütztem Bleimantel dürfen nicht in die Erde verlegt werden, da bei einem gewissen Kalkgehalt des Bodens das Blei recht schnell korrodiert. In Süßwasser korrodieren Bleikabel nicht stark, wohl aber in Meerwasser. Bei Bleikabeln ist die Gefahr einer schnellen Korrosion dann gegeben, wenn Fremdströme von elektrischen Bahnen elektrolytische Vorgänge am Kabelmantel verursachen.

An Fernmeldegeräten können in feuchten Räumen, in denen dazu noch mit Chemikalien gearbeitet wird, Korrosionen auftreten. Auch durch das Löten und Reinigen mit gewissen chemischen Stoffen an Apparateteilen können bei unsachgemäßer Arbeit Korrosionsherde entstehen. Auch verschiedene Isolierstoffe (Vulkan-Fiber) können durch ihre Bestandteile korrodierende Wirkungen hervorrufen.

XIV. Schutzeinrichtungen gegen Überstrom und Überspannungen[2].

In Fernmeldeanlagen müssen Leitungen und Geräte gegen übermäßige Spannungen und Ströme geschützt werden. Die gefährlichen

[1] Haenel, O., Korrosionen an Anlagen und Geräten für die Nachrichtenübermittlung. ETZ 60, 1939, 713—720. Daselbst weitere Literaturangaben.
[2] Peters, W., Schulz, E., Gewitterschutz von Fernmeldeanlagen durch Überspannungsableiter. ETZ 58, 1937, 1158—60.

Ströme und Spannungen gelangen meistens von außen in die Fernmeldeanlagen, so daß Freileitungen viel größeren Gefahren ausgesetzt sind als Kabel.

Es sind folgende Gefahrenquellen zu unterscheiden:

1. plötzliche atmosphärische Entladungen in die Leitung,
2. ein langsames Ansammeln von atmosphärischer Elektrizität (statische Ladungen) auf den Leitungen,
3. die unmittelbare Berührung mit Starkstromleitungen und
4. die durch Induktion von Starkstromleitungen in den Leitungen der Fernmeldeanlagen auftretenden Ströme.

a) Spannungsableiter.

Entladungen atmosphärischer Elektrizität treten immer plötzlich auf, wobei sich die Ladung der Luft oder der Wolken den Weg über die Leitungen zur Erde zu bahnen sucht. Unmittelbare Blitzeinschläge in die Leitungen richten fast immer Zerstörungen an. Schwächere Entladungen können unter Umgehung der zu schützenden Geräte durch Spannungsableiter (Blitzableiter) zur Erde abgeführt werden. Sobald sich eine in die Leitung eingedrungene atmosphärische Entladung über eine Funkenstrecke den Weg zur Erde gebahnt hat, sinkt der Widerstand der Funkenstrecke plötzlich bis nahezu auf Null, so daß der Strom,

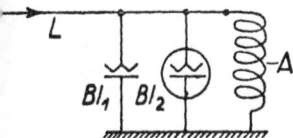
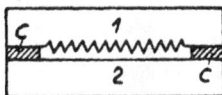

Abb. 1146.   Abb. 1147.   Abb. 1148.

der über den Widerstand der Funkenstrecke geht, ebenso rasch beträchtliche Werte annimmt. Der Funke selbst ist ein Strom oszillatorischer Natur von sehr hoher Frequenz. Der rasch ansteigende erste Stromfluß sowie der Funke (Wechselstrom) suchen sich immer einen direkten, induktionsfreien Weg zur Erde. Eine in die Leitung L (Abb. 1146) eindringende atmosphärische Ladung wird somit bestrebt sein, über Bl_1 zur Erde zu gelangen, so daß der eine Selbstinduktion irgendwelcher Art enthaltende Apparat A nicht beschädigt wird. Eine derartige Funkenstrecke wird auch als sog. Grobspannungsschutz (Blitzableiter) in der Fernmeldetechnik in ausgedehntem Maße verwendet. Abb. 1147 zeigt einen als Grobspannungsschutz dienenden Kohleblitzableiter. Man wählt als Elektrodenmaterial meistens Kohle, da diese wirksamer als Metall ist und auch bei stärkeren Entladungen nicht zusammenschmilzt. Die aus zwei Kohlestücken 1 und 2 mit Glimmerzwischenlagen c, c gebildete Funkenstrecke wird in entsprechende Fassungen eingesetzt, die eine Elektrode mit der Leitung und die andere mit Erde verbunden. Abb. 1148 veranschaulicht die äußere Form eines solchen Kohle-Ableiters. Die Länge beträgt etwa 30 mm.

Solche Funkenstrecken sind als Feinspannungsschutz nicht immer ausreichend; auch kann die Wirkung dieser offenen Funkenstrecken durch Ansammeln von Kondenswasser und durch Verstaubung in Frage gestellt werden. Bei Freileitungen kommt es vor, daß sich geringe Spannungen durch atmosphärische Beeinflussung ansammeln, die nicht ausreichen, die Funkenstrecke des Grobspannungsschutzes zu überbrücken, den Apparat A jedoch gefährden können. Um diese Spannungen zur Erde abzuleiten, verwendet man Luftleer-Spannungsableiter (Abb. 1149—1151). Die Funkenstrecke wird bei diesem Spannungsableiter aus zwei gegenüberstehenden Metallelektroden gebildet, die im luftleeren Raum einer Glasröhre untergebracht sind. Dieser Spannungsableiter vermag bereits Spannungen, die etwa 300 Volt übersteigen, zur Erde abzuführen. Der Abstand der beiden Elektroden kann bei dieser Anordnung im luftleeren Raum so groß gehalten werden, daß auch bei etwaigen Beschädigungen der Patrone durch Entladungen ein dauernder Erdschluß und somit eine Störung der Anlage nicht zu befürchten ist.

 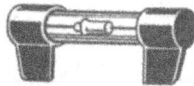 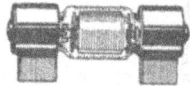

Abb. 1149.   Abb. 1150.   Abb. 1151.

In der Abb. 1150 ist ein Kleinspannungsableiter mit Messerkontakten zum Einsetzen in Sockel dargestellt. Die Elektroden bestehen aus zwei ineinandergestülpten, in einem bestimmten Abstand gehaltenen zylindrischen Metallelektroden. Der Ansprechwert ist in der Regel 350 Volt. Abb. 1149 stellt denselben Ableiter dar, nur in einer Metallfassung solcher Abmessungen, die es gestatten, diesen Ableiter an Stelle eines Kohle-Spannungsableiters, Abb. 1148, zu verwenden.

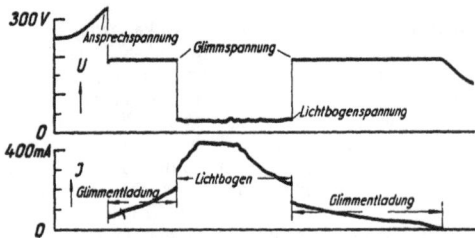

Abb. 1152.

Einen großen Fortschritt im Bau von leistungsfähigen Spannungsableitungen brachte die Entwicklung des in Abb. 1151 dargestellten Hochleistungs-Spannungsableiters[1]) mit zwei großen, sich planparallel gegenüberstehenden Aluminiumelektroden. Dieser Spannungsableiter ist in der Lage, bei etwa 350 Volt Ansprechspannung,

---

[1]) DRP 486607.

große und kurzzeitig sehr große Stromstärken abzuführen. Die Patrone ist so konstruiert und gebaut, daß nach Einsetzen der Glimmentladung die an den Elektroden auftretende Spannung (auch bei steigender Stromstärke) nie höher ansteigt als die Zündspannung. Die Hochleistungspatrone arbeitet als Entladungsröhre im Gebiete des normalen Kathodenfalls. Abb. 1151 zeigt die äußere Ansicht der Hochleistungspatrone und Abb. 1152 die oszillografische Aufnahme des zeitlichen Strom- und Spannungsverlaufes bei einer Entladung.

Wenn die Glimmentladung unmittelbar in den Lichtbogen übergeht und die Spannung an den Elektroden des Ableiters (d. h. zwischen Leiter und Erde) während dieser Entladung im Gebiete des normalen Kathodenfalls nicht über die Zündspannung ansteigt, kann auch keine höhere Spannung an den zu schützenden Geräten auftreten.

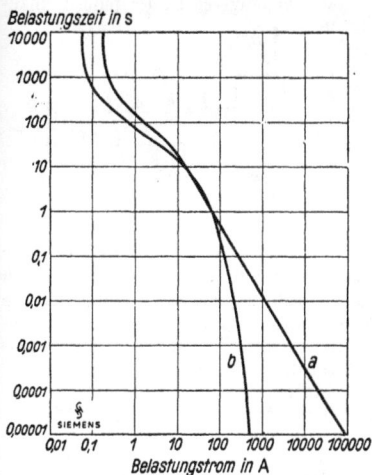

Abb. 1153.

Belastungszeit in s

Belastungstrom in A

Abb. 1154.

Um den steigenden Anforderungen an einen leistungsfähigen Spannungsableiter zu entsprechen, wurde von Siemens & Halske ein neuer Hochleistungs-Spannungsableiter entwickelt, der ganz aus Metall und Keramik aufgebaut ist und der trotz größerer Leistung gegenüber der in Abb. 1151 abgebildeten Patrone erheblich kleiner in den Abmessungen ist. Dieser Keramik-Spannungsableiter, Abb. 1153, hat eine Länge von etwa 400 mm und ist trotzdem in der Lage, große elektrische Ladungen (bis 4 Coulomb) abzuführen, ohne selbst Schaden zu leiden.

Die Belastbarkeit bis zur Zerstörung des neuen Keramik-Spannungsableiters in Gegenüberstellung zu der Belastbarkeit der in Abb. 1151 dargestellten Hochleistungspatrone aus Glas ist durch die Schaulinien ($a =$ Keramik-Ableiter, $b =$ Hochleistungsableiter) in der Abb. 1154 veranschaulicht.

b) Stromsicherungen.

In der Fernmeldetechnik kommen Stromsicherungen dreierlei Art zur Verwendung: Grobsicherungen, Feinsicherungen und Zeitsicherungen. Als Grobsicherungen dienen Schmelzdrahtsicherungen in Glasröhrchen für 1,5, 3 und 5 Ampere (Abb. 1155) und als Feinsiche-

48*

rungen Bosepatronen von 0,3 und 0,5 Amp. (Abb. 1156). Die Bosepatrone besteht aus zwei in einem Glasröhrchen untergebrachten Drahtspiralen, die in der Mitte mit einem kleinen Tropfen leicht schmelzbaren Metalls

Abb. 1155.

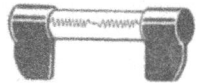

Abb. 1156.

(Woodsches Metall, schmilzt bei etwa 70° C) zusammengehalten werden und nach Erwärmung den Stromkreis unterbrechen. Zeitsicherungen sind ebenfalls Feinsicherungen, die dazu dienen, den Stromkreis beim Auftreten solcher Stromstärken zu unterbrechen, die vorübergehend den Apparaten nicht schädlich sind, bei längerer Dauer jedoch unzulässige Erwärmungen bzw. Durchbrennen von Apparatspulen verursachen können. Die Wirkungsweise einer solchen Feinsicherungspatrone sei an Hand der schematischen Darstellung in Abb. 1157 beschrieben. Ein gegen b isolierter Ring a ist über einen isolierten Heizdraht D mit der Hülse b leitend verbunden. In die Metallhülse b ist ein Stift s mit Woodschem Metall

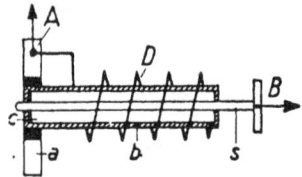

Abb. 1157.

eingelötet. Der Stift steht unter der Zug- oder Druckspannung einer Feder. Dieses sog. Abschmelzröllchen wird in den Stromkreis der zu schützenden Fernmeldegeräte geschaltet, so daß ein Strom, der die Geräte gefährden könnte, auch die Heizspirale dieser Sicherung durchfließt. Die vom Strom in der Spirale erzeugte Wärme bringt das Woodsche Metall zum Schmelzen, so daß Stift s durch die Federkraft herausgezogen oder hineingedrückt wird. Gebräuchlich sind Abschmelzröllchen, die so bemessen sind, daß sie nach 10, 15 oder 20 Sekunden bei einer Stromstärke von etwa 200 bis 250 mA ansprechen. Der Widerstand des von der Reichspostverwaltung verwendeten Röllchens beträgt etwa 25 Ohm. Aus Abb. 1158 st zu ersehen, in welcher Weise die Unterbrechung des gefährdeten Stromkreises stattfindet. Feder 2 liegt mit einem gewissen Druck auf dem Stift s des Abschmelzröllchens $A R$. An a ist die Außenleitung, an i die Innenleitung und an e Erde angeschlossen. Bei Erwärmung von $A R$ wird Stift s durch Feder 2 in das Röllchen hineingestoßen, der Stromkreis unterbrochen und die Außenleitung an Erde gelegt.

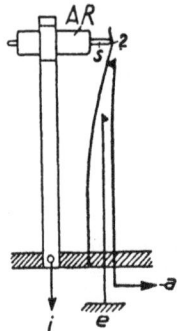

Abb. 1158.

Abb. 1159 zeigt eine andere Form des Abschmelzröllchens, bei dem Stift s nicht in axialer Richtung bewegt, sondern beim Ansprechen der Sicherung nur gedreht wird. Die Einschaltung (Abb. 1160) des Röllchens erfolgt in der Weise, daß das Röllchen AR mittels der Lappen b in einen Schlitz am Sicherungsgestell T eingeschoben und über Feder 2, die unter den Hebelarm h greift, mit der Außenleitung verbunden wird. Der Strom verläuft dann von a über Feder 2, Hebel-

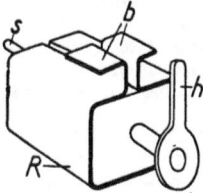

Abb. 1159.

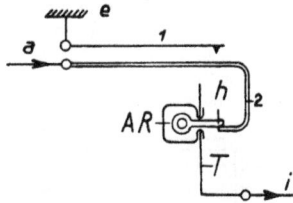

Abb. 1160.

arm h, den isolierten Heizdraht in AR, Körper von AR, T, i. Wird das Metall des Röllchens weich, so dreht sich h und gibt Feder 2 frei, so daß Feder 2 gegen Feder 1 schnellt, den Stromkreis unterbricht und die Außenleitung a erdet. Aus der Abb. 1161 sind die äußeren Formen der dem System nach soeben beschriebenen drei Arten von Zeitsicherungen zu erkennen.

c) Die Grobfeinstromsicherung.

Diese Sicherung übernimmt in der Anordnung nach Abb. 1162 die Aufgaben der Grobsicherung und der Feinsicherung. Es soll durch

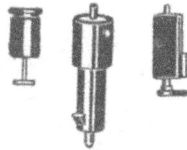

Abb. 1161.

Verwendung der Grobfeinstromsicherung das zu häufige Abschmelzen der Sicherung durch atmosphärische Entladungen vermieden werden. Durch diese Sicherung sollen die leitungabschließenden Geräte sowie die Spannungssicherungen gegen zu hohe Ströme geschützt werden, ohne daß die Sicherung bei kurzzeitigen Belastungen, die bei Gewittern häufig vorkommen, jedesmal durchbrennt.

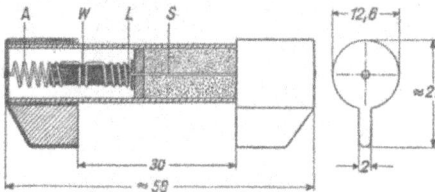

Abb. 1162.

Die Sicherung besteht im wesentlichen aus einem Widerstandskörper W (Abb. 1162) mit metallisierten Enden, einem Schmelzdraht S und einer Abziehfeder A. An einem Ende des Widerstandes ist der Schmelzdraht S mit einer Woodmetall-Lötstelle L eingelötet. Bei

einem Dauerstrom von etwa 0,7 Ampere erwärmt der Widerstand die
Lötstelle, worauf durch Feder A der Stromkreis aufgerissen wird. Bei
einem Strom von 10 und mehr Ampere schmilzt der Draht S. Die große
Widerstandsfähigkeit der Sicherung gegen kurze Stromstöße wird zum
Teil durch die Wärmeträgheit des Feinstromsystems bedingt sowie
auch dadurch, daß bei sehr hohen Stromstärken zwischen den Draht-
windungen auf dem Widerstand ein Gleitfunke überschlägt und so
den Widerstand selbst entlastet. Der Abb. 1163, Schaulinie Str,
ist zu entnehmen, wie die Ansprechzeiten der Grobfeinsicherung sich
mit den Stromstärken ändern. Im Bereich L dieser Kurve Str spricht

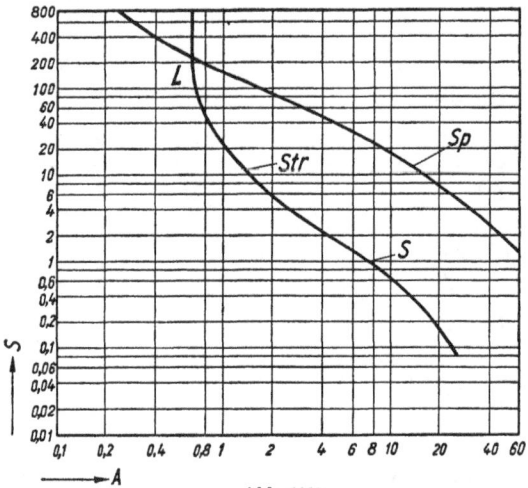

Abb. 1163.

die Feinsicherung L (Abb. 1162 u. 1163), im Bereich S die Grobsicherung S an. In der Abb. 1163 ist auch die Zerstörungskennlinie
des neuen Hochleistungs-Spannungsableiters (Abb. 1153) eingezeichnet, Schaulinie Sp. Aus den Schaulinien geht hervor, daß die Grobfeinstromsicherung anspricht und den Stromkreis unterbricht, ehe der
Hochleistungs-Spannungsableiter Schaden erleidet.

d) Sicherungseinrichtungen.

Die beschriebenen Strom- und Spannungssicherungen werden in verschiedener Anordnung und Gruppierung an mehreren Stellen einer Fernmeldeanlage angebracht. Die Art und Stärke der Sicherungen werden
durch die Leitungsführung bestimmt. Oberirdische Leitungen, die atmo-
sphärischen Entladungen ausgesetzt sind und mit Starkstromleitungen
in Berührung kommen können, müssen an beiden Enden einen Grobschutz
gegen übermäßige Stromstärke und Spannung erhalten. Beispielsweise

sind Fernsprech-Teilnehmerapparate beim Anschluß an eine Kabelleitung
durch eine Feinsicherung (Abschmelzröllchen oder Feinsicherung 0,3 Amp.)
zu sichern. Beim Anschluß an eine oberirdische Leitung ist eine
Grobsicherung (3 Amp.) und noch ein Luftleer-Spannungsableiter oder
Kohleblitzableiter einzuschalten. Die zum Teilnehmerapparat A (Abb.
1164) führenden Leitungen a, b verlaufen über Grobsicherungen g
und Feinsicherungen f. Zwischen g und f ist je ein Spannungsableiter s
angeordnet. Strom- und Spannungssicherungen für Fernsprechstellen
werden auf einem Sockel (Abb. 1165) so aufgebaut, daß sie sich leicht
in nächster Nähe der Fernsprechstelle anbringen lassen. Die Schutz-
einrichtung (Abb. 1165) ist für eine Doppelleitung bestimmt und enthält für jede Leitung einen Luftleerspannungsableiter (Keramik-Ableiter) und eine Grobfeinstromsicherung.

In Abb. 1166 ist schematisch gezeigt, in welcher Reihenfolge und an
welchen Stellen einer aus einem Kabel
K und einer Freileitung F bestehenden
Fernsprechleitung Sicherungen einzu-

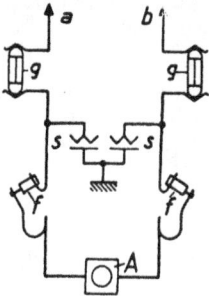

Abb. 1164.

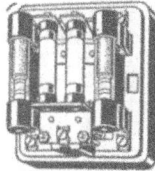

Abb. 1165.

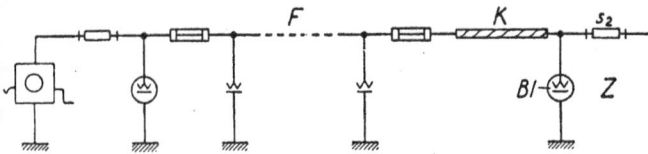

Abb. 1166.

schalten sind. In der Fernsprechzentrale Z sind am Hauptverteiler
Spannungsableiter Bl und Feinsicherungen s_2 angeordnet. Spannungsableiter und Sicherungen werden
in Fernsprechzentralen für eine
Anzahl Leitungen nebeneinander

Abb. 1167.

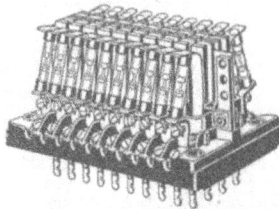

Abb. 1168.

auf einer Leiste aufgebaut. Die besonderen Vorzüge der neuen Sicherungselemente sind die kleinen Abmessungen. Auf besonders zweckmäßigen Sockeln lassen sich die Sicherungselemente in verschiedenster Gruppierung und in kleiner und größerer Zahl übersichtlich und auf kleinstem Raum zusammengedrängt anordnen. Abb. 1167 zeigt vier Luftleerspannungsableiter auf einem Sockel in flacher Anordnung, Abb. 1168, eine besonders zweckmäßige Anordnung von Stromsicherungen und Kohle-Spannungsableitern für 10 Doppelleitungen.

e) Knallgeräuschschutz.

Bei Fernmeldeanlagen, die an Freileitungen angeschlossen sind, können durch die bereits erwähnten Gefahrquellen im Fernhörer laute Knacke, sogen. Knallgeräusche, auftreten, die infolge ihrer Stärke und Schreckwirkung gesundheitsschädlich sein können. Um das Auftreten solcher Knallgeräusche wirksam zu bekämpfen, sind verschiedene Einrichtungen verwendet worden. Zuerst benutzte man die durch ein Uhrwerk angetriebene Frittersicherung, die zwischen a- und b-Leitung in der Zentrale oder unmittelbar vor den Fernhörer eingeschaltet wurde. Auftretende Spannungsspitzen durchschlugen den zwischen polierten Metallkugeln K, Abb. 1169, und den polierten Metallscheiben $S — S'$ an den Berührungsstellen auftretenden Übergangwiderstand (Fritterwirkung), so daß ein Kurzschluß zwischen Kugeln und Scheiben entstand. Dieser Kurzschluß wurde im nächsten Moment aber dadurch wieder aufgehoben, daß durch das Uhrwerk die Teile der Frittersicherung gegeneinander verschoben werden, d. h. neue Flächen sich berühren. Die Abb. 1169 soll nur den Grundgedanken der Frittersicherung andeuten.

Abb. 1169.

Man hat weiterhin versucht, durch besonders symmetrisch zu dem Leitungspaar geschaltete Spannungsableiter Knallgeräusche zu bekämpfen.

Schaltet man zwischen a-Leiter und Erde sowie zwischen b-Leiter und Erde, Abb. 1170, Grobfunkenstrecken G und Luftleerspannungsableiter S, so ist damit noch kein wirksamer Schutz gegen Knallgeräusche erzielt, da die Ableiter der beiden Leitungszweige beim Auftreten der gefährlichen Spannungsspitzen selten gleichzeitig und mit der gleichen Stromstärke ansprechen. Wenn dann einer der Luftleerspannungsableiter bereits gezündet hat, nimmt er dem anderen das zum Ansprechen notwendige Potential, und die Ladungsenergie des anderen Leitungszweiges fließt über den Fernhörer F auf die Seite des früher gezündeten Spannungsableiters und von dort über diesen zur Erde. Das verursacht den Knall.

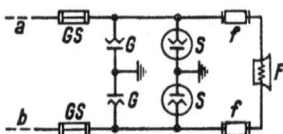

Abb. 1170.

Um ein gleichzeitiges Ansprechen der Luftleerspannungsableiter zu erreichen, hat man dann versucht, besondere Ableiter mit drei

Elektroden zu bauen, mit der a-, b- und der zwischen den beiden
angeordneten Erdelektrode. Hierbei wurde angenommen, daß das
Ionisieren der einen Funkenstrecke, z. B. zwischen der a-Elektrode
und der Erdelektrode, auch das nahezu gleichzeitige Ionisieren der
Strecke zwischen der b-Elektrode und der Erdelektrode herbeirufen
würde. Die Schaltungen mit diesem Spannungsableiter führten nicht
ganz zu dem gewünschten Erfolg.

Man versuchte dann, die gleichzeitige Entladung der beiden Luftleerspannungsableiter durch elektromagnetische Koppelung zu erzwingen. Die Abb. 1171 zeigt eine solche Schaltung. Die Spannungs-

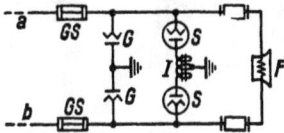

Abb. 1171.

ableiter S sind durch die sogen. Zündspule I miteinander gekoppelt.
Sobald über den einen Spannungsableiter ein Strom zur Erde abzu-
fließen beginnt, wird durch die Zündspule am anderen Spannungsableiter eine zum Zünden genügend hohe Spannung erzeugt, so daß
auch dieser zündet. Die Leitungen tragen für gewöhnlich Überspannungen mit gleichem Vorzeichen, so daß bei gleichzeitigem Abfluß der
Ladungen über die Zündspule die Ströme nur Ohmschen Widerstand
finden.

Auch Schaltungen mit Trockengleichrichtern bieten einen ganz
wirksamen Kurzschluß der Leitungen bzw. des Fernhörers beim Auftreten von Überspannungen von einigen Volt. Abb. 1172 gibt die An-

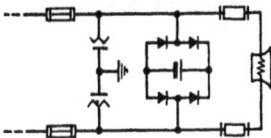

Abb. 1172.

ordnung der Gleichrichterelemente an. Die Trockengleichrichter haben
im Sperrbereich von ganz kleinen Spannungen einen hohen und im
Durchlaßbereich einen ganz kleinen Widerstand. Ordnet man nun die
Gleichrichterzellen so an, daß für jede Stromrichtung eine Durchlaß-
möglichkeit vorhanden ist, so können solche Schaltungen einen ganz
brauchbaren Knallgeräuschschutz bieten.

Zum Schluß soll noch ein Knallgeräuschschutz mit Glimmlampe
beschrieben werden. Die in Abb. 1173 dargestellte Schaltung zeigt das
Prinzip des Siemens-Knallschutzgerätes.

Es besteht im wesentlichen aus einer Glimmlampe G, einem Übertrager Ü mit drei Wicklungen 1—2, 3—4, 5—6, einem Kondensator C

und einem niedrigohmigen Widerstand *R.* Die Spannungsübersetzung von der Wicklung 1—2 auf die Wicklung 3—4 ist 1:1. Die Übersetzung von der Wicklung 1—2 auf die Wicklung 5—6 ist etwa 1:50. Die am Fernhörer *F* gewöhnlich auftretenden Spannungen bis zu 2 Volt genügen noch nicht, um, entsprechend auf die Wicklung 5—6 übersetzt,

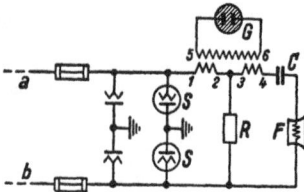

Abb. 1173.

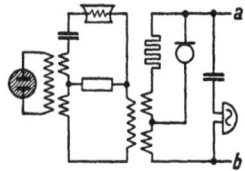

Abb. 1174.

die Glimmlampe *G* zum Ansprechen zu bringen. Sprechströme mit diesen Spannungen werden deshalb nur wenig gedämpft von der Wicklung 1—2 auf 3—4 übertragen. Die Abb. 1174 zeigt, in welcher Weise das Knallschutzgerät in den Fernhörerkreis einer ZB-Fernsprechstelle (s. d.) eingeschaltet wird.

Treten Spannungen über 2 Volt auf, die also auch in der Lage wären Knallgeräusche im Fernhörer *F* (Abb. 1173) hervorzurufen, so wird in der Wicklung 5—6 eine Spannung induziert, die genügt, um die Glimmlampe *G* zu zünden. Die Glimmlampe verhindert nun als Leistungsverbraucher ein weiteres Ansteigen der Spannung in der Wicklung 5—6 und auf die Wicklung 3—4 wird dann auch nur eine Spannung im Verhältnis 50:1 übertragen, die aber noch weiter um den Spannungsabfall in der Wicklung 5—6 vermindert wird. Es gelingt außerdem diese Restspannung in der Wicklung 3—4 durch geeignete Bemessung des Querwiderstandes *R* zu beseitigen, da dieser Widerstand auch vom Primärstrom durchflossen wird[1]).

Der Querwiderstand muß allerdings so bemessen werden, daß er für den auf den Fernhörer *F* zu übertragenden Sprechstrom keine zusätzliche Dämpfung bedeutet. Die Knalldämpfung des Siemens-Knallschutzgerätes beträgt, ebenso wie die des zuerst erwähnten Kugelfritters, über 4 Neper.

¹) Werrmann, H., Über die Dämpfung von Knallgeräuschen durch Gasentladungssicherungen. El. Nachr.-Techn. 10, 1933, 153—159.

Wild, W., Über Knallgeräusche in Freileitungen und ihre Unterdrückung durch Knallschutzgeräte. Siemens-Z. 14, 1934, 379—383.

Sechster Teil.

Montage und Überwachung.

I. Ausführung der Montagen.

Bei Ausführung der Montagen sind die Vorschriften des Verbandes Deutscher Elektrotechniker zu beachten. Die Apparate selbst und das Montagematerial, das von namhaften deutschen Herstellern geliefert wird, entsprechen in der Regel diesen Vorschriften.

Die VDE-Bestimmungen sind aber auch maßgebend für den Aufbau (also bei der Montage) und für den Benutzer solcher Anlagen. Es sind zu beachten:

1. „Vorschriften und Regeln für die Errichtung elektrischer Fernmeldeanlagen, VEF", Reg. Nr. VDE 0800.
2. „Vorschriften für isolierte Leitungen in Fernmeldeanlagen." Reg. Nr. VDE 0810.
3. „Vorschriften für die Kontruktion und Prüfung von Netzstrom führenden Fernmeldegeräten, VFGN." Reg. Nr. VDE 0804.
4. „Vorschriften für isolierte Leitungen in Starkstromanlagen." Reg. Nr. VDE 0250.

Die wichtigsten Vorschriften beziehen sich auf die elektrische und räumliche Trennung zwischen Starkstrom- und Fernmelde-Anlagen. Zwischen beiden Anlagen darf keine unmittelbare Verbindung bestehen. Die Leitungsführung muß räumlich so angeordnet sein, daß eine gegenseitige, schädliche Beeinflussung nicht stattfinden kann. Besondere Vorschriften beziehen sich auf Näherungen und Kreuzungen von Starkstrom- und Fernmeldeleitungen, besonders Freileitungen. Fernmeldegeräte, die durch Starkstrom betätigt werden oder die Starkstrom führen, müssen so behandelt und aufgebaut werden wie Starkstromgeräte. Es ist selbstverständlich, daß besondere Vorschriften zu beachten sind, wenn Fernmeldeanlagen oder Apparate in feuchten Räumen oder in feuer- und explosionsgefährdeten Räumen aufgebaut werden. Die Errichtungsvorschriften gelten auch für Anlagen der Deutschen Reichspost und für solche auf Schiffen, soweit nicht weitere Vorschriften für Anlagen auf Schiffen noch zusätzlich zu beachten sind. Auf die für Bergwerke geltenden, zum Teil sehr strengen Vorschriften, sei noch besonders nachdrücklich hingewiesen.

Für die Sicherheit bei der Ausführung von Montagearbeiten muß ganz besonders gesorgt werden. Es ist Pflicht eines jeden auf Montage tätigen Technikers oder Ingenieurs sich, mit den Unfallverhütungsvor

schriften vertraut zu machen. Die Berufsgenossenschaften geben diese
Vorschriften in Form von kleinen Heftchen heraus. Es bestehen klare
und ausführliche Vorschriften über die Handhabung und die Beschaffenheit von Leitern und Rüstzeug. Werkzeuge, Leitern und Sicher-
heitsgurte müssen dauernd auf ihre Güte und Brauchbarkeit überprüft
werden. Besondere Vorsicht und Umsicht erfordert die Arbeit in der
Nähe von Hochspannungsanlagen. Im Interesse der eigenen Sicherheit
und der Verantwortung für die Sicherheit anderer muß der auf
Montage tätige Fernmeldetechniker diese Vorschriften kennen.

Um Montagen von Fernmeldeanlagen in der in diesem Taschenbuch geschilderten Vielseitigkeit vornehmen zu können, muß ein Fern-
meldemonteur nicht allein eine gründliche Lehrlingsausbildung auf den
Baustellen genossen haben, sondern er muß auch eine geeignete Werk-
stattausbildung in der Feinmechanik erhalten. Ein Fernmeldetechniker
muß nicht nur die Fernmeldeanlagen montieren und instand halten
können — er muß auch vielfach Erweiterungen, Änderungen und In-
standsetzungen vorzunehmen in der Lage sein. Die Montage und die
Inbetriebnahme von komplizierten Fernmeldegeräten erfordert auf
jeden Fall auch besondere Spezialkenntnisse, und es ist empfehlenswert,
wenn Monteure und Techniker für Spezialanlagen vorher in den Her-
stellerwerken eine wenn auch nur kurzzeitige Sonderausbildung ge-
nießen, die von den Werken in der Regel kostenlos erteilt wird.

Zur Ausführung der Arbeiten auf Montagen muß man gutes Spezialwerkzeug und geeignete Meß- und Prüfgeräte haben. Es ist zwecklos
ohne Spezialkenntnisse, ohne Spezialwerkzeug und ohne Erfahrung an
die Einstellung eines Hebdrehwählers oder eines Fernschreibers zu gehen.
Zu den Spezialwerkzeugen gehören neben Prüfkopfhörer und elektrischem Lötkolben auch eine Tasche mit Spezialzangen, besonderen
Schraubenziehern, Stellstiften, Pinzetten, Federwaage u. ä.

Es ist nicht möglich, innerhalb dieses kurzen Abschnittes über
Montagearbeiten Anleitungen zum Aufbau der sehr vielseitigen und
immer eigenartigen Fernmeldegeräte zu geben, von denen ein jedes
einer ganz besonderen Behandlung bedarf. Es ist deshalb unbedingt
erforderlich, daß der Fernmeldetechniker sich für jedes Gerät, das er zu
montieren hat, eine Montageanleitung von der Herstellerfirma be-
schafft. Daß diese Anleitungen wertvolle Hinweise enthalten, soll
an Hand von einigen Beispielen kurz erläutert werden.

1. Anbringung eines Feuermelders an eine Wand.

Die Feuermelder sollen nur an übersichtlichen, nicht durch Schilder
oder Vorbauten versteckten Stellen angebracht werden. Der Abstand
vom Erdboden bis Mitte Druckknopf soll im Durchschnitt 1,30 bis 1,35 m
betragen. Um das Gehäuse anzuschrauben, wird vorher das Laufwerk
aus dem Gehäuse entfernt. Die Befestigungsdübel werden angerissen
und gestemmt. Das Erdrohr wird dem evtl. vorspringenden Mauer-
sockel angepaßt, wenn das Mauerwerk aus irgendwelchem Grunde für
eine geradlinige Führung des Rohres nicht ausgestemmt werden darf.
Das Rohr wird so bemessen, daß das untere Ende etwa ½ m in die
Erde reicht. Jeder Melder muß eine einwandfreie Erde erhalten, deren
Ohmscher Widerstand höchstens 15 Ohm beträgt.

2. Aufbau einer Sirene auf dem Dach.

Sirenen, die auf Dächern angebracht werden, erhalten in der Regel einen Holzbock-Unterbau, der mit den Dachsparren fest verbunden wird. Die Sirenen ragen dann etwa 1,5 bis 2 m über den Dachfirst hinaus. Werden eiserne Rohrständer (Mannesmann-Rohr) verwendet, auf denen eine Montageplatte für den Aufbau der Sirene angebracht wird, so führt das Rohr durch das Dach und wird mittels kräftiger Schellen an den Balken befestigt. Eine Dachluke und ein Laufsteg sind vorzusehen, damit die Sirene jederzeit zugänglich ist.

3. Aufbau einer Hauptuhr.

Der Anbringungsplatz muß vor Feuchtigkeit, Erschütterungen und starken Temperaturschwankungen geschützt sein. Für die Aufhängung ist ein kräftiger Haken, der am zweckmäßigsten in die Wand eingegipst wird, zu wählen. Auch kann ein Haken mit Gewinde in einen kräftigen in die Wand eingegipsten Holzdübel eingeschraubt werden. Nachdem man das Gehäuse nach dem Pendel genau senkrecht ausgerichtet hat, wird es in dieser Lage mittels zweier Schrauben, die durch zwei Durchbohrungen im unteren Teil der Gehäusewand in zwei vorher in der Wand eingegipste kleinere Holzdübel eingeschraubt werden, gesichert. Passende Zwischenlagen (die Uhr darf nicht an der Wand anliegen), Abdeckscheiben und Holzschrauben liegen der Uhr bei.

Bei der Verlegung der Leitungen in Innenräumen sind folgende Gesichtspunkte zu beachten:

1. Es ist anzustreben, die Leitungen so zu verlegen, daß sie den Innenraum nicht verändern oder gar verunstalten; nach Möglichkeit sollen die Leitungen überhaupt nicht sichtbar sein.
2. Die Leitungen sind so in besonderen Rohrleitungen oder Kanälen (Rinnenmontage) zu verlegen, daß sie unsichtbar sind, jederzeit ergänzt oder ausgewechselt werden können und daß sie bei Störungen zugänglich sind.
3. Die Leitungen müssen so verlegt werden, daß sie sich gegenseitig nicht beeinflussen und auch von Starkstromleitungen nicht beeinflußt werden können.

Daß man die Steigleitungen, die von Stockwerk zu Stockwerk führen, im Treppenhaus anordnet oder (bei Neubauten) einen besonderen Kanal, d. h. einen zentral gelegenen Schacht für die Steigleitungen vorsieht, ist selbstverständlich.

Um Leitungsrohre unsichtbar verlegen zu können, ist es zweckmäßig, bereits beim Bau des Hauses entsprechende Aussparungen in dem Mauerwerk vorzusehen, die die Rohre unter Putz aufnehmen. Sollen viele Leitungen öfters ausgewechselt werden oder ist das Haus schon gebaut, so kann man die Hauptleitungsstränge in den Korridoren oder auch in den Büros selbst in Rinnen R unter der Decke oder in Scheuerleisten-Kanälen L verlegen. Siehe Abb. 1175.

Sind für einen Neubau umfangreiche Leitungsnetze in Aussicht genommen, so sieht man auch gleich im Mauerwerk Schächte für die Steigleitungen und Wandnischen für die Verteilerkasten vor. Ver-

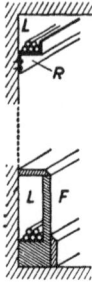

teiler sind vorteilhaft auch in den Treppenhäusern anzuordnen. Für eine Zentraleinrichtung mit großem Leitungsnetz (Fernsprechzentrale) ist ein möglichst zentral gelegener Raum vorzusehen. Um den Raum für eine Fernsprechzentrale richtig zu bemessen, sind verschiedene Gesichtspunkte zu beachten. Die Wählergestelle, die gewöhnlich eine Höhe von 2400 mm (ohne Fuß) haben, sind in der Breite verschieden, je nachdem es sich um ein Vorwähler-, Gruppenwähler- oder Leitungswähler-Gestell handelt. Auch für die Abstände zwischen den Gestellen haben sich bestimmte Werte als günstig erwiesen. Einen Plan für die Anordnung der Gestelle geben die liefernden Firmen, wobei auch Angaben über die zweckmäßige Aufstellung der übrigen Amtsteile, wie Stromversorgung, Signalsätze,

Abb. 1175.

Hauptverteiler, Kontroll- und Prüfapparate, gemacht werden. Architekten senden am zweckmäßigsten die Baupläne im Rohentwurf schon einer Firma der Fernmeldetechnik ein, oder lassen sich rechtzeitig durch einen Elektro- (auch Fernmelde-) Ingenieur beraten.

Zentraleinrichtungen der Feuermelder- und Uhrenanlagen montiert man vorteilhafterweise im Pförtnerzimmer, damit die Einrichtungen dauernd überwacht werden.

Bei sauberen Innenmontagen von Fernmeldeanlagen sind Leitungen nach Möglichkeit in Bergmann- oder Peschelrohr zu verlegen. Leitungen unter Putz verlegt man zweckmäßig nur in eisenverbleitem Rohr bzw. in Gummirohr. Gummirohr unter Putz ist sehr zu empfehlen, kann jedoch nicht überall verwendet werden, da es keine Hitze verträgt und bei der Montage mit diesem Rohr sehr vorsichtig umgegangen werden muß, insbesondere bei Knickungen, da es hierbei leicht bricht.

Isolierrohr mit Messingüberzug darf nicht unter Putz verlegt werden, da der Messingüberzug oxydiert und Flecke an der Wand und Decke verursachen kann. Ist man gezwungen, Stahlpanzerrohr oder sonst einen eisernen Schutz unter Putz zu verlegen, so sind diese stark mit Mennige zu bestreichen. Der Durchmesser der Rohre ist nicht zu knapp zu bemessen, um bei Erweiterungen die Möglichkeit zu haben, noch Leitungen nachzuziehen und fehlerhafte oder zu schwach bemessene Leitungen auszuwechseln. Am vorteilhaftesten verwendet man im Rohr Guttaperchadrähte (umklöppelt, gewachst und verseilt) als Doppelleitungen. Leitungen, die in Rohr unter Putz eingezogen werden, dürfen keine hygroskopische Isolation haben, da in diesen Rohren sich immer Schwitzwasser bildet. In den Preislisten der Firmen ist der Verwendungszweck der aufgeführten Drähte meistens angegeben. Es ist darauf zu achten, daß die Drähte den Verbandsvorschriften genügen.

Der Drahtdurchmesser für Fernsprechleitungen ist meistens 0,8 mm (seltener 0,9; bei Wähleranlagen 0,6). Zu vermeiden ist, Bleikabel direkt unter Putz zu verlegen, hingegen ist es zulässig, Bleikabel in entsprechend weites Peschelrohr einzuziehen. Das gelingt natürlich nur, wenn nicht viele Krümmungen vorkommen. Beim Durchziehen von Drähten ist es vorteilhaft, diese mit Talkum zu bestreuen. Als Speiseleitungen von der Batterie zu den Verteilern und zwischen den Verteilerkasten nimmt man vorzugsweise Bleikabel oder 4-mm²-Gummiader in Peschelrohr.

Zimmerleitungskabel ohne Bleimantel sind nur in bestimmt trockenen Räumen zu verlegen, und zwar nicht offen, sondern in besonders hierfür vorgesehenen Kanälen. Ist Innenkabel für Fernsprech- und Signalanlagen auf Putz zu verlegen, so muß es an gefährdeten Stellen mit Peschelrohr geschützt werden. An Stelle von Peschelrohr nimmt man neuerdings auch U-förmige Rinnen aus Isolierpreßstoff. Die Rinnen sind sehr haltbar, sehen gut aus und sind einfach zu montieren. Befestigung, wie üblich, mittels passender Schellen. Bei der Kabelführung innerhalb der Gebäude sind, um das Kabel zu schonen, jeder unnütze Knick und jede unnütze Biegung zu vermeiden. Unter Putz verlegte Rohre sind vor dem Einziehen der Drähte auf etwaige Feuchtigkeit zu untersuchen; gegebenenfalls ist diese zu beseitigen. Die in Rohren verlegten Leitungen müssen mindestens alle 9 m (3 Rohrlängen) eine Dose erhalten (Anzahl der Krümmungen beachten), da es Schwierigkeiten bietet, längere Kabel bzw. Drähte einzuziehen und auch später das Fehlersuchen im Leitungsnetz hierdurch erleichtert wird. Bei allen größeren Fernmeldeanlagen mit umfangreichem Leitungsnetz, wo mit öfterem Umlegen von Leitungen zu rechnen ist, werden im Netz an passenden Stellen kleine Rangierverteiler angeordnet und in der Zentrale ein Hauptverteiler (s. d.). Kommen im Netz Störungen vor, so sind die Fehler bei Vorhandensein von Verteilern, an denen die Leitungen abgetrennt und geprüft werden können, leichter einzugrenzen.

Über Behandlung der Kabelenden siehe S. 633. Kann aus irgendeinem Grunde das Kabelende nicht abgebrüht oder zum mindesten in Wachs getaucht werden, so ist es sorgfältig mit Schellack zu bestreichen, um das Eindringen von Feuchtigkeit zu verhindern.

Bei der Projektierung einer Leitungsanlage ist es üblich, zu den nach den Plänen des betreffenden Gebäudes ausgerechneten Leitungslängen einen Zuschlag von 10 bis 15% zu machen, da die wirkliche Leitungsführung mehr Draht bzw. Kabel erfordert, als die Berechnung ergibt. Auch empfiehlt es sich, die Anzahl der Leitungen bzw. der Adern im Kabel höher zu nehmen, als das Schema erfordert, da es immer vorkommen kann, daß eine Ader versagt. Geplante Erweiterungen werden selbstverständlich berücksichtigt.

Ein Monteur soll sich zur Regel machen, seine Montage so auszuführen, daß sie als Vorbild dienen kann. Die Leitungsführung in dem Verteilerkasten ist nach einem bestimmten System sauber und übersichtlich auszuführen. Es empfiehlt sich, auf der Innenseite des Deckels eines jeden Verteilerkastens eine Skizze der Leitungsführung mit Bezeichnungen usw. einzukleben. Dadurch spart man bei Erweiterungsarbeiten, Revisionen und beim Fehlersuchen viel Arbeit, Ärger und Zeit.

Die Beseitigung von Störungen sowie die Fehlereingrenzung ist in einer sauber und übersichtlich ausgeführten Leitungsanlage eine Kleinigkeit gegenüber der Arbeit in einer unübersichtlichen Leitungsanlage. Gleichzeitig ist durch die ordentliche Leitungsführung die Möglichkeit gegeben, daß auch ein anderer sich ohne weiteres in dem Leitungsnetz zurechtfindet. Um der Leitungsmontage über Putz ein dem Auge wohlgefälliges Bild zu geben, ist eine exakte, geradlinige Draht- bzw. Kabelführung anzustreben.

Leitungsverbindungen durch Würgelötstellen sind nur mit Hilfe eines Wickeldrahtes oder ähnlich Abb. 1001 herzustellen und nur in dem Fall auszuführen, wenn keine Verbindungsklemmen oder Zwickklemmen (s. Abb. 1004) verwendet werden können. Das Verlöten der Würgelötstelle ist nie zu vergessen, und zwar darf man nur Kolophoniumzinn verwenden. Zwickklemmen brauchen nicht verlötet zu werden, doch sind alle Verbindungsstellen mit Leinen- oder Isolierband zu umwickeln. Man achte darauf, daß keine „kalten" Lötstellen entstehen, das sind Lötstellen, die äußerlich ordentlich aussehen, aber die trotzdem die Drähte nicht verbinden. Schraubverbindungen werden so hergestellt, daß man das vorher sauber gemachte Drahtende zu einer kreisrunden Öse biegt, deren innerer Durchmesser dem äußeren Durchmesser des Schraubengewindes entspricht. Man lege die Öse dann immer so unter die Schraube, daß die Öse beim Anziehen der Schraube nicht auf- sondern zugedreht wird. In jüngster Zeit bekommt der Monteur vielfach auch Gelegenheit Aluminiumdrähte zu verwenden. Dieses Material muß ganz besonders behandelt werden. Aluminium-Leitungsdraht muß auch besonders gelagert und mit anderem Werkzeug bearbeitet werden. Verbindungen werden mit Verbindungshülsen hergestellt. Zum Löten ist ein Speziallot zu verwenden (L 501). Anleitung beachten. Verbindungen von Aluminiumleitungen mit solchen aus Kupfer oder Messing dürfen nur in trockenen Räumen bestehen. Bei gleicher Leitfähigkeit muß bei Aluminium ein entsprechend größerer Querschnitt gewählt werden (Tabelle!).

Man versuche auch, die Leitungen über Putz immer so zu verlegen, daß sie nach Möglichkeit unauffällig oder unsichtbar sind. Leitungen, die an den Wänden tiefer als 2,5 m liegen, sind, wie bereits oben ausgeführt, zu verdecken. Einzelne Drähte, auch Klingelleitungsdrähte, über Putz können mit Hilfe von Krampen befestigt werden, wenn die Umgebung eine derartige Verlegung zuläßt. Krampenabstand je nach Lage 0,5 bis 1 m. Der Draht ist hierbei festzuspannen. Wenn mehrere Leitungen zusammenkommen, so muß der Monteur selbst ein Kabel aus den Leitungen formen (umwickeln mit Isolierband) und dieses mit Schellen und Dübeln befestigen. Das Einschlagen von Dübeln, das Gipsen usw. muß praktisch erlernt werden; auch die hierzu erforderlichen Werkzeuge lernt man am schnellsten durch den praktischen Gebrauch kennen. Theoretische Erörterungen und seitengroße Abbildungen können hier nicht das ersetzen, was der Praktiker durch kurze Anleitung, manchmal nach einmaligem Zuschauen, sofort erfaßt.

Die Instandhaltung einer Fernmeldeanlage ist von gleicher Wichtigkeit wie die sachgemäße Montage. Es würde zu weit führen, eine Anleitung zur Instandhaltung und Fehlerbeseitigung zu einer jeden hier beschriebenen Anlage zu geben. Es können nur kurz allgemeine Gesichtspunkte erwähnt werden.

An Freileitungen können Störungen, wie Leitungsbruch und Erdschlüsse, am schnellsten durch Absuchen der Leitungen gefunden werden. Zur Fehlereingrenzung trennt man an den Klemmen der Trennstellen (Abb. 1176) die Leitungsstrecken auf und prüft (Fehlereingrenzung). Der Ort eines Erdschlusses kann durch Messung (s. d.) ziemlich genau bestimmt werden. An Innenleitungen kommen bei sorgfältig montierten und unterhaltenen Anlagen Fehler verhältnismäßig selten vor. Es können jedoch durch Abnutzung einiger Teile der Zentraleinrichtungen oder durch rauhe Behandlung der Apparate Fehler eintreten, deren Beseitigung mitunter Schwierigkeiten bietet.

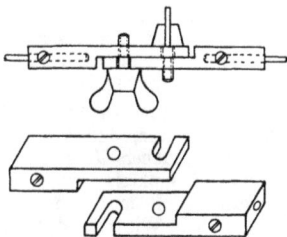

Abb. 1176.

Es empfiehlt sich, in größeren Fernmeldezentralen über gemeldete Störungen, deren Ursache und Beseitigung Buch zu führen; dieses „Störungsbuch" kann unter Umständen bei sich wiederholenden Fehlern gute Dienste leisten. Die Grundregel des Fernmeldetechnikers soll sein, nie planlos an der Anlage herumzutasten, womöglich als erstes die Relais der Zentraleinrichtung zu verstellen oder Kontaktfedern zu verbiegen. Die Relaiskappen sind erst dann zu entfernen, wenn begründeter Verdacht vorliegt, daß der Fehler an einem Relaiskontakt liegen könnte. An Relaiskontakten darf nicht herumgefingert werden. Will man Relaiskontakte überprüfen, so beobachtet man diese beim Andrücken der Anker mit der Hand. Das regelmäßige Reinigen der Kontakte ist überflüssig und verursacht mehr Störungen und Verstellungen als Nutzen. Auch die Kontaktbänke der Wähler in Fernsprechanlagen sind mit einem Kontaktsatzreiniger (Spezialwerkzeug) und etwas Benzin (Feuergefahr!) nur dann zu reinigen, wenn man eine wesentliche Verschmutzung festgestellt hat.

An Hand des Montageschemas und einer Schaltung der Zentraleinrichtung nimmt man eine planmäßige Beobachtung der Vorgänge vor, indem folgende Fragen geklärt werden müssen:

1. Was für eine Störung liegt vor?
2. Wo liegt die Störung?
3. Wodurch kann sie entstanden sein?

Es ist somit eine planmäßige Eingrenzung des Fehlers vorzunehmen, wobei als erstes festgestellt wird, ob der Fehler in den Außenleitungen oder in der Zentrale liegt. Insbesondere bei Fernsprechanlagen ist zu ermitteln, ob der Teilnehmerapparat schadhaft ist, die Leitungen fehlerhaft sind oder eine Störung in der Zentrale vorliegt. In jeder Zentraleinrichtung sind Sicherungen vorhanden, die zuerst nachgesehen werden müssen. Auch darf nicht vergessen werden, die Stromquelle auf die erforderliche Spannung zu prüfen.

II. Messungen.

Zur Messung von Stromstärken dienen für größere Ströme Strommesser, für kleine Ströme Milliamperemeter. Die Spannungsmessung ist in Wirklichkeit auch eine Strommessung, doch mit dem Unterschied, daß der Strom sehr klein und bei gegebenem Widerstand des Spannungsmessers (nach dem Ohmschen Gesetz) proportional der angelegten Spannung ist.

Der Strommesser A (Abb. 1177) muß einen möglichst geringen Widerstand aufweisen, damit er beim Einschalten in den Stromkreis des Stromverbrauchers B keine wesentliche Widerstandsänderung im gegebenen Stromkreis verursacht. Der Spannungsmesser V muß hingegen einen möglichst hohen Widerstand haben, um keine Änderungen in den Spannungsverhältnissen des Stromkreises zu verursachen. (Spannungsabfall durch zusätzlichen Stromverbrauch s. S. 17 ff.) Der Spannungsmesser wird nicht wie der Strommesser in Reihe, sondern parallel an den Stromkreis geschaltet (Abb. 1177). Aus Gesagtem geht hervor, daß sowohl der Strommesser als auch der Spannungsmesser einen möglichst geringen Wattverbrauch (Eigenverbrauch) haben müssen. Bei allen Messungen ist darauf zu achten, daß ein geeignetes Instrument verwendet wird. Man wird für eine genau auszuführende Messung kein Instrument wählen, das eine Messung mit der erforderlichen Genauigkeit überhaupt nicht zuläßt. Desgleichen wird man für Messungen, bei welchen es nur auf die Größenordnung der Werte ankommt, kein Präzisions-Instrument nehmen. Bei der Auswertung der Meßergebnisse genügt eine Genauigkeit der Rechnung, die der Genauigkeit der abgelesenen Werte entspricht, d. h. wenn beispielsweise nur eine Ablesung der Werte mit einer Genauigkeit bis $\pm$ 0,1 Volt möglich war, wird man bei der Auswertung nicht unnötigerweise bis auf 2 Dezimale genau rechnen. Wichtig ist, daß bei Messungen auch das geeignete Instrument für die betreffende Stromart gewählt wird.

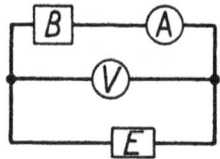

Abb. 1177.

Solange Fernmeldeanlagen nicht unmittelbar an Starkstromnetze angeschlossen sind, bestehen keine besonderen Vorschriften für die erforderliche Isolation. Bei einfachen Klingel- und Haustelegrafenanlagen begnügt man sich daher mit einer Leitungsprüfung. Bei Fernsprechanlagen hingegen, bei denen eine minderwertige Isolation zu Verlusten und Störungen (Nebensprechen) Veranlassung geben kann, sind Isolationsmessungen erforderlich. Fernmeldeanlagen, die mit Stromquellen geringer Spannung betrieben werden, prüft man infolgedessen auch mit Meßspannungen von 10 oder 20 Volt. Bei Fernmeldeanlagen, die an höhere Betriebsspannungen angeschlossen sind, etwa 60 Volt oder 110 Volt (Grubensignalanlagen), wird man auch zweckmäßigerweise die Meßspannung auf etwa 110 Volt bemessen.

a) Meßgeräte für Montage und Abnahmeprüfungen.

Leitungsprüfer und Isolationsmesser.

Am gebräuchlichsten sind tragbare Leitungs- und Isolationsprüfer entweder mit Batterie oder Kurbelinduktor als Stromquelle. Der Leitungsprüfer in Abb. 1178 besteht aus einem Drehspul-Anzeigeinstrument und einer Taschenlampenbatterie von 4,5 Volt, die getrennt vom Meßgerät im unteren Teil des Gehäuses aus Isolierpreßstoff untergebracht ist. Zum Ausgleich der mit der Zeit abnehmenden Batteriespannung dient ein verstellbarer magnetischer Nebenschluß. Die Skala ist mit proportionaler und mit Ohmteilung versehen. Meßbereich bis 5000 Ohm.

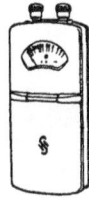

Abb. 1178.

Zur schnellen Prüfung der Isolation bis zu einer Million Ohm verwendet man mit Vorteil den kleinen Isolationsmesser mit 18 Volt Batteriespannung (4 Taschenlampenbatterien), Abb. 1179. Das Gerät enthält ein Anzeigeinstrument mit Drehspulmeßwerk und 4 Taschenlampenbatterien und ist in einem Metallgehäuse von 125 × 105 × 155 mm untergebracht.

Für genaue Isolationsmessungen mit einer Spannung von 110 Volt eignet sich der Isolationsmesser mit Kurbelinduktor, Abb. 1180. Er wird mit Drehspulmeßwerk oder mit Kreuzfeldmeßwerk gebaut. Das Anzeigegerät ist im oberen, aus Preßstoff gefertigten Teil des Gehäuses

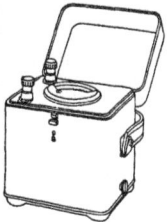
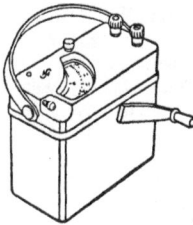

Abb. 1179.   Abb. 1180.   Abb. 1181.

untergebracht, im unteren Teil der Induktor. Meßbereich 10 Megohm (MΩ). Geräte mit Kreuzfeldmeßwerk sind in der Anzeige weitgehend unabhängig von der Meßspannung und damit auch von einer unregelmäßigen Kurbelumdrehung.

Für noch genauere Messungen und für einen Meßbereich von 20 MΩ bei 110 Volt Meßspannung ist der große Isolationsmesser, Abb. 1181, mit Kurbelinduktor zu empfehlen. Das Gerät enthält ein gut gedämpftes Drehspul-Anzeigeinstrument mit Spiegelskala in Megohm- und Voltteilung. Zum Messen der Induktorspannung dient eine Prüftaste. Die Induktorkurbeln der Geräte sind einklappbar.

b) Elementprüfer.

Zur Messung kleiner Stromstärken und Spannungen, insbesondere
zur Elementprüfung, genügt unter Umständen ein kleines Taschen-
instrument (Abb. 1182). Diesem Instrument
ist ein ansteckbarer Nebenschlußbügel B
(Abb. 1183) beigegeben oder es wird der
Belastungswiderstand mit eingebaut und
ist dann durch den
in Abb. 1182 sicht-
baren Druckknopf
einschaltbar, so daß
auch die Klemmen-
spannung*) der Ele-
mente sowie der in-
nere Widerstand be-
stimmt werden kön-
nen. Der Neben-
schlußwiderstand r
muß laut Verbandsvorschrift beim Prüfen der Elemente etwa 1 Ohm
betragen.

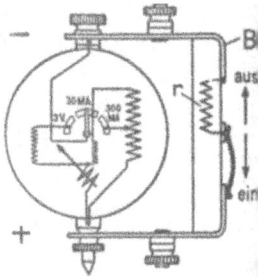

Abb. 1182.

Abb. 1183.

Spannungsmessung. Vor Anlegen des Instrumentes an die zu
messende Spannung ist der Drehschalter auf der Rückseite des Instrumentes auf den Meßbereich »3 Volt« zu stellen. Beim Anschließen ist
auf die Polarität zu achten.

Strommessung. Der Drehschalter ist auf 300 mA zu stellen,
dann Instrument mit der richtigen Polarität einschalten. Ist der Ausschlag kleiner als 30 mA, so kann, um genauer ablesen zu können, der
Drehschalter auf den kleineren Meßbereich gedreht werden.

Elementprüfung. Der Drehschalter auf der Rückseite des Instrumentes ist auf den Meßbereich „3 Volt" einzustellen und der Nebenschlußbügel an das Instrument anzustecken (Abb. 1183). Die beiden
freien Klemmen verbindet man unter Benutzung möglichst kurzer
Anschlußdrähte mit den Polklemmen des Elementes.

a) Messung der elektromotorischen Kraft E. Der Schiebekontakt
des Nebenschlusses wird in die Stellung »aus« geschoben. Man mißt
dann die Spannung des unbelasteten Elementes, die EMK E.

b) Messung der Klemmenspannung U. Der Schiebekontakt des
Nebenschlusses wird in die Stellung »ein« geschoben, wodurch der
Nebenschluß eingeschaltet und das Element belastet wird. Da das
Element nun Strom abgibt, zeigt das Instrument die Klemmen-
spannung U an.

c) Die Berechnung des inneren Widerstandes R_i aus den beiden
gemessenen Werten E und U geschieht nach der Formel

$$R_i = R \cdot \left(\frac{E}{U} - 1\right).$$

Hierbei ist R der auf dem Nebenschluß angegebene Widerstand,
z. B. 1 Ohm.

*) Siehe Seite 17.

d) Polsuchen. Gibt das Instrument einen Zeigerausschlag in die Skala hinein, so kommt die an die + Klemme des Instruments angeschlossene Leitung vom + Pol der Stromquelle.

c) Meßgeräte für kleine Wechselströme.

Die Messung kleiner Wechselströme bereitet keine Schwierigkeiten mehr, nachdem es heute möglich ist, durch Trockengleichrichter (s. d.) und Thermoumformer die zu messenden Wechselströme gleichzurichten. Die Wirkungsweise des Thermoumformers besteht darin, daß der zu messende Wechselstrom dazu benutzt wird, ein kleines Thermoelement zu heizen und der vom Thermoelement gelieferte, dem Heizstrom proportionale Gleich-

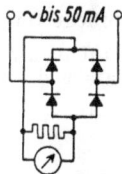 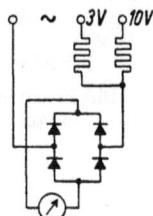

strom dann einem empfindlichen Dauerfeld-Drehspul-Meßwerk zugeführt wird. Die Gleichrichter-Schaltungen verwendet man bei Wechselströmen von 50 Perioden bis zu Tonfrequenzen (5000 Hertz), für höhere Frequenzen benutzt man die Thermoumformer. In der Abb. 1184 ist die Schaltung eines kleinen Strommessers für 3 bis 50 (auch für 100) Milliampere gezeigt.

Abb. 1184. Abb. 1185.

Abb. 1185 zeigt die Schaltung eines mit Trockengleichrichtern geschalteten Spannungsmessers für zwei Meßbereiche für 3 und 10 Volt. Die Instrumente sind genau geeicht und haben eine Anzeigegenauigkeit, die zwischen 1 und 1,5% liegt, je nach der Frequenz des zu messenden Wechselstromes. Es können natürlich auch Spannungsmesser für einige hundert Volt nach dem gleichen Prinzip gebaut werden.

d) Messungen nach der Brückenmethode.

1. Wheatstone'sche Brücke.

Eine bequeme Einrichtung, Widerstände genauer zu messen, ist die Brückenmethode. Aus den bekannten Widerständen m, n, o und dem zu messenden, an Klemmen 1 und 2 anzuschließenden Widerstand x wird die Brückenschaltung (Abb. 1186) hergestellt. In eine Diagonale der Brücke wird (bei a und d) eine Stromquelle B eingeschaltet, in die andere (b, c) ein Meßinstrument g. Die Spannungsdifferenz zwischen den Punkten b und c ist = 0, wenn das Verhältnis $m : n = o : x$ besteht. Verwendet man für m, n und o Stöpselrheostate (Stöpselwiderstände) und verändert diese bei geschlossenem Schalter s so lange, bis das Galvanometer g keinen

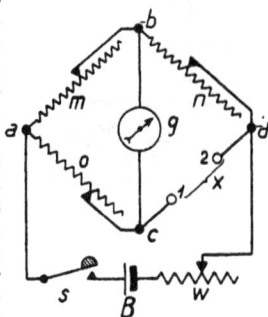

Abb. 1186.

Ausschlag mehr zeigt, dann ist der Spannungsabfall von a bis c gleich dem Spannungsabfall von a bis b; dann ist aber auch die Bedingung $m:n = o:x$ erfüllt, woraus $x = (n \cdot o):m$ berechnet werden kann.

Beispiel: Das Galvanometer zeigte auf Null, nachdem folgende Werte eingestellt waren: $n = 17,5$ Ohm; $m = 10,0$ Ohm; $o = 4,0$ Ohm.

Daraus
$$x = \frac{n \cdot o}{m} = \frac{17,5 \cdot 4,0}{10,0} = 7 \text{ Ohm.}$$

Will man mit der Brücke elektrolytische Widerstände, Übergangswiderstände zwischen Erdungsplatten und Erde usw. messen, so kann mit Rücksicht auf die Polarisation (s. d.) keine Gleichstromquelle verwendet werden. Man nimmt an Stelle von B einen Summer, an Stelle von g einen Fernhörer und stellt auf ein Tonminimum ein.

2. Kleine Meßbrücke für Gleich- und Wechselstrom.

Die in der Abb. 1187 in der Ansicht gezeigte Meßbrücke ist für Messungen auf Montage und im Prüffeld geeignet. Es können mit ihr Widerstände von 0,5 bis 50000 Ω und zwar mit Gleich- und Wechselstrom gemessen werden. Für Gleichstrom geht der Meßbereich sogar noch herunter bis auf 0,05 Ω. Die Wechselstrommessung geschieht mit einer

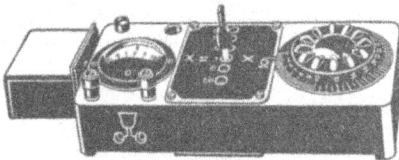
Abb. 1187.

Frequenz von 1000 Hertz und wird besonders beim Messen von Elektrolyten (Polarisation, s. d.) angewendet. In der Abb. 1188 ist die Schaltung der Meßbrücke

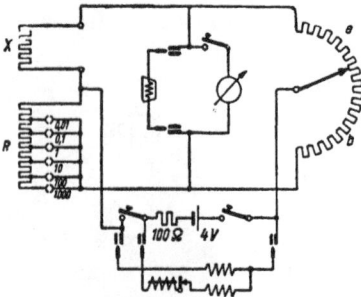
Abb. 1188.

dargestellt. Als Stromquelle dient eine Taschenlampenbatterie von 4 Volt oder für Wechselstrommessungen ein Summer, der an das Gerät anzustecken ist. Das Gerät ist so geschaltet, daß eine Batterieentladung während des Transportes nicht zu befürchten ist, daß das Kurzschließen der Anschlußklemmen weder dem Kopfhörer noch dem Anzeigeinstrument schadet und daß, solange die Zusatzgeräte für Wechselstrom angeschlossen sind, mit Gleichstrom nicht gemessen werden kann.

Die Gleichstrommessung wird folgendermaßen durchgeführt. Der zu messende Widerstand X wird an die in Abb. 1187 sichtbaren Klemmen angeschlossen, der Meßbereich 10 gestöpselt und die Taste gedrückt. Bei Linksausschlag des Galvanometers ist die Drehskala nach rechts, bei Rechtsausschlag nach links zu drehen, bis das Galvanometer auf 0 zeigt. Wenn keine Nullstellung erreicht werden kann, ist ein anderer Meßbereich zu stöpseln. Eine besonders genaue Einstellung auf den Nullpunkt erreicht man durch rhythmische Bewegung der Taste im Takt der Zeigerschwingungen. Die Ablesung der Drehskala multipliziert mit dem Meßbereichfaktor ergibt dann den gesuchten Widerstandswert. Die Meßgenauigkeit beträgt in den mittleren Meßbereichen etwa $\pm 1\%$.

Um beim Meßbereich 1000 die Meßempfindlichkeit noch zu erhöhen, verwendet man an Stelle der eingebauten Batterie eine Anodenbatterie von 60 Volt.

Für die Messung mit Wechselstrom werden der Zusatzkasten, Abb. 1187 links, sowie der Kopfhörer an die Brücke angesteckt. Sollte der im Zusatzkasten befindliche Summer nicht gleich ansprechen, so kann er durch Stöpseln eines anderen Meßbereiches oder durch eine leichte Erschütterung angestoßen werden. Die Meßgenauigkeit beträgt in den mittleren Meßbereichen etwa $\pm 2\%$.

3. Stöpselmeßbrücke für Widerstands- und Fehlerortsmessungen.

Widerstandsmessung.

Die in der Abb. 1189 in der äußeren Ansicht dargestellte Stöpselmeßbrücke kann mit einigen Zusätzen sehr vielseitig verwendet werden.

Die Meßbrücke enthält zwei Verhältniswiderstandssätze a und b (Abb. 1190) und einen Vergleichswiderstandssatz R. Die Verhältniswiderstände a und b sind in den Werten von je 10, 100 und 1000 Ω stöpselbar; der Vergleichswiderstand R besteht aus fünf Reihen zu je vier Widerständen mit der Stufung 1, 2, 3, 3, s. Abb. 1190. Der Gesamtwert von R ist 9999,9 Ω. Sämtliche Widerstände sind

Abb. 1189.

bifilar gewickelt und in Reihe geschaltet. Die zulässige Belastung der einzelnen Widerstandsstufen beträgt je 1 Watt. Außer den Anschlußklemmen für die Batterie B, das Galvanometer G und den zu messenden Widerstand X sind zwei Tasten (in Abb. 1190 schwarz mit weißem Querstrich) vorgesehen. Die im Batteriekreis liegende Taste befindet sich zwischen den Batterieklemmen $- B$ und $+ B$, die im Galvanometerkreis liegende zwischen den Galvanometerklemmen G. Beide Tasten lassen sich durch Niederdrücken und Drehen um 90° feststellen.

Zur Ausführung einer Widerstandsmessung werden die Batterie B mit Schutzwiderstand R_s, Abb. 1190, Galvanometer G und der zu messende Widerstand X an die entsprechenden in der Abbildung gezeigten Klemmen angeschlossen. B ist gewöhnlich eine Sammler-batterie von 4 Volt oder eine Batterie aus Trockenelementen von 4,5 Volt. R_s ist ein Schiebewiderstand von etwa 1000 Ω, wovon 5 Ω nicht ausschaltbar sein sollen. G ist ein hochempfindliches Zeiger-

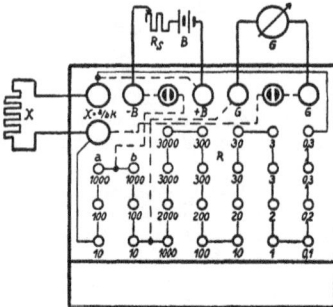

Abb. 1190.

galvanometer für Nullmessungen, etwa wie das in Abb. 1191 in der Ansicht gezeigte mit 100 Ω Wider-stand. Für kleine Widerstände und für Fehlerortsbestimmungen mit geringen Widerständen hat das Galvanometer zweckmäßig etwa 1,5 Ohm Widerstand.

Für die Messung größerer Wi-derstände, insbesondere für Fehler-ortsbestimmungen bei hohen Feh-lerwiderständen, ist es zweck-mäßig, zur Erzielung genügend großer Genauigkeit eine höhere Meßspannung als 4 Volt mit ent-sprechendem, nicht ausschaltba-rem Schutzwiderstand zu verwenden. Bei der tragbaren Kabelmeß-schaltung ist hierfür die eingebaute, aus Taschenlampenbatterien zu-sammengestellte 124-Volt-Batterie verwend-bar, die mit zwei nicht ausschaltbaren Schutz-widerständen von je 3000 Ohm verbunden ist.

Um den Einfluß der Zuleitungen zum zu messenden Widerstand zu verringern, muß insbesondere bei kleinen Widerständen darauf geachtet werden, daß die Zuleitungen kurz sind und großen Querschnitt haben und daß

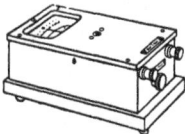

Abb. 1191.

die Verbindungsstellen guten Kontakt geben. Beim Messen kleinster Widerstände, etwa unter 0,3 Ohm, kann man die Zuleitungsfehler durch doppelte Zuleitungen praktisch beseitigen, s. Abb. 1192, H.

Vor Beginn der Messungen stellt man R_s auf seinen größten Wert. Dann stellt man je nach der zu erwartenden Größe des unbekannten Widerstandes ein bestimmtes Verhältnis der Widerstände a und b her, schaltet den Meßstrom durch Feststellen der Batterietaste ein und ändert nun den Vergleichswiderstand R so, bis das Galvanometer beim Niederdrücken der Galvanometertaste nur noch einen kleinen Ausschlag gibt. Da nunmehr keine Beschädigung des Galvanometers zu befürchten ist, kann man durch Verkleinern von R_s bis auf den nicht ausschaltbaren Teil die Meßempfindlichkeit erhöhen und dann die Einstellung von R korrigieren. Nach der Messung ist der Meßstrom auszuschalten.

Es ist zu beachten, daß bei a und b stets je zwei Stöpsel gesteckt sein müssen, damit man ein dekadisches Verhältnis erhält. Das Ab-lesen des eingestellten Vergleichswiderstandes R ist sehr einfach: Man addiert in jeder Reihe die an den freien (nicht gestöpselten) Löchern stehenden Widerstandswerte und schreibt die so erhaltenen fünf Ziffern nebeneinander. Der unbekannte Widerstand ist $X = (a : b) \cdot R$.

— 761 —

Kabelmessungen.

Bei allen Messungen an verlegten Kabeln sind eine oder zwei Hilfs-
leitungen erforderlich, die zu dem fernen Ende des Kabels führen. Unter
Umständen kann hierfür eine andere unbeschädigte Ader des selben
Kabels benutzt werden.

Die Verbindungen zwischen Kabel und
Hilfsleitungen sind sehr sorgfältig herzustellen und gegebenenfalls zu verlöten, damit die Übergangswiderstände möglichst
klein sind.

Widerstandsmessung am Kabel.

Für Fernmeldeleitungen, die verhältnismäßig hohe Widerstände aufweisen, wird
die Meßschaltung nach Abb. 1192 verwendet. Wenn der Widerstand der Hilfsleitung
$H = R_{II}$ bekannt ist, so ist

$$R_X = \left(\frac{a}{b} \cdot R\right) - R_{II}.$$

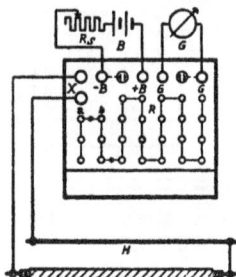

Abb. 1192.

Fehlerortsbestimmung.

Bei Fehlerortsmessungen an Kabeln wird die eine Stromzuführung
zur Brücke in die Fehlerstelle gelegt, damit die häufig an der Fehlerstelle auftretenden elektrolytischen Spannungen die Messung nicht
beeinflussen können. Der Pluspol der Batterie muß demgemäß an
Erde gelegt werden. Da der Verhältnis-
widerstand b bei diesen Messungen kurzgeschlossen sein muß, ist darauf zu achten,
daß die entsprechenden drei Stöpsel gesteckt sind, s. Abb. 1193. Für den Fall,
daß Thermokräfte oder Fremdströme auftreten, sind die Messungen bei gewende-
tem Strom zu wiederholen und die Mittel-
werte zu nehmen. Für Fernmeldekabel
wird die in Abb. 1193 dargestellte Murray-*)
Schaltung verwendet.

Die gesuchte Länge von dem an die
obere X-Klemme angeschlossenen Kabelanfang bis zur Fehlerstelle ist

$$l_X = (L + L_{II}) \cdot \frac{R}{R + a},$$

Abb. 1193.

wenn L die Länge des geprüften Kabels und L_{II} die Länge der auf den
Querschnitt des Kabels umgerechneten Hilfsleitung H bedeuten.

Bei der Deutschen Reichspost ist außerdem die Schaltung nach
Abb. 1194 (Varley-Schaltung) gebräuchlich. Um von der Widerstandsmessung zur Fehlerortsbestimmung überzugehen, braucht man in
dieser Schaltung lediglich den Pluspol der Batterie von der Meßbrücke

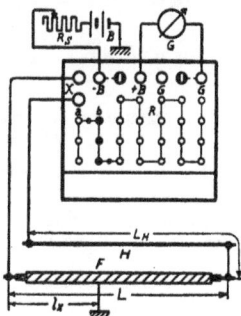

*) Englischer Telegrafen-Ingenieur Donald Murray.

abzutrennen und zu erden. Diese Schaltung eignet sich besonders für Fernmeldekabel und liefert dann genauere Ergebnisse als die Schaltung nach Abb. 1193, wenn der Fehler nicht zu weit von der Meßstelle entfernt liegt.

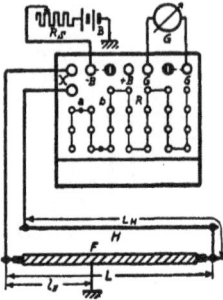

Abb. 1194.

Der Vergleichswiderstand R addiert sich bei dieser Schaltung zu dem Kabelstück vom Kabelanfang bis zur Fehlerstelle. Der beim Abgleichen gestöpselte Wert von R in Ohm muß daher, damit man bei der Ausrechnung das gesuchte Kabelstück nicht in Ohm, sondern als Länge erhält, in die dem Kabelquerschnitt entsprechende Kabellänge umgerechnet werden. Dieser Wert sei L_R. Die gesuchte Länge von dem an die obere X-Klemme angeschlossenen Kabelanfang bis zur Fehlerstelle ist dann (s. Abb. 1194):

$$l_x = \frac{b\,(L + L_H) - a\,L_R}{a + b}.$$

In dieser Formel ist L die Länge des untersuchten Kabels, L_H die Länge der auf den Querschnitt des Kabels umgerechneten Hilfsleitung H und L_R (wie bereits oben angegeben) der auf Kabellänge umgerechnete Wert von R. Für die am häufigsten vorkommenden Verhältnisse $a : b$ vereinfacht sich die Formel:

Für $a : b = 1$ ist $l_x = \frac{1}{2}\,[(L + L_H) - L_R]$.

Für $a : b = 0,1$ ist $l_x = \frac{1}{11}\,[10\,(L + L_H) - L_R]$.

4. Messung des Isolations- und Leitungswiderstandes an oberirdischen Leitungen.

Um an einer Freileitung a (Abb. 1195) den Isolations- (R_i) und den Leitungswiderstand (R) vom Ende A aus zu messen, wird einmal die Leitung am Ende B isoliert (Schalter s offen), das andere Mal bei B geerdet (Schalter s geschlossen). Bei der Widerstandsmessung (B geerdet)

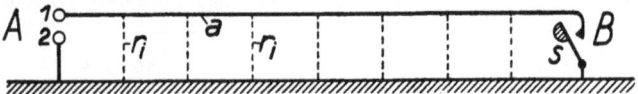

Abb. 1195.

wird zwischen 1 und 2 die Meßbrücke eingeschaltet. Die Messung ergibt einen Wert R', da R_i zu R parallelgeschaltet, nach der Formel auf S 13

$$R' = \frac{R \cdot R_i}{R + R_i} \quad \ldots \ldots \ldots \quad (I)$$

Desgleichen erhält man bei der Messung des Isolationswiderstandes
(B isoliert) einen Wert (da R zu R_i vorgeschaltet)

$$R'_i = R_i + R \ \ldots \ldots \ldots \ \text{(II)}$$

Multipliziert man Gleichung (I) mit Gleichung (II), so ist:

$$R'_i \cdot R' = \frac{R \cdot R_i}{R + R_i} \cdot (R_i + R) = R \cdot R_i,$$

d. h. das Produkt der gemessenen Werte von R und R_i ist gleich dem
Produkt der wirklichen Werte von R und R_i. Ist einer der wirklichen
Werte, z. B. R, bekannt, so kann R_i berechnet werden:

$$R_i = \frac{R'_i \cdot R'}{R}.$$

e) Grundsätzliches zu Wechselstrommessungen.

Allgemein gebräuchliche Einheiten.

Spannung E (U): $1\,\text{mV} = 10^{-3}\,\text{V}$
Strom I: $1\,\text{mA} = 10^{-3}\,\text{A}$
Widerstand R: $1\,\Omega = 10^{-3}\,\text{k}\Omega = 10^{-6}\,\text{M}\Omega$
Ableitung G: $1\,\mu\text{S} = \dfrac{1}{10^6\,\Omega} = 10^{-6}\,\text{S}$
Kapazität C: $1\,\mu\mu\text{F} = 10^{-6}\,\mu\text{F} = 10^{-12}\,\text{F} = 1\,\text{pF (Pikofarad)}$
Induktivität L: $1\,\mu\text{H} = 10^{-3}\,\text{mH} = 10^{-6}\,\text{H}$
Frequenz f: $1\,\text{Hz} = 10^{-3}\,\text{kHz}$
Kreisfrequenz: $\omega = 2\,\pi\,f.$

Die in der Fernmeldetechnik zwischen zwei Teilnehmern verwendeten Übertragungselemente haben zwei Eingangs- und zwei Ausgangsklemmen. Man nennt daher solche Gebilde wie Leitungen, Übertrager,
Siebketten, Verstärker usw. Vierpole. Die Vierpole haben alle die Eigenschaft, daß der Strom, der in die eine Eingangsklemme hineinfließt,
ebenso groß ist wie der Strom, der die andere Eingangsklemme verläßt.
Ebenso verhält es sich bei den Ausgangsklemmen. Die Kenntnis, wie
sich ein Vierpol Wechselströmen bzw. Wechselspannungen gegenüber
verhält, ist in der Fernmeldetechnik von besonderer Wichtigkeit. Es
zeigt sich, daß man ganz einfache Verhältnisse dann antrifft, wenn man
den Vierpol mit seinem Wellenwiderstand $\mathfrak{Z}$ abschließt.

Der Wellenwiderstand ergibt sich aus zwei Messungen, und zwar
ist er das geometrische Mittel aus einem Leerlaufwiderstand (Ausgangsklemmen offen) $\mathfrak{W}_{1l}$ von der einen Seite und einem Kurzschlußwider-
stand (Ausgangsklemmen kurzgeschlossen) $\mathfrak{W}_{2k}$, gemessen von der
anderen Seite des Vierpols aus oder umgekehrt:

$$\mathfrak{Z} = \sqrt{\mathfrak{W}_{1l} \cdot \mathfrak{W}_{2k}} = \sqrt{\mathfrak{W}_{2l} \cdot \mathfrak{W}_{1k}}.$$

Wichtig ist es, zu wissen, wie ein Vierpol die Spannungen, die
Ströme und die Leistungen dämpft (abschwächt). Wird der Vierpol
beiderseitig mit dem Wellenwiderstand abgeschlossen, dann erhält man
für die Vierpoldämpfung

$$b = \ln \frac{U_1}{U_2} = \ln \frac{I_1}{I_2} = \frac{1}{2} \ln \frac{I_1 U_1}{I_2 U_2} \ \text{Neper,}$$

wobei U_1 die Eingangsspannung, U_2 die Ausgangsspannung und I_1 und I_2 die entsprechenden Werte für die Ströme sind. Die Dämpfung wird in Neper angegeben, wobei 1 Neper (N) der Ausdruck dafür ist, daß das Verhältnis zweier Größen den Betrag e hat, also gleich der Basis der nat. Logarithmen ist (s. auch Seite 669). $1\,N = 1000$ Millineper. Ein Maß für die Dämpfung bei beliebig abgeschlossenem Vierpol, d. h. unter Betriebsverhältnissen, ist die Betriebsdämpfung. Sie wird

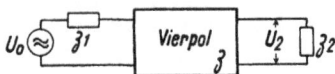

Abb. 1196.

bestimmt durch das logarithmische Verhältnis der Scheinleistung, die ein Generator an einem Widerstand gleich seinem inneren Widerstand abgeben würde, zur Scheinleistung, die er unter Zwischenschaltung des Vierpols an dessen Abschlußwiderstand abgibt. Unter Zugrundelegung der Abb. 1196 kann für die Betriebsdämpfung b_B geschrieben werden:

$$b_B = \ln \frac{U_0}{2\,U_2} + \frac{1}{2} \ln \frac{\Re_2}{\Re_1}.$$

Für diese Messung erreicht man besonders einfache Verhältnisse, wenn man die Eigenschaften des Generators festlegt. Dann wird die Bestimmung der Betriebsdämpfung auf eine reine Spannungsmessung zurückgeführt. International hat man sich auf den Normalgenerator, s. Abb. 1199, geeinigt, dessen innerer reiner Wirkwiderstand $\Re_1 = 600$ Ohm beträgt, der an einen gleichen äußeren Widerstand die Leistung von 1 mW abgibt, d. h. seine EMK beträgt $U_0 = 1,55$ Volt, seine Klemmenspannung $U_1 = U_0/2 = 0,775$ Volt und sein Belastungsstrom $J_1 = 1,29$ mA. Daraus die abgegebene Leistung von 1 mW $= 1,29 \cdot 0,775$. Schließt man an die Klemmen dieses Normalgenerators einen Spannungsmesser an, dessen Wellenwiderstand $\Re_2 = 600$ Ohm ist, so kann dieses Gerät direkt in Dämpfungsmaß geeicht werden (Dämpfungszeiger). Ist $U_2 < \dfrac{U_0}{2}$, dann erhält man positive (wirkliche) Dämpfung. Ist aber $U_2 > \dfrac{U_0}{2}$, dann erhält man negative Dämpfung, also Verstärkung.

Es hat sich als zweckmäßig erwiesen bei der Bestimmung von Spannungen und Strömen, die an den einzelnen Stellen eines Übertragungsweges auftreten, diese auf einen als Nullpunkt angenommenen Wert zu beziehen. Als Nullpunkt sind die Normalwerte des Normalgenerators gewählt, die als Spannungs-, Strom- und Leistungspegel O bezeichnet werden. Man erhält so für den Spannungspegel

$$p_s = \ln \frac{U_2}{0,775}.$$

Als Pegel O wird also der Wert von 0,775 Volt festgelegt. Ein Spannungsmeßgerät kann, wenn sein Eingangswiderstand hochohmig genug ist, gegen den Belastungswiderstand an dem zu messenden Punkt direkt in Pegelmaß geeicht werden (Pegelzeiger). Ist $U_2 > 0,775$ Volt (Abb. 1196), dann erhält man positive Pegel (Spannungsverstärkung), ist aber $U_2 < 0,775$ Volt, dann erhält man negative Pegel (Spannungs-dämpfung).

Ein Pegel von z. B. — 2 Neper bedeutet, daß die Spannung $U_2 = \dfrac{0,775}{7,389}$ Volt ist. Zum Unterschied von diesem absoluten Pegel versteht man unter relativem Pegel die Differenz der absoluten Pegel in den im Augenblick betrachteten Punkten.

f) Wechselstrommessungen und Meßgeräte[1]).

Aus den Bedürfnissen der Fernmeldetechnik hat sich eine Reihe von neuartigen Meßgeräten entwickelt, deren Aufgabe es ist, die Über-tragungseigenschaften von Fernmeldewegen und Fernmeldegeräten festzustellen. Da man die vom Mikrofon erzeugten Spannungen nach Fourier in eine Reihe sinusförmiger Spannungen zerlegen kann (s. auch Abb. 679), so ist es auch möglich, die Messung mit sinusförmiger Wechselspannung durchzuführen. Um das Verhalten von Leitung und Gerät im ganzen interessieren-

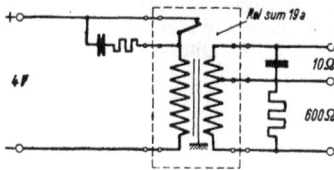

Abb. 1197.

den Frequenzbereich festzu-stellen, ändert man die Fre-quenz in vorgesehenen Schrit-ten oder gleichmäßig. Die Mehrzahl der Messungen läßt sich auf Spannungsmessungen (Strommessungen) zurückfüh-ren. Die nachstehend aufge-führten Meßgeräte sind nur ein ganz kleiner Teil der in der Fernmeldetechnik verwendeten Geräte, es sollen nur einige Haupttypen betrachtet werden, um aus ihnen das Wesen der Messungen zu erken-nen und Anleitungen zu einigen Meßverfahren zu erhalten.

Grundbedingung für jede Wechselstrommessung ist eine geeignete Stromquelle. Die ein-fachste Wechselstromquelle ist der Magnetsummer. Dieser er-zeugt durch Selbstunterbrechung eine Frequenz von etwa 800 Hz, die in geringen Grenzen durch Änderung der Federeinspannung des Unterbrechers geändert wer-den kann. Abb. 1197 zeigt den

Abb. 1198.

Stromlauf des Summers. Die abgebbare Leistung beträgt etwa 0,5 Watt an 10 Ohm oder 600 Ohm. (Zwei Ausgänge.) Die Leistungsauf-nahme beträgt 0,6 Amp. bei 4 Volt. Zum Funkenlöschen liegt parallel zum Unterbrecherkontakt ein Kondensator in Reihe mit einem Widerstand. Die äußere Ansicht des Summers ist in Abb. 1198 zu

---

[1]) Telegrafenmeßordnung, II. Teil, Wechselstrommessungen. Berlin 1934. Herausgegeben von der Deutschen Reichspost.

sehen. Ein Summer etwas anderer Art ist der Schnarrsummer. Dieser erzeugt ein Frequenzspektrum, das dem durch das Fernsprechmikrofon erzeugten Sprachspektrum ähnlich ist.

Eine Stromquelle mit festen Eigenschaften ist der Normalgenerator für 800 Hz (s. Abb. 1199). Die Amplitude dieses Einröhren-Rück-

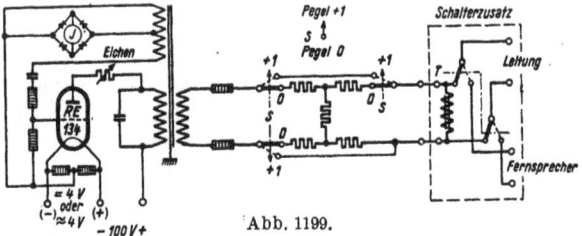

Abb. 1199.

kopplungssummers kann durch einen Eichwiderstand so geregelt werden (Anzeigeinstrument J auf rotem Strich), daß der Apparat mit seinem inneren Widerstand von 600 Ohm an einen Verbraucherwiderstand von 600 Ohm eine Leistung von 1 mW liefert (Pegel*) null).

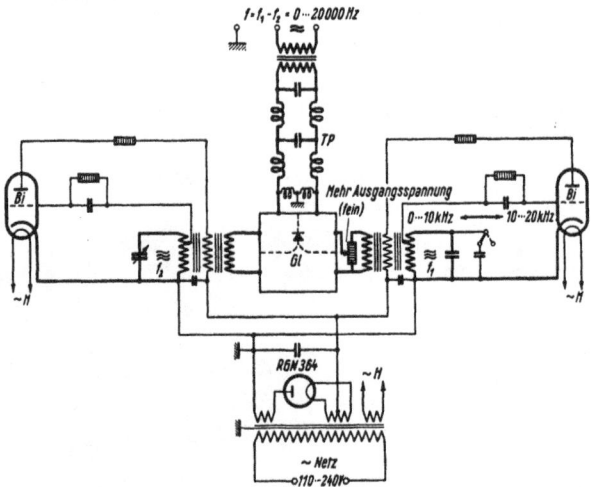

Abb. 1200.

Durch Umlegen eines Schalters s kann (durch Ausschalten eines Dämpfungsgliedes) der Pegel um 1 Neper erhöht werden. Das Meßgerät J, das zur Kontrolle der abgegebenen Leistung dient, liegt in einer Gleichrichter-Brückenschaltung und wird mit einem Teil der erzeugten Ener-

---

*) Siehe Seite 746.

gie vom Übertrager aus gespeist. Ein Summer ähnlicher Art ist der zur Messung von Fernsprechsystemen vorgesehene Normalgenerator für 12 vom CCI festgelegte Meßfrequenzen, die durch Stufenschalter eingestellt werden können.

Für viele Zwecke will man einen großen Frequenzbereich kontinuierlich überstreichen, dazu eignet sich der Schwebungssummer (Abb. 1200) am besten. Die Wechselströme zweier Rückkopplungsschwingkreise (Röhren Bi) werden auf eine Gleichrichterschaltung Gl gegeben. Die Differenzfrequenz wird durch das Filter TP ausgesiebt

Abb. 1201.

und einem Leistungsverstärker zugeführt. Wird der eine Schwingkreis konstant gehalten, der andere aber stetig geändert (s. Drehkondensator links), dann können relativ kleine Frequenzänderungen des Schwingkreises große Änderungen der Differenzfrequenz hervorrufen, wenn die beiden ursprünglichen Frequenzen viel höher als die Differenzfrequenz sind.

Es gibt sowohl Netzanschluß- als auch Batterieschwebungssummer für den Frequenzbereich von 20 bis 20 000 Hz und noch höher. In der Abb. 1201 ist die äußere Ansicht des Schwebungssummers zu sehen.

Ein besonderer Vorzug des Schwebungssummers ist es, daß der Frequenzkondensator mittels automatischer Antriebsvorrichtung so ausgerüstet werden kann, daß die zeitliche Aufeinanderfolge der Frequenzen festgelegt wird.

Um mit dem Schwebungssummer bestimmte Sendeverhältnisse zu schaffen, schaltet man den Schwebungssummer mit Leistungsverstärker, wie das in Abb. 1202 dargestellt ist, mit einem Spannungsmeßfeld in Reihe; mit dem Spannungsmeßfeld sind wahlweise Ausgangsspannungen

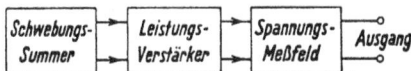

Abb. 1202.

von 0,10 bis 5 Volt mit dem Übertrager U_v oder von 0 bis 2 Neper, mit dem Übertrager U_N, Abb. 1203, einstellbar.

Die Ausgangsspannung wird mit dem Instrument I_1 nachgeprüft. Mit seinem Meßgleichrichter Gl kann I_1 jeweils mit dem Wechselstrom des Starkstromnetzes geeicht werden. In Stellung „Eichen" wird der

Widerstand „Eichen I" so lange geändert, bis der Ausschlag von I_2 auf die Eichmarke zeigt. Darauf wird „Eichen II" so lange geändert, bis auch der Ausschlag I_1 auf die Eichmarke zeigt.

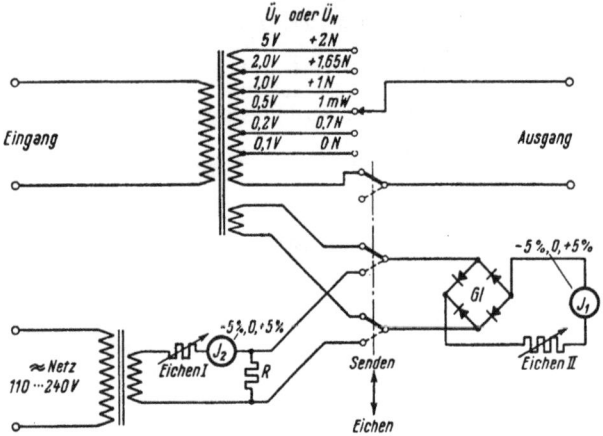

Abb. 1203.

Mit den heute schon zur Verfügung stehenden Wechselstromquellen für Meßzwecke können alle Frequenzen von wenigen Hz bis zu einigen 100 MHz erzeugt werden.

Anzeigegeräte.

Die von einer Stromquelle auf einen Übertragungsweg oder ein Übertragungselement gegebene Spannungsamplitude wird bei Vorhandensein von Dämpfungen geschwächt bzw. durch Verstärker vergrößert. Bei bestimmter Sendespannung (Normalgeneratoren) können durch absolute Spannungsmessung auf der Empfangsseite die Dämpfung, die Verstärkung oder der Pegel (s. d.) abgelesen werden.

Aus der Vielzahl der Anzeigegeräte werden nachstehend nur einige charakteristische Typen herausgegriffen. Abb. 1204 stellt den Prinzip-

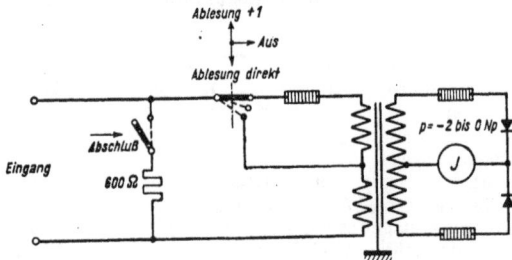

Abb. 1204.

stromlauf eines einfachen Anzeigegerätes dar, bei dem zum Gleichrichten des Wechselstromes Kupferoxydulgleichrichter, zum Anzeigen
ein Gleichstrominstrument verwendet werden. Das Gerät (ein Detektorvoltmeter) ist unter dem Namen „Kleiner Pegelzeiger" bekannt
und wird gemeinsam mit dem
Normalgenerator (Abb. 1199)
verwendet. Man kann damit an
einem beliebigen Punkt der Fernmeldeleitung den dort herrschenden Pegel feststellen. Der Eingangswiderstand des Gerätes
beträgt 20 000 Ohm, so daß
durch Parallelschaltung zu einem
600 - Ohm-Belastungswiderstand
keine merkliche Fälschung entsteht.

Im Frequenzbereich von
300 bis 3000 Hz kann man bei
einem Sendepegel 0 Messungen
von —2 bis +1 Neper durchführen. Durch eine Taste an dem

Abb. 1205.

Instrument können dem hochohmigen Eingangswiderstand 600 Ohm parallel geschaltet werden, so
daß man dann mit dem Gerät Betriebsdämpfungen messen kann. Das
Instrument ist in einen kleinen Handkoffer eingebaut (Abb. 1205) und
eignet sich in allererster Linie für Messungen auf freier Strecke, da
zum Betrieb keinerlei Stromquellen benötigt werden.

Für Messungen, bei denen eine größere Empfindlichkeit sowie
breites Frequenzband und größere Genauigkeit gefordert werden, verwendet man Röhrenschaltungen, die sowohl zur Messung des Pegels,

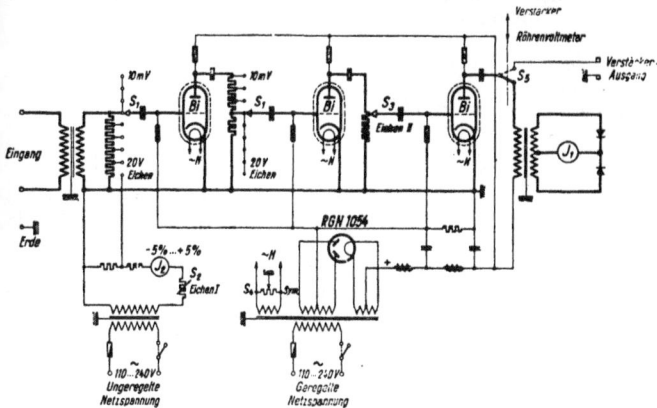

Abb. 1206.

als auch zur Spannungsmessung sehr kleiner Wechselspannungen benutzt werden können. Sie unterscheiden sich voneinander lediglich durch die Anzeigeskala des Meßgerätes.

Abb. 1206 zeigt das Prinzipschaltbild eines Netzanschluß-Pegelzeigers (Netzanschluß-Röhrenvoltmeter). Das Gerät dient als geeichter Spannungszeiger für tonfrequente Spannungen. Es besteht aus einem hochwertigen Verstärker, dessen Empfindlichkeit in vorgesehenen Stufen geändert werden kann (Doppelschalter S_1) und einer Gleichrichterschaltung, bestehend aus Kupferoxydulgleichrichtern und einem Gleichstrominstrument J_1. Die Eichung des gesamten Gerätes wird in der Stellung „Eichen" des Schalters S_1 so vorgenommen, daß man aus dem Wechselstromnetz einen 50 periodigen Wechselstrom über einen Übertrager einem Teilerkreis zuführt, dessen Wert durch den Eich-

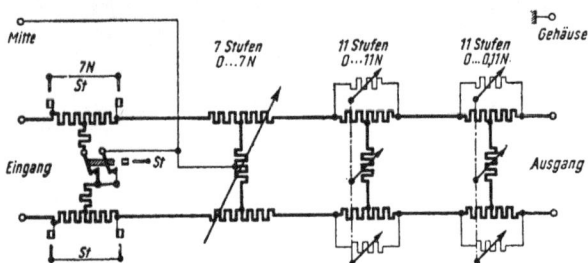

Abb. 1207.

widerstand S_2 so eingestellt wird, daß das Wechselstrominstrument J_2 auf die Eichmarke zeigt. Die vom Spannungsteiler abgegriffene Spannung wird an den Eingang der ersten Verstärkerröhre Bi gelegt und dann der Eichwiderstand S_3 so lange verändert, bis das Meßgerät J_1 ebenfalls auf die Eichmarke zeigt.

Durch Umlegen eines Schalters S_5 (wodurch der Gleichrichterkreis mit Anzeigegerät J_1 abgetrennt wird), kann das Gerät als Hörverstärker benutzt werden. (Hörer an Verstärkerausgang angeschlossen.) Die kleinste Spannung bei 800 Hz, die damit noch abgehört werden kann, beträgt etwa 30 μV.

Als Röhrenvoltmeter kann man mit dem Gerät im Frequenzbereich von 30 bis 20 000 Hz Spannungen von 10 mV bis 20 V messen. Als Pegelzeiger umfaßt der Meßbereich im Frequenzgebiet von 30 bis 20000 Hz — 4 Neper bis + 2 Neper. Die Meßunsicherheit bei 800 Hz beträgt etwa ± 3%.

Bei vielen Vergleichsmessungen soll eine zu untersuchende Dämpfung (eine Übertragungsleitung, ein Gerät) mit einem Dämpfungsnormal verglichen werden. Solche Dämpfungsnormale werden Eichleitungen genannt. Man verwendet für symmetrische Messungen H-Schaltungen, für unsymmetrische T-Schaltungen. Abb. 1207 zeigt eine H-Schaltung mit drei Dekaden und einer festen Zusatzstufe von 7 Neper. Die einzelnen Dekaden sind aus dem Prinzipschaltbild zu ersehen. Man baut solche Eichleitungen für verschiedene Wellenwiderstände (s. d.), und zwar für $Z = 316$, 600, 800 und 1600 Ohm. In der Abb. 1208 ist die Ansicht einer Dekade der beschriebenen Eichleitung zu sehen. Eine Eichleitung mit Dämpfungsgliedern in T-Schaltung zeigt die Abb. 1209.

Zur Verstärkungsmessung an Zweidraht- und Vierdrahtverstärkern verwendet man eine Schaltung, die aus einer Eichleitung und einem Anzeigeinstrument ähnlich dem oben beschriebenen einfachen Pegelzeiger besteht.

Abb. 1208.

Abb. 1210 zeigt den Stromlauf dieser Meßeinrichtung, gleichzeitig ist punktiert die Anschaltung eines Vierdraht- und eines Zweidrahtverstärkers dargestellt. Am Meßgerät kann unter Berücksichtigung der eingestellten Dämpfung der vor den zu untersuchenden Verstärker geschalteten Eichleitung die Verstärkung s unmittelbar in Neper abgelesen werden. Mit dem einen der beiden Kippschalter kann man von Zweidraht- auf Vierdrahtuntersuchung umschalten. Mit dem zweiten Kippschalter kann die

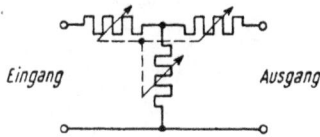

Abb. 1209.

Verstärkungsrichtung umgekehrt werden. Aus dem bisher Gesagten kann man sich leicht überlegen, daß man sich eine behelfsmäßige Verstärkungsmeßeinrichtung aus einem Normalgenerator einer Eichleitung und einem Pegel- bzw. Dämpfungszeiger selbst herstellen kann.

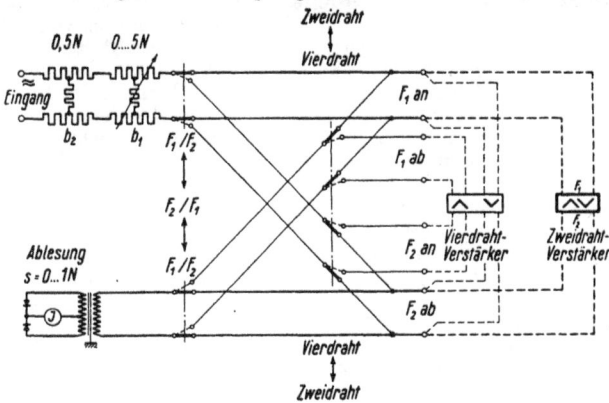

Abb. 1210.

Von besonderer Wichtigkeit ist in der Fernmeldetechnik die Kenntnis der Störspannung, die auf einer Übertragungsleitung vorhanden ist. Die Störspannung bestimmt, wie schon früher erwähnt wurde, die niedrigste Nutzspannung, die man für eine ausreichende Verständigung noch zulassen darf. Da das menschliche Ohr auf verschiedene Frequenzen mit verschiedener Empfindlichkeit anspricht, muß eine Messung der Störspannung auf einer Leitung die Ohrempfindlichkeit mit berücksichtigen. Gleichzeitig hat aber der in der Fernsprechtechnik verwendete Hörer eine frequenzabhängige Empfindlichkeit, die bei der Messung ebenfalls beachtet werden muß. Die so bewertete Störspannung wird Geräuschspannung genannt.

Die Abb. 1211 zeigt den Stromlauf eines Geräuschspannungszeigers, der es gestattet, in der Stellung „A-Filter" die Messung der Geräuschspannung (Geräusch — EMK) an Fernmeldeleitungen durchzuführen. Die Frequenzkurve (Frequenzabhängigkeit) für das A-Filter

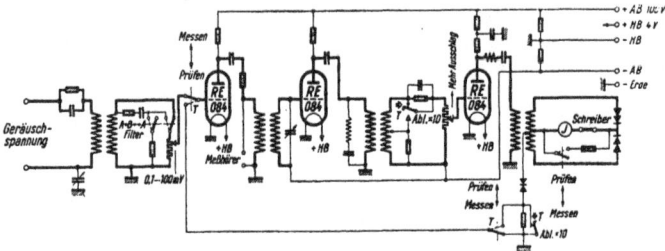

Abb. 1211.

ist international vom CCI festgelegt. Sie ist eine mittlere Charakteristik des Ohres und des Hörers. Durch Umlegen eines Kippschalters auf Stellung „A + B-Filter" kann noch der Frequenzgang der Teilnehmersprechstelle einschließlich der Zuleitung zum Amt nachgebildet werden. Dieser zusätzliche Frequenzgang des B-Filters ist den Verhältnissen der einzelnen Länder angepaßt und von den Verwaltungen der betreffenden Länder festgelegt. Die Eichung des Gerätes erfolgt in der Stellung „Prüfen" durch Pfeifpunkt-Kontrolle.

Zwischen den einzelnen Sprechkreisen eines Fernsprechkabels bestehen Kopplungen in der Hauptsache kapazitiver, teils auch induktiver Art. Sie bedingen, daß Energie aus dem einen in den anderen Sprechkreis gelangt. Man bezeichnet diese Störung als „Nebensprechen" und unterscheidet „Nebensprechen (im engen Sinn)", wenn der gestörte Teilnehmer an demselben Ende wie der störende ist, und „Gegennebensprechen", wenn der störende Teilnehmer sich an dem dem gestörten Teilnehmer entgegengesetzten Ende befindet. Außerdem besteht noch, im Gegensatz zu diesem Übersprechen zweier metallisch getrennter Sprechkreise das „Mitsprechen", eine Störung, die zwischen einer Stammleitung und dem dazugehörigen Viererkreis auftritt.

Ein Apparat, der es ermöglicht, außer allgemeinen Dämpfungsmessungen hauptsächlich die Gegenneben-, Neben- und Mitsprech-

dämpfung zu messen, ist der Dämpfungsmesser 0/16. Abb. 1212 zeigt
seinen prinzipiellen Stromlauf. Die Wechselstromquelle ≈ (links),
z. B. ein Magnetsummer, Abb. 1197, wird an den symmetrischen Übertrager des Dämpfungsmessers angeschlossen. Dieser speist die störende
Leitung, Stamm 1, sowie eine Eichleitung. An den Klemmen für den
Empfänger (rechts) kann mit einem Meßverstärker die Spannung entweder angezeigt oder abgehört werden. Durch wiederholtes Umlegen
eines Kippschalters (s. Abb. 1212) vergleicht man die Spannungen der
gestörten Leitung mit der der Eichleitung und ändert letztere so lange,

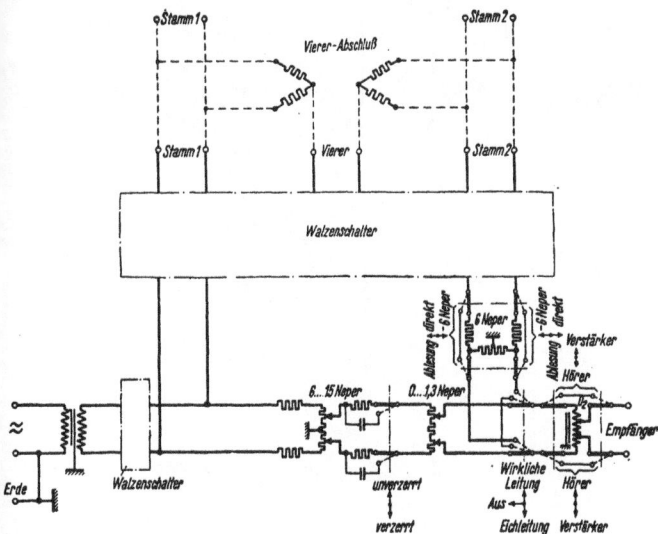

Abb. 1212.

bis die beiden Spannungen einander gleich sind. Der eingestellte
Dämpfungswert der Eichleitung gibt die Nebensprechdämpfung an.

Beim Gegennebensprechen wird die störende Leitung von der
Stromquelle getrennt, dafür wird am fernen Ende eine Stromquelle mit
besonderem Stromquellenübertrager angeschlossen. Die Messung wird
dann auf dieselbe Weise wie oben vorgenommen. Mit dem im Gerät
eingebauten Walzenschalter werden die einzelnen Schaltvorgänge
selbsttätig durchgeführt.

Um die Mitsprechdämpfung zu messen, bildet man wie im prinzipiellen Stromlauf der Abb. 1212 angedeutet, einen Viererkreis durch
das Abschließen der beiden Stammleitungen außerhalb des Gerätes
mit einem Viererabschluß.

Die Dämpfungsmesser werden in zwei Ausführungen hergestellt,
im Frequenzbereich von 25—12 000 Hz und im Bereich von 0,3 bis

50 kHz. Der Frequenzbereich für das Mitsprechen beträgt 300 bis 3000 Hz.

Wie schon früher erwähnt, ist bei gewöhnlichen Fernsprechkabeln von ausschlaggebender Bedeutung die kapazitive Kopplung. Sie rührt einerseits von Unterschieden der Kapazitäten der Aderpaare zueinander (Nebensprechkopplung), andererseits vom Unterschied der Kapazitäten der Aderpaare gegen Erde (Erdkopplung) her. Es ist das Bestreben der

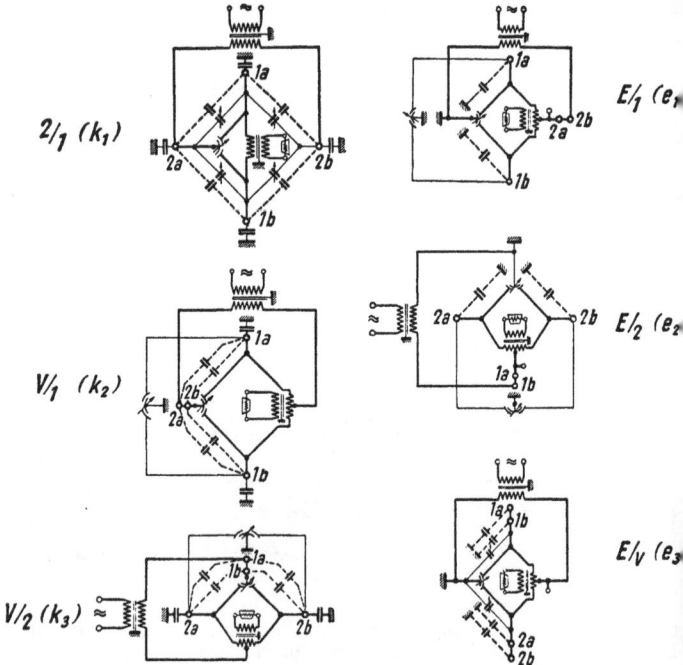

Abb. 1213.

Kabelfabrikation, die einzelnen Kabelwerklängen so herzustellen, daß diese Unterschiede so klein wie möglich sind. In dem fertig verlegten Kabel mit den Pupinspulen wird durch Kreuzung (s. d.) der Kabeladern oder durch Einbau von Ausgleichkondensatoren diese Kapazitätsdifferenz weiter verkleinert, um so zwischen den Kabelpaaren eine möglichst große Nebensprechdämpfung zu erhalten.

Man unterscheidet drei Arten der Nebensprechkopplung:

a) die Nebensprechkopplung k_1 zwischen den beiden Stammleitungen (Abb. 1213),

b) die Mitsprechkopplung k_2 zwischen dem Viererkreis und der Stammleitung I,

c) die Mitsprechkopplung k_3 zwischen der Stammleitung II und dem Viererkreis.

Die drei Erdkopplungen sind:

a) der Unterschied der Teilkapazitäten der beiden Stammadern I gegen Erde ($e\,1$),

b) der Unterschied der Teilkapazitäten der beiden Stammadern II gegen Erde ($e\,2$),

c) die Erdkopplung des Viererkreises ($e\,3$).

Ein Gerät zur Bestimmung dieser sechs Kopplungsfälle ist der Kopplungsmesser (Abb. 1213).

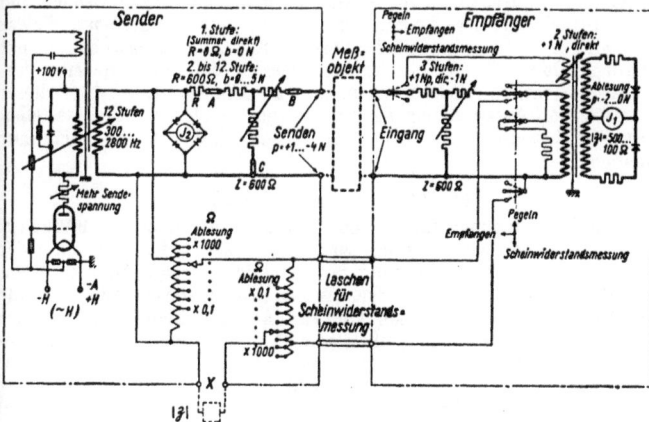

Abb. 1214.

In der Abbildung sind punktiert die Kapazitäten der einzelnen Adern des Vierers eingezeichnet, ebenso die Erdkapazitäten. Mit dem in der Brückenschaltung liegenden Differentialkondensator (ausgezogen) bestimmt man die Kapazitätsdifferenzen. In das Gerät sind des weiteren noch drei Differentialkondensatoren (durch dünne Linien angedeutet) eingebaut, durch die die Zuleitungskopplungen entweder bei den k- oder bei den e-Messungen ausgeglichen werden können. Der Meßbereich des Gerätes beträgt $\pm$ 210 pF. Durch Zusatzkondensatoren kann er bis auf $\pm$ 1610 pF erweitert werden. Das Gerät wird sowohl verwendet, um bei der Fabrikation von Kabeln an Werklängen die kapazitive Kopplung zu überwachen, als auch bei fertigen Anlagen die Unterlagen für den Kapazitätsausgleich zu liefern. Die in der Abb. 1213 dargestellten den sechs Kopplungsmessungen entsprechenden Schaltungen werden mit einem Walzenschalter zwangsläufig durchgeführt.

Ein Gerät von universeller Verwendbarkeit insbesondere auf freier Strecke ist der Meßkoffer für Fernmeldeanlagen. Die Schaltung zeigt Abb. 1214. In diesem werden die wichtigsten Meßmöglichkeiten wie Pegel-, Dämpfungs-, Verstärkungs-, Schleifen- und Scheinwiderstandsmessung vereinigt. Das Gerät besteht aus einem Normalgenerator mit 12 einstellbaren CCI-Frequenzen, einer Eichleitung und einem Anzeigegerät. Eine Zusatzschaltung gestattet außerdem, den Betrag von Scheinwiderständen von 10 Ohm bis 500 000 Ohm im Frequenzbereich von 300 bis 3800 Hz zu messen. Alle näheren Einzelheiten können dem prinzipiellen Stromlauf entnommen werden. Die Spannung für den Meßkoffer wird entweder Batterien oder einem Netzanschlußgerät entnommen. Sowohl die Batterie, wie auch das Netzanschlußgerät sind in einem tragbaren Koffer untergebracht.

An dieser Stelle sei noch erwähnt, daß für ganz hochwertige Messungen eine Einrichtung entwickelt wurde, der Pegelschreiber, der es gestattet, frequenzabhängige Messungen über den ganzen Bereich von 30 bis 10 000 Hz in etwa 3,5 Minuten selbsttätig aufzuschreiben und zwar können Pegel-, Dämpfungs- oder Verstärkungsdiagramme aufgezeichnet werden. Durch Zusatzeinrichtungen lassen sich auch Scheinwiderstands-, Nichtlinearitätskurven u. a. m. aufnehmen. Der Vorteil dieser selbsttätigen Aufzeichnung liegt darin, daß auch Unstetigkeitsstellen mit erfaßt werden, die bei punktweisem Messen leicht unerkannt bleiben.

g) Der Oszillograph.

Der Schwingungsschreiber oder Oszillograph dient zur bildlichen Darstellung und Aufzeichnung von elektrischen Schwingungen jeder Art. Der Schwingungsschreiber muß möglichst trägheitslos arbeiten, damit auch elektrische Vorgänge, die sich in Bruchteilen einer Sekunde abspielen, untersucht werden können. Am gebräuchlichsten ist der Schleifen-Oszillograph mit einer, mit zwei oder auch mit sechs Meßschleifen zur gleichzeitigen Aufnahme auch von mehreren Vorgängen.

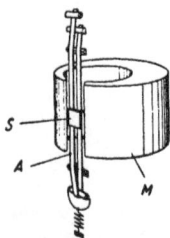

Abb. 1215.

Oszillographenschleifen verschiedenster Bauart haben Eigenfrequenzen von 500 bis über 10 000 Hertz. Praktisch trägheitslos sind z. B. der Kathoden-Oszillograph und der Glimmlicht-Oszillograph. Nachstehend soll die Wirkungsweise eines Schleifen-Oszillographen kurz beschrieben werden.

Im magnetischen Feld eines Magneten M, Abb. 1215, wird eine Metallbandschleife A gespannt angeordnet. An diesem Metallband ist ein kleiner (3×3 oder auch 2×1 mm) und leichter Spiegel S befestigt. Wird nun diese Metallschleife von einem Wechselstrom durchflossen, so schwingt der Spiegel im Rhythmus des Wechselstromes. Ist die Eigenfrequenz der Meßschleife zwischen den Auflageflächen groß genug, so ist auch die Drehung der Schleifenebene und somit des Spiegels jeweils proportional den Momentanwerten des die Schleife durchfließenden Wechselstromes. Die Schwingung der Schleife bzw. die Drehung des kleinen Spiegels kommt dadurch zustande, daß die

beiden Drähte *1* und *2*, Abb. 1216, der Schleife durch Ströme umgekehrter Richtung durchflossen, nach verschiedenen Seiten ausbauchen
(s. Pfeile bei den angedeuteten
Stromrichtungen in Abb. 1216) und
der Spiegel eine Drehung in dem
ebenfalls durch Pfeile angedeuteten
Sinn erfährt.

Abb. 1216.

Um diese kleinen Schwingungen sichtbar zu machen, bedient
man sich vornehmlich des Licht-
zeigerverfahrens. Dieses Verfahren
soll an Hand der Abb. 1217 erläutert werden. In dieser Abbildung ist die
Meßschleife *A* mit Spiegel *B* ohne Feldmagnet dargestellt. Die Meßschleife wird in der Regel in einer mit vollständig durchsichtigem Öl
gefüllten Röhre angeordnet, dadurch ist der schwingende Spiegel hin-
reichend gedämpft. Ein von der lichtstarken Spezialglühlampe *C* mit
hoher Leuchtdichte ausgehender Lichtstrahl wird durch die Konden-
sorlinse *D* auf dem Spalt der Blende *E* konzentriert und in Richtung
auf den Spiegel *B* zu einem Kegel geformt, dessen Spitze auf die Spiegel-
oberfläche trifft. Der reflektierte Lichtstrahl geht dann durch die zylin-
derförmige Objektivlinse *F*, die die Strahlen wieder sammelt und mit

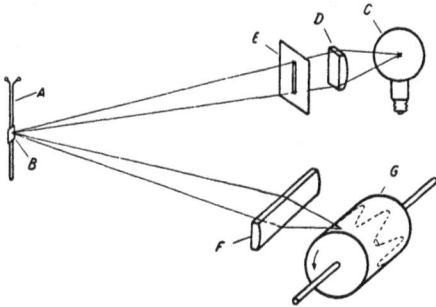

Abb. 1217.

der Spitze auf die Oberfläche des Zylinders *G* auftreffen läßt. Geringfügige Verdrehungen des Spiegels *B* verursachen eine bedeutende Ab-
lenkung dieses aufzeichnenden Strahles in Richtung der Zylinder-
achse. Beim Schwingen des Spiegels und stillstehender Trommel *G*
schreibt die Spitze des Lichtkegels einen Strich auf das lichtempfindliche Papier, das auf die Trommel *G* aufgespannt wird. Dreht sich
die Trommel, so wird eine Kurve geschrieben (s. Abb. 1217), deren
Form und Verlauf naturgetreu den Momentanwerten des die Meßschleife *A* durchfließenden Stromes entsprechen.

Um die aufzuzeichnende Kurve auch beobachten zu können
(Oszilloskop), werden verschiedene Vorrichtungen benutzt.

Läßt man den von der Zylinderlinse A (Abb. 1218) kommenden Lichtstrahl auf einen sich drehenden zylinderförmigen Körper B mit mattweißer Oberfläche und mit einem Profil, ähnlich der Form einer archimedischen Spirale, fallen, so kann man die auf die Oberfläche gezeichnete Kurve als stillstehend beobachten, wenn man in Richtung

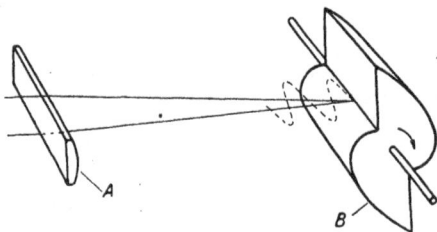

Abb. 1218.

senkrecht zur Umlaufachse schaut und wenn dieser Zylinder mit einer Umlaufgeschwindigkeit gedreht wird, die in ganz bestimmtem Verhältnis zur Frequenz der zu beobachtenden Schwingung steht. Man verwendet deshalb zum Antrieb eines solchen Zylinders einen Synchronmotor, der von der gleichen Wechselstromquelle gespeist wird,

Abb. 1219.

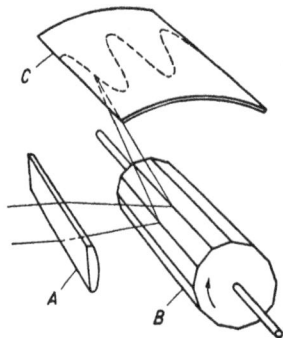

Abb. 1220.

dessen Kurvenform beobachtet werden soll, oder man regelt die Drehzahl des Motors so lange, bis die Kurve scheinbar stillsteht. Auch mit Hilfe eines Schwenkspiegels kann eine Einrichtung gebaut werden, die die Beobachtung der Kurvenform gestattet. Abb. 1219 soll den Grundgedanken erläutern. Der Schwenkspiegel B wird über E und Exzenter D so bewegt, daß der auf der Fläche C zeichnende Strahl die Kurve langsam aufschreibt. Um diesen Effekt zu erreichen, ist aber noch die Anordnung einer Blende erforderlich, die die Rücklaufbewegung des zeichnenden Strahles abblendet.

Eine weitere häufig angewendete Methode, die zu untersuchende Kurve zu beobachten, ist die in Abb. 1220 dargestellte Anordnung eines Polygonspiegels in den Strahlengang hinter der Zylinderlinse A. Sind die Spiegelzahl und der Zentriwinkel (β in Abb. 1221) eines jeden Spiegels richtig bemessen, so kann bei geeignet gewählter Umlaufzahl des Polygonspiegels die Kurvenform des zu untersuchenden Wechselstromes auf der Mattscheibe C aufgezeichnet und beobachtet werden.

Treibt man den Polygonspiegel mittels Synchronmotor an, so ist die Kurve auch zum Stillstand zu bringen.

Will man im Oszillographen die Kurvenform der zu untersuchenden Schwingung auf der Mattscheibe beobachten, um den günstigsten Zeitpunkt für eine photographische Aufnahme zu bestimmen, so lenkt man von dem Gesamtstrahlenbündel einen schmalen Teil mit der Zylinder-

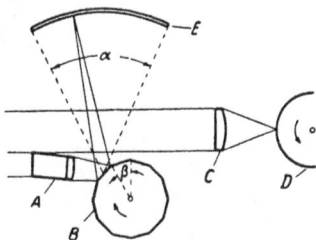

Abb. 1221.

linse A (Abb. 1221) auf einen Polygonspiegel B ab, wogegen der Hauptstrahl über die Zylinderlinse C zur Trommel D mit dem photographischen Papier gelenkt wird.

Um Strom- und Spannungskurven gleichzeitig zu untersuchen, verwendet man Oszillographen mit zwei Meßschleifen, so daß Strom- und Spannungskurven nebeneinander, d. h. in gleichem Koordinatensystem photographiert und beobachtet und die jeweiligen Phasenunterschiede festgehalten werden können.

Oszillographen mit sechs Meßschleifen gestatten sechs verschiedene Schwingvorgänge gleichzeitig zu beobachten oder zu photographieren.

In Abb. 1222 ist der Sechsschleifenoszillograph von Siemens & Halske dargestellt.

Abb. 1222.

Sachverzeichnis.

Die Zahlen hinter den Worten sind die Seitenzahlen.

Grundriß der Fernsehtechnik

Von Dr. Franz F u c h s. 108 Seiten, 129 Abbildungen. Gr.-8°
1939. RM. 2.80.

Grundriß der Funktechnik

Von Dr. Franz F u c h s. 215 Seiten, 340 Abbildungen. Gr.-8°
23. Auflage. Erscheint 1942. RM. 5.20.

Schall und Klang

Ein Leitfaden der Elektroakustik. Von Dr.-Ing. C. B e r g t o l d
172 Seiten, 214 Abbildungen, 27 Tafeln. Gr.- 8°. 1939. In
Leinen RM. 9.60.

Fernsprechtechnik

Eine Reihe herausgeg. von Dr.-Ing. Fritz L u b b e r g e r
D i e S t r o m v e r s o r g u n g v o n F e r n s p r e c h - W ä h l -
a n l a g e n. Von Dipl.-Ing. Helmut G r a u. 130 Seiten, 95 Ab-
bildungen. Gr.-8°. 1940. In Leinen RM. 7.80.
F e r n s p r e c h - W ä h l a n l a g e n. Von Dr.-Ing. Emanuel
H e t t w i g. 2. Auflage. Erscheint 1942.
Ü b e r b l i c k ü b e r a l l e F e r n s p r e c h - O r t s a n l a g e n
m i t W ä h l b e t r i e b. Von Dr.-Ing. Fritz L u b b e r g e r.
7. Auflage, 319 Seiten, 251 Abbildungen. Gr.- 8°. 1941.
Gebunden RM. 16.—.
Weitere Bände in Bearbeitung.

Grundzüge der Fernmeldetechnik

Von Immo K l e e m a n n, Dipl.-Ing., Studienrat und Abtei-
lungsleiter an der Ingenieurschule Gauß, Berlin. 262 Seiten
144 Bilder. 8°. 1941. RM. 7.—.

Lehrbuch der Elektrotechnik

Von Prof. Dr. Günther O b e r d o r f e r.
I: Die wissenschaftlichen Grundlagen der Elektrotechnik.
460 Seiten, 272 Abbildungen, 1 Tafel. Gr.-8°. 2. Auflage 1941
In Leinen RM. 19.50.
II: Rechenverfahren und allgemeine Theorien der Elektro
technik. 377 Seiten. Gr.-8°. 1940. In Leinen RM. 18.50.

Geregeltes Nebenstellenwesen

Technik und Wirtschaft der Privatnebenstellenanlagen unter
Berücksichtigung der neuen Fernsprechordnung. Von Karl
S c h e i b e und Heinz W o l f f h a r d t. 256 Seiten, 60 Abbil-
dungen. Gr.-8°. 1940. Gebunden RM. 9.60.

R. OLDENBOURG / MÜNCHEN 1 UND BERLIN